I0042063

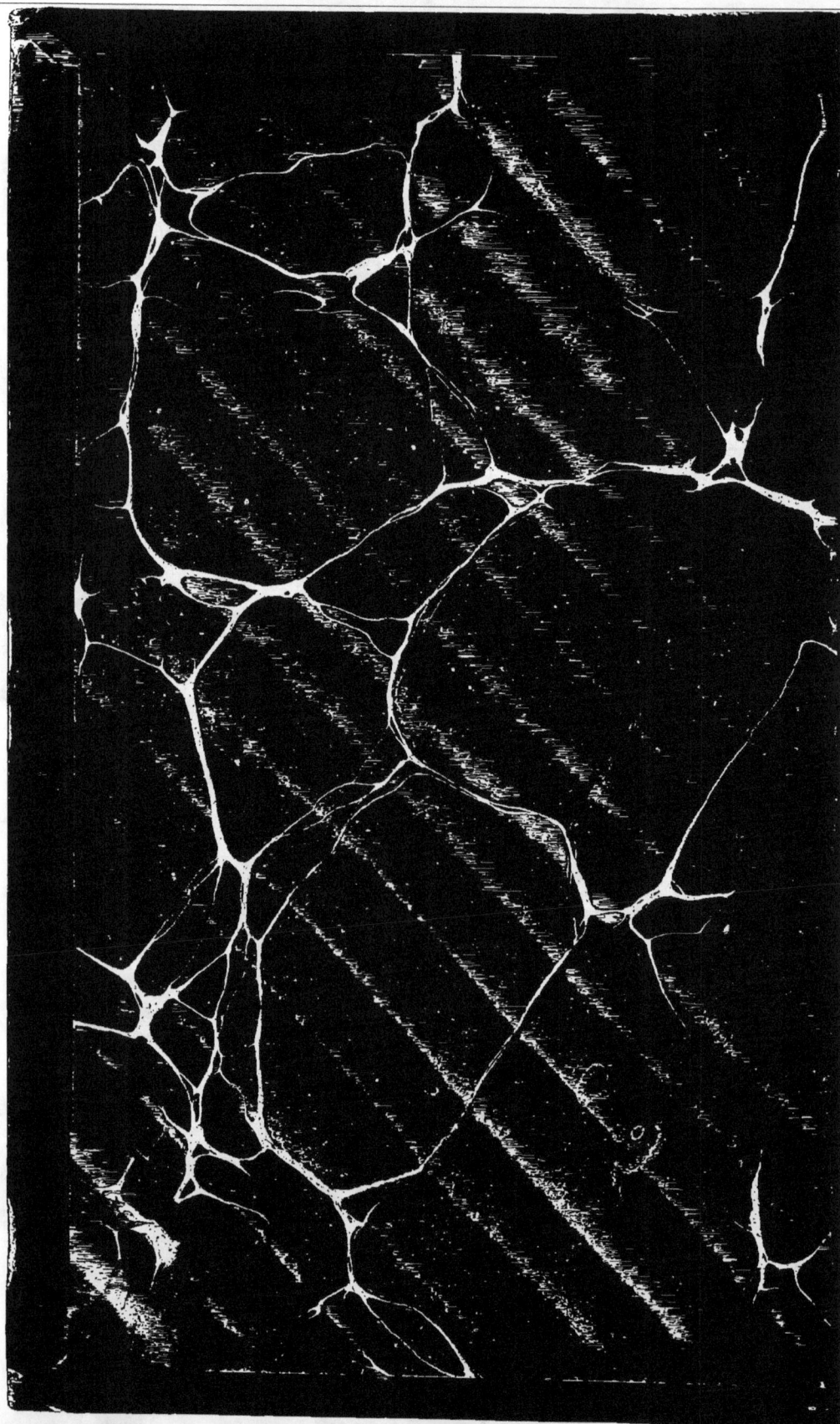

MANUEL

DE

L'AMATEUR DES JARDINS

I

BIBLIOTHÈQUE IMPÉRIALE

Paris. — Typographie de Firmin Didot frères, fils et Cie, rue Jacob, 56.

MANUEL

DE

L'AMATEUR DES JARDINS

TRAITÉ GÉNÉRAL D'HORTICULTURE

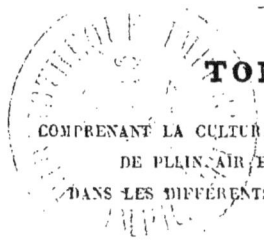

TOME II

COMPRENANT LA CULTURE DES PLANTES D'AGRÉMENT,
DE PLEIN-AIR ET D'APPARTEMENTS,
DANS LES DIFFÉRENTS CLIMATS DE LA FRANCE

PAR MM.

Jʜ. DECAISNE	Ch. NAUDIN
Membre de l'Institut,	Membre de l'Institut,
professeur de culture au Muséum, etc., etc.	aide-naturaliste au Muséum d'hist. naturelle.

OUVRAGE ACCOMPAGNÉ DE FIGURES

DESSINÉES PAR A. RIOCREUX, GRAVÉES PAR F. LEBLANC

PARIS

LIBRAIRIE DE FIRMIN DIDOT FRÈRES, FILS ET Cⁱᴱ,

IMPRIMEURS DE L'INSTITUT, RUE JACOB, 56.

Tous droits réservés

INTRODUCTION.

Le jardinage d'agrément, ou jardinage ornemental, est cette branche de l'horticulture qui a pour objet l'entretien et la propagation des végétaux destinés à embellir le séjour de l'homme ou à lui fournir des sujets d'étude et d'observation. A ce dernier point de vue on peut dire qu'il embrasse l'universalité du règne végétal, puisqu'il n'y a pas de plante, si humble et si simple qu'elle soit, qui ne marque un degré d'organisation et ne contribue à la solution de quelque problème.

Dans le principe le jardinage s'est confondu avec l'agriculture; il n'a commencé à s'en séparer que lorsque les sociétés, déjà organisées et enrichies par le travail, ont senti le besoin de spécialiser davantage leurs diverses industries. Borné d'abord aux végétaux directement utiles, à ceux, par exemple, qui fournissaient une partie du vivre et du vêtement, il s'est graduellement étendu à ceux qui ajoutaient au bien-être par leur ombrage ou charmaient les yeux par la beauté de leurs fleurs. Quoiqu'il ne nous reste de l'antiquité aucun livre qui traite spécialement de la culture des jardins, telle que nous l'entendons aujourd'hui, nous sommes cependant autorisés à croire que le jardinage d'agrément remonte fort loin dans le passé. Au témoignage de la Bible, il serait même contemporain de la création de l'homme, puisque l'Éden, premier séjour d'Adam, nous y est représenté comme un jardin de

a

délices, qu'Adam avait mission de garder et de cultiver (1).

A toutes les périodes de l'histoire des anciens peuples il est fait mention de la culture des jardins. Les Égyptiens, les Israélites, les Mèdes, les Perses, les Babyloniens, ont eu comme nous leurs jardins d'agrément, et se sont adonnés à la culture des fleurs. Nous retrouvons les mêmes goûts chez les Grecs et chez les Romains, dont les nombreux écrits nous ont transmis, avec les noms des plantes alors recherchées, les méthodes de culture qu'ils leur appliquaient. A Rome, particulièrement, les jardins devinrent, dans les derniers temps de la république et sous les empereurs, un des grands luxes de l'aristocratie, et, chose remarquable, le style de ces jardins, où les principaux ornements étaient empruntés à l'architecture et aux arts plastiques, n'est pas encore entièrement sorti des mœurs de l'Italie. A la chute de l'empire, l'horticulture d'ornement, comme les arts, comme toute la civilisation, tomba en décadence ; mais ses traditions se conservèrent, à travers le moyen âge, dans les habitations des princes et dans les monastères. Il n'y a guère que trois siècles qu'elle s'est réveillée en Europe, aidée par l'aisance née du commerce, par de nouveaux besoins de luxe, par le progrès de la science et les voyages lointains. Les Belges et les Hollandais ont été les premiers et les plus actifs promoteurs de cette rénovation, à laquelle ont aussi concouru les autres nations commerçantes. Aujourd'hui le jardinage d'agrément est une grande industrie, qui fait mouvoir des capitaux considérables et soutient l'existence de milliers

(1) *Plantaverat autem Dominus Deus paradisum voluptatis a principio, in quo posuit hominem quem formaverat Produxitque Dominus Deus de humo omne lignum pulchrum visu et ad vescendum suave.* Gen., II, vers. 8 et 9.

Tulit ergo Dominus Deus hominem. et posuit eum in paradiso voluptatis, ut operaretur et custodiret illum. Ibid., vers. 15.

de familles; il a encore une autre utilité, celle de contri-
buer pour une large part au progrès des sciences naturelles.

Ce n'est pas seulement chez les nations raffinées de l'Europe qu'on voit l'horticulture florissante et encouragée,
c'est aussi chez d'autres peuples, bien différents d'origine
et de mœurs, et que nous considérons volontiers comme
nous étant très-inférieurs. En fait de jardinage d'agrément, les Chinois et les Japonais sont souvent nos égaux et
quelquefois nos maîtres. La plupart de nos méthodes de
culture leur sont connues, et bien avant nous ils ont su
faire subir aux plantes d'ornement ces transformations
qui en doublent la valeur. Leurs jardins ont été une mine
féconde, où nous avons puisé à pleines mains et qui nous
réservent encore bien des richesses. L'Inde, la Perse, les
pays musulmans, quoique moins civilisés et moins adonnés aux travaux de la terre, nous ont aussi fourni des
plantes perfectionnées par une longue culture. Il n'y a
pas jusqu'aux peuplades barbares de l'Afrique qui ne
contribuent pour quelque chose à l'embellissement de nos
jardins, car elles aussi ont leur horticulture d'agrément;
tant il est vrai que l'homme, de quelque race qu'il soit,
est sensible aux beautés de la nature, et que les plantes,
avec leurs aspects si variés, exercent leur charme sous
tous les climats.

Le jardinage est en effet si bien adapté aux facultés de
l'homme, il tient une si large place dans ses goûts, que c'est
presque toujours par la création d'un jardin que le colon
prend possession du pays où il vient s'établir. L'enfance y
trouve déjà du plaisir, l'âge mûr en fait souvent une passion. L'homme arrivé au déclin de la vie, comme celui qui a
épuisé toutes les jouissances, est encore sensible aux attraits
d'un jardin. Que de fois n'a-t-on pas vu les souverains et les
princes faire diversion aux soucis de la politique par la cul-

ture des arbres fruitiers et des fleurs ! Combien d'hommes,
rendus valétudinaires par des travaux excessifs d'esprit,
n'ont pas dû leur retour à la santé au salutaire exercice du
jardinage ! Quelles ressources, enfin, la jeunesse n'y trou-
ve-t-elle pas contre les funestes entraînements des passions !
Un des plus célèbres amateurs de jardins des temps modernes, le vénérable prince de Ligne, après plus de
soixante ans de pratique horticole, écrivait dans ses Mé-
moires ces lignes, qui le peignent tout entier : « Je vou-
drais échauffer tout l'univers de mon goût pour les jardins ; il me semble qu'il est impossible qu'un méchant
puisse l'avoir ; il n'est point de vertus que je ne suppose à
celui qui aime à parler des jardins et à s'en occuper. »

Le jardinage, perfectionné comme il l'est aujourd'hui,
et répondant à des besoins si divers, est nécessairement
très-complexe. Influencé par les conditions toutes physiques de lieux et de climats, il subit encore l'empreinte des
goûts individuels et celle de la mode inconstante du temps.
Son répertoire, déjà si large, n'est pas sujet à de moindres
changements, et, à part un petit nombre d'espèces, la
plupart léguées par les siècles, et auxquelles un mérite
supérieur assure l'immortalité, les jardins voient chaque
année disparaître des plantes qu'on avait d'abord ac-
cueillies avec enthousiasme et auxquelles en succèdent
d'autres, bientôt elles-mêmes remplacées par de plus
nouvelles. Suivre ces rénovations successives, afin de
présenter un tableau fidèle des aspects divers de l'horticulture, est une condition que s'impose tout écrivain dont
la tâche est d'en exposer les progrès. De là la nécessité
presque inévitable de rajeunir à de certaines époques,
par des éditions nouvelles, les ouvrages qui traitent du
jardinage ornemental. Ce livre, pas plus que ceux qui
l'ont précédé, n'échappera à cette loi, et pour le tenir au
niveau de l'horticulture ses auteurs, ou ceux qui leur

succéderont, devront lui faire subir de loin en loin les
modifications réclamées par le progrès des choses.

A première vue le jardinage d'agrément se divise en
deux branches principales : l'une qui se rapporte aux
végétaux vivaces et de grande taille, dont la beauté consiste principalement dans le port et le feuillage ; l'autre
aux plantes de dimensions plus humbles, souvent annuelles, et dont les fleurs font presque tout l'intérêt. A la
première section correspond ce que l'on appelle le *jardinage pittoresque* ou *paysager*, à la seconde ce qu'on désigne
sous les noms de *parterre* et de *jardin fleuriste*. Mais entre
ces deux extrêmes il y a une longue série d'intermédiaires,
où ces deux modes s'unissent dans les proportions les plus
variées, s'embellissant et se diversifiant l'un par l'autre.
Il est rare qu'un grand parc planté d'arbres soit entièrement dénué de fleurs, et il n'est presque pas non plus de
parterre, pour peu qu'il soit étendu, qui ne rompe par
quelques arbres ou arbustes l'uniformité de ses plates-
bandes fleuries.

Ce n'est là cependant qu'un côté du jardinage d'a-
grément, celui qui se fait à l'air libre, avec les seules ressources du climat. Il y en a un autre, fort complexe aussi,
qui a pour théâtre les serres chaudes et les édifices vitrés.
Ici, par suite de l'espace plus restreint, et dont il faut utiliser les moindres parties, les grands arbres et les plantes
fleurissantes, les végétaux terrestres et les végétaux aquatiques ne suivent guère d'autre ordonnance que celle qui
est dictée par la nécessité. Dans le jardinage de plein air
le site, le paysage environnant, les habitations, le ciel lui-
même, avec ses aspects changeants, font en quelque sorte
partie du jardin ; sous le verre ces accessoires ne comptent
plus, et c'est à l'art d'y suppléer. Il est difficile sans doute
d'y copier la nature ; mais lorsque les serres sont très-
vastes et qu'elles sont assez hautes pour admettre des vé-

gétaux de grande taille, on peut encore y représenter assez heureusement un bosquet des tropiques ou un coin de forêt vierge. Il n'en est plus de même dans les serres d'une faible étendue, où les plantes sont d'ailleurs presque toujours en caisses ou en pots. L'effet d'ensemble est ici presque nul, et l'œil n'y cherche guère que les beautés individuelles des plantes considérées indépendamment du tout.

Dans l'intention première de ses auteurs, le second volume du *Manuel de l'amateur des jardins* devait être exclusivement consacré à la culture d'utilité, comprenant les plantes potagères et les arbres fruitiers, mais des circonstances indépendantes de leur volonté les ont contraints de changer ce plan. Les figures destinées à entrer dans le texte étaient déjà toutes prêtes pour les végétaux d'agrément alors que celles qui concernaient les végétaux utiles étaient à peine commencées. Cédant aux observations, d'ailleurs justes, des éditeurs, et pour ne pas faire attendre trop longtemps le public, ils ont dû, quoique à regret, réserver pour le dernier volume ce qui à leurs yeux avait le plus d'importance. D'un autre côté, ainsi qu'il arrive souvent dans les travaux de longue haleine, la matière s'est graduellement accrue devant eux à mesure qu'ils avançaient dans leur tâche, et ce qu'ils espéraient pouvoir renfermer en trois volumes n'en exigera pas moins de quatre. On trouvera dans celui-ci tout ce qui appartient au jardinage d'agrément de plein air, sauf les arbustes et les arbres, qu'il a fallu de toute nécessité renvoyer à un autre volume, dont la culture sous verre formera le complément.

Même réduit à ce seul côté de l'horticulture, le volume que nous offrons au public contient encore une grande variété de sujets. En France, tant par le fait de la différence des climats que par celui de la modicité des fortunes, le

jardinage d'agrément est presque tout entier de plein air,
celui qui exige l'accessoire coûteux des abris vitrés n'y
étant qu'exceptionnel et relativement sans importance. De
là la grande prépondérance que les auteurs ont donnée
au premier sur le second ; de là aussi l'adjonction au jardinage de plein air d'une multitude de végétaux que
jusqu'ici tous les livres d'horticulture ont assignés aux
serres et aux orangeries, mais que l'expérience a dé-
montrés être parfaitement appropriés à nos provinces méridionales. Par ce caractère, qui lui est propre, comme par
la distribution des matériaux en catégories horticoles , et,
en un mot, par toute sa méthode, ce traité se distingue
nettement de ceux qui l'ont précédé, et qui semblent n'a-
voir été écrits que pour la région climatérique dont Paris
est le centre. Quelques-uns de ces derniers ne sont même
guère plus que des catalogues descriptifs , qui ont leur
valeur sans doute, mais où les emplois et la culture des
plantes ne sont qu'incomplétement indiqués dans leurs
relations avec les climats de nos diverses provinces. Les
auteurs de celui-ci n'ont pas voulu laisser cette lacune
dans leur travail. Avant de l'entreprendre, ils ont étudié
sur place les influences des principaux climats français sur
les opérations et les produits de l'horticulture, ce qui étoit
le seul moyen d'en faire un livre d'utilité générale dans la
spécialité qu'il devait embrasser.

Une certaine connaissance de la climatologie est en
effet une condition si essentielle de toute culture raisonnée, qu'il a paru indispensable aux auteurs d'entrer dans
quelques détails à ce sujet ; aussi le premier chapitre de ce
volume est-il consacré à l'étude de la météorologie française. La France est, sous plus d'un rapport, la tête et
le cœur de l'Europe ; elle l'est en particulier sous celui
de sa situation géographique, qui, en lui donnant à la fois
les climats du Nord et ceux du Midi, lui en donne aussi

presque toutes les productions. Par ses provinces septentrionales elle rappelle l'Angleterre, la Belgique, la
Hollande et l'Allemagne; par ses provinces du midi l'Espagne, l'Italie et la Grèce; enfin, ses montagnes et ses plateaux, si variés d'altitude et d'orientation, lui assurent les
climats extrêmes du Nord, ceux de la Suède, de la Russie
et de la Laponie. La météorologie de la France, suivant les
localités où on l'examine, répète donc avec une suffisante
exactitude celle de toutes les contrées avoisinantes, et par
conséquent ces dernières peuvent s'approprier les méthodes de culture et les plantes qui trouvent leur emploi
sur des points déterminés de notre pays.

ANGLETERRE
MER du NORD
LONDRES
BELGIQUE
MANCHE
I. de Wight
Lille
Cherbourg
Amiens
le Havre
Metz Carlsruhe
Rouen
Brest
Nancy
Strasbourg
Rennes
PARIS
Colmar
Bretagne
Orléans
Chaumont
C. L.
Angers
Dijon
Bâle
Nantes
Tours
Nevers
SUISSE
Poitiers
Moulins
la Rochelle
Mâcon
Genève
Clermont
Chambéry
M. d'Auvergne
Lyon
GIRONDIN
Valence
Bordeaux
Garonne
Viviers
Agen
Avignon
Bayonne
Montpellier
PROVENCE
Nice
Pau
Toulouse
Marseille
Antibes
Pyrénées
Toulon
Perpignan
Golfe du Lion
ESPAGNE
MER MÉDITERRANÉE
Barcelone

J. B. Blasseau.

Carte des climats de la France.

MANUEL

DE

L'AMATEUR DES JARDINS

TROISIÈME PARTIE

HORTICULTURE D'AGRÉMENT

CHAPITRE Ier.

CLIMATOLOGIE DE LA FRANCE CONSIDÉRÉE DANS SES RAPPORTS AVEC LA CULTURE.

Nous avons vu, dans la première partie de ce traité (1), que la France, située entre les parallèles de 42°,30′ et 51°,2′ et les longitudes de 5°,36 à l'orient et de 6°,50′ à l'occident du méridien de Paris, appartient en totalité à la zone tempérée ; néanmoins son étendue est déjà assez vaste et sa topographie assez variée pour qu'elle renferme plusieurs climats sensiblement différents. Dans l'exposé que nous allons faire de ces climats nous prendrons pour base l'excellent travail de M. Martins (2), en y ajoutant les faits d'observation plus récente qui pourront le mieux faire ressortir la corrélation qui existe entre la climatologie et la culture.

(1) Tome Ier, p. 378 et suivantes.
(2) Voir l'ouvrage intitulé *Patria*, tom. Ier, p. 170 et suivantes.

D'après M. Martins, la superficie totale de la France, comprenant environ 548700 kilomètres carrés (1), se répartit en cinq grands climats généraux, délimités par les mers et les chaînes de montagnes ou de collines qui parcourent son territoire. Ces climats ne sont pas absolument homogènes dans toute leur étendue, parce que les latitudes et les altitudes diverses des lieux, l'orientation des terrains, leur composition, le voisinage ou l'éloignement de la mer, ainsi que les autres éléments météorologiques ne restent jamais sans influence; mais l'uniformité de chacun d'eux est cependant assez grande pour que les produits du sol et les procédés de la culture n'y subissent que de légères variations. Il ne faut pas oublier d'ailleurs qu'un climat de grande circonscription se subdivise ordinairement en un grand nombre de climats locaux, d'une étendue souvent très-restreinte, et qui sont quelquefois plus différents l'un de l'autre que ne le sont entre eux deux grands climats juxtaposés.

La carte ci-jointe, empruntée aussi au travail de M. Martins, fera saisir du premier coup d'œil la situation respective et l'étendue de ces cinq climats. Ce sont, au nord-est le *climat vosgien*, au nord-ouest le *climat séquanien*, au sud-ouest le *climat girondin*, à l'est le *climat rhodanien*, au sud-est le *climat provençal* ou *méditerranéen*, dont les noms sont empruntés à quelqu'un de leurs caractères géographiques les plus remarquables. Nous allons les passer successivement en revue.

1° Le **climat vosgien**, qu'on nomme aussi climat du **nord-est**, est compris entre le Rhin, les montagnes de l'Argonne, qui séparent la Lorraine de la Champagne, le plateau de la Côte-d'Or et les sources de la Saône. Il occupe l'Alsace, la Lorraine, les Ardennes, la partie montagneuse de la Champagne et de la haute Bourgogne; on y rattache aussi la partie jurassique de la Franche-Comté et toute la Suisse française, où l'élévation générale du sol compense des latitudes plus méridionales. La partie montagneuse de la Savoie pourrait de même être comprise dans ce climat.

(1) Y compris la Savoie et le comté de Nice récemment annexés.

Par sa situation géographique, le climat vosgien est essentiellement continental ou excessif ; il est froid en hiver, et relativement chaud en été. Au total cependant, la température moyenne annuelle y est plus basse que dans tous les autres climats français ; elle varie, suivant les lieux, de 9 à 10° centigrades et pourrait être fixée à 9°,50 comme moyenne générale de la région entière. La moyenne de l'hiver, pour les villes de Strasbourg, Mulhouse, Épinal et Genève, est inférieure à + 1°, et elle n'arrive pas à + 2° dans les localités les mieux situées. En revanche, pour ces mêmes villes, la température estivale est d'environ 18°,60, celle du mois de juillet (le plus chaud de l'année) atteignant ou même dépassant 19°, ce qui permet à la vigne d'y mûrir son fruit (1) ; aussi y a-t-il des vignobles encore estimés en Alsace, et sur les flancs du Jura, tant en France qu'en Suisse.

Une preuve non moins frappante de la continentalité du climat vosgien, ce sont les extrêmes de la température en été et en hiver. On a vu, à diverses reprises, bien que le fait ne soit pas fréquent, le thermomètre marquer, dans les journées les plus chaudes de l'été, 36 et même 37 degrés à Nancy, Verdun et Épinal ; mais les températures de 32 à 33 degrés y sont assez communes en cette saison. Par compensation, on y observe de loin en loin des froids de 25 à 27 degrés ; cependant les températures de — 12 à — 16, doivent être regardées comme les minimas ordinaires de ce climat. On peut fixer entre 62 et 65 degrés les écarts thermométriques extrêmes, et à 18 degrés la différence des températures moyennes entre l'hiver et l'été.

La quantité de pluie qui tombe annuellement dans le climat du nord-est est évaluée à 669 millimètres, et le nombre moyen des jours pluvieux, déduit de 114 années d'observations, est de 137 par an. C'est en été qu'il tombe le plus d'eau, en hiver

(1) Suivant M. Boussingault, pour que la vigne donne un vin potable il faut qu'il y ait, après la formation des grains du raisin, un mois entier dont la température moyenne arrive, *au minimum*, à 19 degrés. Faute de cette condition, le raisin ne mûrit pas suffisamment et le vin est d'autant plus aigre que le déficit de chaleur a été plus grand.

qu'il en tombe le moins. Les quantités de pluie afférentes à chacune des quatre saisons seraient représentées par les chiffres suivants : 19/100 en hiver, 23/100 au printemps, 31/100 en été, 27/100 en automne. C'est aussi l'été qui compte le plus grand nombre de jours pluvieux; ce nombre est en moyenne de 34, c'est-à-dire un peu plus du tiers du nombre total des jours qui composent l'été.

Deux vents dominent dans le climat vosgien, le vent de sud-ouest et celui de nord-est; le premier amenant la pluie, le second rétablissant la sérénité du ciel. Ces deux vents se partagent l'année par un nombre à peu près égal de jours. C'est à la prédominance marquée du vent de nord-est en hiver que ce climat doit les froids rigoureux qu'il éprouve en cette saison.

Le climat vosgien est très-favorable à toutes les cultures ordinaires du nord de la France; mais à cause de la sévérité de ses hivers, souvent prolongés jusqu'aux premiers jours de mai, il est celui de tous nos climats qui se prête le moins à la naturalisation des arbres exotiques. Ceux qui y réussissent le mieux sont les arbres à feuilles caduques et provenant de climats similaires, tels que ceux du nord de la Chine, de l'Asie centrale, de l'orient de l'Europe, du Canada, etc. On peut citer, d'après M. le Dː Godron (1), comme exemples d'arbres naturalisés et mûrissant leurs graines, sous le climat qui nous occupe, les *Liriodendron Tulipifera, Acer Negundo, Pavia rubra, Ampelopsis hederacea, Coriaria myrtifolia, Rhamnus infectorius, Rhus coriaria, Gymnocladus canadensis, Cercis Siliquastrum, Diospyros virginiana, Catalpa syringæfolia, Paulownia imperialis, Quercus rubra, Juglans nigra, Carya alba* et *C. amara, Pterocarya fraxinifolia, Abies canadensis, Cedrus Libani, Pinus Strobus*, etc. D'autres arbres de climats plus doux y passent communément l'hiver sans périr, mais ils n'y mûrissent pas leurs graines; c'est le cas du *Magnolia Yulan*, de *l'Hibiscus syriacus*, du *Cissus orientalis*, de *l'Evonymus japonicus*, du jujubier, du paliure, du sophora, du virgilia, de la glycine, du laurier-ce-

(1) Godron *Géographie botanique de la Lorraine*, p. 36 et suivantes.

rise, du chionanthe, du planère, du chêne yeuse, des *Cryptomeria japonica, Cunninghamia sinensis, Ginko biloba*, etc., en un mot de tous les arbres qui, sans redouter des froids de — 12 à — 15 degrés, exigent, pour parfaire leur végétation, des étés chauds, secs et prolongés. D'un autre côté, un grand nombre d'arbres et d'arbustes du midi de l'Europe et des pays tempérés, qui craignent surtout les fortes gelées, comme le laurier, le laurier-tin, le figuier, le jasmin officinal, le camellia, le myrte, le romarin, etc., veulent y être abrités en orangerie ou en serre, quoiqu'ils passent facilement l'hiver en plein air sur les côtes de l'Océan, quelques-uns même jusqu'à Paris. On conçoit, d'après ces données, que dans toute l'étendue du climat vosgien les légumes et les fruits du midi (melons, concombres, tomates, aubergines, etc.), comme aussi beaucoup de végétaux d'ornement demi-rustiques, ne peuvent y être cultivés qu'à l'aide des couches, des châssis vitrés et des autres appareils destinés à produire de la chaleur artificielle et à mettre les plantes à l'abri des injures de l'air.

2° Le **climat séquanien**, ou du **nord-ouest**, qui est aussi essentiellement marin que le précédent est continental. Si ce dernier représente le climat de l'Allemagne centrale, le climat du nord-ouest reproduit presque identiquement, mais avec une somme de chaleur sensiblement plus forte, celui de l'Angleterre, de la Belgique et de la Hollande. Il se caractérise par une grande douceur relative, des étés faiblement ou moyennement chauds, et des froids modérés en hiver. Toutefois, à cause de sa grande étendue, il offre moins d'homogénéité que le climat du nord-est, et sur sa limite méridionale il se confond insensiblement avec le climat girondin.

Le climat séquanien est limité à l'est par l'Ardenne, les plateaux de la Champagne et de la haute Bourgogne; au sud par la Loire et le Cher, au nord et à l'ouest par la Manche et l'Océan. Les provinces qu'il embrasse sont la Flandre, l'Artois, la Picardie, l'Ile de France, une partie de la Champagne et de la Bourgogne, l'Orléanais, la Touraine, l'Anjou, le Maine, la Bretagne et la Normandie. Son caractère maritime est naturellement plus tranché dans sa moitié occidentale que dans sa moitié orientale, où il participe dans une certaine mesure aux caractères des climats voisins.

La température moyenne générale, vers le centre de cette vaste région, est entre 10 et 11 degrés centigrades ; celle de l'hiver oscille, suivant les lieux, entre + 3° et + 4°, et celle de l'été entre 18° et 18°, 50. La différence moyenne entre l'été et l'hiver est ici de 13 à 14 degrés seulement, ce qui met bien en évidence le caractère maritime du climat, si on le compare à celui du nord-est, où nous avons vu que cette différence est de 18 degrés.

A Paris, ville située près du centre de la région, mais déjà dans sa moitié orientale, la température moyenne annuelle, calculée sur 50 années d'observations, est de 10°,72 (1) ; celle de l'hiver, comprenant les mois de décembre, janvier et février, de + 3°,22 ; celle du printemps (mars, avril, mai) de 10°,30 ; celle de l'été (juin, juillet, août) de 18°,30 ; celle de l'automne (septembre, octobre, novembre) de 11°,07. La température du mois le plus froid (janvier) est de + 2°,07 ; celle du mois le plus chaud (juillet) de 18°,9. On y compte en moyenne 56 jours de gelée par an. Année commune le thermomètre n'y descend guère au-dessous de — 10° à — 12° ; cependant il arrive quelquefois que l'hiver y prend le caractère de celui d'un climat continental, le thermomètre s'abaissant alors à — 18, et — 20, et quelquefois plus bas encore. Ces grands

(1) D'après M. Renou, les températures de Paris, telles que les fournit l'Observatoire, seraient au moins d'un degré trop élevées si on les appliquait à la région dont cette capitale occupe le centre. Le fait s'explique par les conditions exceptionnelles où se trouve l'atmosphère d'une grande ville, nécessairement réchauffée par la masse d'air chaud et les fumées qu'y déversent les innombrables foyers qu'on y entretient en toute saison, mais surtout en hiver. Il faut ajouter à cette cause de réchauffement celle qui résulte d'une grande accumulation d'hommes et d'animaux sur un espace restreint. Cette observation s'applique du reste à toutes les grandes villes, où les températures accusées par les thermomètres sont toujours notablement supérieures à celles de la campagne environnante. Suivant M. Renou, la température vraie de Choisy-le-Roi, près Paris, est pour l'année 9°,8, celle de l'hiver 2°,5, celle de l'été 17°,1. Nous avons à peine besoin d'ajouter que des corrections semblables devraient être faites pour tous les grands centres de population dont il est parlé dans ce chapitre.

froids sont du reste assez rares, comme aussi les chaleurs excessives de 35 à 36 degrés, qu'on y observe de loin en loin, dans les années exceptionnellement chaudes.

A mesure qu'on se rapproche de l'Océan, le caractère maritime du climat séquanien devient plus sensible; il est surtout très-marqué dans les deux presqu'îles du Cotentin et de la Bretagne, ce qu'il doit à l'influence du courant d'eaux chaudes (le *Gulf stream* des Anglais) qui, partant de la mer des Antilles, remonte vers le nord et vient affleurer les côtes occidentales de l'Europe, faisant encore sentir ses effets jusqu'au cap Nord, sous le 71ᵉ degré de latitude. C'est à cette circonstance que la ville de Cherbourg doit la douceur proverbiale de ses hivers, dont la température moyenne approche de + 6 degrés centigrades. La température hivernale n'est d'ailleurs probablement pas inférieure à ce chiffre sur la côte septentrionale de toute la presqu'île armoricaine, à Morlaix et à Brest par exemple, comme aussi sur la côte anglaise opposée, dans le Cornouailles, les comtés de Dorset et du Devonshire, et jusque dans l'île de Wight; mais, par compensation, les étés y sont sensiblement moins chauds que dans la moitié orientale et plus continentale de la région, car leur température moyenne y dépasse à peine, et même n'y atteint pas toujours 16 degrés. En revanche le printemps et l'automne y sont plus doux qu'à Paris. A Cherbourg la première de ces deux saisons jouit d'une température de 11°,2, la seconde d'une température de 12°,5. Au contraire, sur la lisière méridionale de la région, la chaleur moyenne de l'année s'accroît notablement, à tel point même que plusieurs localités n'appartiendraient plus à ce climat si elles ne s'y rattachaient par d'autres éléments que la température. C'est ainsi qu'à Angers la chaleur moyenne annuelle est de 12°,30, et celle de l'automne de 13°,10, bien que la chaleur de l'été y surpasse de peu celle de Paris, et qu'à Nantes, avec une température moyenne annuelle de 12°,6, la moyenne de l'été approche de 21°. Dans la partie la plus septentrionale de la région, la température moyenne s'abaisse, tant par le fait de la latitude plus élevée que par celui de la distance croissante de l'Océan; ainsi, à

Dunkerque, la moyenne annuelle n'est plus que de 9°,4, et à Bruxelles de 10°; dans ces deux villes la chaleur de l'été est de très-peu supérieure à 17 degrés.

De même que la température n'est pas égale dans toutes les parties du climat séquanien, de même aussi la quantité d'eau qui y tombe annuellement varie d'une manière très-sensible d'un point à un autre. Au centre de la région, cette quantité d'eau est évaluée à 518 millimètres; elle s'accroît en allant vers l'ouest et vers le nord, et en Bretagne, où elle atteint son maximum, elle varie de 8 à 900 millimètres. De plus, le long du littoral, les pluies d'automne sont à la fois plus abondantes et plus persévérantes que les pluies d'été. A Paris, au contraire, il tombe plus d'eau en été qu'en automne. Dans cette dernière ville, les quantités relatives de pluie, par saisons, s'évaluent de la manière suivante : 21/100 en hiver, 22/100 au printemps, 30/100 en été, 27/100 en automne. On y compte, en moyenne, 140 jours de pluie par an, à peu près également répartis entre les quatre saisons, c'est-à-dire de 34 à 36 jours pour chacune. Sur le littoral de la Bretagne, l'automne compte environ dix jours de pluie de plus que l'été.

Un trait particulier du climat séquanien que nous ne devons pas omettre de signaler, bien qu'il ressorte déjà en partie de ce que nous venons de dire, c'est la faiblesse relative de l'illumination solaire pendant la période active de la végétation, c'est-à-dire du commencement de mai au milieu du mois d'août. Outre le grand nombre de jours pluvieux qui occupent cette partie de l'année, on en compte un nombre presque égal pendant lesquels le ciel est entièrement ou presque entièrement couvert, ce qui diminue d'autant l'influence particulière que la radiation solaire exerce sur les plantes. C'est ce déficit de lumière, autant que de chaleur, qui empêche la fructification et quelquefois même la floraison de végétaux, qui y sont d'ailleurs suffisamment rustiques. Tantôt ils ne produisent que des feuilles; tantôt, s'ils viennent à fleurir, le pollen ne s'y forme pas ou ne s'y développe qu'incomplétement; d'autres fois ce sont les fruits qui refusent de nouer ou de grossir, ou les graines qui restent à l'état d'ébauche. En re-

vanche, ce climat humide et moyennement lumineux est
très-favorable à certaines cultures d'agrément, dont la verdure est le principal ou le seul mérite, celles, par exemple,
des gazons et de beaucoup d'arbres et d'arbustes à feuilles
persistantes. Tout le monde a entendu parler de ces belles
nappes de gazon qui sont un des caractères saillants de l'horticulture anglaise. En dehors du climat séquanien, ces pelouses
verdoyantes ne s'obtiennent qu'à l'aide d'arrosages fréquents
et dispendieux ; à Paris même elles veulent être abondamment
arrosées, et elles y ont rarement la fraîcheur qu'on leur voit
dans les pays plus rapprochés de la mer.

Malgré ses défectuosités, le climat séquanien comporte une
riche et brillante végétation arborescente. Dans les sols et aux
expositions convenables, tous les arbres indigènes de l'Europe
moyenne, le chêne, le châtaignier, le hêtre, le tilleul, l'orme,
le platane, le frêne, l'érable, le pin silvestre, l'if, l'épicéa,
le mélèze, etc., y prennent le plus beau développement. Il en
est de même de beaucoup d'arbres exotiques de régions à peu
près semblables par le climat ou plus froides, tels que les glé-
ditschias et l'ailante de la Chine, le chicot du Canada, le
marronnier d'Inde et le plaqueminier d'Amérique, les noyers
et quelques chênes de l'Amérique du Nord (*Juglans nigra*,
J. amara, *J. squarrosa*, *J. cathartica*, *Quercus alba*, *Q. rubra*,
Q. macrocarpa, etc.), le tulipier (*Liriodendron Tulipifera*), le
sophora du Japon, le cèdre, le cyprès chauve, et même quelques
arbres et arbustes de climats plus méridionaux, le chêne vert,
l'érable de Montpellier, etc., ainsi qu'on le voit dans beaucoup
de plantations des environs de Paris et de Normandie, et mieux
encore dans les célèbres parcs de Vrigny, de Monceau et de
Denainvilliers, près d'Orléans (1). A Paris, et dans toute la
moitié orientale de la région, les arbres et arbustes exotiques à
feuilles persistantes (lauriers communs, lauriers de Portugal,

(1) Ces trois parcs ont été, au siècle dernier, les résidences successives de Du-
hamel, le plus grand botaniste expérimentateur et le plus infatigable arboricul-
teur de son temps. Les arbres qu'il a plantés subsistent encore pour la plupart et
font, par les magnifiques proportions auxquelles ils sont arrivés, l'admiration des
amateurs.

I.

photinias, fusains, néfliers et troènes du Japon, phylliréas, laurier-tin, chêne-liége, camellias, magnolias, etc.,) sont souvent atteints par le froid et n'y durent communément que quelques années; mais leur culture devient d'autant plus certaine, et ils prennent des proportions d'autant plus belles, qu'on s'avance davantage vers l'ouest. A Angers et à Nantes, où à une température plus élevée s'ajoute une humidité atmosphérique plus grande, ces végétaux toujours verts deviennent l'ornement caractéristique des jardins. Enfin, sur le bord de la mer, où les hivers sont si exceptionnellement doux, la culture d'agrément s'étend à un grand nombre de plantes méridionales qui ne peuvent être cultivées à Paris qu'en orangerie ou tout au moins abritées pendant l'hiver, le myrte, le lentisque, les cistes, l'arbousier d'Orient, quelques acacias, des bambous, le phormium de la Nouvelle-Zélande, une multitude de végétaux herbacés ou sous-frutescents demi-rustiques et même quelques palmiers du genre *Chamærops*. Le fait le plus remarquable de naturalisation, dans ce dernier genre, est celui du *Chamærops excelsa* (1) de la Chine dans les jardins royaux d'Osborne (île de Wight), où il en existe un pied qui n'est jamais abrité en hiver, et qui fleurit régulièrement depuis plusieurs années.

Dans aucune région de l'Europe, et même du monde entier, le jardinage n'a pris autant de développement et n'a fait autant de progrès que dans celle qui nous occupe. Ce fait s'explique par la présence de deux immenses capitales, Paris et Londres, et d'une multitude d'autres grandes villes commerciales, tant en Angleterre que sur le continent, par la densité de la population, par la richesse générale et enfin par les besoins de luxe que crée une civilisation raffinée. Nulle part les jardins d'agrément n'ont reçu autant de végétaux exotiques, et ceux d'utilité autant de races de légumes et de

(1) On n'est pas encore suffisamment renseigné sur le nom qu'il convient d'appliquer à cet arbuste. Suivant M. Hooker, il devrait s'appeler *Chamærops Fortunei*, parce qu'il serait spécifiquement différent de celui qui a été décrit sous le nom d'*excelsa* par M. de Martius, le célèbre monographe des Palmiers. D'autres botanistes proposent même d'en faire un genre nouveau, sous le nom de *Trachycarpus*.

fruits, comme aussi nulle part les méthodes de culture n'ont été aussi perfectionnées pour triompher des obstacles opposés par le climat. Mais l'invention des chemins de fer, en facilitant les communications avec des régions plus favorisées, et en permettant aux produits de ces dernières d'arriver rapidement et à peu de frais dans les grands centres de consommation, modifiera infailliblement cet état de choses. Les cultures commerciales, entravées près des grandes villes du nord par les loyers toujours croissants de la terre, se déplaceront insensiblement pour chercher, avec un climat plus favorable, des conditions économiques meilleures. Avec elles, les saines notions d'agriculture et de jardinage iront s'implanter dans des provinces jusqu'ici arriérées par leur peu de relations avec la capitale. Ce sera un avantage pour le pays tout entier, puisqu'outre la plus-value des terres qui en sera la conséquence, les produits du sol, et les capitaux qu'ils font mouvoir, s'accroîtront en proportion de l'intelligence et de l'activité plus grandes du cultivateur.

3° Le **climat girondin** ou du **sud-ouest**. On désigne sous cette dénomination la vaste étendue de pays comprise entre la Loire et le Cher au nord, et les Pyrénées au midi. Les observations manquent pour décider si le plateau central de l'Auvergne en fait partie; mais, faisant abstraction de cette petite région, peu connue au point de vue climatologique, on peut admettre que ce climat règne de l'Océan à la chaîne des Cévennes, qui le sépare du bassin rhodanien. Au sud-est il se termine à la Montagne noire, qui est un prolongement des Cévennes, et au massif plus ou moins élevé qui sépare le bassin de l'Aude d'avec celui de la Garonne.

Cette grande division climatérique est plus homogène que celle que nous venons d'examiner sous le nom de climat séquanien. Quoique adossée à la mer, elle offre un caractère moins maritime et plus continental, ce qui s'explique par ce fait qu'ici la mer n'est qu'un golfe en quelque sorte détaché de la masse de l'Océan, et dont la majeure partie échappe au courant d'eaux chaudes (*Gulf stream*), qui se dirige du sud au nord le long des côtes de l'Europe. En revanche, ce climat jouit du bénéfice de latitudes plus méridionales; il est plus riche en soleil, et quoique l'hiver y soit encore assez froid, il compense ce désavantage par des étés relativement très-chauds.

La température moyenne annuelle, étendue à toute la région, est très-approximativement de 12°,7, c'est-à-dire de deux degrés plus élevée que celle du climat séquanien. La différence entre l'été et l'hiver est d'environ 16 degrés, supérieure par conséquent de 2°5 à cette même différence dans le climat séquanien. La moyenne de l'été est de 20°6, tandis que celle de l'hiver est de 5, n'ayant que d'un degré à un degré et demi d'avantage sur celle du climat séquanien.

A Toulouse et à Pau, le nombre moyen annuel des jours de gelée est encore égal à la moitié de ce nombre à Paris, ce qui explique pourquoi l'olivier et les végétaux qui l'accompagnent sont entièrement exclus du climat girondin, tandis que la vigne, grâce à la chaleur de l'été, y donne des vins de qualité supérieure. Le thermomètre y descend d'ailleurs assez bas, puisque dans les villes de Poitiers, la Rochelle, Agen, Toulouse et Pau, des minima de — 12 sont fréquents. Par compensation, les chaleurs extrêmes y sont aussi très-fortes, la moyenne des maxima étant de 35 degrés.

La quantité annuelle de pluie et sa distribution dans les diverses saisons de l'année fournissent un des traits les plus saillants du climat girondin. A la Rochelle, Poitiers, Bordeaux, etc., la quantité annuelle de pluie est de 586 millimètres, c'est-à-dire à peu près égale à celle du climat séquanien, abstraction faite de ses deux presqu'îles. Vers les Pyrénées, la quantité d'eau augmente notablement, car cette chaîne de montagnes produit ici un effet analogue à celui de l'Océan. Ainsi donc, dans la région du sud-ouest, la terre reçoit au moins autant de pluie que dans le climat du nord-ouest, mais elle en reçoit moins que dans les climats vosgien, rhodanien et méditerranéen.

La distribution de la pluie, par saisons, n'est pas moins caractéristique ici que sa quantité absolue. La plus grande quantité d'eau tombe en automne, et cette prédominance des pluies automnales est très-marquée. On trouve effectivement, pour chaque saison, les proportions suivantes : en hiver 23/100, au printemps 21/100, en été 22/100, en automne 34/100. Cette prédominance, comme on le voit, est encore plus marquée que celle des pluies d'été dans le climat séquanien. Ajoutons enfin qu'avec des quantités de pluie à peu près égales dans les deux régions, celle du sud-ouest compte un moindre nombre de jours de pluie par année moyenne, ce nombre ne dépassant pas 130, d'où il résulte à la fois des pluies plus fortes et plus abondantes, si on les examine séparément, et une illumination solaire de plus longue durée. Ce double caractère se prononce de plus en plus à mesure qu'on s'avance vers le sud.

Dans toute sa moitié septentrionale la région girondine est sous l'empire des vents du sud-ouest, mais dans l'autre moitié, et d'autant plus qu'on approche davantage des Pyrénées, on voit les vents d'ouest et de nord-ouest devenir prédominants. A Toulouse, les vents les plus fréquents et les plus persistants sont ceux du nord-ouest et du sud-est; à Pau, ce sont ceux du nord et du nord-ouest.

Les mesures suivantes donneront une idée de la température dans les principales villes de la région; naturellement cette température croît à mesure que la latitude s'abaisse, tant que les hauteurs des lieux ne sont pas très-sensiblement différentes. C'est du reste ce qui s'observe dans toutes les climats de grande circonscription.

A la Rochelle, la température moyenne est d'environ 11°,6 ; celle de l'hiver 4°,2, du printemps 10,6, de l'été 19°,4, de l'automne 11° 5. En juillet, le mois le plus chaud de l'année, la température moyenne est 20°,2 ; mais on voit encore, dans les hivers rigoureux, le thermomètre descendre à — 15 et — 16 degrés.

A Bordeaux, la chaleur moyenne annuelle est d'environ 13°,5 ; celle de l'hiver est de 5°,6, celle du printemps 13°,10, de l'été 21°,6, de l'automne 13°,5. Cette température, relativement élevée, approche déjà de celles que nous trouverons dans plusieurs villes de la région méditerranéenne ; cependant le thermomètre s'abaisse assez souvent, en hiver, à — 10 et — 12 degrés.

Agen, situé plus au sud, jouit d'une température plus élevée encore. Il est probable que la moyenne annuelle n'y est pas inférieure à 13°,7. Celle de l'hiver est 6°,2 , du printemps 13°,5 , de l'été 22°,42, de l'automne 12°,6, En hiver on y observe des minima de — 10 à — 12 , mais aussi , en été , des maxima de 36 à 37. Le climat de cette ville est éminemment favorable à la culture des arbres fruitiers à noyau.

Toulouse, quoique plus méridionale, présente de singulières défectuosités de climat, eu égard à sa latitude. La moyenne annuelle y est d'environ 12°,72 ; celle de l'hiver est 5°,16 , du printemps 11°,70 , de l'été 20°64 , de l'automne 13°,50 (1). Le mois de juillet, qui est ici le plus chaud de l'année, ne dépasse pas 21°,50. On y compte en moyenne 35 jours de gelée par hiver, et le thermomètre s'y abaisse parfois à — 15 et — 16° ; par compensation, on le voit quelquefois s'élever, en été , à 36 et même 38 degrés. Le nombre moyen des jours pluvieux n'est pas moindre que 145. Ainsi cette ville, qui est à très-peu près sur la latitude de Montpellier, n'a guère que 2 degrés de chaleur de plus que Paris , quoique son altitude au-dessus de la mer (146 mètres) soit insignifiante. C'est un remarquable exemple des modifications que la configuration du sol fait éprouver à un climat.

A Pau, ville renommée par la douceur de son climat, nous retrouvons les hautes températures de la région du sud-ouest, malgré une altitude de 230 mètres. La moyenne annuelle est 13°,40 ; celle de l'hiver 5°,85 , du printemps 13°,70 , de l'été 21,73 , de l'automne 13°,66. Les minima descendent parfois en hiver à — 10° et — 12° , mais ces basses températures n'y sont pas fréquentes ; d'un autre côté, il est rare qu'en été le thermomètre s'y élève au-dessus de 33 degrés. En revanche, le climat y est très-pluvieux ; on y compte, en moyenne,

(1) Ces mesures, peu différentes de celles qui ont été données par M. Martins, résultent de 24 années d'observations faites par M. Petit, directeur de l'observatoire de Toulouse.

125 jours de pluie par an, et la quantité d'eau pluviale est environ le double de celle qui tombe à Paris; elle n'est pas inférieure à 1,085 millimètres.

Le vaste climat girondin est, au total, un des plus beaux de la France. Pour la température générale il vient immédiatement après le climat méditerranéen, mais s'il est moins chaud que ce dernier, il n'est pas sujet, comme lui, à des sécheresses excessives et surtout très-prolongées. La fertilité du sol y favorise d'ailleurs toutes les cultures, entre autres celles du maïs, de la vigne et des arbres fruitiers, y compris le figuier, dont les fruits le cèdent à peine en qualité aux figues du Languedoc et de la Provence. La culture d'agrément n'y est pas moins florissante que celle d'utilité : non-seulement les plantes annuelles exotiques y réussissent mieux que sous le ciel trop frais de la région du nord-ouest, mais les arbres, et surtout ceux à feuilles persistantes, les magnolias, le laurier de Portugal, l'araucaria du Chili, une multitude de conifères, les chênes des régions tempérées de l'Amérique du nord, etc., y prennent des proportions qu'on voit rarement ailleurs, et ces arbres, devenus adultes, y mûrissent communément leurs graines. Comme exemples de ces beaux développements, on peut citer les plantations, déjà célèbres, commencées il y a une trentaine d'années par M. Ivoy, à Geneste, près Bordeaux, où 20 hectares de terrain ont été presque exclusivement consacrés aux essences exotiques (1).

(1) Parmi les arbres naturalisés à Geneste, la plupart déjà adultes et de grande taille, on remarque les espèces suivantes : *Pinus Laricio, rigida, palustris, pungens, strobus, inops, Lambertiana, tœda, patula, Paroliniana, excelsa, Sabiniana; Abies Pinsapo* et *A. Khutrow; Taxodium distichum; Cedrus Libani* et *C. Deodara; Cryptomeria japonica, Sequoia sempervirens* et *gigantea, Cephalotaxus Fortunei,* mâle et femelle, *Biota meldensis, Araucaria imbricata,* etc.; de nombreux chênes d'Amérique, entre autres les *Quercus tinctoria, rubra, coccinea, cinerea, phellos, falcata, aquatica, palustris, Turneri, Catesbœi, macrophylla;* les *Juglans nigra, porcina, præparturiens, amara;* les *Magnolia acuminata, glauca, Yulan, tripetala, macrophylla, grandiflora;* les *Liquidambar styraciflua* et *imberbis;* le *Liriodendron Tulipifera,* le *Laurus Sassafras,* le *Nyssa angulisans,* le *Comptonia aspleniifolia,* divers *Hibiscus,* des *Bignonia,* quelques espèces de *Rhododendron,* et en particulier le *Rh. maximum,* le laurier de Portugal, le chêne pyramidal du même pays, etc. Plusieurs de ces arbres y sont entièrement naturalisés et se reproduisent spontanément de leurs graines ; presque tous ceux qui

Les succès qu'il y a obtenus sont un indice du brillant avenir horticole réservé à cette région, en même temps qu'une expérience toute faite qui servira de guide aux horticulteurs.

4° Le **climat rhodanien** ou du **sud-est**. Ce climat règne dans toute la vallée de la Saône et du Rhône, depuis Dijon et Besançon au nord, où il est en contact avec le climat vosgien, jusqu'à Viviers, où commence le climat méridional. Sa limite à l'ouest est déterminée par les Cévennes et la chaîne de hauteurs qui leur font suite à travers le Lyonnais et la Bourgogne, jusqu'aux premiers contre-forts des Vosges. A l'est, ses limites sont plus indécises; il s'arrête aux collines qui séparent le bassin de la Saône de celui de l'Ain, laissant en dehors le Jura et la Suisse française, qui sont, comme nous l'avons dit, des appendices du climat vosgien, mais il faut vraisemblablement y rattacher toute la partie basse de la Savoie et du Dauphiné. Le manque d'observations suivies ne permet pas de déterminer rigoureusement ses limites ni de ce côté, ni au sud-est, où il semble passer insensiblement au climat méridional ou méditerranéen.

Cette région n'offre pas de caractère tranché en ce qui concerne la température, qui est en moyenne de 11 degrés dans la vallée de la Saône et du Rhône. Les différences entre l'été et l'hiver y sont tout aussi fortes que dans le climat vosgien, car elles sont de 18°,6 dans les villes de Besançon, Dijon, Mâcon, Lyon, Vienne et Viviers. Les hivers sont moins froids que dans le climat du nord-est, leur moyenne étant de 2°,5; mais les étés y sont beaucoup plus chauds, car leur température moyenne dépasse communément 21 degrés. Le climat rhodanien offre donc tous les caractères d'un climat excessif ou continental, mais c'est un climat continental tem-

---

datent d'une trentaine d'années ont atteint, malgré la pauvreté du sol, les proportions de nos arbres forestiers ordinaires; quelques-uns même sont énormes pour leur âge, par exemple les tulipiers (*Liriodendron*) et le cyprès chauve (*Taxodium distichum*), dont le tronc, à hauteur d'homme, mesure 1ᵐ,50 de circonférence. Plusieurs autres arbres de même âge, surtout conifères, ne sont pas moins remarquables par leur grande taille. Le climat girondin, au moins au voisinage de l'Océan, est, comme on le voit, éminemment favorable à la culture des arbres de l'Amérique du Nord.

péré si on le compare à celui du nord-est, qui est, relativement, un climat continental froid.

Sous le rapport pluviométrique, le caractère de la région qui nous occupe est au contraire fortement accusé. La quantité d'eau qui tombe annuellement sur le sol est plus considérable que celle qu'on observe dans tout le reste de la France, excepté peut-être dans les deux presqu'îles du nord-ouest et la région qui avoisine les Pyrénées. Cent quinze années d'observations, faites dans les villes de Dijon, Mâcon, Lyon, Bourg et Viviers, portent à 946 millimètres d'eau la quantité moyenne annuelle de la pluie. Par saisons, cette somme se répartit de la manière suivante : hiver 20/100, printemps 22/100, été 24/100, automne 34/100. Il y a donc ici, comme dans le climat girondin, une grande prédominance des pluies d'automne sur celles des autres saisons; leur prédominance sur celle de l'été est surtout marquée dans la partie la plus méridionale de la région, à Viviers par exemple, ce qui tient au voisinage du climat méditerranéen.

Quoique la quantité d'eau pluviale soit ici plus considérable que dans les régions précédentes, le nombre moyen annuel des jours de pluie y est moindre. Dans le bassin de la Saône on en compte de 120 à 130; le long du Rhône, de Lyon à Viviers, de 100 à 115. Il suit de là que les pluies prises isolément, dans le climat rhodanien, sont plus fortes que dans les climats précédents, et effectivement elles y sont assez souvent d'une abondance extrême. On en cite qui ont donné, en une fois, de 200 à 270 millimètres d'eau, et on a même vu, à Joyeuse, près du Rhône, le 9 octobre 1827, tomber, en vingt-deux heures, et à la suite d'un orage, l'énorme quantité de 792 millimètres d'eau, c'est-à-dire plus d'une fois et demie la quantité totale d'eau qui tombe à Paris dans une année.

Les vents dominants dans le climat rhodanien sont ceux du nord et du sud; les plus fréquents après eux sont les vents du nord-ouest et de l'ouest. Les vents de nord-est et de sud-ouest y sont assez rares. D'après M. de Gasparin, ce sont les vents du sud-est qui amènent la pluie et qui, en déterminant la fonte des neiges sur les Alpes et le Jura, sont la principale cause des débordements du Rhône.

Cette région est aussi une de celles où les orages sont le plus fréquents. On compte à Mâcon, année moyenne, 28 jours de tonnerre. La grêle y est pareillement assez commune et parfois extrêmement forte : on évalue dans le Mâconnais les dommages causés annuellement par ce météore à 850,000 francs. Dans la période décennale de 1822 à 1833, la grêle a détruit pour près de 10,230,000 francs de récoltes, aux alentours de cette ville.

A Lyon, la température moyenne annuelle est estimée à 11°,8 ; celles de l'hiver à 2°,3, du printemps à 10°,9, de l'été à 21°,11, de l'automne à 12°,84. La quantité annuelle de pluie s'élève à 776 millimètres. Ainsi il fait sensiblement plus froid, en hiver, à Lyon qu'à Paris, mais il y fait en revanche beaucoup plus chaud en été.

A Dijon (altitude 263^m), la température moyenne annuelle est 11°,5 ; celles de l'hiver est 1°,9, du printemps 11°,8, de l'été 20°,8, de l'automne 11°8. Les minima de — 12 à — 15 y sont plus fréquents qu'à Paris. La quantité moyenne de pluie est de 679 millimètres, et le nombre des jours pluvieux de 118, dont 25 seulement en été.

A Mâcon, par une altitude de 184 mètres, la température moyenne annuelle est 11°,30 ; celles de l'hiver 2°,47, du printemps 11°,01, de l'été 20°,27, de l'automne 11°,50. Les minima atteignent parfois en hiver — 16 et — 18, mais, par compensation, les maxima de l'été s'élèvent souvent fort haut, et on en a observé de 37 et même de 38 degrés. Il y tombe en moyenne 876^{mm} d'eau, quantité déjà considérable, mais qui l'est moins que dans les localités voisines du Jura, à Bourg, par exemple, où cette quantité est évaluée à 1,172 millimètres.

Enfin à Viviers, limite méridionale du climat rhodanien, et où les influences de la région méditerranéenne se font déjà sentir, la température moyenne de l'hiver n'est encore que de 2°,6, par conséquent plus basse qu'à Paris ; mais la chaleur de l'été approche de 22°,5. Quoiqu'il y tombe annuellement 900 millimètres d'eau, on n'y compte plus que 98 jours de pluie, dont 19 seulement en été. Abstraction faite de l'hiver, le climat de Viviers est presque un climat méridional.

Cette constitution du climat rhodanien, froid en hiver, très-chaud en été, jouissant en outre d'une vive illumination solaire, se traduit de la manière la plus marquée dans ses productions agricoles, surtout lorsqu'on vient à les comparer à celles du climat séquanien. Dans ce dernier les pâturages occupent d'immenses étendues de terrain, principalement dans sa moitié la plus maritime ; la vigne y est une exception, et n'y est même guère cultivée en grand que sur les bords de la Loire, qui sont déjà sous l'influence du climat girondin. Dans le climat rhodanien, au contraire, la culture de la vigne l'emporte de beaucoup sur celle des plantes fourragères ; elle y balance même celle des céréales, ainsi que le témoigne la célébrité des vins de la Côte-d'Or, du Mâconnais, du Beaujolais, de l'Hermitage, etc. Aux céréales ordinaires s'associe le maïs, dont le grain ne mûrit qu'exceptionnellement dans la région du nord-ouest. Les arbres fruitiers prospèrent dans ce climat, le poirier surtout, dont les fruits y acquièrent des qualités supérieures, mais l'hiver y est trop froid, au nord de Lyon, pour permettre la culture du figuier, qu'on ne trouve même que çà et là dans la moitié méridionale de la région, et aux expositions les mieux abritées.

Par suite de son caractère continental, ou, plus explicitement, à cause des grands abaissements de la température en hiver, le climat rhodanien se prête en général moins que celui du nord-ouest à la naturalisation des arbres exotiques à feuilles persistantes, dont la végétation, plutôt ralentie que tout à fait arrêtée dans la saison de repos, s'accommode plus volontiers des climats à hivers doux et humides que de ceux à hivers rigoureux. En revanche, les arbres à feuilles caduques, ceux surtout qui proviennent de pays à étés chauds, ainsi que les arbres à feuilles persistantes originaires de montagnes un peu élevées, ont plus de chances de réussir dans ce climat. Nous citerons comme exemples le pin d'Alep, les chênes de l'Amérique du Nord, les magnolias, le tulipier, les *Rhododendron ponticum, maximum, Catesbæi. Catawbiense,* qu'on y regarde comme franchement rustiques, et qui y prennent de plus belles proportions que sous le climat de Paris. Il en est de même du *Sequoia gigantea*, des cèdres du Liban et de l'Himalaya, de l'*Araucaria imbricata,* de tous les genévriers, des liquidambars d'Orient et d'Amérique et des plaqueminiers (*Diospyros*). En résumé, et sauf les exceptions que l'expérience pourra faire reconnaître, le climat rhodanien admettra la culture en plein air des végétaux du nord de la Chine, de la Mongolie, de l'Asie centrale, de la moitié septentrionale de l'Amérique du Nord, et enfin de ceux des hautes montagnes du midi de l'Europe, de toutes les contrées, en un mot, où à des étés chauds et secs succèdent des hivers relativement froids, dans lesquels la température peut s'abaisser à 15 ou 20 degrés centigrades au-dessous de zéro.

La rigueur des hivers dans le climat rhodanien exclut toute possibilité d'y cultiver en plein air les arbres caractéristiques de la Flore méridionale de l'Europe; le laurier, le myrte, le laurier-rose, l'olivier, le pistachier, le caroubier, le lentisque, le bibassier, le palmier nain, etc., à plus forte raison l'oranger et le citronnier ; tous ces arbres doivent y être tenus en caisses et rentrés en orangerie avant les gelées, ou tout au moins abrités sous une toiture pendant l'hiver. Les chênes du Mexique, les camellias, le lagerstrœmia, les *Acacia* et les *Eucalyptus* de la Nouvelle-Hollande, si florissants dans la basse Provence, n'y réussissent pas mieux. Les cyprès eux-mêmes ont peine à y venir, ainsi que l'*Acacia Julibrizin*, le laurier-tin, et l'arbousier des Pyrénées. On voit, il est vrai, quelques-uns de ces arbres en plein air dans la moitié méridionale de la région, mais il est rare qu'ils y passent plusieurs années de suite sans être plus ou moins profondément atteints par le froid.

Ainsi, sous certains rapports, le climat de la vallée du Rhône est inférieur à celui du bassin séquanien; la végétation arborescente y est moins variée et la verdure moins vive et moins durable; mais par ses étés plus chauds et plus prolongés il se prête mieux que ce dernier à la culture d'une multitude de plantes exotiques annuelles ou traitées comme annuelles, qui, exigeant une vive illumination solaire pendant quatre à cinq mois de l'année, fleurissent ou fructifient difficilement à Paris et au nord de la Loire.

5° Le **climat du midi**, ou **méditerranéen**, ou **provençal**. De tous les climats de la France celui-ci est le plus nettement tranché, et ses effets sont si fortement empreints sur la végétation qu'ils n'échappent pas même à l'observateur le plus superficiel ; aussi de tout temps a-t-on signalé la Provence comme jouissant d'un climat particulier, beaucoup plus voisin de celui de l'Italie ou de l'Espagne que de ceux du reste de la France.

Au climat du midi appartiennent le Roussillon, la partie maritime du Languedoc, le comtat Venaissin, la Provence, la Corse, Nice et toute la côte désignée sous le nom de Rivière de Gênes. A vrai dire, ce climat n'est autre que celui que nous avons désigné, en traitant de la géographie botanique, sous le nom de *climat méditerranéen*, et qui comprend tous les pays situés sur le périmètre de la Méditerranée, à l'exception de l'Égypte. Toutefois, nous n'avons à nous occuper ici que de sa partie française, y ajoutant comme appendices la Corse et l'Algérie, sur lesquelles d'ailleurs on ne possède encore que des observations fort incomplètes.

La température moyenne générale de la région, calculée d'après 182 années d'observations, dans les villes de Montpellier, Avignon, Alais, Marseille, Toulon, Orange, Nice et Perpignan, est de 14°,8 ; elle est par conséquent supérieure de deux degrés à la moyenne générale du climat girondin, mais la différence entre l'hiver et l'été est la même que dans ce dernier, ce qui tient à ce que la chaleur des étés n'est pas abaissée par la Méditerranée, et que la barrière des Alpes et des Cévennes, en arrêtant le vent du nord dans toute la partie de la région qui n'appartient pas à la vallée du Rhône, y maintient la température de l'hiver à un degré relativement élevé. Les étés y sont en conséquence plus chauds et les hivers moins froids que dans le climat girondin. Effectivement, la moyenne de l'été dans les villes ci-dessus nommées est de 22°,6, et celle de l'hiver de 6°,5 ; nous verrons tout à l'heure que, par le fait des sites et des expositions dans certaines localités de ce climat les températures de l'été et de l'hiver sont notablement supérieures à celles que nous venons d'indiquer.

Comme tous les autres climats, celui-ci est sujet à des irrégularités qui lui font subir des altérations momentanées ; ainsi, quoique l'hiver soit habituellement fort doux en Provence, le thermomètre y descend quelquefois presque aussi bas que dans la région rhodanienne. La moyenne des minima pour les villes d'Alais, Arles, Avignon, Montpellier, Marseille, Orange et Nice est de — 11°,5. L'histoire a conservé le souvenir d'un grand nombre d'hivers qui, depuis et y compris l'époque romaine, ont causé de grands désastres en Provence. Sans remonter plus haut que 1820, nous y voyons que cette année-là le thermomètre est descendu à Marseille à — 17°,5 ; mais on signale des hivers encore plus rigoureux, celui de 1709 par exemple, où le port de Marseille fut entièrement pris de glace. Ces hivers exceptionnels, qui reviennent cinq ou six fois par siècle, sont toujours suivis, en Provence, d'une grande mortalité dans les arbres à fruits et surtout dans les oliviers.

Dans toutes les villes que nous avons nommées ci-dessus, la quantité annuelle de pluie est d'environ 650 millimètres, ainsi répartis : en hiver 25/100, au printemps 23/100, en été 11/100, en automne 41/100. Le nombre annuel moyen des jours de pluie n'est plus que de 53, c'est-à-dire moins de la moitié de celui du climat girondin. Le ciel étant très-pur pendant la plus grande partie de l'année, il en résulte une radiation solaire plus forte que dans aucun autre climat français, et au moins quatre fois égale à celle qui a lieu à Paris. La quantité totale de pluie étant à peu près la même que celle qui tombe dans le climat girondin, et les jours de pluie y étant beaucoup moins nombreux, les pluies, prises isolément, y sont par cela même beaucoup plus fortes ; sous ce rapport, le climat du midi est comparable à celui de la région rhodanienne.

Dans la Provence proprement dite le vent prédominant est celui du nord-ouest, plus connu sous le nom de *mistral*. Sa violence est parfois extrême ; il déracine les plus gros arbres et enlève les toitures les plus solides ; c'est le fléau du pays. Il souffle assez fréquemment à Marseille, Arles, Avignon et Toulon ; mais la côte à partir de cette dernière ville, et en se dirigeant à l'est, est de plus en plus abritée contre ce vent par la chaîne de collines élevées qui marche parallèlement au littoral, et qui en l'abritant aussi contre le vent du nord en fait la partie la plus tiède de cette province. En se dirigeant vers l'ouest de la région, on voit également le mistral perdre de sa force et souffler plus rarement. Il est presque inconnu dans la vallée de l'Aude, où on voit reparaître le régime anémométrique du bassin de la Garonne, ce qu'explique la faible hauteur (189 mètres) des collines qui sur ce point font le partage des eaux entre l'Océan et la Méditerranée, et constituent une barrière insuffisante contre les vents d'ouest, prédominants dans le bassin de la Garonne. Le Roussillon, séparé du Languedoc par le massif des Corbières, est soumis à un régime anémométrique un peu différent, caractérisé par une fréquence à peu près égale des vents d'est et d'ouest, que l'on désigne dans le pays sous les noms de *marin* et de *sers*. Les orages d'hiver, quoique toujours moins fréquents que ceux de printemps et d'été, sont sensiblement plus nombreux sous le climat du midi que dans les autres régions de la France.

En résumé, la région méditerranéenne est la plus chaude de la France; elle tient à la fois des climats continentaux et des climats marins, ayant les hivers doux de ces derniers et les fortes chaleurs estivales des premiers; mais plus qu'aucune des autres régions françaises elle offre ces modifications du climat général que l'on désigne sous le nom de *climats locaux*, et qui sont dues aux accidents topographiques, tels que les diversités d'altitudes, de sites, d'exposition, etc. Ces inégalités sont telles que pour deux localités données la température moyenne générale pourra différer de plus de 2 degrés, sans parler des différences, plus grandes encore, qu'on observe d'un lieu à un autre dans la moyenne des hivers. On en jugera par les températures assignées à quelques-unes des villes de la région (1).

A Orange, la température moyenne annuelle est 13°,30, celle de l'hiver 5°,00, du printemps 12°,00, de l'été 21°,5, de

(1) Ces températures ne sont pour la plupart qu'approximatives, mais, faute de documents plus certains, nous avons dû nous en contenter.

l'automne 13°,50. En 1826 le thermomètre y est descendu à
— 15°; mais dans l'été de 1830 on l'a vu monter à 40°,2,
chaleur tout à fait excessive même entre les tropiques. On y
compte environ 50 jours de pluie dans l'année.

A Nîmes, la température annuelle est 13°,70; on y observe des minima de — 12 à — 14 degrés, et on y compte
42 jours de pluie dans l'année.

A Avignon, la température annuelle est d'environ 14°,30;
celles de l'hiver est 5°,8, du printemps 13°,9, de l'été 23°,10,
de l'automne 14°,6. La moyenne du mois d'août, le plus
chaud de l'année, y approche de 24 degrés.

Montpellier, quoique situé en dehors de la vallée du Rhône,
semble moins favorisé. La température annuelle y a été fixée
à 13°,60; celles de l'hiver à 5°,8, du printemps à 12°,6, de l'été
à 22°, de l'automne à 14°,3. Il est probable que ces mesures
sont un peu trop basses, et que la moyenne annuelle y est
plutôt supérieure qu'inférieure à 14 degrés (1). On y observe
cependant, de temps à autre, des abaissements considérables
du thermomètre, tels que de — 12 à — 16°.

A Marseille, la moyenne annuelle est de 14°,08; l'hiver,
déjà très-doux, y a 7°,37, le printemps 12°,80, l'été 21°,11,
l'automne 14,96. On y compte 59 jours de pluie dans l'année,
dont 8 seulement en été.

A Toulon, commence la zone littorale si célèbre par la beauté
du ciel, la douceur du climat et la multitude de végétaux
exotiques qu'on y cultive à l'air libre. Dans cette ville déjà la
moyenne annuelle dépasse 15°; celles de l'hiver est 8°,6, du printemps 13°,3, de l'été 22°,3, de l'automne 16°,3. A Hyères, par le
fait d'un site encore mieux abrité, la moyenne de l'hiver n'est
probablement pas inférieure à 9°. Quoiqu'on manque de renseignements précis, on peut admettre, avec une grande probabilité, que sur tous les points de cette côte, jusqu'à Nice

(1) Les observations thermométriques faites en 1857, 1858, 1859 et 1860, par
M. Roche, directeur de l'observatoire de Montpellier, portent à 14°,32 la température moyenne de ces quatre années, qui comprennent une année exceptionnellement chaude (1859) et une année exceptionnellement froide (1860). On peut donc
supposer que 14°,30 représentent assez exactement la température moyenne de
cette ville.

et au delà, la moyenne annuelle atteint ou dépasse 15°,5. A Nice, d'après d'anciennes mesures, elle serait de 15°,6, celles des saisons étant 9°,3 pour l'hiver, 13°,3 pour le printemps, 22°,5 pour l'été, 17°,2 pour l'automne. Cette longue et étroite bande de terre, qui est comme un climat nouveau ajouté à celui du midi, pourrait être appelée la *région de l'oranger*, cet arbre y étant partout cultivé avec un grand succès. C'est aussi dans cette zone que se montrent ces beaux palmiers qui font à la fois l'étonnement et l'admiration des étrangers venus du Nord pour passer l'hiver sous cet heureux climat.

Pour la partie occidentale de la région du midi, comprenant les villes de Béziers, Narbonne et Perpignan, on n'a que des données très-incomplètes sur la température. A en juger cependant par les produits du jardinage, on est autorisé à croire que dans les deux premières de ces villes la moyenne annuelle est entre 14 à 15 degrés. A Perpignan et à Port-Vendres elle dépasse 15 degrés, car nous y voyons reparaître l'oranger et le citronnier, qui prospèrent dans tous les lieux abrités. Cette température plus élevée s'explique naturellement par l'interposition du massif des Corbières entre le Roussillon et la partie plus septentrionale de la région du midi, ce qui le met à l'abri des vents du nord-ouest. A mesure qu'on s'éloigne de la mer, on voit au contraire la température décroître et les cultures méridionales disparaître peu à peu. A Carcassonne on cultive encore quelques oliviers, mais il n'en existe déjà plus à Castelnaudary, localité qui appartient pour le moins autant au climat girondin qu'à celui du midi, et qu'on peut considérer comme formant la limite entre les deux.

La région méditerranéenne comprend encore, ainsi que nous l'avons dit plus haut, la Corse et l'Algérie; mais nous n'avons sur ces deux contrées que des renseignements météorologiques fort imparfaits. Toute la partie littorale de la Corse jouit du climat de la basse Provence; il est probable même qu'elle a une température un peu plus élevée, car celle de Bastia paraît approcher de 16 degrés. Ajaccio, plus méridional et mieux abrité, dépasse probablement ce nombre (1).

(1) Suivant M. Dupeyrat, ingénieur des mines, qui a observé les températures de

2

Le centre de l'île étant occupé par de hautes montagnes, le climat s'y refroidit à mesure qu'on s'élève, et vraisemblablement à mi-hauteur la température doit osciller entre 12 et 13 degrés, ce qui établit une certaine analogie entre ce haut pays et le centre de la région rhodanienne. On est amené à cette supposition par la comparaison des produits du sol, qui sont à peu près identiques dans les deux contrées.

Par ses principaux caractères climatologiques, comme par ses produits naturels, l'Algérie septentrionale répète, mais avec des températures notablement plus élevées, le climat de la Provence. A Alger, et sur tout le littoral, la température moyenne annuelle paraît osciller autour de 17 degrés; celle de l'hiver est communément de 10, celle de l'été de 25 ou 26. Dans la région montagneuse qui longe la mer, et dont la hauteur moyenne est de 600 à 1000 mètres, la température annuelle s'abaisse sensiblement par suite de la froidure de l'hiver. On y voit effectivement le thermomètre descendre, suivant les lieux et les années, à — 6 et — 8, et même quelquefois beaucoup plus bas; mais la moyenne de l'été y est toujours fort élevée, et peut être portée, sans exagération, à 23 ou 24 degrés. C'est dire que le climat sur ces hauteurs devient tout à fait continental, bien qu'il se rattache encore par plus d'un côté à celui du midi français. Au delà de la zone montagneuse, c'est-à-dire à trois ou quatre cents kilomètres de la mer, le climat change entièrement, et prend un caractère décidément africain; mais là commence la région désertique, caractérisée surtout par la culture en grand du dattier. C'est l'intermédiaire entre le climat méditerranéen et le climat tropical.

La région du midi se distingue nettement de toutes les autres par une végétation qui lui est propre et que caractérisent surtout de nombreuses espèces d'arbres, la plupart à feuilles persistantes. Ce sont, entre autres, le chêne liége, l'yeuse,

---

celte ville en 1810, 1811 et 1812, la moyenne annuelle pour ces trois années serait 16°,66. Celles des saisons s'établiraient ainsi : hiver 9°90, printemps 15°38, été 23°20, automne 18°19. Ces mesures semblent assez exactes; cependant M. Renou pense que la température moyenne d'Ajaccio ne doit pas dépasser 15°,5.

le chêne à glands doux, ou ballote, le vélani, l'olivier, le pistachier, le lentisque, le laurier-rose, le laurier commun, le palmier-nain, le myrte, le caroubier, le grenadier, le jujubier, la bruyère arborescente. Dans toutes ses parties, le figuier croît avec vigueur et donne communément deux récoltes par an. L'oranger, le citronnier, le bigaradier prospèrent dans les localités où la température moyenne dépasse 15 degrés ; plus rustique, le néflier du Japon, ou bibassier, mûrit ses fruits dans presque toute la région. Les jardins d'agrément s'y peuplent d'une multitude de plantes exotiques, qui dans les autres climats de la France exigent tout au moins l'abri de l'orangerie ; tels sont le dattier, qui accompagne ordinairement l'oranger, y fleurit et y mûrit à demi ses fruits dans les années exceptionnellement chaudes ; l'araucaria de Norfolk (*Araucaria excelsa*), qui y prend un beau développement ; l'agave d'Amérique, dont les énormes tiges florifères s'élèvent à 7 ou 8 mètres ; le figuier de Barbarie (*Opuntia Ficus indica*), qui y devient un arbre et donne des fruits comestibles ; le ricin arborescent, qui y vit plusieurs années ; l'arbre à suif de la Chine (*Stillingia sebifera*), qui s'y reproduit de ses graines ; l'azédarach, le phytolacca dioïque, le sterculia à feuilles de platane, et une multitude d'arbres et d'arbustes de la Nouvelle-Hollande, du Cap, du Chili, etc., qu'il serait trop long d'énumérer. Çà et là même, dans les localités très-abritées, vivent en plein air et fleurissent pendant quelques années, des espèces décidément tropicales, mais dont aucune ne résiste aux hivers rigoureux. La vive impulsion donnée au jardinage dans cette partie de la France par l'immigration de riches et nombreux étrangers qui vont s'y établir, et les essais multipliés de culture qui s'y font, ajoutent chaque année à la liste, déjà longue, des végétaux exotiques introduits dans les jardins.

Climats locaux. — Avant de quitter le sujet de la météorologie appliquée à l'horticulture, nous appelons une fois encore l'attention des lecteurs sur ce que nous avons nommé des *climats locaux*. De même qu'on voit le sol changer de nature sur des espaces très-restreints, on voit aussi le climat général d'une contrée se modifier de la manière la plus sensible d'un point à un autre, qui n'en est quelquefois distant que de quelques mètres. Un pli de terrain, une roche en saillie au-dessus du sol, l'orientation d'une pente ou son degré de déclivité, un bouquet d'arbres, un édifice, et cent autres circonstances qu'on ne peut pas toujours reconnaître, suffisent pour accroître ou modérer le froid en hiver et la chaleur en été. La plupart des horticulteurs ont fait des remarques de ce genre; ils savent que dans tel jardin, ou telle partie du même jardin, certaines plantes qui souffrent du froid, de la chaleur, de l'humidité ou de la sécheresse prospèrent à quelques pas de là. Dans tous les climats de grande circonscription on observe ces phénomènes, mais ils sont surtout marqués dans ceux où le sol accidenté modifie la direction des vents et offre des pentes plus prononcées vers les différents points de l'horizon. C'est ce que ne doit pas perdre de vue celui qui entreprend de créer un jardin, et avant d'en choisir la place il fera sagement d'examiner la localité et de s'informer, en consultant l'expérience de ceux qui la connaissent, quelles plantes y réussissent et quelles autres y sont contrariées par les vicissitudes atmosphériques.

Rappelons cependant que ce qu'il y a de plus déterminant, dans la climatologie locale, ce sont, après les abris naturels, les différences de niveau du terrain. Des observations mille fois répétées mettent en toute évidence que les abaissements de température nocturnes sont plus grands dans une plaine ou au fond d'une vallée que sur la pente des coteaux situés à proximité, et qu'il suffit de quelques mètres d'élévation au-dessus du fond de la vallée ou de la plaine pour obtenir le bénéfice de plusieurs degrés de température en plus. Sur ces points relativement élevés, le thermomètre pourra se tenir au-dessus de zéro au moment même où, dans la localité inférieure, il descendra à plusieurs degrés au-dessous. On voit de fréquents exemples de ce fait dans la région de l'olivier, par exemple dans l'intervalle qui sépare Montpellier de Nîmes, où cet arbre est cultivé sur une grande échelle. Dans tous les hivers un peu rudes, les oliviers de la plaine sont atteints plus ou moins profondément par le froid; ceux des coteaux, au contraire, échappent presque toujours, et si parfois ils souffrent de la gelée, c'est à un bien moindre degré que ceux de la zone située plus bas. Si donc le jardin a une pente, s'il y a des inégalités sensibles dans le niveau du terrain, on en profitera pour mettre les plantes frileuses sur les points les plus élevés, et les espèces rustiques dans les parties les plus basses. On obtiendra de cette pratique des effets d'autant meilleurs qu'on saura mieux combiner ces inégalités de niveau avec les abris.

CHAPITRE DEUXIÈME.

FLORICULTURE ET AUTRES CULTURES D'AGRÉMENT DE PLEIN AIR :
PARTERRES, JARDINS FLEURISTES, PARCS, JARDINS PAYSA-
GERS, ETC.

---

§ 1er. — *Considérations générales.*

La floriculture de plein air, c'est-à-dire la culture de
plantes rustiques ou demi-rustiques recherchées presque ex
clusivement pour la beauté, le parfum, la variété et la vivacit
du coloris de leurs fleurs, est et restera toujours la partie fon
damentale du jardinage d'agrément. C'est elle qui a le plu
d'attrait pour le grand nombre des amateurs, et qui est e
même temps la plus facile et la plus accessible à tous. Elle es
souvent un accessoire des autres genres d'horticulture orne
mentale, et elle se plie à tous les degrés de fortune comme
tous les goûts et à toutes les circonstances de lieux et de cl
mats. Il n'y a donc pas lieu de s'étonner si elle jouit de la fa
veur universelle.

Son théâtre le plus habituel est ce qu'on nomme le *parterr*
ou *jardin fleuriste*. Là effectivement elle est chez elle, et so
répertoire est si varié qu'elle peut aisément s'y passer de tou
accompagnement étranger. Les surfaces qu'elle occupe n
sont jamais très-étendues, parce que l'œil doit en embrasse
simultanément toutes les parties ; elle se prête d'ailleurs ave
une merveilleuse facilité au morcellement, lorsqu'elle ent
dans la décoration des jardins d'un autre caractère ; elle e
enfin susceptible de tous les diminutifs, depuis une plate-band

de quelques mètres de superficie jusqu'à l'étroit espace d'une caisse ou d'un pot. Sous cette dernière forme, elle constitue une branche secondaire du jardinage décoratif, celle qu'on désigne sous le nom de *jardinage de fenêtre* ou *d'appartement*.

La floriculture s'est de tout temps associée au jardinage d'utilité, et rien n'est encore plus fréquent que de trouver des plates-bandes de fleurs le long des allées principales d'un jardin potager, ou de voir des rosiers et autres arbustes de fantaisie alterner avec des arbres fruitiers. C'est là de la floriculture plébéienne, suffisante dans le jardin d'un fermier ou d'un petit propriétaire rural, auxquels des travaux plus sérieux ne laissent pas le loisir de cultiver un parterre suivant les règles. Dans les châteaux et les maisons de plaisance des personnes riches ou aisées, le jardinage fleuriste se dégage ordinairement de ces cultures vulgaires ; il devient une spécia-ité, et prend un cachet particulier, un *style*, comme on dit dans la langue horticole, qui est déterminé par la mode régnante, la nature des lieux ou simplement par le caprice du maître. Hâtons-nous de dire que l'invention ou l'application d'un style approprié aux circonstances est une œuvre de goût et d'imagination, dont peu d'hommes sont capables ; et effectivement la création d'un jardin d'agrément de quelque étendue, de ceux surtout qu'on désigne sous le nom de *jardins pittoresques* ou *paysagers,* est un art, *l'art jardinique,* aussi complexe et aussi difficile que l'architecture, et les compositions bien réussies dans ce genre ne sont communes nulle part.

Le style des jardins fleuristes et paysagers a varié avec les temps et les mœurs. Aujourd'hui encore il varie suivant les lieux et les climats. On n'a pas de peine à concevoir qu'un jardin d'agrément sous le climat humide et presque sans soleil de l'Angleterre ne saurait être composé des mêmes éléments que sous celui du midi de l'Europe. Tout change avec les latitudes : les aspects du ciel, le paysage, les végétaux, les industries de l'homme, les modes de culture, les goûts et les besoins, et le jardinage de luxe reflète inévitablement ces éléments divers. En Angleterre, de verdoyantes nappes de gazon sont l'accompagnement presque obligé des parterres ; en Italie ce sont des gradins, des statues, des eaux jaillissantes. Chaque nation sous ce rapport a ses goûts particuliers comme chaque climat et chaque site ont leurs exigences. Il n'est pas jusqu'aux formes du gouvernement qui n'impriment leur cachet sur le style des jardins. On en jugera en comparant les parterres symétriques et compassés (*fig*. 1) des XVIe et XVIIe siècles, dont les au-

Fig. I. — Plan de parterre du temps de Henri IV.

teurs du temps nous ont conservé les dessins et les descriptions avec ceux d'allures plus dégagées qui sont en vogue aujourd'hui. Entre ceux-ci et les premiers il y a toute la distance qu sépare une époque d'émancipation politique du temps ou la volonté du monarque était le diapason régulateur des mœur et des goûts de la nation.

L'histoire du jardinage d'agrément, et l'examen des phases diverses qu'il a parcourues chez les différents peuples de l'Europe, depuis l'époque de la Renaissance, serait aussi intéressante qu'instructive; mais le temps et l'espace nous manquent pour l'exposer à nos lecteurs, et elle serait un hors-d'œuvre dans un traité aussi élémentaire que celui-ci. Pour ceux cependant qui voudraient s'en faire une idée, nous indiquerons à la fin de ce chapitre les ouvrages français et étrangers qui nous paraissent les plus utiles à consulter.

§ II. — *Du parterre.*

Nous avons surtout à considérer ici l'emplacement que le parterre doit occuper relativement aux édifices qui l'avoisinent, sa distribution et sa plantation. Les règles que nous allons donner ne pourront être que très-générales, car les conditions d'établissement varient à l'infini, et, comme nous l'avons dit tout à l'heure, il faut à la fois un certain goût naturel et un tact développé par l'étude de bons modèles pour réussir dans ce genre de composition.

Situation du parterre. Elle est indiquée par sa nature même. Le parterre étant le tableau en raccourci de ce que le règne végétal produit de plus gracieux doit être au voisinage immédiat de l'habitation. Il convient non-seulement que le regard puisse l'embrasser du haut des fenêtres ou des balcons, mais encore qu'il soit facilement accessible par tous les temps et dans toutes les saisons. S'il se compose de pièces isolées, disséminées sur une pelouse, aucune de ces pièces ne doit être entièrement dissimulée à l'œil, soit par son éloignement, soit par quelque obstacle interposé; mais quelques-unes peuvent être habilement rejetées sur les côtés de manière à être vues de profil. Les serres, s'il en existe, et si leur caractère architectural s'y prête, doivent être aussi en vue de la maison d'habitation, mais au delà du parterre, dont elles formeront la limite en avant ou sur les côtés. C'est à l'architecte ou au propriétaire de juger, d'après les conditions particulières du lieu,

quelles combinaisons seront les plus propres à produire un
ensemble dont toutes les parties seront harmonieusement liées
l'une à l'autre.

Tous les emplacements ne permettent pas au même degré
le choix du terrain le mieux approprié à la création d'un parterre, et souvent il faudra faire fléchir la règle ; on tâchera
cependant de s'en éloigner le moins qu'on pourra. En voici
une qui est très-générale pour les climats septentrionaux, ceux
surtout qui sont pluvieux et où le ciel est souvent couvert : ce
sera de placer le parterre aux expositions du midi, du sud-est ou
du sud-ouest, et jamais absolument au nord des bâtiments d'habitation. L'illumination solaire, outre qu'elle est en elle-même
un des grands attraits de la nature, est la première condition de
bien-être pour les plantes, de celles surtout auxquelles on demande des fleurs. Pour la même raison on éloignera les parterre
des murs ou des constructions qui y jetteraient trop d'ombre
et on évitera d'y planter des arbres élevés ou touffus, avec d'autant plus de soin que le jardin sera lui-même plus étroit. Les
massifs d'arbres et les constructions peuvent cependant être
utiles au parterre, mais à la condition de lui servir d'abri contre
les vents froids ou violents, et par conséquent d'être en dehors
de ses limites et tellement placés qu'ils ne lui enlèvent rien de
la lumière solaire. Dans les climats du midi cette règle est
beaucoup moins absolue, et là pour la culture des fleurs
comme pour celle des légumes, les jardins se trouvent bien
d'être modérément ombragés par des arbres. Beaucoup de
plantes même s'y accommoderont de l'exposition du nord,
condition cependant qu'elles puissent recevoir les rayons du
soleil pendant quelques heures du matin ou du soir.

Dans tous les cas possibles, mais peut-être plus encore dans
le nord que dans le midi, on évitera pour l'emplacement d'un
parterre les lieux bas, où les eaux de pluie pourraient s'a-
masser. La salubrité d'ailleurs fait une loi de tenir les habitations à l'écart de ces endroits déclives. Cependant, si à une
certaine distance de la maison, par le fait d'un sol en pente
les pluies pouvaient être réunies et conservées toute l'année en
quantité assez notable, on pourrait en tirer parti pour y créer

n aquarium ou lac artificiel, qu'on peuplerait de plantes rustiques, et dont l'eau servirait encore pour l'arrosage dans les moments de sécheresse. Avec un peu d'art et un esprit inentif, il est rare qu'on ne puisse faire tourner à l'avantage u jardin des conditions locales souvent plus mauvaises en pparence qu'en réalité.

Terrain du parterre. Ordinairement le terrain sur equel le parterre est établi ne se distingue par aucune qualité articulière de celui de la propriété dont il fait partie. S'il est nauvais ou médiocre, il est facile, à raison de son peu d'étendue, de l'améliorer par quelques engrais et des amendents appropriés à sa nature. La meilleure terre pour la culure des plantes d'agrément, toujours très-variées d'espèces et e besoins, est une terre moyenne où les principes argileux t calcaires se balancent, mais sont en même temps rendus égers par une dose à peu près égale, ou un peu plus forte, d'éléments siliceux. Cette terre doit être très-meuble, non sujette durcir et à se fendiller au soleil, ce qui annoncerait un xcès d'argile, et le sous-sol être parfaitement perméable our que l'eau n'y séjourne jamais. En fait d'engrais, on ne oit y introduire que des terreaux décomposés, du guano ou es engrais liquides très-dilués. Il est naturel qu'on évite sur n terrain consacré à la culture de plaisir, et situé à la porte nême de l'habitation, tout engrais désagréable à l'œil ou à l'odorat.

Nous venons d'indiquer la qualité moyenne de la terre, celle ont le plus grand nombre de plantes, prises en bloc, pourront s'accommoder ; mais il y a des espèces dont les appétits ont si particuliers que cette terre de qualité moyenne ne leur uffirait pas pour acquérir toute leur beauté, ou même qui efuseraient d'y venir. C'est ainsi, par exemple, que les prinevères préfèrent le sol où domine l'argile, les plantes buleuses celui où la silice est légèrement en excès, les bruyères, es rosages, les kalmias, etc., la terre de bruyère propresent dite. Pour toutes ces cultures spéciales on devra réserver, dans les lieux qu'on jugera les mieux appropriés pour l'effet général, des espaces où la terre sera essentiellement

de la nature indiquée par le genre de plantes qu'on voudr
y cultiver. Ces particularités ont été déjà indiquées dans l
premier volume de ce traité; nous les compléterons en par
lant de la culture propre à chacune de ces catégories.

La surface du terrain réservé au parterre peut être naturel
lement plate ou ondulée. Il n'y a aucun 'inconvénient à c
qu'elle soit partout de même niveau, surtout si l'espace es
très-circonscrit; on peut cependant rompre.avantageusemen
cette uniformité en créant des reliefs artificiels de quelque
centimètres de hauteur au-dessus des allées et des sentier:
Il est bon même, surtout si le lieu est humide, que toutes le
planches ou plates-bandes se relèvent de 5 à 10 centimètre
au-dessus du niveau primitif du terrain, ce qu'on obtient soi
par des apports de terre neuve, soit en en prenant sur le
allées. On donne, toutefois, avec avantage un relief plus grand
par exemple de 20 à 40 centimètres, à certains compartiment
de forme circulaire ou ovale, souvent introduits dans le dessi
du parterre, et cela afin de mettre mieux en évidence le
groupes fleuris. Cette hauteur se proportionne d'ailleurs
l'étendue totale du jardin, et aussi aux espèces de plante
qu'on se propose de cultiver. Dans tous les cas, les reliefs d
terrain ne doivent jamais être arrêtés brusquement sur leur
contours, mais s'élever graduellement, par des pentes douce
et arrondies, de la périphérie au centre; ce sont moins de
collines que de simples ondulations de la surface du terrain

Il peut arriver que l'emplacement réservé au jardin fleuris
soit entrecoupé d'inégalités beaucoup plus grandes que celle
qu'on y aurait introduites artificiellement, dans un but de va
riété, si le sol eût été plat. C'est alors affaire au propriétair
ou au jardinier paysagiste de juger, d'après l'état des lieux
quelles inégalités doivent être abaissées ou enlevées, quelle
autres doivent être conservées, quel parti, en un mot, on peu
tirer de ces conditions naturelles pour y créer un jardi
agréable à l'œil. Il n'est pas rare que ces accidents du so
puissent être avantageusement utilisés pour l'effet décoratif
mais le choix et le mode d'emploi sont ici entièrement affair
de goût. Faisons seulement observer que si le terrain s'adoss

à un rocher, ou s'il est çà et là entrecoupé de roches de quelques mètres de hauteur, ce seront autant de rocailles déjà commencées, et qu'il ne s'agira plus que d'achever pour les rendre propres à recevoir des plantes. Nous en parlerons avec plus de détail en traitant des jardins paysagers proprement dits.

Forme et dessin du parterre. La forme générale du parterre est souvent déterminée par son emplacement même, et il n'est pas rare alors que ce soit un carré ou un rectangle, ou tout au moins un polygone plus ou moins régulier, ainsi qu'on le voit dans la plupart des jardins publics de nos villes; mais à où l'espace n'est circonscrit ni par des constructions, ni par des cultures que l'on est obligé de conserver, et surtout si on peut tailler le parterre dans le gazon d'une vaste pelouse, on lui donne presque toujours des formes irrégulières, caractérisées par des lignes courbes, bien plus agréables à l'œil que des formes purement géométriques. Très-souvent même on le morcelle de manière à le disséminer par îlots plus ou moins grands sur le tapis verdoyant qui lui sert de cadre. Cette répartition exige beaucoup de tact et de goût. Toutes les fois d'ailleurs que le parterre s'établit dans ces conditions, il doit être en relief de quelques centimètres sur la pelouse environnante.

Le dessin d'un parterre, s'il a quelque étendue, est une véritable œuvre d'art, et qui exige à la fois de celui qui l'entreprend une grande connaissance de la matière et beaucoup d'imagination. Peu d'hommes y ont excellé, et à peine en citerait-on cinq ou six en France, depuis le temps où le célèbre Le Nôtre traçait les jardins et les parterres de Versailles. Mais, comme nous l'avons dit plus haut, les goûts se modifient avec les époques, et aujourd'hui surtout que presque toutes les grandes fortunes ont disparu et que la loi qui règle les successions laisse peu de chances de durée à ces sortes de compositions, elles se sont simplifiées, et il faut peut-être moins d'art aujourd'hui pour créer un parterre qu'il n'en fallait il y a un siècle ou deux.

Dans un sujet comme celui-ci, où tant d'éléments divers

Fig. 2. — Plan du parterre de St-Germain-en-Laye, dessiné par Boyceau, en 1653

doivent se combiner pour produire un tableau harmonieux, il n'est guère possible de tracer des règles. Tout ce qu'on peut faire c'est de recommander l'étude des parterres d'un certain renom, soit dans les jardins publics, soit dans les propriétés privées. C'est par l'observation des bons modèles seuls que le goût se forme et qu'on apprend à se servir des données de la théorie. Pour aider cependant, autant qu'il est en nous, le lecteur dans cette étude difficile, nous donnons un peu plus loin la figure d'un des parterres de forme régulière du Muséum d'histoire naturelle, qui sans être recherché tient cependant une place honorable parmi ceux de la capitale. Ce dessin colorié donnera une idée suffisante des rapports qui doivent exister dans la distribution des teintes diverses de la verdure et des fleurs.

A proprement parler ce sont les allées et les sentiers qui constituent le dessin d'un jardin, puisqu'ils déterminent les formes des compartiments occupés par les plantes. Quelle que soit la figure totale du parterre, qu'elle soit géométrique ou irrégulière, les allées et les sentiers peuvent être rectilignes ou courbes; ces deux caractères s'allient même très-souvent, une ou plusieurs allées droites divisant d'abord le terrain en grands compartiments, que découpent ensuite en compartiments plus petits des sentiers sinueux. Le choix des deux modes, ou leur réunion, dépend de circonstances qu'il faut savoir apprécier. Dans tous les cas, les allées principales comportent une bien plus grande largeur que les sentiers, mais cette largeur est encore subordonnée à la dimension totale du parterre. Il est rare qu'elle dépasse ou même qu'elle atteigne 4 mètres, dans les plus grands jardins, et elle peut se réduire à 1 mètre ou moins encore dans les plus petits. Les sentiers ont en général une largeur suffisante si deux personnes peuvent y passer de front; le plus souvent même il suffit qu'une seule puisse s'y mouvoir commodément, sans être exposée à fouler du pied les bordures.

Il est de règle que les allées et les sentiers d'un jardin soient sablés, ou plutôt couverts d'une couche de gravier un peu fin. Cette pratique a pour but d'empêcher la boue de s'y

former à la suite des pluies, de faciliter la marche et auss
d'étouffer les mauvaises herbes qui pourraient y croître. L
sable siliceux un peu gros que charrient les rivières convien
parfaitement pour cet usage; là où il serait difficile et coûteu
de s'en procurer, on y supplée par des gravois quelconques
concassés s'il est nécessaire, et dont les plus gros fragment
ne doivent pas dépasser le volume d'une noix. Lorsqu'on
du gravier de bonne qualité et un peu fin, on peut le mêle
à de la brique pilée, qui sert de ciment entre ses différente
particules, et dont la teinte rougeâtre se marie avantageuse
ment à celle de la verdure environnante. L'épaisseur de cett
couche de gravier n'a rien de bien arrêté; elle varie suivan
la nature tenace ou légère du terrain, mais il suffit qu'elle ai
1 centimètre d'épaisseur. Produire une surface résistante, unie
relativement sèche et commode à la marche, est ici la règl
déterminante. Il existe des jardins où cette couverture de gra
vier est remplacée par du bitume ou par un véritable carrelag
en briques, mais c'est là une pratique trop coûteuse et dont le
avantages sont trop locaux pour qu'on puisse la recommande
d'une manière générale.

Bordures des allées et des sentiers. Ces bordure
ont pour but de protéger les plantes contre les pieds des pro
meneurs, et aussi de les empêcher d'empiéter sur la voie, qu
doit toujours rester nette et conserver son uniformité. Elle
sont vivantes ou sèches suivant les matériaux qu'on y emploie

Les bordures vivantes, qui sont quelquefois de véritables pe
tites haies, se font avec des plantes rustiques, et autant que pos
sible vivaces et ligneuses, capables en un mot d'endurer de
chocs fréquents sans en être notablement endommagées. A c
point de vue aucune espèce ne réunit autant de qualités que l
buis commun qui, à une grande résistance joint l'avantage d
conserver toujours sa verdure. Il s'accommode de tous les ter
rains, même des plus pauvres, pourvu que l'eau n'y soit pa
stagnante; il reprend facilement d'éclats et est très-docile à l
taille. En le plantant par éclats enracinés, sur une seule ligne
à des distances de 7 à 8 centimètres, on obtient en quelque
mois une bordure continue et touffue, d'un aspect agréabl

d'une grande solidité. On le taille au ciseau, de manière à donner à la bordure une régularité géométrique, et on le maintient par là à une hauteur déterminée à la fois par les dimensions du parterre, le relief des compartiments plantés au-dessus du niveau de l'allée et aussi par la grandeur des plantes qu'ils contiennent. Trop basse, la bordure serait presque sans effet; trop haute et trop nourrie, elle écraserait les plantes qu'elle doit protéger; on peut fixer, comme une moyenne très-générale, sa hauteur entre 12 et 18 centimètres, sur une épaisseur un peu moindre.

Le thym, le gazon d'Olympe ou staticé maritime, la grande et la petite pervenche, la pâquerette à fleurs doubles, le fraisier et beaucoup d'autres plantes ont été essayés en guise de bordures, mais aucune d'entre elles n'a jamais pu remplacer le buis le long des allées. Le thym, beaucoup moins beau de feuillage, est en même temps moins rustique et moins ferme; de plus, il en périt toujours quelques pieds, ce qui laisse des places vides qu'il faut sans cesse regarnir, mais il a l'avantage d'être d'une autre nuance que la masse de la végétation, et en outre il fleurit, et exhale un parfum aromatique qui n'est pas sans agrément. On peut donc l'adopter, comme plante de bordure, mais seulement dans une mesure très-restreinte, et pour protéger de petits massifs de fleurs. Le gazon d'Olympe, qui est tout herbacé et s'étale sur le sol, ne défend pas les plantes des compartiments, et il a de plus l'inconvénient d'empiéter sur les allées; mais sa verdure émaillée de fleurs lilas est agréable à l'œil. Les bordures de pervenche sont aussi peu défensives, et elles exigent un travail d'entretien presque continuel pour être maintenues dans les limites qu'elles ne doivent pas dépasser. Les mêmes remarques s'appliquent au fraisier, qui, s'il a le faible avantage de donner des fleurs et des fruits, envoie ses coulants dans les massifs et dans les sentiers, et attire sous son ombre touffue une quantité de limaces et d'insectes. Toutes ces plantes, et beaucoup d'autres que nous omettons, peuvent cependant être utilement employées en bordures lorsqu'on sait s'en servir à propos. Dans le parterre circulaire dont nous reproduisons la figure (pl. II), on

voit une bordure de lierre d'un assez bon effet, mais ici c
n'est plus un rôle de protection qu'on cherche à obtenir
Lorsque les massifs sont isolés sur une nappe de gazon où l
promenade est interdite il est inutile de leur donner un
bordure défensive; ces massifs ont même souvent plus d
grâce lorsque les plantes de la circonférence s'étalent en li
berté sur la pelouse environnante.

Les bordures sèches se font en bois, en briques ou e
fer. Les premières consistent en un petit treillis de branche
recourbées et entrecroisées, dont les extrémités sont fichées e
terre assez profondément pour n'être pas facilement déplacées
Les baguettes, ordinairement en bois de chêne, de charme
ou de hêtre, sont en moyenne de la grosseur du doigt. Le re
lief de la bordure, tantôt verticale, tantôt évasée, et figuran
le bord supérieur d'une corbeille, est de 12 à 15 centimètre
au-dessus du sol, quelquefois plus, suivant la taille des plante
fleuries. Ces petites garnitures, qui représentent assez exacte
ment une haie sèche, et qui ne sont pas sans élégance lor
qu'elles sont bien faites, n'ont malheureusement que peu d
durée, par suite de la corruptibilité des matériaux employés

Les bordures en briques fichées debout, jusqu'aux deu
tiers de leur hauteur, sont de beaucoup à préférer, à cause d
leur longue durée, et de leur solidité. Par elles-mêmes elle
n'ont aucune élégance, mais leur simplicité même est u
avantage en ce qu'elle facilite les soins de propreté qu'on do
donner au parterre, car elles n'offrent aucun refuge aux li
maces et autres animaux destructeurs, inconvénient dont l
buis lui-même n'est pas exempt, et de plus elles retienner
parfaitement la terre des reliefs. Si on tient compte de leu
bas prix relatif et de la facilité de remplacer celles qui vien
nent à être brisées, on n'hésitera pas à leur donner la préfé
rence sur les autres garnitures sèches. Il faudra toujours le
choisir parfaitement cuites, dures et compactes. Leur lon
gueur ne devrait pas être moindre que 0ᵐ 25, sur 0ᵐ 06
0ᵐ 07 d'épaisseur, et il y aurait même avantage à les prendr
plus longues, puisque la bordure aura d'autant plus de solidit
que les briques seront plus profondément enfoncées en terr

Au lieu de briques ordinaires, on peut se servir avec avantage de briques faites exprès, et qu'on trouve dans quelques fabriques de poteries horticoles. En y employant des argiles de choix, il serait facile de leur donner à la fois beaucoup d'élégance et de solidité.

Les bordures métalliques sont des treillis de formes variées, en fer forgé ou fondu, et quelquefois de simples entrelacements de fils d'archal d'un fort calibre. Ces sortes de défenses sont en vogue aujourd'hui, et on en construit de bien des modèles. Elles ont l'avantage de ne pas attirer les insectes, mais elles sont d'un prix comparativement élevé, et la peinture dont on les couvre ne les préserve qu'imparfaitement de l'oxydation. Au total elles ont aussi leurs inconvénients, et ne conviennent pas dans toutes les circonstances. Quant au treillis de simples fils de fer, ils ont si peu de solidité et se déforment si facilement à la moindre pression qu'on ne saurait en aucun cas en recommander l'usage.

Pelouses et **gazons.** Ce sont des surfaces de terrain plus ou moins vastes, de formes indéterminées, et couvertes d'une végétation très-uniforme de gramens, dont la verdure perpétuelle est un des grands attraits du jardinage paysager. Les pelouses diffèrent des gazons proprement dits en ce que l'herbe, moins choisie, y devient plus haute, et qu'on leur donne des soins moins assidus. Le gazon, plus raffiné et mieux entretenu, est fait pour être vu de près; la pelouse gagne à être vue d'une certaine distance, ce qui suppose toujours une certaine étendue.

Ainsi que nous venons de le dire, ces tapis de verdure font essentiellement partie du jardinage pittoresque ou paysager, les pelouses à un plus haut degré que les simples gazons, mais ils tiennent aussi au jardinage fleuriste, puisque souvent ils lui servent de cadre ou en émaillent les compartiments. Des massifs de fleurs habilement jetés sur les côtés d'une pelouse, ou même isolés dans la verdure, pourvu que ce soit toujours près du bord et à portée des habitations, en rehaussent singulièrement la beauté. Il est essentiel en effet que la nappe verte ne soit pas interrompue, et que d'une extrémité à l'autre l'œil puisse la parcourir sans être arrêté par aucun obstacle.

Les gazons entrent avec avantage dans la composition d'un parterre, soit en l'enveloppant de toutes parts, soit en se découpant pour en suivre les sinuosités. Dans le premier cas c'est une pelouse en petit, sur les bords de laquelle sont groupés des massifs de fleurs, ordinairement d'une taille peu élevée et de couleurs vives, qui tranchent fortement sur le fond de verdure; dans le second ce sont des compartiments qui s'entremêlent aux groupes de fleurs. Ces petites nappes gazonnées sont d'un très-bon effet, lorsqu'on sait les assortir aux plantes cultivées dans leur voisinage.

Il y a deux manières d'établir les gazons : ce sont le semis et la transplantation. Le semis se fait à la volée, aussi également que possible et un peu serré, sur la terre préalablement ameublie, nivelée et engraissée de terreau décomposé, après quoi on foule le sol et on l'arrose, pour que les graines fassent corps avec lui. Toutes nos graminées communes ne sont pas également propres à entrer dans la composition d'un gazon on ne doit y employer que des espèces vivaces, qui tallent du pied et garnissent bien le terrain. Les meilleures, lorsqu'on peut s'en procurer des graines, sont la fétuque des moutons (*Festuca ovina*) et les espèces qui s'en rapprochent (*F. rubra, F. duriuscula*), mais on y emploie avantageusement aussi le paturin des prés (*Poa pratensis*), la fléole (*Phleum pratense*), le cynosure (*Cynosurus cristatus*), la flouve odorante (*Anthoxanthum odoratum*), l'ivraie vivace ou ray-grass (*Lolium perenne*), les agrostides (*Agrostis canina* et *A. vulgaris*), etc. On doit au contraire éviter d'y introduire le dactyle (*Dactylis glomerata*), les houques (*Holcus mollis* et *H. lanatus*), les bromes (*Bromus erectus*, etc.), la grande avoine ou fromental (*Avena elatior*), et autres graminées trop fortes, tallant peu du pied ou dont le feuillage est peu abondant. Introduites dans les gazons, ces plantes occasionnent presque toujours des vides ou des inégalités désagréables à l'œil.

La transplantation donne des résultats plus prompts que le semis, mais, à moins de circonstances particulières, les plantes insi obtenues sont moins choisies. Elle s'effectue en découpant, ur un fond de prairie, des carreaux de gazon, qu'on trans- orte, avec toute la terre qui tient aux racines, sur les points lu jardin qu'il s'agit de garnir. Les carreaux doivent avoir les mêmes dimensions, et leur épaisseur être telle que la totalité les grosses racines ait été enlevée avec la motte de terre. les carreaux mis en place, et bien ajustés les uns avec les au- res, on les roule pour en égaliser la surface, et on les arrose our les faire adhérer au sol sous-jacent, qui doit avoir été réalablement ameubli et fumé. Les plantes ne tardent pas à repousser de nouvelles feuilles, et s'il se trouve parmi elles des espèces impropres au but qu'on se propose, on les extirpe pour laisser la place libre aux espèces gazonnantes.

Le gazonnement par semis et par transplantation est un des raits caractéristiques du jardinage anglais, et il ne réussit nulle part aussi bien qu'en Angleterre, ce qui tient d'abord au climat, ensuite à la qualité argilo-calcaire du terrain. Dans le nord de la France, en Belgique et même en Hollande, le gazon est d'un entretien plus difficile; aussi en fait-on beaucoup moins d'usage qu'en Angleterre. Dans nos provinces du midi, les gazons sont presque inconnus, et le peu qui en existe ne se conserve en été qu'au moyen d'arrosages dispendieux. Les gazons doivent être fréquemment tondus, pour présenter en tout temps une surface unie. On les arrose dans les temps de sécheresse, et tous les deux ou trois ans on les amende en y répandant du terreau. On a soin aussi de combler par des se- mis les vides qui auraient pu s'y former.

Un gazon est d'autant plus beau qu'il est plus homogène et plus égal dans toutes ses parties; c'est ce qui fait que la plu- part des auteurs qui ont traité la matière s'accordent à dire qu'il doit être exclusivement formé de graminées. On a sou- vent essayé d'y introduire, sous prétexte de variété, différentes espèces de plantes dicotylédones, telles que des trèfles, des pâ- querettes, des renoncules, etc., dont les fleurs diversement co- lorées devaient embellir le tapis de verdure; mais l'expérience a fait reconnaître que l'avantage ainsi obtenu était plus que con- trebalancé par les vides qui naissent inévitablement autour de

3.

ces plantes, et on y a généralement renoncé. Il n'en serait pa
de même d'une pelouse d'une certaine étendue, où les dé
tails échappent facilement à l'œil. Là, en effet, quoique l
verdure soit la chose essentielle, des fleurs d'un coloris un pe
vif, disséminées çà et là, varient agréablement l'uniformit
du tableau.

Accessoires du parterre. Nous comprenons sous c
titre les divers objets qui, sans faire partie intégrante du par
terre, ajoutent en général à son agrément ou servent à so
entretien. Ce sont les *pépinières*, les *bassins* et les *jets d'eau*
les *bancs*, les *arbres en caisses*, les *vases* contenant des fleurs
et les *haies*, plus ornementales ici que défensives.

La *pépinière* d'un parterre n'est rien autre chose que le jar
din de préparation, soustrait à la vue du public, où sont éle
vées les plantes qui à un moment donné doivent prendr
place dans les plates-bandes ou les compartiments du jardi
fleuriste. Elle est pourvue de tous les ustensiles et appareil
nécessaires pour opérer la multiplication des plantes par se
mis, couchages, boutures ou greffes, les abriter contre l
mauvais temps, les élever jusqu'au moment où il conviendr
de les transporter dans le parterre, et, au besoin, en hâter o
en retarder la floraison. Les travaux qu'on y exécute sont d'au
tant plus multipliés et plus compliqués que le parterre es
plus grand et qu'il faut en renouveler plus souvent la décora
tion.

Les plantes de la pépinière sont les unes en pleine terre
les autres en pots, suivant qu'elles se prêtent plus ou moin
à la transplantation, et aussi suivant la taille qu'on veut leu
faire acquérir. Les espèces de transplantation facile, et qui re
prennent même lorsqu'elles sont déjà sur le point de fleurir
comme le chrysanthème de l'Inde, se cultivent généralemen
en pleine terre; il suffit, en les arrachant, de ménager leur
racines et de les enlever avec la motte. Celles qui souffren
difficilement la transplantation, ou qu'on veut tenir plu
basses que leur nature ne le comporte, sont élevées e
pots, ce qui permet de les mettre en pleine terre ave
toutes leurs racines et toute la terre qui y adhérait; souven

même on se borne à enterrer les pots dans les compartiments du parterre, sans en retirer les plantes. Après la défloraison, ou tout au moins quand elles ont perdu leur beauté,
les plantes sont renvoyées à la pépinière et immédiatement
remplacées par d'autres. Toutes les plantes d'un parterre ne
sont cependant pas élevées dans la pépinière ; il en est un bon
nombre, parmi les espèces annuelles et de croissance rapide,
qui sont semées sur place, avec plus d'avantage qu'elles ne
le seraient dans la pépinière, pour être ensuite transplantées
là où elles doivent fleurir.

L'art du jardinier consiste ici à être toujours largement
approvisionné de plantes pour faire face à tous les besoins du
parterre, dont aucune place ne doit être vide, et où il faut que
les fleurs succèdent aux fleurs depuis les premiers jours du printemps jusqu'à l'entrée de l'hiver. Il doit être au courant des
époques de floraison des diverses espèces, pour les assortir
suivant les saisons et suivant les couleurs de leurs fleurs. S'il
s'agit d'espèces annuelles, il en hâte ou en retarde le semis,
pour en obtenir la floraison à une époque déterminée, ou la
faire coïncider avec celle d'autres plantes qui doivent leur servir de pendant. Il en agit de même avec les plantes vivaces,
dont il active la végétation par la chaleur artificielle ou qu'il
retarde, s'il est nécessaire, par des moyens opposés. Cet art,
assez difficile comme on le voit, ne s'acquiert bien que par la
pratique, et si le parterre à entretenir est un peu grand et qu'il
faille y déployer un luxe plus qu'ordinaire, il n'y a guère qu'un
homme expérimenté qui puisse y suffire.

Les *bassins* sont un ornement assez fréquent des parterres,
surtout des parterres publics, et dans ce dernier cas ils sont ordinairement pourvus d'appareils hydroplasiques, donnant lieu
à des jets d'eau de diverses formes et plus ou moins compliqués.
Il n'est personne qui ne connaisse, au moins par oui-dire, les
célèbres eaux de Versailles, dont l'aspect imposant s'harmonise
si bien avec la grandeur des édifices et le style des jardins en-
vironnants. De tels ouvrages, il est vrai, sont rares, et ne se
rencontrent guère hors des résidences royales ou princières;
mais sans atteindre à ces proportions hors ligne les jets d'eau,

à moins d'être décidément mesquins, sont toujours un accessoire utile dans les jardins publics. Les simples bassins sans
jet d'eau, pourvu que l'eau s'y renouvelle d'une manière continue, ont aussi leur utilité décorative ; ce sont des récipients
tout préparés pour recevoir un riche assortiment de plantes
aquatiques.

Les *bancs* et les *siéges* de diverses formes sont presque toujours exclus des petits parterres, de ceux surtout qui sont
établis sur un gazon dont il faut respecter la fraîcheur ; mais
il peut y en avoir en dehors de l'enceinte du parterre, pour
la commodité des personnes. Dans un parterre public d'une
certaine étendue, comme aussi dans les jardins paysagers, les
siéges sont indispensables ; mais ils doivent être placés de manière à ne pas nuire à l'aspect général, être, par exemple,
autant que possible reportés vers la périphérie et dissimulés
par des massifs d'arbres ou d'arbustes, qui en même temps
leur procurent de l'ombre. Ces siéges sont en bois ou en fer,
mobiles ou fixés au sol. Les formes et les ornements en ont
été variés de mille manières, et on en voit de tous les modèles
aux Expositions d'horticulture de Paris et de nos grandes villes
de province.

Les *vases* contenant des fleurs ou des plantes remarquables
par la beauté du feuillage sont aussi une décoration assez ordinaire des jardins, mais ce sont des vases de forme artis-
tique, en terre, en pierre ou en marbre, dans lesquels on se
borne souvent à introduire le pot de forme commune où se
trouve la plante qui doit les occuper, en recouvrant ce dernier
de mousse ou de terre pour dissimuler sa présence. Ces grands
vases ne reposent pas d'ailleurs sur le sol, mais sur des entablements faits exprès pour les recevoir. On en voit des modèles
dans la plupart de nos jardins publics ; ils sont toutefois plus
en usage dans les jardins de l'Italie que dans les nôtres.

Les arbres et les arbustes *en caisses* sont l'ornement pour
ainsi dire obligé des jardins publics dans la majeure partie de
l'Europe, et cela presque uniquement parce qu'on tient à
faire figurer des orangers, que la rigueur du climat bannit de
la pleine terre. On y a ajouté, il est vrai, quelques autres arbres

exotiques recommandables par leur feuillage et leurs fleurs,
et dont le tempérament est à peu près celui de l'oranger. Ces
arbres, remisés en hiver dans un bâtiment disposé à cet effet,
sont tous les ans transportés avec leurs caisses dans le jardin,
lorsque la température est devenue assez douce pour ne pas
leur nuire. Leur place est le long des avenues, dans les ronds-
points, sur les terrasses, en un mot toujours à proximité des
habitations, et dans les lieux où leur transport puisse s'effectuer
sans dommage pour les plantes cultivées à demeure. A la rigueur on pourrait mettre des caisses à orangers sur les contours d'une pelouse, mais seulement à défaut d'un emplacement meilleur. Là où l'été est un peu chaud, on peut aussi
dépoter ou décaisser de petits arbres d'orangerie pour les
mettre en pleine terre dans le jardin, pendant quelques mois;
il est plus simple cependant, s'ils sont en pots, d'enterrer ces
derniers sans en retirer les arbres; on évite par là les inconvénients d'une transplantation, toujours un peu chanceuse.

Une condition presque indispensable de succès dans ce
genre d'ornementation des jardins publics, c'est que les arbres,
au moins ceux d'une même espèce, soient sensiblement égaux
de taille, et semblables de formes, afin d'établir beaucoup
de régularité et de symétrie dans leurs alignements. Avec des
arbres de dimensions très-inégales ou de formes disparates
on n'obtiendrait que de mauvais résultats. Si l'orangerie se
trouvait dans cette condition d'infériorité, on devrait du
moins s'efforcer de pallier le mal en groupant les arbres par
rang de taille, réservant les plus beaux et les plus semblables
entre eux pour occuper les premiers plans, et reléguant les
plus petits et les plus mal conformés aux extrémités du jardin
les moins en vue. Dans un alignement régulier, où les arbres
sont très-uniformes, on conserve toujours la même distance
entre les caisses; cette distance, bien entendu, est arbitraire;
elle dépend à la fois de l'étendue du terrain à garnir et du
nombre d'arbres dont on peut disposer.

Les *clôtures* d'un parterre sont de bien des espèces, mais,
quelles qu'elles soient, elles doivent s'harmoniser avec lui
par leur caractère décoratif. Un parterre privé et de peu d'é-

tendue n'a généralement pas besoin d'autre clôture que les lignes de buis qui en suivent le contour; il est d'ailleurs suffisamment défendu par l'intérêt même du propriétaire et de sa famille; mais il en est autrement d'un parterre public, que ne protége plus l'intérêt particulier. Là, des clôtures sont indispensables, non-seulement pour empêcher la foule d'empiéter petit à petit sur le terrain cultivé et d'en faire des lieux de passage, mais aussi pour mettre les plantes et les fleurs à l'abri de tentatives indiscrètes. Il n'est pas nécessaire cependant que ces barrières soient très-défensives; il suffit qu'elles ne puissent être escaladées sans un certain effort.

Ce sont tantôt des treillis de baguettes de bois entre-croisées les unes sur les autres, maintenues par des fils d'archal, et soutenues par des poteaux de bois ou des tiges de fer enfoncés de distance en distance dans le sol; tantôt c'est un grillage en fer; tantôt enfin ce sont des haies vives. La hauteur de ces clôtures varie suivant les circonstances, mais celle de 0m,80 à 1m peut être considérée comme généralement suffisante; très-souvent même il convient de rester au-dessous. Les clôtures de bois sont peu élégantes, et elles s'usent rapidement; celles de fer sont coûteuses, mais cependant bien préférables, pourvu qu'elles aient une solidité suffisante; ce qui vaut encore mieux, si les circonstances le permettent, ce sont de petites haies, bien fournies et régulièrement taillées. Dans le cas particulier dont il s'agit, on aura le choix entre le cyprès nain (*Biota nana*) et le buis, deux arbustes également propres à rendre ce service. Au sud du 44e degré beaucoup d'autres arbustes peuvent y être employés, ceux principalement à feuilles persistantes, tels que le myrte, convenablement taillé. Il en serait de même du grenadier, qui rachète la caducité de son feuillage par des fleurs brillamment colorées.

§ 3. *Du choix des plantes et de leur distribution dans le parterre.*

Voici encore un sujet qui demande beaucoup d'attention et

de tact de la part de l'horticulteur, car si l'on voit tant de jardins fleuristes mal plantés et d'un médiocre effet, c'est parce qu'on néglige trop généralement les règles tracées ici par l'expérience et le goût.

On peut ramener à deux modes principaux la distribution des plantes dans un parterre, savoir le mode par *entremêlement d'espèces*, et celui de la culture en *massifs d'une même espèce*. Dans le premier, des plantes différentes de taille, d'aspect, de couleurs, etc., sont réunies dans les mêmes plates-bandes ou dans les mêmes compartiments, de manière à ce que chaque plante isolée produise un effet individuel, tout en contribuant à un effet d'ensemble. Dans la culture en massif, au contraire, les individus disparaissent pour ainsi dire par le fait de leur agglomération; mais l'effet total est beaucoup plus grand qu'il ne le serait si ces nombreux individus étaient disséminés au milieu de plantes différentes.

Dans le **mode par entremêlement** ou **mélange** il faut avoir égard 1° aux dimensions relatives des plantes employées, et surtout à leur hauteur, et 2° à la teinte de leur feuillage, mais particulièrement à celle de leurs fleurs.

Relativement aux dimensions des plantes, nous rappellerons ce principe déjà exposé plus haut : que les parterres n'admettent pas les arbres d'une taille élevée. Ces arbres, s'il en existe, doivent être en dehors du parterre, et jamais placés de manière à y projeter leur ombre pendant une notable partie du jour. Il en est autrement des simples arbustes, lorsqu'ils n'excèdent pas 2 à 3 mètres; cependant si le parterre est très-resserré, ces arbustes sont encore mieux placés sur les côtés que dans l'intérieur même des planches ou des compartiments.

Les plantes herbacées ou sous-frutescentes qui entrent dans la composition d'un parterre sont de tailles très-différentes; ainsi, tandis que les primevères, la corbeille d'or, les pensées, etc., ne s'élèvent qu'à quelques centimètres, les dahlias, les chrysanthèmes de la Chine, quelques variétés de phlox, d'astères, etc., atteignent à 1 mètre ou plus, et les passe-rose à deux ou trois; les liserons, appuyés sur des tuteurs, peuvent même s'élever beaucoup plus haut encore. On comprend sans

peine que de telles inégalités de taille doivent produire l'effet
le plus déplaisant si elles ne sont pas assujetties à un certain
ordre. Cet ordre, du reste, est fort simple : un parterre étant
fait pour être vu dans ses détails aussi bien que dans son ensemble, les plantes doivent être placées de telle manière
qu'elles ne se cachent point les unes les autres. Les plus
grandes, celles par exemple qui s'élèveraient à 2 mètres occu-
peront donc soit l'extrémité du parterre la plus éloignée de
l'entrée principale ou de la maison d'habitation, soit les plates-
bandes des côtés; celles de moyenne hauteur, de 1 mètre par
exemple, seront au centre des compartiments; les autres s'é-
tageront à l'entour par dégradations de taille, les plus basses
étant naturellement les plus rapprochées des bordures. Ce
principe, qui n'est que très-général, se modifie suivant les
circonstances; mais la règle est toujours que les plantes
soient placées de la manière la plus favorable pour être vues,
et que, soit du milieu du parterre, soit du côté principal, les
grandes ne masquent point entièrement les petites.

Relativement aux teintes du feuillage et à la couleur des
fleurs, il y a aussi de certains arrangements qui sont plus favorables que d'autres à la production de l'effet décoratif que
l'on veut obtenir. Certaines plantes contrastent très-fortement
du reste de la végétation par la teinte de leur feuillage; il en
est chez lesquelles l'abondance de la villosité le fait paraître
presque blanc; il en est d'autres, telles que le périlla de Nankin, où il est d'un pourpre presque noir; dans d'autres cas le
feuillage est panaché par chlorose, ou autrement. Toutes ces
plantes concourent avantageusement à la décoration du parterre, mais à la condition de n'être pas trop prodiguées et
d'être placées avec une certaine symétrie. Il importe d'ailleurs, pour les faire ressortir, de les rapprocher de plantes
dont le ton de la verdure contrastera avec leurs teintes
exceptionnelles, par exemple les plantes à feuillage blanc
à côté de plantes d'un vert très-vif, celles à feuillage rouge
ou pourpre noir à côté de plantes d'un vert clair; mais le
contraste serait trop dur entre les plantes à feuillage blanc
et celles de teinte pourpre foncée. Par l'usage et l'observation

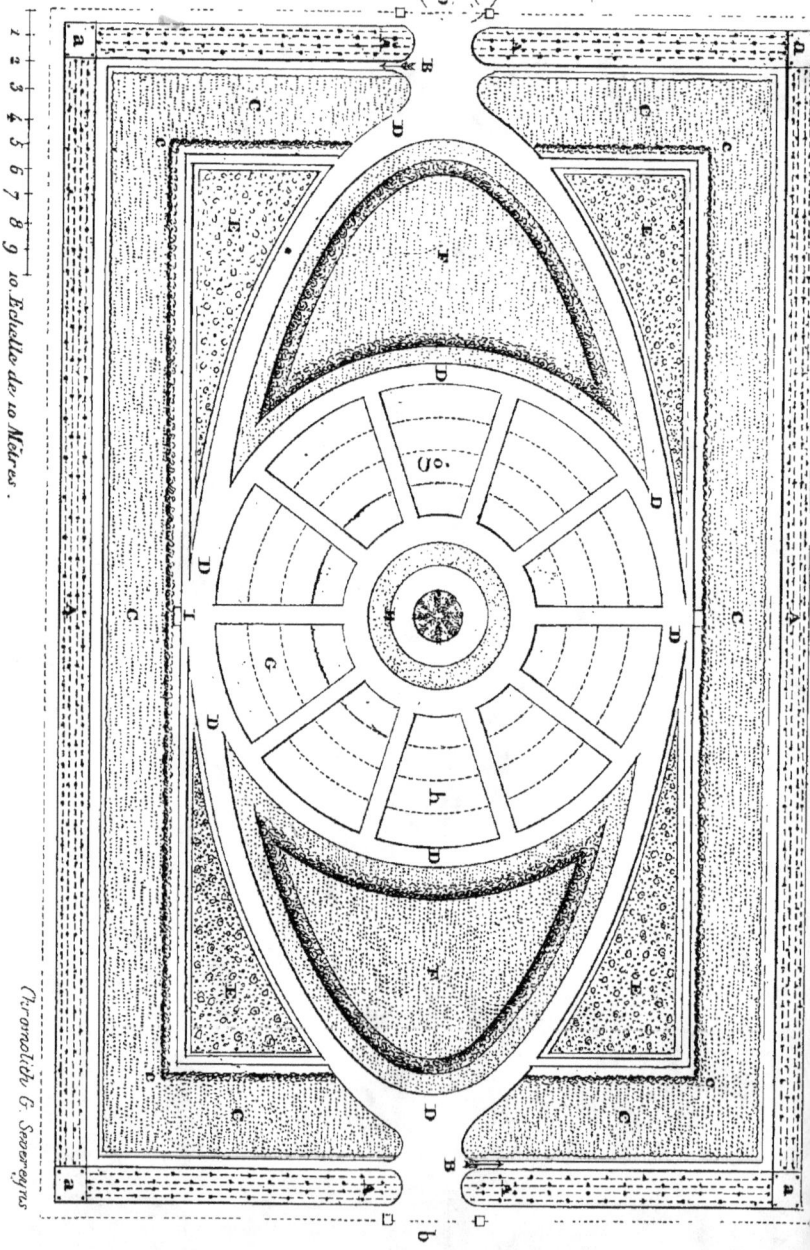

Chromolith. G. Severeyns

Echelle de 10 Mètres.

1 2 3 4 5 6 7 8 9 10

des effets obtenus, on arrivera sans grande peine aux combinaisons les plus agréables à l'œil.

L'assortiment des couleurs des fleurs est plus compliqué, car il dépend d'abord du nombre des espèces fleurissantes et de celui des individus de chaque espèce ou de chaque variété dont on peut disposer, ensuite de l'époque de floraison de chacune d'elles, et enfin de la taille relative des plantes, puisque de grandes inégalités sous ce rapport diminueraient ou détruiraient les effets de contraste qu'on cherche à obtenir. Supposant donc qu'on soit suffisamment pourvu de plantes, et de plantes assez variées, pour l'entretien du parterre pendant toute la durée de la belle saison, soit, sous nos climats, du commencement de mars au 15 novembre, nous allons essayer de donner au lecteur une idée des diverses combinaisons qui paraissent les plus propres à produire l'effet désiré.

Rappelons avant tout que les couleurs simples ou primitives, et génératrices de toutes les autres, sont au nombre de trois, le *rouge*, le *jaune*, et le *bleu*, et que leur fusion parfaite, dans des proportions déterminées, fait éprouver à l'œil la sensation du blanc. Ces couleurs s'associant deux à deux donnent naissance aux couleurs composées, savoir à l'*orangé*, qui résulte du rouge et du jaune; au *vert* qui résulte du jaune et du bleu; et au *violet*, qui est la combinaison du bleu et du rouge. Les tons de ces couleurs mixtes varient suivant les proportions relatives des deux éléments qui entrent dans leur composition, et comme ces proportions peuvent varier elles-mêmes à l'infini, il en résulte un nombre illimité de nuances entre les deux couleurs composantes. On nomme *couleur complémentaire* celle qui, ajoutée soit à une combinaison de couleurs, soit à une couleur simple, reconstitue la triade des couleurs élémentaires; c'est ainsi que le vert (composé de bleu et de jaune) est complémentaire du rouge; le violet (composé de rouge et de bleu) complémentaire du jaune; l'orangé (provenant du rouge et du jaune) complémentaire du bleu; réciproquement, le bleu, le jaune et le rouge sont complémentaires de l'orangé, du violet et du vert. La fusion d'une couleur avec sa complémentaire reproduit naturellement le blanc. Le noir n'est que l'absence ou l'extinction totale des trois éléments colorés.

Le rapprochement de ces couleurs et de leurs nuances de tous les degrés, par deux, par trois, ou en plus grand nombre, produit sur l'œil des effets très-différents suivant les combinaisons adoptées; il y a des teintes qui se rehaussent mutuellement par leur voisinage, ou qui flattent plus agréablement l'œil; il y en a d'autres qui perdent à être rapprochées ou donnent lieu à des effets médiocres, désagréables ou même choquants. En ceci, nous ne pouvons pas choisir un meilleur guide que l'éminent professeur du Muséum d'histoire naturelle, M. Chevreul, qui a fait du contraste simultané des couleurs l'étude la plus approfondie, et après l'avoir appliquée à l'art de la teinture des étoffes n'a pas dédaigné d'en tirer des conclusions pour la distribution des fleurs dans un parterre. Nous allons les résumer ici dans ce qu'elles ont de plus essentiel :

1° Toutes les couleurs simples, lorsqu'elles sont pures ou à peu près pures, contrastent agréablement ensemble; mais très-rapprochées l'une de l'autre, chacune d'elles prend quelque chose de la nuance qui résulterait de sa propre combinaison avec les couleurs complémentaires de ses voisines; par exemple le rouge rapproché du jaune prend une faible teinte de violet, qui est complémentaire du jaune, et le jaune un reflet de vert, ce dernier étant complémentaire du rouge.

2° Les couleurs complémentaires l'une de l'autre contrastent de même très-avantageusement; il suffit de rapprocher le jaune du violet (composé de rouge et de bleu), le rouge du vert (composé de jaune et de bleu), ou le bleu de l'orangé (composé de rouge et de jaune), pour saisir la vivacité et la beauté de ces contrastes.

3° Le rapprochement binaire des couleurs composées donne encore lieu à de bons résultats, parce que dans chacun de ces groupes se trouvent réunies les trois couleurs simples, et que les contrastes sont suffisamment prononcés; par exemple, le violet (rouge et bleu) va bien avec l'orangé (rouge et jaune), ainsi qu'avec le vert (jaune et bleu), et l'orangé (rouge et jaune) avec le violet (rouge et bleu).

4° Les résultats sont au contraire médiocres ou mauvais lorsque les couleurs simples sont rapprochées de couleurs composées dans la composition desquelles elles entrent, ce qui ne donne que deux des couleurs simples pour le couple. C'est ainsi que le rouge contraste mal avec l'orangé (jaune et rouge) et avec le violet (rouge et bleu); le jaune avec l'orangé jaune et rouge) et avec le vert (jaune et bleu); le bleu avec le violet (rouge et bleu) et avec le vert (bleu et jaune). Cependant si la couleur simple n'entre que pour une faible part dans la couleur composée qu'on en rapproche, le contraste peut devenir assez prononcé pour plaire à l'œil; c'est ainsi que le bleu vif fait un assez bon effet à côté du vert clair ou tirant sur le jaune, et le jaune vif à côté du vert foncé où domine le bleu; mais ces deux cas tendent, comme on le voit, à rentrer dans les règles précédentes, qui établissent que les contrastes sont, d'une manière générale, d'autant plus agréables qu'ils sont plus prononcés.

5° Toutes les couleurs, simples ou composées, sont avivées par le voisinage du blanc, et contrastent d'ailleurs d'une manière fort agréable avec lui. Le blanc a encore l'avantage d'améliorer les mauvaises combinaisons, en s'interposant entre les couleurs qui vont mal ensemble, comme, par exemple, entre le rouge et l'orangé, le rouge et le violet, le violet et le bleu, etc. Cette couleur, si abondamment prodiguée dans la nature, joue donc un très-grand rôle dans la culture décorative.

6° A l'exception du blanc, toutes les couleurs sont affaiblies par le voisinage du noir, qui leur enlève quelque chose de leur vivacité. Les teintes obscures ou foncées sont surtout très-mal placées à côté de lui, ce qui s'explique naturellement par la faiblesse des contrastes. Le noir n'existant pour ainsi dire pas dans le règne végétal (1), ces sortes de contrastes ne pourraient s'établir qu'entre les plantes et le sol, et encore ce dernier n'est-il jamais parfaitement noir. A défaut de

(1) Il n'y a guère que la fève commune dont la fleur offre une macule vraiment noire.

cette couleur, on la remplace jusqu'à un certain point par les feuillages pourpre-obscur de quelques plantes (*Perilla nankinensis*), ou les fleurs d'un violet très-foncé, celles par exemple de la scabieuse, de quelques variétés de dahlias, de roses-trémières etc.

Les combinaisons de couleurs, dans les jardins fleuristes, sont binaires ou ternaires, rarement quaternaires, à moins qu'on ne considère le vert des feuilles comme prenant rang dans cette combinaison.

Les combinaisons binaires les plus recommandables sont les suivantes, que nous rangeons ici dans l'ordre de leur mérite.

A. Toutes les couleurs simples ou composées avec le blanc, mais les contrastes sont d'autant plus agréables que ces couleurs sont plus pures et plus vives, par exemple : bleu clair ou bleu foncé et blanc, — rose ou rouge et blanc, — jaune vif et blanc, — orangé et blanc, — vert et blanc, — violet et blanc.

B. Les couleurs simples ensemble ou avec leurs complémentaires, telles que rouge et jaune, — rouge et bleu, — jaune et bleu, — jaune et violet, — orangé et bleu, — vert et rouge. Nous avons déjà dit qu'on n'obtient que des contrastes mauvais ou médiocres entre les couleurs simples et les couleurs composées qui ne sont pas complémentaires l'une de l'autre (voir ci-dessus n° 4).

Les combinaisons ternaires sont beaucoup plus nombreuses, et alors le blanc y entre presque toujours; souvent même il est répété. On en jugera par les exemples suivants du blanc, du rouge et du vert; ou bien du blanc, du rouge, du blanc et du vert. — Du bleu, de l'orangé, du bleu et du blanc; ou du blanc, de l'orangé, du blanc et du bleu. — Du blanc, du jaune, du violet et du blanc; ou du blanc, du jaune, du blanc et du violet. — Du jaune, du rouge, du blanc et du jaune. — Du blanc, du rouge, du bleu et du blanc; ou mieux du blanc, du rouge, du blanc et du bleu. — Du blanc, de l'orangé, du vert et du blanc; ou mieux en interposant le blanc entre l'orangé et le vert. — Du blanc, de l'orangé, du blanc et du violet; ou, ce qui vaut encore mieux, du blanc, de l'o angé, du blanc et du violet. — Du blanc, du jaune, du vert et du blanc. — Du blanc, du jaune, du bleu et du blanc, ou a même combinaison en intercalant le blanc entre le jaune et le bleu, etc. Ces exemples, que nous pourrions beaucoup multiplier, suffiront pour faire comprendre la loi de ces sortes de combinaisons. Si l'on était forcé, faute de mieux, d'employer des couleurs qui ne sont pas complémentaires l'une de l'autre, on s'arrangerait de manière à les séparer par du blanc. Ajoutons enfin que dans le mode de plantation en mélange, où les couleurs sont presque toujours à de certaines distances les unes des autres, les lois que nous venons de formuler sont moins rigoureuses que dans la plantation en massifs.

Dans le **mode de plantation en massifs**, on obtient de meilleurs résultats avec des plantes qui sont sensiblement de même taille, ou du moins peu différentes sous ce rapport, et cela parce qu'on cherche à obtenir des nappes ou des bandes colorées bien égales et bien régulières, dont les contrastes sont d'autant plus marqués qu'elles sont plus voisines les unes des autres. A cet effet on sème ou on plante très-serré; et si parmi les espèces employées il y en a dont la taille soit supérieure à celles des autres, on les réserve pour occuper le centre des massifs, celles de taille moindre s'étageant par gradations, de manière que les plus basses occupent les contours. Si toutes sont à peu près de même hauteur, on obtient de meilleurs résultats en donnant aux planches ou aux compartiments des formes bombées, en accumulant la plus grande épaisseur de terre au milieu, que sur un sol tout à fait plat. C'est ce que nous avons déjà expliqué plus haut, et il serait superflu de le répéter ici.

Les deux modes de plantation, en mélange et en massifs, ont souvent associés, et avec avantage, dans un même parterre; par exemple des plates-bandes plantées d'après le premier mode sont très-agréablement bordées par des lignes serrées de plantes de même espèce et de même couleur, à condition qu'on suive les règles déjà formulées.

La plantation en massifs ne se borne pas à agglomérer des

plantes fleurissantes pour obtenir les contrastes de couleur
que nous avons signalés, elle a souvent aussi pour objet d
former des massifs de feuillages, d'un vert uniforme ou d
différentes teintes superposées, mais il n'y a que certaine
plantes qui se prêtent à cet usage, celles par exemple qui s
distinguent par un feuillage ample, abondant, d'une form
élégante et d'une belle teinte. Il n'est pas mal dans ce ca
que les plantes atteignent à une certaine hauteur, surtout
elles doivent figurer dans un parterre un peu grand, comm
le sont en général ceux des jardins publics. Celles qu'on
emploie le plus volontiers sous nos climats sont les différent
espèces de *Canna* ou balisiers, qui à la beauté du feuillag
ajoutent encore celle de leurs fleurs, quelques espèces d
Caladium à feuilles vertes ou colorées, le *Wigandia car
casana*, plante superbe, qui fleurit assez facilement dans
midi de la France. A défaut de ces plantes, on pourrait là o
le climat serait assez doux les remplacer par des conifèr
exotiques de petite taille, mais touffues et d'une belle ve
dure, telles que des *Chamæcyparis*, quelques *Juniperus
Biota*, des *Cupressus Goweniana* et *Knightiana*, des *Arthr
taxis*, des *Retinospora* et quelques autres. Nos grand
bruyères indigènes (*Erica scoparia*, *E. arborea*), et peut-êt
aussi, dans les parties très-tempérées du midi, quelqu
bruyères exotiques, pourraient être employées avantageus
ment à la composition de ces massifs de verdure. Ri
n'empêcherait même qu'on n'y fît entrer, soit seules, soit
compagnie d'autres plantes, des fougères rustiques à frond
dressées et un peu grandes, comme la fougère mâle et
fougère femelle de nos bois, l'*Onoclea* du nord de l'Amériqu
e *Struthiopteris* d'Allemagne, etc. Ce genre de décoration e
susceptible de beaucoup de variété; mais il importe
bien choisir les plantes, relativement à la nature du sol et
climat, et de les assortir convenablement avec les plant
fleurissantes.

D'autres fois ce sont des plantes isolées, mais remarquabl
par leur ampleur, leur port, la belle forme ou la teinte du feu
lage, quelquefois par leurs thyrses fleuris, qui servent à romp

'uniformité du niveau d'un parterre; et si elles sont bien choisies, bien placées et d'une belle venue, elles sont d'un très-grand effet. Suivant les climats et les circonstances on y emploie des palmiers de petite taille (*Chamærops humilis*, *Ch. excelsa*), des dattiers dont le stipe est encore bas, des ricins arborescents, des colocases aux larges feuilles, le *Gunera scabra*, si le climat est assez doux, des rhubarbes s'il est un peu froid, la férule commune ou celle de Tanger, le *Wigandia*, divers *Verbesina* et *Polymnia*, et beaucoup d'autres plantes de port majestueux. Des plantes de serre chaude, des palmiers particulièrement, mais tenus en caisses ou en pots, peuvent même, jusque sous le ciel de Paris et plus loin encore vers le nord, entrer dans la décoration des grands parterres, comme plantes isolées, pendant les trois ou quatre mois les plus chauds de la belle saison; mais pour ne pas nuire à l'effet général, les vases et récipients qui contiennent les plantes devront être enterrés, ou, mieux encore, dissimulés sous la masse des feuillages. Enfin, les plantes grimpantes, celles surtout qui se couvrent de fleurs vivement colorées, comme les liserons, formeront, à l'aide d'étais appropriés, des massifs de forme pyramidale, qu'à cause de leur hauteur on placera soit au centre des corbeilles fleuries, soit dans les grands compartiments, et toujours assez loin des allées et des sentiers pour ne pas masquer les plantes plus basses.

Nous devons faire observer ici que le climat méridional, où le soleil abonde, comporte beaucoup plus que celui du nord cette addition de grandes plantes ornementales à la flore habituelle des parterres. Là un peu d'ombre est plus utile que nuisible, et comme la belle saison y est généralement très-sèche, les plantes vivaces ou ligneuses et les arbustes y résistent beaucoup mieux aux ardeurs du soleil que celles qui sont simplement herbacées. Le répertoire, pour la composition des massifs feuillus ou fleuris y est aussi beaucoup plus large, et nous y trouvons une quantité d'arbustes, indigènes ou exotiques, qui sous la latitude de Paris exigent pour la plupart l'abri de l'orangerie, et quelquefois celui de la serre tempérée. Il nous suffira de citer l'oranger, le citronnier et autres

arbres de la même famille, le lentisque, le laurier, le néflie
du Japon (*Eriobotrya*), le laurier-rose, les *Lagerstrœmi*
le myrte, les palmiers des genres *Chamærops* et *Livistone*
le dattier, le *Cocculus laurifolius*, l'agave, quelques passiflore:
une multitude d'acacias de la Nouvelle Hollande, de nom
breuses protéacées et même quelques cycadées, pour fair
sentir combien la décoration d'un jardin d'agrément peut
être plus variée que dans le Nord. C'est plus qu'une comper
sation à l'impossibilité d'y créer ces frais gazons et ces ve
doyantes pelouses qui sont l'accessoire presque obligé et que
quefois la partie essentielle des jardins au nord du 50ᵉ degr
de latitude.

C'est aussi dans le Midi, principalement aux alentours d
la Méditerranée, que les aquariums à l'air libre s'associent i
mieux à la décoration d'un parterre, par le grand nombre e
la beauté des plantes fleurissantes qui peuvent y croître. Outr
les espèces qu'on y élève dans le Nord (nymphéas blanc e
jaune, iris des marais, jonc fleuri, etc.), les aquariums du clima
méditerranéen admettent toutes les variétés du nélombo d'C
rient, le nélombo à fleurs jaunes de l'Amérique, le *Thal*
dealbata, l'*Aponogeton*, le calla d'Éthiopie, et bien proba
blement beaucoup d'autres plantes aquatiques étrangère
qu'on n'a point encore songé à y introduire. Il est juste aus:
de reconnaître que cette intéressante branche de la floricu
ture, dont on tirerait un si grand parti pour l'ornementatio
des jardins publics de cette partie de la France, n'y est er
core pratiquée que dans un bien petit nombre de villes, e
on pourrait presque dire par exception.

§ 4. — *Choix et classement des plantes qui entrent*
dans la composition d'un parterre.

Un point essentiel que l'horticulteur ne doit jamais perdr
de vue lorsqu'il s'agit de la plantation d'un parterre, où le
plantes sont nécessairement livrées à toutes les vicissitude
atmosphériques, est de n'y introduire que celles qui peuver

'accommoder de ces conditions, au moins pendant le temps
u'elles doivent y passer. Toute plante trop délicate pour le
eu et le climat doit en être bannie, car il ne suffit pas
u'elle végète tant bien que mal, il faut surtout qu'elle ac-
uière le développement et le degré de beauté dont elle est
asceptible. Rien n'est plus déplaisant à la vue que des plantes
aaladives, débiles ou seulement stationnaires. Il suffit d'ail-
urs que leur végétation soit arrêtée ou ralentie pour que leur
oraison, sur laquelle on comptait à un moment donné, ne con-
orde plus avec celle d'autres plantes destinées à entrer dans
a même combinaison. Il est du reste facile d'éviter ces échecs
vec le répertoire, aujourd'hui très-riche et très-varié, des
lantes rustiques, tant exotiques qu'indigènes, qui peuvent
atrer dans la composition d'un parterre sous toutes les lati-
des de la France.

Au point de vue spécial de leur rôle dans la floriculture, les
lantes peuvent se classer en deux catégories, dont les limites,
est vrai, ne sont pas et ne sauraient être nettement déter-
inées : ce sont les *plantes de fantaisie*, et pour ainsi dire
assagères, et les *plantes de collection*. Ces dernières, pour la
upart classiques et d'ancienne introduction, sont de beau-
up les plus importantes aux yeux de l'amateur. L'attention
ivie qu'on leur a donnée, les soins dont elles ont été l'objet,
s semis répétés de leurs graines et le choix scrupuleux des
oduits, y ont multiplié les variétés et surtout les variétés
élite; aussi chacune de ces espèces est-elle devenue tout un
oupe de plantes variées et comme autant de spécialités
ur les amateurs. Tels sont les rosiers, les œillets, les pri-
evères, les tulipes, les jacinthes, les renoncules, les ané-
ones, etc., cultivés depuis des siècles; tels sont aussi les ca-
ellias, les dahlias, les chrysanthèmes, les reine-marguerites,
s glayeuls, les safrans, le sixias et quelques autres, tous d'in-
oduction relativement récente. Ces divers genres de plantes,
ec leurs innombrables variétés, constitueront toujours le
d le plus essentiel de la floriculture, et à eux seuls ils suffi-
ent déjà à l'entretien d'un parterre. Il faut reconnaître ce-
ndant que les plantes de fantaisie ont aussi une grande uti-

4

lité, non-seulement par ce qu'elles ajoutent de variété au par
terre, mais aussi par la facilité qu'elles donnent à l'horticul
teur de remplir des lacunes qui se présenteraient souvent s'
ne les avait pas sous la main.

Dans un prochain chapitre nous étudierons avec détail cet
partie capitale du répertoire de la floriculture ; pour le momen
traitant d'une manière générale de la composition du parterre
nous compléterons ce sujet en indiquant les époques de l
floraison des plantes les plus universellement admises dar
nos jardins, et la couleur de leurs fleurs, c'est-à-dire les deu
principaux éléments qui déterminent le choix de l'horticu
teur.

a. Plantes fleurissant en hiver. Dans tous nos cl
mats français, sauf le climat méditerranéen et jusqu'à u
certain point la partie méridionale du climat girondin et l
côtes océaniques du climat séquanien, les mois de décembr
janvier et février, qui constituent l'hiver météorologique, so
à peu près nuls pour la floriculture. Au voisinage de l'Océar
et quelquefois jusqu'à Paris, on voit encore dans les premic
jours de décembre s'épanouir quelques roses retardataires
les chrysanthèmes de la Chine donner leurs dernières fleur
La rose de Noël (*Helleborus niger*) leur succède bientôt,
ses grandes fleurs d'un blanc rosé, que les frimas n'emp
chent pas de s'ouvrir, deviennent alors le seul ornement d
jardins.

Du milieu à la fin de février, à moins que l'hiver ne so
plus rude que de coutume, apparaissent les premières fleu
avant-courrières du printemps, d'abord l'éranthis aux bri
lantes fleurs jaunes, puis les perce-neige (*Galanthus nivali*
G. plicatus) aux fleurs blanches, le safran orangé (*Crocus l*
teus), la scille de Sibérie (*Scilla sibirica*) à fleurs bleu tendr
Au moyen de ces petites plantes, dont les couleurs sont
vives et si tranchées, on peut composer des massifs d'un eff
charmant ; mais pour en bien jouir il convient qu'elles soie
tout à fait à proximité de l'habitation.

Dans les parties chaudes du midi, principalement aux ale
tours de la Méditerranée, les parterres ne sont jamais enti

-ement dépouillés de fleurs, ni surtout de verdure, même au
plus fort de l'hiver. A Toulon, Hyères, Cannes, Nice et autres
lieux abrités, beaucoup de rosiers fleurissent encore abondamment en décembre, et dès le mois de février commence la
floraison de quelques végétaux exotiques du Cap et de la Nou-
elle-Hollande, principalement des acacias et des protéacées.
Il est à peine besoin de dire que ces floraisons hivernales sont
d'autant plus abondantes et plus variées que les hivers sont
plus doux et les localités mieux abritées contre le froid.

b. Plantes fleurissant au printemps. Vers le milieu
de mars sous le climat de Paris, à moins d'intempéries
exceptionnelles, on voit commencer la floraison d'un assez
grand nombre de plantes vivaces pour que le parterre présente déjà un coup d'œil agréable. Ce nombre s'accroît d'ailleurs de jour en jour, et bien avant la fin d'avril les plates-
bandes peuvent déjà être abondamment pourvues de fleurs.

Dans les derniers jours de mars la scille de Sibérie et la
scille à deux feuilles (*Scilla sibirica* et *S. bifolia*), à fleurs bleu
améthyste, sont encore dans toute leur beauté; elles contrastent par leurs teintes avec les safrans à fleurs jaunes (*Crocus
luteus* et *C. susianus*), le narcisse des bois (*Narcissus pseudo-
narcissus*), l'adonide de printemps (*Adonis vernalis*), les ficaires
Ficaria grandiflora), l'anémone renoncule (*Anemone ranun
uloides*) et la renoncule de Crète (*Ranunculus creticus*). D'autres combinaisons de couleurs peuvent se faire avec les trois
variétés d'hépatique (*Hepatica triloba*), qui sont bleues, roses
ou blanches, les unes simples, les autres doubles, le safran
printanier (*Crocus vernus*), qui varie du blanc au lilas et au
violet, les anémones communes (*Anemone coronaria, pavonina, stellata*, etc.) à fleurs rouge vif, lilas ou bleu violacé, la
pervenche (*Vinca minor*), à fleurs bleues ou blanches, les arabettes des Alpes et du Caucase (*Arabis alpina, A. caucasica*)
à fleurs blanches, les corydales (*Corydalis tuberosa, C. bulbosa*),
l'une à fleurs jaune pâle, l'autre à fleurs lilas. On peut y ajouter
quelques tulipes, l'ornithogale (*Ornithogalum tenuiflorum*) à
fleurs blanches, et la saxifrage à larges feuilles (*Saxifraga
crassifolia*), dont les fleurs lilas ou carmin pâle sont un des

ornements printaniers les plus ordinaires des jardins. Le *Arum vulgare* et *italicum*, qui forment déjà de belles touffe de feuilles à cette époque de l'année, varient avantageusemen par leur verdure les plates-bandes fleuries.

Quelques arbrisseaux rustiques entrent aussi en floraiso vers le même temps. Les plus précoces sont le cognassier d Japon (*Chœnomeles japonica*) aux fleurs rouge vif, les *Forsy thia viridiflora* et *suspensa*, à fleurs jaunes, ainsi que le *Jasm num nudiflorum*, quelques bruyères d'Europe (*Erica carnea mediterranea, arborea*) à fleurs blanches, rosées ou lilas, e enfin le groseillier sanguin (*Ribes sanguineum*), dont les grappe lilas carminé contrastent agréablement avec les fleurs des ar bustes ci-dessus indiqués. Il est presque superflu de dire qu ces diverses floraisons sont en avance ou en retard suivant qu les années sont plus ou moins favorables, et surtout suivan les localités et les climats. Sous ce rapport le climat du mid est généralement en avance d'un mois ou de six semaines su celui de Paris.

Les mois d'avril et de mai sont incomparablement plu riches en plantes fleurissantes ; elles deviennent même si nom breuses que nous ne pouvons citer ici que les principales. Dè les premiers jours d'avril les doronics jaunes et les arabettes fleurs banches sont en pleine floraison. Les tulipes de toute nuances, jaunes, blanches, roses, rouge ponceau ou de couleu carmin, violettes, brunes, unicolores ou panachées, se succè dent pendant toute la durée du mois. Les fritillaires (*Fritillari imperialis, meleagris, persica*, etc.), la scille bleue du mid (*Scilla amœna*), divers narcisses jaunes ou blancs (*Narcissu tazetta, N. bulbocodium*, etc.), une multitude d'iris, présentan toutes les nuances du jaune, du bleu et du violet (*Iris pumila I. germanica, I. florentina, I. chamæiris*, etc.), l'hémérocall jaune (*Hemerocallis lutea*), les primevères et les auricules avec leurs innombrables variétés, les saxifrages de Sibérie au fleurs pourpre clair, la giroflée, la corbeille d'or (*Alyssu saxatile*), les érysimums du Caucase, le tritéléia à fleurs d'u blanc de neige, la gentiane acaule, qui les a du bleu le plu foncé, l'aubriétie à fleurs lilas et la vésicaire à fleurs jaune le magnifique *Dielytra spectabilis*, à fleurs carminées ; des renoncules jaunes, quelques pivoines roses ou couleur ponceau, et beaucoup d'autres espèces que nous omettons, fournissent, comme on le voit, un riche assortiment de couleurs à l'ornementation du parterre. Il faut ajouter à cette liste plusieurs arbustes dont la floraison s'achève ou commence en avril, tels que les lilas d'Europe et de Perse, l'azalée du Pont et celle de l'Inde, les viornes, la boule de neige, les groseilliers à fleurs jaunes (*Ribes aureum, R. palmatum*), le *Deutzia gracilis*, le pêcher à fleurs doubles, etc., sans parler de beaucoup d'autres arbustes d'orangerie pareillement en fleurs, et qui peuvent assez souvent passer à l'air libre, sans inconvénient, dans les derniers jours du mois.

c. Plantes fleurissant en été. L'été, on le comprend sans peine, est la plus brillante des saisons horticoles dans le nord de la France, comme dans la majeure partie de l'Europe, où une température suffisamment élevée et des pluies fréquentes excitent au plus haut point la végétation. Dans les climats du midi, où la chaleur et la sécheresse sont souvent excessives, les parterres perdent au contraire une partie de leurs ornements, à moins que le jardinier ne lutte par de copieuses et fréquentes irrigations contre l'excès de l'ardeur solaire. Mais là, ainsi que nous l'avons dit plus haut, les jardins se peuplent principalement de plantes vivaces ou ligneuses, bien plus capables que les plantes annuelles de résister à des sécheresses prolongées. Sous des ciels plus tempérés, à peine les pivoines sont-elles défleuries que commence la saison des roses, de celles en particulier qu'on désigne collectivement sous le nom de *roses d'été*, comprenant les innombrables légions des cent-feuilles, des roses de Provins et de Provence, les Ayrshires, les roses de Damas, etc. C'est alors aussi qu'on voit s'épanouir successivement les brillantes corolles des lis, dont la série s'ouvre par le lis blanc bientôt suivi des martagons, puis des lis à fleurs orangées, jaunes, testacées ou écarlates, pour finir par les superbes races de la Chine et du Japon (*Lilium lancifolium, L. speciosum, L. auratum*, etc.). En même temps les plantes de fantaisie deviennent si nombreuses, leurs

4.

floraisons se suivent de si près, que l'amateur a peine à les suivre : glaïeuls, œillets, lichnides, énothères, clarkias, schizanthes, digitales, liserons de toutes nuances, pieds-d'alouette, mufliers, phlox, balsamines, verveines, soucis, reines-marguerites, pétunias, zinnias, tagètes, thlaspis, tigridies, roses-trémières, penstémons, plantes grimpantes de tous genres, plantes aquatiques, et enfin une multitude d'arbustes fleuris de pleine terre ou d'orangerie, tel est, d'une manière sommaire, le bilan de la Flore estivale. On pourrait y ajouter une liste considérable de plantes à feuillage ornemental, les cannas, les aroïdées exotiques, le gynérium, les yuccas, dont quelques-uns même développent dès cette saison leurs grandes panicules de fleurs. Cependant, sous la latitude de Paris la plupart de ces plantes frileuses, toujours lentes à croître, ne sont dans toute leur beauté qu'à une époque plus avancée de l'année, et il arrive trop souvent que c'est au moment même où elles atteignent leur apogée qu'elles sont détruites par le froid ou qu'elles reprennent, sous les abris vitrés, leurs quartiers d'hiver.

d. Plantes fleurissant en automne. Septembre, le premier mois de l'automne, continue la plupart des floraisons de la seconde moitié de l'été, et il en voit commencer d'autres, qui sont caractéristiques de cette époque de l'année. Les roses dites automnales, la plupart remontantes (roses des quatre saisons, roses thé, noisettes, bourbons hybrides, etc.) déjà ouvertes dès le mois précédent, sont encore dans tou leur éclat, et quelques-unes se continuent jusqu'aux première gelées. Il en est de même de la reine-marguerite, dont les semis les plus tardifs fleurissent en septembre et en octobre des verveines, des penstémons, des pétunias, et on pour rait dire de presque toutes les plantes estivales de plate-bande, dont l'art du jardinier avance ou retarde à son gré la floraison. Mais il y a des espèces d'élite qui sont essentiellement automnales, et auxquelles nos jardins doivent leurs derniers et leurs plus beaux ornements ; tels sont les dahlias, et à un plus haut degré, les chrisanthèmes de l'Inde et de la Chine, dont les variétés si nombreuses, si exquises de forme et si brillamment colorées suffiraient à elles seules à la décoration des parterres. Des plantes de second ordre, et cependant encore méritantes, contribuent aussi par leur floraison tardive à orner les plates-bandes déjà bien dépouillées par les approches de l'hiver ; c'est le cas de l'anémone du Japon, du narcisse d'automne (*Amaryllis lutea*), de l'amaryllis de Guernesey, du cosmos à fleurs pourpres, des astères, des verges d'or, des silphiums, etc. Divers arbres ou arbustes rustiques à feuillage persistant doivent aussi être signalés comme de grands ornements des jardins paysagers en cette saison, où leurs fruits mûris et quelquefois vivement colorés sont les seuls objets qui tranchent sur la verdure du feuillage. Tout le monde connaît le houx, si beau sous ses innombrables baies rouges, l'aucuba du Japon, le laurier amande et le laurier de Portugal, le bambou noir, l'if, les genévriers et quantité d'autres conifères, qui sont justement prisées aujourd'hui. La rigueur de la saison n'est même pas un obstacle à la floraison de quelques arbres, et jusque sous la latitude de Paris nous voyons s'ouvrir en novembre les fleurs blanches du bibassier (*Eriobotrya japonica*), toujours, il est vrai, stérilisées par le froid, mais qui nouent et mûrissent habituellement leurs fruits sous le ciel plus clément du midi.

§ 5. — *Jardins pittoresques ou paysagers ; jardins publics, parcs, promenades, avenues et arboretums.*

D'après ce qui précède le lecteur peut déjà juger qu'il n'y a pas de limite précise entre les parterres proprement dits et ce que l'on appelle les grands jardins fleuristes ; il n'y en a pas non plus entre ces derniers et les jardins pittoresques ou paysagers, nommés quelquefois aussi *jardins anglais*, bien que ceux-ci semblent devoir correspondre à un style particulier. Il en serait ainsi sans doute si on les envisageait dans leurs caractères typiques et absolus, qui sont de reproduire les scènes variées de la nature, et c'est en effet ce qui existe encore dans les pays qui en ont conservé la tradition, et où les fortunes

privées permettent d'y consacrer une étendue de terrain suffisante ; mais ce n'est là qu'une exception, en France plus particulièrement, où tous les genres de jardinage tendent de plus
en plus à se confondre. Rien n'y est plus fréquent en effet que
les transitions entre le jardin fleuriste et le jardin paysager,
comme entre celui-ci et les parcs; rien de plus rare, au contraire, que les jardins dont le caractère est sans mélange. Au
surplus, ces divers styles n'étant eux-mêmes que de convention, il n'y a pas lieu de s'étonner s'ils se modifient avec
les temps et les lieux; comme tout ce qui est luxe, ils sont soumis aux fluctuations de la mode, des goûts et des nécessités
sociales.

Le jardin paysager, entendu dans son sens le plus absolu,
admet tous éléments d'ornementation dont il a été parlé dans
les pages précédentes, les fleurs, les grandes plantes ornementales, les arbustes et les arbrisseaux de toute taille, même
les arbres de première grandeur; il admet aussi les pièces
d'eau, les rivières, les rocailles et les collines artificielles, les
labyrinthes, les kiosques et quelques œuvres d'art. Toutefois,
ce qui en fait le caractère principal, dans les pays du Nord
ce sont les grands gazons ou les pelouses avec les arbres à
feuillage persistant, car ce qu'on veut obtenir ici avant tou
est une verdure perpétuelle. C'est là, avons-nous déjà dit
le trait particulier du jardinage pittoresque anglais. La raison
en est qu'aucune autre contrée de l'Europe ne s'y prête auss
bien que l'Angleterre, où le sol très-peu accidenté, la terr
fertile, et surtout la douceur d'un climat toujours humide
sont éminemment propres à l'entretien de cette verdure. Le
genre anglais a été adopté dans presque toute l'Europe, mais
presque partout aussi il a fallu s'écarter des règles qu'il traçait, parce qu'elles ne s'harmonisaient pas avec les lieux et les
climats. On s'en rapproche cependant encore en France e
en Allemagne, et cela d'autant plus que l'on y est plus rapproché de la zone maritime. Dans le midi et le centre de l'Europe, le jardinage pittoresque revêt un tout autre caractère
ainsi que nous le dirons plus loin.

Le jardin paysager anglais, dans sa forme la plus élémen

laire, est en soi d'une grande simplicité. Un vaste tapis herbu et verdoyant, à contours plus ou moins accidentés, mais que l'œil embrasse dans toute son étendue, en fait la pièce principale. Sur ce tapis se détachent çà et là, et surtout à proximité de l'habitation du maître, des massifs fleuris, en relief de quelques centimètres sur le plan général du terrain, qu'ils ne doivent cependant pas découper en compartiments, car il importe que la pelouse reste d'un seul tenant. A l'extrémité de cette dernière, et sur ses côtés, des bosquets d'arbustes verts entre lesquels serpentent des allées sinueuses ; quelquefois une pièce d'eau, calme et profonde, occupant un point éloigné du jardin, mais dont les alentours ont été ménagés de manière à ce qu'elle puisse être vue de quelque point de l'habitation. Les accidents du paysage extérieur complètent souvent ce tableau. C'est tantôt une colline boisée, une rivière, un lac, quelquefois une échappée de vue sur la mer ; tantôt un édifice, une tour, une église, qui se montrent dans le lointain, un groupe d'habitations rustiques, etc. Dans la création d'un jardin paysager on doit toujours tenir grand compte de ces éléments extérieurs, et la distribution en doit être calculée de manière à les laisser voir sous leur jour le plus favorable.

L'uniformité d'un sol absolument horizontal est agréablement rompue par des rocailles ou des collines artificielles. Les rocailles ne sont pas des entassements désordonnés de fragments de roches ; ce sont de savantes structures, qui doivent réunir une forme pittoresque à la solidité. Toutes les pierres n'y conviennent pas également ; on n'y emploie que celles qui sont anfractueuses ou au moins de formes irrégulières, et d'un certain volume, et qui ne sont point sujettes à se déliter par les alternatives de l'humidité et de la gelée. Ces pierres sont assemblées de manière à laisser entre elles des vides, qu'on remplit de terre ordinaire ou de terre de bruyère suivant les plantes qui doivent les occuper. Les rocailles peuvent se dresser verticalement, de manière à représenter les faces abruptes des roches naturelles ; plus ordinairement cependant on leur fait faire avec la verticale un angle de quelques degrés. Cette inclinaison n'a rien d'absolu ; mais il convient de faire observer qu'une rocaille trop surbaissée et qui ressemblerait à un tas de pierres serait fort disgracieuse. Quant à leur orientation, elle varie nécessairement suivant les circonstances et les dispositions du jardin ; il est bon, dans tous les cas, qu'elles aient une face à peu près dans la direction du midi, et une autre dans celle du nord, ce qui les rend plus propres à recevoir des plantes de tempéraments différents. Leur hauteur n'a rien non plus de déterminé ; on ne peut guère cependant leur donner moins de deux mètres au-dessus du niveau général du terrain.

Très-souvent les rocailles se combinent avec les collines artificielles, dont elles font le couronnement. Ces collines, qui reçoivent quelquefois les formes allongées et irrégulières d'une petite chaîne de montagnes, avec ses pics isolés, ses cols et ses vallées, consistent en un remblai plus ou moins considérable de graviers ou de pierres, qu'on recouvre de 30 à 50 centimètres de terre végétale. S'il y a déjà dans l'enceinte du parc un relief du terrain, et surtout de terrain pierreux et de qualité inférieure, on choisit ce point de préférence à tout autre pour y bâtir la colline. Quelquefois cependant ce sont d'autres considérations qui en déterminent l'emplacement, comme par exemple lorsqu'il s'agit de masquer la vue d'un certain côté ou d'élever une barrière contre les vents les plus défavorables dans la localité où l'on se trouve. Une colline artificielle de sept à huit mètres de hauteur perpendiculaire, avec des pentes d'environ 45 degrés, et dirigée de l'est à l'ouest, de manière à présenter un de ses versants au midi, peut devenir très-utile pour la culture de beaucoup de plantes qui craignent le froid et l'humidité. Toute la surface doit d'ailleurs en être plantée ou gazonnée, afin qu'elle ne soit pas ravinée par l'eau des pluies. Le sommet peut être occupé par des arbustes rustiques à feuilles persistantes (houx, chênes verts, ifs, etc.), qui ajoutent à l'effet protecteur de la colline, ou par une ligne de rocailles, destinées elles-mêmes à recevoir des plantes. Une vallée ménagée exprès, et disposée de manière à être également abritée contre les vents froids et l'ardeur du soleil, e

ordinairement réservée à la culture des fougères et des autres
plantes amies de l'ombre et de l'humidité. Aucune autre disposition du terrain ne convient mieux à ces plantes, qui prospèrent toujours incomparablement mieux sur les talus que
sur les sols tout à fait plats.

C'est surtout en Angleterre que les rocailles et les collines
artificielles, sont usitées dans la décoration des jardins d'agrément, et il est peu de villas aristocratiques où l'on n'en voie
des échantillons plus ou moins réussis, et servant pour la
plupart à la culture des plantes alpines et des fougères. On
cite particulièrement comme des modèles du genre la rocaille
du Colosséum, dans le Parc du Régent (*Regent's Park*), celle
du jardin de Blenheim, près de Londres, qui couvre près d'un
demi-hectare de terrain, et surtout celle de Chatsworth, la
plus grande et la plus savamment construite qui existe au
monde, et qui est un des chefs-d'œuvre d'architecture du célèbre Paxton. Une autre construction du même genre, encore digne d'intérêt, est celle de la résidence de lady Brough-
ton, près de Chester, qui est censée représenter le mont Blanc
et la vallée de Chamouny, et dont les sommités s'élèvent à 10
ou 11 mètres au-dessus du niveau du terrain. Il n'existe rien
de comparable à ces grandes rocailles, ni en France ni même
dans le reste de l'Europe; on peut ajouter que chez nous
elles seraient hors de proportion avec l'étendue qu'on con-
sacre ordinairement aux jardins paysagers.

C'est aussi en Angleterre, pays d'arbustes et de verdure,
qu'on fait le plus fréquent usage des *labyrinthes*, établis soit
sur un sol plat, soit plus ordinairement sur un tertre artificiel,
dont le sommet est occupé par un belvédère. Ces labyrinthes,
dont on voit aussi quelques modèles en France, où ils étaient
assez communs dans les deux siècles derniers, sont des plantations d'arbustes en forme de haies, le long de sentiers sinueux,
tournant en spirale ou revenant plusieurs fois sur eux-mêmes,
sans cependant s'entrecouper, de manière à forcer les pro-
meneurs à parcourir toutes les sinuosités du méandre. On y
emploie ordinairement des arbustes à feuilles persistantes, des
ifs principalement, que leur rusticité, leur épaisse verdure

Fig. 3. — Labyrinthe dessiné par Claude Mollet, en 1653.

et leur docilité à prendre toutes les formes rendent particulièrement propres à cet objet. La hauteur de cette haie varie
de 1ᵐ à 1,50 mais on peut la laisser dépasser la hauteur d'un
homme. L'essentiel est qu'elle soit bien fournie, régulière et
d'un aspect agréable. Si le labyrinthe est placé sur un tertre,
la hauteur de la haie doit être calculée de manière à ne
point gêner la vue du point culminant, qui est à la fois le but
de la promenade et un lieu de repos. Les allées sinueuses à
travers les massifs ordinaires ou les taillis d'un jardin paysager représentent jusqu'à un certain point ce genre de décoration.

Ce qui est beaucoup plus commun chez nous que les labyrinthes, ce sont les *berceaux* et les *tonnelles*, ce qui s'explique
par ce fait que la France étant plus riche en soleil que l'Angleterre, on y éprouve davantage le besoin de s'abriter contre
ses rayons. Dans le midi, plus particulièrement, il est peu de
jardins, même parmi les plus plébéiens et les plus étroits, qui
n'aient un berceau construit tant bien que mal et couvert par
les sarments de la vigne. Des poteaux, plantés de distance en
distance, sur deux rangs parallèles, le long d'une allée, ou
sur une seule ligne parallèlement à un mur, servent de soutien
à un treillis de lattes, qui supérieurement se courbe en voûte,
en s'appuyant sur des cerceaux. D'autres fois c'est un simple
cabinet de verdure ou un kiosque en treillis, isolé dans un
coin du jardin, et sur lequel on fait grimper diverses plantes
fleurissantes. Le plus souvent ces structures construites sans
art, en mauvais bois et mal entretenues, se déforment ou tombent en ruine au bout de peu d'années; mais elles n'en seraient pas moins un très-grand agrément des jardins méridionaux si on leur donnait les soins qu'elles méritent et qu'on
les couvrît de plantes vraiment ornementales. Les célèbres
pergoles de l'Italie ne sont autre chose que des berceaux plus
artistement construits et bien entretenus. C'est aussi dans ce
genre d'ornementation qu'on doit classer les treillis appliqués
sur des murs, les colonnes des portiques et des galeries, et
enfin les cages et charpentes treillagées, destinées, comme
ces dernières, à fournir un point d'appui aux plantes grimpantes.

Ainsi que nous l'avons dit plus haut, le jardinage pittoresque a dû se modifier en passant de l'Angleterre sur le con-
inent, et il s'est d'autant plus compliqué ou, si l'on veut,
d'autant plus rapproché du jardinage ordinaire, que l'espace
s'est plus resserré devant lui. La pièce de gazon s'est rétrécie;
les parterres fleuris et les grandes plantes ornementales ont
conquis le terrain que cette dernière perdait; les arbustes
et les arbres s'y sont multipliés en nombre et en espèces, et il
est telle de ces petites créations de fantaisie qui n'est guère
remarquable que par la variété de ses plantations, et qu'on

pourrait presque aussi bien considérer comme une collection
botanique que comme un jardin paysager. Au fond, l'un
n'exclut pas l'autre; le jardinage d'agrément peut revêtir les
caractères les plus variés, et puisque son but est d'offrir des
distractions on ne voit pas pourquoi le propriétaire ne le dis-
poserait pas suivant ses goûts particuliers.

Là où le sol est en plaine, le dessin des jardins pittoresques
est peu compliqué, et quoiqu'on ait cherché à le varier de
mille manières, il se trouve en définitive que sous ce rapport
tous ces jardins diffèrent fort peu l'un de l'autre. Ce qui en
fait les principales différences, ce sont bien plus les édifices,
les plantations et les autres accessoires, que la distribution
intérieure. Le lecteur trouvera dans les ouvrages des jardiniers paysagistes de nombreux modèles de cette distribution;
il nous suffira ici d'en donner un (*fig.* 4) que nous devons à
l'obligeance d'un de nos plus habiles paysagistes, M. Barillet
Deschamps, directeur des plantations de la ville de Paris.
Nous ferons observer que ce plan représente un jardin paysager d'une moyenne contenance, par exemple de deux à
quatre hectares; mais il peut donner une idée de jardins beaucoup plus grands, attendu que ceux-ci ne diffèrent ordinairement des plus petits que par la répétition des mêmes
détails.

Dans un pays accidenté, où le sol se relève en collines plus
ou moins hautes, plus ou moins escarpées, le jardinage pittoresque est susceptible de bien plus de variété que dans un
pays de plaine. La nature y est plus riche et offre des aspects
plus divers. Mais par cela même le site demandera un choix
plus scrupuleux que dans le premier cas. A moins d'impossibilité absolue, on devra établir le jardin à mi-côte, sur une
pente douce, faisant à peu près face au midi; on évitera avec
un égal soin le fond des vallées, froid et humide, et où la vue
est toujours bornée, et les pentes septentrionales, à cause de
leur mauvaise exposition. Les bâtiments d'habitation occupe-
ront naturellement le point le plus élevé du domaine, afin
que de leurs fenêtres ou de leurs terrasses la vue puisse s'é-
tendre sur toutes les plantations d'alentour. Enfin, si, par

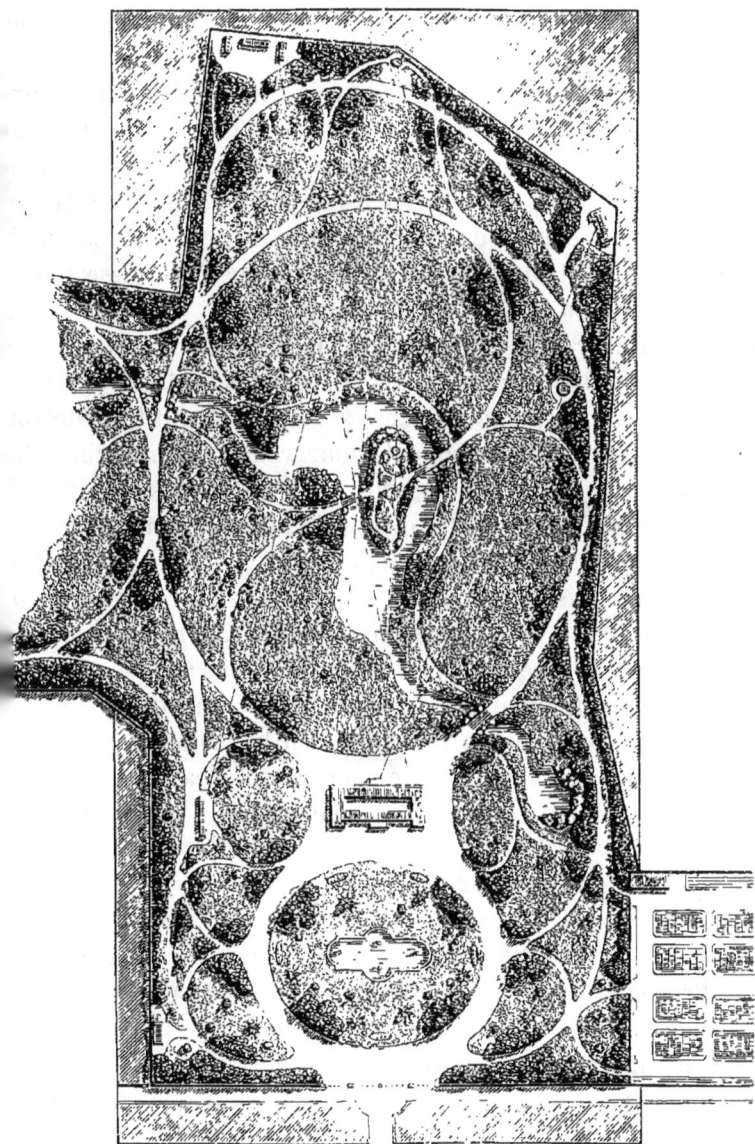

Fig. 4. — Plan de jardin paysager moderne, donné par M. Barillet-Deschamps.

un heureux hasard, de beaux lointains se montraient en per
spective, l'habitation devrait être orientée de manière à le
mettre à profit pour l'agrément général.

La distribution intérieure d'un jardin sur la pente d'une
colline ne saurait être exactement la même que celle d'un
jardin en plaine; elle est cependant subordonnée à la même
loi générale, celle de disposer les objets de la manière la plu
favorable au coup d'œil. Si la nature du sol et le climat le
comportent, et surtout si on peut disposer d'un ruisseau pour
l'irrigation, on peut y établir de très-belles pelouses gazon
nées, à travers lesquelles on fera circuler l'eau par des rigole
dirigées transversalement. Les allées et les sentiers devraien
être tracés dans le même sens, si la pente avait trop de roi
deur, et cela non-seulement pour rendre la marche plu
commode, mais aussi pour empêcher qu'ils ne soient raviné
par l'eau des pluies. Cette disposition du terrain est particu
lièrement favorable aux cultures arbustives; et si l'expositio
a été bien choisie, qu'elle soit à l'abri des vents du nord, o
pourra y élever avec succès un bien plus grand nombre d'a
bres et autres végétaux pérennants que dans une plaine, don
le climat serait à peu près le même. C'est surtout dans la ré
gion méridionale qu'on voit de ces jardins adossés aux flanc
des collines. Quoique tous ne soient pas à beaucoup près de
modèles de goût, il en est plusieurs cependant qui mettent
dans toute son évidence l'avantage de cette disposition d
terrain pour le jardinage paysager.

Les parcs ne sont autre chose que des jardins pittoresques
mais sur une échelle plus grandiose. Un grand développemen
de l'espace est leur condition première; aussi supposent-il
toujours chez leurs propriétaires des fortunes considérable:
Peu nombreux en France, ils le sont davantage en Angleterr
et dans le nord de l'Allemagne, où ils sont d'ailleurs le pr
vilége des familles princières et de l'aristocratie. De mêm
qu'une villa modeste, quoique élégante, correspond a
jardin paysager bourgeois, de même ici c'est le château avc
ses dépendances qui fait le couronnement de ces résidenc
seigneuriales. De vastes pelouses, des prairies, de grands a

bres isolés, des bosquets ou même des bois de haute futaie, des étangs, des rivières, des habitations rustiques, des chalets, habilement jetés sur cet ensemble, lui donnent souvent plus de variété qu'on n'en trouverait dans un paysage naturel dix fois plus étendu. Le tableau s'anime encore lorsqu'on y ajoute les accessoires tirés de la nature vivante, des animaux quadrupèdes, tels que chevreuils, cerfs, daims et autres ruminants, ou des oiseaux indigènes et exotiques. Ce côté du jardinage pittoresque est fort peu compris en France, mais il est de règle dans les grandes propriétés de l'aristocratie anglaise. Là, non-seulement les animaux de luxe sont considérés comme une partie essentielle de l'embellissement du paysage, mais les animaux sauvages eux-mêmes y sont appréciés sous ce rapport. Beaucoup de parcs anglais ont leur *rookery* (1), bosquet ou bois spécialement réservé aux corneilles et autres grands oiseaux qui y nichent et s'y multiplient depuis des siècles; tous ont des massifs d'arbustes qui sont la retraite inviolable des petits oiseaux. On a peine à s'expliquer que de ce côté du détroit on soit si peu sensible aux charmes de cette nature animée, si faciles cependant à obtenir, et si propres à donner de la vie au paysage.

Dans le midi de l'Europe, dans la région méditerranéenne en particulier, ainsi que nous l'avons déjà dit, le sol plus accidenté, et surtout le climat chaud et sec, ne permettent pas de reproduire servilement le jardinage des pays du Nord. Les gazons y sont pour ainsi dire inconnus; tout au plus y rencontre-t-on de loin en loin de maigres pelouses laissées sans arrosage et dévorées par le soleil. C'est là certainement une erreur de l'horticulture locale, car partout où les irrigations sont possibles, on pourrait obtenir de belles pièces gazonnées; non plus, il est vrai, avec les gramens du Nord, tendres et avides d'eau, mais avec ceux du pays, de verdure moins vive, mais bien plus résistants aux ardeurs solaires et à la sécheresse. Parmi ces espèces, nous devons signaler par-

(1) Ce mot n'a pas d'équivalent en français, parce que la chose qu'il désigne y est inconnue; néanmoins, on pourrait le traduire par *corneillère*.

ticulièrement la *fetuque glauque* (*Festuca glauca*), au feuillage
délié et formant des touffes épaisses, d'une charmante verdure grise, où l'on distingue même des tons bleuâtres. Il n'est
pas douteux qu'avec quelque préparation du sol, avec les arrosages et les autres soins qu'on donne aux gazons dans le
Nord, on ne pût en obtenir des pelouses du plus grand effet.
Nous appelons sur ce point toute l'attention des horticulteurs
méridionaux.

Plus que dans le Nord, l'ombrage est nécessaire dans les
jardins pittoresques du Midi; aussi les arbres et les arbustes
principalement à feuilles persistantes, y sont-ils multipliés.
Ils ont le grand avantage d'y résister beaucoup mieux à la sécheresse du climat que ne le feraient les plantes seulement
herbacées. Quelles que soient d'ailleurs celles que l'on adopte,
il est presque indispensable de les arroser par irrigation, et
très-copieusement, à des périodes plus ou moins rapprochées.
On ne se dispense de ce soin que pour les arbres tout à fait
grands; encore y en a-t-il, le dattier par exemple, qui végé-
teraient mal s'ils n'étaient pas arrosés. Nécessaire dans les
jardins de toute la France, l'eau l'est surtout dans ceux de la
région méridionale; avec elle il n'est presque pas de culture
d'agrément adoptée dans le nord qui ne puisse aussi bien ou
mieux encore réussir dans le midi.

Un autre genre de jardinage pittoresque, dont nous n'a-
vons rien dit jusqu'ici, est celui qu'on désigne sous le nom
latin d'*arboretum*. et qui n'embrasse que la culture des arbres
et des arbrisseaux. Les arboretums ne sont pas à proprement
parler des bosquets; ces derniers, qui sont, comme leur
nom l'indique, de simples bouquets de bois, ou, si l'on aime
mieux, des bois en diminutif, ne contiennent d'ordinaire qu'un
très-petit nombre d'essences, souvent même qu'une seule; les
arboretums, au contraire, sont des collections d'espèces différentes, quelquefois réunies dans un but scientifique, et ils
sont réputés d'autant plus riches qu'ils en contiennent un plus
grand nombre, tant indigènes qu'exotiques. Il y a même des
spécialités dans ce genre d'arboriculture; ainsi on voit des
arboretums entièrement composés d'espèces à feuilles cadu-

ques, d'autres d'espèces à feuilles persistantes; d'autres encore sont exclusivement consacrés aux arbres de la famille des conifères, ou à celle des amentacées, etc. Enfin, il y a des amateurs qui s'attachent à ne réunir dans leurs collections que les arbres de telle ou telle région du globe, ou ceux auxquels conviennent certaines particularités de sol ou de climat, comme par exemple la nombreuse tribu des arbres et arbustes de terre de bruyère (1). En un mot, on voit se reproduire dans cette branche de la culture toutes les diversités de goût qu'on observe dans celle des simples plantes d'ornement. Nous avons en France quelques arboretums d'un certain renom, ceux par exemple que nous avons cités dans le chapitre précédent; mais ils sont beaucoup plus nombreux et plus étendus, sinon plus riches, en Angleterre, et cela sans doute parce que la législation du pays en assure plus longtemps la conservation dans les mêmes familles.

On doit rattacher encore au jardinage pittoresque toutes les plantations urbaines, les promenades publiques, les avenues boisées, les squares convertis en jardins de nos grandes villes, les plantations dans les cimetières, le long des routes et des voies ferrées, etc. Chacune de ces spécialités est assujettie à des règles qui varient beaucoup, suivant les climats et plus encore suivant les goûts et les usages locaux. Beaucoup de villes en France, même de peu d'importance, se distinguent par de belles plantations d'arbres; dans le nord ce sont des marronniers ou des tilleuls, moins communément des ormes, des érables ou d'autres essences; dans le midi ce sont des platanes, qui y acquièrent d'énormes proportions, des micocouliers, des ormes, des pins d'Alep, des mûriers à papier, et, là où le climat le permet, des orangers, des citronniers, des dattiers, des érythrines, etc. Ces plantations, si importantes pour l'embellissement et l'assainissement des villes, sont généralement

_____

(1) En Angleterre on donne le nom particulier de *shrubbery* du mot *shrub*, uisson aux collections qui ne contiennent que des arbustes et des arbrisseaux. Nous n'avons pas de mot équivalent en français, mais on pourrait le traduire par *rbusterie,* ou mieux encore par *frutetum,* dont la signification, en latin, est xactement celle du mot anglais.

encouragées et protégées par les autorités locales; néanmoins
elles sont susceptibles encore de beaucoup d'améliorations.

La culture des chemins de fer, c'est-à-dire l'utilisation des
espaces laissés vacants le long de la voie, en est encore à la période des tâtonnements et des essais, ce qu'expliquent les ac
cidents de terrain qui s'y présentent à chaque pas. Tantôt la
voie est en relief sur le niveau général du pays environnant, et
il faut en consolider le remblai par des végétaux qui puissen
s'y accommoder de la nature très-variable de ce sol; tantô
elle descend au fond de tranchées, dont il faut contenir les
éboulis ou empêcher le ravinement, et là encore le choix de
plantes est difficile et incertain. Ailleurs ce sont des flaque
d'eau dormante, qui deviennent autant de marécages insalubre
lorsqu'elles se sont remplies de végétations, et qu'il s'agirai
d'utiliser, mais qu'il vaudrait encore mieux faire disparaître
Enfin, il y a aux différentes stations plus ou moins de terr
inoccupée, et que les employés des voies de fer ont déjà pou
la plupart converties en jardinets et en parterres, bien plus
il est vrai, pour leur propre distraction que pour l'agrémen
des voyageurs. Beaucoup de choses ont déjà été dites et écrite
sur ce sujet; nous n'avons pas à les rappeler ici, mais nous fe
rons observer que l'état actuel des voies ferrées demand
encore de grandes améliorations sous ce rapport, et que leur
plantations, même considérées au seul point de vue de l'em
bellissement de la voie, sont un sujet digne de toute l'atten
tion des administrateurs.

Le mode et la nature des plantations dans les cimetière
sont déterminés par des règlements ou des usages auxquel
il n'y a rien à changer. La gravité du lieu devrait en exclur
la culture des fleurs; cependant en beaucoup d'endroits l'u
sage s'est établi de dresser de petits parterres sur les sépul
tures. Les seuls arbres qui soient ici à leur place, et qu'un
longue tradition a consacrés, sont les sapins du Nord, l'épi
céa, le cyprès, l'if et quelques autres conifères à verdure sombr
et perpétuelle. On doit regarder comme un contresens et un
erreur d'esthétique l'introduction dans les cimetières d'arbre
à feuilles caduques ou d'une verdure gaie, à plus forte raiso

d'arbres et d'arbustes fleurissants, en un mot, de toutes les plantes qui rappellent à l'esprit des idées contraires aux sentiments que la vue des tombeaux doit inspirer.

Dans les pages qui précèdent nous n'avons fait qu'effleurer les principes de l'art jardinique, et nous avons même passé sous silence bien des opérations qui, sans en faire partie directement, s'y rattachent cependant par quelque côté, comme l'arpentage et le nivellement des terres, le tracé des figures sur le terrain, la construction des pièces d'hydraulique, et à plus forte raison celle des édifices, habitations et bâtiments de tous genres, dont le jardin et le parc ne sont, après tout, que le complément; mais ces divers sujets sont si vastes et si spéciaux qu'il nous eût été impossible de les traiter ici, même superficiellement. C'est à l'amateur d'y suppléer par son esprit inventif, par l'imitation de ce qu'il aura vu dans d'autres jardins et, au besoin, par les conseils et l'expérience d'un architecte paysagiste. Tant qu'il ne s'agit que de jardins privés d'une médiocre étendue, l'imagination du propriétaire peut s'y donner carrière sans grand inconvénient; mais il n'en saurait être de même lorsqu'il est question de tracer les jardins publics ou les parcs des résidences princières; ici, de toute nécessité, il faut l'intervention d'un homme de l'art (1).

(1) Pour ceux des lecteurs qui voudraient étudier l'histoire du jardinage dans les temps modernes et prendre une connaissance plus approfondie de l'architectonique horticole, nous indiquerons les sources suivantes :

1° *Petri Laurenbergii horticultura, etc.;* traité de jardinage en latin, par Pierre Laurenberg; un volume in-8°, Francfort-sur-Mein, 1654. Planches dans le texte.

2° *La Théorie et la Pratique du jardinage, avec un traité d'hydraulique convenable aux jardins,* par Leblond ; grand in-8°, Paris, 1722. — Autre édition, petit in-folio, datée de 1747. Cet ouvrage est une véritable encyclopédie horticole, la plus complète qui ait paru au siècle dernier. Beaucoup de planches explicatives sont intercalées dans le texte.

3° *Plans des plus beaux jardins pittoresques de France, d'Angleterre et d'Allemagne,* par J.-Ch. Krafft ; deux volumes in-folio, rédigés en français, en anglais et en allemand ; Paris, 1809 et 1810. On y trouve un grand nombre de figures représentant des parcs et des jardins paysagers. Un volume est presque entièrement consacré à l'architecture rustique.

4° *Encyclopædia of gardening, Landscape gardening, etc.* Encyclopédie générale d'horticulture, par Loudon ; Londres, 1835. Ouvrage très-classique en Angleterre, et qui traite de toutes les branches du jardinage ; un très-fort volume petit

5.

in-8°, avec de nombreuses figures dans le texte. On regrette que le dessin de ces
figures soit un peu incorrect.

5° *The Book of the garden*, par Ch. Mac-Intosh ; Londres, 1853. Véritable Encyclopédie du jardinage, en deux forts volumes grand in-8°. Le premier est entièrement consacré à l'architecture horticole, telle que la construction des serres et
des orangeries, le tracé des parcs et des jardins, etc. Cet ouvrage est un tableau
fidèle de l'horticulture anglaise au dix-neuvième siècle ; mais les règles qu'il trace
ne sont qu'en partie applicables au jardinage français.

6° Siebeck, *Jardins paysagers;* atlas de 24 plans, avec leur explication. 1858 ;
Paris, Rothschild éditeur.

CHAPITRE TROISIÈME.

---

§ Ier. *Les rosiers.*

La rose, cultivée depuis les temps les plus anciens, et célébrée par les poëtes de toutes les nations, la rose est encore aujourd'hui la fleur de prédilection de nos jardins. On conçoit à peine un parterre sans rosiers; mais il existe des parterres exclusivement plantés de ces arbustes, et qui reçoivent, pour cette raison, le nom spécial de *roseraies.* Certaines espèces de rosiers ont passé dans le domaine de l'industrie, et sont principalement cultivées, au moins dans quelques pays, pour fournir des essences à la parfumerie.

Le genre **rosier** (*Rosa* des botanistes) est le type le plus parfait de la famille des rosacées (1). Ses caractères sont : un calice de cinq folioles, simples ou composées, insérées au sommet d'un tube calicinal pyriforme ou sphérique, qui n'est que la dilatation du sommet du pédoncule (2); une corolle normalement de cinq pétales alternant avec les pièces du calice, mais très-susceptible de devenir double, multiple ou pleine par la transformation des étamines en pétales; des étamines en nombre indéterminé (souvent plus de cent), insérées sur le pourtour intérieur du réceptacle, au-dessous des pétales; enfin des carpelles plus ou moins nombreuses (de 5 à 60

(1) Voir tome 1, page 302 et suivantes.
(2) Voir, pour la structure des fruits infères, ce que nous avons dit dans le 1er volume, p. 81.

suivant les espèces), uniovulées, insérées au fond et sur les parois du tube calicinal, et dont les styles, libres ou adhérents entre eux, se terminent par autant de stigmates, un peu au-dessus de l'orifice du tube. Ces carpelles, lorsqu'elles sont fécondées, se convertissent en noyaux ou ossicules monospermes, très-analogues à celles de la nèfle et de l'aubépine. Le fruit total du rosier, comprenant le tube du calice accru et charnu et les ossicules qui y sont renfermés, a une structure organique très-analogue à celle des fruits infères des pomacées.

Tous les rosiers sont des arbustes ligneux et vivaces, la plupart drageonnant du pied, à feuilles composées, sauf dans une seule espèce, que, pour ce fait, quelques botanistes ont retirée du genre. Un très-grand nombre constituent des buissons dressés, de 1 à 3 mètres, quelquefois plus; d'autres sont sarmenteux, et grimpent à plusieurs mètres de hauteur sur les broussailles ou les arbres. Dans la plupart les feuilles sont caduques, mais quelques-uns les conservent fort avant dans l'hiver, et, par là, se rangent dans la classe des végétaux à feuilles persistantes.

Les fleurs des rosiers, si on les examine dans la longue série des espèces et de leurs variétés, offrent tous les tons de coloris, depuis le blanc pur jusqu'au pourpre noir, en passant par l'incarnat, le rose, le lilas, le pourpre clair; aucune espèce ne les a d'un rouge absolu, quoique quelques-unes en approchent; à plus forte raison n'y en a-t-il point où elles soient bleues, même au plus léger degré, et il n'est nullement vraisemblable que la culture en fasse jamais naître de cette couleur. Par une sorte de compensation, plusieurs espèces de rosiers ont les fleurs jaunes, même d'un jaune très-vif, et, soit par simple variation, soit par croisement avec des espèces autrement colorées, cette teinte passe quelquefois à la couleur mordorée ou saumonée, alliage du jaune et du pourpre dans des proportions très-diverses. Un autre mode de variation du coloris, mais qui est assez rare dans le genre, est la panachure des fleurs. On connaît quelques roses bicolores, qui sont très-nettement panachées de lilas ou de carmin et de blanc; les roses jaunes n'ont encore offert rien de semblable.

Une propriété très-importante des roses dans la plupart des espèces, si ce n'est même dans toutes, est de doubler, par transformation de leurs étamines en pétales. A l'état sauvage elles sont généralement simples, rarement présentent-elles un double rang de pétales; mais lorsqu'elles sont assujetties à la culture, et qu'un sol naturellement fertile ou amélioré par des engrais leur fournit une alimentation plus substantielle que leur tempérament ne le comporte, rien n'est plus fréquent que de voir se produire ce genre de monstruosité. Dans la plupart des cas la transformation des étamines est partielle; quelquefois aussi elle est totale, et alors les fleurs deviennent stériles, à moins qu'elles ne soient fécondées par un pollen étranger, car la disparition de leurs étamines n'entraîne pas nécessairement celle de leurs ovaires. Suivant le degré de cette transformation, on dit des roses qu'elles sont *semi-doubles*, *doubles*, *pleines* ou *très-pleines*. Dans les idées régnantes, on considère en général les roses doubles ou pleines comme supérieures en beauté aux roses semi-doubles, et surtout aux roses simples.

On connaît aujourd'hui plus de cent espèces botaniques du genre rosier, appartenant toutes à l'hémisphère boréal, qu'elles occupent depuis le Kamtchatka et le Japon jusqu'aux côtes occidentales de l'Europe. On en trouve aussi quelques-unes dans l'Amérique du Nord, principalement dans la moitié orientale du continent. Aucune espèce ne descend, au midi, jusqu'à l'équateur; et il en est même très-peu qui, dans ce sens, dépassent le 25ᵉ degré. Toutes sont rustiques dans le midi de l'Europe; quelques-unes seulement sont exposées à périr de froid, dans les hivers rigoureux, sous les latitudes du nord de la France.

Dans ce genre si homogène, si nettement caractérisé, les formes spécifiques, ou supposées telles, sont au contraire si voisines les unes des autres et en même temps si variables que leur détermination a toujours été l'écueil des botanistes. Malgré les plus grands efforts, on en est encore à discuter sur les limites des groupes spécifiques et sur les caractères qu'il convient de leur assigner. De là une extrême confusion dans

cette partie de la flore, l'incertitude de la nomenclature e
du nombre des espèces, qui est tantôt plus grand, tantôt plu
resserré, suivant la manière de voir des différents auteurs
Mais cette confusion n'est rien à côté de celle qu'ont fai
naître les horticulteurs, chez qui les semis et les croisement
entre espèces ou variétés ont fait naître par milliers de
formes intermédiaires, réunissant tous les genres de modi
fication dont ces végétaux sont susceptibles. C'est à peine s
dans ce chaos, dont l'obscurité s'accroît d'année en année, i
est possible de reconnaître les premiers types spécifiques. I
suffit de jeter les yeux sur les catalogues des rosistes les plu
en renom pour reconnaître que les groupes dans lesquels il
répartissent leurs espèces et leurs variétés sont pour la plu
part des agrégations arbitraires, sans caractères générau:
comme sans précision; fâcheux, mais inévitable résultat d
l'incurie avec laquelle ont procédé tous ceux qui, en Franc
et ailleurs, se sont adonnés à la multiplication des rosiers
    Dans aucun genre de plantes il n'est question d'hybride
autant que dans celui-ci. Les pépiniéristes en enregistren
tous les ans de nouveaux, et aujourd'hui on compterait faci
lement plus de mille variétés de rosiers auxquelles on at
tribue cette origine, mais presque toujours sans qu'on puiss
en fournir la preuve. Quelques auteurs, entre autres Loise
leur-Deslongschamps, frappés de ce manque total de cons
tatations positives, ont nié ou du moins fortement mis e
doute la faculté que les rosiers auraient de se croiser les un
avec les autres; mais telle n'est point notre opinion person
nelle. Malgré le désordre avec lequel ont été conduites le
opérations des pépiniéristes, nous regardons comme certain
l'hybridité d'un très-grand nombre de formes nouvelles issue
de la culture, bien que leur parenté ne soit que soupçonné
ou même totalement inconnue. Il ne faut pas oublier, en effet
que les rosiers se trouvent dans les conditions physiologique
les plus favorables pour le croisement; les espèces y sont nom
breuses, variables, voisines les unes des autres par leur struc
ture organique comme par le port et le mode de végétation
leurs fleurs sont grandes, largement ouvertes, richement pour

vues d'étamines et de pollen, vivement colorées et presque toujours très-odorantes, toutes conditions qui y appellent énergiquement les insectes mellifères et autres, dont le rôle, dans la fécondation des plantes, est si bien établi aujourd'hui. Si l'on se rappelle en outre que nombre d'hybrides entre espèces peu éloignées sont très-fertiles, soit par leur propre pollen, soit par celui de leurs ascendants ou même par celui d'autres espèces ou variétés hybrides ; que de plus la postérité des hybrides fertiles par eux-mêmes n'a point d'uniformité, on n'aura aucune peine à s'expliquer cette profusion de variétés de rosiers, nées des semis, qui défient toute classification. Ce serait un beau et intéressant sujet d'étude que de rechercher, par voie expérimentale, l'origine de ces variétés ; mais ce serait en même temps un travail long et difficile, qu'il n'est pas probable qu'un horticulteur de profession entreprenne jamais.

Le lecteur ne doit pas s'attendre à ce que nous déroulions sous ses yeux l'interminable liste des races et variétés de rosiers qu'on trouve mentionnées dans les livres, déjà très-nombreux, qui ont traité de la matière, ainsi que dans les catalogues des horticulteurs. Ce sujet nous entraînerait beaucoup trop loin, et ne serait après tout d'aucune utilité, parce que ces races et ces variétés sont journellement remplacées par de plus nouvelles. Nous nous bornerons à indiquer, avec les principales espèces du genre, les variétés les plus recommandables qui en sont sorties, renvoyant aux auteurs les plus accrédités sur la matière ceux des lecteurs auxquels notre exposé ne suffirait pas (1).

(1) Dans le grand nombre d'écrits et de monographies dont les rosiers ont été l'objet, nous ne pouvons guère conseiller que la lecture des suivants :

Guillemeau. Histoire naturelle de la rose. In-12, Paris, 1800.

Lawrence (Miss Mary). A collection of Roses from nature. Londres; in-fol., 1780-1810.

Desvaux (N.-A.). Observations critiques sur les espèces de rosiers propres au sol de la France, dans le Journal de Botanique appliquée, tom. II, p. 104. Paris, 1813.

Pronville (Auguste). Nomenclature des espèces, variétés et sous-variétés remarquables du genre rosier, dans les Annales de l'Agriculture française, 1re série 1814. — Travail réimprimé, avec additions, en un volume in-8°; Paris, 1818.

Thory (Cl.-Ant.). Prodrome de la monographie des espèces et variétés connues du genre Rosier, etc.; vol. in-8°, Paris, 1820.

Redouté (P.-J.) et Thory (Cl.-Ant.). Les Roses ; magnifique album de dessins

† Espèces et variétés de rosiers.

Ainsi que nous l'avons dit tout à l'heure, les plus grandes in
certitudes règnent encore sur la délimitation des espèces bota
niques de rosiers. Telle forme qui est considérée par un mo
nographe comme une bonne espèce n'est pour un autre qu'un
simple variété. Dans le recensement que nous allons en fair
nous ne pourrons donc qu'exposer des opinions, en ayant so
cependant de nous ranger du côté de celles qui nous paraîtro
les plus probables. Nous ne pensons pas pouvoir prendre en ce
un meilleur guide que la monographie du Dr Lindley, ouvrag
datant déjà de plus de quarante ans, mais auquel les tr
vaux postérieurs des botanistes n'ont à peu près rien ajout

Pour M. Lindley, les rosiers se répartissent en onze tribu
en général assez naturelles, quelquefois aussi ne différant qu
par des nuances peu sensibles ; ce sont :

1° Les **rosiers féroces** (*Rosæ feroces*), buissons de 1
2 mètres, à rameaux hérissés d'aiguillons très-serrés, à feuill
caduques, dont les fruits, d'abord couverts de duvet, s'en dé

coloriés d'après nature, en 30 livraisons, formant 3 vol. in-folio et in-4°, avec tex
Paris, 1815-1824. — Troisième édition du même ouvrage, in-8°, publiée en 1828
années suivantes, sous la direction de Pirolle.

Loiseleur-Deslongschamps. Description des principales espèces de rosiers, etc
publiée dans le *Nouveau-Duhamel*, tom. VII. Paris, 1817.

Vibert (*J.-B.*). Essai sur les roses. Ouvrage paru en 4 livraisons, formant u
volume in-8°. Paris, 1824 ; réimprimé avec additions en 1831.

Desportes (*N.*). Rosetum gallicum. Énumération méthodique des espèces et v
riétés du genre rosier (au nombre de 2,562), in-8°. Le Mans, 1828.

Prévost (*de Rouen*). Catalogue descriptif, méthodique et raisonné des espèc
et variétés du genre rosier, in-8°. Rouen, 1829.

Boitard. Manuel complet de l'amateur de roses, leur monographie, etc., 1 vo
in-18. Paris, 1836.

Chenet. La rose chez les différents peuples anciens et modernes. Paris, 1838

Loiseleur-Deslongschamps. La rose, son histoire, sa culture et sa poésie, 1 vo
in-8°, avec 8 planches. Paris, 1844.

Andrews (*H.-C.*). Roses, or a monography of the genus *Rosa*, etc., 1 vol., pe
in-folio, avec des planches coloriées. Londres, 1805.

Lindley (*John*). Rosarum monographia, or a botanical history of Roses. vo
in-8°, avec planches coloriées. Londres, 1820.

William Paul. The Rose garden, etc. Classification, description et culture d
roses cultivées en Angleterre ; 1 vol. petit in-8°, avec gravures dans le texte Lo
dres, 1863.

pouillent entièrement à la maturité. Ce groupe ne renferme que les deux espèces suivantes :

Le *rosier féroce proprement dit* (*Rosa ferox*), du Caucase, à rameaux tomenteux, hérissés d'aiguillons si serrés et si aigus que l'arbuste en a pris le nom de *Rose hérisson* (*Hedge hog* des Anglais). Les feuilles ont de 5 à 9 folioles elliptiques, dentées et glabres en dessus. Les fleurs sont grandes, solitaires, d'un beau rose pourpre, précoces mais peu odorantes. On n'en signale encore aucune variété double.

Le *rosier du Kamtchatka* (*R. kamtchatica*), de l'extrémité orientale de l'Asie. Très-peu différent du précédent et presque aussi épineux, mais avec cette particularité que ses aiguillons tombent en vieillissant. Ses fleurs sont d'un rouge foncé et solitaires. On n'en connaît non plus aucune variété double.

Ces deux rosiers conviennent particulièrement pour être plantés en massifs dans les jardins paysagers et les haies.

2° Les **rosiers involucrés** (*Rosæ bracteatæ*), buissons très-touffus, de 1 à 2 mètres, qui se distinguent aisément de tous les autres rosiers à leurs bractées florales et au duvet épais et persistant qui couvre leurs ovaires et leurs fruits. On n'en connaît que deux espèces, toutes deux de l'Asie centrale et orientale, et qui diffèrent assez peu pour qu'on puisse les confondre en une seule; ce sont :

Le *rosier des marais* (*R. palustris*), du Népaul et de la Chine, où il habite les marais. Ses fleurs sont solitaires, blanches et entourées d'un involucre de 3 à 4 folioles bractéiformes.

Le *rosier bractéolé* (*R. bracteata*), charmant arbuste de l'Inde et de la Chine méridionale, à feuillage obovale-arrondi, ferme, persistant et luisant; à fleurs blanches, solitaires, presque sessiles, entourées de 8 à 10 bractées pectinées et soyeuses. On dit que c'est d'un semis de cette espèce qu'est sortie la belle rose *Macartney*, à fleur pleine et d'un blanc pur, qui est plus cultivée en Angleterre que chez nous. On lui attribue de même deux autres roses déjà anciennes et cependant recommandables, *Alba odorata*, à fleur grande, pleine, blanche et à centre jaunâtre, et *Maria Leonida*, variété grimpante à fleur blanche, et qui probablement se rattache à une autre espèce.

A la suite du rosier bractéolé vient se ranger assez naturellement le *rosier microphylle* (*R. microphylla*), qui ressemble
par plus d'un côté, au rosier de Macartney. C'est un petit buisson compacte, d'une belle verdure, à rameaux grêles, flexueux,
armés d'aiguillons près de l'insertion des pétioles. Les feuilles
ont de 5 à 9 folioles très-petites, luisantes, ovales-arrondies,
parfaitement glabres et finement dentées. Les fleurs sont solitaires, très-doubles, roses ou carmin pâle. Le calice est recouvert en entier d'aiguillons fins et serrés, caractère qui
manque aux autres espèces du groupe, et qui est peut-être
suffisant pour en séparer celle-ci comme groupe distinct.

Ce joli rosier est de la Chine et des montagnes septentrionales de l'Inde, d'où il a été rapporté en Angleterre à la fin
du siècle dernier. On lui attribue deux ou trois variétés assez
communes dans les jardins : la *Rose pourpre ancienne*, très-
pleine et de couleur carmin foncé, et la *Rose triomphe de Ma-
cheteaux*, très-pleine, blanche, avec un reflet rosé. On rattache
encore au groupe des rosiers involucrés le *rosier à feuilles penchées* (*Rosa clinophylla*), d'où est sorti, par hybridation avec
le rosier à feuilles simples, le *rosier de Hardy,* à fleurs jaunes
maculées de pourpre à la base des pétales, devenu très-rare
aujourd'hui.

Le rosier bractéolé et le rosier microphylle craignent un
peu le froid sous le climat du nord de la France, et veulent être
abrités au moment des grandes gelées. Le rosier de Macartney
lui-même réussit beaucoup mieux dans l'ouest et le midi de
la France que dans le nord.

3° Les **rosiers cannelles** (*Rosæ cinnamomeæ*), arbustes ou
buissons de taille variable, propres à l'Europe, à l'Asie occidentale et à l'Amérique du Nord. Les folioles de leurs feuilles sont
en général longues et lancéolées, surtout dans les espèces américaines ; les fleurs, de grandeur moyenne, sont rose carmin,
en corymbes, rarement solitaires ; les fruits, à peu près sphériques, perdent ordinairement leurs folioles calicinales au
moment de la maturité. Dans ce groupe nous distinguerons

Le *rosier Cannelle proprement dit* (*Rosa cinnamomea*), arbuste
d'Europe, principalement des régions montagneuses du midi,

'élevant à 3 mètres ou plus, sur une tige qui peut dépasser la grosseur du bras. Ses aiguillons, presque droits, sont réunis par paires un peu au-dessous de l'insertion des pétioles. Les feuilles ont ordinairement 5 folioles oblongues, d'un vert gris en dessus, glauques en dessous. Les fleurs, de couleur lilas ou carmin très-pâle, sont solitaires ou réunies au nombre de 2 ou 3 sur un même pédoncule. Ce rosier, depuis longtemps cultivé, a donné naissance à quelques variétés simples ou doubles, parmi lesquelles on doit citer la *Rose du Saint-Sacrement*, qu'on trouve encore dans quelques jardins.

Le *rosier de mai* (*R. maialis*), petit arbuste du nord de l'Europe, haut de 1 mètre environ, à aiguillons faibles, épars ou réunis par paires à la hauteur de l'insertion des pétioles. Les feuilles ont ordinairement 7 folioles ovales ou obovales, quelque peu glauques. Les fleurs sont solitaires, petites, rose pâle; le fruit est sphérique, de couleur orangée, ne perdant point les folioles du calice à la maturité. Ce rosier, autrefois plus cultivé qu'aujourd'hui, et qu'on trouve encore dans quelques collections d'amateurs, n'a donné qu'un petit nombre de variétés, qui sont pour la plupart oubliées.

Le *rosier de Bosc* ou *rosier turnep* (*R. rapa*), de l'Amérique du Nord, buisson de 1^m à 1^m, 50, presque entièrement dépourvu d'aiguillons. Feuilles de 5 à 9 folioles oblongues, luisantes, prenant une teinte rougeâtre en automne. Fleurs en corymbe, d'un rouge clair, quelquefois blanches, souvent doubles, même à l'état sauvage. Ce beau rosier, assez rare en France, est fréquemment cultivé en Angleterre, où il entre avantageusement dans les massifs des jardins paysagers.

Le *rosier de la Caroline* (*R. caroliniana*), des marais de l'Amérique du Nord. Arbuste de 2 à 3 mètres, remarquable par la longueur de ses stipules et la forme des folioles de ses feuilles, qui sont ovales-aiguës, dentées, d'un vert foncé en dessus. Fleurs grandes, en corymbes, de couleur rose carmin. Ce rosier est, comme le précédent, très-répandu dans les collections des amateurs anglais, et sert principalement à la composition des massifs.

4° Les **rosiers pimprenelles** (*Rosæ pimpinellifoliæ*). Ar-

bustes tantôt épineux, tantôt inermes, dont les fruits conserver
jusqu'à la maturité leurs folioles calicinales, devenues conve
gentes. Ce groupe se distingue plus facilement des autres pa
le nombre, relativement grand, des folioles de ses feuilles (de
à 15) que par tous ses autres caractères. Les espèces les plu
dignes d'intérêt sont :

Le *rosier pimprenelle proprement dit* (*R. pimpinellifolia*
ainsi nommé à cause de la petitesse de ses folioles arrondie
qui rappellent celles de la pimprenelle commune. C'est u
petit arbuste indigène, de 0ᵐ,50 à 1ᵐ, rameux, touffu et bui
sonnant. Ses feuilles ont communément 7 folioles, presque o
biculaires et dentées. Les fleurs sont petites, solitaires, tout
blanches ou tirant quelque peu sur le jaunâtre autour du cer
tre. Ce charmant petit rosier a produit diverses variétés dou
bles, parmi lesquelles on peut citer la *Blanche double,* de co
leur rosée ; la *Jaune double,* ou *Double yellow* des Anglais, c
couleur jaune pâle ; *Estelle,* variété bifère à fleurs roses, *
Stanwells, à fleurs rose tendre, et qu'on dit remontante.

Le *rosier épineux* (*R. spinosissima*), souvent confondu avec
rosier pimprenelle, dont il a à peu près le feuillage, mais qui e
diffère par des tiges plus élevées. Celui-ci est un petit buisso
nain, de 25 à 40 centimètres de hauteur, à fleurs moyer
nes, roses, carmin, jaunâtres ou blanches, qui habite de préf
rence les dunes maritimes et les lieux marécageux des bor
de l'Océan. Il a donné, par la culture, de charmantes variét
doubles ou pleines, dont on trouvera quelques-unes représe
tées dans le grand ouvrage illustré d'Andrews (1). Les bot
nistes ne sont pas d'accord sur les limites à assigner à cet
espèce, qui est extrêmement variable et qui a reçu, en cons
quence, plus d'une quinzaine de noms différents.

On trouve encore, dans le midi de la France, une autre form
assez voisine de celle-ci, mais qui s'en distingue à son port plu
dressé, à l'extrême petitesse de ses feuilles, à la longueur d
ses aiguillons nombreux, serrés et très-inégaux, et enfin à
petitesse de ses fleurs rosées, qui égalent à peine celles de

(1) Voir à la note ci-dessus.

once commune. De Candolle et Lindley en font une espèce distincte, sous le nom de *R. myriacantha*.

Le *rosier à fleurs jaune de soufre* (*R. sulfurea*), buisson de ᵐ,50 à 2ᵐ de hauteur, à feuilles de 7 folioles glaucescentes, et dont les tiges sont armées d'aiguillons inégaux, entremêlés de soies. Ses fleurs sont grandes, très-doubles, du plus beau jaune, mais elles ont l'inconvénient de s'ouvrir mal, probablement parce que la culture de l'arbuste se fait dans de mauvaises conditions. Le célèbre Banks affirme l'avoir vu fleurir de la manière la plus parfaite sur des terrains marécageux. Linné confondait ce rosier avec le rosier Capucine, dont il sera question plus loin, et qui en est, au dire de Lindley, entièrement différent comme espèce. On ignore d'où il nous est venu, mais on a tout lieu de penser qu'il est originaire de l'Asie occidentale. Ses principales variétés sont la *Rose jaune ancienne*, à fleurs grandes, très-pleines et d'un jaune vif, et le *Pompon jaune*, qui n'en diffère que par de moindres dimensions.

Le *rosier des Alpes* (*R. alpina*), arbuste de 2 à 3 mètres, indigène de toutes les grandes chaînes de montagnes de l'Europe centrale, très-commun surtout dans les Alpes et les monts Karpathes. Ses tiges sont dressées, presque inermes ou garnies de rares aiguillons, souvent colorées de pourpre brun. Les feuilles ont de 7 à 9 folioles, ovales-elliptiques, aiguës, dentelées sur les bords. Les fleurs sont rouge carmin, solitaires, et les fruits rouge orangé à la maturité. Cette espèce est, comme presque toutes les autres, extrêmement variable suivant les localités, ce qui lui a valu, de la part des auteurs, une synonymie compliquée. Cultivée depuis longtemps dans les jardins, elle a produit un certain nombre de variétés, sans doute par croisement avec d'autres espèces, et dont les principales sont les *Roses Boursaut*, déjà anciennes et encore célèbres aujourd'hui, qu'on suppose issues du rosier des Alpes fécondé par le rosier Thé, de la Chine, et qui sont toutes plus ou moins grimpantes. Une des meilleures variétés de ce groupe est le *rosier Amadis*, à fleurs pourpres, très-rustique, très-florifère, précoce, et à peu près dépourvu d'aiguillons. Peu de rosiers con-

viennent mieux pour garnir des treillis et couvrir de verdur
et de fleurs les murs des habitations.

5° Les **rosiers cent-feuilles** (*Rosæ centifoliæ*), qui on
été longtemps le groupe le plus intéressant du genre, et qu
renferment les races les plus anciennement cultivées. Ic
aussi, et plus qu'ailleurs peut-être, nous trouvons de grande
divergences d'opinion, entre les auteurs, sur le nombre de
espèces et les caractères qu'il convient de leur assigner. Nou
inclinons, pour notre part, à ne voir dans le groupe entie
qu'une seule espèce, qui, soit par variation naturelle, so
bien plus probablement par hybridation avec d'autres espèce
a donné naissance à toutes ces formes secondaires. Dans
nombre, nous citerons particulièrement :

Le *rosier Cent-feuilles proprement dit* (*R. centifolia*), qui e
l'espèce classique par excellence, une des plus belles,
plus délicieusement parfumée, celle qu'ont chantée les poët
de toutes les époques, et qui a tenu la première place dar
nos jardins jusqu'à l'arrivée des espèces remontantes de
Chine et de l'Inde, qui l'ont, sans raison suffisante, relégué
au deuxième et au troisième plan. La rose Cent-feuilles
quelques-unes de ses variétés fournissent la majeure partie
l'essence de roses du commerce, ou *attar* des Orientau
Même en France, elle est cultivée sur une assez grande échel
pour les besoins de la parfumerie.

C'est un buisson de 1 à 2^m, dont les tiges sont armées d'a
guillons inégaux, entremêlés de soies et de poils glanduleu
Ses feuilles sont à 5 folioles, grandes, largement ovales, dou
blement dentées, légèrement gaufrées, ciliées-glanduleuses s
les bords. Les fleurs, grandes et plus ou moins pleines suiva
les variétés, sont roses ou rose-carmin, solitaires ou réuni
deux ou trois ensemble au sommet d'un même pédoncule
nutantes, c'est-à-dire inclinées au moment de la floraison ; le
tube calicinal est couvert de poils pourpres, glanduleux, vi
queux et odorants. Le fruit est ovoïde-oblong, mais jama
très-allongé. Il prend une couleur orangé rougeâtre en mûri
sant.

On ne sait exactement si le rosier Cent-feuilles est indigène d

midi de l'Europe; le fait est qu'on l'y trouve naturalisé en beaucoup d'endroits, mais il est probable que la souche première
en a été tirée de l'Orient à une époque fort ancienne. Le botaniste voyageur Bieberstein affirme l'avoir rencontré sauvage
et à fleurs doubles sur le Caucase oriental, loin de tous les
lieux habités, mais la distinction des espèces dans le genre
est si difficile et si incertaine que cette assertion n'a qu'une
faible valeur.

Le rosier Cent-feuilles a varié de toutes les manières, par
le fait des climats, des sols, des procédés de culture, et surtout, croyons-nous, par croisement ainsi que nous l'avons
dit plus haut; mais parmi ces modes de variation il en est
trois qui sont surtout remarquables, et qui affectent l'un la
dimension, l'autre la couleur, le troisième la vestiture des fleurs,
c'est-à-dire les poils dont le calice et le tube calycinal sont
couverts. A la première modification appartiennent les *rosiers
Pompons*, arbustes de taille exiguë, dont les fleurs, sans cesser
d'être très-doubles ou très-pleines, sont de véritables miniatures ; à la seconde se rattache le remplacement de la couleur
rose-carmin normale par le blanc plus ou moins pur ; dans la
troisième sont compris les *rosiers mousseux* (1), déjà nombreux
en sous-variétés, et qui se distinguent à la curieuse transformation des poils du calice, et quelquefois même de ceux du
pédoncule et des pétioles des feuilles, en une bourre verte,
très-semblable à de la mousse. Cette classe de rosiers est
surtout prisée en Angleterre, où, paraît-il, sont nés, de semis, les premiers rosiers mousseux qu'on ait observés.

Les catalogues des horticulteurs mentionnent plusieurs centaines de variétés de roses Cent-feuilles, avec ou sans la qualification d'hybrides. Nous avons déjà dit que les classifications
arbitraires de ces catalogues, dressés d'ailleurs en vue d'a-
vantages purement commerciaux, n'ont aucune valeur scientifique. On pourrait ajouter que, même au point de vue hor-

(1) C'est par abus, suivant l'Académie, que l'expression de *rosiers mousseux* s'est
introduite dans le langage à la place de *rosiers moussus ;* mais elle est devenue si
générale, et elle a été consacrée par un si grand nombre d'écrivains, qu'il nous paraît plus simple de la conserver, en nous conformant à l'usage.

ticole, ils sont d'une médiocre utilité, les horticulteurs les
surchargeant de noms qui le plus souvent ne correspondent
pas à des variétés assez dissemblables les unes des autres
pour qu'on puisse les distinguer, ou qui vaillent la peine d'être
cultivées. Ce serait un grand bénéfice pour les amateurs de
rosiers que ces catalogues fussent sévèrement épurés, et
qu'on n'y inscrivît dorénavant que les roses vraiment méritantes. A ce titre, beaucoup d'anciennes variétés, aujourd'hui
presque abandonnées, rentreraient dans les premiers rangs;
c'est ce qui nous détermine à en citer ici quelques-unes, qui
datent déjà de bien des années.

Dans les rosiers Cent-feuilles ordinaires nous trouvons : la
Rose des peintres (fig. 5), très-grande, très-double, de couleur

Fig. 5. — Rose des peintres.

rose; la *Rose à feuilles de chou*, très-grande, pleine, de couleur
rose; la *Rose à feuilles de céleri*, moyenne, pleine, rose; le
Triomphe d'Abbeville, très-grande, double, rose vif; la *Rose*

Fig. 6. — Rose-Pompon de St-François.

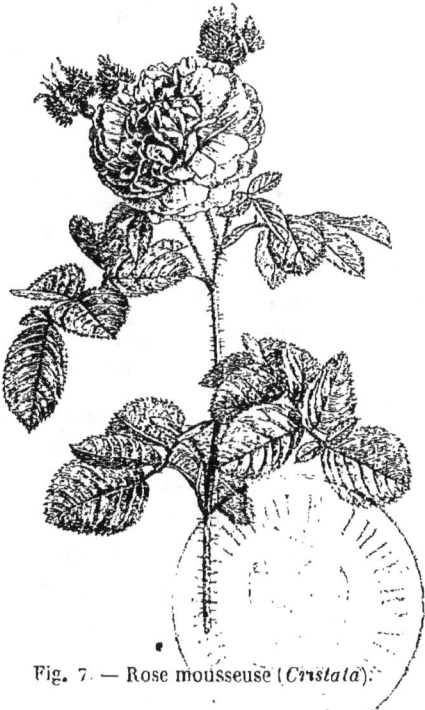

Fig. 7. — Rose mousseuse (*Cristata*).

Vilmorin, grande, pleine, couleur de chair; la *Rose Kingston*, très-petite, pleine, rose; l'*Unique blanche*, moyenne, pleine, blanche.

Dans les rosiers Cent-feuilles nains : le *Pompon de Saint-François* ou *Pompon nain* (fig. 6), très-petite, pleine, de couleur rose ; le *Pompon blanc*, très-petite, pleine et blanche.

Dans la section des rosiers mousseux, où se trouvent des roses de toutes nuances, depuis le blanc pur jusqu'au carmin foncé : la *Mousseuse à feuilles de sauge*, moyenne, double, rose; la *Mousseuse à feuilles luisantes*, moyenne, pleine, rose tendre; *Blanche*, moyenne, pleine, blanche; *Carnée*, grande, pleine, couleur de chair; *Cristata* (fig. 7), grande, pleine, rose, avec les folioles du calice mousseuses; la *Mousseuse de Metz*, moyenne, pleine, rose foncé; la *Mousseuse d'Orléans*, moyenne, pleine, pourpre vif; *Panachée double*, moyenne, pleine, blanche ou carnée, souvent panachée,

Perpétuelle Mauget, moyenne, pleine, rose, très-délicate; l'*Unique de Provence*, moyenne, pleine, d'un blanc pur; *Zoé* (Fig. 8), moyenne, pleine, rose, très-mousseuse. On connaît aussi quelques rosiers mousseux qui, par la durée de leur floraison, se rapprochent des rosiers dits remontants. Ce sont les *rosiers perpétuels mousseux* des horticulteurs parisiens.

Le *rosier de Provins* (*R. gallica*) et le *rosier de Provence* (*R. provincialis* de quelques auteurs), ne sont encore que des races du rosier Cent-feuilles, dont il est d'ailleurs assez difficile de les distinguer. Il est même peu probable qu'ils proviennent du croisement, au moins d'un croisement immédiat, de cette espèce avec une autre, les différences qui les séparent étant trop faibles pour qu'on puisse leur attribuer une autre origine que la simple variation dont tous ces arbustes sont susceptibles. Le rosier de Provins ne se distingue guère des Cent-feuilles ordinaires qu'en ce que ses fleurs sont en corymbes un peu plus fournis, ayant par exemple de 3 à 5 fleurs ou plus sur le même pédoncule, et qu'elles sont dressées au lieu d'être nutantes comme dans ce dernier. Il en est sorti de même un nombre immense de variétés, de toutes nuances, depuis le blanc jusqu'au carmin foncé, et qu'on confond souvent avec celles des rosiers Cent-feuilles ordinaires. Parmi ces variétés, nous pouvons citer la *Rose de Champagne* ou *de Meaux,* qui est une variété naine, et la *Rose tricolore de Flandre,* qu'on suppose, avec grande probabilité, hybride du rosier de Provins et

Fig. 8. — Rose mousseuse (Zoé).

d'une autre espèce demeurée inconnue. Cette rose est de grandeur moyenne, très-pleine, admirablement panachée de carmin clair sur fond blanc. C'est peut-être la plus belle des roses panachées.

Le *rosier de Damas* ou *des quatre-saisons*, ou encore *rosier de tous les mois* (*R. damascena*), pourrait n'être aussi qu'une race particulière du rosier Cent-feuilles, tant il lui ressemble par le faciès et par tous ses traits essentiels. On l'en distingue néanmoins à ses aiguillons plus allongés, à la forme oblongue de son fruit, ses fleurs en corymbes, ses folioles calicinales réfléchies au moment de la floraison, dernier caractère qui semble le rapprocher du rosier blanc (*R. alba*). Une autre différence notable qui le sépare des rosiers Cent-feuilles est la facilité avec laquelle il se propage de boutures, comparativement à ce dernier et au rosier de Provins, qui sont rebelles à ce mode de multiplication. Rien ne prouve cependant que toutes ces différences aient réellement une valeur spécifique.

On ne sait pas plus précisément que pour l'espèce précédente d'où celle-ci est originaire; mais la tradition la fait venir de Syrie, et particulièrement de la ville de Damas, d'où elle aurait été rapportée par un comte de Brie, à son retour des croisades. D'après Monardi, collaborateur de Charles de l'Écluse, au dix-septième siècle, cette rose, si remarquable par la vivacité de son parfum, serait cultivée en grand aux alentours de Damas; mais il reste encore à démontrer qu'il s'agit bien de celle que nous possédons aujourd'hui sous ce nom.

Quelques auteurs, Lindley entre autres et Loiseleur-Deslongchamps, rattachent au rosier de Damas, comme simples variétés, le *rosier de Belgique* (*R. belgica*), qui en diffère par une taille moins élevée et des corymbes comprenant jusqu'à 10 ou 12 fleurs, et l'ancien *rosier bifère* (*R. bifera*), remarquable par la longue durée de sa floraison, ce qui lui a donné autrefois beaucoup de vogue en France.

Les catalogues des horticulteurs mentionnent de nombreuses variétés de la rose de Damas, à fleurs roses, blanches ou panachées. Plusieurs de ces variétés sont indubitablement

hybrides, et on ne les distingue pas toujours de celles qui
sont issues du rosier de Portland, qui lui-même est très-vraisemblablement de provenance hybride. On peut citer parmi les
meilleures variétés de la rose de Damas la *Damas peinte*, ou
Léda, de couleur lilas carminé, la *Ville de Bruxelles*, très-
grande fleur pleine, d'un rouge saumoné; *Madame Zoutman*,
grande fleur très-pleine, d'un blanc de crême; *Madame Hardy*,
la plus belle des roses blanches de ce groupe; et enfin, suivant quelques rosistes, la *Gloire des rosomanes*, trouvée par
M. Vibert, d'Angers, dans un de ses semis, et que d'autres
rattachent, sans plus de preuves, au rosier Thé. C'est vraisemblablement un hybride, et en même temps une des plus belles
roses modernes; elle a elle-même donné naissance à un grand
nombre de variétés estimées.

Le *Rosier de Portland* (*R. portlandica* de quelques auteurs)
a été ainsi nommé en l'honneur de la duchesse de Portland,
grande admiratrice des roses, et qui avait elle-même une roseraie célèbre, vers la fin du siècle dernier. C'est une des
meilleures variétés que l'Angleterre ait produites. D'après
Andrews, l'arbuste tient à la fois du rosier de Provins, dont
il a à peu près le feuillage, et du rosier de Damas, auquel
il ressemble par ses fruits allongés. Les fleurs en sont presque
toujours solitaires, grandes, semi-doubles, du plus beau rouge-
carmin; le bois d'un vert plus pâle, à aiguillons fins et très-
nombreux, et le feuillage d'un vert moins foncé que dans la
plupart des autres rosiers. Ce qui le différencie encore mieux,
c'est la longue succession de ses fleurs, dont l'épanouissement
se prolonge du commencement de l'été jusqu'assez avant dans
l'automne, aussi est-il devenu la souche d'une multitude de variétés nouvelles, jouissant comme lui de la faculté de fleurir
d'une manière continue pendant toute la belle saison. On les
désigne communément sous les noms de *rosiers remontants*,
rosiers des quatre saisons, *rosiers Portland* ou *hybrides de
Portland*. Il est presque hors de doute qu'un bon nombre de
ces variétés sont dues à de nouveaux croisements, non-seulement avec les souches primitives (les rosiers de Damas et
de Provins), mais encore avec d'autres espèces; aussi offrent-

elles un mélange si confus de caractères qu'il est impossible aujourd'hui de les classer d'une manière satisfaisante. On en trouvera plusieurs centaines indiquées dans les catalogues des horticulteurs. On croit que c'est d'un rosier de Portland qu'est sortie la belle *Rose du Roi*, d'un rouge cramoisi très-vif, dont on attribue la découverte à M. Souchet, ancien jardinier du palais de Fontainebleau. Peu de roses jouissent d'autant de popularité, et sont cultivées sur une aussi grande échelle à Paris et dans les environs de cette ville.

6° Les **rosiers velus** (*Rosæ villosæ*). Cette tribu, peu naturelle et faiblement caractérisée, se distingue aux particularités suivantes : rejetons dressés et roides ; aiguillons presque droits ; folioles des feuilles ovales ou oblongues, à dentelures divergentes ; folioles calicinales persistant sur le fruit et conniventes ; disque épais, fermant l'entrée du réceptacle calicinal. Elle se lie, d'une part aux *cynorrhodons*, de l'autre aux *rosiers rouillés,* dont il sera question plus loin. L'espèce importante de ce groupe est :

Le *rosier blanc* (*R. alba*), qui pour la beauté des fleurs égale peut-être le rosier Cent-feuilles lui-même. C'est un arbrisseau indigène, buissonnant, s'élevant de 2 à 3 mètres, à feuillage remarquablement glauque, composé de 5 à 7 folioles, courtement ovales ou presque rondes. Les fleurs sont grandes, abondantes, solitaires ou en corymbes, montrant, suivant les variétés, toutes les nuances entre le blanc parfait et le rose clair. Le fruit est oblong, de couleur écarlate à la maturité.

Cette espèce, depuis longtemps assujettie à la culture, a produit, comme les précédentes, beaucoup de variétés, mais chez lesquelles en général le type spécifique s'est assez bien conservé, ce qui indique peut-être qu'elle se prête moins que d'autres aux croisements. Il est à noter en effet que dans la majeure partie de ces variétés le coloris des fleurs est toujours le blanc ou la teinte carnée, rarement le rose clair. Celles de nuances décidément carminées, et elles sont ici très-peu nombreuses, doivent probablement cette intensité plus grande du coloris à un croisement entre le rosier blanc et quelque autre espèce. Les auteurs et les horticulteurs signalent plus

de cent variétés dans ce beau rosier; nous pouvons nous
borner à citer les suivantes : *Rosier blanc à feuilles de chanvre, Pompon Bazard, Placidie, Céleste blanche, Bouquet blanc,
Royale, Belle aurore* (fleurs blanches à reflets jaunâtres),
Blanche à cœur vert (fleurs blanches à reflets verdâtres), *Camellia, Perle de France, la Surprise, Cuisse de nymphe, Dia-
dème de Flore* (fleurs carnées, très-grandes, très-doubles; une
des plus belles roses connues).

A la section des rosiers velus se rattachent plusieurs autres
espèces, d'une faible importance horticole, telles que le *rosier
velu* proprement dit (*R. villosa*), qui est le plus grand arbrisseau du genre, parmi ceux de nos climats; il s'élève en effet
à 3 ou 4 mètres, quelquefois plus, et par la grosseur de sa
tige il rivalise avec le rosier Cannelle (*R. cinnamomea*) des
Alpes et des Pyrénées. Peu cultivé, il n'a produit qu'un petit
nombre de variétés, aujourd'hui presque oubliées. Il en est
de même du *rosier cotonneux* (*R. tomentosa*) et du *rosier
Évratin* (*R. Evratina*), qu'on trouverait difficilement aujour-
d'hui dans les collections des fleuristes français.

7° Les **rosiers rouillés** (*Rosæ rubiginosæ*), assez voisins
des précédents, dont ils se distinguent à leurs drageons arqués,
et surtout à leurs feuilles glanduleuses en dessous, ce qui est
un caractère à peu près exclusif aux rosiers de cette section.
Ils ont comme eux les feuilles à dentelures divergentes, les
folioles du calice persistantes sur le fruit, et l'orifice du ré-
ceptable resserré par un disque épais. Dans ce groupe, deux
espèces seulement méritent de nous occuper; ce sont :

Le *rosier jaune* proprement dit, ou *rosier Capucine*, ou encore
églantier vrai (*R. lutea*), qu'il ne faut pas confondre, comme
l'ont fait beaucoup de botanistes, avec le *rosier jaune de soufre*
(*R. sulphurea*), dont il a été question plus haut, et qui appartient à la section des Pimprenelles. Celui-ci, qui semble indigène du centre et du midi de l'Europe, où il pourrait bien
n'être que naturalisé, est un buisson de 1^m à $1^m.50$, à aiguillons
droits non entremêlés de soies, à feuillles luisantes et glabres
en dessus, d'un vert foncé, dont les folioles, au nombre de 5 à
7, sont ovales, un peu concaves, dentées, plus ou moins pu-

bescentes et glanduleuses en dessous. Les fleurs sont grandes, relevées en forme de coupe, tantôt tout entières d'un jaune vif, tantôt jaunes seulement en dehors et revêtant à l'intérieur une teinte rouge capucine ou mordorée. Leur odeur, qu'on a comparée quelquefois à celle de la punaise, sans être précisément désagréable, ne rappelle que faiblement celle des autres roses. L'espèce porte dans la plupart des ouvrages français le nom d'*églantier*, et on la considère même généralement comme étant le véritable *Rosa Eglanteria* de Linné. Elle s'est peu modifiée comparativement à d'autres, et on ne signale guère, en fait de variétés, que la *Rose Capucine* proprement dite (fig. 9), jaune en dehors et d'un rouge

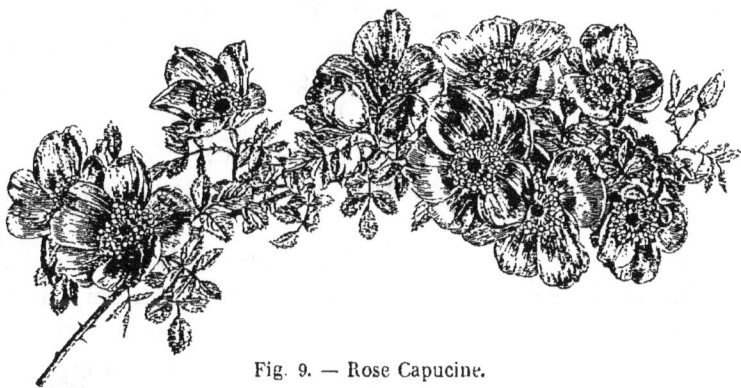

Fig. 9. — Rose Capucine.

mordoré plus ou moins vif en dedans; la *Rose de Harrison*, à fleurs jaunes, doubles, plus commune en Angleterre que chez nous, et la *Jaune de Perse* (*Persian Yellow* des Anglais), tout entière d'un jaune vif et très-double; c'est une des plus jolies roses jaunes que nous possédions.

Le *rosier rouillé* ou *églantier odorant* (*R. rubiginosa*), indigène de toute la France. Buisson très-touffu, de 2ᵐ ou plus de hauteur; à aiguillons nombreux, courbés en hameçon; à feuilles communément de 7 folioles, d'un vert terne, glanduleuses en dessous et très-odorantes lorsqu'on les froisse entre les doigts. Les fleurs sont roses ou carmin très-pâle, peu parfumées. Le fruit, très-variable de forme, lisse ou hispide, conserve jusqu'à la maturité ses folioles calicinales, devenues alors convergentes.

Le rosier rouillé est une des espèces les plus variables du genre ; aussi les botanistes l'ont-ils subdivisé en une multitude d'espèces secondaires, et souvent confondu avec des variétés appartenant à des espèces toutes différentes, ce qui lui a valu une synonymie des plus embrouillées. Ses feuilles glanduleuses et odorantes resteront le caractère le plus certain pour le faire distinguer. Il a donné par la culture quelques variétés doubles ou semi-doubles, unicolores ou panachées, probablement par croisement avec d'autres espèces. La plupart de ces variétés n'ont qu'une valeur horticole très-secondaire.

8° Les **rosiers cynorrhodons** ou **rosiers des chiens** (*Rosæ caninæ*), chez lesquels l'orifice du réceptacle est rétréci, comme dans les précédents, par l'épaississement du disque, mais qui s'en distinguent par l'absence de poils glanduleux et odorants sur les feuilles. Leurs drageons sont arqués et armés d'aiguillons égaux et recourbés. Ces rosiers diffèrent de ceux de la section suivante, par leurs styles, toujours libres. Nous y trouvons des espèces d'un grand intérêt horticole ; ce sont les suivantes :

Le *rosier des chiens* proprement dit (*Rosa canina*), plus connu sous le nom de *faux-églantier*, et que les horticulteurs appellent simplement l'*églantier*, sans le confondre cependant avec l'églantier de Linné, ou rosier Capucine. C'est une des espèces les plus communes partout ; elle abonde dans les haies et les lieux incultes de presque toute l'Europe, et s'étend même jusque dans l'Asie septentrionale. Sa taille dépasse communément 2 mètres ; mais elle varie beaucoup, ainsi que le port, suivant les lieux et les climats. Son polymorphisme le rend d'ailleurs très-difficile à décrire et à distinguer ; aussi les botanistes l'ont-ils scindé en une trentaine d'espèces ou de sous-espèces, dont aucune n'a de caractères bien déterminés.

Ses caractères les plus constants sont d'être dépourvu de soies entre les aiguillons, d'être généralement glabre, et de prendre une teinte pourprée obscure sur les feuilles et les tiges jeunes, du côté le plus exposé au soleil. Ses fleurs sont communément rose pâle, plus rarement blanches ou tirant

sur le carmin. Enfin ses fruits, d'un rouge écarlate à la maturité, sont ovoïdes-oblongs, ce qui le fait aisément distinguer
de quelques autres espèces assez voisines, où cet organe est
court et arrondi.

Ce rosier n'a donné par lui-même aucune variété horticole
de quelque mérite, mais il est assez probable que de ses croisements avec d'autres sont sorties quelques-unes des variétés
hybrides cultivées. Ce qui fait toute son importance, au point
de vue qui nous occupe, c'est qu'il est en possession de fournir l'immense majorité des sujets employés pour la greffe des
autres rosiers, ce à quoi il se prête admirablement par sa rusticité, sa grande vigueur et la belle conformation des rejets
nombreux qu'il émet de sa racine.

Le *rosier de l'Inde* ou *rosier Thé* (*R. indica*), qui, malgré son
nom, est originaire de la Chine, où il est probablement cultivé depuis les temps les plus anciens. De même que pour la
plupart de nos rosiers d'Europe, ses caractères spécifiques sont
extrêmement incertains, et on ne sait s'il ne vaudrait pas
mieux lui réunir, à titre de variétés, les espèces qui vont suivre, comme l'ont fait quelques auteurs. Faute de documents,
nous nous rangeons à l'opinion de M. Lindley, qui le tient
pour une espèce différente.

C'est un arbuste de 2 à 3 mètres, quelquefois plus, à jets
élancés, d'un vert glauque, parsemés d'aiguillons crochus, brunâtres. Les feuilles sont luisantes, glabres, composées de 3 à 5
folioles planes, ovales-acuminées, d'un vert foncé en dessus,
glauques en dessous. Les fleurs sont solitaires ou en corymbes de
deux ou trois, grandes, roses, carnées, ou jaunâtres, ordinairement semi-doubles, portées sur des pédoncules scabres et allongés. Le fruit est de forme arrondie ou courtement obovoïde,
rouge écarlate à la maturité. Une de ses variétés, distinguée
par quelques-uns comme espèce, sous le nom de *R. odoratissima*, est remarquable par la suavité du parfum de ses fleurs.
Les innombrables variétés que l'on en a obtenues, soit directement soit par croisement, sont loin de répéter exactement
les caractères que nous venons d'assigner au type de l'espèce.

Le rosier Thé, une des grandes acquisitions modernes de

l'horticulture, a été introduit en Europe sur la fin du siècle
dernier, sans qu'on sache exactement en quelle année ni par
qui. Ce qu'il y a de plus certain, c'est qu'on l'a observé pour
la première fois en 1793, chez un amateur anglais du nom
de Parsons; mais il est certain aussi qu'il a été réintroduit depuis et à plusieurs reprises par différents voyageurs, notamment par un M. Evans, vers 1803 ou 1804, et par sir A. Hume,
en 1809. Ce qui lui donne surtout du prix, aux yeux des amateurs, c'est la longue durée de sa floraison, qui, commencée
de bonne heure, se continue fort tard en automne. La plupart
des variétés, même hybrides, qu'il a produites depuis son introduction dans les jardins de l'Europe, participent à des degrés divers à cette remarquable propriété. On peut citer,
parmi les plus anciennes, les roses *Belle-Gabrielle*, *Belle-Éliza*,
Belle-Hélène, *Zénobie*, *Reine-de-Golconde*, *Roi-de-Siam*, *Car-
not*, *Bengale jaune*, *Aurore*, *Floralie*, *Moirée*, *Strombio*, etc.
Dans les variétés plus modernes, nous indiquerons les suivantes, déjà devenues classiques : *Mélanie Willermoz* (fig. 10),
grande, pleine, blan-
che, à cœur jaunâtre;
Safrano, moyenne,
pleine, jaune pâle; *Ni-
phétos*, très-grande,
double, blanche; *Le
Pactole*, moyenne,
pleine, jaune très-
pâle; *Bougère*, grande,
pleine, lilas carnée;
Devoniensis, très-
grande, pleine, à
cœur jaune paille;
Gloire de Dijon,
grande, et très-pleine,
jaune rougeâtre; *Nar-
cisse*, pleine, jaune
clair; la *Boule d'or*,
très-pleine, d'un jaune

Fig. 10. — Rose Thé (Mélanie Willermoz).

vif. Les catalogues des horticulteurs actuels ajouteraient plusieurs centaines de noms à cette liste.

Le *rosier du Bengale* (fig. 11) ou *rosier perpétuel* (*R. bengalen-
sis*, *R. semperflo-
rens*), réuni par
plusieurs auteurs
au précédent, mais
qu'il est plus com-
mode d'en sépa-
rer, pour des rai-
sons tout hortico-
les. C'est un buis-
son un peu étalé,
à rameaux grêles,
très-glabres, ar-
més çà et là d'ai-
guillons recour-
bés, à feuilles lui-
santes, écartées,
fortement teintées
de pourpre noir,
composées de 3 à

Fig. 11.— Rose du Bengale.

5 folioles ovales-lancéolées, planes, dentées en scie. Les fleurs
sont solitaires à l'extrémité des rameaux, doubles ou semi-doubles, d'un rouge cramoisi foncé et presque sans odeur ; leur
tube calicinal est courtement obovoïde et glabre, et les folioles
qui le terminent réfléchies dans la floraison et caduques. Au
dire de M. Lindley, c'est le seul rosier qui perde ses étamines en
même temps que ses pétales, ce qui déjà le distinguerait du
rosier Thé ; mais une différence plus grande encore, suivant
cet éminent botaniste, c'est que le rosier du Bengale type n'a
guère qu'une quinzaine d'ovaires dans chaque fleur, tandis que
le rosier Thé en a de 40 à 50. Nous laissons à d'autres le soin
de vérifier si ce sont là de vrais caractères spécifiques.

Le premier rosier du Bengale paraît avoir été introduit en
Angleterre vers 1771, sans qu'on sache par qui ; ce qui est
avéré c'est qu'un Anglais, du nom de Ker, le rapporta de

Canton en 1780, et qu'un autre Anglais, Slater, en introduisit
une seconde variété, du même pays et vers le même temps.
De là le nom de *rose de Chine* (*Rosa chinensis*) que lui ont
donné quelques auteurs, tandis que d'autres en font une simple
variété du *R. indica*. De nombreuses variétés, à fleurs roses
ou cramoisies, sont rattachées au rosier de Bengale par les horticulteurs; il serait trop long de les citer ici nominativement.

Il n'est guère possible d'en séparer spécifiquement le *rosier de
l'île Bourbon* (*R. borbonica* (fig. 12), qui n'en diffère que par une
taille un peu plus
forte, la présence
de quelques soies
entremêlées aux ai-
guillons sur les ra-
meaux, des feuilles
de 5 à 7 folioles,
dont le pétiole pré-
sente aussi des soies
parmi ses aiguil-
lons, et des fleurs
assez souvent en co-
rymbes de 3 à 7 sur
un même pédon-
cule. En dehors de
ces particularités,
de peu d'impor-
tance dans des es-
pèces, où aucun ca-

Fig. 12. — Rose de l'île Bourbon,
Guillaume le Conquérant.

ractère n'est certain, il n'y a aucune différence entre le rosier
du Bengale et le rosier de Bourbon; il est même extrêmement
vraisemblable que ce dernier n'est point indigène dans cette
île, et qu'il y a été simplement importé de la Chine ou de l'Inde.
Son introduction en Europe remonte aux premières années de
ce siècle. Les jardiniers indiquent, dans leurs catalogues, un
nombre presque illimité de variétés qu'ils rattachent à tout
hasard au rosier du Bengale et à celui de l'île Bourbon, et qui
figureraient tout aussi justement, pour la plupart du moins,

sous le titre des autres espèces ou variétés du même groupe.
Il serait aussi fastidieux qu'inutile de reproduire ici ces listes,
qui ne disent rien à l'esprit et ne correspondent souvent qu'à
des variations insignifiantes ou même purement imaginaires.
Disons seulement que celles de ces variétés qui appartiennent
réellement à ces diverses races d'une même espèce, ou qui
n'en sont que des hybrides peu altérés, jouissent de la préro-
gative de fleurir pendant toute la belle saison, ce qui leur a
valu de la part des jardiniers parisiens le nom de *rosiers hybrides
remontants.* Sous le climat doux du Midi, leur floraison n'est
même pas interrompue par l'hiver, non plus que dans les pays
tropicaux, où les rosiers Thé et du Bengale sont presque les
seuls de tout le genre rosier qui réussissent.

Ces rosiers hybrides remontants, qu'il ne faut pas confondre avec les hybrides de Portland, doués comme eux de la
propriété de fleurir d'une manière continue pendant la belle
saison, et même fort avant dans l'automne, comprennent un
nombre pour ainsi dire illimité de variétés, ou plutôt de variations individuelles. Leur nombre s'accroît d'ailleurs tous les
ans, car ces rosiers étant aujourd'hui fort à la mode, ce sont
eux que les horticulteurs ont le plus d'intérêt à multiplier
par voie de semis. Leur nombre est si grand, leurs caractères
s'entrecroisent de tant de manières et sont parfois si peu sai-
sissables, que la classification en est nécessairement fort arbitraire. Les jardiniers les ont distribués en plusieurs séries, d'a-
près leur plus ou moins de ressemblance avec les rosiers Thé,
du Bengale, de Bourbon, et même avec le Rosier de Portland,
qu'on suppose avoir pris part aux croisements d'où ils sont
sortis. Ces séries sont beaucoup trop étendues pour que nous
puissions les reproduire ici; nous renverrons donc les lecteurs
aux catalogues mêmes des rosistes les plus en renom, qui leur
fourniront des indications suffisantes.

De même qu'il existe des rosiers nains dans le groupe des
Cent-feuilles, il en existe aussi dans celui des rosiers de la
Chine, soit qu'on en fasse des espèces distinctes, ce qui n'a
aucune importance ici, soit qu'on les regarde comme de simples variétés. De ce nombre est le *rosier de Miss Lawrence (R.*

Lawrenceana), vraie miniature du rosier de Bengale. Sa taille ne dépasse guère 0^m,35 à 0^m,40 ; ses rameaux débiles sont armés d'aiguillons larges et presque droits ; les fleurs sont très-petites, mais très-nombreuses, d'un pourpre clair, doubles ou semi-doubles, et se reproduisent sans interruption pendant tout l'été. Ces petites roses sont souvent désignées sous le nom pittoresque de *Bengale pompon*.

Les rosiers Thé, du Bengale et de l'île Bourbon se sont fréquemment croisés dans les jardins avec d'autres espèces, mais peut-être plus en fournissant du pollen qu'en en recevant, si toutefois on peut accorder quelque confiance aux dires des horticulteurs, qui affirment que ces rosiers se reproduisent en général assez fidèlement de leurs graines. Quoi qu'il en soit, il est fort possible, comme on le suppose, que ce soit au croisement du rosier Thé ou du rosier de Bengale avec le rosier muscat (*R. moschata*) (1) qu'est dû le *rosier Noisette* (*Rosa Noisettiana*, fig. 13),

Fig. 13. Rose Noisette.

(1) Il n'y aurait rien d'impossible non plus à ce que le rosier Noisette provînt du

obtenu de semis en Amérique, par un jardinier français, Philippe Noisette, qui le fit parvenir en France en 1814. Ce rosier est un arbrisseau de 1^m,50 à 2^m, armé d'aiguillons forts et crochus; à feuilles glabres, luisantes, composées le plus souvent de 7 folioles ovales-aiguës, finement dentées. Les fleurs, au moins dans la variété type, sont moyennes, nombreuses, doubles, d'un rose clair et parfumées. Mais depuis son introduction en Europe le rosier Noisette, fécondé par lui-même ou par d'autres espèces, a donné naissance à une multitude de variétés nouvelles, dans lesquelles le type premier s'est plus ou moins altéré. Chez quelques-unes, les fleurs sont solitaires à l'extrémité des rameaux; chez d'autres, elles sont en corymbes plus ou moins fournis, et elles passent par tous les tons, depuis le blanc pur jusqu'au carmin foncé et au jaune. Peu de rosiers offrent des caractères d'hybridité plus prononcés. Parmi les variétés blanches ou blanc carné de cette race, on cite les roses *Aimée-Vibert, Eudoxie, Labiche, Lamarque, Mme Deslongschamps;* dans les variétés jaunes : *Solfatare, Ophyrie, Després, Marie-Chargé, Euphrosine, Chromatelle;* dans les tons rosés ou carminés : *Bougainville, Caroline-Marniesse, Jacques-Amyot;* variétés qui ont eu et ont encore une certaine vogue chez les amateurs. Le rosier Noisette et ses variétés, lorsqu'elles sont peu dégénérées, jouissent, comme ceux de la Chine et du Bengale, de la précieuse propriété de fleurir d'une manière continue pendant toute la belle saison. C'est cette faculté, autant que la beauté de ses fleurs, qui l'a surtout mis à la mode.

9° Les **rosiers à styles soudés** (*Rosæ systylæ*), qui n'ont qu'un seul caractère distinctif, la soudure des styles en une colonne allongée que termine le faisceau des stigmates. Par leur port ils rappellent les rosiers de la section précédente; cependant leurs feuilles sont assez souvent persistantes, ce qui peut être regardé comme un caractère secondaire. Nous trouvons ici :

Le *rosier des collines* (*R. systyla*), qui ressemble beaucoup

croisement du rosier Thé avec un rosier américain, le *rosier sétigère* (*Rosa setigera*), dont il sera parlé plus loin. Le port un peu grimpant de beaucoup de rosiers classés dans la section des Noisettes appuierait cette supposition.

au rosier des chiens, dont il diffère principalement par la so oa
dure de ses styles en une longue colonne glabre, ses fleu us
réunies en plus grand nombre dans un même corymbe, .
son feuillage un peu plus persistant, quoique toujours cadu ul
Ce buisson est commun dans les haies du nord de la Franon.
et de l'Angleterre.

On lui rattache, à titre de variété, peut-être hybride,
rosier de lady Monson (*R. Monsonix*), dont quelques auteu us
ont prétendu faire une espèce distincte. Il a été trouvé dans
une haie, en Angleterre, vers la fin du siècle dernier. Cet te
jolie variante, un peu naine, du rosier des collines, s'est coro
servée en Angleterre chez quelques amateurs.

Le *rosier des champs* (*R. arvensis*), qui est commun dans
toute l'Europe moyenne, en France particulièrement. Il n
distingue du précédent par des rejets quelque peu sarmeus
teux, des aiguillons inégaux et des feuilles glauques en de 9
sous, qui sont composées de 5 à 7 petites folioles plane 9
ovales, denticulées. Les fleurs, tantôt solitaires, tantôt o
corymbes de 5 à 6, quelquefois de 8 à 12, sont petites, sin'ni
ples, odorantes, blanches et légèrement lavées de jaune as
centre. Le tube du calice est obovoïde et glabre, et se tran o
forme en un fruit rond ou oblong, qui devient écarlate o
mûrissant.

Il a été bien démontré par le botaniste Sims d'abord, pu n
par M. Lindley, que c'est au rosier des champs qu'il faut ras
tacher, sans doute à la suite d'une hybridation, le *rosier Ayrshias*
des jardins anglais. Ce rosier, qui a conservé beaucoup o
caractères de l'*arvensis*, et en particulier la soudure des stylol
et sa grande rusticité, a donné naissance à quelques variétol
assez répandues dans les jardins, dont les fleurs, doubles o
semi-doubles, sont odorantes et généralement blanches, caus
nées ou d'un carmin clair. La *Rose jaune de William*, qu'oo
classe parmi les Ayrshires, pourrait elle-même être un nouver
hybride.

Le *rosier toujours vert* (*R. sempervirens*), indigène des boro
de la Méditerranée, tant en Europe qu'en Afrique, et qui
n'est pas rare dans le midi de la France. C'est un arbusta

rameaux longs de plusieurs mètres, sarmenteux, grêles, grimpants, armés d'aiguillons un peu crochus. Ses feuilles sont luisantes, glabres, composées de 5 à 7 folioles ovales-lancéo-lées, persistantes même en hiver. Les fleurs sont moyennes, nombreuses, rapprochées en corymbes, blanches et odoran-tes; leurs styles soudés forment une longue colonne velue. Le fruit est petit, rond et orangé.

Soumis depuis longtemps à la culture et à toutes les chances d'hybridation, ce rosier a donné naissance à un cer-tain nombre de variétés estimées, parmi lesquelles il suffit de citer *Dona Maria,* à fleur moyenne, pleine, d'un blanc pur, et *Princesse Marie,* qui est pleine, creusée en coupe et d'un rose très-clair.

Le *rosier multiflore* (*R. multiflora,* fig. 14) originaire de la Chine et du Japon. Arbuste sarmenteux, à rameaux grêles, flexibles, longs de 4 à 5 mè-tres, armés d'aiguillons crochus, qui sont réunis par paires au-dessous de l'insertion des feuilles. Celles-ci ont ordinaire-ment 7 folioles, velues des deux côtés, ovales ou lancéolées, plus ou moins aiguës. Les fleurs, en corymbes très-fournis, sont petites, très-dou-bles, d'un rose clair. La colonne qui résulte de la soudure des styles est lé-

Fig. 14. Rose multiflore.

gèrement velue. Les folioles calycinales tombent peu avant la maturité des fruits, qui sont turbinés et d'un rouge clair.

Ce rosier est remarquable par la petitesse de ses fleurs, blanches ou roses, qui ne dépassent pas de beaucoup celles de la variété de la ronce commune à fleurs pleines cultivée dans les jardins, ce qui lui a valu, de la part de quelques auteurs, le nom de *rosier à fleurs de ronce*. Le type sauvage, très-vraisemblablement simple, nous est inconnu, et comme la variété double, la seule qui nous ait été apportée de l'extrême Orient, est communément stérile, on ne signale naturellement aucun hybride auquel ce rosier ait donné naissance; mais on lui attribue quelques sous-variétés qui ont été fixées par la greffe, et dont les principales sont connues sous les noms de *Rose de la Grifferaie*, *Multiflore du Luxembourg*, *Graulhié* et *Laure Davoust*.

On pourrait rapprocher du rosier multiflore le *rosier à fleurs d'anémone* (*R. anemonæflora*), de la Chine, arbrisseau sarmenteux qui lui ressemble par le port, mais qui est cependant mieux placé dans la section suivante.

Le *rosier muscat* (*R. moschata*), qui est originaire de l'Afrique septentrionale, mais qu'on trouve naturalisé aujourd'hui en Espagne et dans le Roussillon. C'est un arbrisseau de 2 à 3 mètres, dressé, très-ramifié, très-florifère, armé de forts aiguillons crochus et presque égaux, à feuilles de 5 à 7 folioles ovales-lancéolées, finement dentées, glabres et un peu chagrinées en dessus, glauques en dessous avec des poils sur la nervure moyenne. Les fleurs sont en corymbes, généralement au nombre de 7, blanches, très-parfumées, à folioles calycinales caduques et tombant peu après la chute des pétales. Le fruit est petit, obovoïde et rouge à la maturité.

Ce rosier est cultivé de temps immémorial dans les pays musulmans qui avoisinent la Méditerranée, où il fournit une notable partie de l'essence de roses usitée dans la parfumerie locale. Dans nos jardins, où il fleurit tardivement (en août et en septembre), il a donné naissance à quelques variétés doubles et semi-doubles, entre autres à la *Rose muscate double ancienne*, de couleur blanche pure, et à la *Comtesse de Plater*, dont le blanc tire sur le jaunâtre. On attribue aussi au rosier muscat, mais sans preuves suffisantes, quelques hybrides, auxquels il aurait contribué par son pollen, par exemple le rosier Noisette, dont nous avons parlé plus haut.

Le *rosier à feuilles de ronce* (*R. rubifolia*), de l'Amérique

du Nord, qu'il ne faut pas confondre avec le rosier à fleurs de
ronce ou multiflore, dont il a été question ci-dessus. C'est un arbuste de 1^m à 1^m 50, facile à reconnaître à ses rameaux courtement aiguillonnés, à ses feuilles composées de 3 à 5 folioles ovales-aiguës, dentées en scie; à ses fleurs tantôt solitaires, tantôt
en corymbes de 3 à 4, simples, de la grandeur de celles de
la ronce commune, et d'un rose pâle. Le fruit est globuleux,
de la grosseur d'un pois, lisse et glabre. Ce rosier, très-dis-
inct comme espèce, diffère notablement par son port des
autres rosiers de cette section; mais à cause de ses styles
soudés on ne peut pas l'en éloigner dans une classification. Il
a donné naissance à quelques variétés horticoles qui ne sont
pas sans intérêt, telles que *Beauté des prairies*, *Belle de
Baltimore*, *Purpurea*, *Miss Edgeworth*, *Séraphine*, *Fiancée
de Washington*, etc., la plupart doubles ou pleines, les unes
blanches, les autres carnées ou rose clair.

Le *rosier sétigère* (*R. setigera*), arbuste grimpant de l'Amérique du Nord, et dont les sarments, longs de 5 à 6 mètres,
s'entrelacent aux buissons et aux branches des arbres. Ce rosier est fréquemment cultivé en Amérique, où il a donné naissance à quelques variétés, et, dit-on aussi, à quelques hybrides.
Il est rare dans les collections de l'Europe, du moins sur le
continent. Par ses styles soudés il appartient à la section dans
laquelle nous le plaçons, quoique M. Lindley l'ait réuni à la
suivante.

10° Les **rosiers de Banks** (*Rosæ Banksianæ*), arbustes
ordinairement grimpants, dont les feuilles n'ont le plus souvent que de 3 à 5 folioles. Leur principal caractère botanique
consiste en des stipules presque libres, étroites, aiguës,
presque toujours caduques. Les styles y sont tantôt libres,
tantôt soudés. Les espèces sont toutes de l'Asie orientale
et du nord de l'Amérique. Nous distinguerons dans cette
section :

Le *rosier de Géorgie* (*R. lævigata*), à tiges grimpantes, peu
aiguillonnées. Les feuilles sont à 3 folioles, ovales-lancéolées,
un peu coriaces, luisantes, denticulées, très-glabres. Les
fleurs sont solitaires, grandes, d'un blanc pur. Le fruit mûr

est obovoïde-oblong, rouge, hérissé de soies épineuses, et couronné par les folioles du calyce. Cette belle espèce habite les bois de la Géorgie, dans l'Amérique du Nord, où elle s'élève jusqu'au sommet des plus grands arbres. Elle a la plus grande analogie avec une espèce de la Chine, le *rosier de Chusan* (*R. sinica*), qui n'en diffère guère qu'en ce que les pétioles de ses feuilles sont armés d'aiguillons, tandis qu'ils sont inermes dans l'espèce américaine. Il est probable que ces deux rosiers, si propres à couvrir des tonnelles et des treillages, concurremment avec l'espèce suivante, ne tarderont guère à être introduites dans nos jardins.

Le *rosier de Banks proprement dit* (*R. Banksix*), originaire de la Chine, arbuste sarmenteux et grimpant, qui peut s'élever à plus de 10 mètres sous le ciel tempéré du midi. Il est le plus souvent inerme et parfaitement glabre, sauf sur le bord des stipules, qui sont très-caduques, et sous la nervure principale des folioles. Celles-ci, au nombre de 3 à 5, sont planes, oblongues-lancéolées, un peu luisantes. Ce rosier, un des plus beaux de tout le genre, est extrêmement florifère; ses fleurs, très-doubles, blanches, jaunes ou saumonées suivant les variétés, sont petites, agréablement odorantes et réunies en larges corymbes. Il est un peu sensible au froid dans le nord de la France, où on est quelquefois obligé de le couvrir de nattes, pendant les grandes gelées, surtout s'il est à une exposition méridionale, la seule d'ailleurs où il réussisse bien sous ce climat.

Le rosier de Banks, ou plus exactement de lady Banks, ainsi nommé par Robert Brown en l'honneur de la femme du célèbre protecteur des botanistes anglais, a été pour la première fois introduit de Chine en Angleterre peu après le commencement de ce siècle, mais il a été depuis lors réimporté plusieurs fois, et en dernier lieu (en 1850) par un collecteur anglais, M. Fortune, voyageant en Chine pour le compte de la Société d'Horticulture de Londres. Ces introductions successives nous ont valu plusieurs variétés assez différentes par la couleur des fleurs, mais toujours identiques par le port. Les plus belles sont : le *Grandiflora alba plena* fleurs petites et toutes blanches, la *Rose jaune ancienne de Banks* à fleurs pleines et presque sans odeur, et les *Roses de Banks saumonées*, dont la teinte mordorée semble être un mélange de jaune et de pourpre.

Le *rosier à fleurs d'anémone* (*R. anemonæflora*), qui ne se rattache qu'imparfaitement au groupe des rosiers de Banks, mais qu'on est embarrassé de placer ailleurs. Ses fleurs sont petites, blanches, pleines, assez semblables, par l'étroitesse et le grand nombre de leurs pétales, aux fleurs des anémones de nos jardins. Comme le précédent, il est originaire de la Chine, et évidemment très-modifié par une longue culture. On en signale quelques sous-variétés, sous les noms de *Centifolia*, *Pumila*, *Pompon royal*, etc., qui peuvent sans inconvénient être réunies en une seule sous le nom général de l'espèce.

11° Le **rosier à feuilles simples** ou *à feuilles d'épine-vinette* (*Rosa berberifolia*), que nous ne citons ici que pour compléter la série des rosiers, car il est à peine connu dans nos jardins. C'est un sous-arbuste de 40 à 60 centimètres, très-drageonnant du pied, à rameaux aiguillonnés, à feuilles entièrement simples, obovales, dentées, dépourvues de stipules. Les fleurs sont solitaires, à peu près de la grandeur de celles du rosier de Banks, d'un jaune vif, avec une macule pourpre foncé à la base des pétales. Cette curieuse espèce, dont quelques botanistes ont fait un genre à part sous le nom d'*Hulthemia*, ne se trouve que dans les terrains salés du nord de la Perse, où elle est si abondante qu'on s'en sert pour le chauffage des fours. Sa culture est difficile sous le climat du nord, où elle fleurit cependant sans donner de fruits, mais il est vraisemblable qu'elle réussirait sous celui du midi, et il n'est pas douteux que l'horticulture n'en pût faire naître d'intéressantes variétés, soit directement, soit en le croisant avec d'autres espèces. Il en existe au surplus un curieux hybride, le *rosier de Hardy* (*Rosa Hardyi* des jardins), issu du *rosier à feuilles penchées* (*R. clinophylla*) de la Chine, fécondé par le rosier à feuilles simples. Cet hybride ressemble à sa mère par sa racine non traçante, ses feuilles composées et sa haute taille ; à son père par ses aiguillons ternés, et surtout par se fleurs jaunes, dont les pétales portent une macule brune à leur base (1).

Nous comprenons sous ce titre tout ce qui a trait à la multiplication des rosiers, par semis, marcottages, couchages, boutures et greffes, à leur plantation et à leur entretien. Malgré le grand nombre des espèces et des variétés, cette culture n'offre pas de difficultés sérieuses sous nos climats.

A. **Multiplication des rosiers par semis**. Cette méthode, pratiquée aujourd'hui sur une très-grande échelle, a principalement pour but de faire naître de nouvelles variétés. Ayant déjà expliqué les causes ordinaires de ces variations, nous n'avons pas à y revenir ici.

La première condition pour faire un semis de rosiers est de se procurer de bonnes graines, et comme il importe de ne pas semer au hasard, on aura soin de ne récolter les graines que sur les races et les espèces dont on aura fait choix ; un bon étiquetage sera une précaution indispensable pour n'être pas exposé à les confondre les unes avec les autres.

Sous nos climats septentrionaux les graines des rosiers mûrissent généralement en octobre et en novembre, et c'est dans ce dernier mois qu'on a le plus de chance de les trouver au point convenable de maturité ; il n'y aurait d'ailleurs aucun inconvénient à les récolter un peu plus tard. Dans tous les cas, la maturité est parfaite lorsque la pulpe du fruit s'est amollie ou qu'elle s'est desséchée sur les graines.

Si l'on ne tient pas à semer dans l'année même, les graines de rosiers peuvent se conserver facilement jusqu'à l'année suivante dans les fruits, qu'il suffit de remiser en lieu sec, pendant l'hiver. Plus souvent on les extrait des fruits au moment de la récolte, soit pour les stratifier, soit pour les semer immédiatement.

On stratifie les graines de rosiers dans des pots, des ter-

(1) Voir dans le Bulletin de la Société botanique de France, année 1857, p. 676, la note consacrée à cet hybride, par M Jacques Gay.

rines ou des baquets, que l'on enferme dans une cave ou une serre froide, ou qu'on enfouit simplement au pied d'un mur, en prenant, dans les deux cas, les précautions nécessaires pour les mettre à l'abri des souris. Dès le mois de mars, et quelquefois plus tôt, ces graines commencent à germer ; on doit alors se hâter de les semer, afin de n'être pas exposé, en le faisant à une époque plus avancée, à briser les radicules. Suivant l'espace dont on dispose, relativement à la quantité de graines, le semis se fait plus clair ou plus serré. La meilleure méthode serait d'espacer les graines à 25 ou 30 centimètres l'une de l'autre, en tous sens.

Ce qui est bien préférable à la stratification c'est le semis d'automne, fait immédiatement après l'extraction des graines. S'il s'agit d'espèces indigènes, ou du moins rustiques, comme les rosiers Cent-feuilles et leurs variétés, le rosier de Damas, le rosier blanc, etc., il y aura avantage à semer en pleine terre, sur une planche préparée exprès, et autant que possible à une exposition orientale, telle en un mot que les jeunes plants soient abrités contre le soleil de midi. En semant clair, c'est-à-dire en laissant des intervalles de 15 à 20 centimètres entre les graines, en tous sens, il suffira, après la levée du semis, d'un léger éclaircissage pour que les plants conservés puissent rester en place jusqu'à leur première floraison. Ceux qui auraient été enlevés, si toutefois ils l'ont été avec quelque soin, sont repiqués sur une autre planche, à 30 ou 40 centimètres en tous sens, ce qui doit être aussi la distance des premiers.

Les graines de rosiers semées en automne germent communément au printemps suivant, mais quelquefois avec une grande inégalité, c'est-à-dire à des semaines d'intervalle les unes des autres; quelques-unes même attendent jusqu'à la seconde année pour sortir de terre. Ce n'est là toutefois qu'une exception dont on ne tient pas compte dans la pratique. Si l'hiver était rude et prolongé, il serait prudent de couvrir la planche de paillassons pendant les journées les plus mauvaises.

Lorsqu'il s'agit d'espèces exotiques plus sensibles au froid,

comme les rosiers du Bengale et de Bourbon, le rosier Thé.
le rosier Noisette, etc., les semis se font en terrines qu'on
hiverne en orangerie ou sous un coffre vitré ; mais cette précaution n'est pas nécessaire dans le climat du midi, où ces
espèces peuvent être traitées comme les rosiers rustiques
dans le nord. Leur germination s'effectue, comme celle des
premières, dans les mois de mars et d'avril. Ces rosiers sont
plus précoces que les espèces indigènes, et ils fleurissent
assez souvent la première année, surtout s'ils n'ont pas subi
de transplantation. Les rosiers indigènes ne commencent
à fleurir que la seconde année, et encore n'est-ce que le plus
petit nombre ; la grande généralité attend à la troisième et
mieux encore à la quatrième année.

Les semis de rosiers sont toujours une opération aléatoire,
en ce sens qu'on ne peut guère présumer d'avance le mérite
de plantes qu'on en obtiendra, ce dont on ne juge bien qu'à
la seconde année de floraison. Si les graines ont été récoltées
sur des rosiers à fleurs simples, on pourra s'attendre à en
trouver dans le semis un grand nombre qui seront pareillement à fleurs simples. Les chances seraient meilleures si on
avait récolté sur un rosier à fleurs semi-doubles ou doubles,
fécondé par lui-même ou du moins par quelque autre bonne
variété. Quelque succès qu'on obtienne d'un semis, il y aura
toujours une partie des produits à réformer, à cause de leur
infériorité, mais ils pourront cependant encore être utiles, en
servant de sujets pour y greffer des variétés plus méritantes.

Pour l'amateur curieux d'hybridations, les rosiers sont un
des plus attrayants sujets d'expériences qu'il puisse rencontrer, et, s'il sait assortir les races ou les espèces qu'il destine
à entrer dans les croisements, il pourra en obtenir des variétés
aussi remarquables par leur mode de végétation, leur coloris
ou la belle forme de leurs fleurs que par leur nouveauté.
Rappelons ici ce que nous avons dit plus haut : que les fleurs
très-pleines sont privées d'étamines, mais que quelques-unes
de ces roses pleines ayant encore des ovaires, peuvent être
fécondées artificiellement. Toutes les fois donc qu'on voudra
hybrider, en vue d'obtenir des variétés ornementales, on devra

préférer ces variétés pleines ou doubles, qui ne sont qu'à demi
stériles, à celles dont les fleurs seraient tout à fait simples, et
en prenant le pollen sur des fleurs semi-doubles ou même
tout à fait doubles, quoique ayant conservé quelques étamines,
on accroîtra très-notablement la chance de trouver des variétés méritantes par le semis des graines. Une précaution
qui serait indispensable ici consisterait à envelopper d'un
réseau de gaze, dès avant leur épanouissement, les fleurs qu'on
destinerait à recevoir la fécondation artificielle, et cela pour
empêcher toute immixtion des insectes dans cette opération.
L'enveloppe ne devrait d'ailleurs être enlevée que lorsque les
pétales flétris annonceraient que la fleur ne risque plus d'être
influencée par de nouveau pollen. Faute de ce soin, les insectes qui butinent en grand nombre sur les fleurs des rosiers
ne manqueraient pas, soit en faisant tomber le pollen qu'on
aurait déposé sur les stigmates, soit en en apportant d'espèces
ou de variétés autres que celles qu'on voulait employer exclusivement, d'introduire la plus grande confusion dans la fécondation des fleurs, et par là de faire naître des semis tout
autre chose que ce que l'on en attendait.

Si les rosiers choisis comme porte-graines, et destinés à
servir de sujets pour l'hybridation, ont les fleurs simples ou
semi-doubles, c'est-à-dire pourvues d'étamines et par conséquent de pollen, la première opération à faire sera de castrer
les fleurs dans le bouton commençant à s'ouvrir, mais avant
toute dissémination du pollen. Ces fleurs seront ensuite couvertes d'un morceau de gaze pour en écarter les insectes, puis,
lorsqu'elles seront tout à fait épanouies, on répandra sur
leurs stigmates, momentanément découverts, le pollen dont
on aura fait choix pour les féconder, après quoi on les cou-
vrira de nouveau. Sans cette castration préalable, le pollen
de la fleur tombant sur les stigmates ne laisserait que peu
de chances d'agir au pollen étranger que l'on y aurait déposé. Il est du reste inutile que nous insistions plus longtemps
sur des opérations que nous avons suffisamment décrites dans
le premier volume de cet ouvrage (1).

(1) Voir tome Ier, p. 612 et suivantes.

B. **Multiplication des rosiers par éclats, marcottage, couchage et bouturage.** Si la multiplication des rosiers par graines a l'avantage de procurer de nouvelles variétés, celle qui se fait au moyen de fragments offre celui de perpétuer indéfiniment les variétés acquises et de donner en outre des résultats bien plus promptement que le semis.

La multiplication *par éclats* est un véritable œilletonnage. La plupart des rosiers drageonnant de leurs racines, les pousses qu'ils émettent deviennent, par leur séparation du pied mère, autant de sujets nouveaux. La seule précaution à prendre dans cette opération est de leur conserver assez de racines pour que la reprise en soit assurée, ce qui revient à dire qu'on doit les arracher avec quelque soin.

Le *couchage* n'offre pas non plus de difficultés. Il consiste à coucher en terre, dans une fosse de dix à douze centimètres de profondeur, les branches qui naissent de la partie inférieure de l'arbuste, et qu'on recourbe en arc pour en ramener l'extrémité au-dessus du sol. Ayant déjà décrit (1) les procédés du couchage, nous ne nous y arrêterons pas ici, nous bornant à rappeler que, lorsqu'il s'agit des espèces à bois dur (les rosiers Cent-feuilles, les Provins, le rosier blanc, etc.), on facilite leur reprise par l'incision ou la ligature faites au-dessous d'un œil vers le milieu de la courbure du rameau, qu'on maintient, par un crochet, dans la position forcée qu'on lui a fait prendre. L'incision, si c'est elle qu'on emploie, doit pénétrer jusqu'à la moelle et s'étendre sur deux ou trois centimètres, un peu plus ou un peu moins, suivant la force du rameau, et on en tient les branches écartées à l'aide d'une cheville ou d'une petite pierre. C'est de la base de l'œil conservé près de l'extrémité du chicot que sortent ordinairement les premières racines.

Le couchage des rosiers se fait au printemps, en mars et avril sur des pousses de l'année précédente, ou en juillet sur des pousses de l'année même. On a soin de tenir la terre toujours fraîche par des arrosages faits à propos, et par un

_____

(1) Tome Ier, p. 481 et suivantes.

saillis de fumier décomposé de 3 à 4 centimètres d'épaisseur, et si autour du pied mère il se développe des drageons, on les enlève pour qu'ils ne détournent pas à leur profit la séve destinée à alimenter les branches couchées. Lorsque l'opération est bien conduite, l'enracinement commence peu de jours après, et le sevrage peut se faire dès la fin du mois d'octobre; néanmoins il est mieux de le remettre au printemps suivant, en ayant soin de couvrir les marcottes de feuilles sèches ou de litière pendant l'hiver. S'il s'agissait cependant d'espèces sujettes à geler, on les enlèverait en octobre ou novembre, pour les planter en pots et les mettre à l'abri, en orangerie ou sous un châssis.

Le *bouturage* est presque aussi simple que le mode de multiplication que nous venons de décrire, mais quoique à la rigueur il puisse être appliqué à toutes les espèces de rosiers, dans la pratique on ne s'en sert que pour celles qui s'y prêtent sans résistance, et qui sont précisément celles qui drageonnent le moins, ou même ne drageonnent pas du tout, celles que le rosier multiflore, le rosier musqué, ceux du Bengale et de Bourbon, le rosier Thé, le rosier Noisette et celui de Banks, qu'on multiplie d'ailleurs très-facilement de couchages. Les espèces les plus rebelles au bouturage sont le rosier Cent-feuilles, les Provins, le rosier blanc, les Portlands, les Pimprenelles, le rosier jaune, et toutes les variétés qui en sont sorties; mais, par compensation, ces espèces drageonnant beaucoup du pied offrent par là un moyen facile et sûr, sinon très-expéditif, de multiplication.

Le bouturage des rosiers se fait soit à l'air libre, sans autre chaleur que celle du climat, soit à l'aide de la chaleur artificielle, sous des abris vitrés. Dans le premier cas on a le choix entre le commencement du printemps et l'été, c'est-à-dire les mois de juillet, d'août, et même la première quinzaine de septembre. Si l'on opère au printemps, on se sert de rameaux de l'année précédente, que l'on coupe à 20 ou 30 centimètres de longueur; en été, on y emploie des rameaux de l'année, mais qu'on prend suffisamment aoûtés, et auxquels on donne une longueur telle qu'ils aient deux ou trois yeux. Ces rameaux se plantent verticalement, et, quelle que soit leur lon gueur, on ne leur laisse qu'un ou deux yeux au plus hors de terre. La terre la plus favorable à leur reprise est un sol lé ger, sablonneux même, par exemple la terre de bruyère : on peut s'en procurer, mais qu'il faut tenir constamment hu mide par des arrosages d'autant plus fréquents que la tempé rature sera plus élevée et la saison plus sèche. Un soin no moins essentiel, et dont l'oubli pourrait compromettre tou le succès de l'opération, sera d'abriter les boutures contre le rayons du soleil, surtout à partir de la fin du printemps, c qu'on obtiendra soit au moyen d'écrans (toiles, feuillages, etc. soit par une exposition convenablement choisie et orientée l'est ou à l'ouest. En ceci, du reste, on devra tenir gran compte du climat, et on n'a pas de peine à comprendre qu les abris et les arrosages seront beaucoup plus indispensable sous le climat ardent du midi que sous le ciel tempéré et plu vieux du nord.

Le bouturage à chaud, qu'on pourrait aussi nommer *boutu rage forcé*, s'emploie plus particulièrement pour les espèce délicates ou de reprise difficile. Ici, les rameaux bouturé peuvent n'avoir qu'un seul œil, et on les plante en terre d bruyère dans des terrines et plusieurs ensemble, ou mieu un à un dans autant de très-petits godets, qu'on recouvre d cloches, et qu'on dépose sur la tannée d'une serre ou sur un couche chaude. La chaleur, sans être élevée, ne doit pas des cendre au-dessous de 14 à 15 degrés centigrades. Si l'opéra tion est bien conduite, les boutures sont généralement re prises au bout de trois semaines, ce dont il est facile de s'assurer en en dépotant quelques-unes. A partir de ce mo ment on les habitue graduellement au contact de l'air, et on les met, à mesure qu'elles deviennent plus fortes, dans de pots de plus en plus grands. Pour plus de détails sur ce sujet le lecteur n'a qu'à relire ce que nous avons dit du bouturag dans notre premier volume, page 485 et suivantes.

C. **Multiplication des rosiers par la greffe.** Avan le commencement de ce siècle la greffe était rarement em ployée comme moyen de propagation des rosiers, mais depui une quarantaine d'années elle est devenue générale, et, dans la pratique, elle prime de beaucoup aujourd'hui les autres procédés de multiplication. Cette préférence s'explique par la rapidité et la facilité avec lesquelles elle permet de multiplier les individus, dans les variétés à la mode, et d'en hâter la floraison; double avantage, d'abord pour le pépiniériste qui est pressé de s'enrichir, ensuite pour l'amateur qui n'est pas moins impatient de jouir. Toutefois, la greffe du rosier n'est pas sans inconvénients; sans parler de la forme souvent très-disgracieuse qu'elle donne aux arbustes, on lui reproche généralement d'abréger leur vie, qui dure rarement plus de 12 à 15 ans, souvent même beaucoup moins. Il faut reconnaître cependant que ces considérations n'ont pas aux yeux de tout le monde la même valeur.

Plusieurs de nos rosiers sauvages (rosier des chiens, rosier rouillé, etc.) et quelques espèces cultivées (rosier de Provins, etc.) peuvent être employés comme sujets pour recevoir la greffe; mais de toutes ces espèces, celle qui s'y prête le mieux est le rosier des chiens proprement dit (*Rosa canina*), vulgairement désigné dans la pratique horticole sous le nom d'*églantier*, bien qu'il soit très-différent, ainsi que nous l'avons déjà dit, du véritable églantier de Linné et des botanistes. Malgré l'impropriété de cette appellation, c'est elle cependant que nous lui conserverons ici, pour n'être pas en désaccord avec l'usage. Les qualités qui lui ont fait donner la préférence sur les autres rosiers sont sa grande rusticité, qui lui permet de croître partout et dans tous les sols, sa vigueur, la rectitude de ses rejets, et enfin la facilité avec laquelle on se le procure en tout pays.

Ordinairement on ne cultive pas l'églantier pour en tirer des sujets de greffe; on se contente de l'arracher dans les haies ou sur les lisières des bois; mais la grande consommation qu'on en fait depuis quelques années l'a rendu rare aux alentours des grandes villes, de Paris surtout, où on ne le reçoit plus guère que des départements circonvoisins. Les sujets d'églantiers fournis par le commerce sont souvent mal choisis, et surtout arrachés sans aucun soin; aussi, malgré sa vitalité, en perd-on toujours un certain nombre par cette cause. On éviterait ces accidents si on prenait la peine d'en élever quelques-uns dans un coin du jardin; c'est ce que devraient faire tous ceux qui ont de grandes roseraies à entretenir.

Malgré ses qualités, l'églantier a aussi des défauts qu'il convient de signaler. Très-propre à alimenter les greffes des races fortes et vigoureuses de rosiers, il ne convient que médiocrement pour les espèces faibles, pour celles surtout qui restent naines, et qui, ne pouvant donner un emploi utile à la séve qu'il leur envoie, ne tardent pas à être affamées par ses propres pousses et par les nombreux drageons qu'il émet de ses racines afin de rétablir l'équilibre. On a sans doute la ressource d'enlever ces pousses parasites, mais la greffe ne consommant pas en proportion de ce que produisent les racines de l'églantier, ce dernier, sans cesse contrarié par ces suppressions contre nature, finit lui-même par succomber. De là la nécessité d'employer des sujets d'espèces moins vigoureuses pour toutes les races faibles ou peu développées. On y a employé tour à tour, et avec des succès divers, le rosier Céline, ancienne variété du rosier de Bourbon, le rosier toujours vert (*Rosa sempervirens*), divers hybrides du rosier de la Chine, et, aujourd'hui plus particulièrement, le rosier de Manetti, variété d'origine inconnue, obtenue de graines il y a près de 40 ans par un horticulteur de Monza, en Lombardie, dont ce rosier a pris le nom. On en fait usage surtout en Angleterre, où on a trouvé que, s'il est impropre à soutenir des rosiers à haute tige, il convient au contraire assez bien aux races naines. Nous devons ajouter qu'en France on ne lui a pas reconnu tous les avantages qu'on lui attribuait lors de son introduction, et qu'il tend même à disparaître de chez la plupart de nos horticulteurs.

Ce sont les jets âgés de deux ou trois ans, et dont la grosseur approche de celle du doigt, qui servent de sujets de greffe. Autant que possible, il faut les choisir droits et formant la canne; s'ils sont tortus on les redresse au moyen d'un tuteur. On les enlève avec précaution pour ne pas endommager les racines, ayant soin, avant la replantation, de

ccourcir celles qui seraient trop longues et de rafraîchir par
ne section nette celles qui auraient été entamées. Cette
ransplantation des églantiers se fait au premier printemps,
vant la pousse des feuilles, et avec beaucoup plus de succès
n automne, pour des raisons que nous avons déjà indi-
uées (1). Soit avant, soit après la plantation, les églantiers
ont rabattus à la hauteur où l'on veut greffer, c'est-à-dire de 5
entimètres au-dessus du collet à 1ᵐ,50 ou même plus, suivant
la taille à laquelle les rosiers doivent arriver. La greffe faite
ès-bas et enterrée a ordinairement pour but de procurer des
rbustes qui s'affranchissent par le développement de racines
ur la greffe elle-même; lorsqu'on se propose de former des
osiers à tige, on ne rabat guère les églantiers au-dessous de
ᵐ,80, et cela tout aussi bien pour ne pas avoir des arbustes
isgracieux par l'écourtement de leur tige, que pour mettre
urs fleurs à la portée de la main.

Deux sortes de greffes sont principalement employées pour
s rosiers, savoir la *greffe en fente* et la *greffe en écusson*. La
remière se fait à la fin de l'hiver ou dans les premiers jours
u printemps; la seconde pendant toute la saison où les ro-
iers sont en séve, et, suivant qu'elle a lieu au printemps ou
n automne, on lui donne les noms de greffe *à œil poussant* ou
œil dormant. L'écussonnage de printemps se fait en mai ou
n juin, celui d'automne de la fin de juillet au 15 septembre,
u plus tard, suivant les lieux et les climats. Nous savons déjà
ue, dans la greffe à œil poussant, le bourgeon inséré sous
'écorce du sujet entre presque immédiatement en végétation;
ommunément même, lorsqu'il s'agit de rosiers perpétuels, ce
ourgeon donne des fleurs dans le courant de l'été. La greffe
œil dormant, au contraire, ne commence à végéter qu'au
rintemps de l'année suivante; mais, si elle est plus tardive
ue la première, elle est par compensation beaucoup plus
ûre, parce que ses pousses mieux aoûtées risquent moins de
érir de froid pendant l'hiver. Lorsqu'on a le choix entre les
eux, c'est cette dernière qu'il faut préférer.

(1) Tome 1ᵉʳ, p. 664 et suivantes.

La greffe en fente se fait sur la tige même du sujet, ampu-
tée, comme nous l'avons dit tout à l'heure, à la hauteur où
doit se former la tête de l'arbuste. Si cette tige est un peu
forte, on peut y insérer deux greffes opposées; si elle ne dépasse pas la grosseur du petit doigt, il est mieux de n'en mettre qu'une, et alors on tronque obliquement, ou en bec de
flûte, la sommité du sujet. Quant à la greffe elle-même, qu'il
faut choisir saine et droite autant que possible, on la coupe
au-dessus du second ou du troisième œil, et on fait en sorte
qu'un de ses yeux se trouve en dehors et immédiatement au-
dessus du biseau qui sera inséré dans la fente du sujet. La
greffe mise en place est ligaturée et enduite d'un liniment
approprié; si elle est faite au collet même de l'arbuste, ou à
plus forte raison sur une grosse racine, on la couvre de terre
à l'exception de l'œil terminal, condition à la fois favorable à
la reprise et à l'émission des racines à l'aide desquelles elle
s'affranchira, ainsi que nous l'avons dit plus haut. Pour tout
les autres détails nous ne pouvons mieux faire que de renvoyer le lecteur au chapitre des greffes, et notamment à celui de la greffe en fente, page 521 du premier volume de ce
Traité.

Les écussons peuvent se poser directement sur la tige du
sujet, pourvu que l'écorce s'en détache facilement, et alors,
si le sujet est fort et vigoureux, ce qui est le cas ordinaire
avec l'églantier, on peut poser deux écussons opposés l'un à
l'autre, ou même un plus grand nombre. Les écussons
mis en place et ligaturés, on peut rabattre immédiatement
le sujet à 8 ou 10 centimètres au-dessus de la greffe, en y réservant un œil d'appel; il est mieux cependant d'attendre à
l'année suivante pour faire cette suppression, lorsque la greffe
bien reprise a commencé à végéter. On supprime en même
temps tous les yeux ou pousses commençantes qui se trouvent sur le sujet au-dessous de la greffe, et le bourgeon d'appel
est lui-même pincé, lorsqu'il a développé cinq à six feuilles
ou même plus tôt, afin de modérer la succion qu'il exerce
sur la séve du sujet, séve dont la greffe doit être bientôt seule
à profiter. Dans le cas de la greffe en fente on retranche pa-

illement les pousses du sujet, lorsque la greffe est décidé-
ent entrée en végétation.

Nous avons supposé les écussons placés sur la tige même
l'églantier; c'est en effet ce qui se pratique communément,
ais très-souvent aussi, et cela principalement quand les su-
ts sont très-gros et que leur écorce, déjà un peu vieille ou
op épaisse, ne se soulève plus aussi facilement que sur des
ges plus jeunes; très-souvent, disons-nous, on écussonne
r une pousse latérale du sujet, qu'on a ménagée tout ex-
ès et conservée seule pour qu'elle prenne plus de force. En
hors de cette particularité, la greffe se fait absolument
mme sur la tige principale, et cela dans l'année même, en
tomne, ou, si l'on aime mieux, au printemps suivant. Rien
empêche au surplus de conserver à l'églantier deux, trois
quatre pousses, situées à peu près à la même hauteur, et
i reçoivent chacune un écusson. De cette manière la tête de
rbuste est plus vite formée, et surtout elle peut être plus
gulière qu'elle ne le serait si elle se formait sur une seule
effe. Le lecteur trouvera dans notre premier volume,
ge 534 et suivantes, les détails omis ici sur la greffe en
usson, et les soins qu'elle réclame lorsqu'elle est reprise.

D'autres greffes peuvent être appliquées aux rosiers, par
emple la greffe en navette, sur les espèces sarmenteuses ou
impantes, comme le rosier toujours vert (*Rosa semper-*
ens), le rosier de Banks, etc., la greffe en placage, et surtout
greffe herbacée; mais celle-ci, pour réussir, doit être faite
us cloche, à l'étouffée, et le plus souvent même aidée par
chaleur artificielle. Ce dernier procédé, fort en vogue au-
urd'hui chez les pépiniéristes, à qui il fournit le moyen de
ultiplier les rosiers avec une extrême rapidité, est ce qu'on
pelle proprement la *greffe forcée* du rosier.

Dans cette méthode on choisit pour sujets de jeunes pieds de
mas de Puteaux (rosier bifère), ou des quatre-saisons, qu'on
et dans des pots de 10 à 12 centimètres de diamètre, à la
de l'automne, et qu'on abrite dans une serre ou sous un
âssis vitré. La température étant maintenue d'une mare constante entre 15 à 18 degrés centigrades, ces arbustes

commencent immédiatement à végéter. Lorsqu'ils sont bien en séve, on les tronque à quelques centimètres de la racine et on les greffe en fente avec un rameau de la variété que l'on veut multiplier. Si la greffe réussit, ses pousses, au bout de deux mois, seront assez développées pour fournir chacune deux ou trois petits rameaux pourvus d'un pareil nombre d'yeux, ou plus, qui pourront à leur tour être greffés en fente, mais dont plus communément on lève les yeux pour en faire autant d'écussons qu'on place sur de nouveaux sujets de la même espèce de rosier préparés d'avance. Deux mois plus tard, ces écussons fourniront eux-mêmes de nouveaux yeux qui seront greffés de même. On conçoit que cette manœuvre se répétant six fois dans l'année, il en résulte qu'un habile pépiniériste peut, dans ce laps de temps, obtenir plusieurs centaines d'échantillons d'une seule greffe primitive. Beaucoup de pépiniéristes ont tiré un parti très-lucratif de ce mode de propagation accélérée, poussé jusqu'à ses dernières limites.

Toutefois ce ne fut pas impunément. On ne tarda pas à reconnaître que la grande majorité des rosiers obtenus par cette méthode si peu naturelle n'avaient que très-peu de vitalité et que, malgré tous les soins, les acheteurs les perdaient presque tous en moins d'une année, souvent sans les avoir vus fleurir; aussi la greffe forcée fut-elle bientôt décriée, peut-être plus qu'elle ne le méritait. D'habiles praticiens, qui n'étaient pas aveuglés par l'intérêt, ont pris sa défense, et ont démontré qu'en se bornant à une ou au plus à deux opérations successives sur la première greffe, on obtenait des plantes, sinon très-vivaces, du moins douées d'assez de vitalité pour durer quelques années. Hors certains cas rares qui se présentent quelquefois, le véritable amateur de rosiers ne recourra cependant pas à ce moyen, auquel la greffe ordinaire, le couchage et le marcottage sont de toutes manières bien préférables.

D. **Culture des rosiers.** Les rosiers, à quelque espèce ou variété qu'ils appartiennent, ne réussissent jamais mieux qu'en pleine terre, parce que leurs racines, qui aiment à s'étendre, sont mal à l'aise dans des pots; cependant il est souvent utile d'en avoir quelques-uns en pots, ne fût-ce que pour orner les fenêtres et les balcons. Dans ce cas, on y emploie de préférence les rosiers nains et francs de pied, surtout d'espèces peu ou point drageonnantes, telles que le multiflore, le rosier de miss Lawrence, les rosiers Thé et Noisette, et surtout ceux du Bengale et de Bourbon.

En général, les rosiers s'accommodent de toutes les terres de jardin, pourvu qu'elles soient un peu fraîches, meubles et naturellement drainées par la perméabilité du sous-sol. Cependant quelques espèces exotiques, peu cultivées en France, ne viennent que dans les sols marécageux, et nous avons déjà dit que la rose jaune (*Rosa sulfurea*), d'après le célèbre Banks, ne fleurit guère d'une manière satisfaisante si ce n'est dans les terrains de cette nature. A l'exception de ces espèces, tous les rosiers acquièrent de la force et fleurissent plus abondamment dans les terres fumées. L'amendement du sol, par le fumier d'étable ou d'écurie, est même une opération indispensable dans les roseraies qui durent plusieurs années, et cela naturellement en proportion du nombre d'arbustes répartis sur une surface donnée. L'engrais peut d'ailleurs être distribué sous forme liquide, pourvu qu'il soit très-dilué. Quant aux arrosages, on conçoit que la dose varie nécessairement avec les climats; presque nuls, dans les années ordinaires, sous le ciel de Paris, ils deviennent à peu près indispensables sous celui du midi de l'Europe.

Une condition essentielle au succès des plantations de rosiers, c'est que les arbustes occupent un site très-aéré et très-éclairé. Ils s'étiolent facilement à l'ombre et y fleurissent mal; on a même remarqué qu'ils ne sont jamais aussi vigoureux ni leurs fleurs aussi belles dans l'intérieur ou au voisinage des grandes villes qu'en pleine campagne. L'établissement d'une roseraie sera donc subordonné à ces considérations de site, et, dans un parterre ordinaire, on devra réserver aux rosiers les endroits qui réuniront au plus haut degré ces conditions de bien être. Si les rosiers étaient en pots, ces pots devraient être parfaitement drainés et leur terre changée tous les ans

contre de la terre nouvelle, d'ailleurs légèrement additionnée
de crottin de cheval ou de fumier décomposé. Les arrosages
ici seront naturellement plus fréquents que si les arbustes
étaient en pleine terre.

Les goûts se partagent sur la question de savoir lequel vaut
mieux que les rosiers soient sur tiges ou en buissons. Ce dernier cas se présente ordinairement lorsqu'ils sont francs de
pied, l'autre étant en général la conséquence de la greffe sur
églantier. On peut dire qu'entre les mains d'un habile cultivateur les deux méthodes sont également bonnes, et que toutes
deux donnent, à qui sait en tirer parti, des arbustes de forme
élégante. Certaines espèces cependant se présentent mieux
sous forme de buisson, et ne sont guère cultivées autrement,
par exemple les rosiers blancs, les rosiers Cent-feuilles, les
Provins et leurs innombrables variétés, bien qu'on en voie
quelquefois aussi de fort beaux sur des tiges d'un mètre ou
plus; les rosiers Thé et les rosiers Noisette, au contraire, sont
plus habituellement sur tiges d'églantier, au moins dans le
nord de la France, quoique, dressés en buissons, si le climat
n'exige pas qu'ils soient abrités l'hiver, ils forment aussi de
très-beaux arbustes. Quelle que soit au surplus la forme adoptée, on devra retrancher les rejets qui naîtraient des racines,
et qui dérangeraient la régularité de la plantation; ces rejets
seront surtout supprimés si ce sont ceux des églantiers sur
lesquels les arbustes ont été greffés, et qui, en se multipliant
sans mesure, finiraient par infester toute la plantation.

A l'exception des rosiers grimpants, qui fleurissent d'autant
moins qu'on leur supprime plus de branches, la plupart des
rosiers sont soumis à la taille, mais à des degrés très-divers.
Ceux qui sont en grands buissons et déjà âgés, le rosier blanc,
par exemple, qui s'élève à deux ou trois mètres, sur une tige
qui est quelquefois de la grosseur du bras, peuvent fort bien
n'être pas taillés du tout; on se contente d'enlever le bois
mort et de supprimer, s'il en existe, les branches mal placées
et nuisant à la régularité de l'arbuste. Assez souvent les rosiers sont plantés en haies, à la fois ornementales et défensives; dans ce cas on se borne à entretenir, par la taille aux

ciseaux, la forme géométrique de la haie, en ayant soin de ne pas rabattre trop court les sommités. Les rosiers Cent-feuilles et les Provins sont peut-être ceux qui se prêtent le mieux à cet usage, lorsque les haies ne doivent pas dépasser un mètre en hauteur; dans les parties chaudes du midi on y emploie avec succès les rosiers Thé et Noisette, qui donnent des haies bien plus élevées, et de l'effet le plus ornemental.

Greffés en haute tige sur églantiers, les rosiers doivent toujours être taillés, ce qui se fait en février ou mars, suivant les lieux et le caractère de la saison. On rabat leurs branches à trois, quatre ou cinq yeux au-dessus de leur point d'origine, d'où résulte pour l'arbuste une forme qu'on a comparée à la tête d'un saule, et qui devient quelquefois très-disgracieuse par les nodosités que ces suppressions y font naître. Beaucoup de jardiniers abusent de la taille en la faisant trop rapprochée du vieux bois, ce qui diminue notablement la floraison, surtout dans les espèces non remontantes, comme les Cent-feuilles ordinaires, les rosiers mousseux, les Pompons, les Provins, le rosier blanc, etc. Au surplus, il faut ici une certaine expérience dans ce genre de culture, car il y a des espèces ou des races de rosiers qui, pour bien fleurir, veulent être taillées court, tandis que d'autres demandent à être taillées long; quelques-unes même, ainsi que nous le dirons tout à l'heure, ne veulent pas être taillées du tout. On ne doit pas oublier, d'un autre côté, que la taille abrége toujours la durée de l'arbuste, et cela en proportion de la sévérité avec laquelle elle est appliquée; aussi se contente-t-on aujourd'hui, chez beaucoup d'habiles rosistes de l'Angleterre et du continent, de recourber ou de contourner les branches des rosiers, après en avoir seulement amputé l'extrémité. Le port de l'arbuste y perd, mais la floraison en est plus abondante.

Les rosiers Cent-feuilles, francs de pied, lorsqu'ils sont devenus vieux et languissants, peuvent être rajeunis par l'ablation totale de leurs tiges coupées au niveau du sol. Si l'on fait cette opération en hiver, on obtient au printemps suivant des pousses vigoureuses, mais qui ne fleurissent que l'année d'après. Si au contraire cette résection est faite dès que les roses sont défleuries, c'est-à-dire vers la fin de juin, les rejets qui repoussent du pied sont déjà suffisamment forts en automne pour fleurir au printemps de l'année suivante. Il y a même des jardiniers qui, tous les ans, ravalent ainsi leurs rosiers Cent-feuilles pour en vendre les fleurs, qu'ils croient obtenir par là plus grandes et plus belles. Plusieurs autres rosiers, dont la végétation est analogue à celle des Cent-feuilles, tels que les Provins, les Pompons et quelques autres, peuvent être soumis à ce genre de taille.

Les rosiers perpétuels de la race des Bengales, des Bourbons, des Noisette et des Thés, auxquels on peut ajouter le rosier multiflore, le rosier de Banks et le muscat, ne sont pas entièrement rustiques sous le climat de Paris. Si l'automne a été sec et que ces arbustes aient été bien aoûtés, ils résistent ordinairement à des froids de dix à douze degrés au-dessous de zéro, le rosier de Bourbon surtout, qui est un peu moins tendre que les autres; mais ils périssent très-fréquemment dans les hivers où les froids sont plus rigoureux, principalement après un automne humide. Une des causes qui contribuent le plus à cette mortalité par le froid, c'est la mode qui a prévalu de les greffer sur églantiers et de les élever en tiges ou demi-tiges, car alors si la gelée les saisit ils périssent en entier. Il en est autrement lorsqu'ils sont sur leurs propres racines; si les tiges périssent, les souches se conservent facilement sous terre, à l'aide d'une couverture de feuilles ou de litière, et elles repoussent vigoureusement au printemps. Cette considération, qui n'est d'ailleurs pas la seule, devrait suffire pour faire adopter l'usage de cultiver ces arbustes francs de pied, plutôt que de recourir à la greffe. Cependant, lorsque les rosiers sont greffés, on pourrait encore employer un moyen très-efficace, usité en Belgique et en Hollande, pour les mettre à l'abri du froid, et qui consiste à courber leurs tiges sans les rompre, pour enfouir la tête dans une fosse, où on la recouvre de 20 à 25 centimètres de terre. On les redresse au printemps, quand les gelées ne sont plus à craindre.

Les rosiers grimpants, tels que rosiers de Banks, multiflores, rosiers toujours verts, etc., ne se cultivent guère que francs de pied, et comme ils craignent le froid dans le nord, on les fait ordinairement grimper sur des treillis appliqués contre des murs, à exposition méridionale. Tous ces rosiers, pour fleurir abondamment, veulent être abandonnés à eux-mêmes; on se borne à les palisser, sans les tailler, et à les débarrasser du bois mort. Lorsque l'hiver est très-rigoureux, il est prudent de les couvrir de paillassons. Dans la région du midi, où ils viennent à toutes les expositions, les rosiers de Banks peuvent s'élever à 10 ou 12 mètres, ou plus encore, sur les arbres ou les édifices qui leur servent de soutien.

Jusqu'ici nous n'avons parlé que de la culture naturelle des rosiers; mais il y en a une autre, usitée surtout dans les grandes villes, et qui a pour but de faire fleurir ces arbustes à contre-saison, et jusqu'au cœur de l'hiver; c'est ce qu'on nomme la *culture forcée*.

Pendant longtemps on n'a guère employé que la variété bifère du rosier des quatre-saisons pour obtenir des roses en hiver, et ce sont principalement les jardiniers de Paris et des environs de cette ville qui se sont livrés à cette industrie. Ils plantent, à la fin de l'hiver, leurs rosiers greffés ou non greffés dans des pots de grandeur moyenne, qu'ils enterrent jusqu'au moment de la défloraison, après quoi ils les mettent dans l'endroit le plus froid du jardin, à l'abri du soleil, et ils cessent de les arroser, ne leur donnant, si le temps devient très-sec, que strictement la quantité d'eau nécessaire pour les empêcher de mourir. Ce repos forcé prédispose les arbustes à repousser dès que les conditions seront meilleures. En novembre, plus tôt ou plus tard, suivant le besoin, ces rosiers sont mis sous un châssis entouré d'un réchaud de fumier, qu'on remanie et renouvelle de temps en temps, pour entretenir dans l'intérieur du coffre la chaleur nécessaire, environ 18 degrés centigrades. De temps en temps on donne de l'air, pour empêcher l'étiolement des plantes, et on arrose fréquemment, car il est essentiel que la terre des pots soit toujours humide. Au bout de deux mois les rosiers commencent à fleurir. En répétant de 15 jours en 15 jours l'opération, on a des roses pendant tout l'hiver. Le même résultat s'obtient au moyen d'une serre chaude; mais il faut alors avoir soin de mettre les rosiers près des vitres, de leur donner de l'air de temps en temps et, s'il fait du soleil, de les abriter par des écrans pendant les heures les plus lumineuses de la journée. La plupart des rosiers qui s'accommodent de la culture en pots peuvent être forcés par ces deux moyens. Quand on veut seulement faire fleurir en automne des rosiers de printemps qui sont en pots, on retranche tous leurs boutons de fleurs avant la floraison, on supprime pendant quelque temps les arrosages, après quoi, en juillet ou en août, on les taille et on les arrose fréquemment. La transplantation des rosiers faite au mois de mai, avec suppression des boutons de fleurs, aurait de même pour conséquence une floraison tardive, presque aussi belle que celle qu'ils auraient donnée dans leur saison normale. Ajoutons qu'avec les rosiers remontants et ceux à floraison automnale, dont les variétés sont si nombreuses aujourd'hui, ces cultures forcées sont presque superflues, dans la région méditerranéenne surtout, où les rosiers remontants et perpétuels fleurissent à peu près tout l'hiver.

E. **Maladies des rosiers et insectes nuisibles à ces arbustes.** A part les accidents, les dégénérescences ou l'affaiblissement de la vitalité, qui sont ordinairement la suite de quelque défectuosité du sol, du climat ou de la culture, les rosiers sont encore sujets à des maladies particulières, souvent, il est vrai, favorisées par des circonstances que l'homme pourrait maîtriser. De ce nombre sont les maladies causées par les parasites végétaux de l'ordre des cryptogames, et l'épuisement amené par les morsures trop répétées des insectes.

Deux maladies principales sont à craindre pour les rosiers, mais non au même degré pour tous. L'une est la *rouille* (le *rouge* des jardiniers), l'autre est le *blanc* ou *meunier*, et elle est plus redoutable que la première.

La rouille est le produit de champignons microscopiques du genre *Uredo*, qui se développent sous l'épiderme et le soulèvent pour répandre au dehors leurs séminules, dont les agrégations, à la surface des feuilles, forment de petites taches jaunes ou rougeâtres. Ce mal, auquel on fait d'abord peu d'attention, finit par stériliser les rosiers, sinon par les faire périr tout à fait, et de plus il est très-contagieux. On devra donc enlever de la plantation toutes les feuilles et tous les rameaux sur lesquels on découvrirait de ces taches, et il faudra les brûler, et non point les enfouir en terre, car leurs séminules s'y conserveraient jusqu'au moment où, par une cause ou par une autre, elles trouveraient l'occasion de se développer aux dépens de nouvelles victimes.

Le blanc, véritable fléau des roseraies, et qui détruit parfois des semis entiers, consiste en un réseau de filaments microscopiques blancs, étendu sur les parties jeunes des arbustes. Les feuilles qui en sont couvertes se fripent et perdent leur teinte et leur lustre naturels. La plante cesse de croître et ne donne bientôt plus que des avortons de fleurs; enfin, après avoir langui quelque temps, elle périt épuisée par le parasite. Ce dernier, qui est très-analogue à l'*Oïdium* de la vigne, a reçu des botanistes le nom d'*Erysiphe pannosa*. Quoiqu'il ne respecte pas les rosiers cultivés en plein air, c'est cependant sur ceux qu'on tient enfermés dans des serres ou des orangeries mal aérées qu'il exerce le plus de ravages, aussi est-il beaucoup plus commun dans le Nord, où on force une grande quantité de rosiers, que dans le Midi. Certaines variétés y sont plus sujettes que d'autres, témoin la rose *Géant des batailles*, qui en est, dit-on, presque toujours infestée.

On ne connaît aucun remède au blanc (1); le meilleur parti à prendre, lorsqu'il commence à se montrer, est de supprimer et de brûler les parties malades, et, si le rosier tout entier est envahi, de l'enlever, ou tout au moins de le recéper au niveau du sol; à moins qu'il ne soit greffé sur églantier on aura chance

---

(1) Au dire de M. Regel, directeur des jardins impériaux de Saint-Pétersbourg, le soufre en poudre serait l'antidote du blanc des rosiers aussi bien que de l'oïdium de la vigne, mais il faut l'employer dès le début de la maladie. On dit aussi qu'un horticulteur de la même ville a guéri ses rosiers atteints du blanc, en les aspergeant à plusieurs reprises avec de l'eau un peu chaude qui avait séjourné quelque temps dans les tuyaux de cuivre d'un thermosiphon. L'action des sels de cuivre sur les végétations cryptogamiques est assez connue pour que le fait dont il est question n'ait rien d'invraisemblable.

8.

d'obtenir par là des pousses exemptes de la maladie. Le blanc, de même que la rouille, est contagieux, et on l'a vu se propager à la suite de la greffe, lorsque les rameaux ou les cussons avaient été pris sur un rosier infecté.

Beaucoup d'insectes vivent de même aux dépens des rosiers, mais il n'y en a qu'un petit nombre dont les attaques soient à craindre. Ce sont les chenilles de papillons ou de tenthrèdes (1), les larves des hannetons et les pucerons. Il est facile, en passant de temps en temps en revue les rosiers, de les débarrasser des chenilles, et c'est un soin qu'il ne faut pas oublier de prendre. Il n'en est pas de même des pucerons, plus difficiles à découvrir parce qu'ils sont ordinairement à la face inférieure des feuilles, et qui sont surtout dangereux à cause de leur multitude. Tant qu'ils sont peu nombreux, on se contente de les écraser sous les doigts ou d'enlever les parties du rosier qui en sont couvertes. Un rosier nain isolé, qui serait infesté de pucerons, pourrait être recouvert d'une cloche, sous laquelle on brûlerait du tabac et qu'on y maintiendrait assez longtemps pour que les insectes fussent asphyxiés par la fumée âcre de cette denrée. C'est ainsi du reste qu'on procède dans les serres et sous les bâches où on force les rosiers, quand les pucerons s'y introduisent. Quant aux larves de hannetons, ou vers blancs, nous ne pouvons que renvoyer le lecteur à ce que nous en avons dit dans notre premier volume.

§ II. — LES ŒILLETS.

L'œillet a été longtemps le rival de la rose dans nos jardins, et s'il ne vient plus qu'en seconde ligne dans l'estime de quelques amateurs, il faut moins l'attribuer à une infériorité réelle qu'à un caprice passager de la mode. Il n'a cependant jamais perdu tout son prestige, même en France, où il est plus délaissé qu'ailleurs, et on ne peut douter que, comme

(1) Voir tome Ier, p. 655 et suivantes.

plante de collection, il ne survive à une multitude de nou-
veautés, aujourd'hui en faveur, qui n'ont ni sa beauté, ni
la variété et la vivacité de son coloris, ni surtout la suavité de
son parfum.

Les œillets (*Dianthus* [1] des botanistes), de la famille des Caryophyllées, constituent tout un genre de plantes, dont les
nombreuses espèces s'étendent à travers l'Europe et l'Asie
centrale, des bords de l'océan Atlantique aux extrémités orientales de la Chine et du Japon. Ils abondent particulièrement
autour de la Méditerranée, et la France, à elle seule, en possède une trentaine d'espèces. Nous allons passer en revue
celles qui intéressent le plus directement l'horticulture.

A. Œillet des fleuristes. A ce point de vue, l'espèce
la plus importante, celle qui tient dans son genre la place que
le rosier Cent-feuilles occupe dans le sien, est l'*œillet des fleuristes* (*Dianthus Caryophyllus*), plante indigène ou tout au
moins naturalisée (2) dans nos départements méridionaux, en
Espagne, en Italie et dans le nord de l'Afrique. La longue culture dont elle a été l'objet, les semis répétés et les changements
de climats qu'on lui a fait subir, y ont fait naître, comme
dans les rosiers, un nombre immense de variétés. Sa fleur,
naturellement simple, est devenue double ou pleine à tous les
degrés, et, à la place de la couleur lilas pourpre uniforme
qu'elle offrait primitivement, elle a revêtu toutes les teintes,
depuis le blanc pur jusqu'au pourpre foncé et presque noir,
y ajoutant même des couleurs qui semblent lui être étrangères, comme le jaune et certaines teintes ardoisées où on
croit démêler des tons bleuâtres. Ces couleurs se distribuent et

[1] Du grec Διὸς et ἄνθὸς; mot à mot : fleur de Jupiter.

(2) D'après quelques auteurs, l'œillet était cultivé de temps immémorial par les
musulmans de l'Afrique, qui s'en servaient pour parfumer les liqueurs, et ce serait
dans la seconde moitié du treizième siècle, à la suite de la malheureuse expédi-
tion de saint Louis contre Tunis, que la plante aurait été apportée de cette ville en
Europe. Rien ne prouve qu'elle soit plus indigène en Barbarie qu'elle ne l'est au
nord de la Méditerranée, et qu'elle n'y ait pas été primitivement apportée par
quelqu'une de ces nombreuses immigrations de peuples orientaux dont les côtes
septentrionales de l'Afrique ont été si souvent le théâtre. Au surplus, l'histoire de
l'œillet des fleuristes n'est ni plus ni moins obscure que celle d'une multitude
d'autres végétaux cultivés, d'ancienne introduction.

s'entremêlent de mille manières sur un fond de teinte dominante, donnant lieu à des fleurs panachées, mouchetées,
piquetées, bi ou tricolores, doubles ou pleines, à pétales entiers ou dentés, et réalisant toutes les combinaisons imaginables de formes et de coloris. Autant les fleurs panachées
ou bicolores sont rares dans le genre rosier, autant elles sont
communes et variées dans l'œillet des fleuristes, qui est,
sous ce rapport, une des plantes d'agrément les plus richement dotées.

Toutes les contrées de l'Europe, mais principalement la
Hollande, la Belgique, l'Allemagne, la France et l'Angleterre,
se sont livrées à la culture de l'œillet, et dans chacun de ces
pays on en a obtenu des séries de variétés, plus ou moins
distinctes, que l'on a essayé de classer méthodiquement;
mais ces classifications, faites sans entente commune, et re-
posant à peu près toutes sur de simples caprices d'amateurs,
ont plutôt augmenté que diminué la confusion du sujet. Nous
ne voyons rien de mieux, pour le moment, que de résumer ici celles de ces classifications qui ont rallié le plus
grand nombre d'adhérents dans cette branche de la culture.

Pour les Anglais, toutes les variétés de l'œillet des fleuristes
(*carnation*) se classent en trois catégories, les *bizarres*, les
flakes et les *picotés*. Les bizarres se distinguent à leur fond
blanc, rayé ou panaché, dans le sens longitudinal des pétales,
par des bandes de deux ou de trois couleurs différentes ou
au moins de teintes différentes d'une même couleur, mais
nettement tranchées, par exemple, de rose, de rouge carmin,
de violet ou de pourpre foncé; les flakes ont aussi le fond
blanc, mais ils ne sont rayés ou bariolés que d'une seule couleur; enfin les picotés, au lieu d'avoir les pétales panachés
dans le sens longitudinal, les ont bordés, sur leur contour, d'une
couleur autre que le fond, telle que le rose, le rouge carmin,
le pourpre violet, etc., sur fond blanc ou jaune, et de plus
sont mouchetés ou piquetés, sur le limbe, soit de la couleur
qui règne sur le bord, soit d'autres couleurs ou d'autres
teintes plus claires ou plus foncées. En Angleterre, on ne

raît pas donner d'importance à la présence ou à l'absence
dents à l'extrémité des pétales.

En France, on s'accorde généralement aussi à classer les
riétés de l'œillet des fleuristes en trois groupes principaux,
ais qui s'établissent sur d'autres considérations. Ce sont :
les *grenadins*, presque uniquement cultivés pour fournir
s essences à la parfumerie, dont les fleurs, de grandeur
oyenne, simples ou doubles, sont unicolores, d'un pourpre
ncé, violacé ou tirant quelque peu sur le marron, et à
tales dentelés ; tous exhalent un parfum délicieux ; 2° les
mands (fig. 15) , à fleurs grandes (de 35 à 50 millimètres ou

plus de diamètre), doubles
ou pleines, très-rondes,
bombées au milieu, dont les
pétales parfaitement entiers,
c'est-à-dire sans dentelures
ou découpures quelconques,
ce qui est un caractère essentiel aux yeux des connaisseurs, sont unicolores ou
bariolés longitudinalement
de deux ou de trois couleurs
très-tranchées, sur fond
blanc pur ; et 3°, les *œillets
de fantaisie*, subdivisés eux-
mêmes en *allemands* et en
anglais, à pétales indifféremment entiers ou dentelés,
mais marqués, piquetés ou
flammés de deux ou trois
couleurs différentes, sur un

Fig. 15. — OEillet flamand.

d jaune de diverses nuances dans les premiers, et simple-
nt blanc dans les seconds. On voit par là que les picotés
s Anglais rentrent dans notre classe des œillets de fantaisie,
mme leurs flakes et leurs bizarres dans nos œillets flamands,
tant du moins qu'ils ont leurs pétales entiers et non den-
és.

C'est à tort que quelques horticulteurs ont cru devoir fai[
une quatrième classe d'œillets, sous le nom d'*œillets à car*
ou *prolifères*, pour des variétés à fond blanc, piquetées de d[
verses teintes de carmin ou de pourpre, et dont le caractè[
essentiel est d'avoir la fleur tellement pleine que le bout[
se fend sur un côté au lieu de s'ouvrir régulièrement par [
haut, ce qui laisse pendre disgracieusement de ce côté u[
partie des pétales. Cette sorte d'obésité, qui a eu ses partisan[
et à laquelle on remédie d'une certaine manière en cont[
nant la fente du calyce au moyen d'une carte trouée dans l[
quelle on engage ce dernier, avant la floraison, ou à l'aide d'[
lien quelconque, cette sorte d'obésité, disons-nous, est a[
jourd'hui presque universellement regardée comme un gra[
défaut. Elle n'est d'ailleurs pas exclusivement propre à la v[
riété que nous avons indiquée ci-dessus, car on la retrou[
dans la plupart des autres, et on désigne sous le nom de *cr*[
vards les individus qui la présentent. Les amateurs soigne[
éliminent généralement les œillets crevards de leurs colle[
tions.

En France, les œillets flamands passent, aux yeux de bea[
coup de connaisseurs, pour les plus parfaits de tous; cepe[
dant quelques personnes mettent les œillets de fantaisie [
même niveau; il s'en trouve même qui les préfèrent a[
premiers. Ceci est peut-être plus affaire de convention q[
de goût ou de manie; tout ce qu'on peut dire, lorsqu'on [
désintéressé dans la question, c'est que ces œillets, à quelq[
classe qu'ils appartiennent, sont très-dignes de figurer da[
nos collections, dont le grand attrait consiste surtout da[
la variété des formes et des couleurs. A ce point de vu[
les variétés moins parfaites, celles qu'on rejette commun[
ment, pourraient encore y tenir utilement leur place, repr[
sentées par un petit nombre d'échantillons qui serviraie[
à faire ressortir la perfection des variétés mieux par[
gées.

Les variétés de l'œillet flamand sont si nombreuses, et [
plupart si passagères, qu'il serait tout à fait superflu de l[
indiquer ici nominativement. Tout ce que nous pouvons fai[

vec quelque chance d'utilité, c'est d'indiquer les subdivisions
ar couleurs, telles qu'elles ont été établies par un de nos
lus zélés cultivateurs d'œillets, le baron de Ponsort, à l'ou-
rage (1) duquel nous renvoyons le lecteur qui désirerait de
lus amples détails à ce sujet.

Pour cet amateur distingué, les œillets flamands forment
eux séries : l'une comprenant les variétés qui n'offrent que
es couleurs primitives pures, et qui sont, d'après lui, les
illets par excellence, l'autre, bien plus nombreuse, qui ren-
erme les variétés à nuances dérivées. Chacune de ces deux
éries se compose de plusieurs familles, qui sont, dans la
remière : les *pourpres*, les *marrons*, les *feux*, les *bizarres feux*,
es *cramoisis*, les *violets*, les *roses*, les *bizarres roses*, et, dans
a seconde, les *violets gris de lin*, les *violets pourprés*, les
iolets giroflée, les *bizarres incarnat*, les *bizarres ponceau*,
es *bizarres agate*, les *bizarres cerise*, les *amarantes*, les *incar-
ats*, les *blancs* et les *jaunes*, les *ponceaux*, les *isabelles*, les
ie de vin, en tout vingt et une familles, qui renferment
lusieurs centaines de variétés ou de sous-variétés. Quant
ux œillets de fantaisie, le même auteur en fait quatre fa-
illes, sous les noms de *bordés*, de *rubanés*, de *dentelés* et
e *sablés*, réservant pour une troisième classe, qu'il appelle
es *œillets communs*, les *bichons*, les *crevards* et les *grena-
ins*.

M. Ragonnot-Godefroy (2), qui a été aussi une de nos célé-
rités dans la culture de l'œillet, a proposé une autre classi-
cation, basée principalement sur la couleur dominante, et
ù se trouvent réunis les œillets flamands et ceux de fan-
aisie. Pour ne pas fatiguer le lecteur de détails fastidieux,
ous nous bornerons à dire qu'ici les œillets se répartissent
n quatre groupes de premier ordre, savoir : 1° les *rouges*, à
étales entiers, unicolores ou rubanés de diverses nuances de
ouge ; 2° les *jaunes*, à pétales entiers ou dentelés ; ce groupe

---

(1) *Monographie du genre œillet*, et principalement de l'œillet flamand, par le
aron de Ponsort, Paris, 1844 ; et *Appendice à la monographie de l'œillet*, avec
gures coloriées, par le même ; Paris, 1845.
(2) *Traité de la culture des œillets*, par Ragonnot-Godefroy, Paris, 1845.

se subdivise en *jaunes* proprement dits et en *chamois*, qui comprennent tous deux des variétés mouchetées, piquetées, bordées, etc.; 3° les *blancs*, subdivisés en *fantaisies, flamands, bichons* et *sables*, les flamands étant ici réduits aux variétés rubanées; 4° enfin les *ardoisés*, à pétales ordinairement dentelés, flammés de reflets métalliques, ou rubanés de rouge et quelquefois pointillés. Toute compliquée que soit cette classification (et on en peut dire autant de la précédente elle n'approche cependant pas, sous ce rapport, de celles qui ont été proposées par les Allemands. Il est presque inutile d'ajouter qu'aucune d'entre elles, précisément à cause de sa complexité, n'a été adoptée tout entière par les horticulteurs; on s'est généralement contenté des divisions principales et élémentaires, ce qui suffit amplement pour la pratique Nous ne sommes nous-mêmes entrés dans les détails qu'on vient de lire que pour donner au lecteur une idée de l'étonnante variabilité de l'œillet et de la multitude de variétés méritantes que la culture en a su tirer.

Mais ces variétés, si recherchées il y a un demi-siècle, et qui semblaient le dernier terme du perfectionnement, ont été notablement dépassées, depuis une trentaine d'années, par la découverte inattendue de variétés remontantes. Les anciennes ne fleurissaient qu'une fois dans l'année; les variétés remontantes fleurissent d'une manière continue en plein air pendant la belle saison, et leur floraison se prolonge tout l'hiver, lorsqu'on les abrite contre le froid. C'est à un jardinier français, M. Dalmais, de Lyon, que revient l'honneur de cette découverte, bientôt popularisée et agrandie par d'habiles horticulteurs. Entre leurs mains, l'œillet remontant a produit nombre de belles variétés, où l'on retrouve tous les genres de perfection qui caractérisent les œillets flamands et ceux de fantaisie, tant pour la forme et la plénitude des fleurs que pour la vivacité et la variété des coloris (1).

(1) On trouvera dans la *Flore des Serres* de M. Van Houtte, tome XII (ou 2e volume de la seconde série), année 1857, p. 77, les figures coloriées de plusieurs variétés d'œillets remontants. La seule inspection de la planche suffira pour faire

B. Espèces secondaires d'œillets. Quoiqu'il occupe
ans conteste le premier rang, l'œillet des fleuristes ne doit
as faire oublier d'autres espèces, qui, pour venir en seconde
gne, n'en tiennent pas moins une place honorable dans les
ollections; ce sont :

1° *L'œillet mignardise* (*Dianthus plumarius*), beaucoup plus
as que le précédent, et formant des touffes épaisses, gra-
iniformes, d'une teinte glauque, ce qui le rend très-propre
faire des bordures de plates-bandes. Sa floraison, sous le
limat de Paris, commence vers le milieu de mai, et dure un
ois ou plus. On en connaît plusieurs variétés à fleurs dou-
les ou simples, blanches, roses ou carmin clair, quelques-
nes piquetées de carmin sur fond blanc ou rosé, et généra-
ment très-parfumées. Pour la culture en pots, on donne la
référence aux variétés blanches ou bordées de pourpre sur
nd blanc. C'est cette espèce que les Anglais désignent sous
 nom de *pink*, et ils l'estiment presque à l'égal des œillets
amands et picotés. L'œillet mignardise est indigène dans le
idi de la France.

2° *L'œillet en arbre* ou *d'hiver*, nommé aussi *œillet à bois* (*Dian-
hus fruticosus*), parce que ses tiges demi-ligneuses s'élèvent,
rsqu'on les soutient à l'aide de tuteurs ou sur un treillis, à
n mètre et plus. Cette espèce serait plus estimée si les deux
récédentes n'existaient pas, car elle est naturellement re-
ontante et fleurit pour ainsi dire toute l'année, à la condi-
on d'être tenue en hiver à l'abri du froid. Cet œillet, qui
'est guère cultivé en France que par les artisans des villes,
n pots ou en caisses, et qu'on reproduit rarement de semis,
'a par cela même donné qu'un petit nombre de variétés; on
n connaît cependant de blanches, de saumonées, de pour-
rées et de panachées. Il est probable qu'avec plus de soin on
n tirerait un meilleur parti pour la décoration du jardin, et
urtout des appartements pendant l'hiver. On le dit origi-
aire d'Orient, et son introduction est déjà ancienne.

oir que ces variétés ne le cèdent, sous aucun rapport, aux variétés non remon-
ntes.

3° L'œillet de poète (*Dianthus barbatus*) (fig. 16), connu auss
sous les noms d'*œillet barbu*
bouquet parfait, bouquet tou
fait, jalousie, etc. Il est indigène de notre pays, e
même assez commun dan:
les Pyrénées centrales et oc
cidentales. Il se distingu
aisément·des espèces précédentes à la largeur de ses
feuilles seulement oblon-
gues-lancéolées, et à la petitesse relative de ses fleurs.
qui sont, par compensation,
réunies en larges corymbes,
ce qui lui a valu un de ses
noms vulgaires. Sa culture
remonte à une époque déjà
assez reculée pour qu'il soi
difficile d'en retrouver l'origine dans les vieux auteurs;
mais ce qu'il y a de certain,
c'est que les belles variétés
cultivées aujourd'hui dans
nos jardins ne datent guère
que d'une quarantaine d'années, car c'est seulement en

Fig. 16. — OEillet de poète.

1823 que les premières nous sont arrivées d'Allemagne et de
Russie. Depuis lors elles ont été considérablement multipliées
par nos horticulteurs, et on pourrait peut-être en compter
aujourd'hui plus de cent, tant doubles que simples, et réunissant tous les tons de couleurs et de bigarrures depuis le blanc
jusqu'au pourpre foncé.

L'œillet de poète s'élève droit, avec une taille moyenne de
40 centimètres de hauteur. Par son abondante floraison, la
vivacité de ses couleurs et sa rusticité, c'est une des espèces
les plus recommandables pour l'ornementation du parterre.

4° L'œillet *badin* ou *d'Espagne* (*Dianthus hispanicus*), charmante espèce qui se range, par ses affinités botaniques, dans le voisinage de l'œillet de poëte. Il en a le feuillage un peu large, les tiges dressées et fermes, les inflorescences en corymbes serrés ; mais ses fleurs sont au moins trois fois plus grandes. Leur teinte naturelle est le lilas carmin, avec un cercle de ponctuations plus foncées autour du centre ; ce coloris s'est toutefois beaucoup modifié par la culture, et aujourd'hui on en connaît des variétés à fleurs les unes toutes blanches, les autres rosées ou carminées, incolores ou marbrées de rose ou de carmin sur fond blanc. Il n'est pas rare de voir toutes ces variétés de coloris réunies sur le même individu, et c'est là sans doute ce qui a valu à la plante son nom d'œillet badin. On ne connaît guère dans les jardins que les variétés doubles ou pleines, encore sont-elles peu répandues aujourd'hui, après avoir été longtemps en faveur.

5° L'œillet de Chine (*Dianthus sinensis*) (fig. 17), jolie plante importée de la Chine en Europe, dès les premières années du dix-huitième siècle, par un missionnaire français, l'abbé Bignon, et bientôt devenue presque aussi populaire que les autres espèces d'œillets. Il se distingue de l'œillet de poëte par son feuillage plus étroit, plus aigu, d'une teinte glauque, et par ses fleurs incomparablement plus grandes, qui deviennent même énormes dans quelques variétés. De même que les espèces précédentes, l'œillet de Chine a été

Fig. 17. — Œillet de Chine.

remarquablement amélioré par la culture, et les semis en ont
fait naître une multitude de variétés, simples ou doubles, unicolores ou panachées, blanches, roses, rouge ponceau, carminées, pourpre violet, etc. Parmi ces variétés, il convient de
citer particulièrement celles d'Heddewig, introduites tout
récemment de Russie en France par un amateur de ce nom (1),
variétés qui se distinguent autant par l'ampleur extraordi-
naire de leurs corolles que par la beauté du coloris. On en
a fait deux classes ; les variétés géantes (*D. sinensis giganteus*),
où les pédoncules sont or-
dinairement uniflores; et
les variétés laciniées (*D.
sinensis laciniatus*), dont
les fleurs, toujours grandes, et souvent très-pleines, ont les pétales pro-
fondément déchiquetés,
ce qui leur donne un as-
pect tout à fait insolite dans
le genre.

A la suite de ces espèces,
quoique déjà moins clas-
siques et moins générale-
ment cultivés, on peut citer
l'œillet superbe (*Dianthus
superbus*) (*fig.* 18), dont les
fleurs, roses ou carmin et
un peu grandes, sont frangées ou profondément la-
ciniées; l'œillet virginal
(*D. virgineus*), l'œillet
deltoïde (*D. deltoides*),
l'œillet celtique (*D. galli-
cus*) et l'œillet rutilant

Fig. 18. — OEillet superbe.

(1) Voir les figures coloriées de quelques-unes de ces variétés dans la *Flore des Serres*, t. XII, p. 197 et t. XIII, p. 11.

D. fulgens), à fleurs rouges de sang, tous indigènes de France,
l'exception du dernier, et dont la culture tirerait encore de
très-belles variétés si elle leur donnait plus d'attention.

6° Les *œillets hybrides*. De même que dans la plupart des
enres riches en espèces, celles du genre œillet se prêtent
vec une certaine facilité au croisement, et quoique les jar-
iniers n'aient pas procédé ici avec plus d'ordre et de mé-
hode que dans leurs croisements de rosiers, il existe quelques
ariétés d'œillets dont l'hybridité peut à peine être mise en
oute. Tel est en particulier le cas de l'*œillet Flon* (1), très-
elle variété remontante, trouvée, dit-on, dans un semis d'œil-
ets de poëte, par un horticulteur d'Angers, M. Flon, et dont
n autre horticulteur, M. Paré, a déjà su tirer des variétés
ouvelles. On suppose que la plante qui a fourni les graines
été fécondée, soit par l'œillet des fleuristes, soit plutôt
ar l'œillet en arbre, ce que semblerait indiquer la longue
urée de la floraison dans la variété dont il s'agit ici. Tou-
ours est-il que cette dernière est stérile (2), et que les
ouvelles variétés qu'on en a obtenues (une blanche et une
anachée) sont dues à de simples décolorations des fleurs qui
e sont produites accidentellement sur des rameaux de la plante
ère, et qu'on a conservées par le bouturage de ces derniers.
'œillet Flon est vivace, demi-ligneux, formant des touffes
paisses qui s'étalent sur le sol, et poussent des tiges dressées
e 30 à 40 centimètres, terminées par de larges corymbes de
leurs pourpres, pleines et odorantes, de moyenne grandeur
3 à 4 centimètres de diamètre). Il est très-rustique, et se
rête presque aussi bien à la culture en pots qu'à la culture
e pleine terre, toutes qualités qui expliquent la faveur dont
l a joui presque dès son apparition.

(1) On peut voir dans la *Revue horticole*, 1863, p. 91, une figure coloriée de
'œillet Flon, accompagné d'une notice sur cette variété, par M. André.
(2) Remarquons cependant qu'ici la stérilité ne prouve pas nécessairement que
a plante soit hybride, car ses fleurs étant pleines il n'y a rien d'étonnant à ce
u'elles manquent d'étamines, ainsi que cela arrive dans la plupart des plantes ou
a fleur subit ce genre d'hypertrophie. Cette absence des étamines, par suite de la
multiplication des pétales, est d'ailleurs un fait fréquent dans les variétés à fleurs
rès-doubles ou pleines de l'œillet des fleuristes et des autres espèces.

Un horticulteur anglais (1) a encore signalé un autre hybride, issu du *D. fulgens* fécondé par le pollen d'une variété double de l'œillet des fleuristes. Cet œillet hybride, qui ne semble pas avoir été introduit en France, se distinguait par d'énormes corymbes de fleurs, très-doubles et du plus beau carmin. Plus récemment, divers horticulteurs français ont mis en vente un troisième hybride, issu, paraît-il, du *D. superbus* fécondé par un œillet du Japon (peut-être le *D. sinensis*). Sans affirmer la certitude de ces croisements, nous les citons comme de nouvelles présomptions en faveur de la possibilité de l'hybridation dans ce genre, et des nombreuses combinaisons de formes et de couleurs qu'on aurait chance d'obtenir par ce moyen.

C. **Culture et multiplication des œillets.** Toutes les espèces d'œillets dont nous avons parlé dans les pages précédentes ont à très-peu près le même tempérament; toutes sont rustiques ou du moins demi-rustiques sous le climat du nord de la France, mais elles redoutent l'humidité excessive, et quelques-unes, l'œillet des fleuristes particulièrement, sont exposées à périr par le fait des pluies froides et prolongées et la stagnation de l'eau qui résulte de la fonte des neiges en hiver. Cette particularité doit être notée, car elle domine toute la culture qu'il convient de lui appliquer.

a. *Culture proprement dite.* Les œillets se cultivent indifféremment en pleine terre ou en pots, mais l'œillet des fleuristes, qui est essentiellement de collection, et qu'on aime à avoir sous les yeux tout le temps que durent ses fleurs, est plus habituellement cultivé en pots qu'en pleine terre. Dans ce dernier cas, une condition indispensable du succès est un drainage parfait des pots, au moyen de tessons, afin que l'eau des arrosages n'y reste jamais stagnante.

La terre la plus convenable, pour toutes les espèces, est une bonne terre franche, argilo-siliceuse, reposée et amendée un an d'avance avec du fumier de vache, surtout si les plantes doivent être en pots. A défaut de terre franche, on y emploie

---

(1) *Gardeners' Chronicle*, 1855.

de bonne terre de jardin, ni trop légère, ni trop compacte,
et moyennement additionnée de terreau ; nous disons moyennement, parce que l'expérience a fait reconnaître qu'il y a ici
moins d'inconvénient à ce que la terre soit un peu maigre
que trop surchargée d'engrais.

Les arrosages sont naturellement proportionnés au climat,
et à la saison. Peu fréquents et peu copieux dans les climats
humides, ils doivent être plus abondants sous le climat sec
du midi. Il suffit que la terre où sont plantés les œillets soit
fraîche, sans être jamais inondée ; on tiendra donc compte en
ceci du régime météorologique, de l'exposition et de la nature
du terrain dans le lieu où on se trouvera placé. Il va de soi
que les plantes en pots devront être plus fréquemment arrosées que celles qui seront en pleine terre.

Suivant la taille et la force de leurs tiges, les œillets devront
être abandonnés à eux-mêmes ou soutenus par des tuteurs.
L'œillet de poëte et de Chine, l'œillet Flon et quelques autres,
sont assez robustes pour se tenir droits sans être soutenus ; les
espèces gazonnantes, l'œillet mignardise, l'œillet celtique, etc.,
dont les tiges nombreuses et grêles, mais peu élevées, inclinent presque toujours d'un côté ou d'un autre, sont pareillement livrées à elles-mêmes ; mais il n'en saurait être de même
de l'œillet des fleuristes, surtout s'il est cultivé en pots, non
plus que de l'œillet en arbre ; pour ces deux espèces il faut
des tuteurs proportionnés à leur taille. Ces tuteurs sont tantôt
de simples baguettes fichées en terre, et auxquelles on attache
les tiges, tantôt une sorte de treillis en éventail ou de toute
autre forme, sur lequel la plante est palissée. Ce treillis est
particulièrement nécessaire pour l'œillet en arbre, qui se ramifie et s'élève facilement à un mètre ou plus.

Tous les œillets aiment le grand air et le soleil ; il faudra
donc éviter les situations ombragées, qui auraient toutefois
moins d'inconvénient dans le midi que dans le nord, parce
qu'ici, au déficit de lumière, s'ajouterait souvent un excès
d'humidité toujours nuisible. Dans ce dernier climat il serait
même avantageux de tenir les plantes à l'abri des fortes pluies
de l'été et de l'automne, en les mettant sous des toiles ou des

paillassons soutenus à une certaine hauteur par des piquets.
Dans le cas où elles seraient en pots, rien ne serait plus facile
que de leur procurer momentanément un abri, soit par le
moyen que nous venons d'indiquer, soit en les transportant
sous un hangar, une galerie couverte ou dans un appartement
dont on laisserait les fenêtres ouvertes pour y faciliter la cir-
culation de l'air.

Sous le ciel du midi, les œillets n'exigent aucun soin pour
passer l'hiver ; s'ils étaient en pots, on devrait seulement enterrer ces pots au pied d'un mur, tout à la fois pour y conserver le peu d'humidité nécessaire à la plante, et mettre plus
sûrement ses racines hors des atteintes de la gelée. A Paris,
et dans tout les pays du nord où l'hiver est soit très-humide,
soit très-rigoureux, l'œillet des fleuristes veut être abrité sous
un châssis, moins par crainte du froid, car il supporte assez
bien 10 à 12 degrés au-dessous de zéro, que par crainte de
l'eau dont la terre est si fréquemment détrempée dans cette
saison. Cependant, même sous ce climat, les œillets placés à
bonne exposition, dans un terrain naturellement sec et bien
drainé, passent généralement l'hiver sans en être sensiblement
affectés. S'ils se trouvent dans une plate-bande exposée à tous
les vents, on peut se contenter de les couvrir de paillassons
pendant les fortes gelées, et surtout pendant les temps de
neige et de pluie, avec le soin de les découvrir toutes les fois que
le temps est sec et doux. Ces précautions se continuent jusqu'en mars, c'est-à-dire jusqu'à ce qu'on n'ait plus à craindre
la neige et le verglas, les deux choses que les œillets redoutent le plus.

Plus ordinairement cependant, ainsi que nous venons de le
dire, les belles variétés de l'œillet de collection, tenues en
pots, sont remisées sous un châssis ou dans une orangerie, et
cela dès les premiers froids de l'hiver. Tant que la gelée n'est
pas forte, on laisse circuler l'air autour des plantes ; on ne les
tient enfermées que lorsque la température baisse à 3 ou 4 degrés au-dessous de zéro, et il n'y a même aucun inconvénient
à ce qu'elle descende momentanément à ce degré sous les
châssis. Ce qui serait plus à craindre ce serait qu'elle s'élevât

sez pour mettre la végétation èn mouvement, ce qui étiole-
it les plantes. On a soin surtout d'en écarter l'humidité, et,
l'on jugeait l'arrosage nécessaire, on n'arroserait que tout
ste assez pour empêcher les plantes de se dessécher. On a
in d'aérer lorsque le temps le permet, et, dès le mois d'a-
il, ou même plus tôt, les plantes sont remises au grand air.
Lorsqu'il s'agit d'œillets qui doivent rester en pots, et non
int être mis en pleine terre,et alors ce sont généralement
s marcottes de l'année précédente, on procède au rempo-
ge peu après les avoir retirés de la serre ou des châssis. Les
ts dont on fait usage ici ont de 16 à 20 centimètres d'ou-
rture. Le drainage établi à leur fond, on les remplit de
rre neuve, soit franche, soit de jardin, additionnée, comme
us l'avons dit plus haut, de terreau de couche ou de
uilles bien décomposé. Après avoir débarrassé les œillets
la vieille terre qui tient à leurs racines, et des feuilles
ches ou jaunies du bas de leurs tiges, on les plante à 4 ou 5
ntimètres de profondeur au plus, et on a soin de tasser forment la terre autour des racines; on arrose et on met un tu-
ur, auquel on attachera les tiges au fur et à mesure qu'elles
andiront. Pour les arrosages, qui doivent toujours être mo-
rés, on emploiera l'eau de pluie de préférence à toute au-
e, et, à son défaut, de l'eau aérée par une exposition de quel-
es jours au soleil. Quelques horticulteurs recommandent
ddition d'un engrais à l'eau d'arrosage, et particulièrement
tourteau de colza ; quel que soit cet engrais, nous rappelle-
ns qu'il doit être très-délayé pour n'être pas nuisible.
Pour obtenir une floraison tout à fait belle, les grands ama-
urs d'œillets ne craignent pas de sacrifier une partie des
urs, en retranchant un certain nombre de boutons, peu après
u'ils ont commencé à se montrer. Ils estiment que c'est assez
avoir cinq à six fleurs par plante. La suppression de quel-
ues-unes a effectivement pour résultat de faire prendre plus
ampleur à celles qui sont conservées. Si, dans la collection, on
écouvre quelques œillets crevards, qu'on reconnaît d'avance à
a forme ventrue de leurs boutons, et qu'on ne veuille pas s'en
éfaire, on essayera de remédier à leur manière vicieuse de

9.

fleurir en les entourant vers leur milieu d'un lien peu serré ;
on y emploie soit un fil délié de plomb, soit un anneau de papier épais, soit, ce qui vaut mieux, une étroite bandelette et
vessie de veau qui échappe presque entièrement à la vue. Certaines personnes, au contraire, qui ont du goût pour ce genre
d'œillets, les laissent épancher librement leurs pétales par
la fente de leur calyce largement ouvert.

La culture des œillets remontants ne diffère par rien d'essentiel de celle des œillets ordinaires ; ce sont les mêmes soins
quant aux conditions générales de terrain, d'arrosage et d'exposition ; seulement, comme ils sont destinés surtout à fleurir
en hiver, cette culture est légèrement modifiée en vue d'obtenir ce résultat. On met les plantes en plein soleil pendant
l'été, et mieux en pleine terre qu'en pots, parce qu'elles y
prennent plus de force. Elles fleurissent ainsi jusqu'aux gelées ;
mais l'amateur soigneux n'attendra pas à ce dernier moment
pour les abriter du froid ; il les lèvera dès la fin de septembre
avec la motte, pour les mettre en pots, et, s'il le peut, il le
tiendra une quinzaine de jours en serre chaude ou tempérée
pour faciliter leur reprise, après quoi il les portera en orangerie ou dans un appartement ordinaire, près des fenêtres.
Tant que la température s'y soutiendra à 12 ou 15 degrés
centigrades, les œillets fleuriront, et presque aussi bien qu
dans la meilleure saison de l'année. Dans les localités le
mieux abritées du climat méditerranéen, l'œillet remontan
fleurit en pleine terre, presque d'une manière continue, pendant tout l'hiver. Après la floraison, que les plantes soient en
pleine terre ou en pots, il convient de rabattre leurs tiges à 3
ou 4 centimètres au-dessus de la souche, ce qui les fait s'é-
largir et repousser sans cesse de nouvelles tiges fleurissantes.
Toutes devront être rempotées au printemps, dans de la terre
neuve, ou, mieux encore, être remises en pleine terre, si elles
ont assez de vigueur pour recommencer à fleurir.

L'œillet de Chine, sous nos climats septentrionaux, peut
être traité de deux manières ; savoir, 1° comme plante annuelle : on sème alors en mars, sur couche et sous châssis ;
on repique le plant, quand les gelées ne sont plus à crain-

dre, en bonne terre de jardin, qu'on a engraissée s'il le faut d'un peu de terreau de couche. La floraison, commencée vers la fin de juin, dure plusieurs semaines, et les graines mûrissent de bonne heure. 2° Comme plante bisannuelle : le semis se fait en plein air, au mois d'août ; on repique le plant en septembre, sur couche froide qu'on couvre de châssis pendant l'hiver. Ce semis d'automne donne des plantes bien plus fortes et plus florifères que celui de printemps ; malheureusement, dans les pays où l'hiver est long et humide, on est exposé à voir fondre un grand nombre de plantes par cette cause, mais c'est la méthode qu'on doit préférer sous le ciel plus sec et plus doux du midi. Les œillets de Chine qui ont été plantés en terre légère et perméable, passent quelquefois l'hiver sans aucun abri, jusque sous les latitudes du nord de la France, et fleurissent encore la seconde année, résultat qu'on obtient d'ailleurs bien plus sûrement en les abritant sous un châssis. Ces soins ne leur sont plus nécessaires dans le midi, à moins que l'hiver n'y soit exceptionnellement long et rigoureux. Jusqu'ici on n'a que médiocrement réussi à forcer cette espèce d'œillet.

Quant à l'œillet de poëte et aux autres espèces communes, que l'on tient plus ordinairement en pleine terre qu'en pots, c'est à peine s'il est utile de parler de leur culture après les détails dans lesquels nous venons d'entrer au sujet de l'œillet des fleuristes. Il suffit qu'ils soient plantés en bonne terre et arrosés de temps en temps, si le climat ou la saison l'exige. Ils sont d'ailleurs soumis aux mêmes procédés de multiplication que les œillets ordinaires, procédés que nous allons faire connaître.

b. *Multiplication des œillets.* On multiplie les œillets par semis, par marcottes et par boutures. Nous savons déjà que les semis ont principalement pour but de faire naître de nouvelles variétés, et que les deux autres modes sont surtout employés pour conserver les variétés déjà acquises.

La multiplication par semis est très-chanceuse, lorsqu'il s'agit de l'œillet des fleuristes, en ce sens qu'on n'obtient souvent qu'un très-petit nombre de sujets méritants, sur une

quantité considérable de sujets médiocres ou sans valeur; la
proportion peut n'être que de trois ou quatre bonnes plantes
sur mille, et quelquefois moindre encore; mais les chances
sont notablement augmentées lorsqu'on a eu soin de choisir
les porte-graines et qu'on a veillé à leur fécondation, au lieu
de récolter les graines au hasard. C'est ici particulièrement
que la fécondation artificielle devrait être employée.

Après avoir fait choix des porte-graines, et on ne devra les
prendre que parmi les plantes dont les fleurs sont les plus
doubles et de la meilleure forme, on fécondera leurs fleurs,
peu après qu'elles se sont épanouies, soit avec le pollen de
la variété même, si elle a conservé des étamines, soit avec
celui d'une autre variété, mais jamais, autant du moins que
cela sera possible, avec celui d'une variété tout à fait simple.
En cherchant dans les fleurs fraîchement ouvertes, on trouvera du pollen en abondance, ce qui n'aurait pas lieu sur des
fleurs ouvertes depuis longtemps. Après avoir déposé le pollen sur les stigmates, en y appliquant l'étamine elle-même,
que nous supposons d'ailleurs mûre et ouverte, on marquera
d'un signe quelconque la fleur opérée, pour la reconnaître
à la maturité du fruit. Il y aurait même un certain intérêt à
noter, sur un catalogue, les coloris des variétés entre lesquelles
le croisement aurait été effectué, pour savoir à quel degré et
de quelles manières ces coloris divers se transmettent à leur
postérité.

Les semis se font au printemps, en mars et avril, ou sur la
fin de l'été, en août, sous le climat de Paris, un peu plus tard,
si l'on veut, dans celui du midi. Dans les deux cas, on se
sert de terrines remplies de terre fine mélangée d'un peu de
terreau de couche ou de feuilles décomposées, ou seulement
de terre de bruyère. Lorsque les plantes ont six ou huit
feuilles, on les repique en planches, à 20 ou 25 centimètres
l'une de l'autre, si on se propose de les relever à l'automne
pour les mettre en pots ou les planter ailleurs; à 35 ou 40
centimètres, si on veut les laisser fleurir sur place. Dans le
nord, on les couvre ordinairement de paillassons au moment
des grands froids ou dans les temps de neige; mais ces soins

ne sont pas indispensables même sous la latitude de Paris;
dans le midi ils seraient généralement superflus, à moins
d'intempéries exceptionnelles.

A quelque époque que le semis ait été fait, les œillets, sous
notre climat, ne fleurissent guère que la seconde année, et il
faut attendre ce moment pour faire le triage des variétés obtenues. Les amateurs scrupuleux rejettent tous les simples
et même ceux qui ne leur semblent pas assez doubles. Il arrive souvent alors, surtout quand les porte-graines ont été
mal choisis ou fécondés par des œillets simples, qu'il y a de
grands sacrifices à faire, ce qui ne laisse pas que d'être oné-
reux si l'on tient compte du temps qui s'est écoulé depuis le
semis, des soins qu'il a fallu donner aux plantes et de l'espace
qu'elles ont occupé dans le jardin. Ces sacrifices, toutefois,
se réduiraient presque à rien si on pouvait dès les premiers
jours de la levée des semis reconnaître les individus qui
donneront des fleurs doubles. On dit que le moyen existe : s'il
faut en croire les journaux d'horticulture, un amateur italien ,
M. Rigamonti, qui depuis plusieurs années s'occupe de la
culture des œillets, aurait découvert que les jeunes plantes
dont les premières feuilles sont verticillées par trois donnent
toutes des fleurs doubles, ce qui n'arrive pas à celles dont
les feuilles sont simplement opposées. Cette assertion de l'horticulteur italien n'ayant encore été, que nous sachions, con-
trôlée par personne, nous la donnons ici sous toutes ré-
serves.

Le marcottage ou couchage est un moyen de propagation
fort employé dans la culture des œillets de toutes les espèces.
Lorsque les plantes mères sont en pleine terre,. rien n'est
plus facile que de coucher, en les courbant, les pousses laté-
rales dans une petite fosse de deux à trois centimètres de
profondeur, creusée avec le doigt, et de les y maintenir avec
un crochet, puis de les recouvrir de terre et d'arroser. Pour
faciliter l'opération, on rend les branches à coucher plus
flexibles en supprimant les arrosages pendant quelques jours.
Avant de les coucher, on enlève les feuilles de la partie de
la branche qui sera enterrée, et on fait avec une lame de ca-

nif, à peu près au milieu de la courbure, et autant que possible au-dessous d'un nœud ou au milieu de ce nœud, une première incision transversale qui pénètre jusqu'au milieu de la branche, puis, en retournant la lame de l'instrument, une seconde incision longitudinale qui remonte, à partir de la première, à un ou deux centimètres. On peut tenir l'incision ouverte en y introduisant un grain de sable ou un petit morceau de bois, ou encore en retranchant une petite partie du talon, opération d'ailleurs à peu près inutile lorsque la plaie reste naturellement ouverte par le fait même de la courbure de la branche. Ce genre de multiplication se pratique avec succès pendant toute la belle saison, c'est-à-dire de la fin d'avril à la fin d'août, plus tard même si le climat le permet. En un mois ou six semaines ces marcottes sont enracinées et peuvent être séparées du pied mère.

Si la plante mère était en pot, ou si, étant en pleine terre, ses branches propres à être marcottées étaient placées trop haut pour pouvoir être couchées en terre sans qu'il y eût danger de rupture, on aurait recours à ce que nous avons appelé le *marcottage en l'air*, au moyen d'un petit pot ou godet fendu d'un côté pour pouvoir y introduire la branche à marcotter, et soutenu par un piquet à la hauteur convenable. Toutefois ce moyen est peu employé; les horticulteurs remplacent communément les godets de terre par des cornets d'une moindre capacité, qu'ils font eux-mêmes avec des feuilles de plomb laminé, et qu'ils enroulent autour de la branche, préparée comme nous venons de le dire. Les cornets sont ensuite remplis de terre et tenus constamment humides. Il convient d'ajouter que les plantes ainsi obtenues restent toujours débiles, qu'elles ne se ramifient pas et fleurissent comparativement peu. Au total, cette méthode n'est pas à recommander.

Le bouturage donne des résultats incomparablement meilleurs, et il a encore l'avantage d'être plus simple et plus expéditif; il y a même des horticulteurs qui le préfèrent au marcottage en pleine terre, comme reproduisant plus fidèlement les caractères des variétés qu'on veut multiplier. On emploie pour boutures de jeunes pousses, tranchées net à leur base avec la lame d'un canif, et on les plante soit en pleine terre, soit dans des terrines ou des caisses enterrées et percées à leur fond, ou mieux encore sans fond, ce qui facilite d'autant mieux l'écoulement de l'eau des arrosages. Le meilleur compost pour ces boutures est un mélange, par parties égales, de terre de bruyère et de terreau de couche tamisé, auquel on peut ajouter un peu de terre franche ou de jardin. On y pique les boutures, dépouillées, par une section nette, et non par arrachement, des deux ou trois paires de feuilles inférieures, à 5 centimètres de profondeur, et on tasse fortement la terre autour du pied avec les doigts On arrose légèrement, et on recouvre le tout d'une cloche barbouillée à l'intérieur d'une bouillie de craie, pour affaiblir la lumière et la chaleur du soleil. Il est bon de soulever la cloche de temps en temps pour donner de l'air, surtout à partir du moment où les boutures auront manifesté un commencement de végétation, et si le soleil était trop ardent, on ombragerait encore la cloche avec des feuilles de papier. L'opération étant bien conduite, les boutures sont enracinées au bout d'un mois, et c'est à peine s'il en périt dix à douze sur cent. On peut la faire dans le jardin pendant toute la belle saison, et même en hiver dans une serre chaude ; elle réussit mieux cependant en mai et en juin, surtout si les pousses bouturées ont été prises sur des plantes qui ont passé l'hiver en serre ou sous châssis.

C'est par des procédés tout semblables qu'on multiplie l'œillet en arbre, l'œillet de poëte, et généralement toutes les espèces considérées comme bisannuelles ou trisannuelles.

d. **Maladies et accidents.** — **Insectes nuisibles aux œillets.** Comme toutes les autres plantes, les œillets ne deviennent malades qu'à la suite d'une culture vicieuse ; mais nos procédés de culture sont quelquefois forcément vicieux, parce que nous demandons aux plantes ce que, dans leur état naturel, elles ne pourraient pas nous donner. Malgré nos exigences cependant, l'œillet n'est sujet qu'à un petit nombre de maladies, et qui sont naturellement plus fréquentes sur les plantes en pots que sur celles de pleine terre.

Les deux seules maladies graves auxquelles les œillets soient exposés sont la *pourriture,* qui est la conséquence d'arrosages trop copieux, surtout lorsque la terre est compacte et mal drainée, et le *chancre,* qui est souvent le résultat de l'emploi exagéré des engrais ou d'engrais insuffisamment décomposés. Dans les deux cas la base des tiges se détruit graduellement, les feuilles jaunissent, et la plante tout entière finit par mourir, à moins qu'on ne se hâte d'y porter remède. Si elle était en pot, on la mettrait en pleine terre ; si elle souffrait par l'excès des engrais ou par suite de leur mauvaise qualité, on la transplanterait sur un autre point du jardin, en terre plus maigre ; mais lorsque le mal est trop avancé, il n'y a d'autre remède que d'arracher la plante, d'enlever tout ce qui est atteint par le mal et de bouturer les sommités encore saines des rameaux. Beaucoup de personnes trouvent plus simple de s'en tenir à ce dernier moyen. Au surplus, le chancre est un accident rare dans une culture conduite suivant les règles.

Un accident d'un autre genre, mais qui, à proprement parler, n'est pas une maladie, est ce que l'on désigne sous le nom de *dégénérescence.* On l'observe surtout dans les œillets flamands à fond blanc. Cette dégénérescence, qui n'est en soi qu'un commencement de retour à l'état naturel, consiste en une altération des couleurs, qui pâlissent et se fondent l'une dans l'autre, et dans le changement du blanc en une teinte plus ou moins lilacée. Cet état de choses est assez souvent la conséquence d'une culture négligée, mais il y a des individus qui dégénèrent malgré tout. Les amateurs difficiles réforment impitoyablement tous ces œillets ; cependant il est reconnu que par le bouturage des branches on peut généralement obtenir des plantes qui reproduisent la variété dans toute sa pureté. Ces plantes en voie de dégénérer, si elles sont bien doubles, et qu'elles appartiennent à une variété précieuse, peuvent d'ailleurs encore être fort utilement employées comme porte-graines.

Les insectes qui peuvent nuire aux œillets sont les chenilles, principalement du genre des noctuelles, qui rôdent la nuit et se blottissent en terre pendant le jour. Si on aperçoit

dans une collection d'œillets des boutons rongés, il sera bon
de les visiter de nuit avec une lanterne; on aura chance de
prendre les chenilles sur le fait. Les perce-oreilles ou forfi-
cules causent parfois aussi de grands dégâts; on s'en débarrasse par les moyens que nous avons indiqués (1). Un autre
ennemi non moins dangereux des œillets est une espèce de
thrips noir, à peine perceptible à l'œil, dont les larves vivent
en grand nombre dans le cœur même des jeunes pousses et
des marcottes, qu'elles épuisent. On dit que le tabac à priser
très-fin, quand on en saupoudre la partie attaquée, fait périr
ces animaux. On obtiendrait probablement le même résultat
en tenant la plante à l'ombre pendant quelque temps. Quant
aux dommages causés par d'autres insectes, ils sont ordinairement trop insignifiants pour qu'il y ait lieu de s'y arrêter
ici.

§ III. — LES TULIPES.

De même que les roses et les œillets, les tulipes ont toujours
tenu un rang distingué dans la floriculture, et dès le seizième
siècle elles étaient les fleurs de prédilection des Belges et
des Hollandais, qui en avaient fait un objet de commerce
d'une certaine importance. A cette époque la passion des
tulipes était générale; elle dégénérait même chez quelques
personnes en une manie fort dispendieuse, qui leur faisait donner par leurs contemporains la qualification de *fous-tulipiers*.
Le temps et surtout les progrès de l'horticulture ont fait
justice de ces excentricités, mais, quoique déchues de leur
ancienne gloire, les tulipes ont cependant conservé quelque
chose de leur prestige, et si l'on ne se ruine plus pour elles,
elles comptent encore beaucoup d'admirateurs.

Le genre *tulipe* (*Tulipa* des botanistes) appartient à la a-
mille des liliacées. Il est presque inutile de rappeler qu'il se
compose de plantes bulbeuses, vivaces, à tiges simples et
uniflores, dont les fleurs sont formées d'un périgone (calyce

(1) Tome 1er, p. 664.

et corolle réunis) de six pièces pétaloïdes et colorées, dont trois sont extérieures et trois intérieures, de six étamines et d'un ovaire libre qui se change en un fruit capsulaire à trois loges polyspermes. Les espèces, ou les variétés naturelles, en sont assez nombreuses, mais elles sont en même temps très-difficiles à distinguer les unes des autres. Toutes appartiennent à l'ancien continent, principalement aux régions qui avoisinent la Méditerranée et à l'Asie occidentale. La France en possède plusieurs, qui y vivent à l'état sauvage, mais quelques-unes d'entre elles n'y sont peut-être que naturalisées. Il ne paraît pas d'ailleurs que les tulipes aient été connues en Europe avant l'époque des croisades, et leur nom, tout oriental (1), semble indiquer qu'au moins les premières variétés cultivées nous ont été apportées d'Asie. On ne trouve rien dans les auteurs grecs et latins qui puisse faire supposer que les tulipes aient été remarquées de leur temps.

Le mode de végétation des tulipes mérite de fixer un instant notre attention. Leurs bulbes appartiennent à la classe de ceux qu'on a appelés *tuniqués*, parce qu'ils se composent des bases charnues et emboîtées l'une dans l'autre d'un certain nombre de feuilles, qui se développent ou restent rudimentaires. Dans une tulipe adulte on trouve toujours, sur la fin de l'hiver, mais avant la floraison, trois bulbes distincts, appartenant chacun à une génération différente, savoir : 1° Le *bulbe florifère*, au centre duquel s'est formé le bouton qui s'apprête à fleurir, et qui en outre donne naissance aux feuilles; ce bulbe s'épuise de sucs à mesure que la floraison s'avance vers son terme, et lorsqu'elle est achevée, il n'en reste plus que des enveloppes flétries, qui elles-mêmes ne tardent pas à pourrir et à disparaître; 2° le *bulbe de remplacement,* formé de tuniques emboîtées et très-charnues, au centre duquel se forment les rudiments des feuilles et de la fleur qui se développeront l'année suivante; ce bulbe est né sur le côté du pré-

(1) On fait dériver le nom de la tulipe d'un mot turc ou persan, *tuliban*, par lequel les peuples orientaux désignaient leur coiffure, dont la tulipe rappelle quelque peu la forme. C'est de là probablement que nous avons nous-mêmes tiré le mot *turban.*

cédent, à l'aisselle d'une de ses tuniques extérieures; il représente par conséquent une seconde génération; 3° sur un côté
de ce dernier, et toujours à l'aisselle d'une de ses tuniques, se
montre déjà le bulbe de troisième génération, charnu et très-
petit comparativement, mais qui grossira dans le cours de
l'été; ce sera le bulbe de remplacement de l'année suivante,
et il fleurira à la troisième année, ayant lui-même donné
naissance à deux nouvelles générations de bulbes.

Chaque bulbe de tulipe vit donc trois ans, mais ne fleurit
qu'une seule fois; il est essentiellement monocarpique, et,
dans la replantation annuelle des tulipes, les bulbes que l'on
met en terre ne sont jamais ceux qui ont fleuri au printemps,
mais seulement les bulbes de remplacement, ou de seconde
génération, qui ont été produits l'année précédente.

Outre les bulbes de remplacement, qui sont en quelque
sorte la continuation du même individu, il se produit encore,
autour d'un bulbe adulte, d'autres bulbes, mais plus petits
et de forme un peu différente, qu'on pourrait appeler les
bulbes de propagation; ce sont les caïeux proprement dits,
destinés à vivre d'une vie indépendante et à devenir autant
d'individus distincts. Ils sont naturellement séparés du bulbe
mère par l'épuisement de ce dernier et par la sphacélation des
tuniques qui le composaient.

Le botaniste Kunth, dans la première moitié de ce siècle,
numérait une trentaine d'espèces de tulipes; mais les auteurs
qui s'en sont occupés après lui sont loin d'accepter ce nombre,
les uns le faisant plus grand, les autres beaucoup plus restreint. Il en est résulté une synonymie embrouillée, où il est
presque impossible aujourd'hui de démêler les espèces fondamentales. Ces divergences d'opinion tiennent d'abord à la
grande affinité de ces espèces, puis à leur variabilité lorsqu'elles
viennent à être cultivées, et enfin à la facilité avec laquelle
elles se croisent (1), pour donner naissance à des hybrides ou
à des métis féconds. Toutes ces causes réunies expliquent le

(1) La possibilité du croisement dans les tulipes a été mise hors de doute par les
expériences que nous avons faites au Muséum, dans ces dernières années.

nombre, déjà presque illimité, de variétés qui existent dans la nature ou qui peuplent nos jardins, et les nuances insensibles par lesquelles ces variétés passent de l'une à l'autre.

Les couleurs naturelles dans le genre tulipe sont le jaune, le rouge ponceau et le violet plus ou moins foncé, couleurs auxquelles on peut ajouter le blanc, qui n'est qu'une décoloration. Elles sont tantôt isolées et très-pures, tantôt fondues l'une dans l'autre et dans des proportions très-diverses, tantôt enfin elles existent simultanément, mais parfaitement séparées, sur la même fleur, soit en panachures, soit en larges macules. Dabord simples au début, les tulipes ont fini par doubler ou même devenir très-pleines, tant par la multiplication des pièces du périgone que par la transformation des étamines en pétales. Enfin, il en est chez lesquelles les pièces de la fleur se sont déchiquetées d'une manière bizarre et tout à fait monstrueuse.

Toutes les espèces et variétés de tulipes fleurissent sous nos climats dans la première moitié du printemps, mais non pas toutes ensemble; il en est de précoces et de tardives à divers degrés, ce qui permet, au moyen d'une collection bien composée, de jouir de leur floraison pendant un mois ou plus.

A. Espèces et variétés de tulipes. — Les tulipes que l'on peut regarder comme indigènes en France, ou tout au moins comme naturalisées depuis un temps très-ancien, sont : 1° la *tulipe des champs* (*T. sylvestris*), à fleurs jaunes, qu'on trouve dans presque toutes nos provinces, au sud du 49e degré de latitude; 2° la *tulipe gallique* (*T. gallica*), presque semblable à la précédente, mais plus basse et à fleur moins grande; elle semble confinée dans quelques localités de la Provence; 3° la *tulipe de Celse* (*T. Celsiana*), de la région méditerranéenne, à fleurs jaunes ou orangées, et teintes de rouge à l'extérieur; elle n'est probablement qu'une variété de la suivante : 4° la *tulipe Œil de soleil* (*T. Oculus solis*), plus commune que la précédente et occupant toute la région du midi, de l'Océan aux Alpes; sa fleur est rouge, avec une large macule presque noire et encadrée de jaune à la base de chaque pétale. Quelques aueurs ajoutent à nos espèces indigènes la *tulipe de Gesner* ou *des fleuristes* (*T. Gesneriana*), à tiges grêles et élevées, à pétales obtus, très-souvent panachés de blanc ou de jaune sur fond violacé ou réciproquement; on la dit originaire de l'Asie mineure; la *tulipe précoce (T. præcox*), à tiges fortes et à grandes fleurs rouge-ponceau, et qui pourrait n'être qu'une variété de la tulipe Œil-de-soleil; enfin la *tulipe odorante* ou *Duc de Thol* (*T. suaveolens*), à tige basse et roide et à pétales aigus, rouges ou jaunes, ou bariolés de ces deux couleurs. Son caractère le plus distinctif réside dans la disposition du bulbe de remplacement, qui, au lieu de se développer, comme dans les autres espèces, au niveau de l'ancien, descend toujours à quelques centimètres plus bas, d'où il résulterait que si la plante n'était pas relevée de terre tous les ans, ainsi que cela se pratique habituellement, elle s'enfoncerait de plus en plus dans le sol jusqu'à ce qu'elle y pérît étouffée. Ces trois dernières espèces habitent surtout le midi oriental de l'Europe ou l'Asie occidentale, et les rares individus spontanés qu'on en a trouvés en France provenaient vraisemblablement de plantes échappées des jardins. On peut encore joindre à cette liste la *tulipe turque* (*T. turcica*), dont les pétales, rouges ou jaunes, sont plus lancéolés et surtout plus acuminés que dans les précédentes. On ignore cependant si c'est une véritable espèce, dans l'acception ordinaire du mot, ou seulement une variation produite par la culture.

Toutes les tulipes sont dignes d'entrer dans la décoration des jardins; néanmoins, on se borne communément à celles qu'une longue culture a embellies, et qu'on rattache à la tulipe Duc de Thol, à celle de Gesner, et à la tulipe turque; mais, nous le répétons, les caractères primitifs ont été si profondément altérés par les changements de sol et de climat, par les procédés de culture et sans doute aussi par les croisements, que dans une multitude de cas il est difficile d'assigner à telle variété donnée une parenté certaine, et que l'emploi des qualifications de *tulipes de Gesner* et *Duc de Thol* devient quelquefois très-arbitraire.

La tulipe de Gesner (fig. 19) est la plus ancienne dans nos jar dins, et, par suite celle sur laquell s'est le plus exer cée l'industrie de fleuristes; auss a-t-elle varié l'infini. Les Fla mands, qui excel lent dans sa cul ture comme dan celle des œillets divisaient autre fois ses innombra bles variétés e deux catégorie principales : le *bizarres*, à deu ou trois couleurs et d'où le blan était exclu ou n' existait que pa exception, et le tulipes à *fon blanc*, où cett couleur au con traire devena dominante. Cett distinction, qu laissait en deho d'autres mode de variation no

Fig. 19. — Tulipe de Gesner.

moins remarquables, est presque oubliée aujourd'hui, su tout depuis que la tulipe Duc de Thol a introduit dans les ja dins un nombre de variétés tout aussi grand.

Cette dernière, lorsque son type spécifique n'est pas trop a téré, se distingue facilement de la précédente à la brièveté d sa tige et surtout, comme nous l'avons dit plus haut, à la disposition de son bulbe de remplacement. Elle est d'ailleurs plus précoce de trois semaines à un mois, ce qui a valu à la plupart de ses variétés la dénomination générale de *tulipes hâtives*. Les semis en ont fait naître des variétés doubles ou pleines, tantôt unicolores, tantôt panachées ou bordées d'une couleur différente du fond. Elle revêt toutes les teintes, du blanc pur au jaune, à l'orangé, au pourpre et au violet. D'après le botaniste Fischer, cette tulipe serait commune dans les steppes de la Russie méridionale, où ses bulbes sont considérés comme alimentaires.

La tulipe Duc de Thol tient certainement aujourd'hui le premier rang dans le genre dont elle fait partie. Moins élégante de formes que la tulipe de Gesner, elle l'emporte sur elle par le caractère plus tranché de ses variétés, sa rusticité plus grande et la facilité avec laquelle elle se prête à toutes les dispositions d'un parterre. On en peut former des plates-bandes, des massifs, des bordures, des corbeilles; la planter en touffes ou par pieds isolés; la cultiver en pleine terre ou en pots, et enfin en hâter la floraison ou la forcer à fleurir en hiver en la soumettant à la chaleur artificielle. Tant d'avantages l'ont facilement mise en vogue, et, de même que la tulipe de Gesner et les jacinthes, elle est devenue un des grands objets d'exportation de la floriculture hollandaise, dont la ville de Harlem est le principal centre. Elle a donné des variétés par centaines, parmi lesquelles il nous suffira de citer, comme étant les plus populaires aujourd'hui, les tulipes *Duc de Thol écarlate*, *Vermillon brillant*, *Imperator rubrorum*, rouge et double; *Duc de Thol ancien*, rouge bordé de jaune; *Duc de Thol jaune*, variété très-hâtive; *Duc de Brabant*, simple, rouge bordé de jaune; *Belle-Alliance*, écarlate; *Standard*, blanc rayé de rouge; *la Candeur simple*, toute blanche; *la Favorite*, blanche et rose tendre; *Proserpine*, très-grande simple, couleur lie de vin; *Caïman*, lilas liséré de blanc; *la Candeur double*, pleine et très-blanche; *Rex rubrorum*, rouge vif; *Duc d'York*, amarante bordée de blanc; *Pourprée*, rouge pourpre bordé de blanc.

La tulipe turque, dont la synonymie botanique, à peu près inextricable, annonce assez la variabilité ou plutôt l'incertitude comme espèce particulière, est supposée la souche d'une catégorie particulière de variétés à fleurs énormes, largement ouvertes, vivement colorées de rouge et de jaune, et dont les pétales sont bizarrement déchiquetés ou frangés. Les jardiniers en font plusieurs groupes secondaires, sous les noms de *perroquets, dragonnes, flamboyantes, mont-Etna,* etc. Quelques-uns prétendent que ces variétés sont des hybrides issus du croisement de la tulipe turque et de celle de Gesner. Il est beaucoup plus probable qu'elles sont une altération *sui generis* de la tulipe Œil-de-soleil, modifiée par la culture, ou peut-être produite spontanément.

B. Culture et multiplication des tulipes. — Toutes les espèces de tulipes sont rustiques ou à peu près rustiques sous notre ciel; leurs bulbes enfouis sous terre n'ont rien à craindre de la gelée, mais ils pourrissent lorsque la terre est trop longtemps imbibée d'eau. Cet accident, du reste, n'arrive guère que dans les climats du nord, ou à la suite d'arrosages trop copieux, lorsque les plantes sont en pots et que ces pots sont mal drainés. Sous tous les rapports, la culture en pleine terre est de beaucoup préférable, et c'est celle à laquelle on s'en tient généralement. Une terre argilo-siliceuse un peu sèche, reposée et additionnée d'une faible dose d'engrais consommé, est celle qui convient le mieux aux tulipes. Dans le midi, ces plantes viennent à toutes les expositions; au nord du 45e degré de latitude, elles préfèrent les expositions méridionales, et cela d'autant plus que la latitude est plus haute. Là où des gelées de 12 à 15 degrés sont fréquentes et de longue durée, il est prudent d'abriter sous une couche de litière les planches qui renferment les bulbes des tulipes.

Dans la nature, les tulipes se déplacent insensiblement à mesure qu'aux vieux bulbes en succèdent de plus jeunes qui naissent sur leurs côtés; ce déplacement équivaut pour elles à un changement de terrain, puisqu'elles abandonnent graduellement celui où elles ont vécu et qu'elles ont épuisé; on pourrait donc, dans la culture, les laisser à elles-mêmes, sans prendre la peine de les transplanter; cependant, on n'en agit point ainsi lorsqu'on tient à conserver pure et bien ordonnancée une collection de tulipes, où chaque variété doit occuper une place déterminée, et tous les ans on enlève leurs bulbes de terre pour les replanter lorsque le terrain a reçu les amendements convenables. On comprend sans peine que faute de ce soin les plantes, lorsqu'elles sont en grand nombre et très-rapprochées, ce qui est le cas ordinaire, finiraient par s'entremêler et détruire toute la régularité de la plantation; que de plus en se rencontrant les unes les autres, les plus vigoureuses affameraient les plus faibles.

L'enlèvement des bulbes se fait de deux à trois mois après la floraison, c'est-à-dire vers la fin de juin ou au commencement de juillet sous la latitude de Paris, lorsque déjà les feuilles sont jaunies ou desséchées. Les bulbes sont d'abord exposés en plein air, à l'ombre, et lorsqu'ils sont secs on les porte dans un local où on les tient à l'abri de l'humidité, ayant soin de les étendre sur des planches ou des claies, et de les recouvrir de feuilles de papier pour intercepter la lumière. Ils restent là tout l'été, sans exiger autre chose qu'un peu de surveillance pour en écarter les souris, qui en sont friandes.

Dans l'intervalle, c'est-à-dire de juillet à septembre, on prépare les planches où se fera la replantation des tulipes. Le mieux serait d'en changer l'emplacement; lorsque cette condition ne peut pas être remplie, on y supplée par l'apport de terre neuve, de la nature de celle que nous avons indiquée plus haut, ou tout au moins par l'addition d'une dose un peu plus forte de bon terreau de couche parfaitement décomposé. Les planches, dont la longueur est proportionnée au nombre de tulipés à planter, seront défoncées à 40 ou 50 centimètres de profondeur et la terre bien mélangée au terreau. La largeur des planches varie suivant le nombre de lignes de tulipes que l'on compte y mettre. A Paris, les jardiniers ont généralement adopté la largeur de 1^m 10 à 1^m 15, pour cinq rangées de tulipes, ce qui porte la distance des rangées à 20 ou 22 centimètres, distance qui est aussi celle qu'on doit laisser entre les plantes d'une même ligne ; mais cet usage n'a rien d'absolu, et il se modifie suivant la disposition du parterre et les goûts de l'amateur.

La vivacité et la variété du coloris des tulipes et l'habitude où l'on est de les planter en planches ou en massifs donnent quelque importance à leur disposition sous le rapport de l'effet d'ensemble. Ayant déjà traité des règles qui président aux combinaisons des couleurs dans le parterre, nous nous bornerons à rappeler ici que pour former des combinaisons déterminées il faut être sûr d'avance du coloris des fleurs. C'est ce à quoi on arrive par un classement et un étiquetage rigoureux. On aura donc soin de noter exactement la couleur de chaque individu au moment de la floraison, et de lui donner une marque qui le fasse reconnaître, soit au moment de l'enlèvement des bulbes, soit à l'époque de la plantation. Quelques jardiniers, dont les collections sont considérables, simplifient ce travail au moyen d'échiquiers qui représentent en abrégé une planche de tulipes, et dans les casiers duquel ils classent les variétés par couleurs, d'après la combinaison qu'il leur a paru bon d'adopter; en replantant les bulbes, il n'ont plus qu'à les mettre aux endroits indiqués par les casiers. Il est inutile d'ajouter que les assortiments par couleurs varient suivant les goûts. On doit tenir compte aussi de la précocité relative des différentes variétés, pour ne mettre dans un même massif que celles qui fleurissent ensemble, et même donner une certaine attention à la hauteur des plantes, si l'on tient à ce que les lignes aient une grande régularité.

C'est dans le courant de novembre, et autant que possible par un temps sec, que se fait la replantation des bulbes. Dès cette époque déjà, les jeunes racines commencent à poindre au pourtour des cicatrices laissées par les racines de l'année précédente. On sépare les caïeux des bulbes mères pour les planter à part, ainsi que nous le dirons plus loin, et on procède à la plantation des bulbes, soit au plantoir, soit à l'aide de tout autre instrument, en les recouvrant de 5 à 6 centimètres de terre, qu'on tasse légèrement avec la main. Si l'hiver était très-froid, on couvrirait la planche pendant les plus fortes ge-

lées, ainsi que nous l'avons déjà dit, d'une couche de litière ou
de feuilles sèches, mais qu'il faudrait enlever dès que les
grands froids ne seraient plus à craindre, afin de ne pas exposer les tulipes à s'étioler, ce qui arriverait si elle était encore
sur le sol au moment où ces plantes, dont la végétation est
très-précoce, commenceraient à en sortir.

Suivant les lieux et les années, les tulipes fleurissent plus
tôt ou plus tard, mais toujours de très-bonne heure. Dans le
midi de la France, leur floraison commence aux premiers
jours de mars et même dès la fin de février; à Paris elle dé-
bute avec le mois d'avril et finit du 15 au 20 mai. La tulipe
précoce (*T. præcox*) est celle qui ouvre la marche, et immédiatement après elle viennent les variétés hâtives de la tulipe
Duc de Thol, dont les autres variétés se succèdent par rang
de précocité pendant toute la durée du mois. Peu après, se
montrent les Dragonnes et les Flamboyantes, et, pour clore
cette brillante série de fleurs, les innombrables variétés de la
tulipe de Gesner, qui continuent encore à fleurir pendant la
première quinzaine de mai.

Toutes les années ne sont pas également favorables à la floraison des tulipes, et il est reconnu qu'un soleil trop ardent
leur est nuisible et abrége la durée des fleurs. Lorsque les
collections ne sont pas trop considérables, on peut parer à cet
inconvénient en étendant des toiles sur les planches de tulipes,
ce qui a encore l'avantage de les mettre à l'abri de quelques
insectes qui en rongent les pétales ou le cœur. Cette précaution est surtout utile aux horticulteurs fleuristes, qui cultivent
les tulipes pour en vendre les fleurs.

Nous avons déjà dit que les oignons de tulipe redoutent
l'humidité pendant l'hiver, et qu'ils sont sujets à pourrir dans
les terres argileuses fortement détrempées. Il n'y a qu'un seul
moyen d'éviter cet accident : c'est de ne pas tenir la terre
trop meuble au moment de la plantation. Le défoncement se
fait alors sept à huit mois d'avance, en mars par exemple, et,
en attendant le mois de novembre, la terre est occupée par
une autre culture. Le moment venu, on se borne à enlever
ce qui reste des plantes qui ont vécu sur le terrain et à donner

un coup de râteau à la surface, puis on plante les tulipes sans
labour préalable. Le sol, dans ces conditions, sans être dur
est un peu tassé, et il offre une certaine résistance à la péné-
tration de l'eau des pluies, qui s'écoule à la surface pour peu
qu'il y ait de pente, et qui, dans tous les cas, est diminué par
l'évaporation ; cet effet n'aurait pas lieu si le terrain étant fraîchement remué, l'eau y pénétrait sans obstacle.

La multiplication des tulipes se fait par graines et par caïeux.
Ordinairement, lorsqu'on ne tient pas à faire des semis, on enlève les sommités des pédoncules défleuris, afin que les oignons profitent de la séve qui se serait portée inutilement
sur le fruit ; dans le cas contraire on laisse les plantes fructifier, et on cueille les capsules lorsqu'elles sont arrivées à maturité et qu'elles commencent à s'ouvrir. Les graines sont tenues au sec, jusqu'au moment du semis, qui se fait en automne ou à la fin de l'hiver, mais avec plus de succès dans la
première de ces deux saisons. On sème indifféremment en
pleine terre ou en terrines ; mais dans les deux cas il est bon
que la terre soit fine, légère et un peu sableuse. Les terrines
sont enterrées au pied d'un mur, à une exposition méridionale,
ce qui les met un peu à l'abri des grands froids et de l'excès
de l'humidité.

Les tulipes obtenues de semis ne fleurissent guère avant la
quatrième et même la cinquième année, et encore la première
floraison est-elle souvent défectueuse, mais généralement les
coloris des fleurs s'améliorent dans les floraisons suivantes.
On ne devra donc procéder à l'épuration d'une collection obtenue de semis que lorsque les plantes auront fleuri au moins
deux fois, si l'on ne veut être exposé à mettre au rebut des
plantes qui méritaient d'être conservées. Il est à peine nécessaire d'ajouter que les oignons des jeunes tulipes doivent être
replantés en terre neuve, comme ceux des tulipes adultes ;
mais cette transplantation ne devient nécessaire ici qu'à partir
de la troisième année.

La multiplication par caïeux est plus rapide, et elle a surtout
l'avantage de conserver indéfiniment les variétés obtenues. Les
caïeux se détachent des oignons au moment de la plantation

de ces derniers, et on les plante séparément, dans une terre préparée et amendée comme il a été dit. Suivant leur degré de développement ils fleuriront plus tôt ou plus tard, mais généralement pas avant la deuxième année.

§ IV. — LES JACINTHES.

Les jacinthes, comme les tulipes, appartiennent à la famille des liliacées. Ce sont aussi des plantes bulbeuses et vivaces, qui se reproduisent de graines et de caïeux. Par la beauté de leurs fleurs, les nuances variées de leur coloris et la suavité de leur parfum, elles se placent, dans le jardinage, sur le même rang que les tulipes, et leur culture a la plus grande analogie avec celle de ces dernières.

Le genre *jacinthe* (*Hyacinthus* de Linné) est pareillement indigène des climats tempérés de l'Europe et de l'Asie occidentale. Il ne contient qu'un petit nombre d'espèces, dont quatre ou cinq croissent spontanément dans nos provinces méridionales. Ses caractères sont les suivants : des fleurs en nombre variable, disposées en grappe au sommet d'une tige sans feuilles ou scape, et dont les six pièces pétaloïdes, soudées jusqu'au milieu de leur longueur, se réfléchissent en dehors, puis six étamines et une capsule à trois loges polyspermes. Il ne diffère du genre *Scilla*, dont quelques espèces ont aussi été introduites dans nos parterres, qu'en ce que les pièces du périgone y sont soudées ensemble sur une plus grande longueur ; elles sont presque libres dans ce dernier genre, qui a d'ailleurs été longtemps confondu avec lui.

Une seule espèce doit nous occuper ici, c'est la *jacinthe d'O-rient* (*Hyacinthus orientalis*)(fig. 20), introduite depuis plusieurs siècles en Europe, et naturalisée sur quelques points du midi de la France. Nulle part cependant sa culture n'a eu autant de succès qu'en Hollande, et c'est de ce pays, et particulièrement de la ville de Harlem, que les autres contrées de l'Europe tirent chaque année leur principal approvisionnement de jacinthes. Plus de 50 hectares de terre dans le voisinage immé-

dial de cette ville sont annuellement consacrés ex-
clusivement à la culture de
ces plantes, dont les bulbes
s'expédient par millions en
Angleterre, en Allemagne
et en France. Ce succès ex-
traordinaire s'explique par
le soin minutieux que les
Hollandais apportent à leur
culture, et aussi par la con-
venance parfaite du sol et
du climat, circonstances
qui ne se rencontrent pas
ailleurs au même degré, et
qui assurent, pour long-
temps encore, à ces indus-
trieux floriculteurs le mo-
nopole des jacinthes et
même de la plupart des
autres plantes bulbeuses.

Le sol sur lequel sont
établies les cultures de
Harlem est d'ailleurs
d'une nature toute particulière. Situé au pied des
dunes, qui sont sur ce
point le rempart de la Hollande contre les empiéte-
ments de la mer, il est
formé, comme elles, d'un
dépôt de sable fin auquel
se sont ajoutées des allu-
vions limoneuses. Il est de
plus imbibé d'eau douce

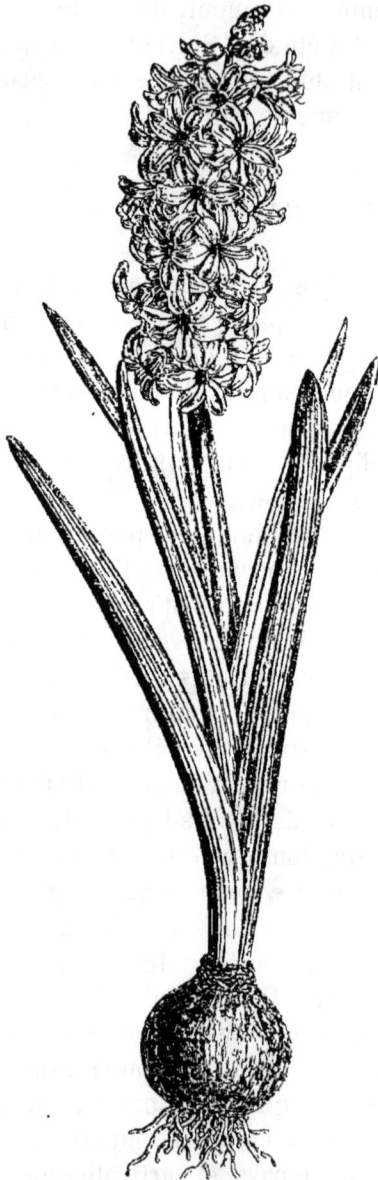

Fig. 20. — Jacinthe d'Orient.

qui y arrive par infiltration, et qui se montre à une faible distance de la surface, par exemple à un mètre ou deux de pro-

ondeur, suivant les lieux. Cette eau, remontant sans cesse par
suite de la capillarité du sol, arrive facilement aux racines des
plantes, et seulement dans la proportion convenable à leur
bon entretien. D'un autre côté, la même perméabilité du sol
facilite la descente des eaux de pluie, ce qui fait que le bulbe
n'est jamais noyé. Enfin, la douceur relative du climat et un
ciel souvent voilé de nuages favorisent encore la floraison
des jacinthes, qu'il est difficile d'obtenir aussi belles et surtout
aussi durables sous des ciels plus lumineux.

Variétés de jacinthes. Les semis multipliés et sans
cesse répétés de la jacinthe ont fait naître chez·elle, comme
chez la plupart des autres espèces soumises à ce mode de propagation, un nombre illimité de variétés, dont les différences portent sur la hauteur des hampes florifères, le nombre des fleurs,
l'état de la corolle, qui, de simple, devient double, triple et
même quadruple; mais elles portent surtout sur le coloris.
La teinte originaire des fleurs est ici le bleu ou le bleu indigo;
mais, par suite de la cause que nous venons d'indiquer et de
riages faits avec intelligence et persévérance, on a obtenu,
outre la teinte blanche, qui est une décoloration, toutes les
nuances du rose, du rouge, du carmin, du bleu, du pourpre,
du violet, et cette dernière couleur, ainsi que le bleu, peut se
foncer pour ainsi dire jusqu'au noir; il y a plus : on y a vu apparaître des teintes jaunes, pâles il est vrai, et même quelques
tons orangés, ce qui au premier abord ne semblait pas
compatible avec la coloration primitive de la plante. Le plus
souvent les fleurs sont unicolores; mais il existe aussi des variétés où elles réunissent deux ou même trois couleurs différentes, ce qui leur a valu le nom de *bizarres*. Une seule teinte
manque à la jacinthe, c'est le jaune pur, le jaune parfait, qui
est au contraire si commun dans les tulipes, auxquelles, par
compensation, manquent les teintes bleues. Ces deux genres
de plantes semblent donc se compléter l'un l'autre, et en les
réunissant dans un parterre on peut réaliser toutes les combinaisons imaginables avec la série entière des couleurs.

Les variétés obtenues depuis le commencement de la culture des jacinthes se compteraient par milliers, et il en sur-

vient tous les ans de nouvelles, en même temps que de plus anciennes disparaissent ou tombent dans l'oubli. Pour diriger le lecteur dans le choix de ces variétés, nous en citerons quelques-unes, choisies parmi celles qui ont le plus de vogue aujourd'hui.

1° Jacinthes à fleurs simples.

a. Variétés blanches ou presque blanches : *Alba maxima, Mont-Blanc, Reine des Pays-Bas, Grand Vainqueur, Voltaire, Mme Van der Hoop, Snowball* ou *Boule de neige, Miss Burdett Coutts, Dolifarde, Elfride, Elisa, Grande Blanche impériale, Pyrène, Grande Vedette, Thémistocle, la Candeur, Pucelle d'Orléans, Virginité, Mammouth, Mirandolina, Tour d'Auvergne, Orondatus blanc, Prince de Galitzin, Reine Victoria blanche, Reine Blanche, Rhadamante, Temple d'Apollon,* etc. Ces variétés diffèrent les unes des autres par la grandeur des fleurs, la largeur des pétales, la longueur des grappes plus ou moins fournies, et quelques-unes par une légère teinte carnée ou rosée. Toutes sont belles et recherchées.

b. Variétés carnées, rose, lilas ou rouge clair : *Triomphe de Blandine, Norma, Favorite du Sultan, Bouquet royal, Grandeur à merveille, Cavaignac, Princesse Charlotte, Koh-i-noor, M^{ss} Beacher Stowe, Agnès, Appelius, Beeringen, Belle Corinne, Cloche magnifique, Duchesse de Richemond; Emmeline, Graaf Schwerin, Haydn, Howard, l'Amie du cœur, Dame du lac, Lord Granville, Louis, Maria-Catharina, Maria-Theresa, Princesse Victoria, Peterssohn, Norma, M. de Faesch, Susanna Johanna, Sapho, Lord Wellington, Henriette-Wilhelmine,* etc.

c. Variétés rouges, rouge ponceau ou carmin plus ou moins foncé : *Reine des Jacinthes, Victoria, Pélissier, Lina, Robert Steiger, Macaulay, Satella, Rouge sans pareil, Rouge du printemps, Queen Victoria, Mars, l'Éclair, Lord Elgin, l'Unique, Alexandrina, Attraction, Eldorado, Crésus, Cornélia-Maria, Circé,* etc.

d. Variétés pourpres ou pourpre violet : *Belle Hollandaise, Adieu de l'hiver, Panthéon,* etc.

e. Variétés ardoisées, gris de perle ou bleu clair de différentes nuances : *Baron Van Thuil, Bleu mourant, Amalia Hermann, Charles Dickens, Couronne de Celle, Emilius, Keizer Frans, Merveilleuse, Munchhausen, Grand Lilas, Orondatus Bleu, Oscar, Porcelaine Scepter, Regulus, Thunberg,* etc.

f. Variétés bleues et bleu violacé, de tons plus ou moins foncés : *Argus, Young, Graaf von Nassau, Emicus, Crépuscule, Canning, Haller, Kaiser Ferdinand, Mme de la Vallière, Nemrod, Frédérike Panzer,* etc.

g. Variétés bleues et violettes tirant sur le noir ou presque noires : *Tombeau de Napoléon, Wilhelm Ier, Tubalcaïn, Siam, Mimosa, la Plus Noire, O'Connel, Quentin-Durward, Général Havelock, Belle Africaine,* etc.

h. Variétés jaunes et couleur nankin : *Alida-Jacoba, Fleur d'or, couleur de jonquille, Pluie d'or, Héroïne, l'Envie, Rébecca, Rhinocéros, Vainqueur, Victor Hugo, Ida, Duc de Malakoff.*

2° Jacinthes à fleurs doubles.

Les jacinthes doubles et pleines répètent toutes les tons de floris que nous venons de passer en revue dans les simples, nous n signalerons aussi quelques-unes dans les mêmes nuances.

a. Variétés blanches et blanc rosé : *Anna-Maria, Hooft, Hermann-Lange, Og roi de Bazan, Goudbeurs, Gloria florum suprema, Bouquet royal, Diane d'Éphèse, Duc de Valois, la Déesse, La Tour d'Auvergne, Lord Anson, Minerva, Miss Kelly, Perruque royale, Prince de Waterloo, Sphæra Mundi, Vénus, Bouquet royal,* etc.

b. Variétés roses, rouge ou carmin plus ou moins foncé : *Thomas Grey, Susanna-Maria, Sans-Souci, Rex rubrorum, Regina rubrorum, Panorama, Molière, Mars, Mme Zoutman, Koh-i-noor double, Belle Alliance, Lady Montague, Louis-Napoléon, Honneur d'Amsterdam, Gœthe rose, Général Moore, Cochenille, Princesse royale,* etc.

c. Variétés bleues, de différentes nuances : *Grande Vedett double, Garrick, Franciscus primus, Duc de Normandie, Demus, Comte de Bentink, Bride of Lammermoor, Bouquet pourpre, Albion, Jupiter, l'Abbé de Veyrac, Laurens Koster Mᵐᵉ Marmont, Méhémet-Ali, Necker, Murillo, Sertorius, Rudolphus, Prince Frédérick,* etc.

d. Variétés bleu noir ou violet noir : *Pourpre superbe Othello, Indigo,* etc.

e. Variétés jaunes ou couleur nankin : *Gœthe jaune, Anna Carolina, Crésus, Bouquet orange, Jaune suprême, Louis d'or Mine de soufre, Pyramide jaune, Ophir d'or,* etc.

Multiplication et culture des jacinthes. La jacinthe se multiplie par le semis des graines et la plantation de caïeux. Les semis n'ayant guère d'autre but que de faire naître des variétés nouvelles, et leurs résultats se faisant attendre d quatre à six ans, on les abandonne généralement aux horticulteurs de profession. La multiplication par caïeux elle-même est peu pratiquée en France, si ce n'est par quelques jardiniers de Paris ; mais leurs jacinthes étant presque toujour très-inférieures à celles de Hollande : les amateurs achèter plus volontiers celles qui nous viennent de ce pays, et dor les marchands fleuristes de la capitale sont d'ailleurs abon damment pourvus.

Un oignon de jacinthe fleurit ordinairement plusieurs années de suite ; il semble même, au premier abord, pouvoi durer indéfiniment ; cependant, malgré les apparences, il s renouvelle sans cesse, mais par un autre mode que les oignon de tulipe, que nous avons vus disparaître après la floraiso pour faire place à un bulbe de remplacement. L'oignon de jacinthe est polycarpique, sa rénovation se faisant exclusive ment par le centre. Si, au moment de la floraison, on fend lor gitudinalement le bulbe en suivant le pédoncule de l'inflores cence jusqu'au plateau sur lequel il est inséré, on trouve à base de ce pédoncule un bourgeon rudimentaire composé d cinq à sept jeunes feuilles, au centre duquel il est facile d reconnaître l'inflorescence qui se développera l'année suivante Ce bourgeon qui croît pendant tout l'été, et dont les feuille

ommencent même à se montrer au sommet du bulbe au moment de la plantation, refoule insensiblement vers la circonférence le pédoncule flétri de l'inflorescence qui a précédé,
et avec lui toutes les tuniques ou bases des feuilles qui l'en-
eloppaient. Peu à peu ces tuniques se vident, au profit du nou-
eau bourgeon, des sucs qu'elles contenaient, et lorsqu'elles
rrivent à la circonférence de l'oignon elles sont depuis long-
emps desséchées et réduites à l'état de pellicules, qui même
ne tardent pas à se décomposer dans le sol. Le plateau sur lequel repose le bulbe tout entier, et qui donne naissance aux
acines, se détruit de même graduellement sur son contour,
en même temps qu'il se régénère vers le centre. On estime
qu'il faut cinq ou six ans pour que le renouvellement d'un
ulbe de jacinthe soit complet, ou, ce qui revient au même,
our qu'un pédoncule, d'abord central, soit rejeté à l'extérieur.

Le bourgeon florifère n'est ordinairement pas la seule production d'un bulbe; ordinairement il se forme encore des
ourgeons secondaires entre les tuniques, bourgeons qui ne
ontiennent pas d'inflorescence et dont le développement est
en général fort lent. Ce sont les caïeux, qui ne deviennent li-
res que lorsqu'ils ont été repoussés à la circonférence du
ulbe par l'accroissement graduel de ce dernier, et la dessic-
ation des tuniques qui les recouvraient. Ils se séparent alors
pontanément du bulbe mère, et deviennent autant de nou-
elles plantes, qui vivront dorénavant de leur vie propre. Ces
aïeux, récoltés et étiquetés avec soin, sont plantés à part et
raités de la même manière que les bulbes proprement dits,
et, suivant leur grosseur, ils fleurissent la troisième ou la qua-
rième année. Dans tous les cas, leur floraison se fait moins
attendre que celle des sujets obtenus de semis, et de plus ils
reproduisent très-fidèlement la variété dont ils sont issus, ce
que ne font pas ces derniers. Il est telle variété méritante, datant déjà de plus d'un siècle, qui s'est conservée, par la plantation des caïeux, telle qu'elle était à l'origine.

Certaines variétés sont très-fécondes en caïeux; certaines
autres n'en produisent que très-peu, quelques-unes même
n'en donnent pas du tout lorsqu'elles sont abandonnées à

elles-mêmes. On remédie à cet inconvénient en fendant e
quatre, par deux incisions qui se croisent à angle droit, le pla
teau de l'oignon. Cette incision, qui se fait avec la lame d'u
canif, pénètre à 6 ou 8 millimètres de profondeur et n'attein
que la base des tuniques. On recommande de la faire un pe
excentrique, c'est-à-dire de telle manière que la lame de l'ins
trument ne passe point par le centre du plateau, mais seule
ment à côté, afin de ne pas nuire au bourgeon central, qu
peut alors encore développer sa fleur. Soit parce que les ger
mes des caïeux se trouvent plus libres après ce débridement
soit par toute autre raison, toujours est-il que des caïeu
se développent à la suite de cette opération. Elle n'est d'ail
leurs pas la seule qui amène ce résultat, et on a vu plus d'un
fois des bulbes de jacinthe tranchés horizontalement par l
milieu, ou taillés en cône par l'ablation de la partie supérieur
des tuniques extérieures, donner naissance à une grande quar
tité de caïeux.

Quelle que soit l'origine des jacinthes que l'on veut cultive
mais surtout lorsqu'on se les procure par la voie du commerce
on doit s'assurer que les oignons sont sains, ce qui se recon
naît au simple toucher. Un bon oignon est ferme et plein, e
son plateau exempt de toute altération. Tout bulbe flasqu
doit être rejeté, comme aussi tous ceux dont le plateau sera
atteint de pourriture. Après ces premières conditions, qu
sont de rigueur, on donne la préférence aux gros oignons sur le
petits, parce que leur floraison est plus certaine et prome
une hampe mieux fournie ; mais il est bon de savoir que dar
certaines variétés les bulbes sont toujours petits comparative
ment à ceux de certaines autres. La grosseur n'est donc i
qu'une condition secondaire et toute relative.

Les jacinthes se cultivent en pleine terre, en pots ou su
des vases de verre, dans les appartements ; nous allons exam
ner successivement ces trois méthodes.

La culture en pleine terre est incontestablement celle qu
donne les meilleurs résultats. Les nuances et les coloris soi
si variés dans la jacinthe qu'aucune autre plante ne se prê
aussi bien qu'elle aux combinaisons de couleurs qui sont

point capital dans la décoration d'un parterre, et elle a l'avantage de venir dans une saison où on sent tout le prix de la verdure et des fleurs après les longues privations de l'hiver. Rien n'égale la beauté des massifs qu'on peut faire avec elle, surtout sur un terrain en relief, circulaire, elliptique ou de toute autre forme, et quand, par suite d'un bon étiquetage des variétés, on a pu assortir les couleurs en vue de l'effet à produire. Comme leur floraison coïncide avec celle des crocus et les tulipes hâtives, rien n'est plus facile que de compléter la gamme des couleurs en associant aux jacinthes les variétés jaune vif ou orangées de ces dernières plantes.

La terre destinée à recevoir une plantation de jacinthes doit être riche et cependant légère et un peu sableuse, ameublie à 50 ou 60 centimètres de profondeur, et être assez perméable pour que l'eau ne fasse que la traverser sans s'y arrêter. Si elle était de sa nature peu substantielle, on y enfouirait, quelques mois d'avance, et à 30 centimètres de la surface, une couche de fumier de vache frais, de 5 à 6 centimètres d'épaisseur; on pourrait encore se contenter d'incorporer à la terre, au moment de la plantation des bulbes, du terreau de fumier décomposé, dans la proportion qu'on jugerait convenable d'après l'état de pauvreté du terrain. A Haarlem, où la culture toute commerciale vise principalement à obtenir des bulbes bien développés, il est de règle de changer tous les ans de place les jacinthes, et de ne les faire revenir sur le sol qu'elles ont occupé qu'après une rotation de quatre, cinq ou six ans.

La plantation des jacinthes se fait communément en octobre, mais on peut aussi la faire dès le milieu de septembre, surtout si on se trouve dans un climat froid, qui modère ou arrête la végétation des bulbes, de même qu'on peut la différer sans grands inconvénients jusqu'au 20 novembre. Passé cette époque, les bulbes qui sont déjà entrés en végétation dans les greniers où on les tient en réserve, et qui consomment leur propre substance, ne font plus que s'affaiblir, parce qu'ils n'en reçoivent pas l'équivalent par leurs racines; on n'attendra donc pas au dernier moment pour les mettre en terre, et, autant qu'on le pourra, on fera cette opération dans la première quinzaine d'octobre.

Pour produire tout leur effet, sur une planche ou un relief de terrain, les jacinthes doivent être plantées un peu serrées, c'est à dire à 15 ou 20 centimètres les unes des autres, en tout sens. Les oignons, placés verticalement dans une petite fosse creusée avec la main, sont couverts de 6 à 8 centimètres de terre, et, si on habite un climat froid, on couvre la plantation, peu de temps avant la gelée, d'une couche de litière de 10 à 15 centimètres d'épaisseur, qu'on enlève dès que les froids sont passés. Cette précaution, que les fleuristes hollandais n'ont garde d'oublier, et que prennent aussi les jardiniers de Paris, n'est plus nécessaire dans la région du midi, où elle serait d'ailleurs plus nuisible qu'utile, attendu que les jacinthes y poussent ordinairement leurs feuilles hors de terre pendant l'hiver et y fleurissent dès la fin de février ou les premiers jours de mars. Si le terrain était sec au moment de la plantation des bulbes, on donnerait un léger arrosage afin de tasser la terre. A partir de ce moment on s'abstient d'arroser aussi longtemps que les bulbes restent stationnaires; on leur donne, au contraire, fréquemment de l'eau une fois qu'ils sont entrés en végétation, à moins que le temps ne soit suffisamment pluvieux. Après la floraison, on cesse les arrosages pour hâter la maturation des bulbes, maturation qui est ordinairement complète, sous le climat de Paris, du 10 au 30 juin, et qui s'annonce par le jaunissement ou la dessiccation des feuilles. Le moment est alors venu de retirer les bulbes de terre.

Ces bulbes, enlevés avec la bêche, sont étendus pendant quelques heures sur la terre, la racine au soleil, après quoi on les couvre d'un peu de sable, qui, tout en les mettant à l'abri des rayons trop ardents du soleil, ne les soustrait pas complétement à sa chaleur. Sous cette couverture, les bulbes perdent l'eau qu'ils contenaient en excès et se durcissent. Au bout de dix à douze jours on les retire du sable, on les débarrasse des restes des feuilles et de l'inflorescence, et après les avoir laissés encore sécher quelques heures dans un lieu

abrité du soleil, mais où l'air circule, on les porte au grenier,
et on les y étend sur des rayons, où ils restent jusqu'au moment de les planter. Pendant les trois mois qui s'écoulent
entre l'enlèvement des bulbes et leur mise en terre, leur végétation n'est pas arrêtée, mais elle est toute intérieure, et
le bourgeon florifère qui succède à celui qui vient de fleurir
se développe activement; il arrive même souvent que, dans
les derniers jours de septembre, les premières feuilles vertes
commencent à poindre au sommet de l'oignon, ainsi que de
nouvelles racines au pourtour du plateau. On doit alors se hâter de replanter, comme nous l'avons indiqué plus haut. S'il
s'est produit des caïeux, on les détache pour les planter à
part.

La culture des jacinthes en pots n'est pas moins facile qu'en
pleine terre, et elle procure l'avantage de pouvoir hâter la
floraison des plantes, et surtout de les mettre à la portée de
l'amateur à tout moment du jour, quelque temps qu'il fasse,
ce qui n'a pas toujours lieu avec la culture en pleine terre,
puisque la jacinthe fleurit dans une saison où les giboulées
sont fréquentes. On y emploie des pots un peu plus élégants
de forme que ceux qui servent aux empotages courants
du jardin, ayant de 10 à 12 centimètres d'ouverture si on
veut n'y mettre qu'une seule jacinthe, plus grands si on veut
y en mettre plusieurs. On trouve chez les marchands de po-
terie horticole des vases ornés, de toutes formes et de toutes
grandeurs, spécialement destinés à la culture des jacinthes,
et façonnés, les uns pour reposer sur les meubles, les autres
pour être supendus en guise de lustre au plafond des appartements. Ces pots doivent être soigneusement drainés à l'aide
de tessons, et la terre dont on les remplit un peu plus substantielle que celle du jardin, mais toujours légère, puisque c'est
là une des conditions du succès. Un mélange de terre argileuse et de sable fin ou de terre de bruyère, additionné par
moitié de terreau de fumier décomposé, mais non usé, surtout de fumier de vache, est le meilleur compost qu'on puisse
y employer. Ce compost, qui convient d'ailleurs pour toutes
les plantes bulbeuses, est ordinairement préparé cinq ou six

mois d'avance, et alors on y fait entrer le fumier à l'état frais. On retourne deux ou trois fois le mélange, à un mois d'intervalle, avant de s'en servir.

Les bulbes se plantent droits, au milieu des pots, leur pointe dépassant le niveau de la terre de 1 à 2 centimètres. On donne un bon arrosage pour tasser la terre, et on place les pots sur un sol un peu dur, ou sur des briques, de manière à ce que les lombrics ne puissent pas y entrer par les trous du fond. Si le climat est froid, on les entoure de cendres jusqu'au niveau du bord, ayant soin même d'en couvrir le dessus, et par conséquent les bulbes, d'un petit cône de cette matière, haut de 8 à 10 centimètres. Deux mois plus tard, c'est-à-dire en décembre ou janvier, on retire les pots des cendres, et on les porte sous un châssis froid, qu'on tient fermé pendant cinq ou six jours, après quoi on donne graduellement un peu d'air, ayant soin cependant de le fermer au moment de la gelée, mais en veillant aussi à ce que la température ne s'y élève pas, car les plantes végétant avec très-peu de chaleur s'y étioleraient et ne seraient jamais belles. Il faut tendre ici à obtenir des feuilles qui se tiennent droites, et soient d'un vert foncé, ainsi que des pédoncules fermes et dont les fleurs soient rapprochées; si les plantes avaient été excitées intempestivement dans un espace étroit où l'air n'aurait pas été suffisamment renouvelé, les feuilles et l'inflorescence s'allongeraient outre mesure, et n'auraient pas la force de se soutenir, ce qui ne répondrait plus au but qu'on se propose. On remédierait jusqu'à un certain point à ce défaut en soutenant les plantes au moyen de petits tuteurs en fil de fer. Répétons ici que les arrosages doivent être fréquents dans la période de végétation, et la terre tenue toujours humide. Dès que la floraison commence, on porte les plantes dans les appartements.

Cette culture peut se forcer sous châssis. Après avoir procédé comme nous l'avons dit tout à l'heure en parlant de la plantation des bulbes, les pots seront tous portés, en décembre ou janvier, dans un appartement chauffé ou non chauffé, et rapprochés des fenêtres. Si on fait du feu dans l'appartement, on aura soin de les éloigner de la cheminée, pour ne pas trop activer la végétation. Suivant que la température aura été plus basse ou plus élevée, la floraison se fera en février ou en mars, mais elle sera d'autant plus belle qu'elle arrivera plus tard, c'est-à-dire que les plantes auront été moins forcées. Après la floraison, les pots seront portés en plein air, et on n'arrosera plus que de loin en loin, pour laisser mûrir les bulbes, si toutefois on tient à les conserver, car, quoique peu vigoureux, ils sont encore aptes à fleurir les années suivantes, mais seulement en pleine terre; remis en pots ils ne donneraient plus qu'une floraison insignifiante. Cette remarque s'applique à plus forte raison aux jacinthes cultivées sur de la mousse humide ou sur des vases pleins d'eau.

La culture en vases suspendus diffère assez notablement de celle que nous venons de décrire. Ces vases, de forme plus ou moins élégante, sont souvent percés de trous sur les côtés et même quelquefois en dessous. On les remplit de mousse qu'on a soin de tenir toujours humide, et les bulbes y sont placés dans toutes les directions, les uns verticalement, les autres horizontalement ou dans une position renversée, mais de telle manière que leur pointe soit engagée dans les trous du vase. Par la seule chaleur de l'appartement, ils entrent en végétation; leurs feuilles et leurs hampes passent à travers les trous qui leur font face, et deviennent tout aussi belles que s'ils étaient en pots ordinaires. Il est bon de faire tourner de temps en temps le vase sur lui-même, pour que toutes les plantes jouissent de la même somme de lumière, et se développent bien également. Si les bulbes ont été choisis vigoureux, que les couleurs des fleurs aient été bien assorties, et que les plantes n'aient pas souffert du manque d'eau, on obtient ainsi des groupes fleuris du plus brillant effet. On conçoit que ce mode de culture et la forme des récipients puissent être variés de bien des manières, suivant le goût des amateurs.

La culture des jacinthes sur vases de verre ou sur carafes n'emploie ni terre ni mousse; les vases sont simplement remplis d'eau, que l'on renouvelle tous les quinze ou vingt jours, ou plus fréquemment s'il y a lieu, parce qu'elle doit toujours être très-pure ; l'eau de pluie est celle qui convient le mieux. Les vases dont on se sert ici, et qui sont spécialement appropriés à cet usage, sont des godets allongés, de forme plus ou moins élégante, dont l'ouverture, proportionnée à la grosseur des bulbes, est légèrement évasée pour les soutenir. On en fait en verre blanc et en verre bleu ; ceux de cette dernière couleur doivent être préférés, parce que les fonctions des racines y sont moins contrariées par l'action de la lumière. Ces vases étant remplis d'eau, on pose les bulbes sur leur orifice, de manière à ce que leur base affleure presque le niveau de l'eau, mais sans y toucher cependant, et on les porte dans un lieu frais et obscur, un cellier par exemple, où les racines commencent à se développer. On les visite de temps en temps, soit pour ajouter de l'eau quand l'évaporation en a fait baisser le niveau, soit pour la renouveler en totalité. Lorsque les feuilles et l'inflorescence ont commencé à se montrer, on transporte les vases dans un appartement éclairé, et on les place près des fenêtres, la lumière étant dès lors un agent nécessaire à la végétation des plantes. Quelques amateurs conseillent d'ajouter à l'eau une très-légère dose de sulfate d'ammoniaque, ce qui, dit-on, augmente l'intensité de la verdure des feuilles et du coloris des fleurs. Toutes les variétés de jacinthes ne sont pas également propres à ce genre de culture ; ce sont, en général, les simples qui s'y prêtent le mieux ; elles sont plus vigoureuses, plus hâtives et fleurissent plus régulièrement, ce qui, du reste a également lieu dans la culture en pots ou en pleine terre ; aussi beaucoup de connaisseurs les préfèrent-ils aux doubles dans tous les cas possibles. La culture sur vases commence habituellement en octobre, quelquefois dès la fin de septembre, et elle peut à la rigueur être retardée jusque vers le 15 novembre ; mais, passé cette époque, les bulbes seraient déjà trop affaiblis pour donner une bonne floraison. Les jacinthes qui ont fleuri sur des vases peuvent encore servir l'année suivante, mais seulement dans la culture de pleine terre.

§ V. — LES LIS.

Les *lis* (*Lilium* *) peuvent être considérés comme le type le plus parfait, ou, si l'on veut, le plus simple de la famille des liliacées (1). Ce sont des plantes vivaces, à bulbes écailleux, à tiges simples ou ramifiées seulement dans l'inflorescence, garnies de feuilles, terminées par des fleurs régulières, en général de grande dimension, blanches, roses, de couleur carmin, violacées, jaunes, rouges, orangées ou rouge orangé. Ces fleurs se composent d'un périgone de six pièces pétaloïdes libres, dont les trois intérieures sont ordinairement un peu plus larges que les extérieures, et qui, dans beaucoup d'espèces, se renversent ou se roulent plus ou moins en dehors ; de six étamines à anthères volumineuses, portées sur de longs filets, et d'un ovaire central libre, surmonté d'un long style à stigmate trilobé et papilleux. Le fruit, qui est une capsule triloculaire et trivalve, se développe difficilement dans quelques espèces, à moins que les tiges ne soient renversées à terre ou même séparées des bulbes, ainsi que nous le dirons plus loin. La propagation se fait soit par les graines, soit plus communément par les caïeux ou jeunes bulbes qui naissent autour du bulbe principal, soit par les bulbilles aériens qui se forment, dans certaines espèces, à l'aisselle des feuilles de la tige, soit enfin par les simples écailles détachées d'un bulbe.

Originaires des parties moyennes et septentrionales de l'ancien continent et de l'Amérique septentrionale, tous les lis sont rustiques ou demi-rustiques dans le nord de la France, et ils passent à bon droit pour un des groupes de plantes les plus intéressants de nos jardins de plein air. Les nombreuses espèces, qui, soit dit en passant, semblent peu susceptibles de

* Du grec Λείριον, qui se prononçait et se prononce encore *lirion*. Il est probable que le mot français *lis* est dérivé du latin ; quelques auteurs cependant le font venir du celtique *li*, qui veut dire *blanc*.

(1) Voir tome 1er, p. 197.

donner des variétés notables par la culture, ont été, à raison des différences de leur port et du coloris de leurs fleurs, réparties en plusieurs sections par les botanistes; mais ces sections, trop peu tranchées, n'ont pas été universellement admises, aussi nous bornons-nous ici à indiquer les espèces dans l'ordre au moins apparent de leurs affinités.

A. **Principales espèces de lis.** On connaît plus de trente espèces dans le genre, et la plupart ont été introduites dans les jardins, mais quelques-unes sont encore mal déterminées. Sur le nombre nous recommanderons particulièrement les suivantes :

1° Le *lis géant* (*Lilium giganteum*), des montagnes de l'Himalaya, introduit depuis une quinzaine d'années en Europe. C'est la plus grande espèce connue. Sa tige fistuleuse, presque de la grosseur du bras d'un enfant au niveau du sol, s'élève à 3 mètres ou plus et se termine par une grappe de fleurs odorantes, d'un blanc jaunâtre, colorées de carmin à l'intérieur, de la grandeur de celles du lis blanc. Par une rare exception dans le genre, les feuilles ici sont largement cordiformes et rappellent, mais sur des proportions bien plus grandes, celles des fonckias. Cette particularité se retrouve sur une seconde espèce, le *lis à feuilles cordiformes* (**L.** *cordifolium*) du Japon, qui n'a pas encore été introduit en Europe, et qui ne ressemble d'ailleurs que par là à celui dont nous parlons en ce moment.

Le lis géant semble tout à fait rustique dans les parties de la France où l'hiver est doux et l'atmosphère humide, comme les provinces de l'ouest et du nord-ouest, mais il veut être abrité sous un paillis, au moins pendant les plus grands froids, dans le nord-est et le centre. Par sa haute taille et son grand feuillage, autant que par ses fleurs, qui s'ouvrent en juin et juillet, il semble mieux approprié à la décoration des jardins paysagers que des simples parterres.

2° Le *lis blanc* (**L.** *candidum*) (fig. 21), l'espèce classique du genre, la plus anciennement connue, et aussi une des plus belles. L'origine de sa culture remonte aux temps les plus reculés, comme le prouvent de nombreux passages des auteurs grecs et latins (1), ainsi que de la Bible. Sa patrie première est sans doute l'Orient, mais il est aujourd'hui si bien naturalisé dans diverses localités du midi de l'Europe, et même de la France, que beaucoup de botanistes n'hésitent pas à le considérer comme y étant tout à fait indigène (2).

Cette espèce est trop connue pour qu'il soit nécessaire d'en faire une longue description. Tout le monde sait qu'elle s'élève communément à un mètre,

Fig. 21. — Lis blanc.

(1) En parlant du lis blanc, Pline s'exprime ainsi :

« Lilium rosæ nobilitate proximum est.... nec ulli florum excelsitas major... Candor ejus eximius; foliis foris striatis et ab angustiis in latitudinem paulatim sese laxantibus ; effigie calathi, resupinis per ambitum labris, tenuique filo et staminibus stantibus in medio croceis. » (Hist. nat., lib. XXI, cap. v.).

On voit par ce passage, où la description du lis est aussi élégante que correcte, que les anciens désignaient déjà les étamines par le même nom que les botanistes modernes.

(2) L'*indigénat*, c'est-à-dire la création des espèces dans les localités où nous les rencontrons aujourd'hui, est une des questions les plus obscures de la science, et une de celles dont il serait le plus difficile de fournir des preuves. La surface du globe a subi tant de changements depuis la création du règne végétal, et les plantes ont fait des migrations si étendues, qu'on ne peut affirmer pour aucune d'elles qu'elle soit encore dans sa station primitive. Lors donc que nous disons qu'une espèce est indigène dans telle ou telle région, nous entendons seulement qu'elle n'y a point été apportée par les hommes, faisant abstraction de tous les autres agents dont la nature a pu se servir ou se sert encore pour la dissémination des espèces.

que ses tiges sont abondamment garnies de feuilles glabres et luisantes, et qu'elles portent à leur sommet une grappe de sept à huit grandes fleurs en forme de coupe évasée, d'une blancheur parfaite, sur laquelle tranche la couleur jaune vif des six grandes étamines abondamment fournies de pollen. Très-rustique sous nos climats, le lis blanc, qui est en pleine floraison dans le courant de juin, est un des plus beaux ornements de nos parterres. C'est peut-être la seule espèce du genre où la culture ait produit quelques variantes notables, dont quelques-unes même ne sont que des monstruosités. Telles sont le *lis en épi*, où les fleurs avortées sont remplacées par des feuilles pétaloïdes blanches, qui garnissent le haut des tiges ; le *lis panaché,* dont la fleur prend par places des mouchetures pourpres, premier indice d'une teinte qui devient plus générale dans d'autres espèces ; enfin le *lis blanc double*, où la fleur subit, très-exceptionnellement pour le genre, la modification indiquée par ce mot. Le lis blanc, abandonné à lui-même, fructifie rarement dans nos jardins, mais on en obtient des fruits et de bonnes graines, si, après la défloraison, les fleurs ayant d'ailleurs été fécondées, on l'enlève de terre, avec ou sans son bulbe, et qu'on le tienne suspendu dans une position renversée. La séve qui se serait portée sur le bulbe, dans la situation normale, reflue par son propre poids vers les sommités de la plante, et la conséquence en est la grossification de l'ovaire (1).

3° Le *lis isabelle* ou *de couleur nankin* (*L. testaceum, L. excelsum, L. isabellinum* des jardiniers), dont l'origine est inconnue, mais qu'on croit avoir été trouvé dans un jardin de Hollande,

---

(1) On a indiqué récemment un autre moyen, plus certain, dit-on, de faire fructifier le lis blanc, ainsi que les autres espèces rebelles à la production des graines. Ce moyen consiste à déchausser les tiges au moment de la floraison, sans les couper, et à enlever toutes les écailles du bulbe, aussi bien que les bulbilles qui se forment autour de ce dernier, après quoi on rechausse la plante. Ainsi traitée, elle continue à tirer sa nourriture du sol par ses racines, et la séve qu'elle contient n'étant plus détournée par le bulbe se porte tout entière sur les ovaires et sur les graines. Cette fructification forcée des lis peut avoir son utilité dans quelques cas particuliers, notamment dans celui où on voudrait en obtenir des hybrides par croisement artificiel.

dans la première moitié de ce siècle. Par son port il se rapproche beaucoup du lis blanc, mais ses fleurs inclinées, dont les pétales se roulent un peu en dehors, ont quelque ressemblance de forme avec celles des lis martagons. Leur couleur est d'ailleurs tout à fait insolite : c'est une teinte rouge brique pâle, ou, si l'on veut, un jaune nankin à reflets rosés, plus claire ou plus foncée, suivant les individus. On a quelque raison de le croire hybride du lis blanc et du martagon ou de quelque autre espèce voisine, cependant il donne quelquefois des graines. Ce lis est aussi rustique que les deux espèces dont il est censé provenir.

4° Le *lis de Thomson* (*L. thomsonianum*), de l'Himalaya, introduit il y a une vingtaine d'années en Europe. Cette espèce, beaucoup plus basse que le lis blanc, plus grêle de tige et d'un port assez différent, lui ressemble cependant par la forme de ses fleurs, mais elles sont de moitié plus petites et uniformément de couleur lilas ou rose violacé. Cette jolie plante, qui est encore peu répandue dans les jardins du continent, est à demi rustique dans le nord de la France, et elle le sera tout à fait dans les régions plus tempérées de l'ouest et du midi.

5° Le *lis à grandes fleurs* (*L. eximium*) (fig. 22), du Japon, plante peu élevée eu égard à la grandeur de ses fleurs, car sa tige dépasse rarement 0^m,80 à 0^m,90 de hauteur. Ses feuilles sont rapprochées, très-vertes, glabres, luisantes, lancéolées; ses

Fig. 22. — Lis à grandes fleurs.

fleurs blanches, infondibuliformes, ordinairement solitaires, longues d'environ 20 centimètres, et dirigées presque horizontalement, ont leurs pétales un peu réfléchis à leur extrémité, mais ne formant pas la coupe évasée de celles du lis blanc. Cette belle espèce n'est pas entièrement rustique dans le nord de la France, et, pour la conserver, on est obligé de la mettre en pots et de la tenir sous châssis froid. Remise en pleine terre, au printemps, elle y devient beaucoup plus vigoureuse et plus belle qu'elle ne l'aurait été en pots.

Sous le nom de *Lilium longiflorum*, les horticulteurs désignent une espèce très-voisine de celle-ci et qui n'en est peut-être qu'une variété. Elle s'en distingue par une taille encore plus basse, des feuilles plus larges, plus écartées, plus carénées en dessous, et surtout par une rusticité plus grande, car elle ne redoute pas la rigueur de nos hivers. Ses fleurs sont de même forme et de même couleur que celles de l'espèce précédente, mais un peu moins grandes.

6° Le *lis du Japon proprement dit* (*L. japonicum*), qui est aussi très-voisin du lis à grandes fleurs, et qui, à la rigueur, pourrait lui être réuni comme simple race. Il en a le port et la floraison, mais ses feuilles sont plus larges et sa tige plus élevée. Quoique ses fleurs soient presque toujours solitaires au sommet de la tige, cette espèce, qui est d'ailleurs rustique, passe pour une des plus belles du genre.

7° Le *lis de Brown* (*L. Brownii*), espèce dont l'origine est contestée, et que quelques-uns regardent comme celle à laquelle le botaniste Thunberg a donné le nom de *lis du Japon*. Quoi qu'il en soit, il est voisin des deux espèces précédentes, mais avec une tige plus élevée, ne donnant aussi qu'une ou deux fleurs, qui sont blanches en dedans, lavées de pourpre en dehors, infondibuliformes, peu odorantes et de première grandeur. C'est une plante aussi rustique que le lis blanc, et qui prospère dans tous les sols un peu légers.

8° Le *lis de Wallich* (*L. wallichianum*), de l'Inde septentrionale; forte plante de $1^m,50$ à 2^m de hauteur, à feuilles longues, linéaires-lancéolées, à tiges ordinairement uniflores. Les fleurs sont infondibuliformes, de première grandeur (20 centimètres de diamètre, sur le limbe), d'un blanc légèrement jaunâtre, et douées d'une odeur délicieuse. Par exception dans le genre, ce lis a un rhizome traçant, comparable à celui de beaucoup d'autres monocotylédones, mais sur lequel naissent de petits bulbes écailleux qui servent à le multiplier. Il n'est pas rustique dans le nord de la France, aussi ne peut-on l'y conserver qu'en serre tempérée ou en orangerie. Son introduction date de l'année 1850.

9° Le *lis à feuilles lancéolées* (*L. speciosum*, vulgairement désigné dans les jardins sous le nom de *lancifolium*), et qui est, comme les précédents, originaire du Japon. C'est une forte plante, dont la tige, haute quelquefois de 2 mètres, se ramifie à la partie supérieure, donnant une ou plusieurs fleurs sur chaque rameau. Ces fleurs sont très-grandes (plus que doubles en largeur de celles du lis blanc), évasées dès le bas, à pétales larges, ondulés, plus ou moins réfléchis ou roulés en dehors, blancs, rosés ou carminés suivant les individus, et marquetés à l'intérieur de papilles ou pustules pourpres d'autant plus grosses et plus saillantes qu'elles sont plus voisines du centre de la fleur. Cette remarquable espèce, qui a longtemps passé pour la plus belle du genre, mais qui est aujourd'hui éclipsée par la suivante, est rustique dans le midi et le sud-ouest de la France. Entrant de très-bonne heure en végétation, elle est sujette, dans le nord, à être détruite ou endommagée par les gelées tardives du printemps, aussi est-il prudent, sous ce climat, de la couvrir d'un châssis jusqu'à ce que les froids soient entièrement passés. Sa floraison tardive (en août) ne lui permet guère d'y mûrir ses graines, à moins qu'elle ne soit abritée sous verre dès les premiers jours de l'automne. On veillera à ce que le local où on la tient enfermée, et qu'il faudra aérer aussi souvent que le temps le permettra, ne soit pas humide, et on n'arrosera que très-modérément, ou même point du tout en hiver, parce que l'humidité engendre très-promptement la pourriture du bulbe. Sa multiplication se fait à l'aide des graines, lorsqu'on peut en obtenir de mûres, mais plus ordinairement au moyen des bulbilles aériens qu'elle produit quelquefois à l'aisselle des feuilles de la tige, et aussi par le bouturage des écailles du bulbe, plantées en terrines sous châssis froid, au printemps et en été. La terre franche et la terre de bruyère, mêlées par moitié et additionnées d'un peu de terreau de couches ou de feuilles, est le compost qui semble le mieux lui convenir.

10° Le *lis doré* (*L. auratum*), récemment introduit du Japon (en 1860), et qui, par sa haute tige, son feuillage et tout son habitus, tient de près à l'espèce précédente, dont il diffère par ses fleurs autrement colorées et notablement plus grandes. Elles sont de même en cloche très-ouverte, à pétales larges, ondulés et recourbés en arrière dans leur tiers supérieur. Le fond en est blanc, avec une large bande jaune sur le milieu des pétales, qui sont en outre parsemés de macules ovales d'un rouge pourpre. Les anthères, pareillement rouges ou carmin, renferment un pollen orangé brunâtre. Ces fleurs exhalent une odeur fort agréable qu'on a comparée à celle de la fleur d'oranger. Quoiqu'encore très-nouveau au moment où nous écrivons, et peu répandu dans les jardins, ce lis s'annonce comme devant être rustique dans toutes les parties de la France.

11° Le *lis martagon* (*L. Martagon*), espèce indigène des Alpes, des Pyrénées et autres grandes chaînes de montagnes de l'Europe. Ses tiges, hautes de 0ᵐ,70 à 1ᵐ et veinées de pourpre noir, sont garnies de feuilles ovales-lancéolées, plus ou moins rapprochées en faux verticilles, et se terminent en une longue grappe de fleurs couleur lie de vin et ponctuées de pourpre noir, dont la grandeur est au-dessous de la moyenne (6 à 7 centimètres de diamètre). Ces fleurs, qui sont inclinées, comme pendantes, ont leurs pétales fortement recourbés ou roulés en dehors, caractères que nous retrouverons dans plusieurs autres espèces voisines. Sans être une des plus belles du genre, le martagon est cependant fort ornemental, aussi le trouve-t-on dans presque tous les jardins, où il n'exige pour ainsi dire aucun soin. La culture en a fait naître quelques variétés, dont les plus remarquables sont le *martagon blanc*, à fleurs décolorées mais piquetées de pourpre, et le *martagon à fleurs doubles*, toutes deux moins communes que le type de l'espèce. La floraison arrive, sous le climat de Paris, dans les premiers jours de juin.

12° Le *lis tigré* ou *martagon de la Chine* (*L. tigrinum*) (fig. 23) Très-belle plante de l'Asie orientale, haute de 1 mètre ou plus, à tige pourpre noir, comme laineuse; à feuilles éparses, linéaires-lancéolées, portant communément à leurs aisselles des bulbilles pisiformes qui servent à la propager. Les fleurs, au nombre de 6 à 12 sur une même tige, quelquefois plus nombreuses, sont grandes, inclinées, à pétales roulés en dehors, d'un rouge écarlate ou orangé, ponctués de pourpre brun à l'intérieur. Le lis tigré est rustique dans le nord de la France; il s'accommode de toutes les terres de jardin, mais de même que beaucoup d'autres liliacées il préfère les sols siliceux, légers et substantiels. On ne le multiplie guère qu'à l'aide de ses bulbilles

Fig. 23. — Lis tigré ou martagon de la Chine.

aériens, qui s'enracinent d'ailleurs avec la plus grande facilité, et donnent des plantes qui fleurissent à leur troisième ou quatrième année. Sous le climat de Paris, sa floraison arrive ordinairement dans les derniers jours de juin.

13° Le *lis de Pomponne* ou *martagon turban* (*L. Pomponium*), des Alpes et des Pyrénées, où il est plus rare que le précédent.

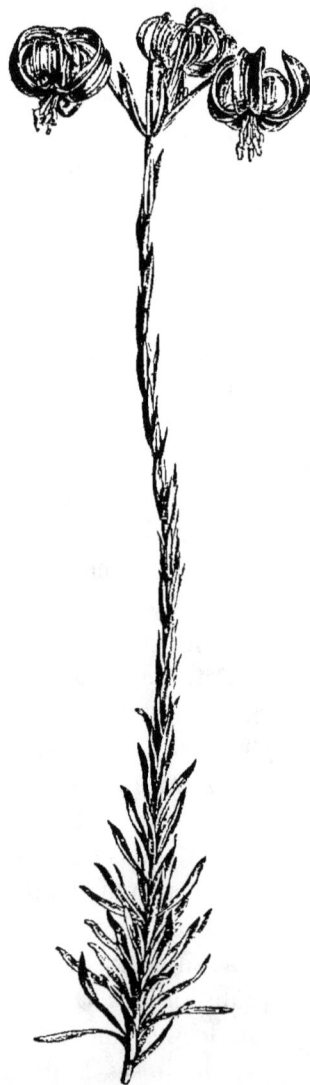

Il s'en distingue à ses feuilles linéaires-lancéolées, éparses sur la tige et non plus rapprochées en verticilles, et surtout à la couleur de ses fleurs qui est le rouge de sang, tirant un peu sur l'orangé. Ces fleurs, réunies en grappes au sommet de la tige, sont d'ailleurs pendantes et ont leurs pétales roulés en dehors comme ceux du martagon ordinaire. De même que ce dernier, il tient une place honorable dans nos jardins et fleurit comme lui en mai et juin. Plusieurs espèces exotiques du nord de l'Asie et de la Chine sont voisines du lis de Pomponne, entre autres le *Lilium callosum* du Japon, qui est le plus petit du genre, et dont les fleurs sont à peine plus grandes que celles d'une jacinthe ordinaire.

14° Le *lis de Chalcédoine* (*L. chalcedonicum*) (fig. 24), connu aussi sous les noms de *martagon d'Orient*, *martagon écarlate*, originaire de l'Asie mineure et introduit depuis plusieurs siècles dans les jardins de l'Europe. Par sa taille, la disposition de ses feuilles et le coloris de ses fleurs rouge écarlate, il rappelle d'assez

Fig. 24. — Lis de Chalcédoine.

près notre lis de Pomponne, mais les feuilles y sont beaucoup moins longues et moins étroites, les fleurs moins nombreuses et par compensation beaucoup plus grandes. Leurs pétales sont roulés en dehors, mais à un moindre degré que dans nos martagons, et ils portent à leur face intérieure de petites pustules d'un pourpre brun, ou presque noires. Rustique dans toute l'étendue de la France, le lis de Chalcédoine y fleurit en mai ou en juin, suivant les lieux. Sa culture et sa multiplication sont analogues à celles du lis blanc.

15° Le *lis des Pyrénées* (*L. pyrenaicum*), qui a une certaine analogie de port avec le lis de Pomponne, mais dont les fleurs, d'ailleurs inclinées et à pétales roulés en dehors, sont jaunes et piquetées de brun rougeâtre à l'intérieur. Cette espèce est moins recherchée que les précédentes.

16° Le *lis superbe* ou *martagon d'Amérique* (*L. superbum*), qui est sans contredit le plus beau des lis du groupe des martagons. Il y a plus d'un siècle qu'il a été introduit de la Pensylvanie et de la Caroline du nord en Angleterre, par Collinson et Catesby, mais il n'a jamais été très-commun dans les jardins français. Ses tiges purpurines, qui dépassent souvent deux mètres en hauteur, sont garnies inférieurement de feuilles linéaires, lancéolées, rapprochées en faux verticilles, à la partie supérieure de feuilles plus larges et seulement éparses, et se terminent par une grappe courte de 6 à 8 fleurs pendantes, du double plus grandes que celles du martagon d'Europe, et dont les pétales, pareillement roulés en dehors, sont mi-partis de jaune et de rouge orangé, avec des mouchetures brunes vers le milieu. Ce beau lis est rustique, et fleurit chez nous en juillet et août. Il réussit mieux en terre de bruyère qu'ailleurs, et dans les sites un peu ombragés; aussi le plante-t-on ordinairement dans les massifs de rosages, au-dessus desquels il élève ses hautes tiges fleuries. On le multiplie avec une égale facilité de graines et de caïeux.

17° Le *lis du Canada* (*L. canadense*), à tiges vertes, de 1^m à $1^m,50$, à feuilles ovales-lancéolées et verticillées, ce qui le rapproche des martagons, quoiqu'il en diffère par la forme de sa fleur, qui est pendante il est vrai, mais de forme campanulée, les pétales n'étant pas roulés en dehors comme ceux des vrais martagons. On en distingue deux variétés ou sous-espèces, l'une à fleurs jaunes, l'autre à fleurs rouge-brun, marquetées, dans toutes deux, de ponctuations rouge orangé ou pourpre noir. Ce lis, qui est originaire des régions froides ou tempérées de l'Amérique du nord, du Canada à la Virginie, est très-rustique en Europe. De même que le précédent, il se plaît dans la terre de bruyère, et se cultive dans les mêmes lieux et les mêmes conditions que lui ; mais, sa tige étant moins élevée, on le plante sur le bord des massifs, qui sans cela le cacheraient trop à la vue.

18° Le *lis de Szowitz* (*L. Szowitzianum*), très-belle espèce du Caucase, à feuilles larges et lancéolées, et dont les grandes fleurs pendantes, d'un jaune vif et ponctuées de pourpre foncé, ont la forme de celles des martagons. On le confond souvent avec une autre espèce du même pays, le *lis de Colchide* ou *lis monadelphe* (*L. colchicum*, *L. monadelphum*), dont les fleurs sont pareillement jaunes, mais peu ou point ponctuées de pourpre. Ce dernier est en outre bien plus précoce, puisqu'il fleurit dès la fin de mai sous le climat de Paris, ce que le lis de Szowitz ne fait qu'à la fin d'août et au commencement de septembre. Tous deux sont entièrement rustiques.

19° Le *lis bulbifère* (*L. bulbiferum*) des Alpes, des Pyrénées et autres chaînes de montagnes de l'Europe. On le distingue à ses feuilles lancéolées, éparses sur la tige, aux aisselles desquelles on voit souvent se développer des bulbilles reproducteurs, qui se détachent d'eux-mêmes et s'enracinent lorsqu'ils sont à terre. Les fleurs dressées, et non plus inclinées comme dans les espèces précédentes, ont leurs pétales presque droits ; elles sont rouge orangé, avec des ponctuations brunes. Ce lis, depuis longtemps cultivé dans les jardins, a donné naissance à quelques variétés, dont la plus remarquable est double. On le multiplie presque exclusivement à l'aide de ses bulbilles.

20° Le *lis orangé* (*L. croceum*) (fig. 25), indigène de l'Allemagne méridionale, et, sous bien des rapports, voisin du précédent, dont il a le port, les fleurs dressées, les pétales droits et le coloris rouge orangé, parsemé de ponctuations brunes ; mais il est d'une taille plus élevée , et ses fleurs, plus grandes, forment de véritables ombelles au sommet de la tige. Il est presque aussi répandu dans les jardins que le lis blanc , et il a de même donné quelques variétés qui diffèrent peu du type de l'espèce.

A la suite du lis orangé se placent , d'après les affinités botaniques, quelques espèces exotiques moins connues, qui en ont le port et le coloris , tels , par exemple , que les *L. sinicum* et *venustum* , de la Chine et du Japon , *L. spectabile* et *L. dahuricum*, de Sibérie , qu'on trouve dans quelques collections d'amateurs. Beaucoup d'autres lis pourraient encore être signalés, mais ceux que nous avons décrits dans les pages précédentes , et que nous avons choisis comme les plus beaux , et dans les types les plus divers, suffisent amplement pour la décoration d'un jardin. Il serait d'ailleurs facile de compléter la collection

Fig. 25. — Lis orangé.

des plantes de ce genre en consultant les catalogues des horticulteurs marchands, particulièrement de l'Angleterre, de la Belgique et de la Hollande.

Culture et multiplication des lis. Après les détails dans lesquels nous sommes entrés, il nous reste peu de chose à dire sur ce sujet. Rappelons en quelques mots que la grande majorité des lis est rustique dans le nord de la France, et que tous le sont sous le climat du midi; mais là les espèces septentrionales ou des hautes montagnes doivent être abritées contre les rayons du soleil pendant une partie du jour. On les plantera donc à l'exposition du nord ou du nord-est, ou tout au moins dans un site un peu ombragé, où la terre conservera quelque fraîcheur. La meilléure disposition à suivre ici serait la plantation dans des massifs de verdure peu élevés, où les ils trouveraient un abri suffisant pour leurs bulbes et leurs racines, mais qu'ils dépasseraient de toute la partie fleurie de leur tige. Les grands lis de l'Amérique et de l'Asie surtout se prêtent on ne peut mieux à ces combinaisons de culture.

Les lis réussissent dans toutes les terres, mais mieux cependant dans les terres siliceuses, légères et perméables, surtout lorsqu'elles ont été engraissées de terreau de feuilles. Tous craignent l'eau stagnante autour de leurs racines, et l'humidité prolongée, quand elle est accompagnée de froid, occasionne facilement la pourriture des bulbes, surtout chez les espèces qui ne sont qu'à demi rustiques dans le climat du nord, ce qui explique pour elles la nécessité de les abriter sous des châssis pendant l'hiver et, par suite, de les tenir momentanément en pots. Il est presque inutile d'ajouter que ces pots doivent être drainés, et les arrosages à peu près nuls dans cette saison.

La multiplication des lis se fait, comme nous l'avons déjà donné à entendre, par la plantation des caïeux ou jeunes bulbes qui se forment autour du bulbe principal, par celle des bulbilles aériens pour les espèces qui en produisent, par le semis des graines et enfin par le bouturage des simples écailles des vieux bulbes. On détache les caïeux en septembre, octobre ou novembre, pour les planter immédiatement ; mais il est bon de ne faire cette opération que sur des plantes vigoureuses, qu'on remet en terre aussitôt que les caïeux en ont été enlevés. On peut profiter de l'occasion pour renouveler ou fumer la terre autour des pieds mères si on le juge nécessaire, ou mieux encore pour les replanter dans un autre endroit du jardin. Il est bon toutefois de ne faire ces déplantations que de loin en loin, tous les deux ou trois ans par exemple, ou même moins souvent encore, car les lis poussent avec d'autant plus de vigueur qu'ils ont été moins dérangés de la place où ils se sont établis. Quant aux bulbilles, on les plante à fleur de terre, et on peut même se contenter de les laisser s'enraciner seuls, à la place où ils sont tombés, sauf à les transplanter en temps convenable dans un autre endroit. Les sujets qu'ils donnent fleurissent communément de la troisième à la quatrième année.

Le semis des graines se fait en octobre ou novembre, en pleine terre s'il s'agit d'espèces rustiques, en terrines si ce sont des espèces plus délicates, et alors on les tient sous châssis froids pendant l'hiver, pour les remettre en plein air au retour de la belle saison. Ces graines germent ordinairement dans l'année qui suit celle du semis, mais très-souvent aussi elles attendent à l'année suivante. Les plantes qu'on en obtient ne fleurissent guère avant la cinquième année.

Le bouturage des écailles détachées des bulbes se fait à la fin de l'été, quand les tiges desséchées des plantes annoncent que les bulbes sont suffisamment formés. On en sépare les écailles les plus grosses et on les plante droites, dans une terre légèrement humide, de telle manière que leur pointe dépasse de quelques millimètres la surface du sol. Les espèces très-rustiques peuvent se passer de tout abri ; néanmoins, elles reprennent plus sûrement lorsqu'on peut les couvrir de cloches, précaution qu'il faut toujours prendre lorsqu'il s'agit d'espèces plus exigeantes. Si le climat était trop froid pour favoriser cette reprise, on planterait les écailles en terrines, et on les porterait sous un châssis ou dans une serre à multiplication.

C'est au praticien à juger ici de ce qu'il y a de mieux à faire, eu égard aux sites et aux climats.

Les lis ne sont sujets à aucune maladie proprement dite. Le plus grave accident qui puisse leur arriver est, comme nous l'avons dit, la pourriture des bulbes par le fait de l'excès d'humidité, ce à quoi on obvie par le drainage du sol et la modération ou la suspension des arrosages. En revanche, ils sont souvent attaqués, le lis blanc plus que tous les autres, par les criocères, insectes coléoptères à élytres rouges, qui les rongent et les salissent surtout dans leur état de larves. Avec un peu d'attention et de soins il est facile d'en débarrasser les plantes.

§ VI. HÉMÉROCALLES ET AUTRES LILIACÉES DE SECOND ORDRE.

Les liliacées dont il nous reste à parler n'ayant qu'un intérêt secondaire pour nos jardins, au moins comparativement à celles dont il a été question jusqu'ici, et leurs genres ne comptant qu'un petit nombre d'espèces ou de variétés vraiment ornementales, nous croyons devoir les réunir toutes dans un même paragraphe. Nous les classerons par ordre d'importance dans l'ordre suivant :

1° Les **hémérocalles** (*Hemerocallis**), plantes vivaces des parties tempérées de l'Europe et de l'Asie, à rhizomes tubéreux ou bulbiformes, à feuilles longues, étroites et carénées. Leurs tiges (hampes), dégarnies de feuilles, se terminent par un corymbe de fleurs presque semblables à celles des lis, mais qui en diffèrent en ce que les six pièces du périgone sont soudées à la base en un tube court dans lequel est caché l'ovaire. On en cultive communément deux espèces, toutes deux indigènes des montagnes du midi de la France et de l'Europe, savoir l'*hémérocalle jaune* ou *lis-asphodèle* (*H. flava*), dont les fleurs sont d'un jaune vif, et l'*hémérocalle fauve* (*H. fulva*)

---

* C'est le nom grec de la plante : Ἡμεροκαλλίς, qui signifie : *beauté d'un jour* ou *beauté éphémère*, par allusion au peu de durée de sa fleur.

(fig. 26), où elles sont de couleur rouge brique et presque deux

Fig. 26. — Hémérocalle fauve.

fois aussi grandes que celles de la première. Ces deux espèces, très-rustiques et formant de larges touffes, s'accommodent de tous les terrains, et fleurissent, suivant les lieux, en mai, juin ou juillet. On les multiplie de graines, et bien plus rapidement par la division des rhizomes et des touffes.

2° Les **fonckias** (*Funckia* *), nommés aussi *héméro-calles de Chine* et *du Japon*. Ce sont des plantes de l'Asie orientale, vivaces, à rhizomes fibreux, à feuilles large-

* Genre dédié au botaniste Funck.

ment ovales ou même cordiformes, comme plissées obliquement de chaque côté de la nervure médiane, et portées
sur des pétioles plus ou moins longs. Leurs fleurs, qui rappellent d'assez près celles des lis et des hémérocalles, sont solitaires à l'aisselle des bractées de la tige, et forment par leur
réunion une sorte d'épi. On en cultive sept ou huit espèces, dont
les plus remarquables sont le *fonckia à fleurs de lis* (*F. grandiflora*) du Japon, dont les fleurs, d'un blanc de neige sont
presque aussi grandes que celles du lis blanc ; le *fonckia à
feuilles cordiformes*, du même pays et presque semblable au
précédent, mais avec des fleurs plus petites, et le *fonckia bleu*
(*F. cærulea*), dont les fleurs se distinguent de celles des deux
premiers par leur couleur bleu violacé. Toutes sont rustiques
sous nos climats et de culture aussi facile que les hémérocalles ;
mais elles ne réussissent bien, comme d'ailleurs presque toutes
les liliacées, que dans les terrains perméables ou artificiellement drainés. Elles fleurissent sous le climat de Paris de la
fin de juin à la fin de juillet, quelquefois même beaucoup
plus tard.

3° La **tubéreuse** (*Polyanthes * tuberosa*) plante du
Mexique, bulbeuse, à feuilles longues et étroites, dont la
tige, haute d'un mètre, se termine par un épi de fleurs
blanches, de deux tiers plus petites que celles du lis commun, et dont l'odeur suave fait le principal mérite. Elle
est cultivée en grand en Provence, pour l'extraction de son
parfum ; mais sous le climat du nord de la France elle exige
l'emploi de la chaleur artificielle, ce qui en restreint beaucoup la culture. Les bulbes se plantent en mars, un à un,
dans des pots de 20 centimètres d'ouverture, qu'on enterre dans le terreau des couches et qu'on abrite sous des
châssis. On les en retire un peu avant la floraison, en juin ou
en juillet, alors que la température extérieure est déjà élevée.
Sauf ces particularités, nécessitées par son tempérament tropical, la tubéreuse se cultive comme les autres liliacées. Il
est rare que sous le climat de Paris ses bulbes et ses caïeux

---

* Du grec πολύς et ἄνθος ; mot à mot : fleurs nombreuses.

mûrissent assez pour servir à la propager; aussi le plus ordinairement les demande-t-on au commerce, qui les tire directement du midi.

4° Les **fritillaires** (*Fritillaria* *), plantes des climats tempérés de l'Europe et de l'Asie, à tiges feuillues, dont les fleurs, toujours pendantes, sont axillaires à l'aisselle des bractées ou réunies en une sorte d'ombelle terminale, quelquefois solitaires au sommet des tiges. Ces fleurs, dont la forme est celle d'une clochette à demi fermée, se distinguent de celles des lis par six glandes nectarifères situées intérieurement à la base de chacune des pièces du périgone. L'espèce la plus belle du genre et la plus répandue est originaire de Turquie; c'est la *couronne impériale* (*F. imperialis*) (fig. 27), dont les fleurs, d'une belle teinte rouge ponceau, et presque aussi grandes que celles d'une tulipe, sont réunies au sommet de la tige en une sorte de couronne, surmontée d'un bouquet de feuilles. Une seconde espèce, beaucoup moins belle quoique encore intéressante, est de nos climats : c'est la *fritillaire méléagre* ou *damier*, dont les fleurs, seulement au nombre d'une ou deux, sont bigarrées de lignes pourpre pâle entre-croisées sur un fond vert jaunâtre. On en connaît encore d'autres espèces, telles que les *F. latifolia* du Caucase, *F. kamtchatkensis* et *F. pallidiflora* de Sibérie, *F. persica* de la

Fig. 27. — Fritillaire couronne impériale.

* Du latin *fritillus*, cornet à dés, ce qui fait allusion à la forme de la fleur et aux six glandes nacrées qui en occupent le fond.

Perse, etc., qui sont très-inférieures en beauté aux deux précédentes et ne sont guère admises dans nos parterres qu'à titre de plantes de fantaisie. Toutes les fritillaires sont rustiques sous nos climats, et fleurissent aux premiers jours du printemps. On les multiplie de graines ou de caïeux, mais il est bon de n'enlever ces derniers que tous les trois ou quatre ans, après la dessiccation des tiges, et les bulbes dont on les aura détachés devront être immédiatement replantés.

5° Les **érythrones** (*Erythronium**), petites plantes vivaces, acaules, des hautes montagnes et des contrées froides de l'hémisphère septentrional, tant dans l'ancien que dans le nouveau Monde, par suite très-rustiques sous nos climats. Leurs feuilles sont toutes radicales, de forme ovale ou ovale-lancéolée, ordinairement marbrées de brun rougeâtre sur fond vert ou vert gris. Les fleurs, solitaires au sommet d'une courte hampe, sont grandes proportionnellement, penchées, mais avec les pièces de périanthe redressées, c'est-à-dire renversées en dehors, ce qui, joint à leur taille, leur donne une certaine ressemblance avec celles des cyclamens. On trouve assez communément dans les jardins l'*érythrone dent-de-chien* (*E. dens canis*), originaire des Alpes et des Pyrénées, à feuilles plus ou moins marbrées et à fleurs lilas pourpre et quelquefois blanches. Plus récemment, on y a introduit les *E. americanum* et *grandiflorum*, tous deux du nord des États-Unis et à fleurs jaunes. Ces trois plantes, dont la floraison arrive de bonne heure, peuvent être avantageusement employées en bordures le long des planches où fleurissent d'autres plantes printanières. De même que la plupart des liliacées, elles aiment une terre légère, un peu substantielle, et où l'humidité ne séjourne pas. On les multiplie de graines et de caïeux.

6° Beaucoup d'autres liliacées, dont plusieurs sont exotiques et de récente introduction, sont encore recherchées par les amateurs de ce genre de plantes. Dans le nombre nous pou-

---

* Du grec ἐρύθρος, rouge, pour rappeler les macules rougeâtres du feuillage.

vons citer : les *Trillium*, genre américain, remarquable par le
nombre ternaire de ses organes, toutes les plantes dont il se
compose ayant invariablement trois feuilles rapprochées en
verticille, trois folioles calycinales, trois pétales, trois étamines, trois stigmates et un fruit à trois loges : on en possède
trois espèces, les *T. erectum*, à fleurs violettes, *grandiflorum*
et *erythrocarpum*, à fleurs blanches; le *Cummingia trimacu-
lata*, du Chili, dont le port est celui de la jacinthe, et les fleurs
du bleu le plus vif, avec trois larges macules pourpre noir
dans la gorge ; les *Cyclobothra* et les *Calochortus*, à fleurs
blanches, du Mexique et de la Californie; les *Blandfordia*,
liliacées jonciformes de la Nouvelle-Hollande, dont les fleurs,
infondibuliformes, sont ordinairement mi-parties de rouge et
de jaune ; le *Tritoma uvaria*, du cap de Bonne-Espérance, que
son grand feuillage et ses hampes, hautes de un mètre ou plus
et terminées par un gros épi de fleurs vermillonnées, rendent
plus propre à la décoration d'un jardin paysager que d'un
simple parterre; le *Littonia modesta* et le *Sandersonia aurantiaca*, du même pays, plantes plus humbles mais plus ornementales; les *scilles* (*Scilla*, *Agraphis*), de l'Europe, et surtout
de l'Europe méridionale (*Sc. amœna*, *bifolia*, *nutans* (fig. 28),
undulata, *hyacinthoides*, *liliohyacinthus*, *peruviana*, *italica*, etc.), aux fleurs bleues ou rose violacé; les *vaciets* (*Muscari*), petites plantes européennes, à fleurs en grelots d'un
violet noirâtre; le *lis de Saint-Bruno* (*Anthericum liliastrum*),
charmante plante des Alpes, aux fleurs d'un blanc parfait, et
qui semble un diminutif du lis commun; enfin la *dame d'onze
heures* (*Ornithogalum umbellatum*) et le *muguet* (*Convallaria
maialis*), modestes liliacées de nos climats, que recommandent également la gentillesse de leurs fleurs et la facilité de
leur culture. Il existe aussi des liliacées de provenance tropicale, qui, sous nos climats du moins, ne peuvent réussir
qu'en serre chaude; il nous suffira pour le moment de citer
les *méthoniques* (*Methonica*), connues surtout par trois espèces de l'Afrique orientale, les *M. superba* (*Gloriosa superba*
de Linné), *M. virescens*, et *M. Leopoldi*, qui se distinguent de la
plupart des autres liliacées par leur port de plantes grimpantes

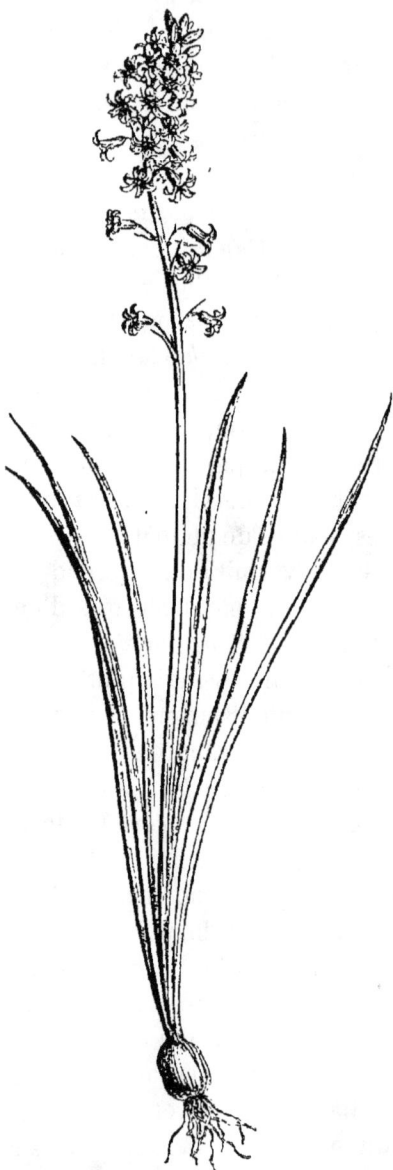

Fig. 28. — Scilla nutans.

(1) Voir tome I, p. 204.

et leurs feuilles terminées en vrille. Quoique réclamant une haute température, ces plantes ont cependant des affinités de culture avec leurs congénères de climats moins chauds, aimant comme elles un sol léger et bien drainé, et beaucoup de lumière solaire. Nous reviendrons un peu plus loin sur les conditions générales de la culture des plantes bulbeuses, en traitant des nombreuses espèces que nous fournit l'Afrique australe, surtout dans la famille des iridées.

§ VII. LES AMARYLLIDÉES.

Les amaryllidées, comme plantes ornementales, se classent naturellement à la suite des liliacées, qu'elles rappellent d'ailleurs par leur aspect et par plusieurs de leurs caractères botaniques (1). Elles en diffèrent surtout par l'adhérence de leur ovaire, toujours infère, et jamais libre comme dans les liliacées proprement dites. Cependant, au point de vue purement horticole,

»elles ont souvent été confondues avec ces dernières, étant
[pour la plupart bulbeuses comme elles, et réclamant le même
ı mode de culture lorsqu'elles sont originaires des mêmes
ı climats ou de climats analogues.

A. **Espèces et variétés d'amaryllidées.** Nous savons
déjà que dans cette famille le port et le mode de végétation
des plantes subissent d'assez grandes variations pour qu'on ait
cru devoir la diviser en *Amaryllidées vraies* et *Amaryllidées
anomales*, suivant qu'elles sont ou non pourvues de bulbes, et
que la première de ces sections est elle-même subdivisée en
narcissées, caractérisées par un nectaire ou couronne corolliforme, et en *amaryllées*, dont la fleur est dépourvue de cet
appendice. Ces deux groupes fournissent à nos jardins un nombre considérable de plantes, dont il nous suffira d'énumérer
les plus importantes ou les plus répandues :

Aux **narcissées** appartiennent :

1° les *narcisses* (*Narcissus* *), plantes bulbeuses, à feuilles
toutes radicales, étroites et linéaires, dont les scapes se terminent par une, deux ou un plus grand nombre de fleurs en
ombelles, blanches ou jaunes de divers tons, à couronne
plus ou moins développée, quelquefois plus grande que la
corolle proprement dite, et de forme campanulée. Toutes
ces espèces, dont une trentaine sont indigènes en France,
sont rustiques et fleurissent au premier printemps; toutes
aussi peuvent être admises dans les jardins, mais les seules
vraiment classiques et généralement cultivées sont les suivantes : 1° le *narcisse des prés* ou *porillon* (*N. pseudo-narcissus*),
commun dans les prés et les bois des environs de Paris, jolie plante à grandes fleurs jaune vif, solitaires, à couronne
campanulée, dont la culture a obtenu des variétés doubles,
plus recherchées que le type; 2° le *narcisse des poëtes* ou
Jeannette (*N. poeticus*) (fig. 29), pareillement indigène,
mais moins septentrional que le précédent, dont il se distingue à sa fleur blanche, largement étalée, à couronne courte

* Du grec Νάρκισσος, dérivé lui-même de Νάρκη, engourdissement, parce
qu'on croyait que l'odeur du narcisse avait la propriété d'endormir.

12.

et marginée de rouge ou d'orangé ; cette espèce a aussi doublé par la culture ; 3° le *narcisse nom pareil* (*N. incomparabilis*), du midi, à fleurs jaunes, solitaires, mais grandes et très-belles ; 4° le *narcisse à bouquets* (*N. Tazzetta*), de la région méditerranéenne, à fleurs en ombelle (5 à 9, au sommet du scape), blanches, à couronne jaune pâle, doublant aussi par la culture ; 5° le *narcisse soleil d'or* (*N. aureus*), de Provence, à fleurs en ombelle (de 6 à 12), jaune vif, à couronne orangée ; 6° le *narcisse odorant*, ou *grande jonquille* (*N. odorus*) (fig. 30), du midi, à fleurs en ombelles,

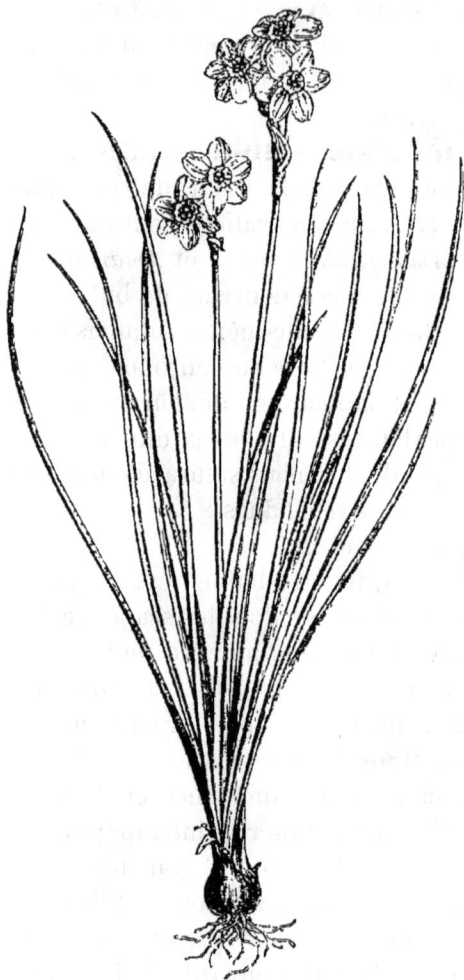

Fig. 29. — Narcisse des poëtes.

jaunes, très-odorantes, dont la couronne est campanulée et à six lobes ; 7° le *narcisse jonquille* proprement dit (*N. jonquilla*), de la même région, à fleurs ombellées (2 à 4), jaune vif, odorantes, à couronne courte et très-ouverte ; 8° le *narcisse tout blanc* (*N. polyanthos*), de Provence, à fleurs en ombelles (de 8 à 20), entièrement blanches, odorantes et à couronne courte ; 9° le *narcisse grand Primo* (*N. concolor*), presque semblable au précédent, dont il n'est peut-être qu'une variété horticole, mais à fleurs plus grandes ; enfin, 10° le *narcisse d'automne* (*N. scrotinus*), de Corse, à fleurs ombellées, blanches, à couronne jaune, courte et très - ouverte ; cette espèce est la seule du genre qui fleurisse tardivement, c'est-à-dire ordinairement en octobre ; elle est aussi une des moins rustiques.

Tous les narcisses se plaisent en terre légère et drainée. Pour les espèces méridionales, il est prudent, lorsqu'on les cultive sous le climat de Paris ou plus au nord, de couvrir la terre de litière ou de feuilles sèches pendant les fortes gelées, à moins qu'on n'aime mieux retirer les bulbes de terre pour les remiser au sec jusqu'à la fin de l'hiver. De même que la plupart des plantes bulbeuses, elles veulent être arrosées lorsqu'elles sont en végétation, mais une fois défleuries on doit supprimer les arrosages pour laisser mûrir

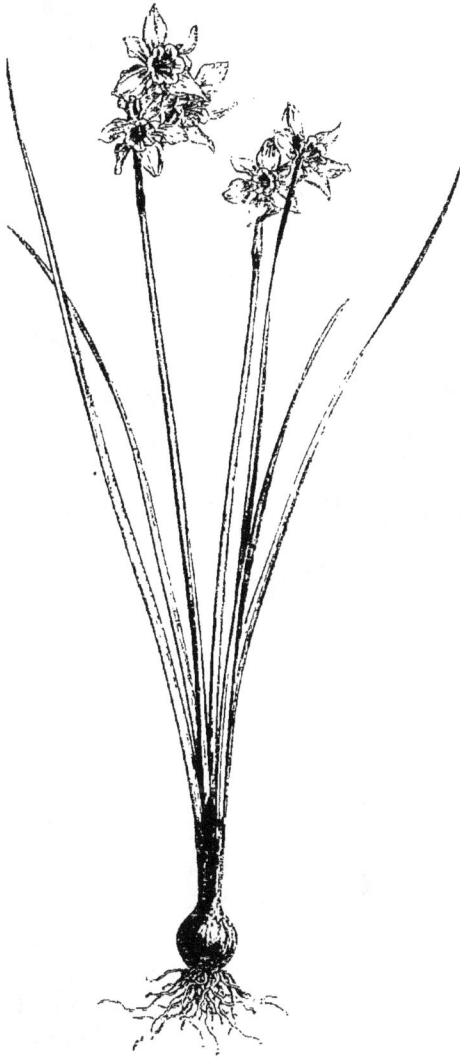

Fig. 30. — Narcisse grande jonquille.

les bulbes. La multiplication se fait par caïeux et par graines, qu'on sème en automne. On a observé que les narcisses se

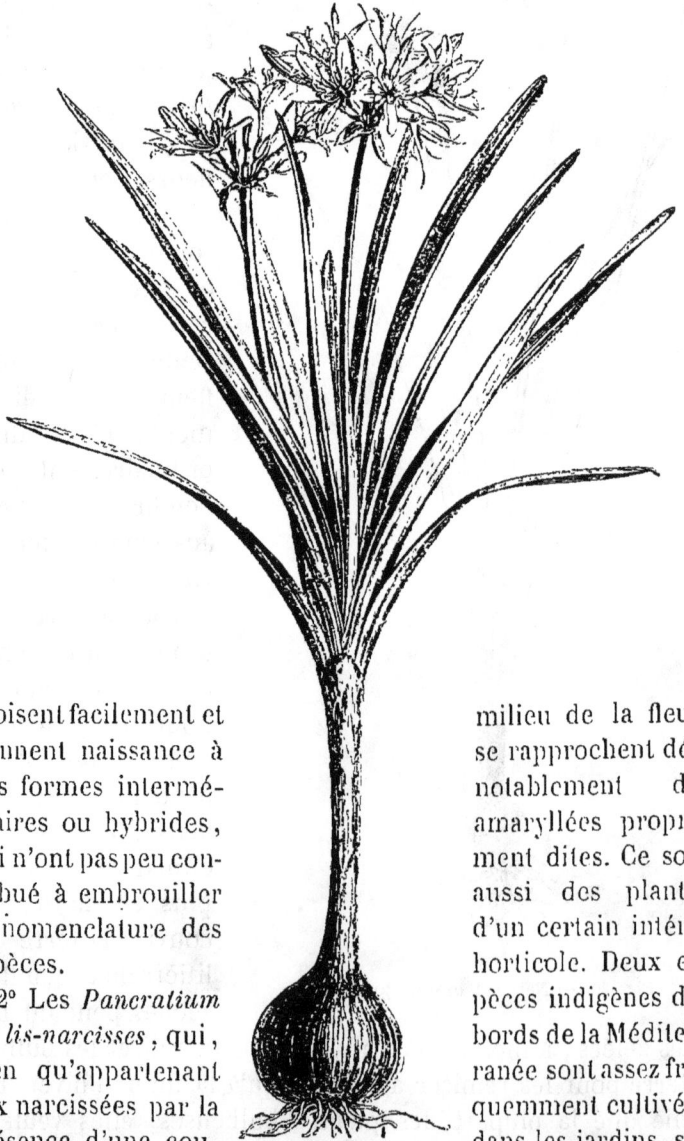

Fig. 31. — Pancratium, ou lis d'Illyrie.

croisent facilement et donnent naissance à des formes intermédiaires ou hybrides, qui n'ont pas peu contribué à embrouiller la nomenclature des espèces.

2° Les *Pancratium* ou *lis-narcisses*, qui, bien qu'appartenant aux narcissées par la présence d'une couronne pétaloïde au milieu de la fleur, se rapprochent déjà notablement des amaryllées proprement dites. Ce sont aussi des plantes d'un certain intérêt horticole. Deux espèces indigènes des bords de la Méditerranée sont assez fréquemment cultivées dans les jardins, savoir : le *lis de Mat-*

thiole ou *lis maritime* (*Pancratium maritimum*) et le *lis d'Illyrie*
(*P. illyricum*) (fig. 31), plantes à fleurs blanches, en ombelle
au sommet d'un gros scape comprimé. Toutes deux sont
demi-rustiques dans le nord de la France, où on leur applique
la culture des narcisses. D'autres espèces, toutes exotiques,
telles que les *Pancratium caribæum* et *speciosum* des Antilles,
calathinum du Brésil, *distichum* du Mexique, *verecundum* de
l'Inde, et *Amancaes* du Pérou, etc., appartiennent exclusivement à la serre chaude sous nos climats. Ce dernier, que distinguent de grandes fleurs jaune vif, à couronne très-déve-
loppée et élégamment frangée, est celui qui se recommande
le plus aux amateurs. La culture qui convient à ces espèces
sera indiquée plus loin, lorsque nous traiterons des amaryllidées exotiques. Nous citerons encore, comme appartenant au groupe des narcissées, les *Crinum* (*C. americanum*,
C. Broussonnetii, *C. amabile*, etc.), qui sont de serre chaude
dans le nord de la France. Il est vraisemblable cependant que
la plupart de ces espèces fleuriraient en pleine terre, à bonne
exposition, dans nos provinces méridionales, à condition
d'être remisées en hiver en serre tempérée ou sous châssis;
peut-être même suffirait-il de couvrir de litière le sol où
seraient leurs bulbes pour les mettre suffisamment à l'abri
du froid. Ce qui autorise à le croire c'est que, même sous
le climat de Paris, le *Crinum meldense*, qu'on dit hybride
des *C. longiflorum* et *C. taitense*, se cultive avec succès en
pleine terre, qu'il y passe l'hiver moyennant les précautions
que nous venons d'indiquer, et qu'il y fleurit mieux qu'en
serre, où il est sujet à s'étioler. Nous ne pouvons que répéter
ici ce que nous avons dit ailleurs : que la culture en pleine
terre et à l'air libre, toutes les fois qu'elle est possible, donne
presque toujours de meilleurs résultats que la culture en pots
et en serre.

3° Très-près des *Crinum* et des *Pancratium* se place le genre
américain des *Eucharis*, qui s'en distingue de prime abord à
ses feuilles largement ovales, quelquefois cordiformes, pétiolées et plissées diagonalement, presque semblables en un mot
à celles des fonckias. Les fleurs sont grandes, infondibu-

liformes, en ombelles au sommet du scape, d'un blanc de
neige, ornées, à l'intérieur, d'une couronne staminale plus
ou moins développée. Les plus belles qui aient été introduites dans nos jardins sont les *Eucharis grandiflora, amazo-
nica* et *candida*, toutes trois de l'Amérique équatoriale, et
par conséquent de serre chaude en Europe.

La section des **amaryllées** fournit à nos jardins un bien
plus grand nombre de plantes d'ornement que les narcissées
proprement dites, et ces plantes sont généralement beaucoup
plus belles. Pour la noblesse du port, la grandeur des fleurs
et la vivacité de leur coloris, elles vont de pair avec les lis,
qu'elles remplacent dans les pays chauds. La plupart en effet
appartiennent aux Contrées intratropicales ou à celles qui s'en
rapprochent par le climat. Elles abondent en Amérique, du
Mexique au Rio de la Plata, et se retrouvent presque aussi
nombreuses sur la côte occidentale d'Afrique et en Cafrerie.
Quelques-unes cependant sont indigènes de nos climats,
telles que le *perce-neige* (*Galanthus nivalis*) (fig. 32), qui

Fig. 32. — Perce-neige.

commence à montrer ses fleurs blanches, sous la latitude de Paris, dès la fin de février, et les *nivéoles* (*Leucoium*), presque toutes semblables au perce-neige, dont une espèce, *la nivéole de printemps* (*L. vernum*) (fig. 33), fleurit aussi dès la fin de l'hiver, et une autre, la *nivéole d'été* (*L. æstivum*), vers le milieu de juillet. Toutefois, c'est aux amaryllis proprement dits que nos jardins empruntent la grande majorité des amaryllidées qui en font l'ornement, et en même temps celles qui sont les plus dignes de la culture.

L'ancien genre *Amaryllis* * de Linné a été subdivisé par les botanistes modernes en un grand nombre de genres secondaires, parmi lesquels il nous suffira de citer les suivants : *Hæmanthus*, *Hippeastrum*, *Brunswigia*, *Coburgia*, *Sprekelia*, *Gastronema*, *Nerine*, *Lycoris*, *Cyrtanthus*, *Sternbergia*.

Fig. 33. — Nivéole de printemps.

* Nom d'une bergère citée par Virgile, tiré du grec Ἀμαρύσσω, briller, éclater et qui a été appliqué par Linné à ce genre de plantes.

Quelques-uns de
ces sous-genres
sont exclusive-
ment de serre
chaude dans le
centre et le nord
de l'Europe ;
mais la plupart
renferment des
espèces assez
rustiques pour y
vivre à l'air libre,
au moins pen-
dant une partie
de l'année ; ce
sont celles-là qui
ont le plus d'im-
portance pour
nous et qui cons-
tituent le fond
essentiel des col-
lections. Nous
appellerons sur-
tout l'attention
des lecteurs sur
les suivantes :

1° L'*amaryllis
belladone* (*A.
belladona*) (fig.
34),plante du cap
de Bonne-Espé-
rance, dont les
hampes, de 0^m,60
à 0^m,80 de hau-

Fig. 34. — Amaryllis belladone.

teur, portent des ombelles de 10 à 12 grandes fleurs, roses ou
carmin, de la taille et presque de la forme de celles du lis
blanc. Cette belle espèce, introduite depuis plus de deux

siècles en Europe, est naturalisée dans les jardins de la région méditerranéenne, où elle vient pour ainsi dire sans culture. Dans le nord de la France elle veut être abritée pendant l'hiver.

2° L'*amaryllis de Saint-Jacques* (*Amaryllis* [*Sprekelia*] *formosissima*), des régions tempérées de l'Amérique du Sud, et par suite à peu près rustique dans le midi de l'Europe. Ses fleurs sont solitaires au sommet des hampes, irrégulières, rappelant vaguement la forme d'une croix, et de couleur rouge pourpre plus ou moins foncé. La floraison arrive plus tôt ou plus tard, suivant les lieux et le mode de culture adopté.

3° L'*amaryllis saltimbanque* (*A. cybister*), des Andes du Mexique et du Guatimala, dont les hampes portent communément quatre fleurs, de forme bizarre et de couleur cramoisie. Plus exigeante que la précédente, cette espèce réclame la serre tempérée sous le climat de Paris.

4° L'*amaryllis de Guernesey* (*Amaryllis* [*Nerine*] *sarniensis*), connue aussi sous le nom de *lis de Guernesey,* parce qu'elle s'est à demi naturalisée dans cette île, vers l'année 1680, à la suite du naufrage d'un navire qui en rapportait des bulbes du Japon, où, dit-on, elle est indigène. Ces bulbes, poussés par le flot sur la grève sablonneuse, y ont pris racine et s'y sont conservés pendant plusieurs années. Aujourd'hui on ne la trouve plus que dans les établissements d'horticulture, où elle est d'ailleurs multipliée sur une grande échelle pour les besoins du commerce. C'est une très-belle plante, à fleurs roses ou rose carmin, en forme de lis, réunies au nombre de 12 à 20 au sommet de chaque hampe. Pour en obtenir une belle et abondante floraison, on ne doit relever les bulbes de terre que tous les trois ans. Elle est presque rustique dans le nord-ouest de la France.

5° L'*amaryllis dorée de Chine* (*Amaryllis* [*Lycoris*] *aurea*), très-belle plante de l'Asie orientale, à fleurs d'un jaune d'or, réunies en ombelles. Sa floraison arrive en automne, ainsi que celle de l'espèce suivante, avec laquelle il est essentiel de ne pas la confondre.

6° L'*amaryllis jaune* ou *narcisse d'automne* (*Amaryllis* [*Sternbergia*] *lutea*) (fig. 35), plante de l'Europe méridionale et du midi de la France. Ses fleurs, solitaires au sommet des scapes et d'un jaune vif, se montrent ordinairement en septembre. Sa grande rusticité, sa floraison tardive et son beau coloris, en font une plante précieuse dans une saison où les parterres commencent déjà à se dépouiller de leurs ornements.

7° L'*amaryllis réticulée* (*Amaryllis reticulata*), du Brésil; à fleurs infondibuliformes, en ombelles, grandes comme celles du lis commun, réticulées de blanc sur fond rose carmin. Cette charmante espèce est de serre chaude sous nos climats.

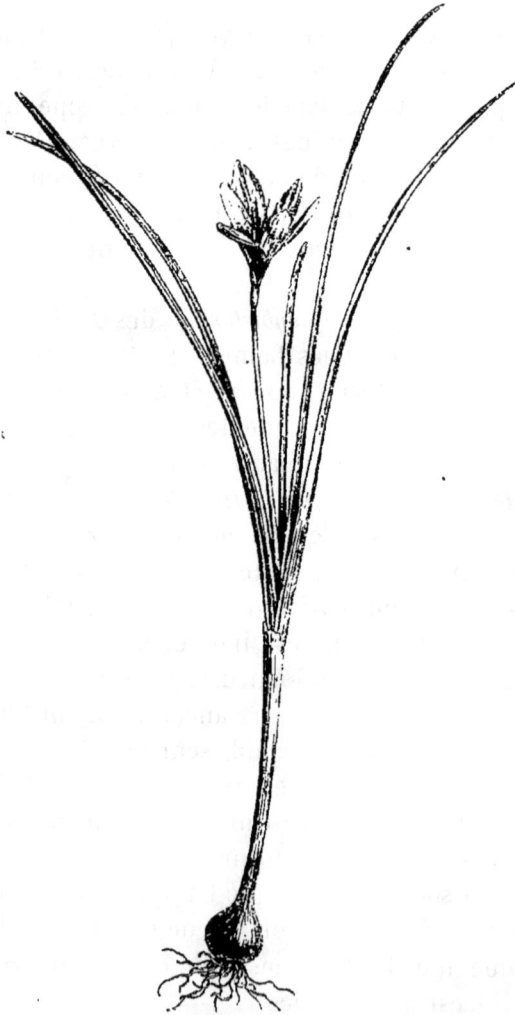

Fig. 35. — Amaryllis jaune ou narcisse d'automne.

8° L'*amaryllis sanguinolente* (*Amaryllis sanguinea, Gastro-*

nema sanguineum), de l'Afrique australe, à fleurs solitaires, un peu grandes, rose carmin, parcourues de lignes blanches à l'intérieur du tube. Demi-rustique sous le climat de Paris, où elle veut être abritée pendant l'hiver, elle serait probablement de plein air dans tout le midi, aux bonnes expositions.

9° L'*amaryllis à rubans* ou *belladone d'été* (*Amaryllis vittata*, *Hippeastrum vittatum*), grande et forte plante du Brésil méridional, à fleurs infondibuliformes, réunies au nombre de 4 à 5 au sommet d'un même scape, rouge carmin, mais ordinairement bariolées de lignes blanches dans la forme type. Cette belle espèce appartient à la serre froide ou à l'orangerie sous le climat de Paris, mais elle fleurit encore d'une manière satisfaisante à l'air libre, en pot ou en pleine terre, à une exposition chaude. On réussit même à lui faire passer l'hiver au pied d'un mur, moyennant une couverture de feuilles ou de litière. La culture, déjà ancienne, de cette plante en a tiré de nombreuses variétés. Elle est rustique dans le midi de l'Europe.

10° L'*amaryllis à fleurs de datura* (*Amaryllis solandræflora*, *Hippeastrum solandræflorum*), du Brésil septentrional et de la Guyane, ce qui en fait chez nous une plante de serre chaude. Cette espèce se distingue à la grandeur de ses fleurs, qui rappellent, sous ce rapport, celles du *Lilium eximium*. C'est une des plus belles du genre.

A la même section sous-générique des *Hippeastrum* se rattachent plusieurs autres espèces du Mexique ou de l'Amérique du Sud, qui toutes veulent des abris sous le climat du nord de la France; nous citerons, parmi les plus classiques, les *Amaryllis equestris, Reginæ, fulgida* et *psittacina*.

On peut encore considérer comme des appendices du genre plusieurs autres plantes exotiques, les unes de serre chaude, telles que les *Hæmanthus* de l'Afrique équatoriale (*H. coccineus*, *H. cinnabarinus*, etc.), les autres de serre froide ou de pleine terre, comme les *Phycella* des Andes du Chili, les *Brunswigia* du Cap et de la Cafrerie, etc. Ces plantes étant encore peu répandues dans les collections, il suffit de les rappeler ici nominativement.

Les **amaryllidées anomales**, qui, au lieu de bulbes, n'ont que des racines fibreuses, analogues, par exemple, à celles des asperges, nous fournissent aussi des plantes ornementales de première valeur. Celles qui se présentent en première ligne sont les *alstrémères* (*Alstræmeria*), plantes appartenant presque toutes à la région des Andes, depuis le Mexique jusqu'au Chili. Elles sont la plupart demi-rustiques dans le nord de la France, et tout à fait rustiques dans le midi, où quelques-unes d'entre elles se reproduisent sans culture. De véritables tiges, garnies de feuilles lancéolées-linéaires, remplacent ici les hampes ou scapes sans feuilles des amaryllidées précédentes, et ces tiges se terminent par des ombelles de fleurs de moyenne grandeur, infondibuliformes, un peu irrégulières, plus ou moins pendantes ou dressées, dont le fond de coloris est le jaune orangé, quelquefois le rouge, mêlé de vert à l'extérieur, avec de nombreuses mouchetures brunes à l'intérieur. Les espèces les plus recherchées sont :

1° L'*alstrémère à feuilles de plantain* (*A. plantaginea*), du Brésil méridional ; c'est la plus belle du genre, mais aussi la plus frileuse, et sous le climat de Paris elle demande la serre tempérée, au moins pendant l'hiver.

2° L'*alstrémère de Jacques*. (*A. Jacquesii*), pareillement du Brésil, et réclamant les mêmes abris que la précédente.

3° L'*alstrémère pèlerine*, ou *lis des Incas* (*A. pelegrina*) (fig. 36), des Andes du Pérou, à fleurs plutôt blanches

Fig. 36. — Alstrémère pèlerine.

que jaunes, rayées de rose, avec une macule jaune sur les pétales et des ponctuations brunes. Sous le climat du Nord il suffit d'en abriter le pied pendant l'hiver.

4° L'*alstrémère perroquet* (*A. psittacina*), du Mexique, ainsi nommée de la forme de sa corolle, dont les lobes supérieurs se recourbent légèrement en bas comme le bec du perroquet. C'est la plus rustique de toutes les espèces du genre, et elle passe souvent l'hiver en pleine terre à Paris.

5° L'*alstrémère versicolore* (*A. versicolor*), du Chili, remarquable par les variétés de coloris que la culture lui a fait prendre. Elle est presque aussi rustique que la précédente.

6° L'*alstrémère d'Errembault*, qu'on dit hybride de l'alstrémère pèlerine et de la versicolore. Quelle que soit son origine, cette variété ne produit ni pollen ni graines, et ne peut par conséquent se multiplier que par la division des racines, ainsi que nous le dirons plus loin.

Au même groupe des amaryllidées anomales appartient une magnifique plante de l'Afrique australe, l'*Himantophyllum miniatum*, connue aussi sous le nom de *Clivia nobilis*, et qui, bien que dépourvue de bulbes, se rapproche des amaryllis proprement dits par son port et son inflorescence. C'est une forte plante acaule, à racines fasciculées et charnues, à feuilles radicales, longues et très-grandes, embrassant par leur base engaînante un scape court et robuste, que termine une large ombelle de fleurs du plus beau rouge vermillon. Cette superbe amaryllidée, qui est de serre tempérée sous le climat de Paris, réussirait probablement en pleine terre dans les localités les mieux abritées du midi. De son croisement avec l'*Himantophyllum Aitoni*, qui est originaire de la même contrée, est né un très-bel hybride, l'*H. cyrtanthiflorum*, à fleurs rouge orangé, qui est comme elle de serre tempérée sous le climat du Nord.

B. **Culture des Amaryllidées.** D'après la diversité des lieux où croissent les différentes espèces d'amaryllidées dont nous avons fait l'énumération succincte, il n'est pas difficile de conjecturer qu'elles ne sauraient être toutes soumises à un traitement uniforme, et que, suivant qu'elles viennent de pays chauds, tempérés ou froids, il faut les mettre, autant que le permettent nos moyens, dans les conditions indiquées par leur climat originaire. De là l'emploi, dans leur culture, de la serre chaude ou tempérée, de l'orangerie, des châssis froids ou de la pleine terre, soit d'une manière continue, soit temporairement. Cependant, malgré ces différences, que nous pourrions appeler climatériques, toutes ces plantes ont quelque chose de commun dans leur constitution ; qu'elles viennent de pays chauds ou de pays froids, elles sont assujetties à une période de repos, ou plutôt de travail intérieur, qu'il ne faut pas troubler par une excitation intempestive. Toutes aiment les sols légers, un peu substantiels et surtout perméables ou parfaitement drainés ; toutes aussi veulent être copieusement arrosées dans le temps où leur végétation est en pleine activité, et tenues au sec à partir du moment où commence la période de repos. Ces dernières prescriptions ne souffrent que de légères modifications, qui sont même plus apparentes que réelles.

Au point de vue de leur tempérament climatérique les amaryllidées peuvent se répartir en quatre groupes : 1° celles qui, originaires de la zone torride, appartiennent exclusivement à la serre chaude, par exemple le groupe entier des *Hippeastrum*, sauf l'*Amaryllis vittata*), comprenant les *Amaryllis acuminata, aulica, equestris, Reginæ, calyptrata, reticulata, psittacina, solandræflora*, etc.; les *Hæmanthus*, les *Eucharis*, les *Crinum*, etc. ; 2° celles auxquelles convient mieux la serre tempérée, par exemple les *Himantophyllum*, les *Brunswigia*, les *Amaryllis vittata* et *formosissima*, le *Lycoris aurea*, les alstrémères du Brésil, etc; 3° celles des pays seulement tempérés-chauds, et qui, demi-rustiques sous le climat du nord de la France, se contentent d'être abritées l'hiver en orangerie ou sous les châssis, telles que les amaryllis belladone et Atamasco, celles des sections *Zephyranthes, Habranthus, Strumaria* et *Nerine*, les *Phycella*, les alstrémères du Chili, etc., toutes plantes qui peuvent entièrement se passer d'abris dans les parties les plus chaudes du midi de la France; 4°, enfin les amaryllidées de pays froids ou tempérés, qui appartiennent à la pleine terre, au moins dans l'Europe centrale, comme les narcisses, les *Pancratium* indigènes, le *Sternbergia*, et beaucoup d'amaryllidées exotiques.

Les amaryllidées de serre chaude et de serre tempérée ne peuvent guère se cultiver qu'en pots ou en caisses, et ces récipients doivent être drainés avec assez de soin pour que l'eau des arrosages ne fasse que traverser la motte occupée par les racines, sans y séjourner. Il faut observer ici que les espèces à racines fibreuses ou traçantes exigent des pots plus grands que les espèces bulbeuses, et il serait même avantageux de remplacer pour elles les pots par des caisses d'une certaine dimension. Le meilleur compost à employer ici est une terre franche mêlée d'un tiers de terre de bruyère ou de sable, et additionnée de terreau de feuilles ou de couches bien consommé, le tout parfaitement mêlé pour que la terre reste toujours perméable. Les changements de terre et les rempotages se font au moment où les plantes entrent en végétation, c'est-à-dire, suivant les espèces, du milieu de l'hiver au commencement du printemps. Pour faciliter l'opération, on suspend les arrosages, d'ailleurs encore très-modérés, pendant un jour ou deux; on dépote les plantes, et sans briser la motte, ce qui exposerait à casser les racines, on la détache avec précaution par morceaux, en en laissant une partie adhérente aux bulbes et aux racines, et l'on replante en terre neuve, en ayant soin de tasser légèrement la nouvelle motte, puis on donne un copieux arrosage. Les pots sont ensuite placés sur des tablettes, près des vitres de la serre, et c'est là que, sous l'influence d'une température convenable et d'arrosages graduellement accrus, les plantes se développent, fleurissent et mûrissent leurs graines.

Pour des plantes toujours tenues en pots, et chez lesquelles la production des caïeux est généralement assez faible, la maturation des graines a une certaine importance au point de vue de la multiplication. La première condition est d'obtenir la grossification des ovaires, ce qui oblige de recourir à la fécondation artificielle. Lorsque les ovaires sont noués, on évite de changer les plantes de place; on veille à ce que la température se maintienne au-dessus de 15° centigrades pendant le jour et ne s'abaisse pas au-dessous de 10° pendant la nuit ; enfin, sans arrêter brusquement les arrosages, on les ralentit de plus en plus jusqu'à la maturation parfaite des graines, après quoi on les supprime tout à fait. Les plantes, laissées dans leurs pots, sont alors tenues au sec, sur des tablettes adossées à un mur, mais toujours dans la serre chaude. Cette période de repos, pendant laquelle les bulbes mûrissent, dure trois à quatre mois ; elle cesse dans les mois de janvier ou de février, et les plantes, rapprochées des vitraux, commencent à recevoir de légers arrosages. C'est aussi le moment de les rempoter, comme nous l'avons dit plus haut, et si, en faisant cette opération, on trouve des caïeux disponibles, on les détache pour les planter à part. Le semis des graines se fait en mars ou avril, en terrines, soit sur couche chaude et sous châssis, soit, ce qui est mieux, dans une serre à multiplication.

Les plantes bulbeuses, et en général toutes les monocotylédones de serre chaude et de serre tempérée, sont très-sujettes à être attaquées par les coccus, surtout lorsqu'elles sont faibles et maladives ; on veillera donc attentivement à la destruction de ces insectes. Les thrips, attirés par leurs feuilles succulentes, leur causent souvent aussi de grands dommages, mais il est beaucoup plus difficile de les en débarrasser. Le meilleur moyen consisterait probablement à soumettre les plantes infestées à des fumigations de tabac ou de pyrèthre, dans des boîtes closes où elles resteraient enfermées pendant quelques heures. Ce moyen pourrait d'ailleurs être employé avec le même succès contre toutes les espèces d'insectes qui s'attachent aux plantes de serre.

Une seule affection grave est à redouter pour les plantes bulbeuses cultivées en serre : c'est la pourriture des bulbes, qui est toujours la conséquence des arrosages exagérés et intempestifs, ou d'un drainage imparfait des pots. Le mal étant à peu près sans remède, on s'appliquera à le prévenir, en évitant avec soin les causes qui le produisent. Nous avons à peine besoin de dire que les principes de culture que nous venons d'exposer s'appliquent aussi bien aux amaryllidées de serre tempérée qu'à celles de serre chaude.

La culture des amaryllidées demi-rustiques est beaucoup lus simple, et, comme nous l'avons déjà dit, elle rentre enèrement dans la culture de pleine terre, sous le climat de Europe méridionale. Dans le nord et le centre de la France, es plantes sont tenues en pots et hivernées sous châssis froids u en orangerie, puis mises en pleine terre, à bonne exposition, ers le milieu du printemps, lorsqu'il n'y a plus de gelées à raindre. A part ces différences, amenées par leur tempéranent, ces espèces réclament en définitive les mêmes condiions de terrain et d'arrosage que celles de serre chaude, et, omme ces dernières, elles veulent être tenues au sec après la oraison pour mûrir leurs bulbes et leurs graines. Au fond, eur culture a la plus grande analogie avec celle des lis, des tupes et des jacinthes, et surtout avec celle des iridées buleuses, dont il va être question dans le paragraphe suivant.

§ VIII. LES IRIDÉES.

Un périgone de six pièces pétaloïdes vivement colorées et n ovaire infère à trois loges sont des caractères communs ux amaryllidées et aux iridées, mais chez ces dernières les tamines ne sont jamais qu'au nombre de trois. Si à cette remière différence on ajoute des feuilles généralement ensiormes et alors presque toujours distiques, des tiges souvent ourvues de feuilles et des stigmates plus ou moins pétaloïdes, n aura les traits distinctifs les plus essentiels qui séparent es deux familles. Chez les iridées pareillement nous trouveons des plantes bulbeuses; néanmoins le plus grand nombre it sur de véritables rhizomes, et les bulbes eux-mêmes ne ont ici que des rhizomes raccourcis; en somme, ce sont plutôt es tubercules que de véritables bulbes. Pour les anciens orticulteurs les iridées n'étaient, comme les amaryllidées lles-mêmes, qu'un membre de la grande famille des liliacées. Invisagées au point de vue de la floriculture, elles sont à peine nférieures aux plantes de ces deux familles.

A. **Espèces et variétés ornementales d'iridées**. Un

13.

très-grand nombre d'espèces de cette famille ont été in
troduites dans les jardins, et celles de quelques genres sont à
la fois si nombreuses et si belles qu'à elles seules elles consti
tuent pour ainsi dire autant de collections particulières. Au
point de vue qui nous occupe, les plus importantes sont celle
des genres *iris, tigridie, moréa, glaïeul, ixia, sparaxis* e
safran. Nous allons les passer rapidement en revue, sans né
gliger cependant celles de genres secondaires qui ont encor
quelque valeur dans la culture d'agrément.

1° Les **iris** (*Iris*) comprennent un nombre prodigieux d'es
pèces, presque toutes de climats tempérés ou froids, et dont u
très-petit nombre seulement demande l'abri de l'orangerie e
hiver, sous la latitude de Paris. La très-grande majorité est d
pleine terre et de culture facile. C'est à la fois un des plu
beaux genres de plantes ornementales et un de ceux qui sont l
plus à la portée de toutes les classes d'amateurs.

Les iris se divisent assez naturellement en deux sections
l'une caractérisée par des feuilles ensiformes, c'est-à-dire com
primées sur les côtés et comme tranchantes, ce qui leur donn
la figure d'une lame de sabre ou d'épée plus ou moins longue
l'autre par des feuilles aplaties dans le sens ordinaire ou plu
souvent canaliculées en forme de gouttière, et tout au plu
carénées en dessous. Dans cette dernière section, les plante
sont toujours bulbeuses; dans la première, au contraire, elle
ont presque toujours des rhizomes rampants à une faible dis
tance de la surface du sol. Les fleurs, très-inégales en grandeu
suivant les espèces, et différant même quelque peu de forme
bien que toutes façonnées sur le même modèle, présentent
isolées ou associées, les teintes blanche, bleue, violacée,
pourpre noir et jaune, mais dans aucune espèce on n'a ob
servé la teinte rouge proprement dite.

Dans le groupe des iris à feuilles ensiformes nous trouvons :
1° l'*iris de Suse* (*I. susiana*), originaire de Perse, et introduite
dans les jardins de l'Europe occidentale depuis la fin du sei
zième siècle (1573). C'est de tout le genre celle qui a les plus
grandes fleurs, car on en voit quelquefois qui atteignent à 15 ou
18 centimètres de hauteur sur une largeur de 10 à 12. Ces

fleurs, d'un gris brun ou luride, réticulées et mouchetées de pourpre noir, et de plus hérissées de poils roides sur les trois pièces extérieures de la corolle (périanthe), sont d'un singulier effet. Cette belle plante est devenue rare dans les jardins; elle craint un peu le froid de l'hiver dans le nord et l'est de la France, mais on l'en préserve facilement au moyen de litière, de mousse ou de feuilles sèches répandues sur le sol qu'elle occupe. 2° L'*iris germanique* (*I. germanica*) (fig. 37), indigène dans l'Europe centrale, très-rustique, rappelant la précédente par son port, et jusqu'à un certain point par la grandeur de ses fleurs, qui varient du bleu clair au violet foncé, quelquefois au blanc ou au jaunâtre; elle est très-communément cultivée. 3° L'*iris de Florence* (*I. florentina*), à peine différente de l'iris germanique, dont elle se distingue cependant à ses fleurs toutes blanches, rayées de jaune pâle sur les 3 pétales extérieurs, et peut-être un peu moins grandes. Sa racine, très-odorante lorsqu'elle est sèche, est employée à divers usages domestiques, ce qui, autan que la beauté de ses fleurs, a rendu la plante commune dans les jardins. 4° L'*iris panachée* (*I. variegata*), d'Autriche et de Hongrie, à grandes fleurs jaunes, dont les trois pétales extérieurs sont ordinairement rayés de brun et marginés de rose pâle. 5° L'*iris brune* (*I. lurida*), du midi de l'Europe, à feuilles courtes et larges, à fleurs moyennes, brunes ou violet noirâtre, avec des reflets jaunes. 6° L'*iris bâtarde* (*I. spuria*), d'Espagne et de Barbarie,

Fig. 37. — Iris germanique.

à feuilles longues et aiguës, à fleurs moyennes, en épi, d'un beau bleu clair, avec une large macule jaune vif sur les trois pétales extérieurs; cette espèce craint un peu le froid et doit être abritée en hiver dans le nord. 7° L'*iris jaune-blanche* (*I. ochroleuca*), toute semblable à la précédente, dont elle n'est probablement qu'une variété, et des mêmes pays. Elle s'en distingue à ses fleurs, d'un blanc jaunâtre, marquées d'une tache jaune vif sur les pétales extérieurs. 8° L'*iris versicolore* (*I. versicolor*), de l'Amérique septentrionale, plante basse, à feuilles courtes, à fleurs beaucoup plus petites que dans toutes les espèces précédentes, d'un violet brun, avec une macule jaune vif sur le limbe très-élargi des trois pétales extérieurs; elle est rustique dans le nord de la France. 9° L'*iris à crête* (*I. cristata*), de l'Amérique du Nord (Caroline), et demi-rustique sous le climat de Paris. C'est une des miniatures du genre par sa petite taille, qui ne dépasse guère 15 à 18 centimètres, et par la brièveté de ses feuilles, qui ressemblent à d'étroites lames de couteau. Ses fleurs sont au-dessous de la moyenne, gémi-nées, d'un beau bleu clair, avec une macule jaune sur les trois pétales extérieurs. 10° L'*iris des prés* (*I. pratensis*), de l'Eu-rope centrale et de Russie, jolie plante à feuilles graminoïdes, rubanées et très-longues, et à fleurs bleues. 11° L'*iris* ou *flambe de marais* (*I. pseudoacorus*), plante indigène, d'un mètre et plus de hauteur, à feuilles longues, aiguës, très-vertes; à fleurs grandes, d'un jaune vif. Cette plante, réellement très-belle, est commune dans les marais et au bord des eaux courantes dans les sols argileux du centre et du nord de la France. C'est la plus aquatique du genre, et elle est avantageusement em-ployée pour l'ornementation des bassins et des lacs artificiels. 12° L'*iris de Monnier* (*I. Monnieri*), presque semblable à la précédente, mais avec des fleurs plus grandes et d'un jaune plus vif; elle est du midi de l'Europe, où elle semble remplacer l'iris de marais ordinaire. 13° L'*iris frangée* (*I. fimbriata*), ori-ginaire de Chine, et une des plus belles espèces du genre; elle se distingue à la forme étalée de ses fleurs, qui sont grandes, d'un beau bleu clair, avec des macules de couleur testacée sur le limbe des pétales extérieurs, qui sont en outre ondulés, et aussi à ses stigmates dressés, pétaloïdes et déchiquetés. Elle convient à la pleine terre dans le midi de la France, mais elle veut être abritée en orangerie, pendant l'hiver, sous la latitude de Paris. 14° Enfin l'*iris des sables* (*I. arenaria*), la plus naine du genre, dont les feuilles n'ont guère que de 3 à 6 centimètres de long, sur une largeur proportionnée. Ses tiges, qui les dépassent à peine, se terminent par 3 ou 4 fleurs d'un jaune pâle uniforme. Elle est originaire des plaines sablonneuses de la Hongrie. Nous pourrions citer encore beaucoup d'autres espèces ou variétés de cette section, qu'on trouve çà et là dans les jardins, mais la liste que nous venons de donner est déjà plus que suffisante.

La section des iris à feuilles planes ou canaliculées fournit aussi beaucoup d'espèces d'agrément, qui sont peut-être plus recherchées encore que celles de la section précédente; quelques-unes au moins sont des fleurs très-distinguées et de premier mérite. Dans le nombre nous devons citer : 1° l'*iris xiphion* (*I. xiphium*) (fig. 38), d'Italie et d'Espagne, mais rustique dans toute la France. Sa tige, haute de 40 à 50 centimètres et garnie de feuilles très-aiguës, donne naissance à 2 ou 3 fleurs de moyenne grandeur, dont les pétales extérieurs sont étroits et plus ou moins étalés. Leur couleur normale est le bleu d'azur, mais cette teinte a beaucoup varié par le fait de la culture, aussi trouve-t-on aujourd'hui dans cette espèce toutes les nuances du bleu pur et du bleu associé au jaune et à la couleur marron. 2° L'*iris xiphioïde* (*I. xiphioides*), d'Espagne et des Pyrénées, espèce très-voisine de la précédente, dont elle a le port et la taille, mais qui en diffère en ce que sa tige est ordinairement uniflore, et sa

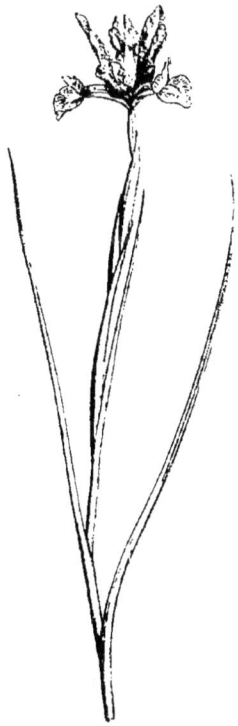

Fig. 38. — Iris xiphion.

fleur un peu plus grande. Les trois pétales extérieurs sont d'un jaune très-vif, avec une macule orangée au milieu de leur limbe élargi en spatule ; les trois intérieurs sont bleus ou bleu violacé ; les stigmates sont jaunes, avec une légère bordure violacée. Cette belle plante, dont il existe beaucoup de variétés horticoles, est rustique sous la latitude de Paris. 3° L'*iris marron* (*Iris spectabilis*), d'Espagne et de Portugal, semblable par le port aux deux précédentes, mais plus haute de tige. Les trois pétales extérieurs de sa fleur sont bruns ou de couleur de sépia obscure, avec une large macule orangée au milieu du limbe ; les trois intérieurs sont violet noirâtre. Les iris xiphioïde et marron pourraient n'être que de simples variétés de l'*I. xiphium*, ce que semblent confirmer les variations horticoles de ce dernier. 4° L'*iris de Perse* (*I. persica*), charmante plante de l'Asie occidentale, autrefois très-répandue dans les jardins, mais devenue assez rare aujourd'hui. Elle se distingue des espèces précédentes par sa tige naine et la précocité de sa floraison, qui arrive dans les derniers jours de l'hiver et en partie avant le développement des feuilles ; aussi sa fleur semble-t-elle sortir de terre. Cette fleur est de grandeur moyenne, d'un blanc azuré, avec des macules violet foncé et orangées sur les trois pétales extérieurs. La précocité de cette espèce, sa taille basse et sa rusticité l'ont fait employer avec un grand succès, lorsqu'elle était plus communément cultivée, à faire des bordures le long des planches de fleurs, dans les parterres de fin d'hiver et de premier printemps. 5° L'*Iris de velours* ou *faux hermodacte* (*I. tuberosa*), de la Grèce et de l'Asie occidentale, qui a été, comme la précédente, fort en honneur dans les jardins aux seizième et dix-septième siècles, et qui est pareillement tombée dans l'oubli. Ses fleurs sont un peu au-dessous de la moyenne ; les trois pétales extérieurs, un peu réfléchis en dehors, sont pourpre noir et comme veloutés ; les trois intérieurs sont dressés et verdâtres. Cette espèce est très-rustique sous nos climats, mais fleurit un peu plus tardivement que l'iris de Perse. 6° L'*iris réticulée* (*I. reticulata*), de Crimée, qui diffère à plus d'un égard des iris ordinaires. Chaque tige florifère ne porte que deux feuilles, qui sont quadrangu-

laires et plus longues que la tige; les fleurs sont solitaires
et longuement tubuleuses, ce qui les fait paraître pédonculées; leur couleur est le pourpre vif, relevé de marbrures
d'un pourpre plus foncé, avec une large macule jaune sur le
limbe des pétales extérieurs; elles exhalent une délicieuse
odeur de violette. Cette belle plante, qui est rustique et de
récente introduction, semble convenir parfaitement pour la
culture en pots, dans les appartements. 7° Enfin l'*Iris scor-
pioïde* (*I. scorpioides*), d'Algérie, qui se distingue de toutes
les espèces énumérées jusqu'ici par la forme de ses feuilles,
presque planes et assez semblables à celles du poireau de nos
potagers. Sa fleur est solitaire, d'un bleu très-vif, avec une
macule jaune sur les trois pétales extérieurs. Les trois intérieurs sont petits et peu apparents. Cette curieuse espèce
veut être abritée en hiver sous le climat du nord de la France.

2° Les **tigridies** (*Tigridia*), plantes américaines, à rhizomes
bulbiformes et écailleux, et dont les feuilles gladiées rappellent
celles des iris. Leurs fleurs, grandes ou moyennes et toujours
terminales au sommet de la tige, ressemblent à une coupe
évasée, dont les bords, figurés par les trois pétales extérieurs,
s'étaleraient horizontalement. Quoique régulières, leur aspect
semble bizarre au premier abord, ce qu'elles doivent à leurs
mouchetures autant qu'à leur forme. Elles seraient de première valeur pour la décoration des jardins et des appartements si elles étaient moins éphémères; malheureusement
elles ne durent guère qu'une journée, surtout lorsqu'elles sont
exposées aux rayons du soleil, défaut qui leur est d'ailleurs
commun avec beaucoup d'autres iridées. Le genre tigridie a
été subdivisé en plusieurs groupes secondaires, que nous nous
contenterons d'indiquer ici, sans les adopter.

La plus classique, et aussi la plus belle du genre, est la
tigridie queue de paon (*T. pavonia*), originaire du Mexique et
depuis longtemps introduite en Europe. Sa fleur, large de
12 à 15 centimètres, est du rouge ponceau le plus éclatant sur
les trois grands pétales extérieurs; mais dans l'intérieur de la
coupe elle est curieusement tigrée de carmin et de pourpre violet
sur fond jaune. Une seconde espèce, ou plutôt une variété de la

même, est la *tigridie à fleurs jaunes* (*T. conchiflora*), de même
forme et de même grandeur que la tigridie queue de paon,
dont elle ne diffère que par la couleur jaune des trois pièces
extérieures du périgone, étant comme elle marbrée de carmin dans l'intérieur de la coupe. La *tigridie violette* (*T. violacea*), du Mexique, est une délicate miniature des deux précédentes ; elle en a toute la forme, dans sa petite taille, et elle
les rappelle encore par les fines mouchetures carminées
qu'elle porte à l'intérieur. Le fond de son coloris est le lilas
amarante. La *tigridie azurée* (*T. azurea, T. cœlestis, Phalocallis plumbea, etc.*), pareillement du Mexique, se rapproche, par
la grandeur de sa fleur, de la tigridie queue de paon ; mais
ici la couleur qui domine sur les trois pétales extérieurs est
le bleu clair ou bleu d'azur. Les trois intérieurs sont jaune
vif, bordés de bleu plus intense, et le centre de la fleur est
marbré de pourpre sur fond jaune. Cette fleur, si remarquable
par la variété de son coloris, est malheureusement très-passagère. La *tigridie d'Herbert* (*T. Herberti, Cypella Herberti, etc.*),
de la région du Rio de la Plata, est presque aussi belle et
aussi éphémère. Ses fleurs, un peu moins grandes que celles de
la tigridie queue de paon, sont tout entières d'un jaune vif,
avec une bande violette sur le milieu des trois pétales extérieurs. On peut y ajouter les *rigidelles* (*Rigidella*), plantes
américaines à tiges grêles et fermes, dont le feuillage et les
fleurs rappellent encore d'assez près les tigridies, et qui
sont surtout représentées dans nos jardins par une espèce du
Mexique, la *rigidelle à fleurs dressées* (*R. orthanta*). La plupart de ces plantes sont demi-rustiques à Paris ; sous le ciel
méridional, où la gelée ne descend guère au-dessous de la
croûte superficielle du sol, elles pourraient communément
se passer d'abri en hiver.

3° Les **morées** et les **ferraries** (*Morœa, Ferraria*), genres
très-voisins l'un de l'autre, et qu'on a longtemps réunis aux
tigridies, mais qui, en différant par de légers caractères et
étant en outre originaires de l'Afrique australe, en ont été lé-
gitimement séparés. Ce sont aussi des plantes à rhizome bulbeux, à tiges droites, à feuilles ensiformes, dont les fleurs, lar-

gement ouvertes ou étalées, présentent l'assemblage des couleurs les plus vives. Nous signalerons dans ce groupe d'espèces sud-africaines : 1° la *morée bicolore* (*M. bicolor*), à fleurs jaunes, ornées d'une belle macule pourpre noir, cerclée d'orangé, à la base des trois pétales extérieurs, qui sont beaucoup plus développés que les trois intérieurs ; 2° la *morée comestible* (*M. edulis*), presque semblable à un iris, à fleurs violacées, ornées d'une macule jaune à la base des pétales extérieurs. Cette espèce, introduite depuis longtemps dans les jardins de l'Europe, a donné de nombreuses variétés lilas, bleuâtres, jaune pâle, blanc d'opale, etc.; ses bulbes servent de nourriture aux Hottentots ; 3° La *morée à œil bleu* (*M. glaucopis*, *Vieusseuxia glaucopis* etc.), à fleurs moyennes, dont les trois grands pétales extérieurs, d'un blanc pur, portent à leur centre une large macule du bleu le plus vif, qui est elle-même entourée d'un cercle brun ; 4° la *morée faux-iris* (*M. iridioides*), à fleurs blanches, avec trois macules jaunes sur les pétales extérieurs ; 5° la *morée velue* (*M. villosa*), à fleurs lilas, dont les trois pétales extérieurs portent une macule bleue, séparée par une bande noire de la teinte orangée qui occupe le centre de la fleur ; 6° la *ferrarie ondulée* (*Ferraria undulata*), dont les fleurs régulières, à six lobes presque égaux, sont curieusement tigrés de pourpre sur fond vert. Un grand nombre d'autres espèces de ces deux genres, aussi remarquables que les précédentes par la vivacité et la variété de leur coloris, pourraient encore être citées ici, mais ce serait prolonger cette liste sans grande utilité. On les trouvera d'ailleurs suffisamment indiquées dans les catalogues des horticulteurs.

4° Les **ixias** et les **sparaxis** (*Ixia*, *Sparaxis*), qui sont aussi des genres très-voisins l'un de l'autre, et qui ne diffèrent en réalité que par la longueur relative du tube de la fleur, dont les six lobes sont égaux. Ce tube est grêle et allongé dans les ixias, court et évasé dans les sparaxis, dont la corolle devient par là infondibuliforme, tandis qu'elle est hypocratériforme dans les ixias. A part cette légère différence, les deux genres se ressemblent par leurs rhizomes arrondis et bulbeux, leurs tiges grêles et dressées, leurs feuilles ensiformes, plissées-nervées et aiguës. Leurs fleurs offrent toutes les nuances du rouge, du rose, du jaune, du bleu, du pourpre sombre et de l'ardoisé; très-souvent aussi elles ont à leur centre un cercle autrement coloré que le reste de la corolle. On en connaît un très-grand nombre d'espèces, presque toutes de l'Afrique australe, parmi lesquelles il nous suffira de mentionner les suivantes : 1° l'*ixia tricolore* (*I. tricolor*), à fleurs jaunes dans le centre et rouges sur le limbe, les deux couleurs étant séparées par un cercle noir; 2° l'*ixia bulbifère* (*I. bulbifera*), à fleurs toutes jaunes; 3° l'*ixia petit lis* (*I. liliago*), à fleurs blanches en dedans, lilacées en dehors, et de la forme de celles du lis commun; 5° l'*ixia à grandes fleurs* (*I. grandiflora*), dont les fleurs, très-grandes pour le genre, sont pourpre-noir, avec une étroite bordure jaune sur le contour des pétales; 5° l'*ixia étalée* (*I. patens*), rose carmin très-vif et rayé de pourpre plus foncé; 6° l'*ixia à fleurs vertes* (*I. viridiflora*), très-belle plante, dont la tige grêle et haute de près d'un mètre, soutient une longue grappe de fleurs vertes, ornées d'un cercle bleu au centre; 7° l'*ixia tachetée* (*I. maculata*), à fleurs blanches, portant au centre une macule violette cerclée de rose; 8° l'*ixia oculiforme* (*I. conica*), à fleurs rougeâtres, dont le centre est occupé par une large macule noire. A ces huit espèces on peut ajouter les *Ixia miniata, crocata, crateroides, anemonæflora, maculata, fulgens, hyalina, viridis, fusco-citrina* etc., qui ont elles-mêmes donné de nombreuses variétés dans les jardins.

Les sparaxis ne sont pas moins riches que les ixias en espèces ornementales, mais pour éviter des détails fastidieux nous nous bornerons à mentionner l'espèce la plus répandue, le *sparaxis tricolore* (*S. tricolor*), dont la culture a tiré une multitude de jolies variétés, presque aussi différentes l'une de l'autre par la couleur, la forme et la disposition de leurs macules, que le seraient des espèces naturellement distinctes. Telles sont les *S. tricolor albomaculata, variegata, lilacina, aurantiaco-nigra, cæruleo-bimaculata, atrosanguineo-alba*, etc., dont les noms latins indiquent les combinaisons de coloris.

On peut rattacher aux ixias divers autres genres qui n'en

sont pour ainsi dire que des démembrements et qui contiennent de même bien des espèces intéressantes, par exemple les
aristées (*Aristæa*), de l'Afrique australe, connues principale-
nent par les *A. major* et *A. cyanea*, toutes deux à fleurs bleues ;
les *galaxies* (*Galaxia*), de la même région, qui nous ont donné
a *galaxie à fleur d'ixia* (*G. ixiæflora*), dont les fleurs bleues ont
u centre une macule purpurine, et la *galaxie à feuilles ovales*
G. ovalifolia), à fleur jaune vif ; les *romulées* (*Romulæa*) et enfin
es *crocosmies* (*Crocosmia*), connues surtout par une superbe
plante à fleurs orangées, la *crocosmie dorée* (*C. aurea*) ; ces petits
genres font en quelque sorte le passage des ixias au groupe
plus important qui va suivre.

5° Les **glaïeuls** (*Gladiolus*), genre très-riche en espèces, la
plupart sud-africaines, mais qui a aussi quelques représentants en Europe et dans l'Asie occidentale. Tous sont des
plantes à rhizome bulbiforme, à tige dressée et grêle, à
feuilles gladiées et nervées, à fleurs un peu irrégulières, en
grappe ou en épi le long de la tige, ou rarement en panicule ; tous aussi sont rustiques ou demi-rustiques sous nos
climats. Dans le nombre nous distinguerons : 1° le *glaïeul des
moissons* (*G. communis*), jolie plante indigène à fleurs roses
ou rose pourpre, qu'on a depuis longtemps admise dans les
jardins ; 2° le *glaïeul de Constantinople* (*G. byzantinus*), qui
est propre au midi de l'Europe, et se distingue du précédent par des fleurs plus grandes et d'un pourpre plus vif ;
3° le *glaïeul cardinal* (*G. cardinalis*) du Cap, dont la tige,
haute de 0ᵐ50 à 0ᵐ60, n'est presque qu'un long épi de fleurs
rouges, dont les trois pétales inférieurs portent, sur leur milieu, une macule oblongue, blanche ou rosée, entourée de
pourpre ; 4° le *glaïeul perroquet* (*G. psittacinus* ou *G. natalensis*), de Port-Natal, haut de plus d'un mètre, et que distingue une grosse et longue grappe de fleurs jaunes, dont les
pétales inférieurs sont maculés de pourpre rouillé ; 5° le
glaïeul multiflore (*G. ringens*), de Cafrerie, superbe plante,
dont les larges fleurs bleu ardoisé, et répandant l'odeur de la
violette, sont finement ponctuées et rayées de violet, avec des
macules jaunes sur les pétales inférieurs ; 6° le *glaïeul cus-*

pidé (*G. cuspidatus*), à fleurs grandes, jaune isabelle, avec de larges macules pourpre noir sur les trois pétales inférieurs ; 7° le *glaïeul ondulé* (*G. undulatus*), de l'Afrique australe, à fleurs blanches, rayées de pourpre au centre des pétales ; 8° le *glaïeul orobanche* et le *glaïeul à lèvres jaunes* (*G. orobanche*, et *G. xanthospilus*), du même pays, à fleurs blanches maculées de jaune, avec un cercle bleuâtre autour des macules dans la première de ces deux espèces ; 9° le *glaïeul rameux* (*G. ramosus*) et le *glaïeul couleur de chair* (*G. laccatus*), à fleurs roses ; 10° le *glaïeul rayé* (*G. lineatus*), à fleurs jaune pâle, rayées de pourpre ; 11° enfin, le *glaïeul florifère* (*G. floribundus*), à fleurs pourpres, maculées de blanc. Ces glaïeuls, et beaucoup d'autres qui ont été comme eux introduits à diverses époques en Europe, ont donné par la voie des semis, et quelquefois à la suite des croisements, d'innombrables variétés, qui ont fait de ce genre un des plus recherchés dans la culture d'agrément.

Fig. 39. — Glaïeul de Gand.

Parmi les espèces qui ont été le plus généreuses sous ce rapport, on doit mettre en première ligne le glaïeul cardinal, que la noblesse de son port, la grandeur de ses fleurs, leur abondance et leur coloris si vif recommandaient tout particulièrement aux horticulteurs. Les variétés qu'il a produites entre leurs mains se compteraient aujourd'hui par centaines, et il est tel jardinier, en France et en Angleterre, qui n'a pas dédaigné d'en faire l'objet spécial de ses travaux ; mais ces variétés, sans cesse remplacées par de plus nouvelles, et n'ayant la plupart qu'une vogue et souvent même qu'une existence éphémère, ne sauraient être indiquées ici avec quelque utilité. Nous ne ferons d'exception que pour la suivante, à cause de sa beauté tout à fait supérieure et des nombreuses sous-variétés auxquelles elle a déjà donné le jour ; c'est :

Le *glaïeul de Gand* (*G. gandavensis*) (fig. 39),

qui est né dans le jardin d'un célèbre amateur belge, le duc
d'Arenberg, à la suite d'un croisement effectué, dit-on, entre le
glaïeul cardinal, à fleurs rouges, et le glaïeul perroquet à fleurs
jaunes. La parenté du glaïeul cardinal est contestée et reportée
par d'autres autorités horticoles au *G. oppositiflorus*, mais celle
du glaïeul perroquet est certaine ; peut-être même la variété
réputée hybride n'est-elle qu'une simple variété de ce dernier. Quoi qu'il en soit de son origine, le glaïeul de Gand est
une très-forte plante, dont les tiges fleuries s'élèvent facilement à deux mètres, c'est-à-dire beaucoup plus haut que
celles de ses parents. Pour la beauté des fleurs et la vivacité
de leur coloris, aucune espèce ne le surpasse et très-peu l'é-
galent. Dans l'hybride type, ou de première génération, ces
fleurs sont de couleur vermillon, à reflets rosés, avec de
larges macules jaunes sur les pétales inférieurs. Les anthères,
qui sont d'un bleu violacé intense, tranchent agréablement
sur ces deux teintes. Planté en massifs, ce beau glaïeul est d'un
effet saisissant.

Quoique réputé hybride, le glaïeul de Gand est fertile par
lui-même, et des semis de ses graines sont nées plusieurs variétés nouvelles, aussi belles que le type. Tel est, entre
autres, le *G. gandavensis citrinus*, à fleurs jaune vif, avec des
macules pourpres sur les trois pétales inférieurs. Fécondé
par le glaïeul florifère (*G. floribundus*), qui est une espèce
naturelle, il a produit de nouvelles formes, aussi grandes et
aussi riches de fleurs que lui-même. Les plus célèbres sont
le *G. oldfordianus*, à fleurs saumonées, le *G. roseo-purpu-
reus*, où elles sont d'un rose très-vif, et le *G. Willmoreanus*,
qui les a d'un blanc jaunâtre, rayées et striées de rose. On
ne peut guère douter que de nouvelles combinaisons dans les
croisements, entre les espèces de ce genre, ne puissent faire
naître encore bien d'autres variétés méritantes.

6° A la suite des glaïeuls se placent, dans l'ordre des affinités naturelles, plusieurs genres de moindre importance, et
qui n'ont que quelques représentants dans la flore horticole.
Ce sont, par exemple, les *antholyzes* (*Antholyza*), plantes
bulbeuses de l'Afrique australe, qui ont le port des glaïeuls,

mais avec des fleurs plus irrégulières et généralement moins belles; deux espèces, les *A. cunonia* et *præalta*, jadis fréquemment cultivées, se rencontrent encore dans quelques jardins d'amateurs; la *watsonie à fleurs d'iris* (*Watsonia iridiflora*) du Cap, très-belle plante à port de glaïeul, que recommande la beauté de ses fleurs rouge orangé; la *witsénie paniculée* (*Witsenia corymbosa*), de l'Afrique australe, sorte de petit arbrisseau sous-ligneux, ramifié dichotomiquement, dont les rameaux portent des feuilles distiques analogues à celles de iris, et des panicules corymbiformes de jolies fleurs bleues et enfin les *bermudiennes* (*Sisyrhynchium*), petites iridées bulbeuses des îles Bermudes et de l'Amérique continentale, à feuilles d'iris ou de joncs, et à fleurs régulières dont les six lobes sont presque égaux. Les plus répandues sont : la *bermudienne commune* (*S. Bermudiana*) à fleurs bleues, la *bermudienne bicolore* (*S. bicolor*) à fleurs violettes maculées de jaune, la *bermudienne de Douglas* (*S. Douglasii*, *S. grandiflorum*) du Mexique, jolie plante de l'aspect d'un jonc ou de l'iris xiphion, à fleurs violettes, enfin la *bermudienne à long style* (*S. longistylum*) du Chili, dont le port rappelle la précédente, mais qui en diffère par des fleurs un peu irrégulières, d'un très-beau jaune. Toutes ces espèces sont à peu près rustiques dans le nord de la France.

7° Les **safrans** ou **crocus** (*Crocus*), plantes bulbeuses, presque acaules, à feuilles étroites et rappelant celles des petites espèces de joncs, originaires de l'Europe et de l'Asie occidentale, à fleurs grandes relativement à leur taille, régulières, à six lobes égaux, infondibuliformes et vivement colorées. On en distingue plusieurs espèces, qui ont de grandes affinités les unes avec les autres, et ont toutes été introduites dans la culture d'agrément. Ce sont : 1° le *safran officinal* ou *safran d'automne* (*C. sativus*), à fleurs violet pourpre, un peu grandes, et s'ouvrant en août et septembre. C'est l'espèce commerciale du genre; on la cultive en grand, en France et en Espagne, pour en extraire la belle teinture jaune orangée que contiennent ses stigmates. Elle a été souvent confondue avec la suivante. 2° Le *safran printanier* (*C. vernus*) (fig. 40), qui est l'espèce horticole par excellence, ce qu'il doit à la beauté de ses fleurs et au grand nombre de variétés qu'il a produites. Ses feuilles, très-vertes, sont parcourues sur leur milieu, et dans toute leur longueur, par une ligne blanche. Sa floraison se fait dès la fin de l'hiver, en février ou mars, suivant les lieux et les saisons. Ses fleurs varient un peu de grandeur; elles sont d'ailleurs peu différentes sous ce rapport

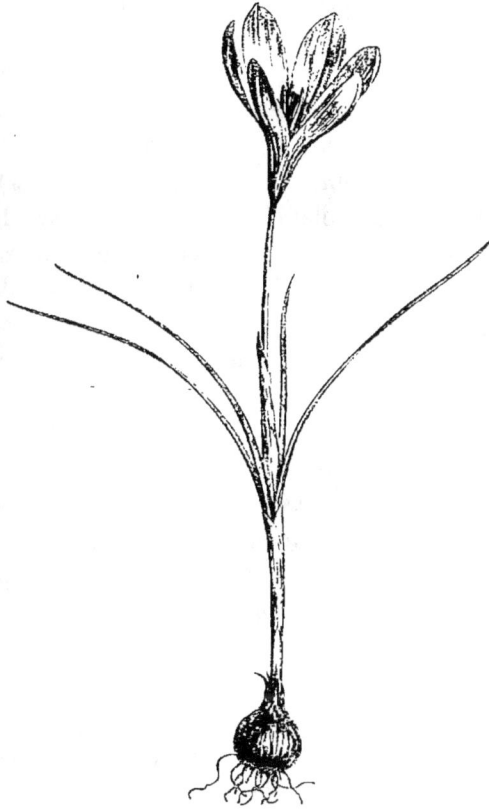

Fig. 40. — Safran printanier.

de celles du précédent; leur teinte normale, ou du moins la plus commune, est le violet très-vif, mais on en voit aussi de blanches, de rosées, de violacées bleuâtres, de striées de violet sur fond blanc, et il est à remarquer que toutes ces variétés existent dans la nature, ce qui a induit plusieurs auteurs à en faire autant d'espèces différentes. Une de ces variétés, le *C. vernus nivigena*, des steppes de la Russie méridionale, paraît être la souche de la plupart de celles de nos jardins; elle est blanche, parfois striée de pourpre violet ou même entièrement pourpre. L'espèce, considérée dans l'ensemble de ses variétés, est répandue depuis les Pyrénées et les Alpes jusqu'au Caucase. 3° Le *safran de Suse* (*C. susianus*), d'Asie mineure et de Perse, superbe plante à fleurs jaune orangé, fleurissant aux premiers jours du printemps. 4° Le *safran doré* (*C. aureus*), du midi de l'Europe, à grandes fleurs jaune vif; le safran de Suse n'en est peut-être qu'une variété. 5° Le *safran jaune de soufre* (*C. sulfureus*), d'Orient, à fleurs jaune pâle, et 6° le *safran à deux fleurs* (*C. biflorus*), du même pays, dont les fleurs blanches, souvent rayées de rose ou de pourpre clair, sont ordinairement géminées. 7° Enfin le *safran de Corse* (*C. minimus*), indigène de l'île dont il porte le nom, et qui se distingue à la petitesse de sa fleur, d'un blanc violacé ou tout à fait violette, et ordinairement rayée de jaune. Cette fleur n'a guère que le tiers de la grandeur de celle du safran commun. Tous les safrans sont rustiques dans nos provinces septentrionales, et ils jouent un rôle considérable dans l'horticulture printanière, ce que justifie leur précocité, leur facile culture et le brillant éclat de leurs fleurs.

Colchiques et **bulbocodes.** Quoique appartenant à une famille toute différente (celle des mélanthacées), les *colchiques* (*Colchicum*) et les *bulbocodes* (*Bulbocodium*) peuvent être indiqués à la suite des safrans, qu'ils rappellent d'assez près par leurs fleurs, sinon par leurs feuilles, et par l'emploi qu'on en fait pour la décoration des parterres. Ce sont de petites plantes acaules, bulbeuses, rustiques, à floraison printanière ou automnale, dont les fleurs, de même taille et presque de même forme que celles du safran cultivé, sont ordinairement de couleur lilas ou lilas violacé. Les espèces n'en sont pas nombreuses, et il nous suffira d'en citer trois, savoir le *bulbocode de printemps* (*B. vernum*) (fig. 41), du midi de France et de l'Europe, à fleurs violacées, dont la floraison très-précoce coïncide avec celle du perce-neige; le *colchique d'automne* (*C. autumnale*), commun dans les prairies du nord et du centre de la France, dont les fleurs, lilas pâle se montrent en septembre, précédant de six mois l'apparition des feuilles et du fruit, qui ne sortent de terre qu'au printemps

Fig. 41. — Bulbocode de printemps.

et enfin le *colchique damier* (*C. variegatum*), de la Grèce, à fleurs automnales comme celles du précédent, mais plus grandes et marbrées de carreaux blancs sur fond lilas. Toutes ces espèces aiment les sols moyennement humides et un peu argileux. On les multiplie de graines ou par séparation des tubercules après la fanaison des feuilles. Cette opération ne doit guère se faire que tous les trois ou quatre ans, si l'on tient à ne pas trop affaiblir les plantes.

B. **Culture des iridées.** Considérées d'une manière générale, les iridées sont plus faciles à cultiver que les amaryllidées; elles exigent moins de chaleur et sont moins exposées à pourrir par l'excès d'humidité, ce qui peut tenir à ce qu'elles sont plus habituellement livrées à la pleine terre que ces dernières, dont un grand nombre réclame, sous les climats du nord, la culture en pots et les abris vitrés pendant l'hiver.

Les iris proprement dits s'accommodent de tous les terrains, pour peu qu'ils soient substantiels et que l'eau n'y reste pas stagnante; encore faut-il faire exception ici pour quelques espèces, celles des marais, par exemple, qui ne réussissent bien que dans les sols imbibés d'eau. Pour les nombreuses espèces à rhizomes traçants, la culture pourra donc se réduire à les planter en bonne terre et à les arroser pendant la période de végétation. Si les espèces sont peu rustiques pour le climat où l'on se trouve, on se borne à protéger leurs rhizomes, pendant les fortes gelées, sous une couverture de feuilles ou des paillassons, ainsi que nous l'avons dit plus haut. Leur multiplication se fait à l'aide des graines, semées en automne, dans des terrines, qu'on abrite sous châssis, ou plus rapidement par division des rhizomes, à la fin de l'hiver.

Les espèces à racine tuberculeuse (*I. xiphium*, *I. xiphioides*, *I. persica*, etc.) se cultivent en pleine terre et dans les mêmes conditions, à moins qu'elles ne soient pas assez rustiques pour résister aux gelées de l'hiver, même sous une couverture de feuilles ou de litière, auquel cas on les retire en orangerie ou sous châssis ; mais, par leur manière de végéter, elles se prêtent bien à la culture en pots, et peuvent dès lors servir à orner les appartements, celles surtout qui sont de petite taille, ou qui fleurissent dans les derniers jours de l'hiver. Les pots devront être drainés avec soin, et remplis de bonne terre ordinaire, un peu argileuse, à laquelle on pourra ajouter un quart de terreau de feuilles ou seulement de terre de bruyère, pour la rendre plus perméable à l'eau. Suivant la grandeur des pots, on plantera isolément ou en touffes de trois à six plantes ou même plus, ce qui donnera des massifs de fleurs plus fournis. Cette plantation doit se faire en automne, après la maturation des bulbes, qui d'ailleurs commencent à végéter souterrainement dans le cours de l'hiver. Les pots, enterrés au pied d'un mur, à bonne exposition, ou remisés sous châssis, sont portés à la place à laquelle on les destine, au moment où les fleurs se disposent à s'ouvrir. Nous n'avons pas besoin de dire qu'on doit arroser, pendant la période de végétation, toutes les fois que les plantes paraissent en avoir besoin.

Sous un climat plus chaud que ceux du nord et du centre de la France, les tigridies, les phalocallis, les morées, les ixias, etc., et en un mot toutes les iridées de l'Amérique et de l'Afrique australe, pourraient être assujetties au même régime que les iris, surtout que les iris bulbeux, c'est-à-dire à la culture en pleine terre, avec quelques abris étendus sur le sol, où seraient enfouis les bulbes, si l'on avait à craindre, en hiver, que la gelée ne pût les atteindre. Ces abris ne seraient

même pas nécessaires là où la moyenne température hivernale ne descend pas au-dessous de 7 à 8 degrés centigrades,
en Provence, par exemple. Il en est autrement sous les climats
plus septentrionaux, où le froid d'abord, puis l'humidité prolongée, feraient périr la plupart de ces bulbes si on les aban-
donnait à toutes les mauvaises chances de la saison ; de là la
nécessité de les abriter. Mais même avec cette exigence, la
culture aura ici d'autant plus de succès qu'elle se rapprochera
davantage de la culture naturelle, c'est-à-dire de la simple
culture de pleine terre.

Pour le commun des amateurs, les iridées exotiques sont
soumises au même traitement que les amaryllidées demi-rustiques, et cultivées comme elles en pots remisés sous châssis
ou en serre froide pendant l'hiver ; mais beaucoup d'horticulteurs de profession qui cultivent ces plantes en grand, pour
le commerce, ont adopté une autre méthode plus expéditive
et qui donne de meilleurs résultats avec moins de travail.
Elle consiste à défoncer en automne, à 0ᵐ,35 de profondeur
environ, une plate-bande de jardin bien située, à en drainer
le fond, sur 0ᵐ,10 à 0ᵐ,15 d'épaisseur, à l'aide de gros graviers ou de tessons de briques et de poteries, et à recouvrir
ce drainage d'un mélange formé de deux tiers de terre de
bruyère et d'un tiers de terre franche, sur une épaisseur égale
à peu près à celle de la terre retirée de la fosse, ce qui porte
le niveau de la plate-bande artificielle à quelques centimètres
au-dessus de la surface générale du terrain. Cette planche en
relief est ceinte d'un coffre en bois, autour duquel on dispose
un réchaud de litière, d'écorce ou de vieux tan, pour en
éloigner la gelée. Vers le milieu ou la fin d'octobre, on y
plante les bulbes à 12, 15, 20 ou 30 centimètres de distance
les uns des autres, suivant la taille et l'ampleur des plantes
qui doivent en sortir, puis on recouvre le coffre de châssis
vitrés, qu'on soulève, toutes les fois que le temps est doux et
sec, pour en chasser l'humidité. S'il gèle, on couvre momentanément les vitraux de litière ou de paillassons. Dès les premiers jours du printemps, les bulbes, qui ont déjà travaillé
quelque peu en hiver, sont en pleine végétation. On com-

mence dès lors à arroser, et d'autant plus copieusement que
la végétation est plus active ; en même temps on donne de
plus en plus d'air, et dès que toute crainte de gelée a disparu
on enlève les vitraux et le coffre lui-même, ainsi que les ré-
chauds qui l'entouraient. Il en résulte qu'on n'a plus qu'une
plate-bande ordinaire, comparable à celles de jacinthes et de
tulipes, et qui bientôt se couvre d'une luxuriante floraison. Si
le soleil devient ardent, on ombrage la planche fleurie avec
des toiles ou des canevas pour faire durer les fleurs plus longtemps, mais on la découvre après la défloraison afin que les
fruits noués puissent se parfaire au soleil et donner de bonnes
graines. A partir de ce moment, on cesse les arrosages, et
même, si le pays est pluvieux en été, il est prudent de replacer
les panneaux vitrés sur la planche afin que l'excès d'eau ne
fasse pas pourrir les bulbes pendant la saison du repos. Vers
la fin de juillet ou dans le courant du mois d'août, lorsque les
feuilles des plantes sont flétries ou sèches, on relève les bulbes
de terre et on les laisse sécher comme ceux des jacinthes, en
les tenant dans un appartement bien aéré et où l'humidité n'ait
pas accès, puis on les replante en octobre, ainsi que nous l'avons
dit plus haut. On profite du moment pour faire la séparation
des caïeux, qu'on plante à part, dans les mêmes conditions
que les bulbes mères, et quelques-uns fleurissent déjà l'année
qui suit. Les graines, récoltées à maturité et tenues au sec
pendant l'hiver, se sèment au printemps, en terrines drainées
et en terre de bruyère sous châssis froid, et le jeune plant
qu'on en obtient est mis en place à la deuxième année. Les
ixias, sparaxis, morées, tigridies, watsonies, etc., et en outre
une multitude de liliacées et d'amaryllidées de l'Afrique australe ou des régions tempérées de l'Amérique et de l'Asie, s'accommodent on ne peut mieux de cette culture de pleine terre,
en sol drainé et abrité, culture qu'on pourrait d'ailleurs étendre
à beaucoup d'autres plantes, même de celles qui n'ont rien de
commun avec les plantes bulbeuses. Ce procédé est, après
tout, fort analogue à celui qu'on applique aux jacinthes et
aux tulipes ; la seule différence est que les iridées exotiques,
et principalement celles de l'Afrique australe, étant moins

rustiques que ces dernières et craignant davantage le froid et l'humidité, on les abrite momentanément contre cette double cause de destruction. Nous n'avons pas besoin d'ajouter que le mode de culture doit se modifier suivant les climats, et que les abris temporaires dont nous avons parlé ne sont nécessaires que là où l'hiver a une certaine rigueur, et où les pluies sont fréquentes et prolongées.

Il y a cependant des espèces qui, à cause de leur emploi particulier dans le jardin, ou par suite de certaines différences de tempérament, demandent que ce régime soit un peu modifié ; par exemple, les glaïeuls de grande taille, qui sont réservés pour faire des massifs, les tigridies, dont les bulbes ont de la peine à mûrir dans le climat du nord, et quelques autres espèces qui n'aiment pas que leurs bulbes sortent de terre. Nous allons examiner séparément les modifications qu'il convient d'introduire dans la culture pour chacun de ces groupes de plantes.

Quoique pouvant réussir en pots, les glaïeuls, à cause de la hauteur de leur tige, ne se cultivent guère qu'en pleine terre, et on donne la préférence à une terre à la fois substantielle et légère, telle que la terre de jardin additionnée de terre de bruyère ou de terreau de feuilles, dans les proportions ci-dessus indiquées. Ils peuvent y passer l'hiver, moyennant l'abri d'un coffre vitré qui les met à l'abri du froid et de l'humidité, et encore cette précaution n'est-elle pas nécessaire dans le climat du midi, où la gelée ne fait qu'effleurer la surface du sol. Cependant on préfère généralement retirer les bulbes de terre après la fanaison des feuilles ou la maturité des graines, si on tient à récolter ces dernières. Les bulbes, après avoir été exposés quelque temps à l'air, sont conservés sur des tablettes, dans un appartement sec et simplement à l'abri de la gelée, pour être replantés au printemps. L'expérience a prouvé qu'ils se conservent bien de cette manière ; néanmoins, si le climat le permettait, il vaudrait encore mieux les laisser hiverner en pleine terre, et ne les relever que tous les trois ou quatre ans pour en détacher les caïeux.

Les grandes races de glaïeuls (*G. ramosus, G. gandaven-*

sis, etc.) doivent être plantées un peu profondément, par exemple à 20 ou 25 centimètres, pour que leur tige prenne toute sa force et résiste au vent; elles produisent plus d'effet lorsqu'elles sont en massifs, soit d'une même espèce, soit de plusieurs espèces associées. Dans ce dernier cas, les plus grandes se mettent au centre de la touffe, les moins élevées à l'entour et par rang de taille, de manière que les plus basses soient à la circonférence. On peut aussi assortir les couleurs pour obtenir des effets de contraste, mettre par exemple les variétés rouges à côté des jaunes ou des blanches, etc.; mais pour que cet effet se produise il ne faut rapprocher dans un même massif que les espèces qui fleurissent à peu près en même temps. On a plus de chance d'y réussir en n'y employant que des variétés différemment colorées d'une même espèce, comme les variétés rouges, roses, blanches et jaunes du *gandavensis*, et ainsi des autres.

Les tigridies se cultivent avec la même facilité. Partout où l'hiver est doux et un peu sec, leurs bulbes passent facilement l'hiver en terre avec ou sans abri, suivant le climat. A Paris, après un été chaud, ces bulbes, suffisamment mûris, se conservent aisément hors de terre et dans un lieu sec, mais plus au nord, et surtout après les étés pluvieux et sans chaleur, les bulbes sont incomplétement formés au moment où il faut les retirer de terre, et alors ils sont sujets à pourrir, malgré tous les soins. Le meilleur moyen d'y remédier serait d'abriter les planches qui renferment ces bulbes sous des coffres, dès la fin de l'été. L'éloignement de l'humidité et la chaleur plus grande qui en résulteraient achèveraient, dans la plupart des cas, leur maturation, et on pourrait d'ailleurs les laisser hiverner en terre, sous ces abris, à la condition que la gelée n'y pénétrât pas. Enfin, il est quelques iridées, principalement américaines, les rigidelles par exemple, qui, moins rustiques que les autres, s'accommodent volontiers de la serre chaude pendant les premières périodes de leur végétation, et que, pour ce motif, on tient constamment en pots. Sans les déplanter, on les porte à l'air libre lorsque le temps s'est décidément mis au beau, et on leur fait passer l'hiver en serre froide ou en orangerie, en ayant soin de ne point les arroser dans cette saison. Il est inutile au surplus que nous insistions plus longtemps sur des particularités toutes relatives aux climats, et qui nécessairement changent avec les lieux et les latitudes. Il suffira à l'horticulteur expérimenté de se rappeler les principes qui dominent toute la pratique dans la culture des plantes bulbeuses, savoir, un terrain meuble et bien drainé, des arrosages copieux dans la période de végétation, et l'absence totale d'humidité dans la saison du repos. Quant aux espèces rustiques, qu'elles soient indigènes ou étrangères, leur culture se borne, pour ainsi dire, à de simples soins d'entretien qu'il serait tout à fait superflu de rappeler ici.

§ IX. LES PRIMEVÈRES ET LES AURICULES.

Les primevères et les auricules (*Primula*), types de la famille des Primulacées, sont des plantes de climats froids ou tempérés, presque toutes originaires d'Europe et d'Asie, et généralement très-rustiques. Une seule, la primevère de Chine (*P. sinensis*), réclame des abris pendant l'hiver.

Toutes sont des plantes vivaces, à rhizome court, demi-ligneux, plus ou moins enterré, à feuilles radicales. L'inflorescence est une hampe ou tige nue, terminée par une ombelle de fleurs, qui peut quelquefois se raccourcir au point de disparaître presque entièrement, et, dans ce cas, les fleurs longuement pédicellées semblent sortir de la souche même de la plante. Les corolles sont monopétales, hypocratériformes, à limbe plus ou moins étalé, dont les couleurs, à l'état sauvage, sont le jaune, le blanc et le pourpre de diverses nuances. Dans la culture, et sans doute par le fait des croisements, ces couleurs primitives sont fréquemment altérées ou associées en cercles et en macules sur une même corolle. De nouvelles teintes même y apparaissent quelquefois, par exemple, les couleurs marron, mordorée, orangée, pourpre-noir, gris verdâtre, etc., modifications qui se compliquent de changements proportionnés dans la forme du ca-

lyce, la grandeur et la forme de la corolle, etc. Toutes ces altérations des types spécifiques semblent indiquer que ces
plantes sont depuis longtemps assujetties à la culture.

Une particularité remarquable, dans la plupart des espèces
de primevères et d'auricules, et qui a été récemment expliquée par un savant naturaliste anglais, M. Darwin, est le dimorphisme de leurs fleurs, ou plutôt de leur appareil repro-
ducteur. Tantôt le style, plus long que les filets staminaux,
porte le stigmate au niveau de la gorge de la corolle, où il
devient facilement visible, et dans ce cas, les étamines restent
courtes et incluses dans le tube ; tantôt ce sont les filets staminaux qui s'allongent et qui élèvent les anthères au niveau
de la gorge de la corolle, le style, par compensation, restant
très-court et son stigmate se trouvant caché au fond du tube.
Jamais on n'observe d'état intermédiaire entre ces deux formes, qui sont d'ailleurs à peu près aussi communes l'une
que l'autre dans la nature, mais non dans les jardins, car les
jardiniers rejettent ordinairement la forme à long style et
à courtes étamines. M. Darwin a démontré par d'ingénieuses
expériences que chacune de ces formes est stérile, ou presque
stérile, lorsqu'elle n'est fécondée que par son propre pollen,
mais qu'elle devient très-fertile si elle reçoit le pollen de l'autre forme. Ce fait curieux, qui a passé longtemps inaperçu,
donnera peut-être l'explication des variétés sans nombre
qui se sont formées dans les jardins, et dont la distinction
spécifique a offert jusqu'ici des difficultés insurmontables aux
nomenclateurs.

Les espèces et variétés qu'il nous importe le plus de connaître sont les suivantes :

1° La **primevère commune** ou **primerolle de
printemps** (*Primula veris*), plante indigène dans presque
toute la France, à feuilles réticulées-chagrinées, à fleurs petites, jaunes, au nombre de 8 à 20 par ombelle, et dont la
corolle a le limbe concave. Elle abonde dans les prés et dans
les bois, qu'elle égaye de sa floraison printanière. On l'emploie quelquefois à faire des bordures dans les jardins.

2° La **primevère acaule** ou **à grandes fleurs** (*P.*

caulis, *P. grandiflora*), semblable à la primevère commune par son feuillage, mais très-distincte par tous ses autres caractères. Sa hampe est si courte, qu'au premier abord elle paraît ne pas exister, et que les fleurs semblent naître isolément du cœur de la plante. Ces fleurs sont d'ailleurs beaucoup plus grandes que celles de la primerolle, et d'un jaune plus pâle dans la forme type. On en connaît des variétés où elles sont roses, de couleur carmin ou même pourpre foncé; d'autres variétés sont devenues, par décoloration, tout à fait blanches; enfin il en existe à fleurs doubles ou même pleines, dans ces divers coloris.

Cette espèce, qui est indigène et assez commune dans une grande partie de la France, se croise facilement avec la précédente et donne par là des hybrides plus ou moins fertiles, qui, soit en se fécondant les uns les autres, soit en recevant du pollen des plantes dont ils sont issus, produisent à leur tour des formes mixtes, dont les botanistes ont vainement essayé de faire des espèces légitimes, ces formes n'ayant ni uniformité, ni stabilité. C'est, selon toute vraisemblance, à quelqu'un de ces hybrides qu'il faut rapporter la *grande primevère* (*P. elatior*), variété sans caractères bien arrêtés, qu'on trouve cependant inscrite dans beaucoup de catalogues botaniques comme espèce distincte.

3° La **Primevère des fleuristes** (*P. variabilis*) (fig. 42), dont l'origine est inconnue,

Fig. 42. — Primevère des fleuristes.

mais que quelques botanistes rattachent, sans aucune probabilité, à la primerolle commune. Son feuillage est à peu près
celui des espèces précédentes, mais ses larges ombelles pédonculées, à fleurs grandes, dressées, à limbe arrondi, et dont
la couleur dominante est le pourpre, la font aisément distinguer. Il faut reconnaître cependant que son coloris varie de
la manière la plus étonnante, à tel point qu'il serait difficile
d'en trouver dans les collections deux individus parfaitement
semblables sous ce rapport, à moins qu'ils ne vinssent d'un
même pied. Le semis de ses graines ne donne pas non plus
des individus uniformes, ce qui s'explique par la diversité des
pollens qu'une même plante peut recevoir, et sans lesquels,
par suite de son dimorphisme, elle resterait stérile. Ajoutons
enfin qu'un bon nombre de ces primevères de jardins sont
indubitablement des hybrides ou des descendants d'hybrides,
ce qui explique suffisamment les variations de port et de coloris dont nous venons de parler.

4° L'**auricule** ou **oreille d'ours** (*P. Auricula*) (fig. 43),
indigène des Alpes, à
feuilles lisses, gla-
bres, souvent rendues
comme farineuses par
une poussière glauque
ou blanchâtre, carac-
tère qu'on retrouve
d'ailleurs dans plu-
sieurs autres espèces
montagnardes. Les
fleurs, à l'état normal,
sont jaunes et comme
veloutées, mais, par
l'effet de la culture,
elles ont pris toutes
les nuances du jaune,
du marron et du

Fig 43. — Auricule.

pourpre, ce dernier poussé quelquefois presque jusqu'au noir.
Chez quelques-unes, il s'y ajoute des tons gris verdâtre ou

bleuâtres, dûs en partie à ce que la corolle se revêt de poussière glauque comme les feuilles. Dans les variétés d'élite, ces diverses teintes sont associées deux ou trois ensemble, et alors disposées en cercles concentriques. Elles sont d'autant plus estimées que les couleurs sont plus vives et plus tranchées.

L'auricule est essentiellement une plante de collection, et à une certaine époque elle n'a guère excité moins d'enthousiasme, chez les amateurs fleuristes, que la tulipe et la jacinthe. C'est surtout en Angleterre et en Hollande que ses fleurs ont été perfectionnées par la voie des semis et la sélection des produits obtenus. Il en est résulté des catégories de variétés assez distinctes, moins rigoureuses sans doute aujourd'hui qu'autrefois, mais qui ont encore une certaine valeur horticole. Ces catégories, au nombre de quatre, sont :

Les *pures* ou *ordinaires,* à fleurs unicolores, sauf l'œil ou le centre de la fleur qui est blanc, le reste du limbe étant jaune, mordoré, brun, brun-noir, pourpre ou violet.

Les *ombrées* ou *liégeoises,* qui, outre l'œil blanc ou jaune, de forme très-ronde, ont deux couleurs différentes disposées en cercles concentriques. Ce sont les plus communes dans les collections et les plus recherchées, mais elles n'ont pas toutes le même prix aux yeux des collectionneurs, dont les goûts individuels varient considérablement.

Les *anglaises* ou *poudrées,* dont la fleur, ordinairement multicolore, est comme poudrée de la poussière glauque qui revêt les autres parties de la plante, ce qui leur donne un aspect des plus singuliers. L'œil est ici généralement blanc, mais moins arrondi que dans les auricules de la section précédente, ce qui est considéré comme un défaut.

Enfin les *doubles,* où l'on réunit toutes les variétés qui ont au moins deux corolles emboîtées l'une dans l'autre, sans tenir compte du coloris. Elles sont peu recherchées, ce qui tient tout à la fois à la faiblesse de leur tempérament, qui les rend difficiles à conserver, et surtout à ce qu'elles n'offrent plus la richesse et la régularité de coloris de celle des sections précédentes.

5° La **primevère de Chine** (*P. sinensis*) (fig. 44), qui est

Fig. 44. — Primevère de Chine.

vivace comme ses congénères, mais qu'on traite dans nos jardins
comme annuelle ou bisannuelle. Elle diffère très-notablement
par son port, comme aussi par ses fleurs, de toutes nos espèces d'Europe. Ses feuilles, longuement pétiolées et velues,
sont larges et presque cordiformes, avec les bords ondulés ou
lobés. Ses fleurs, en ombelles au sommet de la hampe ou pédoncule commun. sont blanches, roses ou pourpre-clair, avec
l'œil de la corolle jaune pâle. Cette belle espèce a donné
d'assez nombreuses variétés, qui se distinguent du type par
des fleurs plus grandes, panachées, frangées, doubles,
semi-doubles, etc. Sous les climats du centre et du nord
de la France, la primevère de Chine demande des abris en
hiver.

6° La **primevère cortusoïde** (*P. cortusoides*), de Sibérie
et du nord de la Chine. Elle ressemble jusqu'à un certain point
à la précédente par son feuillage, mais elle en diffère par ses

eurs plus petites et d'un pourpre assez vif. Elle est très-rus-
que sous nos climats.

Outre ces espèces principales, il en est quelques autres de
ileur secondaire ou plus récemment introduites dans les jar-
ins, telles que la *primevère involucrée* (*P. involucrata*), du Né-
aul, la *primevère denticulée* (*P. denticulata*) et la *Primevère
lue* (*P. villosa*), toutes deux des Alpes, la *primevère de Pa-
nure* (*P. Palinuri*), d'Italie, etc. Mais ces espèces ne sont
lus, à proprement parler, des plantes de collection, quoi-
u'elles ne soient pas dénuées d'intérêt.

Culture des primevères et des auricules. Les pri-
levères ordinaires (*P. variabilis, P. acaulis*), ainsi que leurs
*riétés, sont un des premiers ornements printaniers de nos
.rdins. Sous la latitude de Paris, elles fleurissent dès la fin
e mars, et un mois plus tôt dans le midi; leur floraison
eut d'ailleurs durer jusqu'au 20 ou au 30 avril, suivant que
:s lieux où elles se trouvent sont plus chauds ou plus froids.
eur forme basse et ramassée, ainsi que l'abondance de
:urs fleurs, les rendent particulièrement propres à faire des
ordures le long des sentiers du parterre ou autour des
nassifs de plantes à floraison vernale. La vivacité de leur
oloris, si on a eu soin d'en prendre note, favorise d'ailleurs
ngulièrement ces combinaisons de couleurs dont nous avons
arlé, et en les faisant contraster soit entre elles, soit avec
'autres plantes du même massif dont la floraison coïncide
vec la leur, en en obtient les effets les plus brillants. Elles
:ussissent très-bien aussi sur rocailles et en pots; mais ce
ernier mode de culture est plus ordinairement réservé aux
uricules.

Ces plantes ne sont nullement difficiles sur la qualité du
errain; elles réussissent pour ainsi dire partout, à la condi-
ion que le sol, drainé artificiellement ou naturellement, ne
etienne pas l'eau des pluies et des arrosages. Cependant une
erre argilo-calcaire mêlée d'un peu de sable siliceux est
elle qu'elles semblent préférer. On s'abstient de leur donner
les engrais d'origine animale, à moins qu'ils ne soient en pe-
ite quantité et très-décomposés ; mais elles s'accommodent

volontiers du terreau de feuilles, et il est bon d'en mettre tous les ans quelque peu autour de leur pied. Au surplus, rien n'est plus fréquent que de rencontrer dans des jardins mal tenus des primevères qui sont de la plus grande beauté, quoiqu'on ne leur donne aucune attention.

Faciles à cultiver dans le'nord, les primevères demandent plus de soins dans le midi, et cela uniquement à cause de la sécheresse du climat. Si la chaleur était déjà forte au moment de la floraison, et que les plantes parussent en souffrir, on donnerait quelques arrosages ; mais là la véritable place des primevères est à l'exposition du nord ou du nord-est, ou au voisinage de massifs d'arbres et d'arbustes, dont le feuillage les met à l'abri du soleil pendant les heures les plus chaudes de la journée.

Les auricules, quoique originaires des hautes montagnes, sont plus exposées à périr en hiver dans nos jardins que les primevères communes, parce qu'elles n'y trouvent pas l'abri qu'une épaisse couche de neige leur procure dans leur région natale, et qu'elles y sont exposées aux fréquentes alternatives de gels et de dégels qui accumulent l'eau froide autour de leurs racines. Pour cette raison déjà, elles courent moins de risque lorsqu'elles sont plantées sur rocailles qu'en pleine terre, et moins encore si elles sont en pots, et cela surtout parce qu'on peut les transférer dans l'endroit du jardin où elles sont le mieux abritées contre les intempéries. On pare du reste à tous ces inconvénients en plaçant les pots sous châssis froids ou sous un hangar, ou simplement en les renversant sur le côté et en les couvrant de feuilles sèches ou de paille. Ce sont là des précautions qui s'indiquent assez d'elles-mêmes pour qu'il n'y ait pas lieu d'y insister plus longtemps.

Pour la culture en pots des auricules on se sert de vases plutôt petits que grands, c'est-à-dire n'ayant pas plus de 18 centimètres de hauteur sur une largeur à peu près égale. On draine les pots en en couvrant le fond de quelques tessons disposés de manière à laisser des vides au-dessous d'eux, et sur lesquels on étend une mince couche de mousse, pour empêcher la terre d'obturer le drainage et de nuire à la facile sortie de l'eau. La terre qu'on y emploie est celle du jardin, mais il est bon d'y mêler, à peu près dans la proportion d'un tiers, soit du terreau de feuilles, soit simplement de la terre de bruyère. On arrose peu, et toujours avec de l'eau qui ait séjourné quelque temps à l'air, surtout si c'est de l'eau de puits. Les soins seraient les mêmes si, au lieu de pots, on se servait de caisses, ainsi qu'on le fait quelquefois lorsqu'on veut avoir des auricules sur une fenêtre; ces caisses doivent être percées de trous à la partie inférieure et fortement drainées. Les auricules fleurissent presque en même temps que les primevères, ou du moins très-peu après. Les rempotages se font en juin et juillet.

Pour la primevère de Chine, qui sous le climat de Paris se cultive toujours en pots, la méthode de culture ne diffère pas sensiblement de celle que nous venons d'indiquer; la seule différence notable est que cette plante veut être abritée pendant l'hiver, et qu'elle demande des arrosages un peu plus fréquents que les primevères communes, parce qu'elle végète et est en fleur pendant toute la belle saison. La terre qu'on lui donne doit être pour cette raison plus perméable, c'est-à-dire plus siliceuse et plus riche en terreau de feuilles. Les rempotages et changements de terre se font à la fin de l'hiver, c'est-à-dire au moment où la végétation va reprendre; mais on les ferait aussi en automne si on voulait forcer les plantes sous châssis ou en serre tempérée, pour en obtenir la floraison pendant l'hiver. Dans le climat méditerranéen, les primevères de Chine pourraient se cultiver en pleine terre, à l'abri des vents du nord, mais au voisinage d'autres plantes plus élevées, dont le feuillage les défendrait contre l'ardeur du soleil.

La multiplication des primevères et des auricules se fait ordinairement de marcottes ou d'éclats du pied, enracinés ou non, qui reprennent en général avec une grande facilité. L'opération se fait dans le courant de l'été, c'est-à-dire peu après la floraison, et on favorise la reprise par quelques arrosages donnés à propos. Pendant l'automne et l'hiver les

plantes prennent de la force, et elles fleurissent déjà abondamment au printemps suivant. On pourrait aussi marcotter à
la fin de l'hiver, mais les plantes n'auraient cette première
année qu'une floraison insignifiante. C'est par ce genre de
multiplication, ainsi que nous l'avons jadis expliqué, que les
variétés se conservent pures et pour ainsi dire indéfiniment.

Le semis est un autre moyen de propagation, mais
moins fréquemment employé, si ce n'est lorsqu'on cherche à
obtenir des variétés nouvelles. Les résultats du semis sont
toujours plus longs à attendre, et quelquefois ils font essuyer
plus de mécomptes qu'ils ne donnent de bénéfices. On rendrait les chances de gain bien plus nombreuses si, tenant
compte du dimorphisme dont nous avons parlé plus haut, on
fécondait artificiellement, les unes par les autres, les plus
belles variétés, réservées seules pour servir de porte-
graines.

Les semis se font plus avantageusement en été qu'en automne, et en automne qu'en hiver, et surtout qu'au printemps de l'année suivante. On les fait en pleine terre, à mi-
ombre, ou en terrines qu'on laisse en plein air et qu'on
abrite sous châssis pendant l'hiver. La terre doit être fine, légère, bien perméable à l'eau des pluies. Si les semis ont été
faits en terrines et qu'ils soient levés à l'entrée de l'hiver, il
est bon de les abriter sous un châssis; on peut d'ailleurs repiquer les jeunes plantes isolément dans des pots, et les
tenir à l'abri des intempéries. Les soins à prendre ici sont
naturellement indiqués par le climat du lieu, et il n'y a
pas de règle générale à fixer à cet égard. La levée des semis
est assez irrégulière; suivant l'époque où ils ont été faits, ils
lèvent dans l'année même ou seulement l'année suivante;
beaucoup de graines même restent un an ou deux en terre
avant de germer. La primevère de Chine, quoique vivace, se
traite comme plante simplement annuelle, ou tout au plus
comme plante bisannuelle, et cela parce qu'à partir de la
seconde année sa floraison s'appauvrit au point de ne plus
compenser les soins qu'on lui donne. La récolte des graines
a donc ici plus d'importance que pour les espèces précé-

dentes, et il serait utile d'en favoriser la production en fécondant artificiellement les fleurs, et surtout en croisant les individus les uns par les autres, bien qu'ici le dimorphisme soit moins prononcé que dans les autres espèces. Les semis se font communément en juin et juillet, ou au plus tard au mois d'août, si le climat est chaud, soit en pleine terre à mi-ombre, soit, plus ordinairement, en terrines qu'on peut tenir à l'air libre au pied d'un mur ou sous châssis vitrés. On y emploie une terre légère, très-siliceuse, additionnée de terreau de feuilles décomposé ou de terreau de couches. Dès que les jeunes plantes ont cinq ou six feuilles on les repique séparément en pots bien drainés et remplis du compost que nous venons d'indiquer, et aux approches de l'hiver on les remise en serre tempérée ou sous châssis chauffés à 12 ou 15 degrés centigrades, température qui est suffisante pour ces plantes en cette saison. Il est à peine nécessaire d'ajouter que les arrosages doivent être proportionnés à l'activité de la végétation, et qu'on doit aérer les plantes toutes les fois que la température extérieure est assez douce pour ne leur faire courir aucun danger.

§ X. — LA PENSÉE.

Les pensées et les violettes appartiennent au genre *Viola* de Linné, et sont le type de la famille des violariées. On en connaît un assez grand nombre d'espèces, dont une vingtaine sont indigènes en France; la plupart cependant habitent les lieux élevés, tant en Europe qu'en Asie. Sept ou huit de ces espèces ont été introduites dans les jardins, mais la pensée proprement dite et deux ou trois variétés de violette sont les seules qui aient quelque importance.

La **pensée des jardins** (*Viola tricolor*) est une des plantes qui attestent le mieux l'influence modificatrice de la culture et en même temps la flexibilité de certaines espèces. Aucune description ne saurait rendre toutes les combinaisons de coloris et la variété de tons qui se sont effectuées et s'ef-

Fig. 45. — Pensée des jardins.

fectuent encore journellement sur la corolle de celle-ci. La forme et la grandeur des fleurs, et, jusqu'à un certain point, le port même des plantes, sont pareillement sujets à varier ; aussi les botanistes n'ont-ils pas encore pu s'accorder sur l'origine de ces innombrables variétés, les uns, avec Linné, les rattachant au *Viola tricolor,* ou pensée sauvage de nos champs et de nos jardins, les autres prétendant en trouver la souche dans une espèce de l'Asie centrale, le *Viola altaïca ;* enfin, d'après une troisième hypothèse, ces variétés seraient issues du croisement de plusieurs espèces distinctes. L'opinion de Linné nous paraît infiniment plus probable que les deux autres (1).

La pensée des jardins, quelle qu'en soit l'origine, est une plante herbacée, mais vivace, en tant qu'elle peut, si les circonstances la favorisent, se propager indéfiniment par les pousses qu'elle émet de sa racine ; comme plante cultivée elle est annuelle ou bisannuelle. Ses fleurs irrégulières, à 5 pe-

(1) D'après M. Carrière, chef des pépinières du Muséum d'Histoire naturelle, la pensée des jardins ne serait autre chose que le *Viola tricolor* amélioré par la culture, et une curieuse expérience qu'il a faite dans cet établissement, où il a vu se modifier, dans le sens des variétés cultivées, un grand nombre de plantes issues des graines de l'espèce sauvage, tendrait à confirmer l'opinion de Linné. M. Carrière va cependant plus loin, car il considère le *Viola tricolor,* et même le *V. rothomagensis,* comme de simples variétés du *V. arvensis* à petites fleurs jaune pâle, ce qui peut sembler exagéré. Dans tous les cas, l'expérience mériterait d'être reprise. Voir *Revue horticole,* 1863, p. 179 et 207.

tales, dont deux sont situés du côté supérieur, varient très-
notablement de grandeur suivant les individus. Les couleurs,
ordinairement très-vives, peuvent se rapporter à deux types,
le jaune et le violet, dont on trouve déjà les vestiges sur la corolle du *V. tricolor* sauvage; mais ces deux couleurs tantôt em-
piètent l'une sur l'autre, tantôt se fondent l'une dans l'autre, ou
se répartissent en macules de toutes formes et de toutes
grandeurs, tantôt enfin s'affaiblissent ou se renforcent; et
comme l'une de ces deux teintes originaires, le violet, est
elle-même un composé de rouge et de bleu, ces éléments
peuvent s'isoler, ou l'un des deux disparaître presque entièrement, ce qui rend prédominante l'autre couleur. De ces
diverses modifications résultent des coloris dont les teintes
et la distribution n'ont rien de fixe et produisent souvent les
effets les plus bizarres. Ainsi on voit des pensées unicolores,
c'est-à-dire entièrement jaunes, blanches, violettes, mordorées, ardoisées, couleur marron, pourprées, vaguement
bleuâtres, ou même noires, etc., et cela dans tous les tons de
ces divers coloris; bien plus ordinairement cependant les
fleurs sont multicolores, deux, trois ou même quatre couleurs
se partageant inégalement leur corolle, et représentant les
dessins les plus variés.

De cette facilité à se modifier sans cesse par le semis il est
résulté que les amateurs ont établi pour la pensée des règles conventionnelles de beauté, comme d'autres l'ont fait
pour les roses et les œillets. Ces règles, qui n'ont rien d'absolu, peuvent se formuler en quelques mots; ce sont : 1° La
grandeur des fleurs, qui dans certaines variétés d'élite atteignent jusqu'à cinq ou même six centimètres de diamètre;
2° leur forme, qui doit tendre à se rapprocher de celle du
cercle, par l'égal développement et la connivence des cinq
pétales, presque arrondis, parfaitement unis, sans ondulations sur les bords et bien appliqués les uns sur les autres;
3° des couleurs vives et veloutées, au moins dans les variétés
multicolores, avec l'œil central autrement coloré que le fond,
large et nettement dessiné, circulaire ou rayonnant; 4° enfin, on
fait aussi entrer dans ces conditions le port des plantes, qui

doivent être de taille moyenne, avec les fleurs fermes et dressées. Les variétés qui réunissent à peu près ces caractères sont ordinairement désignées sous le nom collectif de *pensée, anglaises* (1), quoiqu'un bon nombre d'entre elles soient nées de semis faits sur le continent; on réserve celui de *pensées de fantaisie* aux variétés, souvent tout aussi belles, qui pèchent par quelque point contre les règles établies. A tout prendre, elles sont bien plus nombreuses que les premières dans la plupart des collections d'amateurs.

Par sa rusticité, la facilité de sa culture, la précocité, la richesse et la longue durée de sa floraison, la pensée est une des plantes les plus précieuses de nos parterres. On l'emploie en bordures, en massifs, en contre-plantation avec d'autres fleurs de plate-bande; elle se prête admirablement aussi à la culture en pots, et elle fait merveille sur les fenêtres, les balcons et les étagères. Ses couleurs vives, lorsqu'elles sont bien assorties, donnent lieu aux plus brillants effets de contraste; les variétés unicolores sont naturellement celles qui y réussissent le mieux, et lorsqu'on vise à ce genre d'effet on les multiplie par les moyens que nous indiquerons tout à l'heure. La floraison, commencée vers le milieu d'avril dans le nord de la France, s'y continue ordinairement jusqu'à la fin de l'été, moyennant quelques arrosages pendant les chaleurs. Notons cependant que les fleurs printanières l'emportent généralement, sinon même toujours, en beauté sur celles de la saison plus avancée.

(1) C'est à une dame anglaise, lady Mary Tennet, fille du comte de Tankerville, qu'on attribue, non pas la première culture de la pensée, mais la découverte des premières variétés méritantes, et d'avoir ainsi ouvert la voie aux améliorations qui ont fait de cette plante une des plus importantes acquisitions de la floriculture. Ses essais datent de 1812, et ils ont été puissamment secondés par son jardinier, M. Richardson, qui, selon les indications de sa maîtresse, sema pendant plusieurs années les graines des plus belles variétés. De ces semis, aidés par une épuration sévère des produits obtenus, sont sorties des variétés d'élite, qui ont à leur tour produit celles que nous cultivons aujourd'hui. On voit que le principe sur lequel lady Tennet a fondé son système d'amélioration n'est autre que celui de la sélection continuée dans un nombre suffisant de générations, principe fécond qui revendique presque à lui seul tous les perfectionnements obtenus dans le cours des âges chez les végétaux, comme chez les animaux soumis à la domestication.

La pensée est peu exigeante en fait de terrain ; elle vient pour ainsi dire dans tous les sols, mais elle s'accommode surtout de ceux qui, moyennement engraissés, sont en même temps légers et perméables à l'eau. Ce sur quoi elle est plus difficile c'est l'exposition, qui doit être bien ouverte et bien éclairée, au moins sous la latitude de Paris. Dans les parties chaudes du midi, l'exposition au nord-est ou au nord-ouest conviendrait peut-être mieux. Si l'on veut la cultiver en pots ou en caisses, ces récipients devront être drainés à l'aide d'une couche de graviers ou de tessons, destinés à faciliter l'écoulement de l'eau.

La multiplication de la pensée se fait par deux voies, qui se complètent l'une l'autre : les semis et le bouturage.

Autant que possible on devra récolter les graines à la suite de la floraison printanière, parce que, ainsi que nous l'avons dit tout à l'heure, c'est elle qui donne les fleurs les plus grandes, les mieux faites et les plus vivement colorées. Les semis se font ordinairement en pleine terre, sur plates-bandes, à une exposition méridionale, et en terre légère et bien effritée. A quelque époque que l'on sème, les graines germent, mais sous le climat du nord la plus convenable est celle qui suit immédiatement la maturité des graines, c'est-à-dire l'été ou au plus tard le commencement de l'automne, et cela pour que les plantes aient le temps de prendre quelque force avant l'hiver. Le semis, s'il était fait trop tardivement, ne lèverait qu'après l'hiver. L'époque la moins convenable est celle de mars ou d'avril, parce que les jeunes plantes, stimulées par les pluies tièdes du printemps et la chaleur de l'été, fleurissent avant d'avoir acquis la force suffisante ; dans ce dernier cas elles sont annuelles, au lieu d'être bisannuelles comme avec la méthode précédente ; de plus elles sont très-inférieures sous le rapport de la floraison à celles qui ont levé avant l'hiver.

C'est indubitablement à l'échange des pollens entre les diverses variétés réunies sur une même plate-bande, et qui ont fourni les graines, qu'il faut attribuer, au moins dans une certaine mesure, le grand nombre de variétés nouvelles

15.

qui se produisent tous les ans par les semis. Si l'on tenait
multiplier certaines races franchement unicolores, pour e
obtenir les contrastes de coloris auxquels nous avons fa
allusion plus haut, on devrait isoler de toute la plantatio
les sujets unicolores qu'on destinerait à servir de porte
graines, et les féconder artificiellement · par leur propr
pollen, ou, mieux peut-être, par celui d'autres sujets parei
lement unicolores et de même teinte. Il est très-vraisem
blable que la proportion de plantes de même coloris que l
porte-graines dominerait dans le semis. On obtiendrait pa
là, pour ainsi dire à volonté, des séries de variétés blanche
jaunes, pourpre noir, etc., et en éliminant graduellement,
toutes les générations successives, les individus qui s'élo
gneraient du type cherché, on arriverait, selon toute prob
bilité, à créer des races assez stables pour qu'on pût compte
avec un certain degré de certitude sur la perpétuation i
définie de leurs caractères par la voie des semis.

Le bouturage n'est guère employé que pour la conserva
tion des variétés acquises, et alors on le borne à celles de ce
variétés qui sont ou paraissent être tout à fait supérieures, su
vant les idées que l'on s'est faites de la perfection dans c
genre de plantes. On n'a pas de peine à comprendre que si l
hasard avait fait naître une variété d'un coloris insolite, d'u
bleu prononcé par exemple, ou présentant des alliages
des combinaisons de couleurs extraordinaires, on devra
s'efforcer de la conserver, et alors le bouturage serait le se
moyen assuré. Ce bouturage se fait à l'aide des rejets o
œilletons qui se produisent à la base du pied, et qu'on fa
enraciner en les plantant à mi-ombre et en les couvra
d'une cloche. Ces rejets ne se formant guère que sur l
plantes douées d'une certaine vigueur, il sera bon, lorsqu'
s'agira d'une variété considérée comme importante, de l
renforcer, en laissant le champ libre autour d'elle, en l
donnant des soins particuliers, et surtout en supprimant un
notable partie de ses boutons de fleur. C'est surtout à la f
de l'été qu'on procède au bouturage des pensées. Si on ava
à craindre un hiver rigoureux, on abriterait momentanémer

le plant enraciné sous des paillassons ou des châssis. Comme toutes les autres plantes de nos jardins, la pensée peut-être amenée, par des abris et par la chaleur artificielle, à fleurir même en hiver.

La pensée des jardins est jusqu'ici la seule espèce du genre qui soit de collection, mais il ne serait peut-être pas impossible d'élever au même rang d'autres espèces, qui ne sont pas moins belles que celle-ci à l'état sauvage, entre autres la *pensée de l'Altaï* (*V. altaica*) et la *pensée de Rouen* (*V. rothomagensis*), toutes deux assez voisines de la pensée des jardins par le port, la grandeur et la forme de leurs corolles. Le coloris est un bleu violacé intense, avec un œil jaune au centre, dans la première, un bleu plus clair et un œil jaune plus pâle dans la seconde. Il est vraisemblable que soumises aux procédés de multiplication et de sélection qui ont été appliqués à la pensée des jardins, ces deux espèces deviendraient comme elle la souche de nombreuses variétés. On reproche à la pensée de l'Altaï de ne donner que rarement des graines sous le climat de Paris; elle pourrait dans tous les cas servir à féconder les autres espèces, ce qui serait encore un moyen d'arriver à la création de variétés nouvelles.

§ XI. — LES ANÉMONES ET LES RENONCULES.

Aussi bien que les primevères, les auricules et la pensée, l'anémone des fleuristes et la renoncule d'Orient sont devenues des plantes de collection de premier ordre, ce qu'elles doivent, comme celles-ci, à leur grande variabilité autant qu'à la beauté de leurs fleurs.

1° Le genre **anémone** (*Anemone**) se distingue aux caractères suivants : un tubercule ou rhizome de forme irrégulière, persistant, d'où naissent une ou plusieurs tiges annuelles et de nouveaux tubercules qui servent à la propagation de la plante ; des fleurs polypétales, régulières, dépourvues de calyce proprement dit, mais accompagnées d'un involucre de trois fo-

---

* C'est le nom grec de la plante : 'Ανεμώνη.

lioles, plus ou moins éloigné de la fleur et tenant lieu de
calyce ; des étamines en nombre indéfini ; des carpelles, aussi
en nombre indéfini, portés sur un réceptacle central, et se
convertissant en autant d'akènes ou fruits monospermes in-
déhiscents. Les feuilles sont toujours plus ou moins profondément lobées ou découpées. Le coloris des fleurs est le blanc,
le jaune, le rose-lilas, le rouge, le carmin ou le bleu violacé.
La floraison est généralement printanière.

Une douzaine d'espèces de ce genre sont indigènes en
France, toutes assez belles pour avoir mérité d'être introduites dans les jardins; mais on rattache à une seule, l'*Anémone coronaria* de Provence, les nombreuses variétés horticoles
désignées sous le nom d'*anémones des fleuristes* (fig. 46). Nous

devons faire ob-
server en pas-
sant que sous ce
nom d'*A. coro-
naria* on confond
très - probable -
ment deux espè-
ces, l'une à fleur
rouge vif, avec
un œil blanc au
centre, l'autre à
fleur bleu viola-
cé, qui croissent
ensemble dans
les mêmes loca-
lités du midi. Si
on en juge par
les tons divers
du coloris, les
variétés culti-
vées seraient is-
sues de ces deux
espèces ; il n'y
aurait   même

Fig. 46. — Anémone des fleuristes.

rien d'impossible à ce que quelques-unes de ces variétés résultassent de leur croisement entre elles ou avec d'autres espèces voisines.

Les modes de variation produits ici par la culture sont : 1° l'agrandissement des fleurs, qui atteignent, dans les belles variétés, à 7 ou même 8 centimètres de diamètre ; 2° la duplicature, ordinairement due à la transformation d'une partie des étamines en pétales, ou la plénitude, qui résulte du même fait de transformation étendue à la totalité des étamines et des carpelles; plus rarement l'involucre lui-même participe à une transformation pétaloïde analogue ; 3° aux altérations du coloris et à sa disposition sur les parties de la fleur. Ce coloris comprend, outre le blanc pur, tous les tons du lilas, du rouge, du carmin, du violet et du violet bleuâtre. Ces couleurs sont rarement isolées sur la même fleur; plus souvent elles s'allient deux ou trois ensemble, sous forme de macules et de panachures.

La culture déjà ancienne de ces jolies plantes, dans le nord de la France et les pays voisins, y a fait naître un nombre trop considérable de variétés pour qu'il soit utile ou même possible de les désigner toutes isolément par autant d'appellations différentes; elle a aussi fait inventer un vocabulaire particulier pour les diverses parties de la plante que les jardiniers et les amateurs ont intérêt à distinguer, mais qui n'a guère cours que dans nos provinces septentrionales. C'est ainsi qu'on désigne sous le nom de *patte* la racine persistante ou tubercule de l'anémone; sous celui de *pampre* les feuilles; sous celui de *fane* ou *collerette* l'involucre situé au-dessous de la fleur; la corolle est devenue le *manteau ;* le cercle de pétales plus intérieurs, dus à la transformation des étamines, le *cordon;* les pétales suivants, plus étroits, et résultant de la modification des ovaires extérieurs, les *béquillons ;* ceux du centre, plus étroits encore et formant une sorte de houppe, la *pluche* ou la *pane.* Quelques-uns de ces noms un peu barbares tendent à tomber en désuétude, et sont communément remplacés par les dénominations botaniques plus rigoureuses et plus généralement comprises.

Les conditions de la beauté et de la perfection sont ici, comme pour les autres plantes de collection, purement conventionnelles et varient selon le goût de l'amateur. En général cependant on considère comme tenant le premier rang les fleurs grandes, pleines, de forme bombée au milieu, avec une corolle (manteau) bien développée et de couleur tranchante, et les pétales du cordon larges, arrondis et autrement colorés que ceux du centre (béquillons et pluche). Quant aux couleurs, quelle que soit leur disposition, on veut qu'elles soient vives et nettement séparées; on rejette ordinairement les variétés dont les nuances sont pâles ou se fondent les unes dans les autres, bien que ce mode de coloration ait aussi ses partisans.

Parmi les variétés d'anémones doubles on peut citer, comme les plus parfaites, *Lord Nelson*, à fleurs violet bleuâtre; *Harold*, pourpre bleu; *Prince Albert*, violet foncé; *Preciosa* et *Hortense*, rouges; *Richelieu* et *Joséphine*, rouge écarlate; l'*Éclair*, d'un écarlate encore plus vif; *Rose mignonne*, d'une belle teinte rose; *Victoria regina*, rouge velouté; *Ornement de la nature*, d'un bleu presque pur. On pourrait leur adjoindre, dans la plantation en massifs, surtout si le terrain était calcaire, l'*anémone de l'Apennin* (*A. apennina*), charmante plante à fleurs azurées, rustique et de floraison vernale. Cette espèce n'est pas à proprement parler de collection, mais elle pourrait facilement le devenir.

L'anémone est une plante peu exigeante sur la qualité du terrain, pourvu qu'il ne retienne pas l'eau; elle vient presque partout, mais pour l'obtenir belle il convient de lui donner une terre à la fois substantielle et légère, telle que la terre franche additionnée de terreau de feuilles et de fumier de vache décomposé. La plantation des tubercules se fait communément en automne, du 15 septembre à la fin d'octobre, quoiqu'on puisse aussi la faire en hiver et au printemps, mais dans ce dernier cas les plantes sont moins vigoureuses, moins grandes et moins belles. Ainsi que nous l'avons dit plus haut, la floraison arrive naturellement au printemps, plus tôt ou plus tard suivant les lieux, mais on peut aussi la retarder à volonté, la faire arriver, par exemple, en été ou en automne, en plantant les tubercules plus tardivement. Cette plantation se fait soit en lignes, sur une planche préparée comme on le fait pour les jacinthes, soit en bordures ou en massifs, à des distances qui varient suivant la force présumée des plantes d'après la grosseur du tubercule. Pour que la terre soit suffisamment couverte, sans que les plantes se nuisent réciproquement, on peut adopter comme moyenne une distance en tous sens de 15 centimètres. La profondeur à laquelle on plante varie de même suivant le degré de consistance du terrain ; elle doit être plus grande dans un sol très-léger, moins grande dans un terrain compacte ; dans tous les cas, il convient de ne pas dépasser un maximum de 7 à 8 centimètres. Après la plantation la terre est légèrement tassée avec la main. Si la plantation a été faite en automne, et que le climat du lieu soit froid et humide, on couvre la planche pendant les plus mauvais mois d'hiver avec des paillassons ou une litière de mousse ou de feuilles sèches, de quelques centimètres d'épaisseur, qu'on enlève dès que les grandes gelées sont passées. Au sud du 44e degré de latitude cette précaution est rarement nécessaire. Il est à peine besoin d'ajouter que les tubercules doivent être plantés l'œil tourné en haut, puisque c'est de cet œil que sortiront la tige et les feuilles.

Après la floraison on laisse les anémones en terre jusqu'à dessiccation de leurs feuilles, afin de leur donner le temps de former leurs nouveaux tubercules, ce à quoi on aiderait par quelques arrosages si la chaleur était forte et prolongée, mais ces arrosages doivent cesser dès les premiers signes du ralentissement de la végétation. Le jaunissement des feuilles d'abord, puis leur dessiccation plus ou moins avancée, indiquent la maturité des tubercules ; on les enlève alors de terre, avec précaution pour ne pas les rompre, et, après les avoir laissés sécher quelques jours à l'ombre, on les rentre en lieu sec en attendant le moment de la replantation. Bien desséchés, et remisés dans un local convenable, ces tubercules se conservent un an ou plus. Dans le midi, où l'été est ordinairement très-chaud et très-sec, les tubercules peuvent sans in-

convénient rester en terre pendant cette saison, et même y
passer l'hiver, pour refleurir avec plus de force au printemps ;
mais sous le climat du nord il arriverait souvent, par suite
des pluies de l'été, que les tubercules nouvellement formés
entreraient en végétation et donneraient lieu à une seconde
floraison, moins belle que la première, et qui aurait pour résultat d'affaiblir les tubercules et de nuire à la floraison normale de l'année suivante. Quelques jardiniers et amateurs
sont dans l'usage de laisser les tubercules d'anémones se. reposer un an entier, parce que, disent-ils, la floraison en devient plus régulière et que les couleurs se conservent mieux.
Cet usage paraît être assez général en Italie.

Les anémones pourraient aussi se cultiver en pots et en caisses pour la décoration des appartements, et les procédés seraient les mêmes que ceux que nous venons d'exposer pour la
culture de pleine terre, avec cette seule précaution de plus que
les récipients devraient être drainés à l'aide de tessons, et enterrés au pied d'un mur pendant l'hiver, d'où on les retirerait
au moment de la floraison. Il serait d'ailleurs tout aussi simple
d'empoter des plantes sur le point de fleurir, toutes prêtes
par conséquent à servir à l'usage auquel on les destine.
Il est à remarquer en effet que, lorsqu'elles ont été levées
avec la motte, les anémones, même déjà fleuries, ne sont
point endommagées par la transplantation. A Paris, particulièrement, il est facile de s'en procurer à cet état d'avance-
ment chez les fleuristes de profession.

La multiplication des anémones se fait de deux manières :
1° par la division des tubercules, dont on sépare, au moment de la plantation, les tubercules secondaires formés dans
le courant de l'année précédente ; 2° par le semis des graines
récoltées sur les fleurs simples ou semi-doubles, car les fleurs
doubles ou pleines sont inévitablement stériles, la totalité des
organes reproducteurs (étamines et carpelles) ayant subi la
transformation pétaloïde. Dans quelques variétés cependant
cette transformation n'est que partielle, et alors il se forme
communément des graines, qui donnent la chance d'obtenir
de nouvelles variétés méritantes.

Le semis se fait au printemps, en pots, en terrines, ou sur planches abritées par un mur, en terre fine et légère. Les graines lèvent dans le courant de la saison, et il arrive quelquefois, quoique rarement, que les jeunes plantes fleurissent dans l'année même. Ordinairement cela n'arrive qu'à la seconde année, et ce n'est guère avant la troisième qu'on peut juger de leur valeur et procéder à l'épuration du semis.

Outre les variétés doubles et pleines de l'anémone des fleuristes, il en existe de simples, qui ne sont pas indignes de figurer dans les collections, et qui ont en outre l'avantage d'être plus rustiques et plus faciles à conserver que les doubles. Les formes sauvages elles-mêmes de l'*Anemone coronaria*, rouges et bleues, se rencontrent quelquefois dans les plates-bandes des jardins, en compagnie d'autres espèces peu ou point modifiées par la culture, telles que l'*anémone œil de paon* (**A.** *pavonina*), l'*anémone étoilée* (**A.** *stellata*) et quelques autres.

2° Les **renoncules** (*Ranunculus* *) diffèrent des anémones par leurs tubercules fasciculés et fusiformes, et qui, rapprochés les uns des autres, figurent les doigts d'une main ou la patte d'un animal, ce qui leur a valu le nom vulgaire de *griffe;* par l'absence d'un involucre et surtout par la présence d'un vrai calyce de 5 folioles, alternant avec un pareil nombre de pétales. Les étamines et les carpelles y sont de même en nombre indéfini et peuvent, comme chez les anémones, se transformer en pétales.

Le genre des renoncules est beaucoup plus riche en espèces que celui des anémones; la France seule en possède plus de quarante, presque toutes vivaces, dont quelques-unes comptent parmi nos herbes les plus communes. Toutes ont les fleurs jaunes ou blanches; celles que la culture a réussi à faire doubler ou à rendre pleines sont communément désignées sous les noms de *boutons d'or* et *boutons d'argent*, suivant leur couleur. Les deux seules espèces dont nous ayons à parler ici. comme plantes de collection, sont : la *renoncule d'Orient*, ou

---

* C'est le diminutif du mot latin *rana*, grenouille, sous lequel on désignait la renoncule aquatique. Ce mot est l'équivalent du grec βατράχιον, qui avait la même signification.

renoncule des fleuristes (fig. 47), originaire de la Perse, et dé-signée par Linné sous le nom de *Ranunculus asiaticus*, et la *renoncule pivoine* ou *turban* (*Ranunculus africanus*), qu'on croit venue de Barbarie. En tant que plante de collection, cette dernière a moins d'impor-tance que l'au-tre.

La renoncule d'Orient est cultivée depuis fort longtemps en Asie, mais son introduction dans l'Europe occidentale ne remonte pas au delà du seizième siècle. Les pre-

Fig. 47. — Renoncule des fleuristes.

mières, qui nous furent apportées de Constantinople, étaient des variétés semi-doubles mais fertiles, ce qui permit de faire des semis et d'obtenir de nouvelles variétés. Ces plantes ayant bientôt obtenu la vogue se répandirent rapidement en Hol-lande et en Angleterre, où on s'occupa plus qu'ailleurs de leur culture, et où par suite naquirent une multitude de belles variétés encore prisées aujourd'hui.

La renoncule d'Orient est essentiellement, comme l'ané-mone, une plante de plate-bande, et elle est employée aux mêmes usages. Sa tige est moins élevée que celle de l'anémone; son feuillage plus arrondi, quoique découpé; ses fleurs, moins compliquées lorsqu'elles sont doubles ou pleines, et plus semblables à une rose par leurs pétales étalés et imbriqués, présentent aussi d'autres coloris, qui sont principalement le jaune, l'orangé vif, le rose, le rouge, le brun, le marron, le pourpre noir, le blanc pur, avec toutes leurs dégradations. Certaines variétés sont unicolores; certaines autres présentent deux ou trois couleurs réunies en stries, en macules, en bordures, ou fondues l'une dans l'autre et donnant des nuances intermédiaires. Enfin, il en est dont les pétales du centre, résultant de la transformation des carpelles, prennent une teinte verte assez franche, et l'on voit même quelquefois cette teinte insolite s'étendre au reste de la fleur sous forme de panachures ou de marbrures. Peu de plantes cultivées ont subi d'aussi nombreuses modifications dans leur coloris et donné un aussi grand nombre de variétés; la pensée est la seule peut-être qui soit mieux douée sous ce rapport. Citons seulement, parmi ces variétés, *Bella donna*, blanche mouchetée de pourpre; *Montblanc*, d'un blanc pur; *Nosegay*, jaune moucheté de brun; *OEil noir*, d'un violet presque noir; *Prince de Galitzin*, jaune moucheté de marron; *Fire-ball*, ou *Boule de feu*, rouge clair; *Commodore Napier*, jaune bordé de brun.

La renoncule pivoine se distingue de l'espèce asiatique par une taille un peu plus élevée, des feuilles plus larges et moins découpées, des fleurs plus grandes, moins étalées et plus bombées par suite de l'incurvation des pétales en dedans, ce qui leur donne une certaine ressemblance avec celles des pivoines. Elle est aussi plus rustique, plus facile à cultiver dans les climats du nord et plus précoce de floraison. Ses fleurs étant toujours doubles ou semi-doubles, et dans ce dernier cas encore étant infécondes par l'imperfection des organes reproducteurs, elle n'a pu se conserver dans les cultures que par la plantation des griffes, et jamais par la voie des semis: aussi n'en connait-on qu'un petit nombre de variétés, jaunes, rouges, orangées, blanches, brun noir, etc., unicolores ou panachées. Les plus classiques sont : *Romano*, de teinte écarlate; *Turban d'or*, écarlate et jaune d'or; *Séraphique* et *Mer-*

veilleuse, toutes deux jaunes ; *Hercule*, d'un blanc pur ; *Sou*
doré, jaune orangé moucheté de brun ; *Grandiflora*, roug
cramoisi ; *Turban noir*, brun marron. Dans ces variétés l
mode de coloration varie quelque peu suivant les lieux, le
terrains et les circonstances climatériques.

La culture des renoncules a la plus grande analogie ave
celle des anémones ; on peut dire cependant qu'elles sont u
peu plus difficiles sur le choix du terrain. Les renoncules s
plaisent davantage dans un sol argileux, plus fort et plus com
pacte que celui que nous avons indiqué pour les anémones ; i
ne faut pas que ce terrain soit imbibé d'eau stagnante, mai
il est bon qu'il conserve un peu d'humidité. Si on voulait pré
parer un compost exprès pour ces plantes, on y emploierait l
terre superficielle d'une bonne prairie naturelle, mélangée
dans la porportion de deux tiers, avec du terreau de feuilles
ou mieux encore du terreau de couches neuf mais bien con
sommé. Dans les terres maigres, siliceuses et légères, les re
noncules restent chétives et ne donnent qu'une floraison ap
pauvrie.

La plantation des griffes de renoncules se fait plus tôt or
plus tard, suivant les lieux, les climats et la nature du terrain.
Dans le midi, et généralement partout où l'hiver n'est ni long n
rigoureux, on plantera en automne, sauf, s'il y a lieu, à abriter
momentanément la plantation sous une litière de paille ou de
feuilles sèches ; dans le nord, surtout si la localité est froide et
humide, on attendra au mois de février ou de mars ; cependan
plus tôt la plantation aura été faite, plus les plantes seront vi
goureuses et belles. La planche qui doit les recevoir ayant été
préparée et nivelée, et des lignes tracées au cordeau pour di
riger le planteur, on creuse avec les doigs de petites cavités et
on y place les griffes l'œil en haut et les pointes des racines en
bas ; on les couvre ensuite de 5 à 6 centimètres de terre, ou un
peu plus si le sol est léger, en ayant soin de tasser la terre au
dessus. La distance en tous sens, entre les griffes, varie sui
vant leur force et suivant la qualité du terrain. Dans les bonnes
terres, où les plantes deviennent plus fortes, la distance ne
doit pas être inférieure à 16 centimètres ; dans les sols siliceux

t maigres, on peut planter plus serré, soit à 12 ou même à
0 centimètres, mais alors les plantes ne prennent qu'un mé-
iocre développement. Mieux vaudrait amender le sol par l'ad-
ition de terre argileuse et de bon terreau et planter moins
erré ; les plantes y gagneraient et donneraient une floraison
ien plus nourrie.

Toutes les expositions bien aérées conviennent à la renon-
ule, pourvu qu'elles y reçoivent le soleil pendant quelques
eures de la journée. Cependant une insolation trop forte et
op prolongée a pour effet d'abréger la durée des fleurs et
e diminuer d'autant les jouissances de l'amateur. Ce sera donc
ffaire à celui-ci de choisir l'exposition la plus favorable,
u égard à l'emplacement de son jardin et au climat du
ays. Les précautions à prendre contre le soleil s'appliquent
articulièrement aux climats méridionaux ; cependant, même
ans le nord, il n'est pas inutile, si le soleil devient trop ar-
ent, d'abriter les plantes fleuries sous un canevas à claire-voie
u sous des claies soutenues par des piquets, pendant les
eures les plus chaudes du jour. Suivant les lieux et les climats,
a floraison arrive en mai ou en juin, c'est-à-dire à une époque
ù le soleil a déjà de la force.

L'arrosage des renoncules mérite aussi quelques considé-
ations. Bien que ces plantes se plaisent dans une terre fraîche
t humide, il leur est très-défavorable d'être inondées par des
rrosages trop copieux ou trop fréquents ; il n'est pas rare
lors de voir leurs feuilles tourner au jaune, et leur végétation
e ralentir, ce qui est toujours fâcheux pour la floraison. On
igera par l'état de la terre de la quantité d'eau qu'il convien-
ra de leur donner, et quand on arrosera on aura soin de
épandre l'eau entre les lignes, sans mouiller le feuillage,
récaution nécessaire surtout par les temps de grand soleil et
e sécheresse. Les renoncules ne sont pas les seules plantes
uxquelles cette recommandation puisse s'appliquer; l'expé-
ience a appris que le mouillage des feuilles est souvent per-
icieux, et cela d'autant plus que le ciel est plus pur et le
oleil plus ardent.

Après la floraison on doit cesser tous les arrosages, afin

de hâter la maturation des nouveaux tubercules qui se sont formés et qui sont l'espoir de la floraison suivante. Dès que les tiges et les feuilles ont jauni on procède à l'enlèvement de ces tubercules, opération importante, qui doit être faite à temps et qui demande de grands soins. Si on la différait, les tubercules au lieu de se consolider par le repos entreraient bientôt en végétation, sous le stimulant de la chaleur et des pluies de l'été, et ils perdraient par là toute leur valeur. On les enlève donc successivement au fur et mesure de leur maturité, ou tous en même temps si la végétation de la planche a marché d'une manière uniforme, et pour cela on soulève les mottes de terre à la bêche, mais on en extrait les griffes à la main, de peur de les casser. Après les avoir débarrassées de la terre qui les enveloppe, on les étend sur des planches ou des claies dans un endroit aéré, mais non exposé au soleil, et lorsqu'elles ont commencé à se ramollir, ce qui diminue leur fragilité, on enlève les restes flétris ou desséchés des tubercules de l'année précédente. En même temps, si on se propose d'accroître le nombre des plantes de la collection, on divise les griffes en deux ou trois parts, suivant leur grosseur et le nombre de leurs tubercules. Un peu plus tard, la dessiccation étant achevée, les griffes se remisent dans un appartement sec, enfermées dans des boîtes ou des sachets. Placées dans de bonnes conditions, les griffes des renoncules, comme les tubercules anémones, conservent leur vitalité pendant un an ou deux, et peut-être plus. Celles qui ont été gardées un an, et qui pour ce fait sont dites *griffes reposées*, sont préférées par quelques horticulteurs aux griffes de la dernière récolte, parce qu'ils les croient moins sujettes à dégénérer et qu'ils leur attribuent une végétation plus égale et une floraison plus régulière.

Les semis de renoncules se font au moyen de graines récoltées sur les plantes à fleurs simples ou semi-doubles, qui, seules, en produisent. Leur but est surtout de fournir en peu de temps une grande quantité de plantes, pour en former des massifs dans le parterre, et à ce point de vue il importe peu que les plantes soient simples ou doubles, pourvu qu'elles

aient de beaux coloris. Cependant il peut arriver, et il arrive
même assez souvent, que dans le nombre des échantillons
obtenus il s'en trouve qui réunissent toutes les qualités des
plantes de choix; on les réserve alors pour la collection. On a
remarqué d'ailleurs que les plantes obtenues directement de
semis ont plus de vigueur que celles qui naissent des griffes,
surtout quand ce dernier mode de propagation a été longtemps
employé. Sous le climat du nord, les semis se font du milieu
de l'été au commencement de l'automne, en terrines, sur terre
tamisée. Les plantes lèvent communément avant les froids; on
les abrite en hiver sous châssis, et au printemps suivant on
les enlève pour les mettre en pépinière, où elles achèvent de
se former. Relevées de terre comme nous l'avons dit ci-dessus,
et replantées en automne ou à la fin de l'hiver, elles fleurissent
au printemps suivant et sont dès lors traitées comme des plantes
adultes. Rien n'empêche de semer aussi au printemps, mais
le semis d'automne doit avoir la préférence. Au surplus, l'é-
poque des semis, comme tous les autres points de cette
culture, est nécessairement subordonnée aux climats, et, suivant les lieux, telle époque vaudra mieux que telle autre pour
les faire.

§ XII. — LES CHRYSANTHÈMES.

Les chrysanthèmes ou pyrèthres (*Chrysanthemum, Pyre-*
thrum), car les deux appellations existent, bien que la première soit la plus usitée, sont un genre de composées-radiées
propre aux régions tempérées de l'ancien continent Plusieurs
espèces, qui sont indigènes du midi de l'Europe et du nord
de l'Afrique, sont cultivées en qualité de plantes de plate-
bande, mais les seules qui aient de l'importance comme
plantes de collection nous viennent de l'Asie orientale; ce
sont le **Chrysanthème de l'Inde** et le **chrysanthème**
de la Chine (*Ch. indicum, Ch. sinense*), que quelques auteurs regardent comme de simples variétés l'un de l'autre.

Ce sont des plantes vivaces, rustiques, à tiges annuelles,

très-florifères, imprégnées dans toutes leurs parties d'une substance aromatique analogue à celle de la camomille, quoique moins pénétrante. Originairement leurs fleurs étaient simples, dans le sens qu'on attache à ce mot lorsqu'on parle de la tribu des radiées, c'est-à-dire que leur capitule se composait de fleurons formant le disque et de rayons ou corolles ligulées à la circonférence, mais, par suite d'une culture vraisemblablement très-ancienne dans les contrées d'où ces plantes sont originaires, les fleurons du disque se sont allongés en ligules, de manière à représenter une fleur pleine, qui n'est toutefois que l'analogue d'un capitule de chicoracée. C'est par une transformation semblable que, chez plusieurs autres plantes de même famille et de même tribu, la reine-marguerite, le dahlia, la pâquerette, etc., les capitules ont pris l'aspect de fleurs pleines, quoiqu'en réalité chaque fleuron considéré à part soit resté simple comme il l'était primitivement.

Les types sauvages des deux plantes dont nous avons à nous occuper sont inconnus des botanistes, et on ignore quelle était dans le principe la couleur de leurs fleurs. On ne peut faire à ce sujet que des conjectures; la plus probable est que les fleurons du disque étaient jaunes, et les rayons roses ou couleur carmin. Ce sont effectivement ces teintes qui fournissent le fond du coloris des fleurs de chrysanthèmes, mais renforcées ou affaiblies, altérées ou mélangées dans toutes les proportions : aussi trouve-t-on aujourd'hui chez ces plantes toute la série des nuances, depuis le blanc pur et le jaune le plus vif, jusqu'au marron et au pourpre noir. Cette remarquable variabilité de coloris, autant que la plénitude et l'abondance des fleurs, le port distingué des plantes, leur rusticité et surtout leur floraison automnale qui se prolonge jusqu'aux gelées, ont fait des chrysanthèmes l'ornement obligé de nos parterres, et effectivement peu de plantes sont devenues aussi populaires et sont aussi dignes d'être recherchées.

Le chrysanthème de la Chine (fig. 48), nommé dans quelques provinces *renonculier*, est incontestablement le plus beau des deux; c'est aussi le plus anciennement introduit en Europe. Il s'élève communément à 0^m,80 ou 1 mètre. Ses tiges,

Fig. 48. — Chrysanthème de la Chine.

abandonnées à elles-mêmes, sont presque simples, en ce sens qu'elles ne commencent guère à se ramifier qu'au voisinage de l'inflorescence ; les capitules ouverts ont de 6 à 7 centimètres de diamètre. Celui de l'Inde ne date en Europe que d'une trentaine d'années, et, malgré sa désignation botanique, il se pourrait qu'il fût, aussi bien que le premier, originaire de la Chine ou du Japon. Il s'en distingue à sa taille, beaucoup plus basse, plus trapue et plus ramifiée, à ses feuilles moins grandes, et surtout à ses capitules, e moitié ou même des deux tiers plus petits. On en connaît ffectivement des variétés chez lesquelles les capitules ne dé-assent pas en largeur ceux de la pâquerette commune, mais, ar compensation, ils sont d'autant plus nombreux que leurs imensions sont plus rétrécies. Le chrysanthème de la Chine, cause de sa taille et de ses fortes touffes, convient mieux aux rands jardins; celui de l'Inde est mieux approprié aux petits arterres, et surtout à la culture en pots, qui est pour lui fort n usage.

Quoique rustiques, dans le sens ordinaire du mot, les chry-anthèmes sont cependant dépaysés sous la latitude de Paris, ù leur floraison à l'air libre est presque toujours contrariée ou arrêtée par les premières gelées de l'automne, et où il est rare qu'ils mûrissent des graines autrement qu'en orangerie ou en serre tempérée. Leur véritable climat, en France, est celui du midi. Là leur floraison s'effectue en toute sûreté; les teintes de leurs fleurs sont plus vives, et les graines y mûrissent sans difficulté. C'est donc dans cette région, plus qu'ailleurs, qu'il convient de les multiplier par la voie des semis, pour en obtenir des variétés nouvelles, ou les propager plus rapidement que par les procédés ordinaires. Au surplus, c'est de cette région de la France que sont sorties la plupart des belles variétés aujourd'hui répandues dans tous les jardins de l'Europe.

A ne prendre son histoire qu'à partir du jour où il a quitté son pays natal pour venir s'établir chez nous, on peut dire que le chrysanthème de la Chine est une plante toute française. Son introduction, qui remonte à 1789, est due à un négociant de Marseille nommé Blanchard. Dès 1790 la plante chinoise était cultivée au Muséum, et c'est de là qu'elle se répandit chez divers horticulteurs ou amateurs, qui semblent cependant ne lui avoir donné que peu d'attention, puisque trente ans plus tard il n'en existait encore que trois ou quatre variétés, ce qui tenait sans doute à la difficulté d'en obtenir des graines dans le nord. Mais en 1826 un amateur de Toulouse, du nom de Bernet, ayant remarqué que dans les jardins de cette ville le chrysanthème de la Chine produisait des graines, eut l'idée d'en faire des semis, et il en obtint immédiatement des variétés nouvelles. Ce procédé, bientôt adopté par d'autres amateurs et continué depuis lors sans interruption, a fait naître les variétés par centaines, sans compter celles qui ont été directement importées de la Chine, il y a quelques années, par le voyageur Fortune. Parmi ces dernières il en est qui se distinguent par un mode particulier de variation, l'allongement insolite des fleurons, qui, au lieu de se transformer en ligules comme dans nos chrysanthèmes ordinaires, ont pris la forme des fleurons extérieurs du bleuet, c'est-à-dire celle de longues corolles tubuleuses à cinq dents. Le chrysanthème de l'Inde, soumis comme celui de la Chine à la multiplication par semis, a donné pareillement naissance à d'innombrables variétés, généralement très-pleines, et qu'à cause de la petitesse comparative de leurs capitules on désigne sous le nom collectif de *chrysanthèmes pompon*. D'autres variétés de cette espèce, plus petites encore et semblables à des pâquerettes, ont été aussi introduites de Chine par le voyageur que nous avons nommé ci-dessus. Il résulte de ces variations, multipliées presque à l'infini, qu'aujourd'hui les deux espèces se nuancent par une multitude d'intermédiaires, qui semblent les réunir en une seule. Il est probable d'ailleurs qu'un certain nombre de ces variétés résultent du croisement des deux espèces. Enfin, de semis en semis on est parvenu à obtenir, dans la section des chrysanthèmes de l'Inde, des variétés hâtives qui fleurissent dès la fin de l'été, avantage incontestable pour les pays du nord où les gelées précoces arrêtent plus ou moins complétement la floraison des variétés automnales, qui sont de beaucoup les plus nombreuses et aussi les plus belles.

La culture de toutes les races et variétés de chrysanthèmes est de la plus grande simplicité. Elles s'accommodent de toutes les terres de jardin, pourvu qu'elles soient saines, c'est-à-dire qu'elles ne contiennent pas d'eau stagnante. Il est bon que la terre soit un peu fumée, mais on ne doit y employer que des engrais bien décomposés, comme d'ailleurs pour toutes les plantes de la culture d'agrément. Les touffes formées passent l'hiver en place, et repoussent au printemps. C'est dans cette saison que s'effectue la multiplication des plantes par division du pied, ou que se font les transplantations jugées nécessaires.

La multiplication par voie de bouturage peut commencer dès que les jeunes pousses ont quatre ou cinq feuilles, et elle se continue pendant un mois ou deux, ou même tout l'été, bien que la première saison soit la plus favorable, puisque les plantes qu'on en obtient ont plus de temps pour se former avant la venue de l'hiver. Les pousses, détachées près de leur insertion sur la racine, sont repiquées sur couche tiède et sous châssis, si la saison est peu avancée, et dès qu'elles sont reprises, ce qui arrive en quelques jours, empotées dans des godets de 7 à 8 centimètres, qu'on enterre sur la couche. Vers la fin de mai, les jeunes plantes sont mises en pépinière, et quinze jours plus tard on leur fait subir un premier pincement pour les obliger à se ramifier. Un second pincement a lieu vers la fin de juin, un troisième vers le milieu de juillet, et un quatrième, moins nécessaire que les précédents, dans la première quinzaine d'août. Il vaudrait mieux s'abstenir de ce quatrième pincement que de le faire trop tard, parce qu'on s'exposerait alors à ne pas donner aux branches nouvelles le temps de parfaire leurs boutons à fleurs avant l'arrivée des froids, ce qui appauvrirait d'autant la floraison, ou même l'empêcherait tout à fait. Cette recommandation, toutefois, ne s'applique qu'aux plantes destinées à fleurir en plein air; celles qu'on réserve à l'orangerie ou à la serre tempérée peuvent être soumises à des pincements plus rigoureux.

La mise en place des chrysanthèmes élevés en pépinière peut être différée pour ainsi dire jusqu'au moment où leurs fleurs commencent à s'ouvrir, car il y a peu de plantes qui supportent aussi bien la transplantation, facilitée d'ailleurs par la motte de terre que retiennent leurs racines enchevêtrées. La plantation sur les plates-bandes du jardin se fait d'après les règles indiquées pour la distribution des coloris; on plante en massifs, en bordures, en touffes isolées suivant les cas, et, autant que possible, à des expositions très-éclairées, circonstance d'autant plus nécessaire ici qu'à l'époque normale de la floraison des chrysanthèmes les journées sont déjà courtes et la lumière du soleil affaiblie. Dans les pays plus septentrionaux que la France, où l'hiver est précoce, les planches à chrysanthèmes devraient être abritées par des murs contre le vent du nord.

Ainsi que nous l'avons dit plus haut, les chrysanthèmes se prêtent très-bien à la culture en pots, et c'est même la méthode la plus ordinaire dans les pays où l'été est de courte durée, comme l'Angleterre, le nord de l'Allemagne, etc. On y procède par plusieurs empotages consécutifs, le dernier se faisant dans des pots de 22 à 28 centimètres d'ouverture, bien drainés, et remplis d'un compost à la fois substantiel et léger.

En Angleterre on y emploie par moitiés la terre franche et le terreau de feuilles, plus ou moins additionnés de fumier décomposé et de charrée, où se trouvent quelques fragments de charbon. On donne de temps en temps des arrosages à l'engrais liquide, et on pince sévèrement, et à plusieurs reprises, les extrémités de la tige et des branches pour en accroître les ramifications et par là même le nombre des fleurs. En été les plantes en pots sont tenues à l'air libre et à mi-soleil; dès que les nuits deviennent fraîches, on les rentre en orangerie, en ayant soin cependant de les aérer autant que la saison le permet. C'est là que leur floraison s'effectue, et qu'elles mûrissent parfois des graines lorsque la chaleur du local s'est trouvée suffisante. Cette méthode, très-usitée en Angleterre, donne les résultats les plus satisfaisants entre les mains d'habiles jardiniers, et il n'est pas rare d'y voir, aux expositions d'horticultures, des chrysanthèmes en pots dont les touffes ont plus d'un mètre de diamètre, et qui portent plusieurs centaines de capitules fleuris à la fois. Ces belles plantes servent fréquemment aussi à la décoration des salons et des appartements.

Les semis de chrysanthèmes se font au printemps, en terrines ou sur une planche préparée à dessein et située à bonne exposition, mais toujours dans une terre douce et légère. Les plants se repiquent en pépinière, lorsqu'ils ont quatre ou cinq feuilles, à 25 ou 30 centimètres l'un de l'autre en tous sens. Quelques sujets fleurissent dès la première année; le plus grand nombre, au moins sous le climat de Paris, attend à l'année suivante; dans tous les cas, c'est cette seconde année seulement qu'il convient de mettre les plantes en place, comme aussi de faire le triage des variétés obtenues. Ce mode de multiplication, qui n'a guère d'autre but que de produire des variétés nouvelles, convient mieux au midi de la France qu'au nord. A Paris, le bouturage et la division des touffes sont presque les seuls moyens de multiplication en usage.

Nous n'avons rien dit jusqu'ici des soins à donner aux chrysanthèmes cultivés en pleine terre, parce que ces plantes n'exigent rien de plus, sous ce rapport, que les autres plantes

16.

de plate-bande. Les arrosages méritent seuls quelque attention : ils seront plus ou moins copieux ou fréquents suivant la saison, le climat et la nature du terrain. On n'a pas de peine à comprendre qu'ils doivent être plus abondants et plus souvent réitérés sous le ciel ardent du midi que sous celui de Paris.

§ XIII. — LA REINE-MARGUERITE.

La **reine-marguerite** (*Aster sinensis* de Linné, *Callistephus hortensis* de Cassini) appartient, comme les chrysanthèmes, à la famille des composées-radiées, et, comme eux aussi, elle nous est arrivée de la Chine, vers la fin du siècle dernier. C'est par le Jardin des Plantes de Paris, qui en avait reçu les graines d'un missionnaire jésuite, le P. d'Incarville, qu'elle a été introduite dans la culture d'agrément, où elle est depuis lors considérée comme une plante de premier ordre. Étant annuelle, elle n'a pu être propagée que par la voie des semis, et c'est là, comme nous le savons, une condition essentielle à la formation des variétés ; aussi en a-t-elle produit, en moins d'un siècle, un nombre à peu près illimité. Dans l'état de nature la reine-marguerite ne donne que des capitules simples, c'est-à-dire composés d'un disque de fleurons jaunes et d'un seul rang de rayons ou ligules, dont la teinte normale est le lilas plus ou moins vif, mais par le fait de la culture ces capitules ont doublé (1), ou sont devenus entièrement pleins, et les teintes des ligules ont pris toutes les nuances depuis le blanc pur jusqu'au rouge carmin le plus vif ou le violet le plus foncé. Certaines variétés se rapprochent même beaucoup du bleu, mais on n'en connaît aucune dont les rayons aient revêtu la couleur jaune primitive du disque. En même temps que ces modifications s'effectuaient sur les organes floraux, les plantes prenaient des ports et des aspects différents. Un point essentiel à

---

(1) Voir ce que nous avons dit plus haut de cette modification des fleurs des radiées, en parlant des chrysanthèmes.

noter ici, c'est que la plupart des variétés tranchées se reproduisent à peu près identiquement par le semis, au bout d'un
petit nombre de générations, à la condition cependant que les
porte-graines aient été bien choisis. Il faut dire aussi qu'elles
sont d'autant moins fertiles qu'elles sont plus perfectionnées,
c'est-à-dire que leurs fleurs se sont plus éloignées de l'état qui
leur est naturel. Nous avons à peine besoin d'ajouter que ces
nombreuses variétés sont loin d'avoir la même valeur; on
donne nécessairement la préférence à celles dont les capitules
sont grands, bien pleins, bombés vers le centre et ne conservent plus de vestiges du disque primitif. Les variétés dont les
fleurons du disque se sont simplement allongés, tout en chan-
geant de couleur, c'est-à-dire se sont *tuyautés*, comme disent
les jardiniers, sont généralement moins estimées que celles où
ils ont pris la forme de ligules, régulièrement imbriquées les
unes sur les autres. Quant aux couleurs, on peut dire qu'elles
sont toutes également recherchées, pourvu qu'elles soient
vives. C'est d'ailleurs un avantage, dans une collection de
reines-marguerites, que de réunir des teintes variées, soit
qu'on veuille les planter en mélange, soit, ce qui vaut ordinairement mieux, qu'on préfère les assortir par groupes de même
couleur.

Les grands perfectionnements de la reine-marguerite sont
principalement dus aux horticulteurs parisiens, et dans le
nombre on ne peut se dispenser de citer MM. Truffaut et
Fontaine, qui ont fait de sa culture une spécialité. La maison
Vilmorin a aussi obtenu de notables succès dans cette voie,
et comme elle est le centre auquel aboutissent la plupart des
gains de nos horticulteurs, et qu'elle est plus que tout autre
établissement de ce genre en mesure de les comparer et de les
juger, nous ne pouvons mieux faire que de reproduire ici, mais
très-sommairement, sa classification des variétés de reines-
marguerites, telle que nous la trouvons dans l'Annuaire de ses
jardins (1). Pour elle, ces variétés se rangent sous deux chefs
principaux, savoir :

(1) Les Fleurs de pleine terre, etc., par Vilmorin-Andrieux et Cie, 1 vol. in-12,
1863.

1° Les *reines-marguerites pyramidales*, dont les rameaux sont dressés et divergents et la taille variable. Elles comprennent les *pyramidales pivoines* (fig. 49), plantes vigoureuses, de 0ᵐ,50

à 0ᵐ,60 de hauteur, à fleurs grandes, globuleuses, à fleurons ligulés et larges, se relevant et se courbant plus ou moins en dedans pour former la boule, ce qui leur donne quelque ressemblance avec les fleurs des pivoines ; les *pyramidales perfection* (fig. 50), race florifère, voisine de la précédente, dont elle diffère seulement par ses ligules, moins longues et ne se recourbant pas en dedans

Fig. 49. — Reine-Marguerite
pyramidale pivoine.

Fig. 50. — Reine-Marguerite
pyramidale perfection.

pour former la boule ; les *pyramidales à fleurs de chrysanthème*, de même taille que les précédentes, à fleurs grandes et très-larges, toutes ligulées et régulièrement imbriquées ; les *pyramidales naines*, hautes seulement de 0ᵐ,20 à 0ᵐ,25, ce qui les rend particulièrement propres à faire des bordures ; leurs fleurs sont de première grandeur, pleines, imbriquées et très-belles, mais sujettes à être renversées par le vent et la pluie ; les *pyramidales renoncules*, plantes très-élevées (de 0ᵐ,70 à 0ᵐ,80), très-florifères, mais à fleurs petites, plus propres à entrer dans

la confection des bouquets qu'à orner un parterre; enfin, les
pyramidales à aiguilles, dont les fleurons se terminent en
pointes et rayonnent dans tous les sens. Cette race, plus curieuse que belle, quoiqu'elle ne soit pas sans mérite, fait le
passage au groupe suivant.

2° *Les reines-marguerites anémones* ou *reines-marguerites
tuyautées*, plantes demi-naines, rameuses dès la base et un
peu en touffe. Ces plantes sont très-florifères, à fleurs bombées, de moyenne grandeur, ayant d'un à quatre rangs de
ligules à la circonférence, les fleurons du centre s'allongeant
tous en tuyaux. Ce sont des plantes robustes, peu exigeantes,
se passant facilement de tuteurs, et par là très-propres à
former des bordures le long des plates-bandes. Elles ont produit plusieurs sous-variétés, dont la plus remarquable est celle
des *reines-marguerites très-naines*, hautes au plus de $0^m,12$ à
$0^m,16$, et qui ne servent guère qu'à faire des bordures ou à
garnir des jardinières d'appartement. Toutes les variétés de
cette seconde section sont tenues pour très-inférieures aux
pyramidales; quelques horticulteurs les rejettent même entièrement, comme indignes de figurer dans une collection soignée.

La reine-marguerite est une plante rustique, qui s'accommode de tous les terrains et de toutes les expositions, mais qui
ne réussit pas également bien partout, et dont les belles variétés dégénèrent promptement lorsqu'elles sont négligées.
Pour l'obtenir dans toute sa perfection il faut lui donner une
terre substantielle, plutôt légère qu'argileuse, meuble et additionnée d'engrais décomposé. Le plein soleil est l'exposition
qu'elle préfère dans le nord de la France; dans le midi, elle
se trouve mieux d'une situation ombragée pendant les heures
les plus chaudes du jour, parce qu'une lumière trop ardente
a pour effet d'abréger la durée de ses fleurs. Sous le climat de
Paris, les reines-marguerites à grandes fleurs ont en général
plus à craindre le vent et la pluie que les ardeurs desséchantes du soleil.

Les semis de reines-marguerites se font en mars, avril ou
mai, suivant les lieux et les climats. A Paris c'est ordinairement du 15 mars au 15 avril, mais on sème aussi beaucoup

plus tard, par exemple jusque dans les premiers jours de
juin, si on tient à obtenir une floraison automnale. Quand le
semis est précoce, et qu'il y a encore des froids à craindre,
on choisit de préférence, pour le faire, une plate-bande
abritée du côté du nord et bien exposée au midi. La terre en
doit être substantielle, fine, très-meuble, nivelée et un peu
tassée avec le dos d'une pelle. Les graines sont semées à la
volée, mais très-clair, et au besoin on écarte avec le doigt
celles qui seraient trop rapprochées; on donne alors un léger
bassinage et on répand sur la planche quelques millimètres
de terreau, après quoi on la recouvre de châssis vitrés ou de
cloches, sur lesquelles même on étend des paillassons pendant
les nuits froides. Lorsque les plantes ont levé, ce qui arrive
huit ou dix jours après, on leur donne graduellement de l'air,
en soulevant les cloches ou les panneaux des châssis, qu'on
finit même par enlever tout à fait lorsque la température générale s'est attiédie.

On repique le jeune plant quinze à vingt jours après sa levée, c'est-à-dire lorsqu'il a deux ou trois feuilles. La
planche qui doit le recevoir doit être préparée comme il a
été dit ci-dessus pour le semis. Il est très-important que ce
repiquage ne soit pas différé, parce que le plant laissé trop
longtemps sur la planche du semis, où il se trouve bientôt à
l'étroit, s'étiole ou durcit, et donne alors rarement de belles
plantes. On l'enlève avec le doigt, en conservant une petite
motte autour des racines, et on le replante en lignes, à
$0^m,20$ de distance, en tous sens. On arrose chaque pied
à part, sans mouiller les feuilles, pour faciliter la reprise,
et, s'il y a lieu, on donne encore quelques arrosages les
jours suivants, en ayant soin de les faire plutôt au milieu du
jour que le soir, si les nuits sont encore fraîches. On sarcle
et on bine, suivant le besoin, jusqu'au moment de la mise
en place, qui doit avoir lieu dans les premiers jours de
juin, c'est-à-dire avant que ne se montrent les premiers
boutons de fleurs.

Pour faire cette seconde transplantation, qui réussit toujours mieux par un temps couvert ou pluvieux que par une

journée de grand soleil, on enlève les plants de la pépinière, un à un, et avec leur motte, et on les met à la place qu'ils doivent définitivement occuper dans le jardin, à des distances de 0^m,40 à 0^m,45 l'un de l'autre s'il s'agit de fortes races, à des distances moins grandes si ce sont des races naines ou demi-naines. Le terrain de la planche doit avoir été ameubli d'avance et enrichi d'engrais bien consommé. Après la plantation, on arrose dans la proportion convenable, et on répète ces arrosages aussi souvent qu'on le juge nécessaire pour assurer une prompte reprise. On bine, on sarcle les plantes, et on couvre la planche d'un léger paillis, ce qui a le double avantage de conserver la fraîcheur du sol si l'été est sec et chaud, et de garantir les plantes des éclaboussures s'il est au contraire entrecoupé de fortes pluies.

Quelque robustes que deviennent les plantes ainsi traitées, si elles appartiennent aux grandes races pyramidales elles n'auront pas assez de force pour résister aux vents et aux pluies d'orage, fréquentes surtout à l'époque de leur floraison; il faudra par conséquent les soutenir chacune à l'aide d'un tuteur. Les races naines, principalement celles de la section des anémones, ne sont pas sujettes à cet inconvénient; aussi peuvent-elles se passer de soutien, et c'est là surtout ce qui les recommande pour les jardins un peu négligés. On devra s'abstenir, en arrosant, de verser de l'eau sur les fleurs, non-seulement parce que son choc pourrait les incliner d'une manière disgracieuse, mais aussi parce qu'en remplissant leurs larges capitules, qui la retiennent comme des éponges, elle les expose à pourrir. Plus la saison sera calme et sèche, plus la floraison des reines-marguerites sera brillante. A Paris, dans les jardins bien conduits, cette floraison dure d'un mois à six semaines, c'est-à-dire des premiers jours du mois d'août au 15 septembre ou un peu plus.

Par la grande variété du coloris de leurs fleurs, les reines-marguerites se prêtent admirablement à ces combinaisons de couleurs dont l'effet est si grand lorsque les lois des contrastes sont observées. Il y a donc toujours avantage à les planter en massifs ou en lignes d'une même nuance; mais, pour que le résultat soit tout à fait satisfaisant, il faut encore que les plantes aient toutes à peu près la même hauteur. Beaucoup de jardiniers sont dans l'usage de ne mettre leurs reines-marguerites en place que lorsqu'elles commencent à ouvrir leurs premières fleurs et à faire juger par là de leur coloris, mais ce procédé est vicieux, parce que les plantes ayant durci sur la pépinière n'ont jamais une aussi belle floraison que si elles avaient été transplantées plus jeunes. On évite cet accident en récoltant les graines par variétés séparées et de même coloris, et en les semant et les repiquant dans le même ordre. De cette manière on procède à peu près à coup sûr, car les nuances varient peu d'une génération à l'autre, et il y a encore plus de fixité dans la taille et le port des plantes que dans le coloris. La récolte des graines est donc ici une affaire importante et à laquelle on ne saurait donner trop de soins. Le principal est l'épuration constante des variétés, dont on élimine tous les ans les individus qui s'en écartent sensiblement, en ne prenant pour porte-graines que ceux qui sont conformes à leur type.

Nous avons déjà dit que les variétés de reines-marguerites les plus perfectionnées, c'est-à-dire celles dont les fleurs, toutes à ligules, sont devenues les plus grandes et les plus pleines, ne donnent que très-peu de bonnes graines. Ces bonnes graines se trouvent vers le centre des capitules et jamais, ou presque jamais, à la circonférence. Les premières fleurs épanouies sont celles qui en fournissent le plus; la plupart de celles qui s'ouvrent tardivement n'en forment pas, soit parce que la plante est épuisée, soit plutôt parce que la chaleur atmosphérique ne suffit plus à la maturation des ovaires. On devra donc, au moins dans le cas des reines-marguerites pyramidales, chercher les graines au centre des capitules les plus anciennement défleuris, et non point, comme le recommandent quelques jardiniers, à la circonférence, ni surtout dans les capitules qui auraient fleuri à 'arrière-saison. La récolte des capitules mûrs se fait par un temps sec; on réunit ensemble ceux de même variété, et on les rentre dans un appartement aéré, où la maturation des graines puisse s'achever.

Le mode de culture que nous venons de décrire est celui qu'on suit habituellement dans les jardins de Paris et les environs, mais chaque localité y apporte ses modifications. Les semis, par exemple, ne se font pas toujours en pleine terre; on y emploie quelquefois des pots ou des terrines, qu'on laisse à l'air libre et qu'on couvre de cloches ou de châssis, suivant qu'on le juge à propos. Rien n'empêche d'ailleurs d'avancer d'un mois ou plus l'époque du semis, si on peut abriter les terrines dans une serre où la température s'élève à 15 ou 20 degrés centigrades; on obtiendra par là une notable précocité de floraison, mais les plantes seront moins vigoureuses que si on les avait semées à l'époque normale, et qu'elles eussent senti les rayons directs du soleil dans le premier âge; elles conviendront cependant très-bien pour la culture en pots et la décoration des appartements. Quelque méthode qu'on ait suivie, il ne faut pas perdre de vue que si le semis a été fait en terrines ou en pots, le jeune plant doit être repiqué plus tôt encore que dans le cas des semis de pleine terre; dès qu'il a une ou deux feuilles on le transplante, si on ne veut pas qu'il s'étiole et donne des sujets peu florifères.

La culture des reines-marguerites en pots n'offre aucune difficulté. On y emploie des pots de 18 à 22 centimètres d'ouverture, suivant la taille des variétés; les naines et les demi-naines, qui sont d'ailleurs à préférer ici, se mettent dans les pots les plus petits. Ces pots, convenablement drainés, sont remplis d'une terre légère et plus substantielle que celle des plates-bandes du jardin; on ajoute encore à sa fertilité par quelques arrosages à l'engrais liquide.

§ XIV. — LE DAHLIA.

Le dahlia (*Dahlia variabilis*) (fig. 51), désigné encore en Allemagne et en Russie sous le nom de *Georgina*, a été introduit du Mexique en Europe vers l'année 1800. Il fait partie d'un petit-groupe de composées-radiées à racines tuberculeuses et vivaces, à tiges dressées, fistuleuses, annuelles, à feuilles opposées, dont le limbe est pennatiséqué ou divisé en folioles plus ou moins distinctes. Ses tiges s'élèvent en moyenne à 1^m,50, mais cette taille est notablement modifiée

Fig. 51. — Dahlia double.

par la culture. Certaines variétés de dahlias atteignent aujourd'hui à 2 mètres de hauteur, tandis que d'autres ne dépassent pas 0^m,60 à 0^m,70. De même que chez les autres plantes de la même tribu les capitules à l'état sauvage, se composent d'un disque central couvert de fleurons tubuleux, et de rayons ligulés à la circonférence. Les fleurons du disque sont jaunes; les rayons sont d'un rouge sombre, de forme

vale allongée. Ces capitules, déjà grands naturellement, se
ont encore beaucoup agrandis par la culture.

Le dahlia est un des plus frappants exemples de la variabi-
té des espèces sous l'influence du dépaysement et de la culure, et c'est principalement sur les fleurs que cette influence
'est fait sentir ici. Depuis le commencement du siècle, ces
eux causes ont fait naître dans cette seule espèce plusieurs
illiers de variétés. Insensiblement les capitules se sont
largis, les fleurons du disque se sont transformés en ligules,
lanes ou tuyautées par le rapprochement des bords, et ont
onné lieu à des fleurs doubles, demi-pleines, très-pleines,
rès-bombées et d'une admirable régularité. La transforma-
ion a été bien plus grande encore dans le coloris, qui pré-
ente aujourd'hui toutes les nuances du jaune, de l'orangé,
u rose, du rouge amarante, du pourpre violacé et du
ourpre noir; le blanc pur, ou légèrement teinté de jaune,
le verdâtre ou de rose, est aussi une variation fréquente du
oloris dans le dahlia. Tantôt ces teintes sont uniformes sur
oute l'étendue des ligules, tantôt elles tranchent brus-
uement avec une autre teinte qui occupe le sommet de ces
rganes, ce qui produit les contrastes les plus singuliers;
ouvent aussi ces couleurs sont comme veloutées ou moi-
ées, ce qui arrive surtout dans les teintes pourpres. Le
leu, qui existe imparfaitement dans la reine-marguerite,
st la seule couleur qui fasse ici totalement défaut, et mal-
ré les efforts des horticulteurs le dahlia bleu, comme la
ose bleue, est resté et restera à l'état de rêve.

A mesure que le dahlia s'est perfectionné les goûts sont
evenus plus difficiles, et aujourd'hui les amateurs rejet-
eraient avec indignation des variétés qui ont été fort admi-
ées il y a vingt ou trente ans. Les conditions exigées ac-
uellement pour qu'un dahlia soit admis dans une collection
ont d'abord qu'il ait ce qu'on appelle une bonne tenue,
qu'il soit de moyenne taille ou nain (de 0^m,60 à 1^m,20),
que les fleurs, bien dégagées du feuillage et fermement
soutenues par le pédoncule, se présentent de face au spec-
ateur; ce qu'on exige surtout, c'est que ces fleurs soient

parfaitement pleines et bombées, très-régulières de forme,
à ligules imbriquées, plutôt un peu roulées en cornet ou
tuyautées que planes, et enfin que les coloris soient vifs et
agréables à l'œil, et si les fleurs sont panachées ou poin-
tées, qu'ils soient fortement tranchés. Ces règles, on le
comprend sans peine, n'ont rien d'absolu ; pour bien des
amateurs il suffit qu'un dahlia se distingue par quelque
éminente qualité pour qu'il soit jugé digne de la culture;
ici comme ailleurs le goût individuel demeure en définitive
la règle souveraine.

Le dahlia est demi-rustique sous le climat de Paris et essentiellement de pleine terre, bien qu'on puisse à la rigueur
le cultiver en pots. Par l'époque de sa floraison il appartient à la catégorie des plantes automnales, et quoiqu'on le
voie déjà commencer à fleurir dès les premiers jours du mois
d'août, c'est cependant en septembre et en octobre qu'il est
dans tout son éclat. Mais cette floraison tardive lui est souvent
funeste sous nos latitudes, car il suffit de la moindre gelée
pour l'anéantir.

La multiplication des dahlias se fait, soit par la division
des tubercules qui tous les ans se forment au pied des tiges,
et qu'on relève dans le courant de novembre pour les remiser à la cave pendant l'hiver, soit de boutures herbacées,
soit de greffes sur les tubercules, soit enfin de graines, qui
mûrissent assez facilement sous nos climats. Ce dernier
moyen, presque exclusivement employé par les horticulteurs
marchands, n'a guère d'autre but que de faire naître des
variétés nouvelles destinées à être livrées au commerce, et
il est toujours très-chanceux. C'est qu'effectivement sur des
centaines de plantes obtenues de semis, et auxquelles il a
fallu donner des soins pendant toute une année, il ne s'en
trouve jamais qu'un très-petit nombre qui méritent d'être
conservées.

La plantation des tubercules se fait au printemps, en mars
ou avril, plus rarement et moins avantageusement en mai,
sous le climat de Paris. En séparant les tubercules d'un même
pied on veille à ce que leurs sommités restent intactes, parce

que c'est là seulement que se trouvent les bourgeons qui produiront des tiges nouvelles. Ces tubercules se plantent un à un, et verticalement la pointe de la racine en bas, sur des planches de terrain bien ameublies et engraissées de fumier décomposé, si la saison est assez avancée pour qu'il n'y ait plus de gelées à craindre; dans des pots, qu'on abrite sous des châssis, si le temps menace encore. Dans ce dernier cas, on donnera de l'air au jeune plant aussi souvent et aussi largement qu'on le pourra, pour l'empêcher de s'étioler. Il suffira, dans la plantation des tubercules, que leur sommité soit couverte d'un à deux centimètres de terre. On donnera un léger arrosage, et lorsque les pousses se seront fait jour au dehors on supprimera les plus faibles pour n'en conserver qu'une ou tout au plus deux à chaque pied. On ne devra pas tarder non plus à les soutenir avec des tuteurs, parce qu'elles sont très-fragiles et très-exposées à être rompues par le vent.

La propagation par boutures est aussi un moyen fort employé, quoiqu'il soit plus du ressort de l'horticulteur de profession que du simple amateur, attendu que sous nos climats septentrionaux du moins il exige une serre à multiplication. Pour la pratiquer, on enlève les pousses qui naissent sur des tubercules plantés de bonne heure dans une serre, où la chaleur active leur végétation. Ces pousses, longues de 3 à 8 centimètres, sont plantées verticalement dans des godets remplis de terre sableuse, qu'on enfonce dans le terreau d'une couche ou dans la tannée de la serre, et qu'on recouvre d'une cloche, abritée elle-même d'une feuille de papier pour y entretenir une demi-obscurité. Au bout de quelques jours la reprise est faite, et dès que les boutures poussent leurs premières feuilles, on les empote dans des pots plus grands, et on commence à les découvrir graduellement pour les habituer au contact de l'air, puis on les met en place dès que la température le permet. Les plantes obtenues par ce moyen sont tout aussi belles que celles qui proviennent directement des tubercules; quelques horticulteurs prétendent même que les fleurs en sont plus régulières. On assure, d'un autre côté, que la plantation des touffes entières, c'est-à-dire de tout le faisceau de tubercules produits par une même plante, ne donne qu'une floraison chétive et appauvrie.

La greffe du dahlia, préconisée il y a quelques années, est presque tombée en désuétude, attendu qu'elle est avantageusement remplacée par le bouturage, opération plus simple et tout aussi sûre dans ses résultats. Elle consiste à insérer latéralement une jeune pousse dans un tubercule dont on a enlevé la sommité par une section transversale, ainsi que le montre la figure 169 du tome Ier de ce traité (p. 525). Cette greffe herbacée contracte une faible adhérence avec le tubercule, qui la maintient vivante jusqu'à ce qu'elle se soit affranchie en poussant elle-même des racines. Elle équivaut donc, comme on le voit, à une simple bouture faite d'après un mode plus compliqué, et auquel on ne doit recourir que dans le cas où on manquerait des appareils nécessaires pour pratiquer le bouturage proprement dit.

Les trois modes de multiplication que nous venons de décrire ont pour but la conservation des variétés acquises; mais ils n'en produisent pas de nouvelles, ce qui est, comme nous l'avons dit plus haut, le propre de la reproduction par semis. Les fleurs les plus précoces du dahlia mûrissent généralement leurs graines sous. nos climats; on les récolte sur les variétés déjà recommandables à quelque titre, et après les avoir tenues au sec pendant l'hiver on les sème au printemps (en mars et avril), soit sur couche chaude et abritée sous des châssis, soit en terrines enterrées sur la couche et pareillement abritées. Lorsque les jeunes plants ont de quatre à six feuilles, on les repique, un à un, en pots ou sur la couche, à 15 centimètres de distance en tous sens, à moins que le temps ne soit assez doux pour pouvoir les mettre sans danger en pleine terre. Dans tous les cas, avant de procéder à la mise en place, les jeunes dahlias auront dû être graduellement habitués au contact de l'air, précaution presque indispensable pour les plantes qu'on a tenues quelque temps enfermées, et qui sont toujours, quoi qu'on fasse, plus ou moins étiolées. Nous avons déjà dit que les semis de dahlias ne donnent qu'un très-petit nombre de plantes tout à fait supérieures, et qu'il n'y a

guère que les horticulteurs marchands qui soient directement
intéressés à les entreprendre.

Les plantes que nous avons passées jusqu'ici en revue ne
sont pas les seules qui soient dites de collection; on admet
encore comme telles les *calcéolaires*, les *cinéraires*, les *pélargoniums*, les *bruyères* et les *azalées;* mais toutes ces
plantes exigeant l'emploi presque constant de la serre tempérée, ou tout au moins de la serre froide, sous le climat de
Paris et plus au nord, elles ne peuvent trouver leur place dans
un chapitre spécialement consacré aux végétaux de pleine terre;
nous les retrouverons d'ailleurs un peu plus loin. Quant aux
pivoines, aux *pieds d'alouette*, aux *pétunias* et aux *giroflées*,
quoiqu'on puisse les qualifier jusqu'à un certain point plantes
de collection, leur place est plus naturellement marquée dans
les chapitres suivants. Les *rosages* ou *rhododendrons*, et quelques autres arbustes du même groupe, rentreront de même
dans le chapitre des végétaux ligneux de pleine terre.

CHAPITRE QUATRIÈME.

PLANTES DE FANTAISIE PROPRES A LA DÉCORATION DES PARTERRES.

----

§ 1. — CONSIDÉRATIONS GÉNÉRALES.

Nous rangeons sous ce titre l'innombrable catégorie de plantes d'ornement, annuelles ou vivaces, qui, sans avoir dans l'estime des floriculteurs la même importance que les plantes de collection proprement dites, n'en jouent pas moins un rôle considérable dans la décoration des parterres. La plupart se recommandent par la beauté de leurs fleurs, diversement colorées, quelques-unes par leur feuillage, d'autres par leur parfum. Prises en bloc, leur grand avantage est de jeter de la variété dans le jardinage d'agrément et de combler les vides que laisseraient sans elles, dans l'ordre des floraisons successives, les seules plantes de collection. A ces divers titres elles sont donc dignes des soins de l'amateur; aussi allons-nous en faire l'histoire horticole, en nous bornant cependant à celles qui nous paraîtront avoir un mérite incontestable. Nous sommes obligé de faire cette restriction, bien moins à cause du nombre considérable et toujours croissant de ces plantes que parce que l'usage s'est établi, depuis quelques années, d'introduire dans les jardins beaucoup d'espèces presque ou totalement dénuées d'intérêt.

Une condition essentielle que doivent remplir toutes ces plantes est d'être rustiques et de facile culture. Il y aura donc à choisir entre elles, suivant leur degré de rusticité et leurs exigences particulières relativement aux climats et aux autres circonstances dans lesquelles on se trouvera placé.

Empruntées à des régions botaniques très-diverses, elles ne conviendront pas toutes également à toutes les localités. En les décrivant, nous essayerons de faire ressortir ces différences de tempérament, afin de guider l'amateur dans le choix qu'il aura à faire.

Les plantes dites de fantaisie ou de plate-bande sont, en grande majorité, annuelles ou du moins cultivées comme annuelles. Leur culture est très-simple, et néanmoins elle exige quelques précautions dont l'ignorance ou l'oubli peut amener de nombreux échecs. Il est donc utile, pour les amateurs peu expérimentés, que nous rappelions ici sommairement les conditions les plus essentielles de cette culture, dont le but est d'obtenir que les fleurs se succèdent sans interruption dans le parterre pendant toute la durée de la belle saison. Des plates-bandes entrecoupées de larges vides, ou sur lesquelles les plantes restent stationnaires, sont toujours désagréables à la vue, et elles accusent infailliblement l'ignorance ou l'incurie du jardinier chargé de leur entretien.

Les plantes annuelles se multiplient uniquement de graines, saufs les cas, assez peu nombreux, où il y a utilité à les propager aussi par boutures ou par marcottes. Les semis se font de deux manières, savoir tantôt *en place*, c'est-à-dire sur le lieu même où les plantes devront fleurir, tantôt sur une terre préparée pour cet objet spécial, et qui prend le nom de *pépinière*, d'où on devra les transporter à leur place définitive. La première méthode est la plus simple, et c'est aussi celle qui convient le mieux dans bien des cas, par exemple lorsqu'il s'agit de plantes dont la racine pivotante donne peu de chevelu, et qui pour ce fait supportent difficilement la transplantation. Elle est aussi la plus expéditive et souvent même la seule possible. Mais malgré ses incontestables avantages elle a de nombreux inconvénients, dont le principal est que la terre se trouve par là longtemps occupée avant que les plantes ne fleurissent. Il vaut donc mieux, toutes les fois qu'on peut disposer d'un terrain approprié à ce but, semer les plantes annuelles en pépinière, et ne les transplanter dans le parterre que lorsque leur floraison est prochaine, ou du moins qu'elles sont

17.

déjà avancées. C'est du reste ce que nous indiquerons dans le
catalogue détaillé des plantes de fantaisie que nous donnerons tout à l'heure.

Rappelons ici que les semis ne réussissent que dans des
conditions déterminées, dont la plus importante est celle de
la chaleur du sol. Tant que cette chaleur est insuffisante les
graines refusent de germer, et c'est la raison qui oblige
sous les climats septentrionaux, où l'été est de courte durée,
à recourir à la chaleur artificielle des coffres vitrés, des couches et des serres à multiplication, pour hâter la germination
et le développement de plantes qui sont cependant destinées
à la pleine terre. Beaucoup d'espèces exotiques, quoique annuelles, si on les semait directement en place, au printemps,
ne lèveraient qu'au commencement de l'été, et se trouveraient par là trop attardées pour fleurir. Suivant leur degré de
rusticité, les plantes semées lèvent plus tôt ou plus tard, ce
qui indique que les semis doivent être échelonnés de manière
à ce que pour chaque espèce ils coïncident avec l'échauffe-
ment du sol requis par son tempérament. Il est à peine nécessaire d'ajouter que la même règle s'applique à la mise en
place des plantes dont on a hâté le développement par quelque
moyen artificiel, et qu'on ne devra les porter sur les plates-
bandes du parterre que lorsque le terrain en aura été suffisamment échauffé par le soleil. Une transplantation préma-
turée amènerait souvent ici la mort des plantes, ou tout au
moins les rendrait stationnaires et languissantes jusqu'au moment où le sol aurait acquis le degré de chaleur qui leur est
nécessaire pour se développer.

Une autre condition, qu'il ne faut pas non plus perdre de
vue, est que les graines soient d'autant moins couvertes de
terre qu'elles sont plus fines. Pour les graines très-menues,
comme celles des pavots, des calcéolaires, etc., il suffit de les
répandre sur la terre sans les couvrir, ou, si la terre est trop
sèche, de les couvrir d'une légère couche de mousse hachée
et humide, qu'on enlève dès que la germination commence;
mais il est encore plus simple de donner un léger bassinage,
qui suffit ordinairement pour enterrer les graines. Lorsque

la terre est bonne, on doit semer plus dru que lorsqu'elle est médiocre ou mauvaise; sans cela, les plantes poussent avec trop de vigueur et elles donnent souvent alors plus de feuilles que de fleurs. Enfin, et c'est un point sur lequel nous insistons, si l'on veut obtenir une longue succession de fleurs, ce qui effectivement est un des buts auxquels on doit tendre, il faut faire des semis successifs, à huit, dix, ou quinze jours d'intervalle les uns des autres, de manière à ce que les floraisons se succèdent sans interruption. En adoptant ce principe, et en échelonnant bien les espèces d'après leurs époques de floraison, le parterre offrira le coup d'œil le plus varié et le plus agréable depuis le premier printemps jusqu'à l'entrée de l'hiver.

Avant d'aborder la description des plantes de plate-bande que nous considérons comme étant à proprement parler celles du jardin fleuriste et du parterre, nous devons faire observer qu'elles ne constituent cependant pas un groupe nettement déterminé. Entre les diverses catégories horticoles on trouve tous les intermédiaires; aussi leur distinction, quoique fondée sur un ensemble général, est-elle toujours arbitraire en quelques points. Ces groupes en effet se nuancent par des espèces qui pourraient se classer presque aussi bien dans l'un que dans l'autre et s'employer aux genres de décoration les plus variés. C'est ainsi que des plantes rangées avec raison parmi celles du parterre servent également à orner les rocailles, ou, si elles sont d'une certaine taille, à peupler le jardin paysager. Ici donc, comme en beaucoup d'autres circonstances, c'est le goût individuel qui décide du rôle qu'il convient de leur attribuer. On peut admettre cependant comme règle générale, mais non comme règle sans exception, que les parterres très-étroits, ceux par exemple qui n'ont que quelques mètres carrés de superficie, se présentent sous un meilleur aspect avec des plantes basses, touffues et très-florifères, qu'avec des plantes dont la taille dépasserait 60 à 70 centimètres, quoique des massifs plus élevés et d'espèces choisies ne nuisent pas au coup d'œil s'ils sont peu nombreux et habilement distribués. Dans des jardins plus vastes, les points éloignés des passages doivent être occupés par des plantes dont la taille est proportionnée à la distance des spectateurs. Quant aux espèces très-élevées, celles qui atteignent ou dépassent 2 mètres, elles sont ordinairement reléguées dans les jardins les plus grands ou même dans les jardins paysagers proprement dits. Nous ne pourrions, au surplus, que répéter ici ce que nous avons expliqué dans un précédent chapitre, auquel nous renvoyons le lecteur pour ne pas tomber dans des redites inutiles.

Il est cependant encore un autre point sur lequel nous devons appeler l'attention du lecteur, et qu'il devra avoir présent à l'esprit dans le choix des plantes destinées à garnir le parterre, c'est ce qu'on appelle leur *port*, ou, comme disent les jardiniers, leur *tenue*. Sous ce rapport, et indépendamment des qualités de leurs fleurs, elles sont de valeurs très-inégales. On estime au-dessus de toutes les autres celles qui s'élèvent droites et sont assez fermes pour résister sans tuteurs aux vents et aux averses; celles qui forment, en se ramifiant, des touffes régulières, arrondies, pyramidales ou en gerbe, et celles enfin dont les fleurs sont dégagées du feuillage et bien en évidence. Des tiges simples, grêles et élancées sont un défaut que l'on dissimule en cultivant les plantes en groupes ou en massifs plus ou moins fournis. On estime encore, et presque au même degré, les plantes trapues, basses, cespiteuses, ou même celles qui s'étalent sur le sol, mais en formant des touffes ou des gazons tout d'une venue, denses, sans vides intérieurs, et dont la floraison est abondante et de couleurs vives. Quant à celles dont les branches divergent dans tous les sens, ou dont les tiges, trop faibles, se déjettent d'un côté ou d'un autre, ou celles encore dont la floraison, rare et chétive, est en quelque sorte écrasée sous la masse des feuilles, on peut dire qu'elles sont toujours disgracieuses et ne doivent être employées à la plantation du parterre que faute de meilleures pour les remplacer. Quelquefois cependant elles rachètent la défectuosité de leur port en fournissant des fleurs dont les longs pédoncules les rendent propres à entrer dans la confection des bouquets. Quoi qu'il en soit, on ne doit pas perdre de vue que ce qui doit dominer dans le parterre ce sont les fleurs avec leurs brillants coloris, et non le feuillage. Les fleurs sont ici l'objet principal; la verdure n'est que l'accessoire.

Nous avons déjà donné, dans un chapitre précédent, un aperçu des règles qui président à la plantation d'un parterre, mais il est bon de compléter en quelques mots ce que nous en avons déjà dit. Toutes les espèces ne sauraient être employées de la même manière. Celles qui ont une certaine taille, par exemple 0^m,50 à 0^m,70 de hauteur, se plantent au centre des plates-bandes ou des corbeilles; celles qui les suivent de chaque côté doivent être moins élevées, et, autant que possible, avoir des fleurs autrement colorées. Les plus basses sont réservées pour les bordures, et elles ne doivent pas excéder 0^m,30, à moins qu'il ne s'agisse des plates-bandes d'un vaste jardin, car alors elles peuvent aller jusqu'à une hauteur maximum de 0^m,35 à 0^m,40. Dans tous les cas, les plantes servant de ceinture soit aux plates-bandes, soit aux corbeilles ou aux massifs, doivent être très-sensiblement de même taille, fleurir en même temps et présenter les mêmes coloris. Les espèces gazonnantes peuvent y être employées aussi bien que celles dont les tiges sont dressées et fermes; depuis quelque temps même on se sert pour faire des bordures de plantes à feuillage blanc et dont on supprime les tiges dès qu'elles commencent à se montrer, comme la cinéraire maritime, la centaurée blanche, la sauge argentée et quelques autres. La condition à remplir ici est d'obtenir des bordures bien fournies, compactes, égales et sans lacunes. Ces bordures se plantent sur un, deux ou trois rangs, suivant la largeur qu'on juge utile de leur donner.

Toutes les plantes, ainsi que nous l'avons déjà dit, ne s'accommodent pas également des mêmes terrains. Celles, en particulier, qu'on a nommées *plantes de terre de bruyère* ne viennent que dans les sols siliceux, légers et amendés de terreau végétal pur, sans mélange d'aucun engrais d'origine animale. Leur place par conséquent n'est pas sur les plates-bandes ordinaires; elles ne sont cependant pas exclues des jardins fleuristes, mais pour les y cultiver on doit les mettre dans des terre-pleins entièrement composés de l'espèce de sol qui leur convient. Ces terre-pleins, toujours en relief sur le niveau général du terrain, et de forme ordinairement circulaire ou ovale, suivant la disposition des lieux, sont communément destinés à recevoir des arbustes fleurissants appropriés à cette nature de sol, tels que des rosages, des azalées, des hortensias et quelques autres, mais sur leurs contours, et en dehors des arbustes qui en occupent le centre, il y a place pour beaucoup de plantes herbacées qui ne viendraient point ailleurs. Nous les indiquerons successivement dans la revue que nous allons faire des plantes de fantaisie nous réservant toutefois d'en reparler avec plus de détail dans un chapitre qui sera exclusivement consacré aux plantes de terre de bruyère.

Rappelons enfin que les plantes herbacées, tant de collection que de fantaisie, ne sont pas les seuls ornements du parterre, et que ce dernier ne serait pas complet sans un certain nombre d'arbustes de taille peu élevée, et surtout d'une riche floraison. Les rosiers sont naturellement ici au premier rang, et avec d'autant plus de raison qu'il en existe un grand nombre de variétés naines, dont la taille n'excède pas celle des plantes de plate-bande ordinaires. On peut y ajouter les diervillas, les abélias, les clianthes, les fuchsias, quelques érythrines, etc. Enfin, les plantes qui sont habituellement cultivées en pots peuvent aussi venir orner momentanément les parterres ; il suffit d'enterrer les pots sur les plates-bandes, sans en retirer les plantes. On les y laisse tant que dure leur floraison, après quoi on les enlève pour faire place à d'autres.

L'ordre alphabétique étant le plus simple de tous et le plus facile à consulter, c'est celui que nous avons cru devoir adopter ici. Autant que possible nous avons donné aux plantes les noms français consacrés par l'usage ; souvent aussi nous avons francisé les noms latins, lorsque nous avons pu le faire sans nuire à l'euphonie. La nomenclature latine est incontestablement nécessaire à la botanique ; mais il n'est pas moins certain que l'horticulture et l'agriculture, qui sont du domaine de tout le monde, ne doivent s'en servir que lorsque les appellations vulgaires leur font absolument défaut.

§ 11. — ESPÈCES ET VARIÉTÉS DE PLANTES DE FANTAISIE
DE PARTERRE.

Abronie ombellée.
Voyez *belle-de-nuit.*

Acanthes (*Acan-
thus*). Plantes du midi
de l'Europe, de la fa-
mille des acanthacées,
vivaces par leurs raci-
nes, mais à tiges an-
nuelles, plus remar-
quables par leur grand
feuillage, élégamment
découpé, que par leurs
fleurs. Ces dernières
sont monopétales, bi-
labiées, largement ou-
vertes, d'un blanc rosé
ou lilacé, réunies en un
long épi au sommet de
tiges de 0ᵐ,50 à 0ᵐ,70
de hauteur. Deux es-
pèces sont communé-
ment cultivées : *l'acan-
the inerme* (*A. mollis*),
connu aussi sous les
noms de *brancursine* et
de *grande-berce*, dont
les feuilles sont dé-
pourvues d'épines, et
l'acanthe épineux (*A.
spinosus*) (fig. 52), qui
les a plus profondé-
ment découpées et ai-
guillonnées. Ces deux
plantes, la première

Fig. 52. — Acanthe épineux.

surtout, sont peut-être plus recherchées pour la beauté de leur
feuillage que pour celle de leurs inflorescences, qui se montrent sur la fin de l'été. Remarquons cependant qu'à cause du
volume de leurs touffes, larges quelquefois de plus d'un
mètre, elles ne conviennent qu'aux plus grands jardins, et
qu'elles sont encore mieux à leur place sur les pelouses ou les
gazons d'une certaine étendue. On les multiplie soit par éclat
des racines en mars et avril, soit par le semis des graines en
mai et juin. Toutes deux se plaisent en terre argileuse un peu
fraîche sous le climat du midi, à bonne exposition sous celui
du nord. Dans ce dernier cas, il convient de les abriter pendant
l'hiver sous un amas de feuilles ou de litière. Les acanthes mûrissent leurs graines jusque sous la latitude de Paris.

   Acantholimons. Voyez *staticés.*

   Achillées (*Achillea*). Genre de plantes de la famille des
composées-radiées, la plupart indigènes et très-rustiques,
toutes vivaces, à tiges roides et ordinairement dressées. Leurs
feuilles, plus ou moins finement découpées, ne manquent
pas d'élégance, mais ce sont leurs fleurs surtout qui les ont
fait admettre dans les plates-bandes des jardins. Dans toutes
ces espèces les capitules sont petits, mais réunis en larges
corymbes, et par là d'un certain effet. Les plus habituellement cultivées sont l'*achillée ptarmique* (*A. ptarmica*), à
fleurs blanches, et dont une variété est devenue double par le
développement des fleurons du disque en ligules; l'*achillée
filipendule* (*A. filipendulina*) (fig. 53), plante haute d'un mètre
ou plus, en larges touffes, à fleurs jaune vif, très-belles et
d'une longue durée; l'*achillée d'Égypte* (*A. ægyptiaca*), de
moitié moins haute que la précédente, et l'*achillée tomenteuse* (*A. tomentosa*), toutes deux à feuilles cotonneuses et à
fleurs jaunes; enfin le *mille-feuilles* ou *herbe au charpentier*
(*A. millefolium*), plante des plus communes le long des chemins et dans les lieux secs, dont une variété à fleurs roses et
une autre à fleurs pourpres ont été jugées dignes des honneurs
de la culture. Toutes ces plantes, qui ne sont guère que de
deuxième ordre, conviennent presque aussi bien pour la plantation des rocailles que pour celle des parterres proprement dits.

Aconits (*Aconitum*). Genre de renonculacées, comprenant un grand nombre d'espèces, la plupart originaires des montagnes de l'Europe et de l'Asie, vivaces par leurs racines ; à tiges dressées ; à fleurs en grappes terminales, blanches, violacées ou jaunâtres, et dont la forme, très-irrégulière, a été comparée à celle d'un casque. Deux espèces indigènes de nos climats doivent être signalées ici, savoir : l'*aconit napel* (*A. napellus*), à racines napiformes et à fleurs d'un violet bleu intense, quelquefois blanches par décoloration, et l'*aconit tue-loup* (*A. lycoctonum*), à fleurs jaunâtres. Ces deux plantes, ainsi que leurs variétés, assez nombreuses, et plusieurs autres espèces étrangères également rustiques, sont assez souvent cultivées dans les grands jardins, où, vues de loin, elles font un certain effet. Toutes sont très-vénéneuses et doivent être maniées avec prudence. On les multiplie par semis des graines, en automne ou au prinemps, et par éclats du pied.

Fig. 53. — Achillée.

Acroclinie à fleurs roses (*Acroclinium roseum*). Jolie plante de la famille des composées, originaire de la Nouvelle-Hollande, annuelle, à feuilles linéaires, à tiges simples mais nombreuses, peu élevées, terminées chacune par un capitule de moyenne grandeur (20 à 25 millimètres de diamètre), à disque jaune, sans rayons, entouré de plusieurs rangs de bractées involucrales de la plus belle teinte rose ou lilas carminé. Ces bractées sèches et scarieuses durent longtemps, et rappellent à plus d'un titre celles des anciennes immortelles de nos jardins. La plante, quoique employée quelquefois en bordure le long des plates-bandes , se présente mieux en massifs isolés; elle se prête aussi à la culture en pots et sur rocailles. On la multiplie de graines semées en automne, et alors on hiverne le jeune plant sous châssis, ou au printemps sur couche tiède et sous abris vitrés; on peut aussi semer en place si la saison est assez avancée. Suivant l'âge des plantes la floraison se fait en mai, juin ou juillet. Quoique l'introduction de cette plante en Europe ne remonte qu'à l'année 1854, on en a déjà obtenu en Belgique une variété blanche , qui se reproduit , dit-on, très-franchement par le semis.

Adonides (*Adonis*). Petit groupe de renonculacées indigènes, très-analogues aux renoncules, dont elles diffèrent principalement par leur feuillage , divisé ou découpé en lanières filiformes, et leurs corolles , ordinairement pourvues d'un plus grand nombre de pétales (de 8 à 15 ou même davantage). Deux espèces ont été introduites dans les jardins : l'*adonide de printemps* (*A. vernalis*), plante montagnarde , vivace, à fleurs comparativement grandes (5 à 6 centimètres de diamètre), d'un jaune éclatant, qui s'ouvrent dès le milieu de mars; et l'*adonide d'été* ou *œil de perdrix* (*A. æstivalis*), plante ségétale , annuelle, dressée, presque simple, à fleurs de moitié plus petites que celles de la précédente, d'un rouge de sang ou , plus rarement, orangées, avec une macule noirâtre à la base des pétales. Ces deux plantes ont peu ou point varié par la culture, peut-être parce qu'on ne leur a donné qu'une médiocre attention. Toutes deux se propagent de graines, semées en place s'il s'agit de l'adonide d'été, en terrines s'il s'agit de celle de printemps. Cette dernière peut aussi se multiplier par éclats du pied, mais seulement après la floraison.

Agératoires (*Ageratum*). Plantes américaines, de la famille des composées, annuelles et bisannuelles, rameuses et formant la touffe; à feuilles opposées, simples, plus ou moins velues. Les capitules sont petits, sans rayons, mais réunis en corymbes. Deux espèces méritent d'être signalées; ce sont la *célestine* (*A. cœlestinum, Cœlestina azurea*) et l'*agératoire du Mexique* (*A. mexicanum*), toutes deux à fleurs d'un bleu azuré. Ce sont d'excellentes plantes de plate-bande, rustiques, s'accommodant de tous les terrains, et dont la floraison se soutient pendant trois ou quatre mois. Les semis se font soit en automne, et alors il faut hiverner le plant sous châssis, soit, plus habituellement, en mars et avril, sur couche, avec repiquage du plant en pépinière d'attente. On met en place à la fin de mai ou dans les premiers jours de juin.

Alysse saxatile, corbeille d'or ou **thlaspi jaune** (*Alyssum saxatile*). Plante crucifère du midi de l'Europe, très-répandue dans les jardins, dont elle est un des plus beaux ornements aux mois d'avril et de mai. Elle est vivace, sous-ligneuse, très-ramifiée, en larges touffes basses, arrondies et bien pleines, à feuillage blanchâtre. Ses fleurs, en corymbes serrés, sont du jaune le plus éclatant. Elle est rustique et se plaît dans tous les sols, mais elle réussit peut-être mieux dans les terres un peu légères et siliceuses que dans les terres fortes, aussi l'emploie-t-on souvent pour garnir des rocailles ou des talus pierreux. On la multiplie de graines, semées en pépinière immédiatement après leur maturité, c'est-à-dire en juin ou juillet; on met le plant en place avant ou après l'hiver. On peut aussi éclater les touffes ou faire des marcottes au printemps. Le semis des graines est à préférer.

Malgré la différence du port on rattache au genre alysse l'*aubriétie* ou *alysse deltoïde* (*Alyssum deltoideum ; Aubrietia*

delloidea) (fig. 54), autre crucifère du midi de l'Europe, vivace
rustique, en touffes très
basses et gazonnantes,
feuilles d'un vert gris,
fleurs d'un bleu violacé. Ell
ne sert guère qu'à faire de
bordures le long des plates
bandes ou à garnir des ro
cailles. Sa floraison, qu
commence au premier prin
temps et se prolonge jusqu'à
la fin de mai, n'est pas dé
pourvue d'agrément, mai
on peut lui reprocher d'êtr
trop clair-semée. On la mul
tiplie de graines semées en
pépinière, ou par séparatio

Fig. 54. — Aubriétie ou alysse delloïde.

des touffes au printemps et dans le courant de l'été.

Une troisième espèce du même genre, l'*alysse maritim*
(*A. maritimum*), est aussi comptée parmi les plantes d'a-
grément. C'est une petite herbe indigène, fruticuleuse, vivace, basse, touffue, à feuilles blanchâtres et à fleurs blanches et odorantes, qui est principalement employée pour
faire des bordures. Elle vient pour ainsi dire sans culture, à
toutes les expositions et dans tous les sols. On la sème en avril
sur place, ou en septembre en pépinière, avec abris pendant
l'hiver si on le juge nécessaire. Elle est remontante et fleurit
jusqu'aux gelées quand on a soin d'enlever les grappes au fur
et mesure de leur défloraison.

Amarantes (*Amarantus, Celosia*). Genre de la famille des
amarantacées, comprenant un grand nombre d'espèces, dont
quelques-unes, originaires de l'Asie orientale, comptent
parmi nos plus belles plantes de pleine terre. La plus intéressante est la *célosie* ou *amarante crête de coq* (*A. cristatus, Celosia cristata*) (fig. 55), plante annuelle, de la Chine méridionale,
à tige dressée, haute de 0ᵐ,40 à 0ᵐ,60, à feuilles ovales ou lancéolées, de couleur verte. Les fleurs sont tout à fait insigni-

fiantes prises iso-
lément, mais l'in-
florescence en-
tière, formée de
l'agrégation de
plusieurs milliers
de ces petites
fleurs, et dont la
teinte varie du
jaune et du rose au
rouge vif et au
pourpre foncé, est
au contraire d'un
grand effet. Dans
les belles variétés
l'axe de l'inflores-
cence s'aplatit,
s'élargit et se ter-
mine brusque-
ment en une sorte
de palette à con-
tours sinueux ou

Fig. 55. — Amarante crête de coq.

lissés, qui rappelle d'une certaine manière la crête d'un coq.
es teintes, ordinairement très-vives, comme métalliques,
t les reflets veloutés de ces inflorescences monstrueuses
onnent une grande valeur ornementale à la plante; aussi
emploie-t-on, cultivée en pots ou sur des jardinières, pour
rner les fenêtres ou les appartements, aussi bien qu'en
leine terre pour la décoration du jardin. On la multiplie de
raines semées sur couche, en avril; on repique le plant en
épinière lorsqu'il a trois ou quatre feuilles, et on le met en
lace vers le milieu ou la fin du printemps. On en cultive aussi
es variétés naines, de 20 à 30 centimètres, dont l'épi est
ncore plus large et plus déformé que dans les variétés ordi-
aires; elles sont principalement réservées pour la culture en
ots.

Plusieurs autres espèces d'amarantes, mais moins belles

que celle dont il vient d'être question, se trouvent encore
communément dans les jardins; ce sont : l'*amarante argentée*
(*Celosia argentea*), plante de l'Inde, dont les fleurs sont en
épis nacrés, quelquefois roses; l'*amarante tricolore* (*A. tricolor*)
(fig. 56) de la Chine, haut de $0^m,50$ à 1^m, dont toute la beauté
réside dans le
feuillage, qui
porte à son centre
une large macule
jaune cerclée de
pourpre et de
vert; quelquefois
les couleurs se
réduisent à deux,
le jaune et le vert,
ou le rouge et le
jaune; l'*amarante
géant* (*A. specio-
sus*), forte plante
de l'Inde, qui
s'élève de $1^m,50$
à 2^m, et dont
les feuilles sont

Fig. 56. — Amarante tricolore.

teintes de rouge carmin plus ou moins vif; elle se fait surtout
remarquer par son inflorescence, qui est grande, pyramidale,
et d'un très-beau pourpre; l'*amarante à feuilles rouges*
(*A. sanguineus*), de l'Inde, un peu moins élevé que le précédent, dont il se distingue par un feuillage d'un rouge bien
plus prononcé et par une panicule à rameaux plus grêles et
plus lâches; enfin, l'*amarante queue de renard* (*A. caudatus*),
grande espèce de l'Inde, à feuilles et tiges rouge-carmin foncé,
et dont les longs épis, de même couleur que les feuilles, fléchis-
sent sous leur propre poids. Toutes ces plantes sont annuelles
et demi-rustiques dans le nord, mais à cause de leur grande
taille, de la teinte insolite de leur feuillage et du développement peu ordinaire de leur inflorescence, qui les rendent
propres surtout à être vues de loin, elles conviennent beau-

oup mieux à la décoration des grands jardins fleuristes, et même des jardins paysagers, qu'à celle des parterres proprement dits. Nous en reparlerons plus loin.

Amarantines ou **Amarantoïdes** (*Gomphrena*). Le om français de ces plantes indique déjà leur parenté avec la 'ête de coq et les amarantes, dont en effet elles ne diffèrent uère que par la forme de leur inflorescence. Comme chez es dernières, les fleurs prises isolément sont très-petites et nsignifiantes, mais elles sont rapprochées en grand nombre et, e plus, elles sont entourées de bractées scarieuses brillamment colorées et très-durables, ce qui les a fait mettre par le vulgaire au nombre des immortelles. Tandis que chez les amarantes proprement dites l'inflorescence est allongée et ramifiée, chez les amarantines elle est simple et raccourcie, souvent même globuleuse et capituliforme.

Ce genre est assez riche en espèces, la plupart dignes d'entrer dans la culture d'agrément, quoiqu'elles n'y aient pas été toutes introduites. Les plus connues sont *l'amarantine globuleuse* ou *amarantine violette* (*G. globosa*) (fig. 57),

Fig. 57. — Amarantine globuleuse.

qu'on dit provenir de l'Inde; elle est annuelle, haute de 0^m,40 à 0^m,50, à inflorescences globuleuses, d'un beau pourpre violet, parfois roses ou toutes blanches; l'*amarantine rouge* (G. *coccinea*), du Mexique, un peu plus haute que la précédente et annuelle comme elle, à bractées rouge écarlate et à fleurs jaunes; l'*amarantine orangée* (G. *aurantiaca*), du même pays que la précédente, dont elle pourrait n'être qu'une variété; elle en diffère surtout par la teinte orangée de ses capitules; enfin l'*amarantine de Sellow* (G. *pulchella*), de Montévideo, à capitules globuleux, de couleur rose carmin. A ces espèces on pourrait ajouter l'*amarantine officinale* (G. *officinalis*) et l'*amarantine à grosses têtes* (G. *macrocephala*), toutes deux du Brésil et à capitules pourpres ou carminés, mais qui sont encore très-rares dans les jardins.'

Toutes les amarantoïdes sont annuelles ou du moins traitées comme telles sous nos climats. Elles servent de diverses manières à la décoration des plates-bandes, soit en massifs, soit en petits groupes ou en pieds isolés. Elles se plaisent aux expositions chaudes et dans les terres légères et amendées de terreau de couche décomposé. Les semis se font en mars ou avril suivant les lieux, sur couche chaude et sous châssis dans le nord, et on repique le plant en pépinière ou directement en place si la température est devenue assez douce et qu'il n'y ait plus de gelées à craindre. En faisant deux ou trois semis à une quinzaine de jours d'intervalle on peut obtenir une floraison continue d'amarantines depuis le commencement de juillet jusqu'aux premières gelées.

Ambrettes. Voyez *centaurées.*

Ammobie ailée (*Ammobium alatum*) (fig. 58). Composée australienne, voisine des hélichrysums et pouvant se ranger comme eux dans le groupe horticole des immortelles. C'est une plante vivace, dont les feuilles sont presque toutes radicales, étalées en rosette autour du pied, et dont les tiges et les rameaux divergents et presque nus sont garnis, dans toute leur longueur, de larges ailes décurrentes qui y tiennent lieu de feuilles. Elle s'élève à 0^m,50 environ, et porte au sommet de ses rameaux des capitules solitaires, composés d'un disque de fleurons jaunes, sans rayons, mais entouré de plusieurs rangs de bractées scarieuses d'un blanc nacré, dont l'éclat se conserve presque indéfiniment. Par son port roide, sa nudité et l'étroitesse de ses capitules, qui n'ont pas deux centimètres de large, cette plante produit peu d'effet dans le parterre, mais ses rameaux coupés entrent avantageusement dans la composition des bouquets d'immortelles, ce qui fait à peu près tout son mérite. A Paris on la traite comme plante annuelle, en la multipliant exclusivement de ses graines, qu'on sème sur couche, au printemps, pour mettre le plant en pleine terre dans les premiers jours de mai; elle fleurit un mois ou six semaines plus tard.

Fig. 58. — Ammobie ailée.

On peut aussi semer en automne, sur pépinière, et alors le plant, repiqué en pots, est hiverné sous châssis. Dans le climat méridional la culture

18

de l'ammobie, et en général celle de la plupart des immortelles, pourrait se simplifier : il suffirait de les cultiver
comme plantes vivaces, c'est-à-dire à demeure sur le terrain,
en les abritant, s'il y avait lieu, dans les plus mauvais jours
de l'hiver.

Amphicome de l'Émodi (*Amphicome Emodi*). Jolie
bignoniacée de l'Himalaya, introduite en 1852, vivace, glabre ; à feuilles composées de 5 à 7 folioles et presque semblables à celles du frêne ; à tiges herbacées et annuelles, hautes
de 0^m,40 à 0^m,45, et terminées par des grappes de grandes
fleurs infondibuliformes, très-analogues à celles des bignones
dont nous parlerons dans un autre chapitre. Ces fleurs ont le
limbe étalé, d'un rose tendre tirant quelque peu sur le carmin,
et le tube jaune ou jaune orangé vers la base. Peu de plantes
exotiques, parmi celles qui ont été récemment importées en
Europe, sont aussi dignes que celle-ci de figurer sur les plates-
bandes du parterre ou dans les appartements. Presque rustique
sous le climat de Paris, elle l'est tout à fait dans le midi et
dans l'ouest de la France, où son rhizome passe facilement
l'hiver en terre, même sans couverture. Elle se multiplie avec
une égale facilité de graines et d'éclats du pied. Si on voulait la
cultiver en pots, on choisirait des vases un peu grands, c'est-
à-dire ayant au moins 30 centimètres d'ouverture, et qu'on
aurait soin de drainer convenablement. La plante se plaît au
grand soleil, mais elle veut de copieux arrosages en été. Au
nord de Paris elle fleurit mieux sous verre qu'à l'air libre,
du moins dans les années ordinaires.

Ancolies (*Aquilegia*). On désigne sous ce nom un genre
de renonculacées très-naturel et bien caractérisé par ses
pétales en forme de cornets, ouverts par en haut, et prolongés inférieurement en éperons. Les cinq pétales de chaque
fleur ayant identiquement la même forme et la même dimension, la fleur n'en reste pas moins très-régulière. Toutes les
espèces du genre sont vivaces et rustiques ; quelques-unes
même sont indigènes de nos montagnes ; toutes se ressemblent par le feuillage, qui est divisé en trois lobes principaux,
glabre et un peu glauque, comme aussi par le port et l'inflo-

rescence en panicule. Les fleurs sont en général de moyenne grandeur et presque toujours pendantes. Les espèces les plus ordinairement cultivées sont : 1° L'*ancolie des jardins* (*A. vulgaris*) (fig. 59), plante indigène, dont les tiges s'élèvent de $0^m,40$ à $0^m,60$ suivant les lieux. Ses fleurs, en forme de clochettes et un peu grandes pour le genre, sont d'un bleu tirant quelque peu sur le violet. Par la culture, elle a donné de nombreuses variétés, à fleurs blanches, roses ou violettes; puis des variétés doubles, les unes non déformées et dont les cornets en contiennent plusieurs autres de moindre taille et emboîtés, les autres déformées, où les cornets ont fait place à des pétales entièrement planes. Ces diverses variétés, qui peuvent paraître curieuses, sont moins belles que la forme type à fleurs simples; 2° l'*ancolie des Alpes* (*A. alpina*), à fleurs blanches ou bleu clair; 3° l'*ancolie de Sibérie* (*A. sibirica*),

Fig. 59. — Ancolie des jardins.

dont les fleurs bleues portent une macule blanche au sommet des pétales; 4° l'*ancolie de Fischer* (*A. jucunda*), de Sibérie et assez voisine de la précédente; c'est la plus belle de toutes les ancolies par la grandeur, plus qu'ordinaire, de ses fleurs largement ouvertes et par leur brillant coloris; le calyce y est d'un bleu vif, et la corolle mi-partie de blanc et de bleu. 5° l'*ancolie du Canada* (*A. canadensis*), qui se distingue de notre espèce commune par des fleurs plus étroites, d'un rouge assez vif à l'extérieur, d'un jaune verdâtre intérieurement; 6° l'*ancolie de Skinner* (*A. Skinneri*), qui a de l'analogie avec la précédente par le coloris de ses fleurs; 7° enfin, l'*ancolie arctique* (*A. arctica*, *A. formosa*) de Sibérie, voisine de l'ancolie de Skinner, mais avec des fleurs plus grandes et plus vivement colorées. Plusieurs autres espèces sont encore énumérées dans les catalogues des horticulteurs; il serait peu utile de les indiquer ici.

Les ancolies se plaisent dans les lieux à demi abrités contre les rayons du soleil, et s'accommodent de tous les terrains, pourvu que l'eau n'y soit pas stagnante; cependant elles réussissent généralement mieux dans les sols un peu siliceux que dans les autres. On les multiplie par la séparation des touffes, faite au printemps, ou par le semis des graines sur une plate-bande à mi-ombre ou en terrines. Ces semis se font indifféremment dans l'automne de l'année qui a vu mûrir les graines ou au printemps de l'année suivante.

Androsème. Voyez *millepertuis.*

Anémones (*Anemone*). Outre les espèces de collection dont

Fig. 60. — Anémone hépatique.

il a été parlé dans un chapitre précédent, et qui sont de beau-

coup les plus importantes, ce genre en contient plusieurs
autres, qui sont encore d'agréables plantes de plate-bande
ou de rocailles. Toutes sont vivaces comme l'anémone des
fleuristes, mais, plus rustiques qu'elle, elles demandent
comparativement peu de soins; aussi ne les déplante-t-on
guère que lorsqu'il s'agit de les multiplier par la division des
touffes. Les espèces les plus habituellement cultivées sont :
1° l'anémone *hépatique* (*A. hepatica*) (fig. 60), charmante espèce
indigène, commune surtout dans nos montagnes du centre
et du midi, acaule, à feuilles trilobées et luisantes, dont les
fleurs bleues, violettes, roses ou tout à fait blanches, sortent
de terre en touffes serrées, en même temps que les feuilles
et dès les premiers jours du printemps; la culture en a obtenu
des variétés doubles ou pleines dans toutes les teintes que nous
venons d'indiquer, excepté le blanc, ce qui est à regretter;
2° l'anémone *pulsatille* (*A. pulsatilla*) (fig. 61), plante printanière, commune sur
les coteaux secs et
rocailleux du centre
de la France, à feuil-
les profondément
découpées, velues,
dont les tiges se ter-
minent par une
seule fleur, un peu
grande, dressée, à
demi ouverte, d'un
violet foncé et ve-
lue extérieurement
comme les feuilles ;
3° l'anémone *de
printemps* (*A. ver-
nalis*), plante des
Alpes, vivace, ve-
lue, à fleurs blan-
ches en dedans, vio-

Fig. 61. — Anémone pulsatille.

lacées à l'extérieur; 4° l'anémone *œil de paon* (*A. pavonina*),

18.

superbe plante de Provence et d'Italie, à fleurs grandes, d'un rouge écarlate très-vif; 5° l'*anémone étoilée* (*A. stellata*), des mêmes lieux que la précédente, en compagnie de laquelle on la trouve souvent, et dont elle diffère par de moindres proportions et par la teinte lilas de ses fleurs; 6° l'*anémone de l'Apennin* (*A. apennina*), remarquable surtout par ses jolies corolles bleu d'azur; 7° l'*anémone des Alpes* (*A. alpina*), plante alpine, à tige dressée, à feuilles découpées, à fleurs grandes, blanches, rosées ou jaune de soufre; 8° l'*anémone des bois* (*A. nemorosa*), plante vulgaire sur les collines boisées de toute la France, à fleurs blanches, dont une variété pleine est seule estimée; 9° l'*anémone du Japon* (*A. japonica*), très-belle plante exotique dont le nom indique la provenance, à tiges dressées, en touffes, hautes de 0^m,50 à 0^m,70 ou plus, à fleurs très-grandes, simples, doubles ou pleines suivant les variétés, de couleur lilas carminé, quelquefois roses ou blanches, qui s'ouvrent en septembre et en octobre; 10° l'*anémone élégante* (*A. hybrida, A. elegans*) (fig. 62), qui diffère de la précédente par une taille plus élevée, un feuillage plus grand et des fleurs moins vivement colorées. Ces deux dernières anémones, également propres à la décoration des grands jardins fleuristes et des petits parterres, se recommandent surtout par leur floraison automnale. Plusieurs autres espèces, telles que l'*anémone à fleurs de narcisse* (*A. narcissiflora*), l'*anémone blanche* (*A. alba*), l'ané-

Fig. 62. — Anémone élégante.

mone de Virginie (*A. virginiana*), etc., peuvent aussi être introduites dans la culture. Comme quelques-unes des précédentes, cependant, elles conviennent aussi bien à l'ornementation des rocailles et à la culture en pots qu'à celle des plates-bandes du jardin.

Anthémis (*Anthemis*). Genre de composées indigènes, vivaces, à fleurs radiées, à feuilles découpées, plus ou moins aromatiques, dont quelques espèces sont d'assez jolies plantes de plante-bande. Nous signalerons dans le nombre l'*anthemis des teinturiers* (*A. tinctoria*), du midi de l'Europe, dont les tiges en fortes touffes peuvent s'élever à 1^m ou plus, et sont très-florifères. Les capitules, d'un tiers moins grands que ceux des reines-marguerites, ont de 30 à 50 rayons, d'un jaune très-vif, quelquefois jaune pâle ou même tout à fait blancs. Quoique vivace, cette espèce se cultive habituellement comme plante annuelle. On la sème au printemps ou en été, et le plant élevé en pépinière est mis en place au printemps suivant ; il fleurit du 15 juin au 15 août, plus tôt ou plus tard suivant les lieux et les années.

Une seconde espèce, commune dans toutes nos provinces, a été pareillement introduite dans les jardins : c'est la *camomille romaine* (*A. nobilis*), beaucoup moins élevée que la précédente, et dont les tiges sont plus ou moins étalées sur le sol. Ses capitules ont les rayons blancs et le disque jaune. Elle n'a d'intérêt, comme plante d'agrément, que par sa variété double ou pleine, chez laquelle les fleurons du disque se sont transformés en ligules blanches, ce qui donne aux capitules une certaine ressemblance avec ceux des petites variétés du chrysanthème de l'Inde ou de la matricaire mandiane. On la cultive sur les plates-bandes en touffes isolées et plus souvent encore en bordures. Cette variété étant stérile, on ne la propage que par division du pied. Quoique rustique, dans le sens ordinaire du mot, e'le périt assez souvent à Paris dans les hivers froids et surtout très-humides.

Aphelexis. Voyez *immortelles*.

Arabettes (*Arabis*). Plantes de la famille des crucifères, indigènes des Alpes et des hautes montagnes du midi de l'Europe, vivaces ou annuelles, à feuillage un peu velu, dressées, formant des touffes de 15 à 25 centimètres de hauteur, dont toutes les tiges se terminent par une grappe de fleurs blanches. Elles sont très-rustiques, et par leur floraison précoce elles deviennent un des principaux ornements de nos jardins au sortir de l'hiver. On les cultive soit en massifs, soit, plus ordinairement, en bordures serrées le long des plates-bandes, où d'habitude on fait contraster leurs fleurs blanches avec celles des doronics, qui les ont d'un jaune vif, ou celles des grandes saxifrages de Sibérie, qui sont de couleur rose plus ou moins carminé. Il n'y a guère que deux espèces, toutes deux vivaces et presque semblables l'une à l'autre, qui soient admises comme plantes d'agrément : l'*arabette printanière* (*A. verna*) (fig. 63), qui est la plus belle, et l'*arabette du*

Fig. 63. — Arabette de printemps.

Caucase (*A. caucasica*). On les propage de graines semées dans le courant de l'été, ou par la simple division des touffes

lorsque la floraison est achevée. Les plantes obtenues par ces
deux moyens sont élevées en pépinière et mises en place en
automne. Elles fleurissent dès le printemps suivant. Leurs
fleurs, comme celles de beaucoup de plantes printanières,
sont fort recherchées des abeilles.

Arctotides (*Arctotis*). Genre de composées-radiées de l'A-
frique australe, très-voisin des gazanias, dont nous parlerons
plus loin, et s'employant aux mêmes usages horticoles. Ce sont
des plantes souvent acaules, vivaces ou bisannuelles, à feuilles
ordinairement roncinées, presque toutes remarquables par
les belles teintes jaunes ou jaune orangé des rayons de leurs
capitules, dont le disque est de couleur plus foncée ou d'un
pourpre brun. Plusieurs espèces ont été introduites dans les
jardins. La plus belle, celle qui pourrait remplacer toutes les
autres, est l'*arctotide acaule* (*A. acaulis*), plante riche en variétés (*A. tricolor*, *undulata*, *speciosa*, etc.), qu'on a prises
plus d'une fois pour des espèces différentes, et qui se distinguent les unes des autres principalement par le coloris, dont la
nuance varie du jaune pâle au rouge orangé. Les arctotides font
de charmantes bordures le long des plates-bandes, et elles peuvent aussi, les espèces caulescentes surtout, se cultiver en
groupes ou petits massifs isolés. Toutes conviennent particulièrement aux jardins méridionaux, mais elles ne sont qu'à
demi-rustiques à Paris, où on les cultive en pots autant qu'en
pleine terre. On les sème au printemps, sur couche chaude et
sous châssis, et on les repique soit sur couche, soit en place
si la saison est assez chaude, mais toujours à une exposition
bien éclairée, car les capitules des arctotides ne s'ouvrent
qu'aux rayons du soleil et se ferment par les temps couverts
ou pluvieux. Plusieurs autres composées de l'Afrique australe
offrent les mêmes phénomènes ; aussi viennent-elles incomparablement mieux dans la région méditerranéenne que partout ailleurs.

Argémones (*Argemone*). Plantes annuelles, de la famille
des papavéracées, originaires des montagnes du Mexique
et de l'Amérique centrale, assez rustiques pour fleurir et
fructifier dans le courant de la belle saison sous la latitude

de Paris et même plus au nord. Elles s'élèvent droites, de
0^m,60 à 1^m de hauteur, se ramifiant plus ou moins, et portant à l'extrémité de chaque rameau une fleur de la grandeur
de celle du coquelicot, largement ouverte, à pétales très-ca-
ducs. On en cultive deux espèces, l'*argémone à fleurs blanches*
(*A. grandiflora*) (fig. 64), et l'*argémone à fleurs jaunes* (*A. mexicana*). Toutes deux
sont plus remar-
quables par leur
feuillage, glauque
et élégamment dé-
coupé, que par
leurs fleurs, très
passagères; aussi
conviennent - elles
tout aussi bien
aux grands jardins
qu'aux plates-ban-
des d'un parterre.
Les semis se font en
mars ou avril, avec
ou sans abri, suivant
la saison et les lieux.

Arméria. Voyez
*gazon d'Olympe et
staticés.*

**Arnébie échio-
ïde** (*Arnebia echi-
ides*). Jolie bora-
ginée d'Arménie
et du Caucase, vi-
vace par sa racine,
à tiges annuelles,
simples, demi-li-
gneuses, feuillues,
hautes de 0^m,20

Fig. 64. — Argémone à fleurs blanches.

0^m,25, terminées par une ou plusieurs grappes scorpioïdes

dont les fleurs, relativement grandes (presque égales à celles de la primevère des jardins), sont du jaune le plus vif, avec cinq macules cramoisies à l'origine des lobes de la corolle. Par sa petite taille, ses tiges fermes, son feuillage d'un vert foncé, comme par la beauté de son inflorescence et par sa rusticité, l'arnébie échioïde, qui est encore peu répandue en France, justifie amplement la faveur dont elle jouit dans les parterres de la Russie, de l'Angleterre et de l'Allemagne, où elle ne demande pour ainsi dire aucun soin. Sous nos latitudes, plus chaudes ou plus sèches, elle se plaît en terre fraîche mais drainée, et dans les lieux à demi ombragés. On la multiplie très-facilement de graines et d'éclats du pied.

Asclépiades (*Asclepias*). Genre de plantes dont on a fait le type de la famille des asclépiadées, contenant d'assez nombreuses espèces, toutes d'Amérique et vivaces, et dont quelques-unes ont été introduites en Europe à titre de plantes d'ornement. La plus intéressante sous ce rapport est l'*asclépiade tubéreuse* (*A. tuberosa*), de l'Amérique du Nord, vivace, haute de 0^m,60 à 0^m,70, à feuilles lancéolées, et dont les rameaux se terminent par des ombelles de fleurs orangées ou rouge aurore, rapprochées en corymbes. Une seconde espèce, moins intéressante, est l'*asclépiade à la ouate* ou *herbe à coton* (*A. Cornuti*), originaire du Canada, dont les tiges simples, hautes de 1^m à 1^m,50, se garnissent de belles et larges feuilles ovales, et se terminent par des ombelles de petites fleurs blanches ou blanc rosé, d'un aspect assez agréable, et qui d'ailleurs sont curieuses par leur structure comme celles de toutes les asclépiadées. Le fruit est un double follicule dont les graines sont munies de longues aigrettes soyeuses, qu'on a comparées à de la ouate de coton et qu'on a plusieurs fois, mais toujours inutilement, essayé de filer et de convertir en étoffe. A cause de sa haute taille et de son feuillage abondant, la plante ne convient guère qu'aux grands jardins. Ses racines traçantes, qui hivernent facilement sous terre et cheminent loin du pied, sont d'ailleurs trop envahissantes pour un jardin de peu d'étendue.

Outre ces deux espèces, on cultive encore l'*asclépiade incar-*

nate (*A. incarnata*), du même pays que la précédente, mais moins ornementale; l'*asclépiade de Douglas* (*A. Douglasii*) de Californie, plante un peu basse, à feuillage touffu et à fleurs roses; et l'*asclépiade de Curaçao*, qui, étant originaire des Antilles, demande la serre chaude en hiver sous le climat de Paris. Cette dernière se distingue des précédentes, principalement par la couleur de ses fleurs, qui est le rouge orangé.

Astères (*Aster*). Genre de plantes de la famille des composées-radiées, presque toutes vivaces par leurs racines, rustiques, à floraison estivale ou automnale, comprenant un grand nombre d'espèces introduites dans les jardins, mais dont quelques-unes sont des plantes plus que médiocres au point de vue ornemental. Leurs capitules ont le disque jaune et les rayons ordinairement bleu violacé, quelquefois blancs, roses ou purpurins. Les espèces qui à une taille peu élevée joignent des capitules de grandeur moyenne, et dont les teintes sont bien franches, nous paraissent les seules qui méritent d'être recommandées pour la culture en plate-bande; les autres, à cause de la petitesse de leurs fleurs ou de l'ampleur et de la hauteur de leurs touffes, ne conviennent qu'aux pelouses et aux jardins paysagers. Elles peuvent du reste fournir des fleurs coupées, pour la confection des bouquets, ce qui est aujourd'hui un de leurs principaux usages.

Parmi les espèces recommandables pour la décoration des plates-bandes nous citerons : l'*astère œil-de-Christ* (*A. Amellus*), du midi de la France, haut de 0m,50 ou plus, dont les capitules ont 5 à 6 centimètres de diamètre, avec des rayons d'une belle teinte bleu violacé; il fleurit de juillet en septembre; l'*astère amelloïde* (*A. amelloides*), plus trapu que le précédent, et qui n'en est peut-être qu'une variété un peu plus tardive; l'*astère des Alpes* (*A. alpinus*), des hautes montagnes de la France, plante basse, haute de 0m,20, dont les tiges ne portent ordinairement qu'un seul capitule, de 3 à 4 centimètres de diamètre et de même couleur que dans l'astère œil-de-Christ; elle convient plus particulièrement à la plantation des rocailles; l'*astère bicolore* (*A. bicolor*), probablement d'origine américaine, et que sa petite taille (25 à 30 centimètres) et l'abondance de

ses capitules d'un blanc rosé, dont la teinte passe insensiblement au pourpre clair, recommandent suffisamment pour la
décoration des parterres; l'*astère gazonnant* (*A. cæspitosus*),
du nord de l'Amérique, très-analogue à l'astère bicolore par sa
floraison; l'*astère de Reeves* (*A. horizontalis*), bas, cespiteux et
à fleurs blanches, et qui, ainsi que les deux précédents, est
employé à faire des bordures; l'*astère des Pyrénées* (*A. pyrenæus*), presque semblable à l'astère des Alpes, mais deux fois
plus élevé, à capitules relativement grands et dont les rayons
sont violet pâle; l'*astère à grandes fleurs* (*A. grandiflorus*)
(fig. 65), du nord de l'Amérique, haut de 0ᵐ,80, ou davantage,

rameux, à fleurs solitaires
aux sommets des rameaux,
mais grandes et d'un bel effet, et ayant surtout l'avantage d'arriver tardivement
(en octobre), quand les jardins commencent à se dé-
pouiller de leurs ornements;
enfin, l'*astère élégant* (*A. formosissimus*), d'origine américaine, forte plante de plus
de 1ᵐ de hauteur, à fleurs un
peu grandes, solitaires, d'un
beau violet pourpre, et dont
on fait une bonne plante
de plate-bande moyennant
quelques pincements de la
tige, qui par là se ramifie et
reste basse. Toutes ces espèces d'ailleurs peuvent se
cultiver en pots et servir à la
décoration des fenêtres et
des appartements. Pour la
plantation en massifs, sur
les pelouses ou la lisière des
bosquets, on emploie les plus grandes espèces, particulière-

Fig. 65. — Astère à grandes fleurs.

ment les *A. floribundus, multiflorus, formosissimus, versicolor, pendulus, sikkimensis*, etc., encore assez remarquables par l'abondance et le beau coloris de leurs fleurs.

Les astères n'ont guère été multipliés jusqu'ici que par séparation des touffes, en automne ou au printemps, et cela parce que la plupart ne donnent point de graines dans nos jardins. Il est à regretter que les plus beaux ne puissent pas être régulièrement soumis à la reproduction par semis, car il est probable qu'on en obtiendrait des variétés doubles ou pleines, avec des modifications dans le coloris, ainsi qu'il est arrivé pour les chrysanthèmes, le souci, la reine-marguerite et le dahlia.

Aubriétia. Voyez *Alysse.*

Balsamines (*Impatiens*). Genre type de la famille des balsaminées, contenant de nombreuses espèces, dont une seule la *balsamine des jardins* (*I. Balsamina*), a acquis de l'importance comme plante d'ornement. Elle est originaire de l'Inde annuelle, à tige dressée et succulente, rameuse, ne s'élevant guère au delà de $0^m,30$, souvent même restant beaucoup plus basse. Ses fleurs sont axillaires, très-irrégulières, éperonnées, d'un rouge vif dans le type de l'espèce; le fruit est une capsule oblongue à plusieurs valves, qui éclate à la maturité par la brusque séparation des valves et leur enroulement en dedans, d'où il résulte que les graines sont projetées au loin. Cette espèce est demi-rustique, en ce sens que la chaleur de nos étés est plus que suffisante pour lui faire parcourir tout le cycle de sa végétation, mais elle succombe à la moindre gelée.

La balsamine, déjà très-belle à l'état sauvage, a encore beaucoup gagné par la culture. Ne pouvant être reproduite que par le semis, elle a nécessairement subi les influences modificatrices de ce moyen de multiplication : aussi a-t-elle donné beaucoup de variétés; mais c'est dans ces dernières années que se sont produites les races les plus remarquables. Les fleurs ont d'abord doublé, puis elles sont devenues pleines insensiblement elles ont pris une forme presque régulière et de plus en plus ouverte à mesure que leurs pétales se multipliaient; enfin, on en a obtenu de si grandes, si pleines et si régulières, qu'on a pu avec juste raison les comparer à des roses ou à des fleurs de camellias. La couleur elle-même a subi de nombreuses altérations : elle a passé du rouge au blanc pur, au blanc jaunâtre, au rose, au cramoisi, au gris, à l'ardoisé, à l'isabelle, au violet; il s'est même produit des variétés panachées et ponctuées. Des variations d'un autre ordre ont donné des plantes de haute taille et des plantes naines. En un mot, la balsamine a tellement diversifié ses formes qu'aujourd'hui elle mériterait presque d'être comptée parmi les plantes de collection; cependant elle est essentiellement une plante de parterre et de plate-bande, et c'est pour ne pas rompre ses analogies horticoles que nous croyons devoir la classer ici.

On peut, avec M. Vilmorin (1), répartir les variétés de balsamines en quatre classes assez distinctes, savoir : les *Balsamines doubles;* les *balsamines pyramidales* ou *à rameaux*, ainsi nommées parce que la sommité de la tige principale s'élève très-haut au-dessus des branches, sans se ramifier de nouveau, et en se couvrant de fleurs serrées; les *balsamines camellias* (fig. 66), dont les fleurs énormes, très-pleines et très-régulières, rappellent celles de l'arbuste dont elles portent le nom; et enfin, les *balsamines naines*, qui

Fig. 66. — Balsamine camellia.

(1) *Les Fleurs de pleine-terre*, etc.; 1863.

ne s'élèvent guère au delà de 25 à 30 centimètres. Dans chacun
de ces groupes se trouvent toutes les variations de coloris que
nous avons indiquées plus haut.

Par son port ramassé, droit et ferme, sa riche floraison et
l'éclat de ses couleurs, la balsamine convient admirablement
à la décoration des parterres; elle se plante en massifs, en
lignes, en bordures, en touffes isolées, suivant le besoin ou
le caprice de l'amateur; elle ne fait pas un moindre effet plantée en pots, et dans cet état elle peut devenir une des plus
belles plantes d'appartement. A ces divers mérites s'ajoute celui
d'être de culture facile et de réussir dans tous les sols de qualité
moyenne, à la condition qu'ils reçoivent un peu d'engrais bien
consommé, qu'ils soient frais, fréquemment arrosés et bien
perméables à l'eau. Pour la culture en pots la terre doit être
un peu plus substantielle que pour la culture en pleine terre;
elle doit être surtout parfaitement drainée.

Les semis de balsamines se font au printemps, en avril ou
mai, sur couche, ou même directement en place s'il n'y a plus
de gelées à craindre, et encore dans ce cas aurait-on la ressource de couvrir la planche de paillassons pendant la nuit.
Il est mieux cependant de semer sur couche ou en pépinière,
pour transplanter quinze jours ou un mois après la levée du plant.
On peut d'ailleurs repiquer ce dernier en pépinière, et attendre
pour le mettre en place que les premiers boutons de fleurs
commencent à se montrer, car, par suite de l'abondance du
chevelu de ses racines, qui rasent la terre, et de la contexture
succulente de ses tiges et de ses feuilles, la balsamine supporte très-facilement la transplantation. Il faut cependant y
ajouter un copieux arrosage, pour en assurer ou en hâter
la reprise.

Pour récolter les graines des balsamines on ne doit pas attendre la complète maturité des capsules, parce qu'arrivées à
ce point elles éclatent d'elles-mêmes et projettent au loin
leurs graines, qui seraient pour la plupart perdues. Avec un peu
d'habitude on reconnaît aisément à leur teinte vert-jaunâtre
celles qu'il est temps de cueillir. Les capsules détachées se
mettent dans des boîtes un peu creuses, qu'on tient en lieu

sec, où elles achèvent de mûrir. En général les balsamines
très-doubles donnent peu de graines, mais ces graines reproduisent fidèlement la variété. Les semi-doubles sont plus fertiles, et leurs graines donnent naissance à des plantes à fleurs
doubles et à des plantes à fleurs simples. On croit avoir remarqué que les graines qui sont petites ou moyennes, mais
bien rondes, donnent des plantes à fleurs très-doubles ou
pleines, et qu'au contraire celles qui sont grosses et allongées
ne produisent jamais que des sujets à fleurs simples ou tout
au plus semi-doubles.

Outre l'espèce classique, et tout à fait sans rivale dans son
genre, que nous venons de décrire, l'horticulture en possède
plusieurs autres, mais qui n'ont qu'un faible intérêt. Il suffit
d'en nommer deux, la *balsamine de Royle* (*B. Roylei*) et la
balsamine à trois cornes (*B. tricornis*), fortes plantes d'un à
deux mètres, la première à fleurs carmin violet, la seconde à
fleurs orangé pâle. Leur grande taille et la rareté comparative
de leurs fleurs les font exclure du parterre proprement dit,
pour les reléguer dans le jardin paysager. Cultivées en massifs, sous le climat doux et humide du voisinage de l'Océan,
ces deux plantes deviennent fort belles et sont très-propres
à orner les jardins publics. D'autres espèces, toujours moins
belles que la balsamine commune, n'appartiennent guère
qu'à la serre chaude sous nos climats.

Barbe de Capucin. Voyez *Nigelle d'Orient.*
Barbe de Jupiter. Voyez *Valériane.*
Barbeau. Voyez *Centaurée.*

Basilic (*Ocimum*). Genre de la famille des labiées, originaire de l'Inde, ne contenant, que de petites plantes, dont le
principal mérite, sinon le seul, consiste dans l'odeur suave
des huiles aromatiques dont toutes leurs parties sont imprégnées. Cependant leurs touffes de verdure foncée et leurs
épis de fleurs blanc rosé, roses ou pourpres, ne sont pas
sans quelque agrément. Pour ces deux raisons, les basi-
lics ont été introduits dans les parterres, où ils servent,
conjointement avec d'autres plantes, à garnir des plates-bandes
ou border des massifs. Plus habituellement encore on les cul-

tive en pots, sur les fenêtres ou dans l'intérieur des appartements. On les multiplie de graines semées au printemps. Ils
se plaisent dans les terres légères, un peu fraîches et situées à
bonne exposition. Les espèces les plus généralement cultivées
sont le *basilic commun* (*O. Basilicum*), à fleurs carmin ou
roses, qui forme des touffes de 25 à 30 centimètres en tous
sens, et le *petit basilic* (*O. minimum*), plus bas de taille et
généralement à fleurs blanches. Ces deux espèces, ou au moins
l'une d'elles, paraissent avoir été cultivées fort anciennement,
car des couronnes tressées de basilic ont été trouvées dans
les hypogées de l'Égypte.

Bégonias (*Begonia*). Grand genre de plantes exotiques, qui
constitue à lui seul la famille des bégoniacées. Presque toutes
sont originaires de la zone intratropicale, circonstance qui
en fait dans nos climats des plantes de serre chaude ou de
serre tempérée. Elles sont vivaces, succulentes, plus ou moins
élevées, à feuillage cordiforme ou réniforme, mais presque
toujours irrégulier, par l'inégalité de développement des deux
moitiés de la feuille. Dans quelques espèces ce feuillage se
pare de teintes vives, telles que le pourpre de différents tons,
le vert, foncé presque jusqu'au noir, et le blanc, ce dernier distribué en étoiles, en zones, en marbrures, en macules ou en
ponctuations. Les fleurs, toujours unisexuées et en panicules
plus ou moins fournies, sont blanches, roses, rouge vif, couleur carmin, rarement jaunes ou orangées. Aux fleurs femelles
fécondées succèdent des capsules trigones, ordinairement
ailées d'un côté, et contenant des graines fines et nombreuses,
qui servent de moyen de multiplication concurremment avec
le bouturage de rameaux ou même de simples fragments de
feuilles, qui s'enracinent avec une grande facilité. Les bégonias sont un des plus grands ornements de nos serres
chaudes, mais souvent plus par leur feuillage que par leurs
fleurs; sous ce rapport ils sont au premier rang parmi les
plantes à feuillage coloré.

Une seule espèce, originaire de Chine, le *bégonia discolore*
(*B. discolor*), est assez rustique pour vivre en plein air sous
nos climats, moyennant une couverture de paille ou de feuilles

sèches en hiver. De sa souche, ou rhizome aérien, elle émet tous les ans des tiges de 0ᵐ,30 à 0ᵐ,60 de hauteur, garnies de feuilles d'un vert intense et uniforme en dessus, d'un rouge de sang très-vif en dessous. Ses fleurs, d'un beau rose, font assez d'effet pour lui mériter l'honneur de figurer dans un parterre. Elle réussit mieux dans les jardins du midi que dans ceux du nord, à la condition d'y être en bon sol, un peu abritée contre le soleil et copieusement arrosée dans la saison des chaleurs. On la multiplie par fragments de la souche, ou mieux encore par la plantation des bulbilles qui naissent à l'aisselle des feuilles, et qui tombés à terre s'y enracinent d'eux-mêmes, pourvu qu'une température douce et l'humidité du sol favorisent leur développement.

Belle-de-jour ou **liseron tricolore** (*Convolvulus tricolor*) (fig. 67). Charmante plante annuelle du midi de l'Europe,

Fig. 67. — Belle-de-jour.

appartenant à la famille des convolvulacées, à tiges dressées ou décombantes, mais non volubiles, hautes de 0ᵐ,30 à 0ᵐ,50, à feuilles oblongues, un peu soyeuses. Les fleurs, relativement grandes et en forme d'entonnoir, sont admirablement peintes; le fond en est jaune clair, le milieu est occupé par un cercle

blanc, le contour par une large zone du plus beau bleu. Peu
de plantes sont mieux appropriées que celle-ci à la décoration
d'un parterre, où elle convient surtout pour former des
massifs ou des cercles autour de groupes d'autres plantes.
On l'emploie de même en touffes isolées alternant avec des
fleurs de couleurs différentes. La culture en a tiré plusieurs
variétés, entre autres une variété toute blanche, qui est loin de
valoir la forme typique, une seconde variété, panachée de bandes
bleues sur fond blanc, et une troisième, à fleurs doubles, mi-
parties de blanc et de bleu. La belle-de-jour est rustique ; mais
comme elle supporte difficilement la transplantation, à moins
qu'on ne l'enlève jeune et avec la motte, on la sème ordinairement en place, dans le courant d'avril ou de mai. Sa floraison, commencée à la fin de juin, se continue jusqu'au
mois d'octobre, ou plus longtemps si la température se soutient assez élevée.

Belles-de-nuit (*Mirabilis*). Plantes de la famille des nyctaginées, originaires du Mexique et probablement des autres
contrées montagneuses intratropicales du Nouveau-Monde, vivaces par leurs racines, à tiges noueuses, à feuilles opposées.
Leurs fleurs, en forme d'entonnoir et très-semblables en
apparence à celles des convolvulacées, n'ont en réalité qu'un
calyce ou périanthe corolliforme, qui en fait toute la beauté.
Les graines, volumineuses et solitaires dans chaque fleur,
contiennent un abondant périsperme blanc et farineux, dont
on a vainement essayé jusqu'ici de tirer un parti utile.

Ce genre fournit à nos parterres une très-belle espèce, la
belle-de-nuit commune (*M. Jalapa*) (fig. 68), forte plante à branches et rameaux divisés dichotomiquement, et formant des
touffes de 0^m,60 à 1^m de hauteur, moins développées dans
certaines races. Les fleurs naissent aux sommets des rameaux
et se succèdent en très-grand nombre des premiers jours de
juillet à la fin de l'automne, mais chacune d'elles dure peu ;
ouvertes au coucher du soleil ou pendant la nuit, elles sont
presque toujours fermées à dix heures du matin, à moins
que le ciel ne soit couvert ou pluvieux, et dans ce cas elles
peuvent durer tout le jour. C'est surtout le soir, à la nuit

Fig. 68. — Belle-de-nuit.

tombante, que ces plantes sont dans toute leur beauté.

Dans la forme type de l'espèce, celle qu'on pourrait considérer comme représentant la plante sauvage, les fleurs sont
du plus beau rouge pourpre. Par l'effet de la culture, et sans
doute aussi du dépaysement, il s'est produit des races, aujour-
d'hui très-stables, de belles-de-nuit à fleurs uniformément
blanches ou jaunes, puis, peut-être par croisement de ces
races entre elles et avec le type de l'espèce, de nouvelles races
à fleurs panachées ou marbrées de pourpre sur fond blanc ou
jaune, ou de jaune et de pourpre sur fond blanc. Les fleurs
se sont en même temps beaucoup agrandies dans quelques
variétés, tandis que chez d'autres la taille des plantes s'est
abaissée. De toutes ces modifications est résulté un nombreux
répertoire de formes nouvelles, et très-perfectionnées si on les
compare à la plante dans son état primitif.

19.

A côté de cette espèce nous en trouvons une autre, la belle-de-nuit odorante (*M. longiflora*), qui lui est très-infé rieure comme plante d'ornement. Elle est plus forte, plus touf fue, mais ses rameaux décombants lui donnent un port disgra cieux. Ses fleurs, qui sont d'un tiers plus petites que celles de la précédente, se prolongent inférieurement en un tube de 10 à 14 centimètres de longueur. Leur couleur est le blanc rosé, tournant, dans quelques sous-variétés, au violet clair; leur odeur est prononcée et agréable. Cette espèce, dont la floraison est nocturne comme celle de la belle-de-nuit commune, est trop forte et surtout trop étalée pour convenir aux plates-bandes d'un parterre; on en tire un meilleur parti en en formant des massifs à part dans les endroits écartés du jardin.

On a réussi plusieurs fois à féconder les fleurs de la belle-de-nuit commune par le pollen de la belle-de-nuit odorante, et on en a obtenu des hybrides (*Mirabilis longifloro-jalapa*) intermédiaires entre les deux types spécifiques, tantôt stériles, tantôt fertiles par leur propre pollen ou par celui des plantes qui les avaient produits. De ces alliances diversement combinées sont issues de nouvelles variétés, en général plus curieuses par leur origine que remarquables par la beauté de leurs fleurs, et qui d'ailleurs, comme toutes les plantes hybrides, ne se reproduisent pas fidèlement du semis de leurs graines.

Les belles-de-nuit se propagent de graines qu'on sème sur couche ou en place, en avril ou mai. Un point à noter ici, c'est que les graines reproduisent en général très-fidèlement les variétés auxquelles elles appartiennent et que le jardinier peut les semer presque avec la certitude absolue de voir reparaître sans altération les variétés jaunes, pourpres, blanches ou bigarrées. Dans les pays où l'hiver est doux la racine se conserve assez facilement en terre, avec ou sans couverture, et avec le temps elle devient très-grosse; sous le climat de Paris elle périt tous les ans, à moins qu'elle ne soit abritée contre le froid, sous châssis ou en orangerie. Dans le cas où il s'agirait de conserver une plante remarquable, ou d'avoir des plantes plus fortes et de floraison plus précoce que celles qu'on obtient d'un semis fait dans l'année même, on devrait relever ces racines dès le commencement d'octobre et les mettre en pots, pour les hiverner jusqu'au printemps suivant.

La famille des nyctaginées a fourni encore d'autres plantes à nos parterres, mais qui sont très-inférieures en beauté à celles qui précèdent. La seule dont il puisse être utile de parler ici est l'*abronie ombellée* (*Abronia umbellata*), de Californie, plante vivace, à rameaux un peu sarmenteux, et dont les fleurs sont rapprochées en ombelles au sommet de pédoncules axillaires. Ces fleurs sont petites, d'une belle couleur rose et très-odorantes. La plante est rarement cultivée sur les plates-bandes, à cause de son port trop étalé; sa véritable place est sur les pelouses, sur les rocailles ou au milieu des gazons. On peut aussi la palisser sur un treillis. Quoique plus rustique que la belle-de-nuit commune, on lui applique la même méthode de culture qu'à cette dernière.

Benoite écarlate (*Geum coccineum*). Rosacée du Chili, rustique, vivace par son rhizome; à feuilles radicales un peu grandes, oblongues, lobées et découpées; à tiges dressées, rameuses, hautes en moyenne de 0m,50, et dont les dernières divisions portent, au commencement de l'été, des fleurs semblables de forme et de grandeur à celles des potentilles et des fraisiers, mais d'un rouge très-vif. Quoiqu'elle soit un peu défectueuse par le port et que sa floraison ne soit pas très-abondante, la benoite écarlate, cultivée en pieds isolés, est une agréable plante de plate-bande. On la multiplie d'éclats du pied, après la floraison, et plus rapidement de graines, dont le plant, repiqué en pépinière, est mis en place dans l'année même ou au printemps de l'année suivante. Aucune de nos benoites indigènes ne mérite les honneurs de la culture, sauf peut-être la *benoite des ruisseaux* (*G. rivale*), plante subalpine à fleurs rougeâtres, qui peut servir à décorer les rocailles humides.

Berce. Voyez *Acanthes*.

Bluet. Voyez *Centaurées*.

Bourbonnaise. Voyez *Lychnides*.

Brachycome à feuilles d'ibéride (*Brachycome ibe-*

ridifolia). Petite plante annuelle de la Nouvelle-Hollande, appartenant à la tribu des composées-radiées, à feuilles découpées, et formant des touffes de 0^m,30 à 0^m,40 en tous sens. Chaque rameau se termine par un petit capitule, dont le disque est brun et les rayons bleus, avec une macule blanche à leur base. Cette jolie plante est principalement employée à faire des bordures. Les semis se font au printemps, sur couche ou en place suivant l'état de la saison, ou en automne sur couche chaude, et alors on abrite le plant sous châssis pendant l'hiver, après l'avoir repiqué en terrines ou en pots.

Brancursine. Voyez *Acanthes.*

Brunelle ou **prunelle à grandes fleurs** (*Prunella grandiflora*). Labiée indigène, vivace, à rhizomes rampants, à feuilles ovales, dont les tiges dressées, hautes de 0^m,15, à 0^m,18, se terminent par un épi de grandes fleurs bilabiées, renflées au-dessous de la gorge, d'un pourpre foncé, quelquefois roses ou même toutes blanches. Cette plante rustique, qui vient dans tous les terrains, même les plus secs, et fleurit presque tout l'été, est principalement employée à faire des bordures. On la multiplie d'éclats du pied au printemps, ou de graines semées en pépinière, dont le plant est mis en place dans l'année même ou seulement après l'hiver.

Cacalie écarlate (*Cacalia sonchifolia, Emilia sagittata*). Plante annuelle, de la famille des composées, originaire de l'Inde, presque entièrement glabre, glauque, s'élevant à 0^m,40 environ, à fleurs rouge de sang ou écarlates. Ces fleurs, ramassées en petits capitules dépourvus de rayons, ne sont remarquables que par leur brillant coloris; aussi les plantes ne font-elles un certain effet qu'à la condition d'être cultivées en massifs ou en bordures; mais elles se succèdent sans interruption du milieu de l'été aux premières gelées. Les graines se sèment du 15 avril à la fin de mai, en pépinière ou en place, suivant la température du lieu et de la saison.

Calandrines (*Calandrinia*). Plantes américaines, annuelles ou vivaces, de la famille des portulacées, un peu charnues et succulentes, glabres, ramifiées, à feuilles rapprochées en rosace et étalées sur le sol. Sept ou huit espèces ont été introduites dans les parterres, où on les emploie à faire des bordures ou des massifs. Ce sont, entre autres, la *calandrine bicolore* (*C. discolor*), dont les corolles d'un rose violacé contrastent avec de nombreuses étamines orangées; la *calandrine à grandes fleurs* (*C. grandiflora*), peu différente de la précédente, et la *calandrine en ombelles* (*C. umbellata*), plus petite dans toutes ses parties, mais dont les fleurs sont en corymbe ombelliforme au sommet des rameaux, et de teinte plus foncée. Ces plantes, toujours cultivées dans nos jardins comme plantes annuelles, se sèment en place, en avril ou mai; la floraison se prolonge de la fin de juin à la fin d'août, et plus tard encore, suivant l'époque où le semis a été fait. Elles ne réussissent bien, sous le climat du nord, qu'en terre légère, terreautée et exposée au plein soleil.

Calcéolaires (*Calceolaria*). Plantes du Chili et des Andes de l'Amérique du Sud, de la famille des scrofularinées, annuelles, bisannuelles ou vivaces, dressées, rameuses, hautes de 0^m,40 à 0^m,60, quelquefois plus et alors sous-frutescentes. Leur nom botanique fait allusion à la forme très-irrégulière de leur corolle, dont la lèvre inférieure a été comparée à une pantoufle*, mais qui ressemble encore mieux à un sac ouvert obliquement et arrondi du bas. On en compte un assez grand nombre d'espèces déjà introduites dans les jardins, entre autres les *C. plantaginea, integrifolia, tetragona, corymbosa, arachnoidea, crenatiflora, violacea, Youngii*, etc., toutes à fleurs jaunes ou jaune brun, mais assez souvent maculées ou ponctuées de pourpre sur la lèvre inférieure. A ces espèces on doit ajouter la *calcéolaire blanche* (*C. alba*), du Chili, dont les fleurs, presque sphériques, sont d'un blanc de neige, et qui convient admirablement pour la culture en pots, et la *calcéolaire violette* (*C. violacea*), de l'île de Chiloé, à fleurs lilas violacé et d'une forme bizarre. La plus intéressante cependant est celle qu'on désigne sous le nom de *calcéolaire*

---

* En latin : *calceolus*.

hybride (*C. hybrida*), véritable plante de collection, par le nombre presque infini des variétés qu'elle a produites, et qu'on dit avoir été obtenues artificiellement du croisement de deux ou trois autres espèces, sur lesquelles les horticulteurs ne sont pas d'accord. Cette origine est pour le moins très-douteuse.

Toutes les calcéolaires sont des plantes de plate-bande, propres à être cultivées isolément ou par petits groupes. Elles se plaisent en sol léger et frais, un peu calcaire, ou du moins arrosé avec de l'eau contenant du carbonate de chaux en dissolution. Les semis peuvent se faire au printemps, mais avec bien plus d'avantage en été et en automne, dans des terrines remplies de terre de bruyère, bien drainées et tenues à mi-ombre. Le plant, lorsqu'il aura trois ou quatre feuilles, devra être repiqué en pots par pieds isolés, ou plusieurs ensemble si on y emploie des terrines, et dans de la terre de bruyère additionnée d'un quart de terre franche. Ces pots et ces terrines sont hivernés sous châssis ou en serre tempérée, et on met en place au printemps, quand les gelées ne sont plus à craindre. Nous devons ajouter qu'ordinairement on ne donne tous ces soins qu'aux calcéolaires de collection, sur lesquelles nous aurons à revenir en traitant des plantes cultivées sous verre. Les espèces moins recherchées peuvent être traitées simplement comme plantes annuelles, c'est-à-dire semées au printemps, pour fleurir dans la même année. Toutes demandent de copieux arrosages pendant les chaleurs de l'été, et veulent être un peu ombragées contre le grand soleil, surtout dans le climat du midi.

Callirhoé de Nuttal (*Callirhoë pedata*). Malvacée de Californie, dressée, rameuse, haute d'un mètre, à feuilles digitées, dont les fleurs, du double plus grandes que celles de notre mauve commune (*Malva sylvestris*), sont d'un violet pourpre très-vif, avec une macule blanche à la base de chaque pétale. Sans être très-remarquable, cette malvacée peut former des touffes d'un certain effet dans les jardins. On la sème au premier printemps, sur couche et sous châssis, ou directement en place si la saison est assez avancée. Comme beaucoup d'autres plantes de la même région, elle réussit mieux dans l'ouest que dans le nord de la France.

Camomille romaine. Voyez *Anthémis.*

Camomille rouge. Voyez *Chrysanthèmes.*

Campanules (*Campanula*). Nombreux genre de plantes de la famille des campanulacées, la plupart indigènes de l'Europe, vivaces ou bisannuelles, rarement annuelles, très-variées de port et de taille, dont les fleurs, en forme de clochette (en latin *campanula*), sont généralement bleues ou violettes, quelquefois blanches naturellement ou par décoloration, très-rarement jaunes. Toutes sont rustiques ou demi-rustiques dans le nord de la France et très-peu exigeantes en fait de culture. Plusieurs espèces, remarquables par la grandeur de leurs fleurs, la richesse de leurs inflorescences ou leur beau coloris, quelquefois par la duplicature de leurs corolles, tiennent un rang distingué parmi les plantes de fantaisie de pleine terre. La plupart étant originaires de contrées montagneuses, ou croissant dans les sols pierreux, conviennent particulièrement pour garnir les rocailles et les talus. Elles se plaisent dans les sols en pente ; néanmoins elles n'acquièrent toute leur beauté que lorsque leurs racines plongent dans un milieu légèrement et constamment humide.

Comme les plus recommandables du genre on doit citer les espèces suivantes :

1° La *campanule pyramidale* (*C. pyramidalis*), indigène des montagnes du midi de l'Europe, à souche vivace, d'où sortent tous les ans des tiges de 1^m,50 à 2 , abondamment garnies de feuilles dans leur moitié inférieure, se convertissant, à partir de ce point, en une grande panicule de forme pyramidale qui soutient des centaines de fleurs bleu clair, quelquefois blanches ou de couleur lilas. C'est une plante d'un très-grand effet, mais qui réussit mieux sur les rocailles humides, sans aucun soin de culture, que dans les plates-bandes du jardin. Elle se prête très-bien aussi à la culture en pot, pourvu que la terre en soit drainée et

suffisamment arrosée. Dans cet état elle est très-propre
à orner les appartements, les fenêtres et les péristyles des
habitations, mais il est bon alors de lui donner un tuteur
pour la soutenir, ou de la dresser sur un treillis de bois
pour lui faire prendre une forme régulière. On la multiplie
de graines semées dès leur maturité, comme aussi par tron-
çonnement du rhizome, dont on plante les fragments à la
fin de l'hiver à l'air libre, ou en automne sous châssis,
pour en mieux assurer la reprise. Sa floraison arrive en
juillet, août et septembre.

2° La *grande campanule de Sibérie* (*C. grandis*), plante vivace,
presque aussi belle que la précédente, très-rustique partout,
formant de larges touffes, à
feuilles linéaires, et dont les
tiges, robustes, simples et feuillues, s'élèvent de 0^m,60 à 0^m,80.
Les fleurs, grandes et largement
ouvertes, sont d'un violet bleuâtre, et rapprochées en longues
grappes au sommet des tiges.
Cette plante remarquable, qui
est encore peu répandue dans
les jardins, est un des plus beaux
ornements des plates-bandes
dans la seconde quinzaine de
mai, sous le climat du nord.
Elle s'accommode de tous les
terrains, et convient aussi bien
que la campanule pyramidale
à la culture en pots et sur rocailles. Comme cette dernière
aussi, elle se multiplie de graines et d'éclats du pied.

3° La *campanule carillon* ou
violette de Marie (*C. Medium*)
(fig. 69), indigène sur les collines
rocailleuses de la Provence,

Fig. 99. — Campanule carillon.

bisannuelle, dressée et rameuse, haute de 0^m,40 à 0^m,60. Elle est remarquable par la grosseur de ses fleurs, en cloches peu ouvertes, d'un bleu violet intense. Cette belle espèce est depuis longtemps cultivée dans les jardins; aussi a-t-elle donné des variétés blanches et des variétés doubles, plus recherchées que le type primitif. On la multiplie de graines semées vers le milieu du printemps, avec repiquage du plant en pépinière, ou directement en place dans le courant de l'automne. Elle fleurit l'année suivante, en juin et juillet.

4° La *campanule à grandes fleurs* (*C. grandiflora*, *Platycodon grandiflorus*) (fig. 70), plante vivace, de Sibérie, dont les tiges s'élèvent de 0^m,40 à 0^m,50. Ses fleurs, solitaires au sommet des rameaux, dressées et largement ouvertes, sont d'un bleu foncé. On en a obtenu des variétés à fleurs doubles, bleues ou blanches. Elle craint un peu le soleil sous nos climats, et ne réussit bien que dans les sols légers et siliceux. On la multiplie de graines et par tronçons du pied.

Fig. 70. — Campanule à grandes fleurs.

5° La *campanule des jardins* (*C. persicifolia*), espèce indigène, vivace, à feuilles étroites, à tige simple, s'élevant à 0^m,50 ou plus et se terminant en une longue grappe de fleurs bleu pâle, dont la forme est celle d'une coupe large et évasée. Introduite depuis longtemps dans les jardins, cette jolie plante a donné des variétés blanches, dont une se fait remarquer par la plénitude de ses fleurs. Elle fleurit en mai, juin et juillet, suivant les lieux et les années; la multiplication se fait par graines ou par séparation des touffes. Ce dernier moyen de propagation est le seul possible pour toutes les variétés de campanules à fleurs pleines et par suite stériles.

6° La *campanule des Carpathes* (*C. carpathica*) (fig. 71), des montagnes de la Hongrie, vivace, à tiges grêles, peu ramifiées, hautes de $0^m,25$ à $0^m,30$, portant à l'extrémité de leurs rameaux de grandes fleurs solitaires, presque dressées, d'un bleu assez pur. Elle a donné une variété blanche, qui est principalement employée, comme la variété typique elle-même, à faire des bordures le long des plates-bandes. Sa floraison, commencée en juin, se continue plus ou moins longtemps, quelquefois jusqu'en septembre. Comme pour la précédente, la multiplication se fait par graines ou par séparation des touffes, au printemps.

7° La *campanule de Chine* (*C. nobilis*), plante de l'Asie orientale, vivace, demi-rustique sous le climat de Paris. Ses

Fig. 71. — Campanule des Carpathes.

grandes fleurs, d'un rouge violacé, en grappe et pendantes, qui ont jusqu'à 8 centimètres de longueur, en font une des espèces les plus remarquables du genre et en même temps une plante très-ornementale. La culture en a obtenu une variété blanche, qui n'est pas inférieure en beauté au type de l'espèce. Elle se plaît en terre légère et sablonneuse, et réussit mieux encore sur les rocailles, à mi-ombre, qu'en pleine terre, ce qui indique qu'elle est très-propre à la culture en pot. Dans le nord on devra l'abriter pendant les plus fortes gelées de l'hiver.

8° La *campanule à bouquets* (*C. glomerata*) (fig. 72), indigène, vivace, formant de larges touffes, dont les tiges, hautes de 0^m,35 à 0^m,40, sont simples, feuillues et terminées par un volumineux bouquet de fleurs d'un bleu violet intense. Par son port, sa taille peu élevée, l'abondance et le beau coloris de ses fleurs, cette espèce est une des plus ornementales du genre et une de nos meilleures plantes de plate-bande. De plus, comme la plupart des autres campanules, elle convient très-bien aussi pour la culture en pots et sur rocailles. Le coloris de ses fleurs varie quelque peu de ton suivant les localités d'où on la tire, et on lui rattache, à titre de variété, la *campanule de Fischer* (*C. speciosa*), du Caucase, qui en a le port et l'inflorescence, mais avec des fleurs plus grandes et d'un violet plus foncé. Toutes deux se reproduisent de graines et par division du pied.

9° La *campanule de l'Apennin* (*C. garganica*), très-jolie plante de rocailles, mais qui s'accommode également de la culture sur plates-bandes, où elle forme des touffes denses, hautes de 0^m,20 à 0^m,25. Ses feuilles radicales sont réniformes et longuement pétiolées, celles des tiges simplement ovales. Les fleurs, comparativement petites, mais très-abondantes, sont d'un bleu violet, avec le centre blanc. On la multiplie de graines, et plus expéditivement par division des touffes,

Fig. 72. — Campanule à bouquets.

10° La *campanule des murailles* (*C. muralis*), de Dalmatie; plante très-basse, presque gazonnante, en touffes larges, feuillues et extrêmement florifères. Ses feuilles sont cordiformes, pétiolées, luisantes, fortement dentées; ses fleurs d'un bleu d'azur légèrement violacé. Par sa taille, tout à fait naine (0m,10 à 0m,12), cette charmante campanule convient aux parterres les plus étroits, mais elle est encore mieux à sa place sur les rocailles humides, qu'elle ne tarde pas à couvrir de son feuillage lustré et de ses jolies fleurs. Comme la précédente, elle se multiplie de graines et d'éclats du pied.

11° La *campanule à feuilles rondes* (*C. rotundifolia),* indigène de toute la France et vivace. C'est une petite plante à tiges grêles, un peu sarmenteuses et presque grimpantes, à fleurs bleu clair ou blanches, insignifiantes prises isolément, mais d'un grand effet lorsqu'elle sont en nombre. Il y a peu d'années que cette espèce a été introduite dans la culture ornementale, et elle l'a été avec succès. On la cultive en touffes, dans des pots, où on la dresse sur des treillis de différentes formes, en pyramides, en palmettes, en boules, etc. Dans cet état, elle devient une très-jolie plante d'appartement.

Il n'y aurait aucune utilité à décrire les autres espèces de campanules qui sont ou peuvent être admises comme plantes d'ornement. La France seule en compte plus de trente qui lui sont propres, et qui toutes seraient dignes d'être cultivées. Nous nous contenterons de nommer les suivantes, qui sont déjà fort répandues : *Campanula latiflora,* de Sibérie; *C. trachelium,* de France; *C. Loreyi,* de Dalmatie; *C. eriocarpa,* du Caucase; *C. barbata,* des Alpes, et *C. Vidalii,* des Açores; on pourrait y ajouter le *C. canariensis,* qu'on a séparé du genre, sous le nom de *Canarina campanula,* très-grande espèce des Canaries, qui se distingue de toutes les autres par des fleurs jaunes et des fruits bacciformes. Elle n'est rustique que dans les parties chaudes du climat méditerranéen; dans le nord elle appartient à la serre tempérée ou à l'orangerie. Nous en reparlerons plus loin.

Castilléja de Humboldt (*Castilleja lithospermoides*).

Scrofularinée du Mexique, annuelle ou bisannuelle; à tige simple, dressée, feuillue, haute de 0^m,40 à 0^m,50, se terminant en un long épi de fleurs sessiles, dont le calyce tubuleux, très-développé et coloré de rose, tient en quelque sorte lieu de la corolle bilabiée, qu'il recouvre presque entièrement. Toutefois ce que la plante a de plus remarquable ce sont ses bractées florales, presque aussi longues que les fleurs, de forme spathulée, mi-parties de vert et de rouge écarlate, cette dernière teinte succédant brusquement à la première et occupant le tiers ou la moitié supérieure de la bractée. Le castilléja de Humboldt est, au total, une jolie et curieuse plante de plate-bande, et qui convient également pour la culture en pots, mais, à cause de la simplicité de sa tige, il vaudra mieux le planter par petits groupes de six à huit pieds qu'en individus isolés. Originaire des parties élevées du Mexique, où il a été découvert en premier lieu par les célèbres voyageurs Humboldt et Bonpland, il est demi-rustique sous le climat de Paris. Semé sur couche tiède et sous verre, au premier printemps, on le met en place lorsque le temps est devenu tout à fait doux. Il se plait aux expositions ouvertes, et veut de copieux arrosages à l'époque des chaleurs.

Célestine. Voyez *Agératoires.*

Célosie. Voyez *Amarantes.*

Centaurées (*Centaurea*). Genre de composées-carduacées, très-riche en espèces tant indigènes qu'exotiques, vivaces ou annuelles, à capitules ovoïdes, dont les fleurons extérieurs sont beaucoup plus développés que ceux du centre. La plupart sont des plantes très-médiocres ou sans valeur pour l'horticulture; quelques-unes cependant ont mérité de prendre place dans les parterres et les jardins fleuristes. Parmi ces dernières nous signalerons le *bluet commun* ou *barbeau* (*C. cyanus*), plante indigène, annuelle, commune dans les moissons, qu'elle émaille de ses fleurs bleues; soumis à la culture, le bluet a donné des variétés blanches, roses, pourpres ou violacées, à notre avis toutes inférieures à la variété type à fleurs bleues; on peut lui reprocher ses tiges trop grêles et trop élevées, qui sont un défaut pour une plante de plate-bande, mais qui, par

compensation, le rendent très-propre à entrer dans la confection des bouquets ; le *bluet* ou *barbeau du Caucase* (*C. depressa*),
annuel, à fleurs bleues comme le précédent, mais de moitié
moins élevé et plus rameux ; la *centaurée à grosse tête* (*C. macrocephala*), plante d'Orient, vivace, à tige simple et se terminant
par un seul capitule, mais qui est énorme, et dont les fleurons, au
nombre de plusieurs centaines, sont d'une belle couleur jaune :
la *centaurée odorante* ou *ambrette jaune* (*C. Amberboi*), plante
annuelle d'Orient, à fleurs jaune citron, agréablement parfumées ; la *centaurée* ou *ambrette musquée* (*C. moschata*), des
mêmes lieux que la précédente et presque semblable à elle
mais avec des fleurs pourpre violet, quelquefois presque blanches, et dont les graines ont l'odeur du musc ; la *centaurée d'A-
mérique* (*C. americana*) (fig. 73), de la ré-
gion méridionale des États-Unis, et probablement la plus belle du genre ; c'est une
forte plante annuelle, haute de près de 1ᵐ
et dont les branches, parties presque du
même point de la tige, se terminent chacune par un très-gros capitule de fleurons
rose lilas ; enfin la *centaurée blanche* (*C.
candidissima*), très-belle plante d'Orient
vivace, à fleurs jaunes, et dont le feuillage
découpé et tomenteux, est presque aussi
blanc que la neige, ce qui la rend précieuse pour faire des bordures le long des
allées ou autour des massifs. Plusieurs
autres espèces, de moindre valeur, pourraient être ajoutées à cette liste. Il en est
une cependant qui a encore de l'intérêt
c'est la *centaurée de Babylone* (*C. babylonica*), très-belle plante vivace d'Orient
mais que sa grande taille assigne au jardin
paysager bien plus qu'au jardin fleuriste
proprement dit ; nous la ferons mieux
connaître dans un des chapitres suivants.

Fig. 73. — Centaurée d'Amérique.

Toutes ces plantes sont rustiques et

France et de facile culture. Les espèces annuelles se sèment au printemps, en pépinière ou directement en place, mais avec plus d'avantage en automne, avec repiquage du plant en pépinière, parce que les plantes issues de ce semis sont toujours plus fortes et plus avancées que celles du semis de printemps. La centaurée d'Amérique étant moins rustique que les autres, on est obligé, dans le nord, de lui donner une couverture de paille ou de feuilles, au moment des fortes gelées. La centaurée blanche est dans le même cas, et de plus elle craint l'humidité persistante, ce qui oblige à l'hiverner sous châssis ou en orangerie sous la latitude de Paris ; mais elle est très-rustique dans le climat méridional. Les espèces vivaces peuvent quelquefois se multiplier par division du pied, néanmoins le semis des graines est, pour elles aussi, le moyen de propagation le plus généralement adopté.

Céraistes (*Cerastium*). Plantes vivaces de la famille des caryophyllées - alsinées, indigènes de l'Europe et de l'Asie occidentale, à fleurs blanches, dont les cinq pétales sont profondément émarginés ou bifides. Deux espèces seulement méritent d'être signalées : le *céraiste à grandes fleurs* (*C. grandiflorum*) du Caucase, et le *céraiste cotonneux* (*C. tomentosum*) du midi de l'Europe, tous deux formant des touffes de quelques centimètres d'épaisseur, du milieu desquelles s'élèvent des hampes de 0^m,15 à 0^m,20, qui se terminent par des panicules ou grappes de fleurs, peu fournies. Le principal mérite de ces plantes consiste dans leur feuillage tomenteux ou soyeux, d'un vert presque blanc, ce qui, joint à leur petite taille et à leur port touffu, les fait employer assez avantageusement comme plantes de bordures. Leur grande rusticité et leur culture peu exigeante les rendent propres aussi à garnir des rocailles. On ne les multiplie guère que par séparation des touffes.

Chrysanthèmes (*Chrysanthemum, Pyrethrum*). Nous réunissons ici les différentes espèces de chrysanthèmes autres que celles de l'Inde et de la Chine, qui sont simplement cultivées comme plantes de fantaisie et non point comme plantes de collection. Il y en a une cependant, le *chrysan-*

thème ou *pyrèthre rose* du Caucase, qui s'est remarquablement
modifiée par la culture depuis une quinzaine d'années, et dont
les variétés seront peut-être un jour assez nombreuses pour
qu'on l'élève à la dignité de plante de collection. Les espèces
de ce groupe les plus répandues dans les jardins sont principalement les suivantes :

Le *chrysanthème à bouquets* (*C. coronarium*) (fig. 74), plante

Fig. 74. — Chrysanthème à bouquets.

annuelle du midi de
l'Europe, rameuse,
buissonnante, s'éle-
vant de 0ᵐ,60 à 1ᵐ.
Ses capitules, soli-
taires au sommet
des rameaux et de
moyenne grandeur,
ont les rayons et le
disque jaunes; mais il
en existe aussi des va-
riétés doubles ou sim-
ples à rayons blancs.
C'est une plante rus-
tique et qui s'accom-
mode de tous les ter-
rains, à la condition
qu'elle soit bien éclai-
rée par le soleil. Elle
fleurit tout l'été et
une partie de l'au-
tomne. On la multiplie
de graines semées au printemps, en place ou en pépinière.

Le *chrysanthème tricolore* ou *caréné* (*C. carinatum, Ismelia
tricolor*) (fig. 75), du nord de l'Afrique, annuel, d'un vert
glauque, haut d'environ 0ᵐ,50, à feuilles un peu charnues.
Ses capitules, qui sont de moyenne grandeur, ont le disque
pourpre brun et les rayons d'un blanc rosé. La culture en a
fait naître des variétés encore peu fixées, mais très-belles,
les unes à rayons blancs, tachés de jaune ou de pourpre à la

Fig. 75. — Chrysanthème tricolore ou caréné.

base, les autres où ils sont entièrement jaunes, et d'autres enfin où ils sont franchement tricolores. Les plus belles et les plus connues sont dues à un horticulteur anglais, M. Burridge, dont elles portent le nom. Ces jolies plantes, qui sont en fleurs tout l'été, pourront devenir un jour des plantes de collection, si on en juge par les progrès que leur culture a déjà faits en Angleterre. On leur donne les mêmes soins qu'à l'espèce précédente.

Le *chrysanthème rose* (*C. roseum* ou *Pyrethrum roseum*) (fig. 76), plante vivace, originaire des provinces caucasiennes, d'où elle a été introduite assez récemment dans les jardins; à feuilles découpées; à tiges roides, peu ramifiées, hautes de $0^m,50$ ou plus, dont les rameaux se terminent par de larges capitules à disque jaune et à rayons rose lilas ou carmin clair. Ces fleurs ont déjà sensiblement varié par le coloris, tantôt plus foncé, tantôt plus clair que dans la forme primitive, quelquefois entièrement blanc, et aussi par l'allongement des fleurons du disque, devenus linéaires ou tuyautés. Il est probable que, par une sélection bien entendue et longtemps continuée de ces variations encore peu fixes, on obtiendra

Fig. 76. — Chrysanthème ou pyrèthre rosé.

des races tout à fai
supérieures, qu
feront passer l'es
pèce au rang d
plante de collec
tion. En attendant
elle est fort util
comme plante d
plate-bande, parc
que sa floraison
qui arrive dès l
mois de mai, de
vance de beaucou
celle des reines
marguerites et de
autres composée
estivales. On l
propage de graine
semées en été, e
dont on repique l
plant en automn
ou au printemp
suivant. Les graine
semées de bonn
heure au prin
temps, sur couch
et sous châssis
donnent des plan
tes qui fleurissent dans l'année même, mais qui sont moin
fortes, moins belles et plus tardives que celles qui provien
nent des semis de l'année précédente.

Le chrysanthème rose, ou pyrèthre rose, connu aussi sous l
nom de *camomille rouge*, est devenu célèbre, dans ces der
nières années, pour un tout autre motif que la beauté de se
fleurs. On a découvert dans l'huile essentielle aromatique don
il est imprégné un puissant insecticide, aussi plusieurs indus
triels l'ont-ils exploité à ce point de vue. On trouve aujourd'hu

chez tous les horticulteurs marchands la *poudre de pyrèthre*, préconisée surtout contre les pucerons et les punaises. Cette propriété n'appartient pas exclusivement au chrysanthème rose; on la retrouve dans le *chrysanthème carné* (*C. carneum*), qui lui ressemble presque de tous points et n'en est probablement qu'une variété, et elle existe dans beaucoup d'autres composées aromatiques du même groupe, surtout dans celles du genre *tanaisie* (*Tanacetum*), auquel divers auteurs rattachent le genre entier des pyrèthres.

On peut encore citer dans ce groupe de plantes ornementales une très-jolie composée du Caucase, le *chrysanthème* ou *pyrèthre à feuilles d'achillée* (*C. achilleæfolium*), plante vivace, à tiges dressées, en touffes, presque simples, se terminant par des corymbes de petits capitules à rayons très-courts, tout semblables à ceux de l'achillée ptarmique, mais du jaune le plus vif. Cette espèce est rustique, et se multiplie avec une égale facilité de graines et d'éclats du pied.

Cinéraires (*Cineraria*). Genre de la famille des composées-radiées, dont deux espèces sont cultivées comme plantes d'ornement : l'une la *cinéraire hybride* (*C. cruenta, Senecio cruentus*), originaire des Canaries, qui est devenue une belle plante de collection; l'autre, la *cinéraire maritime* (*C. maritima*), indigène du midi de la France, au voisinage de la Méditerranée, qui se distingue par un très-beau feuillage découpé, blanc et tomenteux, qui en fait toute la valeur et lui assigne une place dans les jardins paysagers et sur les rocailles autant que dans les parterres proprement dits. Dans ces derniers elle sert principalement à faire des bordures, dont la blancheur contraste très-agréablement avec les teintes des autres plantes. On la sème, dans le nord, en juin et juillet, et on hiverne le plant sous châssis pour le mettre en place au printemps. Les pieds laissés en terre pendant l'hiver doivent être couverts de litière ou de feuilles sèches, au moins pendant les plus fortes gelées, mais il serait plus sûr encore de les relever pour les hiverner, en pots, sous châssis ou dans l'orangerie. Quelques personnes cependant trouvent plus simple de traiter la cinéraire maritime en plante annuelle, c'est-à-dire d'en tirer tous les ans les graines du midi, et de la semer dès le mois de mars, sur couche chaude, pour repiquer le plant en mai. La plante n'étant intéressante que par son feuillage est alors rejetée en automne ou livrée à toutes les chances de la mauvaise saison. Au sud du 45ᵉ degré de latitude, ainsi que dans tout l'ouest de la France, la cinéraire maritime n'a rien à redouter des rigueurs de l'hiver.

La cinéraire des Canaries n'est belle que par ses capitules réunis en larges corymbes et dont les rayons sont du plus beau pourpre. La culture l'a encore beaucoup améliorée et en a tiré un grand nombre de variétés, dont les fleurs offrent tous les tons de coloris, depuis le blanc pur jusqu'au carmin violet le plus foncé; quelques-unes sont franchement bicolores, parfois même tricolores, si on compte comme couleurs véritables des nuances assez tranchées. Sous le climat de Paris la plante appartient à la serre tempérée ou à l'orangerie, et n'est guère cultivée qu'en pots; sous un ciel plus chaud on peut facilement en faire une plante de platebande, sauf à l'abriter pendant l'hiver. Nous reviendrons plus loin sur cette espèce considérée comme plante de collection.

Clarkias (*Clarkia*). Plantes de la famille des énothérées, annuelles, à tiges dressées, hautes de 0ᵐ,40 environ ou un peu plus, à fleurs moyennes, de couleur rose ou lilas, dont les pétales, au nombre de quatre, ont le limbe trilobé. On en cultive deux espèces, peu différentes l'une de l'autre, les *C. pulchella* et *C. elegans* (fig. 77), qui ont donné toutes deux des variétés simples ou doubles,

Fig. 77. — Clarkia élégant.

blanches, carnées et pourpres. Elles conviennent pour former des massifs ou de petits groupes isolés sur les plates-bandes, et presque aussi bien pour être plantées en bordures. On les multiplie de semis faits sur place et à différentes époques de l'année, suivant le besoin. Les plantes fleurissent moins de deux mois après le semis.

Cocardeau. Voyez *Giroflée.*

Coléus de Blume (*Coleus Blumei*). Labiée vivace, de Java, à tiges dressées, fermes, hautes de $0^m,30$ à $0^m,40$, à grandes feuilles ovales-acuminées, d'un vert pâle, marbrées ou maculées de rouge brun et dont les fleurs, bilabiées et mi-parties de violet et de blanc, sont disposées en un long épi terminal. Cette plante, qui est de serre tempérée en hiver sous le climat du nord, et qui dans ceux du midi se contenterait vraisemblablement d'une bonne orangerie, n'appartient à la pleine terre que pendant les mois d'été. Tout son mérite consiste dans le coloris anormal de ses feuilles, et sous ce rapport elle peut aller de pair avec le périlla de Nankin, qui a d'ailleurs sur elle l'avantage d'être plus rustique. La culture en a obtenu quelques variétés, qui se distinguent du type par des dispositions un peu différentes du coloris des feuilles, entre autres celle que les jardiniers désignent sous le nom de *Verschaffeltii*, où la teinte rouge brun envahit le limbe tout entier, et qui est inappréciable pour faire des bordures autour des grands massifs. Le coléus de Blume proprement dit peut servir au même usage, comme aussi à figurer en pieds isolés sur les plates-bandes. On le multiplie de boutures faites en serre chaude ou sur couche, et qu'on abrite l'hiver, pour les mettre en place en mai ou en juin, lorsque la température de l'air s'est suffisamment échauffée. Il craint la sécheresse et demande de copieux arrosages en été. On a lieu de croire qu'il réussirait mieux dans nos provinces de l'ouest que partout ailleurs.

Collinsia bicolore (*Collinsia bicolor*) (fig. 78). Petite scrofularinée annuelle de Californie, formant des touffes de $0^m,30$ en tous sens, à fleurs en épis, irrégulières, bilabiées, dont la lèvre supérieure est blanche et l'inférieure lilas. Elle a

donné naissance à
quelques variétés
assez différentes du
type, les unes toutes
blanches, les autres
multicolores, c'est-
à-dire réunissant
sur leurs fleurs des
macules blanches,
violettes et lilas.
C'est une plante de
peu d'effet sur les
plates-bandes lors-
qu'elle est en touffes
isolées ; mais elle
est utilement em-
ployée en bordures,
et elle convient
peut-être encore
mieux pour la cul-
ture en pots. Semée

Fig. 78. — Collinsia bicolore.

au printemps, elle fleurit dans l'année même; on obtient cependant de meilleurs résultats des semis d'automne, qui donnent des plantes plus fortes et plus précoces l'année suivante.
Sous le climat de Paris, il est bon d'abriter le plant en hiver
pendant les fortes gelées.

Cette espèce n'est pas la seule du genre qui ait été intro
duite dans le jardinage d'agrément; il en existe plusieurs
autres, mais qui sont encore peu répandues en France. Une
des plus jolies est le *collinsia de printemps* (*C. verna*), du
Kentucky, dont la corolle est mi-partie de blanc et de bleu
vif. On l'emploie aux mêmes usages que la précédente.

Collomies (*Collomia*). Genre de polémoniacées américaines, très-voisin des gilias, dont il sera parlé plus loin,
comprenant des plantes annuelles, à tiges presque simples,
dressées, un peu roides; à feuilles alternes, sessiles, lancéo-
lées-oblongues, et dont les petites fleurs, tubuleuses à limbe

étalé, sont réunies en bouquet au sommet de la tige. Deux
espèces sont communes dans nos jardins : la *collomie écarlate*
(*C. coccinea*), du Chili, haute de 0ᵐ,25 à 0ᵐ,30, à fleurs écarlates ou rouge cramoisi, et la *collomie à grandes fleurs*
(*C. grandiflora*), de Californie, plus haute d'un tiers que la
précédente, et dont les fleurs, un peu plus grandes, sont d'un
rouge briqueté. Toutes deux se cultivent sur plates-bandes
en petites touffes, et quelquefois en pots. La première, à
cause du coloris plus vif de ses fleurs, est généralement pré-
férée à la seconde.

Commélynes. Voyez *Éphémères.*

Fig. 79. — Coquelourde des jardins.

Coquelicots. Voyez *Pa-
vots.*

Coquelourdes (*A-
grostemma*). Genre de
plantes de la famille des
caryophyllées, réunies
par quelques auteurs aux
lychnides, dont il sera
question plus loin, la plupart du midi de l'Europe,
annuelles, bisannuelles
ou vivaces, rustiques,
dressées ; à fleurs terminales en cymes ou solitaires, blanches, roses ou
rouge pourpre. On cultive
communément la *coque-
lourde des jardins* (*A. coronaria*) (fig. 79), connue
aussi sous les noms d'*œillet de Dieu* et de *passe-
fleur*, plante vivace, à feuilles tomenteuses et blan-
châtres, dressée, à fleurs
pourpres dans le type,
blanches ou roses dans les

variétés; et la *coquelourde rose-du-ciel* (*A. cœli-rosa*), beaucoup plus basse, non tomenteuse, en touffes de 0^m,30 à
0^m,40, dont les fleurs, solitaires à l'extrémité des rameaux,
sont rose tendre, blanches ou pourpre très-vif, suivant les
variétés. Ces deux plantes se cultivent par pieds isolés ou en
touffes sur les plates-bandes, mais la seconde peut aussi
servir à faire des massifs ou des corbeilles. On sème en automne et on hiverne le plant sous châssis, ou encore au premier printemps, et alors les plantes fleurissent un peu plus
tard, mais dans l'année même. Celles qui sont issues des semis
d'automne fleurissent dès la fin de mai sous le climat de Paris.

Corbeille d'argent. Voyez *Thlaspis.*

Corbeille d'or. Voyez *Alysse saxatile.*

Coréopsides (*Coreopsis, Calliopsis*). Plantes de la famille
des composées, originaires de l'Amérique du Nord, annuelles
ou bisannuelles, dressées, rameuses, s'élevant de 0^m,40 à
0^m,80, à feuilles plus ou moins découpées. Les capitules, qui
sont de moyenne grandeur, ont le disque jaune brun ou
pourpre noir, et les rayons, ordinairement très-larges, d'un
jaune plus ou moins vif, avec une macule mordorée ou pourpre
brun à leur base. Les espèces les plus répandues sont : la *coréopside commune* (*C. tinctoria*), plante annuelle du Texas, qui
a donné plusieurs variétés, différenciées principalement par la
teinte des fleurs ou par une taille moins élevée; la *coréopside
auriculée* (*C. auriculata*) (fig. 80), espèce vivace à tiges grêles,
dont les fleurs, longuement pédonculées, sont jaunes, avec un
cercle pourpre brun autour du disque; et la *coréopside de Drummond* (*C. Drummondi*), espèce annuelle, beaucoup moins
élevée que les précédentes et même un peu étalée, mais
avec le même coloris des fleurs. Toutes les coréopsides sont
des plantes de plate-bande, propres à être cultivées en massifs
ou mieux en touffes isolées. On peut leur reprocher leurs tiges
grêles et leur port divariqué, qui leur donnent quelque chose
de disgracieux, désavantage que ne compense pas entièrement la beauté de leurs fleurs. Depuis quelques années les
horticulteurs se sont appliqués à en obtenir des variétés
naines, ce à quoi ils ont jusqu'à un certain point réussi. La

multiplication se fait de graines semées au printemps ou en automne, et dans ce dernier cas les plantes sont hivernées sous châssis, du moins sous le climat de Paris.

Corne d'abondance. Voyez *Valériane.*

Coronilles (*Coronilla*). Papilionacées indigènes, frutescentes ou herbacées, vivaces, dressées, sans vrilles, à feuilles glabres, composées de cinq à quinze folioles, et dont les fleurs sont réunies en ombelles au sommet de pédoncules axillaires. Les espèces frutescentes sont pour la plupart de jolis arbustes admis dans la culture d'agrément, mais les seules qui puissent trouver place dans les parterres sont les espèces herbacées, entre autres la *coronille de montagne*

Fig. 80. — Coréopside auriculée.

(*C. montana*) (fig. 81), du Jura et des Alpes, haute d'environ 0ᵐ,5'), à feuillage glaucescent, un peu charnu, et dont

les fleurs, jaunes, sont au nombre
de quinze à vingt dans chaque
ombelle ; et la *coronille couron-*
née (*C. coronata*), du midi de
la France, pareillement à fleurs
jaunes, mais plus basse de tige.
On pourrait y ajouter une troisième espèce, la *coronille bico-*
lore (*C. varia*), plante vulgaire,
dont les fleurs, mi-parties de
blanc et de rose violacé, ne sont
pas dépourvues de beauté. Ces
trois espèces se multiplient
facilement . de drageons et de
boutures ; mais plus ordinairement on en sème les graines,
avec abri du jeune plant si on
le juge nécessaire.

Corydales (*Corydalis*).
Genre de fumariacées, souvent
confondu dans la pratique horticole avec les *fumeterres* (*Fu-*
maria), qui en diffèrent à peine
et qu'on peut en rapprocher

Fig. 81. — Coronille de montagne.

ici sans inconvénient. Les espèces qui le composent sont indigènes ou exotiques, vivaces, à racines tubéreuses, à feuillage
glauque, souvent en touffe et élégamment découpé, à fleurs
en grappe serrée, petites, insignifiantes prises isolément.
Deux espèces indigènes de nos contrées, la *corydale bulbeuse*
(*C. bulbosa*) et la *corydale tubéreuse* (*C. tuberosa*), hautes de 12
à 18 centimètres, à fleurs blanches ou lilas pâle, sont cultivées
dans quelques jardins, mais plutôt sur les rocailles ou en pots
que sur les plates-bandes du parterre, attendu que leurs fleurs,
faiblement colorées et très-passagères, y produisent peu d'effet.
Une troisième espèce, pareillement indigène, la *corydale ou*
fumeterre jaune (*C. lutea*), leur est supérieure comme plante
d'agrément : ses fleurs sont d'un jaune très-vif et se suc-

cèdent sans interruption pendant tout l'été; mais elle ne réussit bien qu'en pots ou sur les rocailles. La plus belle espèce du genre est incontestablement la *corydale de Chine* (*C. nobilis*), qui est originaire de l'Asie septentrionale et très-rustique sous nos climats. Ses fleurs, qui sont d'un jaune un peu pâle, se montrent aux premiers jours du printemps. On la cultive sur plates-bandes ou sur rocailles, et avec plus de succès en terre de bruyère qu'en terre ordinaire.

Cosmidie de Burridge (*Cosmidium Burridgeanum*). Composée annuelle du Texas, demi-rustique dans le nord de la France, rameuse, haute de $0^m,60$ à $0^m,80$, à feuilles finement découpées. Ses capitules, portés sur de longs pédoncules nus, sont de moyenne grandeur (environ 5 centimètres de diamètre), à disque étroit, d'un pourpre clair, entouré de huit rayons larges, un peu obovales, trilobés au sommet, d'un jaune orangé assez vif, avec une macule pourpre brun à la base. Cette jolie plante a donné quelques variétés horticoles, qui se distinguent du type de l'espèce par les proportions différentes des deux couleurs qui se partagent les rayons. La meilleure est la *cosmidie pourpre noir* (*C. Burridgeanum atropurpureum*), dans laquelle la macule pourpre a envahi la totalité du rayon, moins un étroit liséré de jaune qui reste à l'extrémité. Une seconde espèce moins estimée, la *cosmidie à feuilles filiformes* (*C. filifolium*), du même pays que la précédente, à laquelle d'ailleurs elle ressemble par le port et la taille, en diffère par la couleur jaune uniforme de ses rayons. Ces plantes, qui sont voisines des coréopsides mais plus belles, remplissent les mêmes usages dans nos jardins. Leur floraison, commencée dans les premiers jours de l'été, se continue souvent jusqu'aux gelées. On les multiplie de de graines semées sur couche, en mars ou avril, ou simplement en terrines sous châssis si la saison est assez avancée ou le climat plus chaud ; le plant est repiqué sur couche, lorsqu'il a trois feuilles, ou mis directement en place s'il n'y a plus de froids à craindre.

Cosmos à grandes fleurs (*Cosmos bipinnatus*) (fig. 82). Plante du Mexique, de la famille des composées, annuelle, s'é-

Fig. 82. — Cosmos à grandes fleurs.

levant à 1^m ou plus, à feuilles finement découpées, et dont les capitules[,] de la grandeur de ceux d'un petit dahlia, ont de larges rayons roses ou pourpre vif autour d'un disque jaune. Le cosmos est une assez belle plante, mais sa taille, déjà élevée, et son port un peu défectueux le rendent plus propre à la décoration des grands jardins fleuristes qu'à celle des parterres proprement dits. Il serait irréprochable et acquerrait une grande valeur horticole si sa taille s'abaissait de moitié et que ses capitules devinssent pleins, comme ceux du dahlia. On le sème en avril sur pépinière, ou en place le mois suivant. Sa floraison commence en juin et se prolonge souvent jusqu'aux gelées.

Crépide rose (*Crepis rubra*). Plante annuelle de la famille des composées, du midi de l'Europe, à feuilles radicales en rosette. Les tiges, hautes de 0^m,30 à 0^m,35, se terminent par quelques capitules de la grandeur de ceux du pissenlit commun, dont tous les fleurons sont ligulés et de couleur rose. Elle est principalement employée pour former des massifs, dont l'aspect est fort agréable tant que dure la floraison, qu'on pourrait d'ailleurs prolonger par des semis successifs, à partir du 1er avril. Les semis d'automne, hivernés sous châssis, fleurissent l'année suivante dans le courant de mai.

Crête de coq. Voyez *Amarantes.*

Croix-de-Jérusalem. Voyez *Lychnides.*

Cuphéas (*Cuphea*). Genre de lythrariacées américaines, presque toutes originaires des montagnes du Mexique et du Pérou, comprenant des plantes herbacées et sous-frutescentes, ramifiées, assez souvent de forme buissonnante, à feuilles opposées ou plus rarement alternes, dont les fleurs sont en panicules ou en grappes terminales plus ou moins feuillues. Ces fleurs ont une structure particulière qui mérite d'être indiquée. Leur calyce, longuement tubuleux et le plus souvent coloré, se termine par six dents, avec lesquelles alternent un pareil nombre de pétales, dont deux seulement, les deux supérieurs, sont normalement développés, les quatre autres restant rudimentaires et quelquefois si petits qu'on les remarque à peine, ce qui rend la fleur très-irrégulière. Les espèces introduites dans les jardins de l'Europe ne sont pas nombreuses. Nous citerons comme les plus classiques le *cuphéa striguleux* (*C. strigulosa*), du Mexique, petite plante buissonnante de 0^m,30 ou un peu plus de hauteur, dont le calyce est mi-parti de jaune et de rouge, et les deux grands pétales d'un rouge violacé ; le *cuphéa éclatant* (*C. ignea, C. platycentra*), du Mexique comme le précédent et de même taille, dont le calyce est écarlate et les deux grands pétales blancs, avec une large macule violet noir sur la moitié inférieure de leur limbe ; le *cuphéa vermillonné* (*C. miniata*), aussi du Mexique, à fleurs en grappes unilatérales, et dont les pétales supérieurs sont d'un rouge foncé ; le *cuphéa verticillé* (*C. verticillata*), du Pérou, chez lequel les deux pétales supérieurs sont d'un violet intense ; enfin, le *cuphéa à feuilles cordiformes* (*C. cordata*), du même pays, à fleurs comparativement grandes, et dont les deux pétales supérieurs sont d'un carmin testacé ; c'est un des plus beaux du genre. A cette liste on pourrait encore ajouter le *cuphéa silénoïde* (*C. silenoides*), et le *cuphéa lancéolé* (*C. lanceolata*), le premier à fleurs pourpre brun et relativement grandes, le second à fleurs roses, deux espèces qui répètent à très-peu près par la taille et le port les précédentes.

Par leur tempérament tous les cuphéas appartiennent à l'orangerie ou même à la serre tempérée dans le centre et le nord de la France, si l'on tient à les conserver d'une année à l'autre, car aucun ne résisterait à la gelée. Ils sont toutefois assez rustiques pour s'accommoder de la chaleur de nos étés,

fleurir à l'air libre et même y mûrir leurs graines ; aussi les
cultive-t-on plus souvent comme plantes annuelles ou bisannuelles que comme plantes vivaces. On les emploie, dans le
jardinage d'agrément, à composer de petits massifs ou
garnir des plates-bandes ; souvent aussi on les cultive en pots
Leur multiplication se fait par le semis des graines au printemps ou en automne, et dans ce dernier cas on hiverne le
plant sous châssis ou
en orangerie. On peut
aussi les propager de
boutures faites en été
sous cloches ou dans
la serre à multiplica-
tion.

Cupidones (*Ca-
tananche*). Composées
indigènes de la tribu
des chicoracées, viva-
ces, à feuilles presque
toutes radicales et en
rosettes, à tiges dres-
sées, grêles, terminées
ainsi que leurs ra-
meaux, par un capitule
entouré d'un involucre
de larges bractées sca-
rieuses, incolores et
presque transparentes
qui le rendent propres à
entrer dans la composi-
tion des bouquets d'im-
mortelles. Deux espè-
ces sont indigènes du
midi de la France : la
cupidone bleue (*C. cærulea*) (fig. 83), dont
les tiges s'élèvent à

Fig. 83. — Cupidone bleue.

0m,70 ou plus, et dont les fleurons sont d'un bleu clair, et la *cupidone jaune* (*C. lutea*), de moitié ou d'un tiers moins haute que la précédente, et à fleurons jaunes. La cupidone bleue a été seule jusqu'ici introduite dans les jardins, et elle serait irréprochable comme plante de plate-bande si elle n'était à la fois trop élevée et trop grêle, double défaut qui lui assigne plus naturellement sa place dans les jardins fleuristes d'une certaine étendue que dans les parterres proprement dits. La cupidone jaune conviendrait mieux à ces derniers, par sa taille, plus basse, et ses touffes, plus fournies, mais ses fleurs ont peu d'éclat. Ces deux plantes, quoique essentiellement méridionales, sont cependant rustiques dans le nord de la France, mais elles y craignent l'humidité prolongée; aussi doit-on les y traiter plutôt comme plantes annuelles ou bisannuelles que comme plantes vivaces. Dans le premier cas on en sème les graines au printemps, sur couche ou en place; dans le second on sème en automne, et on abrite le plant sous châssis, pour le mettre en place au printemps de l'année suivante.

Cynoglosse à feuilles de lin. Voyez **Myosotis**.

Dame d'onze heures. Voyez *Ornithogales*.

Daturas (*Datura*). Plantes de la famille des solanées, toutes exotiques, annuelles ou vivaces par la racine, la plupart dressées et à ramification dichotomique, remarquables par la forme en entonnoir de leurs fleurs et par leurs fruits, généralement armés d'épines. Quelques-unes sont d'assez belles plantes d'ornement, et parmi elles on doit citer : le *datura cornu* (*D. ceratocaula*) (fig. 84), à tige grosse, fistuleuse, longue de 0m,60 à 1m, généralement décombante et par là disgracieuse, mais dont le défaut est suffisamment racheté par de larges fleurs blanches, lavées de violet pâle à l'extérieur et très-odorantes; le *datura métel* (*D. metel*), qui est vivace, dressé, dichotome, haut de 0m,70 à 1m, à feuilles légèrement tomenteuses, et qui dans chacune de ses dichotomies porte une très-grande fleur blanche, odorante, à laquelle succèdent des capsules épineuses de la grosseur d'une petite pomme; le *datura météloïde* (*D. meteloides*), tout semblable au précédent par le

Fig. 84. — Datura cornu.

port et l'aspect
mais avec des co
rolles encore plu
grandes, à tube plu
allongé, et d'un vio
lacé bleuâtre sur l
contour du limbe
le *datura d'Égypt*
(*D. fastuosa*), don
la tige, robuste e
pourpre noir, peu
s'élever à 2 mètre
et plus sous un cli
mat chaud, mai
reste toujours beau
coup plus basse sou
celui du nord de l
France; ses longue
corolles, en form
d'entonnoir, sor
d'un blanc jaunâtr
à l'intérieur et plu
ou moins violacée
à l'extérieur; enfin
le *datura à fleur*

jaunes doubles (*D. humilis*), qui semble n'être qu'une variét
naine du précédent, et dont les fleurs, d'un blanc jaunâtre
quelquefois un peu violacées en dehors, se composent de plu
sieurs corolles emboîtées l'une dans l'autre. Dans ces deu
dernières espèces le fruit est plutôt tuberculeux qu'épineux.

Outre les espèces qui sont admises comme plantes d'orne
ment, nous devons encore citer la *stramoine blanche* ou
pomme épineuse (*D. stramonium*), à fleurs blanches, et la *stra
moine noire* (*D. tatula*), à fleurs violettes, deux fortes plante
qui, échappées des jardins, se sont naturalisées en beaucou
de lieux, surtout autour des villes, dans le midi de l'Europe
Ce sont de redoutables poisons, et les espèces ornementale

ne sont probablement pas moins dangereuses. Tous ces daturas se multiplient de graines semées au printemps; on peut même dire qu'à l'exception du datura d'Égypte, qui n'est pas tout à fait rustique à Paris, elles se sèment d'elles-mêmes dans nos jardins, et qu'il suffirait, pour la plupart d'entre elles, de mettre en place les jeunes plantes nées spontanément.

Les daturas, comme beaucoup d'autres plantes de grande taille, sont fort à la mode aujourd'hui; mais, à l'exception du datura cornu et du datura à fleurs doubles, qui s'élèvent peu, ils ne conviennent qu'aux plus grands jardins fleuristes, et surtout aux pelouses des jardins paysagers.

Dauphinelles. Voyez *Pieds-d'alouette.*

Dentelaire de Chine (*Plumbago Larpentæ, Valoradia plumbaginoides*). Plante vivace et rustique, de la famille des plombaginées, originaire de Chine et introduite en Europe il y a une vingtaine d'années, à racines traçantes, formant des touffes épaisses, de 0m,25 ou un peu plus de hauteur. Les fleurs, de moyenne grandeur et réunies en tête au sommet des rameaux, sont d'un bleu foncé, qui prend à la longue une légère teinte violacée. La floraison, commencée vers le milieu de l'été, se prolonge jusqu'aux gelées. C'est une très-belle plante de parterre, et elle convient mieux encore pour la plantation des rocailles et pour la culture en pots. Quoique rustique, il est prudent, au nord de Paris, de la couvrir de feuilles sèches ou de litière pendant l'hiver pour la défendre de l'excès d'humidité. On la multiplie très-aisément par séparation des touffes, opération plus sûre au printemps qu'en automne.

Dictame blanc. Voyez *Fraxinelle.*

Diélytra de Chine (*Dielytra spectabilis*) (fig. 85). Superbe plante, de la famille des fumariacées, importée de Chine il y a une vingtaine d'années, vivace, à tiges herbacées, rapprochées en touffes de 0m,50 à 0m,60 de hauteur, à feuilles élégamment découpées. Les fleurs, d'une forme bizarre et plus grandes que celles d'aucune autre fumariacée, pendent en longue grappe unilatérale au sommet des rameaux; leur cou-

Fig. 85. — Diélytra de Chine.

leur est le rose carmin à l'extérieur, avec le cœur blanc ou
blanc rosé. La place du diélytra de Chine est naturellement
indiquée dans le parterre, où il doit être planté en touffes isolées ; mais l'ampleur de sa taille le rend propre aussi à figurer
avantageusement sur les pelouses ou dans les carrés d'un grand
jardin. Sa floraison, commencée en avril ou mai, dure un mois
ou plus, suivant les lieux et les expositions. Faute de graines,
qu'il ne produit pas assez sûrement sous nos climats, on ne
l'a multiplié jusqu'ici que par éclats du pied, et quelquefois
de boutures.

D'autres espèces du même genre, très-recommandables
encore quoique moins grandes et moins belles que la précédente, sont, comme elle, admises dans la culture d'agrément ;
ce sont, entre autres, les *D. chrysantha, formosa* et *eximia*,
originaires de l'Amérique septentrionale, rustiques, le premier
à fleurs jaune vif, les deux autres à fleurs roses, mais qui tous
trois ne viennent bien qu'en terre de bruyère ; aussi les réserve-

t-on ordinairement pour les massifs plantés dans cette espèce de sol, ainsi que nous le dirons plus loin.

Digitale pourprée (*Digitalis purpurea*) (fig. 86). Plante indigène, de la famille des scrofularinées, vulgairement désignée sous les noms de *gantelée* et de *gant de Notre-Dame*, bisannuelle, à feuilles légèrement cotonneuses, à tige presque simple, haute de 1ᵐ à 1ᵐ,40. se terminant en une longue grappe de fleurs purpurines, ponctuées de pourpre brun à l'intérieur, dont la forme approche de celle d'une campanule allongée, ce qui les a fait comparer à un doigt de gant. Il en existe des variétés rose clair et blanches, ponctuées de jaune brun ou sans ponctuation à l'intérieur. Cette plante est très-ornementale, et quoiqu'elle convienne plus particulièrement aux grands jardins et aux pelouses des jardins paysagers, elle figure avantageusement dans un parterre, en individus isolés. On cultive encore

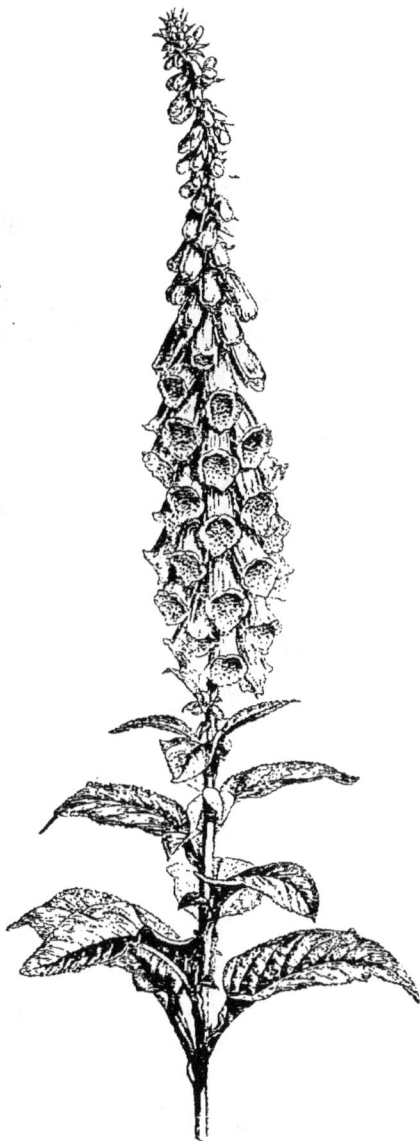

Fig. 86. — Digitale pourprée.

d'autres espèces du même genre, telles que la *digitale à grandes fleurs* (*D. grandiflora*), à corolles jaune pâle, et la *digitale rouillée* (*D. ferruginea*), dont le nom indique la couleur des fleurs; mais ces espèces sont très-inférieures à la première comme plantes d'agrément. Toutes aiment les terrains secs, siliceux et un peu pierreux, et demandent fort peu de soins. On ne les multiplie guère que de graines, semées en pépinière, et dont les plants sont mis en place dans l'automne de la même année ou au printemps de l'année suivante.

Diplacus (*Diplacus*). Genre de scrofularinées de la Californie, vivaces, à tiges herbacées ou sous-ligneuses, dressées, à feuilles opposées; à fleurs solitaires aux aisselles des feuilles, tubuleuses, et dont le limbe, évasé, est divisé en cinq lobes inégaux, qui le rendent plus ou moins irrégulier. Deux espèces sont communes dans les jardins, où elles tiennent un rang distingué. L'une d'elles est le *diplacus écarlate* ou *cardinal* (*D. cardinalis*), haut de près de 1ᵐ, à corolles rouge écarlate, et que leurs lobes latéraux, réfléchis en dehors, font paraître très-irrégulières et comme bilabiées. La culture en a fait naître plusieurs variétés, différenciées principalement par le coloris des fleurs, qui varie du rose clair au rouge foncé, avec ou sans ponctuations pourpres dans la gorge. La seconde espèce est le *diplacus visqueux* (*D. glutinosus*), moins haut et plus trapu que le précédent, à corolles infondibuliformes, évasées et presque régulières, de couleur orangée dans le type spécifique. Son introduction en Europe remonte à près d'un siècle; aussi en est-il sorti un grand nombre de variétés, parfois si différentes de la forme première que plusieurs botanistes en ont fait des espèces distinctes. On peut les réduire à quatre principales, sous les dénominations suivantes : 1° les *orangés* (*D. aurantiacus*), à fleurs orangées et à lobes de la corolle émarginés; 2° les *rouge* (*D. puniceus*), à fleurs rouge cinabre, avec les lobes émarginés; 3° les *jaunes* (*D. latifolius*), qui, indépendamment de la couleur jaune de leurs fleurs, se distinguent des précédents par un port plus ramassé, des feuilles plus larges et les lobes de la corolle presque entiers et arrondis; 4° enfin les *diplacus à* *grandes fleurs* (*D. grandiflorus*), remarquables par le grand développement du limbe de la corolle et ses divisions profondément bilobées. La couleur est ici assez variable ; elle offre toutes les nuances entre le blanc pur et le chamois-nankin , uniforme ou répandu par macules.

Sous le climat de Paris les diplacus ne sont qu'à demi rustiques, en ce sens qu'il faut les abriter l'hiver en orangerie ou sous châssis, mais ils fleurissent abondamment, le diplacus visqueux surtout, en pleine terre pendant l'été et l'automne. Ils réussissent mieux encore dans le climat de l'ouest, où il n'est pas rare qu'ils passent l'hiver sans abri. Ils se plaisent en terre légère, un peu fraîche, additionnée de terreau végétal, et se prêtent bien à la culture en pots. On les multiple avec une extrême facilité de boutures, d'éclats du pied ou de graines semées au printemps ou à la fin de l'été,

Fig. 87. — Doronic du Caucase.

et dans ce dernier cas les jeunes plants sont hivernés sous châssis, pour être mis en pleine terre l'année suivante. Ce genre de plantes a la plus grande analogie avec celui des mimulus, dont nous parlerons plus loin; plusieurs auteurs même les réunissent en un seul.

Doronics (*Doronicum*). Plantes de la famille des composées-radiées, indigènes, vivaces et rustiques, à tiges dressées, de 0^m,30 à 0^m,60 de hauteur, terminées par des capitules moyens, dont tous les fleurons sont d'un jaune vif ou d'un jaune orangé. Deux espèces sont particulièrement cultivées comme plantes de plate-bande, le *doronic du Caucase* (*D. caucasicum*) (fig. 87),

21

très-bas de tiges, et dont la floraison printanière (en avril et mai) est un grand ornement pour les parterres, où elle contraste par sa belle teinte jaune orangé avec les fleurs blanches des arabettes et les fleurs purpurines des saxifrages de Sibérie ; et le *doronic herbe aux panthères* (*D. pardalianches*), à tiges plus élevées, de floraison plus tardive et d'un jaune moins vif. Ces deux plantes, qui viennent en tout terrain, se multiplient avec une grande facilité par éclats du pied. Quelquefois aussi on en sème les graines.

Dracocéphales (*Dracocephalum*). Genre de la famille des labiées, contenant quelques espèces admises dans les jardins comme plantes d'ornement de troisième ordre. Indigènes de pays froids ou tempérés, elles sont rustiques sous nos climats. Les plus intéressantes, au point de vue qui nous occupe, sont le *dracocéphale de Moldavie* (*D. Moldavica*), plante annuelle, à fleurs bleues ; le *dracocéphale de l'Altaï* (*D. argunense*), vivace, à fleurs bleu clair ; le *dracocéphale d'orient* (*D. canescens*), vivace, à feuillage blanchâtre et à fleurs bleues ; et le *dracocéphale de Virginie* (*D. virginianum*), de l'Amérique du Nord, vivace comme les précédents, à fleurs roses ou lilacées. Toutes ces plantes se multiplient de graines, ou par division du pied lorsque ce sont des espèces vivaces. On les cultive sur plates-bandes en petites touffes, qu'on fait alterner avec des plantes autrement colorées. Leur floraison arrive d'ordinaire dans la seconde moitié du printemps.

Échinacéa. Voyez *Rudbeckia*.

Énothères ou **onagres** (*OEnothera*). Plantes de l'Amérique du Nord, du Pérou et du Chili, rustiques, annuelles, bisannuelles ou vivaces, de la famille des énothérées (onagraires de quelques auteurs), dressées ou étalées, à fleurs un peu grandes, à quatre pétales et le plus souvent jaunes, quelquefois blanches ou roses. Elles n'ont de valeur que comme plantes de plate-bande, sauf les espèces de haute taille, qui peuvent entrer dans la décoration des jardins paysagers. Nous distinguerons dans ce genre : 1° l'*énothère bisannuelle* ou *onagre commune* (*OE. biennis*), la plus anciennement introduite en Europe et une des plus belles. Elle peut s'élever à 1ᵐ,50 ou plus. Ses fleurs, d'une brillante teinte jaune, fournissent de longs épis au sommet de la tige principale et des rameaux. On peut leur reprocher, comme à celles des autres espèces du genre, d'être de peu de durée. Cette espèce s'est naturalisée spontanément dans beaucoup de parties de la France, et elle n'est nulle part plus belle que dans les sols sablonneux et au voisinage des rivières et des ruisseaux. 2° L'*énothère à grandes fleurs* (*OE. grandiflora*), presque aussi élevée que la précédente, à fleurs jaunes, grandes, odorantes, disposées en grappes terminales. 3° L'*énothère à gros fruits* (*OE. macrocarpa*), plante à rameaux étalés, et dont les fleurs, d'un jaune vif, ont 10 à 12 centimètres de large. 4° L'*énothère de Nuttal* (*OE. speciosa*) (fig. 88),

Fig. 88. — Énothère de Nutall.

des États-Unis méridionaux, plante vivace, multicaule, à feuilles lancéolées, à tiges dressées et presque simples, hautes de 0ᵐ,60 ou plus, à grandes fleurs blanches, odorantes, qui prennent en vieillissant une légère teinte rosée; elle n'est pas complétement rustique sous le climat de Paris, et veut y être abritée l'hiver sous une couverture de feuilles ou sous châssis. 5° L'*énothère à quatre ailes* (*OE. tetraptera*), à tiges et rameaux décombants, et à fleurs aussi grandes que dans l'espèce qui précède, blanches ou rosées. 6° L'*énothère d'automne* (*OE. serotina*), à fleurs jaunes, très-répandue aujourd'hui dans les jardins, et qui se multiplie principalement de boutures. Enfin, l'*énothère acaule* (*OE. acaulis, OE. taraxaci-folia*), du Chili, à tiges courtes et étalées, à feuilles pin-natifides, à fleurs grandes, d'un blanc rosé et odorantes. Cette espèce est peut-être celle qui convient le mieux pour les parterres, tant à cause de sa petite taille que de la grandeur de ses fleurs.

Les énothères sont des plantes à floraison estivale, qui se continue, pour quelques-unes, jusqu'à la fin de l'automne. On les multiplie de graines semées en pépinière, en automne ou au printemps, ou, lorsqu'elles n'en donnent pas, par division du pied. Nous trouverons un peu plus loin, sous le nom de *godéties*, d'autres onagraires à peine différentes des énothères proprement dites, ou plutôt qui n'en diffèrent que par la cou-leur de leurs fleurs.

Éphémères (*Tradescantia*). Genre américain, apparte-nant à la famille monocotylédone des commélynées, composé de plantes vivaces, à tiges annuelles, à feuilles linéaires-aiguës, et dont les corolles sont réduites à trois pétales, alternant avec un pareil nombre de sépales, qui représentent les trois pièces extérieures du périgone des liliacées. Ce genre n'est pas riche en espèces, et il n'y en a qu'une qui soit tout à fait classique, c'est l'*éphémère de Virginie* (*T. virginica*), plante des États-Unis méridionaux, rustique dans toute la France et universellement cultivée. Ses nombreuses tiges en touffes feuillues, denses, hautes de 0m,40 à 0m,60, se garnissent à leur sommet de jolies fleurs d'un bleu violet intense, qui tranche avec le jaune orangé des six anthères, dont les filets sont enveloppés de longs poils pourpre-violet. Cette belle plante a donné des variétés pourpres, blanches ou roses, et même une variété à fleurs doubles. On trouve encore dans quelques jardins l'*éphémère rose* (*T. rosea*), espèce du même pays, mais moins grande et moins rustique, et qui exige une couverture l'hiver sous la latitude de Paris, dans les hivers rigoureux. Toutes deux se cultivent en touffes isolées sur les plates-bandes et se multiplient aisément par division du pied, en automne ou au printemps. Il est rare qu'on en sème les graines.

Au voisinage des éphémères se place le genre *commélyne* (*Commelyna*), qui s'en distingue par des feuilles ovales-lancéolées et des fleurs agglomérées au sommet de pédoncules axillaires et entourées d'une spathe ventrue, d'où elles sortent successivement pour s'épanouir. Ces fleurs ont la même structure que celles des éphémères, avec cette différence que les filets staminaux y sont glabres. Une seule espèce se rencontre communément dans les jardins de plein air, c'est la *commélyne tubéreuse* (*C. tuberosa*), du Mexique, à fleurs bleues. Elle est vivace, et quoique moins rustique que l'éphémère commune, elle se cultive et se multiplie par les mêmes procédés. Une seconde espèce, plus belle mais beaucoup moins connue, est la *commélyne des Nilgherries* (*C. nilagirica*), des montagnes de l'Inde, plante vivace, en fortes touffes, à tiges hautes de 0^m,70, et à fleurs d'un très-beau bleu. Elle est moins rustique que la précédente, et demande l'orangerie à Paris pendant l'hiver.

Éranthis d'hiver (*Eranthis hyemalis*) (fig. 89). Renonculacée indigène, vivace, haute à peine de 0^m,10, à fleurs jaune d'or, se montrant dès le mois de février sous le climat de Paris, et s'épanouissant en sortant de terre, avant le développement

Fig. 89. — Éranthis d'hiver.

des feuilles. Cette petite plante, qui serait peu remarquée si elle fleurissait dans une autre saison, est précieuse pour nos parterres, où elle est l'avant-courrière des floraisons du printemps. On la plante en bordures ou en petites touffes, au voisinage des perce-neige, des scilles à fleurs bleues et autres plantes hivernales qui la suivent de près. Souvent aussi on la dissémine dans les bosquets, en compagnie d'autres plantes très-printanières. On la multiplie de graines, qu'il faut récolter de très-bonne heure, avant qu'elles ne tombent à terre; mais plus ordinairement on se borne à en diviser les rhizomes.

Érigérons (*Erigeron*). Genre de composées indigènes et exotiques, dont deux espèces vivaces de l'Amérique du Nord sont devenues d'estimables plantes de plates-bande. Toutes deux semblent répéter les petites espèces d'astères, dont elles ont à très-peu près les fleurs et le coloris, et auxquels on pourrait les réunir sans inconvénient dans une classification horticole. Ce sont l'*érigéron de Californie* (*E. speciosum*, *Stenactis speciosa*), à tiges presque simples, feuillues, hautes de 0^m,30 à 0^m,40, et portant à leur sommet un petit nombre de capitules de moyenne grandeur, dont les rayons, très-nombreux, sont de couleur lilas et le disque jaune; et l'*érigéron glâbre* (*E. glabellum*), de même port que le précédent, mais d'un tiers moins élevé et avec des rayons moins nombreux et d'une teinte plus violacée. Ces deux espèces, qui fleurissent presque tout l'été, sont rustiques dans le nord de la France et viennent à peu près dans tous les terrains. On les multiplie de fragments du pied, à la fin de l'hiver ou en automne, et de graines semées dans le courant de l'été, avec repiquage du plant en pépinière ou directement en place avant l'hiver. On peut supposer, avec une certaine vraisemblance, que des semis répétés, aidés de l'épuration constante des produits, perfectionneraient ces jolies plantes, et qu'on finirait par en obtenir des variétés doubles, bien supérieures aux types spécifiques actuellement cultivés.

Érysimums (*Erysimum*). Crucifères annuelles ou vivaces, rustiques, à tiges dressées, à fleurs jaunes ou orangées, doublant par la culture. Les jardins en possèdent trois espèces intéressantes : l'*érysimum de Petrowski* (*E. Petrowskianum*), du Caucase, annuel, à tige presque simple, se terminant par une grappe serrée de fleurs jaune orangé ou de couleur aurore; l'*érysimum de Marschall* (*E. Marschallianum*), des mêmes lieux que le précédent, mais vivace, à fleurs d'un orangé plus vif; et la *girarde* ou *julienne jaune* (*E. Bar-*

barea), de France, vivace, à fleurs jaune pâle, dont la variété double a seule de la valeur. Toutes trois sont propres aux plates-bandes, où elles servent à faire des massifs et des bordures, et fleurissent de la fin du printemps au milieu de l'été. On les multiplie de graines, qu'on sème dès qu'elles sont mûres, ou d'éclats du pied si les espèces sont vivaces.

Escholtzies (*Escholtzia*). Papavéracées de Californie, à feuillage glauque, à fleurs jaune orangé ou de couleur aurore, de la grandeur de celles d'un petit pavot. Elles sont représentées dans nos jardins par deux espèces, l'*escholtzie de Californie* (*E. californica*), haute de 0ᵐ,40 à 0ᵐ,50, et l'*escholtzie à petites feuilles* (*E. tenuifolia*), qui est de moitié plus basse. Toutes deux sont annuelles, ou du moins cultivées comme telles, et propagées seulement de graines. Leur floraison, qui est estivale, dure environ un mois, c'est-à-dire de la fin de juin à la fin de juillet.

Éthionème du Liban (*Æthionema coridifolium*). Petite crucifère rustique, originaire de Syrie, à tiges fruticuleuses, dressées, plus ou moins rapprochées en touffes, de 0ᵐ,15 à 0ᵐ,20 de hauteur, à feuilles linéaires, glauques, et dont les fleurs, en grappes terminales serrées et arrondies, sont d'une belle teinte rose-lilas. Cette jolie plante, qui fleurit, suivant les lieux, de la fin de mai à la fin de juillet, s'emploie aux mêmes usages que les autres crucifères cespiteuses et basses, c'est-à-dire à faire des garnitures le long des plates-bandes, mais elle est encore plus propre à garnir des rocailles. Une seconde espèce, du même pays, l'*éthionème des rochers* (*Æ. jucunda*), a été plus récemment introduite dans les jardins. Presque semblable à la précédente, dont elle n'est peut-être qu'une variété, elle en diffère par une taille un peu moindre et des fleurs d'un lilas plus carminé. Quoique vivaces, ces deux plantes se cultivent comme bisannuelles dans nos jardins. On en sème les graines peu après leur maturité, et le jeune plant, élevé sur pépinière, est mis en place vers le milieu de l'automne ou seulement au printemps suivant. Cultivées à demeure sur rocailles, et livrées à elles-mêmes, elles reprendraient les allures de plantes vivaces qui leur sont naturelles.

Eucharidiums (*Eucharidium*). Énothérées annuelles de Californie, très-analogues aux clarkias par leur port comme par la forme et la couleur de leurs fleurs. Elles en ont aussi le tempérament rustique et sont employées aux mêmes usages. Elles se reproduisent de graines semées en automne, avec hivernage des plants sous châssis, ou au printemps en pépinière et en place. Nous en possédons deux espèces, les *E. grandiflorum* et *concinnum*, qui s'emploient indifféremment l'un pour l'autre ou simultanément.

Eucnide. Voyez *Mentzélie de Lindley*.

Eutocas (*Eutoca*). Genre de la famille des hydrophyllées, comprenant un petit nombre d'espèces herbacées, de l'Amérique du Nord, dont quelques-unes ont été introduites dans les jardins à titre de plantes d'agrément. La plus remarquable est l'*eutoca visqueuse* (*E. viscida*), plante un peu étalée puis redressée, à feuilles visqueuses, répandant, lorsqu'on les froisse entre les doigts, une odeur de bitume, et dont les fleurs, d'un bleu violacé, rappellent par leur forme celles des campanules. Cette espèce fleurit très-abondamment dans les mois de juillet et d'août, et par sa taille, peu élevée (0m,40), elle se prête bien à l'ornementation des parterres, où on la cultive en pieds isolés et en corbeilles. Comme ses congénères, moins belles, les *eutoca de Wrangel* et *de Menzies* (*E. Wrangelii, E. Menziesii*), elle se multiplie de graines, semées au printemps, ou mieux en automne sur pépinière, avec ou sans abri l'hiver suivant les lieux et les saisons.

Ficoïdes ou **mésembrianthèmes** (*Mesembrianthemum*). Les ficoïdes, qui constituent à elles seules toute la famille des ficoïdées, sont des plantes vivaces ou annuelles, quelquefois sarmenteuses, à feuilles très-charnues et succulentes, toujours glabres, tantôt planes, tantôt de formes géométriques, et alors souvent trigones. Leurs fleurs, quelquefois insignifiantes, mais souvent très-belles et parées des couleurs les plus vives, ont une grossière ressemblance avec les capitules de diverses composées, et cela par suite du grand nombre de leurs pétales étroits et rayonnants. La plupart de ces plantes sont originaires de l'Afrique australe, mais on en trouve aussi quelques-unes aux Canaries, dans le nord de l'Afrique et le midi de l'Europe. Toutes sont essentiellement des plantes de rocailles, et elles ne réussissent bien que dans les pays où l'été est sec et le soleil ardent. Une seule sous le climat de Paris peut être considérée comme plante de parterre, et encore est-elle plus curieuse que belle ; c'est la *glaciale* (*M. crystallinum*), indigène ou naturalisée en Corse et en Provence, et dont les feuilles, couvertes de papules ou vésicules pleines d'eau, font paraître la plante comme couverte de petits glaçons. On la cultive en pots ou en pleine terre, au pied d'un mur à l'exposition du midi, mais plus ordinairement sur rocailles ou au pied des arbres tenus en caisse. On la multiplie de semis faits au printemps, sur couche et sous châssis. Ses petites fleurs blanches n'ont aucune valeur ornementale ; tout son mérite est dans son feuillage miroitant au soleil.

Nous reviendrons plus loin sur les mésembrianthèmes en traitant de la culture en pots et sur rocailles.

Fleur de veuve. Voyez *Scabieuse des jardins*.

Fraxinelle ou **dictame blanc** (*Dictamnus albus*) (fig. 90). Plante indigène, vivace, de la famille des rutacées-diosmées ; à tiges fermes, dressées, hautes de $0^m,50$ à $0^m,60$, dont les feuilles, alternes et pennées avec impaire, ont

Fig. 90. — Fraxinelle.

une certaine ressemblance avec celles du frêne, ce qui a valu
à la plante sa dénomination vulgaire. Ses fleurs, à cinq pétales
inégaux, dont quatre sont redressés, le cinquième restant
pendant, ce qui les rend très-irrégulières, sont de moyenne
grandeur et disposées en une longue grappe terminale. Leur
couleur est le rose clair dans le type de l'espèce, mais il en
existe des variétés blanches et rouge carmin. Toute la plante
exhale une odeur forte et aromatique, due à une huile essentielle volatile qui se répand dans l'air, et s'enflamme ins-
tantanément lorsqu'on en approche une bougie allumée. L'expérience toutefois ne réussit bien, sous le climat de Paris du
moins, qu'au moment de la floraison et dans les soirées chaudes
et calmes des mois de juin, de juillet et d'août. Très-rustique
dans toute la France, et s'accommodant de tous les terrains,
la fraxinelle ne demande pour ainsi dire aucun soin. On la
multiplie d'éclats du pied, à la fin de l'hiver, ou de graines
qu'on sème au moment même où elles sortent des capsules,
car elles perdent très-promptement leur vertu germinative et
ne se conservent pas hors de terre. Le plant obtenu par ce
dernier moyen ne fleurissant guère qu'à la troisième année,
on le laisse en pépinière jusqu'à ce qu'il soit adulte. La fraxinelle, quoique toujours simple, est une très-jolie et très-
agréable plante de parterre.

Fumeterres. Voyez *Corydales.*

Gaillardia de Drummond (*Gaillardia Drummondi,
G. picta*). Plante vivace du Texas, de la famille des composées-radiées, s'élevant à 0m,40 ou 0m,50. Ses capitules, à
peu près de la largeur de ceux d'une reine-marguerite
moyenne, ont leurs rayons mi-partis de jaune et de pourpre
brun, cette dernière teinte occupant plus de la moitié inférieure des rayons et s'étendant aux fleurons du disque. Elle
a donné naissance à plusieurs variétés, quelques-unes à fleurs
un peu plus grandes, d'autres à fleurs plus vivement ou autrement colorées que dans le type de l'espèce, entre autres au
gaillardia tricolore, à fleurs semi-doubles, dont les rayons sont
pourpres à la base, blancs au milieu, et jaunes à l'extrémité.
Cette plante, qui n'est pas sans beauté, n'est pas tout à fait

rustique sous le climat de Paris, où on ne la cultive guère que comme plante annuelle. Elle se multiplie de graines semées à la fin de l'été ou au commencement de l'automne, dont le plant, hiverné sous châssis et mis en place au printemps suivant, fleurit vers le milieu de l'été. On peut aussi semer au printemps, mais on obtient par là des plantes moins fortes et de floraison plus tardive.

D'autres espèces, très-analogues à la précédente par le coloris de leurs fleurs, ont encore été introduites dans les jardins, telles, entre autres, que le *gaillardia vivace* (*G. aristata, G. perennis*), à fleurs jaunes, cerclées de pourpre brun autour du disque, et qui est très-rustique sous nos climats. De son croisement avec le gaillardia de Drummond est née, dit-on, la variété *splendens*, plante plus forte que cette dernière, à fleurs plus grandes et plus vivement colorées, et qui a elle-même donné naissance au *gaillardia à grandes fleurs* (*G. grandiflora*) (fig. 91), variété encore plus belle et à fleurs plus grandes. Elle est vivace et se multiplie principalement de boutures et de fragments du pied.

Galanes. Voyez *Pentstémons.*

Gantelée, gant de Notre-Dame. Voyez *Digitale.*

Gaura de Lindheimer (*Gaura*

Fig. 91. — Gaillardia à grandes fleurs.

Lindheimeri) (fig. 92.) Énothérée de l'Amérique du Nord, vivace, rustique, très-rameuse, formant des touffes de 0^m,70 à 1^m, à feuilles lancéolées. Les fleurs, disposées en longue grappe au sommet des rameaux, sont de moyenne grandeur, à quatre pétales, blanches, souvent rosées ou purpurines à l'extérieur. Cette plante, qui est très-fréquemment cultivée dans nos jardins publics, où elle fleurit pendant la plus grande partie de l'été, n'est pas dépourvue d'intérêt; néanmoins elle nous paraît au-dessous de la réputation que les horticulteurs lui ont faite. Sa taille un peu haute, ses rameaux grêles et sa floraison comparativement peu abondante et médiocre de coloris, lui assignent sa place dans les jardins paysagers autant au moins que dans les parterres proprement dits. Traité comme simple plante annuelle, le gaura de Lindheimer se sème dès la fin de l'été, et le plant, repiqué en pépinière, est mis en place au printemps suivant. Si l'hiver est froid, on l'abrite momentanément sous une couverture de feuilles ou de litière.

Fig. 92. — Gaura de Lindheimer.

Gazanias (*Gazania*). Superbes plantes de l'Afrique australe, désignées autrefois sous le nom de *gortéries* (*Gorteria*), que quelques amateurs leur conservent encore, et appartenant comme les arctotides à la tribu des composées radiées. Ce sont des plantes basses, cespiteuses, vivaces, à tiges et rameaux demi-ligneux, à feuilles allongées, tantôt simples, tantôt pinnatifides, cotonneuses et blanches en dessous. Leurs capitules sont de la grandeur de ceux du souci commun, auxquels ils ressemblent encore par la couleur orangée plus ou moins vive de leurs rayons. Deux espèces sont communes dans les jardins, le *gazania rutilant* (*G. splendens*), dont les rayons portent à leur base une macule brune, au centre de laquelle en est une autre d'un blanc nacré, et le *gazania queue de paon* ou *à grandes fleurs* (*G. pavonia*), qui ne diffère du précédent que par un feuillage plus grand, des capitules un peu plus larges et d'une teinte orangée plus vive. Ces deux espèces, qui peuvent s'employer indifféremment l'une pour l'autre, ne sont qu'à demi rustiques sous la latitude de Paris; aussi les y cultive-t-on ordinairement en pots, pour les remiser en orangerie pendant l'hiver; cependant, même sous ce climat, elles peuvent servir à la décoration du parterre pendant la belle saison, soit qu'on enterre leurs pots, soit qu'on les mette directement en pleine terre, pour les relever à l'automne. Toutefois leur véritable région horticole en France est le midi, surtout le midi méditerranéen, où, moyennant de légers abris, elles peuvent passer l'hiver en plein air. C'est là aussi qu'elles fleurissent avec le plus de perfection, car, semblables sous ce rapport à d'autres composées du même pays, elles n'ouvrent leurs capitules que sous la pleine lumière du soleil, les refermant si le temps devient pluvieux; cette particularité leur ôte presque toute leur valeur ornementale dans les pays où le ciel est souvent couvert.

Les gazanias peuvent être plantés en massifs serrés, qui sont d'un très-brillant effet, sur des reliefs du sol ou des talus exposés au soleil; ils font aussi d'admirables bordures dans les parterres et deviennent au besoin d'excellentes plantes de pots. On les multiplie de graines semées sur couche et sous châssis, au printemps, et plus fréquemment peut-être de boutures de branches ou par division des vieux pieds. Il est très-vraisemblable que sous un climat méridional les semis longtemps continués feraient naître des variétés à capitules doubles ou pleins, ou tout au moins des variétés nouvelles, plus belles que les types des espèces jusqu'ici peu ou point modifiés.

Gazon d'Espagne ou **gazon d'Olympe** (*Statice Armeria*). Petite plante indigène de la famille des staticées, vivace, très-gazonnante, à feuilles étroites et graminoïdes, conservant sa verdure en hiver. Elle forme des touffes épaisses et très-basses, qui donnent, pendant la moitié de la belle saison, une quantité de petites fleurs rose-lilas réunies en tête au sommet de hampes ou pédoncules nus, longs de 8 à 15 centimètres. Cette jolie plante, qui croît dans tous les terrains, pourvu qu'ils soient un peu humides, est cultivée de temps immémorial, et a toujours servi à faire des bordures le long des allées des jardins, ce à quoi elle se prête mieux qu'aucune autre espèce herbacée. On la multiplie à peu près exclusivement par éclats du pied, c'est-à-dire par de véritables marcottes, qui s'enracinent avec une grande facilité; l'opération se fait ordinairement dans la seconde moitié de l'été. Les fragments se plantent à 10 ou 12 centimètres les uns des autres, plus ou moins selon leur force, et on leur donne les arrosages nécessaires pour en assurer la reprise. Les touffes s'élargissant assez vite, souvent en se dégarnissant dans le centre, il convient, pour conserver la régularité des lignes, de faire cette replantation tous les deux ou trois ans. Ajoutons à ces détails que le gazon d'Olympe, en sa qualité de plante maritime, ne réussit bien que dans les climats humides du nord et de l'ouest, et qu'il ne convient pas du tout à celui du midi.

Géraniums (*Geranium*). Plantes indigènes de la famille des géraniacées, la plupart vivaces, rustiques, formant souvent de belles touffes de feuilles, du milieu desquelles sortent les pédoncules qui portent les fleurs. Ces dernières sont petites ou moyennes, rose-lilas, blanches, purpurines ou d'un bleu violacé, quelquefois d'un violet noirâtre. Beaucoup d'espèces ont été introduites dans les jardins, mais toutes n'ont pas à beaucoup près la même valeur comme plantes d'agrément. Les seules qui nous paraissent mériter d'être recommandées sont le *géranium pourpré* (*G. sanguineum*), à feuilles arrondies et disséquées, dont les fleurs, un peu grandes relativement (environ 0m,03 de diamètre), sont d'un très-beau rouge pourpre; le *géranium des Pyrénées* (*G. Endressii*), à grandes fleurs roses; le *géranium du Caucase* (*G. ibericum*), forte plante à fleurs bleues ou bleu violacé; le *géranium de Géorgie* (*G. platypetalum*) (fig. 93), assez semblable au précédent, et comme lui à fleurs bleues; le *géranium des prés* (*G. pratense*), dont les fleurs sont d'un bleu violacé pâle. Toutes ces espèces, étant d'assez forte taille, ne conviennent guère qu'aux grands jardins fleuristes. Mieux appropriées aux simples parterres, par suite de leur petite taille, sont les espèces suivantes : le *géranium de Lancastre* (*G. lancastriense*), à fleurs roses; le *géranium strié* (*G. striatum*), à fleurs blanc-rosé; et enfin le *géranium tubéreux* (*G. tuberosum*), ainsi nommé de sa racine bulbiforme, et dont les fleurs sont d'un beau rose. Cette espèce, qui est originaire d'Italie, est la moins rustique, et elle doit être abritée du froid dans le nord de la France. Les géraniums s'accommodent pour ainsi dire de tous les terrains

Fig. 93. — Géranium de Géorgie.

et demandent très-peu de culture; ils viennent mieux cependant sur les sols en pente que sur ceux qui sont tout à fait plats. On les multiplie quelquefois de graines, mais plus ordinairement par division du pied.

Géranium rosat. Voyez *Pélargoniums.*

Gilias (*Gilia*). Polémoniacées annuelles ou bisannuelles, des parties occidentales tempérées des deux Amériques, à feuilles pinnatifides ou diversement découpées, rarement entières, opposées ou alternes, à fleurs monopétales et infondibuliformes. D'après les différences du port, la taille, la ferme du feuillage, la longueur relative du tube de la co-

rolle et d'autres caractères vagues, qu'il serait trop long d'é-
numérer ici, ce genre a été subdivisé en groupes secondaires
(*Gilia, Linanthus, Leptosiphon, Fenzlia, Dactylophyllum,
Ipomopsis,* etc.), qui ont été admis comme genres distincts
par beaucoup de botanistes, bien qu'ils aient identiquement
la même structure florale. Pour ne pas changer des habitudes
qui sont passées dans la pratique horticole, nous conserverons
ces appellations diverses aux espèces qui ont été introduites
dans les jardins.

Les gilias proprement dits sont des plantes dressées, rameuses, touffues, chez lesquelles le tube de la corolle est
comparativement court, dépassant peu, ou même ne dépassant pas les dents du calyce. Trois espèces fréquemment
cultivées peuvent se rapporter à ce groupe : le *gilia dianthoïde* (*Gilia* ou *Fenzlia dianthoïdes*), petite plante de Californie, touffue, cespiteuse, haute à peine de 0^m,12, très-florifère, à feuilles simples et linéaires, souvent opposées ; ses
fleurs, solitaires et terminales, sont rose lilas, avec cinq petites macules pourpre noir à l'entrée de la gorge ; le *gilia tricolore* (*G. tricolor*), du même pays, haut de 0^m,30 à 0^m,40, à
feuilles découpées en lanières étroites, et dont les fleurs violet pâle ou bleuâtres sur le limbe, et purpurines dans la
gorge, avec le tube jaune, sont agrégées au nombre de
quatre à cinq au sommet des rameaux ; il en existe des variétés blanches, roses ou d'un bleu plus franc que dans le
type ; enfin, le *gilia à bouquets* (*G. capitata*), pareillement
de Californie, haut de 0^m,60 à 0^m,80, à feuilles découpées,
et à fleurs bleues, petites, mais agrégées en grand nombre à
l'extrémité de rameaux pédonculiformes ; cette espèce aussi
a donné des variétés, toutes moins belles que le type sauvage.

Les gilias sont de jolies plantes de parterre, mais les deux
dernières seulement sont tout à fait rustiques dans le nord de
la France. Là où l'hiver est doux, comme l'ouest de la France,
on les sème en automne, sur une planche abritée par un mur,
et le plant, repiqué ou non avant l'hiver en pépinière, est mis
en place au printemps suivant. A Paris, on les sème plus or-

dinairement à la fin de l'hiver, sur couche chaude et sous châssis. Le gilia dianthoïde doit être semé sur couche tiède, au printemps, et n'être mis en pleine terre que dans le courant de mai. Sa petite taille et l'abondance de sa floraison, qui se prolonge assez longtemps, le rend particulièrement propre à être planté en bordure.

Girarde commune. Voyez *Julienne des iardins.*

Girarde jaune. Voyez *Érysimums.*

Giroflées (*Cheiranthus*). La giroflée jaune (fig. 94), connue aussi sous les noms de *violier* et *rameau d'or* (*Ch. Cheiri*), est sans contredit la plus intéressante de toutes les crucifères admises dans la culture d'agrément. Nous en parlerons avec détail dans un autre chapitre, en traitant de la culture en pots, mais nous devons aussi la signaler dès maintenant comme une fleur de plate-bande de premier ordre. Tout le monde sait qu'elle est indigène en France, et qu'elle y fait l'ornement naturel des vieux murs et des édifices en ruine. Ses fleurs, très-parfumées, sont d'un jaune brun dans le type de l'espèce, mais la culture, déjà très-ancienne, en a profondément modifié le coloris. Il en existe des variétés dans tous les tons du jaune, du brun et du pourpre violet, les unes simples, les autres doubles ou pleines, ces dernières plus ou moins stériles. Toutes ces variétés servent à décorer les plates-bandes, où elles fleurissent vers le milieu du printemps. A l'exception des doubles, qui se propagent de boutures, ainsi que nous le dirons plus loin, on les multiplie de graines, qu'on sème peu

Fig. 94. — Giroflée jaune.

22

après leur maturité, en planche ou en pépinière, et le plant qu'on en obtient peut être mis en place dans l'automne de l'année même. La giroflée s'accommode de tous les terrains, mais elle préfère ceux qui sont naturellement secs et un peu compactes, ceux surtout qui ont été amendés avec de vieux plâtras.

Une seconde espèce du même genre, mais très-inférieure en beauté, est encore cultivée comme plante de plate-bande ; c'est la *giroflée de Delile* (*Ch. Delilianus*), qu'on croit originaire des Canaries. Elle ne dépasse guère 0^m,30, en hauteur, et donne de petites grappes de fleurs d'un violet lie de vin, qui se renouvellent pendant toute la belle saison. On ne la multiplie guère que de boutures, faites en été, et qu'on hiverne sous châssis.

On donne encore, dans la pratique horticole, le nom de *giroflées* à d'autres crucifères ornementales, toutes de la région méditerranéenne, et qui, après avoir longtemps fait partie du genre *Cheiranthus*, en ont été détachées sous le nom de *Mathiola*. Celles-là aussi, bien que généralement cultivées en pots, fournissent de très-belles plantes de plate-bande. Ce sont la *giroflée des jardins* (*M. incana*), espèce bisannuelle, à feuilles blanchâtres et à fleurs pourpres, mais dont la culture a tiré des variétés blanches, roses et violettes, simples ou doubles ; la *giroflée des fenêtres* ou *cocardeau* (*M. fenestralis*), très-voisine de la précédente, dont elle diffère par des fleurs plus grandes ; c'est peut-être la plus belle du groupe, aussi est-elle très-généralement cultivée ; la *giroflée quarantaine* (*M. annua*), espèce classique, et dont les variétés, simples ou doubles, sont si nombreuses qu'elle est en quelque sorte devenue plante de collection ; enfin, la *giroflée grecque* ou *kiris* (*M. græca*), qui diffère de toutes les autres par son feuillage vert et non plus blanchâtre. Elle a pareillement donné un grand nombre de variétés, tant simples que doubles, où l'on trouve toutes les nuances entre le blanc pur et le pourpre violet. Ces quatre espèces se multiplient de graines, qu'on sème au printemps ou en automne. La première étant bisannuelle ne fleurit que la seconde année ; et comme elle n'est pas entièrement

ustique dans le nord de la France, on lui fait passer l'hiver
sous châssis ou dans une serre froide, pour la mettre en pleine
terre au printemps. Le même soin devrait être pris pour les
autres espèces, si le semis avait été fait en automne. Quant
aux variétés très-doubles, et par là devenues stériles, on les
propage de boutures comme les variétés analogues de la giroflée jaune. Toutes ces plantes ont d'ailleurs le tempérament de cette dernière ; comme elle, elles aiment les terrains
un peu secs et demandent une exposition chaude et bien
éclairée. C'est naturellement dans leur région originaire,
c'est-à-dire au voisinage de la Méditerranée, qu'elles prennent
le plus grand développement,
qu'elles fleurissent le mieux et
exigent le moins de soins.

Giroflée de Mahon. Voyez *Julienne.*

Glaciale. Voyez *Ficoïdes.*

Godéties (*Godetia*). Genre
d'énothérées de l'Amérique septentrionale, très-analogue à celui des énothères proprement
dites, dont il diffère presque
uniquement par la couleur des
fleurs. Il est représenté dans nos
jardins par plusieurs espèces,
parmi lesquelles il suffira de citer la *godétie rubiconde* (*G. rubi-
cunda*)(fig. 95), dressée, haute de
0^m,50, à fleurs rose-violacé, avec
une macule pourpre à la base
de chaque pétale, quelquefois
d'un blanc rosé, mais toujours
maculées de pourpre à l'intérieur ; la *godétie de Romanzoff*
(*G. Romanzoffii*), à fleurs lilas
violacé, et la *godétie de Lindley*
(*G. Lindleyana*), dont les fleurs,

Fig. 95. — Godétie rubiconde

un peu plus grandes que celles de la précédente et de même couleur, portent comme elles une macule d'un pourpre plus foncé à la base des pétales. Ces jolies plantes, qui sont annuelles, se sèment au printemps, pour fleurir dans la même année, mais plus avantageusement en automne, à bonne exposition, pour fleurir l'année suivante. Elles sont aussi fréquemment cultivées en pots, et on en voit de très-beaux échantillons sur les marchés aux fleurs de la capitale.

Gortéries. Voyez *Gazanias.*

Grande Berce. Voyez *Acanthe.*

Grindélies (*Grindelia*). Composées américaines de la tribu des radiées ou astéroïdées, bisannuelles ou vivaces, dressées, rameuses, la plupart enduites à leurs sommités d'une sorte d'exsudation glutineuse, à feuilles caulinaires plus ou moins larges et embrassantes, à fleurs jaunes ou orangées. Plusieurs espèces d'inégale valeur ont été introduites dans les jardins de l'Europe, telles que la *grindélie inuliforme* (*G. inuloides*), la *grindélie écailleuse* (*G. squarrosa*), etc.; une seule mérite d'être particulièrement signalée ici : c'est la *grindélie à grandes fleurs* (*G. grandiflora*), plante bisannuelle de Californie, dont la taille atteint ou dépasse 1^m, et dont les rameaux se terminent par de larges capitules à rayons orangés et disque jaune. C'est une assez belle plante d'ornement, et qui est rustique sous nos climats, mais que sa haute taille doit exclure des parterres de peu d'étendue. On ne la multiplie que de graines, qu'on peut se contenter de semer en place au printemps.

Gueule-de-loup. Voyez *Muflier.*

Hélianthèmes (*Helianthemum*). Plantes indigènes, de la famille des cistes, herbacées et annuelles ou sous-ligneuses et vivaces, et alors formant de petites touffes très-florifères, de 0^m,20 à 0^m,30 de hauteur. Les fleurs sont en grappes, blanches, rosées ou jaunes, de moyenne grandeur, très-jolies mais très-caduques, ce qui est leur unique défaut. On cultive principalement l'*hélianthème à grandes fleurs* (*H. grandiflorum*), à fleurs jaunes; l'*hélianthème pulvérulent* (*H. pulverulentum*), à fleurs blanches, et l'*hélianthème rose* (*H. ro-*

seum), dont le nom indique la couleur des fleurs. A ces trois espèces vivaces, on ajoute quelquefois l'*hélianthème des Algarves* (*H. algarvense*), sous-arbuste dressé, à fleurs jaunes, et dont les cinq pétales portent à leur base une macule brune. Ses fleurs, ouvertes le matin, ne durent que quelques heures, urtout si le soleil est ardent.

Tous les hélianthèmes sont rustiques et se plaisent dans les lieux secs, pierreux, aérés et exposés au grand soleil. A l'exception du dernier, ils conviennent particulièrement aux rocailles, mais ils réussissent presque aussi bien dans les plates-bandes d'un jardin, surtout en terre légère. On les multiplie de graines semées au printemps ou dans le courant de l'été, et quelquefois aussi de marcottes et de boutures faites sous cloches, lorsqu'il s'agit des espèces vivaces.

Hélichrysums. Voyez *Immortelles.*

Héliotropes (*Heliotropium*). Genre de la famille des borraginées, indigène et exotique, dont deux espèces, originaires du Pérou, sont cultivées comme plantes annuelles d'agrément, quoiqu'elles soient vivaces et frutescentes en serre tempérée. Toutes deux ont leurs fleurs en grappes scorpioïdes, rapprochées elles-mêmes en corymbes au sommet des rameaux, et ces fleurs, très-petites et très-agréablement parfumées, sont d'un bleu plus ou moins foncé, tournant quelquefois au violet pâle. Ces deux espèces sont l'*héliotrope du Pérou* (*H. peruvianum*) et l'*héliotrope à grandes fleurs* (*H. grandiflorum*), qui ne diffèrent l'un de l'autre qu'en ce que le feuillage est plus large et les fleurs un peu plus grandes, d'un bleu plus clair et beaucoup moins parfumées, dans le second que dans le premier. L'héliotrope du Pérou a donné naissance à quelques variétés assez légèrement caractérisées, dont la plus connue est l'*héliotrope de Volterre*(1), qui se distingue du type par sa taille moins élevée, ses feuilles plus grandes et ses corolles d'un bleu plus foncé, avec une macule blanche dans la gorge.

(1) Ainsi nommé de la ville de Volterra, en Italie. C'est par erreur que la plupart des livres de jardinage écrivent *héliotrope de Voltaire.*

22.

Les héliotropes du Pérou, lorsqu'ils sont habilement cultivés en serre tempérée, dans des pots proportionnés à leur
taille, deviennent de très-beaux arbustes de forme buissonnante, et dont les dimensions dépassent un mètre en tous sens.
Sur les plates-bandes du jardin, du moins dans le nord de
la France, ils n'arrivent guère qu'à 0^m,50 ou 0^m,60 ; mais ils
n'en méritent pas moins les soins de l'horticulteur, car, outre
la beauté de leur port, ils fleurissent d'une manière continue
pendant toute la belle saison. Peu délicats sur le choix du
terrain, ils se plaisent aux expositions méridionales et abritées contre le vent du nord, et ils souffrent lorsqu'ils sont
privés de la lumière solaire pendant une trop grande partie
du jour. On croit avoir remarqué que les héliotropes cultivés
en pleine terre ont beaucoup moins d'odeur que ceux qui sont
tenus en pots, ce qui vient, selon toute probabilité, de ce que
les sujets de pleine terre sont plus nourris et plus exposés
à la pluie que les autres.

Les héliotropes se propagent de graines semées sur couche
chaude au printemps; mais bien plus ordinairement on a
recours au bouturage des rameaux, en serre chaude ou sur
couches abritées par des cloches ou des châssis.

Sous des climats un peu plus chauds ou un peu moins humides que celui de Paris, par exemple dans le centre et l'est
de la France, les héliotropes du Pérou peuvent, moyennant
certaines précautions, passer l'hiver en pleine terre. On procède de la manière suivante : lorsque les premières gelées ont
bruni leurs feuilles, on coupe les héliotropes au niveau du sol,
et on en recouvre le pied d'une butte de terre de 0^m,30 à
0^m,40 de hauteur, qu'on revêt elle-même d'un capuchon de
paille, de litière ou de feuilles sèches, si on le juge nécessaire. Ce qu'on se propose en agissant ainsi est non-seulement
de préserver les racines de la gelée, mais aussi d'en écarter
l'humidité froide, qui ne leur serait pas moins préjudiciable.
Au mois d'avril, on enlève la butte, et bientôt les héliotropes repoussent avec vigueur, et forment en peu de temps
des touffes beaucoup plus fortes que celles qu'on aurait obtenues par d'autres moyens. C'est la méthode qu'on devrait

adopter toutes les fois qu'on se propose de cultiver les héliotropes à demeure et en massifs.

Les héliotropes du Pérou ne sont pas les seuls qui aient été admis dans la culture d'agrément ; il y en a un autre, du Caucase, qui est seulement annuel, l'*héliotrope odorant* (*H. suaveolens*), à fleurs blanches et très-parfumées. Cette espèce est encore peu connue en France, quoique très-digne de l'être. C'est-elle qui remplace dans les jardins de la Russie les héliotropes du Pérou, que la rigueur du climat ne permet pas d'y cultiver.

A la suite des vrais héliotropes nous devons classer ici une plante d'un certain intérêt, et qui leur ressemble de tous points par le feuillage et les fleurs, mais qui est dépourvue d'odeur ; c'est le *faux-héliotrope* (*Tournefortia heliotropioides*), plante des régions tempérées de l'Amérique du Sud, vivace, suffrutescente, rameuse et formant des buissons, qui sous nos climats du nord peuvent s'élever à 0ᵐ,30 ou 0ᵐ,40. Ses fleurs, toutes semblables de forme et de grandeur à celles de l'héliotrope du Pérou, et comme elles en grappes scorpioïdes au sommet des rameaux, varient, suivant les individus, du bleu foncé au rose lilas, et portent ordinairement une petite macule jaune pâle ou blanche dans la gorge. Son tempérament est à très-peu près celui de l'héliotrope du Pérou, mais avec plus de rusticité, car sa souche passe assez facilement l'hiver en terre à Paris ; néanmoins on ne la cultive guère que comme plante annuelle ou bisannuelle, en la semant au printemps ou à la fin de l'été. Dans ce dernier cas, le plant doit être abrité l'hiver sous châssis. L'héliotrope de Tournefort est une jolie plante de platebande et d'appartement, qui serait plus estimée si on ne possédait déjà l'héliotrope du Pérou, qui a sur elle l'avantage de donner des fleurs parfumées.

Héliptères. Voyez *Immortelles*.

Hellébores (*Helleborus*). Genre indigène de la famille de renonculacées, composé de plantes vivaces, à grandes feuilles palmées ou digitées, à fleurs ordinairement verdâtres, souvent lavées de pourpre violacé, et s'ouvrant en hiver ou au premier printemps. Une seule espèce a de l'intérêt pour nous, comme plante de parterre, c'est la *rose-de-Noël* (*H. niger*) (fig. 96), dont les grandes fleurs simples, largement ouver-

Fig. 96. — Hellébore rose-de-Noël.

tes, d'un blanc rosé, s'épanouissent au plus fort de l'hiver, et résistent à la neige et aux gelées. On peut lui adjoindre l'*hellébore d'Orient* (*H. orientalis*), qui lui ressemble sous plus d'un rapport, et l'*hellébore du Caucase* (*H. caucasicus*), dont une variété à fleurs blanches pointillées de pourpre a un certain intérêt pour les jardins du nord de l'Europe. Quant aux autres espèces du genre, elles peuvent servir à décorer des collines pierreuses et des rocailles négligées ou à ceindre des massifs d'arbustes. Toutes ces plantes sont rustiques et ne demandent aucun soin. On les multiplie de graines ou plus simplement par division du rhizome.

Herbe à coton. Voyez *Asclépiades.*
Herbe au charpentier. Voyez *Achillée* et *orpin.*
Herbe aux panthères. Voyez *Doronics.*
Ibérides. Voyez *Thlaspis.*

Immortelles. Dans le langage de l'horticulture on réunit sous ce nom des plantes qui n'ont souvent de commun que la présence autour de leurs fleurs de bractéoles scarieuses, diversement colorées et pouvant, par suite de leur coriacité, se conserver presque indéfiniment. C'est ainsi que nous voyons classer par le vulgaire dans le groupe des immortelles les célosies, les amarantes et un assez grand nombre de composées-carduacées qui ont l'involucre scarieux. Ces dernières peuvent à la rigueur conserver le nom d'immortelles; néanmoins, il conviendrait de ne l'appliquer qu'aux espèces des genres *Helichrysum*, *Gnaphalium*, *Xeranthemum* et *Aphelexis*, qui renferment précisément celles auxquelles on a le plus anciennement donné ce nom.

L'espèce la plus intéressante de ce groupe est l'*immortelle jaune* ou *immortelle d'Orient* (*Helichrysum orientale*), plante vivace, dont les petits capitules jaunes, réunis en corymbes au sommet des tiges, fournissent les bouquets et les couronnes funéraires dont l'usage est si répandu dans les grandes villes. Extrêmement difficile à élever à Paris, elle est cultivée en grand en Provence, où elle alimente par ses fleurs un commerce d'exportation d'une certaine importance. C'est essentiellement une plante de rocaille, et qui se plaît au soleil le plus ardent. En seconde ligne se présentent : l'*immortelle de la Malmaison* (*H. bracteatum*) (fig. 97), de la Nouvelle-Hollande, plante annuelle

Fig. 97. — Immortelle de la Malmaison.

ou bisannuelle, à tige dressée, haute d'un mètre, dont les
capitules, relativement grands et solitaires au sommet des
rameaux, sont entourés d'un involucre de bractées scarieuses,
luisantes, jaunes ou jaune orangé, blanches et nacrées dans
quelques variétés; et l'*immortelle à grandes fleurs* (*H. macranthum*), du même pays, mais moins élevée, et de forme
buissonnante, dont l'involucre est rose carmin, passant quelquefois au violet ou à différents tons du jaune. On admet encore dans les jardins, quoiqu'elles soient inférieures aux
précédentes, l'*immortelle annuelle* (*Xeranthemum annuum*),
à involucres blancs ou violets suivant la variété, et l'*immortelle des Stéchades* (*Gnaphalium stæchas*), à capitules jaunes,
toutes deux du midi de la France. Les variétés naines de la
première sont de très-belles plantes de plate-bande; la seconde est surtout une plante de rocailles. Deux espèces du
genre *Gnaphalium* sont en outre employées aujourd'hui comme
plantes de bordures, non plus à cause de leurs fleurs, mais
à cause de leur feuillage cotonneux et blanc; ce sont l'*immortelle laineuse* (*G. lanatum*) et l'*immortelle velue* (*G. erio-
caulon*), plantes basses, touffues, et suffisamment rustiques
dans le nord de la France.

Les *héliptères* et les *aphélexides* (*Helipterum*, *Aphelexis*),
genres de l'Afrique australe, renferment aussi quelques espèces introduites dans les jardins à titre d'immortelles. On
peut citer dans le nombre : l'*héliptère globuleux* (*H. eximium*), espèce vivace, haute de $0^m,50$ à $0^m,60$, à feuillage
dense, soyeux et blanc, dont les capitules, à fleurons jaunes,
sont entourés d'un involucre scarieux d'un rose carmin; l'*héliptère à grands capitules* (*H. speciosissimum*), moins élevé
que le précédent, mais avec des capitules plus gros, dont les
écailles involucrales sont pareillement de teinte carminée;
enfin, le *petit héliptère* ou *aphélexide du Cap* (*Aphelexis humilis*), plante basse, très-ramifiée, touffue, à tiges cotonneuses, dont tous les rameaux se terminent par des capitules
ovoïdes, à involucre rouge carmin. Ces trois jolies plantes
viennent difficilement dans le nord et l'ouest de la France,
par suite de la trop grande humidité de l'air et du sol, mais

on peut les obtenir encore très-belles par la culture en pots et en les abritant contre la pluie et le froid. De même que la plupart des immortelles, elles conviennent beaucoup mieux à la région méditerranéenne qu'aux autres ; c'est là seulement que leur culture en pleine terre, sur plates-bandes ou sur rocailles, n'offre pour ainsi dire aucune difficulté.

L'immortelle de la Malmaison et l'immortelle à grandes fleurs réussissent assez bien sous le climat de Paris, dans les terres légères et sèches, à exposition méridionale. Elles se cultivent par pieds isolés ou en massifs sur les plates-bandes, en ayant soin de réserver les variétés les plus naines pour les parterres les plus étroits. Leurs fleurs, coupées un peu avant leur épanouissement complet, entrent souvent dans la confection des bouquets d'hiver. On les sème soit au printemps, en pépinière ou sur couche, pour être plantées à demeure en mai; soit en automne, et alors on hiverne le plant sous châssis pendant l'hiver. Leur floraison, commencée en juin, se continue jusqu'aux premiers jours d'octobre.

Beaucoup d'autres composées à involucre scarieux et persistant, ainsi que nous l'avons dit plus haut, sont aussi désignées collectivement sous le nom d'immortelles. On les trouvera décrites aux articles *ammobie*, *acroclinium*, *rhodanthe*, *schœnia* et *waitzia*.

Ipomopsides (*Ipomopsis*). Groupe de polémoniacées américaines, retiré, ainsi que nous l'avons dit plus haut, du genre gilia. Une seule espèce est communément cultivée comme plante d'agrément ; c'est l'*ipomopside élégante* (*I. elegans*, plante annuelle, du nord de l'Amérique, décrite successivement sous les noms d'*Ipomopsis picta*, *Cantua picta* et *Gilia coronopifolia*. C'est une belle plante de plate-bande, mais à laquelle on peut reprocher d'être trop élevée, car sa tige, relativement grêle et presque simple, monte à 1 mètre et quelquefois beaucoup plus haut. Ses fleurs, qui s'ouvrent en août et septembre, sont agrégées au sommet de la tige en une longue panicule; leur couleur dans le type de l'espèce est le rouge cocciné, ponctué de pourpre, mais on en a obtenu des variétés rouge écarlate et jaune nankin; d'autres variétés, peut-être plus intéressantes, se distinguent par une taille moins élancée ou plus susceptible de se ramifier. De même que la plupart des polémoniacées américaines, les ipomopsides résistent difficilement aux hivers longs et brumeux du Nord, et elles y périssent bien plus par le fait de l'humidité persistante que par celui du froid ; de là la nécessité de les abriter l'hiver sous châssis ou en serre froide, de les arroser très-peu dans cette saison, et de les aérer aussi souvent que le temps peut le permettre. Le semis se fait aux premiers jours de l'automne, sur planche bien exposée, et le jeune plant est repiqué en pots soigneusement drainés, pour être hiverné comme nous venons de le dire. Au voisinage de l'Océan, et au sud du 45ᵉ degré, les ipomopsides sont assez rustiques pour se passer de tout abri pendant l'hiver.

Julienne des jardins ou **girarde commune** (*Hesperis matronalis*). Plante indigène, de la famille des crucifères, depuis longtemps soumise à la culture, qui en a fait naître des variétés très-ornementales. Elle est vivace et s'élève à 0ᵐ,50 ou 0ᵐ,60. Ses fleurs, très-odorantes et disposées en longues grappes au sommet de la tige et des rameaux, sont d'un pourpre violet dans le type de l'espèce ; mais elles passent au blanc ou au blanc lilacé dans certaines variétés, et elles deviennent doubles ou tout à fait pleines dans quelques autres. La julienne est une de nos plus belles plantes de plate-bande ; aussi la trouve-t-on dans presque tous les jardins fleuristes. Sa culture est d'ailleurs des plus simples : elle réussit dans tous les sols et à toutes les expositions, mais elle se plaît surtout dans les bonnes terres argileuses, un peu humides et à mi-ombre. Les variétés simples se propagent de graines semées en automne ou au printemps ; les doubles, qui ne donnent pas de graines, se multiplient par éclats du pied, opération qui peut se faire toute l'année, mais avec un succès plus assuré au printemps, avant que la plante ne soit entrée en végétation. Il est essentiel de ne pas confondre cette espèce, qui est la vraie julienne, avec la julienne jaune, dont il a été question plus haut.

Outre la girarde commune, on connaît encore sous le nom

de *julienne* ou *giroflée de Mahon* (*H. maritima*), une autre espèce, très-différente de port, qui est annuelle et forme de petites touffes basses et feuillues; ses fleurs, d'un pourpre violet, quelquefois blanches, font un assez bon effet quand les plantes croissent en massifs, ou mieux en bordures le long des plates-bandes, ce qui est à peu près leur unique emploi dans les jardins. Cette espèce, très-rustique et peu exigeante, se sème en place, en automne ou au printemps; les plantes issues de ce dernier semis sont d'un mois plus tardives que celles du premier.

Julienne jaune. Voyez *érysimums.*

Kelmies (*Hibiscus*). Grand genre de plantes, de la famille des malvacées, annuelles ou vivaces, souvent ligneuses et même arborescentes, la plupart étrangères à nos climats et rustiques à divers degrés. Leurs fleurs sont pour ainsi dire calquées sur celles de nos mauves communes, mais elles sont ordinairement beaucoup plus grandes. Parmi les nombreuses espèces qui composent ce genre nous n'avons à citer, comme pouvant être admise dans les plates bandes des jardins fleuristes, que la *kelmie vésiculeuse* (*H. trionum*), plante annuelle, en fortes touffes, à fleurs jaune pâle, avec cinq macules pourpre noir au fond de la corolle. D'autres espèces, telles que la *kelmie des marais* (*H. palustris*) et la *kelmie à fleurs roses* (*H. roseus*), qui sont vivaces et de grande taille, mais dont les fleurs sont très-grandes et très-belles, ne conviennent guère qu'aux jardins paysagers; il en est de même à plus forte raison des espèces décidément arborescentes, dont nous parlerons dans un autre chapitre. La kelmie vésiculeuse se reproduit de graines semées au printemps sur couche chaude, et dont le plant est mis en place au mois de mai. On pourrait semer aussi en automne, avec hivernage sous châssis.

Kiris. Voyez *giroflée.*

Laurencelle rose. Voyez *schœnia.*

Lavatères (*Lavatera*). Ce que nous venons de dire des kelmies s'applique de tous points aux lavatères, autre genre de malvacées très-voisin des mauves, auxquelles il ressemble par le fruit, en forme de disque, et par les feuilles, souvent arrondies. Une seule espèce est à signaler comme plante de plate-bande, et encore ne convient-elle qu'aux plus grands jardins, à cause de sa haute taille; c'est la *mauve fleurie* ou *lavatère à grandes fleurs* (*L. trimestris*) (fig. 98), plante annuelle du midi de l'Europe, qui s'élève à 1 mètre et dont les grandes fleurs rose pourpre sont maculées de violet à la base des pétales. Une seconde espèce, la *mauve de Provence* (*L. olbia*), qui est vivace et presque arborescente, appartient à l'orangerie sous le climat de Paris. Tout au plus mérite-t-elle d'être admise dans la culture ornementale.

Leptodactyles (*Leptodactylon*). Genre de polémoniacées américaines, détaché des gilias, auxquels il est encore réuni par plusieurs auteurs, et qui semble tenir le milieu entre ce dernier genre et celui des phlox, dont il se rapproche très-sensiblement par ses fleurs, relativement grandes, à tube un peu court et à

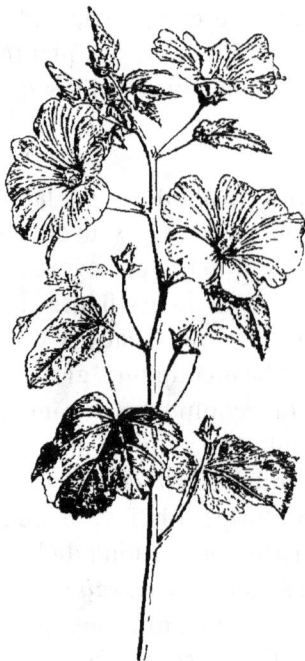

Fig. 98. — Lavatère à grandes fleurs.

limbe étalé. Il en diffère par son feuillage, qui, au lieu d'être simple et entier, est divisé jusqu'à la base en lobes étroits et divergents comme les doigts d'une main ouverte. L'espèce la plus belle du genre, et probablement la seule qui ait encore été introduite vivante en Europe, est le *leptodactyle de Californie* (*L. californicum*), charmant sous-arbuste rameux et buissonnant, de 0^m,50 à 0^m,70 de hauteur, à feuillage court, roide, aigu, et apparence éricoïde, mais en réalité composé de 5 à 7 digitations. Peu d'autres polémoniacées l'emportent sur lui pour la richesse de la floraison et la beauté des corolles, dont la teinte est ici le rose vif, vec un œil blanc au centre. Cette belle plante, qui est vivace, n'est pas assez rustique pour passer l'hiver à l'air libre sous e climat de Paris; aussi est-on obligé, pour la conserver l'une année à l'autre, de l'hiverner en serre froide ou sous châssis. Mise en pleine terre au printemps, elle devient, pendant les mois d'été, un des plus beaux ornements du parterre. On la multiplie de graines semées au printemps ou en automne, et aussi de boutures faites en été. Dans les deux cas, le jeune plant, mis en pots avant l'hiver, doit être abrité contre le froid, ainsi que nous venons de le dire. Il est vraisemblable qu'au voisinage de l'Océan, où le climat doux et humide est particulièrement favorable aux plantes de l'Amérique occidentale, ce mode d'hivernage ne serait plus nécessaire.

Leptosiphons (*Leptosiphon*). Plantes annuelles, de la famille des polémoniacées et, comme celles du genre précédent, réunies par plusieurs auteurs aux gilias, dont elles ne diffèrent que par le tube grêle et allongé de leurs corolles. Elles sont aussi originaires de Californie, et forment de petites touffes de 0m,25 à 0m,30, à feuilles palmatiséquées, et

dont les fleurs sont en corymbes serrés au sommet des tiges et des rameaux. On en cultive plusieurs espèces, entre autres le *leptosiphon à fleurs d'androsace* (*L. androsaceus*) (fig. 99), dont les fleurs sont rose pourpre ou bleuâtres, le *leptosiphon à corymbe* (*L. densiflorus*), presque semblable au précédent, et le *leptosiphon à fleurs jaunes* (*L. aureus*), le plus bas des trois et qui a les fleurs d'un jaune doré très-vif. Outre ces espèces, qui ont donné plusieurs variétés, il existe encore une nombreuse série d'hybrides ou de métis, provenus, dit-on, de leur

Fig. 99. — Leptosiphon à fleurs d'androsace.

croisement, et dont les fleurs réunissent toutes les nuances du jaune, de l'orangé, du rouge aurore, du mordoré, du rose, du pourpre et de l'acajou. Ces charmantes variétés sont des plantes de plate-bande de premier ordre, aussi bien que les espèces dont elles sont issues, mais elles ne se reproduisent pas très-fidèlement de leurs graines. Les semis se font sur place, en avril et mai, dans une terre légère, mais mieux en septembre sur pépinière. Dans ce dernier cas les jeunes plants sont repiqués et hivernés sous châssis ; on ne devra les couvrir de paillassons que dans les temps de gelée, car ils sont sujets à fondre par l'insuffisance de la lumière.

Liatrides (*Liatris*). Plantes nord-américaines, de la famille des composées, vivaces, à tiges simples, droites, hautes de 0^m,35 à 0^m,70, dont les capitules de fleurs pourpres sont disposés en épi serré ou en corymbe au sommet de la tige. On en distingue plusieurs espèces, parmi lesquelles il suffit d'en citer deux : la *liatride en épi* (*L. spicata*), demi-rustique sous le climat de Paris et dont les capitules, presque sessiles, forment un long épi sur la tige, et la *liatride en corymbe* (*L. scariosa*), dont le nom français indique la forme de l'inflorescence. Toutes deux sont de jolies plantes, mais qui craignent l'humidité prolongée ; aussi les hiverne-t-on sous châssis ou en orangerie sous le climat du nord. On les multiplie surtout de graines semées sur couche, car elles bourgeonnent très-peu du pied.

Lins (*Linum*). Genre type de la famille des linées, dont les espèces sont en partie indigènes, annuelles ou vivaces, quelques-unes très-recherchées en horticulture comme plantes de parterre. La plus belle est le *lin à fleurs rouges* (*L. grandiflorum*) (fig. 100), d'Algérie, à tiges grêles, dressées, hautes de 0^m,25 à 0^m,30, terminées en une panicule corymbiforme de fleurs rouge vif, de moyenne grandeur. On l'emploie très-avantageusement pour la plantation des plates-bandes, en groupes isolés de huit à dix plantes ou plus, comme aussi pour composer des corbeilles ou des massifs qui sont d'un grand effet au moment de la floraison. Le *lin vivace* (*L. perenne*), à fleurs bleu d'azur, et le *lin com-*

Fig. 100. — Lin à fleurs rouges.

mun (*L. usita-tissimum*), qui les a d'un bleu plus foncé, sont aussi considérés comme plantes d'agrément, et cultivés en touffes sur les plates-bandes. Il en est de même du *lin campa-nulé* (*L. campanulatum*), indigène du midi de la France, dont les fleurs, relativement grandes, sont d'un jaune vif. Toutes ces espèces ont les fleurs très-passagères, par suite de la caducité des pétales; mais leur floraison se soutient assez longtemps pour justifier leur admission dans les parterres. Elles se propagent de graines semées au mois de septembre, en pépinière, avec repiquage des plants en pots pour les hiverner sous châssis, mais avec cette différence pour le lin commun, qu'on ne le sème guère qu'au printemps et en place. Les espèces vivaces peuvent d'ailleurs se multiplier par éclats du pied, et elles sont toutes assez rustiques pour résister aux hivers dans le nord de la France. A ces quatre espèces on pourrait ajouter le *lin à trois styles* (*L. trigynum*), très-beau sous-arbuste de l'Inde, à fleurs jaunes, qui se cultive avec succès en plein air dans la région méditerranéenne, mais qui appartient à la serre tempérée sous le climat de Paris.

Linaires (*Linaria*). Genre en partie indigène, de la famille des scrophularinées, composé de plantes annuelles et vivaces, à corolle bilabiée et éperonnée, parée, dans quelques-unes, de brillantes couleurs. La plus belle est la *linaire de Portugal* (*L. triornithophora*), plante vivace dont les fleurs, les plus grandes du genre, sont violettes, avec le palais jaune. On peut placer au second rang la *linaire commune* (*L. vulgaris*), à fleurs jaunes, avec le palais orangé, plante qui serait plus estimée en horticulture si elle était moins commune, et si elle n'avait pas le grave défaut de tracer du pied, ce qui en fait une mauvaise herbe dans les jardins. La *linaire bicolore* (*L. bipartita*), d'Algérie, espèce simplement annuelle, dont les corolles violettes ont le palais blanc; la *linaire à trois feuilles* (*L. triphylla*), annuelle comme la précédente et du même pays, à grandes fleurs jaunes striées de violet, et la *linaire des Alpes* (*L. alpina*), à corolles violet pourpre et palais jaune vif, peuvent encore être recommandées comme plantes de parterre. Toutes ces espèces se propagent de graines semées au printemps et mieux en automne; dans ce dernier cas le jeune plant est hiverné sous châssis, ce qui est particulièrement nécessaire pour la linaire de Portugal. Les espèces vivaces peuvent en outre être multipliées par éclats du pied, opération qui se fait au premier printemps.

Lobélies (*Lobelia*). Plantes annuelles ou vivaces, de la famille des lobéliacées, appartenant à l'ancien et au nouveau Monde, la plupart exotiques pour nous, puisqu'il n'en existe que deux espèces en France. Parmi celles qui ont été introduites dans la culture d'agrément de plein air, sous nos climats, la plus importante est la *lobélie du Cap* (*L. Erinus*) (fig. 101), petite plante de l'Afrique australe, un peu étalée, touffue, s'élevant à 0^m,12 ou 0^m,15, à fleurs petites, mais abondantes et d'un bleu superbe, avec une macule blanche dans la gorge. Les semis en ont fait naître plusieurs sous-variétés, dont les fleurs présentent toutes les nuances entre le blanc azuré et le bleu intense, et sont plus grandes ou plus petites que dans la forme type. Ces petites plantes sont estimées de beaucoup

Fig. 101. — Lobélie du Cap.

d'amateurs, principalement à cause du coloris de leurs fleurs, qui n'est pas commun dans le règne végétal. Leur principal usage dans les jardins est de fournir des bordures d'un aspect fort agréable tant que dure leur floraison. On peut s'en servir aussi pour garnir des rocailles. L'espèce étant annuelle, on la propage de graines semées sur la fin de l'été et dont le plant est hiverné sous châssis, ou encore au printemps sur couche ou directement en place, suivant les lieux et l'état de la saison. Les plantes provenant des semis d'automne commencent à fleurir vers la fin de mai et continuent à le faire presque jusqu'aux gelées.

D'autres espèces, d'un port très-différent et à fleurs rouges, ont un autre emploi dans les parterres; elles sont cultivées par pieds isolés ou par petits groupes, sur les plates-bandes ou au milieu des gazons et des pelouses; ce sont : la *lobélie* écarlate (*L. cardinalis*), la *lobélie coccinée* (*L. splendens*), et la *lobélie éclatante* (*L. fulgens*), toutes trois du Mexique et des États-Unis de l'Amérique du Nord, vivaces, dressées, à tiges presque simples, hautes de $0^m,60$ à 1 mètre ou plus, se terminant en un long épi de fleurs rouge écarlate et comme veloutées; la *lobélie tupa* (*L. Tupa*, *Tupa Feuillei*) du Chili, forte plante à racines vivaces, multicaule, formant des touffes de $1^m,50$ de hauteur, à grosses fleurs rougeâtres; enfin, la *lobélie rouge de feu* (*L. ignescens*, *Tupa ignescens*) du Mexique, à tige rameuse, dont les branches se terminent en longues grappes de fleurs écarlates. Toutes ces grandes lobéliacées se plaisent dans les terres argileuses, celles principalement qui sont mélangées de sable siliceux ou de terre de bruyère. On les multiplie aisément par division du pied, au printemps et en automne, mais on en sème aussi les graines en pépinière dans le courant de l'été, ou sur couche et sous châssis au printemps. De toutes manières, ces plantes doivent être mises à l'abri du froid en hiver, sous le climat de Paris. Leur véritable région en France est le voisinage de l'Océan; elle y sont rustiques, et y deviennent beaucoup plus fortes et plus belles qu'au centre de la France.

Lotiers (*Lotus*, *Dorycnium*). Légumineuses indigènes et exotiques, herbacées ou sous-frutescentes, la plupart vivaces, à feuilles trifoliolées, à fleurs en ombelles au sommet de pédoncules axillaires. Quelques espèces comptent parmi nos herbes les plus vulgaires, et l'horticulture les a toujours dédaignées; mais il en est une qui doit prendre rang parmi nos belles plantes de plate-bande, c'est le *lotier d'Alep* (*L. Gebelia*), originaire de Syrie, dont les nombreuses tiges forment des touffes épaisses de $0^m,30$ à $0^m,35$ de hauteur, à feuillage glabre et glaucescent, mais qui se recommande surtout par une abondante floraison. Les fleurs, en ombelles de cinq à huit, sont roses, avec les ailes de la corolle du plus beau carmin. Cette jolie plante n'est pas nouvelle dans le jardinage d'agrément, mais elle y est devenue fort rare, quoiqu'elle soit supérieure en beauté à beaucoup d'autres, qui sont communément cultivées. Déjà rustique à Paris, elle l'est davantage encore dans la région méridionale, où, soit comme plante de plate-bande, soit comme plante de rocailles, elle brave toutes les ardeurs du soleil. On la multiplie avec une égale facilité de graines et de fragments du pied.

Une seconde espèce du genre, le *lotier de Saint-Jacques* (*L. Jacobæus*), du nord de l'Afrique, se trouve assez communément parmi nos plantes de plate-bande. C'est une espèce bisannuelle, un peu grêle, haute de 0^m,70 à 1^m, sans beauté, mais curieuse par le coloris insolite de ses fleurs brun foncé. Très-inférieure à la précédente, elle mérite à peine d'être signalée aux amateurs.

Lunaires (*Lunaria*). Crucifères indigènes, à tiges dressées, hautes de 0^m,50 à 0^m,60 ou plus ; à feuilles pétiolées, larges, triangulaires ou cordiformes ; à fleurs en panicules ou plutôt en grappes terminales, auxquelles succèdent de larges silicules de forme ovale, dont les cloisons, satinées et transparentes, persistent sur les plantes après la chute des graines. Deux espèces sont communément cultivées sur les plates-bandes des jardins fleuristes : la *grande lunaire* ou *monnayère* (*L. annua*) (fig. 102), plante annuelle ou plutôt bisannuelle, à fleurs moyennes, d'un beau pourpre violet, et dont les silicules rappellent, par leur grandeur et leur forme, les verres de lunettes ; et la *lunaire vivace* (*L. rediviva*), moins belle que la précédente, à fleurs plus petites, d'un bleu pâle, et à silicules moins grandes. Toutes deux fleurissent de la fin de mai au 15 juillet. On les multiplie de graines semées dans

Fig. 102. — Grande lunaire.

23.

le courant de l'été, avec repiquage du plant en pépinière, où il passe l'hiver, pour être mis en place au printemps suivant La lunaire vivace peut aussi se propager par division du pied en automne ou dans les derniers jours de l'hiver.

Lupins (*Lupinus*). Genre de la famille des légumineuses, comprenant un grand nombre d'espèces de l'ancien et du nouveau Monde, annuelles ou vivaces, la plupart rustiques sous le climat du nord de la France, toutes très-analogues les unes aux autres par le port, l'inflorescence et la structure de leurs fleurs, mais différant assez notablement par la taille. Leurs tiges sont simples ou peu ramifiées ; leurs feuilles composées de cinq à quinze folioles ovale allongé, réunies en éventail au sommet du pétiole commun et formant comme les doigts d'une main ouverte ; enfin, leurs fleurs sont en épis terminaux plus ou moins longs et serrés, très-souvent bleues, violacées ou roses, quelquefois presque blanches ou bicolores, plus rarement jaunes.

Presque toutes les espèces connues ont été introduites dans l'horticulture d'agrément, quelques-unes à titre de plantes de plates-bandes ; la plupart peuvent également servir à former des massifs ou des groupes isolés sur les pelouses, surtout les grandes espèces, dont la taille atteint ou dépasse un mètre. Les plus petites peuvent en outre se cultiver en pots, et alors elles servent à décorer les fenêtres et les balcons. Toutes ces plantes sont fort belles pendant leur floraison, qui malheureusement n'est pas de bien longue durée.

Parmi les espèces annuelles nous citerons le *lupin bigarré* ou *lupin petit bleu* (*L. varius*), plante indigène, moyenne, à fleurs mi-parties de blanc et de bleu ; le *lupin velu* ou *grand bleu*, du midi de l'Europe, d'un tiers plus haut que le précédent, à fleurs bleues, blanches ou roses ; le *petit-lupin* (*L. nanus*), de Californie, haut à peine de 0ᵐ,25, à fleurs blanches ou mi-parties de blanc et de bleu ; le *lupin versicolore* (*L. mutabilis*), des Andes de l'Amérique du Sud, forte plante qui s'élève à plus d'un mètre, et dont les fleurs, d'un bleu violacé, exhalent l'odeur suave du pois de senteur : aussi cette espèce est-elle la plus communément

cultivée en pots; le *lupin jaune (L. luteus)*, indigène de la
région méditerranéenne, à fleurs jaune vif et odorantes; et
enfin le *lupin
orangé (L.
Menziesii)* ,
de Califor-
nie, dont les
fleurs , d'a-
bord jaune
pâle , se fon-
cent insensi-
blement en
couleur jus-
qu'à la teinte
de l'orangé
clair. Les es-
pèces vivaces,
moins nom-
breuses que
les espèces
annuelles,
nous ont four-
ni, entre au-
tres, le *lupin
de Hartweg
(L. Hartwe-
gii)* , forte
plante du
Mexique, à
fleurs bleues,
blanches ou
roses, suivant
les variétés;
le *lupin po-
lyphylle (L.
polyphyllus)*
(fig. 103), de

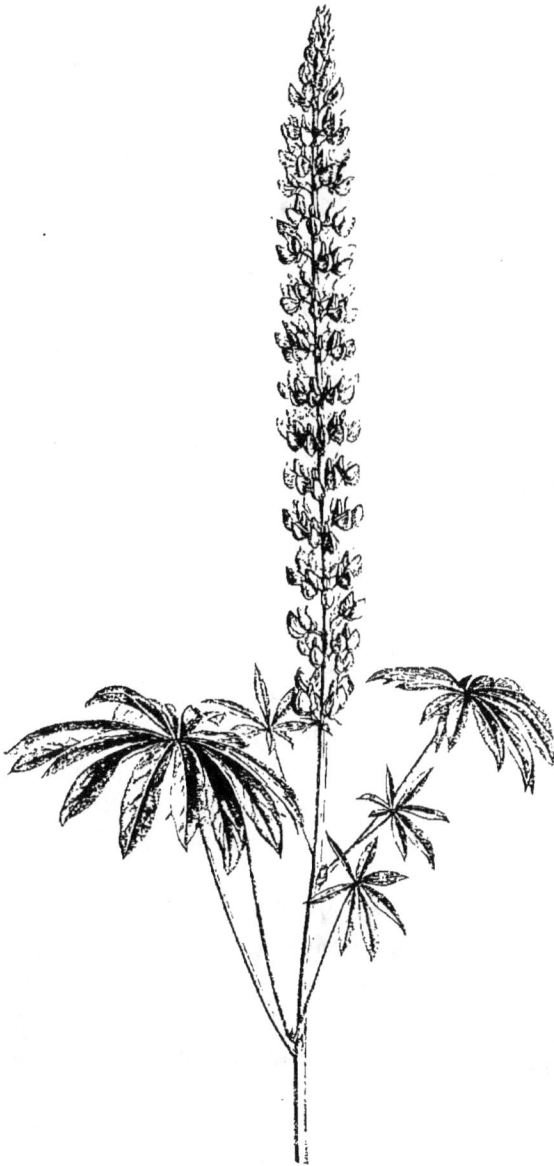

Fig. 103. — Lupin polyphylle.

l'Amérique du Sud, un des plus grands du genre, dont les épis de fleurs bleues ont jusqu'à 0^m,50 de longueur; enfin le *lupin en arbre* (*L. arboreus*), du Mexique, véritable sous-arbrisseau, à verdure perpétuelle, à fleurs jaune pâle, et pouvant s'élever jusqu'à 2 mètres; il est plus curieux que beau, et sa haute taille ne le rend nullement propre à la décoration d'un parterre.

Tous les lupins se reproduisent de graines, semées en place au printemps. Ils ne réussissent pas également partout; la plupart redoutent les terres où le calcaire domine, et les lupins à fleurs jaunes, plus particulièrement, ne viennent bien que dans les sols très-siliceux. Tous aiment le soleil et les terres un peu sèches, et, à moins de circonstances exceptionnelles, on doit s'abstenir de les arroser, du moins sous nos climats du Nord. Les espèces vivaces hivernent facilement sous terre, et leur floraison précède toujours celle des lupins annuels. Quelques-unes, fleurissant dans l'année même du semis, peuvent être traitées comme ces derniers.

Fig. 104. — Lychnide de Chalcédoine.

Lychnides (*Lychnis*). Genre de caryophyllées très-voisin des coquelourdes, dont il a été question plus haut, et qui a fourni, comme ces dernières, quelques espèces intéressantes à nos jardins. La plus classique est la *lychnide de Chalcédoine* (fig. 104), plus connue sous le nom de *croix de Jérusalem* (*L. chalcedonica*), plante vivace, à tiges simples, dressées, hautes de 0^m,50 à 0^m,80, terminées par un bouquet corymbiforme de fleurs rouge écarlate dans le type, blanches ou roses dans certaines variétés, parmi lesquelles il s'en trouve de doubles. Près d'elle se place, en suivant l'ordre des analogies, la *lychnide de Sibérie* (*L. fulgens*), haute en moyenne de 0m,20 à 0m,30, à fleurs rouge vif et relativement un peu grandes. On considère comme une de ses variétés la *lychnide de Haage* (*L. Haageana*), qu'on dit originaire du Japon, plante également basse, dont les fleurs sont écarlates, orangées, roses ou blanches suivant les individus. Les plus belles du genre sont la *lychnide à grandes fleurs* (*L. grandiflora*), de la Chine, aussi basse que les deux précédentes et, comme elles, à fleurs rouge écarlate, mais du double plus grandes ; et la *lychnide de Siebold* (*L. Sieboldi*), superbe plante du Japon, à fleurs plus grandes encore et entièrement blanches. On a encore admis au nombre des plantes d'agrément quelques espèces indigènes, entre autres la *lychnide des près* (*L. flos cuculi*), connue aussi sous le nom de *véronique des jardiniers*, plante vivace à tige grêle et élancée, haute de 1m, à fleurs roses ou rose carmin, quelquefois blanches, à petales profondément laciniés ; elle n'est intéressante que par deux variétés, l'une à fleurs doubles, l'autre naine et par là propre à être cultivée sur les plates-bandes, en touffes ou en bordures; enfin, la *lychnide visqueuse* (*L. viscaria*), connue sous le nom vulgaire de *bourbonnaise*, et la *lychnide des Alpes* (*L. alpina*), deux espèces gazonnantes, à petites fleurs roses ou carmin, et qui servent principalement à faire des bordures ou à garnir des rocailles.

Les lychnides, surtout les cinq premières qui sont essentiellement des plantes de parterre, ont à très-peu près le tempérament des œillets; elles craignent l'humidité stagnante dans le sol, ce qui explique leur préférence pour les terres siliceuses et légères, à travers lesquelles l'eau s'écoule facilement. C'est particulièrement le cas de la lychnide à grandes fleurs, qui ne réussit bien chez nous qu'en terre de bruyère. Plus que les autres, elle est exposée à périr l'hiver, moins par le froid que par l'humidité excessive et persistante de la terre. Toutes ces plantes se multiplient de graines, qu'on sème au printemps ou en été, et aussi d'éclats du pied. Les semis de printemps fleurissent ordinairement dans l'année même.

Lysimaques (*Lysimachia*). Genre de primulacées indigènes et exotiques, vivaces, à feuilles ordinairement opposées ou verticillées, et dont les fleurs sont en grappes ou en panicules terminales, au moins dans la plupart des espèces. Nous en avons sept ou huit en France; mais il n'y en a qu'une, la *lysimaque des Pyrénées* (*L. Ephemerum*), à tiges simples, dressées, hautes de 1^m, se terminant en une longue grappe de fleurs blanches ou très-légèrement bleuâtres, qui ait quelque valeur comme plante ornementale. Cultivée en touffes dans les sols frais, humides et un peu tourbeux, elle produit un certain effet; néanmoins on ne saurait la recommander pour la plantation des plates-bandes. Une autre espèce, beaucoup plus intéressante, est la *Lysimaque du Cap* (*L. nutans*), originaire de l'Afrique australe et rappelant la précédente par son port et sa taille, mais dont les fleurs, d'un rouge pourpre vif, sont plus grandes et en grappe plus serrée que dans cette dernière. Très-commune autrefois dans les jardins d'agrément, cette jolie plante en a presque entièrement disparu depuis une trentaine d'années. On pourrait encore signaler comme digne de quelque intérêt la *lysimaque de Leschenault* (*L. Leschenaultii*), de l'Inde; mais cette plante, qui n'est après tout que de troisième ordre, est peu rustique dans la majeure partie de la France, et on peut douter que ses petites fleurs roses en grappe soient un dédommagement suffisant des soins qu'il faudrait lui donner.

Malope. Voyez *Mauves*.

Matricaire mandiane (*Matricaria parthenioides*). Plante de la famille des composées, du midi de l'Europe, vivace, dressée, rameuse et formant des touffes de 0^m,50 à 0^m,60. Ses capitules, en forme de petites marguerites, ont le disque jaune et les rayons blancs; mais il en existe une variété à fleurs pleines, c'est-à-dire dont les fleurons du disque se sont allongés en ligules blanches. Toutes les parties de la plante, lorsqu'elles sont froissées entre les doigts, exhalent une odeur forte et assez analogue à celle du camphre; aussi ne l'a-t-on longtemps cultivée que pour des usages pharmaceutiques. La variété double, qui fleurit pendant tout l'été, mérite seule de figurer dans les parterres, et elle y tient honorablement sa place. Elle est rustique sous le climat de Paris et peut y passer l'hiver sans couverture. On la multiplie avec une égale facilité de graines et d'éclats du pied.

Mauves (*Malva; Malope*). Ce groupe, qu'on peut considérer comme le type de la famille de malvacées, comprend un assez grand nombre d'espèces, tant indigènes qu'exotiques, dont quelques-unes ont été acceptées comme plantes d'agrément. De ce nombre sont la *mauve crépue* (*M. crispa*), plante annuelle, originaire d'Orient, à petites fleurs blanches, qui n'a de remarquable que ses grandes feuilles arrondies et crépues, dont on se sert pour parer les fruits sur les tables; c'est à peine si on peut en faire une plante de parterre; la *mauve du Maroc* (*M. mauritiana*), espèce annuelle, dressée, à feuilles palmatilobées, à grandes fleurs blanches striées de rose ou de violet; et la *mauve* ou *malope à trois lobes* (*Malope trifida*), du nord de l'Afrique, à fleurs pourpre vif, parfois roses ou blanches. Toutes trois se multiplient de graines semées en place, au printemps. On donne assez souvent dans le langage ordinaire, et non tout à fait sans raison, le nom de *mauves* aux espèces ornementales des genres lavatère, althéa, ketmie et quelques autres.

Meconopsis. Voyez *Pavots*.

Mésembrianthèmes. Voyez *Ficoïdes*.

Mentzélie de Lindley (*Mentzelia aurea*) (fig. 105). Loasée de Californie, annuelle, rameuse, dressée, haute de 0^m,50 à 0^m,60, à tiges et rameaux blanchâtres, à feuilles découpées ou pinnatifides, toute hérissée de poils roides et prurients, mais non urticants comme ceux de plusieurs autres espèces de la même famille. Ses grandes fleurs, d'un jaune vif et lustré, du centre desquelles se dresse un faisceau de longues et nombreuses étamines de même couleur, sont d'un grand effet sur les plates-bandes d'un parterre. Très-près d'elle, en suivant les analogies horticoles, se place l'*eucnide à fleurs de bartonie* (*Eucnide* ou *Microsperma bartonioides*), autre loasée du Mexique, annuelle, à larges feuilles ailées, hérissées de poils prurients, et à fleurs jaunes, moins grandes et moins belles que celles de la mentzélie proprement dite. Ces deux plantes se sèment en place, dans le courant d'avril, sur planches bien exposées au soleil, et en terre légère. Elles réussissent mieux dans nos provinces du midi et du sud-ouest que dans celles du nord, ce qui est commun d'ailleurs à la plupart des loasées.

Mignonnette.
Voyez *réséda.*

Mille-feuilles.
Voyez *achillée.*

Millepertuis
(*Hypericum*). Genre

Fig. 105. — Mentzélie dorée.

principal de la famille des hypéricinées, contenant beaucoup d'espèces, tant exotiques qu'indigènes, toutes à fleurs jaunes, et dont quelques-unes ont été jugées assez intéressantes pour entrer dans les jardins d'agrément. De ce nombre sont l'*androsème* (*H. androsæmum*), sous-arbuste indigène et rustique, touffu, de 0^m,50 à 0,60, fleurissant une grande partie de l'été; le *millepertuis d'Orient* (*H. calycinum*), plante vivace, dont les tiges, simples mais nombreuses, forment des touffes un peu étalées, et se terminent par de grandes fleurs d'un jaune vif; c'est la plus belle espèce du genre, mais elle craint le grand soleil et ne fleurit bien que dans les lieux frais et un peu abrités : aussi ne l'emploie-t-on guère que pour tapisser le

sol sur les contours des pelouses ou dans les coins à demi ombragés du jardin ; le *millepertuis fétide* (*H. hircinum*), originaire
d'Espagne, assez belle plante, mais de taille déjà trop élevée
pour un simple parterre, et à laquelle on peut reprocher
d'exhaler une forte odeur de bouc, surtout lorsqu'elle est
froissée entre les doigts. Plusieurs autres espèces, d'un
moindre intérêt, ont encore été introduites dans les jardins,
mais elles répètent de trop près les précédentes pour qu'il
soit bien utile de les mentionner ici. Toutes ces plantes, à
l'exception du millepertuis d'Orient, se plaisent aux expositions méridionales, dans les terrains un peu secs et pierreux,
ce qui les rend propres à la décoration des rocailles et des
talus dans les grands jardins. Toutes se reproduisent de
graines, mais on se contente le plus souvent de les multiplier
par division du pied.

Mimulus (*Mimulus*).
Genre de scrofularinées américaines, herbacées, vivaces,
rustiques ou demi-rustiques
sous nos climats, à tiges dressées ou décombantes, à feuilles opposées, à fleurs irrégulières et très-diversement
colorées. Les espèces en sont
pour la plupart encore mal
déterminées, et quelquefois
même confondues avec celles
du genre diplacus ; les plus
répandues dans les jardins
sont : le *mimulus Arlequin*
(*M. variegatus*, *M. rivularis*)
(fig. 106), du Chili, haut de
0^m,30 à 0 ,40, dont les corolles, relativement grandes,
sont maculées irrégulière-
ment de mordoré ou de pourpre sur fond jaune ou blanc,

Fig. 106. — Mimulus Arlequin.

quelquefois uniformément jaunes ou rougeâtres; le *mimulus moucheté* (*M. guttatus*), voisin du précédent, auquel plusieurs auteurs le réunissent comme simple variété, mais qui est de Californie, et dont les fleurs sont maculées de pourpre brun sur fond jaune; le *mimulus jaune* (*M. luteus*), du Chili, à fleurs toutes jaunes, avec deux macules rose carmin ou pourpre sur la lèvre inférieure, et qui paraît distinct spécifiquement des deux premiers, attendu que ses croisements avec eux donnent des produits stériles; le *mimulus des Andes* (*M. glabratus*), à fleurs roses ou carmin pourpre, avec le tube de la corolle blanc; le *mimulus cuivré* (*M. cupreus*) et le *mimulus à cinq macules* (*M. quinquevulnerus*), tous deux du Chili, espèces incertaines et à coloris très-variable; enfin le *mimulus musqué* (*M. moschatus*), plante insignifiante, à petites fleurs jaunes, qui exhale au soleil une odeur très-prononcée de musc. Les mimulus se reproduisent de graines qu'on sème au commencement de l'automne, et dont on hiverne le plant sous châssis. Les sujets ainsi obtenus fleurissent en mai et juin. On fait aussi des semis de printemps sur couche et sous abris vitrés, pour obtenir une floraison automnale. Sous les climats du midi et de l'ouest les mimulus passent facilement l'hiver en pleine terre; à Paris ils périssent ordinairement dans cette saison, à moins d'être abrités. Au surplus, ils fleurissent mieux traités comme plantes annuelles que comme plantes vivaces, ce qui explique pourquoi on ne les multiplie guère que par la voie des semis.

Miroir de Vénus (*Specularia* ou *Prismatocarpus speculum*). Plante indigène, annuelle, de la famille des campanulacées et réunie par quelques auteurs au genre campanule. Quoique très-commune dans les moissons, elle a été introduite dans le jardinage d'agrément comme plante de platebande, et elle justifie cette faveur par sa brillante floraison autant que par la facilité de sa culture. Haute de 0^m,25 à 0^m,30, elle forme de petites touffes qui se couvrent de fleurs du plus beau violet foncé. Il en existe des variétés blanches et rose lilas presque aussi belles que le type. On la multiplie de semis, au printemps, directement en place. C'est aussi une très-jolie plante de pots, et il s'en vend à cet état une quantité considérable sur les marchés de Paris.

Molènes (*Verbascum*). Plantes indigènes, qu'on rattache aux scrofularinées, quoiqu'elles se rapprochent beaucoup aussi des solanées, vivaces ou bisannuelles; à tiges dressées et ramifiées, se terminant en de longs épis ou de longues grappes de fleurs moyennes, largement ouvertes, dont la couleur est, suivant les espèces, le jaune, le blanc ou le pourpre violacé. Toutes ces plantes sont de troisième ou de quatrième ordre; plusieurs même ne méritent à aucun titre d'entrer dans la culture d'agrément. Les seules qui aient quelque valeur à ce point de vue sont la *molène commune* ou *bouillon blanc* (*V. Thapsus*), plante vulgaire dans toute la France, à tige robuste, haute de 1 à 2ᵐ, à grandes feuilles drapées et blanchâtres, et à fleurs jaune vif; elle n'est propre qu'à la décoration des plus grands jardins et des pelouses, en individus isolés; et la *molène violette* (*V. phœniceum*) (fig. 107), du midi de l'Europe, espèce beaucoup plus grêle et moins haute que la précédente, à grandes fleurs violettes, quelquefois roses ou presque blanches. Ces deux plantes sont rustiques dans toute la France, et se sèment d'elles-mêmes là où elles ont mûri leurs graines. La molène violette, qui est la seule cultivée sur les plates-bandes, se traite dans nos jardins comme plante bisannuelle. On en sème les graines en été ou en au-

Fig. 107. — Molène violette.

tomne, et le plant, repiqué s'il y a lieu, est mis en place au printemps suivant.

Monardes (*Monarda*). Genre de labiées, de l'Amérique septentrionale, composé de plantes vivaces et rustiques, à tiges dressées, dont les fleurs, longuement tubuleuses, sont agglomérées en gros verticilles terminaux. La plus belle du genre, et aussi la plus commune, est la *monarde écarlate* (*M. coccinea, M. didyma*) (fig. 108), plante touffue, de 0ᵐ,50 à 0ᵐ,60,

Fig. 108. — Monarde écarlate.

à feuilles ovales et à corolles écarlates ou rouge vif, cou eur à laquelle participent le calyce et les bractées florales. Une autre espèce, la *monarde fistuleuse*, à feuilles plus étroites et à corolles rose carmin, est pareillement admise au nombre des plantes de plate-bande, mais elle est inférieure en beauté à la première, dont le principal mérite est la couleur très-vive de ses fleurs. Ces deux plantes, comme d'ailleurs les autres espèces du genre (*M. alba, M. purpurea*, etc.), s'accommodent de tous les terrains, à la condition qu'ils soient profonds et un peu frais, et demandent très-peu de soins. Elles fleurissent dans nos jardins, du milieu du printemps à la fin de l'été, suivant les lieux et les circonstances atmosphériques. On les multiplie très-aisément et très-promptement d'éclats du pied et de tronçons de racine, en automne ou à la fin de l'hiver.

Monnayère. Voyez *lunaires.*

Morine à longues feuilles (*Morina longifolia*). Jolie plante vivace, de la famille des dipsacées, originaire des montagnes du Népaul et rustique dans presque toute la France; à feuilles allongées, les radicales en rosettes autour du pied et plus ou moins lobées, celles de la tige linéaires-oblongues, opposées ou verticillées par trois, toutes un peu spinescentes sur les bords. La tige, haute de 0^m,30 à 0^m,40, se termine en une sorte de gros épi interrompu en verticilles, dont les fleurs, en très-grand nombre, sont accumulées à l'aisselle de larges bractées épineuses comme les feuilles. Ces fleurs sont sessiles, mais le tube, long et grêle, de la corolle supplée à l'absence de pédoncule; leur limbe, largement ouvert, est blanc rosé en dehors, d'un rose carmin vif en dedans. Commencée dans la première quinzaine de juin, la floraison peut se continuer jusqu'au milieu de juillet, et quelquefois plus longtemps si l'été est humide et modérément chaud. La morine à longues feuilles doit être classée parmi les bonnes plantes de plate-bande; mais elle convient également, ou même mieux, pour la plantation des rocailles et des talus. Sous le ciel humide du nord de la France elle craint, en hiver, beaucoup plus l'humidité prolongée de la terre que le froid; aussi convient-il de l'abriter sous des feuilles sèches, de la paille, ou tout autre objet propre à rendre ce service. On la multiplie de graines semées dès leur maturité, en terrines ou sur planche préparée à ce dessein. Le jeune plant, repiqué en pots, est abrité l'hiver sous châssis et mis en place au printemps suivant. Une seconde espèce, la *morine de Perse* (*M. persica*), n'est rustique que dans le climat du midi.

Mornas. Voyez *Waïtzias.*

Muflier des jardins (*Antirrhinum majus*), connu aussi sous les noms de *gueule de loup* et *mufle de veau* (fig. 109). C'est une plante indigène, de la famille des scrofularinées, vivace, mais fleurissant dès la première année, et dès lors souvent cultivée comme plante annuelle, poussant plusieurs tiges d'une même souche et formant des touffes fournies de 0^m,50 à 0^m,60 de hauteur. Ces tiges et leurs rameaux se terminent en grappe de fleurs, qui sont de moyenne grandeur, irrégulières, bilabiées, imitant grossièrement le mufle d'un animal, d'une belle couleur pourpre dans les variétés communes, jaune de soufre dans une autre variété, qui existe également à l'état sauvage. Par la culture, et peut-être aussi par le croisement des deux variétés primitives, il en est sorti une multitude de variétés

Fig. 109. — Muflier.

secondaires de la plus grande beauté et de toutes nuances, telles que le blanc pur, le blanc rosé, le pourpre foncé, le violet, le jaune orangé, etc. Plus souvent encore ces couleurs s'entremêlent en panachures ou macules fort tranchées, par exemple le pourpre sur fond blanc ou jaune ou la couleur mordorée sur fond blanc, le jaune bronzé sur fond blanc ou sur fond rose, etc. Par suite de ces diverses modifications, le muflier est devenu une des plantes les plus intéressantes de nos parterres; peu s'en faut même qu'il ne soit digne de prendre rang parmi les plantes de collection.

Très-faciles à cultiver, les mufliers réussissent dans toutes les terres, mais mieux peut-être dans celles qui contiennent de vieux plâtras que dans les autres. Ils prospèrent de même sur les rocailles et les vieux murs, et réussissent fort bien en pots, quand ces derniers sont drainés convenablement. Les belles variétés se propagent aisément de boutures faites sous cloche, au printemps ou en automne, mais on obtient de tout aussi bons résultats du semis des graines. Les semis de printemps donnent des plantes qui fleurissent dans l'année même; ceux d'automne ne fleurissent que l'année suivante, mais relativement de très-bonne heure. Sous le climat du nord il est prudent d'hiverner les mufliers sous châssis, ne fût-ce que pour les abriter de l'humidité prolongée de l'hiver.

Muscaris (*Muscari*). Genre de liliacées indigènes et exotiques, bulbeuses, à feuilles longues et linéaires, analogues à celles des jacinthes, dont ce genre est voisin, quoique beaucoup moins beau. Les fleurs sont petites, en forme de grelot et agglomérées en un épi ou une grappe spiciforme courte et serrée, au sommet d'une hampe plus ou moins longue. On cultive dans quelques parterres le *muscari à grappe* (*M. racemosum*),dont les fleurs sont en forme de grappe ovoïde ou cylindroïde très-serrée, bleue ou d'un violet foncé; le *muscari odorant* ou *jacinthe musquée* (*M. moschatum*), plante sans beauté, mais dont les petites fleurs jaune verdâtre sont très-parfumées; enfin, le *muscari chevelu* (*M. comosum*), qui n'a de valeur que par une monstruosité où l'inflorescence normale est remplacée par une touffe de ramifications fines, tortueuses et d'une belle teinte bleu violacé. Ces diverses plantes, qui fleurissent dans le cours du printemps, ne servent guère qu'à orner de petits parterres, en compagnie des crocus et autres plantes de taille très-basse. On en fait aussi des bordures, mais dont l'effet est très-passager.

Myosotis. On désigne collectivement sous ce nom, en horticulture, tout un groupe de borraginées de petite ou de moyenne taille, les unes indigènes, les autres exotiques, la plupart à fleurs bleues, au moins partiellement, que les botanistes ont classées dans plusieurs genres, mais qui ont à très-peu près les mêmes emplois dans le parterre. Malgré les petites différences génériques qui les séparent, nous pouvons donc sans inconvénient les réunir toutes ici.

Une des plus communes est le *myosotis de printemps* ou *petite consoude* (*Omphalodes verna, Cynoglossum omphalodes*), charmante plante indigène, très-rustique et vivace par son rhizome souterrain, haute au plus de 0ᵐ,12 à 0ᵐ,14. Les feuilles, toutes radicales et dressées, forment de jolies touffes de verdure, du milieu desquelles sortent des grappes de fleurs du plus beau bleu. Elle se plaît dans les terres argileuses et fraîches, et sert principalement à faire des bordures autour des massifs fleuris cultivés sur terre de bruyère, et dans des lieux ombragés et un peu humides, mais elle devient aussi, cultivée en pots, une très-agréable plante d'appartement. Elle fleurit en mars, avril et mai; on la multiplie d'éclats du pied, en automne ou à la fin de l'hiver.

Une seconde espèce, classée par les botanistes dans le même genre que la précédente, quoiqu'elle en diffère entièrement par tout son aspect, est le *myosotis blanc*, plus connu sous sa dénomination vulgaire de *nombril de Vénus* et nommé aussi *cynoglosse à feuilles de lin* (*Omphalodes linifolia, Cynoglossum linifolium*). Celle-ci est une plante annuelle ou plutôt bisannuelle, du midi de l'Europe, rustique, à feuilles linéaires, glauques, à tige rameuse, haute de 0^m,25 à 0^m,30, et dont les petites fleurs, rotacées et disposées en une sorte de panicule, sont d'un blanc pur, quelquefois légèrement rosées. Elle est très-gracieuse sous sa petite taille et très-propre à la décoration des parterres; mais elle ne produit un certain effet que cultivée en groupes, en massifs ou en bordures. On la sème en place au premier printemps, et plus avantageusement à la fin de l'été, en pépinière. Dans ce dernier cas, les jeunes plantes sont repiquées sur plate-bande au printemps suivant. Nous avons à peine besoin de rappeler que les semis d'automne donnent généralement des plantes plus vigoureuses et de floraison plus hâtive que les semis de printemps.

Outre ces deux espèces, il existe plusieurs autres petites borraginées indigènes à fleurs bleues, connues également sous le nom de *myosotis*, auquel se sont ajoutées diverses appellations populaires, entre autres celle de *Plus je vous vois, plus je vous aime* (1). De ce nombre sont le *myosotis des marais* (*Myosotis palustris*), le *myosotis des champs* (*M. intermedia*) et le *myosotis des Alpes* (*M. alpestris*), dont les fleurs sont bleu de ciel, avec un œil jaune au centre. Ce sont de très-gracieuses plantes, et quelques amateurs les cultivent; mais elles sont si petites, et leurs fleurs si exiguës, qu'elles ne peuvent

(1) On dit aussi *Ne m'oubliez pas;* c'est l'équivalent du *Forget me not* des Anglais et du *Vergiss Mein nicht* des Allemands.

guère figurer que dans des pots, sur les fenêtres, les étagères ou les cheminées d'un appartement. Le myosotis des marais ne vient bien que le pied dans l'eau.

Un autre myosotis, beaucoup plus beau et plus distingué que les précédents, est le *myosotis des Açores* (*M. azorica*), plante vivace, comparativement forte, rameuse, velue, pouvant s'élever jusqu'à 0^m,50. Ses fleurs, très-grandes pour le genre et rapprochées en gros épis scorpioïdes, sont d'un violet bleu intense. On lui reproche d'être difficile à élever à Paris, ce qui s'explique par le fait qu'il n'y est pas entièrement rustique et qu'en outre il lui faut un air chargé d'humidité. Il est vraisemblable qu'il trouverait dans nos départements de l'ouest les conditions climatériques qui lui conviendraient pour devenir une plante de parterre de premier ordre. Cependant, même à Paris et plus au nord, on peut, comme en Angleterre, à l'aide de quelques soins, et en l'abritant pendant la mauvaise saison, en faire une très-belle plante de pot, également propre à orner les appartements et les planches d'un parterre. Pour en obtenir de belles touffes, on en met deux ou trois pieds dans des pots de 0^m,30 d'ouverture, convenablement drainés et remplis d'un mélange de terre franche, de terreau de feuilles et de sable siliceux. Arrosées à propos et tenues à l'abri du froid, les plantes deviennent très-fortes et bientôt se couvrent d'une abondante floraison. Si on les destine au parterre, on se bornera à enterrer les pots sur les plates-bandes. Après la floraison on peut couper les tiges au niveau du sol, et réserver le pied pour l'année suivante; néanmoins il vaut mieux renouveler les plantes par le bouturage de leurs drageons, ou par le semis de leurs graines lorsqu'elles en produisent.

Ajoutons enfin au groupe de plantes qui nous occupe une nouvelle espèce, encore très-peu connue, et qui peut rivaliser de beauté avec la précédente; c'est le *myosotis hortensia* (*Myosotidium nobile*), de la Nouvelle-Zélande, plante vivace, que les dimensions de ses larges feuilles ovales éloignent des anciens myosotis, mais que la structure de ses fleurs en rapproche. Sa tige simple et robuste, haute de 0^m,35

à 0ᵐ,40, se termine par un large corymbe ombelliforme de
fleurs bleu d'azur marginé de blanc. Originaire d'une île située aux antipodes de la France, mais dont le climat est essentiellement marin, cette superbe plante conviendra surtout
à nos provinces occidentales pour la culture de plein air.
Sous le climat de Paris elle exigera vraisemblablement les
mêmes soins que le myosotis des Açores.

Némophiles (*Nemophila*). Genre de la famille des hydrophyllées, de l'Amérique du Nord, comprenant un petit
nombre de plantes annuelles, basses, étalées, touffues,
à rameaux redressés, de 0ᵐ,15 à 0ᵐ,20 de hauteur, produisant des fleurs rotacées, de grandeur moyenne, dont les coloris sont le blanc, le bleu d'azur et le violet noir. Les espèces
sont : la *némophile commune* (*N. insignis*) (fig.110), à fleurs
bleu clair a-
vec le centre
blanc, quel-
quefois toutes
blanches ou
toutes bleues;
la *némophile
ponctuée* (*N.
atomaria*), à
fleurs blan-
ches pointil-
lées de violet
noir, quel-
quefois toutes
bleues ou por-
tant de larges
macules pour-
pre noir à la
base des péta-
les; la *némo-
phile à disque
noir* (*N. dis-
coidalis*), dont

Fig. 110. — Némophile commune.

les fleurs, plus petites que dans les précédentes, sont violet
noir, avec le bord de la corolle blanc; on croit qu'elle n'est
qu'une variété de la précédente, obtenue de semis en Angleterre; enfin, la *némophile maculée* (*N. maculata*), à fleurs
grandes, blanches, avec une tache violet foncé au sommet des
lobes de la corolle. Toutes ces plantes ont leur valeur pour
la décoration des plates-bandes, où elles se plantent en
bordures, en corbeilles ou en petits massifs. On les multiplie de graines, semées en place au printemps. On peut
aussi les semer et les cultiver en pots, comme le font les horticulteurs de Paris pour les vendre au marché.

Niérembergies (*Nierembergia*). Petites solanées, de l'A-
mérique du Sud, vivaces, demi-rustiques sous nos climats,
où elles ne sont guère cultivées que comme plantes annuelles
ou bisannuelles. La plus commune est la *niérembergie de Buénos-Ayres* (*N. gracilis*), dont les rameaux nombreux et grêles
forment des touffes de 0^m,25 à 0^m,30 de hauteur, sur lesquelles
s'épanouissent en quantité de jolies fleurs blanc lilacé, avec
une étoile lilas au centre. Elle convient particulièrement pour
garnir les plates-bandes d'un parterre, soit en pieds isolés,
soit en bordure autour des massifs. On trouve encore dans
quelques jardins la *niérembergie filiforme* (*N. filicaulis*), dont
les tiges, encore plus grêles que celles de la précédente et
beaucoup plus longues, s'étalent sur le sol; ses fleurs sont
bleuâtres, à centre jaune pâle. Ces deux plantes se sèment en
mars sur couche, ou en avril sur la plate-bande même, et
elles fleurissent dans l'année. Par le semis d'automne on obtient des plantes plus fortes et plus précoces pour l'année
suivante, mais qui doivent être hivernées sous châssis. On les
reproduit d'ailleurs avec facilité de boutures, au printemps
et en automne, sur couche ou en serre à multiplication. Dans
le midi elles sont aussi rustiques que les pétunias.

Nigelle d'Orient ou **barbe de Capucin** (*Nigella damascena*). Renonculacée du midi de l'Europe et du nord de
l'Afrique, où elle a sans doute été apportée d'Orient, cultivée
depuis longtemps dans les jardins. C'est une plante annuelle,
dressée, presque simple, haute de 0^m,40 environ; à feuilles

finement découpées; à fleurs terminales, régulières, d'un bleu pâle, entourées d'un involucre ou collerette à divisions capillaires comme celles des feuilles, et étalées. Une seconde espèce, commune dans les moissons du midi de la France, la *nigelle d'Espagne* (*N. hispanica*), à fleurs bleu lilacé, lui est souvent associée dans les jardins. Toutes deux sont de jolies plantes de plate-bande, mais leur floraison a trop peu de durée pour qu'elles y tiennent une place bien importante. Elles se reproduisent de graines semées en place, au printemps.

Nolanes (*Nolana*). Plantes de l'Amérique du Sud, dont le genre constitue la famille tout entière des nolanacées, annuelles, étalées sur le sol, à feuilles un peu charnues. Elles n'ont d'intéressant que leurs fleurs, en forme d'entonnoir comme celles des liserons, et assez agréablement colorées. On en cultive trois espèces, la *nolane du Pérou* (*N. prostrata*), à fleur d'un bleu pâle, qui tire sur le violet au fond du tube de la corolle; la *nolane à feuilles d'arroche* (*N. atriplicifolia*), dont les fleurs sont très-grandes, bleu clair sur le limbe de la corolle, plus pâles et presque blanches au fond; et la *nolane paradoxale* (*N. paradoxa*), où le violet remplace le bleu sur la corolle; il en existe une variété violet clair, à centre jaune cerclé de blanc. Ces trois plantes peuvent être utilisées de diverses manières sur les plates-bandes, mais principalement en petits massifs ou en bordures. Elles se sèment directement en place, en avril et mai.

Nombril de Vénus. Voyez *Myosotis*.

Obeliscaria. Voyez *Rudbeckia*.

OEil de perdrix. Voyez *Adonides*.

OEillet d'Inde. Voyez *Tagètes*.

Omphalode. Voyez *Myosotis*.

Onagres. Voyez *Énothères*.

Ornithogales (*Ornithogalum*). Genre de liliacées bulbeuses, indigènes et exotiques, la plupart trop vulgaires ou trop peu ornementales pour qu'on ait songé à en faire des plantes de collection, mais dont quelques-unes peuvent encore servir à décorer les plates-bandes d'un jardin fleuriste. Parmi nos espèces indigènes une seule mérite d'être signalée.

c'est l'*ornithogale à ombelle*, plus connu sous le nom de *dame d'onze heures* (*O. umbellatum*) (fig. 111), dont la hampe, haute

Fig. 111. — Ornithogale à ombelle.

de 0ᵐ,18 à 0ᵐ,25, porte une large ombelle de fleurs blanches, qui s'ouvrent peu de temps avant l'arrivée du soleil au méridien et se ferment quelques heures après. Quoique ses fleurs soient jolies, cette plante n'est guère que de troisième ordre. Une espèce plus recommandable, mais qui n'est rustique que dans la région méditerranéenne, est l'*ornithogale d'Ara-*

bie (*O. arabicum*), à tige plus élevée et à fleurs plus grandes, d'un blanc de lait, sur lequel tranche la teinte vert noir de l'ovaire. On peut encore considérer comme plante de plate-bande, dans la région méridionale, l'*ornithogale doré* (*O. aureum*), espèce de l'Afrique australe, la plus belle du genre, qui porte un long épi de fleurs jaune vif. Sous le climat de Paris, elle doit être, aussi bien que la précédente, abritée en orangerie pendant l'hiver, ou assujettie à la méthode de culture que nous avons indiquée pour les liliacées de collection.

Orobes (*Orobus*). Plantes la plupart d'Europe, de la famille des légumineuses, vivaces, à feuilles pennées, très-rustiques, formant des touffes denses de feuillage et donnant une belle floraison au printemps ou en été. On peut signaler, comme ayant quelque mérite, l'*orobe printanier* (*O. vernus*), à fleurs bleu violacé, quelquefois blanches; l'*orobe d'Algérie* (*O. atropurpureus*), à fleurs rose pourpre; l'*orobe jaune* (*O. luteus*), dont les fleurs, relativement grandes, passent graduellement du jaune clair à l'orangé; l'*orobe à longues grappes* (*O laxiflorus*), à fleurs violacées, une des espèces les plus floribondes du genre; enfin, l'*orobe noir* (*O. niger*), à tiges grêles et peu ramifiées, à feuillage glauque et à fleurs en grappe serrée, d'un beau rouge carmin. Toutes ces plantes sont de deuxième ou de troisième ordre, et ne conviennent qu'aux jardins d'une certaine étendue. Étant vivaces et rustiques, elles ne demandent aucune culture, mais elles ne viennent bien que dans une terre un peu fraîche et enrichie de terreau végétal. On peut les multiplier de graines, et plus rapidement par simple division des touffes.

Orpins ou **sédums** (*Sedum*). Plantes de la famille des crassulacées, presque toutes vivaces et indigènes, généralement rustiques, à feuilles charnues et succulentes, tantôt cylindriques ou ovoïdes, tantôt planes et élargies, à fleurs petites, mais réunies en corymbe plus ou moins fourni, blanches, roses, rouge carmin, jaunes ou bleues. La plupart des espèces croissent en touffes peu élevées ou en tapis sur les rochers, les vieux murs, quelquefois sur le sol maigre des pays granitiques, presque toujours dans des lieux aérés et exposés au grand soleil. De même que beaucoup d'autres plantes grasses, celles-ci empruntent peu au terrain et vivent principalement de l'humidité et des autres substances gazeuses mêlées à l'atmosphère.

Parmi les nombreuses espèces de ce genre nous citerons, comme ayant le plus d'intérêt, l'*orpin à fleurs bleues* (*S. cæruleum*), plante annuelle du midi de l'Europe, à fleurs bleu tendre, tournant au violacé en vieillissant; l'*orpin blanc*, ou *trique-Madame* (*S. album*), de toute la France, à fleurs blanches; l'*orpin brûlant* (*S. acre*), très-commun partout, à fleurs jaune vif; l'*orpin odorant* (*S. Rhodiola*), à fleurs roses; l'*orpin du Japon* (*S. Sieboldii*), dont le nom indique la provenance, à fleurs rose tendre; l'*orpin commun* ou *herbe aux charpentiers* (*S. Telephium*), le plus grand de nos orpins indigènes, dont les tiges s'élèvent à 0ᵐ,40 ou 0ᵐ,50, et dont les fleurs, en corymbe serré, sont d'un pourpe pâle. Beaucoup d'autres espèces pourraient être ajoutées à cette liste; on les trouvera mentionnées dans les catalogues des horticulteurs.

A l'exception de l'orpin du Japon et de l'orpin commun, qui peuvent à la rigueur être cultivés sur les plates-bandes des jardins, les espèces de ce genre n'appartiennent pas au parterre proprement dit; ce sont essentiellement des plantes de rocailles ou de pots comme les joubarbes, dont elles ont le tempérament, et dans le cas où elles sont cultivées en pots elles deviennent des plantes d'appartement ou de fenêtre qui ne sont pas sans agrément. L'orpin du Japon, élégant par son feuillage glauque autant que par ses fleurs, est surtout populaire sous ce rapport.

Tous les orpins sont de facile culture, pourvu qu'on leur donne un terrain siliceux, léger, bien drainé et perméable à l'eau, et qu'on ne leur ménage pas la lumière du soleil. Ils doivent être très-peu arrosés, et le plus souvent même, surtout dans le nord, n'être pas arrosés du tout. On les multiplie d'éclats du pied ou de boutures de rameau, et souvent aussi de graines, qui, étant très-fines, doivent être semées sur terre de bruyère, sans être recouvertes, mais simplement tassées à la surface par un bassinage. Les semis se font en place, dès la fin de l'hiver, ou en terrines vers la fin de l'été. Dans ce dernier cas, les jeunes plantes sont abritées contre le froid et mises en place au printemps suivant.

Ourisia des Andes (*Ourisia coccinea*). Superbe plante de la famille des scrofularinées, originaire des Andes du Chili, où elle semble remplacer les pentstémons de l'Amérique du Nord, dont elle a presque l'inflorescence et les fleurs, avec un port plus élégant. Elle est vivace, à feuilles toutes radicales, pétiolées, largement ovales-cordiformes, quelque peu lobées sur les bords et dentées. Les tiges, hautes de $0^m,30$ à $0^m,35$ et pourvues seulement de courtes bractéoles, ne sont pour ainsi dire que des hampes soutenant une longue grappe paniculiforme de fleurs rouge carmin, pendantes, tubuleuses, à limbe ouvert, un peu irrégulier mais non bilabié. A Paris et plus au nord, l'ourisia des Andes n'est qu'à demi rustique, et demande l'orangerie pendant l'hiver et une partie du printemps, et on a remarqué qu'il y fleurit mieux qu'en plein air. Sa véritable région en France, comme plante de pleine terre, sera l'ouest et le midi; mais dans ce dernier climat il lui faudra une situation à demi abritée contre le soleil et de copieux arrosages. Le peu de développement de son rhizome permettra d'ailleurs de le cultiver en pots facilement et avec succès. Cette jolie plante, qui est encore peu répandue, se propage plus avantageusement de graines que par divisions du pied.

Oxalides (*Oxalis*). Genre immense, où l'on compte plus de cinq cents espèces, presque toutes exotiques, et type de la famille des oxalidées. Ces plantes varient considérablement par le port et par la taille; la plupart néanmoins sont de simples herbes, généralement vivaces, plus rarement annuelles, dont les feuilles, à trois ou quatre folioles en forme de cœur, imitent plus ou moins bien celles du trèfle. Leurs fleurs régulières et moyennes sont en ombelle au sommet de hampes de la longueur des feuilles ou un peu plus longues, roses, de couleur carmin, pourpres, jaunes ou blanches. Plusieurs espèces, qui forment de jolies touffes de feuillage entremêlées de fleurs, sont des plantes de plate-bande recommandables. Dans le nombre, nous devons citer l'*oxalide à fleurs roses* (*O. rosea*), du Chili, annuelle et rustique, à feuilles trifoliolées, à fleurs roses, comme son nom l'indique; l'*oxalide de Deppé* (*O. Deppei*), du Mexique, vivace par ses racines napiformes, presque transparentes et comestibles, à feuilles quadrifoliolées, à fleurs carmin bronzé; et l'*oxalide tétraphylle* (*O. tetraphylla*), du Mexique, vivace comme la précédente, avec laquelle elle a beaucoup d'analogie, et à fleurs pourpres. Deux espèces indigènes en France, l'*oxalide corniculée* (*O. corniculata*), à fleurs jaunes, et l'*oxalide surelle* (*O. acetosella*), à fleurs blanches, sont des plantes trop vulgaires et trop modestes pour qu'on puisse les recommander comme plantes d'agrément.

Les oxalides se sèment au printemps après les gelées, ou en septembre sur pépinière, avec hivernage du plant sous châssis. Les espèces vivaces se multiplient en outre par leurs rhizomes ou leurs tubercules, c'est-à-dire par simple division des touffes.

Pâquerette vivace ou **petite marguerite** (*Bellis perennis*). Plante indigène, de la famille des composées, vivace, très-rustique partout, à feuilles en rosette et étalées sur le sol, acaule, émettant de sa souche des hampes grêles, terminées par un seul capitule à disque jaune et à rayons blancs, mais ordinairement teints de pourpre en dessous, et quelquefois aussi en dessus à l'extrémité des rayons. Tout à fait insignifiante à l'état sauvage, cette petite plante, qui infeste les pelouses et les prairies un peu sèches, est devenue entre les mains des horticulteurs, surtout en Allemagne, une de nos plus charmantes plantes d'agrément. Comme la reine-marguerite, le dahlia, les chrysanthèmes, etc., elle a métamorphosé les fleurons de son disque en ligules et est devenue par là très-double ou très-pleine (fig. 112), en même temps qu'elle modifiait son coloris. On en possède aujourd'hui d'assez nombreuses variétés, dont les fleurs ont, avec plus de délicatesse, toute la régularité des reines-marguerites les plus parfaites; il y en a de blanches, de roses, de rouge carmin, de pourpre foncé, de bicolores; d'autres ont les fleurons du centre

Fig. 112. — Pâquerette double.

tuyautés. La plupart d'ailleurs ont notablement agrandi leurs capitules, qui, pour quelques-unes au moins, rivalisent sous ce rapport avec ceux du chrysanthème de l'Inde. Enfin, dans une variété prolifère, à laquelle on a donné le nom de *mère de famille* (1), le capitule est entouré de plusieurs autres capitules plus petits, nés de son involucre, et qui rayonnent dans tous les sens autour de lui. Sans être des plus belles, cette variété est du moins une des plus curieuses.

Presque toutes ces variétés à fleurs pleines sont stériles ; aussi n'essaye-t-on pas de les propager de graines, mais seulement par divisions du pied. Les variétés semi-doubles, au contraire, donnent des graines qui les reproduisent assez fidèlement, et dont on voit même souvent naître des variétés plus pleines et plus parfaites. Ces variétés semi-doubles sont ordinairement plantées en bordure le long des plates-bandes ; les pleines étant plus ordinairement réservées pour la culture en pots, sur les fenêtres et dans les appartements. Les semis se font en été, sur pépinière, et le plant est mis en place en automne ou à la fin de l'hiver. Dans le nord de la France les races très-pleines, plus délicates que les autres, sont exposées à périr l'hiver, par suite de l'humidité ; aussi doit-on les couvrir d'un paillis ou, pour plus de sûreté, les abriter sous châssis froid, en ayant soin de leur donner beaucoup d'air. A Paris ces soins sont à peu près superflus, parce que les belles variétés de pâquerettes sont cultivées en grand par les horticulteurs, qui les apportent toutes fleuries sur les marchés,

---

(1) Les Anglais la nomment *The hen and chickens*, mot a mot : *la poule et ses poussins.*

où l'on peut presque en toute saison se les procurer pour des sommes minimes.

Quoique vivaces, les pâquerettes s'affaiblissent et s'épuisent promptement par leur floraison exagérée. Lorsqu'on en fait des bordures, si on tient à les avoir belles, il faudra les renouveler tous les ans, ou au moins tous les deux ans, par divisions du pied ou par semis.

Passe-fleur. Voyez *Coquelourdes.*

Pavots (*Papaver*). Genre type de la famille des papavéracées, comprenant quelques espèces ornementales remarquables par la grandeur de leurs fleurs ou leur vive coloration. De ce nombre sont le *coquelicot* ou *pavot des moissons* (*P. Rhœas*), plante annuelle, des plus vulgaires, à fleur rouge ponceau, dont la culture a tiré de très-belles variétés doubles ou semi-pleines (fig. 113), et dont le coloris varie du rose pâle au rouge foncé; le *pavot des jardins* ou *pavot somnifère* (*P. somniferum*), annuel, originaire de la Perse ou de l'Inde, haut de 1^m et plus, mais dont certaines variétés naines ne dépassent pas 0^m,50, à feuillage glauque et très-élégamment lobé et découpé, à fleurs grandes, roses, ardoisées ou violacées, parfois toutes blanches; cette belle espèce, cultivée en Orient, et même en France, comme plante médicinale ou industrielle, et dont on extrait l'opium du commerce, a aussi donné des variétés doubles recommandables; le *pavot de l'Altaï* (*P. nudicaule*), espèce vivace des montagnes de l'Asie centrale, à feuilles finement découpées et à fleurs jaune orangé; la culture en a fait naître de très-belles va-

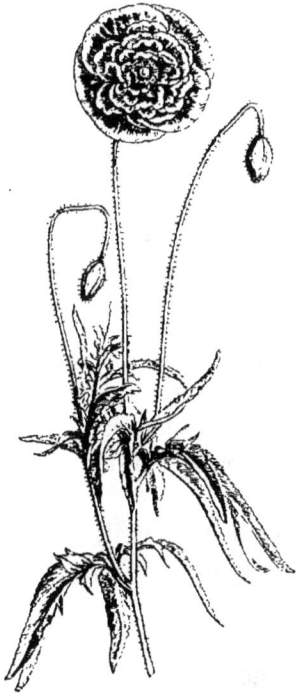

Fig. 113. — Coquelicot, ou pavot des moissons.

riétés à fleurs pleines, et dont la floraison est automnale; le *pavot d'Orient* ou de *Tournefort* (*P. orientale*), espèce vivace, du Caucase, hérissée de gros poils rudes, à fleurs grandes, d'un rouge écarlate vif; enfin, le *pavot de Sibérie* ou *involucré* (*P. bracteatum*), vivace et presque semblable au précédent, mais plus fort, à fleur de moitié plus grande et d'un rouge plus foncé.

A ne considérer que le point de vue horticole, on ne doit pas séparer des pavots diverses autres papavéracées qui en ont été distinguées génériquement par les botanistes, quoiqu'elles en soient très-voisines et qu'elles en aient le port et les fleurs. De ce nombre sont : le *pavot jaune des Pyrénées* ou *pavot cimbrique* (*Papaver cambricum, Meconopsis cambrica*), plante indigène, vivace, à fleurs jaune vif, de moyenne grandeur ; le *pavot de Wallich* (*Meconopsis Wallichii*), de l'Himalaya, analogue au précédent, mais à fleurs bleu d'azur; enfin, le *pavot à feuilles simples* (*M. simplicifolia*), aussi de l'Himalaya et vivace, à feuilles simples, à fleurs d'un bleu foncé qui tourne au violet et au rose près du bord des pétales, avec tout le faisceau des étamines d'un jaune orangé, ce qui produit un contraste des plus agréables à l'œil. Ces trois espèces, auxquelles on pourrait ajouter le *pavot de Cathcart* (*Cathcartia villosa*), jolie plante des montagnes de l'Inde, à fleurs jaunes et étamines orangées, sont plus propres à décorer les rocailles humides que les plates-bandes d'un parterre, où on peut néanmoins les cultiver avec succès, si la terre en est un peu fraîche et surtout additionnée de terreau végétal.

Malgré l'éclat de leurs fleurs, les pavots ne peuvent être considérés que comme des plantes de second ou de troisième ordre, et cela principalement à cause de leur peu de durée. Les variétés doubles de coquelicot, cultivées en massifs, brillent d'un grand éclat pendant un petit nombre de jours, après quoi elles laissent la planche dégarnie, ce qui est un grave défaut dans la culture d'un parterre; le même inconvénient ne se produirait pas si elles étaient disséminées sur une plate-bande, au milieu d'autres plantes, plus durables. La caducité des pétales du pavot somnifère est encore plus grande ; aussi a-t-il

été abandonné par beaucoup de fleuristes. Les pavots d'O-
rient et involucré pèchent de la même manière, mais à un
moindre degré, et comme ils sont vivaces et en fortes touffes,
il y a une succession de fleurs assez prolongée pour les rendre
recommandables ; toutefois, à cause de leur développement
et de la grandeur de leurs fleurs, ils conviennent mieux, le
second surtout, aux grands jardins et aux jardins paysagers
qu'aux simples parterres. Le pavot jaune des Pyrénées mérite
à peine d'être classé parmi les plantes de troisième ordre.
Tous les pavots se multiplient de graines semées au printemps et en place, s'il s'agit des espèces annuelles ; les
espèces vivaces se sèment aussi à la même époque, mais
ordinairement en pépinière, pour être repiquées en place
vers le milieu de l'automne ou au printemps suivant. Elles
ne fleurissent d'ordinaire que la seconde année.

Pélargoniums (*Pelargonium*). Vaste genre de géraniacées, comprenant plus de cinq cents espèces, la plupart
de l'Afrique australe, mais dont quelques-unes se trouvent fort
loin de ce quartier général du genre. Tels sont, entre autres ,
les *Pelargonium Cotyledonis* et *inquinans*, qui sont ou paraissent être indigènes de l'île Sainte-Hélène, les *P. australe, inodo-
rum, microphyllum,* etc., qui appartiennent à l'Australie, l'île
de Van-Diémen et les îles Auckland, et enfin le *P. Endlicherianum*, qu'on a découvert assez récemment sur le Mont
Taurus, en Asie mineure.

Les pélargoniums, si l'on ne tient compte que de la structure de leurs fleurs, forment un groupe très-homogène ;
mais si l'on examine leurs organes de végétation on y trouve
une diversité surprenante. Les uns sont acaules, à rhizomes
souvent bulbiformes et tuniqués comme ceux des safrans
(*Crocus*), avec des feuilles toutes radicales et une simple
hampe florifère qui s'élève du milieu de ces feuilles ; d'autres
sont caulescents, à tiges herbacées, ligneuses, dressées, décombantes, quelquefois charnues ou armées de fortes épines.
Les feuilles varient tout autant par leur forme et leur consistance : suivant les espèces on les trouve simples, composées, décomposées, penninervées et palmatinervées, lobées ou

incisées de diverses manières et à divers degrés, quelques fois
lancéolées et entières, d'autres fois charnues et succulentes
comme celles de quelques plantes maritimes. Les fleurs varient beaucoup aussi de forme et de coloris, mais à un
moindre degré que les organes de la végétation; dans toutes
les espèces d'ailleurs elles sont constituées sur le même type :
une corolle irrégulière de cinq pétales onguiculés, 10 étamines, et, à la partie supérieure et intérieure du réceptacle de
la fleur, une glande qui s'enfonce plus ou moins profondément
dans le pédoncule, mais qui communique toujours avec l'extérieur par un canal ouvert au fond de la corolle. Le coloris
des fleurs est presque toujours le rouge ou un dérivé du rouge,
comme le rose et le carmin, qui peut se foncer jusqu'au noir.
Plus rarement, ou par décoloration, les fleurs sont entièrement
blanches ou même verdâtres; le jaune y est très-exceptionnel.
Tous les pélargoniums connus sont vivaces; beaucoup même
sont des sous-arbustes, d'un mètre et plus de hauteur.

L'horticulture est loin de posséder toutes les espèces; il n'y
en a même qu'un très-petit nombre qui soient devenues des
plantes tout à fait populaires, mais celles-là sont de premier
ordre, et elles passent de droit dans ce que l'on nomme des
plantes de collection marchant de pair sous ce rapport avec
les camellias, les bruyères et les azalées, et réclamant comme
ces dernières, sous le climat du nord, l'abri de la serre tempérée ou de l'orangerie. Mais quelques-unes de ces espèces de
choix ont passé dans la culture de plein air, et sont avec juste
raison considérées comme les plus splendides ornements
des parterres. C'est à ce titre que nous devons en parler ici,
nous réservant de les envisager sous un autre aspect lorsque
nous traiterons spécialement des plantes d'orangerie et de
serre tempérée.

Ces espèces sont : 1° Le *pélargonium des fleuristes*, qu'on
pourrait appeler le pélargonium par excellence (*P. grandiflorum*), du Cap, plante sous-frutescente, dressée, rameuse,
haute de 0^m,40 à 0^m,60, prenant facilement la forme d'un
buisson, à feuilles un peu grandes, réniformes-arrondies, plus
ou moins sensiblement lobées, un peu soyeuses ou velues. Les

fleurs, d'une belle grandeur moyenne, mais assez variables sous ce rapport (de 3 à 5 centimètres de diamètre), ayant à peu près la forme d'une fleur de pensée, sont réunies en ombelles, au nombre de 5 à 15, au sommet de pédoncules axillaires ou terminaux. Leur couleur originaire est le rose carmin strié de pourpre, mais la culture a prodigieusement varié ce coloris, où l'on trouve aujourd'hui, selon les variétés, toutes les nuances depuis le blanc pur jusqu'au pourpre noir, avec tous les accidents imaginables de panachures et de mouchetures. Les variétés s'y comptent déjà par centaines, et il n'est pas d'année qu'il ne s'en montre de nouvelles à nos expositions d'horticulture (1).

2° Le *pélargonium écarlate* (*P. inquinans*), de l'île Sainte-Hélène et du cap de Bonne-Espérance, sous-arbuste multicaule, rameux, formant le buisson, pouvant s'élever à 1^m,50 ou plus, à grandes feuilles réniformes, vertes, avec une zône brunâtre plus ou moins marquée vers leur milieu, légèrement poissantes sous les doigts, et exhalant, lorsqu'on les froisse, une odeur aromatique qui déplaît à quelques personnes. Ses fleurs, d'un tiers plus petites que celles de l'espèce précédente, mais réunies au nombre de 15 à 30 en larges ombelles, sont du plus beau rouge écarlate. Cette superbe plante a produit un nombre assez considérable de variétés blanches, roses ou d'un rouge plus foncé, dont quelques-unes sont supérieures au type de l'espèce. Plusieurs de ces variétés sont très-naines, et ne dépassent guère 0^m,15 à 0^m,18 de hauteur.

3° Le *pélargonium zoné* (*P. zonale*), du Cap de Bonne-Espérance, sous-frutescent et formant buisson comme l'espèce précédente, mais dépassant rarement 0^m,60 de hauteur. Ses feuilles, moins grandes que celles du pélargonium écarlate, mais arrondies comme elles, sont parcourues dans leur

(1) Cette espèce a été décrite par Willdenow et par Sweet sous le nom de *P. grandiflorum*, que nous avons dû lui conserver, mais elle paraît avoir été entièrement méconnue par Decandolle (*Prod.* tom. 1er), qui la subdivise en un grand nombre de sous-espèces, presque toutes d'origine hybride, et qu'il réunit dans sa section *Fulgida*. Il en résulte une grande confusion, qu'il serait désirable de voir disparaître de la monographie d'un genre où les espèces sont très-nombreuses et par là difficiles à distinguer.

milieu par une zone ou bande circulaire brune plus ou moins prononcée. Les fleurs, au nombre de 10 à 20 par ombelle, et un peu plus grandes que celles du pélargonium écarlate, mais à pétales plus étroits, sont d'un très-beau carmin. Cette espèce a aussi donné quelques variétés, toutes moins recommandables que la forme primitive.

4° Le *pélargonium d'Endlicher* (*P. Endlicherianum*), charmante plante herbacée, vivace, originaire, comme nous l'avons dit plus haut, des montagnes de l'Asie mineure, et remarquable en outre par l'irrégularité de sa fleur, qui semble réduite aux deux pétales supérieurs, les trois inférieurs étant si petits qu'on les aperçoit à peine. Les feuilles, pour la plupart radicales et en touffe, sont réniformes-arrondies, d'un vert gris; les tiges, hautes de 0ᵐ,35 à 0ᵐ,40, ne sont à proprement parler que des hampes un peu feuillues; elles portent un petit nombre d'ombelles, quelquefois une seule, composée de 10 à 20 fleurs d'un rose carmin, veinées et réticulées de pourpre. Quoique plus modeste que les précédentes, cette espèce est encore très-recommandable comme plante de parterre.

5° Le *pélargonium pelté* ou *à feuilles de lierre* (*P. peltatum*) espèce du Cap, fruticuleuse, basse, à rameaux grêles et un peu sarmenteux, à feuilles quinquélobées, glabres, luisantes, charnues, avec une étroite zône brune au centre; ses fleurs rapprochées en ombelles et grandes relativement, sont blanc rosé et veinées de pourpre. Cette jolie plante se cultive assez souvent sur les plates-bandes des parterres, mais elle est mieux à sa place dans les grands vases sur piédestal des jardins publics, les corbeilles et les vases suspendus des appartements et des salons, que ses rameaux retombants et fleuris ne tardent pas à recouvrir. Pour cet usage, peu d'autres plantes peuvent lui être comparées.

6° Le *pélargonium rosat*, ou vulgairement *géranium rosa* (*Pelargonium capitatum*), du Cap; sous-arbuste d'un mètre ou plus de hauteur, rameux, velu ou pubescent, à feuilles arrondies ou quinquélobées, un peu roides, très-crépues, exhalant une forte odeur de rose lorsqu'on les froisse entre les doigts. Les fleurs sont en têtes ou ombelles serrées, au sommet

de pédoncules communs, petites, de couleur carmin clair et
veinées de pourpre foncé. L'introduction de cette espèce en
Europe remonte à l'année 1690, et, quoique jolie, elle a toujours été cultivée bien plus comme plante odoriférante que
comme plante ornementale. En Provence, et dans quelques
autres régions du midi de l'Europe, elle est entrée dans le domaine de l'agriculture industrielle. On l'y cultive en grand
pour en extraire une huile essentielle très-employée en parfumerie, et qui sert souvent à falsifier l'essence de rose.

Ces différentes espèces n'appartiennent pas au même degré
à la floriculture de parterre. Le pélargonium des fleuristes est
presque une plante de serre sous le climat de Paris, mais sous
le ciel, plus doux, de nos provinces occidentales et méridionales
il devient facilement une plante de plate-bande pendant la
belle saison, c'est-à-dire du 15 avril à la fin d'octobre. Il en est
autrement des pélargoniums zoné et écarlate, qui, plus rustiques, s'accommodent parfaitement de la pleine terre dans le
nord de la France, où ils forment dans les parterres des massifs
de la plus grande beauté. Leur port étoffé et leur abondante
floraison, qui dure sans interruption de la fin de juin à la fin
d'octobre, les rendent également propres à être cultivés en
massifs ou en pieds isolés sur les plates-bandes. Mises en pots,
ces superbes plantes sont souvent employées à la décoration des
péristyles, des galeries et des appartements. Le pélargonium
d'Endlicher, qui vient difficilement sous le climat de Paris, où
il faut l'abriter tout l'hiver, se prête cependant à la culture sur
plate-bande, pendant la belle saison ; toutefois, sa véritable place
en horticulture sera sur les rocailles, dans la région du midi.
Le pélargonium rosat n'est guère à Paris qu'un arbuste de fantaisie, cultivé en pots, et abrité l'hiver en orangerie ou dans
les appartements ; mais il est rustique dans le midi de l'Europe, et à ce titre il est admis dans les jardins fleuristes. La
culture des pélargoniums, considérés comme plantes de pleine
terre, est d'autant plus facile en France que le climat est plus
chaud ou plus doux. A l'exception du pélargonium d'Endlicher,
qui se plaît dans les sols rocailleux secs et exposés en plein
soleil, ils demandent une terre saine, substantielle, meuble,

fraîche et additionnée d'engrais décomposé. Si on les tient en pots, ces pots doivent être drainés avec un soin particulier, et, pour donner aux plantes plus de force, on arrose de temps en temps à l'engrais liquide. Sur les plates-bandes, on se borne à arroser avec l'eau pure, mais il faut la distribuer copieusement en été, et éviter de mouiller les feuilles des plantes, surtout lorsque le soleil est dans toute sa force.

Les pélargoniums zoné et écarlate sont toujours hivernés en serre ou sous châssis sous le climat de Paris. On les met en pleine terre au commencement de mai, un peu plus tôt ou un peu plus tard, suivant les localités et les années, et si on le juge nécessaire d'après l'état des plantes, on les taille de manière à provoquer la naissance de nouvelles branches et leur faire prendre la forme de buissons compactes. On peut aussi se contenter d'enfoncer les pots, sans en retirer les plantes, dans la terre préparée pour les recevoir, et alors on peut attendre que ces dernières soient sur le point de fleurir, mais alors il est nécessaire que les pots soient un peu grands et que la terre en ait été renouvelée au printemps. De plus, les plantes, au sortir de la serre, auront dû être exposées pendant quelques jours à mi-soleil et au grand air pour affermir leurs tissus, et on ne les met en place que lorsqu'elles paraissent habituées à ces nouvelles conditions. Les pots sont enfoncés dans la terre jusque près du bord, et au-dessous de leur fond on ménage un vide, qui facilite le passage de l'eau et ajoute ses bons effets à ceux du drainage intérieur, qu'on doit avoir eu soin de ne pas oublier. Ceci fait, on recouvre la planche de menue paille ou de litière pour y conserver la fraîcheur pendant les sécheresses de l'été. A partir de ce moment, les seuls soins à prendre sont les arrosages, qui devront être proportionnés à la chaleur du climat, et l'entretien de la propreté des plantes, dont on enlève les ombelles au fur et mesure de leur défloraison.

Dans les localités tièdes du midi de l'Europe, c'est-à-dire là où la moyenne de l'hiver ne descend pas au-dessous de 9 degrés centigrades, les pélargoniums zoné et écarlate passent assez facilement l'hiver en pleine terre, sans couverture aucune; néanmoins il est peut-être mieux de les relever tous les trois ou quatre ans, soit pour changer la terre, soit même pour renouveler le plant, qui à la longue s'épuise et ne donne plus qu'une floraison appauvrie. A Paris, et dans tout le nord de la France, on les enlève dans le courant d'octobre pour les remiser sous verre, mais en général on ne les laisse guère vieillir au delà de trois ans; quelquefois même on les traite comme simples plantes bisannuelles, en renouvelant tous les ans, par le bouturage, une partie ou la totalité de la collection.

Les pélargoniums se multiplient de graines et de boutures; nous reviendrons sur ce sujet, avec les détails nécessaires, en parlant des pélargoniums destinés à fleurir sous les abris vitrés.

Penstémons. (*Penstemon*). Genre de scrofularinées du nord-ouest de l'Amérique, vivaces, herbacées, sous-ligneuses ou fruticuleuses, qui semblent représenter dans le Nouveau-Monde les digitales de l'Europe, à corolle tubuleuse plus ou moins bilabiée, rouge, bleue, blanche, jaune, rose ou violette. On en connaît aujourd'hui plus de soixante espèces, réparties la plupart sur les deux versants des Montagnes rocheuses, de l'Amérique russe au Mexique; quelques-unes même descendent dans l'Amérique centrale jusqu'à 15 degrés de l'équateur, ce qui explique leurs diversités de tempérament, les unes étant entièrement rustiques sous nos climats du Nord, les autres, en plus grand nombre, ayant besoin d'abris pendant l'hiver. Considérés d'une manière générale, les penstémons sont en quelque sorte des plantes alpines, mais qui appartiendraient à des climats doux. La plupart sont de jolies plantes de plate-bande, quelques-uns même sont tout à fait de premier ordre; aussi n'est-il pas étonnant que chez plusieurs amateurs (1) ils commencent à devenir des plantes de collection. Toutefois, dans l'état actuel des choses, il n'y a guère que les suivantes dont nous ayons à nous occuper :

1° Le *penstémon de Douglas* (*P. crassifolius*), de la côte

(1) Entre autres chez M. Pellier, du Mans, à qui nous devons d'intéressantes observations sur leur culture.

nord-ouest de l'Amérique septentrionale, croissant en larges touffes, et dont les tiges, hautes de 0ᵐ,30 à 0ᵐ,40, se terminent par des grappes de grandes fleurs bleues. Cette charmante espèce, qui convient particulièrement pour faire des bordures ou composer de petits massifs, est demi-rustique dans le nord de la France, où elle craint plus l'humidité persistante que le froid. Elle est devenue rare dans les jardins.

2° Le *pentstémon à feuilles cordées* (*P. cordifolius*), des montagnes de la Californie, d'où il a été importé par le voyageur Hartweg, en 1848. C'est une espèce sous-frutescente, formant buisson, haute de 0ᵐ,70 à 1ᵐ, à fleurs moyennes, en petits groupes ombelliformes au sommet des rameaux, d'un rouge cocciné; elle n'est qu'à demi rustique dans le nord.

3° Le *pentstémon de Burke* ou *à fleurs bleues* (*P. cyananthus*), magnifique espèce des Montagnes rocheuses et des régions tempérées du Nouveau-Mexique, haute de 0ᵐ,60 à 0ᵐ,90, dont les fleurs, un peu campanuliformes et d'un bleu vif sur le limbe, forment de longues grappes cylindriques aux sommets de la tige et des rameaux. Demi-rustique dans le nord de la France, elle peut se passer d'abris dans nos provinces de l'ouest. C'est une très-belle plante de plate-bante, que sa taille avantageuse peut faire admettre dans les plus grands jardins comme dans les simples parterres.

4° Le *pentstémon de Wright* (*P. Wrightii*), du Texas, à tiges dressées, hautes de 0ᵐ,40 à 0ᵐ,50; à fleurs moyennes, courtes, largement ouvertes, un peu irrégulières mais non bilabiées, d'un rose cramoisi et formant de longues grappes terminales. Il n'est que demi-rustique dans l'est et le nord de la France.

5° Le *pentstémon baccharoïde* (*P. baccharifolius*), du même pays que le précédent et, comme lui, à fleurs rouge carmin, mais ces fleurs sont plus longuement tubuleuses et sensiblement bilabiées. Réunies par petits faisceaux au sommet des ramuscules de la tige, elles figurent par leur ensemble une longue panicule racémiforme. La plante s'élève à 0ᵐ,60 ou 0ᵐ,70; elle est demi-rustique à Paris.

6° Le *pentstémon gentianoïde* (*P. gentianoides*) (fig. 114), très-belle plante à fleurs campanulées, comme ventrues, un peu irrégulières, d'un bleu violacé clair, en longue grappe feuillue. Originaire d'une région du Mexique très-élevée (4,500^m), où elle a été découverte par Humboldt et Bonpland, cette espèce est entièrement rustique sous nos climats. Il est essentiel de ne pas la confondre avec le pentstémon d'Hartweg, qui a longtemps porté et porte encore, parmi les horticulteurs, le nom de *gentianoides*. Ce pentstémon, recommandable d'ailleurs à plusieurs titres, a le défaut de s'élever un peu trop (1^m,20 ou plus); il a produit dans nos jardins plusieurs variétés intéressantes dans toutes les nuances entre le blanc pur et le pourpre.

7° Le *pentstémon de Jeffrey* (*P. Jeffreyanus*), superbe plante de la Californie septentrionale, où elle a été découverte par le voyageur dont elle porte le nom. Ses fleurs, en longues panicules terminales, sont de moyenne grandeur, tubuleuses, à limbe ouvert et sensiblement bilabié, d'un beau bleu d'azur, qui passe au pourpre violet à la base du tube. Sa

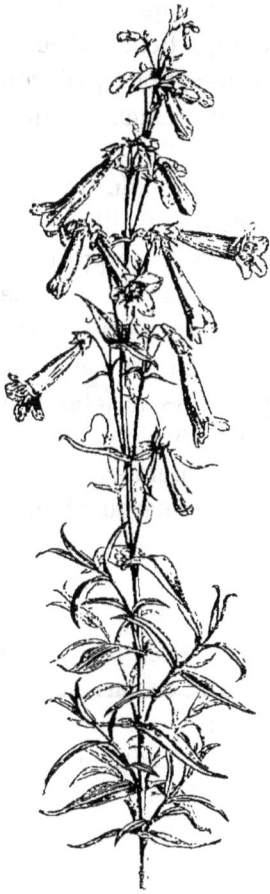

Fig. 114. — Pentstémon gentianoïde.

taille, qui est en moyenne de 0^m,60, la rend très-propre à la culture sur plates-bandes. Elle est suffisamment rustique à Paris.

8° Le *pentstémon azuré* (*P. azureus*), de la Californie. Jolie plante à fleurs bleu clair, mais d'une conservation difficile. Les semis reproduisent rarement la belle teinte bleue des fleurs du type.

9° Le *pentstémon barbu* (*P. barbatus*), des montagnes du Mexique. Plante à tiges grêles, tortueuses, hautes de 0^m,80 à 1^m; à fleurs tubuleuses, étroites, dont le limbe est dilaté, de couleur rouge écarlate. Elle a donné des variétés roses et blanches. C'est à tort qu'elle porte chez quelques amateurs et horticulteurs le nom de *galane*, qui appartient à d'autres plantes d'un genre un peu différent, et dont nous parlerons plus loin. Elle est robuste, sans être entièrement rustique sous nos climats.

10° Le *pentstémon campanulé* (*P. campanulatus*), du Mexique, du Guatimala et de Cuba. Plante touffue, très-feuillue, dont les tiges s'élèvent à $0^m,30$ ou $0^m, 40$; à fleurs en grappe ou en panicule étroite, sensiblement unilatérale, à corolle ventrue, bilabiée, un peu grande, rose ou carmin clair dans la forme type. Cette espèce est extrêmement variable, même au Mexique. En Europe elle a déjà produit plusieurs variétés dans toutes les nuances du rose, du rouge carmin, du violet bleuâtre et du pourpre foncé. Quoique seulement demi-rustique à Paris, ce pentstémon est de culture facile et remarquablement florifère.

11° Le *pentstémon d'Hartweg* (*P. Hartwegii*). Plante du Mexique et des mêmes localités où Humboldt et Bonpland ont trouvé le pentstémon gentianoïde, ce qui a vraisemblablement occasionné la méprise que nous avons signalée en parlant de ce dernier, avec lequel celui-ci a été confondu. Les deux plantes sont, du reste, si voisines l'une de l'autre qu'il faudra peut-être un jour les considérer comme simples variétés d'une même espèce. Dans le pentstémon d'Hartweg les fleurs sont cependant un peu moins grandes que dans le pentstémon gentianoïde, à tube un peu plus court et plus ventru; leur coloris est le violet pourpre, à reflets bleu foncé extérieurement. Il est à peu près rustique à Paris.

12° Le *pentstémon diffus* (*P. diffusus*) (fig. 115), des Montagnes rocheuses, haut de $0^m,40$ à $0^m,50$, à feuilles inférieures ovales-lancéolées, celles de la tige étant largement ovales et sessiles, et toutes profondément dentées. Les fleurs, en grande panicule terminale, sont d'un carmin violacé qui passe au violet bleuâtre sur la lèvre supérieure. C'est une des espèces les plus floribondes du genre; elle a donné quelques variétés horticoles, une entre autres qui se distingue par des fleurs roses à gorge blanche.

13° Le *pentstémon de Murray* (*P. Murrayanus*), plante du Texas, à feuillage glauque; les feuilles, opposées sur la tige et soudées ensemble, forment des espèces de soucoupes dans lesquelles sont situés les faisceaux de fleurs, dont les étages superposés représentent une longue grappe interrompue. Ces fleurs sont d'un rouge cinabre obscur. C'est une espèce délicate sous nos climats.

14° Le *pentstémon de Lobb* (*P. Lobbii*), de Californie; espèce curieuse par la couleur jaune de ses fleurs, mais elle est très-peu connue, et peut-être n'existe-t-elle plus dans les jardins.

Plusieurs autres espèces ont encore été introduites en Europe, telles que le *pentstémon cobéa* (*P. Cobœa*), le *pentstémon de Gordon* (*P. Gordoni*), le *pentstémon à fleurs de digitale* (*P. Digitalis*), le *pentstémon pubescent* (*P. pubescens*), le *pentstémon de Richardson* (*P. Richardsoni*), le *pentstémon à épi* (*P. confertus*) : cette dernière espèce à fleurs jaune de soufre, etc. L'énumération que nous en pourrions faire n'aurait qu'une médiocre utilité pour le grand nombre des amateurs; il sera d'ailleurs toujours facile à ceux qui tiendraient à compléter leurs collections d'en prendre connaissance par les catalogues des horticulteurs marchands, mais nous devons ajouter que dans ce genre les espèces et les

Fig. 115. — Pentstémon diffus.

variétés n'ont pas encore été déterminées d'une manière absolue.

Tous les pentstémons, quel que soit leur degré de rusticité, ont quelque chose de commun dans le tempérament : c'est de se plaire aux expositions chaudes, aérées et largement ouvertes à la lumière, dans les sols légers, mais substantiels et un peu calcaires, et surtout dans ceux qui laissent facilement écouler l'eau. Rien ne leur est plus préjudiciable que les terrains compactes, où l'eau reste stationnaire ; aussi périssent-ils, dans nos hivers, bien plus par la persistance de l'humidité et l'alternative de la gelée et du dégel que par la rigueur du froid. De même que les autres plantes montagnardes, ils réussissent toujours mieux sur les terrains en pente, toutes les autres circonstances restant les mêmes, que sur les terrains horizontaux ; aussi convient-il, si on veut les cultiver avec tout le succès désirable, de se rapprocher de cette condition en créant des talus artificiels ou des planches bombées, si le jardin est dans un fond et que la terre y soit compacte et humide. On conçoit d'ailleurs que les résultats seront bien différents suivant les lieux et les climats, et que les procédés de culture devront se modifier en conséquence ; mais c'est là un fait qui n'est point particulier aux pentstémons, et qui se reproduit dans la culture de tous les végétaux. On peut dire, d'une manière générale, que les pentstémons ont plus de chance de bien réussir dans nos provinces du centre et de l'ouest que dans celles de l'est et du nord. Telle espèce qui sera tendre dans ces dernières, ou qui y périra l'hiver par l'humidité ou le froid, résistera sans peine dans les premières. Il faut noter, en effet, que les pentstémons deviennent souvent plus forts, plus beaux et plus florifères lorsqu'ils passent l'hiver en pleine terre que lorsqu'ils sont hivernés en pots, sous des châssis ; mais là même où ils sont exposés à geler, si le sol est drainé et un peu sec, il suffira de les abriter par une couverture de paille ou de feuilles sèches pour les mettre à l'abri du froid.

Il y a des espèces cependant, par exemple les pentstémons cobéa, de Murray, de Lobb, etc., qui sont assez délicates pour ne pouvoir pas résister l'hiver en pleine terre sous nos climats, même avec des couvertures, si ce n'est dans celui du midi, et sous des climats plus rudes toutes les espèces du genre sont dans ce cas. On est donc toujours dans l'obligation d'en relever au moins quelques pieds en automne, pour les abriter plus sûrement dans la serre ou sous des châssis. L'opération se fait en octobre ou plus tard, suivant les lieux. Après avoir coupé toutes leurs tiges on met les plantes dans des pots remplis de terre légère bien drainée, où on ne leur donne que juste assez d'eau pour les empêcher de se dessécher. Il faut avoir soin de tenir les châssis ouverts aussi souvent et aussi longtemps que possible. On remet les plantes en place au printemps, lorsque la gelée et les pluies froides ne sont plus à craindre, et dans une terre convenablement amendée. On donne des arrosages suivant le besoin, et d'autant plus copieux que la saison est plus chaude et la végétation plus active, et, autant qu'on le peut, sans mouiller les feuilles.

La multiplication des pentstémons se fait par semis ou par boutures, et non par éclats ou division du pied, ce dernier moyen ne donnant presque jamais que des plantes chétives, et exposant d'ailleurs les pieds mères auxquels ces ablations ont été faites à périr par suite de pourriture. Les pentstémons digitale et barbu sont les seuls qui supportent sans trop d'inconvénient ces sortes de mutilations. Les semis se font en février ou mars, sur couche tiède et sous châssis, dans des terrines remplies de terre de bruyère siliceuse et bien drainées. Quelques espèces lèvent difficilement, parfois seulement la seconde année. Les jeunes plantes, repiquées sous châssis en avril et mai et mises en place en juin, fleuriront presque toujours à l'automne suivant.

On fait encore les semis en mai et juin, à l'air libre, sur une planche de terre meuble, siliceuse et terreautée. En août, on repique le jeune plant en pots, pour l'hiverner sous châssis froid, dont les panneaux devront être soulevés, comme nous l'avons dit ci-dessus, toutes les fois que la température sera au-dessus de zéro. De même que pour les plantes faites, on donnera des arrosages très-modérés sans mouiller les feuilles. Les plantes seront mises en place au mois de mai de l'année suivante.

La multiplication par boutures est la plus rapide et la plus convenable. La plupart des espèces s'enracinent promptement, au printemps comme en automne, à froid comme à chaud. Il faut avoir soin de prendre, pour faire ces boutures, de jeunes pousses herbacées et succulentes. On les plante dans des godets remplis de terre de bruyère, qu'on tient légèrement humides et qu'on couvre de cloches jusqu'à leur reprise. Lorsque les plantes sont enracinées, on les découvre peu à peu pour les habituer au contact de l'air. Si on a opéré au printemps on met les plantes en place dès qu'elles se sont assez endurcies ; si au contraire on était en automne on les empoterait dans des vases proportionnés à leur taille, pour les hiverner comme il a été dit plus haut.

A la suite des pentstémons, il convient de nommer ici les *galanes* (*Chelone*), autres scrofularinées de l'Amérique du Nord, et si voisines des pentstémons proprement dits qu'elles ont été plus d'une fois confondues avec eux. Elles en diffèrent cependant par le port et surtout par la forme des graines. Comme ces derniers, ce sont des plantes vivaces, à tiges dressées, à feuilles opposées, dont les fleurs tubuleuses, ventrues et irrégulières, sans être tout à fait bilabiées, rappellent celles de nos digitales. Les plus communément cultivées sont la *galane blanche* (*Ch. glabra, Ch. purpurea*), haute de 0^m,50 à 0^m,60, et dont les fleurs sont blanches, roses ou pourpres, et la *galane à grandes fleurs* (*Ch. major, Ch. Lyonsii*), de même taille, à feuilles larges, cordiformes, et dont les grosses fleurs, d'un rose violacé, sont en grappe raccourcie. Ces espèces, et quelques autres que nous omettons, sont très-inférieures en beauté aux pentstémons d'élite, qui tendent à les faire abandonner. Elles ne sont d'ailleurs que demi-rustiques sous le climat du nord, où on est obligé de les abriter l'hiver contre le froid et l'humidité. Ajoutons qu'elles viennent mieux à mi-ombre et en terre mélangée de terreau végétal qu'en plein soleil et en terre ordinaire.

Périlla de Nankin (*Perilla nankinensis*). Plante an-

nuelle de la famille des labiées, à larges feuilles ovales et
à fleurs roses insignifiantes, mais formant des touffes compactes de 0ᵐ,50 à 0ᵐ,60 de hauteur. Cette plante, qui serait
d'ailleurs sans beauté, est remarquable par sa teinte pourpre
noir, d'un singulier effet; aussi l'a-t-on adoptée dans le jardinage d'agrément, soit comme plante curieuse, soit pour
faire ressortir, par le contraste de sa teinte foncée, la verdure
ou les coloris des fleurs d'autres plantes, soit même pour en
former exclusivement des massifs. On la sème en mars, avril
ou mai, sur couche ou en place, sous cloche ou sous châssis si
la saison est peu avancée. Toutes les parties de la plante froissées entre les doigts exhalent une odeur prononcée de punaise.
Il est probable que sa coloration anormale n'est autre chose
qu'une monstruosité qui s'est perpétuée de semis.

Pervenche rose (*Vinca rosea, Lochnera rosea*). Petite
plante vivace et sous-frutescente, de la famille des apocynées,
originaire de l'Afrique australe ou de Madagascar, dressée, haute
de 0ᵐ,30 à 0ᵐ,35, à feuilles glabres et luisantes, à fleurs régulières, moyennes, d'un blanc rosé ou tout à fait roses, quelquefois
blanches. Quoique vivace, lorsqu'elle est abritée du froid pendant l'hiver, elle est habituellement cultivée comme plante annuelle sous nos climats. Elle est de premier ordre pour la plantation des plates-bandes d'un parterre, et plus estimée encore
comme plante d'appartement à cultiver en pots; aussi s'en
fait-il un grand commerce à Paris. On la sème sur couche, du
commencement de mars à la fin d'avril, et on la met en place,
ou en pots, vers le milieu ou la fin de mai. La floraison a lieu
de juillet en octobre, ou plus longtemps encore si le climat
est méridional. Dans toutes les parties de la région méditerranéenne où la température annuelle est au moins de 15 degrés
centigrades, la pervenche rose est entièrement une plante de
pleine terre.

Deux espèces du genre pervenche sont indigènes en France, la
grande et la *petite pervenche* (*Vinca major* et *V. minor*), toutes
deux sarmenteuses et par là nullement propres à être cultivées
sur les plates-bandes d'un jardin. Il en est autrement de la *pervenche de Hongrie* (*V. herbacea*), plante vivace comme les pré-

cédentes, mais basse, touffue, à rameaux comparativement
courts quoique sarmenteux, étalés sur le sol et richement
florifères. Un ou deux pieds, convenablement situés dans un
parterre, y produiraient un agréable effet au printemps, par
leurs centaines de fleurs d'un bleu violet. Cette jolie plante
aime les terres profondes, fraîches et amendées de détritus
végétaux. Elle serait cependant encore mieux à sa place sur
une rocaille humide que dans un parterre.

Petite consoude. Voyez *Myosotis.*

Petite marguerite. Voyez *Pâquerette.*

Pétunias (*Petunia*). Genre de plantes de la famille des solanées, originaires des pays tempérés-chauds de l'Amérique du
Sud. Deux de ces espèces, les *pétunia pourpre* (*P. violacea*)
(fig. 116) et *pétunia blanc* (*P. nyctagyniflora*) (fig. 117), qui sont
naturellement vi-
vaces sous leur cli-
mat natal, mais
qui se cultivent
chez nous comme
plantes annuelles,
sont aux premiers
rangs parmi nos
plantes ornemen-
tales. Ces deux
espèces, celle à
fleurs pourpres

Fig. 116. — Pétunia pourpre.

surtout, sont connues de tout le monde pour la richesse et
l'éclat de leur floraison. Livrées à elles-mêmes et cultivées
à distance l'une de l'autre, elles ne paraissent pas susceptibles
de varier notablement; en revanche elles se croisent très-facilement et donnent par là des formes hybrides, qui, fécondées les
unes par les autres ou par les types des espèces, engendrent à
leur tour des variétés nouvelles en nombre indéfini, où se présentent toutes les combinaisons du blanc, du rose, du pourpre,
du carmin et du pourpre violet. Quelques-unes se font remarquer par l'ampleur inusitée de leur corolle; d'autres ont
la fleur cerclée de vert, d'autres, enfin, ont doublé ou sont

devenues pleines. La préférence donnée à telle ou telle de ces variations est affaire de goût; néanmoins il nous paraît que les variétés à fleurs simples, moyennes, et réticulées de pourpre sur fond rose ou carmin clair, doivent obtenir la préférence sur toutes les autres. Ces variations, qui sont ici purement individuelles et ne se transmettent pas fidèlement par le semis, se conservent au moyen du bouturage. Hors ce cas, la multiplication des pétunias se fait exclusivement par graines.

Les pétunias sont si peu exigeants qu'ils viennent pour ainsi dire tout seuls; il leur arrive même

Fig. 117. — Pétunia blanc.

quelquefois de s'échapper des jardins pour croître en liberté aux alentours des villes, et si l'hiver n'est pas rigoureux, comme cela arrive ordinairement dans le midi, il n'est pas rare qu'ils y survivent et que leurs tiges deviennent à demi ligneuses. Ils forment sur les plates-bandes de larges et fortes touffes, dont les branches s'étalent à terre, et qu'on est souvent dans la nécessité de raccourcir pour qu'elles n'envahissent pas tout l'espace, mais, à part ce léger inconvénient, peu de plantes sont aussi agréables à cultiver et rémunèrent mieux le peu de soin qu'elles demandent. Commencée en juin, leur floraison se continue sans interruption, et même ne fait que s'accroître, jusqu'aux gelées. Outre le rôle capital qu'ils jouent dans le parterre, les pétunias s'accommodent très-bien de la culture en pots, et comme leurs branches tendent à s'allonger presque indéfiniment, on profite de cette disposition pour les attacher à des treillages de diverses formes, qui bientôt sont couverts de leurs fleurs. On peut les dresser de même sur les treillis des murs, ou en faire de larges massifs dans les jardins paysagers.

Une bonne exposition en plein soleil, un sol meuble et substantiel et des arrosages copieux dans le courant de l'été, sont les conditions les plus favorables aux pétunias. Les semis se font au printemps, en pots ou en terrines, sur couches et sous châssis. Les plantes sont mises en place dès qu'elles ont sept à huit feuilles, ou, mieux encore, dès que le froid n'est plus à craindre.

Phygélie du Cap (*Phygelius capensis*). Scrofularinée de l'Afrique australe, vivace par sa racine, à tige simple, droite, tétragone; à feuilles opposées, pétiolées, ovales, glabres comme toute la plante. La tige, haute de $0^m,50$ environ, n'est dans la moitié de sa longueur qu'une grande panicule de fleurs tubuleuses, pendantes, à limbe quinquélobé et largement ouvert, d'un rouge vif, avec la gorge jaune pâle. Cette belle scrofularinée, qui est jusqu'ici seule de son genre, mais qui a des analogies manifestes avec les pentstémons du nord de l'Amérique, n'est point du Cap de Bonne-Espérance comme son nom le ferait croire, mais de l'intérieur de la Cafrerie, au voisinage du 30e degré de latitude. Malgré cette origine subtropicale elle est demi-rustique dans le nord de la France, où elle est devenue une excellente plante de plate-bande et de pots. Sa floraison arrivant vers le commencement de l'été, elle a le temps de mûrir des graines qui servent à la multiplier. Les semis se font dans l'été même, ou aux premiers jours de l'automne, et le plant, repiqué en pots, est hiverné sous châssis jusqu'au retour du printemps. On peut aussi la propager de boutures faites sous cloches, au printemps, en donnant au plant ainsi obtenu les mêmes soins qu'à celui qui provient des semis. Dans le climat méditerranéen il est probable qu'une partie de ces soins serait superflue.

Phlox (*Phlox*). Genre de polémoniacées du nord de l'Amérique et de l'Asie orientale, composé de plantes la plupart vivaces, rustiques, à fleurs régulières, blanches, roses ou pourpres, souvent rapprochées en panicules ou en corymbes ombelliformes. Plusieurs de ces plantes ont été introduites dans l'horticulture européenne dès le milieu du siècle dernier, et depuis lors elles ont toujours été considérées comme étant de premier ordre. Elles se sont d'ailleurs beaucoup embellies par la culture, et les variétés en sont déjà si nombreuses qu'on pourrait presque les mettre au nombre des plantes de collection. Parmi ces variétés plusieurs sont d'origine hybride, par conséquent intermédiaires entre les espèces qui leur ont donné le jour, ce qui rend ces dernières souvent difficiles à bien reconnaître. Ces espèces sont principalement :

1° Le *phlox acuminé* (*Phlox acuminata*) (fig. 118), plus connu dans les jardins sous le nom de *Phlox decussata*, plante à feuilles lancéolées, à tiges dressées, hautes de $0^m,70$ à 1^m, terminées par un large corymbe arrondi de fleurs rose lilas. Il a produit un très-grand nombre de variétés, les unes directement, les autres par voie d'hybridation avec les espèces voisines, et la plupart décorées d'appellations particulières. Ces variétés réunissent tous les tons et toutes les combinaisons de coloris, depuis le blanc pur jusqu'au pourpre foncé et au violet. Très-souvent deux couleurs, ou deux teintes prononcées de la même couleur, sont réunies sur la même fleur, en stries, en panachures, et quelquefois en étoile à cinq rayons ou en macules cunéiformes sur chaque lobe de la corolle. Tel est en particulier le *phlox Van Houtte*, obtenu en Belgique dans ces dernières années.

Fig. 118. — Phlox acuminé.

2° Le *phlox pyramidal* (*Ph. pyramidalis*, *Ph. maculata*), à tiges dressées, presque simples, tachetées de brun, hautes de $0^m,80$ à 1^m et plus, terminées par une panicule oblongue ou pyra-

midale de fleurs lilas pourpre, très-odorantes. Croisé par
le phlox acuminé, qui en est d'ailleurs voisin, le phlox pyramidal a, comme lui, donné naissance à beaucoup de variétés,
dont une à fleurs blanches a été décrite à tort comme espèce
distincte, sous le nom de *Ph. suaveolens.*

3° Le *phlox paniculé* (*Ph. paniculata*), du nord de l'Amérique
comme le phlox acuminé, dont il est aussi fort voisin par le
port, la taille et l'aspect. Ses tiges, hautes de près d'un mètre,
se terminent par un volumineux bouquet, ou panicule ramassée, de fleurs lilas, très-odorantes, un peu plus longuement tubuleuses que celles des espèces précédentes, avec
lesquelles il a donné aussi de nombreuses variétés hybrides.

4° Le *phlox de Drummond* (*Ph. Drummondi*) (fig. 119), du
Texas. Plante
annuelle, à
tiges décom-
bantes, hautes
de 0^m,30 à
0^m,40, à feuil-
les simple-
ment ovales.
Ses fleurs,
plus grandes
que celles des
autres phlox
et rappro-
chées en pe-
tits corymbes
au sommet
de pédoncules
axillaires, sont
d'une belle
teinte rose
pourpre, quel-
quefois rose
clair ou toutes

Fig. 119. — Phlox de Drummond.

blanches. Par simple variation, et sans croisement avec d'autres espèces, le phlox de Drummond a aussi donné naissance à diverses variétés, les unes unicolores, les autres panachées ou cerclées de deux couleurs, et généralement très-belles et très-recherchées.

Outre les espèces que nous venons de décrire sommairement, on en trouve encore quelques autres, de moindre importance, dans les jardins fleuristes. Tels sont le *phlox à feuilles ovales* (*Ph. ovata*), à fleurs roses; le *phlox printanier* (*Ph. verna*), plante basse, à fleurs rose carmin, qui est particulièrement propre à la plantation en bordures; le *phlox à feuilles subulées* (*Ph. subulata*) (fig. 120), espèce vivace très-florifère et très-belle, à tiges décombantes; à feuilles linéaires, étroites, aiguës ou subulées; à fleurs axillaires ou terminales, rose pourpre, souvent étoilées de pourpré foncé au centre; cette espèce, comme la suivante, ne réussit qu'en terre de bruyère;

Fig. 120. — Phlox à feuilles subulées.

Le *phlox à feuilles étroites* (*Ph. setacea*), très-voisin du précédent et presque aussi bas que lui, et s'employant aux mêmes usages; enfin, le *phlox suffrutiqueux* (*Ph. suffruticosa*), dont on a obtenu il y a une vingtaine d'années de jolies variétés, devenues aujourd'hui fort rares dans les jardins.

Tous les phlox sont des plantes de parterre, mais ceux de grande taille, comme les variétés vaguement désignées sous le nom de *Ph. decussata*, et qui, ainsi que nous l'avons dit plus haut, sont la plupart des produits hybrides de deux ou trois espèces, conviennent tout aussi bien aux grands jardins, où on en peut faire des massifs éblouissants. Leur culture est des plus faciles : ils viennent dans tous les terrains et à

toutes les expositions ; ils réussissent mieux cependant lorsqu'ils sont en bon sol et dans un site largement ouvert aux
rayons du soleil. On les multiplie de graines, de boutures et
d'éclats du pied. Les boutures se font au printemps ou en automne ; et pour se procurer de jeunes pousses dans cette dernière saison, on retranche, dans le courant du mois d'août,
l'extrémité des tiges, qui, ainsi tronquées, ne tardent pas à
émettre des bourgeons de l'aisselle de presque toutes leurs
feuilles. Ce sont ces bourgeons qui servent de boutures.
On les plante soit dans des godets, soit en pleine terre, et on
les recouvre d'une cloche. On peut aussi multiplier les phlox
par couchage des branches dans le sol, en août et septembre.
Moyennant quelques arrosages, ces branches ne tardent pas à
s'enraciner à tous les nœuds qui sont en terre. La division des
pieds est un moyen du reste presque aussi expéditif de multiplication et tout aussi sûr. Le phlox de Drummond, qui est
annuel, ne se multiplie que de graines ou de boutures.

Les semis de phlox se font pour ainsi dire toute l'année : au
premier printemps, sur couche chaude et sous châssis ; du 15
avril au 15 mai, en pleine terre, et souvent même en place
lorsqu'il s'agit des petites espèces ou variétés de plate-bande.
Néanmoins l'époque la plus favorable est l'automne, à partir du
1er septembre. Le plant est alors repiqué en pots ou en terrines
et hiverné sous châssis dès que les froids commencent à se
faire sentir ; mais les espèces vivaces passent très-bien l'hiver
en pleine terre, sous le climat de Paris, avec une couverture de paille ou de feuilles sèches, à la condition toutefois
que la terre soit saine et ne retienne pas l'eau des pluies. Les
plantes hivernées sous châssis doivent être découvertes toutes
les fois que le temps est doux ; on les met en place dans le
courant d'avril, et on leur donne de copieux arrosages lorsqu'elles sont dans toute la force de leur végétation, et surtout
lorsqu'elles s'apprêtent à fleurir.

Pieds-d'alouette ou **dauphinelles** (*Delphinium*).
Genre de la famille des renonculacées, indigène des pays tempérés ou froids, comprenant des espèces annuelles et des espèces vivaces, à tiges dressées, à fleurs irrégulières et épe-

ronnées, disposées en grappes spiciformes au sommet de la tige et des rameaux. Ces fleurs sont le plus souvent bleues ou bleu violacé, quelquefois roses, rouges, pourpres ou carmin, d'autres fois blanches par décoloration. Une espèce de ce genre est classique : c'est le *pied-d'alouette des fleuristes* ou *dauphinelle commune* (*D. Ajacis*) (fig. 121), plante annuelle d'Orient et du midi de l'Europe, à tige simple ou presque simple, à feuilles finement découpées, et dont les fleurs, devenues doubles ou pleines par une longue culture, présentent aujourd'hui toutes les nuances qui séparent le blanc du violet foncé, en passant par le rose et le pourpre, et sont même quelquefois panachées de deux couleurs. On classe ses nombreuses variétés en deux groupes principaux : les *grands pieds-d'alouette*, dont la tige s'élève à 0^m,60 ou plus, et les *pieds-d'alouette nains*, qui dépassent à peine 0^m,30. Ces jolies plantes servent d'habitude à faire des bordures, unicolores ou variées suivant le choix qu'on a fait des variétés, et elles sont fort agréables pendant leur floraison, mais elles ont le défaut de passer vite. On les sème en place, en février, mars, avril ou mai, pour obtenir des floraisons successives deux ou trois mois plus tard ; on peut aussi semer en septembre, mais alors il faut hiverner le plant sous châssis, pour le mettre en place vers la fin de mars.

Fig. 121. — Pied d'alouette des fleuristes.

Le *pied-d'alouette des blés* (*D. consolida*), plante indigène et annuelle, quoique inférieure à la précédente, a aussi donné, par le fait d'une culture déjà ancienne, de nombreuses variétés doubles, qui sont loin d'être sans valeur pour la décoration des parterres. La couleur normale, qui est le bleu légèrement violacé, a subi toutes les modifications que nous avons signalées ci-dessus dans celle du pied-d'alouette des fleuristes. On y trouve, comme dans ce dernier, tous les tons du blanc, du rose, du lilas pourpre, du violet et du gris; il y a même des variétés panachées de deux ou de trois couleurs. Un point à noter est que ces divers coloris se conservent assez fidèlement par le semis des graines. Le principal et presque le seul reproche qu'on puisse faire à cette espèce est sa grande taille (1^m, ou plus); aussi, lorsqu'il s'agit du parterre proprement dit, doit-on donner la préférence aux variétés les plus naines, qui ne s'élèvent pas au-delà de $0^m,50$ à $0^m,60$; les autres doivent être réservées aux grands jardins fleuristes ou aux jardins publics. La reproduction se fait de graines qu'on sème en février, mars ou avril, à quinze ou vingt jours d'intervalle, afin de prolonger la floraison.

Une troisième espèce, qui est aussi très-propre par sa taille, peu élevée, et la beauté de ses fleurs à la décoration du parterre, est le *pied-d'alouette indigo* (*D. formosum*), plante d'origine inconnue, mais qu'on croit avoir été trouvée dans un jardin de Belgique. Il est vivace, très-rustique, à tige peu ramifiée, haute de $0^m,45$ à $0^m,60$, terminée par une volumineuse grappe de fleurs d'un tiers plus grandes que celles du pied d'alouette commun. La corolle est d'un bleu indigo intense, passant au bleu noir sur le contour des pétales, avec une macule jaunâtre au centre de la fleur. Cette belle plante, qui est jusqu'ici restée simple, deviendrait de premier ordre si la culture en obtenait des variétés doubles. On le multiplie de graines semées au printemps, ou mieux en automne, et aussi par divisions du pied. Ce dernier procédé peut s'appliquer à toutes les espèces vivaces du genre.

Plusieurs autres espèces de pieds-d'alouette, la plupart vivaces, ont été récemment introduites dans les jardins. Elles sont rustiques et relativement de grande taille (1^m, à $1^m,50$ ou même 2^m). Ce sont les *D. elatum*, *grandiflorum*, *hybridum* et *azureum*, originaires de Sibérie, tous à fleurs bleues ou azurées, et le *D. cardinale* ou *Pied-d'alouette écar-*

late, de Californie, très-belle plante à fleurs rouge vif. Ce dernier par sa taille, un peu moins élevée que celle des précédents (en moyenne 0^m,70), convient encore aux parterres; mais il n'est décidément rustique que dans nos provinces occidentales. Toutes les autres sont mieux à leur place dans les grands jardins, où on en fait des touffes très-belles et très-brillantes pendant les quelques jours que dure leur floraison. Ces différentes espèces se reproduisent de graines, semées au printemps, et mieux à la fin de l'été ou en automne, ou encore par divisions du pied. Nous en reparlerons dans un des chapitres suivants.

Plus je vous vois. Voyez *Myosotis.*

Polémoine bleue (*Polemonium cæruleum*) (fig. 122). Plante indigène, désignée quelquefois sous le nom de *valériane grecque*, de la famille des polémoniacées, vivace et rustique, à feuilles pennatiséquées. Ses tiges, dressées, hautes de 0^m,40 à 0^m,50, se terminent par des corymbes de fleurs bleues ou blanches suivant la variété, régulières, un peu campanuliformes. C'est une assez jolie plante de plate-bande, qui se multiplie de graines ou

Fig. 122. — Polémoine bleue.

d'éclats du pied, et dont la culture exige fort peu de soin.

Pomme épineuse. Voyez *Daturas.*

Potentilles (*Potentilla*). Grand genre de plantes de la famille des rosacées, vivaces, en grande partie indigènes, à feuilles ordinairement composées, à fleurs régulières, jaunes dans la grande majorité des espèces, plus rarement blanches ou pourpres. Plusieurs espèces indigènes ont été introduites dans les jardins, où elles ne sont que des plantes de troisième ou de quatrième ordre, à peine dignes de la culture. Les seules qui nous paraissent mériter d'être recommandées sont : la *potentille pourpre noir* (*P. atrosanguinea*), de l'Himalaya, dont les feuilles, trifoliolées, ressemblent beaucoup à celles de nos fraisiers, et dont les fleurs sont d'un rouge pourpre foncé; et la *potentille du Népaul* (*P. nepalensis*), des mêmes lieux que la précédente, à fleurs rouge carmin, mais à feuilles quinquéfoliolées. La première de ces deux espèces, soit par simple variation, soit par croisement avec quelque autre espèce à fleurs jaunes, peut-être avec le *P. recta*, a donné naissance à d'intéressantes variétés, dont les fleurs, plus grandes que dans le type, quelquefois doubles ou presque pleines et assez semblables à celles d'une renoncule, sont veinées ou réticulées de pourpre sur fond jaune ou unicolores. Telles sont les *Potentilla striata, formosissima, Macnabiana, Russelliana, Smoutii, Menziesii, Mulleri, insignis*, etc., qui sont nées dans les jardins de l'Angleterre ou de la Belgique. Toutes ces variétés se multiplient d'éclats du pied, et comme elles ne sont qu'à demi rustiques dans le nord de la France, il est prudent de les abriter dans les hivers rigoureux.

Pourpier à grandes fleurs (*Portulaca grandiflora*) (fig. 123). Plante vivace, de la famille des portulacées, originaire des contrées tempérées de l'Amérique méridionale, à tiges et feuilles charnues, un peu étalée sur le sol ; à fleurs moyennes, régulières, d'un pourpre très-vif et comme rutilant, avec une macule blanche à la base des pétales. Elle a donné plusieurs variétés assez différentes du type pour que quelques personnes aient cru devoir les en séparer comme espèces distinctes. On peut signaler dans le nombre la variété à fleurs roses panachées

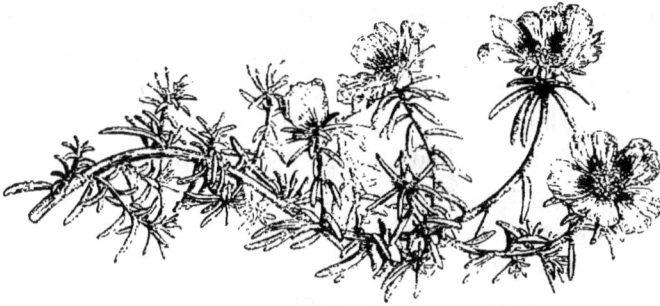

Fig. 123. — Pourpier à grandes fleurs.

de carmin (*P. variegata rosea*); la variété *de Thellusson* (*P. Thellussoni*), à fleurs écarlates, avec une macule blanche au centre, variété qui est elle-même devenue, dans les jardins de l'Allemagne, la souche d'une multitude de sous-variétés simples, doubles ou pleines, de toutes les nuances du jaune, de l'orangé, du rouge, du rose, du pourpre violet, etc.; et enfin la variété *de Thorburn* ou *dorée*, à fleurs jaunes maculées ou pointillées de rouge. Toutes ces variétés se cultivent comme plantes annuelles, et on les sème sur place, en avril et mai. On en fait de très-beaux massifs, dont les fleurs sont surtout éclatantes au soleil. Elles exigent beaucoup de chaleur, et ne réussissent bien que dans les sols légers et à l'exposition du midi.

Pulmonaires (*Pulmonaria*). Borraginées indigènes et exotiques, vivaces, rustiques; à tiges peu élevées; à feuilles ovales ou lancéolées, velues, parfois maculées de brun ou de rouge obscur sur fond gris ou vert; à fleurs tubuleuses, en grappes scorpioïdes et pendantes, bleues, violettes, roses ou rouge pâle, quelquefois blanches dans les variétés. Sans être de première valeur ces plantes, qui ne demandent presque aucun soin de culture, sont de quelque utilité pour la décoration des plates-bandes et des rocailles. Les plus belles du genre sont : la *pulmonaire de Virginie* (*P. virginica*), du nord de l'Amérique, plante haute de 0^m,25 à 0^m,30, à fleurs bleu clair, plus rarement roses ou violettes; et la *pulmonaire de Sibérie* (*P. sibirica*), dont les fleurs sont plus petites et d'un bleu plus foncé.

On trouve aussi dans quelques jardins deux de nos espèces indigènes, la *pulmonaire officinale* (*P. officinalis*) et la *pulmonaire de montagne* (*P. mollis*), dont les feuilles sont ordinairement marbrées, et les fleurs violettes ou rougeâtres. Toutes ces plantes fleurissent au printemps, de mars à la fin de mai, suivant les lieux. On ne les multiplie guère que par divisions du pied, ce qui se fait dans les premiers jours de l'automne ou à la fin de l'hiver.

Pulsatille. Voyez *Anémones*.

Pyrèthres. Voyez *Chrysanthèmes*.

Queue-de-renard. Voyez *Amarantes*.

Rameau d'or. Voyez *Giroflée*.

Réséda (*Reseda odorata*). Espèce type de la famille des résédacées, originaire de l'Égypte et de l'Orient, vivace dans les parties les plus méridionales de l'Europe, simplement annuelle dans le nord, à moins qu'elle ne soit abritée pendant l'hiver, et alors elle devient sous-ligneuse et peut s'élever, à l'aide de treillis, jusqu'à 2 mètres de hauteur. En France on ne cultive guère le réséda que comme plante annuelle, soit en plate-bande, soit en pots ou en caisses sur les fenêtres, et cela bien moins pour la beauté de ses fleurs que pour leur odeur suave. A l'exception de la violette, il n'y a pas de plante aussi populaire en Europe que le réséda, et il n'y en a pas non plus dont la culture soit plus simple et plus facile. On en connaît deux variétés, d'ailleurs à peine différentes l'une de l'autre, le *réséda ordinaire* et le *réséda à grandes fleurs* ou *réséda double*, qui ne diffère du premier que par une taille un peu plus forte, des grappes de fleurs plus grandes et des feuilles un peu cloquées.

Le réséda vient pour ainsi dire en tout terrain, quelle que soit l'exposition, pourvu qu'il ait de temps en temps un rayon de soleil ; cependant il se plaît davantage dans les sols un peu secs, chauds et bien éclairés, surtout s'ils contiennent du nitre, comme ceux auxquels ont été mélangés des platras et des décombres de vieux murs. Lorsqu'on le cultive en pots ou en caisses, on doit avoir soin de drainer parfaitement ces récipients pour faciliter l'écoulement de l'eau des arrosages.

Semé en avril et mai, on le voit commencer à fleurir dès les mois de juin et de juillet, et continuer ainsi jusqu'aux gelées. On a même remarqué que sa floraison est d'autant plus abondante et plus prolongée qu'on en cueille plus fréquemment les fleurs, ce qui s'explique par ce fait qu'on empêche par là les graines de se former et d'épuiser la plante.

En Angleterre le réséda, qui y porte le nom de *mignonnette*, est encore plus généralement cultivé que chez nous, et on a trouvé le moyen d'en faire une plante de haut ornement en l'élevant en serre tempérée. Dans ces conditions il passe presque à l'état de sous-arbuste; mais comme ses rameaux n'ont pas la force de se soutenir, on l'attache à des treillis de fil de fer ou de bois, auxquels on donne diverses formes, entre autres celles de palmettes, de globes ou de pyramides. Ces treillis sont bientôt entièrement couverts par le feuillage et les grappes fleuries de la plante, qui est alors principalement destinée à orner les appartements. L'horticulture anglaise a réalisé dans ce genre de culture de véritables merveilles, et l'étranger qui voit pour la première fois aux expositions floriculturales de Londres ces grands résédas, a peine à reconnaître la modeste plante qui lui était si familière sur le continent. A Paris, et dans toutes les grandes villes, le réséda est l'objet d'un commerce assez important; aussi trouve-t-on à s'en procurer pour de menues sommes en toute saison. Il est presque inutile d'ajouter que les fleurs du réséda sont un des principaux ingrédients des bouquets, où leur parfum supplée au manque d'odeur de beaucoup de fleurs mieux douées sous le rapport de la beauté.

Rhodanthe de Mangles (*Rhodanthe Manglesii*). Jolie composée de la Nouvelle-Hollande, voisine des hélichrysums, annuelle, dressée, grêle, à feuilles glauques, haute de 0^m,25 à 0^m,30 ou un peu plus, portant au sommet de sa tige et de ses branches de petits capitules dont les écailles de l'involucre se prolongent en bractéoles scarieuses d'une belle teinte rose ou carmin plus ou moins foncé, autour d'un disque de fleurons jaunes. Ces bractéoles font toute la valeur de la plante, et comme elles se conservent presque indéfiniment lors-

qu'elles sont tenus au sec, cette dernière est avec juste raison
classée parmi les immortelles. Il en existe plusieurs variétés,
qui diffèrent du type principalement par la teinte plus vive
ou plus foncée des bractées involucrales.

Le rhodanthe de Mangles est une charmante plante de plate-
bande ou de pots, que sa petite taille et sa délicatesse rendent
très-propre à la décoration des parterres. Dans le nord,
quoi qu'on en ait dit, sa culture n'est pas difficile, et si on
est obligé de recourir à l'emploi de couches chaudes pour
en faire lever les graines, dans les semis de premier printemps, cet accessoire n'est plus nécessaire si l'on sème en
mai, quand la terre est déjà suffisamment réchauffée. La
plante vient mieux et plus facilement encore dans le midi, à
la condition qu'on lui donne les arrosages nécessaires dans
les temps de sécheresse et de chaleur. Elle est fort estimée en
Angleterre, où elle est même cultivée en hiver, en serre tempérée ou en orangerie. Dans ces conditions elle veut être très-
aérée et très-éclairée.

Rose de Noël. Voyez *Hellébore.*

Rose d'Inde. Voyez *Tagètes*

Rudbeckias (*Rudbeckia, Echinacea*). Genre de composées-radiées, originaires des parties chaudes ou tempérées de
l'Amérique du Nord, vivaces par la racine, dressées, à feuilles
entières ou découpées, et dont les capitules, solitaires aux
sommets des rameaux se font remarquer par le développement peu ordinaire de leur disque, qui prend une forme
bombée ou même se prolonge en une sorte de colonne. Plusieurs espèces sont depuis longtemps introduites dans les jardins de l'Europe; cependant la culture ne les y a encore que
très-peu modifiées, ce qui tient selon toute vraisemblance au
mode de propagation adopté pour elles. La plus intéressante du
groupe est le *Rudbeckia à fleurs pourpres* (*R. purpurea, Echinacea serotina*, etc.) (fig. 124), des États-Unis méridionaux,
plante haute d'un mètre, rude au toucher, à feuilles ovales-
lancéolées, à capitules larges de près d'un décimètre, dont le
disque saillant est brun et les larges rayons du plus beau
pourpre. Défectueuse par son port et par la forme de ses capi-

Fig. 124. — Rudbeckia à fleurs pourpres.

tules, dont les rayons sont trop réfléchis en dehors ou même pendent disgracieusement, cette plante deviendrait de premier ordre si sa taille s'abaissait de moitié, et surtout si les fleurons de son disque, métamorphosés en ligules colorées, donnaient lieu à des capitules doubles ou pleins; mais ces importantes modifications ne pourraient s'obtenir que par des semis répétés et par le triage longtemps continué des produits obtenus. On doit considérer comme n'en étant qu'une variété, déjà un peu améliorée, le *Rudbeckia de Lindley* (*Rudbekia* ou *Echinacea intermedia*), plante née vraisemblablement dans un jardin de l'Angleterre, et à laquelle plusieurs horticulteurs ont supposé sans raison une origine hybride. Elle diffère du type de l'espèce par une taille d'un tiers ou d'un quart moins élevée et des capitules plus larges et à rayons plus nombreux.

Une seconde espèce est le *Rudbeckia de Drummond* (*Rudbeckia Drummondi*, *Lepachys columnaris*, *Obeliscaria pulcherrima*.) (fig. 125), plante du Texas, à feuilles pennatiséquées, dont les capitules, longuement pédonculés, se distinguent par l'allongement du disque, qui pourrait ici se comparer à un véritable épi. Les rayons, seulement au nombre de sept à huit, mais très-larges, sont entièrement réfléchis, ce qui contribue à rendre la colonne du disque encore plus sail-

Fig. 125. — Rudbeckia de Drummond.

lante. Leur couleur est le jaune vif, avec une large macule rouge ponceau ou mordorée vers le milieu, macule qui dans certaines variétés envahit la presque totalité du rayon. De même que la précédente, cet tees- pèce est défectueuse par le port, mais ses fleurs, cu- rieuses et belles, et de plus portées sur de longs pédon- cules, entrent avantageuse- ment dans la compotion des bouquets. Les deux plantes se multiplient de graines semées au printemps, sur couche ou sur planche abri- tée, et aussi par divisions du pied.

Plusieurs autres espèces, de moindre importance, sont encore assez générale- ment cultivées. On peut citer dans le nombre le *Rudbeckia élégant* (*R. elegans*) et le *Rudbeckia de Michaux* (*R. chrysomela*, *R. fulgida*), tous deux à disque pourpre noir et à rayons orangés. Le premier, qui ne dépasse guère $0^m,40$ en hauteur, est le mieux approprié à la plantation des plates-bandes d'un parterre. Il n'est toutefois que de troisième ordre, comme les autres espèces du genre que nous passons sous silence, et dont le principal défaut est de répéter presque sans modification le type des fleurs radiées, déjà excessive- ment multipliées dans nos jardins.

Sainfoin à bouquets ou **sainfoin d'Espagne** (*He- dysarum coronarium*). Plante légumineuse, de la tribu des pa- pilionacées, du midi de l'Europe, vivace ; à feuilles composées,

semblables à celles de notre sainfoin commun, mais un peu
plus grandes. Les tiges, hautes de 0^m,50 ou plus, se terminent
par des épis courts de fleurs rouge pourpre, d'une odeur
assez agréable. Il en existe une variété blanche, moins belle
que le type. Cette plante, quoique un peu vulgaire, n'est pas
sans beauté, et elle tient assez bien sa place sur les plates-
bandes d'un jardin. Très-rustique dans le midi, elle a besoin,
dans le nord, d'être abritée sous châssis pendant l'hiver. On
la sème en juin et juillet, sur planche, et on la repique en
pépinière exposée au
midi et abritée; au
mois de mai de l'année
suivante on la met en
place; elle fleurit du
commencement de
juillet à la fin de l'été.

**Salpiglossis mul-
ticolore** (*Salpiglossis
sinuata*) (fig. 126).
Plante annuelle du
Chili, attribuée par les
uns à la famille des
scrofularinées, par les
autres à celle des so-
lanées, et faisant en
effet comme le lien
entre ces deux famil-
les, dressée, un peu
rameuse, haute de
0^m,50 à 0^m,70, quelquefois plus; à fleurs
en entonnoir oblique,
c'est-à-dire un peu ir-
régulières, remarqua-
bles surtout par la di-
versité de leur coloris.
Elles sont en effet

Fig. 126. — Salpiglossis multicolore.

tantôt unicolores, blanches, jaunes, roses, rouge cramoisi, bleuâtres, violettes, brunes ou mordorées, tantôt multicolores, réunissant deux ou un plus grand nombre de ces teintes, alternant en bandes transversales, en panachures ou en réticulations. Il en existe une variété naine, qui ne diffère du type que par une tige de moitié ou d'un tiers moins haute.

Quoique de troisième ordre, les salpiglossis sont d'agréables plantes de plate-bande, qui font plus d'effet en touffes isolées de huit à dix individus qu'en massifs plus larges, à cause de leur taille élevée et de leur port peu étoffé. On ne les cultive d'ailleurs qu'en mélange, non-seulement parce que les bizarreries de leur coloris se font ainsi mieux remarquer, mais aussi parce que leurs variations n'ont presque aucune stabilité. On les sème en place, en avril et mai, dans des planches bien exposées au soleil. Au besoin on éclaircit le semis pour donner aux plantes l'espace nécessaire. La floraison commence en général de deux mois à deux mois et demi après le semis.

Sauges (*Salvia*). Genre immense de labiées, contenant plus de cinq cents espèces répandues sur l'ancien et le nouveau continent, les unes annuelles, les autres vivaces, souvent aromatiques; à fleurs blanches, bleues, roses ou rouge vif, plus rarement jaunes, quelquefois bicolores. L'Europe en contient plusieurs espèces, la plupart réputées médicinales, dont quelques-unes, malgré leur peu de beauté, sont employées à la décoration des grands jardins, des rocailles ou des collines artificielles. De ce nombre sont : la *sclarée* (*S. Sclarea*), à fleurs lilas clair, la *sauge ormin* (*S. Horminum*), à fleurs bleu violacé, la *sauge des prés* (*S. pratensis*) et la *sauge officinale* (*S. officinalis*), à grandes fleurs bleues ou mi-parties de blanc et de bleu, qui se plaisent dans les terres pierreuses, un peu sèches et exposées au grand soleil.

Les espèces vraiment ornementales de ce genre sont toutes exotiques et appartiennent pour la plupart à la serre chaude ou à la serre tempérée sous nos climats; quelques-unes cependant prospèrent encore dans les plates-bandes de nos jardins pendant la belle saison, à la condition d'être rentrées

sous les abris avant la fin de l'automne. Il en est aussi qui,
bien que vivaces, fleurissent la première ou la deuxième année
du semis, et sont en conséquence traitées comme plantes annuelles ou bisannuelles. Parmi ces dernières on peut citer :
la *sauge de Bolivie* (*S. boliviana*), la *sauge écarlate* (*S. coccinea*), de la Floride , la *sauge de Rœzl* (*S. Rœzlii*), du Mexique, et la *sauge de Rœmer* ou *sauge porphyroïde* (*S. Rœmeri*,
S. porphyrantha), du Texas, toutes quatre à fleurs rouge vif ; la
sauge.bicolore (*S. albo-cærulea*), du Mexique, à fleurs blanches,

avec la lèvre infé-
rieure d'un bleu vif ;
la *sauge tricolore* (*S.
tricolor*), du même
pays , à fleurs blan-
ches comme la pré-
cédente, mais avec
la lèvre inférieure
rose carmin ; la
sauge violette (*S.
ianthina*), du Pérou,
à grandes fleurs vio-
let foncé ; la *sauge
éclatante* (*S. splen-
dens*), du Brésil,
dont les fleurs, y
compris le calice et
même les bractées
sous-jacentes, sont
du plus bel écarlate ;
et la *sauge bleue du
Népaul* (*S. patens*)
(fig. 127), à fleurs
bleu de cobalt,
toutes deux de tem-
pérament plus dé-
licat que les précé-
dentes, mais en

Fig. 127. — Sauge bleue du Népaul.

même temps plus grandes et plus belles, et pouvant encore
vivre assez bien en plein air, pendant la belle saison, pour
qu'on s'en serve à orner les jardins dans le nord pendant trois
ou quatre mois de l'année. Nous n'avons pas besoin d'ajouter
qu'elle réussissent beaucoup mieux dans le midi et le sud-
ouest que sous la latitude de Paris. Toutes ces plantes se multiplient de graines, lorsqu'elles en donnent, et plus ordinairement de boutures, faites en serre à multiplication et couvertes de cloches jusqu'à leur reprise.

Saxifrages (*Saxifraga*). Genre type de la famille des
saxifragées, très-riche en espèces, presque toutes montagnardes ou même alpines, le plus souvent vivaces, très-rustiques, à fleurs généralement petites, blanches, jaunes, rosées,
ou pourpres, la plupart très-insignifiantes pour la décoration des jardins. On ne peut guère faire d'exception, sous ce
rapport, que pour les saxi-
frages à larges feuilles et à
fleurs lilas ou lilas violacé,
connues sous les noms de
S. crassifolia (fig. 128), *S.
cordifolia*, *S. ligulata* et *S.
purpurascens*, les deux premières de Mongolie, les
deux autres des montagnes
du Népaul. Leur grand
feuillage, arrondi ou obovale, leurs épis de fleurs
carminées ou lilas, et surtout leur floraison précoce,
qui s'effectue dès les premiers jours d'avril dans le
nord de la France, leur
donnent une certaine va-
leur comme plantes de
plate-bande, et sous ce
rapport elles équivalent
aux arabettes blanches et

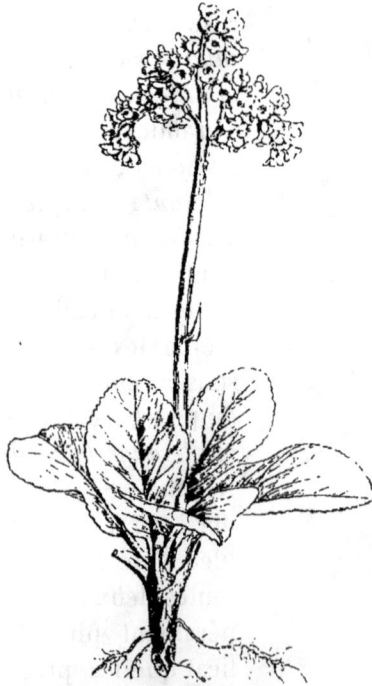

Fig. 128. — Saxifraga crassifolia.

aux doronics jaunes, dont la floraison est contemporaine et auxquels on les associe ordinairement dans les jardins. Quoique donnant des graines sous nos climats, ces quatre plantes ne se multiplient guère que par divisions des rhizomes, lorsqu'elles sont assez fortes pour s'y prêter sans en être endommagées, opération qui d'ailleurs ne peut guère se faire que tous les deux ou trois ans. De ces quatre espèces les trois premières sont très-rustiques à Paris; le *S. purpurascens*, qui est de beaucoup le plus beau, ne paraît devoir résister à nos hivers que dans l'ouest, ou tout au moins au sud du 45ᵉ degré de latitude. A Paris il demandera l'orangerie pendant l'hiver.

Si les autres espèces du genre ne méritent pas de figurer sur les plates-bandes d'un parterre, en revanche elles sont fort jolies sur les rocailles, à condition que ces dernières soient tenues humides et quelque peu abritées contre le soleil. Elles y forment des touffes et parfois des gazons extrêmement gracieux, que les petites fleurs dont ils sont émaillés rendent encore plus intéressants. Dans ces conditions de culture les saxifrages l'emportent de beaucoup sur les joubarbes (*Sempervivum*) par la variété des formes et la fraîcheur du feuillage. Toutes les espèces, et elles sont nombreuses (*S. granulata, S. rotundifolia, S. dentata, S. umbrosa, S. cotyledon, S. Aizoon, S. aizoides*, etc.), peuvent être employées à cet usage, aussi bien d'ailleurs que les espèces exotiques dont nous avons parlé plus haut.

Scabieuse des jardins ou **fleur de veuve** (*Scabiosa atropurpurea*) (fig. 129). Plante supposée originaire de l'Asie méridionale, mais naturalisée depuis longtemps dans le midi de l'Europe, annuelle ou bisannuelle, à tiges dressées, rameuses, grêles, peu feuillues, hautes de 0ᵐ,60 à 0ᵐ,80 ou plus, et dont les derniers rameaux, en forme de pédoncules, se terminent par des capitules de fleurs pourpre noir, comme veloutées, dont les plus extérieures (celles de la circonférence) sont plus grandes et plus irrégulières que celles du centre. On en connaît des variétés blanches, roses, pourpres et bicolores, c'est-à-dire pourpres et bordées de blanc, qui nous paraissent presque toutes moins intéressantes que la forme ancienne. La modification la plus curieuse de l'espèce est celle de la variété dont les fleurons sont devenus pleins, et que les horticulteurs désignent sous le nom de *Scabiosa flore pleno*. Chez elle en effet les fleurons, plus grands que dans la forme type et presque réguliers, en

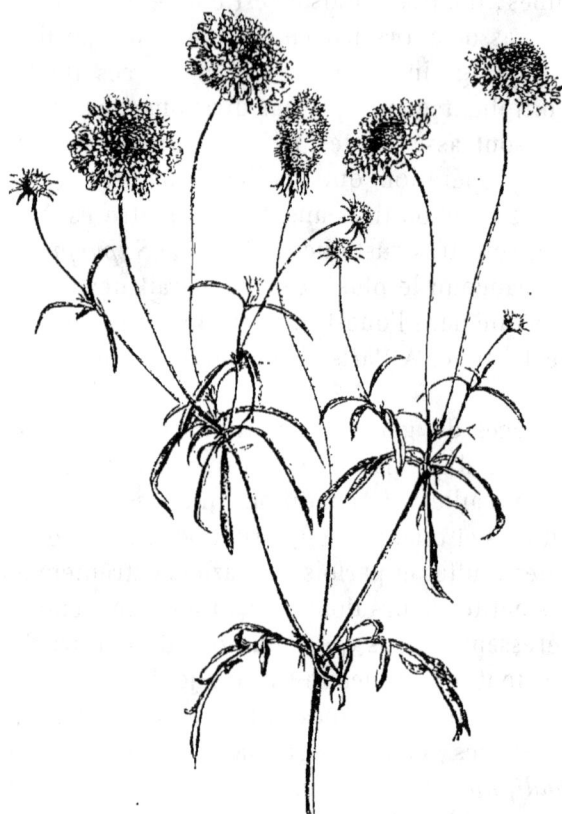

Fig. 129. — Scabieuse des jardins.

contiennent plusieurs autres successivement emboîtés. Cette singulière variété, qui est d'ailleurs fort belle, est stérile et ne se reproduit que de boutures. La scabieuse des jardins a en outre fourni des variétés naines et buissonnantes, hautes de 0ᵐ,30 à 0ᵐ,40, qui conviennent mieux pour la culture en plate-bande que la race type trop élevée et trop maigre de feuillage; mais, par compensation, cette dernière est mieux appropriée aux jardins d'une certaine étendue pour être cultivée en touffes. La plante est rustique et s'accommode de tous les sols et de toutes les expositions. On la multiplie de semis faits en pépinière ou en place, suivant les saisons, mais plus avantageusement en automne qu'au prin-

temps, et alors elle est traitée comme plante bisannuelle.
Les autres espèces du genre, qui sont vivaces, telles que la
scabieuse du Caucase (*S. caucasica*), à fleurs bleu clair ou lilacées, la *scabieuse des Alpes* (*S. alpina*), à fleurs jaune pâle, et
quelques autres de nos pays, sont des plantes trop vulgaires
et trop peu ornementales pour qu'on puisse en recommander
la culture sur les plates-bandes d'un jardin.

Schizanthes (*Schizanthus*). Plantes du Chili, de la famille des scrofularinées, annuelles ou bisannuelles, dressées,
hautes en moyenne de $0^m,50$; à fleurs irrégulières, bilabiées,
dont les lèvres sont incisées en lobes plus ou moins profonds
et inégaux. On en cultive trois espèces, dont deux sont d'assez jolies plantes de plate-bande, savoir le *schizanthe échancré*
(*S. retusus*) et le *schizanthe de Graham* (*S. Grahami*) (fig. 130),
toutes deux à fleurs roses, rouge
clair ou pourpre violacé. maculées
de jaune ou d'orangé sur la lèvre
supérieure. La troisième est le
schizanthe ‘ pinné (*S. pinnatus*),
plante très-inférieure aux précédentes, à fleurs plus courtes et
d'une teinte violette. Toutes trois,
le schizanthe de Graham particulièrement, ont donné quelques
variétés, les unes blanches, avec
ou sans macule orangée au centre,
les autres distinguées par de légères
variations de coloris. Les schizanthes sont à demi rustiques sous le
climat de Paris, où ils peuvent
même passer à l'air libre les hivers
doux. On les sème en place dans le
courant d'avril, mais avec bien plus
de succès en automne, avec repiquage du plant en pots et hivernage
sous châssis froid.

Fig. 130. — Schizanthe de Graham.

Schœnia de Drummond (*Schœnia oppositifolia*). Char-

mante composée de la Nouvelle-Hollande, de la tribu des
hélichrysées et du groupe horticole des immortelles. Quoique
introduite en Europe depuis plus de vingt ans par le collecteur Drummond, et malgré sa valeur ornementale, elle est cependant restée rare dans les jardins. C'est une plante herbacée,
annuelle, dressée, haute de $0^m,30$ à $0^m,40$, à feuilles opposées,
lancéolées, un peu velues et blanchâtres en dessous. Sa tige,
ramifiée seulement au sommet, se termine en un large corymbe
de fleurs ou plutôt de capitules à disque jaune et à bractées
scarieuses, rose carmin, largement étalées, et qui tiennent lieu
de rayons. Peu d'immortelles sont plus dignes que celle-ci
des soins de l'amateur fleuriste ; aussi doit-on s'étonner qu'elle
soit encore si peu connue en France, dont la région méditerranéenne est particulièrement propre à sa culture. Par son
lieu d'origine (la colonie de Swan-River), son tempérament
et le coloris de ses capitules, elle rappelle le rhodanthe
de Mangles, et demande comme lui une exposition chaude,
sèche, et la pleine lumière du soleil. Lorsque ces conditions
sont réunies elle vient dans tous les terrains, pourvu qu'ils
ne retiennent pas l'eau. A Paris on en sème les graines dès
le mois de mars, sur couche chaude et sous abris vitrés, et
le plant, repiqué en terrines, n'est mis en place que dans le
courant de mai, c'est-à-dire quand tout danger de gelées
est passé. Aux alentours de la Méditerranée cette culture est
notablement simplifiée par la chaleur et la sécheresse du
climat, qui permettent de traiter la plante comme entièrement rustique.

Les mêmes principes s'appliquent à une autre immortelle
du même groupe et du même pays que celle dont nous venons de parler et qui a avec elle beaucoup d'analogie : c'est
la *laurencelle rose* (*Lawrencella rosea*), plante annuelle,
dressée, rameuse, à feuilles étroites et linéaires, et dont les
rameaux se terminent par des capitules à involucres roses,
longuement pédonculés, ce qui les rend commodes pour en
confectionner des bouquets. La laurencelle rose est, comme
le schænia de Drummond et le rhodanthe de Mangles, une
jolie plante de plate-bande; mais, comme eux aussi, elle est

beaucoup plus propre à orner les jardins de la région méridionale que ceux du nord.

Scutellaires (*Scutellaria*). Genre de labiées de l'Ancien et du Nouveau-Monde, composé d'espèces vivaces, toutes herbacées, à fleurs tubuleuses, bilabiées, généralement bleues ou rouge pourpre, souvent très-belles et très-propres à la décoration des parterres. Les plus communément cultivées sont : la *scutellaire de Sibérie* (*Scutellaria macrantha*), plante rustique, à tiges décombantes et formant des touffes de 0ᵐ,30 à 0ᵐ,40 en tous sens ; ses fleurs, un peu grandes pour le genre auquel elle appartient et d'une belle nuance bleue, l'ont fait depuis longtemps admettre dans les jardins à titre de plante de plate-bande de second ordre ; on la multiplie également de semis et d'éclats du pied, mais ce dernier procédé réussit mieux au printemps qu'en toute autre saison ; la *scutellaire du Japon* (*S. japonica*), de même taille que la précédente, et dont les fleurs, bleu d'azur, sont en grands épis terminaux ; et la *scutellaire velue* (*S. villosa*), des Andes du Pérou, à fleurs rouge carmin, chez laquelle les épis, raccourcis, figurent des sortes de capitules au sommet des rameaux. On pourrait citer encore les *S. Ventenatii, splendens* et *incarnata*, jolies plantes américaines, moins connues que les précédentes et moins rustiques ; enfin la *scutellaire des Alpes* (*S. alpina*), à fleurs roses ou purpurines, encore recommandée par quelques horticulteurs, mais qui est plutôt une plante de rocaille que de plate-bande.

Sédums. Voyez *Orpins.*

Seneçon d'Afrique (*Senecio elegans*), nommé aussi, mais très-improprement, *seneçon de l'Inde*. Plante de la famille des composées, de l'Afrique australe, dressée, vivace, formant des touffes d'une belle verdure, de 0ᵐ,50 en tous sens, rustique ou demi-rustique dans le midi de la France, traitée dans le nord comme simple plante annuelle, à moins qu'elle ne soit hivernée en serre ou sous châssis. Ses capitules, rapprochés au sommet des rameaux en panicule surbaissée ou corymbiforme, sont petits, à disque jaune vif et à rayons d'une belle nuance pourpre. On en possède plusieurs variétés doubles, plus belles que le type, à fleurs blanches, carnées, roses, rouge cramoisi, etc., qui se reproduisent assez fidèlement de graines. Ces variétés doubles sont presque les seules que l'on cultive.

Le seneçon d'Afrique, au moins par ses plus belles variétés, est une plante justement estimée. On en fait de très-beaux massifs en le plantant un peu serré, mais il rend de meilleurs services cultivé en touffes sur les plates-bandes. Il reprend très-facilement de boutures faites sous cloches, à une température de 18 à 20 degrés centigrades, ce qui n'empêche pas de le multiplier aussi de graines, qu'on a soin de ne récolter que sur les variétés doubles. A Paris ces graines se sèment en avril et mai, en place ou en pépinière, mais mieux sur couche chaude, et le plant est repiqué sur les plates-bandes en mai ou juin. On sème encore au mois de septembre, et alors on hiverne le plant sous des châssis. Le seneçon d'Afrique n'est pas seulement un ornement pour les jardins de plein air; il sert encore à décorer les serres, et on peut l'y faire fleurir en toute saison. C'est surtout en Angleterre qu'il est employé à cet usage.

Serpolet. Voyez *thyms.*

Silènes (*Silene*). Genre de la famille des caryophyllées, contenant un grand nombre d'espèces, annuelles ou vivaces, indigènes ou exotiques, la plupart de pays froids ou tempérés. Ce sont en général des plantes de deuxième et de troisième ordre, les unes propres à l'ornementation des plates-bandes, les autres à celles des rocailles. La plus classique est la *silène à bouquets* (*S. Armeria*), plante annuelle, dressée, à tiges simples, hautes de 0m,40 à 0m,50, à feuilles glauques. Ses fleurs sont petites, insignifiantes prises isolément, mais d'un rose carminé très-vif et réunies en larges corymbes au sommet des tiges. Il en existe des variétés moins colorées ou tout à fait blanches. Elle est très-rustique et vient dans tous les terrains, pour ainsi dire sans culture, et se ressème d'elle-même. Les semis se font au printemps en place, ou en automne en pépinière. Cultivée en touffes, cette jolie plante est d'un grand effet au moment de sa floraison.

Fig. 131. — Silène d'Orient.

Une espèce plus belle est la *silène d'Orient* (*S. compacta*) (fig. 131), de la Russie méridionale et du Caucase, qui répète à peu près la précédente, mais avec des bouquets de fleurs plus développés et de même coloris. En revanche elle est plus difficile à élever, au moins dans les provinces du nord, où elle est très-exposée à périr par l'humidité de l'air et surtout par celle du terrain ; elle n'y réussit bien que dans les terres légères et un peu sèches, et à exposition méridionale. On peut encore recommander la *silène de Crète* (*S. pendula*) (fig. 132), modeste plante à tiges peu élevées et à fleurs roses, dont on fait de très-jolies bordures et des massifs plus beaux encore ; la *silène des rochers* (*S. Schafta*), originaire du Caucase, qui forme de petites touffes de 15 à 20 centimètres, et dont les fleurs, comparativement grandes, sont rose pourpre ; elle convient également pour faire des bordures et décorer des rocailles ; enfin, la *silène du Cap* (*S. ornata*), forte plante, qui s'élève à 0^m,60 ou plus, à fleurs grandes, purpurines, un peu en panicules, et qui est propre à l'ornementation des plus grands jardins. Toutes ces espèces, et quelques autres que nous omettons, se cultivent comme la silène à bouquets, avec cette seule différence, pour la silène du Cap, qu'étant un peu moins rustique que les autres, elle doit être abritée momentanément sous châssis dans le nord de la France.

Soucis (*Calendula*). Genre de plantes annuelles, de la famille des composées et de la tribu des radiées, représenté dans nos jardins par deux espèces, dont l'une, très-classique et justement estimée, est le *souci commun* ou *officinal* (*C. officinalis*) (fig. 133), plante du midi de l'Europe, herbacée, trapue, exhalant une odeur aromatique un peu

Fig. 132. — Silène de Crète.

forte, mais non déplaisante, haute au plus de 0^m,39 à 0^m,40, formant d'ailleurs de jolies touffes de feuillage, que rehaussent singulièrement de beaux et grands capitules du jaune orangé le plus vif. Le souci, comme tant d'autres plantes de la même famille, a doublé par le développement des fleurons du disque en ligules, mais il n'a pas ou n'a que très-peu varié son coloris. C'est une des plus belles plantes de plate-bande que nous ayons, et une des plus faciles à cultiver. L'abondance de ses fleurs et leur couleur voyante le rendent éminemment propre à former des contrastes avec d'autres plantes, surtout avec celles à fleurs blanches. Les soucis se sè-

ment du commen-
cement de mars à
la fin de mai, à des
intervalles de quin-
ze jours à trois se-
maines, si l'on tient
à en prolonger la
floraison tout l'été;
on sème encore en
septembre et octo-
bre, en pépinière,
pour repiquer le
plant dans un en-
droit abrité, où il
passe l'hiver, avec
ou sans couverture,
suivant la douceur
ou la rigueur de la
saison. Ces plants
d'automne se met-
tent en place au
premier printemps,
et fleurissent de

Fig. 133. — Souci officinal.

très-bonne heure.

La seconde espèce est le *souci pluvial* (*C. pluvialis, Dimor-
photheca pluvialis*), plante du Cap, à demi dressée, haute de
0ᵐ,20 à 0ᵐ,30, dont les rameaux portent à leur sommet des capitules de moyenne grandeur, à rayons blancs et disque jaune,
mais cerclé de pourpre noir sur son contour. Cette espèce,
dont les fleurs se ferment à la moindre apparence de pluie,
n'a qu'un très-médiocre intérêt comme plante de parterre;
elle ne fait d'ailleurs que répéter les formes des composées-
radiées, déjà très-multipliées dans les jardins.

Spirées (*Spiræa*). Genre de plantes vivaces, herbacées et
plus souvent frutescentes et ligneuses, de la famille des rosacées, comprenant un grand nombre d'espèces originaires
des climats froids ou tempérés, rarement de pays chauds; à

27.

fleurs petites, régulières, blanches, roses ou pourpres, rapprochées en corymbe ou en grappe à l'extrémité des rameaux.
On cultive dans quelques jardins la *spirée ulmaire* ou *reine
des prés* (*S. ulmaria*), plante des prairies humides de toute la
France, à souche persistante et à tige annuelle, et la *spirée
filipendule* (*S. filipendula*), pareillement à tige annuelle et à
fleurs blanches, qui toutes deux ont produit des variétés à fleurs
doubles. On peut y ajouter la *spirée du Canada* (*S. lobata*), de
même port que les précédentes, mais à fleurs roses. Ces trois
plantes sont très-rustiques et se plaisent dans les terrains légers, frais et humides ; mais à cause de leur taille, déjà élevée (1^m
ou plus), elles conviennent mieux aux grands jardins fleuristes
qu'aux plates-bandes d'un parterre. Les variétés simples se
multiplient de graines, les doubles, qui sont stériles, seulement
par divisions du pied.

Les espèces à tige frutescente, parmi lesquelles nous pouvons citer la *spirée à feuilles d'obier* (*S. opulifolia*), originaire
du Canada, la *spirée de Carniole* (*S. ulmifolia*), la *spirée à
feuilles de chamædrys* (*S. chamædryfolia*), qui ont les fleurs
blanches ; la *spirée du Népaul* (*S. bella*) et la *spirée de Chine*
(*S. Fortunei*), qui les ont roses ou pourpres, sont assez souvent encore introduites dans les jardins fleuristes, mais leur
véritable place est aux alentours des bosquets, dans les jardins paysagers, et cela avec d'autant plus de raison qu'elles ne
sont guère que des arbustes de deuxième ou de troisième ordre,
que ne recommandent ni leur port, ni leur feuillage, ni la
beauté, très-passagère, de leurs fleurs. Peut-être faudra-t-il
faire une exception pour la *spirée du Japon à fleurs doubles*
(*S. prunifolia flore pleno*), sous-arbuste bon à mettre en pot,
et qui est littéralement couvert au printemps de petites fleurs
doubles ou pleines, d'un blanc parfait. Dans cet état c'est une
agréable plante d'appartement, mais sa beauté, comme celle
de ses congénères, est de très-courte durée. Dans un des
chapitres suivants nous reviendrons sur les plantes de ce genre,
qui sont pour la plupart des sous-arbrisseaux.

Staticés (*Statice*). Genre type de la famille à laquelle il
donne son nom, composé d'espèces exotiques ou indigènes, vi-

vaces par la souche, ordinairement annuelles par les tiges, quelquefois gazonnantes et ayant alors les fleurs en capitule, plus souvent dressées et rameuses, avec des inflorescences en corymbe ou en panicule, dont les rameaux sont des grappes scorpioïdes, à fleurs généralement petites, sessiles, entourées de bractées scarieuses. Ces fleurs sont roses ou rose carmin, violacées, bleuâtres ou tout à fait bleues, plus rarement jaunes ou blanches. On divise ordinairement le genre en deux sections, d'après cette forme de l'inflorescence, en désignant sous le nom collectif d'*arméria*s les espèces dont les fleurs sont réunies en tête, et en réservant celui de *staticés* à toutes les autres. Comme plantes d'agrément, les staticés sont de deuxième ou de troisième ordre. On les .plante ordinairement en touffes isolées sur les plates-bandes, et quelquefois sur les rocailles, sauf l'espèce connue sous le nom de *gazon d'Olympe* (S. *Armeria*), qui, ainsi que nous l'avons dit plus haut, est exclusivement employée à faire des bordures.

Toutes les espèces du genre peuvent à la rigueur être employées à la décoration des parterres; néanmoins il n'y en a qu'un petit nombre qu'on puisse recommander. Ce sont, outre le gazon d'olympe, l'*arméria de Mauritanie* (S. *pseudo-Armeria*), du nord de l'Afrique, à feuilles toutes radicales, et dont les hampes, hautes de 0^m,40 ou plus, se terminent par des capitules de fleurs du plus beau rose, et qui sont sept à huit fois plus gros que ceux du gazon d'olympe; le *staticé de Bonduelle* (S. *Bonduellii*), d'Algérie, à feuilles radicales, roncinées, étalées en rosette sur le sol, à inflorescence corymbiforme et à fleurs jaune vif, un peu grandes relativement; le *staticé d'Égypte* (S. *sinuata*), de même port que le précédent, mais plus élevé (0^m,60 environ) et à fleurs bleues. Ces deux dernières plantes, qui sont fort jolies, réussissent difficilement dans le nord de la France, où elles craignent surtout l'humidité. On peut y ajouter le *staticé de Chine* (S. *Fortunei*), à fleurs jaune très-vif, mais très-petites, et qui sous le climat de Paris appartient plus à l'orangerie qu'à la pleine terre; le *staticé de Webb* (S. *imbricata*), le *staticé*

frutescent (S. frutescens), tous deux des Canaries, et le *staticé de Dickson (S. rosea)*, du Cap, charmantes plantes, qu'on
trouve dans quelques collections, et qui ne réussissent bien en
pleine terre que dans la région méditerranéenne. Les seules
espèces du genre tout à fait rustiques à Paris sont nos staticés
indigènes ou ceux de Russie et de l'Asie septentrionale, parmi
lesquels plusieurs sont encore dignes d'intérêt. Citons dans
le nombre le *staticé de Sibérie (S. elata)* (fig. 134), forte plante

Fig. 134. — Staticé de Sibérie.

à grandes feuilles radicales, à tiges nombreuses, dressées,
très-ramifiées, et dont les sommités forment un dôme arrondi et émaillé de milliers de fleurs bleues ; le *staticé de Gmelin
(S. Gmelini)*, des mêmes lieux que le précédent, dont il diffère
à peine ; enfin le *limonium commun (S. Limonium)*, de toutes
nos côtes, très-voisin aussi du staticé de Sibérie, mais à fleurs
plus petites et d'un bleu violacé. Ces trois plantes sont assez
communes dans les jardins de Paris, et leurs inflorescences
entrent souvent dans la composition des bouquets.

A la suite des staticés proprement dits nous devons mentionner un genre qui s'en rapproche beaucoup, ou plutôt qui n'est qu'une subdivision du même genre, celui des *acantholimons* (*Acantholimon*), plantes de l'orient de l'Europe et de l'Asie occidentale, basses, cespiteuses, en touffes serrées et arrondies, à feuillage étroit, linéaire, aigu, rigide et même un peu piquant, dont les tiges, simples, se terminent ordinairement en un épi de fleurs unilatérales. Ces fleurs sont beaucoup plus grandes que celles des staticés ordinaires, et d'un rose carmin très-vif. Deux espèces sont particulièrement à citer : l'*acantholimon de l'Ararat* (*A. glumaceum*), d'Arménie, dont les hampes florales, hautes de 0^m,10 à 0^m,12, n'ont que de six à huit fleurs, et l'*acantholimon hérisson* (*A. venustum*), de Perse, plus grand et plus touffu que le précédent, et dont les hampes portent de douze à vingt fleurs. Ces deux jolies plantes, qui se plaisent au grand soleil, peuvent à la rigueur se planter sur les plates-bandes du parterre, mais elles conviennent surtout pour les rocailles et les collines artificielles. Elles fleurissent sous nos climats dans la première moitié de l'été.

Les staticés, ceux surtout dont les fleurs sont en corymbe, se plaisent généralement au voisinage de l'Océan, les uns croissant dans les sols bas, humides et imprégnés de sel, les autres dans les terrains secs et rocailleux, mais recevant encore les brumes salées de la mer. Ils réussiront donc d'autant mieux que le site des jardins se rapprochera davantage de ces conditions. Dans la culture en pots on pourra mêler quelques grains de sel à la terre; mais ce qui sera plus important encore, ce sera le drainage des pots et une bonne aération des plantes. Toutes les espèces peuvent se reproduire de graines, cependant on se borne le plus souvent à en éclater les pieds.

Stramoines. Voyez *Daturas.*

Tagètes (*Tagetes*). Genre de composées originaires du Mexique, annuelles ou vivaces, très-ramifiées, à feuilles pinnatifides, et dont les capitules sont entourés d'un involucre d'une seule pièce, très-semblable à un calyce, ce qui leur donne à euxmêmes toute l'apparence d'une fleur proprement dite. Deux espèces classiques, et d'un grand intérêt, rendent ce genre recom-

mandable; ce sont le *tagète œillet d'Inde* (*T. patula*) (fig. 135)
et le *tagète rose d'Inde* (*T. erecta*) (fig. 136), tous deux annuels et presque semblables l'un à l'autre par le port, le feuillage, la couleur jaune orangée de leurs-fleurs, comme aussi par l'odeur, fortement aromatique, de toutes leurs parties. Elles diffèrent l'une de l'autre par la taille et la grandeur des capitules, le tagète rose d'Inde l'emportant de beaucoup sous ce rapport sur son congénère, qui, par compensation, forme des touffes plus arrondies et plus gracieuses, et dont les fleurs, d'un coloris plus vif, plus foncé et tirant sur le brun, sont en même temps plus veloutées. Ces deux belles plantes, qui appartiennent essentiellement au parterre, justifient la vogue dont elles jouissent ; et comme leur culture est déjà fort ancienne (elle date du seizième siècle) et qu'elles ne se reproduisent que de semis, on en a obtenu d'assez nombreuses variétés, parmi lesquelles nous citerons l'*œillet d'Inde orangé*, double et unicolore ; l'*œillet d'Inde nain*, haut de 0^m,15 à 0^m,30, formant des touffes compactes, à fleurs doubles, jaunes, mordorées ou maculées de pourpre brun ; l'*œillet d'Inde panaché*, très-belle race, dont la fleur, jaune vif, est étoilée de pourpre ; la *rose d'Inde tuyautée* et la *rose d'Inde jaune citron*, toutes deux très-pleines, et la *naine hâtive*, à fleurs jaune vif et qui ne s'élève guère qu'à 0^m,50 ou moins encore. Ajoutons qu'il se produit tous les ans des variétés nouvelles par les semis,

Fig. 135. — Tagète œillet d'Inde.

et que celles que nous venons de citer seront sans doute bientôt remplacées par d'autres.

Toutes ces plantes sont rustiques et de culture facile. Elles viennent dans tous les terrains et à toutes les expositions ; mais elles se plaisent surtout dans les terres moyennes, un peu engraissées de fumier décomposé, et dans les lieux bien éclairés. On les multiplie de semis, au printemps, en pépinière ou en place. Suivant les lieux et les époques de semis, la floraison arrive de juin en août, et se prolonge même jusqu'aux premières gelées.

On trouve encore dans les jardins deux ou trois autres espèces intéressantes de tagètes, assez analogues à l'œillet

Fig. 136. — Tagète rose d'Inde.

d'Inde par le port et la couleur des fleurs, mais plus bas de taille, tels que le *tagète moucheté* (*T. signata*) et le *tagète en corymbe* (*T. lucida*), ce dernier vivace par sa racine, et fleurissant presque jusqu'aux gelées, ce qui en fait une plante précieuse pour les parterres d'automne. Ces deux espèces, qui sont basses, ramassées et suffisamment florifères, sont particulièrement propres à la confection de massifs et de bordures, et, comme les précédentes, elles se multiplent de graines, semées aux mêmes époques.

Thlaspis ou **ibérides** (*Thlaspi, Iberis*). Genre de crucifères indigènes, annuelles ou vivaces, la plupart très-rustiques, à tiges ordinairement dressées et se terminant par de larges corymbes de petites fleurs blanches, lilacées ou violettes. Comme

plantes propres à la décoration du parterre nous citerons : le
thlaspi blanc (*I. amara*) (fig. 137), annuel, haut de 0^m,20 à
0^m,25, à fleurs blanches, odoran-
tes, en grappes courtes et cylindriques, et dont une variété, le
thlaspi julienne, a les fleurs plus
grandes et plus belles que dans
le type ; le *thlaspi violet* ou *thlaspi
des jardins* (*I. umbellata*), un peu
plus grand que le précédent, à
fleurs carnées, lilas, pourpres ou
violettes ; le *thlaspi vivace* ou *corbeille d'argent* (*I. sempervirens*)
(fig. 138), du midi oriental de
l'Europe, à tiges frutescentes,
rameuses, feuillues, en larges
touffes surbaissées et arrondies,
dont la verdure est perpétuelle,
et qui, dans la seconde moitié
du printemps, se couvrent de
fleurs en corymbes d'un blanc
éblouissant ; enfin, le *thlaspi à
floraison perpétuelle* ou *ibéride de
Perse* (*J. semperflorens*), plante

Fig. 137. — Thlaspi blanc.

du midi de l'Europe et de l'Orient, frutescente et vivace comme
la précédente, mais formant des buissons du double plus élevés (de 0^m,50 ou plus), à fleurs blanches, et fleurissant en automne et en hiver. A ces espèces principales on peut ajouter
l'*ibéride pinnée* (*I. pinnata*), le *thlaspi odorant* (*I. odorata*) et
l'*ibéride de Lagasca* (*I. lagascana*), toutes plantes annuelles,
hautes de 0^m,25 à 0^m,30, à fleurs blanches en larges corymbes,
très-jolies encore et fleurissant à la fin du printemps et dans la
première moitié de l'été. Les espèces annuelles sont essentiellement des plantes propres aux plates-bandes, où elles se cultivent en touffes, en lignes ou en massifs. On les sème en place
ou en pépinière, en mars, avril ou mai, suivant l'époque
où on veut les faire fleurir. La corbeille d'argent, par sa

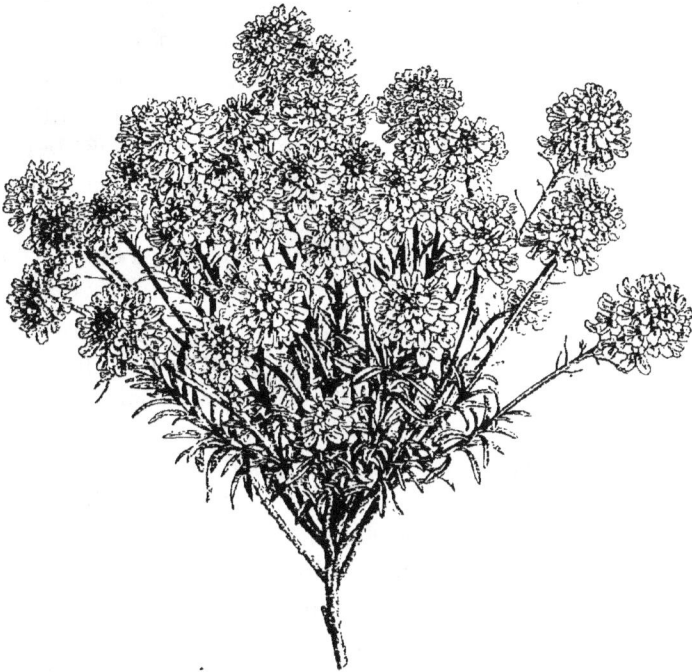

Fig. 138. — Thlaspi vivace ou corbeille d'argent.

floraison printanière et sa beauté, est le digne pendant de
de la corbeille d'or, dont sa blancheur rehausse l'éclat;
aussi ces deux plantes sont-elles employées concurremment
pour garnir les plates-bandes, composer des massifs ou tapisser des rocailles. On la multiplie soit par séparations des
touffes, vers la fin de l'été ou au printemps, soit de boutures,
soit enfin de graines, qui se produisent lorsque la plante n'a
pas été tondue après la floraison et qu'on a donné aux capsules le temps de mûrir. L'ibéride de Perse est trop délicate
pour passer l'hiver sans abri sous le climat de Paris, mais elle
prend un beau développement sous ceux du midi et du sud-
ouest, particulièrement au voisinage de la mer, où elle devient
une très-belle plante de rocaille. Sa facile culture en pots et
sa floraison hivernale en font aussi une espèce précieuse, dans
nos climats du nord, pour la décoration des appartements. On
la mulplie presque uniquement de boutures.

Thlaspi jaune. Voyez *Alysse saxatile.*

Thyms (*Thymus*). Genre de labiées, dont la plupart des espèces sont originaires des régions méridionales de l'Europe, toutes très-aromatiques, à feuillage petit et à fleurs lilas ou violacées. L'espèce la plus communément cultivée est le *thym vulgaire* (*T. vulgaris*), petit sous-arbuste de la région méditerranéenne, s'élevant à 0ᵐ,15 ou 0ᵐ,20, souvent tortu, rameux, roide ; à feuilles très-petites, étroites, aiguës, d'une verdure grise, très-aromatiques lorsqu'on les froisse entre les doigts ; à fleurs rose clair ou rose pourpre, petites et réunies en tête aux sommités de la plante. Le thym, qui est connu de tout le monde, est avant tout une plante économique habituellement employée comme condiment dans les ragoûts ; mais il sert quelquefois aussi à faire des bordures dans les jardins fleuristes. Demi-rustique sous le climat de Paris, il résiste mieux aux intempéries de l'hiver dans les terrains secs et pierreux que dans les fonds plus gras et plus humides. On le multiplie au printemps par divisions des touffes ou par boutures, plus rarement de graines. Les bordures de thym sont assez solides et peuvent durer trois ou quatre ans là où la plante n'est pas exposée à geler ; mais elles sont par elles-mêmes peu décoratives, et il s'y forme souvent des vides disgracieux, qu'on est obligé de remplir au fur et à mesure qu'ils se produisent. Au nord de Paris, le thym est toujours plus ou moins maltraité par le froid ; aussi y est-on dans l'usage de replanter les bordures à peu près tous les ans.

Une seconde espèce du même genre, et qui a aussi quelques emplois horticoles, est le *serpolet* (*T. Serpyllum*), plante de toutes les localités arides de la France, très-basse, formant des gazons assez touffus de quelques centimètres de hauteur, et dont toutes les sommités se terminent par des épis de fleurs lilas ou purpurines, fortement odorantes. Cette petite plante peut servir à couvrir les talus exposés au soleil et à garnir les rocailles. Les tapis qu'on en obtient dans ces conditions sont très-agréables à la vue au moment de la floraison.

Tournefortia. Voyez *Héliotropes.*

Trachélie bleue (*Trachelium cæruleum*). Plante vivace,

de la famille des campanulacées, originaire du nord de l'A-
frique, à tige dressée, haute de 0^m,30 à 0^m,40, et terminée par
un large corymbe de très-petites fleurs d'un bleu violet foncé.
Cette jolie plante se cultive en touffes sur les plates-bandes,
et elle y produit un certain effet ; mais elle réussit beaucoup
mieux sur les rocailles, où elle vient pour ainsi dire seule et
se ressème de ses graines. On la cultive avec le même succès
en pots, pourvu que ces derniers soient bien drainés et la
terre qu'ils contiennent un peu compacte. On la multiplie de
graines semées en été, avec repiquage et hivernage du plant
sous châssis, et plus rare-
ment de bou-
tures.

Tritéléia uniflore (*Triteleia uniflora*)
(fig.139). Petite liliacée du Chi-
li et des autres régions tempérées de l'A-
mérique aus-
trale, bulbeu-
se et vivace,
rustique, pro-
duisant de for-
tes touffes de
feuilles lon-
gues et linéai-
res, du milieu
desquelles sor-
tent des ham-
pes de 0^m,12 à
0^m,15, termi-
nées chacune
par une fleur

Fig. 139. — Tritéléia uniflore.

de moyenne grandeur, à six pétales étalés, d'une blancheur parfaite, parfois légèrement bleuâtres. Le tritéléia uniflore est une assez jolie plante pendant les deux ou trois semaines (fin de mai et commencement de juin) que dure sa floraison; aussi l'emploie-t-on principalement en bordures. Comme toutes les liliacées à floraison printanière, il a le défaut de perdre ses feuilles par dessiccation graduelle, dans le courant de l'été, ce qui dépare les plates-bandes et oblige à les regarnir. On le multiplie très-aisément au moyen de ses caïeux, qu'on enlève sur la fin de l'été ou dans le courant de l'automne, et qu'on replante immédiatement. Deux autres espèces du même genre, les *T. grandiflora* et *bivalvis*, ont été aussi introduites en Europe; mais elles sont beaucoup moins connues que celle dont il vient d'être question.

Trollius (*Trollius*). Genre de renonculacées montagnardes, vivaces et très-rustiques, presque semblables aux renoncules de nos champs, dont elles ne diffèrent, dans le sens horticole, que par la grandeur de leurs fleurs, qui sont jaunes ou jaune orangé. On en cultive dans les jardins trois ou quatre espèces à peine différentes l'une de l'autre, et dont on a obtenu quelques variétés doubles. Ce sont le *trollius d'Europe* (*T. europæus*) (fig. 140), des Alpes et des Pyrénées, à fleurs jaune d'or; le *trollius du Caucase* (*T. caucasicus*), qui les a plus sensiblement orangées; et le *trollius de Sibérie* (*T. asiaticus*), où elles sont un peu

Fig. 140. — Trollius d'Europe.

plus grandes que dans l'espèce européenne et de même couleur. Ces trois espèces fleurissent dans la seconde moitié du printemps. On les multiplie de graines ou par divisions du pied.

Valérianes (*Valeriana, Centranthus*). Genre type de la famille des valérianées, composé de plantes la plupart indigènes de l'Europe, quelques-unes des montagnes, annuelles ou vivaces, rustiques ou demi-rustiques dans le nord de la France, à fleurs petites, réunies en corymbes terminaux. Plusieurs espèces ont été introduites dans les jardins, où elles remplissent le rôle de plantes de plate-bande de deuxième et de troisième ordre. Ce sont principalement la *valériane macrosiphon* (*V. macrosiphon*),

plante d'Espagne, glabre, glauque, ramifiée et formant des touffes moyennes de $0^m,40$ en tous sens, à fleurs rose carmin, carnées ou tout à fait blanches dans ses variétés, dont une se fait remarquer par sa taille, comparativement naine ($0^m,20$ à $0^m,25$), et la *valériane rouge* ou *barbe de Jupiter* (*V. rubra, Centranthus ruber*) (fig. 141), espèce vivace, originaire du midi, à fleurs carmin plus ou moins vif, quelquefois blanches. Nous pouvons ajouter à ces deux espèces la *valériane d'Alger* ou *corne d'abondance* (*V. Cornu copix*), à fleurs lilacées ou carmin clair, qui est recommandée pour la décoration des plates-bandes, où on peut l'employer à faire des massifs et des bordures, surtout sa variété naine. On la multiplie de graines semées au printemps, en place ou en pépinière. Les espèces vivaces se propagent de même, mais on se borne souvent à en diviser les pieds. La valériane des jardins et

Fig. 141. — Valériane rouge.

quelques autres passent pour attirer les chats, qui se roulent
sur elles, souvent au détriment des plantes voisines. Ces différentes espèces seraient en conséquence mieux placées sur les
rocailles que dans un parterre, qu'elles ornent d'ailleurs médiocrement.

Valériane grecque. Voyez *Polémoine bleue.*

Vénidium faux-souci (*Venidium calendulaceum*). Plante
de la famille des composées, de l'Afrique australe, annuelle,
en touffe basse, à grandes feuilles obovales, lyrées et roncinées, pubescentes, appliquées sur le sol; à tiges courtes et presque nues, ramifiées dès la base, portant à leurs sommités des
capitules de grandeur moyenne, à disque jaune brun et à rayons
orangés, qui rappellent de très-près ceux du souci commun.
La plante est très-florifère, et sa floraison, commencée vers le
15 juin ou même plus tôt, se continue souvent jusqu'à la
fin de l'automne. Par son port, ramassé et bas, autant que par
le vif éclat de ses fleurs, elle est très-propre à la décoration
des plates-bandes du parterre, surtout plantée en bordure. A
Paris elle est cultivée comme plante annuelle et comme
plante bisannuelle; dans le premier cas on la sème vers le
milieu du printemps, sur couche, et le plant est mis en place
vers le milieu de mai; dans le second cas le semis se fait en
automne, et le plant, repiqué en pots, est abrité sous châssis
pendant l'hiver. Les plantes qu'on obtient de ce dernier semis
sont, comme d'habitude, plus fortes et plus florifères que celles
qui résultent de celui de printemps, aussi doit-on lui donner
la préférence. De même que beaucoup d'autres composées du
Cap, le vénidium faux-souci ferme ses capitules par les temps
pluvieux. Pour cette raison, il convient mieux aux jardins
méridionaux qu'à ceux du nord.

Véronique (*Veronica*). Genre de la famille des scrofularinées, comprenant des espèces annuelles et des espèces vivaces,
indigènes et exotiques, généralement rustiques, à fleurs bleues,
blanches ou lilacées, assez souvent en grappes terminales, et
dont quelques-unes sont admises dans les parterres en qualité de
plantes de troisième ou de quatrième ordre. Dans le nombre se
trouvent la *véronique de Syrie* (*V. syriaca*), plante basse, à fleurs

bleu clair ou lilas, quelquefois toutes blanches; la *véronique à épis* (*V. spicata*), indigène, à fleurs bleues, blanches ou roses, en grappes spiciformes; la *véronique faux-teucrium* (*V. Teucrium*), indigène, à fleurs bleues veinées de pourpre, la *véronique gentianoïde* (*V. gentianoides*), à fleurs bleu clair tirant sur le gris, et quelques autres pareillement basses, qui servent principalement à faire des bordures. D'autres espèces, de taille plus élevée, parmi lesquelles on peut citer les *V. spuria, serrata, paniculata, longifolia*, etc., se cultivent en massifs ou en touffes sur les plates-bandes, où elles font un médiocre effet, par suite de la petitesse et du peu de durée de leurs fleurs. Outre ces espèces indigènes, toutes herbacées, il en existe d'exotiques, qui sont frutescentes, à feuillage persistant, et qui appartiennent à l'orangerie sous le climat de Paris, où on les cultive habituellement en pots. Telles sont la *véronique d'Anderson* (*V. Andersoni*), la *véronique à feuilles de saule* (*V. salicifolia*), la *véronique de Lindley* (*V. lindleyana*) et la *véronique de Hooker* (*V. speciosa*), toutes quatre de la Nouvelle-Zélande, à fleurs bleues, violacées ou rose pâle, en grappes terminales ou axillaires. Elles deviennent de très-beaux arbustes lorsqu'on les cultive en pleine terre sous des climats plus doux que celui de Paris, principalement dans le sud-ouest de la France et près des côtes de la Manche et de l'Océan. On les multiplie également de graines et de boutures. Quant aux espèces herbacées, leur propagation se fait communément de graines, plus rarement par divisions du pieds.

Véronique des jardiniers. Voyez *Lychnides.*

Verveine (*Verbena*). Genre de la famille des verbénacées, représenté par d'assez nombreuses espèces dans les deux continents, mais surtout en Amérique. Il se compose de plantes annuelles ou vivaces, dont les fleurs, en épis plus ou moins ramassés en forme d'ombelles terminales, sont très-belles et très-vivement colorées dans la plupart des variétés horticoles, qui sont considérées avec raison comme des plantes d'ornement de premier ordre et qu'on pourra même ranger parmi les plantes de collection lorsqu'elles seront plus nombreuses. Toutes sont assez rustiques pour fleurir en pleine terre sous

le climat de Paris; quelques-unes même ne redoutent rien
du froid de nos hivers. Les couleurs dominantes dans ce
genre sont le rouge et le violacé, qui passent au rose, au lilas,
au carmin ou même au blanc pur dans les différentes variétés.
Ces dernières sont dressées ou étalées sur le sol, et, suivant
leur port, elles se cultivent en touffes, en corbeilles ou en
massifs. Toutes se prêtent également bien à la culture en pots,
et dans cette condition elles deviennent d'excellentes plantes
de fenêtre et d'appartement.

Les espèces qui ont fourni ces belles variétés à nos parterres
sont : la *verveine de Miquelon* (*V. Aubletia*) (fig. 142), du nord
de l'Amérique, plante
annuelle, à tiges éta-
lées puis redressées,
s'élevant à 0^m,25 ou
0^m,30, à fleurs en épis,
d'un rose carminé
plus ou moins vif,
quelquefois tirant sur
le violet; la *verveine
violette* (*V. venosa*),
du Brésil, à tiges
dressées, à feuilles
sessiles et entières, à
fleurs violettes ou vio-
let bleuâtre, en épis
arrondis; la *verveine
de Maonetti* (*V. te-
nera*, *V. puchella*),
des pampas du Bré-
sil, à tiges étalées, à
fleurs rose carmin,
plus rarement pour-
pre violacé et liserées

Fig. 142. — Verveine de Miquelon.

de blanc sur le bord des lobes de la corolle, ce qui leur donne
quelque ressemblance avec les fleurs de certaines variétés de
phlox; la *verveine érinoïde* (*V. erinoides*), du Brésil, à fleurs

pourpres, en épis; la *verveine teucrioïde* (*V. teucrioides*), du Brésil méridional, qui est vivace, à fleurs en grappe, blanches ou roses, et qu'on croit être la souche de la plupart des variétés horticoles; enfin la *verveine mélindrès* (*V. chamœdryfolia*), des pampas de Buénos-Ayres, la plus belle de toutes, vivace, à tiges couchées puis redressées, et dont les fleurs, en larges ombelles, sont d'un rouge violet dans le type. Cette plante remarquable, qui n'est peut-être qu'une sous-espèce ou une race issue de la verveine teucrioïde, a aussi donné naissance à beaucoup de variétés, qu'on désigne collectivement sous le nom de *verveines hybrides*, et qui se distinguent principalement au coloris de leurs fleurs, où l'on trouve aujourd'hui toutes les nuances du rose, du carmin, du pourpre, du violet, du bleu violacé et même le blanc pur. La plupart de ces variétés sont unicolores, mais il en est aussi de panachées, de marbrées et d'étoilées, par suite des diverses combinaisons de deux coloris différents. Les plus estimées sont celles qui, outre la largeur et la richesse de l'inflorescence, ont des teintes vives, avec la gorge de la corolle, ou l'œil, d'une couleur différente et bien tranchée.

Toutes ces verveines ont à très-peu près le même tempérament. Elles se plaisent aux expositions ouvertes et recevant en plein les rayons du soleil, et elles réussissent dans toutes les terres saines, même celles qui sont un peu pierreuses, moyennant les arrosages nécessités par les vicissitudes des saisons. Toutes se multiplient avec une égale facilité de semis et de boutures. Les semis se font au printemps, sur couches ou en pépinière, suivant les climats et la température régnante, et le plant, mis en place dès qu'il a développé cinq ou six feuilles, commence à fleurir vers le milieu de l'été. On sème encore en août et septembre, en pleine terre ou en pépinière, avec hivernage du plant sous châssis; on le met en place dans la deuxième quinzaine d'avril, et sa floraison précède d'un mois celle des plantes obtenues de semis dans l'année même.

Il est bon de faire observer ici que toutes les variétés de verveines ne sont pas également fertiles en graines; que quelques-unes n'en donnent qu'en très-petit nombre ou sont même tout à fait stériles; enfin, que les graines ne reproduisent pas fidèlement ces variétés, et que dans les semis on voit ordinairement dominer les teintes claires, qui sont les moins estimées. Pour ces différentes raisons, le bouturage est considéré comme le moyen le plus sûr et même comme le plus expéditif pour la multiplication des verveines, dont les belles variétés peuvent par là se conserver indéfiniment dans toute leur pureté. Ce bouturage se fait en toute saison, mais surtout au printemps, sur couche et sous cloches, à l'aide de jeunes rameaux cueillis sur des plantes hivernées sous verre, ou en été sur les plates-bandes mêmes du jardin, en abritant les boutures sous des cloches. On peut aussi coucher des rameaux sur place, ce qui donne en très-peu de temps des plantes enracinées et déjà fortes. Le plant obtenu par ces divers procédés se traite comme celui qui est provenu de graines; on le met en place ou on le remise sous châssis suivant la saison.

Violettes (*Viola*). Plantes indigènes et souvent montagnardes, vivaces, constituant le genre type de la famille des violariées; à tiges ordinairement courtes et à demi enfouies dans la terre, quelquefois sous-frutescentes; à feuilles cordiformes ou ovales, formant des touffes plus ou moins fournies. Les fleurs, solitaires au sommet de pédoncules nus et grêles, souvent moins longs que les feuilles, sont irrégulières, un peu en forme de capuchon, petites ou tout au plus moyennes. Leur couleur dominante est le violet, quelquefois affaibli jusqu'au bleu pâle et au rose; mais il y a aussi des violettes blanches par décoloration et des espèces à fleurs jaune vif. Ayant déjà signalé l'analogie de la pensée avec les violettes, nous n'avons pas à y revenir ici.

Une espèce est célèbre dans ce genre, c'est la *violette* proprement dite ou *violette odorante* (*V. odorata*), la rivale du réséda et aussi populaire que lui. Indigène de toutes les provinces de la France, on la trouve le long des haies, au pied des vieux murs et à la lisière des bois, fleurissant aux premiers rayons du soleil printanier et embaumant l'air de son parfum. Trop modeste d'aspect pour pouvoir prendre rang sur les plates-bandes du parterre, elle est ordinairement reléguée dans les coins négligés, où on ne la visite que pour cueillir ses fleurs. Ces dernières n'ont en effet d'autre usage que d'entrer dans la confection des bouquets ; mais sous ce rapport aucune autre plante ne l'égale, et ses fleurs coupées sont dans toute l'Europe l'objet d'un actif commerce.

La violette a produit naturellement une variété blanche, qu'on rencontre dans les mêmes lieux et presque aussi fréquemment que la variété ordinaire. Soumise depuis longtemps à la culture et dans des pays très-différents de climat, elle a donné naissance à des variétés horticoles plus remarquables que la forme sauvage, blanches, bleues ou roses, les unes simples, les autres doubles. Une des plus intéressantes est la *violette des quatre saisons*, dont le grand mérite est de fleurir d'une manière presque continue et en toute saison, mais surtout en automne et en hiver, à la condition d'être mise à l'abri du froid. Elle a donné des sous-variétés doubles, blanches et violettes, tout aussi parfumées qu'elle et aussi florifères. On considère encore comme variété de la violette ordinaire la *violette de Parme*, à fleurs un peu plus grandes, mais caractérisées surtout par leur couleur qui est le bleu pâle un peu gris. Il en existe des sous-variétés doubles, plus habituellement cultivées que les simples. Cette belle race, à floraison hivernale et très-parfumée, fournit une large part des bouquets d'hiver qui s'exportent en si grand nombre de Provence et de la rivière de Gênes dans toutes les parties de l'Europe. Peut-être faudra-t-il considérer comme différente spécifiquement de la violette de Parme la *violette parfumée* (*V. suavissima*), des horticulteurs de Grasse et de Nice, qu'on dit très-supérieure à cette dernière et à toutes les violettes connues par l'excellence de son parfum.

Après la violette et la pensée on ne trouve plus dans ce genre que des espèces très-secondaires, mais qui ont encore une certaine utilité comme plantes d'agrément. Nous nous bornerons à en citer deux : la *violette de l'Altaï* (*V. altaica*), espèce voisine de la pensée des jardins, à fleurs un peu grandes, d'un violet bleuâtre, avec une macule jaune dans la gorge ; et la *violette bigarrée* (*V. cucullata*), espèce américaine, dont les fleurs bleues sont rayées de blanc. Ces deux plantes font quelque effet sur les plates-bandes, plantées en lignes ou en bordures, mais, comme elles sont en définitive inférieures aux pensées communes, elles sont peut-être encore mieux à leur place sur les rocailles.

Toutes les violettes peuvent se multiplier de graines, et comme elles se ressèment d'elles-mêmes là où elles sont cultivées, on peut se borner à prendre les pieds qui ont levé spontanément autour des plantes mères. Cependant, plus habituellement on procède à la multiplication par divisions des souches, lorsque celles-ci sont assez vigoureuses pour endurer cette mutilation, ou par la séparation des coulants sur les espèces qui en produisent. Ces opérations peuvent se faire pour ainsi dire en toute saison, mais avec plus d'avantage au premier printemps que dans le reste de l'année. La culture ordinaire n'offre d'ailleurs aucune difficulté; les violettes une fois plantées et reprises, il devient presque superflu de s'en occuper.

Il en est autrement dans la culture commerciale, car les violettes, celle des quatre saisons surtout, qui fournit la majeure partie des bouquets d'hiver, ont été soumises au forçage, pratiqué en grand par quelques horticulteurs. Ici il s'agit d'obtenir des plantes fleurissant tout l'hiver, et assez abondamment pour fournir à la consommation des grandes villes. On y parvient à l'aide de châssis dont on couvre les planches de violettes, et sous lesquels on entretient une chaleur modérée, en ayant soin d'aérer toutes les fois que le temps est doux, afin d'éviter l'excès d'humidité et la pourriture. Sous le climat du midi, et jusque dans le centre de la France, quand les hivers sont peu rigoureux, on cueille des violettes de Parme en décembre et janvier sans l'adjonction d'aucun moyen artificiel.

Violette de Marie. Voyez *Campanules.*

Violier. Voyez *Giroflée.*

Waïtzias (*Waitzia, Morna*). Composées de la Nouvelle-Hollande occidentale, du groupe des hélichrysées, et rentrant, par la longue durée de leurs involucres scarieux et colorés, dans cette catégorie de plantes que l'horticulture désigne collectivement sous le nom d'*immortelles*. Les waïtzias, auxquels on donne encore assez souvent le nom impropre de *mornas*, sont des plantes annuelles, à tiges dressées, feuillues, peu élevées, qui se terminent, ainsi que leurs ramifications, par des capitules sphériques, où les fleurons du disque sont entourés d'un involucre de bractées très-nombreuses, imbriquées, luisantes et des teintes les plus vives. Tous sont de très-belles plantes; quelques-uns même doivent être mis au premier rang dans le groupe des immortelles.

Cinq espèces du genre existent aujourd'hui dans les jardins, savoir : le *waïtzia doré* (*W. aurea, Morna nitida*), haut de 0ᵐ,40 à 0ᵐ45, à feuilles oblongues, ramifié dès la base, et dont les capitules rapprochés en corymbe ont leurs involucres du jaune le plus vif; c'est l'espèce la plus anciennement introduite en Europe, et celle qui réussit le mieux sous le climat du nord; le *waïtzia de Lindley* (*W. corymbosa, Morna nivea*), qui est plus ramifié encore que le précédent, quoique plus bas (0ᵐ,30, en moyenne) et plus florifère; ses capitules, réunis de même en corymbe ont leurs écailles extérieures rouge amarante vif, les intérieures étant moins vivement colorées; il en existe même une variété où les involucres sont entièrement blancs, mais qui n'a pas encore été introduite dans les jardins; le *waïtzia acuminé* (*W. acuminata*), presque semblable au waïtzia de Lindley, mais qui s'en distingue à ses écailles involucrales plus aiguës et toutes réfléchies en dehors : deux variétés sont cultivées, toutes deux très-jolies : l'une à capitules jaune citron, l'autre où ils sont rouge amarante; le *waïtzia de Steetz* (*W. Steetziana*), plante naine, dont la taille ne dépasse pas 0ᵐ,15 à 0ᵐ,18, à feuillage linéaire, d'un vert pâle, disposé en rosette autour du pied, et du centre de laquelle s'élève une tige simple, terminée par un bouquet de capitules un peu gros et du jaune le plus brillant; enfin, le *waïtzia de Thompson* (*W. grandiflora*), voisin du waïtzia doré, mais plus robuste, plus étoffé, à feuillage moins velu et à capitules beaucoup plus grands, quoique réunis au nombre de huit à douze au sommet de la tige; les involucres, composés de centaines de bractéoles et du jaune le plus vif, font de cette espèce

28.

une plante d'ornement de premier ordre et peut-être la plus belle de toutes les immortelles.

Toutes ces plantes participent du tempérament des hélichrysums et se plaisent comme eux dans les lieux secs et vivement illuminés; aussi conviennent-elles beaucoup mieux aux jardins de la région méditerranéenne qu'à ceux de toutes les autres. C'est là que leur culture sera le plus facile et qu'elles se montreront dans tout le luxe de leur parure naturelle. Dans le nord de la France, ainsi qu'en Angleterre, elles réussiront mieux cultivées en pots et abritées l'hiver en orangerie que sur les plates-bandes du jardin. On les sèmera en mars, sur couche et sous châssis, et on repiquera le jeune plant en pots, en le tenant près du verre, puis on le mettra en place, en pleine terre, dans le courant de mai. Il serait préférable cependant d'élever à demeure le plant dans des pots bien drainés, qu'on se contenterait d'enfoncer dans la terre des plates-bandes au moment où les plantes s'apprêteraient à fleurir, sauf à les remettre sous les abris si la saison devenait pluvieuse, ce qui est la plus mauvaise condition pour elles. Aux alentours de la Méditerranée on se contentera de semer en pépinière, dans le courant d'avril, pour repiquer le plant lorsqu'il aura quatre ou cinq feuilles, lui donnant d'ailleurs les mêmes soins qu'aux autres immortelles. Sous ce climat les waïtzias deviendront aussi de très-belles plantes de rocailles.

Whitlavia de Coulter (*Whitlavia grandiflora*). Jolie plante annuelle de Californie, de la famille des hydrophyllées, formant des touffes feuillues de 0^m,20 à 0^m,30 en tous sens, et dont les rameaux se terminent par des grappes scorpioïdes de cinq à six fleurs campanulées, moyennes, d'un bleu foncé ou tirant quelque peu sur le violet. Par son port, sa taille et sa belle floraison, le whitlavia de Coulter est une agréable plante de parterre, dont la culture n'offre aucune difficulté sous nos climats. On le sème en mars sous châssis, ou plus simplement en avril et mai sur les plates-bandes mêmes, en petits massifs ou en groupes isolés. Il fleurit de la fin de juin à la fin de septembre, plus tôt ou plus tard suivant l'époque du semis, et mûrit parfaitement ses graines dans le nord de la France.

Zauschnéria de Californie (*Zauschneria californica*). Plante vivace, de la famille des énothérées, originaire des côtes occidentales de l'Amérique du Nord, suffisamment rustique sous le climat de Paris, à tiges étalées, puis redressées, s'élevant à $0^m,25$ ou $0^m,30$, et se terminant par des grappes de fleurs tubuleuses-campanulées, d'un rouge vif, assez analogues par leur structure à celles des fuchsias, ayant comme elles le calyce quadrifide, coloré et pétaloïde. Le zauschnéria est une assez jolie plante de plate-bande, qui fleurit du milieu à la fin de l'été; il vient mieux cependant sur les talus et même sur les rocailles qu'en sol plat, ce qui indique qu'il convient parfaitement pour la culture en pots. On le reproduit soit de graines semées au printemps, en pots ou en terrines, soit de boutures faites en automne et hivernées sous châssis. Lorsqu'il est adulte il passe assez facilement les hivers doux sous le climat de Paris, aux expositions abritées et sous une simple couverture de feuilles. Malgré son mérite, comme plante de second ordre, le zauschnéria est devenu rare dans les jardins.

Zinnias (*Zinnia*). Genre de composées américaines, la plupart des montagnes du Mexique, annuelles, rustiques ou demi-rustiques dans le nord de la France, à tiges dressées ou à demi étalées sur le sol, à feuilles ovales ou lancéolées, opposées et sessiles, et dont les capitules sont remarquables par la largeur de leurs rayons. Plusieurs espèces ont été successivement introduites en Europe; une seule est devenue une plante d'élite, c'est le *zinnia élégant* (*Z. elegans*) (fig. 143), à tiges dressées, dichotomes, hautes de $0,^m40$ à $0^m,50$,

Fig. 143. — Zinnia élégant.

dont tous les rameaux se terminent par des capitules de moyenne grandeur, à rayons rouges ou rouge cocciné dans le type de l'espèce, mais qui ont pris des teintes roses, carminées, pourpres, écarlates, orangées, jaunes ou même blanches dans les variétés créées par la culture. Toutefois le mode de variation le plus important a été celui de la duplicature et de la plénitude des fleurs, modification dont on ignore l'origine et la date, mais qu'on croit s'être faite dans l'Inde, ce qui ajouterait une nouvelle preuve à l'hypothèse qui veut que les plantes varient d'autant plus qu'elles sont plus dépaysées. Les premières variétés pleines de zinnias paraissent avoir été introduites en France dans l'année 1858, et depuis lors elles se sont conservées telles par le semis de leurs graines aidé d'une épuration constante des plants obtenus, car on voit toujours reparaître dans les semis une assez forte proportion de sujets à fleurs simples ou semi-doubles. Les belles variétés pleines sont des plantes de premier ordre ; leurs fleurs sont aussi grandes et aussi brillamment colorées que celles d'un dahlia moyen, quoique la structure en soit moins régulière. De même que dans les variétés simples, on trouve dans les zinnias doubles ou pleins toutes les nuances entre le blanc et le pourpre foncé.

On cultive encore, mais comme plantes secondaires, les *Zinnia multiflora*, *verticillata* et *pauciflora*, à tiges dressées, les deux premiers à fleurs rouges, le troisième à fleurs jaune terne, et le *Z. mexicana*, pareillement à fleurs jaunes, que ses tiges étalées permettent de cultiver en bordures. Sous ce rapport toutefois il est très-inférieur au *zinnia de Ghiesbrecht* (*Z. Ghiesbrechtii*), comme lui du Mexique, mais dressé, touffu et trapu, et à très-belles fleurs jaune orangé ; l'introduction de ce dernier est toute récente.

On sème les zinnias, dans le nord de la France, en avril et mai, sur planches abritées et en terre légère, pour repiquer le plant quinze jours ou trois semaines après sa levée. On peut aussi semer directement sur place à la même époque. Toutes ces opérations se font de trois semaines à un mois plus tôt dans le midi, dont le climat convient d'ailleurs mieux aux zinnias que celui du nord.

CHAPITRE V.

—

§ I. — *Considérations générales.*

Les plantes grimpantes, jusque ici confondues dans tous les traités de jardinage avec celles qui se passent de soutiens ou s'étalent sur le sol, constituent cependant une classe horticole très-particulière, et dont l'emploi dans l'ornementation des jardins est tout autre que celui des plantes ordinaires. Sous cette dénomination, très-large, nous comprenons toutes les espèces, à quelque famille naturelle qu'elles appartiennent, qu'elles soient herbacées ou ligneuses, annuelles ou vivaces, qui ont besoin d'appuis pour s'élever et se maintenir dans l'attitude qui convient à leur nature. Cette faculté de grimper, à laquelle nous donnons le nom de *clématisme* (1), implique tous les degrés, depuis celui où la plante, encore ferme sur sa tige, n'a besoin que de s'appuyer sur les végétaux voisins pour résister aux efforts du vent, jusqu'à celui où ses sarments s'enroulent aux tiges et aux rameaux des autres plantes ou les saisissent dans leurs vrilles. Le rosier des Alpes, aux pousses longues et menues, le jasmin, la pervenche de nos bois, etc., sont au premier degré du clématisme ; les liserons, la bryone, les passiflores et quantité d'autres plantes en marquent au contraire le degré le plus avancé.

Nous distinguons quatre modes particuliers de clématisme, savoir : 1° celui qu'on pourrait appeler *par enchevêtrement*, et qui consiste en ce que la plante, dépourvue d'organes de

_____

(1) Du grec κλῆμα, κλῆματος, sarment.

préhension et non volubile, se borne à insinuer ses ramifications dans les massifs de la végétation environnante, auxquels elle s'enchevêtre, sans exercer sur elle aucune compression ; le chèvrefeuille, les ronces, les clématites de nos haies, etc., en fournissent des exemples connus de tout le monde ; 2° le clématisme *par préhension*, lorsque la plante, tout en s'introduisant dans les fourrés de la végétation voisine, s'y accroche à l'aide de vrilles, comme la vigne, les passiflores, les gesses, etc.; 3° le clématisme *par enroulement*, qui caractérise les liserons, le houblon, le haricot d'Espagne et une multitude d'autres plantes qui reçoivent la qualification de *volubiles ;* 4° enfin, le mode *par juxtaposition*, dans lequel les tiges sarmenteuses s'appliquant sur les corps solides qui sont à leur portée, comme le tronc des arbres, les rochers ou les murs, y adhèrent fortement à l'aide de crampons radiculaires, qui se moulent sur les moindres aspérités de ces corps. Tel est, entre autres exemples que nous pourrions citer, le cas du lierre de nos climats, qu'on voit s'élever ainsi jusqu'au sommet des plus grands arbres ou couvrir très-solidement de larges surfaces de mur ou de rocher.

La végétation grimpante joue un rôle considérable dans l'économie de la nature. Rare et peu développée dans les régions arctiques, parce que les plantes qui pourraient lui servir d'appui y sont rares elles-mêmes, on la voit gagner du terrain à mesure qu'on se rapproche davantage des climats chauds, où elle atteint son plus haut degré de développement. Dans nos pays tempérés les plantes grimpantes sont déjà assez nombreuses, mais la plupart sont encore de simples herbes, quoique ordinairement elles soient vivaces par la racine. Entre les tropiques, au contraire, et surtout dans la région équatoriale, la grande majorité des végétaux grimpants est ligneuse et peut vivre de longues années; souvent même ce sont de véritables arbres à tiges enroulantes, qui étreignent et étouffent les autres arbres sous leurs gigantesques replis. Dans ces régions torrides, où les plantes ont besoin de croître en massifs serrés pour résister aux ouragans et aux ardeurs desséchantes du soleil, les plantes grimpantes com-

blent les vides que les arbres laissent entre eux, et, courant de
l'un à l'autre, s'entremêlant à leurs branches, descendant à
terre pour remonter encore, elles font d'une forêt entière un
immense entrelacement, qui résiste aux tempêtes les plus vio-
lentes. C'est là leur rôle utile dans la nature, mais elles ont aussi
leur côté pittoresque, et il est peu de voyageurs qui, pénétrant
dans ces sombres forêts des régions équatoriales, n'ait été saisi
d'admiration à la vue de ces prodigieuses guirlandes qui les
enserrrent de tous côtés, et qui sembleraient, au premier
abord, n'avoir d'autre but que de leur servir de décoration.
Là, presque toutes les familles naturelles fournissent des espèces grimpantes à quelque degré; on en trouve même dans
celle des palmiers (*Calamus, Dæmonorops*, etc.), et, tant en
Amérique que dans l'ancien continent, on voit de ces végétaux dont les tiges grêles, souples et plus résistantes que des
câbles, courent d'arbre en arbre, quelquefois sur plus de
cent mètres de longueur.

Dans le jardinage d'agrément les plantes grimpantes tiennent une place fort importante, bien qu'on ne paraisse pas
avoir partout ni toujours compris le parti qu'on en pouvait tirer. Elles se prêtent aux emplois les plus variés, comme
tapisser des murs ou des rocailles, couvrir des treillis, des
tonnelles et des berceaux, s'enrouler aux piliers de galeries
couvertes, courir sur des fils métalliques, grimper sur les arbres ou sur des tuteurs, enguirlander les fenêtres des appartements, épaissir les haies vives, dissimuler les haies sèches
sous leur feuillage et leurs fleurs, etc. Enfin, même dans le
parterre, elles s'associent avantageusement aux plantes de
plate-bande, à la condition d'être convenablement choisies
et de ne point masquer les autres plantes. En tout ceci, du
reste, il faudra se conformer aux principes que nous avons
exposés plus haut, et dont l'application est essentiellement une
affaire de goût.

La culture des végétaux grimpants, considérée d'une manière générale, ne diffère par rien d'essentiel de celle des
plantes dont nous avons parlé dans les chapitres précédents.
On y trouve, comme chez elles, les exigences les plus diverses

relativement aux sols et aux climats; ce qu'il leur faut de plus
qu'à ces dernières, ce sont des tuteurs ou des points d'appui
appropriés à leur mode de clématisme : des perches plus ou
moins hautes, des fils d'archal tendus verticalement ou les
tiges d'autres plantes pour les espèces volubiles; des treillis
ou de la ramée pour celles qui s'accrochent à l'aide de vrilles;
des buissons ou même des arbres touffus pour celles qui se
soutiennent par l'entrelacement de leurs rameaux. Le choix
de ces différents genres de soutiens n'est pas indifférent pour
le succès de la culture, et les plantes grimpantes sont toujours
d'autant plus belles de port, et même d'autant plus vigoureuses
et plus fleurissantes, que ces soutiens sont plus conformes à
leurs habitudes et mieux proportionnés à leur taille. Il en est
qui tendent d'une manière presque invincible à s'élever verticalement, et qui se déforment ou s'affaiblissent si ce besoin
de leur nature est contrarié; d'autres, au contraire, ont plus
de propension à s'étendre dans le sens horizontal; quelques-
unes enfin, après avoir dépassé leurs soutiens, s'arrondissent
en dôme et laissent pendre leurs rameaux dans toutes les directions. L'art de l'horticulteur consiste ici à tenir compte de
ces aptitudes diverses et à en tirer le meilleur parti pour l'embellissement des jardins et l'agrément du coup d'œil. Toutes
ces plantes appartiennent essentiellement à la pleine terre, car
leurs racines ou leur rhizomes se développent naturellement
en proportion de l'abondance du feuillage pour contreba-
lancer, par une puissante aspiration de l'humidité de la terre,
la grande évaporation dont il est le siége; néanmoins il en est
quelques-unes, surtout parmi les espèces annuelles, qui peuvent se cultiver avec succès en pots ou en caisses, et par là
servir à orner les fenêtres ou les balcons. Dans ces conditions,
toutefois, elles veulent être plus copieusement arrosées que
si elles croissaient en pleine terre.

Beaucoup de plantes grimpantes sont uniquement recherchées pour la beauté de leurs fleurs, mais il en est un grand
nombre aussi dont tout l'intérêt réside dans leur feuillage,
ample, élégamment découpé, lustré, panaché et surtout
propre à donner de l'ombre. Quelques-unes y ajoutent des

fruits curieux de forme ou d'un brillant coloris. Avec les espèces fleurissantes, de même qu'avec les plantes basses du parterre, on peut obtenir tous les contrastes de couleurs dont nous avons parlé, soit qu'on entremêle sur un même tuteur plusieurs espèces ou variétés différemment colorées, soit qu'on les fasse alterner sur des tuteurs différents, le long des allées du jardin. Un point essentiel à observer, c'est que les groupes isolés, et ordinairement de forme pyramidale quand les plantes sont volubiles, soient denses, richement pourvus de feuilles et d'une forme régulière. La même recommandation s'applique à celles qu'on fait grimper sur des murs ou sur des treillis, et qui doivent les masquer entièrement à la vue. Quelle que soit du reste l'épaisseur du feuillage, les fleurs s'en dégagent presque toujours pour s'épanouir à l'air et à la lumière; il n'y a qu'un très-petit nombre d'espèces qui fassent exception à cette règle.

Les plantes grimpantes sont de celles auxquelles la lumière du soleil est le plus nécessaire. Cultivées dans des lieux insuffisamment éclairés, elles s'allongent outre mesure sans fleurir, et ordinairement même elles se dégarnissent prématurément de leurs feuilles sur celles de leurs parties qui restent dans l'ombre. Ce fait, qui est à peu près général, indique suffisamment qu'on doit leur réserver les expositions les plus ouvertes à la lumière. Si parmi celles qu'on cultive il s'en trouve qui ne soient qu'incomplétement rustiques pour le climat du lieu, on les applique sur des murs tournés au midi, et il n'est pas rare alors d'y voir prospérer des espèces que leur provenance méridionale aurait pu faire supposer de prime abord incultivables à l'air libre. Ces conditions, au surplus, sont celles d'un arbre d'espalier, et personne n'ignore quel accroissement de chaleur et quel bénéfice en résultent pour les plantes qui y sont soumises.

Les plantes grimpantes s'adaptent à tous les genres d'horticulture, aux plus petits jardins comme aux plus grands; toutefois leur choix est subordonné aux conditions locales, et il faut un certain discernement pour le faire. Si le parterre est entouré de murs, s'il est adossé à une haie ou bordé d'ar-

bres sur un de ses côtés, s'il y existe une tonnelle ou quelques
treillis, ce sont autant de soutiens tout préparés pour recevoir
des plantes sarmenteuses. Dans le cas où le jardin serait très-
grand, ces mêmes plantes, soutenues par des tuteurs, pourront s'élever en pyramides au milieu des corbeilles ou être
placées à distances régulières sur les plates-bandes, alternant
avec des arbustes ou d'autres plantes fleuries. Mais c'est principalement dans le jardin paysager qu'elles trouvent un facile
emploi, celles-là surtout qui sont ligneuses et de grande taille
et qui peuvent avec les années s'élever jusqu'au sommet des
arbres les plus grands. Il est telle de ces lianes, certaines clématites ou passiflores par exemple, dont un seul individu
peut envelopper la tête entière d'un arbre et la couvrir de
fleurs. Nous avons à peine besoin d'ajouter que c'est dans les
pays méridionaux, où on recherche l'ombre, que les grandes
espèces ligneuses sont le plus habituellement cultivées ; c'est
là aussi qu'elles trouvent le climat le plus approprié à leur
nature.

Ainsi que nous l'avons dit plus haut, il existe des plantes
grimpantes dans presque tous les types de la végétation pha-
nérogame ; la grande classe des fougères elle-même n'en est
pas entièrement dépourvue. Cependant le clématisme n'est
pas uniformément distribué entre toutes les familles : dans
quelques-unes il est entièrement inconnu ; dans un très-grand
nombre d'autres il n'est qu'exceptionnel ; mais il en est aussi
où il devient si général qu'on doit le considérer comme la règle.
Les aristoloches, les convolvulacées, les cucurbitacées, beaucoup de grandes coupes génériques, ou même des tribus entières
dans d'autres familles, sont presque exclusivement composées
de plantes grimpantes. Il résulte de là des groupes d'espèces
auxquelles leurs analogies de port et de tempérament assignent
les mêmes usages horticoles. De là aussi l'ordre que nous
avons dû suivre dans leur description, ordre indiqué par la
nature elle-même, et qui consiste à les grouper par familles.
Il y avait toutefois une distinction à faire entre ces plantes
au point de vue de la consistance ou de la durée de leurs tiges,
distinction importante pour la pratique, puisqu'elle a trait à

des modes de culture et à des emplois différents. C'est ce qui nous a amenés à diviser les plantes grimpantes en deux grandes catégories : l'une comprenant les espèces *à tiges annuelles*, l'autre les espèces *à tiges ligneuses et pérennantes;* les premières, sauf quelques exceptions, mieux appropriées aux parterres et aux climats du nord, les secondes aux jardins paysagers et aux climats du midi. C'est qu'effectivement beaucoup de plantes grimpantes exotiques, annuelles par leurs tiges, mais vivaces par leurs racines ou leurs rhizomes enfouis sous terre, deviennent capables par ce seul fait de braver toutes les intempéries des saisons, tandis que les espèces à tiges pérennantes n'y résistent qu'à la condition d'être naturellement rustiques ou artificiellement abritées contre le froid. C'est ce qui explique pourquoi le nombre des plantes grimpantes cultivables à l'air libre en France est au moins quatre fois plus grand dans le midi que dans le nord.

§ II. — PLANTES GRIMPANTES A TIGES ANNUELLES.

1° **Monocotylédones grimpantes.** La grande classe des monocotylédones, quoique proportionnellement moins riche en espèces grimpantes que celle des dicotylédones, nous en offre cependant plusieurs qui sont des plantes d'agrément dignes d'intérêt. La plupart, il est vrai, appartiennent à la serre chaude ou à la serre tempérée sous nos climats; néanmoins il en est quelques-unes qui peuvent, sur un point ou sur un autre de la France, entrer dans la décoration des jardins de plein air.

Parmi les espèces à tiges annuelles, celles qui priment toutes les autres, sous le rapport de la beauté, sont les liliacées du genre **méthonique** (*Methonica* ou *Gloriosa*), des régions tropicales et subtropicales de l'ancien continent. Ce sont des plantes à racines tuberculeuses et vivaces, dont les tubercules se renouvellent tous les ans comme ceux de nos orchidées indigènes, à tiges annuelles, grêles, non volubiles, grimpantes à l'aide de leurs feuilles lancéolées, dont la nervure

médiane se prolonge en une sorte de vrille préhensile. Leurs
fleurs, de la grandeur de celles d'un lis moyen, pédonculées,
solitaires aux aisselles des feuilles supérieures et nutantes,
sont irrégulières en ce sens que leurs six pétales, onguiculés
et fortement réfléchis, sont un peu déjetés d'un même côté,
tandis que les six étamines et le style, qui est inséré très-obliquement sur l'ovaire, divergent dans un autre sens. A part
cette légère irrégularité, les fleurs des méthoniques sont très-
analogues à celles des lis, surtout des lis martagons, dont
elles reproduisent aussi les coloris.

Trois espèces du genre existent aujourd'hui dans les jardins de l'Europe; ce sont : la *superbe* ou *méthonique du Malabar* (*Methonica* ou *Gloriosa superba*), plante de l'Inde, dont
les tiges, hautes de 2 à 3 mètres, portent des fleurs orangées
ou plus ou moins rouges; la *méthonique du roi Léopold*
(*M. Leopoldi*), de la côte occidentale d'Afrique, semblable à
la précédente par le port et la taille, mais à fleurs jaunes,
quelquefois mouchetées de rouge orangé; et la *méthonique
de Cafrérie* (*M. virescens*), haute à peine de 2 mètres, à
fleurs d'abord verdâtres, puis orangées. La *méthonique de
Plant* (*M. Plantii* des jardiniers) n'en est qu'une variété à fleurs
un peu plus grandes et mi-parties de jaune et de rouge orangé.

Ces trois belles plantes n'ont guère été cultivées jusqu'ici qu'en
serre chaude ou en serre tempérée; mais il en est une au
moins, la méthonique de Cafrérie, qui peut l'être à l'air libre,
au sud du 45° degré, dans les mêmes conditions que les autres
plantes bulbeuses de l'Afrique australe; on l'a même vue
fleurir à l'abri d'un mur jusque sous la latitude de Paris. La
méthonique de l'Inde et celle du roi Léopold, qui demandent
plus de chaleur, semblent devoir réussir dans les parties les
plus chaudes du climat méditerranéen, à Alger, à Ajaccio à
Nice, partout en un mot où la température moyenne de l'hiver
ne descend pas au-dessous de 9 à 10 degrés centigrades, peut-
être même dans des localités moins favorisées, à condition que
les tubercules soient abrités pendant la mauvaise saison, si on
le juge nécessaire. Ce qu'on ne doit pas perdre de vue ici,
c'est que les bulbes et les tubercules des plantes tropicales

ont plus à craindre l'humidité froide et prolongée de la terre, en hiver, que le déficit de la chaleur en été, chaleur toujours très-élevée aux alentours de la Méditerranée. Au surplus, nous ne pouvons mieux faire que de renvoyer le lecteur, pour la culture des méthoniques, à ce que nous avons dit dans un chapitre précédent au sujet des liliacées et des amaryllidées tropicales.

A la suite des méthoniques, il convient de mentionner une autre liliacée grimpante de Cafrérie, qui en est tout à fait voisine par le port et la végétation, mais qui en diffère par ses fleurs régulières et de moitié plus petites; c'est le *Littonia modesta*, plante tuberculeuse, à tige simple, haute d'un mètre, et dont les feuilles sont pareillement prolongées en vrille. La couleur orangée de ses fleurs est un autre trait de ressemblance-avec la méthonique de Cafrérie, dont elle a le tempérament et qu'elle devra accompagner dans les jardins méridionaux.

Toutes les liliacées ne se distinguent pas par l'éclat des fleurs; néanmoins, même parmi les plus mal douées sous ce rapport, il en est qu'on peut encore faire servir à la décoration des jardins. Quelques espèces du genre *Asparagus* sont dans ce cas, et dans le nombre il en est de grimpantes. Telle est en particulier l'*asperge des Canaries* (*A. Broussonnetii*), dont les tiges, grêles et flexueuses, s'élèvent, au moyen de tuteurs, à 3 ou 4 mètres. Leurs nombreux rameaux enchevêtrés, dont les dernières divisions ressemblent à s'y méprendre aux aiguilles des conifères, donnent lieu à des touffes épaisses de verdure, d'un aspect particulier, que rehaussent en automne de nombreuses baies rouges, semblables d'ailleurs à celles de l'asperge commune. Elle est rustique dans toute la France; mais elle convient mieux aux jardins du nord qu'à ceux du midi, où sa verdure est d'une moindre durée.

Les amaryllidées grimpantes, à ne tenir compte que de la structure de leurs fleurs, devraient rentrer dans le genre des alstrémères, dont on ne les a séparées qu'à cause de leur port, sous le nom de **bomarées** (*Bomarea*). Ainsi que les alstrémères, ce sont des plantes de l'Amérique méridionale, vivaces

par leurs rhizomes fibreux, à feuilles ovales ou lancéolées, mais
dont les tiges grêles et volubiles peuvent chez quelques espèces
s'élever à plusieurs mètres sur des tuteurs appropriés. Toutes
ont les fleurs en ombelles plus ou moins fournies. Les plus
répandues dans les jardins de l'Europe sont : la *bomarée comestible* (*B. edulis*), des Andes de la Nouvelle-Grenade, à
fleurs rouge foncé en dehors, jaune pointillé de rouge en dedans, et rapprochées en grosses ombelles capituliformes; la
bomarée du Chili (*B. salsilla*) (fig. 144), à tige simple, dont

les fleurs, en ombelles terminales, sont mi-parties de rouge
et de vert, cette dernière teinte
occupant la moitié supérieure
des pièces de la corolle, qui
portent en outre une macule
rouge brun à leur extrémité;
enfin la *bomarée à feuilles aiguës* (*B. acutifolia*), du Chili
comme la précédente, qu'elle
rappelle d'assez près par ses
fleurs, mais dont elle se distingue aisément à sa taille,
beaucoup plus élevée, et à ses
feuilles, comparativement larges, presque ovales et très-aiguës. Toutes ces espèces sont
à peu près rustiques dans
l'ouest et le midi de la France;
à Paris, et dans tout le nord,

Fig. 144. — Bomarée du Chili.

elles peuvent fleurir à l'air libre, mais les rhizomes doivent
être abrités l'hiver en orangerie ou sous les chassis.

On pourrait encore ajouter à cette liste de monocotylédones grimpantes à tiges annuelles un petit nombre de dios-
coréacées des genres *Tamnus* et *Dioscorœa*, mais l'insignifiance de leurs fleurs permet à peine de les compter parmi
les plantes d'ornement du dernier ordre. Signalons cependant
l'*igname de Chine* (*Dioscorœa Batatas*), que ses tubercules

comestibles rendent intéressante à un autre point de vue, et
dont les fleurs ont quelque chose du parfum de l'œillet; le
sceau de Notre-Dame ou *herbe aux femmes battues* (*Tamnus
communis*), grande herbe dioïque et volubile comme la précédente, à laquelle elle ressemble par le feuillage, et qui est commune dans les haies du nord de la France; par leurs baies, qui
deviennent rouges en automne, les individus femelles peuvent
être considérés comme ayant quelque valeur ornementale;
enfin, le *pied d'éléphant* (*Tamnus elephantipes*), du cap de
Bonne-Espérance, remarquable par sa grosse souche demi-
ligneuse, de forme arrondie, découpée à la surface en fa-
cettes polygonales, et d'où sortent tous les ans de longues tiges
sarmenteuses et ramifiées. Cette plante sans beauté, mais curieuse, et jusqu'ici cultivée dans les serres, viendrait probablement à l'air libre dans toutes les parties tièdes du midi de
l'Europe.

Dans un paragraphe suivant nous parlerons des monocotylédones grimpantes à tiges persistantes.

2° **Papilionacées.** Le groupe des papilionacées, dans
la famille des légumineuses, renferme un nombre considérable d'espèces grimpantes, annuelles ou vivaces, dont quelques-unes ont été introduites dans les jardins d'agrément.
Parmi les espèces annuelles ou seulement vivaces par la racine
nous distinguerons :

Les *gesses* (*Lathyrus*), dont la plus intéressante est le *pois
de senteur* ou *gesse odorante* (*L. odoratus*) (fig. 145), plante
annuelle du midi de l'Europe ou d'Orient, à feuilles ailées et
terminées par des vrilles, s'élevant à 1^m,50 ou plus, dont les
fleurs papilionacées, un peu grandes, en grappe dressée et
délicieusement parfumées, sont roses ou violettes, quelquefois
toutes blanches ou panachées. On le sème au printemps, en
pots et sur couche, ou plus simplement en place, et on lui
donne des tuteurs branchus dès qu'il commence à s'élever,
à moins qu'il ne soit à portée d'une autre plante buissonnante
à laquelle il puisse accrocher ses vrilles. Le pois de senteur
est une charmante plante de parterre, dont les grappes, longuement pédonculées, entrent facilement dans la composi-

tion des bouquets. Une seconde espèce du genre, pareillement recommandable, est la *gesse à grandes fleurs* (*L. grandiflorus*), du midi de l'Europe, vivace par sa racine, haute de 2 à 3ᵐ, à fleurs grandes, en grappe, roses ou pourpres, mais à peu près sans odeur. C'est une belle plante d'ornement, qui convient pour garnir les treillis et les haies, mais que sa taille, déjà élevée, rend plus propre à la décoration des grands jardins que des simples parterres. Nous en dirons autant de la *gesse à grandes feuilles* ou *pois à bouquets* (*L. latifolius*) (fig. 146), pareillement vivace, ainsi que de beaucoup d'autres espèces du même genre, indigènes ou exotiques, qui peuvent servir aux mêmes usages, et qui figurent surtout avantageusement dans les haies et les buissons.

Fig. 146. — Pois de senteur.

Les *haricots* (*Phaseolus*), genre où nous trouvons aussi deux belles plantes d'ornement grimpantes, mais dépourvues de vrilles et volubiles. La première est le *haricot d'Espagne* ou *haricot écarlate* (*Ph. coccineus*), originaire de l'Amérique du Sud, où il est vivace, mais qui est cultivé comme plante annuelle sous nos climats. Ses tiges grêles et enroulantes s'élèvent, sur les tuteurs, à 3 ou 4 mètres, et donnent pendant la plus grande partie de l'été de nombreuses grappes de fleurs rouge

Fig. 146. — Pois à bouquets.

écarlate. Ses graines, semblables aux haricots comestibles, mais beaucoup plus grosses, sont violettes et marbrées de brun dans la forme type; elles perdent plus ou moins ces teintes, et deviennent même entièrement blanches dans les variétés à fleurs décolorées qu'on cultive assez communément avec la variété rouge, à la quelle elles sont inférieures comme plantes ornementales. Ces graines sont à la rigueur comestibles; cependant on les accuse d'avoir causé des empoisonnements (1), peut-être pour avoir été ingérées en trop grande quantité; la seconde espèce est le *haricot caracolle* ou *haricot limaçon*. (*Ph. Caracalla*), de l'Amérique du Sud comme le précédent, vivace et même ligneux dans les pays chauds, mais restant herbacé sous nos climats, où on ne le conserve d'une année à l'autre qu'en remisant le pied dans une orangerie. Ses fleurs, trois fois plus grandes que celles du haricot d'Espagne et d'un blanc rosé, sont remarquables surtout par le développement de la carène, contournée en spirale ou en limaçon. Cette espèce

---

(1) Plusieurs espèces de légumineuses de la tribu des phaséolées sont très-vénéneuses. Il nous suffira de citer l'*Anagyris fœtida*, du midi de la France, dont la graine, exactement semblable à celle d'un haricot comestible, a causé de nombreux accidents, et le *Physostigma venenosum*, ou *fève du Calabar*, de la côte occidentale d'Afrique, qui est un des poisons les plus redoutables que l'on connaisse. D'autres légumineuses, qui n'appartiennent pas à la tribu des phaséolées, sont douées de propriétés analogues; c'est le cas, entre autres, de la jarosse (*Lathyrus cicera*), dont les graines sont vénéneuses, quoique l'herbe soit fourragère.

réussit médiocrement à Paris ; mais elle devient très-grande et très-belle dans le midi de l'Europe, où même elle mûrit ses graines. Dans le nord on ne la multiplie guère que de boutures.

3° **Liserons** (*Convolvulus, Calystegia, Ipomæa, Pharbitis, Calonyction,* etc.). Les liserons à tiges volubiles, types de la famille des convolvulacées, tiendront toujours le premier rang parmi les plantes grimpantes de nos jardins, au moins dans le nord de la France, d'où sont exclues, par le manque de chaleur de l'été ou la rigueur des hivers, beaucoup d'autres plantes non moins belles qui prospèrent sous des climats plus doux. La plupart des liserons sont vivaces par leurs racines, qui rampent souvent fort loin sous terre, et deviennent même charnues dans quelques espèces ; mais il en est aussi d'annuels, ou du moins qu'on traite comme tels dans nos jardins, et qui sont semés tous les ans. Personne n'ignore que leurs tiges, grêles et déliées, dépourvues de vrilles, s'élèvent en s'enroulant autour des tuteurs ; nous devons rappeler cependant qu'il existe aussi des liserons peu ou point volubiles, par exemple le *liseron tricolore* ou *belle de jour*, que nous avons classé plus haut parmi les plantes de plate-bande.

Dans tous les liserons la forme de la corolle est caractéristique : c'est une sorte d'entonnoir plus ou moins grand, plus ou moins évasé, quelquefois d'un blanc pur, plus souvent paré des plus belles teintes du rose, du rouge orangé, du pourpre, du violet ou du bleu. Les feuilles sont tantôt cordiformes, tantôt hastées ou sagittées, tantôt enfin découpées en digitations plus ou moins nombreuses ou même frangées. La hauteur à laquelle ils peuvent atteindre varie suivant les espèces ; quelques-unes ne s'élèvent pas à un mètre, d'autres peuvent en dépasser dix. En général ces espèces ont d'autant plus de chance de réussir dans le nord qu'elles prennent moins de développement et qu'elles sont plus hatives. Celles qui deviennent très-grandes, comme par exemple le liseron à feuilles digitées, ne fleurissent guère en plein air que dans le climat méditerranéen ; à Paris elles appartiennent à peu près toutes à la serre chaude, ou tout au moins à la serre tempérée.

Parmi les nombreuses espèces de ce genre nous devons

citer, comme étant les plus rustiques : 1° le *liseron des champs* (*Convolvulus arvensis*), plante vivace, vulgaire dans toute la France et considérée comme une des plus mauvaises herbes de nos jardins, où le moindre fragment de ses racines suffit pour la reproduire. Malgré l'aversion dont elle est l'objet, on ne peut nier qu'elle n'ait quelque beauté et qu'elle ne revête fort agréablement les haies de ses clochettes rosées ; 2° le *liseron des haies* (*Convolvulus* ou *Calystegia sepium*), autre espèce indigène et vivace, dont les fleurs, d'un blanc de neige, sont le plus bel ornement des grandes haies vives pendant l'été. Il en existe des variétés roses, tant de l'Europe que de l'Amérique septentrionale, qu'on trouve assez fréquemment dans les jardins; 3° le *liseron de Dahourie* (*Calystegia dahurica*), de l'Asie centrale, vivace, rustique, à racines traçantes, à corolle rose foncé, fleurissant pendant tout l'été et une partie de l'automne ; 4° le *liseron de Chine* (*Calystegia pubescens*), vivace et rustique comme les précédents, à fleurs rose clair, pleines dans une de ses variétés, ne s'élevant guère qu'à 2 ou 3 mètres; 5° le *liseron de Provence* (*Convolvulus althæoides*), charmante espèce de la région méditerranéenne, vivace, demi-rustique dans le nord, à feuilles entières ou découpées suivant l'âge de la plante, montant à 1^m,50 ou 2 mètres sous le climat de Paris, mais devenant beaucoup plus grande dans sa région natale, à fleurs rose tendre ; 6° le *liseron de Jacquemont* (*Convolvulus* ou *Jacquemontia cœlestis*), charmante espèce du Népaul, à fleurs bleu de ciel, de moyenne grandeur; 7° le *liseron de Mauritanie* (*Convolvulus mauritanicus*), de 1^m à 1^m,50, demi-rustique sous le climat de Paris, à fleurs moyennes, d'un violet foncé; cultivée en caisse et dressée sur un treillis, cette espèce peut devenir une agréable plante d'appartement ; 8° le *liseron pourpre* (*Ipomæa purpurea, Pharbitis hispida, Convolvulus mutabilis*) (fig. 147), plante annuelle de l'Amérique du Sud et une des plus populaires du genre, rustique, haute de 3 à 4 mètres, à feuilles cordiformes, à corolles grandes, violet foncé dans le type, mais tournant au rose, au rouge carmin, au bleu plus ou moins violacé, quelquefois panachées de deux ou trois couleurs ou entièrement

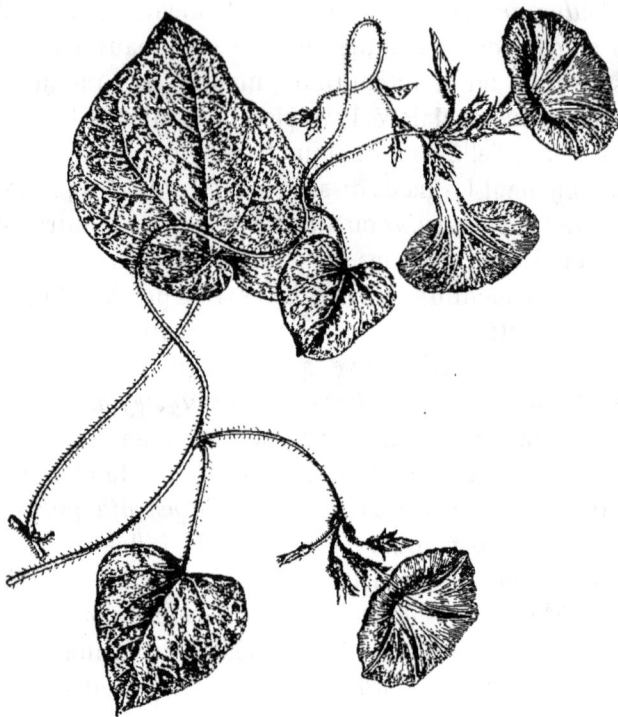

Fig. 147. — Liseron pourpre.

blanches; c'est l'espèce que les jardiniers parisiens désignent
le plus souvent sous le nom de *volubilis*; 9° le *liseron Bonne-
nuit* (*Ipomæa bona nox, Calonyction speciosum*), du même pays
que le précédent et annuel comme lui, demi-rustique dans le
nord, s'élevant à 3 ou 4 mètres, à feuilles ovales-acuminées et
dont les grandes corolles infondibuliformes, d'un rose violacé,
s'ouvrent ordinairement dans la soirée; 10° le *liseron marginé*
(*Pharbitis* ou *Ipomæa limbata*), de l'Amérique du Sud et annuel,
à feuilles cordiformes ou plus souvent trilobées, à fleurs pourpre foncé, marginées de blanc; 11° le *liseron bleu de Michaux*
ou *liseron Nil* (*Ipomæa Nil*), de l'Amérique du Sud, annuel,
à feuilles trilobées, à fleurs bleu d'azur, légèrement teint de
violacé; 12° le *liseron écarlate* (*Ipomæa coccinea*), des Antilles,
annuel, demi-rustique à Paris, haut de 2 à 3 mètres, à feuilles

cordiformes, à fleurs rouge écarlate, quelquefois blanches par décoloration; 13° enfin le *liseron à feuilles laciniées* ou *quamoclit cardinal* (*Quamoclit vulgaris*), originaire de l'Inde, annuel, demi-rustique dans le nord, très-distinct de toutes les espèces précédentes par ses feuilles, divisées en lanières étroites, à fleurs comparativement petites mais d'un rouge carmin très-vif; cette jolie plante a quelque peine à réussir sous le climat de Paris, où elle demande une exposition méridionale et abritée.

Beaucoup d'autres espèces, toutes vivaces par la racine et trop délicates pour pouvoir être habituellement livrées à la pleine terre dans le nord de la France, où elles appartiennent à la serre tempérée, et souvent même à la serre chaude, prospèrent cependant à l'air libre au voisinage de la Méditerranée. La plupart sont de grande taille, atteignant de 5 à 8 mètres ou plus, et fleurissent tardivement, c'est-à-dire en août, septembre et octobre. De ce nombre sont : 1° le *liseron à feuilles digitées* (*Ipomæa digitata*), des Antilles, forte plante à rhizome charnu, caractérisée par ses feuilles glabres, à 6 ou 7 lobes profonds et étroits, représentant une main ouverte avec les doigts écartés; les fleurs en sont grandes, abondantes, d'un lilas violacé, très-belles et très-abondantes lorsque la plante croît à l'air libre; 2° le *liseron de Lindley* (*Ipomæa Lindleyi*), de Madagascar, à feuilles cordiformes, à fleurs en grappes, d'un beau rose carmin; 3° le *liseron à grandes fleurs* (*Ipomæa grandiflora*), superbe espèce du Mexique, à feuilles ovales-cordiformes, remarquable surtout par la grandeur de ses corolles d'un blanc pur et délicieusement parfumées; ces belles fleurs s'ouvrent à la tombée de la nuit et se ferment dans la matinée du lendemain; 4° le *liseron azuré du Mexique* (*Pharbitis rubro-cærulea*), à feuilles largement cordiformes, à très-grandes corolles d'un bleu d'azur; 5° le *liseron de Léar* (*Ipomæa Learii*), de l'Amérique méridionale, à feuilles cordiformes, un peu velues, à très-grandes fleurs pourpres ou bleu violacé; 6° le *liseron de Hooker* (*Ipomæa tyrianthina*), du Mexique, à racines tubéreuses comme le précédent, et dont les grandes fleurs rivalisent par la vivacité de leurs coloris avec

celles du pétunia pourpre ; 7° le *liseron à feuilles de figuier*
(*Ipomæa ficifolia*), du Brésil méridional, à feuilles cordiformes, mais divisées en 3 ou 5 lobes obtus, et dont les fleurs
sont presque identiques de coloris à celles du liseron à feuilles
digitées ; 8° le *liseron d'Hartweg* (*Calboa globosa*), très-belle
plante du Mexique, à tiges frutescentes, dont les corolles
pourpres sont longuement tubuleuses, avec un limbe campa-
nulé et quinquélobé. Beaucoup d'autres liserons pourraient
encore être ajoutés à cette liste, mais avec une médiocre utilité, attendu qu'ils répètent à bien peu près les précédents
par leur feuillage et leurs fleurs.

Dans toutes les espèces énumérées ci-dessus les fleurs sont
blanches, roses, pourpres, bleues ou violacées, mais on connaît aussi des liserons à fleurs jaunes, qui, sans être très-bril-
lants, peuvent cependant faire un agréable contraste avec leurs
congénères autrement colorés. Telles sont, entre autres, le
liseron jaune de Java (*Calonyction diversifolium*, var. *sulfureum*),
de l'Asie méridionale, qui n'est rustique que dans le midi de
la France, et le *liseron jaune de Chine* (*Convolvulus* ou *Shu-
tereia bicolor*), à fleurs moyennes, d'un jaune nankin pâle,
avec une macule violette dans la gorge. Il est plus rustique que
le précédent.

Tous les liserons n'ont pas les tiges annuelles ; il en est quelques-uns où ces organes deviennent ligneux et persistants ; c'est
particulièrement le cas de ceux que les botanistes ont rangés
dans le genre *Argyreia*, à cause de leurs fruits charnus (*A. splendens, hirsuta, Choysiana*, etc.). Ils sont de serre chaude ou
de serre tempérée dans le nord de la France, mais ils passent
assez facilement l'hiver en plein air dans les localités les plus
chaudes du climat méditerranéen. A part leurs feuilles,
soyeuses en dessous et comme argentées, la consistance de
leur tige et le caractère de leurs fruits, ils ne diffèrent par
rien d'essentiel des liserons proprement dits, et font, pour
ainsi dire, double emploi avec eux.

La culture des liserons n'offre d'autres difficultés que celles
qui sont inhérentes au climat. Toutes les espèces rustiques ou
demi-rustiques se propagent de graines, semées en place au

printemps, ou en pots sous châssis, si on tient à en avancer la floraison ; celles qui sont vivaces se multiplient en outre d'elles-mêmes par leurs rhizomes qui passent l'hiver sous terre et pullulent au printemps, par exemple les espèces des genres *Convolvulus* et *Calystegia*, qui sont principalement dans ce cas. Les espèces annuelles d'Amérique, transportées dans le nord de la France, se plaisent aux expositions méridionales et abritées, et elles ne viennent nulle part mieux sous ce climat qu'au devant des murs tournés au midi. Quant aux liserons cultivés en serre chaude et qui n'y donnent des graines qu'exceptionnellement, on les reproduit très-facilement de boutures, à moins qu'on ne préfère en faire venir des graines de Provence et d'autres pays méridionaux. Toutes les espèces, quelles qu'elles soient, aiment le soleil et le grand air et veulent être modérément arrosées en été.

3° **Capucines** (*Tropæolum*). Le genre capucine, qui constitue presque à lui seul toute la famille des tropéolées, appartient exclusivement à l'Amérique, et principalement à la grande chaîne de montagnes qui la parcourt du nord au sud, du Mexique au Chili méridional. Ses espèces connues, déjà assez nombreuses, sont toutes des plantes d'une certaine valeur ornementale ; quelques-unes même sont censées appartenir au jardinage potager.

Toutes les capucines sont grimpantes, quoique non volubiles et dépourvues de vrilles, mais elles suppléent au défaut de ces organes par les inflexions de leurs tiges et des pétioles de leurs feuilles. Les tiges sont herbacées et un peu succulentes, et les feuilles peltées, orbiculaires, triangulaires ou diversement lobées, quelquefois divisées en véritables folioles ; les fleurs, solitaires aux sommets de longs pédoncules, sont de moyenne grandeur, un peu irrégulières, longuement éperonnées, généralement jaunes, orangées, écarlates, rouge ponceau ou jaune brun, rarement d'une autre teinte. Toutes ces plantes contiennent un suc âcre et piquant, très-analogue à celui du raifort ; aussi leurs feuilles et surtout leurs fleurs sont-elles employées comme condiments dans les salades. Les espèces sont les unes annuelles, les autres vivaces par des

rhizomes ou même par de véritables tubercules comme ceux
de la pomme de terre ; elles sont rustiques ou demi-rustiques
dans le nord de la France pendant la belle saison, mais les
rhizomes des espèces vivaces doivent être abrités l'hiver pour
n'être pas détruits par la gelée.

Au nombre des espèces annuelles, qui se multiplient de
graines semées au printemps, le plus souvent en place et à exposition chaude, nous citerons : 1° la *grande capucine* ou
capucine proprement dite (*T. majus*) (fig. 148), originaire du

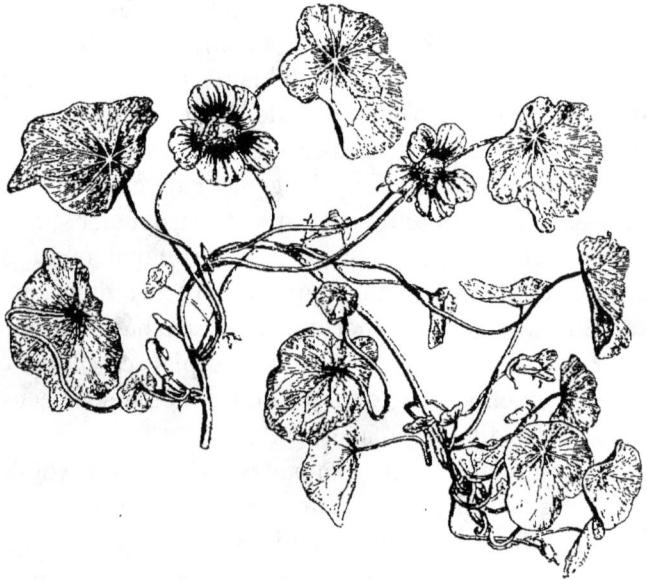

Fig. 148. — Grande capucine.

Pérou, plante populaire et qu'on trouve dans tous les jardins ;
ses fleurs, plus grandes que celles des autres espèces, sont
orangé rouge dans le type, mais elles ont pris, par suite de la
culture, des teintes assez notablement différentes de la couleur
primitive ; ainsi on en connaît des variétés dont les fleurs sont
jaune pâle ou même presque blanches, tandis que d'autres les
ont de couleur mordorée, pourpre-brun ou couleur feuille
morte, et quelquefois mouchetées de brun sur fond jaune ; 2° la
capucine naine (*T. minus*), du même pays que la grande capu-

cine, dont elle ne diffère que par sa taille, moindre, ses fleurs,
plus petites, et d'un orangé plus rouge; elle a donné plusieurs
variétés, dont une à fleurs doubles et d'un rouge assez vif; 3° la
capucine pèlerine ou *pagarille* (*T. aduncum*), des montagnes du
Mexique, très-facile à distinguer des précédentes par ses feuilles,
à trois ou plus souvent à cinq lobes obtus et divergents, et par
ses fleurs, jaune-clair, d'une forme un peu bizarre; 4° la *capucine de Wagner* (*T. Wagnerianum*), des Andes de la Nouvelle-
Grenade, à feuilles un peu triangulaires et dont les fleurs
ont l'éperon écarlate et les pétales bleu violacé; 5° la *capucine de Lobb* (*T. Lobbianum*), du même pays que cette dernière,
mais plus grande, plus forte, à feuilles arrondies et un peu
velues, à fleurs écarlates et à pétales frangés : comme elle
devient comparativement très-grande, elle fleurit tardivement
et difficilement sous le climat de Paris à l'air libre, mais elle
réussit fort bien en Provence, où même elle a donné de nombreuses et belles variétés; 6° enfin la *capucine de Decker*
(*T. Deckerianum*), plante de l'Amérique équatoriale, à tiges
grêles, à feuilles triangulaires et à fleurs azurées, avec l'é-
peron d'un rouge assez vif.

Les espèces à rhizome vivace répètent à très-peu près les
espèces annuelles que nous venons de décrire; il nous suffira
de citer parmi celles qui ont été introduites dans les jardins :
1° la *capucine tubéreuse* (*T. tuberosum*), du Pérou et de la Bolivie, à feuilles peltées et à fleurs jaunes peu différentes de
celles de la grande capucine; ses tubercules, assez semblables
à des pommes de terre par le volume et la forme, servent à
la multiplier concurremment avec les graines; en Europe on
a vainement essayé, à cause de leur âcreté (1), de leur donner

---

(1) En Bolivie, d'après M. Weddell, les tubercules de la capucine tubéreuse,
désignés sous les noms d'*ysaños* (prononcez *ysagnos*) et de *taiachas*, entrent communément dans la nourriture du peuple, mais ils ne sont comestibles que cuits et
gelés. On les fait cuire d'abord, puis on les expose la nuit dans un lieu bien découvert, où ils sont saisis par la gelée, qui arrive à peu près toutes 'les nuits sur
les hauteurs où la plante est cultivée. Il faut les manger avant qu'ils ne dégèlent,
et dans cet état ils sont croquants et constituent un mets assez agréable, surtout
après avoir été trempés dans de la mélasse. La difficulté est de les empêcher de
dégeler pendant le jour, ce qui oblige à les tenir à l'ombre, enveloppés d'une
étoffe de laine et recouverts de paille.

des emplois culinaires; 2° la *capucine tricolore* (*T. tricolor*), des mêmes pays, mais plus petite que la précédente, dont elle se distingue surtout par ses feuilles, à cinq folioles; 3° la *capucine blanche* (*T. albiflorum*), du Chili, à feuilles profondément divisées en 5 lobes divergents et à fleurs blanches, dont le centre est jaune pâle, avec des lignes rouge orangé à la base des pétales; 4° enfin la *capucine bleue* (*T. cæruleum*, *Rixea cærulea*), dont les tiges et les branches sont aussi menues qu'un fil à coudre, et qui a les fleurs bleu clair. Plusieurs autres espèces (*T. umbellatum, speciosum, Smithii, brachyceras, crenatiflorum, chrysanthum*, etc.) pourraient être ajoutées sans grande utilité à cette liste.

On a séparé du genre *Tropæolum*, à cause de son fruit charnu, la *capucine à cinq feuilles* (*Chymocarpus pentaphyllus*), qui en diffère en outre par des fleurs tubuleuses, à corolle courte et verdâtre, mais cependant de même structure que celles des capucines proprement dites. Elle est vivace par ses rhizomes tuberculeux et grimpante à la manière de ses congénères, auxquelles elle est associée dans les jardins. Son feuillage, élégamment divisé en cinq folioles distinctes, et la couleur rouge vif de ses calyces lui donnent un certain intérêt comme plante d'agrément.

Toutes les capucines sont employées aux mêmes usages. On les fait grimper sur des treillis ou des arbustes, le plus souvent le long des murs exposés au midi. Quelquefois aussi on les élève en pots ou en caisses, pour la décoration des galeries ou des fenêtres; dans tous les cas on est obligé de les soutenir sur des tuteurs ou des treillis de fil de fer. Les espèces à tiges grêles et bien feuillues, comme la capucine à cinq feuilles et la capucine bleue, sont celles qui conviennent le mieux pour ce genre de culture. Toutes les espèces, les espèces annuelles surtout, veulent de copieux arrosages dans la période des chaleurs.

4° **Cobéa vulgaire** (*Cobæa scandens*) (fig. 149). Grande plante grimpante du Mexique, vivace, à feuilles ailées, composées de deux à trois paires de folioles et se terminant par des vrilles à la manière de celles des pois et des gesses. Les fleurs

Fig. 149. — Cobéa vulgaire.

sont monopétales, en cloche, d'un tiers plus grandes que celles
de la campanule carillon (*Campanula medium*) et presque de
même forme, d'un vert pâle au moment où elles s'ouvrent, mais
prenant insensiblement une teinte violet foncé. Cette plante est
en grand honneur dans les villes du nord de la France, à Paris
surtout, où on la voit fréquemment cultivée en caisses sur les
balcons ou les fenêtres. Dans les jardins elle sert comme toutes
les plantes grimpantes à garnir des murs ou à recouvrir des
berceaux. Sans être très-belle, elle a cependant de certains mé-

rites, entre autres celui de croître très-vite et de demander peu de soins. A Paris, où elle périt généralement à la fin de l'automne, on ne la cultive guère que comme plante annuelle, en en semant tous les ans les graines sur couche chaude, aux mois de mars et d'avril; les plantes sont mises en place dans la première quinzaine de mai. Dans la région du midi le cobéa fleurit même en hiver, et peut y durer plusieurs années, mais les plantes âgées de deux ou trois ans valent rarement celles qui ont été semées dans l'année même. Malgré la différence du port et de l'aspect des fleurs, le cobéa a été placé par les botanistes à côté de la polémoine bleue, dans la famille des polémoniacées.

Le cobéa vulgaire n'est pas la seule espèce du genre qui ait été introduite en Europe; on en connaît encore deux, les *C. stipularis* et *macrostoma*, du même pays; mais leurs fleurs, d'un jaune verdâtre, sont si inférieures à celles du premier qu'on ne peut guère les considérer que comme des plantes de curiosité. Elles sont d'ailleurs fort rares dans les jardins.

5° **Maurandias** (*Maurandia*). Genre de plantes de la famille des scrofularinées, originaires du Mexique, vivaces, demi-rustiques, pouvant s'élever à 3 ou 4 mètres, ramifiées et très-florifères. Leurs fleurs, de grandeur moyenne, tubuleuses, un peu irrégulières, à limbe quinquélobé, rappelant par leur forme celles de plusieurs pentstémons, sont roses, pourpres, bleues ou violacées, quelquefois toutes blanches. Trois espèces, qui ont donné naissance à diverses variétés, ont été introduites dans les jardins, ce sont : le *maurandia de Barclay* (*M. Barclayana*), à fleurs violet foncé et relativement grandes, dont le coloris peut varier du rose au pourpre; le *maurandia à floraison perpétuelle* (*M. semperflorens*), dont les fleurs, un peu moins grandes, sont d'un pourpre violacé; enfin le *maurandia à fleurs de muflier* (*M. antirrhiniflora*), à fleurs plus petites encore, d'un pourpre clair, et qui a produit des variétés blanches et des variétés roses.

Les maurandias sont de charmantes plantes d'ornement, tant par la délicatesse de leur feuillage que par l'abondance de leurs fleurs, qui se succèdent tout l'été. Sans s'élever bien haut, ils garnissent très-promptement les treillis sur lesquels on les fait grimper et n'y laissent pas une place vide. Vivaces en pleine terre sous les climats à hivers doux, et devenant même un peu ligneux à la base de la tige, les maurandias se cultivent dans le nord de la France soit comme plantes annuelles, par des semis de printemps, soit comme plantes bisannuelles, en semant à la fin de l'été et hivernant le plant en serre tempérée ou sous châssis. Cette dernière méthode est préférable à l'autre, en ce qu'elle donne des plantes plus vigoureuses et surtout fleurissant plus tôt. Pour les obtenir belles, il faut les sortir des serres dès la fin d'avril ou le commencement de mai, et les mettre en pleine terre ou dans des pots proportionnés à leur taille et remplis de terre neuve un peu engraissée; on arrose abondamment pendant les chaleurs. Si à la fin de l'automne on tient à conserver les plantes qui ont fleuri, on coupe leurs tiges un peu au-dessus du sol et on les remet en pots pour les hiverner de nouveau. Ajoutons que les maurandias reprennent très-facilement de boutures, soit à froid pendant l'été, soit sur couche chaude pendant les autres saisons; c'est d'ailleurs ce moyen que l'on doit employer, de préférence au semis, lorsqu'il s'agit de conserver les variétés.

6° **Lophospermums** (*Lophospermum*). Autre genre de scrofularinées, très-analogue aux maurandias et, comme eux, originaire du Mexique, mais à fleurs plus grandes. Trois espèces ont été introduites dans les jardins d'agrément : le *lophospermum rose* (*L. erubescens*), à grandes fleurs velues, roses ou pourpres ; le *lophospermum grimpant* (*L. scandens*), semblable au précédent, mais avec des fleurs glabres ; et le *lophospermum d'Henderson* (*L. Hendersoni*), qui n'est peut-être qu'une variété du lophospermum grimpant, à fleurs violet pourpre, plus ou moins marquetées ou striées de blanc. Leurs usages et .eur culture étant exactement ceux des maurandias, nous nous bornons à renvoyer le lecteur à ce que nous avons dit ci-dessus de ces derniers.

A la suite des lophospermums nous pouvons citer encore une plante qui en est très-voisine; c'est le *rodochiton du*

Mexique (*Rhodochiton volubilis*), espèce vivace, à tige sous-li
gneuse, dont les fleurs sont remarquables par la grandeur e
la couleur rose de leur calyce pétaloïde et campanuliforme
La corolle, presque semblable à celle des lophospermums, es
d'un pourpre foncé. A Paris le rodochiton n'est qu'à dem
rustique, et doit être rentré en serre tempérée avant l'hiver.

Thunbergie ailée (*Thunbergia alata*). Acanthacée d
l'Afrique australe et orientale, vivace par la racine; à tige
sarmenteuses et volubiles, s'élevant à 2 mètres ou plus;
feuilles opposées et hastées; à fleurs axillaires, de moyenn
grandeur, presque régulières, à limbe étalé, d'un jaune nanki
dans le type de l'espèce, avec une macule brune dans la gorge
Introduite dans les jardins depuis une quarantaine d'années
elle a donné naissance à plusieurs variétés assez différentes d
coloris pour être remarquées. Parmi ces dernières nous si
gnalerons la *thunbergie blanche* (*T. albiflora*), considérée pa
quelques-uns comme une espèce distincte, et dont les fleur
sont tantôt maculées de pourpre dans la gorge, tantôt san
macule; la variété *jaune pâle*, l'*orangée*, et enfin celle qui
reçu le nom de *panachée* ou *de Dodds*, peu différente du typ
spécifique par le coloris des fleurs, mais avec les feuille
marginées de blanc.

Quoique originaire d'un climat brûlant, la thunbergie ailé
se cultive avec une grande facilité en pleine terre dans l
midi de la France. Sous le climat de Paris elle peut passe
les quatre à cinq mois de la belle saison à l'air libre, pourv
qu'elle soit à bonne exposition, surtout au voisinage d'un mur
On la traite alors comme plante annuelle, en la semant er
mars ou avril, sur couche chaude, et en repiquant le plan
dans de petits pots, tenus également sur couche jusqu'à c
que la température extérieure soit assez échauffée pour qu'o
puisse mettre le plant en place, ce qui arrive ordinairement
vers la fin de mai. La floraison, commencée environ un mois
plus tard, se prolonge jusqu'au milieu de l'automne. Les pieds
peuvent alors être relevés et mis en serre tempérée pour y
passer l'hiver.

Ce que nous venons de dire de la thunbergie ailée peut

s'appliquer dans une certaine mesure à plusieurs autres espèces congénères, plus belles encore et grimpantes comme
elle. Telles sont la *thunbergie œil d'or* (*T. chrysops*), de la
côte occidentale d'Afrique, à grandes fleurs pourpres ou violettes sur le limbe et jaune vif dans la gorge; et la *thunbergie de Harris* (*T. Harrisii*), de l'Inde méridionale, dont les
fleurs, très-grandes aussi, rapprochées en grappes et à corolle
évasée, sont bleu de ciel, avec une large macule jaune orangé
dans le fond, macule qui est elle-même entourée d'un cercle
blanc. Ces deux superbes plantes, dont les tiges deviennent
ligneuses entre les tropiques, ne peuvent fleurir en plein air
que dans les parties les plus chaudes ou les mieux abritées du
climat méditerranéen. Sous le ciel de Paris elles appartiennent
à la serre chaude ou à la serre tempérée, de même que les *T.
grandiflora, fragrans, laurifolia, natalensis*, etc., qui sont
aussi des plantes fort distinguées.

7° Hexacentris (*Hexacentris*). Autre genre d'acanthacées
vivaces, grimpantes, originaires de l'Inde, longtemps réunies
aux espèces du genre *Thunbergia*, dont elles diffèrent assez sensiblement par des inflorescences plus développées et des fleurs
plus irrégulières. Deux espèces en sont classiques aujourd'hui :
l'*hexacentris écarlate* (*H. coccinea* ou *Thunbergia coccinea*) du
nord de l'Inde, à fleurs rouge écarlate, et l'*hexacentris du Mysore*
(*H. mysorensis*), dont les fleurs, en longues grappes terminales
au sommet des rameaux et un peu en forme de sabot, sont
tantôt d'un jaune uniforme, tantôt pourpres à l'extérieur et
jaunes à l'intérieur. La plante est de premier ordre, mais elle
n'appartient à la pleine terre que dans les localités les plus
tièdes du midi de l'Europe. Placée à bonne exposition, en
terre un peu légère, et copieusement arrosée pendant les
chaleurs, elle y est d'un grand effet ornemental. Plus rustique, l'hexacentris écarlate fleurit même en hiver sur les
bords de la Méditerranée. La culture de ces deux plantes est
d'ailleurs très-analogue à celle des thunbergies; elles se multiplient comme elles de graines semées au printemps sur
couche ainsi que de boutures.

8° Cucurbitacées ornementales. Presque toutes les

cucurbitacées grimpantes peuvent être employées, suivant leur taille, à la décoration des treillis, des berceaux, des tonnelles ou des murs ; on peut aussi les faire courir sur les haies ou monter sur les arbres ; les unes plaisent par leurs fleurs, le plus grand nombre par leur feuillage et surtout par leurs fruits, bizarres de forme ou curieusement colorés.

Ces plantes sont vivaces par la racine ou seulement annuelles. Quoique pour la plupart originaires des pays chauds, il en est un assez grand nombre qui s'accommodent de la température de nos étés, et qui fleurissent et fructifient dans tout le nord de la France ; cependant elles réussissent toujours mieux sous le ciel du midi, où un plus grand nombre d'espèces peuvent d'ailleurs être cultivées avec succès. Toutes ont à très-peu près le même port : ce sont toujours des plantes sarmenteuses, mais non volubiles, qui se fixent aux objets voisins par des vrilles simples ou digitées ; chez quelques-unes, les tiges deviennent à demi ligneuses, surtout dans les climats chauds, et elles peuvent alors durer plusieurs années. Rien n'est plus commun, dans les régions intratropicales, que de rencontrer de ces cucurbitacées frutescentes qui serpentent jusqu'au sommet des plus grands arbres, dont elles enveloppent les cimes de leurs sarments entrelacés. Dans cette famille, les fleurs sont presque toujours unisexuées et très-souvent dioïques ; de là l'utilité de la fécondation artificielle pour assurer le développement de leurs fruits.

Parmi les espèces classiques nous devons citer :

1° Les *bryones proprement dites* (*Bryonia*), dont une espèce, la *bryone dioïque* (*B. dioica*), est une plante indigène, vivace par sa racine charnue, qui avec les années devient énorme. Elle est commune dans les haies, qu'elle couvre en quelques semaines d'un épais feuillage, auquel s'ajoutent bientôt des milliers de fleurs blanchâtres et des baies d'un rouge vif. Une seconde espèce, particulière à l'Allemagne, la *bryone blanche* (*B. alba*), non moins rustique et toute semblable, mais monoïque et à fruits noirs, lui est quelquefois associée pour garnir des haies et couvrir des broussailles. Une troisième espèce, plus ornementale, est la *bryone des Canaries* (*B. ver-*

rucosa), vivace , dioïque, à fleurs jaunes, et dont les baies, de la grosseur d'une cerise, sont bariolées de vert et de blanc. Cette jolie plante, qui est encore assez rare dans les jardins, n'est tout à fait rustique que dans le midi.

2° Les *momordiques* (*Momordica*), qui tiennent un rang plus distingué dans la culture d'agrément. Toutes sont exotiques, les unes vivaces, les autres annuelles, celles-ci monoïques, celles-là dioïques. Elles varient notablement par le feuillage, qui est tantôt simple, quoique plus ou moins profondément lobé, tantôt digité, tantôt enfin décomposé en folioles distinctes. Les fruits, généralement ovoïdes ou ovoïdes-allongés, relevés de côtes ou armés de pointes mousses, tournent à l'orangé puis au rouge vif en mûrissant, et bientôt se déchirent avec une certaine élasticité pour laisser tomber les graines, qui sont enveloppées d'une pulpe rouge carmin. Ces fruits sont curieux, mais ils passent vite. Nous trouvons dans ce genre : 1° la *momordique de Roxburgh* (*M. mixta*), plante dioïque et vivace, s'élevant à six ou huit mètres, à feuilles trilobées et d'un vert foncé, à grandes fleurs jaune nankin ou blanc de crême, portant au centre trois macules noires, et auxquelles succèdent des fruits hérissés de pointes, de la grosseur de la tête d'un enfant et d'un rouge vif. Trop frileuse pour le climat de Paris, où elle n'arrive pas à floraison, cette belle cucurbitacée ne réussit bien que dans le climat méditerranéen. 2° La *momordique commune* (*M. Charantia*), annuelle et beaucoup plus petite dans toutes ses parties, monoïque, à fleurs jaunes, et dont les fruits sont fusiformes, hérissés de pointes et de couleur orangée ; elle vient sans difficulté à Paris et même beaucoup plus au nord. 3° La *momordique balsamine* ou *pomme de merveille* (*M. Balsamina*), plus petite encore que la précédente et, comme elle, annuelle et monoïque, mais à fleurs jaune nankin ou blanches, avec des macules noir ardoisé au fond de la corolle; son fruit est ovoïde, un peu court, tuberculeux ou faiblement épineux, d'un rouge carmin à la maturité. La variété à fleurs blanches est de beaucoup la plus florifère et la plus ornementale. Plusieurs autres espèces moins connues pourraient être ajoutées à celles-ci ; nous nous con-

30

tenterons de signaler la *momordique ailée* (*M. pterocarpa*), d'Abyssinie, vivace, monoïque, haute de 3 à 4 mètres, à feuilles quinquéfoliolées et à fleurs blanches ou jaunâtres, dont le fruit est ovoïde, pointu au sommet, et profondément creusé de huit à dix sillons longitudinaux séparés par autant de crêtes un peu épineuses. Cette espèce, demi-rustique sous le climat de Paris, est encore très-peu répandue.

3° Les *trichosanthes* (*Trichosanthes*), cucurbitacées de l'Inde, annuelles, monoïques, à feuillage trilobé ou quinquélobé, à fleurs blanches, dont les pétales sont délicatement frangés sur les bords. On en cultive deux espèces, qui ne sont que demi-rustiques dans le nord de la France : le *trichosanthe serpent* (*T. anguina, T. colubrina*), plante superbe par l'ampleur et l'abondance de son feuillage, sa haute taille (3 à 4 ᵐ·) et ses jolies fleurs, mais curieuse surtout par la figure et la grandeur de ses fruits serpentiformes, longs souvent de plus d'un mètre, droits ou contournés de diverses manières, bariolés de blanc sur fond vert, et qui passent à l'orangé rouge en mûrissant; et le *trichosanthe ovoïde* (*T. cucumerina*), de moitié plus petit que le précédent, et dont les fruits, ovoïdes-pointus et bariolés de blanc, tournent pareillement au rouge à la maturité.

4° Le *sicydium de Lindheimer* ou *bryone du Texas* (*Sicydium Lindheimeri*), plante vivace, dioïque, à feuillage luisant, à fleurs jaune vif, à fruits sphériques, de la grosseur d'une petite prune de Reine-Claude, bariolés, puis uniformément écarlates ou rouge carmin. Cette jolie plante ne réussit guère à Paris qu'au pied d'un mur, à l'exposition du midi.

5° L'*abobra* ou *bryone de l'Uruguay* (*Abobra viridiflora*), plante vivace par la racine, rustique sous le climat de Paris, dioïque, très-ramifiée, pouvant s'élever à 5 ou 6 mètres, à feuilles profondément et finement découpées, à fleurs stelliformes, d'un blanc verdâtre, de moyenne grandeur, et odorantes. Aux fleurs femelles succèdent des baies de la forme et de la grandeur d'une très-petite olive, d'un rouge carmin vif lorsqu'elles sont mûres, et qui contiennent chacune six graines allongées. Par sa rusticité, sa durée, la rapidité de sa croissance, l'élégance de son feuillage, l'abondance de ses fleurs et de ses

fruits, comme aussi par le peu de soin qu'elle demande, la
bryone de l'Uruguay doit compter parmi nos meilleures
plantes grimpantes rustiques. A Paris elle se sème pour ainsi
dire d'elle-même, et surtout elle se propage par l'enracinement spontané de celles de ses branches qui viennent à
traîner sur le sol. Pour peu qu'ils soient abrités contre la gelée
et l'humidité, les pieds ainsi formés passent très-facilement
l'hiver.

6° La *bryonopside de l'Inde* (*Bryonopsis laciniosa*), plante annuelle, monoïque, s'élevant de 1^m 50 à 3^m, à feuilles rudes,
tri ou quinquélobées, à fleurs verdâtres et insignifiantes, mais
auxquelles succèdent des centaines de baies rondes, de la grosseur d'une cerise, bariolées de blanc vif sur fond vert clair, et
passant, suivant les variétés, au jaune pâle ou au rouge carmin
en mûrissant, les bariolures blanches persistant dans les deux
cas. La variété à fruits rouges (*B. erythrocarpa*) est la plus
intéressante. Par suite de sa taille, relativement peu élevée,
cette cucurbitacée peut aisément se cultiver dans des pots
un peu grands. Elle ne réussit bien à Paris qu'auprès d'un
mur à l'exposition du midi.

7° La *courge digitée* (*Cucurbita digitata*), très-belle plante du
Texas, monoïque, à racine vivace, dont les sarments, un peu
grêles, peuvent atteindre à 7 ou 8 mètres, à feuilles digitées,
d'un vert gris, bariolées de blanc le long des nervures. Les
fleurs sont grandes, à demi ouvertes, d'un jaune orangé. Aux
fleurs femelles fécondées succèdent des fruits de forme sphérique, de la taille d'une grosse orange, marbrés de jaune sur
fond vert et pouvant se conserver ainsi plusieurs mois. La
courge digitée est une belle plante d'agrément, que son
feuillage, élégamment découpé et coloré, autant que ses fruits,
rend très-propre à la décoration des treillis; malheureusement elle ne vient bien que sous le climat méridional. Il
est rare qu'elle fleurisse à Paris, et sa racine n'y résiste
pas aux rigueurs de l'hiver, à moins d'être remisée sous un
châssis ou dans une orangerie.

8° La *courge vivace* (*Cucurbita perennis*), des régions tempérées de l'Amérique du Nord. C'est une forte plante, dont la

racine, napiforme, acquiert avec le temps d'énormes proportions. Elle est très-rustique à Paris, où elle brave sous terre
les hivers les plus rigoureux, émettant tous les ans de son
collet de nombreuses et fortes tiges, qui s'élèvent à 6 ou 8
mètres et se ramifient dans toutes les directions. Son feuillage
est grand, de forme triangulaire, très-ferme, rude au toucher,
d'un vert cendré. Elle donne en quantité de grandes fleurs,
campanuliformes, d'un jaune orangé, ayant quelque chose de
l'odeur de la violette, et à la suite de la fécondation des fleurs
femelles des fruits sphériques ou obovoïdes, bariolés, de la
grosseur d'une petite orange. La plante n'est pas sans intérêt : sa rapide croissance, sa rusticité et l'ampleur de son
feuillage la rendent propre à couvrir des murs et à déguiser
les broussailles ; on peut aussi la faire grimper sur des tuteurs disposés en pyramide ou la faire courir sur les gazons,
mais elle occupe trop d'espace pour être introduite dans les
parterres, et elle ne convient guère qu'aux jardins paysagers,
où elle fera toujours plus d'effet vue de loin que de près.

9° Les *coloquinelles* ou *fausses coloquintes*, simples variétés de
la courge commune ou pépon (*Cucurbita Pepo*), plante économique des plus vulgaires, mais aussi des plus remarquables par
son extrême variabilité. Toutes se ressemblent par les organes
de la végétation, et on ne les distingue bien qu'à la forme et à
la grosseur des fruits, qui sont ronds, déprimés, ovoïdes ou
obovoïdes, quelquefois difformes, lisses ou verruqueux,
verts, blancs, jaune pâle, jaune vif, orangés ou rouges, souvent bariolés ou marbrés de deux ou de trois couleurs, et
dont la taille varie du volume d'une noix à celui d'une petite
courge. Ces fruits, souvent aussi bizarres par leur forme ou
par les excroissances qui les couvrent que remarquables par
leur coloris, se conservent ordinairement plusieurs mois et
servent le plus souvent à orner les cheminées des appartements
ou les meubles, aussi les plantes un peu grossières qui les produisent doivent-elles être plutôt rangées parmi les plantes
de curiosité que parmi les plantes d'agrément proprement
dites, ce qui ne les empêche pas d'être du goût de beaucoup
d'amateurs.

Les variétés de coloquinelles sont pour ainsi dire innombrables, et il s'en produit tous les ans de nouvelles par les croisements qui s'effectuent entre elles dans les jardins où on les cultive rapprochées les unes des autres ; cependant les variétés de choix se conservent assez franches pendant une longue série de générations lorsqu'elles ont été mises à l'abri des croisements. Nous citerons, dans le nombre, les *coloquinelles orangines*, à fruits sphériques, très-lisses, de la taille et de la couleur d'une orange; les *barbarines*, qui les ont sphériques ou déprimés, couverts de grosses excroissances, et d'une teinte plus ou moins orangée lorsque la maturité est parfaite; la *courge Polk*, coloquinelle allongée et renflée à l'extrémité en forme de massue, droite ou courbée, très-verruqueuse, d'un jaune orangé vif; et enfin les *coloquinelles pyriformes* et *maliformes*, variétés très-nombreuses, la plupart de petite taille, peu ou point verruqueuses, et réunissant toutes les teintes connues dans l'espèce. Nous devons ajouter que ces diverses modifications de forme, d'aspect et de coloris, ne sont pas exclusivement propres aux variétés d'agrément, et qu'on les retouve presque toutes dans les variétés alimentaires, elles-mêmes en nombre indéfini, de cette espèce polymorphe.

10° La *gourde* ou *calebasse* (*Lagenaria vulgaris*), plante extrêmement répandue, annuelle, monoïque, très-grimpante, et pouvant s'élever, suivant les races, car elle est aussi très-variable, de 3 à 8 mètres. Son feuillage, arrondi, velouté, d'un vert pâle et fortement musqué, ses grandes et nombreuses fleurs blanches, qui s'ouvrent au coucher du soleil, et ses fruits, souvent très-singuliers de forme dans la série des variétés et très-différents de grandeur, en font à la fois une plante ornementale et une plante de curiosité. Nous pourrions ajouter qu'elle est comestible dans plusieurs pays, et que même en France ses fruits entrent dans la confection de certaines compotes, comme ceux de la pastèque. Il en existe aussi des variétés amères, qui sont par cela même très-vénéneuses.

Les races les plus ordinaires de gourdes sont : 1° la *gourde bouteille* ou *pèlerine*, à coque dure et ligneuse, dont la forme bien connue est celle d'une ampoule à deux renflements inégaux, séparés par un col ou étranglement. Cette gourde, vidée de sa pulpe et de ses graines et tenue quelques jours dans le moût de vin, est convertie en une sorte de flacon propre à contenir des liquides et dont on fait encore usage dans beaucoup de pays. Il en existe un grand nombre de sous-variétés, les unes à peine de la grosseur d'un œuf de poule, les autres de la taille d'un potiron moyen, à coque très-épaisse et très-dure. Ces dernières, qui sont pour la plupart cultivées dans les parties les plus chaudes de l'Afrique, fournissent aux peuples de ce pays presque touts les vases dont ils se servent. 2° La *gourde massue* ou *massue d'Hercule*, dont le fruit, cylindrique-allongé et renflé vers l'extrémité florale, acquiert quelquefois plus d'un mètre de longueur; on en connaît des sous-variétés unicolores et d'autres qui sont marbrées de blanc sur fond vert. 3° La *gourde trompette*, simple variété de la précédente, dont elle ne diffère que par l'extrême allongement de ses fruits, qui ont quelquefois jusqu'à deux mètres de longueur et se contournent de différentes manières, suivant les accidents auxquels ils ont été exposés dans leur jeunesse (1). 4° Les *gourdes sphériques*, dont quelques-unes atteignent à la grosseur d'un potiron moyen, et dont la coque, très-solide, permet de faire des vases de ménage; elles sont principalement cultivées par les nègres d'Afrique, et ne réussissent chez nous que dans le climat méditerranéen. On peut y rattacher, comme sous-variétés, les *gourdes déprimées* ou *gourdes plates*, dont la plus commune est la *gourde plate de Corse*, assez petite pour qu'on en puisse faire des tabatières. 5° Enfin les *gourdes à coque tendre*, ordinairement de forme ovoïde, et qui paraissent être principalement les races comestibles. Elles sont d'Afrique et n'apparaissent que rarement dans nos jardins.

(1) Les anciens, qui cultivaient la gourde comme nous et pour les mêmes usages, connaissaient aussi cette variété à fruits allongés. Pline nous apprend qu'on faisait prendre à ces fruits les formes les plus bizarres, entre autres celle d'un dragon, en les enfermant dans des moules tressés de baguettes d'osier (Voyez Pline, *Hist. nat.*, livre XIX, § 24). Ce fait nous montre que certaines plantes actuellement cultivées remontent à une haute antiquité, et que leurs variétés sont susceptibles de se conserver indéfiniment par le semis, comme les espèces elles-mêmes, à condition qu'elles ne se croisent avec aucune autre variété de même espèce.

11° Le *thladiantha de la Chine* (*Thladiantha dubia*), plante dioïque, s'élevant à 4 ou 5 mètres, à feuilles cordiformes et velues, à fleurs jaune vif, très-abondantes et se succédant pendant tout l'été. Les fruits sont ovoïdes, de la grosseur d'un petit œuf de poule, d'un rouge vif à la maturité. Elle se propage avec une grande facilité par des tubercules souterrains, de tous points semblables à de petites pommes de terre, mais non comestibles, à cause de leur amertume. Sans être de premier ordre, le thladiantha ne manque pas d'une certaine beauté ; sa rusticité à toute épreuve et sa propagation par tubercules, qui se fait d'elle-même, le rendent très-propre à la décoration des berceaux et surtout des haies, où ses fleurs jaunes et ses fruits d'un brillant écarlate contrastent très-agréablement avec les corolles blanches ou roses des liserons.

Beaucoup d'autres espèces de cucurbitacées d'agrément ou de simple curiosité pourraient encore être ajoutées à cette liste, par exemple la *coccinie de l'Inde* (*Coccinia indica*), à fleurs blanches et à fruits rouges, les *luffas* (*Luffa cylindrica*, *L. acutangula*, etc.), grandes plantes sarmenteuses à fleurs jaunes et à fruits cylindriques ou anguleux, dont la pulpe est remplacée par un lacis serré de fibres coriaces ; la *gourde de Cafrérie* (*Lagenaria sphærica*), à très-grandes fleurs blanches et à fruits ovoïdes marbrés de blanc sur fond vert noir ; les *sicanas* et les *calycophyses* (*Sicana, Calycophysum*), de l'Amérique méridionale, etc. ; mais la plupart de ces plantes étant encore peu répandues en Europe, ou exigeant pour réussir la chaleur des climats méridionaux, nous ne les citons ici que pour mémoire.

12° **Loasas** (*Loasa*). Genre de plantes sud-américaines, de la famille des loasées, plus ou moins grimpantes par enchevêtrement et dépourvues de vrilles, à feuillage élégamment découpé et à fleurs très-singulières de structure quoique régulières. On cultive assez communément le *loasa orangé* (*L. aurantiaca* ou *Cajophora lateritia*), du Chili, à fleurs rouge brique tirant sur l'écarlate, et le *loasa bigarré* (*L. picta*), du Pérou, dont les corolles sont mi-parties de jaune et de blanc,

avec des nectaires d'un rouge vif. Ces deux plantes, qui peuvent
s'élever à 2 ou 3 mètres, seraient très-agréables si elles n'é-
taient pas hérissées de poils roides et cassants, dont la piqûre
est aussi douloureuse que celle des orties. Quoique vivaces
dans leur pays natal, elles sont traitées chez nous comme
plantes annuelles. On les sème soit au printemps sur couche
chaude, soit en automne sur une planche abritée par un mur,
et on hiverne le plant sous châssis ou en serre tempérée ; dans
les deux cas, les plantes se mettent en place dans la deuxième
quinzaine de mai, sous le climat de Paris, et autant que possible à exposition chaude et abritée. Sous le climat du midi
on peut ajouter à ces espèces le *loasa à fleurs d'argémone* (*L.
argemonoides*) de la Nouvelle-Grenade, et le *loasa de Pentland*
(*L. Pentlandica*) du Pérou, le premier à fleurs jaunes, le second à fleurs blanches avec l'extrémité des pétales orangée.
A cause de leurs poils urticants, ces plantes doivent être
tenues un peu à l'écart dans les jardins, c'est-à-dire assez loin
des allées et des sentiers pour que les mains des passants ne
soient pas exposées à les frôler. Le genre contient aussi quelques espèces non grimpantes et simplement dressées, entre autres le *loasa de Schlim* (*L. Schlimiana*), plante de la Nouvelle-
Grenade, à grandes fleurs orangées et bordées de rouge, que
son port assigne à la culture sur plates-bandes, mais seulement dans le midi de l'Europe.

Outre les loasées grimpantes et déjà un peu anciennes dont
nous venons de parler, on en a introduit plus récemment une
autre, qu'il est bon de signaler, c'est l'*illairéa campanulé* (*Il-
lairea canarinoides*), plante vivace des montagnes de l'Amérique centrale, à tiges herbacées, rameuses, hautes de 3 à 4^m,
à feuilles découpées, velues et urticantes. Ses fleurs, qui sont
relativement grandes et un peu de la forme de celles d'une
campanule, sont solitaires et nutantes au sommet de longs
pédoncules ; leur teinte est l'orangé tirant sur le cinabre. De
même que le loasa orangé, elle est rustique dans le nord
pendant l'été et se propage, comme lui, de graines et de
boutures. Ces boutures se font ordinairement en serre tempérée, et c'est là qu'elles doivent passer l'hiver, ainsi que les

plantes faites qu'on voudrait conserver d'une année à l'autre.

13° **Campanumées** (*Campanumæa*). Une certaine analogie de port, et jusqu'à un certain point de structure florale, nous amène à classer à la suite des loasées deux campanulacées grimpantes et vivaces par leurs racines tubériformes, mais annuelles par leurs tiges, qui ont aussi quelque valeur comme plantes ornementales. L'une est la *campanumée de Blume* (*C. javanica*), indigène des montagnes du nord de l'Inde et de celles de la Malaisie, l'autre la *campanumée de Siebold* (*C. lanceolata*), probablement originaire de Chine, mais introduite du Japon en Europe par le voyageur dont elle rappelle le nom. Toutes deux ont les fleurs companuliformes et de moyenne grandeur; dans la première elles sont jaune pâle veiné de pourpre, avec une large macule violacée au fond de la corolle; dans la seconde elles sont verdâtres à l'extérieur, marbrées de violet lie de vin sur le limbe, avec un cercle de même couleur dans le fond, ce qui leur donne un aspect singulier. Elles sont rustiques dans le nord de la France pendant la belle saison; il est vraisemblable même que leurs souches, au moins celle de l'espèce japonaise, pourraient hiverner sous terre au pied d'un mur tourné au midi. Ajoutons que ces deux plantes, qui sont réputées plus curieuses que belles, sont encore peu répandues dans les jardins de l'Europe. On les multiplie de graines ou par simple division du pied.

14° **Seneçon de Mikan** (*Mikania* ou *Delairea scandens*). Composée de l'Amérique du Sud, vivace, à tige grêle et très-ramifiée, grimpante par enchevêtrement, pouvant s'élever à 8 ou 10 mètres et couvrir de larges espaces de son feuillage anguleux, dense, glabre et luisant. Les fleurs, en petits capitules jaunes rapprochés en corymbes, sont par elles-mêmes tout à fait insignifiantes; aussi la plante n'est-elle guère cultivée que pour sa verdure. A Paris elle ne réussit bien qu'en serre tempérée; mais dans les localités abritées de la région du midi, où elle sert surtout à couvrir des berceaux ou des murs, elle prend un grand développement, et y passe habituellement l'hiver sans beaucoup souffrir. Elle se propage

très-facilement de boutures, sous cloches ou à l'air libre, suivant les lieux et les saisons.

§ III. — Plantes grimpantes a tiges vivaces et plus ou moins ligneuses.

D'après ce que nous avons pu remarquer dans le paragraphe
précédent, la limite entre les plantes grimpantes à tiges annuelles et celles à tiges vivaces n'est pas parfaitement tranchée,
puisque certaines espèces, cultivées comme annuelles dans
nos climats tempérés, deviennent pérennantes sous des climats
plus chauds ou à hivers plus doux. Celles dont il nous reste
à parler diffèrent cependant des précédentes en ce que leurs
tiges sont plus essentiellement vivaces, et qu'elles ne fleurissent même le plus souvent qu'à la condition d'être âgées
de plusieurs années. Elles deviennent en général plus grandes
et exigent une plus forte somme de chaleur que les espèces annuelles ; aussi conviennent-elles pour la plupart mieux aux
climats méridionaux qu'à ceux du nord de la France. Ces
grandes plantes à sarments ligneux sont particulièrement désignées sous le nom de *lianes*, qu'on donne quelquefois aussi,
mais improprement, aux espèces herbacées. Les unes ne sont
ornementales que par leur feuillage, caduc ou persistant, les
autres le sont à la fois par leur feuillage, leurs fleurs ou leurs
fruits colorés.

Dans la première de ces deux catégories nous citerons :

1° Les **vignes** et les **ampélopsides** (*Vitis, Cissus, Ampelopsis*), plantes ligneuses des climats chauds et des climats
tempérés, tant de l'Ancien que du Nouveau-Monde, presque
toutes très-sarmenteuses, à feuilles caduques, grimpantes à
l'aide de vrilles. Dans ce groupe se trouve la *vigne proprement dite* (*Vitis vinifera*), représentée aujourd'hui par des
centaines de variétés et cultivée dans tous les pays où
son fruit peut mûrir. Quoiqu'elle soit une plante agricole de
premier ordre, la vigne remplit souvent le rôle de plante ornementale, soit en garnissant de ses festons les habitations

rustiques, soit, plus ordinairement, en couvrant les berceaux et les tonnelles, donnant à la fois de l'ombre en été et des fruits dans la saison plus avancée. Livrée à elle-même, elle devient, avec le temps, un grand arbre; on connaît des vignes dont le cep, de la grosseur du corps d'un homme, étend ses branches à 30 ou 40 mètres, ou enlace de ses sarments le faîte des arbres les plus élevés.

La *vigne d'Orient* (*Cissus orientalis*), à feuilles décomposées en petites folioles, est aussi employée à recouvrir des berceaux et garnir des murs; mais elle convient mieux aux climats du midi qu'à ceux du nord, où elle demande des expositions méridionales, faute de quoi elle reste chétive. Sous ce dernier climat on lui préfère l'*ampelopside d'Amérique*, ou *vigne vierge* (*Ampelopsis hederacea*), plante rustique, à sarments grêles et très-longs, à feuilles quinquéfoliolées, qui couvre en très-peu de temps de vastes étendues sur les murs ou sur des berceaux, si le climat du lieu est trop froid pour admettre la culture de la vigne commune. On tire encore un excellent parti, pour ces divers usages, de la *vigne Isabelle* (*Vitis labrusca*), espèce américaine très-vigoureuse et très-rustique, dont les larges pampres donnent beaucoup d'ombre, et qui produit en grande quantité des raisins noirs d'une belle apparence, quoique leur saveur musquée déplaise généralement. C'est elle qui fournit aux États-Unis le vin mousseux connu sous le nom de *sparkling catawba*, que les Américains comparent, très-improprement d'ailleurs, à notre vin de Champagne (1).

2° Les **aristoloches** (*Aristolochia*), qui fournissent à nos

(1) A notre avis, la vigne isabelle a été beaucoup trop négligée et surtout trop vite condamnée par les viticulteurs. A l'état sauvage son fruit ne vaut assurément pas celui de nos vignes cultivées, même des races les plus médiocres, mais il est supérieur à celui des vignes abandonnées à elles-mêmes et retournées en quelque sorte à l'état sauvage, dont le raisin, devenu très-acerbe, n'est plus mangeable. Il ne faut pas oublier d'ailleurs que nos excellents raisins de table sont le produit de races d'élite créées et perfectionnées par une culture très-ancienne, et que si les mêmes procédés et les mêmes soins étaient appliqués à la vigne Isabelle, et sans doute à quelques autres espèces demeurées sauvages, on en ferait naître très-probablement des races, différentes de qualité sans doute, mais aussi parfaites que nos cépages si variés de l'ancien continent.

jardins de plein air un petit nombre d'espèces exotiques. Nous
n'avons à signaler ici que les suivantes : 1° l'*aristoloche siphon*
(*A. sipho*) (fig. 150), de l'Amérique septentrionale, forte plante
rustique, à sar-
ments ligneux, à
grandes feuilles
réniformes, ca-
duques, glabres,
très-propres à
couvrir des ber-
ceaux et des
treillis; en mai
et juin elle pro-
duit, lorsqu'elle
est adulte, des
fleurs tubuleu-
ses, de la forme
et de la gran-
deur d'une pe-
tite pipe, réticu-
lées de pourpre
noir sur fond
jaunâtre, et sus-
pendues à de
longs pédoncu-

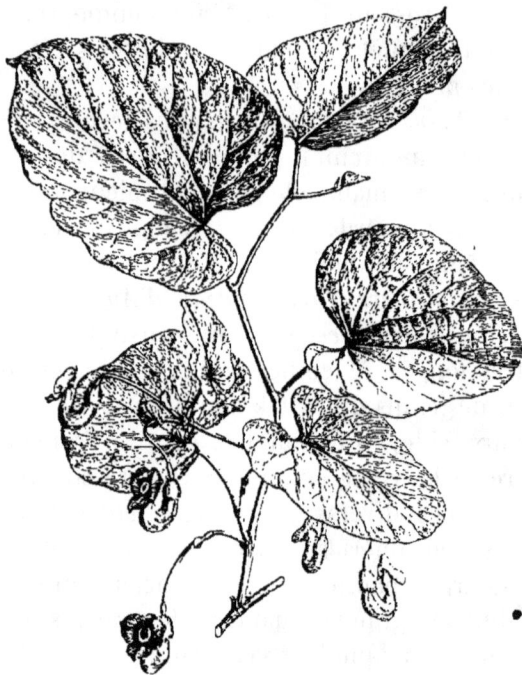

Fig. 150. — Aristoloche siphon.

les; 2° l'*aristoloche tomenteuse* (*A. tomentosa*), des mêmes régions que la précédente, dont elle se distingue surtout à ses
feuilles, un peu velues; 3° l'*aristoloche d'Australie* (*A. pubera*),
très-grande et très-belle plante de la Nouvelle-Hollande méridionale, à feuilles persistantes, cordiformes, d'une belle
teinte verte, et qui est spécialement appropriée au climat du
midi, où elle résiste beaucoup mieux que les précédentes à la
sécheresse; 4° enfin l'*aristoloche à tête d'oiseau* (*A. galeata*,
A. ornithocephala), du Brésil, à sarments plus grêles que ceux
des précédentes, à feuilles réniformes, glauques et lisses, et
produisant de très-grandes fleurs d'une forme bizarre, réticulées de lignes pourpre noir sur fond violacé pâle. Cette dernière

espèce ne réussit en plein air que dans la région du midi, où elle fleurit en août et septembre. Toutes les quatre se multiplient de couchages et de marcottes enracinées; les deux premières seules donnent quelquefois des graines.

Plusieurs autres aristoloches grimpantes, toutes de l'Amérique méridionale ou centrale, peuvent être considérées comme des plantes fleurissantes de premier ordre, mais elles n'ont été cultivées jusqu'ici qu'en serre chaude ou en serre tempérée. La plupart se font remarquer par la grandeur, la forme singulière et souvent aussi le riche et curieux coloris du périanthe tubuleux au fond duquel leur fleur est enfermée. Telles sont, par exemple, l'*aristoloche à grandes lèvres* (*A. labiosa*) et l'*aristoloche de Mutis* (*A. grandiflora*) du Brésil, l'*aristoloche bariolée* (*A. picta*) de Colombie et plusieurs autres également recommandables. On a lieu de croire aujourd'hui que toutes ces plantes pourraient être cultivées en plein air dans les jardins des localités les plus tempérées de l'Europe méridionale et dans ceux de l'Algérie, probablement même avec plus de succès que dans les serres du nord, où elles ne trouvent ni assez d'espace pour s'étendre ni assez de lumière. Cette observation pourrait du reste s'appliquer à beaucoup d'autres plantes, qui s'étiolent et vivent misérablement dans les serres par les raisons que nous venons d'indiquer.

3° **L'éphédra de Mauritanie** (*Ephedra altissima*), sous-arbuste du nord de l'Afrique, de la famille des gnétacées, dioïque; à tiges grêles, articulées, très-ramifiées, enchevêtrées dans tous les sens; à feuilles très-petites et pour ainsi dire nulles; produisant, après la fécondation des fleurs femelles, une multitude de baies d'un rouge carmin. Livré à lui-même, l'éphédra de Mauritanie ne forme que des broussailles, mais lorsqu'on le dirige, en le soutenant à l'aide de tuteurs, on en forme de belles pyramides ou des rideaux de verdure de 2 à 4 mètres de hauteur et d'un effet fort agréable, surtout à partir du milieu de l'été, époque où ses baies commencent à mûrir. Ce joli sous-arbuste n'acquiert toute sa beauté que dans le climat méditerranéen, mais il y réussit dans tous les sols et à toutes les expositions. A Paris il périt ordinairement l'hiver, autant par le fait de l'humidité prolongée que par celui du froid.

4° Le **lierre** (*Hedera helix*), la plante grimpante la plus remarquable de nos climats, et une des plus belles qui existent au monde parmi celles auxquelles on ne demande que du feuillage. La perpétuité, le lustre et la fraîcheur de sa verdure, sa rusticité, la rapidité avec laquelle il croît et la faculté dont il est doué de grimper sur tous les objets qu'il peut atteindre, expliquent la haute faveur dont il jouit de temps immémorial pour la décoration des jardins et des habitations de l'homme. Avec une égale facilité il rampe sur la terre, grimpe sur le tronc des arbres, s'applique sur les rochers les plus lisses, couvre comme d'une nappe les murs les plus élevés, et prend, dans ces situations diverses, autant d'aspects particuliers. Tant qu'il traîne à terre, son feuillage anguleux reste comparativement petit, et sa teinte est d'un vert terne, où on distingue des tons rougeâtres ou des marbrures blanches; commence-t-il à s'élever verticalement, le feuillage grandit, émousse ses angles et passe à des teintes vertes graduellement plus vives, mais qui varient encore aux différentes expositions; enfin, lorsqu'il est arrivé à la pleine lumière, au sommet des corps qui lui servent de soutien, et qu'en même temps sa tige adulte lui fournit une séve plus abondante et plus élaborée, les pousses nouvelles changent de port et le feuillage de figure : au lieu de s'appliquer sur les appuis, les jeunes rameaux s'élancent dans tous les sens, et, quoique flexibles, ils se soutiennent seuls; mais bientôt se montrent à leurs extrémités des ombelles de fleurs verdâtres, auxquelles succèdent des baies noires, qui, jusqu'à une époque avancée de l'hiver, restent comme un souvenir d'une saison plus heureuse.

Suivant les climats, les lieux, les expositions et la nature du sol, le lierre s'élève plus ou moins haut et devient plus ou moins vigoureux. On le voit communément monter à 7 ou 8 mètres, plus rarement à 12, 15 ou davantage. Dans les pays méridionaux il arrive plus promptement à l'état adulte et fleurit plus tôt; dans ceux du Nord, et principalement au voisinage de l'Océan, son feuillage est plus développé et sa verdure plus belle. Sa durée varie suivant les circonstances : on connaît des lierres âgés de plus d'un siècle, et dont la tige a presque le volume du corps d'un homme. Des sarments de lierre de la grosseur du bras sont communs dans nos bois, et on sait que souvent ils étreignent les arbres sous leurs replis multipliés, et qu'après en avoir enveloppé la tête sous la masse de leur feuillage, quelquefois pendant bien des années, ils les étouffent et en amènent tôt ou tard la ruine.

Le lierre a produit quelques variétés assez différentes du type pour qu'on ait cru devoir en faire des espèces distinctes. Les principales sont le *lierre d'Irlande* (*H. hybernica*), qui se fait remarquer à la grandeur de son feuillage et est en conséquence plus recherché que la forme ordinaire ; le *lierre du Caucase* (*H. regnoriana*), à feuilles plus grandes, plus fermes et moins lobées que dans la forme commune ; le *lierre des Canaries* (*H. canariensis*), dont les feuilles sont sensiblement cordiformes. A ces variétés naturelles on peut ajouter le *lierre en arbre*, variété artificielle que l'on obtient en bouturant ou en greffant les rameaux dressés qui portent des fleurs et des fruits, et qui continuent à se maintenir droits, en prenant une forme buissonnante et touffue. Il existe aussi des lierres à feuilles panachées de blanc ou de jaune par décoloration ou chlorose, mais qui sont d'autant moins vigoureux que ces panachures sont plus larges ou plus prononcées.

Le véritable emploi du lierre dans l'ornementation des parcs et des jardins est de couvrir des murs, des ruines ou de grandes rocailles ; quelquefois de revêtir le tronc et les branches d'un arbre isolé qu'on sacrifie pour cet usage, et qu'on devra abattre dès qu'il aura cessé de vivre. Dans ces dernières années on a imaginé de faire des bordures perpétuelles autour des gazons ou des carrés de fleurs avec du lierre dont les sarments sont fixés à la terre ; mais ces bordures d'un vert terne sont peu décoratives, et de plus elles exigent beaucoup de soins d'entretien pour ne pas envahir le terrain environnant ou se déformer.

Le lierre se multiplie de branches enracinées, qu'il suffit

d'enlever dans les bois ou au pied des murs, ou simplement de boutures de rameaux qui reprennent avec une grande facilité. On n'a pas de peine à comprendre qu'on pourrait aussi le multiplier de graines, moyen qui serait souvent employé si le premier n'était pas plus expéditif. Il vient dans tous les terrains, mais il n'acquiert toute sa beauté que dans ceux qui sont profonds, de bonne qualité, et qui conservent une certaine fraîcheur en toute saison.

5° Les **figuiers grimpants** (*Ficus*). Par leur mode de clématisme, qui est exactement celui du lierre, les figuiers grimpants se placent naturellement à la suite de ce dernier. La plupart appartiennent aux régions intratropicales de l'Asie et de l'Océanie, où ils acquièrent parfois des proportions gigantesques ; mais il en est aussi quelques-uns qui, originaires de climats plus tempérés, peuvent entrer dans le jardinage décoratif de l'Europe méridionale. Deux espèces de la Chine, déjà communes dans nos jardins, sont particulièrement dans ce cas ; ce sont le *figuier des murs* (*F. scandens*), arbuste ligneux, très-ramifié, à feuilles persistantes, ovales ou elliptiques, qui, planté au pied des murs, les recouvre en peu de temps d'un lacis serré de branches, intimement appliquées à leur surface ; et le *figuier à feuilles ciliées* (*F. barbata*), qui diffère du précédent par son feuillage cordiforme, plus grand et plus beau, mais qui tapisse de la même manière que lui les murs et les rochers. Touts deux, le premier surtout, qui paraît plus rustique, sont employés depuis longtemps à revêtir les murs de fond des serres chaudes et des serres tempérées ; mais ils peuvent aussi se cultiver à l'air libre dans la région de l'oranger et y remplacer le lierre aux expositions les plus arides. Lorsqu'ils sont adultes, on voit aussi leurs dernières ramifications s'écarter des soutiens, se dresser et fructifier. De même que le lierre, on les multiplie avec une grande facilité de marcottes et de boutures.

6° Les **ménispermes** (*Menispermum*). Genre de plantes de la famille des ménispermées, de l'Amérique septentrionale, rustiques sous nos climats et grimpantes par enchevêtrement. On en cultive communément deux espèces, le *mé-*

nisperme du Canada (*M. canadense*) et le *ménisperme de la Caroline* (*M. carolinianum*), à tiges grêles et ligneuses, à feuilles réniformes et peltées dans la première, ovales ou trilobées dans la seconde. Ces deux plantes, qui ne sont que de troisième ordre, sont propres à couvrir des berceaux. Outre leur feuillage, elles produisent de petites grappes de fleurs blanches auxquelles succèdent des baies rouges ou noires d'un médiocre effet.

La catégorie des plantes sarmenteuses à tiges vivaces, recherchées pour leurs fleurs ou leurs fruits autant ou plus que pour leur feuillage, nous offre un contingent plus varié et plus riche que la précédente, mais il faut remarquer en même temps que ces plantes sont en général mieux appropriées aux climats du Midi qu'à ceux du Nord, non-seulement parce qu'elles craignent davantage les froids de nos hivers, mais aussi parce qu'elles demandent plus de lumière et de chaleur solaire en été. Nous y trouvons :

7° Les **lapagérias** (*Lapageria*), charmantes liliacées du Chili, dont les tiges, grêles et volubiles, peuvent s'élever à 3^m ou plus, à feuilles ovales-acuminées, fermes, lisses et luisantes, à l'aisselle desquelles naissent, vers le sommet des rameaux, de grandes et belles fleurs nutantes, semblables à celles d'un lis moyen à demi ouvertes. On en signale deux espèces, qui ne sont probablement que des variétés l'une de l'autre : le *lapagéria rose* (*L. rosea*), à fleurs roses ou carmin, ponctuées de blanc ou de rose pâle à l'intérieur, et le *lapagéria blanc* (*L. alba*), tout semblable au précédent, mais avec les fleurs entièrement blanches. Au Chili ces deux plantes produisent des baies sucrées et parfumées, qui sont comestibles; en Europe elles ont été jusqu'ici stériles et ne comptent que comme plantes ornementales, mais de premier ordre. On regrette qu'elles ne soient pas assez rustiques pour croître à l'air libre dans le nord et le centre de France, et qu'il faille les y rentrer l'hiver en orangerie. Toutefois, sous des climats plus doux, au voisinage immédiat de l'Océan ou de la Méditerranée, les lapagérias passent assez facilement l'hiver en plein air et en pleine terre, ce qui les rend plus vigoureux et les dispose

mieux à fleurir. Hors de ces conditions climatériques leur
culture est assez difficile, et ils ne fleurissent pas abondamment; aussi les tient-on assez souvent en serre tempérée.
On les multiplie habituellement par division du rhizome.

8° Les **Smilax** (*Smilax*), autres liliacées-asparaginées,
vivaces par leurs rhizomes et leurs tiges sarmenteuses, non volubiles, mais armées d'épines crochues qui servent à les fixer
sur leurs appuis. Leur feuillage, largement ovale, coriace, luisant et persistant, leur donne une certaine valeur pour garnir
des treillis ou couvrir des tonnelles. Leurs fleurs, semblables
à celles des asperges, sont insignifiantes; mais il leur succède
des grappes de baies rouges qui ajoutent beaucoup, en
hiver, à l'agrément du feuillage. Deux espèces sont à signaler,
toutes deux du midi de l'Europe et du nord de l'Afrique : le
smilax commun (*S. aspera*) et le *smilax de Mauritanie* (*S. mauritanica*), peu différents l'un de l'autre, mais dont le second
se distingue cependant du premier par un feuillage un peu
plus grand et peut-être aussi par une fructification plus abondante. Ces deux plantes, qui croissent dans les terrains les
plus rocailleux et les plus arides, conviennent surtout aux
régions méridionales. Elles se passent pour ainsi dire de toute
culture, et se multiplient avec une égale facilité de graines et
de fragments de leurs rhizomes.

9° Les **rosiers grimpants** ou **sarmenteux**, groupe
indéterminé et comprenant un assez grand nombre d'espèces
et de variétés, parmi lesquelles nous citerons les *rosiers de
Banks*, les *rosiers Boursaut*, le *rosier toujours vert* (*Rosa sempervirens*), le *rosier sétigère* (*R. setigera*), de l'Amérique du
Nord, et même le *rosier des Alpes* et ses hybrides. Bien d'autres espèces ou variétés, sans être précisément grimpantes,
peuvent encore être rapprochées de ce groupe, parce que
leurs tiges et leurs branches débiles ne peuvent se soutenir
d'elles-mêmes et demandent des tuteurs ou des appuis. Ces
rosiers, désignés en Angleterre sous le nom général de *pillar
roses* (*roses de piliers*), se palissent ordinairement sur
les murs ou sont attachés aux colonnettes des berceaux et
des payoles. Ayant parlé de ces différentes espèces avec

des détails suffisants, nous n'avons pas à y revenir ici.

10° Les **jasmins** (*Jasminum*), arbustes sarmenteux plutôt que grimpants, à feuilles simples ou composées et à fleurs blanches ou jaunes. Parmi les espèces, assez nombreuses, de ce genre il en est deux que le parfum de leurs fleurs a rendues célèbres; ce sont : le *jasmin commun* ou *jasmin blanc* (*J. officinale*), de l'Inde septentrionale et de la Chine, à feuilles composées et à fleurs blanches, cultivé dans toute la France, aux expositions méridionales, et ordinairement palissé sur les murs, et le *jasmin sambac* ou *mogori* (*J. Sambac, Mogorium Sambac*), des mêmes contrées que le jasmin blanc et, comme lui, à fleurs blanches, mais à feuilles simples, d'ailleurs beaucoup moins rustique et ne réussissant en plein air que sous le climat méditerranéen. On peut ajouter à ces deux espèces le *jasmin multiflore* (*J. multiflorum*), de la Chine, assez voisin du jasmin sambac, quoique plus bas et moins sarmenteux; le *jasmin du Malabar* (*J. grandiflorum*), à fleurs plus grandes que celles des précédents; le *jasmin jonquille* (*J. odoratissimum*), de l'Inde, à fleurs jaunes et appartenant à l'orangerie sous le climat de Paris; le *jasmin frutescent* ou *jasmin jaune* (*J. fruticans*), du midi de la France, à feuilles trifoliolées et persistantes; et enfin le *jasmin d'hiver* (*J. nudiflorum*), de Chine, à feuilles caduques, qui fleurit dès la fin de l'hiver. Ces deux dernières espèces ont les fleurs jaune vif et sont très-rustiques dans toute la France. Quoiqu'elles aient les rameaux longs et grêles, c'est à peine si on peut les classer parmi les plantes sarmenteuses.

Les jasmins se multiplient de rejetons, comme aussi de boutures faites en serre chaude ou sur couche et sous châssis, et de plus ils reprennent assez facilement de greffe les uns sur les autres. Le jasmin commun sert ordinairement de sujet pour les espèces à fleurs blanches, et le jasmin frutescent pour celles à fleurs jaunes. Tous se plaisent dans les lieux rocailleux, un peu secs et exposés au midi.

11° Les **chèvrefeuilles** (*Lonicera*), arbustes des régions tempérées ou tempérées-chaudes de l'ancien continent, plus ou moins sarmenteux, grimpants par enchevêtrement et

même un peu volubiles, quelquefois dressés et assez robustes
pour se soutenir sans appuis. Leurs feuilles sont opposées,
entières et ordinairement sessiles, souvent même embrassantes; leurs fleurs sont tubuleuses, irrégulières, réunies en
petits bouquets axillaires ou terminaux, blanches, jaunes, rosées ou écarlates, plus ou moins odorantes. Les espèces de ce
genre se divisent, au point de vue qui nous occupe, en deux
groupes, les *chèvrefeuilles grimpants*, ou *chèvrefeuilles vrais*,
les seuls dont nous ayons à nous occuper ici, et les *chèvrefeuilles non grimpants*, ou
chamerisiers, qui trouve-
ront leur place dans un
autre chapitre.

Fig. 151. — Chèvrefeuille commun.

Parmi les chèvrefeuilles
vrais, qui sont assez nombreux en espèces (1), nous
avons à citer : 1° le *chèvrefeuille commun* (*L. caprifo-
lium*) (fig. 151), arbuste indigène à feuilles caduques,
commun dans les haies et
sur les lisières des bois de
toute la France. C'est un
des plus beaux du genre,
et qui se distingue par ses
fleurs en bouquets termi-
naux, d'un blanc jaunâtre
lavé de rose à l'extérieur,
et très-odorantes; cultivé
depuis plusieurs siècles
dans les jardins d'ama-

(1) Le groupe horticole des chèvrefeuilles est encore fort embrouillé, et les botanistes discutent sur les limites de plusieurs de ses espèces. Dans l'énumération
que nous en faisons ici nous nous sommes guidé, autant que nous l'avons pu,
sur les notes publiées par M. Carrière, chef des pépinières du Muséum, qui a,
mieux que personne avant lui, étudié ces plantes. Malgré cela, il est possible que
quelques-unes des espèces que nous indiquons soient contestables, et qu'il vaille
mieux les regarder comme de simples variétés.

teurs, il a produit quelques variétés, différenciées principalement par le ton du coloris des fleurs, mais dont aucune, quoi
qu'on en ait dit, n'est remontante; 2° le *chèvrefeuille d'Étrurie*
ou *chèvrefeuille semper* des jardiniers (*L. etrusca*), d'Italie,
presque semblable au précédent, dont il n'est, selon toute
vraisemblance, qu'une variété, mais plus grand, à feuilles
demi-persistantes, et ne fleurissant aussi qu'une seule fois dans
l'année, malgré son nom vulgaire, qui pourrait faire supposer
qu'il remonte; on le confond souvent avec l'espèce suivante;
3° le *chèvrefeuille d'automne* (*L. semperflorens*), d'Italie, dont
la floraison commencée vers le milieu de l'été se prolonge
jusqu'aux approches de l'hiver, ce qui lui a valu une grande
vogue dans l'horticulture parisienne; ses fleurs sont pareillement très-odorantes; 4° le *chèvrefeuille du Canada* (*L. coccinea*), des régions froides de l'Amérique du Nord, à feuilles persistan-
tes et luisan-
tes et à fleurs
rouge écar-
late très-vif;
il est commun
dans les jar-
dins du nord
de la France;
5° le *chèvre-
feuille tou-
jours vert* (*L.
sempervirens*)
(fig. 152),
de l'Améri-
que septen-
trionale, voi-
sin du précé-
dent, et dont
les longues
corolles, tubu-
leuses, d'un

Fig. 152. — Chèvrefeuille toujours vert.

31.

rouge vif et peu ouvertes, se terminent par cinq dents presque
égales ; 6° le *chèvrefeuille de la Chine* (*L. chinensis*), à fleurs
blanches, très-parfumées, passant graduellement au rose plus
ou moins carminé ; 7° le *chèvrefeuille du Japon* (*L. japonica*),
dont les fleurs d'abord blanches tournent au jaune en vieillissant; 8° le *chèvrefeuille panaché* (*L. auro-reticulata*), plante
du Japon récemment introduite en Europe, et qui se distingue
de ses congénères par ses feuilles marbrées et réticulées de
jaune sur fond vert. Cette nouveauté, qui n'a peut-être pas encore fleuri en Europe au moment où nous écrivons ces lignes,
n'est probablement qu'une variété panachée d'une espèce unicolore. Jusqu'ici son unique mérite est dans son feuillage.

Beaucoup d'autres espèces de chèvrefeuilles grimpants
pourraient être ajoutées à cette liste, mais leur description
n'aurait qu'un médiocre intérêt ; il nous suffira de citer nominativement *le chèvrefeuille des bois* (*L. periclymenum*), le
chèvrefeuille de Brown (*L. Brownii*), le *chèvrefeuille à fleurs
jaunes* (*L. flava*), le *chèvrefeuille à longues fleurs* (*L. longiflora*), et enfin le *chèvrefeuille d'Espagne* (*L. splendida*), comme
méritant plus particulièrement l'attention des amateurs.

Toutes les espèces de chèvrefeuilles sont rustiques en
France, les unes sur un point, les autres sur un autre ; les
plus délicates elles-mêmes peuvent réussir à Paris, pourvu
qu'elles soient à bonne exposition et abritées du côté du
nord. Elles viennent dans tous les sols, mais elles se plaisent
surtout dans les terres argilo-siliceuses un peu humides. Toutes
se multiplient de marcottes faites au printemps, dans des
pots remplis par parties égales de terre ordinaire et de terreau, ou de boutures en septembre et octobre. On relève
l'année suivante les sujets enracinés pour les planter en pots,
et pouvoir plus tard les mettre en place sans nuire aux racines, qui chez ces plantes sont généralement sèches et peu
garnies de chevelu.

Les chèvrefeuilles se prêtent à tous les usages des autres
plantes grimpantes ; on les fait courir sur des treillis, grimper aux arbres ou recouvrir des berceaux. Peu d'arbustes
sont plus propres à la décoration des haies vives, d'autant

mieux que tous se plaisent dans les fourrés, où ils trouvent à la fois des appuis et des abris contre les ardeurs du soleil.

12° les **clématites** (*Clematis, Atragene*). Grand genre de renonculacées vivaces et la plupart ligneuses, généralement très-grimpantes, mais non volubiles, à feuilles opposées, très-souvent divisées en lobes ou en folioles. Leurs fleurs, en corymbes ou en panicules, rarement solitaires, se composent d'un calyce de quatre à huit pièces colorées, pétaloïdes, qui tiennent lieu de corolle; à leur suite viennent plusieurs verticilles d'étamines, puis un faisceau central de carpelles, dont les styles, soyeux et argentés, se développent considérablement après la fécondation. Les pièces du calyce pétaloïde sont tantôt étalées, tantôt rapprochées en une sorte de corolle campanuliforme. Dans ce dernier cas elles sont communément au nombre de quatre. Les espèces qui présentent ce double caractère ont été séparées des clématites sous le nom d'*atragènes,* qu'il nous semble inutile de conserver, puisque nous n'adoptons pas la division du groupe en deux genres distincts. Quelques espèces ne sont vivaces que par la racine, leurs tiges périssant annuellement.

Ce groupe si tranché de renonculacées est riche en espèces, qui sont répandues sur une vaste étendue de l'Ancien et même du Nouveau-Monde. On en trouve plusieurs en Europe, mais le nombre en est bien plus considérable en Asie, surtout dans l'Asie centrale et septentrionale; il en existe même en Afrique, jusque dans les parties les plus torrides de ce continent. Il résulte de cette dispersion géographique des espèces que les unes sont rustiques ou demi-rustiques sous nos climats, tandis que les autres y demandent l'abri de l'orangerie, de la serre tempérée ou même de la serre chaude.

Toutes n'ont pas, à beaucoup près, la même valeur pour la décoration des jardins. Quelques-unes sont sous ce rapport de premier ordre; d'autres sont si vulgaires ou si médiocres qu'elles ne valent pas la peine d'être cultivées. Telle est, pour n'en citer qu'un exemple, notre *clématite commune* ou *herbe aux gueux* (*C. vitalba*), grande plante sarmenteuse aux fleurs blanches, qui n'est guère bonne qu'à épaissir des haies ou à masquer des broussailles. On peut l'employer cependant à couvrir des tonnelles rustiques, concurremment avec d'autres plantes de facile culture. Tant en Europe que hors d'Europe nous trouvons d'autres espèces plus dignes d'intérêt; ce sont par exemple : la *clématite* ou *atragène des Alpes* (*C. alpina*, *Atragene alpina*), petite liane de 1ᵐ, 50 à 3ᵐ, dont les fleurs, solitaires, un peu grandes, sont bleu violacé; l'*atragène* ou *clématite de Sibérie* (*C. sibirica*), semblable à la précédente, dont elle diffère principalement par la couleur blanche de ses fleurs; la *clématite à feuilles simples* (*C. integrifolia*), des Pyrénées et des montagnes de l'Espagne, à fleurs solitaires bleues; la *clématite de la Caroline* (*C. Viorna*) (fig. 153),

Fig. 153. — Clématite de la Caroline.

voisine encore, par le port et la taille, de la clématite des Alpes, à fleurs campanuliformes, d'un blanc jaunâtre, lavées de pourpre clair à l'extérieur; la *clématite viticelle* (*C. viticella*) (fig. 154), d'Espagne, à fleurs bleues, pourpres, roses ou réticulées, suivant les variétés; la *clématite odorante* ou *flammule* (*C. flammula*), du midi de la France, à fleurs petites, blanches, légèrement odorantes; la *clématite des Baléares* (*C. balearica*), d'Espagne, à fleurs blanches un peu grandes et solitaires; la *clématite barbelée* (*C. barbellata*), de l'Himalaya, analogue par le port à la clématite des Alpes, mais avec des fleurs d'un pourpre violacé; la *clématite de montagne* (*C. montana*), des mêmes localités que la précédente, à fleurs blanches, solitaires, relativement grandes et odorantes, et qui est très-rustique à Paris; la *clématite d'Henderson* (*C. Hendersoni*), variété horticole et probablement hybride, dont l'origine est peu connue, mais qui est intéressante par ses grandes fleurs campanuliformes, un peu étalées, d'un très-

Fig. 154. — Clématite viticelle.

beau bleu violacé, et qui est rustique dans tout le nord de la France ; enfin la *clématite de Mongolie* (*C. graveolens*), petit sous-arbuste grimpant, des hautes montagnes de la Tartarie chinoise, à fleurs solitaires, jaunes et un peu grandes ; de même que la plupart des espèces asiatiques, elle est d'une rusticité parfaite sous nos climats.

Toutes ces espèces, ainsi que beaucoup d'autres que nous pourrions y ajouter, sont pour la plupart de deuxième ou de troisième ordre comme plantes décoratives, mais il en existe qui leur sont de beaucoup supérieures à ce point de vue ; ce sont principalement les suivantes :

1° La *clématite de Forster* (*C. indivisa*), originaire de la Nouvelle-Zélande et introduite assez récemment en Europe par un missionnaire protestant, le Révérend William Colenso. Ses feuilles sont à trois folioles plus ou moins lobées ou découpées, et ses fleurs, un peu grandes et d'un blanc pur, en panicules ombelliformes au sommet des rameaux. Sous le climat de Paris elle appartient plus à l'orangerie qu'à la pleine terre, mais elle réussit fort bien dans nos provinces de l'ouest et du midi, pour peu qu'elle soit abritée contre le vent du nord.

2° La *clématite à grandes fleurs* (*C. florida*), très-belle plante du Japon, dont elle orne les jardins depuis des siècles, et déjà profondément modifiée par la culture. Ses feuilles sont découpées en trois ou neuf folioles ovales, dont les pétioles allongés s'enroulent comme des vrilles imparfaites autour des objets qu'ils peuvent saisir. Ses fleurs sont de première gran-

deur, solitaires, étalées, simples dans le type sauvage, très-
doubles au contraire dans la variété cultivée, d'un blanc pur
lorsqu'elles sont entièrement épanouies. Elle est à demi rustique sous le climat de Paris, en ce sens qu'elle fleurit en
plein air à une exposition méridionale et abritée, mais elle
ne doit être retirée de la serre que lorsque le temps est devenu
tout à fait doux. Elle est au contraire de pleine terre dans nos
départements méridionaux, où il suffit de lui donner de légers
abris pendant l'hiver.

3° La *clématite azurée* (*C. patens*, *C. azurea*, *C. cœrulea*)
(fig. 155), autre espèce du Japon, à feuilles ternées ou triternées,
dont les fleurs, solitaires, lar-
gement ouvertes et compo-
sées de 8 pétales dans les variétés simples, n'ont pas
moins de 0^m,12 à 0^m,15 de
diamètre. La teinte normale
de ces fleurs est le bleu pâle,
mais elle passe au blanc pur
dans quelques variétés, dont
une surtout, récemment importée du Japon sous le nom
de *Monstrosa*, se fait remarquer par la quasi-plénitude
de ses fleurs, qui comptent
une quarantaine de pétales
ou sépales pétaloïdes, quoique conservant encore les organes de la reproduction.
Dans une autre variété, restée
simple (*Amalia*), la couleur
des pièces pétaloïdes est un
violacé pâle qui rappelle la

Fig. 155. — Clématite azurée.

teinte lie de vin ; enfin, dans une troisième variété, pareillement
simple (*Sophia*), et qui néanmoins peut être considérée comme
la plus belle de toutes, la fleur, démesurément grande, est remarquable en outre par la largeur inusitée de ses organes péta-

loïdes, d'un violet foncé, et coupés dans toute leur longueur par une bande verdâtre qui en occupe le milieu. La clématite azurée appartient à l'orangerie plus qu'à la pleine terre dans le nord de la France; elle y fleurit cependant en plein air, à bonne exposition, mais il est prudent de la rentrer en hiver ou tout au moins de l'abriter des grands froids sous une couverture quelconque. L'arrivée de cette belle espèce en Europe date déjà d'une quarantaine d'années.

4° La *clématite laineuse* (*C. lanuginosa*), découverte bien plus récemment en Chine, près de Ning-Po, qui est encore supérieure à la précédente et doit même passer pour une des plus belles du genre. Ses feuilles, très-grandes relativement, sont simples ou trifoliolées; ses fleurs solitaires, formées de six à sept larges pièces pétaloïdes, d'un gris azuré et disposées en rosace, sont d'un quart ou d'un tiers plus larges que celles de la clématite azurée. Il en existe même une variété de coloris plus pâle, désignée dans les jardins sous le nom de *Pallida*, dont les fleurs, tout à fait gigantesques, n'ont pas moins de 25 à 27 centimètres de diamètre. Déjà presque rustique dans le nord de la France, la clématite laineuse l'est tout à fait dans l'ouest et dans le midi. Quoique encore peu répandue, on ne peut douter qu'elle ne soit appelée à un grand avenir.

5° Enfin, la *clématite de Fortune* (*C. Fortunei*), superbe plante, qui a été rapportée du Japon dans ces dernières années, par M. Robert Fortune, et qui est la digne rivale de la précédente, avec laquelle elle a d'ailleurs des analogies par le port et le feuillage. Ses énormes fleurs en coupe évasée, d'un blanc légèrement teinté de lilas, comptent plus de cent pétales régulièrement imbriqués, ce qui leur donne une certaine ressemblance avec celles des grandes espèces de nymphéacées; de plus, elles exhalent un parfum suave, qui rappelle celui des fleurs de l'oranger. Cette belle clématite n'a pas encore fait ses preuves de rusticité en Europe, mais son analogie avec l'espèce précédente ne laisse guère de doute qu'elle ne puisse réussir à l'air libre dans toutes les parties tempérées de la France.

La culture des clématites n'offre en général d'autres difficultés que celles qui peuvent résulter du climat. Elles s'accommodent de toutes les terres, même des plus médiocres, à la condition qu'elles ne retiennent pas l'eau des pluies. Toutes se plaisent au grand soleil et dans les lieux aérés, mais il est utile qu'elles soient à l'abri des grands vents, qui leur nuisent en dérangeant leurs branches mal assurées sur les tuteurs, parce qu'elles ne sont ni volubiles ni pourvues d'organes de préhension. Sauf les espèces indigènes, et quelques autres qui donnent assez facilement des graines dans nos jardins, la plupart des clématites exotiques y sont ordinairement stériles, aussi ne les multiplie-t-on guère autrement que d'éclats du pied, de couchages, qui mettent dans certaines espèces jusqu'à deux années pour s'enraciner, de boutures ou enfin de greffes, qui sont plus expéditives que ces divers moyens. Ces greffes se font le plus ordinairement en fente, soit sur des souches, soit sur des racines d'autres espèces, assez souvent sur la clématite commune (*C. vitalba*). Il est rare qu'on élève les clématites de graines; ce serait cependant le moyen le plus sûr d'en obtenir des variétés nouvelles ou plus belles que les types primitifs.

13° Les **bignones.** La famille, presque toute tropicale, des bignoniacées fournit au jardinage d'agrément un grand nombre de plantes de premier ordre, mais la plupart trop frileuses pour pouvoir trouver leur place dans nos jardins de plein air. Quelques-unes cependant supportent assez bien les rigueurs de l'hiver jusque dans le nord de la France, comme nous le voyons par le paulownia impérial, le catalpa et les deux ou trois espèces que nous citerons tout à l'heure. Beaucoup de bignoniacées sont des plantes grimpantes de première valeur, celles principalement des deux genres *Bignonia* et *Tecoma,* qu'à cause de leur analogie nous réunissons ici sous le nom général de *bignones.*

Toutes ces plantes ont les feuilles opposées, le plus souvent décomposées en folioles, avec ou sans impaire terminale, digitées ou pennées; chez quelques-unes les folioles terminales se changent en vrilles ou en crochets, ou bien le pétiole lui-même, continué dans le rachis de la feuille, se prolonge en vrille à son extrémité. De là résultent des plantes très-grimpantes, dont les tiges sont même quelquefois à demi volubiles. Leurs fleurs, tubuleuses, très-analogues de structure avec celles des digitales, des pentstémons et des mimulus, sont en grappe ou en panicule à l'extrémité des rameaux; leurs couleurs dominantes sont le jaune, l'orangé, le rouge et les teintes mordorées tirant plus ou moins sur le brun. Parmi les espèces recommandables nous devons citer :

1° La *bignone blanche* (*B. Carolinæ*), qu'on croit originaire des régions tempérées de l'Amérique du Sud, grimpante, à feuilles bifoliolées, et dont le pétiole se termine en vrille. Les fleurs, en longues grappes terminales, sont de moyenne grandeur, blanches, lavées de jaune dans la gorge et de pourpre violacé à l'extérieur du tube. Demi-rustique dans le nord, elle devra y être remisée en serre tempérée ou en orangerie pendant l'hiver.

2° La *bignone de Lindley* (*B. picta, B. speciosa, B. Lindleyi*), des environs de Buénos-Ayres, à tiges grêles et débiles, à feuilles tantôt simples, tantôt bifoliolées, et dont le pétiole, dans ce dernier cas, se prolonge en vrille. Les fleurs sont en petits bouquets axillaires, grandes, largement ouvertes, rose-lilas ou violacées, avec des réticulations pourpre noir sur le limbe, et lavées de jaune dans la gorge. Cette espèce est de premier ordre, mais elle n'est de pleine terre que dans les localités tempérées de l'ouest et du midi de la France. Dans le nord elle ne peut quitter l'orangerie ou la serre tempérée que pendant les mois d'été, et encore ne fleurit-elle que rapprochée d'un mur, à exposition méridionale.

3° La *bignone capréolée* (*B. capreolata*), des États-Unis méridionaux, et, à ce titre, demi-rustique dans le nord de la France. Elle a les feuilles bifoliolées, avec une vrille intermédiaire, et les fleurs de grandeur moyenne, tubuleuses, arquées, d'un rouge marron. A Paris elle passe l'hiver en pleine terre au pied d'un mur, moyennant une couverture de feuilles ou des paillassons; elle est tout à fait rustique dans l'ouest et dans le midi.

4° La *bignone de Virginie* ou *jasmin trompette* (*Bignonia* ou

Tecoma radicans) (fig. 156', grande liane des États-Unis méri-

Fig. 156. — Bignone de Virginie.

dionaux, à feuilles pennées avec impaire terminale, à fleurs en
grappe, longuement tubuleuses, d'un rouge écarlate vif, pourpres dans quelques variétés. Comme la précédente, elle est à
demi rustique sous le climat de Paris, où elle passe l'hiver
moyennant quelques abris. C'est une des plus belles plantes
grimpantes de pleine terre que nous ayons.

5° La *bignone de Chine* (*Bignonia* ou *Tecoma grandiflora*),
de l'Asie orientale et demi-rustique dans le nord de la France.

ses feuilles pennées et ses fleurs rouges lui donnent quelque ressemblance avec l'espèce précédente, dont elle diffère cependant en ce que le tube de la corolle y est plus court et le imbe plus largement ouvert.

6° La *bignone à feuilles de jasmin* (*Bignonia* ou *Tecoma jasminoides*), de la Nouvelle-Hollande, à feuilles pennées avec mpaire et à fleurs rose clair, presque campanuliformes. Cette olie liane n'est de pleine terre que dans les localités les plus chaudes du climat méditerranéen.

Outre les espèces grimpantes, le genre des bignones en renferme quelques-unes qui sont de petits arbustes dressés, assez fermes pour se passer d'appuis quand ils ne dépassent pas une certaine taille, mais qui aiment encore à être soutenus par les végétaux voisins. De ce nombre sont la *bignone du Cap* (*B. capensis*) et la *bignone du Chili* (*B. fulva*), la première à fleurs rouges, la seconde à fleurs orangées. Toutes deux sont des arbustes de 2 à 3 mètres, à feuilles pennées, demi-rustiques à la latitude de Paris, où elles passent l'hiver en pleine terre au pied d'un mur, moyennant quelques abris.

Toutes les bignones se plaisent aux expositions chaudes et éclairées, et veulent une terre à la fois substantielle, légère et naturellement drainée. Dans le nord, où les pluies sont fréquentes en été, elles se passent de tout arrosage, mais sous le soleil desséchant du midi elles devront être copieusement arrosées une ou deux fois par mois. De même que les autres plantes grimpantes elles servent, suivant les lieux et les climats, à tapisser les murs ou garnir des berceaux; au sud du 44ᵉ degré on peut les faire grimper sur les arbres à toutes les expositions. Toutes se reproduisent de couchages ou de boutures, quelquefois d'éclats du pied ou de tronçons de racine; on les multiplie aussi de greffes sur des espèces vigoureuses, et en particulier sur la bignone de Virginie.

A la suite des bignones nous devons encore citer une espèce grimpante d'un certain intérêt; c'est l'*eccrémocarpe* ou *bignone du Chili* (*Eccremocarpus scaber*) (fig. 157), dont les tiges ligneuses s'élèvent à 5 ou 6 mètres, à feuilles pennées, à fleurs tubuleuses, rouge écarlate, en grappes axillaires, et qui mûrit assez

Fig. 157. — Eccrémocarpe du Chili.

souvent ses graines sous nos climats. A Paris il n'est rustique que pendant la belle saison, et les pieds doivent être rentrés en orangerie aux approches de l'hiver ; mais à Cherbourg, et sur toute la côte de l'Océan, il vit de longues années en plein air, et y prend un beau développement. On l'emploie aux mêmes usages que les bignones proprement dites, et on le multiplie comme elles de rameaux enracinés et de graines semées au printemps sur couche chaude. Les plantes obtenues par cette dernière voie fleurissent quelquefois dans l'année même.

14° Les **passiflores** (*Passiflora, Tacsonia*), nommées aussi *fleurs de la Passion*, charmantes plantes des climats chauds et tempérés-chauds, très-grimpantes, munies de vrilles axillaires toujours simples, et dont les feuilles sont singulièrement variées de formes. Presque toutes sont vivaces et à tiges ligneuses, et quelques-unes peuvent s'élever à 8 ou 10 mètres et plus sur les objets qui leur servent d'appuis. Très-belles par le feuillage, les passiflores ne le sont pas moins par leurs fleurs (1), où dominent les teintes bleues, violettes

(1) Voyez, pour la description de ces fleurs compliquées, l'article *passiflorées*, tome I de cet ouvrage, p. 322.

et rouge carmin. Leurs fruits même, là où ils peuvent mûrir, ajoutent naturellement encore à leur agrément.

Malheureusement, très-peu d'espèces de cette belle famille peuvent être cultivées à l'air libre dans les provinces du nord et du centre de la France; il n'y en a même guère qu'une, la *passiflore bleue* (*P. cærulæa*) (fig. 158) des États-Unis, à fleurs bleu pâle ou blanches, qui y vienne tant bien que mal, encore faut-il qu'elle soit palissée sur des murs tournés au midi. Elle réussit déjà beaucoup mieux à la latitude d'Orléans, ce qui tient surtout à ce que la chaleur de l'été y est sensiblement plus forte. Dans la région de l'olivier la passiflore bleue devient un arbre, dont les vigoureux sarments acquièrent avec les années la grosseur du bras, et serpentent fort loin sur

Fig. 158. — Passiflore bleue.

les échafaudages qu'on dresse pour la soutenir. Là aussi elle produit en quantité des fruits ovoïdes, de la grosseur d'un petit œuf de poule, lisses, luisants, d'abord orangés puis écarlates, dont les graines serviraient à la reproduire si le marcottage et le bouturage des branches ne donnaient des moyens plus rapides de multiplication. Peu de plantes grimpantes conviennent aussi bien pour recouvrir les tonnelles, garnir les treillis sur les murs des habitations, décorer les haies vives ou enguirlander les fenêtres. Les seules rivales qu'elle ait pour ces divers usages sont les autres espèces de passiflores, qui sont d'ailleurs presque toutes exclues par leur tempérament frileux du centre et du nord de la France.

En Provence, et dans toutes les parties du midi de l'Europe où la température moyenne annuelle n'est pas inférieure à 15 degrés centigrades, c'est-à-dire dans la région de l'oranger, un grand nombre de passiflores pourraient être ou sont déjà cultivées à l'air libre, là surtout où il existe des murs qui les abritent des vents du nord en hiver. Dans le nombre nous citerons la *passiflore pourpre* (*P. kermesina*), la *passiflore à grappes* (*P. racemosa*) et la *passiflore* ou *tacsonie à manchettes* (*Tacsonia manicata*), toutes trois du Brésil, qu'on rencontre dans beaucoup de jardins d'amateur à Toulon, Cannes, Nice, et autres localités de même climat; elles y fleurissent même en hiver.

Les passiflores aiment les terres profondes, saines et de bonne qualité, et elles ne réussissent bien qu'à la pleine lumière du soleil. On les multiplie de graines semées sur couche chaude, ou plus ordinairement de couchages et de boutures, et assez souvent de greffes. Dans ce dernier cas la passiflore bleue sert ordinairement de sujet.

15° Les **glycines** (*Glycine, Wistaria*). Ce sont de grandes légumineuses papilionacées, arborescentes, à tiges sarmenteuses et quelque peu volubiles, à feuilles pennées et caduques, à fleurs en grappe ou en épis du plus grand effet ornemental. On en cultive plusieurs espèces, mais principalement les deux suivantes, la *glycine de Chine* (*Wistaria sinensis*) (fig. 159), à fleurs bleu clair, dont les tiges et les branches peuvent s'élever à 12 ou 15 mètres, et qui fleurit avec une extrême profusion en avril et mai; et la *glycine d'Amérique* (*W. frutescens*), originaire des États-Unis méridionaux, moins grande que la pré-

Fig. 159. — Glycine de Chine.

cédente, à fleurs violacées ou violettes, et fleurissant en automne. Toutes deux sont à peu près rustiques sous le climat
de Paris, en ce sens qu'elles y passent l'hiver sans geler, mais
elles n'y donnent jamais de graines.

De ces deux espèces la glycine de Chine est de beaucoup
la plus répandue et la plus belle; elle paraît aussi mieux appropriée au climat du nord que celle d'Amérique. Peu difficile
sur la nature du terrain, pourvu qu'il ne soit pas imbibé d'eau,
mais préférant à tous les autres les sols argilo-calcaires, elle
vient à toutes les expositions, et en peu d'années s'élève au
sommet des arbres qu'on lui donne pour tuteurs, ou couvre les
murs qu'on lui fait escalader. Aucune description ne saurait
rendre l'effet qu'elle produit lorsqu'elle laisse pendre de ses
rameaux ses longues et innombrables grappes de fleurs. Ajoutons qu'il n'est pas rare de la voir donner une seconde flo-

raison sur la fin de l'été, mais incomparablement moins riche que la première. On la multiplie avec la plus grande facilité de marcottes enracinées spontanément autour du pied mère, ou de couchages faits exprès. Toujours stérile dans le Nord, par l'avortement de son pollen, on la voit assez souvent donner des graines dans le climat méditerranéen. C'est dire que, si elle ne craint pas les froids rigoureux de nos hivers, elle redoute encore moins les fortes chaleurs et les rayons ardents du soleil.

La glycine d'Amérique, quoique introduite en Europe bien longtemps avant celle de Chine, est devenue presque rare dans les jardins, ce qu'il faut surtout attribuer à son infériorité relative comme plante ornementale. Cependant ses fleurs peuvent presque rivaliser de beauté avec celles de l'espèce chinoise, et elles ont l'avantage d'arriver dans une saison où cette dernière est depuis longtemps défleurie. Ce qui contribuera peut-être à lui ramener la faveur dont elle jouissait jadis, c'est la découverte, encore récente, de la variété désignée sous le nom de *magnifique* (*W. frutescens magnifica*), beaucoup plus florifère que la forme type, et dont les fleurs lilas bleuâtre sont relevées d'une macule jaune sur le centre. Plus que la glycine de Chine, celle d'Amérique exige les expositions méridionales et les abris contre le froid ; et tandis que la première se plaît dans les terres argilo-calcaires, elle-même ne vient bien que dans les sols argilo-siliceux. En dehors de ces particularités, sa culture et sa reproduction suivent les mêmes errements que celles de la glycine de Chine, sur laquelle on est dans l'habitude de la greffer lorsque le terrain ne lui convient pas.

A ces deux espèces nous pouvons, pour compléter cet article, en ajouter une troisième, la *glycine du Japon* ou *à courtes grappes* (*W. brachybotrys*), qui, il est vrai, n'appartient qu'à demi à la catégorie des plantes grimpantes. C'est un arbuste dressé, à rameaux grêles, un peu sarmenteux et volubiles dans la jeunesse, qu'il est bon de soutenir sur des tuteurs ou de palisser sur des treillis. Ses fleurs, plus grandes que celles des autres glycines, et disposées de même en grappe pendante, sont d'un violet un peu foncé, et se montrent au printemps en même temps que les feuilles. Ce joli arbuste se plaît dans les terres saines de moyenne qualité, et prospère dans tout l'ouest de la France, mais il n'est qu'à demi rustique dans le nord, où il craint plus l'humidité prolongée et les fraîcheurs de l'été que les gelées de l'hiver.

16° L'akébie à cinq feuilles (*Akebia quinata*). Plante du Japon, de la famille des lardizabalées, à tiges grêles et ligneuses, pouvant s'élever à 8 ou 10 mètres, quoique non volubiles et dépourvues de vrilles, et dont les feuilles, un peu glauques, sont divisées en cinq folioles ovales et divergentes. Elle donne des grappes de fleurs à pétales charnus, de couleur lie de vin, qui sont plus curieuses qu'ornementales et qui restent stériles sous nos climats. Cette liane, peu répandue dans les jardins, est propre à garnir des murs, des treillis et des berceaux, surtout associée à d'autres, parce que seule elle ne donnerait pas assez de verdure. C'est à peine si on peut la dire rustique à Paris, où elle réussit médiocrement, même palissée sur des murs qui la mettent à l'abri des vents froids; elle nous paraît en conséquence mieux convenir aux régions méridionales ou à celles que le voisinage de l'Océan rend plus tempérées en en hiver. On la multiplie de couchages, de boutures ou de tronçons de racine.

17° Le maximowiczia de la Chine (*Maximowiczia chinensis*). Grande et belle liane du nord de la Chine et de la Mandchourie, appartenant à l'ordre des schizandracées, dioïque, dont les sarments, ligneux et flexibles, grimpent par enchevêtrement et peuvent s'élever à 7 ou 8 mètres. Les feuilles en sont alternes et ovales, d'une belle verdure; les fleurs d'un rose carmin assez vif. Aux fleurs femelles fécondées succèdent des baies d'un rouge écarlate, en petites grappes pendantes, qui sont le principal ornement de la plante et conservent leur éclat pendant une partie de l'hiver. Sa rusticité est telle qu'elle résiste même aux hivers rigoureux de Saint-Pétersbourg, où elle a été importée par le botaniste Maximowicz, qui lui a légué le nom générique qu'elle porte. On peut en conclure qu'elle sera pareillement rustique dans toutes les parties de la France.

32

D'autres schizandracées grimpantes peuvent encore prendre rang parmi nos plantes ornementales de plein air. Telles sont, parmi les plus connues, le *schizandre écarlate* (*Schizandra coccinea*), de l'Amérique du Nord, à fleurs rouge vif, et le *kadsura du Népaul* (*Kadsura propinqua*), à fleurs jaunes, toutes deux rustiques dans l'ouest et le midi de la France. Le *kadsura du Japon* (*Kadsura japonica*), petit sous-arbrisseau de 3 à 4 mètres, qui résiste encore aux hivers de Paris, n'appartient qu'incomplétement au groupe des plantes grimpantes. Tous ces arbustes, y compris le maximowiczia de la Chine, se propagent de graines et plus simplement de couchages et de boutures.

18° Les **échitès** (*Echites, Mandevillea*). Plantes de la famille des apocynées, de l'Amérique du Sud, la plupart volubiles et ligneuses; à feuilles simples et opposées; à fleurs tubuleuses, évasées au sommet en forme d'entonnoir, blanches, jaunes, roses ou pourpres, souvent très-odorantes. Presque toutes sont de serre chaude dans la plus grande partie de l'Europe, mais il y en a une qui fait exception, même en France, c'est l'*échitès parfumé* ou *jasmin du Chili* (*Echites* ou *Mandevillea suaveolens*), charmante liane des régions tempérées de l'Amérique du Sud, dont les fleurs blanches exhalent une odeur suave. Tout à fait rustique dans la région méditerranéenne, elle mûrit encore ses graines sous le climat doux des côtes de l'Océan, jusqu'à la hauteur de Cherbourg. A Paris elle appartient à l'orangerie pendant l'hiver, mais elle fleurit d'une manière satisfaisante en plein air, aux expositions abritées.

19° La **bougainvillée du Brésil** (*Bugainvillea spectabilis*), arbrisseau sarmenteux du Brésil méridional, de la famille des nyctaginées, s'élevant à 7 ou 8 mètres, insignifiant par ses fleurs, mais très-remarquable par la beauté de ses grandes bractées florales rose lilas ou carmin violacé. Dans presque toute la France il appartient à la serre chaude, et on l'y emploie ordinairement à couvrir des murs en le faisant grimper sur un treillis, mais dans les parties les mieux abritées du climat méditerranéen il réussit en plein air, le long des murs et aux expositions méridionales, en compagnie des passiflores et des autres plantes grimpantes rustiques sous ce climat. Il y fleurit du milieu de l'été à la fin de l'automne, quelquefois même jusqu'au cœur de l'hiver, et n'y périt guère que lorsque la température s'abaisse à 4 ou 5 degrés centigrades au-dessous de zéro, ce qui est assez rare au sud du 42ᵉ degré de latitude. On le multiplie de couchages et de boutures. Une seconde espèce, qui d'ailleurs en diffère peu, le *B. fastuosa,* du même pays, y réussirait également dans les mêmes conditions.

20° La **dentelaire du Cap** (*Plumbago capensis*), arbrisseau grimpant de la famille des plombaginées, qui pour l'effet ornemental peut être assimilé à la bougainvillée du Brésil, sur laquelle il a l'avantage d'une rusticité plus grande. Comme cette dernière, il s'élève à 7 ou 8 mètres, et il se palisse sur les murs de fond des serres froides et des serres tempérées, qu'il couvre en peu d'années d'une immense quantité de fleurs bleu d'azur. Il vient sans difficulté dans la région méridionale aux expositions chaudes et abritées, et il y résiste communément aux froids de l'hiver, moyennant une légère couverture sur le pied. Même à Paris il peut passer à l'air libre trois ou quatre mois de la belle saison et y fleurir. De même que la plupart des autres plantes grimpantes, on le multiplie de boutures et de branches enracinées.

21° Terminons cette énumération des végétaux grimpants par une espèce non moins belle que les deux précédentes, le **mitraria écarlate** (*Mitraria coccinea*), un des plus dignes représentants de la brillante famille des gesnéracées, et le seul peut-être qui puisse se cultiver à l'air libre en Europe. C'est un sous arbuste, dont la tige et les branches, débiles, s'appliquent sur le tronc des arbres à l'aide de racines adventives, mais dont les rameaux fleuris se tiennent fermes et dressés. Les fleurs sont de moyenne grandeur, urcéolées, pendantes, de l'écarlate le plus vif. Originaire de l'île de Chiloé, près des côtes du Chili, où le climat est à la fois doux, brumeux et très-humide, le mitraria est naturellement indiqué, comme plante de plein air, pour toutes les côtes océaniques de l'Europe moyenne et méridionale. Hors de là il appartient à la serre froide, où sa culture est d'ailleurs réputée difficile, soit par manque de lumière ou d'humidité, soit peut-être parce qu'on l'y élève en pots et dans une terre peu substantielle. Remarquons, en effet, que toutes les plantes épiphytes se plaisent dans les détritus végétaux, et que la terre de bruyère, telle que nous l'employons communément, est souvent fort pauvre en ces principes. Le mitraria se multiplie de couchages et de boutures en serre à multiplication. Il est évident qu'on le propagerait aussi de graines, si on pouvait en obtenir.

Dans le recensement que nous venons de faire nous n'avons pas, à beaucoup près, épuisé la liste des plantes grimpantes qui ont été ou peuvent être introduites dans nos jardins de plein air; nous n'avons rien dit, par exemple, des *pervenches* (*Vinca major* et *V. minor*), jolies plantes indigènes à fleurs bleues, mais dont les sarments traînent à terre plus qu'ils ne grimpent, ce qui en limite beaucoup l'emploi dans le jardinage; du *rhynchospermum faux-jasmin* (*Rhynchospermum jasminoides*), sous-arbuste de Chine à fleurs blanches et parfumées, qui demande l'orangerie à Paris pendant l'hiver; des *cynanchums*, des *marsdénias*, des *araujas*, des *périplocas* et des *métaplexis*, asclépiadées volubiles, plus remarquables par leur feuillage que par leurs fleurs, et qui conviennent mieux aux climats du midi qu'à ceux du nord; du *houblon* (*Humulus Lupulus*), de la *baselle* (*Basella rubra*); du *boussingaultia* (*Boussingaultia baselloides*), et d'autres plantes de troisième ou de quatrième ordre, qui peuvent être employées à épaissir des haies ou couvrir des murs dans les jardins négligés. Nous aurions pu y ajouter encore d'autres espèces exotiques, même recommandables, mais l'abondance des matières nous oblige à limiter ce chapitre à celles qui ont été énumérées ci-dessus, et que nous avons choisies parmi les plus belles et les plus classiques. L'amateur suppléera d'ailleurs facilement, par les catalogues des horticulteurs, aux lacunes que nous laissons presque malgré nous dans cet exposé d'une des branches les plus intéressantes du jardinage d'agrément.

CHAPITRE VI.

LES GRANDES PLANTES ORNEMENTALES.

— —

§ 1. — CONSIDÉRATIONS GÉNÉRALES.

Nous abordons ici une nouvelle catégorie de plantes assez vaguement déterminée dans le jardinage, et dans le fait beaucoup moins homogène que les précédentes, mais qui cependant ne peut se confondre avec aucune autre. Plusieurs sont d'introduction récente, ou du moins ne jouissent de la vogue que depuis un petit nombre d'années ; d'autres au contraire sont déjà anciennes, mais à cause de leur grande taille elles ne se prêtent pas aux mêmes usages que les plantes de parterre proprement dites. Cette innovation a été amenée par la réforme qui s'est insensiblement opérée dans la composition des jardins, où le caprice individuel tend de plus en plus à se substituer aux anciennes règles. La plupart d'ailleurs s'associent heureusement aux collections fleuries, soit pour en rehausser l'éclat par la beauté de leur feuillage, soit pour varier les aspects et rompre l'uniformité des carrés occupés par les fleurs. Mais pour que leur emploi produise l'effet désiré il faut savoir les choisir et les placer convenablement, ce qui est une affaire de tact et s'acquiert par l'étude des modèles réussis. En général, ces sortes de plantes qui sont d'une taille relativement élevée, et qui sont destinées surtout à être vues à distance, soit isolément, soit rapprochées en massifs, s'adaptent mieux à ce que nous avons appelé les grands jardins et les jardins paysagers qu'aux parterres proprement dits. Plus ces derniers sont étroits, moins ils comportent cette grande végé-

32.

tation, et ils perdent d'autant plus de leur caractère propre et de leurs agréments que la quantité en est plus disproportionnée avec leur étendue.

Une condition essentielle de ces plantes est d'être douées d'un port noble et d'un beau feuillage, beau par ses teintes, son ampleur ou sa forme. Quelques-unes ne brillent que par ce côté; d'autres, au contraire, ne sont pas moins remarquables par leurs inflorescences, quelquefois même par leurs fleurs ou leurs fruits, que par leurs organes de végétation. Empruntées à bien des familles différentes, elles offrent la plus grande variété d'aspects et fournissent à l'amateur le plus large choix. Ce qui n'est guère moins essentiel, c'est qu'elles soient assez rustiques pour endurer toutes les vicissitudes du climat là où on en veut faire usage, et y prendre le développement que comporte leur nature. Leur mérite ornemental est grand lorsqu'elles arrivent à leurs proportions normales; mais rien n'est plus disgracieux que ces plantes lorsqu'elles restent rabougries, qu'elles sont maladives ou végètent misérablement.

C'est parmi elles que nous trouvons quelques-unes de ces formes tropicales qui impriment un cachet particulier à nos jardins modernes, et qui étaient inconnues ou indifférentes aux horticulteurs du siècle dernier. Mais ces espèces de climats plus chauds que le nôtre exigent, sous nos latitudes, des soins particuliers. Elles veulent être non-seulement abritées contre les intempéries de l'hiver dans les serres ou les orangeries, mais activées encore au printemps par la chaleur artificielle avant d'être transplantées dans le jardin de plein air, où elles ne doivent passer que la belle saison sous peine de périr. Mieux favorisés que ceux du nord par le climat, les jardins méridionaux voient cette difficulté disparaître en grande partie. Là, en effet, tant par la douceur de l'hiver que par la chaleur de l'été, les plantes d'aspect tropical deviennent à la fois plus nombreuses, plus grandes, plus belles et bien moins exigeantes d'abris. Cependant, même dans le nord, leur culture pourrait se simplifier et devenir plus florissante si on parvenait à chauffer momentanément le sol où elles sont plantées, et à les préserver, par des abris temporaires et sur place (1), des rigueurs de l'hiver et des pluies froides ou excessives de l'été.

Les plantes dont il va être question dans ce chapitre sont annuelles ou vivaces, plusieurs mêmes sont ligneuses et presque arborescentes; ce ne sont cependant point des arbres dans le sens ordinaire du mot. Quelques-unes de ces dernières seront empruntées au type monocotylédoné, dont les grandes formes, toutes bannies de nos climats tempérés-froids, sont par cela même ce qui nous frappe le plus dans la végétation des contrées tropicales. En divisant donc les grandes plantes ornementales en deux sections, l'une pour les monocotylédones, l'autre pour les dicotylédones, nous nous conformerons non-seulement à l'ordre naturel, mais aussi à un certain ordre horticole, fondé sur les analogies de la culture, des affinités de port, et par suite sur une certaine similitude d'emplois pour la décoration des jardins.

Ainsi que nous l'avons dit tout à l'heure, la série des plantes ornementales qui vont maintenant nous occuper offrira comparativement peu d'homogénéité, et ceci doit s'entendre principalement de celles de la classe des dicotylédones. Parmi ces dernières, en effet, nous en verrons paraître un assez grand nombre qui sont essentiellement des plantes fleurissantes, et qu'on pourrait à la rigueur classer dans la catégorie des plantes de parterre. Cependant si l'on tient compte de leur ampleur, de leur taille élevée, de l'abondance de leur feuillage ou de la grandeur et du vif éclat de leurs inflorescences, on reconnaîtra qu'elles gagnent à être rapprochées en massifs et qu'elles sont propres surtout à être vues de loin. Prises en bloc, ces grandes plantes fleurissantes sont comme le lien qui réunit les jardins fleuristes aux jardins paysagers. Mais parmi les espèces dicotylédones il en est aussi dont toute la valeur décorative est dans le port ou le feuillage, et qui ne se présentent avantageusement que lorsqu'elles sont en individus isolés. C'est à elles, ainsi qu'aux grandes mono-

---

(1) Voir l'*Aperçu de la culture géothermique*, publié par M. Naudin, brochure in-8°, déjà citée dans le premier volume de cet ouvrage, p. 410.

cotylédones de même caractère, que nous appliquons en propre la qualification de *plantes pittoresques* (1), réservant celui
de *plantes de grands massifs* pour celles qui brillent surtout
par leur réunion en groupes plus ou moins étendus. De toutes
les catégories horticoles, ce sont les mieux appropriées à la
décoration des jardins publics, exception faite cependant des
plantes à feuillage coloré, qui n'y sont pas moins nécessaires
pour la confection des bordures. Nous verrons, dans un autre
chapitre, que ces mêmes jardins trouvent leur complément
dans un certain nombre d'arbustes, qui pourraient être pareillement classés en *arbustes pittoresques* et en *arbustes de massifs*.

Il est inutile que nous nous étendions ici sur la culture des
grandes plantes ornementales, puisque, variées d'organisation
et d'espèces, comme elles le sont, elles réunissent dans leur
ensemble les exigences les plus diverses. En traitant de
chacune d'elles, d'ailleurs, nous ferons connaître ce qu'elles
ont de particulier sous ce rapport. Toutefois, on peut dire
d'une manière générale qu'à cause même de leur ampleur
elles veulent une terre substantielle, profonde, bien engraissée
de fumier décomposé, perméable quoique non sujette à se
dessécher. De copieux arrosages leur sont également nécessaires, et plus peut-être aux monocotylédones qu'aux autres.
Le plus grand ennemi de toutes ces plantes est le vent,
auquel elles donnent beaucoup de prise, et qui, lorsqu'il est
violent, peut les déraciner ou briser leurs feuilles. Il convient
donc de les mettre dans les situations les mieux défendues des
courants d'air. Pour la même raison on les écartera des espèces épineuses, qui déchirent leur feuillage, lorsque le vent
les met en contact avec elles. Enfin, nous avons à peine besoin de le rappeler, presque toutes les grandes plantes sont im-
patientes de l'ombre, et par conséquent le jardin qui leur
sera consacré devra être orienté au midi et recevoir la plus
grande somme possible de rayons solaires.

(1) On les trouve aussi mentionnées, dans les catalogues des horticulteurs, sous
les noms de *plantes à grand effet, plantes de haut ornement, plantes à feuillage*.

§ II. — LES MONOCOTYLÉDONES PITTORESQUES.

Elles sont empruntées à neuf familles naturelles : les *aroïdées*, les *graminées*, les *liliacées*, les *amaryllidées*, les *broméliacées*, les *palmiers*, les *musacées*, les *zingibéracées* et les *cannacées*.

1° Les **aroïdées.** Très-peu d'espèces ornementales de cette famille peuvent trouver place dans nos jardins de plein air ; les seules qui y passent l'hiver et fleurissent sous le climat du nord sont deux espèces du midi de l'Europe, l'*arum chevelu* (*Arum crinitum*) et l'*arum serpentaire* (*A. dracunculus*), plantes à rhizomes vivaces, formant de fortes et épaisses touffes de feuillage de 0^m,50 à 0^m,60 de hauteur, au-dessus desquelles s'élèvent de grands spadices, dont les spathes, en forme de cornet et teintées de pourpre noir à l'intérieur, exhalent une odeur cadavérique des plus prononcées. Dans l'arum chevelu cette spathe est hérissée en dedans de poils réfléchis, qui permettent bien aux insectes, attirés par l'odeur (1), de descendre dans son intérieur, mais s'opposent à leur sortie. Chez l'arum serpentaire la tige est élégamment marbrée de vert et de blanc, et le feuillage d'une forme à la fois bizarre et élégante. Ces deux belles plantes se plaisent dans les terres argileuses un peu humides, aux expositions chaudes mais abritées contre le soleil, et se passent de toute culture ; toutefois, à cause de leur odeur repoussante au moment de la floraison, il convient de les tenir dans les parties reculées du jardin. On pourrait d'ailleurs éviter cet inconvénient en supprimant leurs inflorescences avant leur entier développement.

Depuis quelques années on a introduit dans les jardins publics de Paris deux ou trois grandes aroïdées du genre colocase (*Colocasia, Caladium*), qui n'ont de beau que leurs énor-

---

(1) Ces insectes sont ceux qui recherchent les matières animales en décomposition, en particulier le dermeste gris et la mouche de la viande. Trompés par l'odeur, ils descendent au fond du cornet de la spathe et ils y périssent ordinairement asphyxiés, souvent après y avoir pondu des œufs, qui eux-mêmes restent inféconds. On connaît plusieurs autres plantes insecticides comme celles dont nous parlons ; mais on n'a pas encore pu expliquer pourquoi elles jouissent de cette propriété.

mes feuilles ovales-triangulaires, et ne se plantent guère qu'en massifs. Les plus communément employées sont la *colocase comestible* (*C. esculenta, Caladium esculentum*), dont les feuilles, peltées, lisses et d'une verdure glauque, ont de 0ᵐ,50 à 0ᵐ,70 de longueur, sur une largeur un peu moindre, et la *colocase des anciens* (*C. antiquorum*), presque semblable à la précédente, dont elle diffère surtout par ses feuilles, échancrées à la base et non plus peltées. Ces deux plantes, qui ne passent d'ailleurs en pleine terre que les quatre à cinq mois de la belle saison, y feraient assez d'effet si elles croissaient avec quelque vigueur; malheureusement, par manque de chaleur dans l'air et surtout dans le sol, elles y restent à peu près stationnaires et le plus souvent même prennent une teinte jaunâtre qui leur enlève toute leur valeur décorative (1). Elles ne végètent réellement, sous le climat de Paris, qu'en serre chaude ou en serre tempérée, et c'est là seulement qu'on peut les préparer à remplir le rôle qu'on leur destine. Nous en dirons autant des autres espèces du genre, telles que les *Caladium* (ou *Xanthosoma*) *odoratum, mexicanum, sagittifolium, violaceum*, etc., qu'on a pareillement introduites, avec un médiocre succès, dans les jardins publics de la capitale, mais qui réussiraient dans le climat méditerranéen, à la condition d'être copieusement arrosées en été, et abritées l'hiver contre le froid et surtout contre l'humidité.

2° Les **Graminées**. La vaste et utile famille des graminées fournit incomparablement plus d'ornements et de plus beaux ornements à nos jardins de plein air que celle des aroïdées. Nous y trouvons effectivement les grands roseaux de la région méditerranéenne, le gynérium des Pampas, les bambous et les arondinaires, toutes plantes de premier ordre, sans compter

(1) Ceci ne s'applique qu'aux années ordinaires, celles par exemple où la chaleur moyenne de l'été n'est que de 17 à 18 degrés centigrades. Dans les étés exceptionnellement chauds, comme celui de 1865, où la température moyenne dépasse 19 degrés, ces plantes croissent avec une certaine vigueur, et sont alors vraiment ornementales. Il n'en reste pas moins cependant que leur véritable climat horticole, en France, est le midi, et surtout le sud-ouest, où elles trouvent, avec une température élevée, l'humidité atmosphérique, qui leur est presque aussi nécessaire que la chaleur.

d'autres espèces, plus humbles, qui trouvent encore un utile emploi dans la décoration des jardins paysagers.

1° Les *roseaux* (*Arundo*), grandes plantes vivaces, dont les fortes tiges feuillues, fistuleuses, entrecoupées de nœuds et peu ou point ramifiées, se terminent par des panicules soyeuses d'une grande élégance. Ce genre renferme trois espèces horticoles, le *grand roseau* ou *canne de Provence* (*A. Donax*), le *roseau de Mauritanie* (*A. mauritanica*), et le *roseau de Pline* (*A. pliniana*). Le premier est indigène du midi de l'Europe, où on le cultive comme plante économique. Ses longues cannes ligneuses, solides et légères, servent à beaucoup d'usages, par exemple à faire des lignes à pêcher, des treillis, etc. Dans le nord de la France, où il est assez sujet à geler pendant l'hiver, il ne s'élève guère qu'à 2 ou 3 mètres, et ses tiges n'y mûrissent pas assez pour y trouver des emplois utiles; mais elles y forment de belles touffes, d'une verdure grise, qui se balancent gracieusement au souffle du vent. On trouve fréquemment cultivée dans les jardins d'amateur une variété fort jolie du roseau de Provence, le *roseau panaché* (*A. Donax variegata*), dont les feuilles sont rubanées de blanc, mais qui a l'inconvénient de rester toujours faible et d'être difficile à conserver.

Le roseau de Provence ne fleurit jamais dans le nord de la France; il ne le fait même que très-rarement sous son climat natal, ce qu'il doit peut-être au mode de propagation qu'on lui applique depuis l'antiquité, et qui consiste dans la séparation des rhizomes. Il se plaît dans les terres argileuses et profondes, et vient surtout au bord des eaux.

Le roseau de Mauritanie a beaucoup de ressemblance avec le précédent, mais il en diffère par une taille moins élevée (2^m,50 à 3^m), des cannes plus menues, et surtout par une abondante floraison, jusque sous le climat de Paris. Malgré cet avantage, il est à peine connu des amateurs. Nous pouvons en dire autant du roseau de Pline, très-grande espèce qu'on trouve cultivée çà et là dans les jardins du Languedoc et du Roussillon, et qui mériterait d'être plus répandue.

Dans les contrées plus septentrionales ou plus froides que

le nord de la France les roseaux de Provence et de Mauritanie sont remplacés, au point de vue pittoresque, par de grandes graminées annuelles, principalement par le maïs et diverses variétés de sorgho.

2° Le *gynérium argenté*, ou *roseau des Pampas* (*Gynerium argenteum*) (fig. 160), est, ainsi que son nom l'indique, orginaire

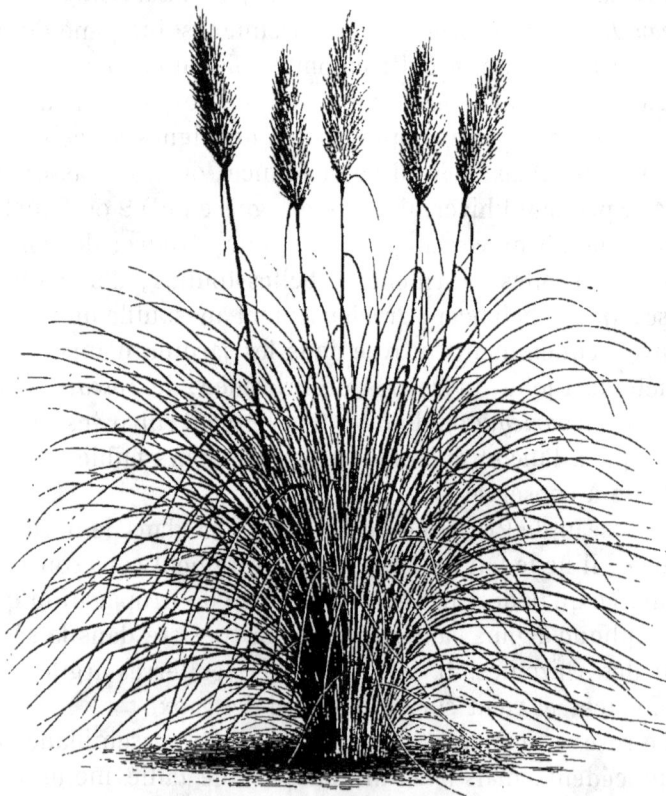

Fig. 160. — Gynérium argenté.

des plaines à climat tempéré de l'Amérique australe, au sud du 30° degré de latitude. Introduit depuis une quinzaine d'années en Europe, il a été dès le principe l'objet de la faveur universelle. Il forme d'énormes touffes de feuilles étroites, coriaces, glauques, longues d'un à deux mètres, gracieuse-

ment retombantes, et du milieu desquelles s'échappe une
gerbe de chaumes de 2 à 4 mètres de hauteur, portant à leur
sommet de vastes panicules soyeuses, argentées, qui oscillent
et miroitent au moindre souffle d'air. Cette belle graminée est
d'un grand effet lorsque, favorisée par le climat et le terrain,
elle a pris le développement dont elle est susceptible; mais
elle vit misérablement et reste insignifiante si ces conditions
viennent à lui manquer, ou qu'on lui refuse les arrosages nécessaires. L'espèce est dioïque, et les individus femelles se
distinguent des mâles par leurs panicules beaucoup plus
grandes, plus belles et plus étalées. Quoiqu'elle donne des
graines dans plusieurs de nos provinces, on se borne généralement à la multiplier par le procédé bien plus expéditif de
la division des touffes. Cependant les graines en ont été semées plus d'une fois et avec succès, et on en a obtenu des variétés assez distinctes du type originaire, les unes à panicules
violacées, les autres à panicules jaune clair, qui ont leur mérite pour la décoration des jardins. D'autres variétés sont caractérisées par une taille relativement basse (1^m 50 ou même
moins). Le gynérium se plaît dans les terres siliceuses un
peu humides et réclame même beaucoup d'eau en été, si le
climat est chaud. Les températures moyennes annuelles de
12 à 15 degrés lui sont éminemment favorables.

3° Les *bambous* (*Bambusa*), avec des ports bien différents de
celui du gynérium, doivent être placés comme lui au premier
rang parmi les graminées ornementales. Ce qui les caractérise
et les fait reconnaître au premier abord, c'est la forme d'arbres
ou de grands buissons qu'ils affectent en se ramifiant presque
à la manière des végétaux dicotylédonés, et aussi la brièveté
relative de leur feuillage, qui est lancéolé et presque pétiolé.
Leurs tiges sont, à proprement parler, de véritables roseaux,
ordinairement fistuleux et entrecoupés de nœuds; elles sont
en même temps d'une contexture ligneuse, compacte et très-
solide; aussi durent-elles plusieurs années, mais sans s'accroître lorsqu'elles se sont une fois durcies. Les fleurs n'apparaissent que sur les plantes adultes, en petites panicules et au
sommet des rameaux, et elles annoncent toujours la mort

prochaine de la plante, ou plutôt de la tige fleurie, qui est essentiellement monocarpique et périt après avoir mûri ses graines, le rhizome continuant à s'étendre sous terre et poussant de nouvelles tiges. Il convient toutefois d'ajouter que cette floraison est rare chez la plupart des espèces cultivées, soit parce qu'on est dans l'habitude de les reproduire des fragments du rhizome, soit parce que leurs tiges étant utilisées dans l'industrie on ne leur donne pas toujours le temps d'arriver en âge de fleurir.

Le bois des bambous sert à confectionner une multitude d'ustensiles, dans tous les pays dont la température est assez élevée pour qu'on puisse les y cultiver. En Europe, où le climat n'en tolère qu'un petit nombre d'espèces, et généralement de la moindre taille, ils n'ont eu jusqu'ici et n'auront probablement de longtemps qu'un emploi décoratif (1). On les plante en touffes isolées sur les pelouses un peu nues, ou près des murs des habitations, à exposition méridionale. Ces arbustes ont une grâce particulière lorsqu'ils sont vigoureux et bien développés.

Les espèces capables de vivre en pleine terre sous nos climats septentrionaux sont toutes originaires de la Chine moyenne ou des hautes montagnes du nord de l'Inde. A Paris elles se réduisent aux deux ou trois suivantes : le *bambou noir* (*B. nigra*), ainsi nommé de la couleur de ses tiges et de ses branches, le *bambou métaké* (*B. Metake*), à tiges vertes, et le *bambou glaucescent* (*B. viridi-glaucescens*), le plus beau des trois, le plus grand, et, comme eux, de forme buissonnante, pouvant s'élever à 2 ou 3 mètres. Elles n'y sont cependant pas entièrement rustiques, car elles sont plus ou moins maltraitées par le froid, la première surtout, dans les hivers rigoureux. Le bambou métaké, qui est comparativement très-médiocre, y fleurit assez souvent. Sous le ciel, plus doux, des

(1) Il serait possible cependant qu'on obtînt un jour de ces petites espèces de bambous des tiges assez solides pour être utilisées en guise de cannes et de manches de parapluie. Nous avons reçu en effet de M. Herpin de Frémont, de Cherbourg, quelques-unes de ces tiges, qui nous ont paru assez fortes pour pouvoir servir à ces usages. Il est vraisemblable qu'elles auraient encore mieux mûri sous un climat plus chaud que celui de Cherbourg.

bords de l'Océan d'autres petites espèces réussissent assez
bien, par exemple les *Bambusa verticillata*, *variegata*, *Fortunei* et *pubescens*, qui y deviennent d'autant plus beaux que
les localités sont plus méridionales ou mieux abritées.

Dans le midi de l'Europe, et jusque sur les côtes de la basse
Provence, on cultive avec quelque succès le *bambou arondinacé* (*B. arundinacea*), de la Chine méridionale et de l'Inde,
véritable arbre, dont les tiges, hautes de 8 à 12 mètres et de la
grosseur du bras d'un homme, peuvent déjà être employées à
soutenir les toitures des hangars, ainsi qu'à d'autres usages
rustiques. C'est une des espèces les plus ornementales, non-
seulement par sa haute taille, mais encore et surtout par sa
forme pyramidale et la densité de sa verdure, qui lui donnent
quelque chose de l'aspect d'un peuplier d'Italie, avec plus de
grâce et de souplesse. Très-grand en Algérie, il ne réussit en
Provence qu'aux expositions les plus méridionales; à Paris il
est de serre chaude ou tout au moins de serre tempérée.

Très-près des bambous se placent, dans l'ordre naturel, les
arondinaires de l'Himalaya (*Arundinaria*), véritables bambous
par le port, le feuillage et la consistance ligneuse de la tige.
Une seule espèce a été introduite dans l'horticulture de l'Europe, c'est l'*arondinaire falciforme* ou *bambou du Népaul*
(*A. falcata*), très-belle plante de 5 à 6 mètres de hauteur,
qui est à peine demi-rustique sous le climat de Paris, où elle
ne peut passer l'hiver qu'en orangerie, mais qui brave tous
les frimas au sud du 43 degré, et se cultive même avec quelque
succès dans nos provinces de l'ouest.

Plusieurs autres graminées sont encore cultivées en qualité
de plantes pittoresques; ainsi on rencontre çà et là, dans les
jardins de la région méditerranéenne, la *canne à sucre* (*Saccharum officinarum*), qui n'a qu'un intérêt de curiosité et n'y
vient tant bien que mal que dans les endroits très-abrités; la
canne de Ravenne (*Saccharum* ou *Erianthus Ravennæ*), presque aussi grande et plus belle que la canne à sucre, et en même
temps beaucoup plus rustique; le *panic à feuilles plissées* (*Pani-
cum plicatum*), plante d'un certain intérêt pour la décoration
des pelouses, où elle forme de belles touffes de 1^m de hauteur

et d'une verdure intense; très-rustique dans la région méditerranéenne, où elle mûrit ses graines, cette jolie graminée réussit encore d'une manière satisfaisante jusque sous le climat de Paris. Quelques amateurs ajoutent aux espèces précédentes le *pennisétum d'Abyssinie* (*Pennisetum longistylum*), plante annuelle, qui ne se recommande que par ses gros épis cylindriques hérissés d'une sorte de duvet plumeux; le *stipa penné* (*Stipa pennata*), de nos climats, aux longues panicules soyeuses; l'*alpiste commun* (*Phalaris arundinacea*), dont la variété à feuilles rubanées de blanc a seule quelque valeur ornementale, et quelques autres qu'on trouve indiquées dans les catalogues des horticulteurs; mais ces dernières espèces, toutes de taille peu élevée et très-inférieures en beauté à celles qui ont été énumérées plus haut, ne méritent plus le titre de plantes pittoresques et ne produisent quelque effet que sur des gazons de peu d'étendue. A plus forte raison exclurons-nous de cette catégorie les *canches* (*Aira*), les *brizes* (*Briza*), les *agrostides* (*Agrostis*) et les *fétuques* (*Festuca*), qui ont de tout autres emplois, et servent principalement à confectionner des gazons ou des bordures.

3° Les **liliacées.** Cette belle famille, qui a donné à la floriculture un si riche contingent de plantes de collection et de plate-bande, en fournit aussi quelques-unes de premier ordre au jardinage pittoresque; il suffit de citer les yuccas, les phormiums, les dasyliriums et les dragonniers, pour en faire sentir l'importance sous ce rapport.

1° Les *yuccas* (*Yucca*), originaires des contrées tempérées-chaudes de l'Amérique du Nord, sont en quelque sorte les diminutifs des palmiers. Comme eux, quelques-uns s'élèvent sur une tige ligneuse, simple ou peu ramifiée, et couronnée à son sommet d'une abondante chevelure de feuilles. Ces feuilles toutefois ne sont pas découpées en lanières comme celles des palmiers; elles sont simples, longuement lancéolées ou ensiformes, aiguës, roides, plus ou moins dressées ou divergentes. Ce qui donne aux yuccas une certaine supériorité sur les palmiers ce sont leurs gigantesques panicules de fleurs blanches, qui sortent du cœur de la tige et des rameaux. Cette splendide floraison place les yuccas dans les premiers rangs de la flore décorative.

Tous les yuccas ne sont pas caulescents; quelques-uns, semblables encore par là à beaucoup de palmiers, restent acaules, leurs feuilles se réunissant toutes sur une souche plus ou moins renflée et bulbiforme. Ceux qui ont une tige distincte ne sont pas non plus caulescents au même degré ; quelques-uns, du moins dans nos jardins, restent toujours très-bas, tandis que d'autres, sous le climat méridional surtout, s'élèvent à plusieurs mètres, car une même tige peut durer bien des années.

Chez les yuccas l'inflorescence est essentiellement terminale, de telle sorte que la plante cesserait de s'accroître après une première floraison si un ou plusieurs bourgeons latéraux, situés près du point de départ de l'inflorescence, ne se développaient pour se substituer à la tige première et en quelque sorte la continuer. Il en résulte une certaine irrégularité sur les tiges des plantes déjà vieilles et qui ont eu plusieurs floraisons. Si deux ou trois bourgeons latéraux se développent en même temps, la tige devient bi ou trifurquée de simple qu'elle était auparavant. Ce n'est guère que dans la région méridionale qu'on voit les yuccas s'élever à 4 ou 5 mètres, comme aussi n'est-ce guère que là qu'ils fructifient. A Paris, et plus au nord, leur floraison est irrégulière ; elle arrive quelquefois dans la seconde moitié du printemps, plus ordinairement dans le courant de l'été, mais souvent aussi elle s'attarde jusqu'aux gelées de la fin de l'automne, et alors l'inflorescence périt sans donner une seule fleur.

Quoique les yuccas soient fort répandus dans les jardins, les espèces, assez variables d'ailleurs, en sont encore mal déterminées, et leur synonymie compliquée augmente notablement la difficulté de les reconnaître. D'après M. Carrière, qui en a fait une étude spéciale (1), on pourrait admettre huit espèces caulescentes assez bien caractérisées, les *Yucca aloifolia, draconis, gloriosa, pendula, flexilis, angustifolia, Par-*

(1) Voir *Revue horticole*, 1859.

mentieri et *Treculeana*, et quatre espèces acaules, les *Yucca lutescens*, *flaccida*, *stricta* et *filamentosa*. De ces différentes espèces, les *Yucca gloriosa*, *pendula* (fig. 161), *aloifolia* et *dra-*

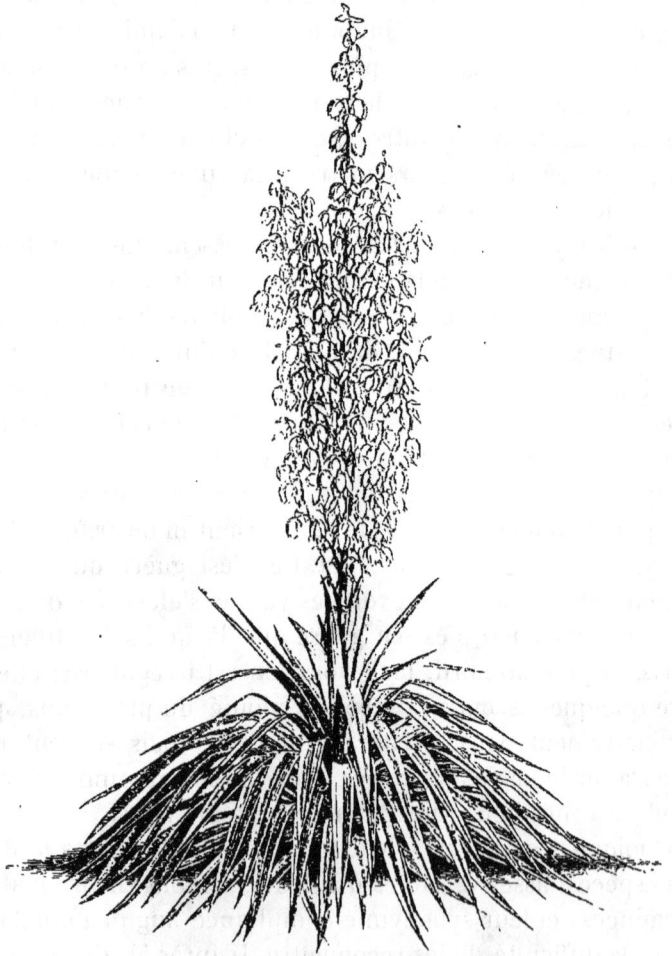

Fig. 161. — Yucca pendula.

conis sont les plus anciennement introduites dans les jardins et aujourd'hui encore les plus communes. Le *Yucca Treculeana*, dont l'importation ne remonte qu'à quelques années, et qui

a déjà fleuri plusieurs fois en France, semble devoir être, de
toutes ces espèces, la plus ample de feuillage, sinon la plus
élevée sur sa tige.

L'emploi horticole des yuccas est naturellement en relation
avec leur taille et leur port. Les espèces acaules, qui sont
d'ailleurs de jolies plantes, et dont la hampe florale dépasse souvent un mètre, peuvent fort bien prendre rang dans
les plates-bandes d'un parterre, et mieux encore au centre
des corbeilles ; elles peuvent figurer avec non moins d'avantage,
en touffes ou en massifs, au milieu des gazons. Les grandes
espèces caulescentes sont mieux appropriées aux pelouses
d'une certaine étendue, soit qu'on les plante isolément, soit
qu'on les réunisse en groupes ou en massifs. Il sera bon,
dans tous les cas, de mettre les yuccas à des expositions
qui les abritent du côté du nord, mais leur laissent la pleine
lumière du soleil, leur floraison étant d'autant plus régulière
et plus fournie qu'ils ont éprouvé une plus vive insolation dans
le cours de l'année précédente.

Toutes ces belles plantes sont d'ailleurs de culture facile
partout où la température moyenne annuelle n'est pas inférieure à 12 degrés centigrades. Sous le climat de Paris elles
ne sont pas entièrement rustiques, et elles y sont quelquefois atteintes grièvement par le froid ; aussi est-il prudent de les couvrir de paille ou de feuilles sèches, surtout si elles sont jeunes
ou acaules. Là où la chaleur est suffisante, dans les climats
de l'ouest et du midi particulièrement, elles s'accommodent
de toutes les terres saines, pourvu qu'on les irrigue fortement pendant l'été. A Paris, et en général dans tout le nord,
où la terre reste imbibée d'eau pendant une grande partie de
l'hiver, et souvent encore dans les autres saisons, on trouve
avantageux de mettre les yuccas en terre de bruyère, principalement pendant leur jeunesse. Ce soin serait moins nécessaire si on plantait sur un terrain en pente ou sur les flancs
d'une colline artificielle.

La multiplication des yuccas se fait de graines, qu'on tire
de chez les horticulteurs méridionaux, mais plus souvent de
turions ou de bourgeons aériens. Ces derniers ne sont autre

chose que des boutures, qu'on plante dans des pots remplis de terre siliceuse fortement tassée, et qu'on tient à l'abri de l'air sous des châssis ou des coffres vitrés, où la température peut varier de 18 à 25 degrés centigrades. Les turions, qui ne sont eux-mêmes que des bourgeons moins avancés, se traitent de la même manière, avec cette différence qu'il est moins nécessaire de les étouffer sous des cloches ou des châssis fermés ; l'essentiel est qu'ils trouvent là où on les met une température et une humidité suffisante. M. Carrière (1) fait observer que les turions bouturés étant beaucoup plus lents à s'enraciner que les bourgeons pourvus de feuilles, il y a avantage à les laisser se développer en bourgeons feuillus sur la plante mère, avant de les en détacher. Les vieilles tiges d'yuccas, dépouillées de leurs bourgeons, nous dit encore le même auteur, lorsqu'elles sont enterrées horizontalement à quelques centimètres de profondeur, donnent naissance spontanément à de nouveaux turions, qui, bientôt développés en bourgeons feuillus, deviennent autant de nouvelles boutures entre les mains de l'horticulteur.

2° Le *phormium* ou *lin de la Nouvelle-Zélande* (*Phormium tenax*) est une grande liliacée vivace, dont les feuilles linéaires, carénées, longues de 1^m,50 à 2^m, forment de larges et hautes touffes d'une très-belle verdure. Les feuilles sont remarquables par leur extrême tenacité, ce qu'elles doivent à leur richesse en fibres ligneuses, qui sont employées à fabriquer des étoffes et des cordages à la Nouvelle-Zélande. A bien des reprises on a préconisé la culture du phormium en qualité de plante filassière ; mais les quelques essais qui en ont été faits ont toujours échoué devant ce double obstacle, la rigueur des hivers sous nos climats, auxquels la plante ne résiste pas, et la lenteur avec laquelle elle croît et qui n'est nullement en rapport avec les besoins d'une industrie. Pour ces deux raisons, le phormium est resté et restera une simple plante d'ornement ou de curiosité.

Sous le climat de Paris on le cultive en caisses ou dans de

(1) *Revue horticole*, 1859.

grands pots, qu'on met à l'air libre au printemps et qu'on rentre
en orangerie aux premières fraîcheurs de l'automne; rarement
en pleine terre, et alors dans des endroits parfaitement abrités,
avec couverture de feuilles ou de paillassons en hiver. Cependant le phormium passe ordinairement l'hiver à l'air libre
sur les côtes de l'Océan, de La Rochelle à Cherbourg, partout
où la température moyenne de cette saison ne descend pas
au-dessous de + 5° centigrades; mais ses feuilles y gèlent
lorsque le thermomètre descend à — 7° ou — 8°; toutefois la
plante repousse du pied. On l'y a même vu fleurir quelquefois, sur des hampes de 1ᵐ, 50 ou un peu plus, et dont les branches figurent une panicule. Le phormium réussit de même
dans les localités abritées du climat méditerranéen, à condition d'être fortement irrigué en été ou planté au voisinage d'un
cours d'eau. On sait aujourd'hui, par les observations de
MM. Le Jolis et Duprey, de Cherbourg, qu'il existe au moins
deux espèces de phormiums, savoir l'espèce commune, qui a
les fleurs jaunes, et le *phormium de Cook* (*Ph. Cookii*), où
elles sont mi-parties de rouge et de vert. On les multiplie exclusivement par division du pied.

3° Les *dragonniers* (*Dracæna, Cordyline*). Ce sont des arbustes
et parfois des arbres énormes, dont le port devient à la longue
bien différent de celui qu'on est habitué à trouver chez les
végétaux monocotylédonés. Dans la jeunesse le tronc, couronné d'un bouquet de feuilles, s'élève simple, cylindrique,
plus ou moins droit; avec l'âge son écorce se fendille comme
chez les arbres de nos climats; enfin dans quelques espèces,
lorsqu'il est arrivé à l'état adulte, il se ramifie, grossit en
diamètre, et se montre dès lors sous des aspects qui rappellent
d'assez près ceux des arbres dicotylédonés. Dans tous ces végétaux les feuilles sont allongées, tantôt ensiformes et sessiles,
tantôt à limbe ovale-allongé et pétiolé. Lorsqu'elles présentent cette dernière forme, elles caractérisent principalement les espèces détachées du genre des dragonniers sous le
nom botanique de *Cordyline*. Les fleurs par elles-mêmes
sont petites et insignifiantes; réunies en grandes panicules,
elles font un certain effet.

33. .

Le groupe des dragonniers proprement dits fournit une espèce à nos jardins de plein air, mais seulement dans les parties les plus chaudes du climat méditerranéen ; c'est le *dragonnier des Canaries* (*Dracæna Draco*), arbre célèbre par l'énormité du principal représentant de son espèce, le célèbre dragonnier de l'Orotava, dans la grande Canarie, qu'on suppose âgé de plusieurs milliers d'années, et dont le tronc, de forme conique, rivalise presque, pour la grosseur, avec ceux des baobabs du Sénégal. Cet arbre réussit en Algérie et dans les localités du midi de l'Europe dont le climat est analogue à celui de cette contrée ; mais partout où la moyenne de l'hiver est inférieure à + 10° centigrades le dragonnier n'est plus qu'un arbre d'orangerie ou de serre tempérée. Pendant bien des années sa tige reste cylindrique et simple, et elle a alors la plus grande analogie avec celle d'un palmier. C'est seulement dans cette première phase de sa vie que le dragonnier peut être considéré comme plante pittoresque, et c'est à ce titre que nous en parlons ici.

Le *dragonnier de Norfolk* (*Cordyline australis*), de la Nouvelle-Zélande et de l'île de Norfolk, n'est qu'un pygmée à côté du dragonnier des Canaries, mais il est par cela même mieux approprié à la décoration des jardins ; il est aussi plus élégant et supporte beaucoup mieux le froid. Sa tige, ordinairement simple et couronnée par un épais faisceau de feuilles, s'élève à 4 ou 5 mètres avec les années. Il vient en pleine terre dans la région de l'olivier, mais il ne semble pas devoir s'avancer beaucoup plus loin vers le nord. Il en est autrement du *dragonnier à tige indivise* (*Dracæna* ou *Cordyline indivisa*) des montagnes de la Nouvelle-Zélande, presque semblable au précédent, et qui paraît doué d'assez de rusticité pour croître à l'air libre jusque sur les côtes de l'Océan et sur une partie de celles de la Manche. On pourrait ajouter à ces espèces le *dragonnier à feuilles pourpres* (*D. terminalis*) et le *dragonnier du Japon* (*D. nobilis*), sous-arbustes de l'Asie orientale, que leur feuillage, vivement coloré, rend recommandables, mais qui ne sont rustiques que dans la région de l'oranger.

4° Les *dasyliriums* (*Dasylirium, Roulinia*), longtemps confondus dans les jardins avec les *Bonaparteas,* de la famille des broméliacées, se rattachent par la structure de leurs fleurs aux liliacées-asparaginées, tout en marquant le passage de ce groupe à celui des joncées. Ce sont de fortes plantes vivaces, à grosse souche ligneuse, plus ou moins cachée sous une abondante gerbe de feuilles retombantes, longues, étroites, coriaces, aiguillonnées ou spinescentes sur les bords, sphacélées et décomposées en un pinceau de fibres à leur sommet, glauques ou d'une verdure grise. Arrivées à l'âge adulte, après de longues années d'enfance et de stérilité, elles émettent, du centre de leur touffe de feuilles, des hampes de la grosseur du bras, droites et roides, garnies de bractées, s'élevant en quelques jours à 3 ou 4 mètres, et qui ne sont en réalité que d'immenses inflorescences terminales, qui portent plusieurs milliers de fleurs. Ces dernières sont unisexuées, petites, verdâtres, et par elles-mêmes tout à fait insignifiantes ; mais la plante entière est à ce moment d'un grand effet ornemental. Malheureusement cette floraison est le signal de sa décadence ; épuisée par cet effort, elle ne tarde pas à périr, et sa souche, dégarnie de sa couronne de feuilles, ne peut plus servir qu'à donner quelques rejetons, gage incertain de la production de plantes nouvelles. Plusieurs espèces de dasyliriums, peut-être réductibles à deux, les *D. gracile* ou *acrotrichum* et *D. graminifolium,* ont été introduites dans l'horticulture de l'Europe, où elles ont été jusqu'ici cultivées en orangerie et en serre tempérée. Leur origine mexicaine ne laisse pas de doute sur la possibilité de leur culture en plein air dans la zône de l'oranger, peut-être même dans toute l'étendue de la région de l'olivier.

Selon toute vraisemblance, c'est à ce même genre *Dasylirium* qu'il faudra dorénavant rattacher d'autres plantes du même pays, d'un aspect encore plus singulier, et qui sont désignées dans nos jardins sous les noms barbares et presque ridicules de *Pincenectia* et *Pincenectitia* (1). Très-sembla-

(1) Ces deux noms, qui ont été admis sans contrôle par les horticulteurs et même par les auteurs de divers traités d'horticulture, doivent leur origine à une singulière méprise. Un amateur belge, M. Van der Maelen, ayant reçu du Mexi-

bles aux dasyliriums par le feuillage, elles en diffèrent par
la longueur de leur tige, qui peut s'élever à plus d'un mètre
et se renfle à la base en un énorme bulbe ligneux. Ces
curieux végétaux, quoique introduits depuis une vingtaine
d'années en Europe, n'y ont pas encore fleuri. Leur lieu d'o-
rigine fait supposer qu'ils seraient rustiques comme les précédents, au moins dans la moitié la plus chaude du climat
méditerranéen. Là aussi, probablement, réussiraient les *xan-
thorréas* (*Xanthorrea*), gigantesques liliacées de la Nouvelle-
Hollande, qui rappellent de très-près par leur port les dasyliriums de l'Amérique. La plus belle du genre est le *xanthorréa
hastile* (*X. hastilis*), dont la hampe ligneuse et dure devient
une lance redoutable entre les mains des sauvages austra-
liens.

Les grandes liliacées que nous venons de passer en revue ne
sont pas les seules qu'on puisse ranger dans la catégorie des
plantes pittoresques. On doit y rattacher toutes les espèces
fleurissantes qui arrivent à une certaine taille (1^m au moins),
et qui rapprochées en petits groupes ou en massifs plus larges,
ou même cultivées en pieds isolés, se font remarquer de loin
par la noblesse de leur port, la grandeur de leur feuillage ou
l'éclat de leurs fleurs. Tous les grands lis, mais principalement
le *lis géant* (*Lilium giganteum*), le *lis de Wallich* (*L. Wallichianum*), le *lis à feuilles lancéolées* (*L. speciosum*), le *martagon
d'Amérique* (*L. superbum*) et le *lis blanc* lui-même (*L. candidum*), sont particulièrement dans ce cas. La *tubéreuse* (*Polyanthes tuberosa*), cette belle liliacée des jardins méridionaux, y rentre au même titre; mais pour dissimuler la nudité de sa tige il convient de la cultiver en groupes un peu
serrés. C'est à ce même ordre de plantes que nous rattachons
le *tritome à grappes* (*Tritoma uvaria*), vigoureuse liliacée de

que, sous le nom impropre de *Freycinetia*, les premiers échantillons de ces liliacées, les remit à son jardinier, qui, inhabile à déchiffrer le nom, peut-être un
peu effacé, que portait l'étiquette, crut y lire le mot *Pincenectitia*. Ce nom fut
inscrit sur son catalogue et bientôt adopté par les horticulteurs marchands. Cependant, comme il paraissait un peu long, on crut l'améliorer en le raccour-
cissant d'une syllabe. C'est là un curieux exemple de l'incurie avec laquelle a été
établie la nomenclature des plantes commerciales.

l'Afrique australe, demi-rustique sous le climat du nord, et qui, du centre de son grand et abondant feuillage, dresse des hampes de plus d'un mètre de hauteur, dont le tiers est occupé par un volumineux épi de fleurs écarlates. Planté en pieds isolés sur les pelouses ou les gazons, le tritome fait de loin un effet saisissant dans la seconde moitié de l'été, alors que son inflorescence développe successivement ses innombrables corolles. Enfin, jusque sous nos climats tempérés, nous trouvons des liliacées dignes encore de figurer dans nos jardins paysagers ; ce sont les deux grands asphodèles du midi de la France, l'*asphodèle jaune* (*Asphodelus luteus*), que les traditions populaires ont toujours associé aux tombeaux, et l'*asphodèle blanc* ou *bâton royal* (*A. ramosus*), dont les racines, tuberculeuses et féculentes, ont été un moment exploitées par l'industrie comme racines sacchariféres. Ces deux plantes , ainsi que le tritome à grappes, se multiplient de graines aussi bien que par division du pied.

4° Les **Amaryllidées.** De grandes et belles plantes d'ornement pour les jardins pittoresques et paysagers nous sont aussi fournies par cette famille, à laquelle nous avons déjà vu la floriculture proprement dite emprunter un si grand nombre d'espèces. Celles dont il est question ici appartiennent à deux genres principaux, les *agaves* (*Agave*) et le *dorianthe* (*Doryanthes*).

Toutes les agaves sont américaines et se ressemblent par le port. Une tige courte et robuste, dissimulée sous un faisceau de longues feuilles charnues, qui se terminent en pointe et sont souvent armées d'épines sur leurs bords , puis, lorsque la plante est adulte, une hampe plus ou moins élancée, qui porte ordinairement plusieurs centaines de fleurs, tels sont les traits communs à toutes les espèces du genre, mais ces espèces diffèrent beaucoup les unes des autres par la taille et les proportions des parties. Sans aucune exception , elles appartiennent à l'orangerie sous le climat de Paris et dans la majeure partie de la France, mais elles peuvent toutes réussir en plein air dans le climat méditerranéen, au moins dans ses parties les plus chaudes , et quelques-unes venir en-

core d'une manière satisfaisante dans les localités tempérées
de nos départements océaniques.

L'espèce la plus classique, la plus grande, la plus belle, celle
qui est depuis longtemps déjà naturalisée en Europe, est l'*agave
commune* ou *agave d'Amérique* (*A. americana*), énorme plante
herbacée et monocarpique, qu'on trouve abondamment répandue et croissant pour ainsi dire sans culture sur tous les rivages de la Méditerranée. Elle y est même employée dans beaucoup d'endroits pour faire des clôtures, que les épines ligneuses
et acérées de ses feuilles rendent très-défensives. Dans les parties les plus chaudes du climat méditerranéen, en Algérie, en
Corse, en Espagne, etc., ces feuilles atteignent jusqu'à $1^m,60$ et
plus'de longueur, sur $0^m,18$ à $0^m,20$ de largeur, et la hampe qui
fait suite au bourgeon central de la plante, lorsqu'elle est adulte,
s'élève fréquemment à 7 ou 8 mètres. Ces grandes inflorescences, dont les rameaux étalés rappellent ceux d'un candé-
labre, produisent un effet des plus pittoresques, et sont même
devenues aujourd'hui un des traits saillants du paysage méditerranéen. Elles n'apparaissent jamais que sur des plantes qui
ont vécu plusieurs années, et il est même remarquable qu'elles
se montrent d'autant plus tardivement que le climat est moins
chaud. En Algérie les agaves fleurissent communément de la
12e à la 15e année; en Provence et dans le Languedoc de la
18e à la 20e; au contraire, sur les côtes de Bretagne et dans
les comtés sud-ouest de l'Angleterre (1), où on voit encore çà
et là quelques agaves en pleine terre, la floraison n'arrive
guère avant la 40e année à partir de celle de la plantation.
Partout ailleurs, en Europe, l'agave d'Amérique est cultivée
en caisses; et comme le manque de chaleur retarde son développement et la rabougrit, sa floraison est un phénomène rare,
et qui n'arrive guère que sur des plantes agées au moins d'un
demi-siècle.

Les feuilles de l'agave d'Amérique contiennent une forte
proportion de fibres d'une grande ténacité, qu'on exploite,

---

(1) **Particulièrement à Salcombe, dans le Dorsetshire, localité renommée pour
la douceur de ses hivers.**

dans quelques pays, pour confectionner des cordages, des nattes et divers autres objets. Leur jus, doué de propriétés savonneuses, trouvera peut-être aussi un jour quelque emploi dans l'industrie de l'Europe. Au Mexique on en tire par fermentation une boisson alcoolique connue sous le nom de *pulque* ou *vin de maguey*, dont la saveur et l'odeur sont à peine supportables pour les Européens. Il est vraisemblable que l'espèce dont il est question ici n'est pas la seule qui fournisse ce breuvage. .

L'agave commune mûrit ses graines sous le ciel du midi; néanmoins on ne l'y propage qu'à l'aide des nombreux rejetons qui naissent autour des pieds mères, et dont le développement est toujours plus rapide que celui des plantes qu'on aurait obtenues de graines. De même que chez plusieurs autres monocotylédones à feuilles charnues, la floraison de l'agave est le signal de sa décadence. Ses énormes feuilles, jusque là si succulentes et si fermes, se vident au profit de l'inflorescence, et bientôt elles retombent flasques et desséchées sur le sol, où elles ne laissent que d'informes débris.

Plusieurs autres espèces d'agaves, la plupart moins grandes que celle dont nous venons de parler, ont été introduites dans les orangeries, et pourraient l'être dans la culture de plein air sous le climat méridional; nous nous bornons à citer parmi elles : l'*agave à feuilles d'yucca* (*A. yuccæfolia*), l'*agave du prince de Salm* (*A. salmiana*), qui rivalise pour la taille avec l'agave d'Amérique, l'*agave à deux fleurs* (*Agave* ou *Littæa geminiflora*) et l'*agave de Fourcroy* ou *aloès pitte* (*A. fœtida, Furcræa gigantea*), superbe plante, dont la hampe florale s'élève à 6 mètres ou plus, mais qui est une des moins rustiques. Elle peut néanmoins entrer dans la décoration des jardins méridionaux, à la condition d'être abritée pendant l'hiver.

Le *doryanthe d'Australie* (*Doryanthes excelsa*), originaire de la Nouvelle-Hollande orientale, diffère des agaves par des feuilles beaucoup plus abondantes, moins larges, non charnues, dépourvues d'épines, dressées et formant de magnifiques gerbes de 1^m,50 à 2^m de hauteur. De même que chez les agaves, la tige y est courte et peu apparente, mais de sa sommité naît une hampe de 3 à 4 mètres, qui se termine par un gros épi ou plutôt par une sorte de capitule de grandes fleurs pourpres, dont la forme rappelle celles de quelques amaryllis. Le doryanthe est une remarquable plante de serre tempérée sous nos climats, où il fleurit d'ailleurs fort rarement (1); en pleine terre il ne pourra guère réussir que dans les localités les plus chaudes de la région de l'oranger et principalement en Algérie.

5° Les **broméliacées**. Une seule plante pittoresque et d'un véritable intérêt pour l'horticulture méridionale est empruntée à cette famille, toute américaine et en majeure partie tropicale; c'est le *puya du Chili* (*Puya chilensis, Pourretia coarctata*), la plus grande broméliacée connue et certainement une des plus rustiques. Rivale de l'agave d'Amérique par sa haute taille, elle l'emporte sur cette dernière par le volume de sa souche, en forme de tronc, qui, dépassant la surface du sol de $0^m,50$ à $0^m,70$, finit par atteindre la grosseur du corps d'un homme. Cette souche demi-ligneuse est couronnée à son sommet par une large rosace de feuilles en forme d'épée, longues de plus d'un mètre, roides, aiguës et armées de fortes épines le long de leurs bords. Du centre de la rosace des feuilles s'élance, lorsque la plante est arrivée à l'état adulte, une gigantesque panicule de fleurs jaunes, soutenue elle-même par une hampe de 2 à 3^m de longueur. Ici, de même que chez les agaves et le doryanthe, la floraison et la fructification qui lui fait suite entraînent la mort de la tige; mais des rameaux ou de nouveaux bourgeons, nés de la base, ne tardent pas à la remplacer, et peuvent d'ailleurs servir à la multiplication de la plante, concurremment avec les graines, si l'on parvient à en récolter. Jusqu'ici le puya du Chili n'a été cultivé que dans les serres du nord de l'Europe, mais sa provenance montagnarde, sous les latitudes déjà élevées de l'Araucanie et du Chili méridional (les alentours du 40° degré), permet de la livrer en toute

(1) On l'a vu fleurir à Paris, pour la première fois, dans les serres du Muséum, en 1865. Quelques mois auparavant, le même fait s'était produit dans la serre du jardin des plantes d'Orléans.

sûreté à la culture de plein air dans la plus grande partie de la région méditerranéenne. Comme toutes les grandes monocotylédones, elle devra être copieusement arrosée pendant les chaleurs de l'été.

6° Les **palmiers.** Quoique presque toute tropicale, cette superbe famille fournit quelques espèces d'ornement à nos jardins méridionaux, et même, moyennant certaines précautions, à ceux du nord, jusque sous le climat de Paris et au delà. A cette limite, toutefois, la présence des palmiers dans les jardins de plein air ne peut être qu'une assez rare exception; mais, comme peu de végétaux sont aussi pittoresques et aussi propres à donner au paysage cet aspect qui est particulier aux pays intratropicaux, la culture des espèces les plus rustiques vaut la peine d'y être essayée.

Parmi les espèces de palmiers capables de croître en Europe à l'air libre, plusieurs sont de véritables arbres que leurs proportions assignent à une autre catégorie de l'horticulture d'agrément que celle dont nous nous occupons ici, et que nous devons, en conséquence, réserver pour un autre chapitre, mais il en est un plus grand nombre que leur taille peu élevée doit faire rentrer dans celui-ci, en qualité de plantes pittoresques. Quelques-unes sont caulescentes, sans dépasser communément 2 à 3ᵐ de hauteur; d'autres sont simplement acaules, et ne dressent que leurs frondes au-dessus du sol. Ces particularités indiquent naturellement des emplois horticoles un peu différents, les espèces caulescentes devant être surtout plantées en individus isolés ; les espèces acaules, au contraire, pouvant servir à composer des massifs, soit homogènes, soit entremêlés d'autres plantes convenablement choisies.

Celle qui se présente en première ligne, à cause de sa rusticité, est le *palmier de Chusan,* ou *chamérops de la Chine* (*Chamærops excelsa, Ch.Fortunei* (1)), arbuste dioïque de 3

(1) La hauteur que nous donnons ici au chamérops de la Chine est contestée ; d'après M. Hooker il s'élèverait à 8 ou 10 mètres. L'erreur viendrait de ce qu'on aurait confondu deux espèces différentes, dont l'une, à laquelle M. Hooker réserve le nom de *Chamærops Fortunei,* serait celle dont nous parlons ici. N'étant

à 4 mètres, à feuilles flabelliformes, et dont le tronc, ou stipe, est garni d'une bourre épaisse qui le met à l'abri du froid. Originaire de la Chine moyenne et du Japon, où il endure assez ordinairement des froids passagers, mais très-vifs (12 à 14 degrés centigrades au-dessous de zéro), il se présentait naturellement comme celui de toute la famille qui avait le plus de chance de réussir sous nos climats. Les essais qui en ont été faits, tant en France qu'en Angleterre, depuis une quinzaine d'années, n'ont pas démenti ces prévisions. Un assez grand nombre d'individus plantés dans les jardins de la Provence et du Languedoc, ainsi qu'au voisinage de l'océan, de Bordeaux à Cherbourg, y ont résisté à tous les hivers. Le plus ancien et le plus remarquable par sa taille est même situé en Angleterre, dans le jardin royal d'Osborne (île de Wight), où il fleurit depuis plusieurs années.

Le chamérops de la Chine n'est cependant pas entièrement rustique à Paris. Quoiqu'il y vienne d'une manière satisfaisante lorsqu'il est à bonne exposition, il veut y être abrité pendant l'hiver, et il est remarquable que faute de ce soin il y succombe à des gelées moins fortes que celles qu'il endure dans son pays natal ou dans le midi de la France, et cela parce que l'été, médiocrement chaud, y est suivi d'un automne humide, et probablement aussi parce que le sol y conserve beaucoup moins de chaleur en hiver.

Une seconde espèce de palmier, plus ornementale peut-être que le chamérops de la Chine, mais sensiblement moins rustique, est le *chamærops nain* ou *palmier-éventail* (*Ch. humilis*), arbuste polygame (1), tantôt acaule, tantôt caulescent, à feuilles flabelliformes ou en éventail, comme son nom l'indique. C'est

pas en mesure pour le moment de résoudre les doutes à ce sujet, nous conservons provisoirement le nom d'*excelsa* à l'espèce introduite dans les jardins, parce que c'est celui sous lequel elle est universellement connue, et celui aussi sous lequel elle a été décrite par M. de Martius. Ajoutons qu'elle n'appartient qu'imparfaitement au genre *Chamærops*, et qu'on a déjà proposé, pour elle et pour quelques autres palmiers des mêmes régions, le nom générique de *Trachycarpus*.

(1) Le palmier nain est souvent polygame, en ce sens qu'on trouve réunies sur le même pied des fleurs unisexuées et des fleurs hermaphrodites; mais il arrive assez souvent aussi que les individus sont exclusivement mâles ou exclusivement femelles. En un mot il est indifféremment monoïque ou dioïque.

le seul palmier indigène de la région méditerranéenne qu'il relie en quelque sorte à la région juxtatropicale, qui lui fait suite au midi. Abondamment répandu en Algérie et en Sicile, on le retrouve sur les côtes méridionales et orientales de l'Espagne, dans l'île de Sardaigne, en Italie jusqu'à la latitude de Sienne, dans l'île de Caprée, et enfin sur quelques points de la côte ligurienne. Il est vraisemblable que s'il n'existe pas aujourd'hui à l'état spontané en Provence, il s'y est montré autrefois et que c'est la culture qui l'en a fait disparaître. Ce palmier n'est donc pas dépaysé dans le midi méditerranéen de la France ; aussi y croît-il avec vigueur et y résiste-t-il à toutes les intempéries des saisons.

Depuis les temps les plus anciens les feuilles du palmier nain sont employées pour les ouvrages de sparterie, et son bourgeon central, comme celui du chou-palmiste des Antilles, est cueilli et utilisé en guise de légume par les populations des pays où il croît ; de là, dit-on, la rareté des individus caulescents. Lorsqu'il échappe à cette double exploitation, il s'élève, ordinairement, sur plusieurs tiges plus ou moins divergentes, à deux ou trois mètres de hauteur, quelquefois beaucoup plus haut s'il ne conserve qu'une seule tige. A cet état, c'est un arbuste très-ornemental sous le climat du midi, où sa tête prend de l'ampleur et se pare tous les ans de spadices fleuris ou de grappes de fruits rouges. Durci par la forte chaleur des étés, et réchauffé d'ailleurs par le sol, il n'y souffre pas des abaissements de température de 12 à 15 degrés centigrades au-dessous de zéro qui s'y font sentir exceptionnellement ; mais hors de ce climat il périt toujours par le fait d'une chaleur insuffisante, et bien plus encore de l'humidité prolongée de l'hiver. A Paris il appartient à l'orangerie, et il peut y vivre des siècles, mais il n'y croît qu'avec une extrême lenteur et n'y donne qu'une tête médiocrement garnie de feuilles ; en serre tempérée il s'étiole, comme la plupart des autres palmiers, et il y perd presque toute sa beauté.

Le palmier-éventail a produit, naturellement ou par le fait de la culture, des variétés assez tranchées pour que les horticulteurs, et même quelques botanistes, en fassent autant

d'espèces distinctes. Ces variations sont souvent individuelles
et attribuables aux milieux dans lesquels les plantes sont cultivées, mais quelques-unes paraissent tenir à une véritable
diversité de races. Elles portent sur la hauteur et la grosseur
de la tige, la grandeur des frondes et le volume des fruits. On
voit dans quelques jardins du midi de l'Europe des palmiers-
éventails dont les proportions sont si fortes qu'au premier abord
on pourrait les confondre avec les palmiers du genre *Livistona*.
D'autres au contraire sont si rabougris que leurs palmes surpassent à peine la grandeur de la main; dans les variétés les
plus communes elles mesurent en moyenne 0^m,50 en diamètre. Les baies varient de même de grosseur et de forme. Suivant les individus elles sont rondes, ovoïdes ou obovoïdes,
de la grosseur d'une olive ordinaire ou trois ou quatre fois plus
grosses. Toutes ces variétés se trouvent dans les jardins, et
la plupart sont indiquées sous des noms spécifiques propres
dans les catalogues des horticulteurs.

Le palmier nain se multiplie de graines, qu'on tire des pays
méridionaux; on le propage aussi d'œilletons et de drageons
enracinés qu'on enlève autour des pieds mères, mais qui ne
donnent jamais d'aussi beaux individus que ceux qu'on obtient
du semis des graines.

L'Amérique septentrionale fournit aussi quelques palmiers
de taille naine à nos jardins. Le plus connu est le *sabal d'A-
danson* (*Sabal Adansonii*), espèce acaule et sans beauté, dont
les grandes feuilles flabelliformes, dressées et larges de plus
d'un mètre, sont presque toujours cassées ou déchirées par le
vent. Il est rustique dans nos provinces méridionales, et peut
y servir à composer des massifs concurremment avec d'autres arbustes propres à le protéger et à en soutenir les feuilles.
Une autre espèce américaine, bien préférable à celle-ci,
est le *chamérops hérisson* (*Ch. hystrix*), espèce caulescente,
mais dont la tige, hérissée de dards aigus, s'élève rarement à
un mètre, et le plus souvent même reste beaucoup au-dessous
de cette hauteur. Ce palmier ne manque pas d'élégance; il
peut avantageusement servir à décorer les pelouses découvertes, soit en groupes, soit en individus isolés. Comme

le précédent, il est rustique dans nos provinces du midi.

A cette liste nous pourrions ajouter le *rhapis éventail* (*Rhapis flabelliformis*), de la Chine méridionale, petite espèce dont les tiges, à peine de la grosseur du pouce et hautes de 1ᵐ, 50 à 2ᵐ, croissent en touffes serrées, et le *chamédoréa élégant* (*Chamædorea elegans*), palmier arondinacé à feuilles pennées, dont les tiges ont la grosseur et la taille de celles de notre roseau de Provence ; mais ces deux espèces sont trop peu rustiques pour nos climats, et ne supportent l'hiver en Europe que dans la partie la plus méridionale et la plus chaude de la région des orangers.

6° Les **Musacées**. Les bananiers, ornement habituel des serres chaudes, peuvent entrer temporairement dans la décoration des jardins de plein air, partout où la température moyenne de l'été s'élève, au minimum, à 22 degrés centigrades, ressemblant en cela à un grand nombre de végétaux vivaces exotiques, qu'on tient abrités dans les serres et les orangeries pendant la saison froide. Cependant, dans les localités les mieux abritées du midi de l'Europe, et jusque sur la côte de Provence, on voit çà et là des bananiers qui passent l'hiver en plein air, fleurissent et même nouent des fruits qui ne mûrissent pas. Leur culture a plus de succès dans la moitié méridionale de la région méditerranéenne, en Andalousie, par exemple, et en Algérie. Là non-seulement les bananiers restent toute l'année à l'air libre, mais ils y produisent des fruits qui mûrissent d'une manière satisfaisante.

Les espèces qui se prêtent le mieux à la décoration des jardins sont : 1° le *bananier de Chine* ou *de Cavendish* (*Musa sinensis*), plante trapue, un peu glauque, haute de 1ᵐ à 1ᵐ, 30, dont les larges feuilles sont portées sur de courts pétioles ; 2° le *bananier écarlate* (*M. coccinea*), du même pays que le précédent, haut de 2 mètres ou plus, et dont le régime est orné de bractées d'un rouge vif ; 3° le *bananier rose* (*M. rosacea, M. discolor*), haut de 2 à 3 mètres, à feuilles glaucescentes et à bractées de couleur lilas ; 4° enfin le *bananier ensett* ou *bananier de Bruce* (*M. Ensete*), d'Abyssinie, herbe colossale, dont la tige, en y comprenant les bases engaînantes des feuilles, peut avoir jusqu'à 3 mètres de tour, et les feuilles 4 à 5 mètres de longueur. Cette superbe plante, qu'on pourrait croire au premier abord une des plus frileuses du genre, est au contraire une de celles qui exigent le moins de chaleur; elle prend le plus beau développement en Algérie, où elle mûrit ses graines, et jusque sous le climat de Paris elle peut encore croître en pleine terre pendant l'été, y supportant mieux les intempéries de la saison que les autres espèces du genre. Ses feuilles, remarquables par la teinte rouge de leur nervure médiane, sont peut-être un peu moins lacérées par le vent que celles des autres bananiers.

De quelque manière que les bananiers soient employés à la décoration des jardins, qu'ils soient en massifs ou en individus isolés, qu'on les tienne constamment en pleine terre, comme on le fait dans le midi de l'Europe, ou qu'on les y conserve seulement pendant la belle saison, il est essentiel de les tenir dans des lieux abrités contre le vent, prescription qui s'applique du reste à toutes les plantes ornées d'un grand feuillage. Les bananiers dont les feuilles sont si amples en sont plus maltraités que toutes les autres, et lorsque leurs feuilles ont été déchiquetées en lanières ils perdent toute leur beauté décorative.

La plupart des bananiers, ceux au moins dont les fruits sont comestibles, et qui ne produisent jamais de graines, se propagent à l'aide de rejetons qu'on enlève sur les vieux pieds; ceux dont les fruits sont peu charnus et non comestibles ne drageonnent pas du pied, mais, en revanche, ils donnent des graines. C'est le cas, entre autres, du bananier de Bruce, plante essentiellement monocarpique, et qu'on multiplie exclusivement par ce dernier moyen.

7° Les **zingibéracées**, représentées dans les serres chaudes par plusieurs plantes ornementales d'un grand intérêt, n'en offrent au contraire que fort peu à nos jardins de plein air. A la rigueur cependant on pourait y faire figurer pendant les deux ou trois mois les plus chauds de l'année les *gingembres* (*Zingiber*), les *hédychiums* (*Hedychium*) et les *costus* (*Costus*), si leur taille, plus élevée, et leur port, plus distingué,

leur assignaient une place dans les grands jardins; mais ces
plantes y sont avantageusement remplacées par les cannas,
qui sont beaucoup plus beaux et surtout plus rustiques.
La seule zingibéracée qui nous paraisse devoir être men-
tionnée ici est l'*alpinia* ou *globba à grappes* (*Alpinia nutans*,
Globba nutans), superbe plante de l'Inde, dont les tiges, réunies
en touffe, s'élèvent à deux mètres et plus, et se terminent
par de volumineuses grappes, dont les fleurs rivalisent par la
singularité de la structure et la vivacité du coloris avec celles
des plus brillantes orchidées. Le feuillage lui-même est fort ornemental, car il rappelle, dans des proportions restreintes il est
vrai, celui des bananiers. Dans la majeure partie de la France
l'alpinia est de serre chaude, mais il peut passer l'été en plein
air partout où la moyenne de cette saison atteint ou dépasse
20 degrés. Il est même rustique ou demi-rustique dans la
région des orangers, car planté à bonne exposition, ses rhizomes s'y conservent en terre pendant l'hiver, et il y donne en
été une luxuriante floraison. Il est presque inutile d'ajouter
que sa propagation se fait par drageons ou par division du pied.

8° Les **cannacées** ou **marantacées,** plantes presque
toutes américaines et en même temps plus rustiques que les
zingibéracées, qui leur correspondent dans l'ancien continent,
fournissent par cela même un contingent bien plus considérable à l'horticulture de plein air.

Les plus importantes à ce point de vue sont les *cannas* ou
balisiers (*Canna*), toutes plantes vivaces par leurs racines tubériformes, à tiges herbacées, hautes de 1 à 3 mètres, ornées
de larges feuilles ovales, lisses, glabres, luisantes ou glaucescentes, très-analogues de structure avec celles des bananiers,
mais ne se déchirant pas comme elles en lanières disgracieuses. Ces tiges se terminent par des épis de fleurs irrégulières,
colorées des divers tons du rouge ou du jaune, très-rarement
blanches. La plupart des balisiers sont rustiques dans le
nord de la France, en ce sens qu'ils y fleurissent et mûrissent leurs graines à l'air libre, mais à la condition que leurs
rhizomes soient mis en hiver à l'abri du froid.

Tous se ressemblent à très-peu près par le port et ordi-

nairement même par les fleurs; aussi les espèces en sont-
elles difficiles à bien reconnaître. Ne pouvant pas indiquer suffisamment ici leurs caractères différentiels, nous nous bornerons à signaler les principales (1). Ce sont : le *balisier glauque*
(*C. glauca*), originaire de l'Inde, à fleurs jaune pâle et à feuillage glaucescent; le *balisier de l'Inde* (*C. indica*) (fig. 162), à

fleurs rouge vif, qui est,
malgré son nom, de
l'Amérique du Sud; le
balisier comestible (*C.
edulis*), haut de plus
de deux mètres, à tiges
rougeâtres, à fleurs
rouge orangé clair, et
qui est pareillement de
l'Amérique du Sud; le
balisier écarlate (*C.
coccinea*), de la même
région que le précé-
dent, et à fleurs écar-
lates, avec le pétale
inférieur, ou labelle,
jaune ponctué de
rouge; le *balisier du
Brésil* (*C. angustifolia,
C. speciosa*), qui se
distingue des précé-
dents à ses feuilles, plus
étroites, et à ses fleurs,
mi-parties de jaune et

Fig. 162. — Balisier de l'Inde.

(1) Toute l'histoire botanique des cannas est très-obscure et leur nomenclature
très-embrouillée. On a lieu de croire que le nombre des espèces naturelles est fort
restreint comparativement à celui des variétés ou espèces horticoles. Peut-être con-
viendrait-il de les réduire à quatre, savoir les *Canna indica* et *C. glauca*, d'où
seraient sorties, par variation ou croisement, toutes les variétés horticoles, puis les
C. liliiflora et *C. iridiflora*, espèces de récente introduction et qui n'ont pas encore
varié. Ce genre est un de ceux qui montrent le mieux combien parfois la délimitation des espèces est vague et arbitraire.

de rouge ; le *canna géant* ou *balisier à larges feuilles* (*C. gigan-tea*), haut de 2 mètres ou plus, à fleurs écarlates, remarquable en outre par la grandeur de ses feuilles ; le *balisier de Wars-cewicz* (*C. Warscewiczii*), de la nouvelle Grenade, à fleurs rouge sombre ou écarlates, facile à reconnaître à ses tiges, brunes, et à ses feuilles, bordées de pourpre noir ; le *balisier orangé* (*C. aurantiuca*), du Brésil, dont le nom indique la couleur des fleurs ; le *balisier bicolore* (*C. discolor*), des Antilles, haut de plus de 2 mètres, et dont les larges feuilles sont teintées de rougeâtre, mais qui fleurit peu ou difficilement sous le climat de Paris ; le *canna à feuilles de bananier* (*C. musæfolia*), haut de 2 mètres, à feuilles dressées, largement ovales-oblongues, à fleurs rouge orangé ; le *balisier à fleurs de lis* (*C. liliiflora*), plante superbe, à grandes fleurs blanches, et enfin le *balisier à fleurs d'iris* (*C. iridiflora*), plus grand et plus beau encore que le précédent, et dont les longues fleurs, pendantes, comme tubuleuses, d'une belle teinte cramoisie, rappellent celles des fuchsias longiflores. Ces deux dernières espèces sont beaucoup moins rustiques que les autres, et pour en obtenir la floraison en pleine terre sous le climat de Paris il faut re-courir à des procédés de culture particuliers, que nous ferons connaître tout à l'heure.

Beaucoup d'autres balisiers sont encore indiqués dans les livres de botanique et les traités de jardinage ; mais les énu-mérer ici serait sans intérêt, d'autant plus que les semis et les croisements qui ont été effectués dans les collections des amateurs ont fait naître une multitude de variétés qui ren-dent plus difficile que jamais la distinction des espèces primi-tives. Quelques-unes de ces variétés sont des plantes de pre-mier choix, souvent aussi belles ou même plus belles par leur floraison que par leur feuillage. Dans le nombre il faut citer le *Canna Annæi*, haut de près de 3 mètres, et dont le nom rap-pelle un des amateurs les plus enthousiastes de ce genre de plantes (1) ; le *Canna Warscewiczioides*, à fleurs rouges, comme le précédent ; le *Canna rotundifolia*, à feuillage court

(1) *Revue horticole*, 1862, p. 178.

34

et presque orbiculaire, remarquable en outre par la grandeur
et l'abondance de ses fleurs rouge ponceau ; le *Canna zebrina*,
au feuillage sombre ou parcouru de bandes d'un rouge obscur ;
enfin, les *Canna compacta, macrophylla, nigricans, elata macrocarpa, gigantea major, musæfolia minima, peruviana, ro-
busta, nervosa, purpurea spectabilis, rubra perfecta, Van-Hout-
tei, discolor floribunda, musæfolia hybrida, maxima rubricaulis*, etc., qu'on trouve signalés dans les catalogues des horticulteurs, et qui n'auront vraisemblablement qu'une existence
éphémère, comme un bon nombre des précédents.

La distinction du port, le beauté du feuillage, la haute
taille, le brillant coloris des fleurs et enfin la rusticité de ces
plantes les désignaient naturellement pour la décoration des
jardins d'une certaine étendue et surtout des jardins publics ;
aussi sont-elles en grande faveur aujourd'hui. On les plante
tantôt en touffes isolées, tantôt en grands massifs au centre des
corbeilles de fleurs ou sur le bord des pelouses et des gazons.
La distance à mettre entre les individus varie, d'après la taille
présumée des variétés, de 0^m,50 à 0 ,80. Suivant les cas on
y emploie des variétés plus basses ou plus élevées, afin de
mettre les groupes en harmonie avec leur entourage ou en obtenir les effets de perspective indiqués par les conditions particulières du lieu. Si plusieurs espèces ou variétés sont employées à former un même massif, on a soin de mettre la
plus grande au centre, et les plus basses à la circonférence,
en graduant les intermédiaires de manière à obtenir des massifs réguliers et dont toutes les plantes soient en vue (1).

---

(1) Dans les parterres publics de Paris on a adopté, d'après M. André, jardinier
principal de la ville, l'ordre suivant pour la composition des divers massifs de
cannas :

1° { *C. Annæi*, au centre.
C. Warscewiczioides, deux rangs intérieurs.
C. spectabilis, deux rangs en bordure.

2° { *C. edulis*, au milieu.
C. zebrina nana, en bordure.

3° { *C. Van Houttei*, au milieu.
C. musæfolia minima, en bordure.

4° { *C. gigantea*, au centre.
C. discolor, deux rangs intérieurs.
C. glauca, deux rangs extérieurs.

La plupart des balisiers fructifient sous nos climats ; aussi les multiplie-t-on habituellement de graines, qui se sèment sur couche au premier printemps. Les plants, mis à exposition chaude, fleurissent généralement la première année ; mais si le semis a été fait plus tardivement, c'est à la seconde seulement qu'ils prennent de belles proportions et fleurissent.

En octobre ou novembre, plus tôt ou plus tard suivant les lieux, on enlève les tubercules , dont on coupe les tiges à $0^m,15$ de hauteur, ou, ce qui vaut mieux, dont on se borne à retrancher les feuilles, en conservant les tiges entières, et on les remise dans un local sec, une cave peu profonde ou une simple bâche, où ils ne courent pas le risque de geler et surtout de pourrir. Au printemps suivant, en avril ou au commencement de mai, on replante ces tubercules, comme nous l'avons dit tout à l'heure, soit en place si le climat du lieu est assez chaud, soit d'abord sur couche et sous châssis, si la saison est encore froide et qu'il y ait utilité à avancer les plantes. Dans ce dernier cas on les met à demeure lorsque leurs premières feuilles ont commencé à se développer. Nous avons à peine besoin d'ajouter que la multiplication s'effectue de même avec une grande facilité par division des rhizomes.

Partout où la chaleur du climat est suffisante les balisiers ne demandent guère d'autres soins que celui de les arroser copieusement pendant la période de leur végétation. Tous se plaisent dans les bonnes terres , amendées en outre par des engrais, et aux expositions ouvertes et lumineuses. Quelques espèces cependant, moins rustiques que les autres et exigeant une chaleur plus forte et plus prolongée pour parfaire leur végétation, refusent de fleurir sous le climat du nord de la France. Tel est particulièrement le cas des balisiers à fleurs de lis et à fleurs d'iris (*C. iridiflora, C. liliiflora*), qu'on a longtemps considérés comme ne pouvant être cultivés qu'en serre chaude. Un savant amateur d'horticulture, M. le comte

5° { *C. peruviana* et *C. nigricans* mélangés , au centre.
     { *C. robusta*, en bordure.

Il va de soi que ces indications n'ont rien d'absolu et qu'on peut les modifier suivant les circonstances.

de Lambertye, a récemment démontré (1) qu'on pouvait facilement obtenir leur floraison à Paris en pleine terre et en plein air, à la condition de les faire végéter en hiver dans une serre tempérée. Les tiges qui s'y forment dans cette saison se trouvent dès lors assez avancées pour que la chaleur de l'été suivant suffise à les conduire à leur terme. Sous le climat méridional, où l'été est à la fois beaucoup plus chaud et plus prolongé, cette précaution ne serait vraisemblablement pas nécessaire.

Pour terminer ce que nous avions à dire des balisiers, nous ferons observer que les graines récoltées dans nos jardins, lorsque plusieurs espèces ou variétés hybrides s'y trouvent cultivées à proximité les unes des autres, ne reproduisent pas fidèlement les types de ces espèces ou de ces variétés. Dans ce genre l'hybridation est facile, et lorsqu'elle est pratiquée avec discernement, elle donne, comme nous l'avons vu plus haut, de brillants résultats. Néanmoins il sera utile de conserver pures les races les plus distinguées, et on n'y parviendra qu'en les tenant à l'écart de toutes les autres.

A la suite des balisiers nous pourrions citer les grandes espèces des genres *Calathea* et *Maranta,* aux feuilles moirées, marbrées ou bariolées de diverses couleurs; mais outre que ces plantes appartiennent à la serre chaude dans toute la France, elles n'ont pas assez d'ampleur pour figurer dans le jardin paysager. Reconnaissons cependant qu'elles seront d'un grand effet dans les jardins fleuristes, là du moins où la chaleur du climat permettra de les conserver pendant les mois d'été en pleine terre.

§ III. — GRANDES DICOTYLÉDONES ORNEMENTALES.

Celles-ci sont empruntées à un bien plus grand nombre de familles que les espèces monocotylédones du paragraphe précédent. Quelques-unes sont des espèces vulgaires de nos

(1) *Revue horticole,* 1862, p. 178.

climats, mais qui rachètent ce défaut par une rusticité à toute
épreuve, une taille élevée, l'ampleur du feuillage ou la distinction du port, seules qualités qu'il faille demander à des
plantes destinées à être vues de loin. D'autres sont encore des
espèces fleurissantes, qui forment comme le lien entre les
plantes du parterre et celles du jardin paysager, et qui pourraient à la rigueur prendre rang parmi les premières. Pour
toutes ces espèces nous adopterons aussi la classification par
familles, ce qui nous permettra d'en abréger la description,
tout en observant les affinités naturelles. Ces familles sont les
suivantes :

1° Les **renonculacées**, représentées ici par trois genres
principaux, les pivoines, les aconits et les dauphinelles,
toutes plantes de pays froids ou tempérés et la plupart très-
rustiques sous les climats de l'Europe moyenne. Les *pivoines*
(*Pæonia*) sont de fortes plantes vivaces, en partie indigènes,
à tiges presque toujours annuelles, à feuillage plus ou moins
découpé, à fleurs régulières, grandes ou même très-grandes,
ayant souvent doublé par la culture, et dont les couleurs sont
le rouge cramoisi, le rose, le blanc et plus rarement le
jaune pâle. Toutes sont de très-belles plantes d'ornement,
souvent cultivées dans les parterres ordinaires, mais con-
venant cependant mieux aux grands jardins publics et aux
jardins paysagers. Leurs fleurs, larges et vivement colorées,
sont d'un très-grand effet vues à distance, surtout si les
plantes qui les portent se trouvent isolées sur des gazons ou
des pelouses.

La plus belle de toutes les espèces du genre est la *pivoine
moutan* ou *pivoine en arbre* (*P. Moutan*), originaire de Chine,
que ses tiges, ligneuses et persistantes, nous obligent à classer
parmi les arbustes et qu'on retrouvera dans un des chapitres du
tome suivant. Celle qui la suit immédiatement pour la valeur
ornementale est la *pivoine de Chine* (*P. sinensis*, *P. albiflora*)
(fig. 163), connue aussi sous le nom de *pivoine odorante*. Elle
forme de grosses touffes, hautes et larges de 0ᵐ,70, quelquefois de 1ᵐ. Ses tiges se ramifient quelque peu vers le haut, et
portent alors communément deux à trois fleurs, plus rare-

Fig. 163. — Pivoine de Chine.

ment quatre à cinq. Ces fleurs, larges de 10 à 12 centimètres, sont d'un blanc pur ou légèrement rosé dans le type, et exhalent un parfum qu'on a comparé à celui de la rose. Très-fertile sous nos climats, cette belle plante a donné, par la voie du semis, une multitude de variétés, doubles, demi-pleines ou très-pleines, avec de nombreuses modifications dans la forme, les proportions relatives et la disposition des pétales, mais dont les caractères les plus remarquables sont les altérations du coloris, ce qu'on a expliqué, sans beaucoup de vraisemblance, quoique ce ne soit pas impossible, par des croisements avec d'autres espèces. On en connaît, en effet, où la teinte blanche primitive a été remplacée par le jaune de différents tons, le rose vif, le rouge cramoisi, l'amarante, le pourpre vif et le pourpre violacé; quelques-unes sont même franchement bicolores; plus communément, cependant, il n'y a que de simples dégradations d'un même coloris général. Ces variétés, quoique très-récentes, puisque les plus anciennes ne datent guère que d'une vingtaine d'années, se comptent déjà par centaines; aussi commencent-elles à passer à l'état de plantes de collection, au moins pour un certain nombre d'amateurs, et en tous cas pour les habiles jardiniers parisiens, qui les ont presque toutes créées et qui ont fait de leur culture une spécialité.

A la suite de la pivoine de Chine viennent se placer des espèces encore très-recommandables; ce sont : la *pivoine officinale* (*P. officinalis*), indigène de nos montagnes, plante aussi belle que classique, et dont les grandes fleurs, rouge cramoisi, simples ou doubles, sont l'ornement de nos jardins vers la fin du printemps; la *pivoine corail* (*P. corallina*), des Alpes, à fleurs un peu moindres que celles de l'espèce précédente, d'un beau rouge pourpre; la *pivoine adonis* (*P. tenuifolia*) (fig. 164), de Sibérie, charmante es-

pèce dont les feuilles, finement découpées, forment des touffes peu élevées et de la plus grande élégance, que rehaussent encore des fleurs rouge cramoisi très-foncé, de la forme de celles des anémones et à peine plus grandes : plus qu'aucune autre du genre, cette espèce peut s'adapter aux parterres; la *pivoine de Wittmann* (*P. Wittmanniana*), du Caucase, forte plante qui se distingue de toutes les autres par ses fleurs, jaune clair; enfin, la *pivoine paradoxale* ou *pèlerine* (*P. paradoxa*), du midi de l'Europe, à

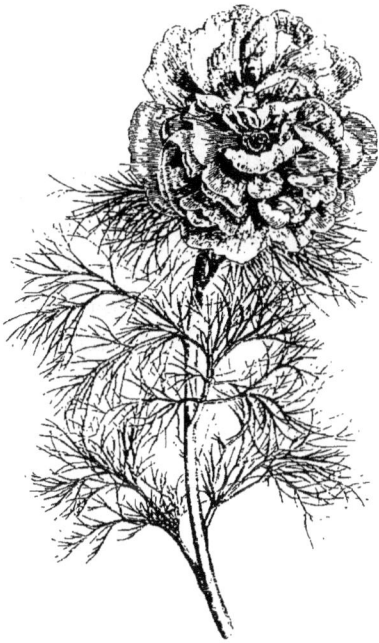

Fig. 164. — Pivoine adonis.

feuillage glauque, à fleurs rouge foncé, et dont la culture, déjà ancienne, a tiré un assez grand nombre de variétés doubles ou pleines, avec des coloris qui varient du rose clair au pourpre violet. D'autres espèces pourraient encore être citées, mais leur grande ressemblance avec quelques-unes de celles dont il vient d'être question diminue notablement leur intérêt horticole.

Toutes les pivoines sont rustiques et viennent pour ainsi dire en tout terrain et à toute exposition, surtout les espèces d'Europe; néanmoins, pour les obtenir belles il convient de

les mettre dans une bonne terre meuble, un peu profonde,
fraîche et exposée au grand soleil. Dans les terres sèches on
fera bien de leur donner quelques arrosages au moment où leur
végétation est dans toute sa force, mais on doit les abandonner
à elles-mêmes après la floraison. Leur multiplication se fait
habituellement par division des rhizomes, les plantes obtenues
de semis mettant de six à huit ans pour se former avant de
fleurir.

Les *aconits* (*Aconitum*), plantes vivaces par leurs racines,
charnues et napiformes, sont tous originaires des hautes montagnes ou des régions froides de l'hémisphère septentrional.
Leurs feuilles, souvent un peu grandes, palmées et plus ou
moins profondément découpées, rappellent celles de la plupart des grandes dauphinelles; leurs
tiges, hautes suivant les espèces et les
variétés, de 1^m à 1^m,60, se terminent
par de longues grappes de fleurs, dont
la forme bizarre a été comparée à celle
d'un casque, et où dominent les coloris
bleu et bleu violacé, passant quelquefois au blanc par décoloration. Parmi
les espèces les plus communément
cultivées nous citerons l'*aconit napel*
(*A. Napellus*) (fig. 165), et l'*aconit
tue-loup* (*A. lycoctonum*), plantes indigènes, la première à fleurs bleues, la
seconde à fleurs jaune pâle, toutes
deux très-vénéneuses et qu'on ne doit
manier qu'avec précaution. D'autres
espèces, tant indigènes qu'exotiques,
telles que l'*aconit paniculé* (*A. pani-
culatum*), l'*aconit du Japon* (*A. japonicum*) et l'*aconit bicolore* (*A. variegatum*),
assez voisines du napel proprement
dit, se rencontrent encore dans les
jardins. Il serait facile d'ailleurs d'en
accroître le nombre, mais ce serait de

Fig. 165. — Aconit napel.

peu d'intérêt au point de vue qui nous occupe, attendu la grande homogénéité du genre. Les aconits fleurissent de la fin du printemps au commencement de l'automne. On les multiplie de graines, ou plus expéditivement par division du pied.

Comme plantes de haut ornement, les grandes espèces de *dauphinelles* ou *pieds d'alouette* (*Delphinium*) sont supérieures aux aconits; leurs fleurs sont plus grandes et plus vivement colorées. Nous avons déjà vu quelques espèces du genre figurer avec distinction parmi les plantes de plates-bandes; celles que leur haute taille assigne au jardin paysager ne leur sont pas inférieures, mais leurs tiges, un peu grêles, obligent de les cultiver en petits massifs pour en obtenir tout l'effet qu'elles peuvent produire. Les unes sont annuelles, les autres vivaces, et ces dernières sont les seules qu'on puisse considérer comme pouvant entrer dans la décoration du jardin paysager. Citons dans le nombre la *grande dauphinelle* (*D. elatum*) (fig. 166), originaire de Sibérie, haute de 1^m,60 à 2^m, à fleurs azurées ou

Fig. 166. — Grande dauphinelle.

plus ou moins bleues, simples ou doubles; la *dauphinelle hybride* (*D. hybridum*), d'un tiers moins haute que la précédente, et dont les fleurs, simples, doubles ou pleines, présentent, suivant les variétés, tous les tons du bleu et du bleu violacé; enfin la *dauphinelle d'Henderson* (*D. Hendersoni*), variété supposée hybride de la grande dauphinelle, dont elle se distingue par une taille beaucoup moins élevée et des fleurs un peu plus grandes, d'un bleu foncé. On pourrait ajouter à cette liste la *dauphinelle cardinale* (*D. cardinale*), espèce annuelle déjà assignée à la catégorie des plantes de parterre, mais que ses dimensions et surtout la couleur écarlate et très-voyante de ses fleurs peuvent faire admettre avec un égal droit parmi celles dont nous nous occupons ici. Toutes ces plantes se multiplient de graines et, sauf la dernière, par division du pied.

2° Un petit nombre de **Papavéracées** doivent aussi prendre place parmi les plantes du jardin paysager; la première est le *pavot somnifère* (*Papaver somniferum*), espèce annuelle, mais pouvant s'élever à 1ᵐ et plus, glabre, glauque, à feuillage élégamment découpé, et dont la fleur, très-grande et devenue très-pleine par la culture, en même temps que ses pétales se sont frangés ou laciniés à leur sommet, varie de coloris depuis le blanc pur jusqu'au violet noir, en passant par les différents tons du rose, du rouge, du gris et du violet clair, toutes variations qui se reproduisent assez fidèlement par le semis. Le plus grave reproche qu'on puisse adresser au pavot somnifère, reproche qui s'applique d'ailleurs à tous les pavots, c'est la caducité de ses pétales, et par suite le peu de durée de ses fleurs. Une seconde espèce, non moins belle mais recommandable à d'autres titres, est le *pavot involucré* (*P. bracteatum*) (fig. 167), du nord de l'Asie, vivace par ses fortes racines, pivotantes, à feuillage hispide, découpé sur les bords, et dont les tiges, roides, se terminent chacune par une énorme fleur, d'un rouge intense. Le *pavot d'Orient* ou *pavot de Tournefort* (*P. orientale*), originaire du Caucase, est en quelque sorte un diminutif du précédent, auquel il ressemble par sa racine vivace, la forme et l'hispi-

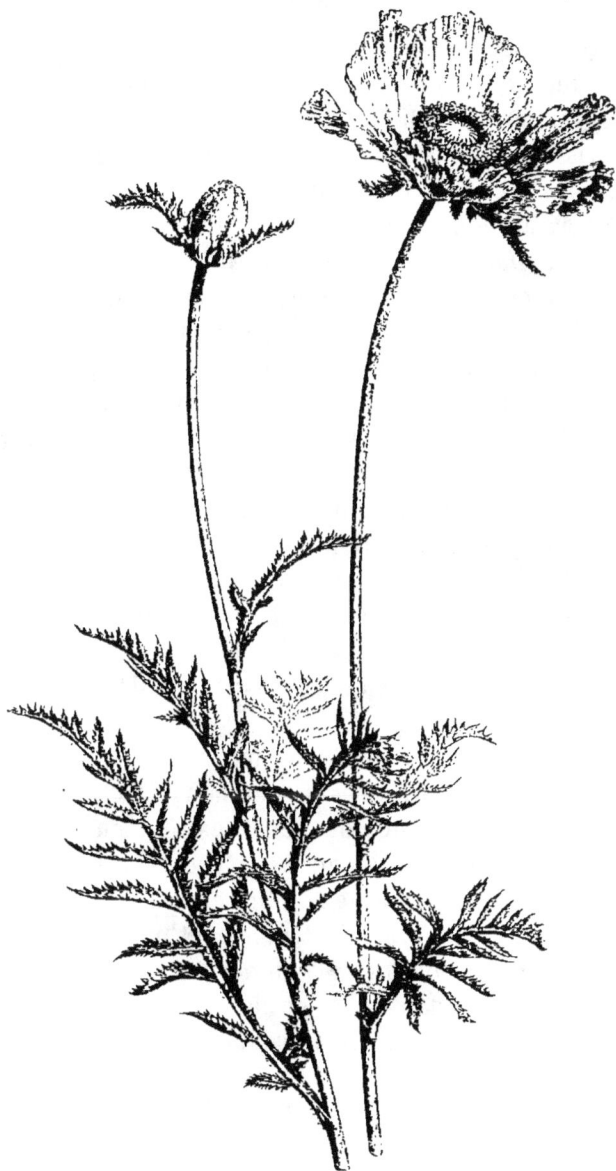

Fig. 167. — Pavot involucré

dité du feuillage et par ses tiges, uniflores; mais il est moins
haut d'un tiers, et ses fleurs, un peu moins grandes, sont
aussi d'un rouge plus clair. Cultivées en massifs, ces deux

dernières espèces sont d'un grand effet ornemental pendant
les quelques jours que dure leur floraison. On les multiplie de
graines ou par division du pied ; les sujets obtenus de graines
ne fleurissent communément que la seconde année.

. Outre les grands pavots dont nous venons de parler, on admet encore au nombre des plantes pittoresques les *bocconias*
(*Bocconia*, *Macleya*), papavéracées de l'Asie orientale, à
racines vivaces, à tiges ramifiées, hautes de $1^m,50$ à 2^m,
qui se recommandent bien plus par leur port et leur grand
feuillage, élégamment découpé ou sinué, que par les panicules de petites fleurs caduques qui terminent leurs rameaux. Deux espèces seulement nous paraissent devoir
être citées : le *bocconia de la Chine* (*Bocconia* ou *Macleya*
cordata), déjà anciennement connu, et le *bocconia du Japon*
(*B. japonica*), d'importation toute récente et plus beau que
le précédent. Rustiques tous deux dans le nord de la France,
ils se plaisent dans les terres profondes et un peu fraîches, et
dans les lieux à demi abrités contre le soleil. Ils font un meilleur effet en pieds isolés qu'en massifs. On les multiplie de
graines et d'éclats du pied.

3° La famille des **Crucifères** fournit aussi à nos jardins
quelques plantes pittoresques d'un certain intérêt, et qui toutes
sont des variétés d'un de nos plus vulgaires légumes, le *chou*
commun (*Brassica oleracea*), qui est, il est vrai, une des plantes
les plus remarquables par le nombre et la diversité des races
que la culture en a fait sortir. Celles dont nous avons à parler
ici nous ont été apportées de la Chine, mais on ne peut mécon-
naître qu'elles ont, dans leur tige élancée, une étroite parenté
avec le chou cavalier de nos provinces de l'ouest, qui se distingue
de toutes les autres races par sa haute taille. Leur port rappelle
quelque peu celui d'un palmier, toutes les feuilles étant grou-
pées au sommet d'une longue tige simple ; mais ce qui les rend
surtout agréables à la vue c'est tantôt la forme même de ces
feuilles, chagrinées, découpées, incisées, aigrettées ou crépues,
tantôt leur coloris, où l'on trouve toutes les nuances du rose
et du pourpre violacé, souvent même relevé de panachures
blanches. De là les variétés désignées sous les noms de

choux palmiers, *choux prolifères*, *choux frisés* rouges ou verts, *choux panachés*, etc. Toutes ces variétés sont curieuses et belles lorsqu'elles sont droites, bien venues et d'une forme régulière. Leur floraison, qui est celle des choux ordinaires, ajoute peu à leur beauté et d'ailleurs annonce le terme prochain de leur existence. Les plus distinguées de coloris ou de feuillage sont souvent cultivées en caisses ou dans de grands pots, pour orner les péristyles et les orangeries pendant l'hiver et dans les premiers jours du printemps. On les reproduit de graines, semées en mai ou juin, et le plant, élevé sur pépinière, est mis en place vers le milieu de l'automne, ou planté dans des pots, suivant l'usage auquel on le destine. Pour que ces races se conservent pures on doit, au moment de la floraison, les tenir écartées les unes des autres et surtout les éloigner des choux ordinaires du potager.

4° Parmi les **Capparidées**, les *cléomes* (*Cleome*), de l'Amérique méridionale, ont été seuls jugés dignes d'entrer dans l'horticulture pittoresque. Ce sont des plantes vivaces sous leur climat natal, mais que la rapidité de leur croissance permet de cultiver comme annuelles dans nos jardins. Leurs tiges, armées d'aiguillons, sont hautes en moyenne de 1^m à 1^m,50, et leurs feuilles, composées de cinq à sept folioles lancéolées, rayonnantes aux sommets des pétioles. Les tiges et leurs rameaux se terminent par des grappes ombelliformes ou pyramidales de fleurs plus curieuses que belles, dont la structure rappelle d'assez près celles des crucifères. Comme chez ces dernières en effet, on y trouve quatre pétales onguiculés, six étamines et un ovaire biloculaire, qui devient en mûrissant une véritable silique, mais les pétales sont déjetés en haut, les étamines, portées sur de très-longs filets, dépassent de beaucoup la corolle, et l'ovaire lui-même est situé à l'extrémité d'un pédicelle allongé qui semble l'éloigner de la fleur. Deux espèces se rencontrent assez souvent dans les jardins fleuristes : le *cléome épineux* (*C. spinosa*) (fig. 168), dont les pétales sont blanc rosé, et le *cléome violet* (*C. pungens*), qui les a d'un pourpre violacé. Toutes deux se cultivent en massifs ou en groupes isolés, qui, sans être très-remarquables, produisent un certain effet

Fig. 168. — Cléome épineux.

au moment de la floraison. Leurs fleurs s'ouvrant dans la seconde moitié de l'été, on en obtient facilement des graines mûres, qui servent à les multiplier. Le semis se fait au printemps, sur couche chaude sous le climat de Paris, et on met le plant en place dans le courant de mai. Les cléomes se plaisent dans les terres riches et fumées, et veulent être copieusement arrosés en été. On pourrait aussi semer en automne, mais alors le plant devrait être abrité l'hiver en serre tempérée ou sous châssis. De même que la plupart des crucifères, les cléomes sont sujets à être attaqués par les altises, qui quelquefois les défigurent entièrement.

5° Le groupe des **linées**, d'où nous avons vu tirer de jolies plantes de parterre, peut aussi à la rigueur en fournir quelques-unes au jardin pittoresque, malgré la faiblesse relative de leur taille, ce défaut étant ici corrigé par l'abondance de la floraison et le beau coloris des fleurs. Tel est, parmi les espèces herbacées, le *lin vivace* (*Linum perenne*), de l'Asie septentrionale, plante à tiges grêles, mais nombreuses et formant la gerbe, hautes de 0^m,70 à 1^m ou quelquefois plus, et qui pro-

duisent aux sommités de leurs rameaux une longue succession de fleurs bleues. On en connaît des variétés blanches et
des variétés panachées de blanc sur fond bleu, toutes inférieures à la forme typique. Tel est aussi, et avec plus de raison,
le *lin à trois styles* (*L. trigynum*), sous-arbuste de l'Inde,
haut de 0^m,80 à 1^m, touffu, à feuillage persistant et à grandes
fleurs jaune vif, mais dont la rusticité n'est pas assez grande
pour qu'on puisse le cultiver à l'air libre au nord du 44e degré, et qui devient à Paris une véritable plante d'orangerie.
Le lin vivace se multiplie de graines et par division du pied ;
le lin à trois styles ne donnant pas de graines en Europe (1),
on ne peut le reproduire que de boutures.

6° Les **onagraires** ou **énothérées** comptent aussi
parmi les familles qui donnent des plantes au jardin paysager.
Toutes les énothères qui s'élèvent à 1^m, et en particulier
l'*énothère bisannuelle* (*OEnothera biennis*), qui dépasse communément cette hauteur, peuvent y trouver place. Dans le groupe
générique des épilobes, une seule espèce, l'*épilobe à épis* ou
laurier de saint Antoine (*Epilobium spicatum*) (fig. 169) vaut la
peine d'être cultivée. C'est une plante indigène, vivace, haute
de 1^m,50 ou plus, rameuse, dont le feuillage a de l'analogie
avec celui des saules, et chez laquelle les rameaux se terminent par de longs épis de fleurs rose pourpre, de moyenne
grandeur. Amie des lieux humides, cette jolie énothérée peut
servir à orner le bord des pièces d'eau, mais elle se prête avec
une égale facilité à la culture ordinaire, et peut composer des
massifs dans les jardins paysagers, à condition d'être souvent
et copieusement arrosée. Une fois établie sur un sol qui lui
convient, elle peut y durer nombre d'années, repoussant à
chaque printemps de nouvelles tiges pour remplacer celles
qui ont fleuri l'année précédente. Elle se multiplie d'ailleurs
avec facilité, soit de graines, soit de fragments du pied.

(1) Cela tient à ce que les fleurs y sont dimorphiques sur des individus différents,
et que pour être fécondes elles doivent échanger leur pollen, ce qui suppose que
des individus des deux formes croissent au voisinage les uns des autres. C'est le
même fait organique et les mêmes conséquences que dans les primevères, dont
nous avons expliqué la structure florale à la page 248 de ce volume.

7° Les **Malvacées** contribuent à la décoration des jardins pittoresques presque exclusivement par leurs espèces fleurissantes. La plus belle de toutes est la *rose trémière* ou *passerose* (*Althæa rosea*) (fig. 170), à laquelle la beauté de ses fleurs assigne une place dans le parterre, mais que sa haute taille doit faire admettre à meilleur droit dans le jardin paysager. Originaire de l'Orient, il y a déjà plusieurs siècles qu'elle a été introduite en Europe, où elle s'est considérablement embellie. Elle est bisannuelle, dressée, à tiges presque simples, hautes de 2 à 3 mètres, à feuilles arrondies et assez semblables pour la forme à celles des mauves, mais beaucoup plus grandes. Les fleurs, larges de 8 à 10 centimètres et disposées en une sorte d'épi sur les tiges et les branches, étaient originairement roses ou violacées, mais, par suite de la longue culture à laquelle la plante a été soumise, elles ont pris toutes les teintes du rose au pourpre, au violet et au violet noir, et, par l'effet d'une variation plus singulière

Fig. 169. — Épilobe à épis ou laurier de St-Antoine.

Fig. 170. — Rose trémière.

encore, quelques-unes ont tourné au jaune plus ou moins vif; d'autres, enfin, par simple décoloration sont devenues entièrement blanches. En même temps que ces modifications s'effectuaient, il s'en faisait une autre dans le faisceau des étamines, qui se développaient en pétales et donnaient lieu à des fleurs doubles ou pleines, dans lesquelles cependant on distingue facilement la véritable corolle, à peine modifiée, qui déborde les pétales de l'intérieur. Le nombre des variétés ainsi produites est assez grand pour que la rose-trémière soit considérée par quelques amateurs comme une plante de collection. Quoiqu'elle soit tout à fait de premier ordre comme plante fleurissante, elle est éminemment propre à être vue de loin, et sous ce rapport aucune autre plante ne peut lui être comparée.

Dans le midi de l'Europe la rose trémière vit plusieurs années, et on peut l'y cultiver comme plante vivace; sous le.
climat de Paris on ne la traite guère que comme plante bisannuelle, en recourant presque exclusivement au semis pour la
propager. C'est qu'effectivement ses fleurs, quoique doubles,
sont presque toujours fertiles à quelque degré, celles au moins
qui ont fleuri d'assez bonne heure pour avoir le temps de
former et de mûrir leurs graines. Les variétés se reproduisent
d'ailleurs avec une certaine fidélité par cette voie, lorsqu'elles
n'ont pas été fécondées les unes par les autres, ou, s'il se produit des formes nouvelles, ces dernières répètent toujours à
peu près les mêmes tons de coloris que celles d'où elles proviennent. On ne voit jamais, par exemple, les variétés blanches fécondées par elles-mêmes engendrer des plantes à fleurs
pourpre noir, ou les variétés jaunes des plantes à fleurs de
couleur carmin. Les variations sont toujours enfermées dans
des limites plus étroites, à moins qu'il n'y ait eu des croisements, très-possibles d'ailleurs, par l'intermédiaire des insectes.

Les semis de roses trémières se font en été, sur planches
bien exposées au midi. Lorsque le plant a trois ou quatre
feuilles on le repique en pépinière, à 20 centimètres de distance en tous sens, puis on le met en place en octobre ou novembre et mieux encore en mars ou avril de l'année suivante,
en ayant soin, dans les deux cas, de le lever en motte, autant que possible. La floraison commence en juin ou juillet, et
se continue dans les mois d'août et de septembre; quelques
individus retardataires fleurissent même jusqu'aux gelées.

L'expérience a prouvé que sous nos climats au moins il y
a avantage à traiter la rose trémière comme plante bisannuelle, parce que la première floraison est toujours plus
belle que les suivantes; cependant, lorsqu'il s'agit de conserver des variétés intéressantes dont la reproduction par semis est douteuse, on les multiplie par éclats du pied au commencement de l'automne, et plus avantageusement au printemps. On y emploie aussi le bouturage fait aux mêmes époques, soit en pleine terre à exposition chaude, soit en pots

tenus sous châssis ou en serre tempérée. La multiplication
par division du pied a beaucoup plus de chance de réussite
dans la région plus sèche et plus chaude du midi que sous
le climat de Paris, où l'humidité froide et prolongée du sol
cause facilement la pourriture des tissus dénudés de la souche.

Enfin, on emploie encore comme procédé de multiplication et de conservation la greffe, qui lorsqu'elle est faite
par une main exercée donne de meilleurs résultats que la division des souches et que le bouturage. Cette greffe se fait
au commencement de l'automne, en fente ou en placage, sur
les racines d'autres roses trémières, principalement sur des
variétés simples élevées de semis tout exprès. On prend pour
faire cette greffe de jeunes rameaux sur les plantes dont on
veut conserver la race, et après avoir enlevé leurs feuilles,
à l'exception de celles du cœur, on en taille l'extrémité inférieure en biseau, et on les insère dans une fente proportionnée, faite sur le côté d'un tronçon de racine de la variété
qui doit servir de sujet. La greffe ayant été assujettie par un
lien, les fragments de racine sont plantés dans de petits
pots remplis de terre légère, et on les enfonce assez pour que
la greffe soit enterrée. Les pots sont ensuite portés sous un
châssis ou tenus sous cloche, et si la chaleur de l'air est insuffisante, on les met dans une serre à multiplication chauffée
à 15 ou 18 degrés centigrades. Lorsque les greffes sont reprises et les sujets enracinés, on leur donne graduellement
de l'air, et un peu plus tard on les hiverne sous châssis,
après les avoir transplantées dans des pots plus grands.
Si le climat est assez doux pour qu'on puisse sans danger
les laisser à l'air libre pendant l'hiver, on les met en place
immédiatement. On peut encore greffer les roses trémières
au printemps, en fente ou en placage, mais toujours sur
racines, même sur les racines de la guimauve ; cependant
la greffe d'automne donne toujours de meilleurs résultats.
Ajoutons que les plantes obtenues de greffe ne deviennent
jamais aussi grandes ni aussi fortes que celles qu'on a élevées
de semis, mais elles sont tout aussi florifères, ce qui est l'essentiel. Étant moins hautes, elles conviennent d'ailleurs mieux

aux parterres, d'où la rose trémière, à cause de sa beauté hors ligne, ne saurait être entièrement exclue.

La rose trémière n'est pas difficile sur le choix du terrain; elle ne craint pas les sols pierreux, et paraît même se plaire au pied des murs et dans les décombres, où elle trouve sans doute des sels nitreux appropriés à sa nature, ce en quoi elle ressemble à nos mauves sauvages. Ce qui importe c'est que le terrain ne soit ni détrempé d'eau ni trop sec, car dans ce dernier cas la plante resterait chétive et serait plus exposée à être dévorée par les altises. Toutes les conditions étant égales, elle deviendra plus forte dans un sol profond, meuble, un peu frais et légèrement fumé que dans un terrain médiocre non amendé. Un autre point non moins essentiel est que les plantes soient éloignées des arbres qui pourraient leur diminuer la lumière; leur floraison sera d'autant plus brillante qu'elles seront mieux éclairées par le soleil.

D'autres malvacées, très-belles encore quoique fort inférieures à la rose trémière, peuvent être assignées au jardin paysager ou remplir le rôle de plantes pittoresques dans des jardins plus étroits. Telles sont : la *mauve en arbre* (*Lavatera arborea*), belle plante de la région méditerranéenne et des bords de l'océan, vivace, demi-ligneuse, haute de 2^m et plus, qui se recommande également par son feuillage et par ses grandes fleurs, pourpre violacé ; la *ketmie rose* (*Hibiscus roseus*) (fig. 171) et ses variétés (*H. militaris*, *H. palustris*), originaire de l'Amérique du Nord, mais naturalisée dans les landes de Bordeaux, et que ses énormes fleurs roses laissent presque sans rivale dans le genre; enfin la *ketmie épineuse* (*Hibiscus ferox*), récemment importée de la Nouvelle-Grenade en Europe, et qui se distingue plus particulièrement par l'ampleur du feuillage, mais qui, hors du climat de l'oranger, exige l'abri de la serre tempérée pendant l'hiver. Plusieurs autres malvacées ornementales pourraient être ajoutées à cette liste, mais leurs tiges, décidément ligneuses, et leur port d'arbustes doivent les faire reporter au chapitre que nous réservons à ces derniers.

8° Peu de **légumineuses** herbacées ou sous-frutescen-

Fig. 171. — Kelmie rose.

tes, en dehors de celles qui grimpent, peuvent être considérées comme plantes pittoresques. Les plus méritantes sous ce rapport sont incontestablement les *clianthes* (*Clianthus*) et les petites races d'*érythrines* (*Erythrina*), plantes de premier ordre là où elles peuvent croître en plein air, mais que leur consistance ligneuse nous oblige à reporter plus loin. L'*indigofère dosua* (*Indigofera Dosua*), plus rustique que ces dernières et moins décidément ligneux dans le nord de la France, pourrait se ranger à leur suite. Quoiqu'il leur soit très-inférieur, ses fortes touffes feuillues de 1^m,50 à 2^m, lorsqu'elles sont garnies de leurs grappes de fleurs pourpres, constituent un ornement qui n'est point à dédaigner. En dernière ligne viennent les *galégas* (*Galega*), plantes vivaces, rustiques et vulgaires du midi de l'Europe, en fortes touffes, et à feuillage penné avec impaire terminale. Deux espèces assez communément cultivées représentent le genre dans nos jardins ; ce sont le *galéga d'Orient* (*G. orientalis*) (fig. 172), haut de 1^m, à grappes de fleurs bleues, et le *galéga officinal* (*G. officinalis*), plus haut d'un tiers et dont les fleurs sont d'un bleu plus pâle. Ces deux fortes plantes, dont le feuillage est abondant et volontiers mangé par les bestiaux, acquerront peut-être un jour plus d'importance comme plantes fourragères que comme plantes ornementales.

35.

9° C'est tout au plus si parmi les espèces herbacées ou sous-ligneuses de la famille des **rosacées,** si riche d'ailleurs en plantes fleurissantes, nous en trouvons trois ou quatre qui puissent figurer avec honneur dans les jardins paysagers. La seule qu'il soit utile de signaler est la *spirée barbe-de-bouc* (*Spiræa Aruncus*) (fig. 173), grande herbe indigène, sous-ligneuse et rustique, dont les touffes peuvent s'élever à 1ᵐ,50, et qui se recommande autant par l'élégance de son feuillage composé que par celle de ses grandes panicules de fleurs blan-

Fig. 172. — Galéga d'Orient.

ches. De même que la plupart des autres spirées, celle ci ne réussit bien que dans les lieux humides, tourbeux et un peu ombragés. Sa place, dans le jardin paysager, sera donc au voisinage de l'eau, dans les vallons et aux alentours des bosquets, où on pourra l'associer aux grandes fougères et à beaucoup d'autres spirées frutescentes qui seront indiquées dans le chapitre consacré aux arbrisseaux.

10° Un seul genre de **boraginées**, celui des *anchuses* ou *bugloses* (*Anchusa*), fournit des plantes d'assez forte taille pour qu'on puisse leur assigner une place dans le jardin paysager, mais leur vulgarité et l'insignifiance de leur feuillage étroit, rare et d'une verdure terne, les classe dans les derniers rangs. Elles n'ont, pour se relever de cette disgrâce

Fig. 173. — Spirée barbe-de-bouc.

native, que le beau coloris bleu de leurs fleurs et la durée
de leur floraison, qui se continue de la fin du printemps à celle
de l'été. Une seule espèce, indigène et vivace, mérite d'être
signalée; c'est la *buglose d'Italie* (*A. italica*) (fig. 174), haute
de plus de 1ᵐ, velue et hispide, dont les corolles, larges d'un

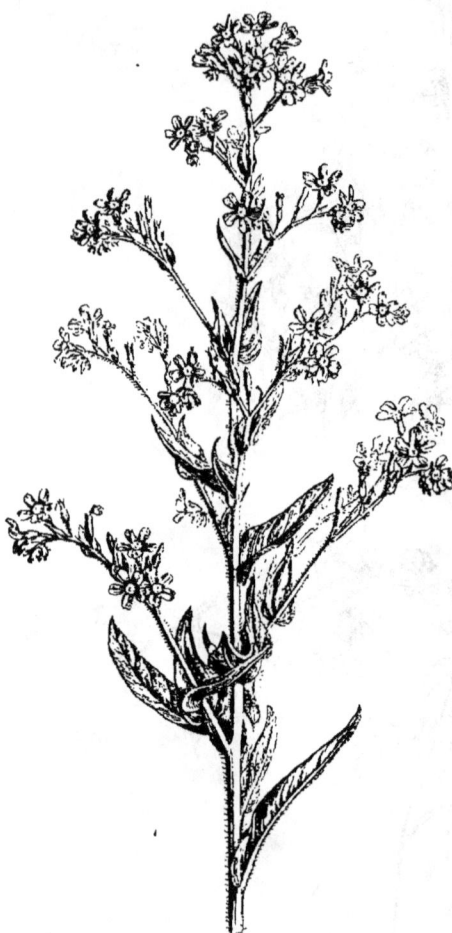

Fig. 174. — Buglose d'Italie.

centimètre, sont d'un bleu vif. Elle se plaît dans les terres fertiles et fraîches, où elle vient pour ainsi dire sans culture. On la multiplie aisément de graines, et plus rarement par division du pied.

11° Les **Solanées** sont une des familles qui contiennent le plus de plantes ornementales du genre qui nous occupe, c'est-à-dire réunissant à une taille élevée un port distingué, un feuillage élégant, et assez souvent de belles fleurs, auxquelles succèdent même quelquefois des fruits d'un effet pittoresque. Ces plantes appartiennent principalement aux quatre genres dont nous allons parler.

1° Les *molènes* (*Verbascum*), plantes indigènes et vivaces, qui se plaisent dans les terrains secs et rocailleux. Toutes les grandes espèces du genre peuvent entrer dans la plantation des jardins paysagers; mais les plus convenables sont la *molène commune* ou *bouillon blanc* (*V. thapsus*), forte plante à feuilles cotonneuses, blanchâtres, dont la tige, haute de 1^m,50 à 2^m, se termine, ainsi que ses rameaux, en de longs épis de fleurs jaunes; la *molène blanche* (*V. lychnitis*), de la taille de la

précédente, avec laquelle elle a quelque ressemblance, mais
dont elle diffère par des fleurs blanches et plus petites; la
molène pyramidale (*V. pyramidatum*), très-grande espèce du
Caucase, à fleurs jaunes; enfin la *molène ondulée* (*V. undulatum*) et la *molène acuminée* (*V. acuminatum*), des mêmes
régions que la précédente et peut-être les plus ornementales
du genre.

2° Les *daturas* (*Datura*), genre exotique, dont les espèces sont rustiques ou demi-rustiques sous nos climats.
Nous en avons déjà signalé quelques-unes au chapitre des
plantes de parterre, mais nous pouvons rappeler ici le *datura
d'Égypte* (*D. fastuosa*), forte plante à tiges et rameaux pourpre
noir, haute de 1 à 2 mètres ou davantage, à très-grandes corolles jaune pâle ou blanches à l'intérieur, lavées de violet à
l'extérieur, quelquefois toutes jaunes ou toutes violettes. On
en connaît des variétés à fleurs doubles ou pleines, par suite
de l'emboîtement d'une seconde, d'une troisième ou même
d'une quatrième corolle dans la fleur normale. Cette espèce
est moins rustique que les autres et elle fructifie difficilement
sous le climat de Paris; aussi en tire-t-on ordinairement les
graines des jardins méridionaux.

3° Le genre *solanum* (*Solanum*) est de toute la famille le
plus riche en espèces décoratives, mais ses espèces sont de
valeurs très-inégales, et on en compte un grand nombre,
dans les catalogues des horticulteurs marchands, qu'aucune
qualité sérieuse ne recommande. Ses belles espèces, qui sont
la plupart américaines, se distinguent tantôt par leur taille ou
leur port, tantôt par la beauté du feuillage, quelquefois par
celle des fleurs, plus souvent par le brillant coloris de leurs baies,
jaunes, rouges, violettes ou orangées. Citons dans le nombre la
fausse-aubergine (*S. pseudo-Melongena*), haute de 1 mètre, à
fleurs insignifiantes, mais dont les fruits, de la grosseur d'une
pomme d'api, déprimés, sillonnés et du rouge le plus vif, sont
fort remarquables; le *solanum à cinq cornes* (*S. corniculatum*),
plus curieux encore par ses fruits ovoïdes, de la grosseur d'un
œuf de poule, ornés de cinq cornes obtuses près de la base
et d'une brillante teinte orangée; le *solanum à épines rouges*

(*S. pyracanthum*), de Madagascar, dont la forme est celle d'un arbuste rameux, de 0^m,60 à 1 mètre, à fleurs blanches et à baies orangées, mais qu'on recherche surtout pour son grand feuillage ronciné, tomenteux, blanchâtre, dont les nervures, en dessus et en dessous, sont armées de longues épines rouges ou orangées; le *solanum à casque* (*S. galeatum*), du Brésil et de même port que le précédent, mais s'élevant à 2^m ou plus, et comme lui armé d'aiguillons; il se distingue par un très-grand feuillage elliptique, sinué-lobé, réticulé sur les deux faces et pourpre-vineux en dessous; ses fleurs, un peu grandes et légèrement violacées, ne sont pas non plus sans beauté; le *solanum de Wendland* (*S. robustum*), du Brésil, dont le port est buissonnant, mais avec de fortes tiges ailées, hautes de 2 mètres et plus, et qui est très-beau de feuillage; le *solanum pourpre-noir* (*S. atro-sanguineum*), de l'Amérique du Sud, haut de 1^m,50, à tige demi-ligneuse, dressée, épineuse, d'un rouge noir, à feuilles découpées, à fleurs blanches et à fruits jaunes; le *solanum marginé* (*S. marginatum*), d'Abyssinie, qui forme de superbes touffes, et dont le feuillage est bordé de duvet blanc comme celui qui couvre les rameaux; le *solanum à feuilles glauques* (*S. glaucophyllum*), de l'Amérique méridionale, à tiges presque simples, hautes de 1^m,40, à feuilles glabres et glauques, et dont le principal mérite est dans ses grandes fleurs, bleu foncé; le *solanum géant* (*S. giganteum*), du Cap de Bonne-Espérance, haut de 4 à 5 mètres, à grandes feuilles ovales, tomenteuses et blanchâtres, et à fleurs violettes; le *solanum de l'Amazone* (*S. amazonicum*), recommandable surtout par la beauté de ses fleurs, bleues; le *solanum de Rantonnet* (*S. Rantonnetii*), charmant arbuste, dont les grandes fleurs, d'un violet foncé, sont l'ornement des jardins méridionaux en automne; enfin, le *solanum chevelu* (*S. crinitum*), de la Guyane, énorme plante demi-ligneuse et très-épineuse, qui se classe dans les premiers rangs parmi celles que distingue la noblesse du port et la beauté du feuillage, mais que son tempérament tropical rend plus propre à décorer les jardins de l'extrême Midi que ceux du Nord.

Nous sommes loin d'avoir épuisé le genre des solanums,

où les espèces se comptent par centaines ; mais il nous serait impossible de décrire ici, même en quelques mots, toutes celles qu'on a déjà introduites dans les jardins, et dont le nombre s'accroît chaque année. Nous nous bornerons donc à citer pour mémoire les suivantes : *Solanum callicarpum, S. betaceum S. laciniatum, S. villosum, S. auriculatum, S. aculeatissimum* et *S. quercifolium,* qui sont encore des plantes recommandables. Cette liste pourrait être facilement quadruplée, à l'aide des catalogues des horticulteurs.

Toutes ces espèces appartiennent essentiellement au jardinage pittoresque ou paysager, ou tout au moins aux grands jardins fleuristes ; elles conviennent surtout aux jardins publics, où il faut produire un certain effet. Le choix à faire entre elles devra d'ailleurs être basé sur le développement qu'elles acquièrent, et sur l'effet qu'on en voudra obtenir. Les espèces non épineuses pourront être cultivées en touffes ou en grands massifs ; celles qui sont armées d'épines, surtout si leur feuillage est grand, devront l'être en pieds isolés, parce que leurs feuilles en s'entremêlant les unes les autres se déchirent mutuellement et perdent par là toute leur beauté. Les espèces de moindre taille, mais qui se font surtout remarquer par l'originalité ou le beau coloris de leurs fruits, comme le solanum corniculé et la fausse-aubergine, devront être peu éloignés des allées et occuper de préférence les talus, pour que les fruits soient bien en vue.

La culture des solanums, très-simple en elle-même, ne connaît qu'un seul obstacle sous nos latitudes, l'insuffisance de la chaleur du climat. A Paris la plupart veulent être semés de bonne heure, sur couche chaude et sous châssis, pour être mis en pleine terre du milieu à la fin de mai, et, malgré cette précaution, tous ne parviennent pas à y former leurs fruits ni surtout à y mûrir leurs graines, ce à quoi on supplée en remisant les plantes dans la serre tempérée ou même dans la serre chaude ; mais à mesure qu'on se rapproche du midi ces difficultés diminuent, et sous le climat de l'oranger il n'y a peut-être aucune espèce du genre qui ne puisse fleurir et fructifier. Beaucoup d'espèces arborescentes même y passent facilement l'hiver; c'est le cas, entre autres, du *S. auriculatum*, qui y arrive à la taille d'un pommier à cidre.

4° Le genre *tabac* ou *nicotiane* (*Nicotiana*) appartient par plusieurs de ses espèces, toutes originaires de l'Amérique et la plupart annuelles, à la catégorie des grandes plantes décoratives. On y range principalement celles qui s'élèvent sur une seule tige, dont le feuillage est ample et les fleurs en panicules terminales. Dans le nombre signalons : le *tabac commun* (*N. Tabacum*), dressé, haut de 1ᵐ,40 ou plus, à feuilles grandes, pétiolées, ovales-lancéolées, à fleurs tubuleuses, dont le limbe, étalé en étoile, est rose ou carmin clair; le *tabac à grandes feuilles* (*N. macrophylla*), plus haut que le précédent, à feuilles sessiles, très-larges, à fleurs d'un rose pâle, plus grandes et plus ouvertes que celles du tabac commun; le *tabac de Warscewicz* (*N. glutinosa*), haut de 1ᵐ et plus, caractérisé par son feuillage cordiforme et ses fleurs irrégulières, d'un carmin foncé; le *tabac faux-wigandia* (*N. wigandioides*), plante de plus de 2ᵐ, à fleurs insignifiantes, mais d'un port distingué, et très-remarquable par la grandeur de ses feuilles, qui peuvent se comparer à celles du wigandia de Caracas; enfin, le *tabac glauque* (*N. glauca*), des environs de Buénos-Ayres, plante ligneuse et sous-arborescente, haute de 3 à 4 mètres, à fleurs tubuleuses, d'un jaune orangé terne. Ce dernier est plutôt une plante de curiosité que d'agrément, et il n'a guère d'autre utilité que de mettre un peu de verdure sur les rocailles négligées et les murs en ruine de nos provinces du midi, où il s'est en quelque sorte naturalisé. Toutes ces espèces, à l'exception du tabac faux-wigandia, qui n'a pas encore, que nous sachions, fructifié en Europe, se multiplient de graines, semées au printemps, en place ou en pépinière; le plus souvent même elles se ressèment toutes seules, là où elles ont été une fois cultivées, et dans ce cas il suffit d'y lever au printemps le petit nombre de plants dont on peut avoir besoin. Le tabac faux-wigandia n'a été jusqu'ici propagé que de boutures, qu'on hiverne sous châssis ou en serre chaude.

D'autres solanées pourraient encore, à la rigueur, prendre

rang parmi les grandes plantes décoratives, par exemple le *Nicandra physaloides*, l'*Anisodus luridus*, et mieux encore les espèces du genre *Cestrum;* mais ces dernières étant toutes des arbustes de serre chaude et de serre tempérée sous nos climats, il est plus naturel de les réserver pour un des chapitres du volume suivant.

12° Une seule **mélianthée,** famille qui tient d'une part aux sapindacées, de l'autre aux géraniacées, peut être mise au nombre des plantes pittoresques de nos jardins; c'est le *grand mélianthe* ou *mélianthe pyramidal* (*Melianthus major*), de l'Afrique australe, longtemps pris pour une rutacée, dont les grandes feuilles glauques, pennées et incisées, forment des touffes d'une suprême élégance. Sa tige, haute de 1ᵐ, 50 à 2ᵐ, se termine par une panicule de fleurs pourpre noir, dont l'abondante exsudation mielleuse est recherchée par les abeilles. Rustique dans le midi de la France, et même naturalisé sur quelques points de la Provence, le mélianthe pyramidal appartient à l'orangerie sous le climat de Paris; on peut cependant l'y élever en pleine terre, à exposition méridionale, avec couverture pendant l'hiver.

On trouve encore dans les jardins du midi, où il fleurit au premier printemps, le *petit mélianthe* (*M. minor*), du même pays que le précédent et presque semblable de feuillage, mais beaucoup moins développé et moins ornemental. Il n'est pas assez rustique pour passer l'hiver en pleine terre à Paris, même abrité sous une couverture de litière ou de feuilles.

13° Les **hydroléacées,** longtemps négligées par l'horticulture, commencent à prendre de l'importance dans nos jardins, mais par une seule de leurs espèces, le *wigandia de Caracas* (*Wigandia caracasana*) (1), qui est incontestablement par la noblesse du port et la grandeur du feuillage une des plantes les plus remarquables qu'on ait introduites en Europe dans ces dernières années. Originaire de la région montagneuse de la

---

(1) Ce nom pourrait n'être pas exact. Quelques personnes pensent que le vrai *Wigandia caracasana* est une espèce toute différente, qui n'existe pas ou n'existe plus dans les jardins de l'Europe, et que celle dont il est question ici doit porter le nom de *W. macrophylla*.

Nouvelle-Grenade et de Caracas, d'où elle a été rapportée par un botaniste belge, M. Linden, elle est assez rustique pour croître en plein air sous le climat de Paris pendant les mois d'été, et pour résister aux hivers ordinaires dans le climat de l'oranger, où elle fleurit et donne des graines. Livrée à la pleine terre, elle s'y élève à 3 ou 4 mètres, sur une seule tige, plus ou moins ramifiée, qui se termine par une panicule de fleurs violacées assez semblables de forme, de grandeur et de coloris, à celles des eutocas et des campanules ; mais le grand mérite de la plante est dans son admirable feuillage, ovale, finement chagriné, d'un très-beau vert mat, et dont les dimensions varient de 0^m,70 à 1^m de longueur, sur 0^m,40 à 0^m,50 de largeur. A mesure que la plante avance vers l'âge adulte, les feuilles diminuent graduellement, et au-dessous de l'inflorescence elles n'ont plus guère que les dimensions de la main, d'où résulte pour la plante entière une forme pyramidale d'une parfaite régularité. Le peu que nous venons de dire suffit pour expliquer la grande faveur qui s'est attachée au wigandia de Caracas dès son arrivée en Europe ; il est aujourd'hui l'ornement presque obligé des grands jardins et surtout des jardins publics.

On peut le multiplier de graines, qui mûrissent parfaitement dans le midi, et même dans le nord en serre tempérée, et c'est le moyen qu'emploient quelques amateurs ; cependant le bouturage est encore la méthode la plus usitée. Ce bouturage se fait sur la fin de l'hiver, soit au moyen des extrémités des rameaux, soit avec des pousses dont on a provoqué le développement sur les tiges de sujets tenus en serre tempérée ou en serre chaude, et les plants ainsi obtenus se mettent en place plus tôt ou plus tard, suivant les climats et les années, mais ordinairement dans la seconde quinzaine de mai sous la latitude de Paris. En bonne terre franche amendée d'un peu de fumier décomposé, et avec de copieux arrosages pendant les chaleurs, les jeunes wigandias se développent avec rapidité et atteignent assez facilement 2 mètres de hauteur avant les gelées. Suivant le but qu'on se propose, on les plante en individus isolés ou en massifs, et dans un cas comme dans l'autre ils produisent un effet grandiose. Au-dessous du 45e degré de latitude, là où la moyenne de l'été atteint au minimum 20° centigrades, on pourrait obtenir le développement complet et la floraison des wigandias en plein air, en avançant d'un mois ou deux l'époque du bouturage, de manière à avoir des plantes déjà fortes au commencement de mai. Le même résultat pourrait être atteint si on hivernait en orangerie ou sous châssis des sujets de semis obtenus dans le courant de l'année précédente.

Une seconde espèce du genre, le *wigandia urticant* (*W. urens*), a été aussi essayée avec quelque succès dans la culture de pleine terre, et il est vraisemblable qu'elle n'y serait pas plus rebelle que la précédente, mais elle lui est très-inférieure en beauté, et de plus elle est hérissée de poils dont les piqûres sont presque aussi douloureuses que celles de nos orties; ce dernier défaut suffit pour qu'on hésite à la recommander.

14° Très-voisin des hydroléacées, l'ordre des **hydrophyllées,** auquel ont déjà été empruntés les eutocas de nos parterres, contient aussi une espèce que sa haute taille et sa beauté propre doivent faire admettre dans le jardin paysager; c'est le *cosmanthe à grandes fleurs* (*Cosmanthus grandiflorus, Eutoca speciosa*), plante de la Californie méridionale, annuelle, s'élevant à 1m,50, rameuse, en touffe arrondie, à feuilles largement rhomboïdales, et dont toutes les ramifications se terminent par des grappes scorpioïdes de fleurs violacées, beaucoup plus grandes que celles d'aucun des eutocas proprement dits. Son tempérament la rapproche de ces derniers, mais étant un peu moins rustique, et sa grande taille la rendant moins précoce, c'est dans nos provinces de l'ouest, à la fois tièdes et humides, qu'elle prend son plus beau développement. Sa culture est d'ailleurs celle des eutocas : comme eux, elle se multiplie de graines semées au premier printemps sur couche chaude, ou mieux peut-être en automne, avec hivernage du plant sous châssis. A défaut de graines, on pourrait encore la propager de boutures faites à la fin de l'été et convenablement abritées pendant l'hiver.

15° Les **campanulacées,** si riches en jolies plantes de plates-bandes et de rocailles, ont aussi un petit contingent à donner au jardin paysager. Toutes les grandes espèces de campanules sont du nombre, mais aucune à aussi juste titre que la *campanule pyramidale* (*Campanula pyramidalis*) (fig. 175), dont les tiges, hautes souvent de 1^m,50 et plus, ne sont presque qu'une longue panicule de clochettes bleues. Convenablement placée et d'une belle venue, elle est d'un grand effet dans la période, assez prolongée d'ailleurs, de sa floraison. Son site naturel dans un grand jardin est sur les points élevés, sur une colline artificielle ou une rocaille humide, s'il en existe. Très-rustique et ne demandant pour ainsi dire aucun soin, elle se multiplie d'elle-même par ses graines et par les drageons qu'elle émet de sa racine.

C'est dans la même catégorie horticole que nous devons ranger la *campanule de Wollaston* (*Musschia Wollastoni*), plante de l'île de Madère, curieuse et très-belle, que la singularité de ses corolles, dont les lobes sont réfléchis et prolongés en forme de griffes ou de crochets, a fait séparer des campanules proprement dites. Elle s'élève à 1^m,50 et plus, et prend lorsqu'elle est adulte la forme d'un arbrisseau, dont toutes les branches sont garnies de fleurs pendantes, de moyenne grandeur, d'un jaune légèrement

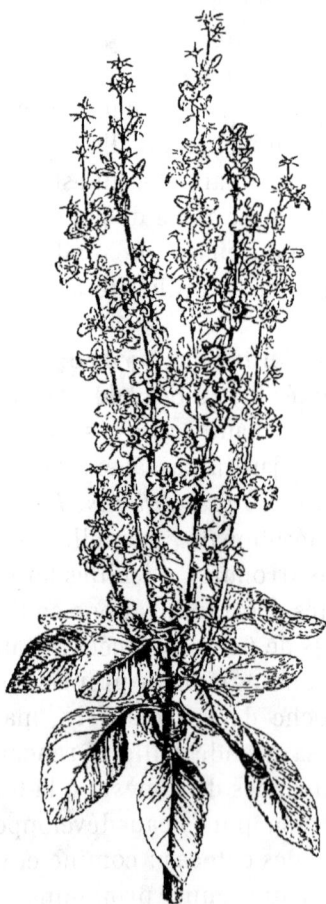

Fig. 175. — Campanule pyramidale.

orangé qui passe au rougeâtre sur les lobes de la corolle. Cette belle campanulacée, qui est encore rare dans les collections, appartient essentiellement au jardinage méridional, et même dans le climat de l'olivier il convient de l'abriter momentanément pendant les plus mauvaises journées de l'hiver. En dehors de cette région elle a peu de chances de fleurir à l'air libre, quoiqu'elle puisse y passer la belle saison en pots ou en pleine terre.

Enfin c'est à ce même groupe de plantes pittoresques que se rattache la *grande campanule des Canaries* (*Canarina Campanula*), plante non moins belle et presque aussi anomale que la précédente, qu'elle rappelle par le coloris de ses fleurs. Vivace par sa racine charnue, elle émet tous les ans des tiges herbacées, un peu grêles et demi-sarmenteuses, plus ou moins ramifiées, qui en s'appuyant sur les végétaux voisins peuvent s'élever à 2^m ou plus. Les fleurs sont de véritables clochettes, pendantes, presque aussi grandes que celles de la campanule carillon, mais beaucoup plus ouvertes, de couleur orangée et finement rayées de rouge, auxquelles succèdent des baies blanches, charnues et à la rigueur comestibles. Moins difficile à élever que la campanule de Wollaston, elle vient presque sans culture dans les jardins du midi. Sous le climat du nord la souche doit être abritée en orangerie pendant l'hiver.

16° L'immense famille des **composées**, si variée de formes dans la longue série de ses espèces, est naturellement une de celles qui fournissent le plus fort contingent au jardinage paysager. Nous y trouvons à la fois des plantes que leur floraison rend recommandables et d'autres plantes qui se distinguent surtout par leur port et leur feuillage ornemental. Parmi celles que nous avons déjà assignées au jardin fleuriste proprement dit, quelques-unes peuvent encore trouver leur place ici ; ce sont, par exemple, les grandes races du dahlia commun, le chrysanthème de la Chine, les rudbeckias ou échinacéas à fleurs pourpres, le cosmos bipinné et quelques autres. A bien plus juste titre cependant y ferons-nous entrer le *dahlia cocciné* (*Dahlia coccinea*) (fig. 176), un peu plus élevé que le dahlia commun, à grandes fleurs rouges, quelquefois doubles ou demi-pleines; le *dahlia impérial* (**D.** *imperialis*), espèce récemment introduite du Mexique, moins belle que la précédente si on ne considère que ses capitules, qui sont plus petits, un peu campanulés, et d'un coloris moins vif, mais deux à trois fois plus élevée; la *tithonie orangée* (*Tithonia splendens*, *Comaclinium aurantiacum*), belle et forte plante du Mexique, annuelle, haute de 1ᵐ,50 et plus, à feuillage ample et trilobé, aux capitules orangés, dont la floraison est automnale; la *verge d'or du Canada* (*Solidago canadensis*), et quelques autres pareillement du nord de l'Amérique (*S. sempervirens*, *S. lævigata*, *S. nutans*, etc.), plantes vivaces, rustiques, qui peuvent se passer de toute culture, et dont les tiges, élancées et feuillues, se terminent par de longues panicules de capitules jaunes; les *vernonies* (*Vernonia noveboracensis*, *V. præalta*), autres composées nord-américaines, vivaces, de grande taille, à floraison automnale, et à capitules pourpre violet; enfin,

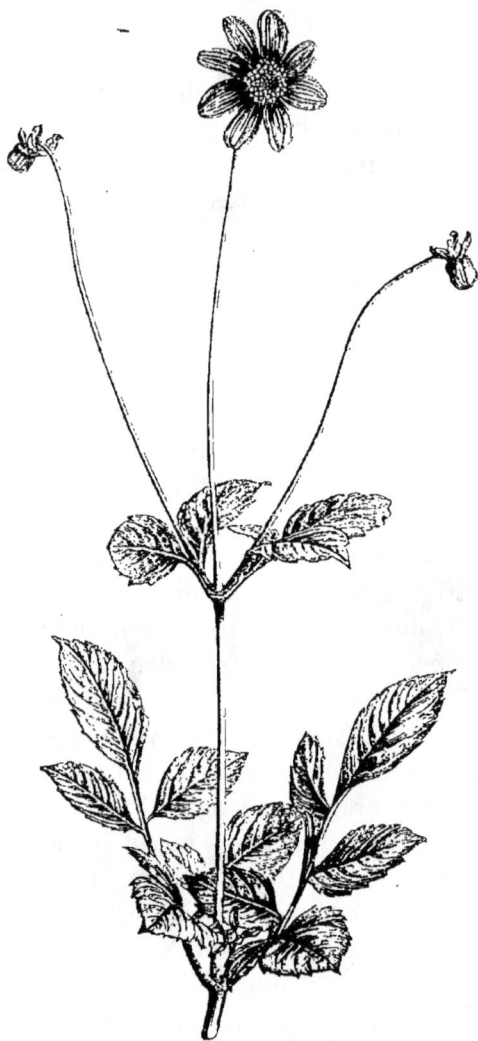

Fig. 176. — Dahlia cocciné.

les grandes espèces d'astères de l'Amérique septentrionale, dont les fortes touffes se couvrent dans les mois d'août, de septembre et d'octobre de centaines de capitules au disque jaune et aux rayons diversement colorés, depuis le blanc et le rose jusqu'au pourpre vif et au bleu violacé. Parmi ces plantes d'une certaine distinction et d'un très-bel effet lorsqu'elles sont employées à propos, nous signalerons particulièrement les *Aster roseus*, *Novæ-Angliæ*, *grandiflorus*, *Novi-Belgii*, *simplex*, *formosissimus*, *rubricaulis*, *lævigatus*, *præaltus*, etc., dont les rayons sont colorés; l'*A. versicolor*, où ils sont d'abord blancs, puis passent graduellement au pourpre clair et au violet; enfin, les *A. pendulus* et *multiflorus*, où ils sont simplement blancs ou légèrement carnés. Toutes ces jolies plantes, qui sont rustiques et peu exigeantes, se multiplient avec une grande facilité par division du pied.

C'est aussi dans le groupe des composées fleurissantes que nous classerons les espèces du genre *hélianthe* ou *soleil* (*Helianthus*), quoique leur port et l'ampleur de leur feuillage les rapprochent d'une autre catégorie, dont ces deux derniers caractères font seuls la valeur horticole. Nous y trouvons : le *grand soleil des jardins*, nommé aussi *tournesol* (*Helianthus annuus*), plante annuelle, que l'on croit être originaire du Pérou, devenue très-populaire dans toute l'Europe, où elle est en quelque sorte naturalisée. Sa haute taille, son grand feuillage et par-dessus tout ses énormes capitules à rayons jaunes et à disque brun, qui s'aperçoivent de loin, la rendent propre à produire des effets pittoresques, même dans les jardins les plus mal tenus. Il en est sorti plusieurs variétés, qui se reproduisent de semis, entre autres des variétés géantes, hautes de 4 mètres ou plus, et des variétés pleines, où les fleurons du disque se sont en totalité changés en ligules jaunes. Ces capitules, dont la forme rappelle celle de l'astre dont la plante a reçu le nom, présentent cette particularité de s'infléchir sur leur pédoncule et de suivre à peu près le soleil dans sa marche diurne. La plante croît dans tous les terrains, mais elle ne devient très-grande que dans ceux qui sont profonds, de bonne qualité et un peu frais. Dans

les jardins elle se sème elle-même, lorsqu'on a négligé d'en
récolter les graines.

Une espèce voisine, et plus intéressante parce que son
feuillage est plus beau, est le *soleil à feuilles argentées* (*H.
argophyllus*), originaire des États-Unis méridionaux, qui,
moins trapu que le grand soleil, s'élève communément à 2
mètres ou un peu plus. Ses larges feuilles sont soyeuses, d'un
blanc argenté et très-douces au toucher; la tige et les quelques
rameaux qu'elle produit dans son tiers supérieur se terminent
par des capitules très-grands encore, quoique moindres que
ceux du soleil ordinaire, dont ils ont les couleurs. Cette espèce
paraît se croiser avec la précédente, lors-
qu'elle fleurit dans son voisinage; c'est du
moins la seule explica-tion possible de la dégénérescence qu'on observe quelquefois
dans le produit de ses graines, où on trouve
des formes intermé-diaires entre elle et le
grand soleil des jardins. Comme ce dernier, elle
a produit une variété à fleurs pleines. A ces
deux espèces on peut encore en associer
quelques autres, pareil-lement américaines et
rustiques, telles que le *soleil vivace* ou *petit soleil* (*H. multiflorus*) (fig. 177), haut à peine
d'un mètre et demi, et dont les fleurs ont

Fig. 177. — Soleil vivace.

doublé par la culture ; le *soleil de Californie* (*H. californicus*),
annuel et de récente introduction, voisin, par le feuillage
et la grandeur de ses capitules, du soleil des jardins, et qui
est surtout remarquable par une variété à fleurs très-pleines,
née dans les jardins des États-Unis; enfin le *soleil orgyal* (*H.
salicifolius, H. orgyalis*), aussi haut ou plus haut que le soleil
des jardins, à tige comparativement grêle, à feuilles étroites,
et à capitules beaucoup plus petits que ceux des précédents,
mais aussi beaucoup plus nombreux, et formant une sorte
de grande panicule. Cette espèce, ainsi que le soleil argenté,
est d'un bel effet, cultivée en grands massifs ou même en pieds
isolés.

Tout à côté des hélianthes, tant par ses affinités botaniques
que par ses usages horticoles, vient se placer l'*harpalium
rigide* (*Harpalium rigidum*), plante de l'Amérique du Nord,
vivace et drageonnante, à tige haute d'un mètre, à feuilles
ovales et opposées comme celles du soleil des jardins, mais
avec des capitules de moitié moins larges. En revanche, la
floraison en est plus abondante et beaucoup plus prolongée.
Sa qualité de plante vivace permet de le multiplier facilement par division du pied, ou plutôt par les drageons qu'il
produit naturellement.

Les *silphiums* (*Silphium*), pareillement américains, sont
aussi très-voisins des hélianthes proprement dits. On en cultive plusieurs espèces, qui diffèrent assez sensiblement les
unes des autres par la taille, le port et la forme du feuillage.
La plus belle, et en même temps la plus répandue en Europe, est le *silphium lacinié* (S. *laciniatum*) (fig. 178), plante
vivace des États-Unis méridionaux, à tiges grêles, hautes de
2ᵐ,50 à 3ᵐ, à feuilles profondément et élégamment découpées.
Ses capitules, encore un peu grands mais beaucoup moindres que ceux des hélianthes, et comme eux à rayons jaunes
et à disque brun, forment une sorte de long épi au sommet
des tiges. Les autres espèces du genre (S. *trifoliatum, S. per-
foliatum, S. integrifolium, S. terebinthinaceum*, etc.) sont
moins élevées, quoique encore recommandables. Toutes se
multiplient de graines et plus souvent encore par division

du pied. Leur grande rusticité les fait surtout apprécier dans le nord de l'Europe, où elles entrent plus habituellement que chez nous dans la décoration des jardins publics.

C'est à sa riche et brillante floraison, autant qu'à sa taille, comparativement élevée, que la *centaurée de Babylone* (*Centaurea babylonica*) (fig. 179) doit d'être comptée parmi les plantes pittoresques de nos jardins. Elle est originaire de l'Orient, vivace, fortement blanchie par un duvet cotonneux; ses grandes feuilles radicales forment une sorte de touffe,

Fig. 178. — Silphium lacinié.

du milieu de laquelle s'élancent des tiges ailées de 2ᵐ et plus, sur lesquelles de nombreux capitules à fleurons jaune vif s'étagent

comme en un long
épi. Quoique rusti-
que sous le climat de
Paris, elle y reste or-
dinairement stérile,
ce qui fait qu'on ne
l'y multiplie que
d'œilletons, en' au-
tomne et au prin-
temps. Son port la
rend plus propre à
être cultivée en pieds
isolés qu'en massifs ;
et comme elle passe
assez vite, surtout si
le climat est sec et
chaud, il est bon de
ne pas trop la multi-
plier dans un jardin.

Nous rangeons en-
core parmi les com-
posées pittoresques
les échinops et quel-
ques espèces de char-
dons, bien que leur
vulgarité soit peu
propre à les rendre
populaires. Les *échi-*
nops (*Echinops*) sont de véritables chardons par le port
et le feuillage ; la seule particularité qui leur donne quelque
valeur ornementale est la forme de leurs inflorescences, sortes
de capitules terminaux, sphériques, sans involucre, dont les
fleurons se dirigent dans tous les sens, en haut, en bas et latéralement, suivant le point qu'ils occupent sur le réceptacle
commun, qui est lui-même globuleux. La couleur de ces fleurons est le bleu, plus ou moins foncé ou clair, quelquefois
affaibli au point de différer à peine du blanc ou du blanc ver-

Fig. 179. — Centaurée de Babylone.

dâtre. Tous les échinops sont vivaces par la racine, et leurs feuilles, profondément roncinées ou déchiquetées, sont épineuses
comme celles des chardons. On en connaît un assez grand
nombre d'espèces, parmi lesquelles il nous suffira de citer :
l'*échinops commun* (*E. sphærocephalus*), indigène, haut de
1ᵐ,50 à 2ᵐ, en fortes touffes, dont les capitules ont presque
la grosseur d'un œuf de poule et sont d'un bleu clair; l'*é-
chinops de Perse* (*E. persicus*), du Caucase, haut de plus d'un
mètre, à très-gros capitules d'un bleu violacé; l'*échinops de
Russie* (*E. ruthenicus*) (fig. 180), moins élevé encore que le
précédent, avec des ca-
pitules d'un bleu vif; enfin, l'*échinops cornu* (*E.
cornigerus*), de l'Asie
centrale, à feuillage
blanchâtre et très-épi-
neux, et à gros capitules
blancs. Ces trois der-
nières espèces, quoique
moins élevées que la pre-
mière, sont des plantes
plus distinguées et qu'on
doit lui préférer; mais
elles ont le défaut de
n'être pas longtemps
belles, leurs feuilles
commençant à se dessé-
cher et à se recoquiller
peu de jours après la
floraison. Très-rustiques
et s'accommodant de
tous les terrains, les
échinops se multiplient
avec une égale facilité
de graines, et par divi-
sion du pied.

Fig. 180. — Échinops de Russie.

Les *chardons* (*Carduus*, *Cirsium*, *Sylibum*, etc.), en réunissant sous cette dénomination générale toutes les carduacées épineuses ou de grande taille, nous offrent aussi des espèces d'un certain intérêt pour le genre de décoration dont il est question ici. La plupart sont des plantes très-touffues, rameuses, riches de feuillage, de forme buissonnante et propres à être cultivées isolément. Une seule, parmi celles dont nous avons à parler ici, fera exception sous ce rapport.

Dans cette agrégation générique nous trouvons : 1° les *onopordons* (*Onopordon*), très-grands chardons de nos pays et surtout du midi de l'Europe, hauts de 1^m,50 à 2^m ou plus, rameux dès la base ; à tige et rameaux largement ailés ; à feuilles larges, sinueuses, épineuses, blanchâtres et élégamment découpées ; à capitules hérissés d'épines acérées et à fleurs violet clair. Plusieurs espèces peuvent être employées dans les jardins pittoresques, là où le sol est rocailleux et inégal, mais il est bon de ne pas trop les multiplier, parce qu'on se fatigue vite de ce que l'on sait être vulgaire, et cette recommandation s'applique à toutes les plantes de ce groupe. Les plus convenables sont : 1° l'*onopordon commun*, ou *chardon acanthin* (*O. acanthium*), l'*onopordon d'Illyrie* (*O. illyricum*), et l'*onopordon de Corse* (*O. horridum*), tous trois de grande taille et n'exigeant aucune culture. 2° Le *chardon Marie* (*Sylibum marianum*, *Carduus marianus*), belle plante indigène, qui n'est dédaignée qu'à cause de sa vulgarité. Ses feuilles, d'un vert très-vif, sont couvertes d'un réseau de bariolures blanches d'un grand effet. Peu de plantes à feuillage coloré peuvent lui être comparées; malheureusement la floraison lui fait perdre toute sa beauté, en amenant le desséchement graduel des feuilles; aussi vaudrait-il mieux lui retrancher tous ses capitules aussitôt qu'ils se montrent. En bon sol, il forme des touffes denses de 1^m dans tous les sens. Sa véritable place, dans les jardins paysagers, est sur les talus, à proximité des allées, de manière à être vu un peu de près. On ne le cultive guère d'ailleurs que comme plante annuelle et printanière. 3° Le *cardon d'Espagne* (*Cinara cardunculus*), qui est peut-être la souche de l'artichaut comestible, et qu'on trouve sauvage sur les collines rocailleuses des alentours de la

Méditerranée. Épineux comme les chardons qui précèdent,
il se distingue par un feuillage plus grand, plus finement et plus
profondément découpé, d'une verdure grise, et aussi par ses
capitules semblables à de petits artichauts, mais avec les
bractées de l'involucre épineuses; ses fleurs sont d'un bleu
violacé fort agréable. Cultivé en sol fertile et suffisamment arrosé, le cardon, surtout sa variété inerme, ou *cardon Puvis*,
devient une très-belle plante, dont les feuilles, longues de plus
d'un mètre, ne sont pas sans une certaine ressemblance avec les
palmes du dattier. Accepté depuis des siècles par la culture
potagère, il a donné des variétés sans épines, dont les feuilles
blanchies par buttage sont un légume généralement connu et
estimé. Sous le climat de Paris on doit le couvrir en hiver
pour le préserver de la gelée. 4° Enfin, le *chardon échasse* (*Cirsium altissimum*), plante bisannuelle de l'Afrique septentrionale, s'élevant sur une seule tige, grêle, simple et droite,
jusqu'à 3 ou 4 mètres de hauteur. Cette tige se divise près
du sommet en un petit nombre de branches, subdivisées elles-
mêmes en rameaux que terminent des capitules de fleurs
purpurines. Ce chardon plaît par son originalité, mais, pour
qu'il ne soit pas cassé par le vent, il est bon de le cultiver
en touffes, dont les tiges se soutiennent mutuellement. Quoiqu'il vienne facilement sous le climat méridional nous ne
l'avons pas encore vu réussir sous celui de Paris.

Les composées pittoresques dont il nous reste à parler ne
se recommandent plus par leurs fleurs, qui sont pour la plupart insignifiantes, et se montrent d'ailleurs rarement sous
nos latitudes, mais par leur grande taille, leur feuillage ample
et quelquefois élégant, dans tous les cas par un port d'une
certaine noblesse et surtout par leur air étranger. Ces plantes
sont aujourd'hui en grande faveur, et on en voit de nombreux
échantillons dans les jardins publics de nos grandes villes.
Signalons, comme étant les plus répandues :

1° Le *cosmophylle du Mexique* (*Cosmophyllum cacalixfo-
lium*), plus connu sous le nom impropre de *ferdinanda éminent*. C'est une grande sénécionidée de l'Amérique centrale,
vivace, ligneuse et presque arborescente, qui est également

remarquable par la haute taille qu'elle peut acquérir dans une saison et l'ampleur de son feuillage. Sa tige, qui dès la première année est de la grosseur du bras d'un enfant, s'élève à 3, 4 ou 5 mètres, suivant les lieux, la qualité du terrain et les soins de la culture. Les feuilles, opposées, largement ovales et portées sur de longs pétioles, ont de 0^m,30 à 0^m,40 de largeur en tous sens. Les capitules, semblables à de petites marguerites à disque jaune et rayons blancs, sont en corymbes terminaux ; mais le véritable mérite de la plante est dans sa taille imposante et son feuillage : ce dernier, toutefois, à cause de son ampleur même, est très-sujet à être endommagé par le vent.

Le cosmophylle du Mexique se plaît dans les terres riches, meubles, un peu fraîches et amendées. Ce qu'il lui faudrait en outre, dans nos jardins, ce serait une exposition chaude et surtout abritée contre le vent. Il fleurit et mûrit des graines dans le centre et le midi de la France ; jusqu'ici cependant on ne l'a guère multiplié que de boutures, qu'on prend sur les vieux pieds hivernés en serre tempérée. Ces boutures, élevées en pots, sont livrées à la pleine terre vers le 15 mai, sous le climat de Paris.

Plusieurs autres composées de grande taille, d'introduction récente dans la culture pittoresque, rivalisent avec le cosmophylle du Mexique, que quelques-unes même surpassent en beauté. Parmi elles, nous devons mettre en première ligne le *montanoa* (1) *à feuilles d'héracléum* (*Montanoa heracleifolia, Uhdea bipinnatifida*), plante originaire du Mexique et à feuilles opposées comme la précédente ; mais ces feuilles, qui sont aussi très-grandes, sont profondément lobées ou découpées, et par là moins exposées à être abattues par le vent. Le montanoa s'élève sur une seule tige, qui reste simple dans la plus grande partie de sa longueur et peut atteindre à 3 mètres ou plus. Il fleurit plus difficilement encore que le cosmo-

(1) C'est par suite d'une altération regrettable du nom primitif que ce genre est désigné sous le nom de *Montagnea*. Il n'a point été dédié au botaniste français Montagne, mais à un médecin espagnol du nom de Montaña. Le nom de *Polymnia grandis*, qu'il porte dans quelques jardins, est pareillement erroné.

phylle sous le ciel de Paris, et s'y multiplie comme lui de boutures enlevées sur de vieux pieds conservés en serre, et mises en pleine terre au milieu du printemps. Il est probable que sous le climat plus favorable de nos provinces de l'ouest ou du midi la plante parcourrait toutes les phases de sa végétation et mûrirait des graines dans la même année.

C'est à peine si l'on peut séparer génériquement du montanoa le groupe des *verbésinas* (*Verbesina*), plantes qui en ont la taille, le port et presque le feuillage, et remplissent le même rôle dans nos jardins. Ce sont aussi des espèces mexicaines, à feuilles opposées, plus ou moins profondément incisées et rappelant, par leur forme, les feuilles de l'arbre à pain (*Artocarpus incisa*). Trois espèces sont déjà assez communément cultivées; ce sont les *V. alata*, *sinuata* et *gigantea*, auxquelles on applique le même mode de propagation qu'aux deux espèces précédentes.

Les *polymnies* (*Polymnia*), qui sont aussi très-voisines du Montanoa, au moins à en juger par le port, mais avec une taille moins élevée, fournissent de même quelques espèces pittoresques à nos jardins. La plus belle, introduite déjà depuis plus d'un siècle en Europe, est la *polymnie de Wedal* (*P. Uvedalia*, *Wedalia virginiana*), des États-Unis méridionaux, et, à ce titre, rustique chez nous. Elle s'élève à deux ou trois mètres et quelquefois plus. Ses feuilles sont de moyenne grandeur, trilobées et décurrentes sur le pétiole. Une seconde espèce, presque aussi belle, la *polymnie de Schiede* (*P. schiedeana*), s'en distingue par son feuillage, plus profondément trilobé et dont les lobes eux-mêmes sont subdivisés en lobes plus petits. On peut ajouter à ces deux espèces la *polymnie tachetée* (*P. maculata*), à feuilles simplement triangulaires-deltoïdes, et qui, étant originaire du Mexique, est moins rustique que les précédentes. Son feuillage rappelle quelque peu celui du *schistocarpha bicolore* (*Schistocarpha bicolor*), autre grande composée américaine à tige ligneuse et prenant la forme d'un arbre de 2 à 3 mètres. Originaire de Caracas, le schistocarpha bicolore ne peut supporter le plein air chez nous que pendant les mois d'été ; il n'y fleurit pas, et on ne le multiplie que de boutures conservées l'hiver en serre chaude.

L'*huméa rose* (*Humea elegans*), plante de la Nouvelle-Hollande, de la tribu des hélichrysées, et à ce titre proche parente des immortelles, doit aussi, à cause de sa taille, relativement considérable, être assignée au jardin paysager. Elle est annuelle sous nos climats, et s'élève droite sur une seule tige, dont les rameaux, tous florifères et gracieusement inclinés, s'étagent en une longue pyramide. Les fleurs en sont si petites qu'on les distingue à peine ; ce qui en tient lieu, au point de vue qui nous occupe, ce sont les écailles roses ou purpurines qui entourent les milliers de petits capitules où ces fleurs sont renfermées. Quoique introduit en France depuis une cinquantaine d'années, l'huméa y a été jusqu'ici peu cultivé et n'a guère été considéré que comme une plante de plate-bande. Effectivement, les faibles échantillons de 1ᵐ à 1ᵐ,30, que l'on rencontre çà et là dans les jardins, excèdent à peine le maximum de taille que l'on tolère dans la catégorie de plantes de parterre ; mais avec une culture mieux entendue, et sous un climat plus favorable que celui du nord de la France, l'huméa peut s'élever à 3 mètres et plus. Ces grands échantillons, qui ne se voient d'ailleurs guère qu'en Angleterre, donnent une tout autre idée de la valeur ornementale de la plante.

L'huméa ne se multiplie que de graines. Le semis se fait dans le courant de l'été, en pots ou en pépinière, mais en terre légère et dans un endroit ombragé. Le jeune plant, élevé en pots, est hiverné sous châssis et mis en pleine terre vers le milieu du printemps. On le plante en petits massifs de quatre à cinq individus, ou même en individus isolés, suivant que le sol est plus ou moins riche, et on donne des arrosages proportionnés à la chaleur et à la sécheresse du climat.

Enfin, on peut encore ranger parmi les grandes plantes ornementales de la famille des composées, quoique d'ordre secondaire, la grande *pétasite* ou *chapelière* (*Petasites major*), à feuilles réniformes, et qui se plaît dans les sols humides et glaiseux; la *ligulaire du Japon* (*Ligularia* ou *Farfugium Kœmpferi*), que son feuillage lustré rapproche de la grande pétasite ; le *scolyme d'Espagne* (*Scolymus hispanicus*), à fleurs jaune vif, qui croît sur les rocailles les plus arides; le *laiteron des Alpes* (*Mulgedium alpinum*) et le *laiteron des Pyrénées* (*M. Plumieri*), belles et grandes plantes à fleurs bleues, qui se plaisent dans les lieux ombragés; l'*aunée officinale* (*Inula Helenium*), à fleurs jaunes; et enfin la *cinéraire maritime* (*Cineraria maritima, Senecio maritimus*), charmante plante de bordures, mais dont les grandes touffes blanches, hautes et larges de près d'un mètre lorsqu'elles sont adultes et en fleurs, sont un des plus beaux ornements naturels des collines maritimes de nos départements méditerranéens.

17° Les **Ombellifères**, que nous avons vues si pauvres en plantes de plate-bande, rachètent ici leur infériorité par quelques espèces pittoresques, qu'on peut regarder comme de premier ordre pour l'ornementation des jardins paysagers. Leur feuillage, parfois énorme et élégamment découpé, leurs fortes tiges et la grandeur des ombelles qui les terminent, sont d'un grand effet sur les pelouses ouvertes où rien n'arrête la vue. Elles ont en outre l'avantage d'être pour la plupart très-rustiques et vivaces, et de ne demander que très-peu de soin une fois qu'elles sont établies sur le terrain. Parmi ces espèces, tant indigènes qu'exotiques, nous citerons la *branc-ursine* ou *acanthe d'Allemagne* (*Heracleum spondylium*), forte plante de nos climats, vivace, à feuilles profondément découpées en lobes arrondis, et dont la tige, haute de 1ᵐ,50 ou plus, se termine par de larges ombelles de fleurs blanches; l'*héracléum d'Autriche* (*H. flavescens*) (fig. 181), à feuillage plus découpé que celui de l'espèce indigène ; les *héracléums de Perse* et *d'Orient* (*H. persicum, H. asperum*), plantes de grande taille, plus belles encore que cette dernière, et qui se plaisent comme elle dans les sols gras et humides ; la *livèche commune* (*Ligusticum Levisticum*), des collines du midi de la France, qui est propre aux terrains secs et rocailleux, et dont les touffes denses s'élèvent à plus d'un mètre; les *férules* (*Ferula com-*

Fig. 181. — Héracléum d'Autriche.

munis (fig. 182), *glauca*, *nodiflora*, *tingitana*), plantes du
midi de l'Europe, rustiques sous le ciel de Paris, qui se distinguent à la fois par l'ampleur de leur feuillage, finement
découpé, et leurs tiges de 2 à 3 mètres, couronnées par des
ombelles de fleurs jaunes ; enfin le *Narthex Assa-fœtida* et le
Scorodosma fœtidum, gigantesques ombellifères de l'Asie
centrale, voisines des férules, dont le suc épaissi fournit
l'assa-fœtida du commerce. Ces superbes plantes, dont les tiges
s'élèvent jusqu'à 4 mètres, sont particulièrement appropriées
par leur tempérament aux jardins de la région méditerranéenne. Beaucoup d'autres ombellifères encore dignes d'intérêt, principalement des genres *Silaus*, *Thapsia*, *Moloposper-
mum*, *Sium*, *Opopanax* et *Smyrnium*, pourraient être ajoutées
à cette liste.

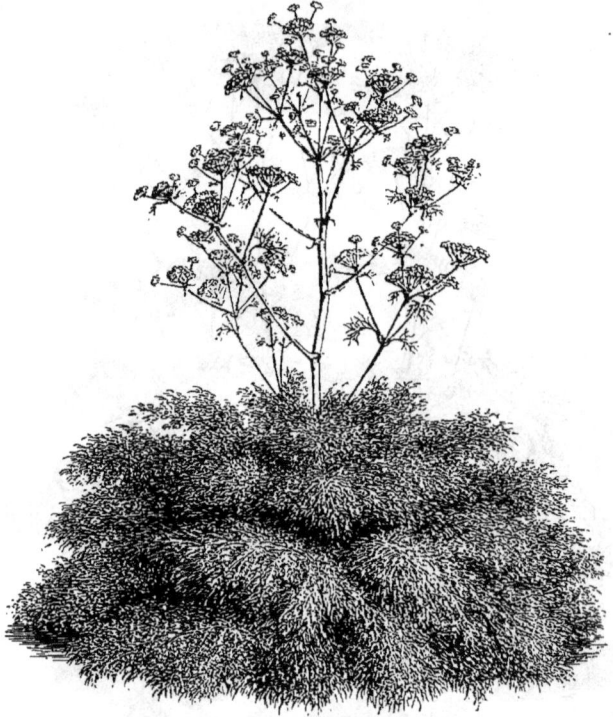

Fig. 182. — Férule commune.

18° Les **Araliacées,** qui par la structure de leurs fleurs, et jusqu'à un certain point par leur feuillage et leur port, se placent au voisinage des ombellifères, fournissent beaucoup de jolis arbustes à nos serres tempérées et à nos orangeries. Une seule espèce herbacée, mais une des plus belles, mérite de prendre place dans les jardins paysagers de nos climats; c'est l'*aralia papyrifère* (*Aralia papyrifera*), de Chine, aux énormes feuilles palmatilobées, et dont l'inflorescence ombelliforme atteint jusqu'à 1ᵐ de diamètre. Dans son pays natal l'aralia papyrifère donne naissance à de grosses tiges, hautes de 2 à 3 mètres, dont la moëlle, fine, blanche et très-abondante, est convertie en papier. Sous nos climats il n'est rustique que pendant l'été, sauf sur les points les mieux abrités du littoral de la Méditerranée, où il passe assez facilement l'hiver, mais il succombe à 7 ou 8 degrés de froid. Dans tout le reste de la France, on le rentre en serre tempérée ou en orangerie vers le milieu de l'automne ; quelquefois cependant il traverse sans trop souffrir les hivers doux de nos provinces occidentales sous un simple abri de feuilles.

19° Les **Gunnéracées**, famille de plantes austro-américaines, ont donné à l'horticulture ornementale une espèce remarquable, le *gunnéra scabre* (*Gunnera scabra*) (fig. 183), du

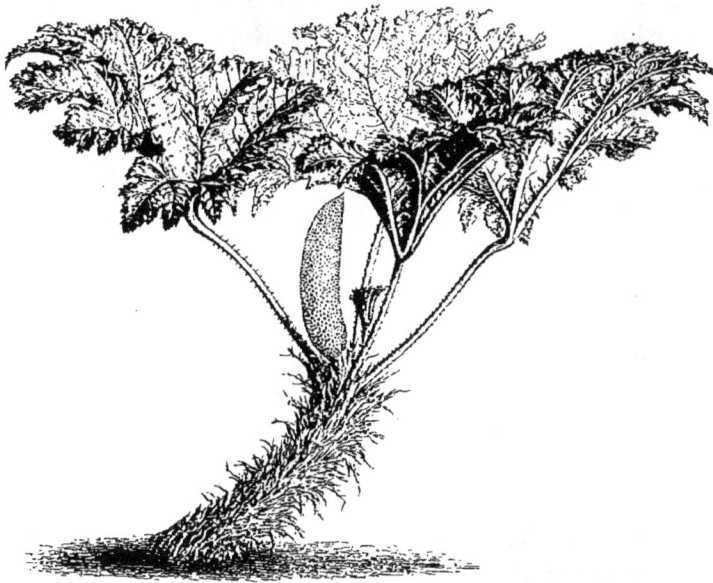

Fig. 183. — Gunnéra scabre.

Chili , plante vivace, acaule , succulente, dont les feuilles palmatilobées et couvertes d'aspérités , ont jusqu'à 0^m,70 ou 0^m,80 de longueur et de largeur. Tous les ans il sort du cœur de la plante un énorme épi en cône allongé, de teinte rougeâtre, qui porte des milliers de petites fleurs insignifiantes par elles-mêmes et réduites aux organes de la fructification. La plante est d'un grand effet là où elle peut arriver à l'état adulte; mais sous le climat de Paris elle appartient plus à l'orangerie qu'à la pleine-terre, ou du moins elle n'y passe l'hiver qu'à la condition d'y être très-abritée. Sous un climat plus doux, comme celui du sud-ouest, il suffit de la couvrir de paillassons ou de feuilles sèches pour en préserver le pied du froid. Elle se plaît dans les terres légères et humides, comme d'ailleurs beaucoup d'autres plantes originaires de la même région. Cultivée sur une pelouse, en terre rapportée et à exposition méridionale, elle exigerait de copieux arrosages en été.

20° Les **Polygonées**, plantes rustiques et généralement peu exigeantes relativement au terrain, sont représentées dans nos jardins paysagers par quelques espèces d'un faible intérêt. La plus connue est la *persicaire d'Orient* (*Polygonum orientale*), plante annuelle, dressée, rameuse, haute de 2 à 3 mètres, à grandes feuilles ovales, et dont les ramifications se terminent par des épis de fleurs roses ou de couleur carmin. On peut lui reprocher d'être nue de tige et peu étoffée, mais on y remédie en la plantant en touffes de quatre à cinq individus. Une autre espèce, moins commune mais peut-être supérieure comme plante ornementale, est la *persicaire vivace* (*P. cymosum*), grande herbe dressée, en touffes hautes de 2 à 3ᵐ, à fleurs blanches ou rosées. On peut y ajouter la *persicaire du Japon* (*P. cuspidatum*), pareillement vivace par la racine, et formant des touffes denses et très-feuillues de 1ᵐ,50, dont les sommités se couvrent de petits épis de fleurs blanches; elle a le grave défaut de tracer du pied et d'envahir plus d'espace qu'il ne convient de lui en accorder.

C'est aussi dans la famille des polygonées que nous trouvons les *rhubarbes* (*Rheum*), plantes à la fois alimentaires, médicinales et ornementales. Ce qui en fait la valeur, au point de vue qui nous occupe, c'est leur énorme feuillage, à peine moins grand, dans quelques espèces, que celui du gunnéra. Toutes sont des plantes montagnardes, très-rustiques, vivaces par la racine, et poussant tous les ans de nouvelles feuilles et de nouvelles tiges. Les espèces communément cultivées sont la *rhubarbe ondulée* (*R. undulatum*), la *rhubarbe groseille* (*R. Ribes*), la *rhubarbe à feuilles palmées* (*R. palmatum*), et la *rhubarbe du Népaul* (*R. australe*) (fig. 184), également pro-

Fig. 184. — Rhubarbe du Népaul.

pres à décorer les pelouses et mieux encore les collines naturelles ou artificielles. Le défaut de toutes ces plantes est d'ê-
tre trop basses, eu égard à l'ampleur de leur feuillage, et
d'avoir la tige trop nue. Une espèce qui leur serait bien supérieure comme plante pittoresque, si elle existait encore dans
les jardins, est la *rhubarbe de Hooker* (*R. nobile*), originaire de
l'Himalaya, dont la tige, haute de 1 à 2 mètres, est couverte
dans toute sa longueur de larges feuilles cordiformes, retombantes, imbriquées et serrées les unes sur les autres comme
les tuiles d'un toit, ce qui donne à la plante la forme singulière

d'un cône, droit ou incliné suivant les accidents du terrain. Elle serait particulièrement propre à la décoration des collines artificielles et des grandes rocailles.

21° Une famille mieux partagée que les polygonées pour le nombre et la qualité des plantes qu'elle fournit au jardinage d'agrément est celle des **amarantacées,** à laquelle nous avons déjà vu, dans un chapitre précédent, le parterre et le jardin fleuriste emprunter quelques espèces. Celles que nous avons à faire connaître ici se distinguent de ces dernières par une taille plus forte et un port plus étoffé; ce sont les grands *amarantes* (*Amarantus*), originaires de l'Asie orientale et méridionale. Ce qui leur donne un caractère tout particulier, et en fait des plantes pittoresques hors ligne, c'est l'intense coloration rouge pourpre ou amarante de leurs grandes inflorescences, coloration qui s'étend quelquefois aux tiges elles-mêmes et aux feuilles. Il en résulte que ces plantes sont d'un très-grand effet lorsqu'elles sont bien placées, et surtout lorsque leur entourage tranche vivement avec leur coloration. On n'a pas de peine à comprendre que les plantes à feuillage blanc, cultivées autour d'elles en massifs serrés, sont les plus propres à faire ressortir ce contraste.

Sans rappeler l'*amarante tricolore* (*A. tricolor*), que nous avons attribué au parterre (p. 310), à cause de sa taille moins élevée, mais dont les plus grandes races, bicolores, tricolores ou uniformément rouges (*A. bicolor, A. melancholicus,* etc.), pourraient encore trouver place ici, puisqu'elles s'élèvent à près d'un mètre, nous signalerons trois espèces depuis longtemps introduites et pour ainsi dire classiques dans nos jardins, savoir : 1° l'*amarante queue de renard* ou *discipline de religieuse* (*A. caudatus*) (fig. 185), remarquable par la longueur de son inflorescence aux fleurs menues et serrées, dont les rameaux grêles et cylindriques retombent en faisceau comme les lanières d'un fouet, ce qui a valu à la plante un de ses noms vulgaires; il en existe une variété jaune qui a son mérite, quoique moins belle que la variété type; 2° l'*amarante rouge* proprement dit (*A. purpureus*), tout entier de couleur rouge pourpre, et dont la vaste panicule dressée n'est que l'assemblage d'une multi-

tude d'inflo-
rescences par-
tielles entre-
mêlées de
feuilles; .3°
enfin l'*ama-
randepyrami-
dal* (*A.specio-
sus*) (fig. 186),
le plus grand
des trois et
haut quelque-
fois de 2^m, où
le feuillage est
souvent tein-
té de rouge,
mais qui se
fait surtout re-
marquer par
sa gigantes-
que inflores-
cence couleur
sang de bœuf
et de forme
pyramidale ,
dont l'axe ou
tige maîtresse
se prolonge
bien au delà
de ses derniè-
res ramifica-
tions. Cette
espèce est

Fig. 185. — Amarante queue de renard.

peut-être la plus belle des trois, et c'est, dans tous les cas, la
plus pittoresque.

Quoique originaires de pays chauds, les amarantes, en
leur qualité de plantes annuelles, sont rustiques dans toutes

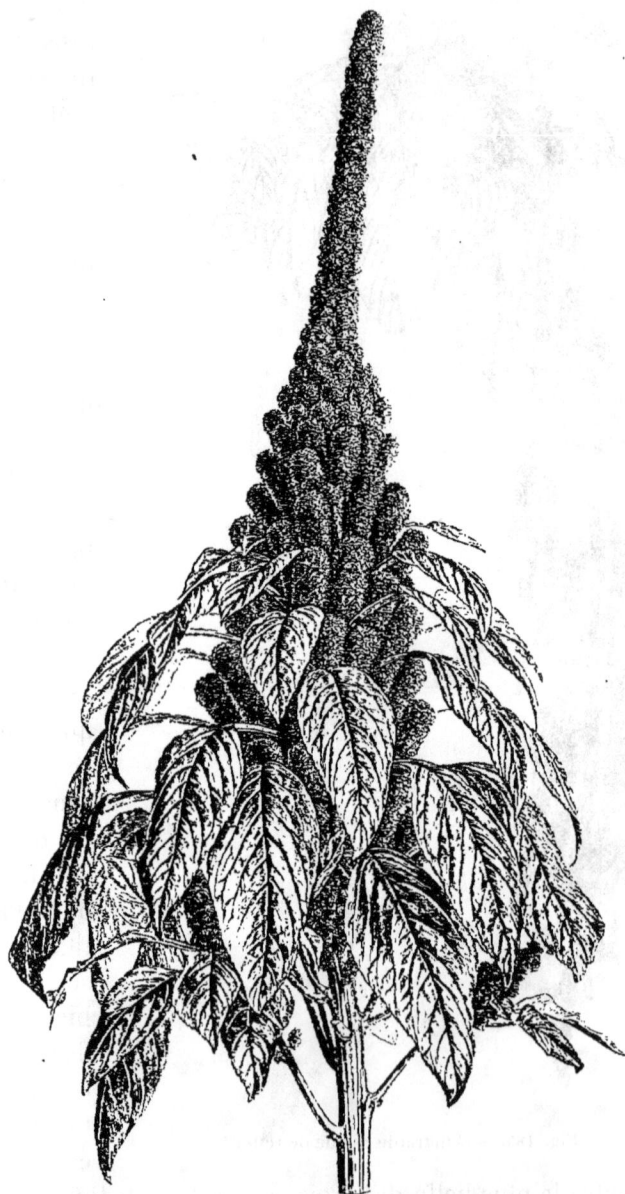

Fig. 186. — Amarante pyramidal.

les parties de la France. On les sème vers le milieu du printemps, sur couche ou simplement en place, suivant les lieux et l'état de la saison. Ils s'accommodent de toutes les terres, de celles surtout qui sont à la fois légères et fraîches, et qui ont été quelque peu amendées de fumier décomposé. Comme toutes les fortes plantes herbacées et de croissance rapide, ils veulent de copieux arrosages pendant les chaleurs de l'été. On les plante soit au centre de massifs convenablement composés, soit sur les pelouses et sur les gazons en petits groupes ou même en pieds isolés. L'amarante pyramidal est celui qui convient le mieux pour ce dernier usage.

Les *ricins* (*Ricinus*), de la famille des **euphorbiacées**, ont toujours été considérés comme des plantes à feuillage ornemental de premier ordre. Leur croissance rapide, la grande taille à laquelle ils parviennent dans le courant d'un été, leurs larges feuilles palmées et la noblesse de leur port, justifient la vogue dont ils jouissent pour la décoration des jardins d'une certaine étendue. On en compte plusieurs espèces ou variétés, qui peuvent à la rigueur se réduire à deux, savoir : 1° le *ricin commun* (*R. communis*), de l'Inde, à tige herbacée mais robuste, et qui est ordinairement cultivé comme plante annuelle, bien que sous des climats exempts d'hiver il puisse vivre plusieurs années et devenir quelque peu ligneux. On distingue dans cette espèce le *grand ricin* (*R. communis major*), haut de 2^m à 2^m,50, à grosses tiges fistuleuses, glauques et légèrement purpurines, dont les larges feuilles peltées se divisent sur leur pourtour en 5, 7 ou 9 lobes aigus ; le *petit ricin* (*R. communis minor*), semblable au précédent, mais ne dépassant guère 1^m,50, et ayant des feuilles bien moins grandes ; le *ricin rutilant* (*R. communis rutilans*), de la taille du grand ricin, dont il diffère seulement par la coloration très-rouge de ses tiges, et la teinte rougeâtre de ses fleurs ; enfin le *ricin géant* (*R. communis sanguineus*), le plus grand et le plus beau de toutes ces variétés, dont la tige, haute de 3^m et plus, est, ainsi que les branches, les pétioles des feuilles et leurs principales nervures, d'un rouge brunâtre et point glauques ; ses feuilles ont jusqu'à 0^m,70 et plus de largeur, et ses panicules fructifères la même dimension en longueur. 2° Le *ricin en arbre* ou *ricin d'Afrique* (*R. africanus*), indigène de la région méditerranéenne, commun dans le nord de l'Afrique, en Orient, dans les îles de la Méditerranée, et croissant encore à l'état sauvage aux environs de Nice. C'est un arbrisseau de 7 à 8 mètres, rameux, formant une large tête arrondie, mais avec un feuillage beaucoup moins grand que celui des espèces ou variétés annuelles, et plus ordinairement à 5 lobes qu'à 7. Il est le plus rustique du genre, et supporte 2 à 3 degrés centigrades au-dessous de zéro; les ricins de l'Inde succombent à la moindre gelée.

Tous les ricins se propagent de graines, qu'on sème en place dans la seconde quinzaine de mai sous le climat de Paris, un mois plus tôt dans la région méridionale, ou bien dès les premiers jours d'avril sur couche et sous châssis, afin d'avancer le plant. Ils aiment la terre profonde, forte, bien engraissée et copieusement arrosée pendant la période des chaleurs. Dans le nord on doit les mettre à une exposition méridionale et, s'il se peut, abritée contre les grands vents. On les plante assez souvent en petites touffes de trois ou quatre individus; mais le ricin gigantesque devient plus beau et produit plus d'effet en pieds isolés. Il en est de même du ricin d'Afrique, qui doit d'ailleurs être mis en caisse et conservé l'hiver en orangerie. La floraison des ricins se fait en juillet, août et septembre. Le ricin géant a quelque peine à mûrir ses graines dans le nord de la France.

En dehors du groupe des ricins on ne trouve plus, parmi les euphorbiacées, de plantes réellement pittoresques qui puissent vivre en plein air sous nos latitudes, les grandes espèces indigènes du genre *euphorbe* (*Euphorbia*), comme l'*épurge* (*E. Lathyris*), le *characias* (*E. Characias*) et quelques autres, étant des plantes trop vulgaires et de trop peu d'intérêt pour mériter d'être cultivées. Tout au plus pourrait-on recommander l'*euphorbe des Canaries* (*E. canariensis*), grande plante cactiforme sans beauté, dont la figure étrange peut cependant servir à varier les aspects du jardin, mais elle ne saurait passer l'hiver à l'air libre que dans les parties les plus méridionales de l'Europe, là où la moyenne de cette saison est au moins de 10° centigrades.

Les **labiées** sont par elles-mêmes peu ornementales, et de même qu'elles ne procurent qu'un faible contingent de plantes au jardin fleuriste, elles n'en fournissent non plus qu'un très-petit nombre au jardin paysager. Les seules qui nous paraissent pouvoir y être introduites sont la *phlomide laciniée* (*Phlomis* ou *Eremostachys laciniata*), plante d'Orient, vivace, haute de près de 2 mètres, dont le grand feuillage, laineux, est profondément et élégamment découpé; ses tiges, un peu grêles et exposées à être renversées par le vent, se terminent par de longs épis de fleurs pourpres verticillées d'un certain effet; la *phlomide du Caucase* (*Ph.* ou *Eremostachys iberica*), assez semblable à la précédente, mais d'un port moins distingué, avec des fleurs mi-parties de blanc et de brun; enfin la *phlomide tubéreuse* (*Ph. tuberosa*), de Sibérie, haute de 1^m à $1^m,50$, à tiges presque simples et à feuilles cordiformes, dont les fleurs violettes, en épis terminaux, ne compensent pas l'infériorité relative. Les sauges exotiques de grande taille, à fleurs rouges ou bleues, leur sont préférables comme plantes de haut ornement. C'est en particulier le cas de la *sauge du Népaul* à fleurs bleues (*Salvia patens*) et de la *sauge écarlate* (*S. splendens*) à fleurs rouges, de l'Amérique centrale; mais ces deux plantes, ainsi que nous l'avons déjà dit dans un chapitre précédent (p. 467), doivent être remisées l'hiver en orangerie.

Beaucoup d'autres labiées, plus humbles de taille, le thym, le serpolet, la lavande, les sauges indigènes, etc., pourraient être utilisées à garnir les terrains rocailleux et de mauvaise qualité, surtout dans la région moyenne et dans le midi de la France, et cela non-seulement pour couvrir ces terrains dénudés, dont toute autre culture serait trop dispendieuse, mais aussi pour y entretenir des abeilles. Rien ne s'oppose en effet à ce qu'on tire d'un jardin paysager, où les fleurs abondent, un certain bénéfice au moyen de ces insectes, et ce sont précisément ces labiées de peu d'apparence qui fournissent le miel le plus fin et le plus parfumé.

Les plantes énumérées dans ce chapitre, quelque nombreuses qu'elles soient, ne sont par les seules qui puissent concourir à l'ornementation des grands jardins; nous n'avons cité que les principales, et on conçoit qu'on en puisse encore trouver beaucoup d'autres. Nous l'avons dit d'ailleurs en commençant : bien des plantes que nous avons assignées au jardin fleuriste proprement dit peuvent également trouver leur place ici, par exemple les digitales, les acanthes indigènes ou exotiques (*Acanthus lusitanicus*, *A. latifolius*, *A. spinosus*, etc.), les lupins, les asclépiades, les grandes balsamines de l'Inde (*Impatiens Roylei*, *I. tricornis*, etc.). On pourrait y placer encore quelques-unes de celles que nous réservons pour les chapitres suivants, entre autres les cypéracées de haute taille et les grandes espèces de fougères. Le choix de ces plantes et leur emploi est nécessairement abandonné au tact et au jugement de l'amateur. C'est à lui de décider quelles espèces s'accommoderont du sol et du climat de sa localité, et de les combiner de manière à produire des harmonies d'ensemble.

CHAPITRE VII.

LES PLANTES AQUATIQUES ET LES AQUARIUMS.

_____

§ 1er. — CONSIDÉRATIONS GÉNÉRALES.

Les végétaux aquatiques sont encore une nouveauté dans le jardinage d'agrément. Au siècle dernier, et même dans les vingt-cinq premières années de celui-ci, on ne semble pas en avoir soupçonné la beauté décorative; toute l'attention se concentrait sur les plantes de parterre et sur un petit nombre d'arbres et d'arbustes d'orangerie, et pour en faire comprendre la valeur il n'a pas fallu moins que l'introduction en Europe de l'espèce la plus gigantesque de ce groupe de plantes, le *Victoria regia*, dont il sera parlé plus loin. Aujourd'hui l'impulsion est donnée, et, quoique les aquariums ne soient encore qu'une exception dans les jardins de plein air, on ne peut douter qu'ils n'aient décidément pris droit de cité dans l'horticulture ornementale.

Les plantes aquatiques sont beaucoup moins nombreuses et moins variées de port que les plantes terrestres; cependant il y a encore entre elles, sous ce dernier rapport, des différences considérables. Les unes sont entièrement immergées et nageantes; les autres flottent à la surface de l'eau ; d'autres encore s'élèvent plus ou moins haut au-dessus de la surface du liquide; il en est enfin dont les racines seules plongent dans l'eau, ou même qui ne croissent que sur des terrains momentanément inondés. Il y a donc tous les intermédiaires entre les plantes les plus aquatiques et celles qui le sont le moins. Nous considérerons ici comme appartenant au groupe des plantes aquatiques non seulement celles qui vivent plus ou moins immergées, mais celles aussi qui, bien que terrestres, ne peuvent cependant pas s'éloigner du voisinage des eaux.

Toutes les plantes véritablement aquatiques sont herbacées, et presque toutes sont vivaces par leurs rhizomes, qui se conservent d'une année à l'autre au fond de l'eau ou dans la terre humide. Ces rhizomes sont pour elles le moyen de propagation le plus assuré et le plus rapide, et il est rare qu'on recoure au semis pour les multiplier. Il est telle espèce qui, par sa seule végétation souterraine, encombrerait bientôt les plus grands aquariums si on ne modérait sa vigueur par la suppression partielle de ses rhizomes. Un des agréments de leur culture, lorsqu'elles sont suffisamment rustiques, est le peu de soin qu'elles demandent. Une fois établies sur le fond qui leur convient, il n'y a pour ainsi dire plus à s'en occuper; tout au plus est-il nécessaire d'enlever chaque année, à la fin de l'hiver, les débris de tiges et de feuilles mortes de l'année précédente. Abandonnés à eux-mêmes, ces débris disparaîtraient d'ailleurs bientôt en achevant de se décomposer ou en se dissimulant sous la végétation nouvelle.

Les aquariums de plein air sont presque le complément obligé des jardins pittoresques, mais on doit les proportionner à l'étendue de ces jardins. Les lacs, les étangs, les rivières artificielles des plus grands parcs ne sont en soi rien autre chose que des aquariums tout préparés pour recevoir des plantes aquatiques, et leurs bords se peuplent en général spontanément d'espèces vulgaires qui, en les couvrant d'un manteau de verdure, concourent à leur consolidation. Toutefois, ces plantes sauvages à elles seules ne suffisent pas à orner convenablement les pièces d'eau, et il est bon d'y ajouter celles que l'art a introduites dans la culture. Pour les aquariums à contours maçonnés, et qui sont toujours, comparativement aux premiers, d'une faible étendue, les espèces aquatiques doivent être choisies avec plus de soin, et on ne doit y introduire que celles qui sont véritablement ornementales par leur feuillage ou par leurs fleurs. Ces petits aquariums des jardins fleuristes peuvent se rétrécir au point de n'être que des bassins de 3 à 4 mètres de diamètre, ou moins encore. Enfin beaucoup de plantes aquatiques, mais seulement des plantes émergées, le pontédéria, le butome, le ményanthe à trois feuilles, le nélombo d'Orient et celui d'Amérique, le calla des marais, etc., peuvent se contenter, pour tout aquarium, d'un baquet, d'une terrine ou d'un simple pot rempli de terre et d'eau. Les espèces à feuilles flottantes exigent toujours plus d'espace; il en est dont un seul pied peut couvrir de ses feuilles toute la surface d'un bassin de moyenne étendue.

A l'exception d'un très-petit nombre d'espèces dont les racines nageantes sont simplement étalées dans l'eau, sans contracter aucune adhérence avec le sol sous-jacent, telles que le pontédéria vésiculeux, le stratiotes aloïde, les hydrocharides, etc., les plantes aquatiques se fixent généralement à ce sol par leurs racines ou leurs rhizomes. Le fond d'un aquarium n'est par conséquent pas tout à fait indifférent au succès de ce genre de culture; certaines espèces se plaisent sur les fonds tourbeux, d'autres préfèrent ceux qui sont siliceux, d'autres encore, et en plus grand nombre, les fonds de terre argileuse. Ce qui est plus essentiel au bien-être de ces plantes c'est que l'eau soit aérée et limpide, et que le bassin où elles croissent soit exposé à la pleine lumière du soleil. Tout aquarium qui serait ombragé par des arbres ou des constructions pendant une notable partie du jour ne donnerait que de médiocres résultats. Les rayons du soleil, si indispensables pour les plantes terrestres, le sont encore plus pour les plantes aquatiques, par cette raison surtout que le milieu dans lequel elles sont plongées s'échauffe beaucoup plus lentement et toujours à un moindre degré que la terre.

La végétation aquatique est de toutes les régions du globe où l'eau reste à l'état liquide au moins pendant quelques mois de l'année, et nous retrouverons chez elle toutes les particularités que nous avons observées chez les plantes terrestres en ce qui concerne la température, mais moins fortement accusées, comme si, douées d'une constitution plus flexible, ces plantes des eaux étaient par là plus aptes que les autres à endurer de grandes vicissitudes atmosphériques. C'est ainsi que plusieurs d'entre elles ont une aire d'habitation très-étendue, et croissent en quelque sorte indifféremment entre les tropiques et sous des latitudes presque froides. Le fait, toutefois, s'explique bien plus par les propriétés physiques du milieu dans lequel elles sont immergées que par une idiosyncrasie propre. L'eau en effet, lorsqu'elle a une certaine profondeur, subit beaucoup moins vite que l'air les alternatives du refroidissement et du réchauffement, et lorsque sa surface vient à geler, tout ce qui est au-dessous de la couche de glace se trouve protégé contre de nouveaux abaissements de la température; aussi voit-on les rhizomes de beaucoup de plantes aquatiques de pays comparativement chauds se conserver intacts au fond de l'eau ou dans la vase que cette dernière recouvre, aussi longtemps que la gelée n'arrive point jusqu'à eux. Il n'y aurait donc pas trop lieu de s'étonner si des plantes aquatiques de provenance tropicale, transportées sous nos latitudes, et plantées dans des aquariums d'une certaine profondeur, traversaient impunément une longue série d'hivers. En revanche, ces plantes sont très-sensibles aux variations de la température lorsqu'une fois elles sont entrées en végétation; elles fleurissent ou refusent de fleurir pour peu que la chaleur de l'eau s'écarte, en plus ou en moins, des limites assez étroites entre lesquelles ce phénomène doit s'accomplir, et à ce dernier point de vue on observe entre elles des différences considérables. Telle espèce, par exemple, fleurira dans une eau dont la température moyenne diurne n'excédera pas 12 degrés, telle autre en demandera 15, 20, 25 ou davantage. Ici donc, comme chez les plantes terrestres, il y aura pour nous des espèces de plein air et des espèces de serre chaude, ou, pour parler plus exactement, des espèces dont l'aquarium devra être chauffé artificiellement, ce qui, à la rigueur, n'exige pas la construction d'une serre chaude.

Nous avons insisté à plus d'une reprise, dans le cours de cet ouvrage, sur la nécessité d'une certaine chaleur du sol pour exciter la végétation des plantes, et nous avons donné le nom de *culture géothermique* à l'art nouveau de faire croître en pleine terre et à l'air libre sous nos climats des plantes de pays sensiblement plus chauds que le nôtre, en chauffant artificiellement le terrain dans lequel plongent leurs racines. Le même procédé, sous le nom de *culture hydrothermique* (1), peut s'appliquer aux végétaux aquatiques, et peut-être avec plus de succès que pour les plantes terrestres, lorsqu'ils sont entièrement immergés dans le milieu chauffé artificiellement; même s'ils sont en partie émergés, leurs sommités profitent encore du bénéfice de la vapeur tiède qui s'échappe de la surface du liquide. Toutes les fois donc que la chaleur du soleil ne suffira pas pour élever la température de l'eau au degré requis par les plantes, il sera possible d'y suppléer par la chaleur d'un tuyau de thermosiphon circulant au fond de l'aquarium. Ce thermosiphon pourra être celui d'une serre, prolongé, au moyen d'une galerie souterraine, jusqu'à l'aquarium situé à quelque distance de là. Les eaux chaudes qui sont rejetées des fabriques pourraient être utilisées de la même manière, aussi bien d'ailleurs que les eaux thermales (2), là où il en existe. Nous n'avons pas besoin de dire que ces eaux, qui contiennent souvent des principes nuisibles à la végétation, seraient enfermées dans des tuyaux et ne se mêleraient point à celle de l'aquarium

Les plantes aquatiques appartiennent à des familles très-différentes par l'organisation; mais au point de vue de leur emploi dans la décoration des jardins on peut les partager en deux groupes, il est vrai un peu arbitrairement déterminés, savoir les *plantes demi-aquatiques*, la plupart monocotylédones et indigènes, et propres surtout à garnir le bord ou le voisinage des pièces d'eau, et les *plantes d'aquariums proprement dits*, qui sont principalement des dicotylédones et la plupart

---

(1) Voir à ce sujet l'*Aperçu de la culture géothermique*, par M. Naudin, ou la culture hydrothermique est pareillement expliquée.

(2) La chaleur toute gratuite apportée à la surface de la terre par les eaux thermales est généralement sans emploi, mais le jour n'est peut-être pas éloigné où on s'en servira dans le jardinage, soit pour forcer des plantes sous verre, des ananas par exemple, soit même pour échauffer le sol d'un simple jardin destiné à la culture des primeurs. Si cette innovation se réalise, nos départements pyrénéens, ou les sources thermales se comptent par centaines, pourront devenir des centres florissants d'horticulture productive.

exotiques. Cette division, comme nous venons de le donner à entendre, n'a rien d'absolu; il est assez évident qu'on pourra, là où le climat et les autres circonstances le permettront, faire passer dans les étangs les plantes communément réservées à l'aquarium, et réciproquement.

§ 2. — PLANTES AQUATIQUES ET DEMI-AQUATIQUES SERVANT A DÉCORER LE BORD OU LE VOISINAGE DES PIÈCES D'EAU.

Dans ce groupe de plantes, la plupart vulgaires et rustiques, nous distinguerons :

1° Les **joncs proprement dits** (*Juncus*), plantes monocotylédones indigènes, connues de tout le monde, plus terrestres qu'aquatiques, vivaces, à racines traçantes, et formant des touffes de feuilles et de tiges cylindriques, grêles et subulées. De toutes les plantes ce sont les plus propres à consolider les bords des étangs et des pièces d'eau ; aussi en fait-on un fréquent emploi pour maintenir les terres le long des canaux ouverts à la navigation. Nous en comptons un grand nombre d'espèces en France, dont les plus propres aux usages que nous venons d'indiquer sont les *J. acutus, glaucus, effusus, squarrosus, lampocarpus, maritimus*. Le *J. glaucus*, connu vulgairement sous le nom de *jonc des jardiniers*, est ordinairement planté dans les jardins autour des fontaines ou des tonneaux d'arrosage, parce que ses brins (tiges et feuilles), souples et résistants, sont très-propres à faire des liens économiques pour les besoins du jardinage. Aux joncs proprement dits se rattachent les *luzules* (*Luzula*), qui en diffèrent par leurs feuilles, planes et graminoïdes. La plupart des espèces du genre peuvent être pareillement employées à garnir le bord des eaux, mais elles sont très-inférieures aux joncs pour cet usage.

2° Les **laiches** et les **souchets** (*Carex, Cyperus*), plantes rustiques, à rhizomes traçants, croissant très-souvent le pied dans l'eau, formant pour la plupart de fortes touffes glauques ou vert clair. Leurs feuilles sont étroites, allongées, graminoïdes, ordinairement carénées en dessous et quelquefois très-scabres sur les bords et sur la carène. Les grandes espèces font un assez bel effet au voisinage des pièces d'eau. On peut indiquer dans le nombre la *grande laiche* (*Carex maxima*), la *laiche des rivières* (*C. riparia*), la *laiche faux-souchet* (*C. pseudo-cyperus*), la *laiche ampullifère*, (*C. ampullacea*), et en général toutes celles qui prennent un certain développement et donnent des touffes fournies. C'est surtout par leur feuillage que ces plantes se recommandent.

Les souchets, moins étoffés que les laiches, se distinguent davantage par les gracieuses formes de leurs inflorescences, quelquefois par la hauteur de leurs tiges. Deux espèces indigènes sont particulièrement propres au genre de décoration qui nous occupe; ce sont le *souchet odorant* (*Cyperus longus*), dont les rhizomes aromatiques ont quelque emploi dans l'économie domestique, et le *souchet de Monti* (*C. Monti*), qui a des analogies avec le précédent. On pourrait y joindre le *souchet comestible* (*C. esculentus*), probablement originaire de l'Orient, mais cultivé depuis longtemps comme plante alimentaire dans quelques cantons du midi de la France et de l'Europe, où il s'est en quelque sorte naturalisé. Une quatrième espèce, beaucoup plus belle, et qui est célèbre depuis une haute antiquité, est le *papyrus d'Égypte* (*C. papyrus*), dont les grosses tiges trigones, hautes de 3 mètres ou plus, se terminent par une large inflorescence ombelliforme. La moelle fine, blanche et abondante qui remplit ces tiges était employée chez les anciens à la confection d'un papier à écrire, dont il paraît que l'usage n'est pas entièrement perdu (1). Très-abondante autrefois dans la basse Égypte, elle en a entièrement disparu, mais elle se retrouve sur les bords du haut Nil, en Nubie et en Abyssinie, et de plus elle a été naturalisée en Sicile, où elle est assez commune aujourd'hui. Cette belle plante ap-

(1) Beaucoup de manuscrits grecs, égyptiens, syriens, etc., conservés dans nos bibliothèques, sont sur papyrus. On a prétendu, dans ces derniers temps, que la plante connue aujourd'hui sous le nom de *Cyperus papyrus* n'était pas celle dont les anciens tiraient leurs papiers, et que cette dernière devait prendre le nom de *Papyrus antiquorum*. Cette assertion peut être vraie, mais elle aurait besoin d'être mieux prouvée.

partient à la serre tempérée sous le climat de Paris; elle ne peut réussir à l'air libre que dans les localités les mieux abritées du midi de l'Europe.

A la famille des cypéracées appartiennent encore les *choins* (*Schœnus*), les *scirpes* (*Scirpus*) et les *linaigrettes* (*Eriophorum*), qui peuvent trouver un utile emploi dans le peuplement des terres imbibées d'eau. Le *choin des marais* (*Schœnus mariscus, Cladium mariscus*) est une assez belle plante vivace, dont les tiges, en touffes plus ou moins fournies, s'élèvent à 1^m,50 et plus et se terminent par d'élégantes panicules. Le *scirpe des lacs* (*scirpus lacustris*), plus connu sous les noms vulgaires de *jonc de rivière, jonc des chaisiers,* pousse du fond des eaux de longues tiges cylindriques, presque de la grosseur du doigt, et qui sont d'un singulier effet dans les eaux courantes. Ces joncs servent à divers usages économiques, dont le principal est l'empaillage des chaises. Les linaigrettes, beaucoup plus basses de tige et en touffes peu fournies, se recommandent par un avantage d'un autre genre, les houppes de soie blanche et nacrée qui enveloppent leurs graines et en favorisent la dissémination.

3° Deux **roseaux** doivent trouver leur place ici : ce sont le *roseau des marais* (*Arundo phragmites*), connu aussi sous le nom de *roseau à balai,* et le *paturin aquatique* (*Poa aquatica*), qui tous deux croissent le pied dans l'eau, et s'élèvent à 1^m,50 ou 2^m au-dessus de sa surface. C'est surtout par leurs inflorescences que ces deux plantes se font remarquer. Celles du roseau des marais en particulier, qui sont fournies et soyeuses, rappellent les panicules du gynérium des pampas, mais sous des proportions beaucoup moindres et avec une teinte gris violacé. Ces deux plantes ont beaucoup de grâce lorsqu'elles sont agitées par le vent.

4° Les typhacées indigènes sont loin d'être sans mérite pour le genre de décoration qui nous occupe. Elles nous fournissent les **massettes** (*Typha*) et les **rubans d'eau** (*Sparganium*). Les premières croissent dans les eaux dormantes peu profondes et sur les sols vaseux ; leurs longues feuilles ensiformes et leurs tiges droites, sans nœuds, terminées par des sortes de gros chatons allongés et brunâtres, sont d'un effet très-pittoresque. On en distingue deux espèces, la *grande massette* (*T. latifolia*) (fig. 187), haute de $1^m,50$ à 2^m, et la *petite massette* (*T. angustifolia*), moins élevée et moins belle. Ces deux plantes se propagent au loin par leurs graines fines et facilement emportées par le vent, aussi se montrent-elles très-fréquemment dans les flaques d'eau qui se sont formées le long des chemins de fer à la suite des terrassements. Les rubans d'eau affectionnent au contraire les eaux courantes, particulièrement celles qui coulent sur les fonds glaiseux. L'espèce la plus répandue, et de beaucoup la plus belle, est le *ruban d'eau commun* (*Sp. ramosum*), dont les grandes feuilles gladiées, souvent longues de près d'un mètre, font des touffes d'une verdure très-vive, mais ses inflorescences n'ont rien qui les fasse remarquer.

5° Les **alismacées** nous donnent aussi un contingent de plantes rus-

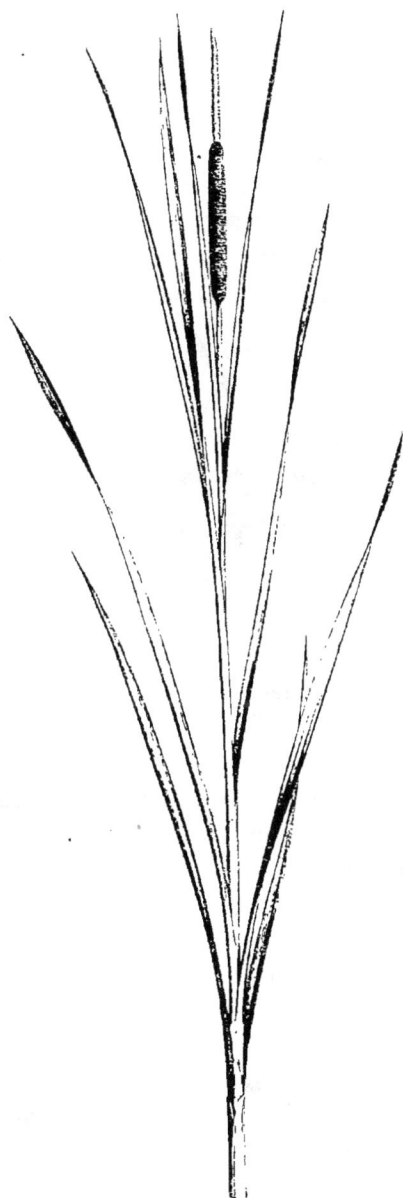

Fig. 187. — Grande massette.

tiques qui ne sont point à mépriser. Ce sont : la *sagittaire* (*Sagittaria sagittifolia*) (fig. 188), plante indigène des eaux

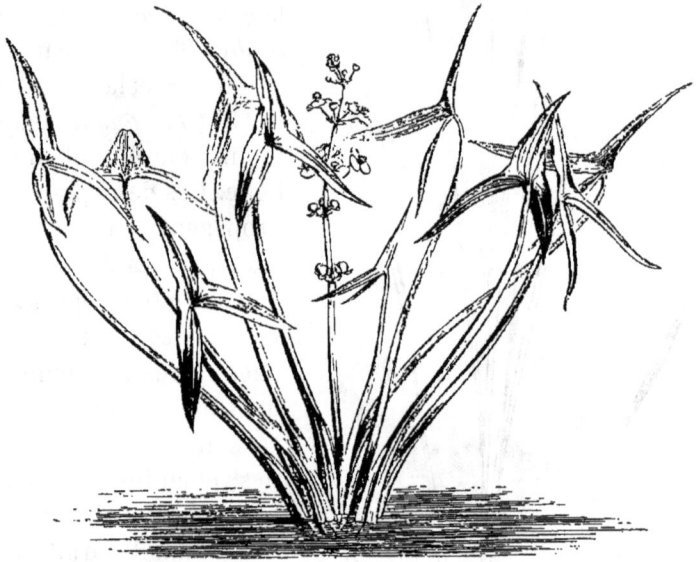

Fig. 188. — Sagittaire.

courantes ou dormantes, plus connue sous l'appellation vulgaire de *flèche d'eau*, parce que ses feuilles émergées, portées sur de longs pétioles dressés, sont taillées en fer de flèche ; mais ces mêmes feuilles, lorsqu'elles sont immergées, prennent la forme d'un long ruban qui ondule au gré de l'eau, si la plante croît au fond des rivières ; quand la plante est émergée elle produit des hampes de 0^m,50 à 0^m,70, terminées par une étroite panicule de fleurs blanches à trois pétales, qui ont quelquefois doublé par la culture ; le *plantain d'eau* (*Alisma plantago*), à feuilles simplement lancéolées et qui produit, comme la sagittaire, des panicules de fleurs blanches ; enfin le *butome* ou *jonc fleuri* (*Butomus umbellatus*), plante de nos étangs, dont les tiges dressées et jonciformes se couronnent d'une ombelle de fleurs blanc rosé. Cette jolie alismacée est depuis longtemps en possession d'orner les bassins de nos jardins.

6° Ici se place naturellement un **iris** indigène dont nous avons déjà parlé, l'*iris des marais* ou *glaïeul d'eau* (*Iris pseudo-acorus*), dont les feuilles, ensiformes, en fortes touffes, et de la plus belle nuance de vert, s'élèvent à 1^m au-dessus de l'eau. Ses grandes fleurs jaunes, qui se voient de loin, ajoutent beaucoup à son effet décoratif. Comme la plupart des plantes de cette section, l'iris des marais croît au bord des eaux ou dans les eaux peu profondes; comme elles aussi, il se propage facilement et rapidement par la division de ses rhizomes.

7° Deux **aroïdées** sont aussi d'estimables plantes aquati-

Fig. 189. — Calla d'Afrique.

ques ; l'une est le *calla des marais* (*Calla palustris*), espèce rustique du centre et du nord de l'Europe, aux feuilles cordiformes et lustrées, mais que distingue surtout sa spathe florale en forme de cornet évasé et d'une blancheur parfaite ; sa taille peu élevée en fait une plante des terrains simplement inondés, aussi la cultive-t-on souvent dans des baquets ou même dans de simples pots, dont la terre est couverte de 1 à 2 centimètres d'eau ; l'autre est le *calla d'Afrique* (*C. æthiopica, Richardia æthiopica*) (fig. 189), du cap de Bonne-Espérance, plante beaucoup plus haute et plus grande que celle d'Europe, et dont la spathe florale est également blanche et très-belle. Demi-rustique sous le climat de Paris, elle peut à la rigueur y passer l'hiver enfouie dans la vase des aquariums, à la condition que la masse d'eau surjacente soit assez épaisse pour empêcher la gelée de descendre jusqu'aux rhizomes. On la cultive assez souvent aussi dans des baquets ou de grands pots, même non immergés, mais copieusement arrosés. Sous un climat méridional le calla d'Afrique passe sans difficulté de l'aquarium du jardin aux lacs et aux rivières artificielles.

8° La famille monocotylédone des **pontédériacées** nous donne aussi des espèces aquatiques d'un certain intérêt. Une seule, la *pontédérie de Virginie* (*Pontederia cordata*) (fig. 190), exige assez peu de chaleur pour s'accommoder de nos climats septentrionaux. C'est une plante peu élevée, à feuilles cordiformes-oblongues, dressées, formant des touffes d'une verdure agréable, dont le ton est relevé par des épis de fleurs bleues. Elle se plaît dans les sols tourbeux, noyés ou au moins imbibés d'eau. On la cultive

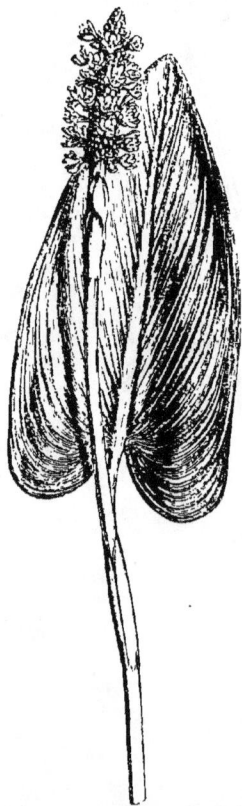

Fig. 190. — Pontédérie de Virginie.

souvent dans des caisses ou des pots immergés dans l'eau
des bassins. Couverte d'une assez grande épaisseur d'eau pour
que la gelée ne puisse pas l'atteindre, elle passe facilement
l'hiver sous nos climats. D'autres espèces du genre, les
Pontederia azurea et *crassipes* peuplent les aquariums des
serres chaudes et des serres tempérées. La dernière de ces
deux espèces flotte à la surface de l'eau, sans se fixer au sol,
ce qu'elle doit aux renflements ampulliformes des pétioles
de ses feuilles, qui en font une sorte de bouée vivante.

9° Une modeste **naïadée** de l'Afrique australe, l'*aponogéton
commun* (*Aponogeton distachyus*), a été aussi introduite dans
nos bassins. Trop faibles pour se soutenir, ses longues feuilles
elliptiques flottent à la surface de l'eau, au-dessus de laquelle
s'élèvent de quelques centimètres les deux épis de fleurs blanches de son inflorescence bifurquée. Cette plante, plus gracieuse
que belle, se trouve dans tous les aquariums des serres tempérées du nord de la France, mais elle y reste généralement
chétive, par suite sans doute d'une lumière solaire insuffisante. Elle réussit beaucoup mieux à l'air libre sous le ciel
du midi, où, livrée à elle-même, elle se multiplie avec une
grande rapidité. On la trouve naturalisée aujourd'hui dans
plusieurs localités de cette région, en particulier dans les
rivières du Lez et de la Mosson, près de Montpellier.

10° Beaucoup d'autres plantes monocotylédones, demi-aquatiques ou du moins en partie émergées, tant exotiques qu'indigènes, pourraient être ajoutées à cette liste, mais, pour ne
pas fatiguer le lecteur par des détails trop multipliés, nous nous
bornerons à en citer encore une, la **thalie blanchâtre** (*Tha-
lia dealbata*) (fig. 191), curieuse marantacée de la Virginie, aux
feuilles lancéolées et comme poudrées de blanc, et qui se recommande en outre par ses panicules de fleurs violettes. Elle est
demi-rustique sous le climat de Paris, où elle passe assez facilement les hivers ordinaires, le pied immergé au fond des
aquariums; on la conserve plus sûrement en la rentrant en orangerie ou en serre tempérée à la fin de l'automne. Cette plante,
à cause de son tempérament, qui exige de la part de l'amateur quelques soins de conservation, appartiendrait aussi bien

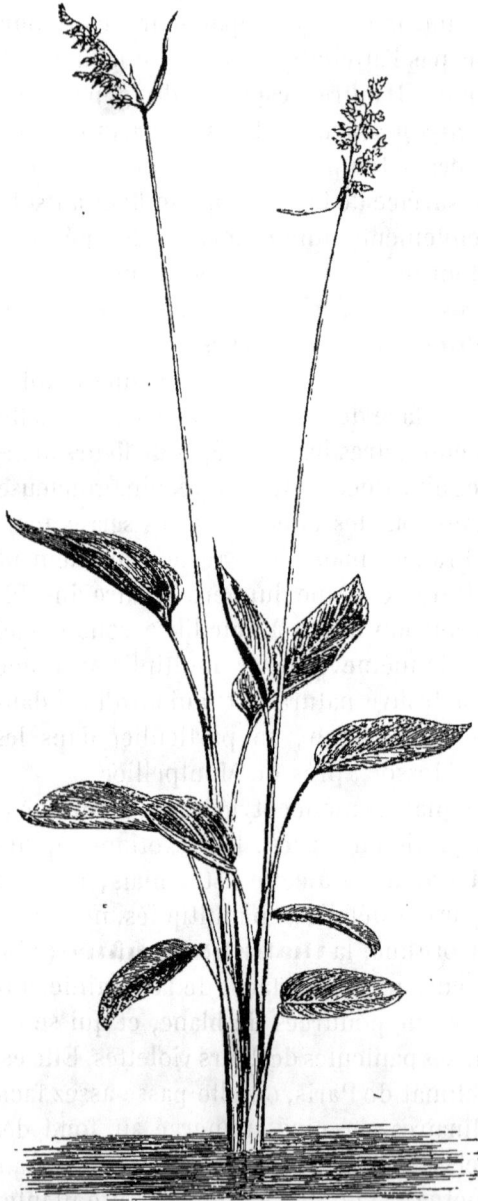

Fig. 191. — Thalie blanchâtre.

à la section suivante qu'à celle où nous venons de la placer.

11° La classe des **dicotylédones** nous fournira aussi son contingent de plantes amies des terrains humides ou ·inondés. Commençant par les moins aquatiques, nous citerons la *cardamine des prés* (*Cardamine pratensis*), jolie crucifère indigène, dont les fleurs, blanc rosé ou légèrement violettes, sont, avec les primevères jaunes, l'ornement printanier des prairies humides; le *populage* ou *souci d'eau* (*Caltha palustris*), renonculacée à fleurs jaune orangé, dont on a obtenu une variété à fleurs pleines (fig. 192), et qui croît également bien le pied dans l'eau et sur les sols émergés mais trèshumides; le *trèfle d'eau* ou *ményanthe* (*Menyanthes trifoliata*), charmante gen-

Fig. 192. — Souci d'eau à fleurs pleines.

tianée de nos marécages, aux feuilles trifoliolées, aux longues grappes de fleurs blanches et fimbriées, qui peut également servir à border les lacs artificiels et à orner le parterre, à condition d'être tenue dans un pot ou un baquet rempli de terre tourbeuse et siliceuse, couverte d'un à deux centimètres d'eau; le *villarsia nymphoïde* (*Villarsia nymphoides*), autre gentianée indigène et tout à fait aquatique, dont les feuilles orbiculaires et flottantes rappellent celles des nymphéas, et qui émaille de ses fleurs jaunes la surface des eaux; la *persicaire amphibie* (*Polygonum amphibium*), qui justifie son titre par la faculté qu'elle a de croître entièrement émergée, pourvu que la terre soit très-humide, ou immergée dans l'eau, même dans l'eau profonde, et alors ses feuilles lancéolées s'étalent à la surface, tandis que tout à l'entour se dressent ses jolis épis de fleurs rose carmin. A ces espèces communes, demi-terrestres ou aquatiques, on pourrait ajouter le *podophylle de Virginie* (*Podophyllum peltatum*) (fig. 193) et le *podophylle de l'Himalaya* (*P. Emodi*), singulières berbéridées des sols tourbeux et inondés, à rhizomes vivaces, dont les tiges simples et dressées ne portent ordinairement que deux grandes feuilles palmatilobées et opposées, et, dans l'angle qui les sépare, une seule fleur blanche à six pétales, à laquelle succède une grosse baie ovoïde, charnue et comestible, qui est blanche dans l'espèce américaine, et rouge vif dans celle de l'Himalaya; enfin, la *sarracénie pourpre* (*Sarracenia purpurea*), plante des marais du nord de l'Amérique, où elle croît le long des côtes de l'Océan, de la Floride à l'île de Terre-Neuve, et qui se fait surtout remarquer par la curieuse structure de ses feuilles, en forme d'urne operculée. Cette remarquable planté, la plus rustique de son genre, n'a pas encore, que nous sachions, été essayée en plein air sous nos climats, mais on peut supposer avec quelque vraisemblance qu'elle réussirait dans les sols tourbeux et imbibés d'eau, surtout au voisinage de la mer. La même expérience pourrait d'ailleurs se faire sur les autres espèces du genre, les *S. rubra*, *Drummondi*, *flava*, *psittacina*, etc., pareille-

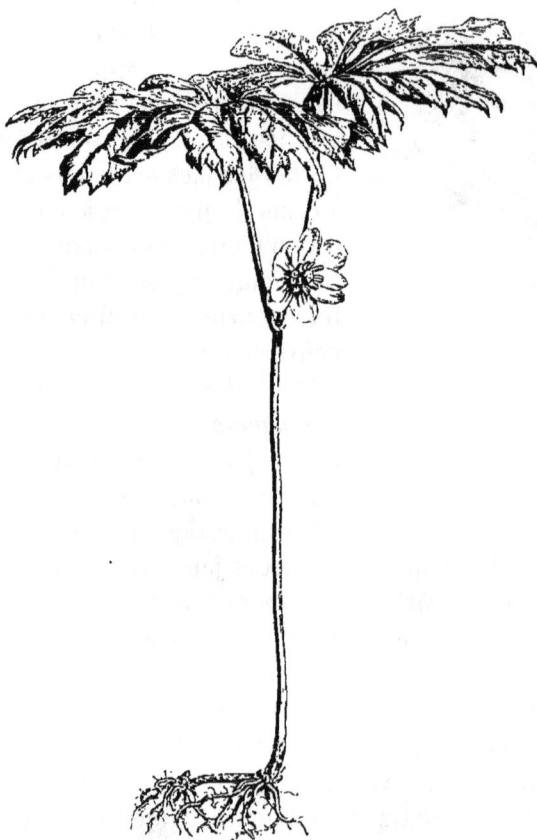

Fig. 193. — Podophylle de Virginie.

ment de l'Amérique du nord ; mais plus méridionales que la sarracénie pourpre, qu'elles égalent ou surpassent par la taille et par la beauté de leurs feuilles réticulées de blanc ou de rouge sombre sur fond vert.

§ 3. — PLANTES AQUATIQUES PLUS DIRECTEMENT APPROPRIÉES AUX AQUARIUMS DES JARDINS.

Nous réunissons dans ce paragraphe les plantes aquatiques qui se recommandent par leurs fleurs autant ou plus que par leur feuillage, ou celles encore qui n'étant que moyennement rustiques, et demandant plus de soins pour leur conservation, ne peuvent être cultivées avec succès que dans des aquariums attentivement surveillés. Nous n'avons pas besoin de répéter que la division que nous avons établie est purement arbitraire et qu'elle se modifiera nécessairement suivant les lieux, les circonstances et les goûts de l'amateur.

La qualité de l'eau des aquariums influe indubitablement sur le bien-être des plantes qui y sont immergées. Quoique ce sujet ait été peu étudié, on peut affirmer sans crainte d'erreur que les eaux les plus pures et les plus aérées sont celles qui conviennent le mieux. L'eau du ciel, qu'elle vienne de la pluie ou de la neige fondue, passe naturellement en première ligne. On peut recueillir pour cet usage celle qui tombe sur les toits des habitations, comme aussi celle qui s'amasse dans les dépressions du sol, pourvu qu'on ne lui laisse pas le temps de se corrompre par une longue exposition au soleil. Les eaux des ruisseaux et des rivières viennent, pour la qualité, immédiatement après l'eau de pluie. Quant à celles des puits profonds, surtout si elles sont sélénitueuses, on ne doit les employer que faute d'autre et après les avoir laissées reposer quelques jours à l'air. On entretient la limpidité de l'aquarium en y mettant des cyprins de Chine ou autres poissons capables d'y vivre, des grenouilles de marais, des escargots aquatiques (limnées et planorbes), etc., qui se nourrissent des végétations microscopiques et des détritus de toute nature dont la présence ne tarderait pas à altérer la pureté de l'eau. Cependant, malgré les bons offices de ces animaux, l'eau d'un aquarium doit être changée de temps en temps, au moins une fois dans l'année, pendant la saison du repos des plantes; mais ce qui vaut mieux encore, c'est de la renouveler à tous les instants par un filet d'eau fraîche qui, entrant dans l'aquarium par une extrémité, fait sortir une quantité équivalente d'eau vieille par l'extrémité opposée.

Les espèces dont il nous reste à parler sont décidément aquatiques, quoiqu'elles ne le soient pas encore toutes au même degré; c'est à elles qu'appartient plus spécialement le titre de plantes d'aquarium, et cela non-seulement parce qu'elles sont plus exigeantes que celles de la section précédente, mais aussi et surtout parce qu'elles sont beaucoup plus ornementales. Pour bien des amateurs même ce sont les seules plantes aquatiques qui soient vraiment dignes de la culture. Elles sont, en grande majorité, empruntées à deux familles dicotylédones assez voisines l'une de l'autre, les *nymphéacées* et les *nélombiacées*, mais nous y trouverons aussi quelques monocotylédones qu'à cause de leur faible importance relative nous renverrons à la fin de ce chapitre.

On peut dire que toutes les nymphéacées, sans exception, sont du domaine de la culture d'agrément, car toutes se distinguent par la beauté et l'ampleur du feuillage, et il n'en est point dont les fleurs soient insignifiantes, quoique d'une espèce à l'autre il y ait sous ce rapport de grandes inégalités. Nous avons le regret d'ajouter que toutes ne sont pas appropriées à nos climats; quelques-unes seulement vivent et fleurissent à l'air libre dans les aquariums du nord de la France, et même dans le midi de l'Europe il en est qui ne peuvent parfaire toute leur végétation qu'à l'aide de la chaleur artificielle.

Qu'elles soient indigènes ou exotiques, les nymphéacées croissent dans les eaux tranquilles ou celles du moins dont le courant est faible, et sur les fonds vaseux, dans lesquels s'implantent leurs racines ou leurs rhizomes. Ces eaux peuvent être plus ou moins profondes, suivant les espèces, et aussi suivant les climats généraux ou locaux, car une condition essentielle est qu'elles puissent s'échauffer au degré convenable par les rayons du soleil, et il est de toute évidence que l'eau s'échauffera dans le courant d'un été à une bien plus grande profondeur dans le midi de l'Europe que dans le nord. Comme moyenne très-générale on peut admettre que, sous la latitude de Paris, 50 à 60 centimètres de profondeur sont la mesure convenable pour le plus grand nombre des espèces; cette profondeur pourrait aisément doubler sous le climat du midi. Faisons remarquer qu'avec une profondeur trop faible les feuilles des nymphéacées tendent à se dresser et à sortir de l'eau au lieu de s'étaler à sa surface, ce qui leur

ôte presque toute leur grâce ; dans une eau trop profonde,
au contraire, les pétioles des feuilles, démesurément allongés, divergent trop pour que la surface soit suffisamment
couverte ; et comme le fond ne s'échauffe pas assez, la floraison en est diminuée d'autant, et même peut faire entièrement défaut.

Les plus modestes, et en même temps les plus rustiques de
la famille, sont les **nénufars** proprement dits (*Nuphar*),
plantes vivaces, à rhizomes rampants dans la vase, aux larges
feuilles elliptiques et flottantes à la surface de l'eau, aux fleurs
disciformes, comparativement petites, d'un jaune orangé.
Une espèce est commune en France, c'est le *nénufar jaune*
(*N. luteum*) (fig 194), auquel il faut peut-être réunir, à titre de

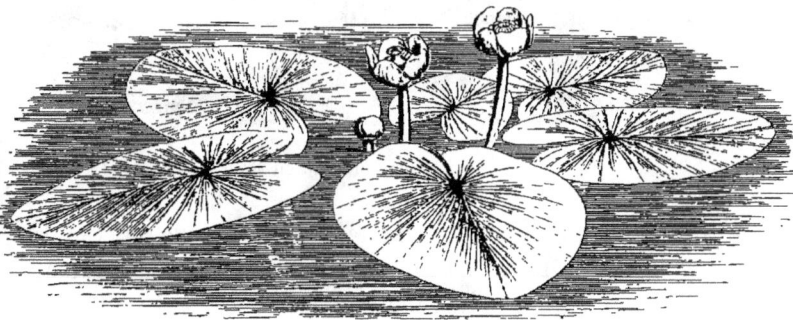

Fig. 194. — Nénufar jaune.

variété, le *petit nénufar des Vosges* (*N. pumilum*), qui lui ressemble, mais qui est de moitié plus petit dans toutes ses parties.
A ces deux espèces s'associe, dans nos bassins, le *nénufar d'A-
mérique* (*N. advena*), des États-Unis, qui ne diffère de celui
d'Europe que par sa taille, un peu plus forte, et ses fleurs, un
peu plus vivement colorées.

Les **nymphéas** (*Nymphæa*) ressemblent entièrement aux
nénufars par le port ; ils en diffèrent par des fleurs généralement plus grandes, des corolles plus fournies, à pétales plus
allongés, et surtout par la couleur des fleurs, qui est le blanc,
le rose, le rouge carmin ou le bleu, rarement le jaune. Leurs
feuilles orbiculaires, ou plus ordinairement ellipsoïdes, ont,

38

suivant les espèces, le contour entier, sinué ou denté, mais
elles ne sont jamais épineuses comme dans d'autres genres de
la même famille. On en connaît aujourd'hui plus de trente
espèces, presque toutes exotiques et disséminées dans toutes
les parties de l'Ancien et du Nouveau Monde. Sur ce nombre,
plus de la moitié ont été introduites dans les aquariums de
l'Europe (1); ce sont :

1° Le *nymphéa commun* ou *lis d'eau* (*N. alba*) (fig. 195), à

Fig. 195. — Nymphéa commun ou lis d'eau.

feuilles entières et à fleurs blanches, qui se trouve dans toutes
les parties tempérées de l'Europe et de l'Asie septentrionale;
c'est une de nos plus belles plantes indigènes. 2° Le *nymphéa
odorant* (*N. odorata*), de l'Amérique septentrionale, semblable
à celui d'Europe par le feuillage, mais avec des fleurs légèrement rosées et délicieusement odorantes; il est entièrement
rustique dans le nord de la France. 3° Le *nymphéa nain* (*N. pyg-
mæa*), du nord de la Chine, charmante miniature des précédents et tout aussi rustique qu'eux. 4° Le *nymphéa versicolore*
(*N. versicolor*), de l'Inde, à feuilles sinuées-dentées, à fleurs blanches ou rosées; espèce rare, non rustique, et qui n'a encore
fleuri que dans les aquariums des serres de l'Angleterre, mais qui
s'accommoderait vraisemblablement du plein air aux alentours
de la Méditerranée. 5° Le *nymphéa géant* (*N. gigantea*), de la

(1) Pour plus de détails sur ce sujet on pourra consulter un excellent travail
de M. Planchon, dans la *Flore des serres* de Van Houtte; tome VIII, p. 117 et
suivantes.

Nouvelle-Hollande tropicale, superbe plante à rhizome bulbiforme, à feuilles amples, dentées-sinuées, et dont les fleurs,
larges de 30 à 35 centimètres, et par là plus grandes que
celles d'aucune autre espèce du genre, sont du plus beau bleu
d'azur. Longtemps rebelle à la culture, parce qu'on le plantait à quelques centimètres seulement de la surface de l'eau
de l'aquarium, ce beau nymphéa s'est magnifiquement développé, a fleuri et donné des graines, lorsque son tubercule
eut été planté à 0^m, 65 ou 0^m,70 de profondeur, où il n'était
plus influencé par la lumière. 6° Le *nymphéa du cap* (*N. scutifolia*), de l'Afrique australe, très-analogue de port au précédent et comme lui à fleurs bleues, mais beaucoup moins
grand dans toutes ses parties ; en revanche il est déjà cultivé
avec succès dans le midi de la France, à partir du 44.ᵉ degré
de latitude. 7° Le *nymphéa bleu* (*N. cærulea*), des grands
fleuves de l'Afrique, à feuilles sinuées-dentées, tachetées de
brun, à rhizome bulbiforme, à fleurs bleu clair, quelquefois
presque blanches ; il est demi-rustique dans le climat méditerranéen, et de serre chaude ou tempérée dans les autres climats français. 8° Le *nymphéa de la Jamaïque* (*N. ampla*),
très-belle espèce, répandue dans toutes les parties chaudes de
l'Amérique, à feuilles très-amples, sinuées-dentées, à grandes
fleurs d'un blanc verdâtre ; elle n'a encore été cultivée que
dans les aquariums de serre chaude. 9° Le *nymphéa thermal* (*N.
thermalis*), espèce comparativement petite, à feuilles dentées
et à fleurs rose clair ; on ne l'a trouvée jusqu'ici qu'en Hongrie,
où elle vit dans des étangs alimentés par des sources chaudes,
ce qui fait qu'elle ne peut pas être considérée comme rustique
dans le nord de la France. 10° Le *nymphéa lotus* (*N. lotus*),
grande et belle plante d'Égypte, à feuilles dentées et à fleurs
blanches ; elle est depuis longtemps cultivée dans les aquariums
de l'Angleterre et de la Belgique, sous le nom de *N. dentata*,
et elle paraît y avoir donné naissance à plusieurs variétés
assez distinctes, dont la plus connue est celle qu'on a désignée sous le nom d'*Ortgiesiana*. 11° Le *nymphéa rouge* (*N. rubra*), de l'Inde, qui est incontestablement un des plus beaux
du genre, et qui se distingue de tous les autres par de gran-

des fleurs rouge carminé. Peut-être serait-il rustique dans le
midi de l'Europe, comme l'est le nélombo, originaire du même
pays. Croisé avec le nymphéa lotus il a donné naissance à
l'hybride connu sous le nom de *N. Boucheana,* à fleurs rose
pale, et, avec la variété *Ortgiesiana*, à un second hybride, le
N. Ortgiesiano-rubra (N. devoniensis des horticulteurs anglais),
encore plus beau et plus florifère, à grandes fleurs rose tendre,
et par là intermédiaire de coloris entre les deux espèces pa-
rentes. Ces faits d'hybridité, jusqu'ici les seuls connus dans le
groupe des nymphéacées, semblent indiquer qu'il y a de nouvelles conquêtes à y faire par le même moyen. Le croisement
des espèces tropicales par les espèces de pays froids ou tempérés aurait vraisemblablement chance de donner des métis
assez rustiques pour vivre à l'air libre sous nos climats septentrionaux.

Outre ces espèces, déjà presque classiques dans les aquariums du centre et du nord de l'Europe, nous pouvons citer
comme devant y être tôt ou tard introduites les *Nuphar japonicum* et *sagittifolium,* le premier du Japon, le second de
l'Amérique du Nord; les *Nymphæa pubescens, acutiloba* et
stellata, de l'Asie orientale; les *N. oxypetala, blanda, Ama-
zonum, elegans, ampla* et *gracilis,* des régions intratropicales
de l'Amérique; enfin, les *N. madagascariensis, emyrnensis* et
Bernieriana, de Madagascar. Les recherches ultérieures des
botanistes en feront sans doute découvrir de nouvelles.

Aux nymphéacées appartiennent encore deux autres genres,
représentés chacun par une espèce dans la floriculture européenne; ce sont les **euryales** (*Euryale*) et les **victorias**
(*Victoria*), qui diffèrent des nymphéas proprement dits par
leur ovaire infère et leurs feuilles armées d'aiguillons sous les
nervures. On connaît deux espèces d'euryales, l'une, l'*euryale
hérisson* (*E. ferox*), de la Chine, qui est assez rustique pour
vivre en plein air à Pékin, où, il est vrai, l'été est excessivement
chaud; l'autre, l'*Euryale de l'Inde* (*E. indica*), qui n'en est
peut-être qu'une variété. Toutes deux ont les feuilles orbiculaires, épineuses en dessus et en dessous, larges de 0^m, 60 à 1^m,
et les fleurs violettes, mais moins grandes que celles du nym-

phéa commun. Les fruits sont de la grosseur d'un petit melon
et hérissés d'épines acérées. Ces plantes sont plus curieuses
que réellement belles. Il est probable qu'elles seraient rustiques dans tout le midi de l'Europe.

Les victorias, originaires de l'Amérique du Sud, sont plus
intéressants; toutefois, ce qui en fait le principal mérite c'est
leur taille gigantesque. Leurs feuilles, presque exactement orbiculaires, peltées, à bords relevés dans les premiers temps
de leur évolution, ce qui leur donne alors l'apparence d'un
large plateau flottant (1), sont lisses et inermes à la face supérieure, mais réticulées de très-grosses nervures et très-épi-
neuses en-dessous. Dans la plante adulte elles ont communément 1^m,50 de diamètre; plus rarement elles arrivent à
1^m,80 ou 2^m. Les fleurs, assez semblables de forme à celles
des nymphéas, ont un nombre de pétales beaucoup plus considérable (une centaine environ) et sont en même temps
beaucoup plus grandes; entièrement épanouies elles mesurent jusqu'à 0^m,30 ou 0^m,32 de diamètre. Ces fleurs, qui
s'ouvrent la nuit et se ferment le jour, sont d'abord blanches,
puis rosées, enfin tout à fait pourpres dans le centre. Les
botanistes comptent trois espèces de victorias, mais une seule
est certaine et bien connue, c'est le *victoria royal* (*Victoria
regia*), commun dans les lagunes qui bordent les grands
fleuves de l'Amérique équatoriale et du Brésil. Introduit en
Europe depuis une vingtaine d'années, il a nécessité la création d'aquariums proportionnés à sa taille, et qu'on a successivement peuplés de beaucoup d'autres plantes aquatiques, auxquelles jusque-là on ne songeait pas. Le victoria royal y a bien
réussi; tous les ans il y mûrit les graines avec lesquelles on
le multiplie, car il paraît annuel, ce qui serait, si le fait se
confirme, une assez remarquable exception dans la famille
des nymphéacées.

Dans les premiers temps la culture du victoria passait pour
très-difficile. On croyait nécessaire de brûler la terre dont on

(1) Dans cet état, ces feuilles sont capables de soutenir un poids considérable.
On a vu, en Angleterre, des enfants de deux à trois ans s'y tenir debout sans les
enfoncer dans l'eau.

couvrait le fond de l'aquarium, afin de la purger de tous les débris organiques qu'elle pouvait contenir et qui auraient, pensait-on, corrompu l'eau ; on regardait de plus comme non moins indispensable de communiquer à cette eau un certain mouvement pour l'entretenir dans un état d'aération constant, mais l'expérience n'a pas tardé à faire reconnaître que c'étaient là des précautions à peu près inutiles. On se borne aujourd'hui à prendre de la terre sur un fond de rivière, ou même de la terre franche ordinaire, et on met dans l'aquarium quelques cyprins dorés de la Chine, dont les ébats suffisent pour communiquer à l'eau l'agitation nécessaire. Ce qui est plus essentiel c'est de renouveler cette eau graduellement et de la tenir à une température élevée, par exemple à 24 ou 25° centigrades pendant la nuit, à 30 ou 32 pendant le jour, au moins dans la période où la végétation de la plante est dans toute sa force. L'aquarium, en outre, doit être très-éclairé, car c'est une erreur de le couvrir, comme on le faisait il y a quelques années, d'une toiture de verre dépoli. De même que toutes les autres plantes aquatiques, le victoria demande, pour bien végéter, la pleine lumière du soleil. Dans son pays natal il croît par des profondeurs très-diverses ; immergé quelquefois sous plusieurs mètres d'eau il pousse avec la plus grande vigueur, mais on le voit également prospérer sur des bas-fonds vaseux que recouvrent seulement quelques centimètres d'eau, et qui même se dessèchent totalement pendant une partie de l'année. Dans les aquariums des serres chaudes on plante généralement le victoria sur une butte de terre dont le sommet n'est qu'à 15 ou 20 centimètres de la surface de l'eau.

On a vainement essayé jusqu'ici de cultiver le victoria dans les aquariums à l'air libre, même dans le midi de l'Europe et à Alger ; il y donne, il est vrai, quelques feuilles de moyenne grandeur, mais il n'y fleurit point, quoiqu'on assure l'avoir vu fleurir en Belgique, dans un aquarium vitré qui n'était chauffé, momentanément du moins, que par les rayons du soleil. Il est possible que cet insuccès soit dû au refroidissement nocturne, qui est toujours considérable sous le ciel limpide du climat méditerranéen

Tout à côté des nymphéacées se range, dans l'ordre des affinités botaniques, la petite famille des nélombiacées, représentée surtout par une plante célèbre dès les temps les plus reculés, le **nélombo d'Orient** (*Nelumbium speciosum*), connu des Romains sous le nom de *colocase*, ainsi que l'a établi le botaniste Delile, et qui croissait abondamment dans le Nil, où il était peut-être cultivé en qualité de légume, car on en mangeait les rhizomes filandreux (1), ainsi que les graines, désignées alors sous le nom de *fèves d'Égypte*, et dont Pythagore interdisait l'usage à ses disciples. La plante a depuis longtemps disparu du Nil, mais on la retrouve dans les fleuves de l'Inde, contrée où elle est en grande vénération parmi les Brahmanes, qui en font des offrandes aux idoles. Quoique très-tropicale, elle est cultivée dans les lacs de la Chine septentrionale et existe même à l'état sauvage dans les lagunes des bouches du Volga, au nord de la mer Caspienne, où les étés sont, il est vrai, presque aussi chauds que dans l'Inde, quoique les hivers y soient extrêmement rigoureux.

Comme plante ornementale aquatique le nélombo d'Orient doit être classé dans les premiers rangs, et ce n'est pas exagérer son mérite que de le placer au-dessus du victoria lui-même. Ses rhizomes, longs et grêles, serpentent dans la vase et le propagent avec une extrême rapidité. Ses feuilles, larges de 0^m,50 à 0^m,70, portées sur de longs pétioles cylindriques et dressés, s'élèvent à près d'un mètre au-dessus de la surface de l'eau ; elles sont orbiculaires, peltées, plus ou moins relevées en forme de vasque, à bords onduleux, et d'une belle teinte glauque. A leur centre, et sur la callosité qu'on peut considérer comme le sommet du pétiole, se distinguent à l'aide de la loupe, et même à l'œil nu, les orifices de longs canaux capillaires qui descendent dans toute l'étendue du pétiole, et qui vraisemblablement

---

(1) On connaît ce vers de Virgile, dans la IVe églogue :

« Mixtaque ridenti colocasia fundet acantho, »

et aussi ceux d'une épigramme de Martial (Epigr. 57, livr. 13), qui s'appliquent évidemment au nélombo.

« Niliacum ridebis olus lanasque sequaces
« Improba cum digitis fila manuque trahes.

charrient de l'air jusque dans les parties souterraines de la plante. Les fleurs sont au sommet de pédoncules qui arrivent au niveau des plus hautes feuilles, et qui, suivant la profondeur de l'eau, peuvent être longs de 2 à 3 mètres. Leur forme rappelle jusqu'à un certain point celle des plus grandes variétés du pavot somnifère, et le torus, en forme de toupie, qui en occupe le centre et dans lequel sont enchâssés un certain nombre d'ovaires, ne diminue pas cette ressemblance. Arrivé à maturité, ce fruit composé prend l'apparence d'un guêpier, ou mieux d'une pomme d'arrosoir creusée de logettes, contenant chacune un fruit entier, de la grosseur d'une petite olive, dont la graine, riche en fécule, est comestible. La teinte ordinaire de la corolle est le rose carmin, mais elle varie du blanc pur au pourpre vif.

Sous le climat de Paris le nélombo d'Orient appartient à la serre chaude ou tout au moins à la serre tempérée. Dans les années exceptionnellement chaudes on l'y a vu quelquefois fleurir à l'air libre, sans autre chaleur que celle du soleil. Au sud du 44° degré de latitude, principalement dans le climat méditerranéen, il croît, fleurit et fructifie facilement dans les aquariums ordinaires, où ses rhizomes, enfouis dans la vase, passent l'hiver sans danger, à condition d'être couverts d'une assez grande épaisseur d'eau pour que la gelée ne puisse les atteindre. Il y a déjà une trentaine d'années qu'il a été ainsi naturalisé au jardin botanique de Montpellier, par le professeur Delile. Plus loin vers le sud, à Perpignan par exemple, et dans toute la région de l'oranger, il vient sans culture et se multiplie indéfiniment dans les mares et les lacs artificiels où il a été une fois introduit. On peut considérer la moyenne estivale de 22 degrés centigrades comme le minimum de la chaleur nécessaire à sa parfaite naturalisation. Sa floraison commence vers la mi-juillet, par des maxima moyens atmosphériques de 30 degrés, et dans une eau dont la température pendant le jour atteint ou dépasse 25 degrés centigrades.

On trouve mentionnés dans les livres et les journaux d'horti-culture quelques autres nélombos, sous les noms de *N. ro-*

seum, N. asperifolium, calophyllum, etc., qui ne sont rien
autre chose que de simples variétés, blanches, roses, simples
ou doubles, du nélombo d'Orient. Peut-être faudra-t-il aussi
réunir à ce dernier le *N. Kennedyi*, de la Nouvelle-Hollande,
qui est encore très-peu connu.

Une seconde espèce du genre, très-estimable encore quoique moins belle que la première, est le **nélombo à fleurs
jaunes** ou **nélombo d'Amérique** (*N. luteum, N. colo-
phyllum*) (fig. 196), originaire de la Jamaïque, de la Floride et

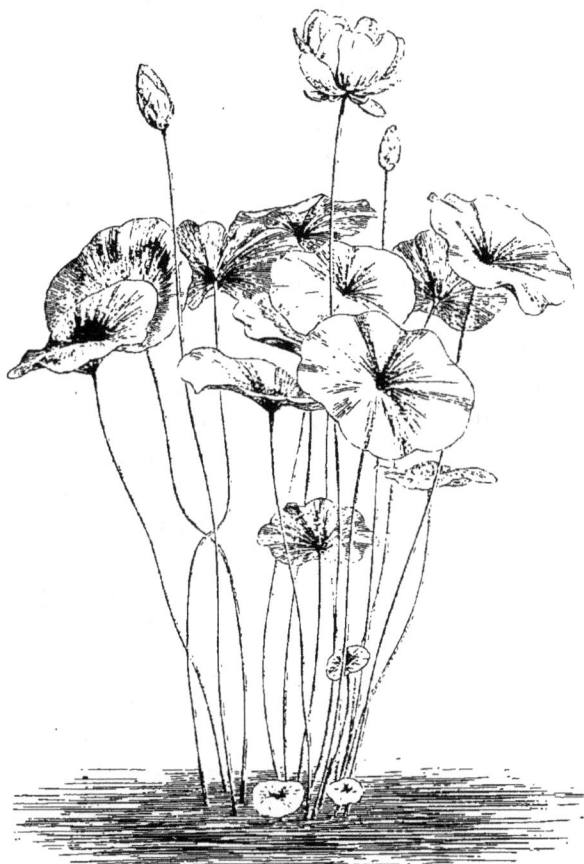

Fig. 196. — Nélombo d'Amérique.

des parties les plus chaudes des États-Unis méridionaux. Par

son port et sa physionomie il rappelle le nélombo d'Orient,
mais ses grandes fleurs, d'un jaune pâle, contrastent agréablement avec celles de ce dernier. Il a sur lui l'avantage d'être
plus rustique et d'exiger moins de chaleur pour fleurir. Il résulte d'observations faites à Montpellier, par M. Martins, que
le nélombo d'Amérique y fleurit en moyenne vers la fin de
juin, c'est-à-dire environ vingt jours avant celui d'Orient, et
dans une eau dont la température, pendant le jour, s'élève à 23
ou 24 degrés. On peut supposer qu'il sera rustique en France
jusque sous le 47ᵉ degré de latitude, et peut-être plus loin
encore vers le Nord.

Les nymphéas et les nélombos, ainsi d'ailleurs que les autres plantes aquatiques, sont communément multipliés par
le sectionnement de leurs rhizomes, mais ils peuvent l'être
aussi par leurs graines, qui germent d'elles-mêmes au fond
de l'eau quand elles y trouvent une température suffisante.
Pour nos espèces indigènes, comme pour celles de climats
analogues aux nôtres, ce semis peut être abandonné à la nature; mais il demande plus de soin et d'attention quand il
s'agit d'espèces de climats plus chauds, et alors l'adjuvant
d'une serre chaude peut devenir nécessaire. Si l'on avait affaire, par exemple, à des espèces subtropicales ou tout à fait
tropicales de nymphéas (*N. gigantea, cœrulea, scutifolia, versicolor*, etc.), au nélombo d'Orient, aux euryales et au victorias, les graines seraient semées dans des pots non perforés,
remplis de terre jusqu'à moitié (quelques horticulteurs emploient exclusivement la terre des taupinées ramassée sur une
bonne prairie), le reste étant occupé par quelques centimètres d'eau. Ces pots sont enfoncés dans le terreau d'une couche chaude et abrités sous un vitrage, ou immergés jusque
près du bord dans l'eau d'un aquarium de serre chaude, de
manière à leur procurer une chaleur de 20 à 30 degrés, suivant le tempérament des espèces semées. Les graines, simplement posées à la surface de la vase, ou à demi recouvertes
par cette dernière, germent ordinairement en quelques jours.
Dès que les jeunes plantes ont poussé leur première feuille,
on les repique une à une dans autant de nouveaux pots, pré-

parés comme nous l'avons dit tout à l'heure, et qu'on porte dans un endroit très-éclairé, en leur conservant une température élevée, quoiqu'elle puisse être inférieure de quelques degrés à celle qui a été nécessaire pour amener la germination. On a soin aussi de changer l'eau des pots tous les deux ou trois jours, à moins qu'ils ne soient immergés dans un aquarium dont l'eau se renouvelle constamment. Enfin, les plantes sont mises dans les bassins de plein air lorsque la température de l'air et de l'eau y a atteint le degré qu'on juge leur convenir. On n'a pas de peine à comprendre que les procédés de la multiplication des plantes aquatiques se simplifient d'autant plus que le climat du lieu est plus chaud.

Pour compléter ce que nous avions à dire des plantes d'aquarium nous devons encore en signaler quelques-unes, qui, tout inférieures qu'elles sont aux précédentes, ont cependant quelque intérêt. Ce sont les *hydrocléis*, les *ouvirandras* et la *vallisnérie*.

1° Les **hydrocléis** (*Hydrocleis, Limnocharis*) sont des hydrocharidées de l'Amérique du Sud, connues dans nos jardins par deux espèces qui peuvent aller de pair, pour la beauté, avec les nymphéas de second ordre, l'*hydrocléis de Humboldt* (*H. Humboldtii*) et l'*hydrocléis de Plumier* (*H. Plumieri*), plantes vivaces, à feuilles orbiculaires-ovales, flottantes, semblables de forme à celles des nymphéas, mais beaucoup moins grandes. Leurs fleurs émergées, à trois pétales, d'un jaune clair, ont une certaine ressemblance avec celles des pavots. Ces deux espèces conviennent aux aquariums de la région méridionale, la première surtout, qui, plus rustique que la seconde, fleurit encore d'une manière satisfaisante en plein air jusque sous la latitude de Paris, mais ses rhizomes doivent être rentrés l'hiver en serre tempérée.

2° Les **ouvirandras** (*Ouvirandra*), naïadées de Madagascar et peut-être aussi de Cafrerie, se distinguent à peine, par leurs caractères génériques, de l'aponogéton, dont il a été question ci-dessus, mais, comme plantes décoratives, leur effet est tout différent. Ce qui en fait la valeur, à ce dernier point de vue, ce sont bien moins leurs inflorescences et leurs fleurs, presque de tous points semblables à celles de l'aponogéton, que leur curieux feuillage immergé et non flottant, qui est réduit au réseau, d'ailleurs très-régulier, des nervures, et par suite percé à jour comme une dentelle. On en connaît deux espèces, peut-être réductibles à une seule, l'*ouvirandra grillagé* (*O. fenestralis*), à feuilles ovales-lancéolées, et l'*ouvirandra de Bernier* (*O. Bernieriana*), dont les feuilles sont plus longues, plus étroites et plus rubanées. Ces deux jolies plantes paraissent ne pouvoir vivre que dans les eaux très-limpides et sans cesse renouvelées. Encore très-rares en Europe, on s'est contenté jusqu'ici de les tenir en serre chaude, où il est difficile de les conserver, à cause de l'insuffisance de la lumière, et peut-être aussi parce que l'eau des aquariums n'y est pas assez aérée, mais on a quelque raison de supposer qu'elles réussiraient dans le climat méditerranéen, là au moins où la température moyenne annuelle est au minimum de 16 degrés, c'est-à-dire dans l'extrême midi de l'Europe et dans le nord de l'Afrique.

3° Enfin, la **vallisnérie** (*Vallisneria spiralis*), hydrocharidée insignifiante du midi de la France, et dont nous ne parlons ici qu'à cause de la célébrité que lui ont faite les poëtes et les romanciers. Elle croît immergée dans les eaux courantes peu profondes, qu'elle encombre de ses longues feuilles rubanées. Ses fleurs sont monoïques; les mâles agrégées au sommet d'un court pédoncule qui reste au fond de l'eau, mais dont l'inflorescence se détache, au moment de la maturité des étamines, pour venir flotter à la surface; les femelles, au contraire, soutenues par un pédoncule filiforme qui s'allonge jusqu'à ce qu'il ait atteint la surface de l'eau. Arrivées au contact de l'air, les fleurs femelles y reçoivent le pollen des mâles, et, la fécondation accomplie, leurs longs pédoncules se contractent en se roulant en spirale, et ramènent les ovaires au fond de l'eau, où ils achèvent de se développer. Ces particularités, qui font tout le mérite de la vallisnérie, peuvent s'observer facilement dans les aquariums.

CHAPITRE VIII.

PLANTES A CULTIVER EN POTS, A L'AIR LIBRE. — PLANTES D'APPARTEMENTS ET DE FENÊTRES. — PLANTES ALPINES OU DE ROCAILLES. — FOUGERAIES.

§ Ier. — CONSIDÉRATIONS GÉNÉRALES.

Presque toutes les plantes d'agrément peuvent se cultiver en pots ou en caisses, à la condition qu'on observe les règles que nous avons tracées pour cette méthode de culture (1), et, dans la revue que nous avons faite jusqu'ici du répertoire horticole, nous en avons signalé plusieurs comme étant aussi fréquemment cultivées en pots qu'en pleine terre. Il semblerait donc qu'il n'y ait pas lieu de consacrer à cette branche du jardinage un chapitre particulier. Cependant il n'en est point ainsi : dans la pratique, il y a des plantes qui réussissent mieux en pots que dans les plates-bandes des jardins, la plupart des plantes alpines par exemple; il en est aussi qui, s'accommodant également des deux modes de culture, sont appelées plus directement que d'autres à orner les appartements, les terrasses, les fenêtres et les balcons. Pour ce double motif, la culture en pots devient une véritable spécialité. En traitant des plantes de serre tempérée et de serre chaude, nous verrons que la culture en pots y joue un rôle plus considérable encore que dans le jardinage ordinaire.

Rappelons sommairement les conditions essentielles du succès dans ce genre de culture. La première, celle qui domine presque toutes les autres, est le drainage des pots. C'est ce

(1) Voir tome 1er, page 570 et suivantes.

que savent tous les jardiniers expérimentés, mais, il faut bien le dire, ce qu'on n'observe généralement pas assez en France, où les bénéfices de cette pratique ne sont pas appréciés comme ils devraient l'être. Le drainage dont nous parlons ici ne consiste pas à mettre un tesson sur les trous dont les pots sont percés, mais à couvrir le fond du pot de tessons empilés avec un certain art, de manière à laisser entre eux beaucoup de vides, et cela sur une épaisseur qui peut aller au sixième, au quart et quelquefois au tiers de la hauteur totale du pot. Le but qu'on se propose en agissant ainsi est non-seulement de faciliter la sortie de l'eau des arrosages, mais aussi d'empêcher cette eau de rester stagnante un seul instant autour des racines. Beaucoup de plantes périssent par cette seule raison que leurs racines ont été quelque temps baignées dans l'eau accumulée au fond des pots et qu'elles y ont été atteintes de pourriture. Cet effet est d'autant plus à craindre, dans les pots mal drainés, qu'on fait un plus fréquent usage des engrais liquides.

Une seconde condition, très-importante aussi, est le choix de la terre. Excepté le cas des plantes dites de terre de bruyère, la terre employée pour la culture en pots doit être substantielle, c'est-à-dire contenir dans les proportions convenables les éléments calcaire et argileux; mais, à cause de la spécialité de la circonstance, c'est-à-dire afin d'assurer un rapide écoulement à l'eau, cette terre doit être mélangée, dans des proportions qui varient d'ailleurs suivant la nature des espèces, de sable siliceux ou de terre de bruyère, à moins qu'elle ne soit déjà par elle-même suffisamment légère et perméable. Dans bien des cas le terreau de feuilles, et même le terreau de couches décomposé, supplée avantageusement au sable siliceux. Pour certaines plantes fortes et de croissance rapide la terre franche pure, substantielle et longtemps reposée, vaut mieux que tous les composts, mais toujours à la condition que les pots soient parfaitement drainés. Quelque terre que l'on emploie, il est bon qu'elle soit assez fortement tassée au moment de la plantation pour que son niveau ne s'abaisse pas sensiblement à la suite des arrosages. Ce tassement a pour effet non-seulement de faire entrer dans les pots toute la quantité de terre qu'ils peuvent contenir, et par là de fournir à la plante la plus grande quantité possible de matières alimentaires sous un volume donné, mais encore d'empêcher la motte de terre de se réduire insensiblement et de diminuer l'espace laissé aux racines. Toute culture en pots dans laquelle la terre subit avec le temps un retrait considérable, doit être considérée comme une culture mal entendue ou négligée.

Les changements de terre sont une autre condition non moins indispensable de la culture en pots, et ils doivent être d'autant plus fréquents que la motte de terre accordée à la plante est moindre relativement à sa taille et au développement de ses racines. Lorsque la terre est épuisée la plante ne fait plus qu'y vivre misérablement : il faut donc la renouveler au fur et mesure de ses besoins ; mais comme les rempotages ne peuvent pas se faire avec le même succès dans toutes les périodes de la végétation, on choisit pour y procéder les époques où la plante est à l'état de repos, c'est-à-dire l'entrée de l'hiver ou les derniers jours de cette saison. C'est à cette dernière époque qu'on doit, autant que possible, donner la préférence, quand on se contente d'un seul rempotage par an, et cela parce que la plante étant sur le point de commencer un nouveau cycle de végétation, il importe que ses racines trouvent dans la terre ambiante toute la dose de nourriture dont elles vont avoir besoin. On profite de l'occasion pour lui donner un pot plus grand, si le développement auquel elle est arrivée le fait juger nécessaire. Il est très-essentiel, en effet, que la grandeur des pots soit proportionnée à la taille que la plante doit acquérir, et c'est parce qu'on n'accorde pas à ce point de la culture l'attention qu'il demande qu'on voit tant de plantes chétives et difformes dans les collections, surtout parmi les espèces ligneuses, dont les racines se contournent en tire-bouchon faute d'assez d'espace pour s'étendre.

Les rempotages successifs, en commençant par les plus petits pots pour finir par les plus grands, sont encore généralement en usage dans l'horticulture française. Si ces rempotages sont faits adroitement, que les plantes enlevées en

motte soient remises dans les nouveaux pots sans rupture
et sans dérangement notable de leurs racines·, ils n'ont
d'autre inconvénient que de retarder quelque peu la végétation de la plante. Nous nous sommes déjà expliqué (1)
sur la valeur de ces rempotages, utiles dans quelques cas
particuliers, nécessaires lorsque le drainage des pots est mal
établi, mais dont l'usage tend à diminuer de plus en plus
dans l'horticulture anglaise, où le système de l'empotage
unique est chaque jour mieux apprécié. L'expérience démontre en effet que les plantes les plus jeunes peuvent être
mises avec avantage, une fois pour toutes, dans les pots où
elles doivent parfaire toute leur végétation, mais à la condition que la terre soit substantielle et que le drainage ne laisse
rien à désirer. Leurs racines trouvant dès le principe l'espace
nécessaire pour s'étendre librement, elles en deviennent plus
fortes et plus vigoureuses, et on évite du même coup les petits
accidents qui peuvent survenir dans une transplantation trop
fréquemment renouvelée. Jamais, dans notre pratique particulière, nous n'avons vu périr les plantes, si jeunes qu'elles
fussent, dans de telles conditions. Nous pouvons même ajouter
que le système de l'empotage unique est à peu près le seul
praticable pour les plantes de croissance rapide et dont le
feuillage très-développé offre une large surface évaporatoire
aux sucs contenus dans leurs tissus. Pour toutes celles-là le
système des rempotages fréquents serait plein de dangers ;
son moindre inconvénient serait de retarder périodiquement
la végétation, et c'est là encore ce qu'il faut éviter, surtout
lorsqu'il s'agit d'espèces exotiques, dont la chaleur de nos
climats tempérés suffit à peine à assurer le complet développement.

Ce que nous venons de dire du drainage des pots et des
changements de terre s'applique de tous points à la culture
en caisses, aussi bien des arbres et arbustes d'orangerie que
des simples plantes herbacées qui serviront à orner les fenêtres ou les balcons. Il suffit que la terre soit emprisonnée dans

(1) Tome 1er, p. 572.

un vase quelconque, et que l'eau des arrosages n'ait d'issue que par le bas, pour qu'on doive favoriser le plus possible l'issue de cette eau, et ici, comme nous l'avons dit tout à l'heure, il n'existe qu'un seul moyen, le drainage parfait. Il est rare cependant que le drainage des caisses soit fait comme il devrait l'être ; presque jamais il n'a une épaisseur suffisante, et les matériaux qu'on y emploie (gravois, tessons de briques concassées, etc.), forment trop souvent au fond des caisses une couche compacte, dont les lacunes se remplissent graduellement de terre, et qui finit à la longue par former un véritable obstacle au passage de l'eau. A défaut d'une quantité suffisante de grands tessons de pots, qui seraient ici la meilleure matière pour drainer, on devrait y employer des tuiles creuses, déposées sur le fond des caisses, la convexité en haut, et sur trois à quatre rangs d'épaisseur, de manière à ce qu'au-dessous de la motte de terre il y eût toujours un vide suffisant pour contenir la masse entière de l'eau des arrosages et empêcher les racines d'y baigner. Cette précaution d'un bon drainage, comme aussi celle de donner aux arbres des caisses d'une grandeur suffisante et une terre plus nutritive que celle qu'on leur accorde généralement, transformerait en peu d'années l'aspect de nos orangeries , où les plantes appauvries et sans figure sont la règle, et celles qui viennent d'une manière satisfaisante l'exception.

Les plantes qui se cultivent habituellement en pots peuvent se répartir assez naturellement en deux classes, savoir : celles qui n'exigent pas de chaleur artificielle sous nos climats, bien qu'un certain nombre d'entre elles doivent être mises en hiver à l'abri de la gelée, et celles auxquelles la chaleur de la serre chaude ou de la serre tempérée est plus ou moins nécessaire. Nous n'aurons à nous occuper dans ce dernier chapître que de celles qu'on peut considérer comme rustiques ou demi-rustiques, et qui, pour la plupart, le seraient effectivement si, au lieu d'être tenues en pots, elles croissaient simplement en pleine terre.

La culture sur rocailles , et même sur buttes ou collines artificielles, a les plus grandes analogies avec la culture en pots,

39.

et il est à remarquer que c'est précisément aux plantes qui à l'état de nature croissent dans ces conditions que s'applique le mieux ce mode de culture. Toutes ou presque toutes les espèces herbacées ou frutescentes qui vivent sur les talus des montagnes, sur les flancs ou dans les anfractuosités des rochers, sur les murs, en un mot partout où le sol est naturellement très-drainé, soit par sa pente, soit par sa constitution minéralogique, sont ce qu'on peut appeler, dans la pratique, des plantes de pots. Nous ne séparerons donc pas ces deux catégories de plantes, puisque les principes qui régissent leur culture sont les mêmes, et que les différences qui les séparent sont plus apparentes que réelles. Un pot bien drainé n'est véritablement qu'une rocaille en diminutif. Il faut reconnaître cependant que les plantes, quoique assujetties dans la nature aux conditions générales que nous venons d'indiquer, présentent encore dans leur ensemble d'assez grandes diversités de tempérament. Telle espèce préfère les sols siliceux aux sols calcaires ou argileux, et réciproquement; telle autre recherche les expositions sèches et aérées ou ne se plaît que dans celles qui sont ombragées et humides ; enfin, relativement à la température il y a aussi, suivant les espèces, des exigences bien différentes, ce qui s'explique par ce fait que la nature a créé des plantes de rocailles pour tous les climats, pour le midi comme pour le nord, pour les plages les plus brûlantes, comme pour les pentes les plus rafraîchies des montagnes, depuis leur base jusqu'au point où les neiges éternelles mettent obstacle à toute végétation.

Il résulte de là que, dans la pratique horticole, où il faut reproduire aussi fidèlement que possible les conditions naturelles, les rocailles doivent être construites de différentes manières pour s'adapter aux tempéraments divers des plantes, et en effet il en existe de plusieurs sortes. On peut les ramener à deux types principaux : les *rocailles sèches* et les *rocailles humides*, entre lesquelles on trouverait facilement tous les intermédiaires. Les rocailles sèches sont celles qui, couronnant une colline artificielle, un exhaussement quelconque du sol, ou se trouvant du moins sur un terrain sec, ne reçoivent d'autre

eau que celle des pluies. Même dans ces circonstances elles
sont sèches à divers degrés, suivant les proportions relatives
de la pierre et de la terre qui entrent dans leur construction,
celles-là étant les moins sèches qui contiennent le plus de terre, ou une terre plus argileuse, puisque ce sont elles qui s'im-
bibent le mieux des eaux pluviales et les conservent le plus
longtemps. Les rocailles humides sont plus variées d'aspect
et de composition, et leurs degrés d'humidité sont aussi fort
différents. Il en est, par exemple, dont le pied baigne perpétuellement dans l'eau stagnante d'un étang ou d'une mare,
ou qui sont côtoyées par un cours d'eau naturel ou artificiel;
d'autres, représentant un vallon encaissé ou un cirque de rochers à parois abruptes, ont leur fond occupé par un réservoir
d'eau qui entretient une continuelle humidité dans leur enceinte; il en est, enfin, et ce sont les plus parfaites, dont les
parois sont sans cesse humectées par le suintement d'un filet
d'eau qu'on fait circuler à leur sommet dans des tuyaux dissimulés sous la verdure ou sous la pierre, et percés de distance en
distance de très-petits trous. Nous n'avons pas besoin d'insister
pour faire comprendre que la construction de ces rocailles
humides, qui sont particulièrement propres à la culture des
fougères, est grandement aidée par des accidents de terrain,
dont il faut savoir profiter, et que, sur un sol entièrement
plat, les travaux de terrassement qu'il faudrait exécuter pourraient la rendre fort dispendieuse.

Toutes les terres usitées dans le jardinage ordinaire, les
terres fortes et les terres légères, le sable siliceux, la terre de
bruyère, le terreau de feuilles, plus rarement le terreau d'o-
rigine animale qu'on tire des vieilles couches, trouvent leur
emploi sur les rocailles et les collines artificielles. Ces différentes terres, toutefois, ne doivent point être mélangées, mais
distribuées séparément sur des rocailles et des collines distinctes, ou du moins sur des régions différentes du même
monticule. On devra surtout éviter le mélange du terreau de
couche avec les autres terres, et si on l'emploie, il serait bon
de le réserver pour les points les plus bas, afin que l'eau ne
puisse pas l'entraîner hors de la place qu'on lui destine.

Nous verrons plus loin que son incorporation dans la terre ordinaire, même en faible proportion, est funeste à quelques plantes, et particulièrement aux orchidées.

Au point de vue de la pratique horticole nous pouvons répartir en trois groupes les plantes qui feront l'objet de ce chapitre; ce seront en premier lieu les plantes essentiellement cultivées pour leurs fleurs ou la beauté de leur feuillage, et que l'on pourrait appeler les *plantes de fenêtres et d'appartements*, en second lieu les *plantes de collines artificielles et de rocailles*, et enfin les *fougères*, que leur tempérament très-particulier et leur caractère ornemental presque exceptionnel doivent faire considérer comme formant une classe tout à fait à part.

§ II. — LES PLANTES DE FENÊTRES ET D'APPARTEMENTS.

Lorsque nous avons parlé des plantes de collection nous en avons indiqué un très-grand nombre comme appartenant à la culture en pots autant ou presque autant qu'à celle de pleine terre. Tels se sont montrés les œillets, les auricules, les primevères, les anémones et les renoncules, les jacinthes, les tulipes, et en un mot presque toutes les espèces de liliacées et d'amaryllidées. Dans la catégorie des plantes de plate-bande nous avons vu aussi qu'un nombre considérable se prêtait avec facilité à ce mode de culture. On pourrait tracer entre les plantes de pots et celles qui n'appartiennent qu'à la pleine terre une ligne de démarcation assez tranchée et assez exacte, en disant que toutes celles dont les racines s'étendent peu et qui ne drageonnent pas sont aptes à la culture en pots, et que celles-là au contraire y sont rebelles dont les racines exigent beaucoup d'espace et qui drageonnent du pied. Ces dernières toutefois pourraient encore être cultivées avec quelque succès dans de très-grands pots ou dans des caisses allongées dont la forme ne contrarierait pas trop leur nature.

En traitant spécialement ici de la culture en pots, nous n'avons pas à revenir sur ces nombreuses espèces de petite taille qui ont été énumérées dans les chapitres précédents, mais nous devons montrer sous un nouvel aspect celles qui acquièrent autant ou plus d'importance comme plantes d'appartement que comme plantes de parterre. Nous y ajouterons celles qui, habituellement cultivées en pots, sont devenues, par leurs qualités ornementales de premier ordre et le nombre de leurs variétés, de véritables plantes de collection. A leur suite se présenteront d'autres espèces, d'un moindre intérêt et ne faisant pas collection, que nous pourrons assimiler aux plantes de fantaisie du parterre. Enfin, nous verrons aussi apparaître ici un groupe de plantes pittoresques, analogues à celles du jardinage de plein air, et quelquefois même empruntées à ce dernier. Commençons par les plantes de collection proprement dites, qui sont principalement les *rosiers*, les *giroflées*, les *fuchsias*, les *pélargoniums*, les *cinéraires* et les *calcéolaires*.

1° Rosiers. Dans cet immense groupe de végétaux le plus grand nombre des espèces et des variétés sont drageonnantes, ce qui fait la principale difficulté de leur culture en pots. Celles qui acquièrent une très-grande taille, les rosiers grimpants par exemple, y sont surtout réfractaires. Sur ce point déjà il y a un choix à faire lorsqu'on veut leur appliquer ce mode de culture, mais il y a encore d'autres considérations pour guider l'amateur dans le choix des variétés ; ce sont celles qui se tirent des qualités propres de ces variétés. Il est bien clair qu'on ne doit prendre que celles qui se recommandent par la beauté du port, la perfection des fleurs et l'agrément du coloris. On peut, d'une manière générale, regarder comme aptes à la culture en pots les espèces et les variétés naines ou demi-naines, et principalement les rosiers de Bourbon et leurs hybrides, qui, lorsqu'ils sont francs de pied, drageonnent peu ou même point du tout. On admet dans la culture en pots les rosiers greffés aussi bien que les francs de pied ; mais on a remarqué que les rosiers Thé et de la Chine réussissent mieux sous cette dernière forme. C'est encore l'églantier (*Rosa canina*) qui fournit ici le plus souvent les sujets de la greffe ; cependant de très-bons rosistes anglais lui préfèrent le rosier de Manetti, dans le cas particulier où ils veulent obtenir des plantes basses et très-peu développées.

La culture des rosiers en pots paraît mieux entendue en Angleterre qu'en France ; elle y est aussi plus encouragée et plus rémunérative, ce qui s'explique à la fois par les conditions sociales et le climat du pays, et les jardiniers anglais ne négligent rien pour y exceller. La composition de la terre, le drainage des pots, les empotages successifs et faits à propos, la greffe des sujets, l'éducation des arbustes, etc., sont autant de points auxquels ils donnent la plus grande attention. Nous allons passer rapidement en revue ces différentes opérations d'après la pratique des rosistes les plus expérimentés de ce pays.

Pour eux, les rosiers de pots se divisent en deux classes : ceux qui sont délicats et à racines tendres, et ceux qui sont vigoureux et rustiques, et à chacune de ces deux classes correspond un compost particulier. Pour les premiers ce compost est formé de deux parties de terre franche, neuve et substantielle, d'une partie de fumier d'étable décomposé, et d'une partie de terreau de feuilles ou de sable siliceux, dont la proportion toutefois varie quelque peu suivant que la terre franche est plus ou moins compacte. Pour les seconds, à deux parties de terre argileuse on mêle une partie de noir animal, et une partie de terreau de feuilles ou de fumier décomposé. On y ajoute quelquefois, dans la proportion d'un sixième, de la terre ordinaire brûlée, qu'on croit améliorer notablement le mélange. Dans un cas comme dans l'autre ces composts doivent être préparés un an d'avance, et fréquemment remués pour opérer la parfaite combinaison des parties. Il est assez vraisemblable que ce long repos de la terre et les pelletages qu'on lui fait subir y favorisent la formation des nitrates, et que ce n'est pas là la moindre cause de sa fertilité.

Les plants de rosiers à mettre en pots sont tirés de la serre à multiplication ou de la pleine terre. Dans le premier cas ce sont toujours de jeunes sujets, obtenus de greffes ou de boutures, par les moyens que nous avons indiqués précédemment, et qui varient d'ailleurs quelque peu suivant les habitudes des horticulteurs. Ces jeunes arbustes sont mis dans des pots de 15 à 18 centimètres d'ouverture, remplis de l'un des composts ci-dessus indiqués, mais au préalable drainés avec le plus grand soin. Après la plantation, et quand la reprise est assurée, les pots sont alignés sur des tablettes ou sur des briques, ou simplement enfoncés en terre, dans un lieu un peu abrité contre les vents froids, mais très-éclairé, où ils peuvent recevoir les rayons du soleil. A mesure que la végétation fait des progrès, on donne des arrosages plus copieux ou plus fréquents; assez souvent même on ajoute des engrais à l'eau des arrosages, mais on veille à ce que la proportion en soit très-faible, et on n'en use que de loin en loin; ceci est tout affaire d'expérience.

Plusieurs de ces jeunes rosiers montrent des boutons de fleurs dans le courant de la première année de leur plantation; il est mieux de les retrancher dès qu'ils apparaissent; l'arbuste en acquerra plus de force pour l'année suivante. Ce qui importe dans cette première année est d'obtenir des plantes vigoureuses et dont les rameaux soient bien aoûtés avant la fin de l'automne. Aux approches de l'hiver, si la saison est déjà rigoureuse, les jeunes rosiers sont abrités sous un hangar ou dans une orangerie. Les arrosages doivent alors être très-modérés, mais non tout à fait supprimés. On ne doit pas oublier que des plantes en pots gèlent plus facilement que des plantes en pleine terre, où les racines sont bien mieux protégées qu'elles ne le seraient dans une étroite motte entourée de tous côtés par l'air froid, et que si la gelée pénétrait dans cette motte les racines y souffriraient d'autant plus qu'elle aurait été plus imbibée d'eau. A la fin de l'hiver on taille les rosiers pour les obliger à se ramifier, et lorsque la végétation a repris, on dirige les branches de la manière la plus convenable pour former une tête arrondie à l'arbuste. S'il est franc de pied, on le laisse ordinairement prendre la forme buissonnante, qu'on soutient s'il le faut à l'aide de tuteurs.

Très-souvent on enlève de la pleine terre des rosiers adultes ou de simples drageons pour les planter dans des pots, qui doivent d'ailleurs être proportionnés au développement actuel des arbustes. On taille les racines de ces derniers à la lon-

gueur convenable pour qu'elles tiennent commodément dans
les pots; on enlève surtout, par une section nette, celles qui
ont été endommagées dans la déplantation, et s'il y a des drageons commençants, on les retranche au niveau de la souche.
Les pots ayant été drainés et remplis de terre bien tassée, on y
dépose les rosiers, avec la précaution de ne pas trop les enterrer. Le collet de la tige doit être au niveau du bord du pot,
dont la capacité ne sera jamais trop grande pour contenir les
racines, qui ne tarderont pas à naître de la souche.

Les rempotages se font chaque année, soit à la fin de l'hiver, soit après la défloraison des rosiers, auxquels il est bon
d'enlever les fruits commençants qui succèdent aux fleurs, et
dont le développement n'aurait d'autre effet que de les affaiblir. Souvent même on fait deux rempotages par an, l'un
à la fin de l'hiver, l'autre après la floraison. A mesure que
les arbustes grandissent on les empote dans des pots plus
grands, et à chaque empotage on visite les racines, tant pour
enlever celles qui auraient péri que pour retrancher les drageons
qui auraient pu naître du sujet, s'il s'agit d'un arbuste greffé
sur églantier. Les rosiers Thé et de la Chine supportent moins
que les autres les rempotages fréquents; on se bornera donc
souvent à visiter leurs racines, pour juger s'il y a lieu de les
mettre dans de plus grands pots, mais il n'en faudra pas moins
leur donner de la terre neuve au moins une fois dans l'année,
autant qu'on le pourra sans déranger leurs racines. On peut
aussi adopter pour les rosiers le système de l'empotage unique,
qui réussit particulièrement avec les variétés vigoureuses, et
qui consiste à leur donner dès le commencement les pots où
ils doivent vivre définitivement.

Les rosiers que l'on soumet à la culture forcée, à l'aide de
la chaleur artificielle, sont nécessairement en pots, et les rosistes de profession savent les faire fleurir en toute saison et
en quelque sorte à jour fixe. En supprimant les boutons de
fleurs de la saison normale on obtient des roses en plein
hiver, mais qui ont peu de parfum. C'est le cas extrême de la
culture forcée du rosier, et il n'a guère de raison d'être que
dans les grandes villes; ce qui est plus habituel, c'est d'a-

vancer d'un mois à six semaines la floraison des rosiers, soit pour les porter au marché, soit pour les faire figurer aux expositions d'horticulture. A Paris, comme à Londres, les spécialistes sont habiles à cette manœuvre, qui est pour eux une source de profits considérables.

Pour terminer ce que nous avions à dire de la culture des rosiers en pots, nous rappellerons que ceux qu'on tient enfermés dans les serres, pour les besoins de la culture forcée, sont plus que ceux de plein air sujets à prendre le blanc, et on en voit souvent des collections entières en être atteintes et perdre presque toute leur valeur. On a signalé un remède qu'on dit très-efficace : c'est une dissolution peu chargée de sels de cuivre, comme celle dont on fait usage pour préserver les blés de la rouille. On en asperge les rosiers malades avec la seringue à bassiner, ou simplement avec un arrosoir muni de sa pomme. L'eau qui a séjourné plusieurs jours dans des récipients de cuivre ou dans les tuyaux d'un thermosiphon est très-convenable pour faire ces bassinages. En augmentant la dose de cuivre on ferait peut-être aussi disparaître les pucerons, qui sont une autre plaie non moins grave des rosiers, de ceux surtout qui ont été enfermés longtemps sous des abris vitrés.

La culture des rosiers en pots et tenus sous verre est en quelque sorte une spécialité des pays septentrionaux, où la culture en plein air est d'autant plus incertaine et difficile que le climat y est plus rigoureux ou l'été plus entrecoupé de mauvais temps. Dans le midi de la France et de l'Europe, où toutes les espèces de rosiers sont rustiques, elle n'est pratiquée que par exception. Une roseraie à l'air libre donnera d'ailleurs toujours plus de jouissance à son propriétaire qu'une collection de rosiers en pots, difficile à conduire et en définitive toujours inférieure, à égalité de soins, à une collection de pleine-terre.

2º Giroflées et **Violiers** (*Cheiranthus*, *Mathiola*). De même que plusieurs autres végétaux indigènes, les giroflées, ou violiers, sont devenues, par le fait de la culture, des plantes de collection de premier ordre; et comme telles

elles auraient pu prendre place parmi celles que nous avons réunies sous ce titre. Leur véritable place est cependant ici, car, quoiqu'elles figurent assez souvent dans les plates-bandes des parterres, c'est néanmoins par la culture en pots qu'elles réussissent le mieux et qu'elles remplissent leur principal rôle ornemental.

Quatre espèces seulement, qui peut-être même sont réductibles à deux, ont donné toutes les variétés, déjà très-nombreuses, qui peuplent nos jardins; ce sont la *giroflée jaune* (*Ch. Cheiri*), espèce bisannuelle ou vivace, à feuilles vertes, à fleurs jaunes ou jaune-brun, qui croît dans presque toute la France sur les vieilles murailles; la *giroflée annuelle* (*Ch. annuus*, *M. annua*), plus connue sous le nom de *giroflée quarantaine*, à feuilles blanchâtres et à fleurs pourpre violet; la *giroflée* ou *violier des jardins* (*Ch. incanus*, *M. incana*), très-voisine de la précédente, mais vivace ou bisannuelle, et dont la *giroflée des fenêtres* (*M. fenestralis*) n'est vraisemblablement qu'une variété; enfin, la *giroflée grecque*, ou *Kiris* (*Ch. græcus*, *M. græca*), qui ne diffère guère des précédentes que par son feuillage, vert et presque glabre. Ces trois dernières appartiennent en propre à la région méditerranéenne.

La giroflée jaune, nommée aussi *violier jaune* et *ravenelle*, est un sous-arbuste rameux de 50 à 60 centimètres, dont la tige devient avec le temps tout à fait ligneuse. Ses fleurs, en grappes terminales, sont très-agréablement odorantes; elles varient du jaune orangé à la teinte mordorée et même au pourpre violet plus ou moins dépouillé de jaune, mais leur variation la plus intéressante consiste à doubler et à devenir entièrement pleines. Dans ce dernier état les plantes perdent la faculté de produire de graines, et on ne peut plus les conserver que par la voie du bouturage.

Tant en France qu'en Angleterre et en Allemagne, la giroflée jaune a donné naissance à un grand nombre de variétés jardinières, et on en voit tous les ans apparaître de nouvelles. On les divise en deux classes principales, les simples et les doubles, et dans chacune de ces catégories se présentent toutes les nuances de coloris, depuis le jaune-serin jusqu'au brun et au violet foncé. Parmi les variétés jaunes, simples ou doubles, on cite particulièrement celles qui sont originaires d'Allemagne comme les plus remarquables par la grandeur et quelquefois par l'élégante difformité des fleurs. Parmi les variétés françaises d'ancienne date, on ne doit pas passer sous silence celle qui a été désignée sous le nom de *rameau d'or*, et qui se distingue par sa vigueur, sa forme buissonnante et les longues grappes de fleurs pleines, d'un jaune orangé, qui terminent ses rameaux. Elle a donné quelques sous-variétés, qui n'en diffèrent que par le coloris des fleurs, dont la teinte tourne au violet plus ou moins foncé. De même que la variété type, celles-ci sont stériles par excès de plénitude des fleurs, et on ne les propage que de boutures.

La giroflée jaune, semblable en cela à beaucoup d'autres crucifères, affectionne les terrains enrichis de matières alcalines, ce qui explique sa présence, à l'état sauvage, sur les murs et dans les décombres. Elle s'accommode cependant de tous les sols, pourvu qu'ils soient un peu secs ou du moins ne retiennent pas l'eau. On la sème ordinairement en avril et mai, en pépinière ou en terrines, et on repique le plant en pots ou sur planches, lorsqu'il a trois à quatre feuilles, en attendant l'automne pour le mettre en place dans les plates-bandes du jardin ou le planter en pots, opération qui se fait également à la fin de l'hiver. Les jeunes plants fleurissent dans les mois de mars ou d'avril, plus tôt ou plus tard suivant les variétés et les climats. Dans la pleine terre du jardin et dans les pays pluvieux, les giroflées périssent assez souvent par le seul fait d'une humidité prolongée, accident auquel elles sont beaucoup moins exposées lorsqu'elles sont cultivées en pots bien drainés.

La giroflée annuelle, ou quarantaine, n'a pas moins varié que la giroflée jaune, et c'est en Angleterre principalement que ce résultat a été obtenu. Les variations portent sur la taille des plantes, leur durée, le degré de duplicature ou de plénitude des fleurs et surtout sur le coloris de ces dernières, qui présente toutes les nuances intermédiaires entre le blanc pur et le brun, en passant par l'ardoisé, le rose, le cramoisi, le pourpre, le violet bleuâtre et le violet foncé. On y voit même apparaître quelquefois des teintes qui sembleraient accuser la présence du jaune, comme les couleurs chamois et mordorée. Par diverses variations la giroflée quarantaine tient de très-près à la giroflée grecque, que quelques auteurs considèrent comme n'en étant qu'une simple race; mais cette dernière a de particulier d'avoir produit des variétés d'un jaune assez franc, toujours doubles et stériles, et assez souvent bisannuelles.

Toutes ces variations se répètent, à peu de chose près, dans la giroflée des jardins, ou violier ordinaire, qu'on rattache au *Cheiranthus incanus.* Ici aussi nous voyons apparaître une multitude de variétés plus ou moins tranchées, plus ou moins stables, annuelles ou bisannuelles, naines ou de grande taille, qui diffèrent en outre par les formes de l'inflorescence, et bien plus encore par la diversité du coloris. La couleur normale dans le type de l'espèce est le carmin, qui revient, il est vrai, dans un grand nombre de variétés, mais qui dans beaucoup d'autres cède la place au blanc pur, au rose, au pourpre, au violet, au violet bleu, plus rarement au jaune pâle. Que ces diverses modifications résultent simplement de la culture ou qu'elles soient le fait de croisements inaperçus entre les espèces primitives, c'est ce qu'il serait difficile de décider; toujours est-il qu'elles jettent la plus grande confusion dans la nomenclature des variétés, et qu'on est très-embarrassé aujourd'hui pour rattacher ces dernières à leurs souches respectives. Sans prendre aucun parti à cet égard, nous nous bornerons à suivre le classement admis par le jardinage parisien, et en particulier par la maison Vilmorin (1), qui depuis longues années s'applique à réunir ces nombreuses races dans ses collections. Pour elle, toutes les giroflées quarantaines, de quelque espèce qu'elles proviennent, se répartissent en dix classes, savoir : les *quarantaines ordinaires*, les *quarantaines à grandes fleurs*, les *demi-anglaises* ou *quarantaines à rameau*, les *quarantaines lilliputiennes*, les

1) *Les fleurs de pleine-terre*, etc., 1853.

quarantaines anglaises à feuilles de chéiri ou *kiris*, variétés la plupart annuelles et supposées issues des *Cheiranthus annuus* et *græcus;* puis les *quarantaines parisiennes*, les *quarantaines cocardeau* ou *giroflées impériales*, les *giroflées Empereur perpétuelles*, les *giroflées d'hiver* et la *giroflée des fenêtres*, rattachées avec quelque vraisemblance au *Cheiranthus incanus*. Chacun de ces groupes contient un nombre indéterminé de variétés, qui se distinguent plus entre elles par la nuance ou le coloris des fleurs que par tout autre caractère.

Toutes les giroflées quarantaines sont moins rustiques que la giroflée jaune; aussi veulent-elles être momentanément abritées sous le climat de Paris, et à plus forte raison sous les climats plus froids. Les semis pour les espèces ou variétés annuelles se font en mars et avril, sur couches et sous châssis, ou un mois plus tard en pépinière ou sur place. Élevé sous châssis et tenu trop longtemps enfermé, le jeune plant est exposé à une sorte de pourriture qui fait périr toute la partie de la plante qui est hors de terre, et on en perd souvent un grand nombre par cette cause. Quelques horticulteurs d'Allemagne recommandent, pour obvier à cet accident (1), l'emploi exclusif de la terre des taupinières ramassée sur des prairies de bonne nature, et conservée pendant quelques mois à l'abri de la pluie et de la gelée sous une couverture de paille; mais il est reconnu que toute bonne terre franche mélangée d'un peu de sable et riche en terreau végétal peut la remplacer. Lorsque le semis n'a pas été fait en place, le plant doit être repiqué une ou deux fois, ce qui lui fait prendre de la force. Suivant l'époque du semis, la floraison arrive du milieu de juin à la fin de septembre.

Les variétés doubles de giroflées quarantaines étant presque les seules que l'on conserve pour l'usage, la plupart des horticulteurs marchands retranchent de leurs semis les individus qui s'annoncent comme devant être simples, ce qui ne se reconnaît bien qu'à l'apparition des premiers boutons de fleurs. Cependant, comme il n'y a que les simples qui donnent des

(1) *Illustrirte Gartenzeitung*, mars 1858, et *Journal de la Société d'Horticulture*, IV, 1858.

graines, on doit toujours en conserver quelques-uns pour
fournir aux semis de l'année suivante. Tous ne donnent pas à
beaucoup près la même proportion de plantes doubles, et il
y a un choix à faire entre eux; mais il faut une grande habitude pour juger de leur qualité sous ce rapport. On croit que
les individus de force moyenne et trapus sont ceux qui conviennent le mieux pour servir de porte-graines. Les horticulteurs allemands, si habiles dans la culture des giroflées, assurent que les meilleures graines sont produites par des plantes
élevées en pots, et qu'on doit donner la préférence à celles
de ces graines qui sont irrégulières de forme, un peu angu-
leuses, peu ou point aplaties et dont le bord n'est pas blanchâtre. D'autres jardiniers, en France particulièrement,
croient que les graines contenues dans les siliques rapprochées l'une de l'autre sur l'axe de l'inflorescence, que ces siliques soient collatérales, opposées ou verticillées par trois
ou quatre, donnent naissance à des plantes à fleurs doubles,
tandis que celles des siliques écartées et alternes ne produisent ordinairement que des plantes à fleurs simples. La même
remarque s'appliquerait à la giroflée jaune.

Les quarantaines bisannuelles sont en général plus fortes
et plus développées que les variétés annuelles, mais elles exigent aussi un temps plus long pour arriver à fleurir. Semées
en planches ou en pépinières dans les mois de juillet et d'août,
elles devront être empotées soit au premier repiquage, qui se
fera quelques jours après la levée du plant, soit un mois ou
six semaines plus tard, afin de pouvoir les hiverner en orangerie ou sous châssis, bien que, jusque sous le climat de
Paris, elles puissent encore passer les hivers doux en plein air
sans en souffrir sensiblement. Mises sous châssis, il faudra les
aérer aussi souvent que le temps le permettra pour en éloigner l'humidité, et ne les arroser qu'avec parcimonie. La
floraison arrive d'ordinaire en mars ou avril, quelquefois plus
tardivement, suivant que les plantes ont été plus ou moins
avancées l'année précédente.

Les quarantaines de cette section peuvent aussi se cultiver
comme plantes annuelles, mais alors les semis doivent être

faits de très-bonne heure, en février ou en mars, sur couche chaude abritée. Les plantes, repiquées une ou deux fois suivant la méthode ordinaire, fleurissent sur la fin de l'été; mais elles sont toujours moins fortes et moins belles que celles qui proviennent des semis d'automne, et elles mûrissent plus difficilement leurs graines. Nous avons à peine besoin d'ajouter que ces diverses méthodes de culture, qui sont particulières au nord de la France, se modifient à mesure qu'on se rapproche du midi. Dans le climat méditerranéen on obtient facilement la floraison des giroflées dans les derniers jours de l'hiver, même plus tôt moyennant certaines précautions, mais ces plantes y sont comparativement peu recherchées et peu cultivées. Dans le nord de la France, au contraire, et surtout à Paris, il en est peu qui jouissent d'autant de vogue, plus peut-être dans les classes pauvres de la société que dans les classes aisées; aussi sont-elles l'objet d'un commerce considérable sur les marchés aux fleurs de la capitale.

3° **Fuchsias** (*Fuchsia*). Les fuchsias (1), de la famille des énothérées ou onagraires, sont des arbustes ou des arbrisseaux, la plupart originaires des hautes montagnes qui s'étendent du Mexique au Chili méridional, où ils habitent une zone généralement comprise entre 1,000 et 3,000 mètres d'altitude. Quelques-uns, en petit nombre, appartiennent aux montagnes des Antilles, de la Guyane et du Brésil. Enfin, il en est deux qui nous viennent de la Nouvelle-Zélande; ce sont les seuls jusqu'ici connus qui soient étrangers à l'Amérique.

Leurs caractères botaniques sont : des fleurs régulières, presque toujours pendantes; un calyce coloré et plus ou moins tubuleux, divisé en quatre lobes ou sépales; une corolle de quatre pétales; huit étamines et un ovaire infère à quatre loges, surmonté d'un style que termine un stigmate quadrilobé. Le fruit est une petite baie en forme d'olive, contenant des graines fines et nombreuses. Les feuilles, toujours sim-

(1) Ainsi nommés du botaniste allemand Fuchs. On prononce *fuxia*.

ples, sont opposées ou verticillées par trois ou par quatre,
très-rarement alternes. Quant au coloris des fleurs, c'est le
rose, le rouge ou le carmin, qui dominent sur le calyce, et
quelquefois cèdent la place au blanc pur, mais la corolle offre
souvent des tons plus foncés, et dans plusieurs espèces elle
passe au pourpre violet. On ne connaît qu'une seule exception
sous ce rapport : c'est celle du *F. procumbens,* dont la corolle
est jaune orangé.

La culture des fuchsias est encore toute récente. Quoique
le genre ait été signalé dès le commencement du dix-huitième
siècle, il n'y a guère qu'une soixantaine d'années que les
premières espèces en ont été introduites dans le jardinage européen, et encore était-ce plutôt comme plantes botaniques
que comme plantes d'agrément. Ce n'est que vers l'année 1820
qu'on voit la culture des fuchsias prise au sérieux par les
amateurs; mais à partir de ce moment elle s'est développée
avec rapidité, et chaque année nous a apporté des espèces ou
des variétés nouvelles. Toutefois, ce qui a le plus contribué à
en accroître le nombre, ce sont les variations produites par
la culture elle-même, au moyen des semis et des croisements. En moins d'un demi-siècle le groupe des fuchsias est
devenu un des plus riches du répertoire horticole, et l'on en
compterait aujourd'hui plus de 500 variétés, dont l'origine et
la nomenclature offrent déjà presque autant d'incertitude et
de confusion que celles des rosiers eux-mêmes.

L'uniformité du type d'organisation dans le genre et le
grand nombre d'espèces qu'il contient indiquaient d'avance
l'aptitude de ces dernières à se croiser et à donner des hybrides ou des métis. D'un autre côté, la grandeur des organes
de la reproduction et leur situation, qui les met en évidence et les rend faciles à saisir, devaient naturellement in-
viter les horticulteurs à essayer du croisement pour obtenir de
nouvelles races; aussi ont-ils largement usé de ce moyen.
C'est en Angleterre surtout que la fécondation artificielle des
fuchsias a été pratiquée, et toujours avec succès; cependant
bien des variétés hybrides, et qui ne sont pas les moins méritantes, ont aussi été obtenues sur le continent. Citer les

noms de MM. Halley, Dickson, Knight, Epss, Harrison, Story, Pince, Miller, May, Veitch, Smith, Bank et Standish en Angleterre, de MM. Salter, Dubus, Demouveaux, Narcis, Verschaffelt, Coene, De Jonghe, etc., sur le continent, c'est rappeler en quelques mots les étonnants progrès de cette branche de la culture et la part qu'y ont prise les plus habiles jardiniers de notre temps.

Par leur taille peu élevée, l'élégance de leur port, la richesse de leur floraison et la vivacité de leur coloris, comme aussi par leur variabilité, en quelque sorte illimitée, les fuchsias sont devenus des plantes de collection de premier ordre. Leur tempérament assez uniforme, quoique non absolument identique dans toutes les espèces, en fait sous nos climats septentrionaux des plantes à cultiver en pots. Cependant sous des climats plus doux, là où la température moyenne de l'hiver est de 7 à 8 degrés centigrades au-dessus de zéro, la plupart des fuchsias, tous peut-être, pourraient passer dans la culture de pleine terre. Les espèces les plus alpines se contentent même d'une température hivernale moins élevée, ainsi qu'on le voit sur les côtes de la Manche, entre Cherbourg et Brest, où quelques-unes croissent à l'air libre dans les jardins et prennent les plus belles proportions, quoique la température moyenne de l'hiver n'y dépasse pas 6° centigrades, et que le thermomètre y descende assez souvent à 4 ou 5° au-dessous de zéro. Enfin, à Paris même, et plus au nord encore, bien des fuchsias peuvent être livrés à la pleine terre moyennant des couvertures de paille ou de feuilles sèches en hiver. Leurs tiges, il est vrai, y sont détruites par le froid, mais leurs souches enfouies sous terre y échappent, et au retour du printemps elles repoussent de nouvelles tiges, qui fleurissent encore d'une manière satisfaisante du milieu de l'été aux premières gelées.

† Espèces et variétés de fuchsias.

Plus de soixante espèces de fuchsias ont été décrites par les botanistes, mais il n'y en a guère que la moitié, les deux tiers peut-être, qui aient été introduites vivantes en Europe. Sans fatiguer le lecteur du détail de leur description, nous lui donnerons une idée générale de l'ensemble du groupe par le tableau suivant, emprunté à Decandolle, mais un peu modifié pour le rendre plus simple et plus facile à saisir.

Pour nous, les fuchsias se divisent en trois sections, savoir :

1° Les *néo-zélandais*, caractérisés par leurs feuilles alternes, ce qui les fait distinguer du premier coup d'œil de leurs congénères américains. Cette section ne renferme jusqu'ici que deux espèces, le *F. excorticata*, arbrisseau de 2 à 3 mètres, à fleurs pourpre violet, et le *F. procumbens*, sous-arbuste sarmenteux et demi-grimpant, dont le calyce est de couleur pourpre et la corolle jaune orangé. Ces deux es-

Fig. 197. — Fuchsia globosa.

pèces se rencontrent rarement dans les collections d'amateurs.

2° Les *américains bréviflores*, chez lesquels la partie tubuleuse du calyce est moins longue ou à peu près de même longueur que ses lobes. On peut les subdiviser en deux sections secondaires, les *brachystémones*, dont les étamines sont incluses ou à peine plus longues que la corolle, et les *macrostémones*, où elles sont exsertes, c'est-à-dire notablement plus longues que la corolle. A la première appartiennent les *Fuchsia lycioides*, *microphylla*, *parviflora*, *thymifolia*, *cylindracea*, *bacillaris* et *acinifolia*; à la seconde, les *Fuchsia coccinea*, *globosa* (fig. 197), *macropetala*, *arborescens*, *paniculata*, *ayavacensis*, *conica*, *decussata*, *gracilis*, *nigricans*, *radicans*, *quinduensis*, *triphylla*, et quelques autres moins habituellement cultivés.

3° Les *américains longiflores*, dont le tube du calyce est deux ou trois fois plus long que les lobes ou sépales, et les étamines exsertes. Chez quelques-uns la corolle est très-réduite, et peut même faire entièrement défaut. On range dans cette section les *Fuchsia simplicicaulis*, *fulgens* (fig. 198), *macrantha*, *miniata*, *petiolaris*, *corymbiflora*, *apetala*, *serratifolia*, *venusta*, *splendens*, *cordifolia* et *spectabilis*.

Quelques-unes de ces espèces méritent une mention particulière. Tandis que chez la plupart des fuchsias les fleurs sont pendantes, trois espèces de la section des bréviflores les ont en panicules terminales dressées; ce sont les *F. macropetala*, *paniculata* et *arborescens*,

Fig. 198. — Fuchsia fulgens.

dont les inflorescences rappellent celles de nos lilas. La seconde de ces deux espèces, à cause de ce caractère très-particulier, avait donné lieu à la création d'un genre nouveau, le *Schufia*, qui n'a point été adopté; on la trouve assez communément dans les jardins, sous le nom de *F. syringæflora*. Dans la même section, on peut encore citer le *F. radicans*, espèce brésilienne sarmenteuse et grimpante, pouvant s'élever à 5 ou 6 mètres en s'entrelaçant aux arbres. Cette espèce, introduite vers la fin du siècle dernier, a presque totalement disparu de la culture.

Dans la section des longiflores, beaucoup plus homogène que la précédente, nous remarquerons les *F. macrantha* et *apetala*, deux belles plantes des Andes du Pérou et de la Colombie, chez lesquelles la corolle a complétement disparu; le *F. simplicicaulis*, dont les tiges, hautes d'un mètre et presque dépourvues de rameaux, s'inclinent gracieusement sous le poids de la brillante inflorescence qui les termine; le *F. spectabilis*, moins élevé encore, et que recommandent particulièrement ses grandes fleurs, largement ouvertes, du plus beau rouge cramoisi; enfin le *F. venusta*, de la Nouvelle-Grenade, dont les pétales varient du rouge cocciné à l'orangé, ce qui laisse entrevoir la possibilité d'en obtenir des races à fleurs franchement jaunes.

Ainsi que nous l'avons dit plus haut, les variétés de fuchsias issues de la culture sont si nombreuses qu'il n'est pas possible de les citer toutes ici. Nous pouvons ajouter que la rapidité avec laquelle elles se succèdent et se remplacent les unes les autres rendrait cette liste presque inutile. Cependant, pour ceux qui voudraient en prendre une connaissance plus étendue, nous indiquerons, outre les publications périodiques horticoles, qui enregistrent, au fur et à mesure qu'ils se produisent, les gains des horticulteurs, la Monographie du Fuchsia (1), de M. le président Porcher. C'est le traité le plus complet qui existe sur la matière.

(1) *Le Fuchsia; son histoire et sa culture*, suivies d'une *monographie des espèces et des variétés*, par M. Félix Porcher, président de la société d'horticulture d'Orléans; 1857.

Les variations dans les fuchsias ont porté sur le coloris et sur la forme des fleurs. Les tons se sont affaiblis ou renforcés; dans quelques variétés ils sont descendus jusqu'au blanc pur, dans d'autres ils se sont rapprochés, sans se fondre, sous forme de panachures, ou encore se sont répartis très-diversement entre le calyce et la corolle, le premier étant presque ou tout à fait blanc, la seconde revêtant les teintes les plus vives du rose, du cramoisi ou du violet bleuâtre. La forme a été encore plus altérée. Par suite de croisements entre les espèces, surtout entre les bréviflores et les longiflores, ont apparu une multitude de formes intermédiaires, que les deux sections peuvent revendiquer avec un égal droit; enfin, on a vu se produire ici l'effet ordinaire d'une culture riche et soignée, la duplicature et la plénitude des fleurs par multiplication des pétales. Il existe des variétés de fuchsias chez lesquelles ce dernier phénomène est aussi complet que chez les roses les plus pleines.

Les conditions de beauté dans les fuchsias sont nécessairement un peu arbitraires, et varient avec les goûts; cependant on s'accorde assez généralement sur les suivantes : un port régulier, rappelant les formes d'un arbuste ou d'un buisson à tête arrondie, et qu'au besoin on fait prendre aux plantes par une taille raisonnée, l'emploi de tuteurs et autres moyens artificiels; une abondante floraison; des fleurs un peu grandes, largement ouvertes, à sépales redressés ou révolutés. La corolle doit être bien développée et, s'il se peut, trancher sur le calyce par un coloris plus vif ou plus foncé. On fait cependant exception à cette dernière règle pour les variétés toutes blanches, qui, il est vrai, sont assez rares.

A part quelques variétés dont l'origine est à peu près connue, il est très-difficile pour le plus grand nombre de les rattacher aux espèces naturelles; c'est d'ailleurs ce qui arrivera toujours dans les genres dont les espèces nombreuses seront capables de se féconder réciproquement, à moins que les horticulteurs n'enregistrent avec un soin scrupuleux toutes leurs opérations, ce qu'il n'est pas probable qu'ils fassent jamais. Ce qui accroît notablement la confusion c'est qu'ici les hybrides sont généralement fertiles, soit par eux-mêmes, soit par le pollen des autres espèces, et que dans les deux cas leurs descendants n'ont ni uniformité dans le faciès ni stabilité. Il en résulte que les prétendues variétés de fuchsias ne sont rien autre chose que des variations indi-viduelles, qui ne se conservent fidèlement que par le boutu-rage. Leur durée est d'ailleurs si éphémère, et il s'en produit tous les ans un si grand nombre de nouvelles, qu'il n'y aurait aucun intérêt à citer nominativement celles qui existent au-jourd'hui, et dont on trouvera la liste dans les catalogues des horticulteurs de profession. En conséquence nous nous bor-nerons à indiquer les principaux genres de variations, qu'on peut réduire avec une suffisante exactitude aux quatre groupes suivants :

1°. Les fuchsias à tube calycinal rose, rouge ou carmin, et à corolle simple, de même teinte ou de teinte plus foncée et tirant plus ou moins sur le violet bleuâtre.

2°. Les fuchsias à tube calycinal rouge ou carmin et à co-rolle simple, blanche ou un peu rosée, quelquefois striée de carmin.

3°. Les fuchsias à tube calycinal blanc, jaune pâle ou légè-rement rosé ; à corolle simple, rose, rouge, pourpre ou vio-lacée.

4° Enfin, les fuchsias à fleurs doubles ou pleines, dans toutes les combinaisons de coloris indiquées ci-dessus. Une des va-riétés les plus récentes de ce groupe, le *fuchsia Solférino*, à calyce carmin vif et à corolle violet bleuâtre, extrêmement pleine, est considérée comme la plus belle de toutes les doubles.

†† Culture et multiplication des fuchsias.

La culture des fuchsias, quoiqu'elle n'offre pas de diffi-cultés sérieuses, n'est pas pratiquée partout ni par tout le monde avec le même succès. Les amateurs et les horticul-teurs se partagent à son sujet en deux camps opposés, c'est-à-dire entre deux méthodes qui sont contradictoires l'une de l'autre sur beaucoup de points, et dont on exprimerait la principale différence en disant que l'une, la plus ancienne et encore la plus généralement suivie, repose sur le système des empotages successifs, et l'autre sur celui de l'empotage unique. Tous cependant sont unanimes à reconnaître que les fuchsias aiment beaucoup l'eau, qu'ils veulent des arrosages fréquents et qu'ils se plaisent dans une atmosphère humide. Ils ne diffèrent pas non plus sensiblement sur la nature de la terre dans laquelle ces végétaux doivent être cultivés.

Cette terre est un compost qui varie suivant les lieux et les habitudes, mais dans lequel entrent presque toujours la terre franche et le sable siliceux ou la terre de bruyère, et qu'on additionne de terreau de feuilles et d'un engrais un peu riche, comme la poudrette, le guano ou le terreau de couches bien décomposé. Les proportions de ces divers ingrédients n'ont rien d'absolu; cependant il convient que la terre franche et le sable siliceux figurent dans le compost chacun au moins pour un quart, le reste étant complété par le terreau de feuilles et l'engrais adopté. Toutes ces matières, parfaitement mélangées, doivent avoir été préparées quelques mois d'avance et remuées de temps à autre afin de hâter la décomposition des substances organiques qu'elles contiennent, et de favoriser la formation des nitrates. Ce qu'on cherche à obtenir par cette préparation est, comme on le voit sans peine, une terre à la fois très-substantielle et très-perméable à l'eau. On ravive la fertilité de la terre en employant les engrais liquides pour les arrosages.

Dans l'ancienne méthode les empotages des fuchsias se font un peu avant la fin de l'hiver, en février ou mars sous le climat de Paris. Les plantes ayant été retirées des pots, on fait tomber la vieille terre adhérente aux racines, de manière à réduire la motte au tiers ou à la moitié de son volume primitif; on peut même, si on le juge à propos, l'enlever en totalité, mais il faut avoir soin de ne pas briser les racines, qu'on se borne à raccourcir en tranchant net, avec une lame affilée, celles qui pourraient gêner dans le nouvel empotage. Les pots, qui, suivant la taille des plantes, varient de 30 à 40 centimètres d'ouverture, sont drainés avec des tessons sur une épaisseur de 3 à 4 centimètres. On peut perfectionner ce drainage en recouvrant les tessons d'un lit de mousse de quelques millimètres d'épaisseur, pour empêcher la terre de pénétrer dans ses vides et de l'obstruer. Ceci fait, on remplit le pot avec la terre du compost et on y plante l'arbuste, suivant les règles que nous avons tracées plus haut. On donne ensuite un bon arrosage pour tasser la terre autour des racines, et on remet la plante à la place qu'elle occupait dans la serre, où elle reste jusqu'à ce que la température extérieure permette de la porter dehors.

A Paris c'est dans la première quinzaine de mai que les fuchsias sont retirés des serres et des orangeries pour passer à l'air libre. Il est avantageux que cette opération se fasse par un temps couvert et tiède. On les met à une exposition méridionale, où ils puissent recevoir les rayons du soleil, qui raffermissent leurs tissus, toujours un peu aqueux et étiolés par suite du long séjour qu'ils ont fait dans la serre. Lorsque les boutons de fleurs commencent à se montrer et les chaleurs à se faire sentir, on les porte dans un endroit moins éclairé, soit auprès d'un mur qui les abrite contre le soleil de midi, soit sous des arbres ou des arbustes un peu hauts. Suivant le temps, on les arrose une ou deux fois par jour. Si on préfère, comme quelques-uns le font, les laisser fleurir dans la serre, cette dernière sera largement ouverte de jour et de nuit afin que l'air y circule librement; on se trouvera bien alors d'arroser fréquemment le parquet, surtout pendant les chaleurs de l'été, pour entretenir l'air dans une certaine moiteur.

Le pincement est une opération fréquemment employée dans la culture des fuchsias. Il a pour but d'obliger les plantes à se ramifier et à prendre la forme qu'on veut leur donner. Le premier pincement se fait quelque temps après l'empotage d'hiver dont il a été parlé ci-dessus. Lorsque les nouvelles pousses ont de quatre à six feuilles, on retranche avec l'ongle du pouce leur bourgeon terminal. Les rameaux qui se développent aux aisselles de leurs feuilles, à la suite de l'opération, sont soumis au même traitement un mois après. Quelquefois un troisième pincement peut devenir utile lorsqu'on a affaire à des plantes très-vigoureuses ; il ne faudrait pas cependant abuser de ce moyen, car s'il a l'avantage de multiplier les branches florifères, il a aussi pour effet de retarder la floraison. C'est au cultivateur entendu à juger du point où il conviendra de s'arrêter.

Les fuchsias en pots sont rentrés dans la serre à la fin du mois d'octobre, un peu plus tôt ou un peu plus tard suivant les lieux et les années, dans tous les cas avant les premières gelées. A partir de ce moment on diminue les arrosages en proportion du ralentissement de la végétation ; bientôt même on ne donne plus que la quantité d'eau strictement nécessaire pour conserver à la terre une légère humidité. On profite de la saison de repos pour tailler les arbustes, dont les branches sont rabattues à quelques centimètres de la tige, en ayant soin de leur conserver la forme sous laquelle on les a dirigés. On supprime les branches mal placées ou insuffisamment aoûtées ; on peut même amputer la tige plus ou moins bas si l'on veut modifier la forme de l'arbuste ; enfin, si ce dernier paraissait languissant, on pourrait le rajeunir en le recépant au niveau du sol. Ce moyen, aidé par le changement complet de la terre du pot, qu'on remplace par de la terre neuve et bien engraissée, a souvent suffi pour transformer des plantes faibles en arbustes pleins de vigueur.

Cette méthode, qui convient à la généralité des fuchsias, doit être légèrement modifiée pour le *F. serratifolia*, qui est assez souvent rebelle à la floraison. Suivant les meilleurs praticiens de l'Angleterre, on doit le tenir dans une terre moins substantielle que celle qu'on emploie pour les autres espèces. Les boutures, ordinairement faites au commencement d'avril, sont plantées, après leur enracinement, dans des pots de 6 centimètres remplis de l'un des composts dont il a été question ci-dessus. Tenues quelque temps sous le vitrage d'un coffre, on les habitue graduellement à endurer le contact de l'air libre, et dans le courant de l'été on leur fait subir deux rempotages successifs dans des pots de 10,

puis de 15 centimètres, où ils restent tout l'hiver suivant.
Vers le milieu de mai on les retire de la serre, et après les
avoir taillés on les plante soit en pleine terre sableuse, soit
dans des pots de 30 centimètres au plus, dont la terre contient pour moitié au moins de sable siliceux et à laquelle
on n'ajoute que très-peu d'engrais. Dans un sol trop riche,
surtout en pleine terre, ce fuchsia prendrait un grand développement et souvent ne produirait pas une seule fleur. Il
n'en faut pas inférer cependant qu'il diffère entièrement sous
ce rapport de ses congénères; devenu très-grand et tout à
fait adulte, il fleurirait très-abondamment, mais sous nos
climats la belle saison n'est pas assez longue pour qu'on
puisse obtenir ce résultat avant les froids; de là la nécessité
de le rabougrir dans une certaine mesure, et de le faire arriver en quelque sorte à l'âge adulte avant le temps. Rentré
en serre sur la fin de l'automne, et traité comme nous avons
dit, il recommence à fleurir l'année suivante, et peut durer
ainsi plusieurs années.

La multiplication des fuchsias s'effectue par deux moyens,
tous deux très-pratiqués, le bouturage et le semis des graines.
Le bouturage peut se faire en toute saison, mais l'époque à
laquelle on donne la préférence est la fin de l'hiver, lorsque
les plantes, excitées par la chaleur artificielle d'une serre
ou par celle du soleil, ont déjà développé des pousses de 10
à 15 centimètres. On choisit parmi ces dernières les plus
vigoureuses, et après les avoir détachées au niveau de leur
insertion sur la tige ou sur une maîtresse branche, on les
plante une à une dans des godets de 3 à 4 centimètres d'ouverture, remplis de terre de bruyère pure ou de sable siliceux, et on les recouvre d'une cloche après les avoir arrosées
convenablement. La température de 18 à 20 degrés est la
plus favorable à leur reprise, et à défaut de serre tempérée
pour la leur procurer on aura recours à une couche chaude
couverte d'un châssis. Dans le cas où ces deux moyens manqueraient, on aurait encore la ressource de bouturer en pleine
terre ou dans des pots, sans chaleur artificielle, aux mois
de juin et de juillet. Couvertes d'une cloche et convenable-

ment arrosées, les boutures faites dans ces conditions reprendraient tout aussi bien que celles qui se font dans une autre saison par des moyens plus compliqués.

Dès que les boutures sont enracinées, ce qu'on reconnaît aux progrès que fait leur végétation, et encore plus sûrement en retirant du vase la petite motte de terre où elles sont plantées, on les empote dans des godets plus grands, soit de 5 à 6 centimètres d'ouverture, et on commence à les habituer peu à peu au contact de l'air et de la lumière, en soulevant les cloches ou les panneaux des châssis. Quinze jours ou trois semaines plus tard on procède à un nouvel empotage, avec cette précaution de mêler à la terre de bruyère un quart ou un tiers de terre franche, déjà additionnée d'un peu d'engrais. Bientôt après on fait un quatrième rempotage dans des pots plus grands et dans une terre plus substantielle; enfin, dès que les plantes paraissent assez vigoureuses, on les met dans les grands pots où elles doivent achever leur existence, et dont le diamètre varie, suivant la taille à laquelle elles doivent atteindre, de 30 à 40 centimètres d'ouverture. Les grandes et fortes espèces pourraient même occuper avec avantage des pots plus grands.

Dans le nouveau système de culture on supprime un ou deux des empotages successifs dont il vient d'être question. A la rigueur tous pourraient être supprimés, et les boutures, au sortir des godets où elles se sont enracinées, pourraient être mises sans inconvénient dans des pots définitifs, à la condition que ceux-ci fussent parfaitement drainés. Si on en agit autrement, c'est tout à la fois pour économiser l'espace, toujours mesuré dans une serre à multiplication, et éviter l'embarras d'avoir à manier un grand nombre de pots trop grands et trop pesants; mais sous des climats plus doux que celui du nord de la France, et où les jeunes fuchsias pourraient passer de très-bonne heure à l'air libre, il y aurait un avantage incontestable à les planter dès l'abord dans les grands pots ou à les mettre en pleine terre, sauf, si les circonstances l'exigeaient, à les abriter momentanément contre la fraîcheur des nuits.

Dans l'ancienne méthode on recommande d'ombrer les fuchsias tenus en serre ou sous châssis, et plus tard de les mettre à mi-ombre, lorsqu'on les retire de la serre; dans la nouvelle, au contraire, on se dispense d'ombrer, et on habitue de très-bonne heure les plantes à braver les rayons du soleil. Cette méthode, combinée avec l'emploi de très-grands pots, de composts substantiels, de bassinages et d'arrosages fréquents, et enfin d'engrais liquides à doses croissantes, a donné, entre les mains d'habiles jardiniers, des résultats extraordinaires, bien supérieurs à ceux de l'ancienne méthode; mais, par compensation, elle exige une attention plus soutenue et un tact cultural dont tout le monde n'est pas doué. En somme, cependant, il est certain que les fuchsias prendraient un plus beau développement si on ménageait moins l'espace à leurs racines, et si on faisait plus communément usage des engrais liquides.

Après les détails dans lesquels nous sommes entrés au sujet des boutures, il nous restera peu de chose à dire de la multiplication par semis. Les graines des fuchsias récoltées à leur maturité, et débarrassées par le lavage de la pulpe qui les enveloppait, sont semées à la fin de l'hiver, en terrines remplies de terre de bruyère fine et tamisée. Ces terrines sont soumises aux mêmes conditions de chaleur que les boutures, soit dans une serre à multiplication, soit sur une couche chaude. Sans l'aide de la chaleur artificielle les graines des fuchsias germeraient à une époque un peu plus avancée de l'année, et quelques praticiens assurent que les plantes ainsi obtenues sont plus fortes et fleurissent mieux que celles qui proviennent de semis hâtés par le chauffage artificiel. Lorsque le jeune plant a trois à quatre feuilles on le repique un à un dans des godets de 3 à 4 centimètres, puis dans des pots plus grands; en un mot, on en agit avec lui absolument comme avec les boutures. Il n'est pas rare de le voir fleurir dans l'année même, surtout lorsqu'il a été élevé dans des pots de moyennes dimensions, qui en modèrent le développement.

Malgré la facilité qu'il y a à multiplier les fuchsias par la voie du semis, ce moyen n'est guère employé qu'à la suite des croisements entre de belles variétés, et cela parce que les sujets qu'on en obtient, lorsqu'elles se fécondent elles-mêmes, sont rarement aussi beaux qu'elles. Le croisement artificiel entre variétés distinctes paraît donner de meilleurs résultats, et comme on croit avoir remarqué que c'est le sujet porte-graines qui influe ici le plus sur le port et la taille des hybrides ou des métis, on recommande de le choisir parmi les variétés qui se distinguent le plus sous ce rapport. L'opération du croisement est en elle-même des plus simples, mais il est essentiel de castrer les fleurs sur lesquelles on veut la faire avant la déhiscence des étamines, faute de quoi le stigmate pourrait avoir déjà reçu du pollen de sa propre fleur lorsqu'on y déposerait le pollen étranger, ce qui empêcherait l'effet qu'on en attend. Les variétés cultivées, et qui sont pour la plupart déjà issues de fécondations croisées, ont entre elles de si grandes analogies qu'il est rare que la fécondation artificielle bien faite ne réussisse pas.

La greffe en fente, en approche ou en placage, serait un troisième moyen de multiplication pour les fuchsias si on voulait l'employer, et on y a eu effectivement recours quelquefois dans les premières années de la culture de ces arbustes. Aujourd'hui elle est complétement tombée en désuétude, par cette bonne raison que le bouturage et le semis sont infiniment plus simples et plus assurés dans leurs résultats. On n'en conçoit guère l'utilité autrement que pour réunir plusieurs variétés sur un même pied, ou pour placer une variété à rameaux retombants sur la tige dressée et ferme d'une espèce sous-arborescente; mais ce sont là de simples caprices d'amateurs, qui ont peu de chance de passer dans la pratique générale.

Les fuchsias peuvent prospérer en pleine terre dans le sud-ouest de la France moyennant quelques abris; il en serait probablement de même dans la région méditerranéenne si on pouvait leur donner les arrosages dans la mesure nécessitée par le climat. Soit à cause de la difficulté qu'il y aurait à le faire, soit pour d'autres raisons, les fuchsias y sont peu cultivés, et les rares échantillons qu'on y élève dans des pots sont rarement comparables, pour la taille et la beauté, à ceux qui figurent aux expositions d'horticulture de Paris et des autres villes de la région du nord.

4° **Calcéolaires.** Ayant déjà parlé des espèces de ce genre dans le chapitre consacré à la plantation du parterre, nous n'avons à nous occuper ici que de celles qui sont considérées comme plantes de collection à cultiver en pots. On leur attribue, ainsi que nous l'avons dit, une origine hybride, à laquelle auraient surtout concouru les *Calceolaria corymbosa* et *crenatiflora*. Dans l'incertitude où l'on est à cet égard on se borne à désigner sous le nom de *Calcéolaires hybrides* (*C. hybrida*, selon d'autres *C. Youngii*) (fig. 199), le nombre illimité et toujours croissant de variétés de calcéolaires de collection.

Toutes sont herbacées et semblables de port et de feuillage, mais elles diffèrent assez notablement par la taille, qui chez quelques-unes s'élève à 50 centimètres ou même plus, et chez quelques autres en dépasse à peine 25. Ces dernières, dont la création est toute récente, se distinguent en même temps par la régularité de leurs formes et la grandeur de leurs fleurs vivement et très-diversement colorées. On les désigne sous le nom d'*hybrides naines*, et ce sont elles précisément qui conviennent le mieux à la culture en pots.

Fig. 199. — Calcéolaire hybride.

Les semis et la première éducation du plant réservé à ce

mode de culture se font comme pour celui qu'on destine à la pleine terre. Après un ou deux repiquages on le met dans les pots définitifs où il doit fleurir, et qui, suivant la force présumée des plantes, ont de 16 à 20 centimètres d'ouverture. La terre employée est un mélange par parties égales de sable siliceux ou de terre de bruyère et de terre franche, et les pots doivent être parfaitement drainés pour que l'eau des arrosages, qu'il faudra donner avec une certaine libéralité, ne séjourne jamais sur les racines. Les plantes seront tenues à mi-ombre si on veut les sortir de la serre, mais souvent on les y laisse fleurir, à moins qu'on ne veuille les porter dans les appartements ou sur les fenêtres et les balcons. Dans les deux cas il faut les abriter contre les rayons du soleil, pour leur conserver leur fraîcheur et en faire durer la floraison.

Les calcéolaires frutescentes ou à tiges vivaces (*C. violacea*, *C. integrifolia*, *C. alba*, etc.) sont assez souvent aussi cultivées en pots, et, quoique de second ordre, elles ont encore une certaine valeur ornementale. Leur tempérament étant à très-peu près celui des fuchsias, nous renverrons le lecteur à ce que nous avons dit plus haut de la culture de ces arbustes.

5° **Cinéraire des Canaries.** Nous avons déjà dit quelques mots de cette jolie composée en traitant des plantes de parterre, mais il nous reste à la considérer comme plante de pots et de collection, ce qui est son principal rôle dans nos jardins d'agrément. Sous ce rapport, elle s'élève au niveau des plus belles calcéolaires et n'est surpassée que par les brillantes variétés du pélargonium des fleuristes, avec lesquelles elle partage le privilége d'orner les salons les plus aristocratiques.

La cinéraire des Canaries, connue aussi sous le nom de *cinéraire hybride* (*Cineraria cruenta*, *Senecio cruentus*) (fig. 200), est, comme son nom l'indique, originaire des îles Canaries et, à ce titre, rustique seulement pendant les mois d'été sous nos climats du nord. Elle est vivace, en ce sens qu'elle drageonne du collet de sa racine, et que tous les ans de nouvelles tiges remplacent celles de l'année précédente.

Elle est dressée,
rameuse, haute
en moyenne de
0ᵐ,50, souvent
plus basse; ses
feuilles, pro-
portionnellement
grandes, large-
ment cordiformes
et un peu lobées,
quelque peu tein-
tées de pourpre
en dessous, sont
sans élégance,
mais elle rachète
amplement ce
défaut par les lar-
ges corymbes om-
belliformes de
son inflorescence,
dont les capitules,
semblables à de
petites margue-
rites, ont de dix
à quinze rayons

Fig. 200. — Cinéraire des Canaries.

du plus beau pourpre velouté. Par le fait de la culture et des
semis elle a donné naissance à de nombreuses variétés, les
unes naines, hautes au plus de 30 à 35 centimètres, les autres
de taille ordinaire, qui se distinguent principalement par le
coloris des rayons, où l'on trouve toutes les nuances du rose,
du carmin, du pourpre, du bleu et du violet. Quelques-unes
de ces variétés ont les rayons entièrement blancs; d'autres les
ont bicolores ou tricolores, par l'addition du blanc à une ou deux
des teintes ci-dessus indiquées. Le disque est quelquefois resté jaune, mais il passe ordinairement au bleuâtre ou au pourpre obscur; on ne signale aucune variété où il ait donné lieu
à des fleurs doubles par le développement de ses fleurons en

ligules. Les variétés réputées les plus belles sont celles qui à
une taille moyenne (0^m,35 environ) et à un port trapu joignent
des corymbes de fleurs larges, réguliers et bien fournis, des
capitules grands ou moyens, des rayons arrondis du bout, ne
laissant pas d'intervalle entre eux, et surtout des coloris vifs,
veloutés, et nettement tranchés si les fleurs sont multicolores.
Dans les variétés très-naines les capitules sont ordinairement
moins grands et moins réguliers que dans les autres.

Suivant le mode de culture adopté, les cinéraires fleurissent
en hiver, au printemps ou dans le courant de l'été. A Paris
la méthode généralement suivie a pour but d'amener leur floraison dans les derniers mois d'hiver, c'est-à-dire du milieu
de février à la fin de mars, ce qui implique l'emploi de la
chaleur artificielle pour activer leur végétation, et comme à
cette époque de l'année les intempéries atmosphériques ne
permettent pas d'exposer les plantes en plein air, elles sont
exclusivement réservées pour la décoration des appartements
ou des serres. Celles qui n'ont point été avancées par le chauffage artificiel fleurissent, suivant les cas, un ou deux mois plus
tard, et elles peuvent dès lors être transportées dans le parterre. En bouturant en serre tempérée, ou sous un châssis
placé sur une couche, les pousses qui naissent sur les vieux
pieds, on en obtient de nouvelles plantes qui, mises en pleine
terre au mois de mai, donnent une brillante floraison en
juin et juillet. Ces divers procédés de culture se modifient
suivant les lieux et le but qu'on se propose, d'autant mieux
que les cinéraires sont du nombre des plantes de collection
qui sont le plus influencées par la diversité des climats.

On les multiplie de graines et de rejetons. Les graines,
qu'il importe de récolter sur les variétés les plus parfaites de
forme et de coloris, se sèment peu après leur maturité, ordinairement en juin et juillet, en terrines remplies de terre fine
et sableuse ou simplement de terre de bruyère, et tenues sur
couche tiède ou en serre tempérée. Sous un ciel un peu plus
chaud que celui de Paris, on peut aussi semer sur planches,
à l'air libre, et mieux encore sur la terre plus ou moins ombragée des massifs de rhododendrons. Dans un cas comme

dans l'autre, les graines doivent être à peine enterrées; un simple bassinage suffit même pour les faire adhérer à la terre, qu'il faut d'ailleurs entretenir dans un état constant de légère humidité. Elles lèvent en deux ou trois semaines, et le plant, lorsqu'il est arrivé à sa quatrième ou à sa cinquième feuille, est repiqué en pépinière abritée et un peu ombragée, ou un à un dans des petits pots de 5 à 6 centimètres d'ouverture, qu'on peut enfoncer dans le terreau d'une couche. Si la saison devenait froide et pluvieuse, on devrait couvrir les jeunes plantes d'un châssis vitré ; toutefois, on ne doit pas perdre de vue qu'elles deviendront d'autant plus vigoureuses qu'elles auront passé plus de temps à l'air libre avant d'être rentrées dans leurs quartiers d'hiver.

Vers le milieu de l'automne, plus tôt ou plus tard suivant les climats et les années, mais toujours avant les premiers froids, les jeunes cinéraires sont mises dans des pots un peu plus grands que ceux du premier empotage, soigneusement drainés et remplis d'un compost, dont les éléments peuvent varier, mais qui doit contenir, au moins pour moitié, du terreau de feuilles ou de couches parfaitement décomposé. Quelques jardiniers y ajoutent de la bouse de vache ou du crottin de cheval, d'autres arrosent avec une légère solution de guano, et l'expérience démontre l'utilité de ces additions. De quelque manière que l'on procède, les plantes empotées sont rentrées sous les abris avant les froids, et on les place aussi près que possible du vitrage, pour éviter qu'elles ne s'étiolent et s'affaiblissent. Une température diurne de 15° centigrades est suffisante pour entretenir leur végétation, qu'il ne faut pas d'ailleurs trop exciter. On donne des arrosages d'abord très-modérés, puis plus copieux suivant le besoin, et on rempote une ou deux fois les plantes dans le courant de l'hiver et dans une terre de plus en plus substantielle. Les pots du dernier empotage doivent avoir de 18 à 24 centimètres d'ouverture; c'est dans ces pots qu'elles atteignent toute leur taille et qu'elles fleurissent, ainsi que nous l'avons dit plus haut, dans les derniers jours de l'hiver.

La multiplication des cinéraires se fait aussi par les rejets ou drageons qu'elles poussent de leur pied, et ce moyen est le seul qui conserve sûrement les belles variétés. Après la défloraison, on diminue les arrosages et on laisse aux plantes quelques jours de repos, ce qui est nécessaire pour en obtenir des drageons vigoureux. Lorsque tout danger de gelée est passé, soit vers le 15 mai sous le climat de Paris, on les porte en plein air, dans un lieu un peu ombragé, et on enterre leurs pots jusque près du bord pour y conserver une certaine humidité. Dans ces conditions, les rejets ne tardent pas à se montrer sur le collet des racines; on aide à leur développement par des arrosages donnés à propos, et dont la dose varie suivant le caractère de la saison. En août ou septembre ils sont en état d'être plantés à part; on les enlève avec leurs racines, s'ils en ont, ou avec un talon suffisant pour assurer leur reprise, et on les met un à un dans des pots, qu'on couvre d'un châssis ou d'une cloche jusqu'à ce qu'ils s'y soient enracinés. On les découvre alors graduellement pour les habituer au contact de l'air, et dès que le temps se refroidit on les remet sous leurs abris vitrés, leur donnant d'ailleurs les mêmes soins qu'aux plantes provenues de semis.

Au total, la culture des cinéraires n'offre pas de difficulté sérieuse. Ce qu'elles craignent le plus, c'est l'humidité surabondante autour de leurs racines, ce qu'il est facile d'éviter par un bon drainage des pots. Elles ont toutefois un ennemi redoutable dans les pucerons, qui, si l'on n'y veille attentivement, finissent par les couvrir de la base au sommet, et quelquefois même attaquent leurs racines et ne tardent pas à les faire périr. Si les plantes sont sous verre on peut les en débarrasser par des fumigations de tabac; si elles étaient en pleine terre, et déjà fortement attaquées lorsqu'on s'aperçoit du mal, le mieux serait de les sacrifier et de les enlever du jardin, pour empêcher les parasites de se répandre sur les autres plantes.

6° **Reines-marguerites** et **chrysanthèmes.** Rappelons ici, seulement pour mémoire, que ces belles plantes de collection, dont nous avons parlé dans un chapitre précédent, sont des plantes de pots et d'appartement de premier ordre. Nous ne répéterons pas ce que nous avons dit de la manière de les cultiver en pots, mais nous ferons remarquer que, de toutes les variétés que la culture en a fait sortir, celles qui sont naines ou de taille moyenne doivent être seules réservées pour cet usage. Les races très-élevées sont celles qui y conviennent le moins, parce que les tuteurs dont on est obligé de se servir pour soutenir leurs tiges font toujours un mauvais effet à côté de plantes destinées à orner les appartements. Nous avons à peine besoin d'ajouter qu'on ne doit y employer que des variétés d'élite, celles qui se recommandent à la fois par la grandeur, la plénitude, la régularité et la vivacité du coloris de leurs fleurs.

Quoique moins beau que le chrysanthème de la Chine, le chrysanthème de l'Inde (fig. 201) doit cependant lui être préféré pour la culture en pots, et cela par la raison que nous venons d'indiquer. On doit s'attacher d'ailleurs à lui faire prendre un port ramassé, ce à quoi on arrive par des pincements répétés et faits à propos. Ces pincements en retardent sans doute la floraison, mais en la rendant plus abondante, et le retard même est ici un avantage, puisque les plantes doivent rester abritées et que leur floraison aura d'autant plus d'agrément pour l'amateur que la saison froide aura rendu plus rare celle des plantes laissées en plein air dans le jardin. C'est surtout dans les pays du nord que les chrysanthèmes deviennent des plantes d'appar-

Fig. 201. — Chrysanthème de l'Inde.

tements, et sous ce rapport leur culture n'est nulle part aussi bien entendue qu'en Angleterre.

7° **Lobélies** (*Lobelia*). Toutes les lobélies peuvent être rangées dans la catégorie des plantes à cultiver en pots, mais celles qu'on réserve plus particulièrement pour cet usage sont les grandes espèces connues sous le nom de *cardinales rouges* (*L. cardinalis, fulgens, splendens*, etc.) et de *cardinale bleue* (*L. syphilitica*), qui, ainsi que nous l'avons vu, sont assez souvent cultivées en pleine terre sous le climat de Paris, et plus loin encore vers le nord. Ces plantes étant vivaces et originaires de pays chauds ou tempérés-chauds, leur première éducation se fait dans des pots abrités sous des châssis ou dans la serre tempérée, mais toujours près du vitrage et dans un endroit bien éclairé. Pour l'empotage définitif on se sert de pots de 20 à 25 centimètres, drainés et remplis d'un compost de terre argileuse et de sable siliceux par parties égales, auquel on ajoute un tiers de terreau de feuilles ou de couche décomposé. Les plantes sont livrées au plein air dès que les gelées ne sont plus à craindre. Comme la plupart de celles qui nous viennent d'Amérique, les lobélies aiment les fréquents arrosages, l'air humide et la demi-ombre. On les porte sur les fenêtres des appartements ou sur les terrasses au moment où elles commencent à fleurir. Toutes ces espèces se multiplient aisément de graines et de boutures, mais les rejets qui se produisent sur la souche des vieux pieds sont préférés, par quelques horticulteurs, comme donnant des plantes de reprise plus facile et ordinairement plus fortes et plus belles que celles qu'on obtient des boutures ordinaires.

8° **Sauges** (*Salvia*). On doit encore considérer comme étant éminemment des plantes de pots les belles sauges exotiques à fleurs rouges ou bleues (*S. coccinea, splendens, patens*, etc.), qu'on cultive à Paris en serre chaude ou tempérée, et qui peuvent cependant passer quelques mois d'été et d'automne en plein air sous ce climat. Toutes sont vivaces, et peuvent durer plusieurs années moyennant les changements de terre nécessaires au printemps. Nous répétons ici la recommandation que nous ne cessons de faire quand il s'agit de la culture en pots, celle d'un drainage parfait et de l'emploi d'une terre tout à la fois substantielle et très-perméable à l'eau. Sauf le degré différent de rusticité, les sauges américaines ont les mêmes exigences que les fuchsias, aussi réussissent-elles mieux et plus facilement à l'air libre dans les départements maritimes de l'ouest qu'à Paris. On les multiplie de graines semées sur couche chaude au printemps, lorsqu'elles en produisent, ou plus simplement de boutures faites sous cloche et dans les mêmes conditions. Le plant enraciné est successivement empoté dans des vases de plus en plus grands, mais, au moyen d'un bon drainage, on pourrait appliquer à ces plantes le système de l'empotage unique, tel que le pratiquent quelques cultivateurs de fuchsias.

9° **Pélargoniums** (*Pelargonium*). Quoique nous ayons assigné à la culture de pleine terre quelques espèces de ce genre, on peut dire que sous nos climats tempérés tous les pélargoniums sont des plantes de pots, et cela principalement par la nécessité où nous sommes de les abriter du froid en hiver. Nous savons déjà que les espèces en sont très-nombreuses; nous pouvons ajouter que presque toutes mériteraient d'être cultivées en qualité de plantes d'agrément ou tout au moins de curiosité, les unes pour la beauté de leurs fleurs, les au-

Fig. 202. — Pélargonium zone.

tres pour l'agrément du port ou l'originalité de leurs formes, quelques-unes pour le parfum qu'elles exhalent de leurs feuilles. Plusieurs sont de charmants arbustes, qu'on aime à conserver dans les appartements ou à élever sur les fenêtres, ce à quoi les rendent propres le peu d'exigence de leur culture et leur demi-rusticité. A ce point de vue ce sont les dignes pendants du myrte, de l'oranger, du laurier-rose et de quelques autres arbrisseaux dont nous aurons à nous occuper dans un des chapitres du volume suivant.

Parmi les sept ou huit cents espèces qui composent le genre, trois seulement sont devenues des plantes de collection, le *pélargonium zoné* (*P. zonale*) (fig. 202), le *pélargonium écarlate* (*P. inquinans*) (fig. 203), et le *pélargonium des fleuristes* ou *pélargonium à grandes fleurs* (*P. grandiflorum*), dont nous avons donné une courte description dans

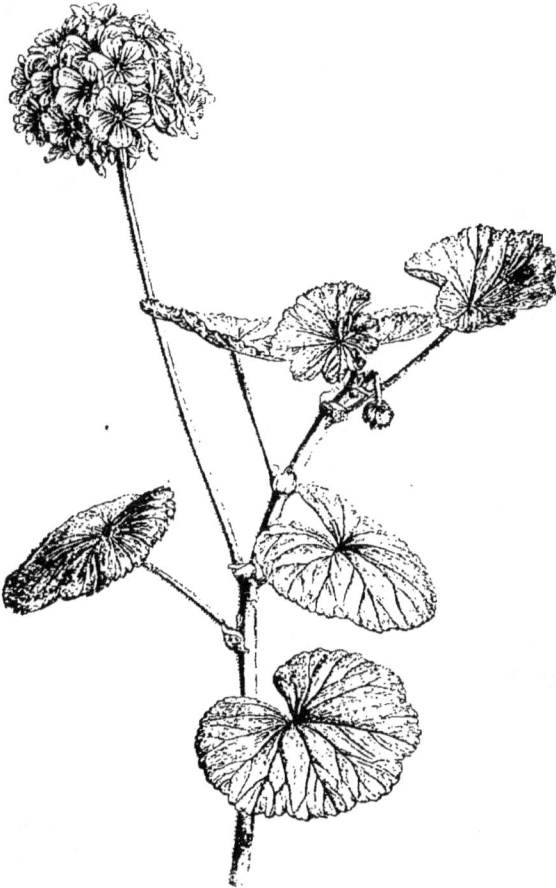

Fig. 203. — Pélargonium écarlate.

un chapitre précédent (page 434). Les deux premiers ont comparativement peu varié; le troisième au contraire, soit par croisement avec des espèces voisines, soit par le seul fait de la culture, a donné naissance à un nombre prodigieux de variétés, distinguées surtout par la grandeur, la forme et le coloris des fleurs. Cette espèce, déjà naturellement belle, a été si perfectionnée, depuis le commencement de ce siècle, qu'elle se place au niveau des plantes de collection de premier ordre, les roses, les rosages et les azalées; aussi nos expositions floriculturales de printemps et d'été leurs doivent-elles une grande partie de leur éclat. Ces belles variétés sont en même temps, pour le commerce horticole, une source importante de revenus; peu de plantes fleuries sont en effet plus dignes d'entrer dans la décoration des appartements et des salons.

Les conditions exigées d'un pélargonium pour figurer dans les collections sont : un port régulier et buissonnant; des ombelles de fleurs larges, bien fournies et courtement pédonculées; des fleurs grandes, autant que possible de forme arrondie, avec des couleurs vives et nettement tranchées; enfin, on veut encore qu'il soit remontant et que ses pétales ne soient pas caducs, toutes conditions que remplissent plus ou moins bien les variétés de choix. Depuis une quinzaine d'années on a admis, comme un autre genre de perfectionnement, les *pélargoniums nains,* qui peuvent se passer de tuteurs, et les *pélargoniums à cinq macules,* dont chaque pétale porte au centre une tache autrement colorée ou plus foncée en couleur que le contour. La première de ces deux catégories est ordinairement désignée sous le nom de *pélargoniums de fantaisie,* parce qu'ils n'ont d'autre caractère commun que leur port ramassé et qu'ils présentent dans leurs fleurs toutes les combinaisons possibles de coloris.

C'est en Angleterre, bien plus que sur le continent, qu'on s'est appliqué à multiplier par les croisements et le semis les variétés du pélargonium des fleuristes, et c'est là aussi qu'ont été obtenues les plus recommandables. Une d'entre elles, déjà ancienne et baptisée du nom de *Diadematum*, est devenue la souche de toute une série de variétés nouvelles, qui se distinguent par l'amplitude des corolles, largement ouvertes, et par leur forme arrondie. On peut citer dans le nombre les pélargoniums *Virginia, Optimum, Regina formosa, Conflagration, Forget me not, Royal Albert, Lablache, Belle of the ball, Ambassador, Royalty, Magnet, Béatrice, Médaille d'or, Auguste Miellez, Odier, Nec plus ultra, Romulus*, etc., qui toutes rappellent plus ou moins le *Diadematum* par la grandeur et la forme des fleurs, et jusqu'à un certain point aussi par le coloris, les deux pétales supérieurs y étant largement maculés de pourpre noir, et les trois inférieurs portant chacun, sur fond rose ou carmin, une macule blanche à leur base, quelquefois de simples panachures pourpres sur fond blanc ou rosé. Toutes ces variétés sont les pélargoniums anglais par excellence, bien que quelques-unes aient été obtenues sur le continent. Dans la section des pélargoniums dits de fantaisie, dont la liste serait trop longue à donner, il existe quelques variétés à fleurs panachées, entre autres les pélargoniums *Roseum striatum, Mazeppa superbe* et *Avenir*. Enfin, on y a vu apparaître des formes bizarres, dont les pétales sont lobés ou découpés, telles, par exemple, que les trois variétés anglaises désignées sous les noms de *Clown, Harlequin* et *Singularity*. Nous ne pousserons pas plus loin ces détails, qu'il sera facile d'ailleurs de compléter avec les catalogues des horticulteurs.

Les pélargoniums zoné et écarlate (*P. zonale, P. inquinans*) ont incomparablement moins varié, dans les jardins, que le pélargonium des fleuristes; cependant, quoique les deux espèces soient fort distinctes, les jardiniers en confondent presque toujours les variétés, en réunissant sous le titre de *zonés* toutes celles du *P. inquinans* dont les feuilles portent une zone brune. Cette zone, qui tantôt existe, tantôt n'existe pas ou est à peine perceptible, ne saurait être un caractère spécifique. Ce qui a plus d'importance pour caractériser ces deux espèces c'est que, dans le vrai pélargonium zoné, les fleurs ont les pétales étroits et allongés, sensiblement écartés les uns des autres et répartis en deux groupes, l'un supérieur de deux pétales, l'autre inférieur de trois; la couleur typique est ici le rose carmin. Dans le pélargonium écarlate les fleurs sont plus petites, beaucoup plus régulières, à pétales largement obovales et comparativement courts, d'une teinte écarlate très-vive dans le type de l'espèce; mais cette couleur peut s'affaiblir jusqu'au blanc, en passant par le rose plus ou moins carminé, plus ou moins clair. Si l'on ajoute à cette variation du coloris, qui tend par là à se rapprocher de celui du pélargonium zoné, l'apparition d'une zone parfois très-prononcée sur les feuilles, on n'aura pas de peine à s'expliquer la confusion dont nous venons de parler. Il est fort possible d'ailleurs que les deux espèces aient été croisées ensemble par les jardiniers, et qu'elles aient donné naissance à des hybrides chez lesquelles se fondent leurs caractères. Ici c'est presque uniquement sur le coloris des fleurs que portent les variations, et on se borne à classer les variétés d'après leurs teintes, qui sont l'écarlate, le rouge cerise, le rose de différents tons et le blanc; il y en a cependant qui se font remarquer par des feuilles panachées ou plutôt zonées de plusieurs couleurs. Telles sont particulièrement les pélargoniums *Mistress Pollock* et *Sunset* (coucher de soleil), variétés anglaises, qui semblent tenir également de *l'inquinans* et du *zonale* par leurs fleurs, et dont les feuilles, vertes au centre, sont cerclées concentriquement de brun, de rouge et de jaune.

Enfin, il s'est produit dans cette espèce des variétés naines, particulièrement estimées pour garnir les plates-bandes des jardins, composer des massifs ou faire des bordures. Les plus en vogue aujourd'hui sont celles qu'on désigne sous les noms de *Tom-Pouce, Rubens, Cerise unique, Beauté du parterre*, etc., à fleurs rouges ou écarlates, et *Eugénie Mézard, Albertine, Directeur, Étoile du matin*, qui les ont de couleur vermillon clair ou saumonées. Il en existe aussi où elles sont blanches ou rosées, quelquefois roses à centre blanc; mais ces dernières variétés font moins d'effet que les précédentes.

Sous nos climats, ainsi que nous l'avons dit plus haut, les

pélargoniums veulent être abrités du froid pendant l'hiver; mais on ne doit recourir pour eux à la chaleur artificielle que lorsque la température du local où on les tient enfermés s'abaisse au-dessous de zéro, et dans ce cas encore on ne doit pas dépasser 5 à 6 degrés centigrades, car il importe de ne pas exciter leur végétation intempestivement. Chaque fois d'ailleurs que la température extérieure sera au-dessus de zéro on devra tenir le local largement ouvert, au moins pendant le jour, afin que l'air y circule en toute liberté. Au premier printemps, ou plutôt dès les derniers jours de l'hiver, on procède au renouvellement de la terre des pots, et on y emploie un compost formé d'un tiers de terre franche et deux tiers de terre de bruyère tamisée, auquel on ajoute une petite quantité de terreau de feuilles consommé et autant de terreau de couche, ou mieux, si on peut s'en procurer, du guano pur, mais à dose très-faible. Les plantes rempotées et placées sur les gradins de l'orangerie ou de la serre, dans un lieu très-éclairé et où elles reçoivent directement le soleil, ne tardent pas à entrer en végétation. On les sort de la serre dès qu'il n'y a plus de gelées à craindre, mais sous le climat variable du nord, où les pluies et les bourrasques sont fréquentes au printemps, il est souvent plus avantageux de laisser les pélargoniums sous leurs abris ou dans les appartements jusqu'à ce qu'ils aient achevé leur floraison. Passé ce moment on les transporte en plein air, dans un lieu éclairé, pour obtenir un aoûtement parfait de leurs rameaux. Communément on enterre les pots pour mieux conserver l'humidité de la terre autour des racines, et on enlève les pédoncules défleuris, sauf ceux des plantes dont on voudrait récolter les graines.

Vers la fin d'août et dans les premiers jours de septembre on procède à la taille ou *rabattage* des pélargoniums. Cette taille, qui est fort essentielle, consiste à couper toutes les branches à deux ou trois centimètres au-dessus du point de leur origine, de manière à ne conserver au moignon que deux ou trois yeux. S'il y a des branches mal placées et qui nuisent à la régularité du port, on les enlève en totalité. Ce qu'on cherche à obtenir ici c'est une belle conformation de la charpente de l'arbuste et un certain équilibre entre toutes ses parties. Après le rabattage on place les pots à nu sur le sol, sans les enterrer, et on ne donne de l'eau qu'autant que l'état des plantes en indique l'utilité.

Lorsque la végétation a recommencé, et que les nouvelles pousses ont de 1 à 3 centimètres de longueur, on procède au rempotage. On enlève les deux tiers ou les trois quarts de la motte, et, s'il le faut, on empote dans des pots plus grands, qu'on remplit de terre neuve, après les avoir drainés avec soin. On arrose, et dès que les nuits deviennent fraîches on rentre les plantes en serre et on les dispose sur des gradins dans un endroit éclairé et où l'air circule librement. Pendant l'hiver on ne doit arroser qu'autant qu'il est nécessaire pour conserver un peu d'humidité à la terre, mais au printemps les arrosages deviennent d'autant plus copieux et plus répétés que la végétation est plus active et que s'approche davantage le moment de la floraison. Un seul empotage par an peut rigoureusement suffire pour obtenir de beaux pélargoniums; il est mieux cependant, si l'on n'a qu'un petit nombre de plantes, de les empoter une seconde fois à la fin de l'hiver, ainsi que nous l'avons dit ci-dessus. Dans le cas où on ne voudrait faire qu'un seul rempotage, il faudrait donner la préférence à celui de la fin de l'été, qui a sur l'autre l'avantage de ne pas fatiguer les plantes.

Les pélargoniums pourraient vivre en pots plusieurs années, mais l'expérience apprend que passé trois ans leur floraison s'appauvrit, au point de ne plus compenser le travail et les frais de la culture. On est donc obligé, pour maintenir une collection en bon état, de renouveler fréquemment les plantes; on y parvient aisément par le bouturage, le marcottage, la greffe et le semis.

Le bouturage est le moyen le plus communément employé, et il réussit presque aussi bien à l'air libre, sur une planche du jardin, même sans cloches, si la chaleur est suffisante, que sur une couche chaude ou dans la serre à multiplication. Il se fait en avril et mai, et peut encore être continué jusqu'en septembre, mais le printemps est l'époque la plus favorable. On y emploie des pousses de 0ᵐ,8 à 0ᵐ,15, quelquefois de simples tronçons de rameaux ayant une feuille, qu'on fiche droits dans la terre tenue convenablement humide, et dont on porte la température à 20 ou 22° centigrades si l'on opère dans une serre à multiplication. En plein air, surtout sous un climat sec et chaud, il faudrait planter les boutures dans un lieu à demi ombragé, tenir la terre humide et, pour plus de sûreté, les couvrir d'une cloche. Ces procédés d'ailleurs, nous n'avons pas besoin de le dire, se modifient suivant les saisons et les lieux.

Lorsque les boutures sont enracinées on les empote dans des pots de 6 à 10 centimètres d'ouverture, suivant leur force, et lorsqu'elles sont reprises on les soumet à un premier pincement, opération importante, en ce qu'elle influe considérablement sur la forme, et par conséquent sur la beauté future de la plante. Ce pincement consiste à amputer la tige au-dessus de la deuxième ou de la troisième feuille, de manière à provoquer le développement de deux ou trois maîtresses branches, qui seront le commencement de la charpente de l'arbuste, et dont il convient de surveiller le développement pour les diriger et les tenir, au moyen de tuteurs, à un écartement convenable. Un mois ou six semaines plus tard on fait un second empotage, dans des pots un peu plus grands, et lorsque les nouvelles pousses ont huit à dix feuilles, c'est-à-dire vers la fin du mois d'août, on les rabat sur deux ou trois yeux. Quinze jours ou trois semaines après, on procède à un troisième empotage, et on rentre les plantes dans la serre ou sous les châssis. A partir de ce moment elles ne demandent pas plus de soins que les plantes adultes, et elles font leur première floraison au printemps suivant.

Le marcottage est très-peu usité pour la multiplication des pélargoniums, par la raison qu'il est beaucoup plus compliqué que le bouturage, sans donner de meilleurs résultats. La greffe, en fente ou en placage, sur les tiges ou même sur les racines, est elle-même peu employée. Enfin, les vieilles racines, pourvu qu'elles soient saines, peuvent aussi devenir un moyen de multiplication et de rajeunissement. Laissées en terre et convenablement arrosées, elles donnent naissance à des bourgeons, qui deviennent autant de plantes nouvelles.

Le semis n'a guère d'autre but ici que de procurer de nouvelles variétés, et les horticulteurs marchands sont à peu près les seuls qui le pratiquent. Les graines se sèment au printemps, en terrines, sur couche chaude ou dans une serre à multiplication; elles ne doivent point être enterrées, mais seulement légèrement bassinées pour leur faire prendre corps avec le sol. Les plants, lorsqu'ils ont trois à quatre feuilles, sont repiqués dans des godets de $0^m,05$ à $0^m,06$, puis, quelques jours plus tard, dans des pots plus grands. En un mot on les assujettit au même traitement que les boutures. Comme ces dernières, ils fleurissent au printemps de la seconde année.

Le pélargonium des fleuristes, aussi bien que les pélargoniums zoné et écarlate, peut servir à la décoration des plates-bandes du parterre, au moins pendant tout le temps que dure sa floraison. On l'y plante comme eux en pleine terre, dans la deuxième quinzaine de mai; il est mieux cependant, après l'avoir élevé en pots, d'enterrer simplement les pots dans la plate-bande, en ayant soin de conserver un grand vide dans la terre, au-dessous des pots, ce qui facilite la descente de l'eau des arrosages. Ces pots sont enlevés avec leurs plantes après la floraison, et sont rentrés dans les orangeries ou sous les châssis lorsque le moment en est arrivé.

La méthode de culture que nous venons d'exposer peut s'appliquer à tous les autres pélargoniums. Il est presque inutile de faire observer qu'elle se simplifie d'autant plus que le climat où on la pratique se rapproche davantage de ceux d'où ces plantes sont originaires. Dans les parties chaudes du midi de l'Europe, ainsi qu'en Algérie, la majorité des espèces du genre, sinon même la totalité, sont au rang des plantes rustiques de pleine terre. L'une d'elles, le *pélargonium* ou *géranium rosat* (*P. capitatum*), y est même cultivée en qualité de plante industrielle.

10° Crassules, rochéas et autres crassulacées.
Peu de familles de plantes pourraient fournir un aussi large

contingent d'espèces à la culture en pots et sur rocailles que celle des crassulacées, si toutes ces espèces valaient la peine d'être recueillies; mais, à l'exception de quelques joubarbes (*Sempervivum*) et d'un nombre encore moindre d'orpins (*Sedum*), qui peuvent être utilisés sur les rocailles sèches, nos espèces indigènes sont presque totalement dépourvues d'intérêt. Quelques espèces exotiques sont mieux partagées; il en est même parmi elles qu'on doit considérer comme des plantes d'appartement de premier ordre, et qui, pour l'éclat et la richesse de la floraison, le cèdent à peine aux plus somptueuses variétés du pélargonium des fleuristes. Ces plantes remarquables se trouvent exclusivement dans les

Fig. 204. — Crassule écarlate.

genres *crassule* (*Crassula*) et *rochéa* (*Rochea*), qui d'ailleurs diffèrent assez peu l'un de l'autre pour qu'on ait plus d'une fois confondu leurs espèces sous les mêmes dénominations génériques. Tous deux appartiennent à l'Afrique australe.

Sept ou huit crassules ont été successivement introduites dans les jardins de l'Europe, mais une seule est devenue populaire, c'est la *crassule écarlate* (*C. coccinea*, *Calosanthes coccinea*) (fig. 204), plante vivace, à tige dressée, haute de 0,50 à 0^m,80, dont les feuilles charnues, sessiles, ovales-oblongues et ciliées, sont disposées sur quatre rangs. Les fleurs, réunies en gros bouquets ou capitules ombelliformes au sommet des rameaux, sont du rouge le plus vif. Participant à la nature succulente de toute la plante, elles conservent plusieurs jours leur fraîcheur et leur éclat. De même que la plupart des plantes à fleurs rouges, la crassule écarlate a produit des variétés blanches, mais qui sont restées comparativement rares.

Une seconde espèce, non moins belle que la première, et que quelques personnes considèrent comme n'en étant qu'une variété, d'autres comme une hybride obtenue de son croisement avec la crassule odorante, est la *crassule versicolore* (*C. versicolor*), qui n'en diffère que par les variations du coloris de ses fleurs, les unes étoilées de blanc, les autres simplement roses ou de couleur testacée, d'autres d'un rouge foncé uniforme, suivant les individus. Pour les qualités ornementales elle va de pair avec la crassule écarlate, si même elle ne la surpasse. Parmi les espèces secondaires il suffira de citer la *crassule odorante* (*C. odoratissima*), à fleurs blanches ou rosées, plus petites que celles des deux précédentes, mais délicieusement parfumées; la *crassule à rosettes* (*C. rosularis*), à feuilles toutes radicales et étalées en rosette, et dont les tiges se terminent par des cimes serrées et arrondies de très-petites fleurs blanches; enfin la *crassule fovéolée* (*C. multicava*), à feuilles spatulées, criblées de petites fossettes, et à fleurs blanc rosé. Il en existe encore quelques autres, mais, comparativement aux précédentes, d'un très-faible intérêt.

Les rochéas ne diffèrent pour ainsi dire des crassules que par leur feuillage, beaucoup plus grand, plus charnu et ordinairement d'une forme différente. Leurs fleurs sont, comme chez les crassules, en larges corymbes terminaux et du plus beau rouge. L'espèce la plus répandue dans les collections est le *rochea falciforme* (*R. falcata*, *Crassula falcata*), ainsi nommé parce que ses grosses feuilles charnues, glauques, étalées, un peu en forme de cône allongé, sont presque recourbées comme le fer d'une faux. Le *rochéa perfolié* (*R. perfoliata*), qui est aussi une plante d'un certain mérite, en diffère par ses feuilles, courtes, opposées sur quatre rangs, très-charnues et un peu en forme de pyramide triangulaire; il en diffère surtout par ses fleurs, toutes blanches et odorantes. Ces deux plantes ont à très-peu près la taille et le port de la crassule écarlate, et sont employées aux mêmes usages. Leurs fleurs sont pareillement d'une longue durée.

Moins brillants que les grandes crassules et que les rochéas, les *échéverias* (*Echeveria*), du Mexique et de la Californie, sont encore dignes des honneurs de la culture. Par leurs feuilles charnues, souvent disposées en rosette, ils rappellent d'assez près les joubarbes de nos climats, mais ils diffèrent de celles-ci par la disposition de leurs pétales, rapprochés et connivents de manière à figurer une fleur de campanule un peu allongée. Sept ou huit espèces ont été introduites en Europe; il nous suffira de citer l'*échévéria unilatéral* (*E. secunda*), semblable de port à une joubarbe, et dont les fleurs, en grappes unilatérales, sont mi-parties de jaune et de rouge cocciné; l'*échévéria glauque* (*E. pulverulenta*), de même figure que le précédent, à fleurs jaune vif dans leur moitié supérieure, rouge sombre inférieurement; l'*échévéria farineux* (*E. farinosa*), à fleurs toutes jaunes; enfin, l'*échévéria écarlate* (*E. coccinea*), espèce caulescente et même un peu ligneuse, haute de 1 mètre ou plus, rameuse, à feuilles en rosette aux extrémités des rameaux, et à fleurs d'un rouge écarlate uniforme. C'est l'espèce du genre la plus communément cultivée.

Les *joubarbes* (*Sempervivum*), groupe très-homogène et où les espèces sont nombreuses et difficiles à distinguer, peuvent être admises comme plantes de pots de troisième ou de quatrième ordre, mais leur véritable place est sur les rocailles sèches ou tenues très-légèrement humides. Leur forme est caractéristique : c'est une rosace de feuilles charnues, serrées et imbriquées, ayant quelque ressemblance avec une tête d'artichaut dont les feuilles auraient été un peu écartées. Du centre de cette rosace s'élève une hampe feuillue, terminée à son sommet par un corymbe de fleurs de moyenne grandeur, à pétales nombreux et ordinairement étalés, dont les teintes sont comprises entre le lilas pâle et le carmin foncé, plus rarement jaunes ou jaunâtres. Toutes les espèces du groupe peuvent être admises dans la culture, et quelques personnes s'amusent à les collectionner; toutefois nous ne pouvons guère recommander que les suivantes : *Sempervivum tectorum*, *S. pilosella*, *S. arachnoideum*, *S. hispidulum* et *S. fimbriatum*, à fleurs roses ou purpurines; *S. grandiflorum*, *S. Pittonii*, *S. Wulfenii*, *S. arenarium* et *S. soboliferum*, qui les ont jaunes ou jaune pâle. Toutes ces plantes sont indigènes d'Europe, vivaces et rustiques. Il en existe aussi quelques espèces des Canaries et de Madère (*S. arboreum*, *S. tabuliforme*, etc.), qui sont suffrutescentes et d'un port généralement peu gracieux. Elles appartiennent à la serre tempérée ou à l'orangerie dans le nord de la France, et ne peuvent passer l'hiver en plein air que dans les parties les plus chaudes de la région méditerranéenne.

Enfin, les *orpins* (*Sedum*), genre riche en espèces, presque toutes de petite taille et la plupart très-insignifiantes, même comme plantes de rocailles. Une seule espèce fait exception, c'est l'*orpin du Japon* (*S. Sieboldi*), plante multicaule, dont les tiges simples, grêles et feuillues, s'étalent en une large touffe, et se terminent par des corymbes serrés de petites fleurs lilas. Les feuilles charnues, glabres, largement obovales et verticillées par trois, sont d'un vert glauque, qui passe au rose assez vif après la floraison. C'est une jolie plante d'appartement, qui est aujourd'hui fort répandue, et qui, de même que tous les orpins, demande très-peu de soins. L'*orpin fausse-joubarbe* (*S. sempervivoides*), de Sibérie, et l'*orpin d'Evers* (*S. Eversii*), de l'Altaï, à fleurs rose vif; l'*orpin de Crète* (*S. aizoon*), à fleurs jaune orangé, l'*orpin des charpentiers* (*S. telephium*), l'*orpin rhodiole* (*S. rhodiola*) et le *grand orpin* (*S. fabaria*), ces trois derniers indigènes et à fleurs rose pâle ou purpurines, peuvent encore à la rigueur être cultivés comme plantes de pot et d'appartement; il serait mieux cependant de les réserver pour les rocailles.

Les crassulacées sont de facile culture, même les espèces exotiques, là où la chaleur du climat est suffisante. On peut dire de toutes qu'elles se plaisent dans les lieux secs et au grand soleil, et que ce qu'elles redoutent le plus c'est l'humidité surabondante et persistante. Les crassules et les rochéas viennent fort bien sur les rocailles dans la région méridionale; dans le centre et le nord de la France ils ne peuvent être cultivés qu'en pots, à cause de la nécessité de les abriter l'hiver dans les orangeries. On les multiplie habituellement de boutures, qui se font en toute saison, à l'air libre et au grand soleil pendant l'été, en serre tempérée et sous cloche, dans un mélange de terre de bruyère et de sable, pendant les autres saisons. On donne peu ou même point d'eau à ces boutures avant qu'elles aient émis des racines, et les plantes faites elles-mêmes sont généralement privées d'arrosages pendant l'hiver, afin de n'être pas exposées à pourrir. Elles doivent de plus être situées dans les endroits les mieux éclairés de la serre, et près des vitraux. Les rempotages se font au printemps, au moment où se manifestent les premiers signes de la reprise de la végétation, dans des pots parfaitement drainés et remplis d'une terre légère et très-sableuse, sans addition d'engrais d'origine animale. En pinçant les sommités des premières pousses, on les oblige à se ramifier et à former des plantes étoffées et trapues, bien préférables, pour figurer dans les appartements, à celles qu'on abandonnerait à elles-mêmes. On arrose légèrement, et quand les plantes sont sur le point de fleurir on les porte dans les lieux auxquels elles sont destinées. On comprend, sans que nous l'expliquions, que ces détails de la culture sont naturellement subordonnés aux particularités du climat sous lequel on se trouve. Ce que nous venons de dire des crassules et des rochéas s'applique de tous points aux échévérias et à toutes les autres crassulacées.

11° Mésembrianthèmes (*Mesembrianthemum*). Les mésembrianthèmes ou ficoïdes (voir ce que nous en avons déjà dit page 376) sont des plantes d'un certain intérêt, mais qui ont beaucoup perdu de la vogue dont elles jouissaient il y a un demi-siècle. Les collections les plus remarquables qu'on en ait vues ont été, en Angleterre, celle d'un amateur du nom de Haworth, et, en Allemagne, celle du prince de Salm-Dyck. Aujourd'hui on en trouve encore quelques-unes dans les jardins, mais, leur culture y étant presque toujours négligée, elles sont loin de donner une idée de ce qu'on en pourrait obtenir avec plus de soin. La singularité et la forme quelquefois bizarre de leur feuillage, épais et charnu, ainsi que l'éclat très-vif des fleurs de plusieurs espèces sont des titres suffisants pour ramener sur elles l'attention des amateurs.

La plupart des mésembrianthèmes sont vivaces, souvent même demi-ligneux, tantôt dressés et prenant la forme de petits buissons, tantôt sarmenteux et traînants. Leurs fleurs, assez semblables de forme aux capitules des composées-chicoracées, sont blanches, roses, rouge vif, couleur carmin, pourpres, jaunes ou orangées. Chez les espèces à fleurs rouges les teintes sont parfois éblouissantes au point de fatiguer l'œil, surtout si elles sont éclairées par le soleil. Comme la plupart des plantes de l'Afrique australe, les mésembrianthèmes demandent une vive lumière, beaucoup de chaleur, et des arrosages presque nuls dans la saison de repos. Sous nos climats du Nord ils ne peuvent être cultivés qu'en pots, et doivent être abrités l'hiver dans une serre bien éclairée, où il suffit que la température ne descende pas à zéro; mais dans le midi de l'Europe et le nord de l'Afrique ils deviennent des plantes de rocaille de premier ordre.

Beaucoup d'espèces ont été successivement introduites dans les jardins; celles qu'on y trouve le plus communément, ou qu'on peut se procurer par les horticulteurs, sont les *Mesembrianthemum polyanthum, coccineum, spectabile, violaceum, micans, rubricaule, equilaterale, hispidum, virens, crassifolium, deltoides, australe, denticulatum, maximum, virgatum, fulgidum, molle, stelligerum, hirsutum, roseum,* etc., dont les coloris sont les différents tons du rose, de l'écarlate ou du carmin; les *M. pomeridianum, aureum, felinum, tigrinum, glaucum, linguiforme, echinatum, micans, loreum,* qui ont les fleurs jaunes ou orangées. D'autres espèces, le *M. acinaciforme,* par exemple, les ont mi-parties de pourpre et de jaune, ou de pourpre et de blanc comme le *M. tricolor.* Quelques espèces donnent des fruits comestibles sous le climat de l'Afrique australe; c'est, entre autres, le cas du *M. edule,* ou *figuier des Hottentots,* très-grande plante sarmenteuse qui couvre aujourd'hui les murs et les rocailles de sa verdure perpétuelle sur les bords de la Méditerranée, mais qu'on voit rarement fleurir sous les climats plus septentrionaux.

· Livrés à eux-mêmes, sous le ciel ardent du midi de l'Europe et du nord de l'Afrique, les mésembrianthèmes s'accommodent de tous les sols, même des plus maigres; cultivés en pots, il leur faut une terre légère, siliceuse et mêlée d'un peu de gravier. On accroît notablement leur vigueur en additionnant cette terre d'un peu de poussière d'os, de noir animal ou de guano en poudre. Ils aiment les copieux arrosages pendant l'époque de leur végétation, mais il est nécessaire que les pots soient fortement drainés, et de plus qu'ils soient exposés à la pleine lumière du soleil, dans l'endroit le mieux abrité du jardin. Tant que la chaleur est élevée la pluie ne leur fait aucun mal, mais elle leur devient très-préjudiciable si elle s'accompagne de grands abaissements de température; aussi sous les climats du Nord doit-on les rentrer en serre ou en orangerie dès les premiers jours de l'automne. A partir de ce moment, on n'arrose plus que de loin en loin, et seulement autant qu'il est nécessaire pour que la terre des pots ne se dessèche pas complétement, attendu que la pourriture, par suite d'excès d'humidité, est bien plus à craindre pour ces plantes que le froid. Les rempotages et les changements de terre se font au printemps, suivant la règle établie plus haut.

On sème les mésembrianthèmes au printemps, sur couche chaude et sous châssis, ou encore sur la fin de l'été, et les plants obtenus de ces semis fleurissent ordinairement l'année suivante. Le bouturage est aussi un excellent moyen de propagation; il se fait dans le courant de l'été, sur couche chaude ou dans la serre à multiplication. Dans les pays méridionaux on se contente de bouturer en pleine terre et à mi-ombre. La consistance charnue de ces plantes, dont les boutures se conservent longtemps vivantes, même sans arrosage et exposées au soleil, en facilite considérablement la reprise.

Cyclames (*Cyclamen*). Ce sont des primulacées indigènes du midi de l'Europe, de l'Asie occidentale et du nord de l'Afrique, acaules, vivaces, à rhizome charnu et déprimé

·   42

en forme de disque, d'où naissent tous les ans des feuilles et des fleurs. Les feuilles sont arrondies, réniformes ou cordiformes, ordinairement zonées ou marquetées de taches grises ou blanchâtres sur fond vert. Les fleurs sont solitaires au sommet d'une courte hampe, un peu grandes, parfumées, plus ou moins nutantes ou réfléchies, avec les lobes de la corolle redressés du côté du pédoncule. Leur teinte varie du lilas clair au pourpre violet; elles sont quelquefois blanches ou presque blanches par décoloration. Assez souvent aussi elles ont doublé ou sont devenues pleines par la culture. Après la floraison les pédoncules se contournent en une sorte de spirale et ramènent les capsules à terre, où elles répandent leurs graines. Ces dernières y germent avec la plus grande facilité.

Les cyclames se divisent en deux sections assez naturelles, suivant que la floraison arrive au printemps ou en automne. Les espèces à floraison printanière sont le *cyclame commun* (*C. europæum*), originaire des Alpes; le *cyclame de printemps* (*C. vernum*), qui n'est probablement qu'une variété du précédent; le *cyclame de Chio* ou *de Cos* (*C. coum*), la plus petite de toutes les espèces du genre; le *cyclame de Perse* (*C. persicum*) (fig. 205), qui est le plus habituellement cultivé, et qui a donné des variétés à fleurs blanches et très-pleines; il se distingue de tous les autres en ce que ses pédoncules ne se roulent pas en spirale après la floraison; on y rattache, comme sim-

Fig. 205 — Cyclame de Perse.

ples variétés, le *cyclame d'Antioche* (*C. antiochium*), remarquable par la blancheur de sa corolle, dont la gorge est carmin
violacé, et le *cyclame d'Alep* (*C. aleppicum*), à fleurs blanc de
neige, qui a donné déjà depuis longtemps des sous-variétés
à fleurs doubles. Les espèces automnales sont : le *cyclame d'A-
frique* (*C. africanum*), le plus grand de tous, et qui est connu
aussi sous les noms de *cyclame de Naples* et *cyclame à grandes
feuilles* (*C. neapolitanum*, *C. macrophyllum*); le *cyclame à
feuilles de lierre* (*C. hederæfolium*), et enfin le *cyclame de Grèce*
(*C. græcum*). Ces dernières espèces ont beaucoup d'analogie
les unes avec les autres, et quelquefois elles se nuancent par
leurs variétés, ce qui peut faire supposer qu'elles se rattachent
à un même type spécifique. Dans tout les cas on distinguera
facilement les deux sections l'une de l'autre par l'époque
différente de floraison, et aussi par les plis ou sinuosités qui
existent au pourtour de la gorge dans les espèces automnales.

La culture des cyclames dans les jardins d'agrément
remonte à plus de deux siècles, et, quoiqu'elle ne soit plus
très-répandue, elle compte encore des amateurs fervents,
pour qui les cyclames sont de véritables plantes de collection. Cette culture n'offre aucune difficulté; cependant,
comme elle se fait presque toujours en pots et que les cyclames ne sont pas tout à fait rustiques sous les climats du
nord, on est obligé de les abriter l'hiver sous un châssis
froid ou dans une orangerie. Dans le midi, et jusque dans
le centre de la France, toutes les espèces peuvent se cultiver en pleine terre, à la condition, si les localités sont naturellement froides ou les hivers rigoureux, de les couvrir en
cette saison d'un peu de litière ou de feuilles sèches; néanmoins la culture en pots est préférable. Le seul reproche
qu'on puisse faire à ces plantes, c'est de ne briller qu'un moment, et de laisser la terre à nu pendant la plus grande partie
de l'année; mais ce reproche pourrait aussi s'adresser à la
grande majorité des plantes bulbeuses, ce qui ne les empêche
pas d'être fort appréciées.

Dans la culture en pots on emploie communément la
terre de bruyère mélangée d'un tiers de terre franche, mais

tout autre compost formé d'éléments siliceux, amendé de terreau de feuilles et facilement perméable à l'eau, peut également convenir. Les pots doivent être drainés jusqu'au quart ou
même jusqu'au tiers de leur hauteur s'ils sont un peu grands.
Il suffit du reste qu'ils aient, à l'ouverture, deux fois et demie
ou trois fois le diamètre du rhizome qu'on veut y planter, et
dont le côté supérieur, ou le sommet, doit affleurer la surface de la terre. On arrose légèrement en hiver, de manière à
tenir la terre toujours un peu humide. Les pots retirés de
dessous les châssis, dans les premiers jours du printemps,
sont ordinairement enterrés à une exposition abritée du côté du
nord, mais à demi ombragée, et alors on n'arrose plus qu'autant que la pluie ne suffirait pas pour entretenir dans les pots
le degré convenable d'humidité. Si on les tenait sous verre
d'une manière continue, comme on le fait souvent en Angleterre et dans les autres pays froids et humides, les arrosages devraient être proportionnés à l'activité de la végétation.
Après la floraison et la maturation des graines les tubercules
entrent à l'état de repos, et on se borne à les tenir au sec
jusqu'au moment où leur végétation va reprendre. Au moyen
du chauffage artificiel, de rempotages faits à propos, et en
graduant les espèces, on peut obtenir une floraison ininter-
rompue de cyclames, du mois d'octobre au mois de juin. Il
est à peine besoin de dire que ce sont les espèces automnales
qui ouvrent la marche.

Les tubercules de cyclames grossissent et donnent des
fleurs pendant plusieurs années, mais lorsqu'ils ont atteint
leur maximum de développement ils ne tardent pas à périr.
On n'attend pas à ce moment pour régénérer les plantes, et
on y procède habituellement par le semis des graines, qui
lèvent, comme nous l'avons dit, sans difficulté sur la terre
de bruyère, à condition d'être semées immédiatement après
leur maturité. On y emploie aussi le sectionnement des tubercules, mais ce moyen réussit difficilement. Un procédé qui
paraît préférable, et qui a été préconisé dans ces dernières
années, est le bouturage des feuilles, qu'on enlève avec un
petit fragment du tubercule. Ce bouturage, qui se fait à chaud

dans une serre à multiplication, demande quelque attention, attendu que le fragment de plante est exposé à pourrir
avant d'avoir émis des racines. On peut par ce moyen perpétuer indéfiniment les variétés recommandables, qui se conservent rarement par le semis.

Plantes de fantaisie pour la culture en pots.
Toutes les classes du règne végétal, et on peut dire aussi
toutes les catégories horticoles, à l'exception des arbres (1),
fournissent des matériaux à la culture de fantaisie en pots et
en caisses. Il est bien évident, dès lors, que notre tâche ici ne
saurait être de passer en revue toutes les plantes dont le caprice de l'amateur ou le désir de faire des expériences peut l'a-
mener à en essayer la culture en pots, et qu'elle doit se borner
à signaler les plus usuelles, ainsi que celles qui se recommandent par leurs agréments propres ou par quelque particularité curieuse ou intéressante. Ainsi restreint, le sujet pourra
être suffisamment traité en quelques pages ; il sera d'ailleurs
complété par les paragraphes suivants. Dans la revue que
nous allons en faire, les plantes de fantaisie seront classées,
d'après l'ordre naturel, en monocotylédones et en dicotylédones.

† Liliacées et autres monocotylédones de fantaisie, à cultiver en pots.

On peut considérer comme pouvant être cultivées en pots,
et servir à la décoration des appartements, toutes les monocotylédones bulbeuses, et même toutes celles qui, sans être
bulbeuses, n'ont que des rhizomes courts et tubériformes ; néanmoins, lorsqu'il s'agit de choisir parmi elles des plantes des-

(1) Et encore, à la rigueur, les arbres pourraient se ranger parmi les plantes
de fantaisie à cultiver en pots, si nous connaissions, comme les Chinois, l'art de
les rabougrir, sans les tuer. Ce n'est pas, en effet, une des moindres curiosités
de l'horticulture de ce peuple que l'adresse avec laquelle les jardiniers chinois
transforment des pins, des ormes et d'autres grands arbres en avortons de quelques décimètres de hauteur, cultivés en pots, et qui, ainsi réduits, conservent
encore les apparences de la santé et, jusqu'à un certain point, les formes et le
port qu'ils prennent naturellement quand ils sont livrés à eux-mêmes. C'est bien là
ce qu'on peut appeler de la culture de fantaisie au premier chef.

42.

tinées à l'usage que nous venons d'indiquer, on doit donner la préférence à celles dont la taille est peu élevée, qui sont rustiques ou demi-rustiques, et à celles particulièrement qui se distinguent par la beauté du feuillage et surtout par celle des fleurs. On peut inférer de cette règle que les lis de petite ou de moyenne taille, les tulipes, les jacinthes, les scilles, les fritillaires et quelques autres liliacées analogues, sont d'excellentes plantes de pots et d'appartement.

A ces espèces déjà décrites nous pouvons en ajouter quelques autres, qui, sans être classiques comme elles, méritent encore quelque attention de la part de l'amateur fleuriste ; ce seront :

1° L'*agapanthe à ombelles* (*Agapanthus umbellatus*), liliacée bulbeuse du Cap et de l'Afrique australe, dont la beauté consiste en une large ombelle de fleurs bleues, liliiformes, soutenue par une hampe de 0^m,50 ou un peu plus de hauteur, qui sort d'un faisceau de grandes feuilles assez semblables de forme à celles des jacinthes. L'agapanthe au moment de sa floraison est une belle plante d'appartement ou de fenêtre, qui peut d'ailleurs se cultiver aussi sur les plates-bandes du jardin. Demi-rustique dans le nord de la France, il y demande les mêmes soins que les autres plantes bulbeuses de l'Afrique australe, et veut être tenu l'hiver à l'abri du froid et de l'humidité. Il a donné une variété blanche, qui selon nous ne vaut pas la variété bleue.

2° Les *lachénalies* (*Lachenalia*), qui représentent dans l'Afrique australe, mais sous des traits plus modestes, les jacinthes de notre hémisphère. Leur taille et leur port sont ceux de ces dernières, dont elles se rapprochent encore par leur feuillage linéaire et leur inflorescence en grappe. Leurs fleurs sont tubuleuses, un peu pendantes et autrement colorées que celles des jacinthes. On en distingue cinq ou six espèces ou variétés, les unes à feuillage uniformément vert, les autres où il est à divers degrés marbré de brun. Nous citerons, dans le nombre, la *lachénalie dorée* (*L. flava*), qui a les fleurs d'une jaune vif uniforme, la *lachénalie tricolore* (*L. tricolor*), où elles se partagent entre le rouge écarlate, le jaune et le vert, et la *lachénalie changeante* (*L. pallida*), qui les a d'un bleu pâle, tournant insensiblement au pourpre, puis au violet. Ces trois plantes, dont la culture est tout à fait analogue à celle des jacinthes, se multiplient comme elles par leurs caïeux, et fleurissent de même aux premiers jours du printemps.

3° Beaucoup d'autres petites liliacées bulbeuses, qui sont, comme les précédentes, des plantes de second ordre à cultiver en pots. Nous nous bornerons à citer : le *camassia comestible* (*Camassia esculenta*), de l'Amérique boréale, dont les bulbes servent de nourriture aux Indiens, mais qui ne nous intéresse que par ses grappes de fleurs bleues et printanières; l'*albuca du Cap* (*Albuca major*), l'analogue de nos ornithogales et, comme eux, à fleurs blanches; les *calochorthus* (*Calochorthus splendens, venustus, luteus*), charmantes liliacées de l'Amérique du Nord, dont les grandes fleurs à trois pétales rappellent celles des hydrocléis; dans la première elles sont lilas violacé uniforme, dans la seconde blanches et réticulées de

Fig. 206. — Muguet.

pourpre avec des macules jaunes, dans la troisième jaune vif pointillées de pourpre; les *trilliums* (*Trillium grandiflorum, T. sessile*), pareillement du nord de l'Amérique, plantes curieuses par le nombre ternaire de leurs feuilles et de leurs verticilles floraux; enfin le *muguet* (*Convallaria maialis*) (fig. 206), charmante liliacée indigène de nos taillis et de nos prairies, aux larges feuilles d'un vert tendre, et aux fleurs délicieusement parfumées, blanches, parfois roses, petites, en forme de grelots, et suspendues en grappe à une hampe de quelques centimètres de hauteur. Le muguet est souvent cultivé sur les collines artificielles ou dans les endroits à demi ombragés et un peu humides des jardins, mais, quoiqu'il ne soit pas bulbeux, on peut aussi l'élever en pots, sur les fenêtres et dans les appartements. C'est surtout en Allemagne qu'il est employé à cet usage; il il y a même dans ce pays des établissements qui n'ont d'autre spécialité que la culture forcée du muguet, à l'aide de la chaleur artificielle, et qui en font un commerce considérable.

4° Une mélanthacée exotique doit prendre rang parmi les plantes d'appartement, et elle comptera parmi les plus jolies; c'est le *tricyrthis bigarré* (*Tricyrthis hirta*), récemment apporté du Japon par MM. Siebold et Fortune. Vivace et rustique, il peut aussi se cultiver en plein air sur les rocailles et sur les collines, artificielles. Ses tiges dressées et garnies d'un large feuillage sessile, ovale-acuminé, nerveux et luisant, lui donnent quelque ressemblance avec les lis bulbifères de la Chine et du Japon. Elles se terminent par une inflorescence ombelliforme de grandes fleurs blanches, criblées de ponctuations pourpres. La plante se multiplie de graines et par divisions du rhizome.

5° La famille des amaryllidées abonde, comme celle des liliacées, en plantes de pots et d'appartement. Toutes les espèces demi-rustiques d'amaryllisées, les pancratiums ou lis-narcisses, les clivies, les perce-neige et les leucoiums, mais par-dessus tout les narcisses proprement dits, sont particulièrement propres à cet usage. Aux espèces de ce dernier genre déjà énumérées dans un précédent chapitre, ajoutons le *petit narcisse* (*Narcissus minor*) (fig. 207) et le *narcisse bulbocode* (*N.*

Fig. 207. — Petit narcisse.

bulbocodium), indigènes des lieux rocailleux du midi de la France, à fleurs jaunes et à couronne très-grande et campanulée. Tous deux ont les hampes courtes (de 0ᵐ,12 à 0ᵐ,18) et uniflores, mais on en obtient un bel effet en les cultivant en touffe dans des pots. Ils fleurissent dès la fin de l'hiver en plein air, et quelques jours plus tôt lorsqu'ils sont abrités. Une espèce du nord de l'Afrique, le *narcisse de Lécluse* (*N. Clusii*), originaire des montagnes d'Algérie, et qui ne diffère guère de notre narcisse bulbocode que par des fleurs entièrement blanches, serait aussi fort agréable à cultiver comme plante d'appartement.

6° Toutes les iridées à rhizomes tubériformes, et particulièrement les tigridies, les ferraries, les morées et les iris du groupe des xiphions (*Iris xiphium, I. spectabilis, I. persica, I. tuberosa,* etc.), les ixias, les sparaxis et même les glaïeuls de moyenne taille, sont d'excellentes plantes d'appartement, qu'il nous suffira de nommer, après ce que nous en avons déjà dit dans un précédent chapitre. Nous pouvons insister un peu plus sur les safrans ou crocus, que leur port gracieux, leurs nombreuses variétés et le coloris exquis de leurs fleurs, font rechercher pour garnir les jardinières des appartements et les tablettes des fenêtres. Ces variétés se divisent en deux groupes, les *printanières* et les *automnales*, ainsi nommées de l'époque de leur floraison. Parmi les espèces ou variétés horticoles fleurissant au printemps, nous indiquerons les *Crocus vernus, Imperati, minimus, pusillus, suaveolens, versicolor, chrysanthus, garganicus, reticulatus, annulatus, lageniformis,* les uns à fleurs jaunes ou orangées, les autres dans tous les tons du violet; parmi celles d'automne, les *Crocus sativus, Thomasii, Pallasianus, hadriaticus, medius, asturicus, clusianus, serotinus, pyrenæus, byzantinus, speciosus, pulchellus, vallicola, campestris, Sprunneri, cancellatus,* etc., qui diffèrent par de simples nuances de coloris, comprises entre le blanc pur et le violet bleu foncé. Les safrans se cultivent dans des pots de 12 à 16 centimètres d'ouverture, bien drainés, remplis d'un compost formé par moitié de terre siliceuse et de terreau de feuilles. On met de trois à six plantes par pot, soit de même variété et de même coloris, soit de coloris différents, mais qu'on choisit telles qu'elles fleurissent toutes en même temps. Après la floraison, les pots sont enterrés dans un coin du jardin exposé au soleil, où on laisse les plantes se reposer et mûrir leurs bulbes, jusqu'au moment où il faudra les planter dans de la terre neuve, pour les préparer à une nouvelle floraison, ce qui se fait à l'entrée de l'hiver pour les espèces printanières, aux premiers jours du printemps pour les espèces automnales.

7° La plupart de nos orchidées indigènes pourraient être admises comme plantes de fenêtre et d'appartement, mais, outre certaines difficultés qui sont inhérentes à leur culture, lorsqu'elles sont en pots, il n'en est qu'un petit nombre qu'on puisse considérer comme méritant cet honneur, quand on en possède tant d'exotiques incomparablement plus belles. On sait aujourd'hui que les orchidées étrangères à nos climats, et que jusqu'à ces derniers temps on a constamment toutes tenues en serre chaude, sont loin d'exiger autant de chaleur les unes que les autres, et qu'il s'en trouve parmi elles qui seraient presque ou tout à fait rustiques sous nos latitudes méridionales. C'est, entre autres, le cas des *Lycaste Skinneri* et *macrophylla ; Calanthe discolor ; Cœlogyne fuliginosa, wallichiana* et *maculata ; Dendrobium nobile, wallichianum, pulchellum, tetragonum ; Epidendron vitellinum ; Lælia maialis, autumnalis, superbiens ; Cattleya Mossiæ* et *Skinneri ; Oncidium flexuosum, bicallosum, leucochilum ; Odontoglossum Rossii, pulchellum, grande, bictoniense ; Barkeria lindleyana,* et de beaucoup d'espèces du genre *Cypripedium.* Toutes ces plantes, les unes épiphytes, les autres terrestres, peuvent se cultiver, ou du moins se conserver, en vases suspendus dans les appartements pendant leur floraison, qui est ordinairement de longue durée lorsqu'elle se fait à l'ombre. En traitant des orchidées de serre chaude, dans le volume suivant, nous reviendrons avec plus de détail sur les espèces comparativement rustiques, mais nous indiquerons dès à présent, dans un article spécialement consacré aux orchidées indigènes, les espèces de *Cypripedium* exotiques qu'on peut leur associer dans la culture à l'air libre, sur rocailles ou sur collines artificielles.

† † Dicotylédones de fantaisie à cultiver en pots.

Le nombre des dicotylédones à cultiver en pots, dans les appartements ou sur les fenêtres, en qualité de plantes de fantaisie, est pour ainsi dire illimité, et l'amateur n'a que l'embarras du choix. Il serait donc inutile que nous nous étendissions longuement sur ce sujet ; aussi nous bornerons-nous à signaler le petit nombre d'espèces qu'on trouve plus fréquemment cultivées en pots, sur les fenêtres, que dans la pleine terre du jardin. Ce sont principalement les suivantes :

1° La *sensitive* (*Mimosa pudica*), sous-arbuste de la famille des légumineuses et de la tribu des mimosées, originaire du Brésil, rameux, divariqué, haut de $0^m,50$ à $0,^m60$, quelquefois plus. Ses feuilles sont surcomposées, à quatre folioles principales divergentes, subdivisées elles-mêmes en folioles plus petites et étagées par paires le long d'un rachis commun. Les fleurs sont très-petites, rose clair ou lilas, et réunies en glomérules arrondis au sommet de pédoncules axillaires. Il leur succède des gousses arquées, dont les graines mûrissent aisément sous le climat du midi.

La sensitive n'est qu'une plante de curiosité, qu'on cultive quelquefois en pots sur les fenêtres ou dans les appartements pour être témoin du singulier phénomène de motilité dont ses feuilles sont le siège. Lorsque ces organes sont étalés, il suffit de promener légèrement le doigt à leur surface pour voir à l'instant leurs folioles se rapprocher et se fermer comme les panneaux d'une porte à deux battants. Si le contact est plus rude, et qu'on ait, par exemple, pressé le bas du limbe de la feuille entre les doigts, non-seulement ce limbe se contracte en totalité, mais il se replie et s'abaisse sur la tige par la flexion du pétiole au point où cet organe est inséré sur le rameau, comme s'il y avait là une articulation à charnière. Au bout d'un temps plus ou moins long, suivant la température du lieu, cet état de contraction cesse, et les feuilles reprennent leur position première, toutes prêtes à se contracter de nouveau si l'expérience est recommencée.

Presque rustique sous le climat du midi, au sud du 44e degré de latitude, la sensitive ne peut passer que la belle saison à l'air libre sous celui de Paris. En la remisant l'hiver dans une serre tempérée on peut la faire durer plusieurs années, mais on préfère la renouveler tous les ans de graines, qui se sèment sur couche, au mois d'avril. Lorsqu'il a deux ou trois feuilles, le plant est repiqué en pot, et un mois plus tard transplanté dans les pots où il doit rester définitivement. A Paris, et dans toutes les grandes villes, où on peut se procurer pour de menues sommes des plantes déjà adultes, ces soins sont en quelque sorte superflus. Il suffit pour l'amateur de savoir que la sensitive aime le grand soleil, et qu'il ne faut pas lui ménager les arrosages dans les temps de sécheresse et de chaleur.

2° Les *cactus*, dont toutes les espèces de petite ou de moyenne taille peuvent facilement se cultiver en pots sur les fenêtres, pendant la belle saison. Dans le volume qui suivra celui-ci nous traiterons avec des détails suffisants de la culture de ces plantes, qui, sous nos climats septentrionaux, veulent être abritées l'hiver en serre tempérée ou tout au moins en orangerie, mais nous pouvons dès à présent indiquer l'usage que l'on en peut faire, du printemps à l'automne, comme plantes d'appartement.

Le principal attrait des cactus est dans la bizarrerie de leur forme, qu'au premier abord on peut croire totalement différente de celle des autres végétaux. La grosseur et la brièveté de leur tige charnue, qui dans un grand nombre d'espèces figure une sphère ou un ovoïde allongé, sans feuilles, hérissé d'épines, creusé de sillons longitudinaux ou couvert de mamelons saillants, dans d'autres s'allonge extrêmement et devient serpentiforme, chez d'autres encore semble se composer de feuilles succulentes superposées, tels sont les traits extérieurs les plus saillants de leur physionomie. Plusieurs espèces ajoutent à ces singularités des fleurs parfois très-grandes et très-belles, à pétales souvent nombreux et vivement colorés, dont la durée est rarement bien longue. Celles qu'on trouve le plus ordinairement sur les marchés aux fleurs de nos villes, et auxquelles on peut se borner si l'on n'est pas spécialement amateur de ce genre, sont : 1° l'*opontia commun* (*Opuntia vulgaris*), dont les tiges et les rameaux, composés d'articles aplatis, de forme obovale et aiguillonnés, s'étalent et débordent des pots où il est planté. Lorsqu'il est adulte, il produit une quantité de fleurs jaune citron, de moyenne grandeur, auxquelles succèdent des baies rougeâtres de la grosseur du doigt. Originaire du Texas et de la Californie, l'opontia commun est pour ainsi dire rustique sous le climat du centre de la France, où il passe assez facilement l'hiver, à condition d'être planté dans un terrain sec et à une exposition méridionale et très-aérée. On le multiplie, de même que les autres opontias, par le bouturage des articles de ses rameaux. 2° L'*épiphylle tronqué* (*Epiphyllum truncatum*), ainsi nommé de la forme des articles de sa tige et de ses rameaux, qui sont allongés, très-aplatis, presque semblables à des feuilles charnues, et comme tronqués à leur sommet, où ils se joignent à l'article suivant. Sur leurs côtés naissent les fleurs, qui sont comparativement grandes, d'un rouge vif, quelquefois roses

TRAITÉ D'HORTIC. — 3ᵉ part.   43

ou même tout à fait blanches, suivant les variétés. 3° Les *phyllocactus* (*Phyllocactus*), qui se distinguent des épiphylles par des tiges encore plus aplaties et plus foliiformes, vaguement articulées, dentelées sur les bords et parcourues dans leur milieu par une sorte de nervure qui accroît encore leur ressemblance avec des feuilles. Leurs fleurs, déjà grandes, se rapprochent beaucoup de celles des cierges ou cactus proprement dits par la forme tubuleuse de leur calyce et le nombre de leurs pétales. Cinq ou six espèces du genre se rencontrent dans les collections, mais la plus populaire est le *phyllocactus de Hooker* (**Ph. Hookeri**), à très-grandes fleurs blanches et odorantes, qui s'ouvrent le soir et se flétrissent le lendemain matin. 4° Enfin les *cierges* ou *cactus* proprement dits (*Cactus, Cereus*), plantes très-variées de port, à tiges souvent grêles, comme sarmenteuses, et pouvant s'élever à plusieurs mètres lorsqu'elles sont convenablement étayées. Les fleurs, quelquefois très-grandes et odorantes, sont parées de toutes les teintes, depuis le blanc pur jusqu'au rouge écarlate le plus vif. Une espèce des plus modestes, et en même temps des plus rustiques du genre, le *cactus serpent* (*C. serpentinus*), aux longues tiges cylindriques, de la grosseur du doigt et finement aiguillonnées, est commun sur les marchés aux fleurs de la capitale. D'autres espèces, plus exigeantes ou plus belles (*C. grandiflorus, C. speciosissimus,* etc.), ne sont pas moins communes dans l'horticulture d'appartement du midi de l'Europe, où elles ne demandent guère d'autres soins que des arrosages proportionnés à la chaleur du climat. Partout, d'ailleurs, où la température moyenne de l'hiver n'est pas inférieure à 9° centigrades, presque toutes les cactées peuvent devenir des plantes de balcon et d'appartement.

3° Parmi les plantes de fantaisie à cultiver en pots sur les fenêtres, on peut ranger les espèces de solanées qui se font remarquer par l'originalité de la forme ou le coloris de leurs fruits. Il en est une qui est classique, c'est l'*aubergine blanche* (*Solanum ovigerum*), plus connue sous les noms populaires de *plante aux œufs* et de *poule qui pond,* dont les fruits, de couleur blanche, ont la forme et la grosseur d'un œuf de poule.

L'aubergine commune ou *melongène* (*S. melongena*), avec ses gros fruits violets, roses, jaune citron ou orangés suivant les variétés, ne serait pas une curiosité moindre si ses qualités potagères, en nous familiarisant avec elle, ne nous la montraient pas sous un aspect trop vulgaire. Le *solanum du Texas* (*S. texanum*), plante robuste et dressée, quoique peu élevée, dont les fruits déprimés, de la grosseur d'une tomate moyenne ou d'une petite pomme, sont d'un rouge vif à la maturité, peut aller de pair avec les précédentes. Le *piment long* (*Capsicum annuum*), aux longues baies luisantes, d'un rouge de sang, ne serait pas non plus déplacé à côté d'elles. Rappelons enfin que le *solanum faux-piment* ou *amomon* (*S. pseudocapsicum*), plus connu peut-être sous le nom trivial d'*oranger des savetiers,* est une des plantes favorites de la classe ouvrière de nos villes du nord, où on le voit souvent aux devantures des échoppes. Cultivé avec plus de soin, ce petit sous-arbuste, orné de ses nombreuses baies orangées, ne serait pas indigne de figurer en meilleure compagnie.

4° Comme plantes de curiosité à cultiver sur les fenêtres ou sur les balcons, dans de grands pots ou dans des caisses proportionnées à leur taille, citons encore quelques-unes des cucurbitacées dont nous avons parlé dans un précédent chapitre. Les diverses variétés de coloquinelle (*Cucurbita Pepo*) sont, de toutes, celles qui y conviennent le mieux. Elles sont rustiques, croissent avec rapidité et produisent en quantité leurs fruits de forme bizarre et souvent beaux de coloris, sans demander d'autres soins que d'être fréquemment arrosées en été et soutenues sur des perches ou des treillis proportionnés à leur taille. On peut y ajouter des momordiques (*Momordica charantia, M. balsamina, M. pterocarpa*), et même la gourde commune (*Lagenaria vulgaris*), dont certaines variétés ne s'élèvent guère à plus de deux mètres de hauteur.

Il est inutile que nous poussions plus loin cette énumération; le lecteur trouvera sans peine dans les catalogues des horticulteurs marchands de quoi la compléter; il pourra même rapporter de ses promenades à travers champs beaucoup de plantes rustiques dont la culture en pots sera pour lui un agréable passe-temps. C'est qu'en fait de plantes de fantaisie il n'y a et il ne saurait y avoir, en définitive, d'autre règle que le goût de chacun.

Plantes à feuillage ornemental. L'introduction des grandes plantes pittoresques dans le jardinage de plein air a eu son contre-coup dans le jardinage de fenêtre et d'appartement. Ici aussi on a su apprécier les plantes à beau feuillage, soit que ce feuillage ait conservé les teintes normales, soit qu'il ait emprunté, naturellement ou par le fait de l'art, celles qui sont ordinairement l'apanage des fleurs. De là deux groupes assez distincts dans cette branche de l'horticulture d'agrément : les *plantes à feuillage vert,* qui se distinguent par leur port pittoresque ou leur ampleur, et les *plantes à feuillage coloré,* qui se recommandent principalement par les teintes insolites et souvent très-belles de leurs feuilles.

La plupart appartiennent à la classe des monocotylédones et sont des plantes d'orangerie ou de serre tempérée sous le climat du nord; elles sont toutefois assez rustiques pour n'avoir pas à souffrir des abaissements momentanés de la température, dans des appartements qui ne sont pas chauffés pendant la nuit, mais où la gelée ne pénètre pas. Beaucoup de plantes de serre chaude pourraient sans doute être transportées en été dans les appartements ou sur les fenêtres; mais, outre qu'il faudrait les remettre dans la serre dès la fin de cette saison, elles sont en général trop aqueuses ou trop étiolées pour résister à l'action desséchante de l'air hors des locaux où elles ont été élevées. Pour le jardinage d'appartement on ne devra donc choisir que des plantes relativement rustiques, à feuillage ferme et même coriace, également capables de braver les vicissitudes atmosphériques, le soleil, la pluie, la sécheresse et la poussière. Il faudra de plus que leur taille et leur ampleur soient telles qu'elles puissent tenir dans des pots moyens ou des caisses d'un assez faible volume pour être facilement maniables, à cause de la nécessité où l'on est de les changer fréquemment de place, de les exposer au grand air ou de les abriter suivant le besoin.

Les petites espèces de palmiers sont du nombre de celles qui remplissent le mieux ces conditions, celles en particulier qui sont rustiques dans le midi de l'Europe, et que nous avons signalées à l'attention du lecteur dans un chapitre précédent : le *palmier-éventail* (*Chamærops humilis*), le *palmier à chanvre* ou *chamérops de la Chine* (*Ch. excelsa*), le *chamérops hérisson* (*C. hystrix*), le *rhapis flabelliforme* (*Rhapis flabelliformis*), etc. Les horticulteurs marchands y ajoutent plusieurs palmiers qui seraient de grande taille s'ils croissaient en pleine terre, mais que la culture en pots tient longtemps rabougris, par exemple le *dattier commun* (*Phœnix dactylifera*), réduit alors à sept ou huit feuilles, le *cocotier du Chili* (*Jubæa spectabilis*), le *livistona de la Chine* (*Livistona sinensis*) et quelques autres. De toutes les espèces de cette famille de végétaux, les plus naines, celles surtout qui pourraient fleurir dans des pots étroits, seraient naturellement les mieux appropriées à ce mode de culture. Nous pouvons indiquer, comme satisfaisant pleinement à cette dernière condition, le *dattier acaule* (*Phœnix acaulis*), du nord de l'Inde, le plus nain de tous les palmiers, et dont la tige, bulbiforme, ne dépasse pas en volume le bulbe adulte d'un lis blanc. Cette tige à demi enterrée se couronne de palmes semblables à celles du dattier commun, mais qui ont à peine la longueur des feuilles de l'artichaut. Sous cette petite taille, l'arbuste (si on peut lui donner ce nom) fleurit et fructifie, et ce résultat s'obtiendrait vraisemblablement dans la culture en pots. Nous regrettons d'avoir à ajouter que le dattier acaule est encore fort rare dans les collections européennes.

Plusieurs espèces du groupe des dragonniers (*Dracæna, Cordyline, Calodracon,* etc.), et naturellement les plus petites, sont aussi des plantes d'appartement d'un certain mérite et déjà fort usitées comme telles. On peut citer, parmi les plus habituellement cultivées en pots, les *Cordyline congesta, indivisa, australis, fragrans,* arbustes de port pittoresque, dont le feuillage est vert et quelquefois panaché de blanc ; toutefois, les plus estimés du groupe sont les *Dracæna ferrea* (*Calodracon Jacquinii*) et *D. terminalis* (*Ca-*

lodracon variegatus), qui sont surtout représentés par leurs variétés à feuilles rouge carmin ou du moins panachées de rouge. Ce brillant coloris en fait presque toute la valeur.

Une des plantes les plus recommandables pour le genre de décoration dont il s'agit ici est l'*aspidistra du Japon* (*Aspidistra elatior, A. punctata*), liliacée-asparaginée acaule, vivace par son rhizome, presque rustique sous le climat de Paris, et qui résiste dans les appartements à toutes les variations de la température. Insignifiante par ses fleurs, elle est de premier ordre par son feuillage abondant, nerveux, dressé, en fortes touffes, haut de 0^m,50 à 0^m,70, lancéolé et large de 0^m,10 à 0^m,12, luisant, d'une verdure très-vive, mais souvent panaché de lignes ou de larges bandes d'une blancheur parfaite. Comme plante à feuillage coloré, l'aspidistra du Japon se place dans les premiers rangs ; il l'emporte même sur la plupart des marantacées dont nous parlerons tout à l'heure, par l'opposition tranchée des deux teintes qui se partagent son feuillage ; il a surtout cet avantage d'être beaucoup plus rustique, de ne craindre ni le soleil ni la poussière, et de ne demander d'autres soins que les arrosages nécessités par les circonstances.

Les *agaves* et les *dasylirions* (*Agave*, *Furcræa*, *Dasylirion*, etc.) sont aussi des plantes de pots et de caisses d'un certain effet, l'agave d'Amérique particulièrement, dont on choisit de préférence les variétés panachées. Tenues dans des caisses ou des vases étroits, dont la forme peut être plus élégante que celle des vases ordinaires, elles y restent de longues années sans, pour ainsi dire, prendre d'accroissement. A cet état elles servent principalement à orner les péristyles ou les entablements des grilles de jardins et de villas. Les yuccas peuvent servir aux mêmes usages, mais à condition d'être fréquemment arrosés, car ils ne supportent pas la sécheresse aussi facilement que les agaves, et ils ne tarderaient pas à périr dans des pots privés d'eau. Les balisiers, ou cannas, deviennent aussi des plantes de pots très-distinguées, moyennant les soins que nous avons indiqués ; il en serait de même, à plus forte raison, de l'alpinia (*Alpinia* ou *Globba nutans*), si on se trouvait sous un climat assez chaud pour lui permettre de croître et de fleurir sans adjonction de chaleur artificielle.

Pour la décoration des appartements on ne saurait recommander les bananiers (*Musa*), d'abord à cause de leur ampleur qui pourrait devenir très-gênante, ensuite à cause des fréquents et copieux arrosages qu'ils réclament, surtout lorsqu'ils sont en pots. Peut-être y aurait-il une exception à faire en faveur du *bananier rouge* (*M. coccinea*) et du *bananier rose* (*M. rosacea*), qui prennent un bien moindre développement que les autres, mais qui peuvent être remplacés avec un grand avantage par les balisiers. De toutes les musacées, la plus appropriée à ce mode de culture nous paraît être la *strélitzie de la reine* (*Strelitzia reginæ*), plante acaule, mais à feuilles dressées, ovales-elliptiques, et dont les grandes fleurs sont aussi remarquables par leur forme bizarre que par le contraste des coloris bleu et jaune très-vifs, qui s'y trouvent rapprochés. Déjà rustique dans les parties les plus chaudes du climat méditerranéen, où elle passe l'hiver à l'air libre, elle peut encore fleurir, dans la culture d'appartement, jusque sous la latitude de Paris. Comme les autres monocotylédones ci-dessus indiquées, elle demande de fréquents arrosages en été et des pots drainés avec le plus grand soin.

Les *marantas* (*Maranta, Calathea*), originaires de l'Amérique intratropicale, et à ce titre plantes de serre chaude sous nos latitudes, pourraient devenir des plantes d'appartement de premier ordre, à condition qu'on les habituât graduellement à endurer l'action desséchante de l'air, en les retirant peu à peu des serres chaudes et humides où on les élève communément. Leurs grandes feuilles moirées, dont la forme rappelle celles des bananiers, mais sous des dimensions beaucoup moindres, et qui sont souvent enjolivées de bariolures ou de macules d'une autre teinte que le fond, leur laissent peu de rivales parmi les plantes à feuillage coloré. Elles sont vivaces par leurs rhizomes, acaules, mais riches en feuillage, qui sort directement du pied et forme de larges touffes. Leurs inflorescences, soutenues par une hampe assez courte.

sont insignifiantes, et d'ailleurs se montrent rarement dans les serres, peut-être parce qu'on n'y laisse pas les plantes vieillir assez longtemps. Les espèces qui semblent les plus recommandables pour la décoration des appartements sont : le *maranta royal* (*M. regalis*), à feuilles vert clair, parcourues de lignes obliques rouge carmin; le *maranta zébré* (*M. zebrina*), remarquable par la grandeur plus qu'ordinaire de son feuillage velouté ou moiré, d'un vert très-foncé, sur lequel tranchent des bariolures obliques d'un vert d'émeraude; le *maranta panaché* (*M. vittata*), où les bariolures sont étroites, serrées et d'un blanc presque pur; le *maranta moucheté* (*M. pardina*), dont les feuilles, vert clair, sont ornées de chaque côté de la nervure médiane d'une série de grandes macules brunes de forme rectangulaire; le *maranta de Warscewicz* (*M. Warscewiczii*), à feuilles vert foncé, presque noirâtre, avec deux séries de macules vert clair et confluentes, séparées par la nervure; enfin, le *maranta fascié* (*M. fasciata*), qui se distingue de tous les autres par la forme arrondie de ses feuilles d'un vert un peu foncé, sur lequel tranchent de larges bandes blanchâtres dirigées obliquement. Toutes ces plantes se multiplient par le sectionnement de leurs rhizomes et veulent être fréquemment arrosées. Il est vraisemblable qu'elles réussiraient mieux, comme plantes d'appartement, dans l'ouest de la France, au voisinage de l'océan, que dans toute autre région plus continentale.

Toutes les plantes dicotylédones à beau feuillage, rustiques ou demi-rustiques, dont la taille n'est pas hors de proportion avec l'usage dont il est question ici, peuvent être considérées comme des plantes d'appartement. Les acanthes, et surtout l'*acanthe de Portugal* (*Acanthus lusitanicus*), qui se distingue de nos espèces indigènes par des feuilles plus larges; le *bocconia frutescent* (*Bocconia frutescens*), le *Wigandia de Caracas* (*Wigandia caracasana*), nécessairement un peu rabougri par la culture en pots; un très-grand nombre de solanums, l'*amarante tricolore*, les *coléus* aux feuilles rouge sombre, l'*irésine d'Herbst* (*Iresine Herbstii*), amarantacée de récente introduction, dont le feuillage pourpre brun est parcouru par des nervures roses ou carmin ; la cinéraire maritime, si recommandable par sa blancheur et son port élégant ; la variété de la ligulaire du Japon (*Farfugium* ou *Ligularia Kœmpferi*), aux feuilles maculées de jaune, sont celles qui se présentent le plus naturellement pour le but que nous envisageons ici. Nous pourrions en signaler beaucoup d'autres, mais il serait inutile de prolonger cette liste, que le lecteur complétera facilement en compulsant les chapitres qui précèdent.

§ III. — LES PLANTES DE ROCAILLES, ALPINES ET ALPESTRES.

En horticulture on réunit sous la dénomination générale de *plantes alpines* non-seulement les plantes originaires des hautes montagnes du globe, mais celles aussi des régions arctiques et antarctiques, quoique ces dernières en diffèrent sous bien des rapports. Nous verrons effectivement tout à l'heure que, malgré les analogies apparentes et les fréquents rapprochements que l'on a faits entre ces deux ordres de régions, il y a entre elles des différences climatériques très-prononcées, différences qui réagissent nécessairement sur les tempéraments des plantes.

On comprend, sans que nous l'expliquions, qu'entre les plantes les plus planicoles et celles qui habitent les plus hauts sommets il existe une multitude d'espèces intermédiaires, qui s'échelonnent à toutes les altitudes. Bien des plantes sont communes à la plaine et aux premières pentes des montagnes ; d'autres, plus décidément montagnardes, touchent encore à la plaine sans s'y établir d'une manière permanente ; il en est qui ne s'écartent pas des régions de moyenne hauteur, et d'autres qui semblent ne pouvoir vivre qu'aux confins des neiges éternelles ou des glaciers. Il serait facile, d'après ces considérations, d'établir, parmi les plantes de montagnes, de nombreuses catégories fondées sur les hauteurs respectives de leurs stations, les largeurs des zones qu'elles embrassent, les orientations qu'elles préfèrent, etc. ; néanmoins, dans la pratique on n'en distingue que deux : les *plantes*

alpestres, qui, sous les latitudes moyennes de l'Europe (c'est-
à-dire du 45ᵉ au 55ᵉ degré), sont comprises entre 600 et 1,600
mètres de hauteur supra-marine, et les _plantes alpines_ proprement dites, qui occupent toutes les zones supérieures à
cette limite. Sous des latitudes plus basses ou plus hautes, la
ligne de démarcation entre ces deux catégories de végétaux
s'élève ou s'abaisse; ainsi, en Algérie par exemple, les plantes
qui croissent à 2,000 mètres de hauteur sont les analogues de
celles que nous appelons alpestres dans le centre de la France,
par une altitude beaucoup moindre; en Suède et en Norvège,
au contraire, des plantes réputées alpines chez nous se rencontrent à des altitudes qui ne dépassent pas ou même n'atteignent pas toujours 800 ou 1,000 mètres.

La température de l'air décroît graduellement avec la hauteur (1), mais il n'en est pas de même de la température du
sol, et nous allons voir que c'est là une des grandes différences
qui existent entre les sommets des montagnes et les régions
arctiques ou polaires. Les rayons du soleil n'arrivent à la
terre qu'après avoir traversé l'atmosphère, qui les dépouille
de leur chaleur dans une proportion plus ou moins grande,
suivant que cette atmosphère est plus épaisse ou qu'ils la traversent plus obliquement. Un savant physicien, M. Pouillet, a
démontré que sous nos latitudes et au niveau de la mer la
puissance calorifique des rayons du soleil est diminuée des
4/10, c'est-à-dire de près de moitié, par l'atmosphère. Les
sommets des montagnes, ayant au-dessus d'eux une moindre
épaisseur d'air et un air moins dense, reçoivent les rayons
du soleil avec d'autant plus de force qu'ils sont plus élevés.
Par suite de sa rareté relative, l'air s'y échauffe beaucoup
moins que dans la plaine; mais le sol, à proportion, s'y
échauffe beaucoup plus, et dans toutes les saisons sa température est notablement supérieure à celle de l'air. C'est le
contraire qui arrive dans les plaines basses, où la température
moyenne du sol, à la surface et à quelques centimètres au-
dessous, est généralement inférieure à celle de l'air.

(1) Voir tome 1ᵉʳ, p. 385 et suivantes.

Il résulte de ces circonstances, comme l'a bien fait ressortir M. Martins dans ses observations sur les Alpes, que les plantes des hautes montagnes sont chauffées par le sol qui les porte plus que par l'air qui les baigne ; qu'elles jouissent d'une lumière plus vive que celles des plaines avoisinantes, et, par suite, que leur respiration est plus active ; que dès que la température descend à zéro pendant le jour la neige ne tarde pas à les préserver des froids accidentels qui, même en été, sont la conséquence du mauvais temps sur les montagnes ; enfin que pendant l'hiver abritées sous une épaisse couche de neige, qui est très-mauvaise conductrice de la chaleur, elles retrouvent dans le sol une température qui n'est pas ou n'est qu'à peine inférieure à zéro. Ces plantes des hautes sommités craignent en définitive le froid autant que la chaleur, et ne végètent bien qu'entre les températures de zéro et 15 degrés ; et comme, dans leur site natal, elles sont sans cesse humectées par les brouillards ou par les eaux de la neige fondante, elles veulent à la fois beaucoup de lumière et beaucoup d'humidité. C'est ce qui explique la grande difficulté de les cultiver dans les plaines, où les éléments météorologiques et les circonstances locales sont presque diamétralement l'opposé de celles que nous venons d'indiquer.

Les plantes arctiques sont dans des conditions bien différentes, car le seul point de contact qu'elles aient avec les plantes alpines est la basse température de l'air. A partir du cercle polaire l'équivalent de la région alpine de nos climats commence à quelques mètres au-dessus du niveau de la mer, dont cette zone ne tarde même pas à affleurer les rivages. Elle a au-dessus d'elle toute ou presque toute l'épaisseur de l'atmosphère, que les rayons du soleil ne traversent d'ailleurs que très-obliquement. Si à ces premières causes on ajoute que l'air est pendant la plus grande partie de l'année chargé de nébulosités, on n'aura pas de peine à comprendre que les rayons du soleil n'y arrivent à la surface de la terre que très-affaiblis, et qu'en définitive la température du sol y est incomparablement plus basse que sur les sommets des montagnes à parité de température atmosphérique. De là la pauvreté extrême de la flore dans ces régions inhospitalières, si on la compare à celle des montagnes, et le tempérament bien plus exigeant des plantes qui croissent sur ces dernières.

De ce que nous venons de dire on peut déjà conclure que l'entretien des plantes alpines sera d'autant plus difficile dans la plaine, que la différence de niveau sera plus grande entre celle-ci et les stations que ces plantes occupent sur les montagnes. Il arrivera fréquemment que celles des plus hauts sommets n'auront aucune chance d'y croître, quelque soin qu'on leur donne, parce que d'une part la sécheresse, d'autre part les extrêmes de froid et de chaleur, s'éloignent trop des conditions de leurs sites naturels. Il pourra en être autrement pour celles de stations moins élevées; mais dans tous les cas les plantes simplement alpestres se présenteront au cultivateur avec des chances de succès bien plus nombreuses. Pour celles-là les difficultés sont en général facilement surmontées, à condition cependant qu'on ne les transporte pas sous des latitudes beaucoup plus basses que celles de leurs montagnes natales. Ce sont effectivement les plantes de cette catégorie qui fournissent la majeure partie de celles qu'on décore du nom d'alpines dans nos jardins.

Les localités qui se prêtent le mieux à la culture des plantes alpestres et alpines sont avant tout celles qui par leur altitude au-dessus du niveau de la mer se rapprochent déjà des sites où elles croissent naturellement; ainsi les Alpes, les Pyrénées, le Jura, les Cévennes, les Vosges, le plateau central de la France, sont autant de régions où leur culture doit prospérer; aussi est-ce à ces plantes que le jardinage d'agrément devrait principalement recourir lorsqu'il s'exerce dans ces régions élevées, et ce serait pour lui une suffisante compensation à l'impossibilité d'y cultiver celles qui ne réussissent que sous des climats plus doux. Hors de là on supplée aux inconvénients du site par l'érection de rocailles et de collines artificielles, dont les côtés orientés vers le nord leur sont réservés. A défaut de ces structures, les plantes montagnardes sont simplement cultivées en pots,

et tenues autant qu'on le peut à une exposition septentrionale, non-seulement pour les préserver de la chaleur
trop grande du soleil, mais aussi pour leur ménager une certaine humidité atmosphérique. A égalité de latitude et d'altitude, le climat maritime, où l'air est humide, est plus favorable à ces plantes que le climat continental ; c'est ce qui
explique en partie pourquoi elles sont plus recherchées et cultivées avec plus de succès en Angleterre que chez nous.

La culture en pots est nécessairement assujettie ici aux règles déjà établies et sur lesquelles nous avons insisté à plusieurs reprises. Les pots doivent être drainés avec le plus
grand soin ; et si on veut obtenir des plantes d'une belle
venue, on évite de les prendre trop petits, eu égard à la
taille qu'elles acquièrent naturellement. Le compost qu'on y
emploie est ordinairement un mélange de terre de bruyère ou
de sable siliceux, de terreau de feuilles et de terre franche par
parties égales ; mais il est évident qu'il y aurait avantage à en
modifier la composition suivant les appétits des espèces, qui
sont loin d'être les mêmes. Ce qu'il est essentiel de ne pas perdre
de vue, c'est que la terre, quelle qu'en soit la composition,
doit être perméable et ne jamais se prendre en une motte
compacte impénétrable à l'eau. On arrose fréquemment pendant l'été, et tous les ans, à la fin de l'hiver, on procède à un
nouvel empotage, dont le but est le renouvellement de la
terre.

Toutes les plantes montagnardes n'endurent pas avec la
même facilité les froids de l'hiver lorsqu'elles sont transportées
dans les plaines, et il n'est pas rare d'en voir périr par cette
cause, mais peut-être plus encore par l'eau qui reste stagnante
autour de leurs racines, lorsque le drainage des pots a été mal
fait, ou que le sol sur lequel ils reposent est lui-même com-
pact et obture en quelque sorte les trous dont ils sont percés.
Il est facile de parer à cet accident en enterrant les pots jusqu'au bord dans un remblai de gravier, et on évite tout danger
de gelée en les couvrant de paillassons pendant les plus
grands froids. Il serait toujours avantageux que les pots, dans
la culture des plantes alpines, fussent enterrés d'une manière

permanente, et enterrés dans un sol incliné, qui laisserait un libre écoulement à l'eau des arrosages et à celle des pluies. Le drainage en serait plus assuré en toute saison, et les plantes elles-mêmes mieux abritées du froid en hiver.

Si l'on considère la vaste étendue des chaînes de montagnes qui sillonnent le globe dans tous les sens et sous toutes les latitudes, on arrive à comprendre que les plantes alpestres et alpines sont en nombre immense, et qu'à elles seules elles suffisent amplement pour composer le répertoire horticole le plus large; mais il s'en faut bien que toutes aient été introduites dans les jardins. Nous ne possédons encore, à proprement parler, que les plantes des montagnes d'Europe et quelques-unes seulement du Caucase, de l'Altaï, de l'Himalaya et des montagnes du nord de l'Amérique. Cependant le nombre des espèces de provenance étrangère s'accroît chaque jour, et il est à regretter qu'il n'existe pas de jardins alpins, dont la destination spéciale serait de les conserver et de les propager. Le réalisation d'un tel plan ne serait assurément pas indigne de nos sociétés d'horticulture; mais c'est à peine si on peut .'espérer, en France du moins, où d'autres innovations plus importantes, celle, par exemple, d'arborétums et de jardins d'expériences et de naturalisation consacrés à la culture des arbres exotiques, n'ont jusqu'ici trouvé aucune espèce d'encouragement.

Les plantes montagnardes la plupart vivaces comprennent toutes les catégories horticoles dans lesquelles ont été réparties les plantes ordinaires. On trouve parmi elles des arbres de toutes les grandeurs, des arbrisseaux et des arbustes, des plantes de port ornemental et des plantes fleurissantes de premier ordre. Elles appartiennent de même à presque toutes les familles végétales, monocotylédones et dicotylédones, et parmi elles se montrent des types caractéristiques de la flore tropicale, des palmiers, des bananiers, des bambous, des fougères arborescentes. Mais ces grands végétaux, véritablement alpins par l'altitude à laquelle ils croissent sur les montagnes intratropicales, et par la faible température qui leur suffit, ne seraient point appropriés à nos montagnes d'Europe, même les moins élevées, à cause de la sévérité de leurs hivers. Nous devons donc nous contenter de ceux qui, endurant dans leurs contrées natales plusieurs degrés de froid, peuvent rigoureusement s'accommoder de nos températures. Dans les jardins, ainsi que nous l'avons donné à entendre plus haut, on associe aux espèces alpines celles des contrées boréales, quelle que soit d'ailleurs l'altitude de leurs sites.

Sans entreprendre de donner ici la liste complète des plantes alpines, ou considérées comme telles, ce qui n'aurait qu'un intérêt médiocre pour beaucoup de lecteurs, nous pourrons du moins signaler celles qui se rencontrent le plus fréquemment dans les collections, et qui se distinguent par la beauté de leurs fleurs ou l'élégance de leur feuillage. En nous restreignant à celles-là, nous pourrons en faire trois classes assez distinctes, savoir : 1º les *orchidées terrestres* et autres monocotylédones fleurissantes; 2º les *dicotylédones alpines* ou *alpestres saxicoles,* subdivisées elles-même en deux groupes, suivant qu'elles se rattachent aux rocailles humides ou aux rocailles sèches; 3º enfin les *plantes alpines de terre de bruyère,* qui dans la pratique sont souvent cultivées sur les mêmes terre-pleins que les rosages et autres arbustes de tempérament analogue.

1º Orchidées terrestres et autres monocotylédones alpines. Malgré leurs affinités organiques, les orchidées terrestres, indigènes ou exotiques, ne s'accommodent tout à fait ni des mêmes terrains ni des mêmes conditions de culture. Quelques-unes, en petit nombre il est vrai, vivent sur les fonds marécageux, où l'eau reste stagnante dans le sol; c'est le cas d'une espèce indigène, l'*épipactis des marais* (*Epipactis palustris*), qui se rencontre aussi dans les lieux simplement humides, et que nous aurions pu classer, dans un chapitre précédent, parmi les plantes qui affectionnent le voisinage de l'eau. D'autres, en plus grand nombre, vivent dans les prairies ou à l'ombre des bois; la plupart cependant se plaisent sur les collines, ou sur des montagnes plus élevées, et alors, suivant l'altitude qu'elles préfèrent, elles deviennent alpestres ou décidément alpines. Certaines espèces, enfin,

bravent les rigueurs des climats hyperboréens, tandis que
d'autres résistent aux plus grandes ardeurs du soleil sur les
collines rocailleuses des alentours de la Méditerranée. On
peut conclure de ces diversités d'habitats que les orchidées
terrestres ne sont pas toutes rustiques au même degré, et
c'est ce dont il faut tenir compte lorsqu'on essaye de les soumettre à la culture.

Toutes ces jolies plantes, même celles qui croissent dans
les terrains marécageux, peuvent se cultiver en pots, mais
avec plus de succès sur les collines artificielles, les unes, les
plus alpines et les plus septentrionales, à l'exposition du
nord, les autres aux orientations indiquées par leur provenance. La terre qu'on leur destine doit être de qualité
moyenne, fraîche, perméable, plus ou moins humide suivant
les espèces, et surtout vierge de tout engrais d'origine animale. C'est parce que les terres ordinaires de jardin contiennent toujours une certaine proportion de terreau de cette
nature que les orchidées y sont si difficiles à élever et y vivent
si peu de temps; en revanche, les sols amendés de terreau
végétal leur sont très-favorables. D'après un amateur allemand, M. Hutstein, qui s'est adonné avec beaucoup de
succès à la culture des orchidées indigènes, le meilleur
compost pour elles est formé de deux tiers de terreau de
bois, principalement de celui qui résulte de la décomposition des feuilles de hêtre, et d'un tiers de terre argileuse prise
dans une bonne prairie. Quelques espèces cependant, l'*épipactis
rouge* (*Epipactis* ou *Cephalanthera rubra*), par exemple, réussissent mieux dans le sable siliceux mélangé d'un tiers de terreau de feuilles; d'autres au contraire, comme l'*orchis odorante*
(*Orchis odoratissima*), sur les sols les plus calcaires et les plus
exposés au soleil.

Il est indubitable que les climats généraux et locaux in-
fluent sur le succès de la culture des orchidées terrestres;
que certaines espèces doivent mieux réussir au voisinage de
l'Océan, et certaines autres loin de la mer et dans les lieux
élevés et aérés. Ce sujet a été jusqu'ici peu étudié; aussi serait-il difficile d'indiquer exactement, *a priori,* pour une lo-

calité donnée, quelles espèces étrangères au pays on doit y cultiver de préférence. On peut présumer cependant qu'avec des soins bien entendus on réussirait pour la majeure partie, et qu'après des tâtonnements inévitables l'amateur finirait par reconnaître celles qui seraient rebelles à toute culture dans sa localité.

Il y a des orchidées qu'il est facile d'enlever avec la motte et de transplanter dans un jardin sans les faire souffrir; ce sont en particulier celles dont les racines se renflent en tubercules charnus, et dont les radicelles s'étendent peu dans le sol, par exemple toutes les espèces des genres *Orchis* et *Ophrys;* mais il en est aussi dont la transplantation est fort chanceuse, parce que leurs rhizomes ou leurs racines courent si loin sous la terre qu'il est à peu près impossible de les en retirer intacts, et que ces mutilations les font presque toujours périr. Telle est, pour n'en pas citer d'autres, cette curieuse orchidée indigène connue sous le nom de *Limodorum abortivum,* dont les rhizomes sont si longs, si grêles et si profondément enfoncés en terre, qu'on n'a jamais pu l'introduire dans les jardins.

En transplantant les orchidées sur les talus d'une colline artificielle, on doit avoir soin de les planter à la même profondeur que dans leur site naturel, et sans déranger la motte qu'on a du conserver autour de leur pied. La meilleure saison serait le premier printemps, lorsque leurs feuilles commencent à sortir de terre; mais le plus ordinairement on se borne à les enlever au moment même de leur floraison, parce que ce n'est guère qu'alors qu'on les remarque. Il n'est d'ailleurs presque pas possible qu'il en soit autrement pour les espèces alpines, à cause de la distance des lieux où elles croissent et de la difficulté qu'on aurait de les obtenir dans une autre saison que celle où elles fleurissent. Au surplus, toute la question est de les arracher sans mutiler leurs racines et sans les exposer à l'action desséchante de l'air, de les mettre, à la plantation, dans une terre analogue à celle où elles croissaient, et de leur donner les arrosages nécessaires pour assurer leur reprise. Beaucoup d'or-

chidées se plaisent au milieu d'autres plantes, dont le feuillage entretient la fraîcheur autour d'elles; c'est en particulier le cas des espèces de prairies, et si quelque partie de la
colline artificielle est gazonnée, c'est là qu'on doit de préférence choisir leur place. Nous n'avons pas besoin d'a-
jouter qu'on doit arroser ou irriguer la colline en proportion de l'activité de la végétation qui la recouvre. Cultivées en
pots, les orchidées terrestres, comme d'ailleurs la plupart des
plantes alpines, doivent être abritées l'hiver, dans le nord de
la France, sous des châssis ou sous des paillassons; en pleine
terre, sur les collines artificielles, ce soin n'est plus nécessaire; tout au plus serait-il utile de couvrir la terre de paille
ou de feuilles sèches, là où seraient plantées les espèces des
régions les plus méridionales de l'Europe ou de pays analogues par le climat.

La multiplication des orchidées indigènes par la voie du
semis n'a peut-être jamais été essayée, mais on peut supposer
qu'elle ne serait pas plus impraticable que celle des orchidées exotiques, que l'on a plus d'une fois réussi à propager
de graines dans les serres. Un moyen plus simple serait la
séparation des tubercules, avec l'œil ou bourgeon qui leur
correspond et qui doit donner naissance à une nouvelle tige ;
mais ce moyen n'est praticable que dans le cas où plusieurs de ces tubercules se sont formés à la fois, ce qui
n'est pas l'état de choses habituel. Il en résulte que les
amateurs d'orchidées terrestres se bornent à entretenir
leur collection à l'aide de plantes récoltées çà et là dans les
lieux où elles croissent naturellement. Cependant M. Hutstein
assure que la multiplication par tubercules est possible, à
condition que les hampes ou tiges fleuries, mais non les
feuilles, soient coupées au niveau du sol immédiatement
après la floraison. La fructification étant ainsi empêchée,
la séve refluerait sur la racine, et il se produirait des tubercules plus nombreux, qui donneraient naissance à autant
de plantes nouvelles. En supposant que les choses se passent
comme le prétend M. Hutstein, on ne peut se dissimuler
que la séparation des tubercules et leur replantation sans

notte ne laisseraient que peu de chance à la reprise.

Nous possédons une soixantaine d'orchidées indigènes, parmi lesquelles il suffira de citer les *Orchis pyramidalis, globosa, hircina, morio, mascula, laxiflora, ustulata, miliaris, latifolia, maculata, conopsea*, à fleurs en épi, roses ou les divers tons du pourpre, et qui habitent les prairies naurelles plus ou moins humides de toute la France; les *Orchis provincialis, secundiflora, variegata, Robertiana, rubra, longibracteata*, des collines sèches et rocailleuses du midi, et, comme les précédentes, à fleurs pourpres ou rosées; les *Orchis pallens* et *sambucina*, pareillement du midi, à fleurs jaune pâle; les *Ophrys fusca, speculum, myodes, aranifera, lutea, arachnites, apifera*, les unes des collines calcaires du nord et du centre de la France, les autres du midi de l'Europe, toutes plantes curieuses, dont les corolles, mouchetées de pourpre ou de pourpre noir, ressemblent de loin aux divers insectes dont quelques-unes ont tiré leurs noms; les *Serapias lingua* et *cordigera*, plantes méridionales et montagnardes, à fleurs pourpres; les *Epipactis, lancifolia, nidus-avis, palustris; latifolia*, de toutes les parties de la France, et dont les fleurs, singulières, de forme et de coloris, sont quelquefois très-belles; le *Neottia* ou *Goodyera repens*, délicate orchidée à fleurs blanches des terrains légers et boisés; le *Calypso borealis*, très-petite mais curieuse orchidée du nord de l'Europe; les *Malaxis paludosa* et *Liparis Lœselii*, espèces de nos marais, qui se cultivent, ainsi que la précédente, au pied des rocailles humides, dans un sol tourbeux et au milieu des mousses; enfin, le *Cypripedium calceolus*, plus connu sous son nom vulgaire de *sabot de Vénus* (fig. 108), charmante orchidée alpestre de l'est et du midi, qui se plaît dans les sols légers mêlés de terreau végétal, et dont le labelle jaunâtre, en forme de sabot suspendu, rappelle quelque peu la corolle des calcéolaires. Dans cette espèce, comme dans toutes celles qui composent le genre, la fleur est presque toujours solitaire au sommet de la tige.

Une multitude d'orchidées terrestres exotiques, de climats tempérés ou froids, pourraient grossir considérablement la liste des espèces à cultiver en pots ou sur collines artifi-

Fig. 108. — Sabot de Vénus.

cielles, mais il n'y en a encore qu'un très-petit nombre qui aient été introduites dans nos jardins, ce qui s'explique par le fait que la culture des orchidées indigènes est elle-même toute nouvelle. Quelques-unes doivent être signalées ici, à cause de leur beauté hors ligne, qui leur permet de rivaliser avec plusieurs des orchidées de serre chaude les plus recherchées. Elles appartiennent presque toutes au genre *Cypripedium,* dont notre sabot de Vénus indigène est peut-le plus modeste représentant. Telles sont les *C. pubescens, spectabile, arietinum, candidum, parviflorum, humile,* plantes rustiques des États-Unis, où elles vivent sur les collines herbues, de la Caroline au Canada; les *C. guttatum, macranthum* et *vestitum* de Sibérie, qui peuvent braver toutes les intempéries de nos climats; tel serait probablement aussi, sur les collines de la basse Provence et de toute la région de l'oranger, le *disa à grandes fleurs (Disa grandiflora),* superbe plante de la pointe australe de l'Afrique, dont les bizarres fleurs rouges rivalisent de grandeur et d'éclat avec celles de nos tulipes. Il est très-vraisemblable d'ailleurs que beaucoup d'autres orchidées terrestres exotiques s'introduiront insensiblement dans le jardinage européen, à mesure que la culture sur rocailles et sur collines artificielles sera mieux connue et plus généralement pratiquée.

La plupart des monocotylédones montagnardes ou boréales, autres que les orchidées, ont à très-peu près le tempérament de ces dernières, et se cultivent dans les mêmes conditions, en pots ou sur collines artificielles moyennement humides. Il nous suffira de signaler les suivantes, qu'on trouve dans presque toutes les collections de ce genre, savoir : les *lis* (*Lilium pyrenaicum* et *monadelphum*, à fleurs jaunes; *pomponium*, à fleurs rouge de sang; *martagon*, où elles sont couleur lie de vin); les *phalangères* ou *lis de Saint-Bruno* (*Phalangium liliastrum*), à fleurs blanches; l'*iris xyphioïde* (*Iris xyphioides*) des Pyrénées, jolie plante dont les fleurs sont, suivant les variétés, jaunes, brunes, bleues, violettes, blanches ou panachées de ces diverses couleurs; l'*hélonias* et l'*uvulaire du Canada* (*Helonias bullata*, *Uvularia grandiflora*); le *trillium à grandes fleurs* (*Trillium grandiflorum*); l'*érythrone des Alpes* (*Erythronium dens canis*), aux larges feuilles marbrées de blanc comme celles des cyclames, qu'elle rappelle encore par la grandeur, la figure et le coloris de ses fleurs; le *safran printanier* (*Crocus vernus*), le *perce-neige* (*Galanthus nivalis*), le *narcisse de Gouan* (*Narcissus Gouani*) (fig. 209), et même, pourrait-on dire, tous les narcisses connus. Nous n'avons pas besoin d'ajouter que beaucoup d'autres monocotylédones indigènes ou exotiques de petite taille pourraient y être pareillement cultivées.

2° **Les dicotylédones alpines** ou **alpestres**, toutes plus ou moins saxicoles, sont en général plus faciles à cultiver que les orchidées; la plupart même pour-

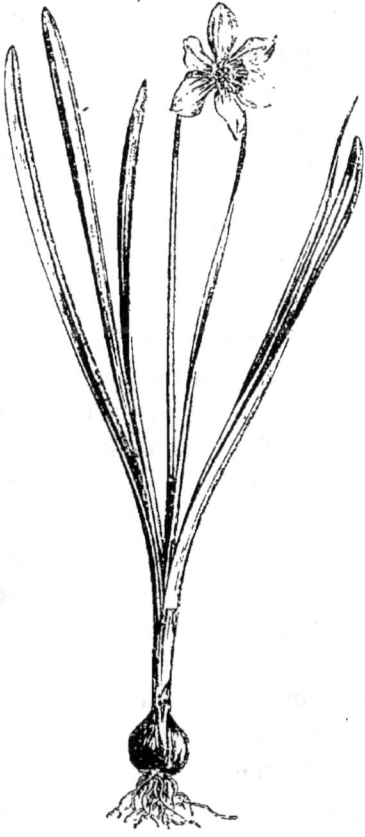

Fig. 209. — Narcisse de Gouan.

raient à la rigueur réussir sur les plates-bandes d'un jardin, à condition que le climat du lieu fût frais et humide et le sol léger et perméable. Ce qui le prouve, ce sont les essais passablement réussis qui en ont été faits au jardin botanique de Dublin (1), par M. Baines. Sous d'autres climats, plus secs et plus chauds que ceux de l'Angleterre et de l'Irlande, les collines artificielles et les rocailles, humectées par un filet d'eau, sont le moyen de succès le plus assuré. Toutes ces plantes peuvent aussi se cultiver en pots, pourvu que ces pots soient bien drainés, fréquemment arrosés, et que la terre en soit renouvelée tous les ans, à la fin de l'hiver. Il est d'usage de les tenir dans un lieu un peu abrité contre les rayons du soleil, qui dessèche trop vite la terre des pots; mais cet inconvénient ne se produirait pas si les plantes étaient sur une rocaille irriguée.

Les dicotylédones montagnardes croissent dans les sols les plus variés de composition, les unes ne venant bien que sur les terrains siliceux, les autres sur les terrains calcaires ou d'une autre nature. Un très-grand nombre toutefois paraissent indifférentes à la constitution minéralogique du sol et sont encore florissantes dans le sable ou le gravier presque pur, pourvu qu'elles soient au bord d'un ruisseau. D'après M. Regel, ancien directeur du jardin botanique de Zurich, qui s'est occupé longtemps et avec succès de la culture des plantes alpines, on doit leur donner, lorsqu'on les cultive dans la plaine, un sol beaucoup plus pauvre que celui où elles croissaient dans leur site natal. Le compost qu'il y employait était principalement formé de sable de rivière contenant de la vase argileuse, de terreau végétal, de décombres calcaires tirés de vieux murs et concassés, enfin d'un peu de bouse de vache et de terreau de couches, le tout bien amalgamé et reposé pendant au moins trois ans, pour donner aux matières organiques le temps de se décomposer. Il en résultait une terre de composition moyenne, pouvant s'adapter aux appétits particuliers de presque toutes les espèces.

(1) *Gardeners' Chronicle,* 1865, p. 535.

Dans la distribution des plantes sur les rocailles on ne doit suivre aucune classification systématique; la règle ici est uniquement déterminée par le tempérament propre à chacune d'elles et par l'effet à produire. Aux espèces les plus alpines sont réservés les côtés de la rocaille qui font face au nord ou au nord-est; à celles qui sont seulement alpestres les pentes tournées vers le midi. On s'arrange ensuite de manière à grouper les feuillages et les fleurs diversement colorées pour le plus grand agrément du coup d'œil. Ce qu'il est essentiel d'obtenir c'est que toute la rocaille soit couverte de verdure. On y parvient à l'aide de mousses et de saxifrages gazonnantes, qui remplissent en peu de temps les intervalles laissés vacants par les autres plantes, si toutefois, comme nous le supposons, la rocaille est irriguée par le haut et tenue constamment humide. Sa crête peut être ombragée par de grandes fougères, celles en particulier du genre *Aspidium,* dont il sera question un peu plus loin. M. Regel y a même employé, dans le jardin de Zurich, divers arbustes à feuilles persistantes, des mahonias, des cotonéasters, des pins rabougris (*Pinus pumilio, P. mughus*), des genévriers, des thuias, etc. L'amateur entendu ne sera point embarrassé de découvrir ce qui pourra y convenir le mieux, dans les conditions particulières où il se trouvera placé.

La culture sur rocailles est encore très-nouvelle et surtout très-peu pratiquée en France, où l'on ne paraît pas se douter des avantages qu'on en obtiendrait si on voulait l'appliquer aux végétaux exotiques, en tenant compte de la diversité de nos climats. Toutes les petites plantes montagnardes qui, au voisinage des tropiques ou entre les tropiques, supportent momentanément deux à trois degrés de froid, ou même un peu moins, pourraient être cultivées sur rocailles irriguées, dans la région de l'oranger. Ce serait, selon toute vraisemblance, le cas d'un certain nombre d'orchidées épiphytes des hautes montagnes, qu'on a jusqu'à ce jour tenues dans des serres chaudes ou des serres tempérées, dont la chaleur trop forte et trop continue, ainsi que l'air stagnant, sont manifestement contraires à leur nature. Ajoutons que la culture de ces plantes, telle qu'elle se pratique habituellement dans les serres, sur des fragments de bois ou de liége suspendus, ou dans de petites corbeilles remplies de terre de bruyère, est radicalement vicieuse. Dans de telles conditions en effet, elles manquent d'une nourriture suffisante, ce qu'indiquent assez clairement leurs racines, qu'on voit errer au hasard sur leurs soutiens ou pendre inutilement dans l'air, aussi ces plantes restent-elles faibles et souffreteuses comparativement à ce qu'elles seraient dans un milieu plus conforme à leurs besoins. Il nous paraît qu'il en serait autrement sur une rocaille moussue et humide, où elles trouveraient, avec l'espace qui leur est nécessaire pour s'étendre et les détritus végétaux dont elles s'alimentent, l'action bienfaisante de la lumière directe et un air sans cesse renouvelé (1).

On peut supposer aussi avec quelque vraisemblance que, sous les climats doux de l'ouest et du midi, les curieux sarracénias de l'Amérique du nord, la *dionée gobe-mouches* (*Dionæa muscipula*), dont les feuilles sensitives se referment, dit-on, sur les insectes qui s'y posent, le *céphalote de la Nouvelle-Hollande* (*Cephalotus follicularis*), qui représente en petit, par ses feuilles en forme d'urne operculée, les népenthes de l'Inde et de la Malaisie, et quelques autres plantes de même tempérament et réputées, comme celles-ci, de culture difficile, réussiraient sur des rocailles où leurs racines seraient sans cesse rafraîchies par un filet d'eau très-aérée (2). L'essai,

(1) Les orchidées qui appartiennent en propre à la serre chaude ne font pas exception. Tout aussi bien que les espèces rustiques, elles pourraient être plantées sur des rocailles irriguées par en haut et abritées sous verre. Ces rocailles, pour être parfaites, devraient être chauffées à l'intérieur, par un tuyau de thermosiphon, conformément au principe de la culture géothermique. Une serre à orchidées construite sur ce plan aurait probablement de grands avantages sur celles qui existent aujourd'hui, et entre autres celui de pouvoir être fréquemment aérée, sans inconvénient pour les plantes, que la chaleur de la rocaille mettrait facilement à l'abri d'un froid momentané.

(2) Ces diverses plantes, toutes originaires de climats tempérés ou froids, n'appartiennent pas à la serre chaude, ni même à la serre tempérée; cependant c'est dans de telles serres qu'on les a jusqu'ici cultivées, et toujours dans de l'eau croupissante. Il est extrêmement probable que de l'eau riche en oxygène leur est indispensable pour vivre, et que les abris vitrés, en les soustrayant à la

que nous sachions, n'en a point été fait, mais on a lieu de croire qu'il le sera un jour ou l'autre, quand l'horticulture aura rompu avec bien des habitudes routinières qui passent encore inaperçues.

Dans l'état actuel du répertoire horticole nos plantes alpines ou alpestres sont presque exclusivement européennes, et parmi elles il en est beaucoup qui n'ont qu'un intérêt purement botanique. La liste de celles qu'on peut regarder comme des plantes d'agrément est cependant déjà longue; aussi nous bornerons-nous à citer celles qu'on trouve le plus habituellement dans les collections. Ce sont les *rosages* des Alpes et des Pyrénées (*Rhododendron ferrugineum*, *R. hirsutum*, *R. chamæcistus*), charmants arbustes, à fleurs rouges ou pourprées, qui vivent exclusivement dans la terre de bruyère; les *busseroles* ou *raisins d'ours* (*Arbutus alpina*, *A. uva-ursi*), sous-arbustes rampants, dont les corolles, en grelot, sont blanc rosé; les *pyroles* (*Pyrola rotundifolia*, *chlorantha*, *minor*, *secunda*, *umbellata*, *uniflora*, etc.), petites herbes vivaces, à fleurs roses ou blanches, qui se plaisent, comme les arbustes précédents, sur la terre de bruyère et le terreau de feuilles; toutes les gentianes, dont les unes, à tige élevée, comme la *grande gentiane* (*Gentiana lutea*) et la *gentiane de Burser* (*G. Burseri*), ont les fleurs jaunes, et les autres, généralement plus basses et quelquefois presque acaules, les ont blanches, roses, violettes ou du bleu le plus pur (*G. pneumonanthe*, *purpurea*, *asclepiadea*, *cruciata*, *acaulis*, *verna*, *pyrenaica*, *ciliata*, *nivalis*, *glacialis*, etc.); les ancolies (*Aquilegia vulgaris*, *viscosa*, *alpina*, *pyrenaica*, *canadensis*, etc.); des renoncules à fleurs blanches (*R. rutæfolius*, *alpestris*, *glacialis*, *aconitifolius*, *pyrenæus*, *parnassifolius*, etc.); l'adonide des Alpes et l'adonide des Pyrénées (*Adonis vernalis*, *A. pyrenaica*); les trollius d'Europe et du Caucase (*Trollius europæus*, *caucasicus*, *orientalis*), jolies plantes à fleurs jaunes, susceptibles de doubler, comme celles de la plu-

rosée, sont une des principales causes qui les rendent si rebelles à la culture. Plusieurs de nos plantes indigènes, telles que les *droséras* (*Drosera*) et la *parnassie des marais* (*Parnassia palustris*), seraient vraisemblablement tout aussi difficiles à conserver sous verre si on essayait de les y cultiver.

44

part des renonculacées; les anémones à fleurs bleues, blanches ou jaunes (*Anemone baldensis, apennina, sulfurea, ranunculoides, narcissiflora*, etc.), et en particulier l'*herbe à la Trinité* ou *anémone hépatique* (*Hepatica triloba*), plante si recommandable par la beauté de son feuillage et surtout de ses fleurs bleues, violettes, roses ou blanches; les hellébores alpestres (*Helleborus purpurascens, orientalis, odorus*); beaucoup de primulacées, et entre autres toutes les primevères, sauf la primevère de Chine (*Primula vitaliana, viscosa, marginata, cortusoides, farinosa, longiflora, auricula, alpina, crenata, integrifolia*, etc.), dont les fleurs sont jaunes, pourpres, violettes, mordorées, quelquefois blanches; la *cortuse de Mathiole* (*Cortusa Mathioli*), qui est presque une primevère; la *soldanelle* (*Soldanella alpina*), petite primulacée aux corolles fimbriées et bleuâtres, qui aime la demi-ombre; la plupart des androsaces, véritables diminutifs des primevères (*Androsace villosa, chamæjasme, lactea, argentea, alpina, pubescens, pyrenaica, helvetica, carnea*, etc.), à fleurs blanches, roses ou carminées; les grassettes (*Pinguicula vulgaris, grandiflora, flavescens*, etc.), petites plantes le plus souvent annuelles, très-délicates, à corolle irrégulière et éperonnée, blanche ou violette, qui croissent dans la terre tourbeuse et sur les rochers très-humides; beaucoup de campanules à fleurs bleues, violacées ou même blanches, telles que la *campanule des Carpathes* (*Campanula carpathica*), la *campanule de Scopoli* (*C. cœspitosa*), la *campanule du mont Gargano* (*C. garganica*), auxquelles on peut ajouter les *C. cenisia, Bellardi, pusilla, valdensis, alpestris*, ou, pour mieux dire, presque toutes les espèces du genre, y compris la campanule pyramidale dont nous avons parlé plus haut; toutes les saxifrages (*Saxifraga bulbosa, aizoon, aizoides, cæspitosa, crassifolia, cordifolia, cotyledon, hypnoides*, etc.); la *tiarelle à feuilles en cœur* (*Tiarella cordifolia*), jolie saxifragée de l'Amérique du Nord, qui ne vient bien qu'en terre de bruyère; la nombreuse tribu des joubarbes (*Sempervivum calcareum, piliferum, hirtum, tomentosum, arachnoidum, Pittonii*, etc.) et des orpins (*Sedum anacampseros, Kamtchaticum, pulchellum, acre, altissimum*, etc.); plusieurs caryophyllées (*Silene schafta*,

S. saxifraga, Alsine liniflora, A. Bauhinorum, Cerastium gran-diflorum, Viscaria alpina, etc.); la *spergule pilifère (Spergula pilifera)* et même des œillets (*Dianthus caryophyllus, D. plu-marius, D. fimbriatus, D. pulcherrimus,* etc.); des géraniacées (*Geranium Endressii, G. lancastriense; Erodium alpinum, E. Manescavi, E. petræum,* etc.); beaucoup de composées, entre autres l'*astère des Alpes (Aster alpinus)* et l'*épervière orangée (Hieracium aurantiacum);* le *ramondia des Pyrénées (Ramondia pyrenaica),* curieuse et jolie plante acaule, à fleurs violettes, et qui semble être le trait d'union entre les solanées, les scrofu-larinées et les cyrtandra-cées; quelques rosacées, telles que potentilles (*Potentilla alba, aurea, grandiflora,* etc.) et al-chémilles (*Alchemilla pubescens, pentaphylla, alpina, A. vulgaris),* si fraîches et si jolies de feuillage, la *ronce arcti-que (Rubus arcticus)* et même quelques rosiers (*Rosa alpina, R. collina, R. pimpinellifolia,* etc.); des crucifères, par exemple l'*éthionème du Liban (Æthionema cor-difolium),* l'*arabette rose (Arabis rosea),* la *carda-mine des Pyrénées (Car-damine latifolia)* (fig. 210), la *cardamine à feuilles d'asaret) C. asa-rifolia),* l'*ibéride à feuil-les persistantes (Iberis sempervirens),* l'*ibéride saxatile* ou *corbeille d'or*

Fig. 210. — Cardamine des Pyrénées.

(*I. saxatilis*) et l'*ibéride des Alpes* (*I. garrexiana*); quelques orobes (*Orobus alpestris, vernus, flaccidus*) et l'*anthyllide de montagne* (*Anthyllis montana*); de jolies violettes à fleurs jaunes ou violet bleu (*Viola biflora, mirabilis, cucullata, canadensis, rothomagensis*, etc.), et enfin divers arbuscules alpestres et alpins, que leur petite taille assigne aux rocailles tout aussi bien que les plantes précédentes, et qui se recommandent quelquefois par de jolies fleurs. Tel est le cas de la *linnée boréale* (*Linnæa borealis*), des montagnes de Norvège et proche parente de nos chèvrefeuilles; de l'*empétrum des Alpes* (*Empetrum nigrum*), buisson de quelques centimètres de hauteur, aux fleurs rouges ou carnées, et surtout des petits daphnés montagnards (*Daphne cneorum, D. alpina, D. Verloti*), que la gentillesse de leurs fleurs, roses ou pourpres, classe dans les premiers rangs des plantes alpines de l'Europe.

Les rocailles sèches, comme les rocailles humides, sont compatibles avec tous nos climats, à condition que les plantes qu'on leur destine soient convenablement choisies; mais les influences locales sont si variées et on conçoit un si grand nombre de degrés entre une rocaille qui n'est rafraîchie que par l'eau des pluies et une rocaille irriguée, qu'il devient à peu près impossible de dire sur quelles espèces doit porter le choix de l'amateur. S'il s'agissait, pour prendre un exemple extrême, d'une rocaille située dans le climat méditerranéen, et qui ne serait arrosée que par l'eau du ciel, il est bien visible qu'on ne pourrait la peupler que de ces plantes coriaces ou charnues des pays méridionaux, qui bravent impunément les longues sécheresses et les rayons les plus ardents du soleil. C'est là que viendraient naturellement se placer les mésembrianthèmes de l'Afrique australe; les cactées rustiques (*Opuntia, Epiphyllum*, etc.); les orpins et surtout les rochéas et les crassules; les stapélies (*Stapelia grandiflora, asterias, ambigua, variegata, hirsuta, pulvinata, mutabilis, campanulata, barbata, reticulata; Bucerosia umbellata, Mumbyana; Apteranthes europæa, cylindrica*, etc.), asclépiadées cactiformes du nord et du midi de l'Afrique, dont les fleurs sont au moins remarquables par l'étrangeté de leur coloris. Des plantes indigènes ou exotiques, dont les formes nous sont plus familières, pourraient leur être associées, par exemple des cistes aux larges corolles pourpres (*Cistus creticus albidus, corsicus*, etc.), ou blanches (*C. salvifolius, ladaniferus, ledon, laurifolius*, etc.), avec leur curieux parasite, l'*hypociste* (*Cytinus hypocistis* (1)); des hélianthèmes (*Helianthemum tuberaria, umbellatum, halimifolium, marifolium, fumana, ledifolium, roseum*, etc.), plantes fruticuleuses, qui ne sont que des diminutifs des cistes, aux fleurs jaunes, roses ou blanches, très-passagères mais tous les jours renouvelées ; la *dentelaire de Chine* (*Plumbago Larpentæ, Valoradia plumbaginoides*), aux fleurs bleues; le *tussilage odorant* ou *héliotrope d'hiver* (*Nardosmia fragrans, Tussilago suaveolens*), plante modeste que le parfum de ses fleurs, épanouies en hiver, rend recommandable ; divers liserons méridionaux des terrains les plus arides, tels que le *liseron de Mauritanie* (*Convolvulus mauritanicus*), aux fleurs bleu foncé, le *liseron cantabrique* (*C. cantabrica*) et surtout le charmant *liseron de Provence* (*C. althæoides*), dont les grandes corolles roses sont le plus bel ornement des garrigues méditerranéennes; le *câprier épineux* (*Capparis spinosa*), plante économique vulgaire dans toute la région de l'olivier, dont les grandes fleurs blanches ne sont pourtant pas sans attrait. Sur ces rocailles encore fleuriraient les diverses espèces ou variétés de giroflées à fleurs pourpres *Mathiola græca, M. incana*), dont nous avons fait un peu plus haut l'histoire horticole. Rien n'empêcherait enfin de couronner ces rocailles d'arbustes méridionaux, tels que le *myrte* (*Myrtus commu-*

(1) L'hypociste est une plante d'un aspect singulier, qu'on trouve fréquemment au pied des cistes, tant dans le midi de l'Europe que dans le nord de l'Afrique. Parasite au plus haut degré, il semble faire corps avec la racine du ciste aux dépens duquel il vit. Sa tige, grosse et charnue, peut s'élever à 0m,20 ou 0m,25 au-dessus de la surface du sol dans les localités humides et ombragées, mais elle n'atteint guère que la moitié de cette hauteur dans les lieux secs et découverts. Elle est revêtue d'écailles ou feuilles charnues imbriquées, du plus beau carmin quand elle croît sur les cistes à fleurs pourpres, d'un jaune plus ou moins brunâtre quand elle vient sur les cistes à fleurs blanches. Les fleurs, peu visibles, sont réunies au sommet, au centre de la rosette ou involucre formé par les écailles.

44

nis), le *triphasia* ou *limonier à trois feuilles* (*Triphasia trifoliata*), le *cnéorum à trois coques* (*Cneorum tricoccum*), et autres arbrisseaux de même tempérament, que la maigreur du terrain ou le manque d'espace pour leurs racines réduirait à l'état d'arbustes nains.

3° **Plantes de terre de bruyère.** Ainsi que nous l'avons dit plus haut, il est un certain nombre de plantes alpines ou alpestres qui s'accommodent mieux de la terre de bruyère que de toutes les autres, ou même qui l'exigent absolument. On leur réserve en conséquence des parties de rocailles ou de collines artificielles humides, légèrement ombragées, et exclusivement couvertes de cette sorte de terre ou d'un compost équivalent. Ce compost peut être formé par parties égales de sable siliceux et de terreau de feuilles ramassé dans un bois. Quelles que soient les proportions des matériaux composants, on doit en exclure tout terreau d'origine animale, et en particulier le terreau de couches, bien qu'un certain nombre de plantes de cette catégorie n'en éprouvent point de mauvais effets. A défaut de rocaille ou de terrain dressé en colline, on peut les planter sur les terre-pleins, plus ou moins en relief, occupés par les rosages et autres arbustes de même famille, à condition cependant qu'elles y trouvent assez de place pour se développer et qu'elles n'y soient pas étouffées par les branches de ces arbrisseaux touffus et vigoureux.

Ces petites plantes, la plupart fleurissantes et souvent fort jolies, appartiennent à tous les ordres de la végétation qui ont des représentants dans les jardins, et même bien des espèces assignées d'ordinaire au jardin fleuriste peuvent prendre rang parmi elles. La grande classe des cryptogames elle-même nous en fournira quelques-unes. Sans parler des mousses, qui peuvent avoir leur utilité sur les rocailles ordinaires, nous y trouverons, pour le cas particulier qui nous occupe, les petites espèces de fougères terrestres, l'*onoclée d'Amérique* (*Onoclea sensibilis*), les *ophioglosses* ou *langues de serpent* (*Ophioglossum vulgare, O. lusitanicum*), la *lunaire* (*Botrychium lunaria*), la plus menue de nos fougères terrestres indigènes; le *phégoptéris* (*Polypodium phegop-teris*) et l'*adiante du Canada* (*Adiantum pedatum*), aux frondes divisées en folioles rhomboïdales. On pourrait même à la rigueur y ajouter, malgré leur taille plus forte, la *fougère mâle* (*Nephrodium filix-mas*) et la *fougère d'Allemagne* (*Stru-thiopteris germanica*); ces deux dernières toutefois convien-dront mieux pour les fougeraies proprement dites, dont il sera parlé plus loin.

Mais c'est surtout parmi les phanérogames, monocotylédones et dicotylédones, qu'il convient de chercher les plantes de terre de bruyère. Les premières nous fourniront de petits joncs gra-minoïdes (*Juncus pygmœus, bufonius, tenageia*, etc.), et des scirpes bas et touffus (*Scirpus cœspitosus, S. bœotryon*, etc.), que leur fraîcheur peut faire admettre sur les contours des massifs en qualité de bordures, mais qui ne viennent bien qu'à la condition que le terrain soit très-humide ou plutôt constamment irrigué. Moins avides d'eau, quoique craignant aussi la sécheresse, le *muguet* (*Convallaria maialis*), le *sceau de Salomon* (*Polygonatum multiflorum*), la *smilacine d'Amérique* (*Smilacina racemosa*), les *trilliums* (*Trillium sessile, T. gran-diflorum*), le *rhodéa du Japon* (*Rhodea japonica*) et quel-ques autres liliacées-asparaginées de petite taille, se plai-ront sur le sol de bruyère, pur ou mélangé. Des lilia-cées beaucoup plus belles, mais qui sont de véritables plantes de parterre, pourront même y trouver leur place, telles, par exemple, que les scilles aux fleurs bleues (*Scilla sibirica, S. amœna*, etc.), les safrans, les fritillaires indi-gènes ou exotiques, les muscaris, l'érythrone des Alpes, les lis du Canada et de Philadelphie, le martagon d'Europe et surtout celui d'Amérique. Diverses orchidées, et en particulier celles du genre des cypripèdes (*Cypripedium calceolus, C. macran-thum*, etc.) se recommandent aussi pour ces sols artificiels. En-fin, si le jardin était situé sous le climat méridional, les sols de bruyère, enrichis de terreau de feuilles et tenus moyennement humides, admettraient la culture de presque toutes les espèces bulbeuses de l'Afrique australe, des ixias, des crocus, des lachénalies et de quantité d'autres plantes analogues.

Les dicotylédones ne fournissent pas aux massifs de terre de bruyère un moins riche contingent d'espèces fleurissantes. En parcourant le chapitre des plantes de parterre, le lecteur en reconnaîtra plusieurs qui y sont tout aussi bien et peut-être même mieux appropriées qu'à la terre ordinaire du jardin. Il nous suffira de rappeler ici l'éranthis d'hiver, les anémones montagnardes (*Anemone triloba, A. apennina, A. alpina*, etc.), l'adonide de printemps, les myosotis (*Myosotis alpina, Omphalodes verna*, etc.), la pulmonaire de Virginie, les liatrides (*Liatris squarrosa, L. spicata*); des campanules (*Campanula Bocconi, Platycodon grandiflorus*, etc.), des caryophyllées alpestres, telles que l'*arénaire des Baléares* (*Arenaria balearica*), à fleurs blanches; la *silène acaule* (*Silene acaulis*), des Alpes et des Pyrénées, à fleurs carmin, et même les belles lychnides de la Chine et du Japon (*Lychnis grandiflora, L. fulgens, L. Sieboldi*, etc.), aux larges corolles écarlates, roses ou blanches; toutes les primulacées terrestres, les primevères et les auricules (*Primula auricula, P. viscosa, P. hirsuta, P. farinosa, P. elliptica*, etc.), la cortuse de Mathiole, la soldanelle, les cyclames, tous les phlox de petite taille ou cespiteux, en particulier les *Phlox subulata, setacea* et *verna;* les scutellaires à fleurs bleues du nord de l'Asie (*Scutellaria macrantha, S. Ruyschiana*, etc.); quelques pentstémons (*Pentstemon digitalis, P. Richardsoni*, etc.), les pavots alpins (*Papaver cambricum, Cathcartia villosa*, etc.), et enfin quantité d'autres plantes indigènes ou exotiques, qu'il sera facile au lecteur de trouver dans quelqu'un de nos chapitres précédents, ou dans les catalogues des horticulteurs.

Il est toutefois des espèces qui sont spécialement propres aux sols de bruyère, et qui viennent très-mal ou point du tout ailleurs, qui sont, en un mot, aussi particulières à ce sol que le sont les rosages ou les bruyères elles-mêmes. Toutes ne sont pas des plantes d'agrément, mais quelques-unes sont assez distinguées de port ou de floraison pour mériter les soins de la culture. C'est le cas, par exemple, de la plupart des gentianes à fleurs bleues, qu'elles soient des plaines ou des montagnes. On ne peut se dispenser de rappeler ici des espèces déjà citées : la *gentiane fleur de vent* (*Gentiana pneumonanthe*), plante indigène des terrains sablonneux et humides, à tiges simples et dressées, terminées par une grappe de grandes corolles tubuleuses-campanuliformes, d'un bleu violacé, qui se montrent dans la première moitié de l'automne ; la *gentiane asclépiade* (*G. asclepiadea*), des Alpes et des Cévennes, vivace et à tiges simples comme la précédente, mais en touffes plus fortes ; la *gentiane croisette* (*G. cruciata*), du nord de la France, dont les fleurs sont rapprochées en bouquets au sommet des tiges ; la *gentiane acaule* (*G. acaulis*) (fig. 211),

plante tout à fait alpine et la plus remarquable du genre par la grandeur de ses corolles bleu foncé ; ses tiges, courtes et simples, s'étalent sur le sol et se terminent par une

Fig. 211. — Gentiane acaule.

seule fleur. D'autres espèces, indigènes ou étrangères, pareillement à fleurs bleues, quelquefois blanches, peuvent encore figurer honorablement à côté des précédentes ; telles sont la *gentiane de printemps* (*G. verna*), la *gentiane de Bavière* (*G. bavarica*), la *gentiane des Pyrénées* (*G. pyrenaica*) et la *gentiane des neiges* (*G. nivalis*), cette dernière indifféremment à fleurs bleues ou blanches. Sous le climat méridional, et en lieu abrité, on pourrait certainement ajouter à ces espèces d'Europe la plupart des gentianées de climats plus chauds, entre autres les *lisianthes* (*Lisianthus princeps*, *L. Russellianus*, etc.), et beaucoup de plantes des Andes et de l'Himalaya, qu'on a jusqu'ici cultivées avec peu de succès dans les serres chaudes et les serres tempérées, où elles manquent d'air et de lumière, et où l'eau des arrosages est probablement aussi trop peu oxygénée.

Parmi les plantes les plus habituellement cultivées en terre de bruyère nous devons signaler plus particulièrement les gyroselles et les épimèdes.

Les *gyroselles* (*Dodecatheon*), primulacées du nord de l'Amérique, sont presque des cyclames par leurs fleurs, mais elles diffèrent de ces derniers par l'absence d'un tubercule radical et par leurs tiges ou hampes multiflores. On en distingue deux espèces : la *grande gyroselle* ou *gyroselle de Virginie* (*D. meadia*) (fig. 212), à fleurs nutantes ou penchées, et la *petite gyroselle* (*D. integrifolium*), de moitié ou d'un tiers plus basse, à fleurs moins nombreuses et dressées au sommet de la hampe. Dans les deux plantes les fleurs sont de couleur lilas, variant du blanc presque pur au pourpre clair. Toutes deux se multiplient de graines et par division du pied.

Les *épimèdes* (*Epimedium*) sont de petits végétaux alpestres et alpins de l'Europe et de l'Asie septentrionale, vivaces par leurs rhizomes, à feuilles divisées en folioles ordinairement triternées, et dont les fleurs régulières,

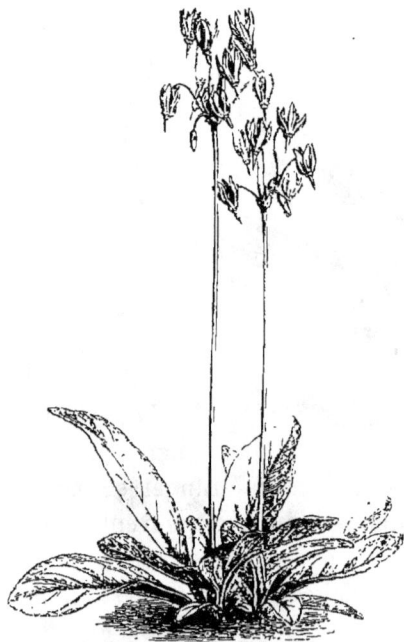

Fig. 212. — Gyroselle de Virginie.

à quatre pétales éperonnés, réunies en panicules au sommet de tiges de 15 à 30 centimètres de hauteur, déguisent à peine l'analogie avec les arbrisseaux du genre berbéris. Les espèces en sont assez nombreuses, mais elles ont toutes le même port. Leurs feuilles, rapprochées en touffes, dressées, soutenues par des pétioles grêles et rigides, sont à demi persistantes, en

ce sens qu'elles survivent longtemps aux fleurs, et se conservent assez souvent jusqu'à la fin de l'hiver, où cette verdure se
rajeunit par une végétation nouvelle. C'est aussi l'époque de
leur floraison, qui est brillante mais de courte durée. Nous
pouvons citer, comme étant les plus connus, les *E. macran-
thum* et ses variétés, à fleurs blanches; *diphyllum, roseum, li-
lacinum, sinense*, où elles sont blanc rosé ou légèrement violacées; le *violaceum*, qui les a d'un violet assez pur; les *sul-
phureum, pinnatum* et *alpinum* (fig. 213), où elles sont jaunes,

Fig. 213. — Epimedium alpinum.

tirant plus ou moins sur le marron ou le pourpre à l'extérieur,
et enfin l'*atropurpureum*, où elles sont comparativement
grandes, de couleur carmin à l'extérieur et jaune pâle en de-

dans. Toutes ces espèces, quoique rustiques sous nos climats, y donnent peu ou point de graines ; aussi ne les multiplie-t-on guère que par divisions du rhizome.

Une multitude d'autres plantes, indigènes ou exotiques, des plaines et des montagnes, la plupart d'ordre très-secondaire en tant que plantes ornementales, mais ayant de l'intérêt pour les amateurs de ce genre particulier de culture, sont aussi à leur place sur les monticules de terre de bruyère, soit qu'elles les occupent exclusivement, soit qu'elles s'y trouvent associées aux arbustes qui ne vivent que dans cette nature de sol. La liste en est trop longue pour que nous puissions la donner ici, mais le lecteur trouvera sur ce point des indications suffisantes dans les journaux d'horticulture (1) et les catalogues des horticulteurs marchands. Nous nous contenterons de citer pour mémoire les grandes saxifrages de la Chine, de la Sibérie et de l'Himalaya (*Saxifraga crassifolia, ligulata, cordifolia, purpurascens, sarmentosa,* etc.), ainsi que les plus remarquables parmi nos espèces indigènes (*S. aizoon, sedoides, palmata, cotyledon, geranioides, umbrosa,* etc.); l'*hotéia du Japon* (*Hoteia japonica*), saxifragée à fleurs blanches et à feuilles composées, très-recherchée à Paris et que bien des personnes aiment à cultiver en pots sur leurs fenêtres ; l'*asaret commun* et l'*asaret du Canada* (*Asarum europæum, A. canadense*), véritables aristoloches acaules, dont les larges feuilles réniformes couvrent la terre de leurs touffes épaisses, et qui abritent sous leur ombre des fleurs d'une forme bizarre et de couleur pourpre noir, plus curieuses que belles ; l'*hétérotrope asariforme,* autre aristolochée japonaise, acaule et presque semblable aux précédentes, mais avec un feuillage beaucoup plus beau, lisse, luisant et marqueté de larges macules grisâtres, qui lui donnent quelque ressemblance avec celui des cyclames ; elle en diffère aussi par ses fleurs, qui sont plus courtes, plus grosses, et d'une teinte foncée avec des re-

(1) En particulier dans une excellente note de M. Verlot sur la culture des plantes alpines, note qu'on trouvera dans la *Flore des serres* (tom. XIII, p. 93 et suivantes).

flets bleus; des violettes montagnardes, par exemple les *violettes jaunes des Alpes* (*Viola biflora,* V. *lutea*) et la *violette pourpre* (*V. pedata*), de l'Amérique du Nord; diverses oxalides à fleurs roses (*Oxalis rosea, O. venosa,* etc.), ou à fleurs jaunes (*O. corniculata,* etc.); enfin, toutes les fumariacées auxquelles on pourra trouver de l'intérêt, comme la *fumeterre grimpante* (*Adlumia cirrhosa*), plante sarmenteuse et débile, qui ornera de ses fleurs jaunes les arbustes auxquels elle entremêlera ses rameaux; le *diélytra d'Amérique* (*Dielytra formosa*) (fig. 214), moins grand mais presque aussi beau que celui de la Chine, et, comme lui, à fleurs rose carmin; et enfin la *corydale de Sibérie* (*Corydalis nobilis*), belle et forte plante au feuillage glauque et découpé , dont les gros épis de fleurs jaune pâle ne seront pas déplacés à côté de ceux de l'espèce précédente.

Fig. 214. — Diélytra d'Amérique.

§. IV. — LES FOUGÈRES ET LEUR CULTURE.

L'énorme famille des fougères, quoique un dixième à peine en ait été introduit dans les jardins, est cependant tout entière revendiquée par l'horticulture. Il ne se passe pas d'année que plusieurs espèces nouvelles n'en soient importées en Europe, et celles même qui sont vulgaires chez nous sont recherchées presque à l'égal de ces espèces exotiques. C'est qu'il n'est pas de famille de plantes où plus de diversité dans les formes s'allie à plus de délicatesse, de grâce et de fraîcheur; aussi leur culture est-elle florissante dans plusieurs pays du Nord. Elle l'est surtout en Angleterre, ainsi que nous l'avons dit plus haut, ce qui est peut-être dû à ce que nulle part ailleurs les conditions climatériques ne lui sont aussi favorables.

Avec une grande homogénéité dans l'organisation et un aspect qui les fait reconnaître de prime abord, les fougères présentent toutes les modifications imaginables dans le port et le feuillage. Il en est qui, par leur tronc ou plutôt par leur rhizome ligneux et dressé verticalement, et par l'ampleur de leur couronne, rappellent les formes et la stature des palmiers; quelques-unes,. à tige grêle et indéfiniment prolongée, sont de véritables plantes grimpantes et volubiles; dans le plus grand nombre cependant les frondes naissent de rhizomes charnus, souterrains ou rampants; enfin on en connaît, celles par exemple du groupe des hyménophyllées, qui sont si ténues et si frêles qu'on a de la peine à les distinguer des mousses, avec lesquelles elles croissent entre-mêlées.

La découpure plus ou moins profonde du feuillage en lobes et lobules réguliers, de même grandeur et de même figure, qui reçoivent ici le nom de *pinnules,* est un caractère commun à la majorité des espèces; mais il en est aussi chez lesquelles la fronde est d'une seule pièce, sans vestiges de divisions ou même de dentelures. Elle est alors, suivant les espèces, allongée, lancéolée, polygonale, ovale, arrondie, réniforme, plane ou crépue sur son contour. Chez la plupart des fougères les feuilles sont glabres, souvent même luisantes, mais quelques-unes les ont hérissées de poils, velues ou laineuses. Enfin, si une verdure vive ou foncée est la teinte normale et habituelle de la famille, il est un petit nombre d'espèces chez lesquelles se montrent des coloris bien différents, par exemple le blanc, le jaune ou le pourpre, distribués en macules, en stries, en panachures de diverses formes. Ces coloris, purement accidentels, sont très-prisés par les amateurs.

Un autre genre de modification, bien plus commun dans les fougères, est l'altération plus ou moins profonde des

formes que l'on 'considère comme normales pour chaque espèce, altération qui est quelquefois poussée si loin que l'espèce en devient méconnaissable. Dans la plupart des cas ce
sont des découpures ou des déchiquetures surajoutées à
celles qui sont conformes au type de l'espèce; quelquefois
même elles se montrent sur des espèces dont les frondes,
à l'état normal, restent entières; d'autres fois encore ce sont
des plissements ou crépures de formes bizarres, qui occupent soit une partie de la fronde, son contour ou son sommet,
soit la totalité de cette fronde, et qui très-souvent même
combinent leur effet avec celui des découpures anormales
dont nous venons de parler. Ces monstruosités accidentelles
sont particulièrement recherchées des collectionneurs, et,
ce qui est remarquable, elles se reproduisent assez fidèlement par le semis, quand les spores ont été récoltées sur
les parties altérées de la fronde.

Toutes les fougères ont, à quelques nuances près, le même
besoin d'ombre et d'humidité atmosphérique, mais elles diffèrent considérablement les unes des autres relativement à la
température qui est nécessaire à leur développement, et au
degré de froid qu'elles peuvent endurer. Les espèces équatoriales appartiennent de droit à la serre chaude; celles de
climats analogues aux nôtres rentrent dans la catégorie des
plantes de plein air; c'est de celles-là seulement que nous
avons à nous occuper ici.

Une soixantaine de fougères, toutes herbacées, sont indigènes en Europe. On peut en faire deux sections, il est vrai peu
tranchées : les *fougères némorales*, qui croissent ordinairement
sur le sol, dans les lieux boisés, et les *fougères rupicoles*, qui
ne se rencontrent guère que sur les rochers, les murs, les souches d'arbre ou les pentes abruptes des vallées et des excava-
tions du sol. Parmi les premières, qui sont plus particulières
aux pays de plaine, nous trouvons l'*Osmonde royale* (*Osmunda
regalis*), une des plus belles fougères connues, dont les frondes,
surcomposées, atteignent parfois jusqu'à deux mètres de longueur; par sa manière de vivre elle est presque une exception
dans la famille : au lieu de rechercher, comme la plupart des

autres, les sols drainés ou rocailleux, elle ne vient bien que
sur les fonds tourbeux et marécageux : aussi, plantée sur rocailles ou à plat dans la terre d'un jardin, ne s'élève-t-elle
guère qu'à un mètre et souvent beaucoup moins ; la *grande
fougère* ou *fougère aquiline* (*Pteris aquilina*), la plus commune de toutes nos espèces et une des plantes les plus caractéristiques des terrains siliceux : ses longs rhizomes, rampants, émettent de distance en distance, et jamais en touffes,
de grandes frondes dressées verticalement et hautes de
deux, trois et quelquefois quatre mètres ; cette espèce, malgré la beauté de ses frondes, qui, prises isolément, ressemblent
à autant de petits arbustes, est rejetée des jardins, à cause
de sa vulgarité et aussi parce que sa disposition à tracer la rendrait fort incommode ; la *fougère mâle* (*Aspidium* ou *Nephrodium
filix mas*), la *fougère femelle* (*A. filix fœmina*) et plusieurs
autres espèces du genre (*Aspidium aculeatum, oreopteris,
thelypteris, molle, cristatum, rigidum, spinulosum*, etc.), dont
les frondes, plus ou moins profondément divisées, forment
des touffes régulières d'une grande beauté ; la *fougère d'Allemagne* (*Struthiopteris germanica*), dont le rhizome dressé,
et non sans analogie avec le stipe des espèces arborescentes,
s'élève à quelques centimètres au-dessus du sol ; enfin
plusieurs espèces exotiques, parmi lesquelles on doit citer
l'*onoclée* de l'Amérique du Nord (*Onoclea sensibilis*), qui
peuvent encore être rangées dans cette section.

Le groupe des fougères rupicoles comprend un plus grand
nombre d'espèces. Ce sont d'abord des *aspidiums*, qui peuvent à la rigueur être considérés comme intermédiaires
entre les deux sections, par exemple, l'*Aspidium lonchitis*,
très-belle fougère à pinnules simples ; les *A. fragile, regium,
fontanum, alpinum, montanum, Halleri* et *rigidum*, où elles
sont plus ou moins profondément lobées ou divisées ; puis les
polypodes (*Polypodium vulgare, hyperboreum, phegopteris,
dryopteris*, etc.), en général moins grands que les aspidiums,
et dont l'espèce commune, le *polypode du chêne* (*P. vulgare*),
est très-sujette à varier et à produire des monstruosités ; les
aspléniums (*Asplenium septentrionale, trichomanes, viride,*

Petrarchæ, ruta muraria, germanicum, lanceolatum, marinum, adiantum nigrum, etc.), plus petits encore et plus décidément rupicoles, qui croissent en touffes dans les anfractuosités des rochers ou sur les vieux murs; le *cétérach officinal* (*Ceterach officinarum*), qui reproduit le port des aspléniums et habite les mêmes lieux, et le *céterach velu* (*C. Marantæ, Acrostichum Marantæ*), rare et curieuse espèce du midi de la France; les *woodsias* (*Woodsia hyperborea, W. ilvensis*), délicates fougères des montagnes du nord de l'Europe; la *fougère de Crète* (*Pteris cretica*), des rochers de la Corse et des autres îles de la Méditerranée, plante gracieuse, qui a produit des variétés panachées de blanc; la la *fougère crépue* (*Pteris* ou *Cryptogramme crispa*), petite plante aux frondes finement découpées, de toutes les hautes sommités de l'Europe et de l'Asie; la *fougère pectinée* (*Blechnum boreale, Osmunda spicans*), une des plus jolies habitantes de nos bois, où elle occupe les talus des ravins et des fossés; l'*adiante chevelure de Vénus* (*Adiantum capillus Veneris*), élégante fougère aux frondes glauques, dont les pinnules pétiolées, ou folioles, tremblent aux moindres souffles d'air, et qui peuple les rocailles humides et les murs des citernes dans tout le midi de la France et de l'Europe; la *scolopendre officinale* ou *langue de cerf* (*Scolopendrium officinarum*), commune sur les parois des puits, et dont les longues feuilles simples, rubanées et luisantes, sont de la verdure la plus fraîche; c'est une des espèces qui ont produit le plus de monstruosités dans les jardins; la *scolopendre hémionitique* (*S. hemionitis*), du midi de la France et du nord de l'Afrique, qui diffère de la précédente par les deux lobes de la base de ses frondes, ce qui leur donne la figure d'un fer de flèche; le *trichomane radicant* (*Trichomanes radicans*), plante des rochers humides de l'occident de l'Europe, que ses organes de fructification rapprochent des espèces du genre suivant; enfin l'*hyménophylle de Bretagne* et l'*hyménophylle de Wilson* (*Hymenophyllum tunbridgense, H. Wilsoni*), très-petites plantes presque semblables aux mousses, et qui croissent, avec ces dernières, sur les roches mouillées par l'eau des fontaines, dans l'ouest de l'Europe, au voisinage de l'Océan. On pourrait ajouter à ces espèces indigènes l'*Ophioglosse vulgaire* ou *langue de serpent* (*Ophioglossum vulgatum*), et la *lunaire* (*Botrychium lunaria*), deux petites espèces terrestres que leur mode de fructification rapproche de l'osmonde royale, mais qui, préférant la terre de bruyère siliceuse à toutes les autres terres, conviennent tout aussi bien aux terrepleins de cette espèce de sol qu'aux rocailles proprement dites.

Les espèces exotiques que l'expérience a démontrées être assez rustiques pour endurer nos hivers sont plus nombreuses encore. Ce sont toutes celles de l'Amérique septentrionale, à partir du 36e degré de latitude, de la Sibérie, du nord de la Chine, du Japon, du Caucase, des hautes sommités de l'Himalaya, du Taurus et des montagnes du Mexique, de toutes les parties du globe, en un mot, où les hivers peuvent être comparés aux nôtres. Le nombre des espèces à naturaliser s'accroîtrait d'ailleurs à mesure que leur culture s'avancerait davantage vers le midi, surtout en se rapprochant de l'Océan. D'un autre côté rien ne s'opposerait, ainsi que nous le dirons plus loin, à ce que les endroits réservés à la culture des fougères exotiques fût abrité pendant l'hiver, soit par son site même, soit par des plantations d'arbres. En choisissant les lieux et en combinant les accessoires, il n'y aurait peut-être pas de témérité à entreprendre la naturalisation sur quelques points du midi de la France des fougères arborescentes de la nouvelle Zélande et de la terre de Van Diémen, dont les climats ne sont pas très-différents de ceux de quelques-unes de nos provinces. En Angleterre, où la culture des fougères est déjà presque populaire, un nombre considérable d'espèces exotiques ont été associées, sur les rocailles, aux espèces européennes, les unes avec un plein succès, les autres avec des chances diverses, suivant les lieux et les vicissitudes des saisons. Parmi elles on peut citer les *Lygodium palmatum* et *mexicanum*, l'*Adiantum peruvianum*, l'*Onychium lucidum*, les *Woodwardia caudata*, *areolata* et *virginica*, le *Scolopendrium reniforme*, le *Platyloma atropurpureum*, les *Osmunda spec-*

tabilis, cinnamomea, claytoniana et *interrupta*, le *Struthiopteris pensylvanica*, le *Gleichenia alpina* et le *Notochlæna vestita.*
On ne peut douter que beaucoup d'autres fougères exotiques ne puissent encore être ajoutées à cette liste, surtout dans l'ouest et le midi de la France.

A la suite des fougères, et comme complément de ce groupe de plantes, nous devons citer les *lycopodes* (*Lycopodium*), qui rappellent d'assez près les fougères par leur mode de fructification, mais dont le port très-différent leur donne quelque ressemblance avec des mousses d'une taille relativement gigantesque. Ce sont des herbes vivaces, ramifiées, rampantes ou plus ou moins dressées, dont les tiges et les branches cylindriques sont couvertes d'un feuillage menu, épais, et souvent imbriqué. Leurs organes reproducteurs sont situés aux aisselles de feuilles bractéiformes ou écailleuses, rapprochées en épis cylindriques au sommet de rameaux particuliers.

Ces plantes, dont le tempérament est celui de fougères, principalement des fougères némorales, se plaisent sur les sols tourbeux ou dans le terreau végétal humide et mêlé de sable siliceux. Leur place est donc naturellement indiquée sur les rocailles à fougères, dont elles peuvent surtout garnir le pied, entremêlées à d'autres plantes. Toutes les espèces de pays froids ou tempérés peuvent y être cultivées avec succès, et notamment les *L. selago, selaginoides, clavatum, annotinum, inundatum* et *alpinum*, tous habitants des montagnes ou des localités fraîches et humides du centre et du nord de l'Europe. D'autres lycopodiacées, plus élégantes de port mais toutes exotiques, les *sélaginelles* (*Selaginella*), sont fréquemment cultivées dans les serres chaudes et les serres tempérées, où elles servent principalement à faire des bordures. Nous en reparlerons dans un volume suivant.

Deux modes de culture sont en usage pour les fougères, la culture en pots et la culture sur rocailles. La première a été jusqu'ici seule employée pour les espèces de serre tempérée ou de serre chaude; la seconde, à cause de sa simplicité, est celle qui convient le mieux pour les espèces rustiques. Si on cul-

tivait en pots, les conditions indispensables de succès seraient
d'abord un drainage parfait, puis l'emploi de terre de bruyère
mêlée par parties égales à du terreau de feuilles entièrement
décomposé. Nous n'insistons pas sur cette méthode, qui, à
aucun point de vue, ne peut être comparée à la culture sur
rocailles, et n'a de raison d'être que dans le cas où on voudrait utiliser momentanément des fougères pour la décoration des appartements ou des fenêtres, ce qui se fait quelquefois.

Les rocailles à fougères ou *fougeraies* (les Anglais les nomment *ferneries*), se construisent d'après deux plans assez différents l'un de l'autre. Le plus ordinaire, et en même temps
le plus simple, est celui dans lequel la rocaille présente la
forme d'un monticule à deux versants, tous deux occupés par
les plantes. Ce monticule doit être convenablement abrité, et
fréquemment arrosé en temps de sécheresse, car par lui-
même il ne conserve pas longtemps l'humidité. Moyennant
ces deux conditions, les plantes y viennent d'une manière
satisfaisante si le pays est pluvieux et le ciel souvent couvert, mais il n'en serait plus de même dans la région du
midi, où il faudrait lutter sans relâche contre la sécheresse du
climat par des arrosages pénibles et dispendieux. On évite
tous ces inconvénients à l'aide d'une rocaille perpétuellement
irriguée par en haut, comme celles dont nous avons déjà
parlé. Ce qui vaut mieux encore c'est de donner à la rocaille,
non plus la forme d'un monticule, mais celle d'une vallée à
parois un peu abruptes, creusée dans un pli de terrain ou
ménagée exprès dans une colline artificielle, et ombragée par
une plantation d'arbres et d'arbrisseaux touffus et toujours
verts. Cette vallée, qu'on devrait orienter de manière à la
mettre à l'abri du vent du nord et du soleil de midi, pourrait
aboutir à une grotte peu profonde, dont les parois seraient
occupées par les espèces jugées les plus délicates. Toutefois,
pour que cette structure fût parfaite, il faudrait qu'un filet
d'eau suintât d'une manière continue sur les talus de la vallée, et que le fond en fût occupé par un bassin où s'amasse-
rait et se conserverait l'eau des pluies, ou qu'on remplirait

d'eau au besoin par un moyen quelconque. Il est très vraisemblable que sous les climats doux du midi de l'Europe
une rocaille ainsi construite permettrait de cultiver à l'air
libre, et pour ainsi dire sans aucun soin, bien des espèces
de fougères qu'on a jusqu'ici tenues en serre tempérée,
et peut-être même, comme nous l'avons insinué plus haut,
les fougères arborescentes de la Nouvelle-Zélande et de la
Tasmanie.

Les fougères se reproduisent naturellement par les drageons ou rejets qui naissent de leurs rhizomes, et la séparation de ces rejets est le moyen habituellement employé pour
les propager ; mais elles se multiplient aussi par les spores
ténues qui se forment en nombre immense à la face inférieure
de leurs frondes (1). Il suffit pour que ces spores germent
qu'elles tombent sur un sol humide et suffisamment échauffé.
Rien de plus fréquent, dans les serres à fougères, que la
germination spontanée des spores sur la terre des pots ou des
caisses. Ce moyen de reproduction est peu usité chez nous,
mais il l'est fréquemment en Angleterre chez les amateurs de
fougères, principalement pour obtenir les variétés monstrueuses ou curieusement déformées dont nous parlions plus
haut. Les semis se font sur de la terre de bruyère humide,
en pots ou en terrines, et le plus souvent en serre tempérée, quelle que soit l'espèce qu'il s'agit de multiplier. Les
jeunes plants ne sont enlevés, pour être mis en place, que
lorsqu'ils ont poussé deux ou trois feuilles, ce qui annonce
que les racines sont assez développées pour en assurer
la reprise.

Les fougères némorales peuvent se cultiver sur rocailles
presque aussi bien que les espèces rupicoles ; mais comme
elles sont en général beaucoup plus fortes, il faut, pour les
obtenir belles, réserver à leurs rhizomes des espaces proportionnés à leur taille. Ordinairement cependant ces grandes
espèces terrestres sont mieux employées comme plantes de
massifs, sous les arbres ou les arbustes touffus, sur les gazons

ou dans les fonds un peu humides. S'il existe dans le jardin un coin où l'eau reste stagnante dans le sol, et que ce sol soit de nature tourbeuse, on en profitera pour y planter l'osmonde royale, qu'aucune autre plante à beau feuillage n'égalerait dans de telles conditions.

(1) Voir tome Ier, p. 176 et suivantes.

FIN DU TOME II.

TABLE DES MATIÈRES

CONTENUES

DANS LE SECOND VOLUME.

Pages.

INTRODUCTION.. V

CHAPITRE Ier.

CLIMATOLOGIE DE LA FRANCE CONSIDÉRÉE DANS SES RAPPORTS AVEC
LA CULTURE.

Climat vosgien ou du nord-est, p. 2. — Climat séquanien ou
du nord-ouest, p.5. — Climat girondin ou du sud-ouest, p. 11.
— Climat rhodanien ou du sud-est, p. 16. — Climat du midi
ou méditerranéen, p. 21. — Climats locaux, p. 27.

CHAPITRE II.

FLORICULTURE ET AUTRES CULTURES D'AGRÉMENT DE PLEIN AIR ;
JARDINS FLEURISTES, PARCS, JARDINS PAYSAGERS, ETC.

§ 1er. **Considérations générales**............................ 30
§ 2. **Du parterre ou jardin fleuriste**...................... 33
Situation du parterre, p. 33. — Terrain du parterre, p. 35.
— Forme et dessin du parterre, p. 37. — Bordures des allées
et des sentiers, p. 40. — Pelouses et gazons, p. 43. — Accessoires du parterre, p. 46.
§ 3. **Choix des plantes et leur distribution dans le parterre**.... 50
Plantation par entremêlement ou en mélange, p. 51. — As-

Pages.

sortiment des couleurs dans le parterre, p. 54. — Mode de plantation en massifs, p. 57.

§ 4. **Choix et classement des plantes qui entrent dans la composition d'un parterre**.............................. 60
    Plantes fleurissant en hiver, p. 62. — Plantes fleurissant au
printemps, p. 63. — Plantes fleurissant en été, p. 65. —
Plantes fleurissant en automne, p. 66.

§ 5. **Jardins pittoresques ou paysagers; jardins publics, parcs,
promenades, avenues et arborétums**.................... 67

CHAPITRE III.

PLANTES DE COLLECTION SERVANT A LA DÉCORATION DES PARTERRES.

§ 1ᵉʳ. **Les rosiers**.. 83
    † Espèces et variétés de rosiers, p. 88.
1° Les rosiers féroces (*Rosier hérisson, rosier du Kamtchatka*), p. 88.
2° Les rosiers involucrés (*Rosier des marais, rosier bractéolé,
rosier de Macartney, rosier microphylle, rosier de Hardy*), p. 89.
3° Les rosiers cannelles (*Rosier cannelle, rosier de mai, rosier de
Bosc, rosier de la Caroline*), p. 90.
4° Les rosiers pimprenelles (*Rosier pimprenelle proprement dit,
rosier épineux, rosier à fleurs jaune de soufre, rosier des Alpes,
rosier Boursault*), p. 91.
5° Les rosiers cent-feuilles (*Rosier cent-feuilles proprement dit,
rosier mousseux, rosier de Provins et de Provence, rosier de
Damas ou des quatre-saisons, rosier de Belgique, rosier bifère,
rosier de Portland, rosiers remontants, rosiers hybrides de Portland*), p. 94.
6° Les rosiers velus (*Rosier blanc, rosier velu proprement dit*),
p. 101.
7° Les rosiers rouillés (*Rosier jaune ou rosier capucine, rosier
rouillé ou églantier odorant, rosier de Harrison, rosier jaune de
Perse*), p. 102.
8° Les rosiers cynorrhodons ou rosiers des chiens (*Rosier faux-
églantier, rosier de l'Inde ou rosier Thé, rosier du Bengale, ro-
sier de Bourbon, rosiers hybrides remontants, rosier du Bengale
nain, rosier Noisette*), p. 104.
9° Les rosiers à styles soudés (*Rosier des collines, rosier de Lady
Monson, rosier des champs, rosier toujours vert, rosier multiflore, rosier muscat, rosier à feuilles de ronce, rosier sétigère*),
p. 111.

Pages.

10° Les rosiers de Banks (*Rosier de Géorgie, rosier de Banks proprement dit, rosier à fleurs d'anémone*), p. 115.

11° Le rosier à feuilles simples, p. 117

†† Multiplication et culture des rosiers, p. 118.

Multiplication par semis, p. 118. — Multiplication par éclats,
bouturage et couchage, p. 122. — Multiplication par greffes,
p. 124. — Culture des rosiers en pleine terre, p. 130. — Maladies et insectes nuisibles aux rosiers, p. 136.

§ 2. **Les œillets** 138
OEillet des fleuristes, p. 139. — OEillet mignardise, p. 145.
— OEillet en arbre ou à bois, p. 145. — OEillet de poëte,
p. 146. — OEillet badin, p. 147. — OEillet de Chine, p. 147. —
OEillets hybrides, p. 149. — Culture et multiplication des œil-
lets, p. 150. — Maladies et insectes nuisibles aux œillets, p. 159.

§ 3. **Les tulipes** 161
Espèces et variétés de tulipes, p. 164. — Culture et multipli-
cation des tulipes, p. 168.

§ 4. **Les jacinthes** 173
Variétés de jacinthes, p. 175. — Jacinthes à fleurs simples,
p. 176. — Jacinthes à fleurs doubles, p. 177. — Multiplication
et culture des jacinthes, p. 178.

§ 5. **Les lis** 187
Principales espèces de lis, p. 188. — Culture et multiplication
des lis, p. 200.

§ 6. **Hémérocalles et autres liliacées de second ordre** 202
Hémérocalles, p. 202. — Fonckias, p. 203. — Tubéreuse,
p. 204. — Fritillaires, p. 205. — Érythrones, p. 206. — Liliacées de fantaisie, p. 206.

§ 7. **Les amaryllidées** 208
† Espèces et variétés d'amaryllidées, p. 209.
Narcisses, p. 209. — Lis-narcisses ou pancratiums, p. 212. —
Eucharis, p. 214. — Perce-neige et nivéoles, p. 214. — Ama-
ryllis indigènes et exotiques, p. 215. — Alstrœmères, p. 220. —
Clivias et himantophyllums, p. 221.
†† Culture des amaryllidées, p. 221.

§ 8. **Les iridées** 225
† Espèces et variétés ornementales d'iridées, p. 225.
Iris proprement dits, p. 226. — Tigridies, p. 231 — Morées et
ferraries, p. 232. — Ixias et sparaxis, p. 233. — Glaïeuls, p. 235.
— Safrans ou crocus, p. 238. — Colchiques et bulbocodes,
p. 240.
†† Culture des iridées, p. 241.

Pages.

§ 9. **Les primevères et les auricules**........................ 247
    † Espèces et variétés de primevères, p. 248.
    Primevères communes, p. 248. — Primevère acaule, p. 248.
    Primevère des fleuristes, p. 249. — Auricule ou oreille d'ours,
    p. 250. — Primevère de Chine, p. 252 — Primevère cortusoïde,
    p. 252.
    †† Culture des primevères et des auricules, p. 253.
§ 10. **La pensée des jardins**.............................. 257
    Espèces secondaires de pensées, p. 263.
§ 11. **Les anémones et les renoncules**...................... 263
    Anémone des fleuristes et sa culture, p. 264. — Renoncule
    d'Orient ou des fleuristes, p. 270. — Renoncule pivoine, p. 271.
    — Culture et multiplication des renoncules, p. 272.
§ 12. **Les chrysanthèmes de la Chine et de l'Inde**............. 276
    Culture et multiplication des chrysanthèmes, p. 279.
§ 13. **La reine-marguerite**............................... 282
    Reines-marguerites pyramidales, p. 284. — Reines-margue-
    rites anémones ou tuyautées, p. 285. — Culture des reines-mar-
    guerites, p. 285.
§ 14. **Le dahlia**.................................... 290
    Variations du dahlia, p. 291. — Culture et multiplication,
    p. 292.

CHAPITRE IV.

PLANTES DE FANTAISIE PROPRES A LA DÉCORATION DES PARTERRES.

§ 1er. **Considérations générales**.......................... 296
§ 2. **Espèces et variétés de plantes de fantaisie de parterre**.... 303
    Acanthes, p. 303. — Achillées, p. 304. — Aconits, p. 305. —
    Acrocline à fleurs roses, p. 306. — Adonides, p. 306. — Agéra-
    toires, p. 307. — Alysse corbeille d'or, p. 307. — Aubriétie, p. 307.
    — Amarantes, p. 308. — Amarantines, p. 311. — Ammobie ailée,
    p. 312. — Amphicome de l'Émodi, p. 314. — Ancolies, p. 314.
    — Anémones de fantaisie, p. 316. — Anthémis, p. 319. — Ara-
    bettes, p. 319. — Arctotides, p. 321. — Argémones, p. 321. —
    Arnébie échioïde, p. 322. — Asclépiades, p. 323. — Astères,
    p. 324.
    Balsamines, p. 326. — Basilics, p. 329. — Bégonias, p. 330.
    — Belle-de-jour, p. 331. — Belle-de-nuit, p. 332. — Benoîte
    écarlate, p. 335. — Brachycome à feuille d'ibéride, p. 335. —
    Brunelle ou prunelle à grandes fleurs, p. 336.

Pages.

Cacalie écarlate, p. 336. — Calandrines, p. 336. — Calcéolaires, p. 337. — Callirhoé de Nuttal , p. 338. — Campanules, p. 339. — Castilléja de Humboldt, p. 344. — Centaurées, p. 345. — Céraistes , p. 347. — Chrysanthèmes de fantaisie, p. 347. — Cinéraires, p. 351. — Clarkias , p. 352. — Coléus de Blume, p. 353. — Collinsia bicolore, p. 353. — Collomies, p. 354. — Coquelourdes, p. 355. — Coréopsides, p. 356. — Coronilles, p. 357. — Corydales, p. 358. — Cosmidie de Burridge, p. 359. — Cosmos à grandes fleurs, p. 360. — Crépide rose, p. 360. — Cuphéas, p. 360. — Cupidones, p. 362.

Daturas, p. 363. — Dentelaire de Chine, p. 365. — Diélytra de Chine, p. 365. — Digitale pourprée, p. 367. — Diplacus, p. 368. — Doronics, p. 369. — Dracocéphales, 370.

Énothères ou onagres, p. 370. — Éphémères, p. 372. — Éranthis d'hiver, p. 373. — Érigérons, p. 374. — Érysimums, p. 374. — Escholtzies, p. 375. — Éthionème du Liban, p. 375. — Eucharidiums, p. 376. — Eutocas, p. 376.

Ficoïde glaciale, p. 376. — Fraxinelle ou Dictame blanc, p. 377. Gaillardia de Drummond, p. 378. — Gaura de Lindheimer, p. 379. — Gazanias, p. 380. — Gazon d'Espagne ou d'Olympe, p. 382. — Géraniums, p. 382. — Gilias, p. 383. — Giroflées et quarantaines, p. 385. — Godéties, p. 387. — Grindélies, p. 388.

Hélianthèmes, p. 388. — Héliotropes, p. 389. — Hellébores, p. 391.

Immortelles, p. 393. — Ipomopsides, p. 395.

Julienne ou girarde commune, p. 396.

Ketmies, p. 397.

Lavatères, p. 397. — Leptodactyles, p. 398. — Leptosiphons, p. 399. — Liatrides, p. 400. — Lins, p. 400. — Linaires, p. 402. — Lobélies, p. 402. — Lotiers, p. 404. — Lunaires, p. 405. — Lupins, p. 406. — Lychnides, p. 408. — Lysimaques, p. 410.

Matricaire mandiane, p. 410. — Mauves, p. 411. — Mentzélie de Lindley, p. 411. — Millepertuis, p. 412. — Mimulus, p. 413. — Miroir de Vénus, p. 414. — Molènes, p. 415. — Monardes, p. 416. — Morine à longues feuilles, p. 416. — Muflier des jardins, p. 417. — Muscaris, p. 419. — Myosotis, p. 419.

Némophiles, p. 422. — Niérembergies, p. 423. — Nigelle d'Orient, p. 423. — Nolanes, p. 424.

Ornithogales, p. 425. — Orobes, p. 426. — Orpins ou sédums, p. 426. — Ourisia des Andes, p. 428. — Oxalides, p. 428.

Paquerette ou petite marguerite, p. 429. — Pavots, p. 431. — Pélargoniums, p. 433. — Pentstémons, p. 439. — Périlla de

Pages.

Nankin, p. 446. — Pervenche rose, p. 447. — Pétunias, p. 448.
— Phygélie du cap, p. 450. — Phlox, p. 450. — Pieds d'alouette
ou dauphinelles, p. 454. — Polémoine bleue, p. 457. — Potentilles, p. 458. — Pourpier à grandes fleurs, p. 458. — Pulmonaires, p. 459.

Réséda, p. 460. — Rhodanthe de Mangles, p. 461. — Rudbeckias, p. 462.

Sainfoin à bouquets, p. 464. — Salpiglossis multicolore, p. 465.
— Sauges, p. 466. — Saxifrages, p. 468· — Scabieuse ou fleur
de veuve, p. 469. — Schizanthes, p. 471. — Schœnia de Drummond, p. 471. — Scutellaires, p. 473. — Seneçon d'Afrique,
p. 473. — Silènes, p. 474. — Soucis, p. 476. — Spirées, p. 477.
— Staticés, p. 478.

Tagètes, p. 481. — Thlaspis ou ibérides, p. 483. — Thyms,
p. 486. — Trachélie bleue, p. 486. — Tritéléia uniflore, p. 487.
— Trollius, p. 488.

Valérianes, p. 489. — Vénidium faux-souci, p. 490. — Véro-
niques, p. 490. — Verveines, p. 491. — Violettes, p. 494.

Waïtzias, p. 496. — Whitlavia de Coulter, p. 498.

Zauschnéria de Californie, p. 499. — Zinnias, p. 499.

CHAPITRE V.

LES PLANTES GRIMPANTES.

§ Ier. **Considérations générales** 501
§ 2. **Plantes grimpantes à tiges annuelles**.................. 507
   Méthoniques, p. 507 — Bomarées, p. 509. — Ignames, p. 510.
— Pois de senteur et gesses, p. 511. — Haricot d'Espagne,
p. 512. — Haricot caracolle, p. 513. — Liserons, p. 514. — Capucines, p. 519. — Cobéas, p. 522. — Maurandias, p. 524. —
Lophospermums, p. 525. — Thunbergies, p. 526. — Hexacentris,
p. 527. — Cucurbitacées ornementales, p. 527. — Loasas,
p. 535. — Campanumées, p. 537. — Seneçon de Mikan, p. 537.
§ 3. **Plantes grimpantes à tiges vivaces et plus ou moins ligneu-**
ses 538
   Vignes et ampélopsides, p. 538. — Aristoloches, p. 539. —
Éphédra de Mauritanie, p. 541. — Lierre, p. 542. — Figuiers
grimpants, p. 544. — Ménispermes, p. 544. — Lapagérias, p. 545.
— Smilax, p. 546. — Rosiers grimpants, p. 546. — Jasmins,
p. 547. — Chèvrefeuilles, p. 547. — Clématites, p. 551. — Bignones, p. 556. — Passiflores, p. 560. — Glycines, p. 562. —

Pages.

Akébie à cinq feuilles, p. 565. — Maximowiczia de la Chine,
p. 565. — Échitès, p. 566. — Bougainvillée du Brésil, p. 566.
— Dentelaire du Cap, p. 567. — Mitraria écarlate, p. 567.

CHAPITRE VI.

LES GRANDES PLANTES ORNEMENTALES.

§ Ier. **Considérations générales**............................... 569
§ 2. **Les monocotylédones pittoresques**...................... 573
   Aroïdées (*Colocases* et *caladiums*), p. 573.
   Graminées (*Roseaux, gynérium, bambous*, etc.), p. 574.
   Liliacées (*Yuccas, phormiums, dragonniers*, etc.), p. 580.
   Amaryllidées (*Agaves* et *doryanthe*), p. 589.
   Broméliacées (*Puya du Chili*), p. 592.
   Palmiers (*Chamérops, rhapis*), p. 593.
   Musacées (*Bananiers*), p. 597.
   Zingibéracées (*Alpinia, Costus*), p. 598.
   Cannacées ou marantacées (*balisiers*), p. 599.
§ 3. **Les grandes dicotylédones ornementales**................ 604
   Renonculacées (*Pivoines, aconits, dauphinelles*), p. 605.
   Papavéracées (*Pavots, bocconias*), p. 610.
   Crucifères (*Choux-palmiers, choux prolifères*), p. 612.
   Capparidées (*Cléomes*), p. 613.
   Linées (*Lin vivace, lin à trois styles*), p. 614.
   Onagraires ou énothérées (*Épilobe*), p. 615.
   Malvacées (*Rose trémière, kelmies*), p. 616.
   Légumineuses (*Clianthes, érythrines, galéga*), p. 620.
   Rosacées (*Spirée barbe de bouc*), p. 622.
   Borraginées (*Anchuse* ou *buglosse d'Italie*), p. 622.
   Solanées (*Molènes, daturas, solanums, tabacs*, etc.), p. 624.
   Mélianthées (*Grand* et *petit mélianthe*), p. 629.
   Hydroléacées (*Wigandias*), p. 629.
   Hydrophyllées (*Cosmanthe à grandes fleurs*), p. 631.
   Campanulacées (*Campanules, musschia*), p. 632.
   Composées (*Dahlias, tithonie, verges d'or, vernonies, astères, so-
      leils des jardins, harpalium, silphiums, centaurée de Baby-
      lone, echinops, chardons, cosmophylle du Mexique, montanoas,
      verbésinas, polymnies, huméa rose*), p. 633.
   Ombellifères (*Héracléums, livèche, férules, narthex*, etc.), p. 646.
   Araliacées (*Aralia papyrifère*), p. 648.
   Gunnéracées (*Gunnéra scabre*), p. 649.

Polygonées (*Persicaires, rhubarbes*), p. 650.
Amarantacées (*Amarantes*), p. 652.
Euphorbiacées (*Ricins, euphorbes*), p. 655.
Labiées (*Phlomides, sauges*), p. 657.

CHAPITRE VII.

LES PLANTES AQUATIQUES ET LES AQUARIUMS.

§ 1er. **Considérations générales**............................ 659
§ 2. **Plantes aquatiques et demi-aquatiques servant à décorer le
bord ou le voisinage des pièces d'eau**.................... 664
† Monocotylédones aquatiques , p. 664.
  Joncs proprement dits, p. 664. — Laiches et souchets, p. 664.
— Papyrus d'Égypte, p. 665. — Scirpes et linaigrettes, p. 666.
Roseaux, p. 666. — Massettes et rubans d'eau , p. 666. — Sagittaire ou flèche d'eau , p. 668. — Butome ou jonc fleuri, p. 668.
— Iris des marais, 669. — Callas, p. 669. — Pontédérie de Virgi-
nie, p. 670. — Aponogéton commun , p. 671. — Thalie blan-
châtre, p. 671.
†† Dicotylédones aquatiques, p. 672.
  Cardamine des prés, p. 672. — Souci d'eau, p. 672. — Trèfle
d'eau ou ményanthe, p. 672. — Villarsia nymphoïde, p. 673. —
Persicaire amphibie, p. 673. — Podophylles, p. 673. — Sarracé-
nies, p. 673.
§ 3. **Plantes aquatiques plus directement appropriées aux aqua-
riums des jardins**.................................... 674
Nénufars, p. 677. — Nymphéæas , p. 677. — Euryales, p. 680.
— Victoria royal, p. 681.
Nélombos d'Orient et d'Amérique.......................... 683
Hydrocléis.. 687
Ouvirandras... 687
Vallisnérie.. 688

CHAPITRE VIII.

PLANTES A CULTIVER EN POTS A L'AIR LIBRE; — PLANTES D'APPARTE-
MENTS ET DE FENÊTRES; — PLANTES ALPINES OU DE ROCAILLES;
FOUGERAIES.

§ 1ᵉʳ. **Considérations générales**............................. 689
§ 2. **Les plantes de fenêtres et d'appartements**............... 696
  Rosiers... 697
  Giroflées et violiers..... 701
  Fuchsias.. 707
  Calcéolaires.. 722
  Cinéraire des Canaries.................................. 723
  Reines-marguerites et chrysanthèmes..................... 727
  Lobélies.. 729
  Sauges........ 729
  Pélargoniums.. 730
  Crassules, rochéas et autres crassulacées............... 738
  Mésembrianthèmes.. 743
  Cyclames.. 745
  Agapanthe... 750
  Lachénalies... 750
  Liliacées diverses à cultiver en pots (*Camassia, Calochorthus,*
    Albuca, etc.).. 751
  Amaryllidées à cultiver en pots (*Pancratiums, clivies, narcisses*). 752
  Iridées à cultiver en pots (*Iris, ixias, sparaxis, safrans*)....... 753
  Orchidées exotiques pour la culture en pots........ 754
  Sensitives.. 755
  Cactus rustiques et demi-rustiques...................... 756
  Solanées à cultiver en pots............................. 758
  Cucurbitacées à cultiver en pots ou en caisses.............. 759
  Plantes à feuillage ornemental (*Palmiers, dragonniers, aspidistra*
    du Japon, agaves et dasylirions, alpinia, bananiers, strelitzie,
    marantas, etc.)...................................... 760
§ 3. **Plantes de rocailles, alpines et alpestres**................ 765
  Stations des plantes alpines et des plantes alpestres........... 766
  Plantes arctiques....................................... 767
  Culture des plantes alpines et des plantes alpestres............ 768
  Orchidées terrestres et autres monocotylédones alpines........ 771
  Dicotylédones alpines et alpestres...................... 777

Pages.

Plantation sur les rocailles............................. 779
Plantes alpines ou alpestres de terre de bruyère (*Gentianes, li-*
    sianthes, gyroselles, épimèdes, saxifrages, etc.)............. 786
§ 4. **Les fougères et leur culture**........................ 793
Aspects divers et variations des fougères.................. 794
Fougères indigènes..................................... 795
Fougères exotiques..................................... 798
Lycopodes... 799
Rocailles à fougères................................... 800
Culture et multiplication des fougères.................. 801

TABLE ALPHABÉTIQUE

DES

PLANTES DONT IL EST PARLÉ DANS CE VOLUME

	Pages.		Pages.
Abobra	530	Amarantoïdes	311
Acanthes	303-658	Amaryllis	215
Acanthe d'Allemagne	646	Ammobie ailée	312
Acanthus lusitanicus	764	Amomon	759
Achillées	304	Ampélopsides	538
Aconits	305-608	Amphicome de l'Émodi	314
Acroclinie à fleurs roses	306	Anagyre fétide	513
Acrostichum	797	Anchuses	622
Adiante chevelure de Vénus	797	Ancolies	314-781
Adlumia cirrhosa	793	Androsaces	782
Adonides	306-781	Androsème	412
Agapanthe	750	Anémone des fleuristes	263
Agaves	589-762	Anémones de parterre	318
Agératoires	307	Anémones alpines	782-788
Agrostemma	355	Anthémis	319
Akébie à cinq feuilles	565	*Anthericum liliastrum*	207
Albuca du Cap	751	Antholyzes	237
Alchémilles	783	*Antirrhinum*	417
Alisma plantago	668	*Aphelexis*	393
Alpinia	599	Aponogéton	671
Alpiste	580	*Aquilegia*	314-781
Alstrœmères	220	Arabettes	319
Althœa rosea	616	Aralia papyrifère	648
Alysse saxatile	307	Arctotides	321
Amarantes	308-652	Argémones	321
Amarantines	311	*Argyreia*	518

	Pages.
Aristoloches.	539
Armérias.	479
Arnébie échioïde.	322
Arondinaires.	579
Arums.	573
Arundinaria.	579
Arundo.	575
Asarets.	792
Asclépiades.	323
Asparagus Broussonnetii.	509
Asphodèles.	589
Aspidistra du Japon.	762
Aspidium.	796
Asplenium.	796
Astères.	324-635
Atragènes.	551
Aubergine blanche.	758
Aubriétie.	307
Aunée officinale.	646
Auricules.	247
Balisiers.	599
Balsamines.	326-659
Bambous.	577
Bananiers.	597-763
Barbe de capucin.	423
Basilics.	329
Bégonias.	330
Belladone d'été.	219
Belle-de-jour.	331
Belles-de-nuit.	332
Bellis perennis.	429
Benoite écarlate.	335
Bermudiennes.	238
Bignones.	556
Blechnum boreale.	797
Bocconias.	612
Bomarées.	509
Botrichyum lunaria.	798
Bouquet parfait.	146
Bougainvillée du Brésil.	566
Brachycome.	335

	Pages.
Brancursine.	646
Brassica oleracea.	612
Brunelle à grandes fleurs.	336
Brunswigia.	219
Bryones.	528
Bryonopside de l'Inde.	531
Buglosses.	622
Bulbocodes.	240
Busseroles.	781
Butome.	668
Cacalia écarlate.	336
Cactus.	756
Cajophora lateritia.	535
Caladiums.	573
Calandrines.	336
Calathea.	763
Calcéolaires (plate-bandes).	337
— (culture en pots).	722
Calebasses.	533
Calendula.	476
Callas.	670
Callirhoë de Nuttal.	338
Callistephus sinensis.	282
Calochorthus.	751
Calodracon.	761
Calonyction.	514
Calosanthes coccinea.	739
Caltha palustris.	672
Calycophyse.	535
Calypso borealis.	775
Calystegia.	514
Camassia comestible.	751
Camomille rouge.	350
Campanules.	339-632
— alpines.	782-788
Campanumées.	537
Canarina campanula.	633
Cannas.	599
Canne à sucre.	579
— de Provence.	575
— de Ravenne.	579

	Pages.		Pages.
Câprier épineux	785	Clivia	221
Capucines	519	Cobéas	522
Cardamines	672-783	Coccinie de l'Inde	535
Cardon d'Espagne	641	Cocotier du Chili	761
Carduus	640	Coléus de Blume	353
Carex	664	Colchiques	240
Castilléja de Humboldt	344	Collinsias	353
Catananche	362	Collomies	354
Cathcartia villosa	432	Colocases	573
Célestine	307	Coloquinelles	532-759
Célosies	308	*Comaclinium aurantiacum*	634
Centaurées	345	Commélynes	373
Centaurea babylonica	638	*Convallaria maialis*	752
Centranthus	489	*Convolvulus*	514
Cephalotus follicularis	780	— *tricolor*	331
Céraistes	347	Coquelicots	431
Cétérach officinal	797	Coquelourdes	355
Chamédoréa élégant	597	Corbeille d'argent	484
Chamérops de la Chine	595-761	Corbeille d'or	307
Chamérops hérisson	596-761	*Cordyline*	585-761
Chapelière	645	Coréopsides	356
Chardons	640	Corne d'abondance	489
Cheiranthus	701	Coronilles	357
Chelone	446	Corydales	358
Chèvrefeuilles	547	— de Sibérie	793
Choins	666	Cosmanthe à grandes fleurs	631
Choux d'ornement	612	Cosmidies	359
Chrysanthèmes de collection	275	Cosmophylle du Mexique	642
Chrysanthèmes de fantaisie	347	Cosmos	360
Chrysanthèmes (culture en		Courges d'ornement	531
pots)	727	Couronne impériale	205
Chymocarpus	522	Crépide rose	360
Cierges	758	Crassules	738
Cinéraire des Canaries	723	Crinums	213
— maritime	351-646	Crocus	238-753
Cirsium	640	*Cucurbita*	531
Cissus	538	Cuphéas	360
Cistes	785	Cupidones	362
Clarkias	352	*Cummingia trimaculata*	207
Clématites	551	Cyclames	745
Cléomes	613	*Cynoglossum*	419
Clianthes	621	*Cyperus*	664

	Pages.
Cypripedium.	775-776
Cytinus hypocistis.	785
Dahlias (de collection).	290
Dahlia coccinea.	633
Dame d'onze heures.	207
Daphnés alpins.	784
Dasyliriums.	586-762
Dattier acaule.	761
— commun.	761
Daturas.	363-625
Dauphinelles.	454-609
Delairea scandens.	537
Delphinium.	609
Dentelaire de la Chine. . .	365-785
— du Cap.	567
Dianthus.	148
Dictame blanc.	377
Diélytra d'Amérique.	793
— de la Chine.	365
Digitales.	367
Dionée gobe-mouches.	780
Diplacus.	368
Disa à grandes fleurs.	776
Dodecatheon.	790
Doronics.	369
Doryanthe d'Australie.	591
Dorycnium.	404
Dracœna.	585-761
Dracocéphales.	370
Dragonniers.	585-761
Eccremocarpus.	559
Échévérias.	741
Échinops.	639
Echitès.	566
Églantier odorant.	103
Emilia sagittata.	336
Empétrum des Alpes.	784
Énothères.	370
Epervière orangée.	783
Éphédra de Mauritanie.	541

	Pages.
Éphémères.	372
Épilobe à épis.	615
Épimèdes.	790
Epipactis.	775
Épiphylles.	757
Éranthis d'hiver.	373
Eremostachys.	657
Erianthus Ravennæ.	579
Érigérons.	374
Eriophorum.	666
Érysimums.	374
Érythrines.	621
Érythrones.	206
Escholtzies.	375
Éthionèmes.	375
Eucharidiums.	376
Eucharis.	213
Eucnide.	411
Euphorbes.	656
Euryales.	680
Eutocas.	376
Eutoca speciosa.	631
Farfugium.	765
Farfugium Kœmpferi.	646
Fausses coloquintes.	532
Faux-églantier.	104
Faux-héliotrope.	391
Ferdinanda éminent.	642
Ferraries.	232
Férules.	646
Ficoïdes.	743
Ficoïde glaciale.	377
Figuiers grimpants.	544
Flèche d'eau.	668
Fleur de veuve.	469
Fleurs de la Passion.	560
Fonckias.	203
Fougères indigènes.	795
— exotiques.	798
Fraxinelle.	377
Fritillaires.	205

	Pages.		Pages.
Fuchsias.	707	Gunnéra.	649
Fumeterres.	358	Gynérium argenté.	576
Fumeterre grimpante.	793	Gyroselles.	790
Funckia.	203		
		Hæmanthus.	219
Gaillardias.	378	Haricots.	512
Galanes.	446	*Harpalium rigidum.*	637
Galanthus nivalis.	214	*Hedera helix.*	542
Galégas.	621	*Hedysarum coronarium.*	464
Gastronema sanguineum.	218	Hélianthèmes.	388-785
Gaura.	378	Hélianthes.	635
Gazanias.	380	*Helichrysum.*	393
Gazon d'Espagne ou d'Olympe.	382	Héliotropes.	389
Gentianes.	781-789	Héliotrope d'hiver.	785
Georgina.	290	Héliptères.	394
Géraniums (parterre).	382	Hellébores.	391
— alpins.	783	Hémérocalles.	202
Gesses.	511	Héracléums.	646
Geum coccineum.	335	Herbe aux femmes battues.	511
Gilias.	383	Herbe aux gueux.	551
Girarde commune.	396	*Hesperis matronalis.*	396
— jaune.	374	Hétérotrope asariforme.	792
Giroflées (parterre).	385	Hexacentris.	527
Giroflées (culture en pots).	701	*Hibiscus.*	397-620
Giroflée de Mahon.	397	*Hieracium aurantiacum.*	783
Glaciale.	377	*Himantophyllum.*	221
Gladiolus.	235	*Hippeastrum.*	219
Glaïeuls.	235	Hotéia du Japon.	792
Glaïeul d'eau.	669	Huméa rose.	645
Globba nutans.	599	Hydrocléis.	687
Gloriosa.	507	Hyménophylles.	797
Glycines.	562	*Hypericum.*	412
Gnaphalium.	393	Hypociste.	785
Godéties.	387		
Gortéries.	380	Ibérides.	483-783
Gourdes.	533	Igname de Chine.	510
Grand roseau.	575	Illairéa campanulé.	536
Grande berce.	303	Immortelles.	393
Grande fougère.	796	*Impatiens.*	659
Grassettes.	782	Indigofère dosua.	621
Grindélies.	388	*Inula helenium.*	646
Gueule de loup	417	*Ipomœa.*	514

Pages.

Ipomopsides. 395
Irésine d'Herbst. 764
Iris. 226-753
— des marais. 669
Ismelia tricolor. 348
Ixias. 233

Jacinthe d'Orient. 173
Jalousie. 146
Jarosse. 513
Jasmins. 547
Jasmin du Chili. 566
Joncs. 664-787
Jonc fleuri. 668
Joubarbes. 741
Jubœa spectabilis. 761
Julienne des jardins. 396
Julienne jaune. 374
Juncus. 664

Kadsura du Japon. 566
Ketmies. 397-620
Kiris. 385

Lachénalies. 750
Laiches. 664
Laiterons. 646
Langue de serpent. 797
Lapagérias. 545
Lathyrus. 511
Laurencelle rose. 472
Laurier de Saint-Antoine. . . . 615
Lavatera arborea. 620
Lavatères. 397
Lawrencella rosea. 472
Lepachys columnaris. 463
Leptodactyles. 398
Leptosiphons. 399
Leucoium vernum. 215
Liatrides. 400
Lierre. 542
Ligulaire du Japon. 646-765

Pages.

Ligusticum levisticum. 646
Limnocharis. 687
Lins. 400
Lin à trois styles. 615
— de la Nouvelle-Zélande. . 584
— vivace. 614
Linaigrettes. 666
Linaires. 402
Linnæa borealis. 784
Linum. 400-614
Lis asphodèle. 202
— à feuilles cordiformes. . . . 188
— à feuilles lancéolées. 193
— à grandes fleurs. 191
— blanc. 188
— bulbifère. 198
— de Brown. 192
— de Chalcédoine. 196
— de Colchide. 198
— de Guernesey. 217
— de Mathiole. 212
— de Pomponne. 196
— de Saint-Bruno. 207
— de Szowitz. 198
— de Thomson. 191
— de Wallich. 192
— des Pyrénées. 197
— d'Illyrie. 213
— doré. 194
— du Canada. 197
— du Japon. 192
— géant. 188
— Isabelle ou testacé. 190
— maritime. 213
— martagon. 194
— narcisses. 212
— orangé. 198
— superbe. 197
— tigré. 195
Liserons. 514
Liseron tricolore. 331
Lisianthes. 789

	Pages.		Pages.
Littonia modesta	207-509	Mésembrianthèmes	743
Livèche	646	Mésembrianthème glaciale	377
Livistona de la Chine	761	Méthoniques	507
Loasas	535	*Microsperma*	411
Lobélies	402-729	*Mikania scandens*	537
Lochnera rosea	447	Mille-pertuis	412
Lonicera	547	*Mimosa pudica*	755
Lophospermums	525	Mimulus	413
Lotiers	404	*Mirabilis*	332
Luffas	535	Miroir de Vénus	414
Lunaire (crucifères)	405	Mitraria écarlate	567
Lunaire (fougères)	798	Molènes	415-624
Lupins	406	Momordiques	529
Luzula	664	Monardes	416
Lychnides	408	Monnayères	405
Lycopodes	799	*Montanoa heracleifolia*	643
Lycoris aurea	217	Morées	232
Lysimaques	410	Morines	416
		Morna	496
Malope	411	Mufle de veau	417
Malva	411	Muflier	417
Mandevillea	566	Muguet	752
Marantas	763	*Mulgedium*	646
Martagon d'Amérique	197	*Musa*	597
— d'Europe	194	Muscaris	419
— de la Chine	195	*Musschia Wollastoni*	632
— d'Orient	196	Myosotis	419
— écarlate	196	*Myosotidium nobile*	421
— turban	196		
Massettes	666	Narcisses (de collection)	209
Mathiola	701	Narcisses (de rocailles)	752
Matricaire	410	*Nardosmia fragrans*	785
Maurandias	524	*Narthex asa-fœtida*	647
Mauves	411	Nélombos	683
Mauve en arbre	620	Némophiles	422
— de Provence	398	Nénufars	677
Maximowiczia de la Chine	565	*Nephrodium*	796
Meconopsis	432	Nicotianes	628
Mélianthes	629	Niérenbergies	423
Ménispermes	544	Nigelles	423
Mentzélie de Lindley	411	Nivéoles	215
Ményanthe	672	Nolanes	424

	Pages.
Nombril de Vénus	420
Nuphar	677
Nymphéas	677
Obeliscaria pulcherrima	465
OEil de perdrix	306
OEillet badin ou œillet d'Espagne	147
— barbu	146
— de Chine	147
— de Dieu	355
— de poëte	146
— d'Inde	482
— des fleuristes	139
— en arbre	145
— Flon	149
— mignardise	145
— remontant	144
— superbe	148
OEillets alpins	783
— hybrides	149
OEnothera biennis	615
Omphalodes	419
Onagres	370
Onoclea sensibilis	796
Onopordons	641
Ophioglosses	797
Ophrys	775
Opontia commun	757
Oranger des savetiers	759
Orchidées terrestres	771
— exotiques	754
Orchis	775
Oreille d'ours	250
Ornithogales	207-424
Orobes	426
Orpins	426-742
Osmonde royale	795
Ourisia des Andes	428
Ouvirandras	687
Oxalides	428

	Pages.
Pœonia	605
Palmier à chanvre ou de Chusan	593-761
— éventail	594-761
— nain	594
Pancratiums	212
Panicum plicatum	579
Papaver	431-610
Papyrus d'Égypte	665
Pâquerette vivace	429
Passe-fleur	355
Passe-rose	616
Passiflores	560
Paturin aquatique	666
Pavots	431-610
Pélargoniums (de pleine terre)	438
Pélargoniums (en pots)	730
Pennisétum d'Abyssinie	580
Pensée des jardins	257
Pentstemons	439
Perce-neige	214
Périlla de Nankin	446
Persicaires	650
Pervenches	447-568
Pétasite	645
Petite consoude	419
Petite marguerite	429
Pétunias	448
Phalaris arundinacea	580
Pharbitis	514
Phaseolus	512
Phlomides	657
Phlox	450
Phœnix dactylifera	761
Phormiums	584
Phygélie du Cap	450
Phyllocactus	758
Pieds d'alouette	454
Pied d'éléphant	511
Piment long	759
Pincenectias	587
Pinguicula	782

	Pages.
Pivoines.	605
Plantain d'eau.	668
Plante aux œufs.	758
Plumbago capensis.	567
— *Larpentæ.*	365
Plus-je-vous-vois.	420
Poa aquatica.	666
Podophylles.	673
Pois à bouquets.	512
— de senteur.	511
Polémoine bleue.	457
Polyanthes tuberosa.	204
Polygonum.	650-673
Polymnies.	644
Polypodes.	796
Pontédéries.	670
Populage.	672
Portulaca grandiflora.	458
Potentilles.	458
Poule-qui-pond.	758
Pourretia coarctata.	592
Pourpier à grandes fleurs.	458
Primevère de Chine.	252
— des fleuristes.	249
Primevères alpines.	782
Primula.	247
Prismatocarpus speculum.	414
Prunelle à grandes fleurs.	336
Pteris.	797
Pulmonaires.	459
Puya du Chili.	592
Pyrethrum carinatum.	348
— *roseum.*	349
Pyroles.	781
Quarantaines.	385
Queue de renard.	308
Quamoclit vulgaris.	517
Raisin d'ours.	781
Ramondia des Pyrénées.	783
Reine-Marguerite (de collec-	

	Pages.
tion).	282
Reine-Marguerite (culture en pots).	727
Renoncule d'Orient.	269
— pivoine.	271
Renoncules alpines.	781
Renonculiers.	276
Réséda.	460
Rhapis éventail ou flabelliforme.	597-761
Rheum.	650
Rhodanthe.	461
Rhodochiton du Mexique.	526
Rododendron.	781
Rhubarbes.	650
Rhynchospermum.	568
Ricins.	655
Rochéas.	738
Ronce arctique.	783
Rosages indigènes.	781
Roseaux.	575
Roseau des marais.	666
Roseau des Pampas.	576
Rose d'Inde.	483
Rose de Noël.	391
Rose trémière.	616
Rosiers (culture en pleine terre).	83
Rosiers (culture en pots).	697
Rosiers alpins.	783
Rosiers Ayrshire.	112
— bifères.	99
— blancs.	101
— bractéolés.	89
— canelles.	90
— cent-feuilles.	94
— cynorrhodons.	104
— à feuilles d'épine-vinette.	117
— à feuilles de ronce.	115
— à feuilles simples.	117
— à fleurs d'anémone.	114

	Pages.
Rosiers à fleur jaune de sou- fre.	93
— à styles soudés.	111
— églantiers.	102
— épineux.	92
— féroces.	88
— grimpants.	546
— involucrés.	89
— jaunes ou capucines.	102
— microphylles.	90
— multiflores.	113
— muscats.	114
— Noisette.	110
— perpétuels.	107
— pimprenelles.	91
— rouillés.	102
— sétigères.	115
— toujours verts.	112
— thés.	105
— turneps.	91
— velus.	101
— de Banks.	115
— de Belgique.	99
— de Bosc.	91
— de Chine.	108
— de Damas.	99
— de Géorgie.	115
— de la Caroline.	91
— de Lady Monson.	112
— de Hardy.	117
— de l'île Bourbon.	108
— de mai.	91
— de l'Inde.	105
— de Miss Laurence.	109
— de Portland.	100
— des Alpes.	93
— des champs.	112
— des chiens.	104
— des collines.	111
— des marais.	89
— du Bengale.	107
— du Kamtchatka.	89

	Pages.
Roulinia.	586
Ruban d'eau.	666
Rubus arcticus.	783
Rudbeckias.	462
Sabal d'Adanson.	596
Sabot de Vénus.	775
Saccharum officinarum.	579
Safrans.	238-753
Sagittaire.	668
Sainfoin à bouquets ou sain- foin d'Espagne.	464
Salvia.	466-729
Salpiglossis multicolore.	465
Sandersonia aurantiaca.	207
Sarracénies.	673
Sauges.	466-657-729
Saxifrages (de parterre).	468
Saxifrages (de rocailles).	782-792
Scabieuse des jardins.	469
Sceau de Notre-Dame.	511
Schistocarpha bicolor.	644
Schizandre écarlate.	566
Schizanthes.	471
Schœnia de Drummond.	471
Schœnus.	666
Scilles.	207
Scirpus.	666
Scolopendres.	797
Scolyme d'Espagne.	646
Scorodosma fœtidum.	647
Scutellaires.	473
Sédums.	426-742
Sélaginelles.	799
Sempervivum.	741
Senecio elegans.	473
Seneçon d'Afrique.	473
— de Mikan.	537
Sensitive.	755
Serapias.	775
Serpolet.	486
Sicana.	535

	Pages.		Pages.
Sicydium	530	Trèfle d'eau	672
Silènes	474	Trichomane radicant	797
Silphiums	637	Trichosanthe	530
Sisyrhynchium	238	Tricyrthis bigarré	752
Smilax	546	Trilliums	207-752
Solanums	625-758	Tritéléia uniflore	487
Soldanelle	782	Tritome à grappes	207-588
Soleils des jardins	635	Trollius	488-781
Solidago	634	Tropæolum	519
Souchets	664	Tubéreuse	204
Souci d'eau	672	Tulipe de Gesner	165
Soucis des jardins	476	— odorante ou Duc de	
Sparaxis	233	Thol	165
Sparganium	666	Tussilage odorant	785
Specularia speculum	414	Typha	666
Spiræa aruncus	622		
Spirées	477	Uhdea bipinnatifida	643
Stapélies	784		
Statice armeria	382	Vaciets	207
Staticés	478	Valérianes	489
Sternbergia lutea	218	Vallisnérie	688
Stipa pennata	580	Valoradia plumbaginoides	365
Stramoines	363	Vénidium faux-souci	490
Strélitzie de la Reine	763	Verbascum	415-624
Struthiopteris germanica	796	Verbésinas	644
Sylibum	640	Verge d'or du Canada	634
		Vernonies	634
Tabacs	628	Véroniques	490
Tacsonia	560	Verveines	491
Tagètes	481	Victoria royal	680
Tamnus	511	Vignes	538
Thalie blanchâtre	671	Villarsia nymphoïde	673
Thladiantha de la Chine	535	Vinca	447-568
Thlaspi jaune	307	Viola altaica	263
Thlaspis	483	— rothomagensis	263
Thunbergias	526	— tricolor	257
Thyms	486	Violettes (de parterre)	494
Tigridies	231	Violettes (de rocailles)	784-792
Tithonie orangée	634	Violiers (pleine terre)	385
Tournefortia	391	Violiers (culture en pots)	701
Trachélie bleue	486		
Tradescantia	372	Waïtzias	496

	Pages.		Pages.
Watsonies	238	*Xanthosoma*	574
Whitlavia de Coulter	498	*Xeranthemum*	393
Wigandia de Caracas	629		
Wistaria	562	Yuccas	580-762
Witsenia paniculata	238		
		Zauschnéria	499
Xanthorréas	588	Zinnias	499

FIN DE LA TABLE.

www.ingramcontent.com/pod-product-compliance
Lightning Source LLC
Chambersburg PA
CBHW060441240326
41598CB00087B/2131